강구조설계기준 및 해설

(하중저항계수설계법)

Korean Steel Structure Design Code and Commentary
(Load and Resistance Factor Design)

2018

사단법인 한국강구조학회
KOREAN SOCIETY OF STEEL CONSTRUCTION

발 간 사

2009년 우리학회에서 처음으로 하중저항계수설계법에 따른 강구조설계기준을 제정한 후 관련 기준의 내용을 올바르게 이해하고 합리적으로 적용할 수 있도록 2011년에 강구조설계기준 해설집을 출간하여 기술자들이 강구조물 설계에 새로운 기준을 용이하게 적용하는데 많은 기여를 하였습니다.

2014년에 국내외의 최근 연구 성과 및 초판 발행 이후 강구조 기술자의 실무 적용 의견을 반영하여 기준의 내용이 대폭 개정된 강구조설계기준(하중저항계수설계법)을 발간하였습니다. 2016년에 건설분야 강재에 대한 KS 규격이 새롭게 제정되고 유예기간을 지나 2018년부터 새로운 규격의 강재만을 생산하게 됨에 따라 새로운 강재 규격에 맞춰 강구조설계기준도 개정 작업을 하게 되었으며 개정된 설계기준은 2017년 12월에 국토교통부 중앙심의위원회를 거쳐 최종 고시되었습니다.

학회에서는 최종 고시된 설계기준에 대한 해설집 작성의 필요성을 인식하고 최고의 학자와 전문가로 구성된 집필진을 구성하여 해설집 집필 작업을 시작하게 되었습니다. 해설 내용에는 현재 기준에 대한 설명뿐만 아니라 향후 개선이 필요한 내용까지 담도록 노력하였습니다.

건설기준의 관리가 국토교통부에서 한국건설기술연구원의 국가건설기준센터로 이관되면서 건설기준이 코드화되어 5년마다 개정작업이 이루어지는 것이 아니고 기준의 개정이 필요한 부분만 수정하도록 되어있어 과거와 같이 강구조설계기준이 단행본으로 발간되지는 않습니다. 이 해설집은 강구조설계기준 전체 내용과 각 기준의 해설이 동시에 씌어져 있어 기술자들이 기준의 내용과 그 의미를 동시에 볼 수 있어 매우 활용도가 높고, 실무에 적용하는데 많은 도움이 될 것으로 생각합니다.

끝으로 이 해설집이 나오는데 헌신해주신 황의승 교수님과 이은택 교수님을 비롯한 모든 집필진께 감사드리며, 집필을 위한 연구비를 지원해 주신 POSCO와 현대제철, 출간에 많은 도움을 주신 구미서관 관계자 분들께도 감사드립니다. 이 해설집이 앞으로 많이 활용되어 강구조 사용 증대에 기여하기를 기대합니다.

2018년 8월

강구조학회 회장 배 두 병

머 리 말

2009년에 처음 제정된 "하중저항계수설계법에 의한 강구조설계기준"은 국가건설기준체계 정립에 따라 2016년에 KDS 14 31 05(강구조설계 일반사항), KDS 14 31 10(강구조 부재 설계기준), KDS 14 31 15(강구조 골조의 안정성 설계기준), KDS 14 31 20(강구조 피로 및 파단 설계기준), KDS 14 31 25(강구조 연결 설계기준), KDS 14 31 50(강구조 물고임 및 내화 설계기준), KDS 14 31 60(강구조 내진 설계기준) 등으로 개편되었습니다. 2017년 1월 1일부터 건설구조물의 안전과 철강재의 품질확보를 통한 수출경쟁력 강화를 위하여 건설구조용 철강재 KS 24종의 개정이 완료되었습니다. 이에 따라 한국강구조학회에서는 개정된 KS규격에 대한 재료의 요구성능을 확인하고 설계강도식의 적용한계를 검토한 후 강구조설계기준을 부분개정하였으며, 이에 2017년에는 KS기준의 변경, 새로운 연구 결과 등을 반영하여 KDS 강구조설계기준의 개정이 이루어졌습니다.

"강구조설계기준 해설"은 설계 실무자들이 2009년의 강구조설계기준의 배경과 의미를 이해할 필요가 있음에 따라 한국강구조학회에서 2011년에 처음 발간되었습니다. 이 "강구조설계기준 및 해설(하중저항계수설계법)"은 2017년 12월 강구조설계기준의 개정이 마무리됨에 따라 이에 대한 상세한 배경 설명 및 구체적인 적용 방법 등을 해설할 목적으로 집필되었습니다.

KDS 14 31 05의 해설에서는 개정된 KS규격의 여러 개정사항에 대한 설명, 특히 강종의 표시 기호 변경에 따른 혼동을 방지하기 위하여 개정 전, 후의 비교표를 수록하였으며 그에 대한 자세한 해설을 기술하였습니다. KDS 14 31 10 ~ 50의 설계기준과 KDS 17 10 00 내진설계일반에서는 최신의 연구 결과가 기준에 반영된 내용을 자세히 설명하였습니다. KDS 14 31 60의 내진설계기준에서는 부록으로 강교량의 내진설계기준에 대한 해설을 추가하였습니다.

설계기준 규정 중에 명백한 오탈자와 오류 내용에 대해서는 규정을 수정하고 해설의 앞부분에 그 내용을 설명하였습니다. 다만, 이 해설집의 내용은 기준의 이해를 돕기 위한 것이며, 기준과 같이 구속력이 있는 것이 아님을 명백히 밝히는 바입니다. 또한 설계기준 규정이나 해설의 내용 중에 오류나 개정사항이 있는 경우에 집필진이나 한국강구조학회 사무국으로 알려주시면 적극적으로 검토하여 반영시키도록 하겠습니다.

끝으로 이 해설집이 나오기까지 많은 수고를 해 주신 집필위원님들과 자문위원님들께 감사를 드리오며, 이 책이 나오기까지 후원을 해 준 포스코와 현대제철에 감사를 드립니다. 이 해설집이 우리나라 강구조물의 설계기술 발전에 크게 기여하고, 건설기술에 몸담고 있는 기술자들에게 많은 도움이 되기를 바랍니다.

2018년 8월

집필위원장 황의승, 이은택

집필위원 및 자문위원

■ 총괄 집필위원

위원장	황의승	경희대학교
	이은택	중앙대학교
간사	김태수	한밭대학교

■ 기준별 집필위원

KDS 14 31 05 강구조 설계 일반사항	김태수	한밭대학교
	김희동	인하공업전문대학
	박종원	범건축
	박찬희	POSCO
	배두병	국민대학교
	심현주	현대제철
	이은택	중앙대학교
	황의승	경희대학교
KDS 14 31 10 강구조 부재 설계기준	강주원	영남대학교
	김경식	청주대학교
	김동건	동아대학교
	김선웅	영산대학교
	김성곤	서울과학기술대학교
	김성보	충북대학교
	김승원	뉴테크구조기술사
	김우범	공주대학교
	김태수	한밭대학교
	김호경	서울대학교
	나승민	POSCO
	문지호	강원대학교
	박연철	서울대학교
	박종섭	상명대학교
	성익현	한서대학교
	신동구	명지대학교
	심창수	중앙대학교
	심형보	인천대학교
	오영석	대전대학교
	오창국	국민대학교
	유정한	서울과학기술대학교
	윤석구	서울과학기술대학교
	이강민	충남대학교
	이경구	단국대학교
	이경찬	한국철도기술연구원
	이승용	한국교통대학교
	이승정	한국철도기술연구원
	이재홍	세종대학교
	이지훈	㈜서영

	전종수	안동대학교
	주영규	고려대학교
	최동호	한양대학교
	최병정	경기대학교
	최병호	한밭대학교
	최상현	한국교통대학교
	최성모	서울시립대학교
	최은수	홍익대학교
	최준혁	부천대학교
KDS 14 31 15 강구조 골조의 안정성 설계기준	김선웅	영산대학교
	오영석	대전대학교
	이경구	단국대학교
	이승용	한국교통대학교
	전종수	안동대학교
	최동호	한양대학교
	최은수	홍익대학교
	최준혁	부천대학교
KDS 14 31 20 강구조 피로 및 파단 설계기준	경갑수	한국해양대학교
	김승원	뉴테크구조기술사
	심형보	인천대학교
	박대영	옥타곤엔지니어링
	배두병	국민대학교
	정석재	3D엔지니어링
KDS 14 31 25 강구조 연결 설계기준	양재근	인하대학교
	이승용	한국교통대학교
	조재병	경기대학교
	최병호	한밭대학교
	최선규	선영구조기술사
	최준식	단이엔씨
	최준혁	부천대학교
KDS 14 31 50 강구조 물고임 및 내화 설계기준	민정기	KCL
	최성모	서울시립대학교
KDS 14 31 60 강구조 내진 설계기준	김익현	울산대학교
	김주우	세명대학교
	이경구	단국대학교
	이철호	서울대학교
	주부석	경희대학교

■ 자문위원

(가나다 순)

김덕재	중앙대학교 명예교수
김우종	DM엔지니어링 사장
박영석	명지대학교 교수
서석구	㈜경원엔지니어링 부회장
신경재	경북대학교 교수
채흥석	한국건축구조기술회 회장

강구조 설계기준 목차 비교

강구조설계기준(2014) 강구조설계기준 해설(2011)	KDS 14 31 00 강구조 설계기준(2017) 강구조설계기준 및 해설(2018)
제1장 총칙	KDS 14 31 05(1) 강구조 설계 일반사항(일반사항)
제2장 사용재료	KDS 14 31 05(3) 강구조 설계 일반사항(재료)
제3장 하중 및 하중조합	KDS 14 31 05(1.5) 강구조 설계 일반사항(하중 및 하중조합)
제4장 인장부재	KDS 14 31 10(4.1) 강구조 부재 설계기준(인장부재)
제5장 압축부재 및 골조의 안정성	KDS 14 31 10(4.2) 강구조 부재 설계기준(압축부재) KDS 14 31 15 강구조 골조의 안전성 설계기준
제6장 휨부재	KDS 14 31 10(4.3) 강구조 부재 설계기준(휨부재)
제7장 조합력과 비틀림부재	KDS 14 31 10(4.4) 강구조 부재 설계기준(조합력과 비틀림부재)
제8장 기타부재	KDS 14 31 10(4.5) 강구조 부재 설계기준(기타 부재)
제9장 연결	KDS 14 31 25 강구조 연결 설계기준
제10장 피로 및 파단	KDS 14 31 20 강구조 피로 및 파단 설계기준
제11장 물고임 및 내화설계	KDS 14 31 50 강구조 물고임 및 내화 설계기준
제12장 내진 설계	KDS 14 31 60 강구조 내진 설계기준

목 차

제3장 KDS 14 31 15 : 2017 강구조 골조의 안정성 설계기준

제4장 KDS 14 31 20 : 2017 강구조 피로 및 파단 설계기준

제5장 KDS 14 31 25 : 2017 강구조 연결 설계기준

제6장 KDS 14 31 50 : 2017 강구조 물고임 및 내화 설계기준

제7장 KDS 14 31 6 : 2017 강구조 내진 설계기준

제 1 장

KDS 14 31 05 : 2018

강구조 설계 일반사항

KDS 14 31 05 강구조 설계 일반사항

1. 일반사항

1.1 적용범위

KDS 14 31 05는 구조용 강재를 사용한 교량 등을 포함한 토목구조물, 건축물 및 공작물(이하 강구조물)의 부재 또는 연결부 해석 및 설계의 일반적인 요구사항을 규정한 것이다. 이 기준은 교육이나 설계자의 판단을 대신하기 위한 것이 아니고 단지 공공의 안전을 위해 필요한 최소필요조건을 기술한 것이다. 발주자 또는 설계자는 최소필요조건보다 높은 수준의 설계나 재료 및 시공의 품질을 요구할 수 있다.

【해설】

KDS 14 31 05는 강재를 사용하는 모든 강구조물의 구조설계에서 예상되는 한계하중과 이에 대한 구조물의 저항능력을 강도한계상태뿐만 아니라 사용성, 피로 및 파단 그리고 극한하중 등에 관한 한계상태에 대하여 균일한 안전도와 사용성을 가지도록 규정한 것이다.

다만, 내진설계 관련조항은 건축 강구조물의 경우 순수강구조와 합성강구조로 분리하여 KDS 14 31 60에서 취급하고 있고, 교량 등의 토목 강구조물은 시설 별로 특이성을 고려하여 해당 시설에 대한 내진설계기준을 따르되 KDS 14 31 60 부록의 해설에 주요 사항을 기술하였다.

그리고 다음의 건축 강구조물은 건축법시행령에 따라 반드시 이 기준을 적용하여야 한다.

(1) 층수가 2층(주요구조부인 기둥과 보를 설치하는 건축물로서 그 기둥과 보가 목재인 건축물의 경우에는 3층) 이상인 건축물

(2) 연면적이 500제곱미터 이상인 건축물. 다만, 창고, 축사, 작물 재배사 및 표준설계도서에 따라 건축하는 건축물은 제외한다.

(3) 높이가 13미터 이상인 건축물

(4) 처마높이가 9미터 이상인 건축물

(5) 기둥과 기둥 사이의 거리가 10미터 이상인 건축물

(6) 국토교통부령으로 정하는 지진구역 안의 건축물

(7) 국가적 문화유산으로 보존할 가치가 있는 건축물로서 국토교통부령으로 정하는 것

(8) 한쪽 끝은 고정되고 다른 끝은 지지(支持)되지 아니한 구조로 된 보·차양 등이 외벽의 중심선으로부터 3미터 이상 돌출된 건축물

(9) 특수한 설계·시공·공법 등이 필요한 건축물로서 국토교통부장관이 정하여 고시하 는 구조로 된 건축물

1.2 용어

가상하중 : 설계조항에서 설명되어지지 않는 불안정화 효과를 설명하기 위하여 구조해석에서 적용하는 가상하중(notional load)

강도저항계수 : 공칭강도와 설계강도 사이의 불가피한 오차 또는 파괴모드 및 파괴결과가 부차적으로 유발하는 위험도를 반영하기 위한 계수, ϕ (strength resistance factor)

강도한계상태 : 항복, 소성힌지의 형성, 골조 또는 부재의 안정성, 인장파괴, 피로파괴 등 안정성과 최대하중 지지력에 대한 한계상태(strength limit state)

강재 코아 : 좌굴방지 가새골조에서 가새의 축력저항요소, 좌굴방지시스템으로 덮여 있는 강재 코아부(steel core)

개단면 리브 : 강판의 국부좌굴강도를 높이기 위하여 부착하는 폐합되지 않은 보강재(open cross section rib)

갭이음 : 교차하는 지강관 사이에 주강관의 면에서 간격 또는 공간이 존재하는 강관트러스이음(gap joint)

거셋플레이트 : 트러스의 부재, 스트럿, 또는 가새재(브레이싱)를 보 또는 기둥에 연결하는 판요소(gusset plate)

게이지 : 연결재 게이지선 사이의 응력 수직방향 중심간격(gage)

겹침이음 : 서로 평행하게 겹쳐진 두 접합부재간의 접합부(lap joint)

겹침판 : 집중하중에 대하여 내력을 향상시키기 위해, 보나 기둥에 웨브와 평행하도록 부착하는 판재(doubler)

경계부재 : 강재 단면과(또는) 수직과 수평 보강근으로 보강되어 벽과 다이아프램 가장자리에 배치된 부재(boundary member)

계측휨강도 : 보-기둥 실험시편에서 기둥 외주면에서 계측된 보의 휨모멘트 (measured flexural strength)

공극 : 자중을 감소시키는 바닥 내부의 빈 공간(opening gap)

공칭강도 : 하중효과에 저항하기 위한 구조체 혹은 구조부재의 강도(저항계수가 적용되지 않은 값, nominal strength)

공칭치수 : 단면의 특성을 산정하는데 적용되도록 인정된 치수 (nominal dimension)

공칭하중 : 설계기준에서 규정한 하중값(nominal load)

공칭휨강도 : 구조체나 구조부재의 하중에 대한 휨저항능력으로서, 규정된 재료강도 및 부재치수를 사용하여 계산된 값(nominal flexural strength)

구조적합시간 : 합리적이고 공학적인 해석방법에 의하여 화재발생으로부터 건축물의 주요 구조부가 단속 및 연속적인 붕괴에 도달하는 시간(period of structure adequacy)

국부좌굴 : 부재 전체의 파괴를 유발할 수도 있는 압축판요소의 좌굴(단면 내의 압축요소의 좌굴에 대한 한계상태 또는 부재의 국부적인 영역에서 발생하는 좌굴, local buckling)

국부크리플링 : 집중하중이나 반력에 바로 인접한 부분에서 웨브판의 국부파괴의 한계상태(local crippling)

국부항복 : 부재의 국부적인 영역에서 발생하는 항복(local yielding)

국부휨 : 집중 인장하중에 의한 플랜지 변형의 한계상태(local bending)

그루브용접 : 접합 부재면에 홈을 만들어(개선하여) 이루어지는 용접(groove weld)

극한치 : 최대 또는 최소치(limiting value)

기둥주각부 : 철골 상부구조와 기초 사이에 힘을 전달하는데 동원되는 기둥의 하부의 판재, 접합재, 볼트 및 로드 등의 조합을 지칭(column base)

기하축 : 웨브, 플랜지 또는 ㄱ형강의 다리와 평행한 축(geometrical axis)

끼움재 : 부재의 두께를 늘리기 위해 사용되는 판재(filler)

내진설계범주 : 건물의 내진등급 및 설계응답스펙트럼 가속도 값에 의해 결정되는 내진설계 상의 구분(seismic design category)

내화구조 : 화재에 견딜 수 있는 성능을 가진 구조로서 국토교통부령이 정하는 기준에 적합한 구조(fire-resistant structure)

내후성강 : 대기중에 있어서의 합금원소 등의 첨가로 부식에 견딜 수 있도록 압연한 강재(weathering steel)

노출형 합성보 : 강재 단면이 철근콘크리트에 완전히 매입되지 않으며 기계적 연결재에 의해 철근콘크리트 슬래브나 합성슬래브와 합성적으로 거동하는 합성보(unencased composite beam)

다이아프램 : 지지요소에 힘을 전달하도록 이용된 면내 전단강성과 전단강도를 갖고 있는 플레이트(diaphragm)

단곡률 : 곡률에 반곡이 있는 복곡률에 반대되는 것으로서, 한 방향의 연속적인 원호를 그리는 변형상태(single curvature)

단부돌림 : 동일 평면상의 모서리 주변까지 연결되는 필릿용접의 길이(end return)
단부 패널 : 한 쪽 면에만 인접하는 패널을 갖는 웨브 패널(end panel)
단순접합부 : 접합된 부재 간에 무시해도 좋을 정도로 약한 휨모멘트를 전달하는 접합부(simple connection)
대각가새 : 골조가 수평하중에 대해 트러스 거동을 통해서 저항할 수 있도록 경사지게 배치된 주로 축력이 지배적인 구조부재(diagonal bracing)
대각보강재 : 기둥의 패널존의 한쪽 혹은 양쪽 웨브에서 플랜지를 향해 대각방향으로 설치된 웨브 보강재(diagonal stiffener)
뒴(뒤틀림) : 비틀림에 대한 전체저항 중 단면의 뒤틀림에 저항하는 부분(warping)
뒴(뒤틀림)파단 : 각형 주강관의 사다리꼴형 뒤틀림에 근거한 강관 트러스이음의 한계상태(warping rupture)
등가 띠 : 1개의 차선에 작용하는 차륜하중에 의하여 횡적 또는 종적으로 콘크리트 슬래브에 발생하는 실제 단면력을 산정할 수 있도록 구조해석의 목적으로 바닥판으로부터 분리 이상화시킨 선형요소
등방성 철근 : 본질적으로 같은 성질을 갖는 2방향 철근으로 서로 직각으로 배근되는 철근(isotropic reinforcing bar)
등방성 판 : 2개의 주방향으로 본질적으로 같은 구조적 성질을 가지는 판
뚫림하중 : 강관에 수직인 지강관의 하중성분(punching load)
띠판 : 조립기둥, 조립보, 조립스트럿의 2개의 나란한 요소를 결집하기 위한 판재(tie plate)
링크 : 편심 가새골조에서, 두 대각가새 단부 사이 또는 가새 단부와 기둥 사이에 위치한 보의 부분을 칭함(link)
링크전단설계강도 : 링크의 전단강도 또는 링크의 모멘트강도에 의해 발현 가능한 링크의 전단강도 중 작은 값(link design strength for shear)
링크중간웨브 보강재 : 편심 가새골조 링크 내에 설치된 수직웨브 스티프너 (link intermediate web stiffener)
링크회전각 : 전체 층간변위가 설계층간변위에 도달했을 때, 링크와 링크 외측 보 사이의 비탄성 회전각(link rotation angle)
마찰접합부 : 접합부의 밀착된 면에서 볼트의 조임력이 유발하는 마찰력에 의해 부재의 접합부가 저항하도록 설계된 볼트접합부(slip-critical connection)
맞춤 지압보강재: 지점이나 집중 하중점에 사용되는 보강재로써, 지압을 통하여 하중

을 전달하기 위하여 보의 한쪽 혹은 양쪽 플랜지에 꼭 맞도록 만든 보강재(fitted bearing stiffener)

매입형 합성기둥: 콘크리트 기둥과 하나 이상의 매입된 강재 단면으로 이루어진 합성 기둥(encased composite column)

매입형 합성보 : 슬래브와 일체로 타설되는 콘크리트에 완전히 매입되는 보 (encased composite beam)

모멘트재분배 : 부정정구조물에 비탄성 변형이 발생되어 모멘트가 변하는 과정 (moment redistribution)

물고임 : 평지붕골조의 처짐을 유발하는 물의 고임현상(ponding)

밀스케일 : 열간압연 과정에서 생성되는 강재의 산화피막(mill scale)

밀착조임 접합부: 볼트를 임팩트렌치로 수회 또는 일반렌치로 최대로 조여서 접합되는 판들이 서로 충분히 밀착되도록 한 접합부(snug-tightened connection)

바닥구조 : 포장면의 유무와 상관없이 차륜하중을 직접적으로 지지하고 다른 부재들에 의해 지지되거나 독립적으로 거동하는 구조(floor structure)

바닥보 : 교량의 바닥틀에서 주거더 또는 주구에 대하여 횡방향으로 설치하는 보(floor beam)

바닥틀 : 바닥판과 일체를 이루거나 지지부재들의 변형이 바닥판의 거동에 심각한 영향을 주는 상부구조(deck floor system)

바닥판 이음부 : 구조물의 구성요소들 간의 상대적인 운동을 조절하기 위한 바닥판의 완전한 또는 부분적인 불연속부(floor slab joint)

반강접 접합부 : 접합된 부재간 무시할 수 없는 회전을 갖고 모멘트에 저항하는 접합부(partially restrained moment connection)

반강접 합성접합부 : 상부는 슬래브 철근으로 하부플랜지는 시트앵글이나 유사한 방법으로 우력을 제공하여 기둥에 반강접이나 완전합성보로 휨저항하는 접합부(partially restrained composite connection)

반응수정계수(지진응답수정계수) : 한계상태설계법 수준으로 지진하중을 저감시키는데 사용되는 계수, R(response modification factor)

변형률적합법 : 각 재료의 응력-변형률 관계와 단면의 중립축에 대한 위치를 고려하여 합성부재의 응력을 결정하는 방법(strain compatibility method)

보강재 : 하중을 분배하거나, 전단력을 전달하거나, 좌굴을 방지하기 위해 부재에 부착하는 ㄱ형강이나 판재 같은 구조요소(stiffener)

보단면 감소부 : 부재의 특정부위에 비탄성 거동을 유도하기 위해 보단면 일부를 감소시킨 부분(reduced beam section)

보통 내진시스템 : 설계지진에 대하여 몇몇 부재가 제한된 비탄성 거동을 일으킨다는 가정하에 설계된 내진시스템(ordinary seismic system)

복곡률 : 단부모멘트에 의해 부재가 S형태로 변형되는 휨상태(double curvature)

복합보 : 상, 하부의 플랜지에 사용한 강판보다 낮은 최소항복강도를 갖는 강판을 웨브로 사용한 보(complex beam)

부분골조시험체 : 프로토타입 가새의 축변형 및 휨변형을 가장 근접하게 모형화하기 위한 가새, 접합부 및 실험장비의 조합체(subassemblage test specimen)

부분용입그루브용접 : 연결부재의 전체 두께보다 적게 내부 용입된 그루브용접 (PJP : Partial Joint Penetration groove weld)

부분합성보 : 매입되지 않은 합성보로서 그 공칭휨강도가 스터드 전단연결재의 강도에 의해 결정되는 보(partially composite beam)

붕괴유발부재 : 파괴될 경우 붕괴 또는 그 기능 상실을 유발시키는 부재(fracture critical member)

블록전단파단 : 접합부에서, 한쪽 방향으로는 인장파단, 다른 방향으로는 전단항복 혹은 전단파단이 발생하는 한계상태(block shear rupture)

비균일 분포하중: 강관접합에서, 피접합재의 단면에 분포하는 응력을 용이하게 산정할 수 없는 하중조건(uneven load distribution)

비지지길이 : 한 부재의 횡지지가새 사이의 간격으로서, 가새부재의 도심 간의 거리로 측정(unbraced length)

비조밀단면 : 국부좌굴이 발생하기 전에 압축요소에 항복응력이 발생할 수 있으나 소성힌지의 회전능력을 갖지 못하는 단면(noncompact section)

비탄성재분배 : 1개 이상의 단면에 발생한 비탄성 변형에 의해 구조물 또는 부재의 단면력이 탄성해석에 따른 단면력과 다르게 나타나는 것 (inelastic redistribution)

비탄성해석 : 소성해석을 포함한 재료의 비탄성 거동을 고려한 구조해석 (inelastic analysis)

비탄성회전 : 실험체의 보와 기둥 또는 링크와 기둥 사이의 영구 또는 소성회전각 (rad) (inelastic angle)

비틀림좌굴 : 압축부재가 전단중심축에 대해 비틀리는 좌굴모드

(torsional buckling)

사양적 내화설계: 건축법규에 명시된 사양적 규정에 의거하여 건축물의 용도, 구조, 층수, 규모에 따라 요구내화시간 및 부재의 선정이 이루어지는 내화설계방법(prescriptive structural design for fire)

사용한계상태 : 구조물의 외형, 유지 및 관리, 내구성, 사용자의 안락감 또는 기계류의 정상적인 기능 등을 유지하기 위한 구조물의 능력에 영향을 미치는 한계상태(serviceability limit state)

사용하중 : 사용한계상태를 평가하기 위한 하중(service load)

사각 : 교량의 종방향 축에 수직인 직선과 교좌부 축사이의 각. 0도의 사각은 직각 교량을 의미

샤르피 V노치충격시험 : 시험편을 40mm 간격으로 벌어진 2개의 지지대에 올려놓고 V노치 부분을 지지대 사이의 중간에 놓고 노치부의 배면을 해머로 1회 타격을 주어 시험편을 파단시켜 그때의 흡수에너지, 충격치, 파면 율, 천이온도 등을 측정하는 시험(Charpy V-notch impact test)

설계강도 : 공칭강도와 강도저항계수의 곱, ϕR_n(design strength)

설계경간 : 바닥판에 대해서 주축방향에 있는 인접한 지지부재들 사이의 중심과 중심거리(design span)

설계응력 : 설계강도를 적용되는 단면의 특성으로 나눈 값(design stress)

설계지진 : 설계응답스펙트럼으로 표현되는 지진(design earthquake)

설계 주목점 : 최대 또는 최소 단면력을 발생시키는 활하중의 위치와 방향

설계층간변위 : 증폭 층간변위(설계지진 내습 시 비탄성 거동을 감안하여 산정된 변위, design story drift)

설계판 두께 : 단면의 특성을 산정하는데 가정되는 각형강관의 판 두께 (design wall thickness)

설계하중 : 한계상태설계법의 하중조합에 따라 결정되는 적용하중(design load)

설계화재 : 건축물에 실제로 발행하는 내화설계의 대상이 되는 화재의 크기 (design-basis fire)

설계휨강도 : 부재의 휨에 대한 저항력으로 공칭강도와 강도저항계수의 곱(design flexural strength)

성능적 내화설계: 건축물에 실제로 발생되는 화재를 대상으로 합리적이고 공학적인 해석방법을 사용하여 화재크기, 부재의 온도상승, 고온환경에서 부재

의 내력 및 변형 등을 예측하여 건축물의 내화성능을 평가하는 내화 설계 방법(performance-based structural design for fire)

세그멘탈 시공 : 공장제작 또는 현장타설 등으로 만든 콘크리트 세그먼트를 종방향으로, 현장에서 프리스트레스를 가하면서 조립하는 교량건설 방법(segmental construction)

세장비 : 휨축과 동일한 축의 단면2차반경에 대한 유효길이의 비(slenderness ratio)

세장판 단면 : 탄성범위 내에서 국부좌굴이 발생할 수 있는 세장판 요소가 있는 단면(slender section)

소성단면계수 : 휨에 저항하는 완전 항복 단면의 단면계수로서 소성중립축 상하의 단면적의 중립축에 대한 1차모멘트(plastic modulus)

소성모멘트 : 완전히 항복한 단면의 저항모멘트(plastic moment)

소성해석 : 평형조건은 만족하고 응력은 항복응력이하인 완전 소성거동의 가정에 근거한 구조해석(plastic analysis)

소요(요구)강도 : 한계상태설계 하중조합에 대한 구조해석에 의해 산정된 구조부재에 작용하는 힘, 응력, 또는 변형을 지칭(required strength)

수직보강재 : 웨브에 부착하는 플랜지와 직각을 이루는 웨브 보강재(transverse stiffener)

수집재 : 바닥 다이아프램과 지지부재 사이에 하중을 전달해 주는 부재

순간격 : 인접한 볼트구멍 가장자리 간의 거리

순경간 : 지지성분들 간의 면과 면사이의 거리

순단면 : 볼트구멍 등에 의한 단면손실을 고려한 총단면(net area)

순두께 : 강재 거푸집의 물결모양으로 타설된 콘크리트를 제외한 콘크리트의 두께(net thickness)

순연단거리 : 부재 끝에서 볼트구멍 가장자리까지의 거리(net edge distance)

스프링라인 : 아치형 구조물에서 곡선부가 시작되는 지점이며, 파형강판 지중구조물에서는 최대 단면폭을 형성하는 지점 또는 이 지점을 연결한 선(spring line)

슬롯용접 : 부재를 다른 부재에 부착시키기 위해 긴 홈을 뚫어서 하는 용접(slot weld)

신축롤러 : 둥근 강재봉 형태로, 부재의 신축을 수용할 수 있는 지지부

(expansion roller)

아이바 : 균일한 두께를 가진 특수한 형태의 핀접합 부재로서, 핀구멍이 있는 머리와 구멍이 없는 몸체에 거의 동일한 강도를 부여하도록, 몸체의 폭보다 크게 단조되거나 산소절단된 머리 폭을 가진 인장부재(eye bar)

아치효과 : 차륜하중이 주로 슬래브에 형성된 압축 스트럿에 의해 전달되는 구조적 현상(arching effect)

아칭 : 지중 파형강판 구조물과 주변 뒤채움 토사 간의 상대적 변위에 의해 구조물에 작용하는 연직토압의 일부가 증가 또는 감소하는 현상. 연직토압이 감소하는 경우 정아칭(positive arching), 증가하는 경우는 부아칭(negative arching)이라고 함(arching)

안전계수 : 공칭강도와 실제강도 사이의 오차, 공칭하중과 실제하중 사이의 오차, 하중을 하중효과로 변환하는 해석과정의 불확실성, 또는 파괴모드 및 파괴결과에 따른 위험도를 반영하기 위한 계수, Ω(safety factor)

양연지지판 : 하중의 방향과 평행하게 양면이 직각방향의 판요소에 의해 연속된 압축을 받는 평판요소(stiffened element)

연결보 : 인접한 철근콘크리트 벽부재를 연결하여 함께 횡력에 저항하게 하는 강재보 혹은 합성보(coupling beam)

연결재 : 볼트, 리벳 또는 다른 연결기구 등을 총괄해서 지칭하는 용어(fastner)

연단거리 : 볼트의 중심으로부터 부재의 연단까지의 거리(edge distance)

연마면 : 기계를 사용하여 평평하고 매끄러운 상태로 만든 면(milled surface)

열린 격자바닥 : 콘크리트 슬래브로 덮이거나 또는 콘크리트로 속이 채워지지 않은 강재격자바닥

열절단 : 가스, 플라즈마 및 레이저를 이용한 절단(thermally cut)

예상인장강도 : 공칭인장강도 F_u에 R_t를 곱하여 산정되는 부재의 인장강도 (expected tensile strength)

예상항복강도 : 공칭항복강도 F_y에 R_y를 곱하여 산정되는 부재의 항복강도 (expected yield strength)

오버랩이음 : 교차하는 지강관이 겹치는 강관 트러스이음(overlap connection)

완성된 면 : ANSI/ASME B46.1에 따라 측정된 거칠기 높이 값이 500 이하인 제작된 표면

완전 강접합 : 접합되는 부재사이에 무시할 정도의 상대 회전 변형이 발생하면서 모

멘트를 전달할 수 있는 접합(fully restrained moment connection)

완전용입그루브용접 : 용접재가 조인트 두께를 넘어 완전히 용접되는 그루브용접(강관 구조 접합부에서는 예외). (CJP : Complete-Joint-Penetration groove weld)

완전 합성보 : 충분한 개수의 전단연결재를 사용하여 합성단면의 공칭소성휨강도를 발휘하는 합성보(fully composite beam)

용가재 : 용접접합을 구성하는데 첨가되는 금속 또는 합금재(filler metal)

용착금속 : 용접과정에서 완전히 용융된 부분. 용착금속은 용접과정에서 열에 의해 녹은 용가재와 모재로 구성되어 있음(deposited metal 혹은 weld metal)

용접접근공 : 뒷받침판 등의 설치를 위한 구멍, 일명 스켈럽(weld access hole)

우각부 : 따내기나 용접접근공에서 오목한 노출면의 방향이 급변하는 절단면(reentrant)

웨브 좌굴 : 웨브의 횡방향 불안정 한계상태(web buckling)

웨브 횡좌굴 : 집중압축력 작용점 반대편의 인장플랜지의 횡방향좌굴 한계상태(web sideway buckling)

유효순단면 : 전단뒤짐(전단지연)의 영향을 고려하여 보정된 순단면적(effective net area)

유효좌굴길이 : 압축재 좌굴공식에 사용되는 등가좌굴길이 KL로서 분기좌굴해석으로부터 결정(effective length)

유효좌굴길이계수 : 유효좌굴길이와 부재의 비지지길이의 비, K(effective length factor)

U형박스 단면 : 상부플랜지가 서로 연결되어 있지 않은 U자 모양의 단면

응력 : 축방향력, 모멘트, 전단력이나 비틀림 등이 유발한 단위면적 당 힘(stress)

응력범위 : 하중의 통과로 인한 최대응력과 최소응력과의 차이(stress range)

응력재분배 : 모멘트재분배의 결과로 발생한 휨응력(stress redistribution)

이음부 : 2개 이상의 단부, 표면, 가장자리가 접합되는 영역. 사용되는 파스너 또는 용접의 형태와 하중전달 방법에 의해 분류됨(joint)

인버트 : 구조물의 하부부분으로서 수심이 최대가 되는 지점 또는 부분

인장강도 : 재료가 견딜 수 있는 최대 인장응력(tensile strength)

인장역작용 : 프랫 트러스와 유사하게 전단력이 작용할 때 웨브의 대각방향으로

인장력이 발생하고 수직보강재에 압축력이 발생하는 패널의 거동 (tension field action)

인장파단 : 인장력에 의한 파단한계상태(tensile rupture)

인장항복 : 인장에 의한 항복(tensile yielding)

일정진폭피로한계 : 부재가 피로파괴 없이 무한대의 반복횟수에 견딜 수 있는 최대응력의 변화폭

자유돌출판 : 하중의 방향과 평행하게 한 쪽 끝단이 직각방향의 판요소에 의해 연접된 평판요소(unstiffened element)

재하경로 : 하중이 작용점에서부터 지점까지 전달되는 과정에 있는 부재와 연결부의 연속

적합성 : 함께 연결된 요소 또는 부재들의 사이에 발생하는 변형이 같게 되는 성질(compatibility)

전단연결재 : 합성부재의 2가지 다른 재료사이의 전단력을 전달하도록 강재에 용접되고 콘크리트 속에 매입된 스터드, ㄷ형강, 플레이트 또는 다른 형태의 강재(shear connector)

전단 연속성 : 전단과 변위가 부재들 사이에서 또는 하나의 부재 내부에서 전달되는 조건

전단 키 : 부재들 사이의 전단연속성을 제공하려는 의도로 만들어진 그라우트로 채워질 프리캐스트 부재의 측면에 미리 형성된 구멍 또는 세그멘트의 표면에 움푹 파인 곳과 돌출부의 시스템(shear key)

직교이방성 판 : 2개의 주방향으로 서로 다른 구조적 성질을 가지는 판

직접해석법 : 2차 해석 시 강성을 저감시키고 가상하중을 작용시킴으로써 잔류응력과 골조의 초기 불완전성에 대한 효과를 고려하는 안정성 설계방법(direct analysis)

전단뒤짐(전단지연) : 접합부에서 응력이 집중되거나 응력이 전달되지 않는 현상 (shear lag)

전단좌굴 : 면내에 순수전단력에 의해 보의 웨브와 같은 판요소가 변형하는 좌굴모드(shear buckling)

전단파단 : 전단력에 의한 파단한계상태(shear rupture)

전단항복(뚫림) : 강관접합에서, 지강관이 붙어있는 주강관의 면외 전단강도에 기반한 한계상태(shear yielding(punching))

전체링크회전각 : 링크 한 쪽 단부의 상대 쪽 단부에 대한 상대변위(변형되지 않은 링크의 재축의 횡방향으로 측정함)를 링크 길이로 나눈 값. 전체 링크 회전각은 링크 및 링크단부에 접합된 부재의 탄성 및 비탄성 변형요소를 모두 포함(total link rotation)

접지면 : 차륜과 도로표면 사이의 접촉면적(contact area)

접촉면 : 2개의 요소 또는 부재들이 만나는 위치; 전단력을 전달하는 접합부 요소의 접촉된 면(faying surface)

접합 : 2개 이상의 단부, 표면 혹은 모서리가 접착된 영역. 연결재 혹은 용접의 사용여부와 하중전달 방법에 따라 종류를 나눌 수 있음(joint)

접합부 : 2개 이상의 부재 사이에 힘을 전달하는 데 사용되는 구조요소 또는 조인트의 집합체(connection)

정적항복강도 : 변형률 효과 또는 관성력 효과가 발생치 않게 느린 속도로 진행된 단조가력 파괴실험을 기초로 산정된 구조부재 또는 접합부의 강도(static yield strength)

조립부재 : 용접, 볼트접합, 리벳접합된 구조용 금속소재로 제작된 부재 (built-up member)

조밀단면 : 힘을 받을 때 플랜지나 웨브에 국부좌굴이 일어나지 않고 완전소성상태에 도달하는 단면으로서 이 단면은 플랜지와 웨브의 세장비와 가새(브레이싱)에 관한 요구조건들을 만족해야 함.(compact section)

조정가새강도 : 설계층간변위의 2.0배에 상당하는 변위에서의 좌굴방지 가새골조의 가새강도(adjusted brace strength)

좌굴 : 임계하중상태에서 구조물이나 구조요소가 기하학적으로 갑자기 변화하는 한계상태(buckling)

좌굴방지 가새골조 : 가새시스템의 모든 부재가 주로 축력을 받고, 설계층간변위의 2.0배에 상당하는 힘과 변형에 대해서도 가새의 압축좌굴이 발생치 않는 골조(buckling-restrained brace frame, BRBF)

좌굴방지 시스템: 좌굴방지 가새골조에서 강재 코아의 좌굴을 구속하는 시스템. 좌굴방지시스템에는 강재 코아의 케이싱과 접합부를 연결하는 구조 요소 모두가 포함됨. 좌굴방지 시스템은 설계층간변위의 2.0배에 상당하는 변위에 대해서 강재 코아의 횡방향 팽창과 길이방향 수축이 가능하도록 거동해야 함.(buckling-restraining system)

주강관 : 강관 트러스접합의 주강관부재(chord)
주강관 소성화 : 강관접합에서 지강관이 접합된 주강관에서 면외 휨 항복선 기구에 기반한 한계상태(chord plastification)
주 방향 : 등방성 바닥의 경우는 짧은 경간방향; 직교이방성 판의 경우는 주하중 전달요소방향
중간 내진시스템: 설계지진에 대하여 몇몇 부재가 중간정도의 비탄성적 거동을 일으킨다는 가정하에 설계된 내진시스템(intermediate seismic system)
중공바닥판 : 공극면적이 전체면적의 40% 이상 초과하지 않는 콘크리트 바닥
증폭지진하중 : 지진하중의 수평성분 E에 시스템초과강도계수 Ω_o를 곱한 것 (amplified seismic load)
지강관 : 강관접합에서 주강관 또는 주요부재에 붙어있는 부재 (branch member)
지레작용 : 하중점과 볼트, 접합된 부재의 반력사이에서 지렛대와 같은 거동에 의해 볼트에 작용하는 인장력이 증폭되는 작용(prying action)
지압 : 볼트접합부에서 볼트가 접합요소에 전달하는 전달력에 의한 한계상태(bearing)
지압형식 볼트접합부 : 접합부재에 대한 볼트의 지압으로써 전단력이 전달되는 볼트접합부(bearing-type bolt connection)
지진하중 저항시스템 : 스트럿, 집합부재, 현재, 다이아프램과 트러스 등을 포함한 건물 내의 지진하중 저항 구조요소의 집합체(seismic load resisting system)
직접부착작용 : 합성단면의 강재와 콘크리트 사이에서 힘이 부착응력에 의해 전달되는 매커니즘(direct bond interaction)
차륜하중 : 규정된 설계축하중의 1/2
초과강도계수 : 증폭지진하중을 산정할 경우 사용되는 계수, Ω_o (overstrength factor)
최소기대사용온도 : 100년의 평균재현기간을 기준으로 1시간 평균최저온도 (lowest anticipated service temperature)
최소토피두께 : 파형강판 지중구조물의 안정적 거동을 보장하기 위한 최소한의 토피두께
충전형 합성기둥: 콘크리트로 충전된 사각 또는 원형강관으로 이루어진 합성기둥

층간변위각 : 층간변위를 층고로 나눈 값(rad) (interstory drift angle)

커버플레이트 : 단면적, 단면계수, 단면2차모멘트를 증가시키기 위하여 부재의 플랜지에 용접이나 볼트로 연결된 플레이트(cover plate)

콘크리트압괴 : 콘크리트가 극한변형률에 도달함으로써 압축파괴를 일으키는 한계상태(concrete crushing)

콘크리트헌치 : 데크플레이트를 사용하는 합성바닥구조에서 데크플레이트를 절단한 후 간격을 벌림으로써 형성되는 거더 위의 콘크리트 단면(concrete haunch)

케이싱 : 가새축에 직각방향의 힘에 저항함으로써 강재 코아의 좌굴을 방지하는 케이싱

타이다운 : 접촉면에서 수직한 상대적 운동을 방지하는 역학적 장치

타이드아치 : 아치리브의 수평하중이 수평인장부재에 의해 저항되는 아치(tied arch)

타이플레이트 : 조립기둥, 조립보, 조립스트럿의 2개의 나란한 요소를 결집하기 위한 판재(tie plate)

탄성해석 : 구조체가 하중제거 후에도 탄성이라는 가정에 근거한 구조해석(elastic analysis)

탄성단면계수 : 단면2차모멘트를 도심축에서 단면의 양 끝까지의 거리로 나눈 값

토피 : 파형강판 지중구조물 정점부부터 지표면까지의 채워지는 흙

통합자동응력법 : 비탄성설계에서 모든 항복점에서 연속관계 및 회전관계를 만족하도록 소성회전각과 모멘트를 산정하는 방법(unified auto stress method)

특수 내진시스템: 설계지진하에서 몇몇 부재가 상당한 비탄성적 거동을 일으킨다는 가정 하에서 설계된 내진시스템(special seismic system)

파괴인성 : 구조용 재료 또는 요소가 파괴되지 않고 흡수할 수 있는 에너지의 양. 일반적으로 샤르피V노치충격시험에 의해 결정함.

파형강판 : 일정크기의 구조용 강판을 정해진 규격의 파형주름을 주어 성형한 금속판

파형강판 지중구조물 : 파형강판을 볼트로 조립하여 단면을 형성한 후 주변과 상부를 흙으로 다짐하여 흙-구조물 상호작용으로부터 외부하중을 지지하는 구조물. 지중강판 구조물이라고도 함.

패널존 : 접합부를 관통하는 보와 기둥의 플랜지의 연장에 의해 구성되는 보-기둥 접합부의 웨브영역으로, 전단패널을 통하여 모멘트를 전달하

는 영역(panel zone)

지압판 : 철근콘크리트 벽이나 기둥 안에 묻히는 강재에 접합되는 보강재로 철근콘크리트의 표면에 위치하여 구속력을 제공하고 하중을 직접 지압에 의해 콘크리트에 전달하는 판(face bearing plate)

표준최소인장강도 : KS에 의해 명시된 재료의 인장강도의 하한선(specified minimum tensile strength)

표준최소항복응력 : KS에 의해 규정된 재료에 따른 최소항복응력의 하한선(specified minimum yield stress)

프로토타입 : 실제건물의 골조에서 사용되는 접합부, 부재크기 및 강재특성과 그 밖의 설계, 상세와 공사특성(prototype)

프리텐션 접합부: 규정된 최소의 프리텐션으로 조여진 고장력볼트 접합부 (pretensioned joint)

피로 : 인장성분을 가진 수직응력의 반복적인 작용으로 인한 균열의 발생 및 진행(fatigue)

피로강도 : 특정 반복횟수 동안 부재에 파괴가 일어나지 않고 저항할 수 있는 최대 응력범위(fatigue strength)

피로설계수명 : 피로균열의 발생 없이 설계교통하중에 저항할 수 있는 기간

필릿용접 : 용접되는 부재의 교차되는 면 사이에 일반적으로 삼각형의 단면이 만들어지는 용접(fillet weld)

필릿용접 보강 : 그루브용접을 보강하기 위해 추가된 필릿용접

하중저항 철근 : 소요하중에 저항할 수 있도록 설계하고 배근한 합성부재 내의 철근 (restraining bar)

한계상태 : 구조체 또는 구조요소가 사용하기에 부적당하게 되고 의도된 기능을 더 이상 발휘하지 못하는 상태(사용한계상태) 또는 극한하중 지지능력에 도달한 상태(강도한계상태) (limit state)

한계상태설계법 : 한계상태설계법 하중조합 하에서 부재의 설계강도가 소요강도 이 상이 되도록 구조요소를 설계하는 방법(LSD : Limit State Design method)

합성가새 : 철근콘크리트에 매입된 강재 단면(압연 또는 용접단면) 또는 콘크리트가 충전된 강재 단면으로써 가새로 사용되는 부재(composite brace)

합성기둥 : 철근콘크리트가 피복된 강재 단면이나 콘크리트가 충전된 강재 단면

의 기둥(composite column)

합성보 : 강재보가 슬래브와 연결되어 하나의 구조물로서 구조적 거동을 할 수 있는 보로서, 노출형 합성보와 매입형 합성보가 있음(composite beam)

합성슬래브 : 데크플레이트에 부착되고 지지된 콘크리트 슬래브로, 지진하중 저항 시스템의 부재 사이에 하중을 전달하는 다이아프램으로 거동하는 것(composite slab)

합성작용 : 2개 또는 그 이상들의 요소 또는 부재들이 그들 사이의 상대운동을 방지함으로써 함께 작용하도록 만들어진 조건(composite action)

합성전단벽 : 매입되지 않은 강재 단면이나 철근콘크리트에 매입된 강재 단면을 경계부재로 갖는 철근콘크리트 벽(composite shear wall)

항복강도 : 응력과 변형의 비례상태의 규정된 변형한계를 벗어날 때의 응력(yield strength)

항복모멘트 : 부재에 작용하는 휨모멘트가 항복모멘트에 도달하여 단면의 최연단부가 항복하는 것(yield moment)

항복선 방법 : 콘크리트 슬래브의 여러 개의 가능한 항복선 형태 중에서 최소하중 전달능력을 결정하는 해석방법

항복선 : 소성힌지선

항복선 해석 : 소성힌지 메카니즘 형성에 근거를 둔 부재의 하중전달 능력을 결정하는 방법

항복응력 : 항복점, 항복강도 또는 항복응력 레벨(yield stress)

허용강도 : 공칭강도를 안전계수로 나눈 값(allowable strength)

허용강도설계법 : 구조요소의 요구강도보다 구조요소의 허용강도가 동일하거나 초과되도록 구조요소를 설계하는 설계법(ASD : Allowable Strength Design)

허용응력 : 허용강도를 안전률로 나눈 값(allowable stress)

횡가새 : 대각가새, 전단벽 또는 이에 상응하는 방법으로 면내 횡방향 안정을 제공하는 부재(lateral bracing)

횡방향보강재 : 웨브에 부착되고 플랜지와 수직을 이루는 웨브 보강재(transverse stiffener)

횡방향 철근 : 매입형 합성기둥에서 강재 코아 주위의 콘크리트를 구속하는 역할을 하는 폐쇄형타이나 용접철망과 같은 철근(transverse reinforcement)

횡비틀림좌굴	: 횡방향 변형과 비틀림을 동반하는 좌굴(lateral-torsional buckling)
횡지지부재	: 주 골조부재의 횡좌굴 또는 횡비틀림좌굴이 방지되도록 설계된 부재(lateral bracing)
횡하중	: 풍하중 또는 지진하중과 같이 횡방향으로 작용하는 하중(lateral load)
휨비틀림좌굴	: 단면형상의 변화없이 압축부재에 휨과 비틀림 변형이 발생하는 좌굴모드(flexural-torsional buckling)
휨 연속성	: 부재들 사이 또는 부재 내부에서 모멘트와 회전을 전달하는 능력
휨좌굴	: 단면의 비틀림이나 형상의 변화없이 압축부재가 휨으로 휘는 좌굴모드(flexural buckling)
K-이음	: 주강관을 횡단하는 지강관 또는 접합요소의 하중이 주강관의 같은 측면에서 다른 지강관 또는 접합요소의 하중에 의해 평형을 이루는 강관이음(K-connection)
K형 가새골조	: 다이아프램이나 면외 지지가 없는 위치에서 기둥과 접합된 가새로 구성된 골조(K-braced frame)
T-이음	: 지강관 또는 접합요소가 주강관에 수직이고 주강관의 황방향 하중을 주강관에서 전단에 의해 평형을 이루는 강관이음(T-connection)
V형 가새골조	: 보의 상부 또는 하부에 위치한 한 쌍의 대각선가새가 보의 경간 내의 한 점에 연결되어 있는 중심 가새골조. 대각선가새가 보 아래에 있는 경우는 역V형 가새골조라고도 함.(V-braced frame)
X-이음	: 주강관을 횡단하는 지강관 또는 접합요소의 하중이 주강관의 반대편 다른 지강관 또는 접합요소의 하중에 의하여 평형을 이루는 강관이음(X-connection)
X형 가새골조	: 한 쌍의 대각가새들이 가새의 중간 근처에서 교차하는 중심 가새골조(X-braced frame)
Y-이음	: 지강관 또는 접합요소가 주강관에 수직이 아니며 주강관을 횡단하는 하중이 주강관에서 전단에 의해 평형을 이루는 강관이음(Y-connection)
Y형 가새골조	: Y자형의 스템 부분이 링크 역할을 하는 편심 가새골조(Y-braced frame)

【해설】

기준의 용어에서 관련이 없는 용어는 삭제하였으며, 일부 용어의 정의와 개념을 명확히 설명하기 위하여 다음을 참고한다.

갭이음 → 간격접합 : 한 절점에 연결되는 두 지강관이 주강관과의 접합면에서 서로 간격을 두고 연결되는 접합(gapped connections)

겹침접합 : 한 절점에 연결되는 두 지강관이 주강관과의 접합면에서 일부가 겹쳐진 상태로 연결되는 접합(overlapped connections)

겹침판 → 이중플레이트(doubler plate)

공극 → 동공

공칭강도 : 하중효과에 저항하는 구조체 또는 구조부재의 강도로서, 설계 기준에 따라 저항계수를 적용하지 않고 계산한 값(nominal strength)

국부휨 : 횡방향 집중하중시 플랜지에 발생한 변형의 한계상태

내후성강 : 특정 합금원소를 첨가함으로써 초기에 형성된 산화피막이 대기 중에서 강재의 부식을 방지하게 만든 강재

단곡률 : 곡률에 반곡이 있는 복곡률에 반대되는 것으로서, 한 방향의 연속적인 원호를 그리는 곡선상태(single curvature), 보가 단곡률로 변형된 경우 휨모멘트의 부호는 동일함

단부돌림 → 돌림용접 : 동일한 평면 내에서 모서리를 돌아 연장시킨 필릿용접(end return)

뚫림하중 : 강관구조 접합에서 지강관 힘의 주강관에 수직인 성분(punching load)

반강접 접합부 → 부분모멘트 접합부

반강접 합성접합부 → 부분모멘트 합성접합부

반응수정계수(응답수정계수) : 탄성해석으로 구한 각 요소의 내력으로부터 설계지진력을 산정하기 위한 수정계수, R(response modification factor)

벌크헤드 → 벌크헤드플레이트 :

복곡률 : 곡선의 곡률 방향이 바뀌는 곡선상태로 S형상을 이룬다. 보가 복곡률로 변형된 경우에는 휨모멘트의 부호가 바뀌게 됨.

붕괴유발부재 : 파괴될 경우 붕괴 또는 전체 구조물의 기능 상실을 유발시키는 부재(fracture critical member)

연마면 → 기계가공면(milled surface)

완전 강접합 → 완전 모멘트접합

오버랩 이음 → 겹침 접합

완성된 면 : KS B 0161에 따른 조도 S12.5(표면거칠기 12.5/1000mm의 요철) 이하로 제작된 표면

용입재 → 용가재

지압형식 볼트접합부 → 지압접합부

커버플레이트 → 덮개판

차륜하중 → 바퀴하중

건축구조와 토목구조 각 분야에서 사용되는 용어에 다소간의 차이가 있어 이를 다음과 같은 원칙과 우선 순위를 적용하였다.

(1) 가급적 한글표기를 원칙으로 한다.
(2) 관용적으로 사용해 왔던 표현은 의미 전달에 오류가 없다면 그대로 유지한다.
(3) 용접 용어 등과 같이 용어를 관리하는 별도의 전문기관이 있는 경우 관련 기관에서 규정한 용어의 사용을 원칙으로 한다.

1.3 주요기호

A	: 단면적 (mm^2); 피로상세범주; 지간계수; 리브 웨브의 간격 중에서 큰 것 (mm)
A_B	: 콘크리트의 재하면적 (mm^2)
A_b	: 볼트의 공칭단면적 (mm^2); 핀 플레이트의 지압면적; 수평경계요소의 단면적 (mm^2)
A_{bi}	: 겹치는 지강관의 단면적 (mm^2)
A_{bj}	: 겹친 지강관의 단면적 (mm^2)
A_c	: 압축플랜지 단면적; 콘크리트 단면적; 유효폭 내의 콘크리트 단면적; 수직경계요소의 단면적 (mm^2); 시공장비 축하중(kN)
$ADTT$	: 일평균 트럭교통량
$ADTT_{SL}$	: 일차선 당 일평균 트럭교통량
A_e	: 유효순단면적 (mm^2)
A_{eff}	: 감소된 유효폭(b_e)을 고려하여 산정한 유효단면적의 합 (mm^2)
A_f	: 집중하중을 전달하는 플랜지의 면적; 기둥의 플랜지면적 (mm^2); 단면형상과 토피고에 따른 무차원 아칭계수
A_{fb}	: 하부플랜지의 단면적 (mm^2)
A_{fc}	: 압축플랜지의 단면적 (mm^2)
A_{fg}	: 플랜지의 총단면적 (mm^2)
A_{fn}	: 인장플랜지의 순단면적 (mm^2)
A_{ft}	: 인장플랜지의 단면적 (mm^2)
A_g	: 부재의 총단면적; 설계벽두께를 기초로 한 강관의 전단면적; 합성부재의 총단면적(mm^2)
A_{gn}	: 부재의 순단면적에서 A_{ne}를 뺀 값 (mm^2)

A_{gt} : 인장저항 총단면적 (mm²)

A_{gv} : 전단저항 총단면적 (mm²)

A_H : 수평가속도계수

A_L : 차량축하중 (kN)

A_n : 부재의 순단면적 (mm²)

A_{ne} : 순단면적 (mm²)

A_{nt} : 인장저항 순단면적 (mm²)

A_{nv} : 전단저항 총단면적 (mm²)

A_o : 박스형단면의 내부단면적 (mm²)

A_p : 핀의 단면적; 연결부의 윗 판과 아랫 판의 접합단면적의 합이나 연결판의 면적 중 적은 면적 (mm²)

A_{pb} : 투영된 지압면적 (mm²)

A_{pn} : 지압보강재의 유효단면적 (mm²)

A_r : 콘크리트 슬래브의 유효폭 내에 있는 적절하게 정착된 길이방향 철근의 단면적; 주철근의 단면적; 플랜지 유효폭 내의 철근 단면적 (mm²)

A_s : 강재의 단면적; 슬래브의 단면적; 보강재의 전단면적 (mm²); 내부지점부에서 콘크리트 바닥판 유효폭 내의 종방향 철근의 총단면적 (mm²)

A_{sa} : 강재스터드 전단연결재의 단면적 (mm²)

A_{sc} : 스터드연결재의 단면적 (mm²)

A_{sh} : 띠철근의 최소단면적 (mm²)

A_{sp} : 합성전단벽의 강판 수평단면적 (mm²)

A_{sr} : 연속된 길이방향 철근의 단면적 (mm²)

A_{st} : 보강재의 단면적 (mm²)

A_t : 인장플랜지의 단면적 (mm²)

A_{tf} : 합성단면에서 유효폭 내의 철근과 플랜지의 총단면적 (mm²)

A_{tg} : 블록전단상태에서 인장파단 총단면적 (mm²)

A_{tn} : 블록전단상태에서 인장파단 순단면적 (mm²)

A_V : 수직가속도계수

A_v : 사인장을 지지하는 수직철근의 단면적 (mm²)

A_{vg} : 블록전단상태에서 전단파단 총단면적 (mm^2)

A_{vn} : 블록전단상태에서 전단파단 순단면적 (mm^2)

A_w : 웨브의 단면적; 용접의 유효면적 (mm^2)

A_1 : 베이스플레이트의 면적 (mm^2); 콘크리트의 재하면적 (mm^2)

A_2 : 베이스플레이트와 닮은꼴의 콘크리트 지지부분의 최대면적 (mm^2)

B : 접합평면과 90°를 이루는 각형 강관폭 (mm); 접합평면과 90°를 이루는 각형주강관의 폭 (mm); 수직보강재 단면에 대한 상수

B_b : 접합평면과 90°를 이루는 각형 지강관의 폭 (mm)

B_{bi} : 겹치는 지강관의 폭 (mm)

B_{bj} : 겹친 지강관의 폭 (mm), 즉 겹쳐진 다른 한 지관을 의미함

B_p : 접합평면과 90°를 이루는 판폭 (mm)

B_r : 지압강도 (N)

B_1 : 압축과 휨을 받는 부재와 각 부재의 휨방향에 대한 $P-\delta$효과를 설명하기 위한 증폭 계수

B_2 : 구조물의 각 층의 층횡변위의 방향에 대한 $P-\Delta$효과를 설명하기 위한 증폭계수

C : 전단좌굴응력 대 전단항복강도의 비; 직교이방성에 있는 리브를 조절하기 위한 바닥홈의 두께 (mm); 강관의 비틀림상수

C_b : 횡좌굴모멘트 수정계수, 모멘트변화 보정계수, 횡비틀림좌굴모멘트 수정계수

C_m : 골조의 횡변위가 발생하지 않는 것으로 가정할 때의 계수

C_r : 횡처짐좌굴 상관계수

C_s : 뒤채움 흙과 구조물의 상대 축강성 매개변수

C_v : 웨브의 전단상수

C_w : 뒴(뒤틀림)상수 (mm^6)

C_1 : 차량 축 개수와 지간에 따른 감소계수

C_1, C_2, C_3 : 충전형 합성압축부재의 유효강성을 위한 계수

D : 원형 강관의 외경; 부재의 외경; 설계하중에 의한 1차 층간변위; 웨브 높이; 수평보강재 안의 최대 웨브 높이; 핀 직경 (mm)

D'	: 콘크리트 슬래브의 최대 변형율이 파쇄변형률 이론치와 같을 때 조밀단면이 소성모멘트 한계치에 도달할 때의 조밀단면 높이 (mm)
D_b	: 원형 지강관의 외경; 지강관의 외경 (mm)
D_c	: 압축력을 받는 웨브높이 (mm)
D_{cp}	: 소성모멘트 상태에서의 압축력을 받는 웨브높이 (mm)
D_h	: 구조물 스프링라인 사이 거리 (m); 설계지간 (m)
D_p	: 성모멘트 상태의 합성단면에서 슬래브 상부에서 중립축 간의 거리; 수평보강재간의 최대 웨브 높이(보강재가 없을 경우 웨브높이) (mm)
D_s	: 플레이트거더에 사용되는 수직보강재의 종류와 관계있는 계수
D_v	: 구조물단면 정점부에서 스프링라인까지 연직거리의 2배 (m)
D/L	: 구조물의 모든 층에 대한 최대 L에 대한 D의 비
E	: 강재의 탄성계수 (MPa); 지진하중
E_c	: 콘크리트의 탄성계수 (MPa)
E_m	: 뒤채움 흙의 탄성계수 (MPa)
E_s	: 강재의 탄성계수 (MPa); 뒤채움 흙의 할선탄성계수 (MPa)
E_{sr}	: 철근의 탄성계수 (MPa)
EI_{eff}	: 합성단면의 유효강성 (N·mm^2)
EI^*	: 해석에서 사용되는 휨강성 (직접해석법 : $0.8\tau_b EI$, 유효좌굴길이법과 1차해석법: EI)
FCM	: 붕괴유발부재
F_c	: 가용응력 (MPa)
F_{cb}	: 플랜지의 공칭압축좌굴강도 (MPa)
F_{cf}	: 이음점에서의 제어 플랜지에 대한 설계응력 (MPa)
F_{cr}	: 임계 좌굴응력 (MPa)
F_{crs}	: 보강재의 국부좌굴강도 (MPa)
F_{crw}	: 웨브의 공칭휨좌굴강도 (MPa)
F_e	: 탄성좌굴응력, 합성부재의 공칭압축강도 (MPa)
F_{ex}	: x축에 대한 휨탄성좌굴응력 (MPa)
F_{exx}	: 용접금속의 분류강도 (MPa)

F_{ey} : y축에 대한 휨탄성좌굴응력 (MPa)

F_{fat} : 단위길이 당 반경방향 피로전단력 발생범위로서 F_{fat1}과 F_{fat2} 중 큰 값 (N/mm)

F_{fat1} : 브레이싱 간 곡률효과에 의한 단위길이 당 반경방향 피로전단력 발생범위 (N/mm)

F_{fat2} : 사교와 같이 비틀림효과에 의한 단위길이 당 반경방향 피로전단력 발생범위 (N/mm)

F_{in} : 공칭부착응력 (MPa)

F_{L} : 형강의 잔류응력을 고려하여 공칭강도의 산정에 이용된 응력 (MPa)

F_{m} : 병렬구조물에 따른 감소계수

F_{n} : 응력으로 표현된 공칭휨강도; 공칭비틀림강도 (MPa)

F_{nc} : 압축플랜지의 공칭휨강도 (MPa)

F_{nt} : 인장플랜지의 공칭휨강도 (MPa)

F_{nt}' : 전단응력의 효과를 고려한 공칭인장응력 (MPa)

F_{nw} : 용접모재의 공칭강도 (MPa)

F_{r} : 응력으로 표현된 설계휨강도 (MPa)

F_{ra} : 설계축방향응력 (MPa)

F_{rbw} : 강축에 대한 설계휨응력 (MPa)

F_{rbz} : 약축에 대한 설계휨응력 (MPa)

F_{rc} : 상부플랜지에서 크로스프레임 또는 다이아프램의 작용력의 순범위 (N)

F_{s} : 사용하중에 의한 이음점 플랜지의 설계응력 (MPa)

F_{u} : 강재의 최소인장강도; 풍하중을 제외한 설계하중에 의한 바닥플랜지의 휨응력; 스터드연결재의 최소인장강도; 강관의 인장강도; 강관부재의 극한강도; 피접합재의 공칭인장강도 (MPa); 스터드 전단연결재의 설계기준 인장강도 (MPa)

F_{ub} : 볼트의 최소인장강도 (MPa)

F_{vr} : 박스플랜지의 계수 비틀림전단강도 (MPa)

F_{w} : 용접 모재의 인장강도; 풍하중에 의한 플랜지 연단의 휨응력 (MPa)

F_{y} : 핀의 항복강도; 강재의 항복강도; 강재의 설계기준 항복강도; 강관의 항

복강도; 기둥 웨브의 명시된 최소항복응력; 주강관의 항복강도 (MPa)

F_{yb} : 바닥플랜지의 최소항복강도; 지강관의 항복강도 (MPa)

F_{ybi} : 겹치는 지강관 재료의 항복응력 (MPa)

F_{ybj} : 겹친 지강관 재료의 항복응력 (MPa)

F_{yc} : 압축플랜지의 최소항복강도; 기둥 플랜지의 항복강도 (MPa)

F_{yce} : 압축플랜지의 유효항복강도 (MPa)

F_{yf} : 플랜지의 최소항복강도; 보플랜지의 항복강도 (MPa)

F_{yh} : 띠철근의 공칭항복강도 (MPa)

F_{yp} : 판재의 항복강도 (MPa)

F_{yr} : 잔류응력이 고려된 압축플랜지의 항복강도 또는 최소항복강도 중 작은 값 (MPa); 잔류응력은 고려하되 횡방향 휨응력은 고려하지 않은 단면 내 공칭항복 시작점에서의 압축플랜지 응력 (MPa)

F_{yre} : 주철근의 유효항복강도 (MPa)

F_{ys} : 보강재의 최소항복강도 (MPa)

F_{ysr} : 철근의 설계기준 항복강도 (MPa)

F_{yst} : 보강재의 설계항복강도 (MPa)

F_{yt} : 인장플랜지의 최소항복강도 (MPa)

F_{yte} : 인장플랜지의 유효항복강도 (MPa)

F_{yw} : 웨브의 최소항복강도 (MPa)

F_{ywe} : 웨브의 유효항복강도 (MPa)

G : 강재의 전단탄성계수 (MPa)

H : 접합평면에서 측정한 각형 주강관의 높이; 층고 (mm); 토피고 (m); Δ_H를 계산하기 위해 사용된 횡하중에 의하여 고려되는 변위의 방향으로 발생하는 층전단력 (N)

H' : 단면 정점부에서 스프링라인까지 연직거리의 1/2 (m)

H_b : 접합평면에서 측정한 각형 지강관의 높이 (mm)

H_{bi} : 겹치는 지강관의 높이 (mm)

$H_{c.}$: 시공 중 안정성 검토대상 토피고 (m)

H_{uw} : 이음점에서 웨브의 높이 중앙에 작용하는 수평합력 (N)

I : 휨평면에 대한 단면2차모멘트 (mm^4)
I_c : 콘크리트 단면의 단면2차모멘트; 웨브판에 수직인 축에 대한 수직경계요소의 단면2차모멘트 (mm^4)
I_l : 수평보강재의 단면2차모멘트 (mm^4)
I_p : 이음판으로 연결된 웨브 볼트군의 극관성모멘트 (mm^4)
I_s : 단부를 기준으로 한 수평보강재의 단면2차모멘트; 아치리브 보강재의 단면2차모멘트; 강재 단면의 단면2차모멘트 (mm^4)
I_{sr} : 철근단면의 단면2차모멘트 (mm^4)
I_t : 수직보강재의 총 단면2차모멘트 (mm^4)
I_x : x축에 대한 단면2차모멘트 (mm^4)
I_y : y축에 대한 단면2차모멘트; 단부를 기준으로 한 수직보강재의 단면2차모멘트; 약축에 대한 단면2차모멘트 (mm^4)
I_{yc} : y축에 대한 압축플랜지의 단면2차모멘트 또는 복곡률의 경우 압축플랜지 중 작은 플랜지의 단면2차모멘트 (mm^4)
I_{yt} : y축에 대한 인장플랜지의 단면2차모멘트 (mm^4)
I_z : 약축에 대한 단면2차모멘트 (mm^4)
IM : 충격계수
J : 비틀림상수(순수비틀림상수) (mm^4); 보강재의 휨강성변수
K : 유효좌굴길이계수; 인접한 흙에 대한 구조물의 상대강성계수
K_h : 볼트연결부에서의 구멍크기계수
K_i : 서로 맞닿은 ㄱ형강일 경우 0.5; 서로 맞닿은 ㄷ형강일 경우 0.75; 다른 모든 경우 0.86
K_{m1}, K_{m2}, K_{m3} : 고정하중 시공단계 및 활하중 재하 시 휨강성비에 따른 무차원계수
K_s : 볼트연결부에서의 표면상태계수
K_x : x축에 대해서 비틀림좌굴에 대한 유효좌굴길이계수
K_y : y축에 대해서 비틀림좌굴에 대한 유효좌굴길이계수
K_z : z축에 대해서 비틀림좌굴에 대한 유효좌굴길이계수
K_1 : 횡방향으로 구속된 골조에 대해 산정한 휨평면에 대한 유효좌굴길이계수
K_2 : 횡방향으로 구속되지 않은 골조에 대해 산정한 휨평면에 대한 유효좌굴길

이계수

L : 지간길이; 부재길이; 연결부의 길이; 부재의 횡좌굴에 대한 비지지길이; 중심라인에서 작업구간 사이의 부재길이; 층고; 트러스 현재 중심선에서 작업점 사이의 부재길이 (mm)

L_b : 비지지길이; 부재 단부에서 첫 가새점까지의 거리; 횡지지길이 (mm)

L_c : ㄷ형강 전단연결재의 길이 (mm)

L_{cf} : 수직경계요소 플랜지 사이의 순거리 (mm)

L_{cp} : 덮개판 길이 (mm)

L_e : 각형강관에서 맞댐용접과 필릿용접의 총유효길이 (mm)

L_h : 보 소성힌지 사이의 거리 (mm)

L_{in} : 하중도입부의 길이 (mm)

L_n : 최대 정모멘트 지점과 이에 인접한 내측 지점의 중심선 사이의 호의 길이 (mm)

L_p : 소성거동을 보장하는 비지지길이의 한계 (mm); 최대정모멘트(활하중+충격하중)에 인접한 지점과 거더 단부 사이의 호의 길이 (mm)

L_r : 비탄성 횡방향 비틀림좌굴을 보장하는 비지지길이의 한계 (mm)

L_v : 최대전단력 작용점과 전단력이 0인 점 사이의 거리 (mm)

L_E : 활하중

M_A : 비지지구간에서 1/4지점의 모멘트 (N·mm)

M_B : 비지지구간에서 중앙부의 단부모멘트 (N·mm); 상부 아치 정점부 위의 고정하중에 의한 휨모멘트 (kN·m/m)

M_C : 비지지구간에서 3/4지점의 모멘트 (N·mm); 설계하중에 의한 기둥모멘트 (N·mm); 시공 중 활하중에 의한 휨모멘트 (kN·m/m)

M_{cD} : 고정하중에 의한 정점부 휨모멘트 (kN·m/m)

M_{cE} : 지진하중에 의한 정점부 휨모멘트 (kN·m/m)

M_{cf} : 정점부 설계휨모멘트 (kN·m/m)

M_{cL} : 활하중에 의한 정점부 휨모멘트 (kN·m/m)

M_D : 상부아치 정점부 위의 고정하중에 의한 휨모멘트 (kN·m/m); 정점부와 어깨부의 고정하중 및 휨모멘트의 합 (kN·m/m)

M_e : 탄성 횡좌굴모멘트 (N·mm)

M_f : 완공 후 작용하는 휨모멘트 (kN·m/m)

M_{fb} : 가로보의 설계모멘트 (N·mm)

M_{fl} : 인접보로부터 전달되는 축중하중에 의한 바닥판의 종방향 설계모멘트 (N·mm)

M_{ft} : 인접리브로부터 전달되는 축중하중에 의한 바닥판의 횡방향 설계모멘트 (N·mm)

M_h : 소성힌지에서의 설계모멘트 (N·mm)

M_{hD} : 고정하중에 의한 어깨부 휨모멘트 (kN·m/m)

M_{hE} : 지진하중에 의한 어깨부 휨모멘트 (kN·m/m)

M_{hf} : 어깨부 설계 휨모멘트 (kN·m/m)

M_{hL} : 활하중에 의한 어깨부 휨모멘트 (kN·m/m)

M_L : 완공 후 활하중에 의한 휨모멘트; 트럭하중에 의한 휨모멘트 (kN·m/m)

M_l : 비지지부재 단부에서의 설계하중에 의한 최소모멘트 (N·mm)

M_{lt} : 골조의 횡변위가 발생할 때의 하중조합으로 구해진 1차모멘트 (N·mm)

M_{max} : 최대휨강도; 비지지구간에서 모멘트 중 가장 큰 값 (N·mm)

M_{mid} : 비지지길이 구간 중앙점에서의 강축에 대한 휨모멘트 (N·mm)

M_n : 공칭휨강도 (N·mm)

M_{nc} : 압축플랜지 항복기준 공칭휨저항강도 (N·mm)

M_{np} : 내측 지점에서의 공칭휨강도 (N·mm)

M_{nt} : 골조의 횡변위가 발생하지 않을 때의 하중조합으로 구해진 1차모멘트 (N·mm); 인장플랜지 항복기준 공칭휨저항강도 (N·mm)

M_o : M_2에 대응하는 반대편 브레이싱 지점의 휨모멘트로, 휨모멘트 포락선으로부터 이 점에서 플랜지에 최대 압축응력을 발생시키거나, 압축이 전혀 발생하지 않는 경우에는 최소 인장응력을 발생시키는 모멘트로 한다. (N·mm)

M_p : 소성휨강도 (N·mm)

M_{pc} : 기둥의 공칭소성휨강도 (N·mm)

M_{pe} : 유효소성휨강도 (N·mm)

M_{pf} : 파형강판의 소성모멘트강도 (kN·m/m)

M_{ps} : 콘크리트로 채워진 부재에서 강재 단면의 소성휨강도 (N·mm)

M_r : 설계휨강도 (N·mm); 하중조합으로 구해진 소요 2차휨강도 (N·mm)

M_{rb} : 가로보의 설계휨강도 (N·mm)

M_{rr} : 종방향 리브의 설계휨강도 (N·mm)

M_{rt} : 인접 리브로부터 전달되는 축중하중에 의한 바닥판의 설계휨강도 (N·mm)

M_{rx}, M_{ry} : x-방향, y-방향의 설계하중에 의한 휨모멘트 (N·mm)

M_{r-ip} : 하중조합을 사용하는 지강관의 소요 면내휨강도 (N·mm)

M_{r-op} : 중조합을 사용하는 지강관의 소요 면외휨강도 (N·mm)

M_u : 설계하중에 의한 휨모멘트 ; 설계하중에 의한 최대 패널모멘트; 하중조합을 사용하는 주강관의 소요휨강도 (N·mm)

M_{ur} : 강바닥판 리브의 국부 설계휨모멘트 (N·mm)

M_{uv} : 소성힌지 위치에서 기둥 중심선까지의 전단증폭에 의한 누가모멘트 (N·mm)

M_{uw} : 이음점에서 웨브 높이 중앙에서의 설계모멘트 (N·mm)

M_{ux}, M_{uy} : x-방향, y-방향에서의 설계하중에 의한 휨모멘트 (N·mm)

M_w : 설계풍하중에 의한 바닥플랜지의 최대 횡방향모멘트 (N·mm)

M_y : 항복휨강도 ; 웨브항복을 고려하지 않을 경우의 항복휨모멘트 (N·mm)

M_{yc} : 콘크리트로 채워진 부재에서 합성단면의 항복휨강도 (N·mm); 압축플랜지 항복기준 항복모멘트 (N·mm)

M_{yr} : 웨브의 항복을 고려할 경우 항복모멘트강도 (N·mm)

M_{yt} : 인장플랜지 항복기준 항복모멘트 (N·mm)

M_1 : 상부아치 정점부까지 고정하중에 의한 휨모멘트 (kN·m/m); M_2에 대응하는 반대편 브레이싱 지점의 휨모멘트로, M_2와 M_o또는 M_{mid}를 선형 보간하여 구한 모멘트 중 C_b값을 작게 발생시키는 것으로 한다. (N·mm)

M_2 : 브레이싱 양단지점에서 플랜지에 압축응력을 발생시키는 강축에 대한 휨모멘트의 최댓값 (N·mm)

N : 응력범위의 반복횟수; 강관축과 나란한 하중지지 길이; 집중하중이 작용하는 폭(다만, k보다 작지 않아야 함) (mm); 베어링의 길이 (mm)

NDT : 비파괴검사

N_b : 인장력을 받는 볼트의 수

N_F : 구조물과 흙의 휨강성비

N_i : i층에 적용되는 가상하중; 추가적인 횡하중 (N)

N_s : 전단단면수; 볼트 당 전단단면수

O_v : 오버랩 접합계수

P : 강도한계상태에서 전단연결재의 설계를 위한 콘크리트 바닥판의 총 공칭 전단력 (N)

P_A : 비지지구간의 1/4지점에서 압축플랜지 하중의 절댓값 (N)

P_B : 비지지구간의 중앙지점에서 압축플랜지 하중의 절댓값 (N)

P_c : 압축강도; 설계 축방향 압축 또는 인장강도; 비지지구간의 3/4지점에서 압축플랜지 하중의 절댓값 (N)

P_{co} : 면외휨을 고려한 압축강도 (N)

P_{DB} : 축당 설계하중 (kN)

$P_{e\,story}$: 고려하는 변위의 방향으로의 층에 대한 탄성좌굴강도 (N)

P_{e1} : 휨평면 상에서 횡방향으로 단부가 구속된 부재의 탄성좌굴강도 (N)

P_h : 설계하중에 의해 최대모멘트가 발생될 때의 가새점에서의 압축플랜지의 하중 (N)

P_k : 골조의 횡변위가 발생할 때의 1차축강도 (N)

P_l : 설계하중에 의해 최소모멘트가 발생될 때의 가새점에서의 압축플랜지의 하중 (N)

P_{lt} : 골조의 횡변위가 발생할 때의 하중조합으로 구해진 1차축강도 (N)

$P_{\max}$: 비지지구간에서 최대 압축플랜지 하중의 절댓값 (N)

P_{mf} : 고려되는 변위의 방향으로의 모멘트골조가 있는 층에서 기둥에 작용하는 전체 수직하중(가새골조 시스템에 대해서는 0이다.)

P_n : 공칭강도; 공칭지압강도; 공칭압축강도 (N); 축방향 공칭설계강도 (N); 강도한계상태에서 전단연결재의 설계를 위한 내측 지점부에 위치한 콘크리트 바닥판의 총 종방향 전단력으로 P_{1n}과 P_{2n} 중 작은 값 (N)

P_{no} : 세장효과를 고려하지 않은 합성부재의 공칭압축강도 (N)

P_{1n} : 강도한계상태에서 전단연결재의 설계를 위한 내측 지점부에 위치한 거더의 종방향 힘 (N)

P_{2n} : 강도한계상태에서 전단연결재의 설계를 위한 내측 지점부에 위치한 콘크리트 바닥판의 종방향 힘 (N)

P_{nt} : 골조의 횡변위가 발생하지 않을 때의 하중조합으로 구해진 1차축강도 (N)

P_{ny} : 전단면의 항복에 대한 공칭인장강도 (N)

P_{no} : 길이효과를 고려하지 않은 공칭인장강도 (N)

P_o : 편심이 없는 합성기둥의 공칭축강도 (N)

P_p : 콘크리트의 공칭지압강도 (N); 강도한계상태에서 전단연결재의 설계를 위해 최대정모멘트(활하중+충격하중) 지점에서 콘크리트 바닥판의 총 종방향 전단력으로 P_{1p} 와 P_{2p} 중 작은 값 (N)

P_{1p} : 강도한계상태에서 전단연결재의 설계를 위해 최대 정모멘트(활하중+충격하중) 지점에서 콘크리트 바닥판의 종방향 힘 (N)

P_{2p} : 강도한계상태에서 전단연결재의 설계를 위해 최대 정모멘트(활하중+충격하중) 지점에서 거더의 종방향 힘 (N)

P_{pf} : 파형강판의 소성압축강도 (kN/m)

P_r : 축방향 설계강도; 핀 보강판의 설계지압강도; 바닥판의 공칭인장강도 (N); 하중조합으로 구해진 소요2차축강도; 하중조합으로 구해진 소요축압축강도 (N); 합성부재에 가해지는 소요외력 (N)

P_{rs} : 강재에 직접 가해지는 외력의 일부 힘 (N)

P_{story} : 층에 의해 지지되는 전체 수직하중, 이 하중은 횡하중 저항시스템이 아닌 기둥에 작용하는 하중도 포함한 하중조합임 (N)

P_T : 최대 정모멘트 지점과 이에 인접한 내측 지점의 중심선 사이의 콘크리트 바닥판의 총 종방향 전단력으로 P_p와 P_n의 합 (N)

P_t : 볼트의 최소 소요인장력 (N)

P_u : 설계 축방향 하중; 설계하중에 의한 볼트당 인장력 혹은 전단력; 강바닥판 리브의 하중; 합성기둥의 소요축강도; 기둥의 소요압축강도; 링크의 소요압축강도 (N)

P_y : 부재의 항복강도; 축항복강도 (N)

P_ν : 순단면의 파단에 대한 공칭인장강도 (N)

Q : 설계하중(소요강도); 단면 중립축에 대한 조밀단면의 환산단면의 단면1차

모멘트(mm^3); 단기 합성단면의 중립축에 대한 바닥판 환산단면적의 단면 1차모멘트 (mm^3); 모든 세장압축 판요소를 고려하는 순감소계수

Q_a : 세장한 양연지지판의 저감계수

Q_{ct} : 설계인장강도 (N)

Q_{cv} : 설계전단강도 (N)

Q_f : 주관-응력상관변수

Q_{fl} : 플랜지의 좌굴강도에 대한 항복강도의 비

Q_n : 전단연결재의 공칭전단강도 (N)

Q_{nt} : 강재스터드 전단연결재의 공칭인장강도 (N)

Q_{nv} : 강재스터드 전단연결재의 공칭전단강도 (N)

Q_p : M_r이 되기 위한 웨브와 압축플랜지의 세장비

Q_r : 전단연결재의 설계전단강도 (N)

Q_{rt} : 소요인장강도 (N)

Q_{rv} : 소요전단강도 (N)

Q_s : 세장한 자유돌출판의 저감계수

Q_u : 설계하중에 의한 볼트당 프라잉 인장력 (N)

R : 소성회전, 전단 상관계수; 응답수정계수; 파형강판 지중구조물 상부 또는 측면 곡률반경 (m); 패널 내의 최소 거더반경 (mm); 강우하중

R_a : 허용강도설계법의 요구강도

R_B : 단면형상에 따른 감소계수

R_b^* : 조밀단면의 하중저감계수(load-shedding factor)

R_b, R_h : 플랜지 응력감소계수

R_c : 파형강판 구조물 상부의 곡률반경 (m)

R_{cf} : 이음점에서 F_{cf}와 f_{cf} 비의 절댓값

R_e : 등가곡률반경 (mm)

R_g : 그룹의 효과를 고려한 계수

R_L : 휨강성비; 지간 및 토피고에 따른 감소계수

R_M : $P-\Delta$에 대한 $P-\delta$의 영향을 설명하는 계수

R_m : 단면형상계수

R_n : 볼트연결부의 공칭강도(N 또는 MPa); 공칭강도(=1.0 가새골조구조시스템; =0.85 모멘트골조 및 혼합골조); 집중하중에 대한 공칭 저항강도(N); H형강 또는 강관의 전 둘레길이와 하중도입부의 길이에 해당하는 공칭부착강도(N)

R_p : 전단연결재의 위치에 따른 효과를 고려한 계수

$(R_{pB})_r$: 핀의 지압강도(N)

R_{pc} : 압축플랜지에 대한 웨브 소성화계수(MPa)

R_{pg} : 휨강도 감소계수

R_{pt} : 인장플랜지에 대한 웨브 소성화계수(MPa)

R_r : 강도한계상태에서 볼트 또는 용접연결부의 설계강도(N 또는 MPa)

R_s : 전단과 인장을 동시에 받는 볼트의 공칭전단강도(N)

$(R_{sb})_n$: 지압보강재의 공칭지압강도(N)

$(R_{sb})_r$: 지압보강재의 설계지압강도(N)

R_t : 예상인장강도 대 최소인장강도의 비

R_U : 지간 및 토피고에 따른 하중감소계수

R_u : 한계상태설계법의 요구강도(N); 계수 집중하중 또는 베어링 반력(N)

R_v : 패널존의 공칭전단강도(N)

R_y : 예상항복강도 대 최소항복강도의 비

S : 탄성단면계수(mm^3); 유효경간길이(mm); 병렬구조물의 인접구조물 간 최소거리(m)

S_c : 휨축에 대한 다리 압축부분의 탄성단면계수(mm^3)

S_{eff} : 압축플랜지의 유효폭 b_e에 대한 유효단면계수(mm^3)

S_s : 이음부 공칭강도(kN/m)

S_x : 강축에 대한 탄성단면계수(mm^3)

S_{xc} : 압축플랜지의 강축에 대한 탄성단면계수(mm^3)

S_{xe}, S_{xt} : 플랜지의 탄성단면계수(mm^3)

S_{xt}, S_{xc} : 인장과 압축플랜지에 대한 단면계수(mm^3); 인장플랜지의 강축에 대한 탄성단면계수(mm^3)

S_y : ㄷ형강의 경우 최소단면계수(mm^3)

T : 설계하중으로 인한 내적토크 (N·mm)
T_C : 시공장비에 의한 압축력 (kN/m)
T_c : 비틀림강도 (N·mm)
T_D : 고정하중에 의한 압축력 (kN/m)
T_E : 지진하중에 의한 압축력 (kN/m)
T_f : 설계압축력 (kN/m)
T_L : 활하중에 의한 압축력 (kN/m)
T_n : 공칭비틀림강도 (N·mm); 볼트의 공칭인장강도 (N)
T_o : 설계볼트장력 (N)
T_r : 소요비틀림강도 (N·mm)
T_u : 한계상태설계법의 하중조합에 의한 인장력; 하중조합에 의한 볼트 1개가 받는 인장력 (N)
U : 전단뒤짐(전단지연)에 의한 감소계수
U_{in} : H형강 또는 강관의 둘레길이 (mm)
V : 유공판에 추가적으로 작용하는 전단력; 기둥에 작용하는 전단력 (N)
V' : 전단연결재에 의해 전달되는 전단력 (N)
V_c : 전단강도 (N)
V_{cr} : 인접 웨브패널의 공칭전단좌굴강도 중 작은 값 (N)
V_f : 피로하중조합 하의 연직전단력 발생범위 (N)
V_{fat} : 단위길이 당 종방향 피로전단력 발생범위 (N/mm)
V_h : 전단연결재가 받는 수평전단력의 합 (N)
V_n : 공칭전단강도 (N)
V_{ns} : 합성전단벽 내 강판의 공칭전단강도 (N)
V_p : 소성전단강도 (N)
V_r : 설계전단강도; 보강재 설치지점의 소요전단강도 (N)
V_{sr} : 단위길이 당 수평방향 피로전단력의 범위 (N)
V_u : 소요전단강도; 설계하중에 의한 전단력 (N)
V_{ui} : 경사진 웨브의 설계하중에 의한 전단력 (N)
V_{uw} : 이음점 웨브의 설계전단력 (N)

W : 상부아치 위 뒤채움 흙과 포장의 자중 (kN/m)

Y_{con} : 강재보의 상부에서 콘크리트 슬래브 또는 외피재(케이싱)의 상부까지의 거리 (mm)

Y_i : 하중조합에 의해 i층에 적용되는 중력하중 (N)

Y_{PNA} : 콘크리트의 최대 압축섬유에서 소성중립축까지의 최대거리 (mm)

Z : 소성단면계수 (mm^3); 수평보강재의 필요 휨강성 산정을 위한 곡률인자

Z_b : 휨축에 관한 지강관의 소성단면계수 (mm^3)

Z_r : 전단연결재의 1개의 전단피로강도 (N)

Z_{RBS} : 보 단면 감소부의 최소 소성단면계수 (mm^3)

Z_x : x축에 대한 소성단면계수 (mm^3)

a : 응력 중심에서 중립축까지의 거리; 볼트 중심에서 연단까지의 거리; 핀구멍의 연단으로부터 힘의 방향과 평행하게 측정한 부재의 연단까지의 최단거리; 다중 박스단면에서 인접 박스 간의 플랜지 중심간 거리; 보강재의 간격; 접합재 사이의 거리 (mm)

a/r_i : 각 개재의 최대 기둥세장비

b : 압축 판요소의 폭; 자유돌출판의 폭; 아이바 몸체의 폭; 압축을 받는 다리부분의 외측; 전단력을 저항하는 ㄱ형강다리의 폭; 연결재 게이지선 사이의 간격 (mm)

b_c : 압축플랜지의 폭 (mm)

b_{cf} : 기둥 플랜지의 폭 (mm)

b_e : 감소된 유효폭

b_{eff} : 유효연단거리

b_{eoi} : 주강관에 용접된 지강관 면의 유효폭 (mm)

b_{eov} : 겹친 브레이스에 용접된 지강관 면의 유효폭 (mm)

b_f : 플랜지의 폭 (mm)

b_{fb} : 하부플랜지의 폭 (mm)

b_{fc} : 압축플랜지의 폭 (mm)

b_{ft} : 인장플랜지의 폭 (mm)

b_l : 종방향보강재의 폭; ㄱ형강의 긴 쪽 다리의 길이 (mm)

b_s : ㄱ형강의 짧은 쪽 다리의 길이(mm); 콘크리트 바닥판의 유효폭(mm)

b_t : 인장플랜지의 폭; 수직보강재의 폭(mm)

b_w : 풍하중을 받는 바닥플랜지의 폭; 전단력방향과 직각으로 측정된, 콘크리트 단면 폭과 형강 폭의 차이(mm)

c : 주철근 중심을 기준으로 한 피복두께(mm); 휨강도 결정계수

c_e : 플랜지면에 대한 콘크리트의 유효폭두께(mm)

d : 강재 단면의 높이; T형강의 공칭높이; 볼트 직경; 스터드 직경; 휨면에서의 부재높이; 전단면에서의 부재 높이; 유효길이; 외측 압축연단과 인장철근 중심 사이의 거리(mm); 파형강판의 골 깊이(mm)

d_b : 보의 높이(mm)

d_c : 기둥의 높이(mm)

d_n : 합성단면의 하부플랜지 하단에서 중립축까지의 거리(mm)

d_o : 수직보강재의 간격(mm)

d_s : 강재의 높이(mm)

d_z : 연속판 사이의 패널존의 높이(mm)

e : 트러스접합의 편심; 링크길이(mm)

e_{mid-ht} : 스터드 몸체의 바깥면으로부터 데크플레이트 웨브(데크골의 중간높이)까지의 거리이며 스터드의 하중저항방향, 즉 단순보에서 최대모멘트의 방향으로의 거리(mm)

f_b : 모멘트확대계수를 고려한 설계하중에 의한 최대응력(MPa); 설계좌굴강도(MPa)

f_{bu} : 종방향 뒴을 고려하지 않고 계산된 고려 중인 단면의 계수하중에 의한 종방향 플랜지 응력(MPa)

f_c : 설계하중에 의한 압축플랜지 응력(MPa)

$f_c{}'$: 콘크리트의 최소압축강도(MPa)

f_{cf} : 설계피로하중의 2배와 영구사용하중에 의한 압축플랜지의 탄성 휨응력(MPa)

f_{ck} : 콘크리트의 설계기준 압축강도(MPa)

f_f : 설계하중에 의한 탄성 플랜지 응력(MPa)

f_{fl} : 각 플랜지의 설계하중에 의한 응력과 최소 항복응력 중 작은 값(MPa)

f_{fr} : 재분배된 플랜지 응력 (MPa)

f_g : 바닥판의 전체 축방향 응력 (MPa)

f_{ncf} : 설계하중으로 인한 비제어 플랜지 중앙점의 휨응력 (MPa)

f_r : M_y 상태의 철근응력; 리브 웨브에서 면외 휨응력 (MPa)

f_s : 사용하중조합에 의한 이음점에서 검토대상 플랜지 두께 중앙에서의 최대 휨응력 (MPa)

f_{sr} : 교각 주철근의 휨응력 범위 (MPa); 피로하중조합 하의 종방향 철근의 응력범위 (MPa)

f_t : 서로 다른 하중으로 발생하는 인장플랜지 휨응력의 합 (MPa)

f_u : 설계하중에 의한 패널의 최대 플랜지응력 (MPa)

f_{ua} : 하중조합으로 구해진 소요축방향응력 (MPa)

f_{ubw} : 강주축에 대한 소요휨응력 (MPa)

f_{ubz} : 약주축에 대한 소요휨응력 (MPa)

f_v : 박스거더에서 플랜지의 최대 비틀림전단응력; 소요전단응력 (MPa)

f_{vg} : 바닥판의 전체 전단응력 (MPa)

g : 볼트열 간의 거리; 갭 K이음에서 용접부를 무시한 지강관 끝 사이의 간격 (mm)

h : 압연강재의 경우 필릿 또는 코너 반경을 제외한 플랜지 간 순거리, 조립단면의 경우 연결재선 사이의 거리 또는 용접한 경우에는 플랜지 간 순거리; 수평경계요소의 중심간 거리 (mm); 좌굴의 부재축에 수직인 각 요소의 중심 간의 거리 (mm)

h' : 리브웨브의 경사부분의 길이 (mm)

h_c : 압연형강의 경우 중립축으로부터 압축플랜지의 내측면 거리에서 필릿 또는 코너반경을 제외한 거리의 2배 값; 조립단면의 경우 중립축으로부터 연결재선 사이의 거리 또는 용접한 경우에는 플랜지의 내측면 거리의 2배 값 (mm)

h_{cc} : 합성기둥 내부 구속코아의 단면치수, 횡철근의 중심 간 거리로 측정 (mm)

h_o : 상하부플랜지 간 중심거리 (mm)

h_p : 중립축으로부터 압축플랜지의 최단 연결재선 사이의 거리의 2배 값 또는 용접에 의한 경우 압축플랜지의 내면까지 거리의 2배 값 (mm)

h_{sc} : 구멍의 종류에 따른 계수
h_w : 항복된 웨브 높이 (mm)
i : 충격계수
j : 수직보강재의 최소 단면2차모멘트를 산정할 때 사용되는 계수
k : 전단좌굴계수; 플랜지 하면에서 필릿용접 끝단까지의 거리; 판 좌굴계수; 리브를 따라 휨모멘트의 분포를 나타내는 계수; 플랜지의 바깥쪽 면으로부터 웨브 플릿선단까지의 거리; 강관 모서리의 외부 반경, 모르면 1.5t로 함. (mm); 정점부 휨모멘트 분배계수
k_c : 자유돌출 세장판 요소의 계수; 플랜지 국부좌굴계수
k_R : 어깨부 휨모멘트 감소계수
k_s : 인장과 전단 조합 시 마찰접합의 감소계수
k_v : 웨브좌굴계수
k_1 : 웨브의 중심선으로부터 플랜지 필릿선단까지의 거리; 고정하중 시공단계별 지간에 따른 계수
k_2 : 고정하중 시공단계별 지간에 따른 계수
k_3 : 활하중 재하 시 지간 및 토피에 따른 계수
k_4 : 등가선하중 환산계수
l : 지압길이; 하중점에서 각 플랜지의 횡방향 비지지길이; 가새부재의 좌굴길이 (mm); 브레이싱점 사이의 거리 (mm)
l_l : 연직 대 수평경사 2:1로 산정한 차량진행 직각방향 활하중 분포폭 (m)
l_t : 연직 대 수평경사 1:1로 산정한 차량진행 방향 활하중 분포폭 (m)
m : 웨브 이음판 볼트의 수직방향 열수
m_f : 차량하중이 재하되는 차선수에 따른 보정계수
n : 트럭당 응력범위의 반복횟수; 강재에 대한 콘크리트의 탄성계수비; 전단연결재의 수; 볼트의 수; 인장력에 의한 파단선상에 있는 구멍의 수; 차선 수
n_{AC} : 부모멘트영역에서의 비합성단면의 고정하중에 의한 모멘트부호 변환점에서 요구되는 추가 전단연결재의 개수
p : 전단연결재의 핏치; 주강관에 대한 겹치는 지강관의 투영길이 (mm)
q : 하중강도 (MPa); 2개 지강관 아래에 있는 주강관의 접합면을 따라 측정된 겹친길이 (mm)

q_i : 하중 또는 하중효과

r : 좌굴축에 대한 단면2차반경(회전반경) (mm); 파형강판의 회전반경 (mm)

r_i : 개별부재의 최소단면2차반경(회전반경) (mm)

r_{ib} : 좌굴의 부재축에 평행한 중심축에 대한 각 요소의 단면2차반경(회전반경) (mm)

r_s : 좌굴휨이 발생하는 축에 대한 강재의 회전반경 (mm)

r_t : 지지점 사이에서 압축플랜지와 압축을 받는 웨브의 1/3을 포함한 단면의 최소회전반경 (mm)

r_x : 접합된 다리와 평행한 축에 대한 단면2차반경(회전반경) (mm); x축에 대한 단면2차 반경 (mm)

r_y : y축에 대한 단면2차반경(회전반경); 지지점 사이에서 연직축에 대한 강단면의 최소 회전반경 (mm)

r_z : 약축에 대한 단면2차반경(회전반경) (mm)

$\overline{r_0}$: 전단중심에 대한 극2차반경(회전반경) (mm)

s : 구멍의 핏치; 횡방향 철근의 종방향 간격; 합성 구조 부재의 종축을 따라 배치된 횡철근의 간격 (mm)

s_t : 합성 박스플랜지에서 전단연결재 사이의 횡방향 최대간격 (mm)

t : 판 두께; 집중하중을 받는 플랜지의 두께; 슬래브 또는 판의 두께; ㄱ형강 다리의 두께; 강관의 벽두께; 부재의 두께; 부재벽의 두께; 용접 피접합재의 두께; 주강관의 두께; 휨축과 평행한 방향의 강봉 단면의 폭; 기둥 웨브 또는 패널존 보강판의 두께 (mm)

t_b : 압축플랜지의 두께; 지강관의 두께 (mm)

t_{bf} : 보플랜지의 두께 (mm)

t_{bi} : 겹치는 지강관의 두께 (mm)

t_{bj} : 겹친 지강관의 두께 (mm)

t_c : 보강될 플랜지의 두께 (mm)

t_{cf} : 기둥 플랜지의 두께 (mm)

t_{cw} : 기둥 웨브의 두께 (mm)

$t_{d,eff}$: 표면의 보강효과를 포함하는 바닥판의 유효두께 (mm)

t_f : 플랜지의 두께; ㄷ형강 전단연결재 플랜지의 두께(mm)
t_{fb} : 하부플랜지의 두께(mm)
t_{fc} : 압축플랜지의 두께(mm)
t_h : 강재 단면 플랜지 위의 콘크리트 헌치두께(mm)
$t_{\min}$: 콘크리트 충전 각형강관의 최소 벽두께(mm)
t_p : 횡방향 하중을 받는 판의 두께; 보강재의 두께; 판재의 두께(mm)
t_r : 리브 웨브의 두께(mm)
t_s : 콘크리트 바닥판의 두께; 보강재의 두께(mm)
t_t : 강재의 인장플랜지의 두께(mm)
t_w : 웨브 또는 강관의 두께; ㄷ형강 전단연결재의 웨브두께(mm)
v_{cf} : 활하중에 의한 전단력; 순수단면 웨브에 작용하는 전단력(N)
w : 플랜지에 있는 수평보강재의 간격과 웨브에 가장 가까운 플랜지 수평보강재와 웨브 간의 거리 중 큰 값(mm); 박스단면에서 플랜지의 중심 간격(mm); 대주축 휨을 나타내는 아래첨자; 플랜지에 직각방향으로 측정된 ㄷ형강 전단연결재의 길이(mm); 콘크리트 바닥판의 유효폭 길이(mm)
w_c : 콘크리트의 단위체적당 무게
w_r : 콘크리트 리브 또는 헌치의 평균폭(mm)
w_z : 기둥 플랜지 사이의 패널존의 폭(mm)
X : 부재연결에서 전단을 받는 연결면과 단면도심 간 거리(mm); 강축을 나타내는 아래첨자
x_0, y_0 : 단면의 도심에서 대한 전단중심까지의 거리(mm)
y : 약축을 나타내는 아래첨자
z : 주축휨을 나타내는 아래첨자
Δ : 하중조합으로 구해진 1차층간변위
Δ_b : 실험을 위한 가력제어하는데 사용하는 변형량(부분골조 실험체의 경우 가새단부의 전체 회전각, 그리고 가새 실험체의 경우는 가새의 전체 축변형)
Δ_{bm} : Δ_b 가운데 설계층간변위에 상응하는 변형량
Δ_{by} : Δ_b 가운데 실험체가 처음으로 상당한 항복을 할 때의 변형량
Δ_H : 횡하중에 의한 1차 층간변위

Σ_H : H를 계산하는 데 사용되는 횡하중에 의한 층전단력

ΣP_{e2} : 횡방향으로 구속되지 않은 골조의 좌굴해석에 의한 부재의 탄성좌굴저항

ΣP_{nt} : 중력기둥하중을 포함한 중력하중의 합

Ω_o : 시스템 초과강도계수

α : 선팽창계수; 분리비율(separation ratio); 플랜지 이음판 설계 시 적용되는 계수

α_D : 고정하중 하중계수

α_E : 지진하중 하중계수

α_L : 활하중 하중계수

β : 압축강도 보정계수; 플랜지 유효단면적 계산 시 플랜지 전단면적에 적용되는 계수; 폭 비(원형강관의 주강관에 대한 지강관 지름의 비, 각형강관의 주강관에 대한 지강관 폭의 비); 수평보강재의 필요 휨강성 산정을 위한 곡률보정계수

β_{eff} : 유효폭 비; K이음에서 2개 지강관의 원주를 주강관 폭의 8배로 나눈 총합

(Δf) : 활하중의 응력범위 (MPa)

$(\Delta F)\mathrm{cn}$: 상세범주 C에 대한 공칭피로강도 (MPa)

$(\Delta F)_n$: 공칭피로강도 (MPa)

(ΔFTH) : 일정진폭 피로한계값 (MPa)

μ : 평균 미끄러짐계수

γ : 주강관 세장비; 뒤채움 흙의 단위중량 (kN/m^3)
원형강관에서 관두께에 대한 1/2 지름의 비
각형강관에서 관두께에 대한 1/2 폭의 비

γ_i : 하중계수

γ_{total} : 전체 링크회전각

ζ : 갭비
각형강관에서 주강관 폭에 대한 갭 K이음의 지강관 사이의 간격비
각형강관의 주강관에 대한 지강관 폭의 비

η : 각형강관에서만 적용할 수 있는 하중길이 변수

η_i : 하중 수정계수

θ : 지강관과 주강관 사이의 실제 각도 (°); 층간변위각

λ : 기둥의 세장비 계수; 판요소의 폭두께비
λ_f : 압축플랜지의 세장비
λ_p : 조밀판요소에 대한 폭두께비 한계값
λ_{pf} : 조밀플랜지의 한계세장비
λ_{ps} : 내진 조밀판요소에 대한 판폭두께비 제한값
λ_{pw} : 조밀웨브의 한계세장비
$\lambda_{pw(D_c)}$: $2D_c/t_w$에 상응하는 조밀 웨브의 세장비 한계
$\lambda_{pw(D_{cp})}$: $2D_{cp}/t_w$에 상응하는 조밀 웨브의 세장비 한계
λ_r : 비조밀 판요소에 대한 폭두께비 한계값
λ_{rf} : 비조밀 플랜지의 한계세장비
λ_{rw} : 비조밀 웨브의 한계세장비
λ_w : 탄성모멘트에 대한 웨브 세장비
ν : 포아송비
ρ : 토피고를 고려한 감소계수
ρ_{sr} : 길이방향 철근의 최소 철근비
σ_{flg} : 플랜지 횡방향휨을 고려하지 않은 하부플랜지의 종방향 피로응력 발생범위 (MPa)
θ : 웨브의 경사각
ϕ : 강도저항계수
ϕ_B : 콘크리트의 지압에 대한 강도저항계수
ϕ_b : 휨저항계수; 지압에 대한 강도저항계수
φ_{bb} : 지압볼트의 강도저항계수
φ_{bc} : 블록전단에 대한 강도저항계수
ϕ_c : 압축에 대한 강도저항계수
φ_{e1} : 완전그루브용접에 사용되는 용접재료의 전단 또는 인장에 대한 강도저항계수
φ_{e2} : 부분그루브용접에 사용되는 용접재료의 강도저항계수
φ_f : 휨에 대한 강도저항계수
ϕ_h : 완공 후 소성힌지 저항계수

ϕ_{hc}	: 시공 중 소성힌지 저항계수
ϕ_j	: 이음부 저항계수
φ_s	: 볼트의 전단에 대한 강도저항계수
φ_{sc}	: 전단연결재의 강도저항계수
ϕ_t	: 좌굴저항계수; 인장저항계수
φ_t	: 인장저항계수; 고장력볼트의 인장에 대한 강도저항계수
φ_u	: 인장부재의 파단에 대한 강도저항계수
φ_v	: 전단에 대한 강도저항계수
φ_w	: 필릿용접의 전단에 대한 강도저항계수
φ_y	: 인장부재의 항복에 대한 강도저항계수

1.4 설계원칙

1.4.1 일반사항

각 부재와 연결부(접합부)는 시공성, 경제성, 미관 및 유지관리를 고려한 안전성 및 사용성을 확보하기 위하여 규정된 한계상태에 대하여 설계한다. 해석의 종류에 상관없이 한계상태에 따라 조합된 하중의 효과는 식 (1.4-1)을 만족해야 한다.

$$\sum \eta_i \gamma_i q_i \le \phi R_n \tag{1.4-1}$$

여기서, η_i : 하중수정계수

γ_i : 하중계수

q_i : 하중 또는 하중효과

ϕ : 공칭저항에 곱하는 강도저항계수

R_n : 공칭저항

소요강도의 계산에서 정(+)의 영향을 발생시키는 하중에 대해서는 최대의 하중계수를, 부(-)의 영향을 발생시키는 하중에 대해서는 최소의 하중계수를 적용한다.

【해설】

구조물 전체 또는 그 일부분의 구조성능은 설계목표를 만족하고 있는 상태와 그렇지 않은상태를 구별하기 위해 정해진 한계상태에 따라 평가된다. 기본적으로 한계상태설계법에서는 구조물의 성능을 한계상태를 초과하지 않는 확률로 판단하되 설계의 편의성을 위하여 부분안전계수를 적용한 식 (1.4-1) 과 같은 기본 설계식을 정하였다. 이 식에서 하중계수, 하중수정계수, 강도저항계수 등은 구조물별, 또는 시설물별 설계기준을 따른다. 이 기준의 강도저항계수 ϕ는 건축분야에 해당되는 강도저항계수이며 토목분야는 각 시설물에 규정한 값을 적용한다. 단, KDS 14 31 10(4.5.4) 파형강판의 경우에는 이 기준의 강도저항계수를 적용한다.

1.4.2 한계상태

강재로 된 부재 또는 다른 재료와 강재가 합성으로 된 부재는 제작, 운반, 시공 및 사용 중의 각 단계에서 검토해야 한다. 부재 및 연결부의 설계는 일반적으로 다음의 한계상태를 만족해야 하며, 구조물의 상황 및 조건에 따라 적절한 한계상태를 적용한다. 각 한계상태에서 적용하는 하중, 하중계수, 강도저항계수 등은 구조물별 설계기준에 따른다.

(1) 강도한계상태
부재와 연결부의 강도 및 국부적 또는 전체적 안전성을 고려하는 한계상태이다.

(2) 사용한계상태
정상적인 사용하중상태에서 응력, 변형, 진동 또는 균열 등을 고려하는 한계상태이다. 휨부재의 사용한계상태의 검토는 KDS 14 31 10의 규정을 적용한다.

(3) 피로 및 파단한계상태
피로 및 재료의 인성에 관계된 파괴를 고려하는 한계상태이며, KDS 14 31 20의 규정에 따라 검토 한다.

(4) 극한하중한계상태
지진, 홍수 또는 선박충돌 등의 극한적 상황을 고려하는 한계상태이다.

【해설】

(1) 강도한계상태(또는 극한한계상태)는 구조물 전체 또는 일부분의 안전성을 상실하여 일부분 또는 전체의 붕괴에 이르는 상태를 말한다. 즉 강도한계를 넘어서면 인명피해가 필연적인 것으로 보아야 한다. 구체적인 강도한계상태의 정의는 하중종류, 구조종별, 구조형식에 따라 다르지만, 일반적으로 다음의 것들을 포함하고 있다.
- 구조체 또는 구조부분의 평형조건 상실 (예를 들면 전도)
- 부재단면과 부재, 접합부의 최대내력 도달과 과도한 변형
- 구조체 또는 구조부분의 붕괴기구의 형성
- 구조체 또는 구조부분의 안정성의 상실

- 예상한 구조시스템으로부터 새로운 구조시스템으로의 급격한 변화 (예를 들면 좌굴)
- 구조체 또는 구조부분의 연직하중에 대한 지지능력 상실
- 비구조 부재, 설비기기 등의 손상, 탈락에 의한 사용상의 장해

강도한계상태를 초과한다는 것은 대부분 회복 불가능한 상태이고 이 상태를 넘는 경우에 구조체 또는 구조부분의 붕괴가 일어난다.

(2) 사용한계상태는 구조물로서 사용상의 장해가 생기기 시작한 상태이다. 구체적인 사용한계상태의 정의는 하중종류, 구조종별, 구조형식에 따라 다르지만 일반적으로 다음 것들을 포함하고 있다.

- 구조부재의 회복불가능한 상태의 개시 (항복 또는 탄성한도의 초과)
- 부재 또는 설비의 사용, 혹은 외관에 영향을 주는 유해변형
- 이력흡수 에너지에 기대하는 진동부재 등에서의 부재 항복
- 건축물의 거주성 또는 내구성을 저감시키거나, 외관에 영향을 주는 부분의 손상
- 불쾌감을 생기게 하거나 비구조부재 또는 설비에 영향을 주는 과도한 진동
- 기타 구조물의 목적에 부합되는 사용에 지장을 초래하는 장해

사용한계상태에 대한 설계지표는 일반적으로 허용할 수 없는 응력, 변형과 가속도, 균열 등으로 표현된다.

(3) 피로한계상태는 응력범위의 기대반복 횟수에서 단일설계트럭에 의한 응력의 범위에 대한 제한을 규정한 것이다. 이는 구조물의 설계수명기간 동안 부재의 파단을 방지하기 위하여 반복하중 하에서 균열의 성장을 제한하는 것이 그 목적이다. 파단한계상태는 [KS D 3515 용접구조용 압연강재]에 있는 재료의 인성요구조건으로 취해져야 한다. 상세사항은 KDS 14 31 20:4.2를 참조한다.

(4) 극한하중한계상태는 구조물의 설계수명 보다 상당히 긴 반복주기를 갖고 드물게 발생하는 것으로 간주하여야 한다.

1.4.3 설계요구조건

1.4.3.1 강도

부재 및 연결부의 설계강도(ϕR_n)가 강도한계상태의 하중조합에 근거하여 산정된 소요강도($\sum \eta_i \gamma_i q_i$) 이상이 되어야 한다.

【해설】

하중저항계수설계법에서는 구조요소의 공칭저항에 강도저항계수을 곱한 설계강도가 하중 또는 하중효과에 하중계수를 곱한 소요강도보다 크거나 같다는 것을 강도한계상태 설계조건으로 한다.

1.4.3.2 안전성

> 부재 및 연결부의 안전성은 KDS 14 31 10과 KDS 14 31 25의 규정에 따라 검토한다.

【해설】

인장부재, 압축부재, 휨부재, 조합력과 비틀림을 받는 부재, 기타부재 및 골조에 관해서는 안정성문제를 포함하여 KDS 14 31 10 강구조 부재 설계기준에 따라 안전성이 확인되어야 한다.

합성부재의 경우 시공절차에 따른 하중변화를 고려하여 안전성을 확인하여야 한다.

1.4.3.3 연결부

> 용접 및 고장력볼트를 이용한 이음 및 연결부의 설계는 KDS 14 31 25의 규정에 따라 검토한다.

【해설】

연결부의 안전은 관련 규정으로 검토하되 구조계산상의 검토뿐만 아니라 제작 및 현장품질관리가 유지될 수 있도록 조치되어야 한다.

또한 건축 강구조물의 경우 한국강구조학회에서 제정한 「건축 강구조 표준접합상세지침」을 따라야 하고 표준접합상세가 아닌 경우 안전성을 확인한 후 설계되어야 한다.

1.4.3.4 피로 및 파단

> 반복되는 변동하중에 의한 피로 및 재료의 인성에 따른 파단에 대한 설계는 KDS 14 31 20의 규정에 따라 검토한다.

【해설】

하중에 의한 효과가 반복해서 변화하는 부재나 연결부의 설계에서는 응력의 반복횟수, 응력변화의 범위, 부재나 연결부의 형식과 위치에 대한 주의가 필요하며, 피로에 대한 안전성을 검토하여야 한다. 이때, 하중유발 피로 뿐만 아니라 변형유발 피로에 대해 고려하여야 한다.

1.4.3.5 사용성

> 처짐 또는 변형은 구조적 측면뿐만 아니라, 미적 또는 심리적 측면에서 제어해야 한다. 영구변형에 대한 설계는 KDS 14 31 10(4.3.3.1.4 및 4.3.3.2.4)에 따라 검토한다. 필요

한 경우, 사용성 측면에서 균열, 진동 및 주행편의성 등에 대하여 검토한다.

【해설】

바닥의 진동, 바람에 의한 수평 흔들림과 진동, 그밖의 진동원에 의한 진동장해에 대해서는 이 기준에서는 자료축적이 많지 않아 정량적인 지표까지는 제시하지 않았다. 이에 대한 설계에서는 필요에 따라 사용성, 기능성의 요구성능에 근거하여 적절한 하중작용 및 진동과 수평흔들림 등의 여유도를 가지도록 한다.

1.4.3.6 내구성

구조용 강재는 부식에 대한 충분한 저항성을 갖도록 설계한다. 흙이나 물에 직접적으로 접하는 강재의 내구성도 검토한다.

【해설】

구조용 강재는 심각한 부식환경 노출에 대비하여 부식방지 처리를 하거나 부식두께를 고려함으로서 부식에 대하여 안전이 보장되어야 한다.

1.4.3.7 시공성 및 유지관리

강구조물은 점검 사다리, 점검 통로, 조명 등 용이한 점검 및 유지관리를 위하여 필요한 시설을 갖추어야 한다. 점검이 어려울 것으로 예상되는 구조시스템은 피해야 한다.

【해설】

일반적이고 표준화된 비계시스템의 사용을 복잡한 비계시스템보다 우선한다. 일시적으로 사용하는 비계는 통행인이나 차량 등에 대하여 안전이 보장되어야 한다.

1.5 하중 및 하중조합

1.5.1 일반사항

본 하중 및 하중조합은 구조용 강재를 사용하는 구조물에 적용한다. 구조물에 작용하는 일반적인 하중의 종류는 1.5.2와 같으며 개별하중에 대한 상세규정, 한계상태별 하중조합, 하중계수 및 하중수정계수 등은 구조물별 설계기준이나 설계시방서를 따른다.

【해설】

(1) 이 장에서는 강구조물의 설계에서 사용되는 하중들에 대한 최소한의 요구 조건, 적용한계, 하중계수 및 하중조합에 대해 규정한다. 또한 이 규정은 기존 강구조물의 구조적 안전성 평가에도 적용될 수 있다. 다만, 개별 하중에 대한 상세한 규정 및 재하방법, 하중 조합 및 계수 등은 구조물별로 다르므로 관련 설계기준이나 시방서를 따르도록 하였다. 이 규정들은 하중에 대한 최소 요구조건이므로, 필요한 경우 발주자의 판단에 따라 이 기준 이상의 하중을 사용할 수 있다. 또한 특별한 조사, 연구에 의하여 그 근거가 타당하다고 공인된 경우 설계기준 이외의 하중을 고려할 수 있다.

(2) 합리적인 하중과 하중조합을 고려하기 위하여 이론적 하중모형의 여러 가지 특성을 분석하여야 한다. 하중의 특성이란 하중의 크기, 위치, 방향, 지속시간 등을 의미하는데 어떤 경우에는 하중과 하중, 하중과 구조물의 상호작용(예를 들어 바람에 의한 진동, 토압, 또는 부가적 변형 등)이 포함되기도 한다. 하중은 그 특성에 따라 다음과 같은 기준에 따라 분류할 수 있다. (i) 시간에 따른 변동성 (ii) 작용원리(직접적, 간접적) (iii) 공간 상의 변동성(고정적, 이동적) (iv) 구조거동의 특성(정적, 동적).

- 시간에 따른 변동성에 따라 하중은 지속하중(영구하중, Permanent Action), 변동하중(Variable Action) 및 우발하중(Accidental Action)으로 구분할 수 있다. 지속하중은 시간에 따른 하중의 크기의 변화가 거의 없는 하중으로 고정하중, 건조수축이나 부등침하의 영향 등이다. KDS 24 12 21 교량 설계하중(한계상태설계법)에서 정의하고 있는 "지속하는 하중"이 여기에 해당된다. 변동하중은 시간에 따라 하중의 변동성이 상대적으로 큰 하중으로 활하중, 풍하중, (적)설하중 등이 해당된다. 우발하중은 작용시간은 짧으나 그 크기는 매우 크며 구조물 수명기간 동안 발생할 확률이 매우 작은 하중을 의미한다. 화재, 폭발, 차량이나 선박 충돌의 영향이 여기에 해당되며 일반적으로 지진하중도 이 범주에 포함할 수 있다. 이와 같은 분류는 하중조합 및 하중계수를 결정하기 위해 매우 중요하다. 예를 들어 KDS 24 12 11 교량 설계하중조합(한계상태설계법)에서는 우발하중을 극단상황한계상태 하중조합에서 고려한다.
- 작용 원리에 따라 하중은 직접적 하중과 간접적 하중으로 구분된다. 용어의 의미대로 직접적 하중은 직접적으로 구조물에 작용하는 하중이며, 간접적 하중은 구조특성이나 구조거동에 따라 작용하는 하중인데 대표적으로 콘크리트의 건조수축 또는 부등침하와 같이 지점 조건이나 구조거동에 따라 그 영향이 달라지는 하중이다.
- 공간상의 변동성에 따라 하중은 고정적인 하중과 이동적인 하중으로 구분된다. 대표적으로 고정된 기계장치의 자중은 그 위치가 항상 고정되어 있어 고정적인 하중으로 구분된다. 반면에 건축물의 활하중이나 교량에 작용하는 차량하중은 시간에 따라 그 위치가 변하므로 이동적인 하중으로 구분된다. 따라서 설계시에는 가장 불리한 위치를 결정하고 그 위치에 하중을 재하해야 한다.
- 구조거동의 특성에 따라 하중은 정적하중과 동적하중으로 구분된다. 정적 거동은 하중의 작용에 따라 구조물이나 구조부재에 거의 가속도를 유발하지 않는 하중이며 어느 정도의 가속도를 유발하는 하중은 동적하중이다. 동적하중은 종종 등가의 정적하중으로 치환되거나 유사정적인 하중으로 간주되어 정적하중을 적당히 증가시켜 고려하기도 한다.

(3) 위의 분류기준에 따라 하중은 일반적으로 해설 표 1.5-1과 같이 분류될 수 있다.

해설 표 1.5-1 하중의 분류

지속하중	변동하중	우발하중
고정하중 프리스트레스 힘 수압 및 토압 지점침하 또는 이동 건조수축, 크리프 등	활하중 (적)설하중 온도하중 풍하중	폭발 화재 차량 또는 선박 충돌 지진하중

그러나 해설 표 1.5-1의 분류가 절대적이 아니며 구조물의 위치나 실제 조건에 따라 하중의 분류가 다르게 될 수도 있다. 예를 들어 (적)설하중은 우발하중으로 간주될 수 있으며 수압은 경우에 따라 변동하중으로 분류되기도 한다. 또한 특별한 설계상황에 따라 지진하중이 우발하중이 아니라 변동하중으로 구분되기도 한다.

1.5.2 하중의 종류

설계 시에 고려하는 하중의 종류는 구조물별 설계기준을 참고하되, 일반적인 하중의 종류는 다음과 같다.

(1) 고정하중
(2) 활하중
(3) 지붕의 활하중
(4) 충격하중
(5) 풍하중
(6) (적)설하중
(7) 지진하중
(8) 강우하중
(9) 수압, 부력, 양압력 및 파압
(10) 토압
(11) 프리스트레스하중
(12) 크리프 및 건조수축에 의한 하중
(13) 초기변형도에 의한 하중
(14) 온도하중
(15) 충돌하중
(16) 원심하중
(17) 제동하중 및 시동하중
(18) 지반변동 및 지점이동에 의한 하중
(19) 마찰하중
(20) 차량횡하중, 탈선하중 및 장대레일 종하중
(21) 가설 시 하중

【해설】

(1) 강구조물을 설계할 때 고려하여야 할 일반적인 하중의 종류를 모두 열거한 것이다. 하중의 종류에 따른 구체적인 기준은 구조물별 설계기준을 참고한다.

(2) 고정하중은 구조물에서 부재 및 모든 영구적으로 설치되어진 부속 설비 등의 자중으로 인한 수직

방향 하중이며 설계하중 중에서 가장 기본적이며 정적인 하중이다. 고정하중은 물체의 실중량에 따라 산정하지만 여의치 않을 경우 재료의 밀도(단위질량) 또는 단위중량을 사용하여 계산한다. 고정하중이나 지진하중의 계산에서 중력가속도값이 요구되는 경우 국제도량형총회에서 정한 지구 해수면상의 평균 중력가속도값 g=9.80665 m/s^{2}을 사용하여도 무방하다. 건축물의 마감재 중 고정하중과 활하중의 엄밀한 구분이 어려운 경우, 실제 존재하는 대상을 고정하중 또는 활하중 중 어느 한쪽에 포함해 두면 문제는 없다고 판단한다.

(3) 활하중은 기본적으로 변동하중이며 이동적인 하중이므로 영향선 또는 영향면을 이용하여 고려하고 있는 단면에 가장 불리한 위치에 재하한다.

- 건축물의 활하중은 건축물의 용도별로 정해진 등분포활하중과 집중활하중으로 분류하며, 그 크기는 구조물의 안전도를 고려한 최솟값으로 정한다. 건축물에 작용하는 활하중이 기준에서 명시한 것 보다 크다고 판단되는 경우에는 실제하중을 적용하여 설계하여야 한다. 집중활하중은 슬래브나 작은 보, 특히 지간(경간)이 짧은 경우에 해당되는데 명시된 하중접촉면에 등분포하게 작용하는 것으로 가정하여야 한다.
- 교량의 활하중은 도로나 궤도위의 차량에 의한 하중과 보행자, 자전거 등에 의한 하중을 포함한다. 교량상의 차량에 의한 영향은 활하중 이외에 피로하중, 충격하중, 원심하중, 시동하중, 제동하중, 차량횡하중, 탈선하중 등에 관계된다. 특히 피로하중은 차량하중의 크기, 빈도, 구조상세에 따라 정해지는 하중으로 피로설계용 차량하중이 별도로 규정된다. 피로하중 및 설계에 대한 상세한 규정은 구조물별 설계기준(KDS 24 12 21 및 KDS 24 14 31) 및 KDS 14 31 20을 참조한다.
- 구조물에서 활하중에 의한 진동이나 충격이 예상되는 경우에는 활하중을 증가시켜야 한다. 교량에서는 노면 또는 궤도의 평탄성, 차량과 교량 구조의 진동에 따라 발생되는 동적 효과를 충격하중계수로 정의하고 이 계수에 활하중의 영향을 곱하여 충격하중을 구한다. 건축물에서도 활하중 또는 엘리베이터나 기계에 의한 진동이나 충격이 예상되는 경우 활하중을 증가시킨다. 다만 주차장 등의 차량에 의한 활하중은 이미 충격하중이 고려된 값이다.

(4) 풍하중은 구조물에 바람에 의한 영향을 고려하는 하중으로 구조물은 (i)단순히 바람에 의한 풍압을 고려하는 구조물과 (ii)바람에 의한 진동, 즉 동적 영향을 고려하는 구조물로 구분된다. 구조물에 작용하는 풍압은 구조물의 형상, 위치, 높이에 따라 달라지는데 기본풍속은 재현기간 100년에 해당하는 개활지에서의 지상 10m의 10분 평균 풍속을 말한다. 기본풍속은 풍압산정을 위한 가장 기본이 되는 자료이므로 가설지역의 풍속자료나 시뮬레이션 등에 기초한 공인된 합리적인 확률통계적 방법에 따라 추정된 값으로 한다. 교량에서 설계풍속(V_D)은 대상지역의 풍속기록과 구조물 주변의 지형 및 환경 그리고 구조물의 지상 높이 등을 고려하여 합리적으로 결정한 10분 평균 풍속이다. 시공기준풍속은 구조물의 시공중 검토를 위한 풍속으로, 공사기간이 6주 미만일 경우 설계풍속의 75%, 1년 미만일 경우 80%로 저감할 수 있다. 건축물에서 설계풍속(V_H)은 기본풍속에 건설지점 주변의 높이에 따른 지표면 상황과 지형 상황, 건축물의 중요도를 고려하여 결정한다.

(5) 건축물의 (적)설하중은 지붕활하중의 조합을 고려하여 산정한다. 지상과 지붕이 구조물의 규모,

지붕형상, 기온, 풍속, 풍향 등의 영향으로 인해 눈이 쌓이는 여건이 서로 다르다. 지상적설하중 기본값은 재현기간 100년을 기준으로 한 것이다. 교량의 경우에도 교량이 폭설가능성이 있는 지역에 위치하면 (적)설하중을 고려해야 한다. 이는 눈이 계절적으로 대량 집적되는 고산지역에서 발생한다.

(6) 지진의 영향은 교량 설계시 필요에 따라 고려하여야 한다. 내진 설계에 대한 구체적인 사항은 별도 내진 설계 조항 (KDS 14 20 80 콘크리트 내진설계기준, KDS 14 31 60 강구조 내진 설계기준, KDS 24 17 11 교량 내진설계기준 등에서 정하는 바에 따른다. 건축물의 지진하중(KDS 41 17 00 건축물내진설계기준)에서는 구조물의 비탄성변형능력과 초과강도(설계강도보다 큰 실제 보유강도)를 고려하여 구조물의 탄성거동 시 발생할 수 있는 관성력보다 작은 지진하중에 대하여 설계한다. 이때 반응수정계수(R)는 구조시스템별로 다른 값을 적용하여 지진하중을 산정한다.

1.5.3 하중계수와 하중조합

부재와 연결부 설계 시에 하중계수를 고려한 총 설계하중 또는 소요강도는 식 (1.5.3-1)과 같다.

$$Q = \Sigma\, \eta_i \gamma_i\, q_i \tag{1.5.3-1}$$

여기서, q_i : 하중 또는 하중효과

γ_i : 하중계수

η_i : 하중수정계수

구조물 가설위치의 여러 조건과 구조에 따라 적절한 하중 및 하중의 조합을 선정해야 하며 모든 하중을 모두 고려할 필요는 없다. 하중조합에는 구조물별 설계기준에서 정의된 여러 한계상태별 하중조합을 고려한다. 다만 도로교의 경우 지진 및 선박충돌에 대한 하중은 별도로 고려한다. 하중계수들은 최대 하중조합 효과가 계산되도록 선정하며, 각 하중조합에서 정과 부의 극한상태를 모두 검토한다. 한 하중이 다른 하중의 효과를 감소시키는 하중조합에서는 그러한 하중에 최소의 하중계수를 적용한다.

【해설】

(1) 하중의 조합은 일반적으로 구조물의 수명기간동안 발생할 수 있는 모든 하중 작용 상태를 표현한 것이다. 여러 가지 하중상태에서의 각 하중의 크기는 하중의 특성에 따라 결정되며, 이에 따른 하중계수는 한계상태(limit state)의 개념을 사용한 신뢰도 분석에 의하여 결정된다. 한계상태는 파괴와 안전의 경계상태를 의미하는 것으로 파괴의 형태에 따라 크게 두 가지로 구분된다.

• 극한한계상태(ultimate limit state) (또는 강도한계상태라고도 함)

극한한계상태는 붕괴 또는 구조적 파괴에 관련된 한계상태로 구조물과 사용자의 안전을 고려한 파괴에 관계된 것이다. 일반적으로 첫 번째 한계상태의 발생이 바로 파괴를 유발하게 되며 설계에 있어 다음과 같은 점을 고려하여야 한다.

(i) 구조물이나 부재의 평형상태의 상실 (전도, 부력에 의한 상승, 미끄러짐 등)

(ii) 파열, 피로, 또는 과도한 변형으로 인한 구조물 또는 구조부재의 파괴

(iii) 구조물이나 구조부재의 불안정성(좌굴)

(iv) snap-through와 같은 급작스런 구조시스템의 변화

다만, 피로의 경우에는 여러 가지 이유로 극한한계상태와 분리하여 별도로 고려한다.

- 사용한계상태(serviceability limit state) (또는 사용성한계상태라고도 함)

사용한계상태는 정상적인 사용 상태에 관계된 것으로 구조물 또는 구조부재의 기능, 사용자의 안락함, 미관 등에 관계된 한계상태이다. 이 한계상태는 다시 복원적 사용한계상태(reversible SLS)와 비복원적 사용한계상태(irreversible SLS)로 구분된다. 복원적 사용한계상태는 일시적 처짐, 과도한 진동 등 한계상태를 초과시킨 하중이 제거되면 다시 안전한 상태로 돌아오는 한계상태를 의미하며 비복원적 한계상태는 한번 한계상태를 초과하면 그 하중이 제거되더라도 계속 한계상태를 초과한 상태로 잔류하는 한계상태를 의미한다. 따라서 비복원적 사용한계상태에 대한 설계는 극한한계상태와 유사하다. 사용한계상태는 다음과 같은 파괴형태를 고려한다.

(i) 구조물의 미관이나 사용자의 안락함에 영향을 줄 수 있는 과도한 변형, 처짐, 기울어짐 등 주로 구조 외장재나 비구조체에 손상을 주는 변형

(ii) 사용자의 안락함이나 구조체의 기능에 영향을 줄 수 있는 과도한 진동

(iii) 구조물의 미관이나 내구성, 기능성에 영향을 줄 수 있는 국지적 손상이나 균열

(2) 하중수정계수, η_i는 구조물의 연성, 여용성(redundancy) 및 중요도를 고려하기 위한 계수로 연성과 여용성은 물리적인 강도와 직접 관련이 되어 있으며, 중요도는 교량의 파괴시의 파급효과와 관련된 것이다. 구체적인 하중수정계수의 결정은 구조물별 설계기준에 따른다.

(3) 교량설계를 위한 하중조합

교량 구조물의 설계에 있어 고려되는 하중조합은 위 해설에서 언급한 한계상태 및 각 한계상태의 파괴형태에 따라 여러 가지 하중조합이 고려된다. KDS 24 12 11 교량 설계하중조합(한계상태설계법)에서는 한계상태를 극한한계상태, 사용한계상태, 피로한계상태, 극단상황한계상태로 구분하고 해설 표 1.5-2과 같은 하중조합을 고려하고 있다. 각각의 하중조합에서 어떤 하중의 효과가 다른 하중의 효과를 감소시키는 경우에는 최소의 하중계수를 사용하여야 한다. 고정하중에 대한 계수는 해설 표 1.5-3와 같다. 이 표에서 지속하중의 효과가 전체 하중의 효과를 증가시키는 경우에는 최대의 하중계수를, 감소시키는 경우에는 최소의 하중계수를 사용한다.

해설 표 1.5-2 KDS 24 12 11(교량 설계하중조합(한계상태설계법))의 하중조합과 하중계수

하중조합 한계상태	DC DD DW EH EV ES EL PS CR SH	LL IM BR PL LS CF	WA BP WP	WS	WL	FR	TU	TG	GD SD	이 하중들은 한번에 한가지만 고려			
										EQ	IC	CT	CV
극한 Ⅰ	γ_p	1.80	1.00	–	–	1.00	0.50/1.20	γ_{TG}	γ_{SD}	–	–	–	–
극한 Ⅱ	γ_p	1.40	1.00	–	–	1.00	0.50/1.20	γ_{TG}	γ_{SD}	–	–	–	–
극한 Ⅲ	γ_p	–	1.00	1.40	–	1.00	0.50/1.20	γ_{TG}	γ_{SD}	–	–	–	–
극한 Ⅳ – EH, EV, ES, DW DC만 고려	γ_p	–	1.00	–	–	1.00	0.50/1.20	–	–	–	–	–	–
극한 Ⅴ	γ_p	1.40	1.00	0.40	1.0	1.00	0.50/1.20	γ_{TG}	γ_{SD}	–	–	–	–
극단상황 Ⅰ	γ_p	γ_{EQ}	1.00	–	–	1.00	–	–	–	1.00	–	–	–
극단상황 Ⅱ	γ_p	0.50	1.00	–	–	1.00	–	–	–	–	1.00	1.00	1.00
사용 Ⅰ	1.00	1.00	1.00	0.30	1.0	1.00	1.00/1.20	γ_{TG}	γ_{SD}	–	–	–	–
사용 Ⅱ	1.00	1.30	1.00	–	–	1.00	1.00/1.20	–	–	–	–	–	–
사용 Ⅲ	1.00	0.80	1.00	–	–	1.00	1.00/1.20	γ_{TG}	γ_{SD}	–	–	–	–
사용 Ⅳ	1.00	–	1.00	0.70	–	1.00	1.00/1.20	–	1.0	–	–	–	–
사용 Ⅴ	1.00	–	–	–	–	–	0.5	–	–	–	–	–	–
피로 – LL, IM & CF만 고려	–	0.75	–	–	–	–	–	–	–	–	–	–	–

여기서, DC : 구조부재와 비구조적 부착물의 중량에 의한 고정하중,

DD : 말뚝의 부마찰력, DW : 포장과 설비의 고정하중,

EH : 수평토압, EV : 수직토압,

ES : 포장과 설비의 고정하중, EL : 말뚝의 부마찰력,

PS : 프리스트레스하중, CR : 콘크리트의 크리프,

SH : 콘크리트의 건조수축, LL : 차량활하중,

IM : 충격하중, BR : 차량제동하중,

PL : 보도하중, LS : 상재활하중,

CF : 원심하중, WA : 정수압과 유수압,

BP : 부력 또는 양압력, WP : 파압,

WS : 구조물에 작용하는 풍하중, WL : 활하중에 작용하는 풍하중,
FR : 마찰하중, TU : 평균온도하중,
TG : 온도구배하중, GD : 지반변동의 영향,
SD : 지점이동의 영향, EQ : 지진하중,
IC : 빙하중, CT : 차량충돌하중,
CV : 선박충돌하중이다.

해설 표 1.5-3 γ_p에 관한 하중계수

하중의 종류	하중계수	
	최대	최소
DC : 구조부재와 비구조적 부착물	1.25 1.50(극한 IV에서만)	0.90
DD : 말뚝부마찰력	1.80	0.45
DW : 포장과 시설물	1.50	0.65
EH : 수평토압 • 주동 • 정지	 1.50 1.35	 0.90 0.90
EV : 연직토압 • 전체 안정성 • 옹벽 및 교대 • 강성 암거 (예, 콘크리트 박스) • 뼈대형 강성구조물 (예, 라멘형) • 연성 암거 (예, 파형강관) • 박스형 연성 강재 암거	 1.00 1.35 1.30 1.35 1.95 1.50	 - 1.00 0.90 0.90 0.90 0.90
ES : 상재토하중	1.50	0.75
EL : 시공중 발생하는 구속 응력	1.00	1.00
PS : 프리스트레스힘 세그멘탈콘크리트교량의 상부, 하부구조 비세그멘탈콘크리트교량 상부구조 비세그멘탈콘크리트교량 하부구조 - I_g를 사용하는 경우 - $I_{effective}$를 사용하는 경우 강재 하부구조	 1.0 1.0 0.5 1.0 1.0	
CR, SH : 크리프, 건조수축 세그멘탈콘크리트교량의 상부, 하부구조 비세그멘탈콘크리트교량 상부구조 비세그멘탈콘크리트교량 하부구조 - I_g를 사용하는 경우 - $I_{effective}$를 사용하는 경우 강재 하부구조	 DC에 대한 γ_p 사용 1.0 0.5 1.0 1.0	

- 극한한계상태 I – 일반적인 차량통행을 고려한 기본하중조합. 이때 풍하중은 고려하지 않는다. 모든 극한한계상태조합에서 TU, CR, 그리고 SH하중에 대해 적용되는 최소하중계수(0.5)는 구조물의 비탄성응답과 관련하여 하중효과가 감소될 수 있는 점을 반영한 것으로 극한한계상태에서 변형이외의 모든 하중효과를 검토하는데 적용된다. 변형을 산정하는 데는 연결부나 받침이 과소하게 설계되지 않도록 1.0 이상의 값을 적용한다.
- 극한한계상태 II – 발주자가 규정하는 특수차량이나 통행허가차량을 고려한 하중조합. 풍하중은 고려하지 않는다. 특별한 교통통제가 보장되지 않는한, 통행허가차량을 고려한 설계시 타 차선에 설계차량하중을 함께 재하시켜야 한다.
- 극한한계상태 III – 거더 높이에서의 풍속 25m/s를 초과하는 설계 풍하중을 고려하는 하중조합. 강한 풍속에서 차량통행은 불가능하므로 이 하중조합에서는 차량관련 하중은 고려하지 않는다.
- 극한한계상태 IV – 활하중에 비하여 고정하중이 매우 큰 경우에 적용하는 하중조합. 이 하중조합의 검증은 주로 지간이 60m를 초과하지 않는 중·소교량들에 대해 실시되었다. 따라서 활하중효과에 대한 고정하중 효과의 비가 상대적으로 큰 장대교량의 주부재들에서는 중·소지간장교량의 부재에서와 다른 저항계수들이 요구될 수 있다. 그러나 상시하중의 재하에 따라 극한한계상태 I 에서 2개의 저항계수를 검토하는 것 보다 하나의 하중조합을 추가하는 것이 더 실용적인 것으로 판단되어 이 조합을 구성하였다. 최대 180m의 지간을 갖는 교량에 대해 검토한 결과 극한한계상태IV는 활하중 대 고정하중비가 7.0을 초과하는 경우에 지배하는 것으로 나타났다.
- 극한한계상태 V – 차량 통행이 가능한 최대 풍속과 일상적인 차량통행에 의한 하중효과를 고려한 하중조합.

  극한한계상태조합의 보정작업은 다양한 교량의 부재에 대해 여러 하중 및 저항계수의 조합들에 대해 수행되었으며, 목표신뢰성지수 β=3.7의 수준이 유지되도록 하중조합들을 선정하고 하중계수와 저항계수가 결정되었다.
- 극단상황한계상태 I – 지진하중을 고려하는 하중조합. 이 한계상태에 수리학적 하중(WA)을 포함하고 있지만, 그 효과는 지반붕괴에 따른 구조안정성의 효과에 비해서는 매우 적다. 따라서, 특별한 지역적 조건이 명시되지 않는 한, 지역적 교각세굴이나 축소세굴깊이는 설계에 고려되지 않는다. 그러나 수로의 침식(지반붕괴)에 따른 효과는 고려되어야 한다.
- 극단상황한계상태 II – 빙하중, 선박 또는 차량의 충돌하중 및 감소된 활하중을 포함한 수리학적 사건에 관계된 하중조합. 이때 차량충돌하중 CT의 일부분인 활하중은 제외된다. 이 하중조합에서 고려되는 극단상황 설계하중들의 재현기간은 설계수명보다 긴 것으로 고려된다. 이런 극한하중들의 동시발생확률은 매우 낮으므로 개별적으로 검토되도록 규정하였다. 이런 극한상태에서는 구조물이 비선형적인 거동을 할 것으로 예상되며, 이에 따라 TU, TG, CR, SH 및 SE에 의한 구속력(2차)효과는 없는 것으로 판단하였다. 이 조합에서 감소된 활하중계수(0.5)는 CT를 제외한 최대 활하중이 다른 극한하중들과 동시에 발생할 가능성이 낮은 것을 반영한 것이다.
- 사용한계상태 I – 교량의 정상 운용 상태에서 발생 가능한 모든 하중의 표준값과 25m/s의 풍하중을 조합한 하중상태이며, 교량의 설계 수명 동안 발생 확률이 매우 적은 하중조합이다. 이 하

중조합은 철근콘크리트의 사용성 검증에 사용할 수 있다. 또한 옹벽과 사면의 안정성 검증, 매설된 금속구조물, 터널라이닝판과 열가소성 파이프에서의 변형제어에도 적용한다. 프리스트레스트 콘크리트 부재에서의 압축력도 이 하중조합에 의해 검토한다.

- 사용한계상태Ⅱ – 차량하중에 의한 강구조물의 항복과 마찰이음부의 미끄러짐에 대한 하중조합.
- 사용한계상태Ⅲ – 교량의 정상 운용 상태에서 설계 수명 동안 종종 발생 가능한 하중조합이다. 이 조합은 부착된 프리스트레스 강재가 배치된 상부 구조의 균열폭과 인장응력 크기를 검증하는데 사용한다.
- 사용한계상태Ⅳ – 설계 수명 동안 종종 발생 가능한 하중조합으로 교량 특성상 하부구조는 연직하중보다 수평하중에 노출될 때 더 위험하기 때문에 연직 활하중 대신에 수평 풍하중을 고려한 하중조합이다. 따라서 이 조합은 부착된 프리스트레스 강재가 배치된 하부 구조의 사용성 검증에 사용해야 한다. 물론 하부구조는 사용하중조합Ⅲ에서의 사용성 요구조건도 동시에 만족하도록 설계하여야 한다.
- 사용한계상태Ⅴ – 설계 수명 동안 작용하는 고정하중과 수명의 약 50%기간 동안 지속하여 작용하는 하중을 고려한 하중조합이다.
- 피로한계상태 – KDS 24 12 21(교량 설계하중(한계상태설계법))에 규정되어 있는 피로설계트럭하중을 이용하여 반복적인 차량하중과 동적응답에 의한 피로파괴를 검토하기 위한 하중조합이다.

(4) 건축물 설계를 위한 하중조합

강구조의 건축물하중조합은 아래의 하중조합을 사용하고 KDS 41 00 00 건축구조기준을 참조하여 하중의 크기를 고려한다. 하중계수와 하중조합은 고정하중과 여러 다른 하중이 조합되어 작용할 때, 조합된 하중 중의 하나에 구조물 수명기간 동안의 최댓값을 적용하고 그 외의 하중은 임의 시간에 구조물에 작용하는 값을 적용한다는 원칙으로 결정된 것이다. 지붕의 활하중은 지붕의 용도가 별도로 정해지지 않은 경우 적설하중과 함께 고려하는데 지붕의 활하중과 적설하중 중 위험한 하중에 대해서 고려하도록 한다. 다만 아래의 하중조합은 최소한의 안전규정이며, 필요시 특정 지역 및 구조물에 대해서 아래의 값보다 상회한 값을 고려할 필요가 있다.

$$1.4(D+F)$$

$$1.2(D+F+T)+1.6L+0.5(L_r \text{ 또는 } S \text{ 또는 } R)$$

$$1.2D+1.6(L_r \text{ 또는 } S \text{ 또는 } R)+(L \text{ 또는 } 0.65W)$$

$$1.2D+1.3W+L+0.5(L_r \text{ 또는 } S \text{ 또는 } R)$$

$$1.2D+1.0E+L+0.2S$$

$$0.9D+1.3W+1.6H$$

$$0.9D+1.0E+1.6H$$

여기서, D : 고정하중, L : 활하중, L_r : 지붕활하중,
W : 풍하중, S : 적설하중, E : 지진하중,
R : 강우하중, F : 유체압 및 용기내용물 하중(F 또는 H),
H : 지하수압·토압, 분말 및 입자형 재료의 횡압력, T : 온도하중

- 주차장과 공공집회 장소를 제외하고 활하중이 5kN/m^{2}이하인 장소에 대해서 활하중에 대한 하중계수를 0.5로 감소하여 사용할 수 있다. 지하수압·토압 또는 분말 및 입자형 재료의 횡압력에 의한 하중H가 단독으로 작용하거나 H의 하중효과가 다른 하중효과를 증대하는 경우에는 하중계수를 1.6으로 하여야 한다. H의 하중효과가 영구적이면서 다른 하중효과를 상쇄하는 경우에는 하중계수를 0.9로 하여야한다. H의 하중효과가 영구적이지 않으면서 다른 하중효과를 상쇄하는 경우에는 하중계수를 0으로 하여야한다. 사용성한계상태는 하중계수를 1.0으로 한 상태에서 검토하며 중력하중이나 풍하중 또는 지진하중의 조합에 대해서는 어느 정도 추가적인 감소계수를 고려할 수 있다.
- KDS 41 10 15 건축구조기준 설계하중에서는 설계하중과 관련한 규정이 일부 개정되었다. 우선 설계하중의 종류에 강우하중이 추가되었다. 이전의 기준에서도 하중조합 식에는 빗물하중으로서 R이 포함되어 있었으나 하중의 종류에서는 빠져 있었는데 KDS 41 10 15에서는 지붕의 배수시스템이 막히는 경우에 차오르는 빗물의 하중으로서 강우하중(R)이 하중의 종류로 추가된 것이다.
- 풍하중의 경우 KDS 41 10 15 건축구조기준 설계하중에서는 건축구조기준(KBC2009)에서 수정 및 보완이 이루어진 항목과 신설된 항목으로 개정이 이루어졌다. KDS 41 10 15 건축구조기준 설계하중은 10분을 풍속의 기본평가시간으로 하고 10분간 발생하는 동적응답을 근간으로 하여 준정적해석(quasi static analysis)에 의해 풍하중을 규정하고 있다. 따라서 평가시간 10분 풍속에 기초하여 풍하중을 규정하고 있는 ISO4354:2009(E), AIJ2004, EN1991-1-4:2005(E)은 그대로 적용하여도 큰 문제가 발생하지 않으나 기본평가시간 3초를 채택하고 있는 ASCE7-10, AS/NZS1170.2:2002 등을 그대로 적용하면 문제가 발생할 수 있다.
- 적설하중의 경우 KDS 41 10 15 건축구조기준 설계하중은 최근까지의 적설자료를 근거로 하여 개선을 이루었으며 적설하중분포를 등고선형태의 지도로 나타냄으로써 건축구조기준(KBC 2009)의 표에서 명기하지 않은 지역에 대해서도 지상적설하중을 추정할 수 있도록 하였다. 또한 경사도 1/24 미만의 지붕에 눈과 비의 혼합하중에 의한 추가하중을 적용하던 것을, 처마에서 용마루까지의 수평거리 W가 클수록 빗물이 배출되는데 오랜 시간이 걸리는 것을 고려하여 W에 따라 경사각이 증가하고 경사각이 W/15 이하인 지붕에 대해 적용하는 것으로 개정되었다.
- 지진하중의 경우 KDS 41 17 00 건축물내진설계기준은 지반진동이론과 기존의 연구를 바탕으로 국내와 같이 기반암까지의 심도가 얕은 단주기 지반조건에 맞는 지반분류체계와 지반증폭계수를 도입하였다.
- 화재, 폭발, 차량충돌 등과 같은 돌발하중이 포함된 하중조합을 추가로 규정하였으며, 또한 돌발하중에 의해 손상을 입은 구조물의 잔존저항능력을 평가하기 위한 하중조합도 추가로 규정되었다. 출입이 제한된 지붕의 조경 구역에서 식재를 관리하기 위한 최소하중으로 활하중을 추가로 규정되었다. 주차장에 대해서는 충격과 피로를 고려할 필요가 없도록 하였으나 지게차 및 이와 유사한 이동장비를 지지하는 바닥은 충격과 피로를 고려하여 설계하도록 하였으며 충격하중은 전체하중 또는 차륜하중의 30%로 규정하였다.
- 이외에도 다양한 용도로 사용할 가능성이 있는 공동주택의 공용실 활하중이 2kN/m^{2}에서

$5kN/m^2$로 강화되었다. 또한 일시적으로 많은 사람이 모이거나 많은 물품이 쌓일 가능성을 고려하여, 모든 용도의 로비와 1층 복도, 총중량 30kN의 차량 용도에 대한 옥외주차장, 그리고 발코니에 $5kN/m^2$의 활하중을 적용하도록 강화되었다. 한편 이전 기준에서는 등분포활하중을 규정하지 않았던 계단에 $5kN/m^2$의 활하중을 규정하였으며 계단 디딤판의 집중활하중도 1.35kN에서 1.5kN으로 강화하였다.

- 충격이 발생하는 활하중을 지지하는 구조물은 그 효과를 고려하여 공칭활하중을 증가시켜야 한다. 크레인 주행보에 작용하는 최대충격하중은 양중하중을 부담한 상태에서 크레인이 움직일 때 발생한다. 충격하중은 확산되지 않기 때문에 기둥에 대해서는 충격하중을 포함한 하중조합을 적용하지 않는다.

1.6 참고기준

KDS 11 00 00 지반설계기준

KDS 14 00 00 구조설계기준

KDS 24 00 00 교량설계기준

KDS 41 00 00 건축설계기준

KDS 17 10 00 내진설계일반

KCS 14 00 00 구조재료공사 표준시방서

KCS 24 00 00 교량공사 표준시방서

AASHTO (2004), AASHTO LRFD Bridge Design Specifications, 3rd Ed.

AASHTO (2007), AASHTO LRFD Bridge Design Specifications, 4th Ed.

AASHTO (2012), AASHTO LRFD Bridge Design Specifications, Interim Revisions, 2nd Ed.

AISC (2001), Manual of Steel Construction Load and Resistance Factor Design, American Institute of Steel Construction.

AISC (2005), Steel Construction Manual, 13th edition, American Institute of Steel Construction.

AISC (2010), Steel Construction Manual, 14th edition, American Institute of Steel Construction.

Federal Emergence Management Agency (FEMA 2000), Recommended Seismic Design Criteria for New Steel-Moment Frame Buildings, REP No. FEMA350 Prepared by the SAC Joint Venture for FEMA, Washington, D.C.

2. 조사 및 계획

내용 없음.

3. 재료

3.1 강재

이 절은 강구조에 적용하는 강재를 대상으로 한다. 다만, 시설물 기준에서 강재의 별도 규정을 정한 경우, 시설물 기준의 재료규정을 따른다.

3.1.1 사용강재

(1) 구조용 강재는 표 3.1-1에 나타낸 한국산업표준(이하 'KS'라 한다)에 적합한 것을 사용한다.

표 3.1-1 구조용 강재의 표준 및 기호

	표준		강재기호
주요 구조용 강재	KS D 3503[1)]	일반 구조용 압연 강재	SS235, SS275, SS315, SS410, SS450, SS550
	KS D 3515	용접 구조용 압연 강재	SM275A, B, C, D, -TMC SM355A, B, C, D, -TMC SM420A, B, C, D, -TMC SM460B, C, -TMC
	KS D 3529	용접 구조용 내후성 열간 압연 강재	SMA275AW, AP, BW, BP, CW, CP SMA355AW, AP, BW, BP, CW, CP SMA460W, P
	KS D 3003	항만 및 해양 구조용 내식성 강재	HSM500
	KS D 3861	건축구조용 압연 강재	SN275A, B, C SN355B, C SN460B, C
	KS D 3866	건축구조용 열간 압연 형강	SHN275, SHN355, SHN420, SHN460

	표준		강재기호
	KS D 3868	교량구조용 압연 강재	HSB380, L, W HSB460, L, W HSB690, L, W
	KS D 5994	건축구조용 고성능 압연강재	HSA650

주1) KS D 3503 강재 적용은 비용접부재로 한정한다. 다만, 판 두께 22mm 이하의 가설자재로 사용하는 경우나, 2차부재로서 용접구조용 강재(예 : SM재)의 입수가 곤란한 경우에는 용접 시공시험을 통해 용접성에 문제가 없음을 확인한 후 SS275 강종에 한하여 사용 가능하다.

【해설】

KS 개정(2016)에 따른 구조용 강종의 기호가 다음과 같이 변경되었다.

해설 표 3.1-1 주요 구조용 강재의 표준 및 기호 변경

표준		강재기호	
		개정 전	개정 후
KS D 3503	일반 구조용 압연 강재	SS400, SS490, SS540, SS590	SS235, SS275, SS315, SS410, SS450, SS550
KS D 3515	용접 구조용 압연 강재	SM400A, B, C SM490A, B, C, TMC SM490YA, YB SM520B, C, TMC SM570, TMC	SM275A, B, C, D, SM355A, B, C, D, -TMC SM420A, B, C, D, -TMC SM460B, C, -TMC
KS D 3529	용접 구조용 내후성 열간 압연 강재	SMA400AW, BW, CW, AP, BP, CP SMA490AW, BW, CW, AP, BP, CP SMA570W, P	SMA275AW, AP, BW, BP, CW, CP SMA355AW, AP, BW, BP, CW, CP SMA460W, P
KS D 3003	항만 및 해양 구조용 내식성 강재	HSM500	변경없음
KS D 3861	건축구조용 압연 강재	SN400A, B, C SN490B, C	SN275A, B, C SN355B, C SN460B, C
KS D 3866	건축구조용 열간 압연 형강	SHN400, SHN490	SHN275, SHN355, SHN420, SHN460
KS D 3868	교량구조용 압연 강재	HSB500, L, W HSB600, L, W HSB800, L, W	HSB380, L, W HSB460, L, W HSB690, L, W
KS D 5994	건축구조용 고성능 압연강재	HSA800	HSA650

주) 강종의 기호를 기존 인장강도 기준에서(예 SM490B)에서 항복강도의 기준(예 SM355B)으로 변경함

지금까지 건축, 토목 분야별 설계기준은 구조용 강재의 재료 강도(항복강도, 인장강도), 사용 가능 판두께 및 설계 물리상수 등을 서로 달리 규정하고 있는 부분이 있어 왔다. 본 통합 기준에서는 분야별로 서로 다른 규정에 대해서는 원칙적으로 한국산업표준(KS: Korean Industrial Standards)에 따르도록 하였으며, 부득이한 일부 조항에 대해서는 각 분야별 실정을 반영하였다.

사용 강재는 본 설계기준에서 규정하고 있는 KS에 적합한 강재를 사용해야 한다. 본 설계기준에서 규정하지 않은 KS 강재나 또는 KS 제품이라 하더라도 공급원이 국내에 처음 공급하는 강재는 해당 구조물의 용도에 따른 각종 요구성능(용접성, 피로성능 등)을 충족하는지 여부에 대한 검증과 확인이 필요하다.

한편, 본 해설에서는 건설용 강재에 대하여 한국산업표준이 2016년 12월 5일 개정되어 주요 강재에 대한 기계적 성질 및 표기 등이 변경된 바, 강재의 기계적 성질 및 기타 주요 특성을 수록함으로써 설계자가 참고할 수 있도록 하였다.

KS의 주요 개정내용은 강종의 기호가 기존 인장강도 기준에서(예 SM490B)에서 국제표준과 부합되도록 항복강도의 기준(예 SM355B)으로 변경되었고, 강관의 경우 기호가 영문으로 변경되었다. 일부 강재에 대해 항복강도를 상향하였으며 저온충격인성의 기준이 되는 샤르피(Charpy) 흡수에너지, 용접보증을 위한 탄소당량(C_{eq}), 용접균열 감수성(P_{cm})의 적용을 확대하였으며 이를 위해 강종별 화학성분 및 기계적 성질을 강화하였다.

(1) SS강

일반구조용 압연강재(SS)는 교량, 건축물, 선박, 차량 그 밖의 구조물에 사용되는 일반 구조용 열간압연강재 규격이다. SS강은 탄소 함유량이 높고 조직이 거칠며 단순한 원소함량만을 규정1)하고 있고 충격인성을 보증하지 않아 용접 사용을 금하고 있다. 다만, SS275 강종의 경우, 토목구조물에 적용할 때는 판두께 22mm 이하의 가설 자재로 사용되는 경우와 2차 부재로 용접성에 문제가 없음이 확인 된 경우에 한하여 용접을 허용하고 있다. 건축구조물에 적용할 때는 SS275 강종의 용접과 관련한 특별한 규정 사항은 없으나, 용접부의 성능이 구조물의 거동에 중요한 영향을 미치는 주요 용접부의 경우 SS275 대신 용접성이 개선된 강종(SM, SHN, SN, TMC 등)의 적용을 권장하고 있다. SS410, SS450, SS550의 적용 두께는 40mm 이하로 제한한다.

1) 기존 SS강은 함유원소 P, S만을 규정하였으나 KS개정('16.12)에 따라 타원소의 함량도 규정함

(2) SM강

용접구조용 압연강재(SM)는 교량, 건축물, 선박, 차량, 석유 저장고, 용기, 그 밖의 구조물에 사용하는 열간압연강재로서, SS강재에 비해 용접성이 우수한 강재이다. 용접성 확보를 위해 C, Si, Mn 등의 원소함량과 용접성 조건인 탄소당량(C_{eq}), 용접균열감수성(P_{cm})을 규정하고 있다. SM460강의 적용두께는 100mm 이하이며 SM460B, C는 주문자 제조자 협정에 따라 150mm까지 제조 가능하다.

강재의 종류는 항복강도 (275, 355, 420, 460MPa) 외에도 저온충격인성의 판단 기준이 되는 시험온도별 샤르피흡수에너지에 따라 A(20℃), B(0℃), C(−20℃), D(−40℃)로 구분된다.

또한, SM490Y재는 KS규격에서 삭제되었다.

해설 표 3.1-2 용접구조용 압연강재 및 용접구조용 내후성 열간압연강재의 기계적 성질 (개정 전후표)

개정 전				개정 후			
강종	기호	시험온도 (℃)	샤르피 흡수에너지 (J)	강종	기호	시험온도 (℃)	샤르피 흡수에너지 (J)
SM400	A B C	– 0 0	– 27 이상 47 이상	SM275	A B C D	20 0 −20 −40	27 이상 27 이상 27 이상 27 이상
SM490	A B C	– 0 0	– 27 이상 47 이상	SM355	A B C D	20 0 −20 −40	27 이상 27 이상 27 이상 27 이상
SM520	B C	0 0	27 이상 47 이상	SM420	A B C D	20 0 −20 −40	27 이상 27 이상 27 이상 27 이상
SM570	–	−5	47 이상	SM460	B C	0 −20	47 이상 27 이상
SMA400	A B C	– 0 0	– 27 이상 47 이상	SMA275	B C	0 −20	27 이상 27 이상
SMA490	A B C	– 0 0	– 27 이상 47 이상	SMA355	B C	0 −20	27 이상 27 이상
SMA570	–	−5	47 이상	SMA460	–	−20	47 이상

용접성을 평가하기 위해 용접성 조건인 탄소당량(C_{eq}), 용접균열감수성(P_{cm})을 규정하고 있으며 각각의 값이 작을수록 용접성이 유리하여 예열온도를 낮추고 대입열용접이 가능하다.

해설 표 3.1-3 용접구조용 압연강재 및 용접구조용 내후성 열간압연강재의 용접성

강종의 기호	탄소당량(%)[1)				용접균열감수성(%)[2)			
	두께 50 이하		두께 50 이상		두께 50 이하		두께 50 이상	
		TMC		TMC		TMC		TMC
SM275	0.42 이하	–	0.44 이하	–	0.26 이하	–	0.28 이하	–
SM355	0.47 이하	0.38 이하	0.49 이하	0.40 이하	0.27 이하	0.24 이하	0.29 이하	0.26 이하
SM420	0.48 이하	0.40 이하	0.50 이하	0.42 이하	0.28 이하	0.26 이하	0.30 이하	0.27 이하
SM460	0.49 이하	0.44 이하	0.51 이하	0.47 이하	0.29 이하	0.28 이하	0.32 이하	0.30 이하
SMA355P		0.40 이하		0.42 이하		0.24 이하		0.26 이하
SMA355W		0.41 이하		0.43 이하		0.24 이하		0.26 이하
SMA460	0.44 이하		0.47 이하		0.28 이하		0.30 이하	

주1) 탄소당량(%): 탄소 외의 영향력을 탄소량으로 환산한 값으로 낮을수록 용접성 유리
$C_{eq}=C+Mn/6+(Cr+Mo+V)/5+(Ni+Cu)/15$
2) 용접 균열 감수성 (%): 원소의 용접부 균열 발생 민감 지수로 낮을수록 용접성 유리
$P_{cm}=C+Si/30+Mn/20+Cu/20+Ni/60+Cr/20+Mo/15+V/10+5B$

고강도강, 후물재 등은 강재 조직의 균질화, 미세화, 내부응력제거, 탄화물의 석출을 촉진시켜 내부 품질 개선을 위해 열처리를 할 수 있다. 강재에 열처리하는 경우 그 기호는 다음과 같으며 강종의 기호 끝에 부기한다. (노멀라이징: N, 템퍼링: T, 퀜칭-템퍼링: Q (표기 예:SM355CN))
강재의 고인성화, 고강도화, 용접성 향상을 위해 열간압연공정에서 조직미세화와 압연직후 급속냉각을 적용한 열가공제어로 생산된 강재는 강재 기호 끝에 -TMC를 붙인다(예: SM460B-TMC). 단, 교량구조용 압연강재(KS D 3868)는 열가공제어를 실시하여 생산하나 TMC를 별도로 붙이지 않는다. 열가공제어(TMC)를 한 경우 두께에 따른 항복강도의 저감없이 기준값(16mm 이하의 항복강도)을 적용하며 해설 표 3.1-3에서와 같이 용접성이 우수하다.
용접에 의해 구속력을 받는 주요부재에서 판두께 방향으로 인장력을 받는 경우에는 용접부 또는 그 주변부에 균열이 발생할 가능성(라멜라테어)이 있기 때문에 강재의 판두께 방향의 단면 수축률 특성을 고려해야 한다. 구체적으로는 해설 표 3.1-4에 표시한 KS D 0276 "강판 및 평강의 두께 방향 특성"을 참고하여 판두께 방향의 단면수축률 값을 보증할 수 있는 강재를 사용하도록 한다. 그리고 이러한 강재를 사용할 경우는 강종의 명칭 뒤에 해당 등급번호를 부기한다(예 : SM275B-K25).

해설 표 3.1-4 판두께 방향의 단면수축률(KS D 0276)

등급번호	3개 시험편의 평균값	개개의 시험값
K15	15 % 이상	10 % 이상
K25	25 % 이상	15 % 이상
K35	35 % 이상	25 % 이상

(3) SMA강

용접구조용 내후성 열간압연강재(SMA)는 구리(Cu), 크롬(Cr) 및 니켈(Ni) 등의 합금이 함유되어 있어 대기 중에서 부식에 견디는 성질(내후성)이 우수한 강재이다. 내후성 강재는 대기에 노출되면 시간의 경과에 따라 강재 표면에 치밀한 녹층(보호성 녹층)이 형성되어 이후의 녹 진행이 억제되어 부식속도가 보통강에 비해 매우 낮아지므로, 도장을 하지 않고 사용할 수 있다.

강재의 종류는 항복강도 (275, 355, 460MPa)과 저온충격인성의 판단 기준이 되는 시험온도별 샤르피흡수에너지에 따라 B(0℃), C(−20℃), 무도장으로 사용되는 W재와 도장을 실시하여 사용하는 P재로 구분된다.

(4) HSM강

항만 및 해양구조용 내식성 강재(High performance steel for marine environmets, HSM)는 항만, 해양구조물에 사용되며 비말대에서 일반구조용압연강재(KS D 3503)나 용접구조용압연강재(KS D 3515)에 비하여 우수한 내식성을 보이는 내해수성 구조용 열간압연 강재이다. 재료의 내식성을 평가하는 내후성지수(I)는 최소 6.0 이상이며 적용두께는 22mm 이하의 강판으로 두께(6mm 이하, 6~8.5, 11~22mm)에 따라 각각 24J, 35J, 47J 이상의 샤르피흡수에너지를 갖는다. 용접성을 평가하는 탄소당량은 0.50%로 규정하고 있다.

내후성지수=26.01Cu+0.33Ni+1.20Cr+1.49Si+17.28P−7.29Cu*Ni−9.1Ni*P−33.39Cu^2

(5) SN강

건축구조용 압연강재(SN)는 건축물의 설계/제작 측면에서 건축물의 규모에 상관없이 구조물의 안전성을 재료적 측면에서 보증하는 강재로서 우수한 용접성능, 소성변형능력, 판두께 방향의 인장력에 대한 성능 보증 및 공칭 단면치수 확보가 가능한 강재이다. 특히 건축물의 내진설계에서는 소성변형을 허용하는 설계를 할 수 있기 때문에 SN강재는 변형능력의 확보, 설계에서 의도한 변형능력의 실현 및 붕괴메커니즘의 재현성 확보가 가능하도록 그 성능 수준에 따라 A, B, C로 구분된다. SN재의 A종은 현재 폭넓게 사용되고 있는 SS275강재를 근간으로 제조기술의 실태 및 국제규격 등을 고려하여 규정한 강재이다.

SN재의 B종은 용접성을 평가하는 중요한 인자인 탄소당량(C_{eq})과 용접균열감수성(P_{cm})을 규정하고 있으며, 기계적 성질은 원칙적으로 항복강도의 상하한치(항복점 범위 120MPa), 항복비(80%이하), 샤르피흡수에너지(시험온도 0℃에서 27J 이상)의 규정이 새롭게 추가되어 용접성과 내진성능을 만족시키는 강재이며 기둥, 큰 보 등의 내진요소에 사용하도록 권장하고 있다.

SN강재의 C종은 B종을 근간으로 판두께 방향의 특성이 추가된 강재로 Z방향 인장시험에 의한 단면축소율 하한치를 규정하고 있다. C종 강재는 용접조립 각형강관, 접합부 다이아프램 부분 등의 제작, 가공시의 판두께 방향으로 인장응력이 작용하는 부분에 사용할 것을 권장하고 있다.

또한 SN강재는 제품의 두께 평균치가 공칭두께가 되도록 하기 위하여 마이너스측 허용차 폭을 플러스측 허용차 폭보다 엄격하게 관리할 수 있도록 마이너스측의 판두께 허용차를 작게 규정하였다.

해설 표 3.1-5 건축구조용 압연강재의 구분

구분	두께(mm)	용도구분	주요 특징
A종	6~100	소성변형이 생기지 않는 부재 또는 부위에 사용하며 용접을 하거나 구조내력 상 중요한 부위에는 가급적 사용하지 않음.	SN275 강재는 SS강재와 동등한 성능의 재료이지만 인(P)과 황(S)의 상한을 0.030으로 엄격히 규정
B종	6~100	부재의 소성변형성능이나 용접 시공성을 확보한 강재로 주요 구조부위에 사용	•항복비 : 판두께 12mm 이상에서 80% 이하 •샤르피흡수에너지 : 판두께 6mm 초과 시 0℃ 27J 이상 (10mm 미만이 되는 경우에는 축소 충격 시험편에 따르며 샤르피 흡수에너지 값은 나비 비율에 따라 적용) •탄소당량(C_{eq}) 상한 혹은 용접균열감수성(P_{cm})상한 규정 •유황(S)함유량 상한 : 0.015%
C종	16~100	용접조립 가공할 때를 포함해 판두께 방향으로 인장력이 작용하는 부위 및 대입열용접을 실시하는 부재에 사용	B종 강재의 규정에 아래의 항목을 추가 •판두께방향(Z방향) 단면축소율값(25% 이상) 규정 •유황(S)함유량 0.08%이하 •기타 : 초음파탐상시험(UT 검사) 실시 샤르피흡수에너지: 판두께 6mm 초과 시 -20℃ 27J 이상

(6) SHN강

건축구조용 열간압연형강(SHN)은 구조성능이 우수한 형강제품(H형강, ㄱ형강, ㄷ형강)에 대해 규정한 것으로서 화학성분의 첨가원소와 Mn/S 비, 항복강도의 상, 하한치, 항복비, 탄소당량, 충격값을 엄격하게 제한하고 있어 내진설계시 사용하도록 권장하고 있다.

기존의 (SS, SM) 강종은 강도의 하한치만을 규정해왔으나 설계기준 항복강도(F_y)와 실제 강재의 항복강도 차이가 클 경우 정확한 붕괴메카니즘의 예측이 어렵게 되므로 SHN 강종은 항복강도의 상한치와 하한치를 동시에 규8제하여 항복강도의 범위를 한정하고, 항복비를 0.85 이하로 규정하고 있어 구조물의 소성변형능력 향상에 기여할 수 있다.

강재의 용접성을 나타내는 지표인 탄소당량을 규제하여 SM강종에 비해 우수한 용접성을 기대할 수 있다. 인성이 향상된 강재(0℃ 27J)로서 강재의 에너지 흡수능력 면에서도 안정된 결과를 나타낸다.

(7) HSB강

교량구조용 압연강재(HSB)는 교량용 강재의 강종을 사용자 위주로 단순화하고, 사용강재의 환경

온도범위를 -20℃ (HSB690L의 경우 -40℃)까지 확대하여 저온충격인성에 대한 안전성을 확보하며, 하중범위가 높은 용도에서도 안전하도록 고인성을 확보하고 용접성을 향상하여 개발한 교량 맞춤형 고성능 강재이다. 이 강재는 2005년 국토해양부 "차세대 시설물용 신재료 활용기술개발"사업을 통해 개발되었다(주관연구기관 : RIST, 2005~2010). 이 강재를 규정한 KS D 3868은 2007년에 처음 항복강도 380MPa 및 460MPa의 강재가 규정되었고, 2009년에는 항복강도 690MPa의 강재가 추가 개정되었다.

강재의 기호는 HSB(High-performance Steel for Bridges)로 교량구조용강 중, 저온인성이 우수한 -L재와 내후성능이 우수한 -W재로 구분된다. 강재는 열가공제어압연(TMCP)하여 제조하도록 되어 있어 두께에 따라 일정 항복강도를 갖는다. 적용두께는 HSB380, HSB460는 100mm 이하, HSB690은 80mm 이하의 강판으로 사용한다.

HSB380, HSB380W, HSB460, HSB460W는 충격시험 -5℃에서 47J을 보증하여 기존의 SM강재에 비해 우수한 저온인성을 보증한다. HSB380L, HSB460L (이상 -20℃에서 47J 보증) 및 HSB690L (-40℃에서 47J 보증)은 저온인성이 특히 더욱 우수한 강재이다. 한편, HSB380W, HSB460W 및 HSB690W는 내후성지수는 5.8 이상을 보유한 내후성 강재로서 무도장으로 사용이 가능하다. 내후성강재는 공용기간 중에 조직이 조밀한 보호성 녹층이 형성되어 추가 대기중 부식으로부터 보호한다. 이러한 보호성 녹층이 형성되기 위해서는 강재 표면에 염분이 부착되는 것을 피하고 건조와 습윤상태가 적당히 반복되는 것이 바람직하다. 따라서 교량에 내후성강을 적용할 때는 환경조건을 고려해야 하고, 설계를 할 때 세부구조상 체수와 결로를 최소화하고, 토사나 진흙의 퇴적이 지속되지 않도록 고려해야 한다. HSBW 내후성 강재의 교량 적용에 대해 보다 상세한 사항은 문헌(무도장 내후성강 교량 적용지침, 한국강구조학회, 2011)을 참조하도록 한다.

해설 표 3.1-6 교량구조용 압연강재의 저온충격인성 및 용접성

강종	충 격 시 험		용접성	
	시험온도(℃)	샤르피 흡수에너지(J)	탄소당량(%)	용접균열감수성(%)
HSB380	-5	47 이상	0.40 이하	0.20 이하
HSB380W	-5	47 이상	0.47 이하	0.22 이하
HSB380L	-20	47 이상	0.40 이하	0.20 이하
HSB460	-5	47 이상	0.42 이하	0.20 이하
HSB460W	-5	47 이상	0.47 이하	0.22 이하
HSB460L	-20	47 이상	0.42 이하	0.20 이하
HSB690	-20	47 이상	0.55 이하	0.25 이하
HSB690W	-20	47 이상	0.60 이하	0.27 이하
HSB690L	-40	47 이상	0.55 이하	0.25 이하

(8) HSA강

건축구조용 고성능 압연 강재(HSA650)는 인장강도 800MPa급의 초고강도 강재로서 건축물의 안정성을 재료적 측면에서 보증할 수 있는 요구성능을 모두 확보하면서, 40mm이상의 두께에서 항복강도가 저하되지 않고 소요의 용접성능을 확보할 수 있도록 TMCP 방식으로 제조된 강재이다. 강재의 취성을 증가시키는 P와 S의 성분을 각각 0.015%와 0.006% 이하로 제한하여 기존 강재보다 엄격히 관리하고 있으며 탄소당량(C_{eq})과 용접균열감수성(P_{cm})도 0.6%와 0.3% 이하로 제한하여 용접성을 확보하였다. 항복강도에 대하여 650MPa~750MPa의 범위를 갖도록 제한하여 강도의 평균값에 대한 산포도를 최소화함으로써 최초 항복강도로 설계한 구조물의 붕괴 메커니즘이 의도대로 발생할 확률을 높여 건축구조물의 안정성을 확보할 수 있다.

또한 SM460TMC와 동일한 수준인 0.85이하로 항복비를 제한함으로써 SN강재와 같이 내진용 강재에서 요구되는 특성을 모두 만족하는 강재이다. 소재의 취성은 구조물 또는 용접부에 발생한 균열이나 결함이 계속 전파될지 여부를 좌우하는 특성으로, 소재의 파괴특성을 평가하는 요소로 HSA650은 47J(-5℃)을 보증함으로써 건축구조물에 사용되는 가장 높은 수준으로 규정하고 있다. 이 강재는 2009년 국토해양부 "초고층 빌딩 시공기술 연구단" 사업을 통해 개발되었다(주관연구기관 : RIST, 2009~2015).

표 3.1-1 구조용 강재의 표준 및 기호 (계속)

	표준		강재기호
강관	KS D 3566[1)]	일반 구조용 탄소 강관	SGT275, SGT355, SGT410, SGT450, SGT550
	KS D 3568[1)]	일반 구조용 각형 강관	SRT275, SRT355, SRT410, SRT450, SRT550
	KS D 3632	건축 구조용 탄소 강관	SNT275E, SNT355E, SNT460E, SNT275A, SNT355A, SNT460A
	KS D 3777	철탑용 고장력강 강관	SHT410, SHT460
	KS D 3864	건축구조용 각형 탄소 강관	SNRT295E, SNRT360E, SNRT275A, SNRT355A
	KS F 4602	기초용 강관 말뚝	STP275, STP355, STP380, STP450, STP550
	KS F 4605	강관 시트 파일	SKY400, SKY490
	KS D 3300	항만 및 해양구조용 내식성강관	STKM500

주1) KS D 3566 및 KS D 3568의 SGT, SRT 강관은 원칙적으로 주요 구조 부재로 사용하는 경우 용접하여 사용하지 않는다. 용접성이 요구되는 강관에는 KS D 3632, KS D 3864를 사용한다.

【해설】

KS개정(2016)에 따라 강관의 강종명이 다음과 같이 변경되었다.

해설 표 3.1-7 강관 강재의 표준 및 기호 변경

표준		강재기호	
		개정 전	개정 후
KS D 3566[2)]	일반구조용 탄소강관	STK400, STK490, STK500, STK540, STK590	SGT275, SGT355, SGT410, SGT450, SGT550
KS D 3568[2)]	일반구조용 각형강관	SPSR400, SPSR490	SRT275, SRT355, SRT410, SRT450, SRT550
KS D 3632	건축구조용 탄소강관	STKN400W, STKN400B STKN490B, STKN570B	SNT275E, SNT355E, SNT460E, SNT275A, SNT355A, SNT460A
KS D 3777[3)]	철탑용 고장력강 강관	STKT540, STKT590	SHT410, SHT460
KS D 3864	건축 구조용 냉간 성형 각형 강관	SPAR295, SPAR360 SPAP235, SPAP325	SNRT295E, SNRT360E, SNRT275A, SNRT355A
KS F 4602	기초용 강관 말뚝	SKK400, SKK490 SKK500, SKK590	STP275, STP355, STP380, STP450, STP550
KS F 4605	강관시트파일	SKY400, SKY490, SKY500	SKY400, SKY490
KS D 3300	항만 및 해양구조용 내식성강관	STKM500	변경없음
KS D 4108	용접구조용 원심력 주강관	SCW490-CF	단체표준으로 변경

주2) KS D 3566 및 KS D 3568의 SGT355, STK500, SPSR490 강관은 원칙적으로 주요 구조 부재로 사용하는 경우 용접하여 사용하지 않는다. 용접성이 요구되는 강관에는 KS D 3632, KS D 3864를 사용한다

주3) 기존 KS D 3780 철탑용 고장력강관은 KS D 3777로 대체됨

(9) SGT강관

강구조물에 적용하는 일반구조용 탄소강관(SGT, Steel General Tube)은 영문약자를 STK에서 SGT로 변경하였으며, 기존 STK490, STK500 강종을 통합하여 SGT355로 개정되었다. 관은 이음매 없이 제조하거나 전기저항 용접, 단접 또는 아크용접(스파이럴 심 및 스트레이트 심)에 의해 제조한다. 탄소강관은 제조한 그대로 하고 원칙적으로 열처리를 하지 않으며 적용두께는 40mm 이하이다.

주요 변경사항으로는 적용범위의 제한이다. 용접하여 사용하는 구조용 강관에는 SGT를 적용하지 않는 것으로 규정하였다. 용접이 요구되는 강관에는 건축구조용탄소강관(KS D 3632)을 적용한다. 그리고 바깥지름 318.5mm 이상의 강관기초 말뚝 및 지면 미끄럼 방지 말뚝에는 SGT를 적용하지 않는 것으로 규정하였다. 기초용 강관 말뚝(KS F 4602) 및 용접구조용 원심력 주강관(SPS-KFCA-D4108-5011)을 적용할 수 있다.

(10) SRT강

일반구조용 각형 강관(SRT, Steel Rectangular Tube)은 토목, 건축 및 기타 구조물에 사용하는 각형 강관에 대하여 규정하고 있다. 탄소강관은 제조한 그대로 하고 원칙적으로 열처리를 하지 않으며 적용두께는 30mm 이하이다. 일반구조용 각형강관은 주로 판두께 1.2~22mm, 치수 20×20~500×500mm의 2차 부재로 사용되고 있으며 주요 구조 부재로 사용하는 경우 용접하여 사용하지 않는다.

(11) SHT강

송전 철탑, 강관 버팀보 등의 강구조물에 적용하는 고장력강 강관인 철탑용 고장력 강관(SHT)은 전기저항용접 또는 아크용접으로 제조하며 관은 제조한 그대로 사용하고 원칙적으로 열처리를 하지 않는다. SHT460 강관은 세립킬드강으로 두께 25mm 이하로 사용한다. 기존 KS D 3780이 KS D 3777로 대체되었다.

(12) SNT강

건축구조용 탄소강관(SNT, Steel New Tube)은 대공간구조의 지상구조물과 같은 건축구조물에 주로 사용하는 제품이다. 제조방법은 관을 이음매 없이 제조하거나 전기 저항 용접, 단접 또는 아크 용접(스트레이트 심)에 의해 제조한다. 관은 제조한 그대로 (열간, 온간 또는 냉간성형) 또는 적당한 열처리를 한다. 관의 종류는 전기저항 용접(ERW)으로 제조되는 SNT275E, SNT355E, SNT460E강관과 아크용접(SAW) 스트레이트 심으로 제조되는 SNT275A, SNT355A, SNT460A 강관이 있다. 치수 적용범위는 바깥지름 21.7mm 이상, 1,574.8mm 이하, 두께 2.0mm 이상, 100mm 이하로 한다. 용접성이 요구되는 강관에 적용이 가능하다.

(13) SNRT강

건축구조용 각형 탄소 강관(SNRT, Steel New Rectangular Tube)은 내진건축용 등에 사용되는 새로운 요구의 건축구조물에 사용되는 각형 강관이며 제조방법에 따라 냉간 롤 성형 설비로, 강대로부터 전기 저항 용접법(ERW)에 의해 제조된 용접 강관을 각형 단면으로 성형한 냉간 롤 성형 각형 강관(SNRT295E, SNRT360E)과 냉간 프레스 성형 설비로, 강대 또는 강판을 성형하여 1심(seam) 또는 2심(seam)으로 된 용접 연결부를 자동 아크 용접하여 제조한 냉간 프레스 성형 각형 강관(SNRT275A, SNRT355A)을 포함한다. 용접성이 요구되는 강관에 적용이 가능하다.

(14) STP강

구조물의 기초에 사용되는 강관말뚝(STP)은 용접강관 말뚝에 적용하는 소재로 사용한다. 소관을 용접하여 단관으로 하는 경우에 공장 원둘레 용접 및 부속품의 부착에 사용하는 용접 재료는 소관 및 부속품 재료의 인장강도 이상의 것으로 한다.

(15) SKY강

흙막이 공사 또는 구조물의 기초 등에 사용하는 강관 시트파일(SKY)은 강관몸체에 이음쇠를 부착되어 구성되어 있으며 강관은 소관 자체 또는 소관을 공장에서 원주용접한 이음관으로 구성되어 있으며 강관시트 파일을 현장에서 연결할 때 이음쇠끼리 연결하는 연결이음쇠로 구성된다. 소관을 용접하여 강관 몸체로 하는 경우에 공장 원주용접부에 사용하는 용접재료는 소관의 인장강도 이상을 가져야 하며 이음쇠 및 연결이음쇠의 재료는 KS D 3566의 SGT275 및 KS D 3503의 SS275와 동등 또는 이상으로 한다.

(16) STKM강

항만 및 해양 구조용 내식성 강관(STKM500)은 항만 및 해양 구조물에 사용되는 강관으로서 비말대에서 일반구조용탄소강관(KS D 3566)에 비하여 우수한 내식성을 보이는 구조용 내해수강 강관이다. 적용 두께는 22mm 이하이며 강재의 성능은 항만 및 해양 구조용 내식성강재(KS D 3003)과 유사하다.

표 3.1-1 구조용 강재의 표준 및 기호 (계속)

	표준		강재기호
경량 및 기타 구조용 강재	KS D 3530	일반 구조용 경량 형강	SSC275
	KS D 3558	일반 구조용 용접 경량 H형강	SWH275, L SWH355, L SWH420, L SWH460, L
	KS D 3602	강제갑판	SDP1, 2, 3
	KS D 3858	냉간 성형 강 널말뚝	SPY345, W SPY450 SPY345M, SPY380M
	KS F 4603	H형강 말뚝	SHP275, W SHP355W, SHP450W
	KS F 4604	열간압연강 널말뚝	SY300, W SY400, W
	KS D 3542	고 내후성 압연 강재	SPA-H, SPA-C

【해설】

KS개정(2016)에 따라 경량 및 기타구조용 강재의 강종명이 다음과 같이 변경되었다.

해설 표 3.1-8 경량 및 기타구조용 강재의 표준 및 기호 변경표

표준		강재기호	
		개정 전	개정 후
KS D 3530	일반구조용 경량형강	SSC400	SSC275
KS D 3558	일반구조용 용접경량 H 형강	SWH400 SWH400L	SWH275, L SWH355, L SWH420, L SWH460, L
KS D 3602	강제갑판 (데크플레이트)	SDP1, 2, 3,	SDP1, 2, 3

표준		강재기호	
		개정 전	개정 후
KS D 3858	냉간성형 강널말뚝	SPY345, W SPY450 SPY345M	SPY345, W SPY450 SPY345M SPY380M
KS F 4603	H형강 말뚝	SHP400W SHP490W	SHP275, W SHP355W SHP450W
KS F 4604	열간압연강 널말뚝	SY295 SY390	SY300, W SY400, W
KS D 3542	고 내후성 압연강재	SPA-H, -C	SPA-H, -C

(17) SSC강

일반구조용 경량형강(SSC275)은 건축 및 기타의 구조물의 2차 구조부재 등에 사용하는 냉간성형 경량형강을 의미한다. 제조방법은 강판 또는 강대를 냉간에서 롤 성형법에 의해 제조하게 된다. 경량형강의 단면모양에 따라 경 ㄷ형강, 경 Z형강, 경 ㄱ형강, 리프 ㄷ형강, 리프 Z형강, 모자형강으로 구분된다.

(18) SWH강

일반구조용 용접경량 H형강(SWH)은 건축, 토목 그 밖의 일반 구조물에 사용하는 강재로 연속적으로 고주파 저항 용접 또는 이것과 고주파 유도 용접의 병용으로 제작하는 것이다. 열연코일을 소재로 사용하여 제작하기 때문에 압연 H형강에 비해 다양한 두께와 크기의 제품을 생산한다.

(19) SDP강

강제갑판(데크플레이트, SDP)는 건축, 토목, 차량, 그 밖의 구조물에 사용하는 냉간 성형한 강제갑판(데크플레이트)이다. 강제갑판에 아연도금을 실시하는 것은 강재기호 뒤에 G를 붙여 표기한다.

(20) SPY강

냉간성형 강널말뚝(SPY)은 흙막이, 임시 물막이 및 구조물의 기초에 사용되는 경량시트파일로서 단면의 강도 한계 (최대 단면계수 1830cm^3/wall m)를 초과하지 않는 곳에서 냉간성형 강 널말뚝으로 사용된다. 냉간 성형 압연기에 의해 생산되어 그 모양은 끝단면부의 이음 부위가 연결되거나 겹쳐지는 연속적인 구조로 된 강널말뚝이다. 냉간성형 강널말뚝은 강도에 따른 일반용(SPY345, SPY345W, SPY450) 또는 내해수용(SPY345M)으로 사용된다. SPY385와 SPY385W는 KS D 3858 (1998)에서는 가설재와 구조재로 구분하여 화학성분을 달리하였으나 현 KS에서는 구분없이 일반용으로 구분하고 화학성분에 따라 구분하여 Cu성분이 포함된 소재에 대해서 기호 뒤에 W를 표기한다.

(21) SHP강

H형강 말뚝(SHP)은 토목, 건축 등 구조물의 기초, 토류벽, 벽체의 보강재, 그 밖의 구조물에 사용하는 H형강 말뚝에 대한 규격으로, 기존의 SS 및 SM 강종에 비해 말뚝에서 요구되는 내충격성을 향상시키기 위해 샤르피 흡수 에너지를 규정 (0℃, 27J)하였으며, 내식성을 강화하기 위해 구리

(Cu) 성분을 추가 하였다. 그리고 용접성능의 향상을 위해 탄소당량(C_{eq})을 규정한 강종이다. 따라서 말뚝으로 사용하는데 있어 필요한 항타에 대한 저항성, 내식성, 용접성 등이 보강된 강종이라 할 수 있다.

(22) SY강

열간압연강 널말뚝(SY)은 흙막이, 물막이 및 구조물의 기초 등에 사용하는 열간압연강 널말뚝의 규격이다. 주요 용도로는 영구 옹벽 및 호안 시설물 설치용 또는 토류 공사용 가설시설용으로 사용된다.

(23) SPA강

고내후성 압연강재(SPA)는 내후성이 우수한 강재로서 건축용외장재, 경량 구조재, 도로시설재, 컨테이너 철도차량과 같은 경량구조재로 사용되고 있으며, 최근 경량형 건축용 구조부재로 가공되어 사용되고 있다. 이 강재는 용접구조용 내후성 열간압연강재(KS D 3529)와 같은 특성을 가지는 저합금강재로서 대기중에 노출되면 초기에는 일반강과 유사한 녹이 발생하지만 시간의 경과에 따라 보호성 녹층이 피막을 형성하여 내부식성능을 발휘하는 강재이다.

(2) 표면처리제품, 주단조품, 선재 및 선재2차제품은 표 3.1-2에 나타낸 KS에 적합한 것을 사용한다.

표 3.1-2 표면처리제품, 단조품, 선재 및 선재2차제품 강재의 표준 및 대표 기호

강재의 종류	표준		강재 대표 기호
표면처리제품	KS D 3506	용융 아연도금 강판 및 강대	SGHC, SGH-Y, SGCC, SGCH, SGCD, SGC-Y
	KS D 3030	용융 아연 알루미늄 마그네슘 합금 강판 및 강대	SGMHC, SGMH
단조품[1]	KS D 3752	기계 구조용 탄소 강재	SM-C SM-CK
	KS D 3710	탄소강 단강품	SF-A, SF-B
선재 및 선재2차제품	KS D 3509	피아노 선재	SWRS-A -B
	KS D 3510	경강선	SW-A, SW-B, SW-C
	KS D 3514	와이어 로프	-
	KS D 3556	피아노 선	PW-1, PW-2, PW-3
	KS D 3559	경강 선재	HSWR -A -B
	KS D 7002	PC 강선 및 PC 강연선	SWPC, SWPD
	KS D 3505	PC 강봉	SBPR, SBPD
	KS D 7048	이형선 로프	-

주1) 단조품을 용접하여 사용하고자 할 경우, 사전에 용접성 검증이 필요하다.

【해설】

KS개정(2016)에 따라 표면처리제품, 단조품, 선재 및 선재2차제품 강재의 강종명이 다음과 같이 변경되었다.

해설 표 3.1-9 표면처리제품, 단조품, 선재 및 선재2차제품 강재의 표준 및 대표 기호

표준		강재기호	
		개정 전	개정 후
KS D 3506	용융 아연도금 강판 및 강대	SGH, SGC (인장강도 표기)	SGHC, SGH-Y, SGCC, SGCH, SGCD, SGC-Y (항복강도 표기)
KS D 3030	용융 아연 알루미늄 마그네슘 합금 강판 및 강대	-	SGMHC, SGMH
KS D 3752	기계 구조용 탄소 강재	SM35C, 45C	SM-C SM-CK
KS D 3710	탄소강 단강품	SF490A, 540A	SF-A, SF-B
KS D 4101	탄소강 주강품	SC450, SC480	한국주물공업협동조합 단체표준
KS D 4102	구조용 고장력 탄소강 및 저합금강 주강품	SCMn1A, SCMn2A	한국주물공업협동조합 단체표준
KS D 4106	용접구조용 주강품	SCW410, SCW480	한국주물공업협동조합 단체표준
KS D 4118	도로교량용 주강품	SCHB1, SCHB2, SCHB3	한국주물공업협동조합 단체표준
KS D 4301	회주철품	GC250	한국주물공업협동조합 단체표준
KS D 4302	구상 흑연주철품	GCD400, GCD450	한국주물공업협동조합 단체표준
KS D 3509	피아노 선재	SWRS	SWRS-A -B
KS D 3510	경강선	SW-A, SW-B, SW-C	SW-A, SW-B, SW-C
KS D 3514	와이어 로프	-	-
KS D 3556	피아노 선	PW-1, PW-2, PW-3	PW-1, PW-2, PW-3
KS D 3559	경강 선재	HSWR	HSWR -A -B
KS D 7002	PC 강선 및 PC 강연선	SWPC, SWPD	SWPC, SWPD
KS D 3505	PC 강봉	SBPR	SBPR, SBPD
KS D 7048	이형선 로프	E, G, A, B	-
KS D ISO 8369	태경 강선 로픔	-	KS 폐지

(24) SGH, SGC

표면처리제품인 용융아연도금강판 및 강대(SGH, SGC)는 철강의 표면에 97% 이상의 아연을 함도금조에서 양면을 같은 두께로 도금함으로서 내부식성능을 발휘할 수 있도록 하는 강재이다. 이 강재는 크게 일반용, 가공용, 구조용으로 분류되어 생산규격이 정의되어 있으나 이 기준에서는 구조용만을 사용할 수 있도록 채택하고 있다. 이 강판은 용융아연조에 냉연강판(Cold-rolled steel) 또는 열연강판(Hot-rolled steel)을 담그어 표면에 아연피막을 입힌 것으로 다른 제조방식으로 도금하는 강재에 비해 아연도금량이 많기 때문에 내식성이 우수하고 제조원가가 낮은 장점이 있다. 용접은 주로 Spot 용접과 Seam 용접을 할 수 있다. 또한 아연도금강판은 아연의 희생방식작용(Galvanic Action)에 의해 표면 긁힌흠, 용접부 또는 절단면 등 철이 노출되어 있는 부분에서 아연이 희생되어 산화아연이 됨으로써 철이 부식되는 것을 방지한다. 열연 원판을 사용하는 SGH강은 일반용(SGHC)와 구조용(SGH245Y, 295Y, 335Y, 365Y, 440Y)로 구분되며 적용두께는 1.2~6mm 이다. 냉연 원판을 사용하는 SGC강은 일반용(SGCC), 가공용(SGCH, SGCD1, 2, 3), 구조용(SGC245Y, 295Y, 335Y, 365Y, 560Y : 숫자는 항복강도)로 구분되며 적용두께는 0.25~3.2mm (SGC560Y는 0.25~2.0mm)이다. 또한, 도금의 부착량에 따라 비합금화 시의 양면 최소도금량에 따라 Z08~60으로 구분되며 Z뒤의 숫자는 양면 3점법 평균부착량이다. (예, Z10의 양면 3점법 평균부착량은 100g/m^2). 합금화시에는 F06, 08, 10, 12로 구분된다.

(25) SGMH, SGHMC

표면처리제품인 용융아연 알루미늄 마그네슘 합금 도금 강판 및 강대(SGMH, SGHMC)는 마그네슘과 알루미늄의 합이 1.5~8% 및 나머지 아연으로 구성되는 도금 중탕에서 용융도금한 강판 및 강대로서 용융아연도금강 대비 내식성이 우수한 강재이다. 열연원판을 사용하는 SGMH강은 일반용(SGMHC), 구조용(SGMH340, 400, 440, 490, 540)으로 두께 1~5mm로 적용한다. 냉연원판을 사용하는 SGMC강은 일반용(SGMCC), 가공용(SGMCH, SGMCD1, 2, 3), 구조용(SGMC340, 400, 440, 490, 570: 각 숫자는 인장강도)으로 구분되며 적용 두께는 가공용은 0.4~2.3mm, 구조용은 0.25~2.3mm이다. (SGMC570의 적용두께는 0.25~2.0mm). 도금의 양면 최소 부착량(양면의 합계)에 따라 M08, 10, 12, 14, 18, 20, 22, 25, 27으로 구분되며 각 숫자는 3점 평균 최소부착량이다. (예시 M10의 도금 3점 평균최소부착량은 100g/m^{2}임)

(26) 단강품: SM-C, -CK, SF-A, -B

단강품, 주강품, 주철품 등의 주단조품은 교량 받침, 배수장치, 난간, 특수한 신축장치, 핀 등에 사용된다. 주단조품은 열처리 조건(노멀라이징, N, 어닐링, A, 퀜칭과 템퍼링, H)에 따라 재료의 강도를 다르게 사용한다. 단조품은 높은 탄소함유량이 높아 경도(HB)가 우수하여 내마모강으로 사용된다. 주단조품은 용접하여 사용하지 않으며 용접이 가능한 제품은 SPS-KFCA-D4106-5009에 해당되는 용접구조용 주강품(SCW)이다. 그 외 주단조품을 용접하여 사용하고자 할 경우, 용접성에 대한 검증이 필요하다.

기계구조용 탄소강(SM-C)은 열간압연, 열간단조 등의 열간가공에 의해 제조된 것으로, 보통 다시 단조, 절삭 등의 가공 및 열처리를 하여 사용된다. 강재의 종류는 탄소량 구분에 의한 23종

(SM10C~SM58C)과 침탄용 3종(SM-CK)이 있다. 이 재료의 기계적 성질은 KS 본문에는 규정되어 있지 않고 참고치로 되어 있기 때문에 중요한 부분에 사용하는 경우에는 소정의 시험을 거쳐 강도를 확인하는 것이 바람직하다. 탄소강 단강품(SF)은 열처리 조건에 따라 항복점, 인장강도 등의 기계적 성질이 다르며 어닐링, 노멀라이징 또는 노멀라이징 템퍼링을 한 단강품은 기호 뒤에 A를 붙이며, 퀜칭 템퍼링을 한 단강품은 기호 뒤에 B를 붙인다(예: SF540B).

(27) 선재

사장교 및 현수교 등의 교량용 케이블 혹은 PC강선과 PC강연선 등의 선재 2차제품의 소재에 대한 규정으로 현수교 등 교량용케이블에 적용되는 피아노선재(SWRS)는 탄소함유량에 따라 구분된다. (예 SWRS 92A는 탄소함유량 0.90~0.95 급 피아노선재임). 와이어로프는 엘리베이터, 공중케이블 등에 적용하는 일반용 와이어로 개선수 및 꼬임 방법에 따로 구분한다. 도로교량 등에 일반적으로 사용되고 있는 PC강선과 PC강연선(SWPC, SWPD)은 KS D 7002에 따르며 PC강연선(SWPC) 7연선은 A종, B종, C종으로 구분되며 각각 인장강도 1720MPa (A종 SWPC7AN, SWPC7AL), 1860MPa (B종 SWPC7BN, SWPC7BL), 2160MPa (C종 SWPC7CL), 2400MPa (D종 SWPC7DL)을 나타낸다. 이형 PC강선의 표면형상에 대해서는 KS D 7002에 규정되어 있지 않지만 표면형상에 따라서는 강선 자체의 피로강도가 저하되기도 하고, 프리텐션 방식을 사용한 경우 부재 단부의 정착부에 큰 균열응력을 발생시키기도 하기 때문에 사용시 주의를 요한다.

(3) 강구조에 적용하는 강재의 판 두께별 설계강도는 3.4를 따른다.

(4) 교량용 강판의 경우 인장 또는 교번응력을 받는 부재에 대해서는 KDS 14 31 20을 따른다. 판 두께가 8mm 미만의 강재에 대해서는 도로교설계기준의 강바닥판 구조 세목에 따른다.

【해설】

[(3)항의 "설계강도"는 "강도"의 오류이다.]

교량용으로 사용되는 일반구조용 압연강재, 용접구조용 압연강재, 용접구조용 내후성 열간압연강재 및 교량구조용 압연강재에 대해서 그 사용 판두께의 표준을 정하였다. 일반적으로 판두께가 두꺼운 부재는 내부의 응력상태가 복잡하고 제작 또는 용접에서 여러 문제가 발생하기 쉽기 때문에 인성이 좋은 강재가 요구된다. 또한 강재를 선정할 때 구조물의 사용조건(기상조건, 응력상태 등)이나 부재의 중요도(주요부재, 2차부재) 등에 따라서 적절한 인성, 용접성을 갖는 강종을 각각 선정해야 하므로 이와 같이 판두께별로 표준을 정하였다. 다만, 2차부재에 대해서는 반드시 이에 따를 필요는 없다.

한편, 인장 또는 교번 응력을 받는 주부재 사용 강재의 저온인성 규격과 온도구역별 최대 허용 판두께 등은 인성요구조건 조항에 따라 적용한다.

(5) 주강품은 표 3.1-3의 한국주물공업협동조합 단체표준을 참조한다.

표 3.1-3 주강품 강재의 표준 및 대표 기호

강재의 종류	표 준		강재 대표 기호
주강품	SPS-KFCA-D4101-5004	탄소강 주강품	SC
	SPS-KFCA-D4102-5005	구조용 고장력 탄소강 및 저합금강 주강품	SCMn
	SPS-KFCA-D4106-5009	용접 구조용 주강품	SCW [1]
	SPS-KFCA-D4118-5014	도로 교량용 주강품	SCHB
	SPS-KFCA-D4301-5015	회 주철품	GC
	SPS-KFCA-D4302-5016	구상 흑연 주철품	GCD

1) SPS-KFCA-D4106-5009에 해당되는 SCW 강재는 용접하여 사용 가능하며 그 외 주조품을 용접하여 사용하고자 할 경우, 사전에 용접성 검증이 필요하다.

【해설】

주강품은 KS가 폐지되고 단체표준으로 관리한다. 관련 단체표준은 한국주물공업협동조합의 단체표준 (SPS-KFCA-DXXXX)를 따른다.

원심력 주강관을 포함한 탄소강 주강품(SC)은 어닐링, 노멀라이징, 노멀라이징 템퍼링 또는 퀜칭 템퍼링의 열처리를 한다. 구조용 고장력 탄소강 및 저합금강 주강품(SCMn)은 열처리 조건에 따라 기호 뒤에 노멀라이징 후 템퍼링은 A, 퀜칭 후 템퍼링은 B로 표시한다. 이 강재는 근간 구조물이 대형화됨에 따라 사용되어 왔던 Si, Mn을 포함한 주강품으로서 SC450 등에 비해 전성(展性)을 가진 고강도의 재료이다. 그 중 기계적 성질이 거의 SS275에 해당하는 SCMn1A와 SM355에 해당하는 SCMn2A에 대하여 규정한 것이다.

주강품으로 용접하여 사용되어야 하는 경우, 용접성이 우수한 주강품인 용접 구조용 주강품(SCW)을 사용한다. 도로교량용 부품으로 사용하는 주강품인 도로 교량용 주강품(SCHB)은 열처리를 하여야하며 열처리 조건에 따라 기호를 달리한다. 도로 교량용 주강품 1, 2종은 노멀라이징 또는 노멀라이징과 템퍼링 또는 퀜칭과 템퍼링을 실시하며 (SCHB1, SCHB2) 3종은 퀜칭과 템퍼링을 실시한다 (SCHB3).

회주철품은 종래부터 많이 사용되어 왔던 주철품으로서 기계적 성질은 인장시험, 굽힘시험, 경도시험으로 규정되어 있다. 그러나 굽힘시험은 시험면의 정밀도와 시험법에 의한 차이가 크고 각 규격치도 비교적 작기 때문에 고강도를 필요로 하는 부재나 중요한 부재에는 주강품을 사용하는 것이 바람직하다. 구상 흑연 주철품은 흑연입자가 구상(球狀)으로 되어 있기 때문에 기계 가공도가 좋고, 또한 비교적 전성이 있는 재료이다. 교량에서는 난간이나 기계 가공도를 요하는 부품(특수한 신축장치 등)에 사용하는 예가 많다.

3.1.2 접합재료

(1) 볼트, 고장력볼트, 기초볼트와 턴버클 등은 표 3.1-4에 나타낸 KS에 적합한 것을 사용한다.

표 3.1-4 볼트, 고장력볼트 및 기초볼트 등의 제품 규격

번호	명칭	종류
KS B 1002	6각 볼트	4.6
KS B 1010	마찰 접합용 고장력 6각 볼트, 6각 너트, 평 와셔의 세트	1종(F8T/F10/F35)[1] 2종(F10T/F10/F35)[1] 4종(F13T/F13/F35)[1]
KS B 1012	6각 너트	4.6
KS B 1016	기초 볼트	모양: L형, J형, LA형, JA형 강도등급구분: 4.6, 6.8, 8.8
KS B 1324	스프링 와셔	–
KS B 1326	평 와셔	–
KS F 4512 KS F 4513	건축용 턴버클 볼트 건축용 턴버클 몸체	S.E, D ST.PT
KS F 4521	건축용 턴버클	–

주1) 각각 볼트/너트/와셔의 종류

【해설】

KS B 1010은 토목, 건축의 강구조물의 이음에 사용되는 마찰이음용 고장력 볼트, 너트 및 와셔의 세트(F)에 대한 것으로 세트의 종류는 구성하는 부품의 기계적 성질에 따라서 1종~4종으로 구분하고 토크계수값에 따라 A 및 B로 구분하고 있다. 이 기준에서는 이중 1종(F8T), 2종(F10T) 및 4종(F13T)을 사용하도록 한다. 한편, 토크-전단형 고장력볼트(KS B 2819)도 적용이 가능하다.
기초 볼트는 모양에 따라 J형, L형, LA형, JA형이 있으며 볼트의 등급은 기계적 성질의 강도 구분에 따라 4.6, 6.8, 8.8로 구분한다. 단 6.8 및 8.8은 L형에 한하여 사용한다. 다만, 용접성, 내식성, 300℃ 이상(쾌삭강의 경우는 250℃ 이상)의 내열성 및 -50℃ 이하의 내한성이 요구되는 볼트에는 적용되지 않는다.

(2) 용접재료

용접재료는 표 3.1-5에 나타낸 KS에 적합한 것으로 하고, 모재의 재질 및 용접조건을 고려하여 적절히 선택한다.

표 3.1-5 용접재료

번호	명칭
KS D 3508	피복 아크 용접봉 심선재
KS D 3550	피복 아크 용접봉 심선
KS D 7004	연강용 피복아크 용접봉
KS D 7005	연강용 가스 용접봉
KS D 7006	고장력 강용 피복아크 용접봉
KS D 7023	저온용 강용 피복아크 용접봉
KS D 7025	연강 및 고장력강용 마그용 용접 솔리드 와이어
KS D 7101	내후성강용 피복아크 용접봉
KS D 7104	연강, 고장력강 및 저온용 강용 아크용접 플럭스 코아선
KS D 7105	일렉트로 가스 아크용접용 플럭스 코아선
KS D 7106	내후성강용 탄산가스 아크용접 솔리드 와이어
KS D 7109	내후성강용 탄산가스 아크용접 플럭스 충전 와이어
KS B ISO 14171	일반 세립강용 서브머지드아크용접용 와이어 및 플럭스 조합-분류
KS B ISO 26304	고장력강용 서브머지드아크용접용 와이어 및 플럭스 조합-분류

【해설】

KS B 0531 탄소강 및 저합금강용 서브머지드아크 용착금속의 품질구분 및 시험방법이 폐지(2013.12.27)되어 새로 제정(KS B ISO 14171; 2004.12.4, KS B ISO 26304; 2016.2.18.) 및 개정(KS B ISO 14171; 2014.12.26)된 KS를 적용한다.

표 3.1-6 용접재료의 강도

용접재료	강도(MPa)		적용 가능 강종
	F_y	F_u	
KS D 7004 연강용 피복아크 용접봉	345	420	인장강도 400MPa급 연강
KS D 7006 고장력 강용 피복아크 용접봉	390	490	인장강도 490MPa~780MPa 고장력강
	410	520	
	490	570	
	500	610	
	550	690	
	620	750	
	665	780	
KS D 7104 연강, 고장력강 및 저온용 강용 아크용접 플럭스코어선	340	420	인장강도 400MPa급 연강 인장강도 490MPa, 540MPa, 590MPa급 고장력강
	390	490	
	430	540	
	490	590	

용접재료	강도(MPa)		적용 가능 강종
	F_y	F_u	
KS D 7025 연강 및 고장력강용 마그용접용솔리드 와이어	345	420	인장강도 400MPa급 연강인장강도 490MPa, 590MPa급 고장력강
	390	490	
	490	570	
KS D 7101 내후성강용 피복아크 용접봉 KS D 7106 내후성강용 탄산가스 아크용접 솔리드 와이어 KS D 7109 내후성강용 탄산가스 아크용접 플럭스 충전와이어	390	490	인장강도 400MPa ~ 570MPa급 내후성 고장력강
	490	570	
KS B ISO 14171: 일반 세립강용 서브머지드 아크 용접용 와이어 및 플럭스 조합-분류1)	330	430	인장강도 570MPa 이하 일반강
	390	490	
	460	550	
	490	570	
KS B ISO 26304: 고장력 강용 서브머지드 아크 용접용 와이어 및 플럭스 조합-분류1)	490	590	인장강도 570MPa 초과 고강도강
	500	620	
	550	690	
	670	760	
	670	780	
	740	830	

【해설】

용접재료는 용접부가 충분한 기계적 성질을 보유할 수 있고, 균열 등의 결함이 생기지 않으며, 용접이 깊게 될 수 있을 뿐만 아니라 작업성이 양호하여야 한다. 연강용 피복아크 용접봉과 고장력강용 피복아크 용접봉에 대해서는 KS D 7004와 KS D 7006에 각각 규정되어 있다. 전자는 용접봉의 지름 2~8mm인 것에 대한 규정이고, 후자는 호칭 500MPa, 530MPa, 580MPa의 고장력강의 용접에 사용되는 지름 2.6~8mm의 피복아크 용접봉에 적용된다. 규정에 적합한 동일 종류의 용접봉이라도 그 작업성 및 기계적 성질에 차이가 있기 때문에 필요에 따라 사용 전에 작업성의 검사나 균열시험을 하는 등 기계적 성질에 대한 몇 가지 시험을 하는 것이 바람직하다. 저수소계의 용접봉은 그 성질상 사용에 있어서 특히 피복재 중의 수분(결정수를 포함)을 완전히 제거할 필요가 있다.

한편, HSB500W이나 HSB600W 등 내후성강의 용접재료는 용접부가 모재와 동등한 내후성 및 기계적 성질을 가지고 있어야 한다. KS D 7101의 내후성강용 피복아크 용접봉은 저수소계를 사용하는 것을 표준으로 한다. KS D 7106의 내후성강용 탄산가스 아크용접 솔리드 와이어는 무도장용으로 사용되는 W재에 대응하는 와이어로서 YGA-XXW를 사용하고, 내후성강용 탄산가스 아크용접 플럭스 충전 와이어는 역시 YFA-XXW를 사용하도록 한다.

서브머지드 아크용접(SAW)시에는 KS B 0531 탄소강 및 저합금강용 서브머지드아크 용착금속의 품질구분 및 시험방법이 폐지(2013.12.27.)됨에 따라 새로 제정(KS B ISO 14171; 2004.12.4, KS B ISO 26304; 2016.2.18.) 및 개정(KS B ISO 14171; 2014.12.26)된 KS를 적용한다.

3.2 철근 및 콘크리트

철근 및 콘크리트의 품질은 KDS 14 20 01을 따른다

【해설】

철근 및 콘크리트의 품질관련 규정은 모두 콘크리트구조 설계 일반사항(KDS 14 20 01)을 따르도록 한다.

3.3 형상 및 치수

(1) 구조용 강재의 형상, 치수 및 그 허용차와 관련하여 건축물 강구조와 관련되는 강재는 KDS 41 31 00의 규정에 따르며 교량 강구조용 강재는 KCS 24 30 00의 규정에 따른다.

(2) 볼트, 고장력볼트, 기초볼트 및 턴버클 등 접합요소의 형상 및 치수는 표 3.1-4에 나타낸 KS의 규정에 적합한 것으로 한다.

(3) 용접에 의한 조립재는 KCS 14 31 00 및 KCS 24 30 00에서 규정하는 제품 정밀도 기준에 적합한 형상 및 치수로 한다.

【해설】

(1) 건축물 강구조와 관련되는 강재는 “건축물 강구조 설계기준 (KDS 41 31 00)” 형상 및 치수 규정에 따른다. 교량 구조용 강재는 “강교량 공사 표준시방서 (KCS 24 30 00)”의 제2장 재료의 2.3 자재의 허용오차에 따르도록 한다.

(2) 볼트, 고장력볼트, 기초볼트 및 턴버클 등 접합요소의 형상 및 치수는 표 3.1-4에 나타낸 KS의 규정에 적합한 것으로 한다.

(3) 용접에 의한 조립재는 “건축구조기준 (KDS 41 31 00)”의 형상 및 치수 규정에 따른다. 교량의 경우 “강교량 공사 표준시방서 (KCS 24 30 00)” 및 “강구조 공사 표준시방서 (KCS 14 31 10)”의 제작 및 용접의 규정을 따르도록 한다.

3.4 재료의 강도

3.4.1 강재의 강도

(1) 표 3.1-1에 나타낸 구조용 강재의 항복강도 F_y 및 인장강도 F_u는 표 3.4-1~표 3.4-3에 나타낸 값으로 하며 최솟값을 사용한다. 다만, 표 3.4-1~표 3.4-3에 항복강도 및 인장강도가 정의 되지 않은 강재는 표 3.1-1의 관련 KS표준에 명시된 재료의 강도를 사용한다.

【해설】

한계상태설계에 있어서 주로 사용되는 재료강도는 항복강도(F_y)이며 항복강도는 응력과 변형의 비례상태의 규정된 변형한계를 벗어날 때의 응력이다. 기준내의 항복강도는 별도의 조건이 없는 한 KS에 규정된 항복강도를 사용하도록 하였다. 과거의 기준들이 KS와 상이하게 항복강도를 규정하고 있어 사용자에게 혼선을 줄 수 있어 KS와 동일한 판두께에 따른 항복강도를 사용한다. 건설용 강재의 한국산업표준(KS) 개정 (2016.12)을 반영하여 일부 강종의 상향된 항복강도와 항복강도의 기준값을 기존 두께 40mm 이하에서 16mm 이하의 값으로 상향하여 효율적인 강구조 설계를 이룰 수 있도록 개정하였다. 또한, 열가공제어(TMC)를 한 강재는 두께에 따른 항복강도의 저감없이 기준값(16mm 이하의 항복강도)을 적용한다. (예시, SM355C-TMC강의 항복강도는 전두께에서 355MPa 적용)

표 3.4-1 주요 구조용 강재의 재료강도 (MPa)

강도	강재 기호 / 판 두께	SS 235	SS 275	SM275 SMA275[1]	SS 315	SM355 SMA355[1]	SS 410	SM 420	SS 450	SM460[2] SMA460[3]	SS 550
F_y	16mm 이하	235	275	275	315	355	410	420	450	460	550
	16mm 초과 40mm 이하	225	265	265	305	345	400	410	440	450	540
	40mm 초과 75mm 이하	205	245	255	295	335	-	400	-	430	-
	75mm 초과 100mm 이하	205	245	245	295	325	-	390	-	420	-
	100mm 초과	195	235	235	275	305	-	380	-	-	-
F_u		330	410	410	490	490	540	520	590	570	690

주1) SMA275CW, CP, SMA355CW, CP 적용두께 100mm 이하
주2) SM460B, C는 주문자 제조자 협정에 따라 150mm 이하 강판 제조 가능
주3) SMA460W, P 적용두께는 100mm 이하

【해설】

(1) SS강

해설 표 3.4-1 일반구조용 압연강재의 기계적 성질 변경

<table>
<tr><th colspan="4">개정 전</th><th colspan="6">개정 후</th></tr>
<tr><th rowspan="4">강종</th><th colspan="3">인 장 시 험</th><th rowspan="4">강종</th><th colspan="5">인 장 시 험</th></tr>
<tr><th colspan="2">항복강도(MPa)</th><th rowspan="3">인장강도
(MPa)</th><th colspan="4">항복강도(MPa)
강재의 두께(mm)</th><th rowspan="3">인장강도
(MPa)</th></tr>
<tr><th colspan="2">강재의 두께(mm)</th><th rowspan="2">16 이하</th><th rowspan="2">16 초과
40 이하</th><th rowspan="2">40 초과
100 이하</th><th rowspan="2">100
초과</th></tr>
<tr><th>40 이하</th><th>40 초과
100 이하</th></tr>
<tr><td colspan="4">–</td><td>SS235</td><td>235</td><td>225</td><td>205</td><td>195</td><td>330</td></tr>
<tr><td>SS400</td><td>235</td><td>215</td><td>400</td><td>SS275</td><td>275</td><td>265</td><td>245</td><td>235</td><td>410</td></tr>
<tr><td>SS490</td><td>275</td><td>255</td><td>490</td><td>SS315</td><td>315</td><td>305</td><td>295</td><td>275</td><td>490</td></tr>
<tr><td>SS540</td><td>390</td><td>–</td><td>540</td><td>SS410</td><td>410</td><td>400</td><td>–</td><td>–</td><td>540</td></tr>
<tr><td colspan="4" rowspan="2">–</td><td>SS450</td><td>450</td><td>440</td><td>–</td><td>–</td><td>590</td></tr>
<tr><td>SS550</td><td>550</td><td>540</td><td>–</td><td>–</td><td>690</td></tr>
</table>

(2) SM/SMA강

해설 표 3.4-2 용접구조용 압연강재 및 용접구조용 내후성 열간압연강재의 기계적 성질 변경

<table>
<tr><th colspan="4">개정 전</th><th colspan="6">개정 후</th></tr>
<tr><th rowspan="4">강종</th><th colspan="3">인 장 시 험</th><th rowspan="4">강종</th><th colspan="5">인 장 시 험</th></tr>
<tr><th colspan="2">항복강도(MPa)</th><th rowspan="3">인장강도
(MPa)</th><th colspan="4">항복강도(MPa)
강재의 두께(mm)</th><th rowspan="3">인장강도
(MPa)</th></tr>
<tr><th colspan="2">강재의 두께(mm)</th><th rowspan="2">16 이하</th><th rowspan="2">16 초과
40 이하</th><th rowspan="2">40 초과
100 이하</th><th rowspan="2">100
초과</th></tr>
<tr><th>40 이하</th><th>40 초과
100 이하</th></tr>
<tr><td>SM400
SMA400</td><td>235</td><td>215</td><td>400</td><td>SM275
SMA275</td><td>275</td><td>265</td><td>255</td><td>235</td><td>400</td></tr>
<tr><td>SM490
SMA490</td><td>315</td><td>295</td><td>490</td><td>SM355
SMA355</td><td>355</td><td>345</td><td>335</td><td>305</td><td>490</td></tr>
<tr><td>SM490Y</td><td>355</td><td>335</td><td>520</td><td></td><td></td><td></td><td></td><td></td><td></td></tr>
<tr><td>SM520</td><td>355</td><td>335</td><td>520</td><td>SM420</td><td>420</td><td>410</td><td>400</td><td>380</td><td>520</td></tr>
<tr><td>SM570
SMA570</td><td>450</td><td>430</td><td>570</td><td>SM460
SMA460</td><td>460</td><td>450</td><td>430</td><td>–</td><td>570</td></tr>
</table>

해설 표 3.4-3 용접구조용 압연강재 및 용접구조용 내후성 열간압연강재의 기계적 성질

강종	항복강도(MPa) 강재의 두께(mm) 16 이하	16 초과 40 이하	40 초과 100 이하	100 초과	인장강도 (MPa)	충격시험 기호	시험 온도(℃)	샤르피흡수 에너지(J)
SM275	275	265	255	235	410~550	A B C D	20 0 −20 −40	27 이상 27 이상 27 이상 27 이상
SMA275	275	265	255	235	410~550	B C	0 −20	27 이상 27 이상
SM355	355	345	335	305	490~630	A B C D	20 0 −20 −40	27 이상 27 이상 27 이상 27 이상
SMA355	355	345	335	305	490~630	B C	0 −20	27 이상 27 이상
SM420	420	410	400	380	520~700	A B C D	20 0 −20 −40	27 이상 27 이상 27 이상 27 이상
SM460	460	450	430	−	570~720	B C	0 −20	47 이상 27 이상
SMA460	460	450	430	−	570~720	−	−20	47 이상

표 3.4-1 주요 구조용 강재의 재료강도(MPa) (계속)

강도	강재 기호 / 판 두께	HSB380 HSM500[1]	HSB460	HSB690[2]	HSA650[2]	SM275 −TMC[3]	SM355 −TMC[3]	SM420 −TMC[3]	SM460 −TMC[3]
F_y	100mm 이하	380	460	690	650	275	355	420	460
F_u	100mm 이하	500	600	800	800	410	490	520	570

주1) HSM500 적용두께는 22mm 이하

주2) HSA650, HSB690 적용두께는 80mm 이하

주3) 열가공제어(TMC)를 한 경우 두께에 따른 항복강도의 저감없이 기준값(16mm 이하의 항복강도)을 적용한다. 건축 강구조에 적용되는 TMC 강재의 적용두께는 80mm 이하

【해설】

열가공제어(TMC)를 한 경우 두께에 따른 항복강도의 저감없이 기준값(16mm 이하의 항복강도)을 적용한다.

(3) HSB/HSA강

해설 표 3.4-4 교량구조용 압연강재 및 건축구조용 고성능 압연강재의 기계적 성질 변경표

개정 전				개정 후			
강종	강재의 두께(mm)	항복강도 (MPa)	인장강도 (MPa)	강종	강재의 두께(mm)	항복강도 (MPa)	인장강도 (MPa)
HSB600	100mm 이하	450	600	HSB460	100mm 이하	460	600
HSA650	–	–	–	HSA800	100mm 이하	650	800

해설 표 3.4-5 교량구조용 압연강재의 기계적 성질

강종	항복강도(MPa) 강재의 두께(mm) 100 이하	인장강도 (MPa)	충격시험 기호	충격시험 시험온도(℃)	충격시험 샤르피흡수 에너지(J)
HSB380	380	500	– W L	−5 −5 −20	47 이상 47 이상 47 이상
HSB460	460	600	– W L	−5 −5 −20	47 이상 47 이상 47 이상
HSB690	690	800	– W L	−20 −20 −40	47 이상 47 이상 47 이상

HSA강은 항복강도에 대하여 650MPa~750MPa의 범위를 갖도록 제한하여 강도의 평균값에 대한 산포도를 최소화함으로써 최초 항복강도로 설계한 구조물의 붕괴 메커니즘이 의도대로 발생할 확률을 높여 건축구조물의 안정성을 확보할 수 있다. 또한 SM460TMC와 동일한 수준인 0.85 이하로 항복비를 제한함으로써 SN강재와 같이 내진용 강재에서 요구되는 특성을 만족하는 강재이다.

해설 표 3.4-6 건축구조용 고성능 압연강재의 기계적 성질

기호	적용 두께 (mm)	기계적성질			충격시험	
		항복강도 (MPa)	인장강도 (MPa)	항복비 (%)	시험 온도 (℃)	샤르피 흡수 에너지(J)
HSA650	100 이하	650~770	800~950	85 이하	−5	47

표 3.4-1 주요 구조용 강재의 재료강도(MPa) (계속)

강도	강재 기호 / 판 두께	SN275[1)]	SN355	SN460	SHN275[2)]	SHN355[2)]	SHN420[2)]	SHN460[2)]
F_y	6mm 초과 40mm 이하	275	355	460	275	355	420	460
	40mm 초과 100mm 이하	255[1)]	355	440				
F_u	100mm 이하	410	490	570	410	490	520	570

주1) SN275A의 항복강도는 275MPa

주2) SHN강의 적용두께는 75mm 이내

【해설】

(4) SN/SHN강

해설 표 3.4-7 일반구조용 압연강재의 기계적 성질 변경

개정 전				개정 후			
강종	항복강도(MPa) 강재의 두께(mm)		인장강도 (MPa)	강종	항복강도(MPa) 강재의 두께(mm)		인장강도 (MPa)
	40 이하	40 초과 100 이하			6 초과 40 이하	40 초과 100 이하	
SN400	235	215	400	SN275	275	255	410
SN490	325	295	490	SN355	355	335	490
				SN460	460	440	570
	항복강도(MPa) 강재의 두께(mm) 6 초과 75 이하		인장강도 (MPa)		항복강도(MPa) 강재의 두께(mm) 6 초과 75 이하		인장강도 (MPa)
				SHN275	275		410
SHN490	325		400	SHN420	420		490
				SHN460	460		520

SN/SNH강의 항복강도는 강도의 평균값에 대한 산포를 최소화하고 내진구조물에 요구되는 항복비 규정을 만족하도록 상한의 범위를 갖도록 제한하고 있다.

해설 표 3.4-8 건축구조용 압연강재의 기계적 성질

강 종	항복강도 (MPa)[1) 강재의 두께 (mm)] 6 이상 40 이하	항복강도 (MPa)[1)] 40 초과 100 이하	인장강도 (MPa)	항복비 (%)	충격시험 시험온도 (℃)	충격시험 샤르피흡수에너지(J)	Z방향 단면축소율(%) 3개의 평균값	Z방향 단면축소율(%) 각각의 시험값
SN275A	275 이상	265 이상	410~520	–	–	–	–	
SN275B	275~395	255~375	410~520	80 이하	0	27	–	
SN275C	275~395	255~375	410~520	80 이하	−25	27	30	15
SN355B	355~475	335~455	490~610	80 이하	0	27	–	
SN355C	355~475	335~455	490~610	80 이하	−25	27	30	15

해설 표 3.4-9 건축구조용 열간압연 형강의 기계적 성질

기호	적용두께 (mm)	기계적성질 인장강도 (MPa)	기계적성질 항복강도 (MPa)	기계적성질 항복비 (%)	충격시험 시험온도 (℃)	충격시험 샤르피흡수에너지(J)
SHN275	75 이하	275~395	410~520	85 이하	0	27
SHN355	75 이하	325~445	490~610	85 이하	0	27
SHN420		420~540	520~640	85 이하	−5	47
SHN460		460 이상	570~720	85 이하	−5	47

표 3.4-2 강관의 재료강도 (MPa)

강재 기호 / 판 두께	SGT275[1)] SRT275[2)] STP275[5)]	SGT355[1)] SRT355[2)] STP355[5)]	SGT410[1)] SRT410[2)]	STP380 STKM500[4)]	SGT450[1)] SRT450[2)] STP450	SGT550[1)] SRT550[2)] STP550	SHT410	SHT460[3)]	SKY400	SKY490
F_y	275	355	410	380	450	550	410	460	235	315
F_u	410	500	540	500	590	690	550	590	400	490

주1) 적용두께는 40mm 이하
주2) 적용두께는 30mm 이하
주3) 적용두께는 25mm 이하
주4) 적용두께는 22mm 이하
주5) STP275, STP355강의 인장강도(F_u)는 각각 400, 490MPa 이상

【해설】

해설 표 3.4-10 일반구조용 탄소강관, 일반구조용 각형강관, 철탑용 고장력 강관, 기초용 강관말뚝, 강관시트파일, 항만 및 해양구조용 내식성강관의 기계적 성질 변경

개정 전			개정 후			
강종	항복강도(MPa)	인장강도(MPa)	강종	항복강도(MPa)	적용두께	인장강도(MPa)
STK400 STK490 STK500 STK540 STK590	235 315 355 390 440	400 490 500 540 590	SGT275 SGT355 SGT410 SGT450 SGT550	275 355 410 450 550	40mm 이하	410 500 540 590 690
SPSR400 SPSR490	245 325	400 490	SRT275 SRT355 SRT410 SRT450 SRT550	275 355 410 450 550	30mm 이하	410 500 540 590 690
STKT540 STKT590	390 440	540 590	SHT410 SHT460	410 460	– 25mm	550 590
SKK400 SKK490 SKK500 SKK590	235 315 380 440	400 490 500 590	STP275 STP355 STP380 STP450 STP550	275 355 380 450 550		400 490 500 590 690
SKY400 SKY490 SKY500	235 315 380	400 490 500	SKY400 SKY490	235 315		400 490
SCW490-CF	325	490	삭제			
STKM500	380	500	변경없음			

(5) SGT강관 / SRT강관 / SHT강관 / STP강관 / SKY강 / STKM강

해설 표 3.4-11 일반구조용 탄소강관, 일반구조용 각형강관, 철탑용 고장력 강관, 강관말뚝, 강관시트파일, 항만 및 해양구조용 내식성강관의 기계적 성질

강종	항복강도 (MPa)	인장강도 (MPa)	편평성	용접부 인장강도 (MPa)
			평판사이의 거리[1)]	
SGT275	275 이상	410 이상	2/3D	400 이상
SGT355	355 이상	500 이상	7/8D	500 이상
SGT410	410 이상	540 이상	7/8D	540 이상
SGT450	450 이상	590 이상	7/8D	590 이상
SGT550	550 이상	690 이상	7/8D	690 이상
SRT275	275 이상	410 이상		

강종	항복강도 (MPa)	인장강도 (MPa)	편평성 평판사이의 거리[1]	용접부 인장강도 (MPa)
SRT355	355 이상	500 이상		
SRT410	410 이상	540 이상		
SRT450	450 이상	590 이상		
SRT550	550 이상	690 이상		
SHT410	410 이상	550 이상	7/8D	550 이상
SHT460	460 이상	590~740	3/4D	590~740
STP275	275 이상	410 이상	2/3D	410 이상
STP355	355 이상	490 이상	7/8D	490 이상
STP380	380 이상	500 이상	7/8D	500 이상
STP450	450 이상	590 이상	3/4D	590 이상
STP550	550 이상	690 이상	3/4D	690 이상
SKY400	235 이상	400 이상	2/3D	400 이상
SKY490	315 이상	490 이상	7/8D	490 이상
STKM500	380 이상	500 이상	7/8D	500 이상

주1) D는 관의 바깥지름

표 3.4-2 강관의 재료강도(MPa) (계속)

강도	강재기호 / 판 두께	SNT275E SNT275A	SNT355E SNT355A	SNT460E SNT460A	SNRT295E[1]	SNRT360E[1]	SNRT275A[2]	SNRT355A[2]
F_y	12mm 이상 40mm 이하	275	355	460	295	360	275	355
	40mm 초과 100mm이하	255	355	400	–	–	–	–
F_u	100mm이하	410	490	570	410	490	410	490

주1) SNRT-E 강관의 적용두께는 6~22mm, 두께 12mm를 기준으로 항복비와 연신률이 다름
주2) SNRT-A 강관의 적용두께는 6~40mm, 두께 12mm를 기준으로 항복비와 연신률이 다름

【해설】

해설 표 3.4-12 건축구조용 탄소강관, 건축구조용 각형탄소강관의 기계적 성질 변경

개정 전			개정 후			
강종	항복강도(MPa)	인장강도 (MPa)	강종	항복강도(MPa) 강재의 두께(mm) 40 이하	항복강도(MPa) 강재의 두께(mm) 40 초과 100 이하	인장강도 (MPa)
STKN400	235	400	SNT275	275	255	410
STKN490	325	490	SNT355	355	335	490
STKN570	450	570	SNT460	460	440	570
SPAR295	295	400	SNRT295E	295		410
SPAR360	360	490	SNRT360E	360	6~40mm	490
SPAP235	235	400	SNRT275A	275		410
SPAP325	325	490	SNRT355A	355		490

해설 표 3.4-13 건축구조용 탄소강관, 건축구조용 각형탄소강관의 기계적 성질

강종	항복강도(MPa) 강재의 두께(mm) 12 초과 40 이하	항복강도(MPa) 강재의 두께(mm) 40 초과 100 이하	인장강도 (MPa)	항복비	편평성 평판사이의 거리[3]	샤르피흡수 에너지 (시험온도) (J)	용접부 인장강도 (MPa)
SNT275	275	255	410~550	80 이하[1]	2/3D	27 이상 (0℃)	410 이상
SNT355	355	335	490~640	80 이하[1]	7/8D	27 이상 (0℃)	490 이상
SNT460	460	440	570~740	85 이하[2]	7/8D	47 이상 (−5℃)	570 이상

강종	항복강도(MPa) 강재의 두께(mm) 6 초과 22 이하		인장강도 (MPa)	항복비		샤르피흡수 에너지 (시험온도) (J)	
SNRT295E	295	−	410~530	90 이하[4]		27 이상 (0℃)	
SNRT360E	360	−	490~610	90 이하[4]		27 이상 (0℃)	
SNRT275A	275	−	410~530	80 이하[5]		27 이상 (0℃)	
SNRT355A	355	−	490~610	80 이하[5]		27 이상 (0℃)	

주1) SNT275, SNT355 용접강관의 항복비는 85% 이하
주2) SNT460 용접강관의 항복비는 90% 이하
주3) D는 관의 바깥지름
주4) 항복비는 두께 12~22mm의 강관에만 적용
주5) 항복비는 두께 12~40mm의 강관에만 적용

표 3.4-3 경량 및 기타 구조용 강재의 재료강도 (MPa)

강재기호 / 강도	SWH275 SSC275 SHP275[1]	SWH355 SHP355[1]	SWH 420	SHP 450[1]	SWH 460	SPY 345[2]	SPY 380	SPY 450	SY 300	SY 400	SPA[3]
F_y	275	355	420	450	460	345	380	450	300	400	355
F_u	410	490	520	550	570	450	500	550	500	550	490[4]

주1) 16mm 이상의 SHP 강의 항복강도(F_y)는 각각 265, 345, 440MPa

주2) SPY345M의 인장강도(F_u)는 485MPa 이상

주3) SPA -H 적용두께는 16mm 이하 열간압연 강판, 강대 및 형강, SPA-C 적용두께는 0.6mm 이상, 2.3mm 이하 냉간압연 강판 및 강대

주4) 두께 3mm 미만 SPA-H 강판 및 강대의 인장강도는 주문자 제조자 협정에 따라 510MPa 이상 적용가능

【해설】

해설 표 3.4-14 경량 및 기타 구조용 강재의 기계적 성질 변경

개정 전			개정 후		
강종	항복강도(MPa)	인장강도(MPa)	강종	항복강도(MPa)	인장강도(MPa)
SSC400	245	400	SSC275	275	410
SWH400 SWH400L	245	400	SWH275, L SWH355, L SWH420, L SWH460, L	275 355 420 460	410 490 520 570
SDP1 SDP2 SDP3	206 245 315	270 400 450	SDP1 SDP2 SDP3	모재의 강도에 따른다	
SPY345, W SPY345M SPY450	345 345 450	450 485 550	SPY345, W SPY345M SPY380M SPY450	345 345 380 450	450 485 500 550
SHP400W SHP490W	245 (235[1]) 325 (315[1])	400 490	SHP275, W SHP355W SHP450W	275 (265[1]) 355 (345[1]) 450 (440[1])	410 490 550
SY295 SY390	295 390	490 540	SY300, W SY400, W	300 400	500 550
SPA-H SPA-C	345 (355)[2] 315	480(490)[2] 450	변경없음		

주1) 두께 16mm 이상

주2) 두께 6~16mm

해설 표 3.4-15 경량 및 기타 구조용 강재의 기계적 성질

강종	두께(mm)	항복강도(MPa)	인장강도(MPa)
SSC275	-	275	410
SWH275 SWH355 SWH420 SWH460L	-	275 355 420 460	410 490 520 570
SPY345 SPY345M SPY380M SPY450	-	345 345 380 450	450 485 500 550
SHP275 SHP355 SHP450	16 이하	275	410
	16 이상	265	
	16 이하	355	490
	16 이상	345	
	16 이하	450	550
	16 이상	440	
SY300 SY400		300 400	500 550
SPA-H	6 이하	345	480[1)]
	6~16	355	490
SPA-C	0.6~2.3	315	450
SDP1, 2, 3		모재의 강도에 따른다	

주1) 두께 3mm 이하의 SPA-H 강판 및 강대의 인장강도는 주문자 제조자 협정에 따라 510MPa 이상 적용 가능

(2) 표 3.1-2에 나타낸 표면처리제품, 주단조품, 선재 및 선재2차제품의 항복강도 F_y 및 인장강도 F_u는 해당 KS 표준에 명시된 재료의 강도 값을 사용한다. 특히, 주단조품의 경우 해당 KS 표준에서 명시하고 있는 열처리 조건에 따른 재료의 강도 값을 사용해야 한다.

【해설】

표면처리제품, 단조품, 선재 및 선재 2차제품의 기계적 성질은 3.1.1 사용강재의 한국산업표준(KS)에 따른다. 단조품의 경우 해당 KS표준에서 명시하고 있는 열처리 조건에 따른 재료의 강도를 사용해야 한다. 주강품의 기계적 성질은 표 3.1-3의 한국주물공업협동조합 단체표준에 따른다.

(6) 표면처리제품

해설 표 3.4-16 표면처리제품의 기계적 성질

강종	두께(mm)	항복강도(MPa)	인장강도(MPa)
SGH245Y SGH295Y SGH335Y SGH365Y SGH440Y	1.2~6.0	245 295 335 365 400	340 400 440 490 540
SGC245Y SGC295Y SGC335Y SGC365Y SGC560Y	0.25~3.2	245 295 335 365	340 400 440 490
	0.25~2.0	560	570
SGMH340 SGMH400 SGMH440 SGMH490 SGMH540	1.0~5.0	245 295 335 365 400	340 400 440 490 540
SGMC340 SGMC400 SGMC440 SGMC490 SGMC570	0.25~2.3	245 295 335 365	340 400 440 490
	0.25~2.0	560	570

(7) 단강품: SM-C, -CK, SF-A, -B

기계구조용 탄소강 강재(SM-C, SM-CK)의 경우 종래 기계부품으로 사용되어 왔기 때문에 생산량과 사용실적도 많고 재질적으로도 안정적이다. 이 재료의 기계적 성질은 KS 본문에는 규정되어 있지 않고 참고치로 되어 있기 때문에 중요한 부분에 사용하는 경우에는 소정의 시험을 거쳐 강도를 확인하는 것이 바람직하다. 탄소강 단강품(SF)은 열처리 조건에 따라 항복점, 인장강도 등의 기계적 성질이 다르며 어닐링, 노멀라이징 또는 노멀라이징 템퍼링을 한 단강품은 기호 뒤에 A를 붙이며, 퀜칭 템퍼링을 한 단강품은 기호 뒤에 B를 붙인다(예: SF540B).

해설 표 3.4-17 기계구조용 탄소강재의 표준 기계적성질 예시 (참고값)

강종	열처리	항복강도 (MPa)	인장강도 (MPa)	연신 (%)	조임 (%)	샤르피 충격치 (J/cm^2)	경도 (HB)	유효지름 (mm)
SM35C	N	304 이상	510 이상	23 이상	-	-	149~207	-
	A	-	-	-	-		126~163	-
	H	392 이상	569 이상	22 이상	55 이상	98.1 이상	167~235	32
SM45C	N	343 이상	569 이상	20 이상	-	-	167~229	-
	A	-	-	-	-		137~170	-
	H	490 이상	686 이상	17 이상	45 이상	78 이상	201~269	37

비고1) N: 노멀라이징, A: 어닐링, H: 퀜칭과 템퍼링

해설 표 3.4-18 탄소강 단강품의 표준 기계적 성질

강종	항복강도 (MPa)	인장강도 (MPa)	경도 (HB)
SF340A	175 이상	340~440	90 이상
SF390A	195 이상	390~490	105 이상
SF440B	225 이상	440~540	121 이상
SF490B	245 이상	490~590	134 이상
SF540B	275 이상	540~640	152 이상
SF590B	295 이상	590~690	167 이상

3.4.2 접합재료의 강도

(1) 고장력볼트의 재료강도는 표 3.4-4에 나타낸 값으로 한다.

표 3.4-4 고장력볼트의 재료강도 (MPa)

강도 \ 등급	F8T	F10T	F13T
F_y	640	900	1170
F_u	800	1000	1300

(2) 볼트의 재료강도는 표 3.4-5와 같고, 표에서 규정하는 것 이외의 중볼트에 대한 항복강도 및 인장강도는 KS B 1002에 정해진 항복강도 및 인장강도를 적용한다.

표 3.4-5 일반볼트의 최소인장강도 (MPa)

최소강도 \ 볼트 등급	4.6[1)]
F_y	240
F_u	400

주1) KS B 1002에 따른 강도 구분

(3) 용접이음재료의 강도는 강재의 용접 후 모재의 재료강도 이상을 확보해야 한다.

【해설】

해설 표 3.4-19 고장력볼트 시험편의 기계적 성질

기계적성질에 따른 등급	항복강도 (MPa)	인장강도 (MPa)	연신율 (%)	단면수축률 (%)
F8T	640 이상	800~1000	16 이상	45 이상
F10T	900 이상	1000~1200	14 이상	40 이상
F13T	1170 이상	1300~1500	12 이상	35 이상

해설 표 3.4-20 고장력볼트 제품의 기계적 성질

등 급	최소 인장 하중(kN)						경 도 (HRC)
	M16	M20	M22	M24	M27	M30	
F8T	125.4	195.8	242.7	282.0	367.0	449.0	18~31
F10T	156.7	244.8	303.4	352.5	458.8	561.3	27~38
F13T	203.7	318.2	394.4	458.3	596.4	729.7	40~45

해설 표 3.4-21 너트 제품의 기계적 성질

등 급	경 도		보증하중
	최 소	최 대	
F 8	HRB 85	HRB 100	해설 표 3.4-20의 볼트 인장 하중(최소)과 같다.
F 10	HRB 95	HRC 35	
F 13	HRC 30	HRC 40	

기초 볼트의 기계적 성질은 아래의 표에 따른다. 다만, 용접성, 내식성, 300℃ 이상(쾌삭강의 경우는 250℃ 이상)의 내열성 및 -50℃ 이하의 내한성이 요구되는 볼트에는 적용되지 않는다.

해설 표 3.4-22 기초 볼트의 기계적 성질

강도구분			4.6	6.8	8.8	
					$\phi \le 16$	$\phi > 16$
인장강도, F_u		최솟값 (MPa)	400	600	800	830
경도	브리넬	최솟값 (HB)	114	181	238	242
		최댓값 (HB)	238	238	304	318
	로크웰[1)]	최솟값	67(HRB)	89(HRB)	22(HRC)	23(HRC)
		최댓값	99.5(HRB)	99.5(HRB)	32(HRC)	34(HRC)
항복강도, F_y[2)]		최솟값 (MPa)	240	480	640	660
보증하중응력		(MPa)	225	440	580	600
파단후연신율		최솟값(%)	22	-	12	12

주1) 4.6급 및 6.8급의 경우 HRB, 8.8급의 경우 HRC를 적용한다.
주2) 항복점이 명확한 것은 그것에 따른다. 명확하지 않은 것은 영구 연신율 0.2%의 내력에 따른다.

3.4.3 철근 및 콘크리트의 강도

철근 및 콘크리트의 강도는 KDS 14 20 01을 따른다.

3.5 물리상수

설계 계산에 사용되는 강재의 물리상수의 값은 표 3.5-1을 사용한다.

표 3.5-1 물리상수

종류	물리상수의 값
강과 주강의 탄성계수(MPa)	210,000
PS강선, PS강봉의 탄성계수(MPa)	205,000
PS강연선의 탄성계수(MPa)	195,000
주철의 탄성계수(MPa)	100,000
강의 전단탄성계수(MPa)	81,000
강과 주강의 포아송비	0.30
주철의 포아송비	0.25
강의 열팽창계수(1/℃)	1.2×10^{-5}

【해설】

강재의 탄성계수는 국내외 설계기준별로 200,000MPa부터 210,000MPa까지 각기 다른 값을 사용해 오고 있다. 국내에서 실제 생산된 강재의 탄성계수의 측정 결과도 이러한 범위내에 분포하는 것으로 판단되었다. 이에, 건축과 토목분야가 공통으로 사용하도록 통합된 이 기준에서는 강재의 탄성계수를 유럽기준과 동일하게 210,000MPa로 설정하였다.

강의 탄성계수 E, 전단탄성계수 G, 포아송비 ν 사이에는

$$G=\frac{E}{2(1+\nu)} \qquad \text{(해설 3.5-1)}$$

의 관계가 있고, E=210,000 MPa, ν=0.3으로 하면 G=80,769 MPa이 된다. 그러나 E나 ν의 값은 강재에 따라 어느 정도의 차이가 있기 때문에 이 수치를 공칭값 G=81,000 MPa으로 설정하였다.

한편, 받침의 설계에서는 다음 값을 사용하게 된다.

- 주강의 탄성계수는 강과 동일하게 210,000 MPa, 포아송비는 0.30
- 주철의 탄성계수는 100,000 MPa, 포아송비는 0.25를 사용한다.

3.6 기타 강재

3.6.1 핀, 롤러 및 록커

핀, 롤러 및 록커의 재료강도는 3.1.1의 해당 재료의 KS 표준에 따른다.

3.6.2 스터드 전단연결재

> 스터드 전단연결재의 줄기 지름은 19mm, 22mm 및 25mm를 표준으로 하며 재질은 KS B 1062를 따른다. 스터드 전단연결재의 항복강도는 235MPa 이상, 인장강도는 400MPa 이상으로 한다.

【해설】

AISC 매뉴얼에 따르면 스터드의 직경은 복부 바로 위에 있는 플랜지에 용접된 경우를 제외하고는 용접된 모재 두께의 2.5배보다 작거나 같아야 하고 스터드 전단연결재의 높이(h)는 직경의 4배 이상이어야 한다. 2005년에 사용되던 "전단연결재"라는 용어 대신 "강재 앵커"라는 용어를 사용한다. 이렇게 용어를 변경한 것은 ACI 318이나 PCI 그리고 산업 전반에서 일반적으로 사용되는 "앵커"라는 용어를 인정한 것이다. "강재 앵커"는 기존의 "전단연결재"인 "강재 스터드 앵커"와 "강재 ㄷ형강 앵커"를 아울러 지칭한다.

이 설계기준에는 줄기 지름 16mm를 제외하였으나, KS와 건축분야의 사용을 고려하여 사용 스터드의 줄기 지름에 16mm를 추가할 필요가 있다. 한편, 형상, 치수 및 허용오차 등은 해설 표 3.6-1을 표준으로 한다. 스터드의 기계적 성질 및 화학성분은 해설 표 3.6-2, 3.6-3의 요구치를 만족해야 한다.

해설 표 3.6-1 스터드의 형상, 치수 및 허용오차(단위 : mm)

호칭	직 경(d)		머리직경(D)		최 소 머리두께(T)	헌치부 반지름(r)	표준형상 및 치수 표시기호
	기준치수	허용오차	기준치수	허용오차			
13	13.0	±0.3	22.0	±0.4	10	2 이상	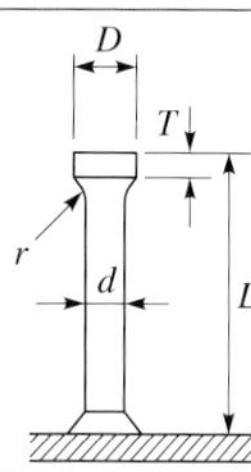
16	16.0		29.0				
19	19.0	±0.4	32.0				
22	22.0		35.0				
25	25.0		38.0		12		

주) 길이(L)의 용접 후 스터드 베이스의 모양과 크기를 고려하여 정하여야 하며, 허용오차는 ±2mm를 기준으로 함

해설 표 3.6-2 스터드의 기계적 성질

종류	항복점 또는 0.2% 내력(MPa)	인장강도(MPa)	연신율(%)
HS1	235 이상	400~550	20 이상
HS2	350 이상	500~650	17 이상

해설 표 3.6-3 스터드의 화학성분

재 료	화 학 성 분 (%)					
	C	Si	Mn	P	S	Al
실리콘 킬드강	0.20 이하	0.15~0.35	0.30~0.90	0.040 이하	0.040 이하	-
알루미늄 킬드강	0.20 이하	0.10 이하	0.30~0.90	0.040 이하	0.040 이하	0.02 이상
붕소강	0.20 이하	0.15~0.35	0.30~0.90	0.040 이하	0.040 이하	-

비고 : 이 표의 값은 레이들 분석에 따른 것으로 한다.

3.6.3 스테인리스 강재

스테인리스 강재는 KS D 3698, KS D 3705, KS D 3706, KS D 3697, KS B 0241, KS D 7014 등의 KS표준에 따른다.

3.6.4 케이블

케이블로 사용되는 강재는 표 3.1-2의 선재·선재 2차제품의 관련 KS표준에 따른다.

【해설】

케이블로 사용되는 강재는 표 3.1-2의 선재·선재 2차 제품의 관련 KS규격에 따른다. 건설현장에서 사용되는 로프나 케이블에는 많은 종류가 있는데, 이것들이 강구조의 주요 부재로 사용되는 경우에는 그 품질 및 기계적 성질은 신뢰할 수 있어야 한다. 더욱이 현수교나 사장교의 주케이블로 사용되기 위해서는 탄성계수가 크고 단면이 조밀하여야 하며, 반면에 작업 및 취급이 용이한 것이 좋다. 스트랜드 로프(strand rope)는 와이어를 꼬아서 만든 스트랜드를 여러 가닥 묶어서 한 가닥의 로프로 만든 것으로 취급이 용이하고 구입하기가 쉽기 때문에 오래 전부터 소규모 현수교에 많이 사용하여 왔으나, 그 구조적 특성이 다른 케이블 형식에 비해서 많이 떨어지기 때문에 여기서는 가급적 행어에만 사용하도록 하고 현수교 및 사장교의 주케이블로는 사용하지 않도록 한다. 다층연선케이블(multi-layered-strand cable, MLS)은 하나의 강선을 중심으로 여러 강선을 나선형으로 감아 다층을 형성한 케이블로서, 록코일(locked-coil) 케이블이 이 형식에 속한다. 이 케이블에는 별도의 수밀성 외피 없이 페인트 등으로 표면을 처리하여 수시로 관리하는 '표면코팅 형식'과 수밀성 외피가 있는 '외피 형식'이 있다. 평행강선케이블(parallel wire cable, PWC)은 주인장재를 원형의 강선으로만 구성한 케이블이다. 사장교 케이블로 사용되는 경우에는 보통 도금된 강선을 수밀성 외피로 감싸서 구성하고, 외피와 강선 사이에 적절한 충전재를 주입하기도 하며 기존의 PWS(parallel wire strand) 형식이 이에 속한다. 이 형식을 현수교에 적용하는 경우에는 수밀성 외피를 두지 않는 경우가 많은데, 현장작업으로 직접 제작하는 에어스피닝(air spinning)공법에 의한 것과 공장에서 미리 제작한 후 현장

운반하여 설치하는 PPWS(prefabrication parallel wire strand)공법에 의한 것이 있다. 평행연선케이블 (parallel strand cable, PSC)은 개별 정착된 강연선을 여러 개 묶어서 구성한 케이블이다. 연선의 부식방지층은 도금과 개별피복으로 구성되는 것이 일반적이며, 이를 '개별피복 다연선케이블(individually sheathed multi-strand cable)'이라 하며 MS케이블이 이에 속한다. 또한, 개별피복 대신에 적절한 덕트형 외피로 감싼 후 충전재 또는 공기를 주입하기도 하며 이를 '덕트형 다연선 케이블(ducted multi-strand cable)'이라 한다.

한편, 이러한 케이블용 강선, 강연선 및 케이블 시스템에는 사용용도에 따라 요구되는 성능이 다양하다. 교량용 케이블인 경우의 이들 강재 제품의 요구성능은 "교량용케이블소재적용지침"(2014, 대한토목학회)을 참조하도록 한다.

해설 표 3.6-4 PC강선과 PC강연선의 기계적 성질, 공칭단면적 및 단위중량

강 종	호칭명	인 장 시 험			릴렉세이션, L (%)	공 칭 단면적 (mm^2)	단위 중량 (kg/km)
		0.2%영구 연신율에 대한 하중(kN)	인장 하중 (kN)	연신율 (%)			
SWPC1A SWPD1	5mm	27.9 이상	31.9 이상	4.0 이상	2.5 이하	19.64	154
	7mm	51.0 이상	58.3 이상	4.5 이상	2.5 이하	38.48	302
	8mm	64.2 이상	74.0 이상	4.5 이상	2.5 이하	50.27	395
	9mm	78.1 이상	90.2 이상	4.5 이상	2.5 이하	63.62	499
SWPC1B	5mm	29.9 이상	33.8 이상	4.0 이상	2.5 이하	19.64	154
	7mm	54.9 이상	62.3 이상	4.5 이상	2.5 이하	38.48	302
	9mm	69.1 이상	78.9 이상	4.5 이상	2.5 이하	63.62	499
SWPC2	2.9mm 2연선	22.6 이상	25.5 이상	3.5 이상	2.5 이하	13.21	104
SWPD3	2.9mm 3연선	33.8 이상	38.2 이상	3.5 이상	2.5 이하	19.82	156
SWPC 7A	9.3mm 7연선	75.5 이상	88.8 이상	3.5 이상	2.5 이하	51.61	405
	10.8mm 7연선	102 이상	120 이상	3.5 이상	2.5 이하	69.68	546
	12.4mm 7연선	136 이상	160 이상	3.5 이상	2.5 이하	92.90	729
	15.2mm 7연선	204 이상	240 이상	3.5 이상	2.5 이하	138.7	1,101
SWPC 7B	9.5mm 7연선	86.8 이상	102 이상	3.5 이상	2.5 이하	54.84	432
	11.1mm 7연선	118 이상	138 이상	3.5 이상	2.5 이하	74.19	580
	12.7mm 7연선	156 이상	183 이상	3.5 이상	2.5 이하	98.71	774
	15.2mm 7연선	222 이상	261 이상	3.5 이상	2.5 이하	138.7	1,101
SWPC 7C	12.7mm 7연선	182 이상	214 이상	3.5 이상	2.5 이하	98.71	774
	15.2mm 7연선	255 이상	300 이상	3.5 이상	2.5 이하	138.7	1,101
SWPC 7D	12.7mm 7연선	202 이상	237 이상	3.5 이상	2.5 이하	98.71	774
	15.2mm 7연선	283 이상	333 이상	3.5 이상	2.5 이하	138.7	1,101
SWPC 19	17.8mm 19연선	330 이상	387 이상	3.5 이상	2.5 이하	208.4	1,652
	19.3mm 19연선	387 이상	451 이상	3.5 이상	2.5 이하	243.7	1,931
	20.3mm 19연선	422 이상	495 이상	3.5 이상	2.5 이하	270.9	2,149
	21.8mm 19연선	495 이상	573 이상	3.5 이상	2.5 이하	312.9	2,482
	28.6mm 19연선	807 이상	949 이상	3.5 이상	2.5 이하	532.4	4,229

PC강봉(SBPR)은 나사를 붙여서 사용하는 것이 통례이지만 KS는 재료 규격에 대한 것이기 때문에 사용에 있어서는 나사부를 충분히 확인하여야 한다. 강봉나사를 가공하는 경우는 해설 표 3.6-5에 나타낸 호칭명의 전조(轉造)나사를 가공하는 것이 일반적이다. PC강봉에 나사를 전조 가공할 때 기본 지름이 26 mm 이상으로서 큰 경우는 소성가공을 해도 나사부의 인장강도가 거의 저하되지 않으나 기본 지름이 23 mm 이하인 경우는 나사부의 인장강도가 저하되어 PC강봉 모재의 규격강도를 만족하지 못할 수도 있기 때문에 시험에 의해 모재의 인장강도를 만족하는지 확인하여야 한다.

해설 표 3.6-5 PC강봉의 기계적 성질

종 류		기 호	인장시험			릴랙세이션 값(%)
			0.2% 항복강도 (MPa)	인장강도 (MPa)	연신율 (%)	
원형봉강 A종	2호	SBPR 785/1030	785 이상	1,030 이상	5 이상	4.0 이하
원형봉강 B종	1호	SBPR 930/1080	930 이상	1,080 이상	5 이상	4.0 이하
	2호	SBPR 930/1180	930 이상	1,180 이상	5 이상	4.0 이하

참고문헌

대한토목학회 (2014), “교량용 케이블 소재 적용지침”.

박홍근, 김동관 (2016), “KBC2016 지진하중의 지반계수 개정에 대한 소개”, 한국건축구조기술사회지, 제23권 2호

윤병익, 최창식 (2016), “개정되는 KBC2016 적설하중”, 한국건축구조기술사회지, 제23권 3호.

최준식 (2016), “건축구조기준(KBC2016) 개정에 즈음하여: 제3장-1 설계하중”, 대한건축학회지, Vol. 60 No. 09.

하영철 (2016), “개정된 KBC2016 풍하중기준”, 대한건축학회지, Vol. 60 No. 09.

American Association of State and Highway Transportation Officials (2002), “AASHTO LRFD Bridge Design Specifications - Interim”, Washington, D.C.

American Association of State and Highway Transportation Officials (2012), “AASHTO LRFD Bridge Design Specifications - Interim”, Washington, D.C.

CEN (2002), “Eurocode 0 Basis of Structural Design”, The European Committee for Standardization, EN 1990:2002.

CEN (2002), “Eurocode 1 Actions of Structures”, The European Committee for Standardization, EN 1991:2002.

제 2 장

KDS 14 31 10 : 2018

강구조 부재 설계기준

KDS 14 31 10 강구조 부재 설계기준

1. 일반사항

이 기준의 규정은 강구조 인장부재, 압축부재, 휨부재, 조합력과 비틀림부재 및 기타 부재의 설계에 적용한다.

2. 조사 및 계획

내용 없음.

3. 재료

KDS 14 31 05(3)에 따른다.

4. 설계

4.1 인장부재

이 장은 중심축 인장력을 받는 부재에 적용한다.

4.1.1 세장비 제한

(1) 교량을 제외한 강구조의 경우, 인장을 받는 부재의 설계 시 최대세장비의 제한은 없다. 다만, 인장력에 기초하여 설계되는 부재의 세장비 L/r은 가급적 300을 넘지 않도록 한다. 이 제한은 인장력을 받는 강봉이나 매달린 부재에는 적용하지 않는다.

(2) 교량강구조의 경우, 아이바, 봉강, 케이블 및 판을 제외한 모든 인장부재의 세장비는 다음을 만족해야 한다.

① 교번응력을 받는 주부재 $L/r \leq 140$

② 교번응력을 받지 않는 주부재 $L/r \leq 200$

③ 2차 부재 $L/r \leq 240$

【해설】

인장부재의 길이는 내력상으로는 지장이 없지만 자중에 의한 처짐이나 진동이 일어나지 않도록 제한을 두고 있다. 또한 인장부재가 너무 세장하면 시공할 때, 특히 부재를 운반할 때 심하게 휘거나 영구변형이 발생되는 경우가 있게 된다. 그래서 인장부재를 설계할 때, 세장비(L/r, 여기서 L은 부재의 길이이고, $r = \sqrt{I/A}$ 이다)는 인장부재 자체의 진동 때문에 300을 넘지 않도록 권장하고 있다. 그러나 이러한 인장부재의 세장비 제한은 봉강(rod)이나 케이블에는 적용되지 않는다.

단일ㄱ형강의 경우, z축에 대한 단면2차반지름(단면 2차반경)을 사용하여 최대 L/r을 구하고, 매우 드문 지지조건일 경우에는 KL/r로 최대값을 구한다.

일반적으로 구조물에서 하중의 변화는 자주 발생하지는 않기 때문에, 비교적 작은 응력의 변화를 초래하게 되고, 일반적인 건물의 구조체에서는 문제가 되지 않는다. 설계풍하중이나 지진하중은 자주 발생하지 않기 때문에 피로에 대한 설계를 할 경우에는 설계풍하중이나 지진하중은 고려되지 않는다. 그러나 응력의 변화가 자주 발생하는 인장부재 또는 반복응력을 받는 인장부재에 대해서는 피로현상을 반드시 고려하여야 한다. 또한 낮은 풍속에서 발생하는 와류진동에 의해 응력의 변화가 발생할 수 있는 부재는 피로현상을 고려할 필요가 있다.

4.1.2 단면적의 산정

4.1.2.1 총단면적

부재의 총단면적 A_g는 부재축(작용하중)의 직각방향으로 측정된 각 요소단면의 합이다.

4.1.2.2 순단면적

부재의 순단면적 A_n은 식 (4.1-1) 또는 식 (4.1-2)와 같이 두께와 계산된 각 요소의 순폭을 곱한 값들의 합이다. 인장과 전단을 받는 부재의 순단면적을 산정하는 경우 볼트 구멍의 직경은 KDS 14 31 25 표 4.1-1의 구멍직경의 값으로 한다. 중심인장을 받는 연결재의 순단면적은 연결재 구멍의 영향을 고려하여 산정해야 한다. 순단면적 A_n은 최소 순단면적을 갖는 파단선으로부터 구한다.

(1) 정열배치인 경우

$$A_n = A_g - ndt \tag{4.1-1}$$

여기서, n : 인장력에 의한 파단선상에 있는 구멍의 수

d : 연결재 구멍의 직경 (mm)

t : 부재의 두께 (mm)

(2) 불규칙배치(엇모배치)인 경우

$$A_n = A_g - ndt + \Sigma \frac{s^2}{4g} t \tag{4.1-2}$$

여기서, s : 인접한 2개 구멍의 응력 방향 중심간격 (mm)

g : 연결재 게이지선 사이의 응력 수직방향 중심간격 (mm)

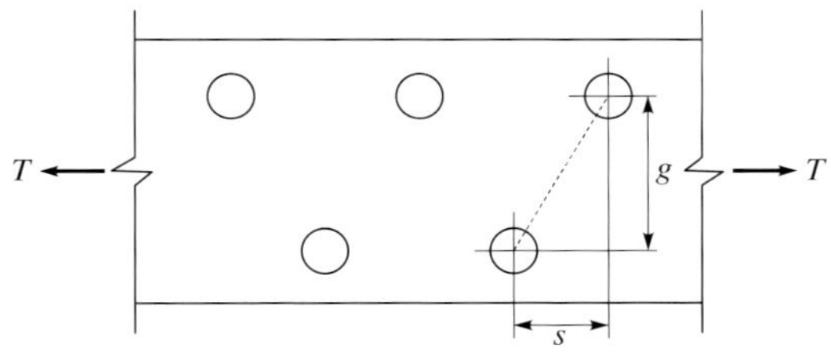

그림 4.1-1 불규칙배치인 경우의 s 와 g 의 정의

볼트구멍이 있는 ㄱ형강의 순단면적은 다리를 동일평면에 전개한 후 산정한다. 이 경우 전개된 인접한 두 면의 구멍의 게이지는 ㄱ형강의 뒷면으로부터 산정한 게이지들의 합에서 두께를 감한 값이다. 강관단면의 슬롯(slot)에 거셋플레이트(gusset plate)을 용접하는 경우 강관의 순단면적은 총단면적에서 슬롯에 의해 공제된 단면적으로 한다. 플러그(plug)용접이나 슬롯용접된 부재의 순단면적을 계산할 때, 용접재는 순단면적 계산에 포함되지 않는다.

【해설】

4.1.2.2에서 순단면적이란 인장부재 접합부 연결재의 구멍에 의한 결손부분을 고려한 단면적으로서 구멍의 배열상태에 따라 파단형상이 달라지므로 모든 발생 가능한 파단선에 대해 순단면적을 구한 후 그 중 가장 작은 값을 인장부재의 순단면적으로 한다.

불규칙(엇모)배치인 경우, 복잡한 응력분포에 따라 실험연구결과에 의해 제시된 개략식으로 나타내며, 볼트구멍에 의한 단면결손에 $\Sigma \frac{s^2}{4g} t$를 더해줌으로써 파단선의 정열배치와 비교하여 약간 더 큰 단면적으로 계산한다. 대부분의 경우 가장 위험한 파단선은 가장 작은 순단면적을 갖는 선으로 한다.

4.1.2.3 유효순단면적

유효순단면적 A_e는 다음과 같이 산정한다.

$$A_e = UA_n \qquad (4.1\text{-}3)$$

여기서, U : 전단뒤짐에 의한 감소계수(표 4.1-1 참조)

단일ㄱ형강, 쌍ㄱ형강, T형강부재의 접합부는 전단뒤짐에 의한 감소계수가 0.6이상이어야 한다. 다만, 4.4.1.2 및 4.4.2에 따라 편심효과를 고려하여 설계하는 경우, 0.6보다 작은 값을 사용할 수 있다.

표 4.1-1 인장재접합부의 전단뒤짐에 의한 감소계수

사례	요소 설명	전단뒤짐에 의한 감소 계수, U	예
1	인장력이 용접이나 연결재를 통해 각각의 단면요소에 직접적으로 전달되는 모든 인장재 (사례 3, 4, 5, 6과 같은 경우는 제외한다.)	$U = 1.0$	–
2	인장력이 길이방향 용접이나 연결재를 통해 단면요소의 일부에 전달되는, 판재와 강관을 제외한 모든 인장재 (H형강은 사례 7을 적용할 수도 있다.)	$U = 1 - \bar{x}/l$	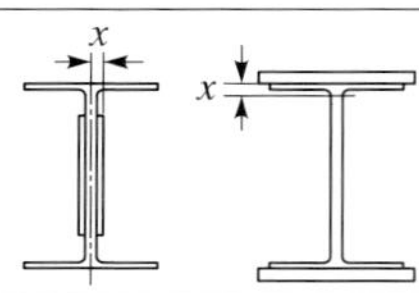
3	인장력이 가로방향 용접을 통해 단면요소의 일부에 전달되는 모든 인장재	$U = 1.0$ 그리고 A_n =직접 접합된 요소의 면적	–
4	인장력이 길이방향(하중방향과 용접선이 평행) 용접만을 통해서 전달되는 판재	$l \geq 2w \ldots U = 1.00$ $2w > l \geq 1.5w \ldots U = 0.87$ $1.5w > l \geq w \ldots U = 0.75$	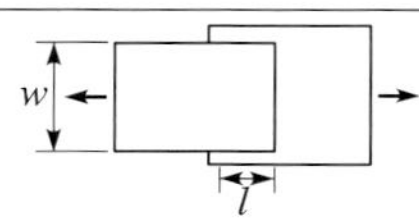
5	중심축에 단일 거셋플레이트를 용접한 원형강관	$l \geq 1.3D \ldots U = 1.0$ $D \leq l < 1.3D \ldots U = 1 - \bar{x}/l$ 여기서, $\bar{x} = D/\pi$	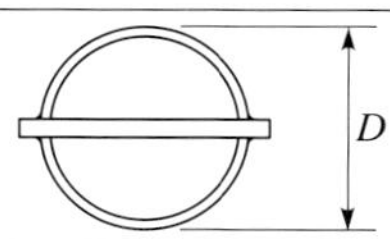

사례	요소 설명		전단뒤짐에 의한 감소 계수, U	예
6	각형강관 부재	중심축에 단일 거셋플레이트이 있는 경우	$l \geq H ... U = 1 - \bar{x}/l$ 여기서, $\bar{x} = \dfrac{B^2 + 2BH}{4(B+H)}$	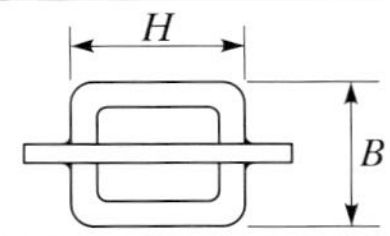
		양측면에 거셋플레이트이 있는 경우	$l \geq H ... U = 1 - \bar{x}/l$ 여기서, $\bar{x} = \dfrac{B^2}{4(B+H)}$	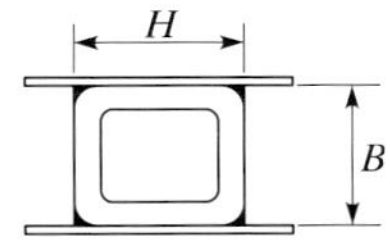
7	H형강 또는 T형강 (사례2와 비교하여 큰 값의 U를 사용할 수 있다.)	하중방향으로 매 열당 3개 이상의 연결재로 접합한 플랜지의 경우	$b_f \geq 2/3d ... U = 0.90$ $b_f < 2/3d ... U = 0.85$	–
		하중방향으로 매 열당 4개 이상의 연결재로 접합한 웨브연결의 경우	$U = 0.70$	–
8	단일 ㄱ형강 (사례2와 비교하여 큰 값의 U를 사용할 수 있다.)	하중방향으로 매 열당 4개 이상의 연결재가 있는 경우	$U = 0.80$	–
		하중방향으로 매 열당 2개 또는 3개의 연결재가 있는 경우	$U = 0.60$	–

※ l : 힘의 방향과 평행한 접합부 길이(mm); w : 플레이트 폭(mm); $\bar{x}$: 연결편심(mm); B : 각형강관의 양끝 너비, 접촉면에 대해 90˚로도 측정(mm); H : 각형강관의 양끝 높이(mm), 접촉면으로부터 측정

【해설】

단순인장력을 받는 인장부재의 접합부는 전단뒤짐(전단지연, shear lag)에 의해 응력이 전달될 때 접합부로부터 멀리 떨어진 곳에서는 응력이 균등하게 분포되어 전달되다가 접합부에 이르면 일부 접합된 부분에 응력이 집중되어 균등하게 응력이 작용하지 않아 설계 내력보다 감소된다. 즉, 접합부의 길이가 증가됨에 따라 전단뒤짐(전단지연)에 의한 내력저하의 영향이 감소되어 인장접합부의 유효단면적이 증가하게 된다. 이와 같은 사항은 용접접합부에서도 동일하게 적용된다. 따라서 감소계수 U는 볼트로 접합한 경우는 순단면적 A_n에, 용접으로 접합된 경우는 A_g에 적용된다. 표 4.1-1에 인장접합부의 8가지 사례에 대한 설명과 감소계수를 상세하게 제시하였다.

다음은 ㄱ형강과 거셋플레이트의 볼트접합부에서의 편심거리, 접합부 길이 및 용접접합부의 접합부 길이를 나타낸다.

ㄱ형강의 한쪽만 볼트접합된 인장부재의 감소계수 산정은 다음 식을 따른다.

$$U = 1 - \bar{x}/l, \quad \bar{x} = \left(\bar{x}_1, \ \bar{x}_2\right)_{\max}$$

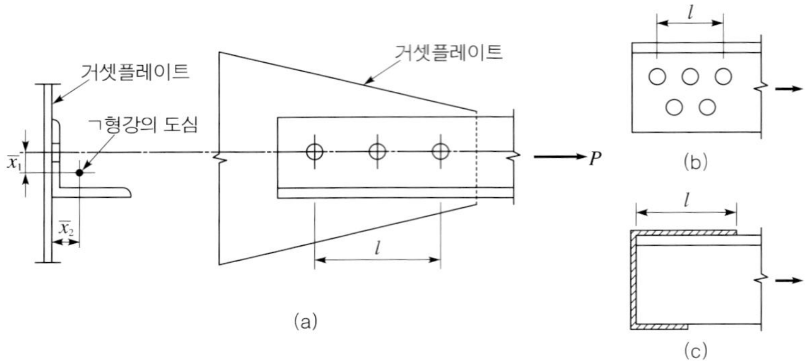

해설 그림 4.1-1 인장접합부의 편심거리 및 접합부 길이

4.1.3 인장강도

인장재의 설계인장강도 $\phi_t P_n$은 총단면의 항복한계상태와 유효순단면의 파단한계상태에 대해 식 (4.1-4)과 식 (4.1-5)에 의해 산정된 값 중 작은 값으로 한다.

【해설】

인장접합부에서 전단뒤짐(전단지연)현상으로 발생하는 불균등한 인장응력은 항복이후 균등한 값으로 변하게 되므로 접합부가 아닌 부재의 총단면에 대한 항복을 검토할 경우 감소계수를 적용할 필요가 없다.

변형률경화(strain hardening)로 인하여 연강은 파단 이전에 항복강도에 총단면적을 곱한 값보다 큰 힘에 저항할 수 있다. 그러나 총단면의 항복에 의하여 부재가 과도하게 늘어나게 되면 사용성 측면에서 좋지 않은 영향을 미친다. 순단면적의 총단면적에 대한 비율 및 강재의 기계적 성질에 따라 총단면을 항복시키는데 필요한 하중보다 작은 하중에서 순단면이 파단에 이를 수도 있다. 따라서 인장부재의 강도는 총단면의 항복과 순단면의 파단을 모두 고려하여 결정한다. 총단면 항복과 순단면 파단에 대한 강도감소계수들은 이 두 종국상태에 대한 각기 다른 신뢰도를 고려하여 결정되었다.

볼트구멍이 없는 부재가 인장력을 받을 경우, 강재의 변형률경화 때문에 총단면적에 항복응력을 곱한 것보다 더 큰 하중을 받을 수 있다. 그러나 변형률경화에 도달할 때까지 하중이 가해진 인장재는 확률적인 관점에서 볼 때 부재의 여용성이 없어지고 과도한 변형의 발생으로 구조 시스템의 파괴를 야기할 수 있다.

반면에 볼트의 구멍이 있는 인장재의 경우에는 볼트구멍들을 통하여 하중직각방향으로 순단면의 파단이 발생할 수 있다. 이러한 순단면 파단하중은 구멍으로부터 떨어진 전단면이 항복하는데 필요한 하중보다 훨씬 더 작게 될 수 있다. 일반적으로 볼트구멍으로 인해 감소된 단면적을 갖는 위험단면은 부재의 전체폭과 비교하여 매우 짧다. 비록 부재의 순단면 부분에서 변형률경화현상으로 응력이 집중되어 재료의 인장강도에 도달한다 하더라도 국부에 변형이 집중되어 큰 변형은 발생하지 않는다. 따라서, 인장재의 설계강도 $\phi_t P_n$은 총단면의 항복한계상태와 유효순단면의 파괴한계상태에 대해 두 식에 의해 산정된 값 중에서 작은 값으로 한다.

4.1.3.1 총단면의 항복한계상태

총단면의 항복에 대한 공칭인장강도 P_n은 다음 식과 같고 강도저항계수 $\phi_t = 0.90$을 적용한다.

$$P_n = F_y A_g \tag{4.1-4}$$

여기서, A_g : 부재의 총단면적 (mm^2)

F_y : 항복강도 (MPa)

P_n : 공칭인장강도 (N)

【해설】

4.1.3.1의 총단면의 항복한계상태에서 강도저항계수 ϕ_t는 0.9로 지정되어 있으나 건축분야와 토목분야에서 적용되는 값은 상이함을 유의하여야 한다. 즉, 건축분야(건축구조기준)에서는 연성을 갖는 총단면의 항복강도에 대해서 0.9의 값을 적용하며 토목분야(도로교설계기준)에서는 항복한계상태에 대해서 0.95값을 적용한다.

4.1.3.2 유효순단면의 파단한계상태

유효순단면의 파괴에 대한 공칭인장강도 P_n는 다음 식과 같고 강도저항계수 $\phi_t = 0.75$를 적용한다.

$$P_n = F_u A_e \tag{4.1-5}$$

여기서, A_e : 유효순단면적 (mm^2)

F_u : 인장강도 (MPa)

구멍이 없는 부재가 용접에 의해 접합되는 경우 식 (4.1-5)에서 사용된 유효순단면적은 4.1.2.3에 따른다. 용접에 의해 접합되거나 플러그 또는 슬롯용접이 사용된 부재에 구멍이 있는 경우, 구멍의 유효순단면적은 식 (4.1-3)을 적용하여 산정한다.

【해설】

4.1.3.2의 유효단면의 파단한계상태에서 강도저항계수 ϕ_t는 건축분야(건축구조기준)에서는 급격한

파괴(rapid brittle failure)가 발생되는 유효순단면의 파단강도에 대해서는 안전을 고려해 전단면의 항복강도시 적용되는 저항계수보다 낮은 0.75의 값을 적용하며 토목분야(도로교설계기준)에서는 파단한계상태에 대해서 0.80값을 적용한다.

4.1.4 조립인장부재

판재와 형강 등으로 조립인장부재를 구성하는 경우 조립부재가 일체가 되도록 다음 조건에 맞게 적절하게 조립해야 한다.

(1) 판재와 형강 또는 2개의 판재로 구성되어 연속적으로 접촉되어 있는 조립인장부재의 재축방향 긴결간격은 다음 값 이하로 해야 한다.

① 도장된 부재 또는 부식의 우려가 없어 도장되지 않은 부재의 경우 얇은 판두께의 24배 또는 300mm

② 대기 중 부식에 노출된 도장되지 않은 내후성강의 경우 얇은 판두께의 14배 또는 180mm

(2) 끼움재를 사용한 2개 이상의 형강으로 구성된 조립인장재는 개별부재의 세장비가 가급적 300을 넘지 않도록 한다.

(3) 띠판은 조립인장부재의 비충복면에 사용할 수 있으며, 다음 조건에 맞도록 해야 한다.

① 띠판의 재축방향길이는 조립부재 개별부재를 연결시키는 용접이나 연결재 사이거리의 2/3 이상이 되어야 하고, 띠판두께는 이 열 사이거리의 1/50 이상 되어야 한다.

② 띠판에서의 단속용접 또는 연결재의 재축방향 간격은 150mm 이하로 한다.

③ 띠판간격을 결정할 때, 조립부재 개별부재의 세장비는 가급적 300을 넘지 않도록 한다.

【해설】

자주 사용되고 있지 않지만, 강선, 띠판, 유공커버플레이트 등을 사용한 조립부재는 이 기준에 따라 사용할 수 있다. 띠판의 길이와 두께는 용접이나 연결재선간의 거리에 의해 제한된다.

4.1.5 핀접합부재

4.1.5.1 인장강도

핀접합부재의 설계인장강도 $\phi_t P_n$은 인장파단, 전단파단, 지압 및 항복의 한계상태 중 가장 작은 값으로 한다.

【해설】

핀접합부재는 매우 큰 고정하중이 작용하는 인장부재에 사용된다. 핀접합부재는 구멍에서 핀의 마모를 유발하는 활하중이 작용하는 경우에는 적합하지 않다. 핀접합부재의 인장강도 계산 시, 4.1.5.1.1 ~ 4.1.5.1.2에서 적용하는 ϕ_t값을 준용한다. 건축분야와 토목분야의 강도저항계수는 상이하므로 4.1.3.1과 4.1.3.2의 해설을 참조한다. 유효순단면적의 정의에 대해서는 해설 그림 4.1-2에 나타낸 것과 같이 인장력에 저항하는 단면과 전단력에 저항하는 단면이 각각 서로 구분된다.

4.1.5.1.1 유효순단면적에 대한 인장파단

유효순단면의 인장파단에 대한 공칭인장강도는 다음 식과 같고 강도저항계수 $\phi_t = 0.75$를 적용한다.

$$P_n = 2tb_{eff}F_u \tag{4.1-6}$$

여기서, b_{eff} : 유효연단거리 (= $2t$+16) (mm)
다만, 볼트구멍연단으로부터 작용하는 힘의 직각방향으로 측정한 부재의 연단까지 거리보다 크지 않아야 한다.
t : 판재의 두께 (mm)
F_u : 인장강도 (MPa)

【해설】

4.1.5.1.1의 유효순단면에 대한 인장파단에 대한 강도저항계수 ϕ_t는 0.75로 지정되어 있으나 건축분야와 토목분야에서 적용되는 값은 상이함을 유의하여야 한다. 즉, 건축분야(건축구조기준)에서는 급격한 파괴(rapid brittle failure)가 발생되는 유효순단면의 파단강도에 대해서는 안전을 고려해 전단면의 항복강도시 적용되는 저항계수보다 낮은 0.75의 값을 적용하며 토목분야(도로교설계기준)에서는 파단한계상태에 대해서 0.80값을 적용한다.

4.1.5.1.2 유효단면적에 대한 전단파단

유효단면의 전단파단에 대한 공칭인장강도는 다음 식과 같고 강도저항계수 $\phi_{sf} = 0.75$를 적용한다.

$$P_n = 0.6F_uA_{sf} \tag{4.1-7}$$

여기서, $A_{sf} = 2t(a + d/2)$ (mm^2)
a : 핀구멍의 연단으로부터 힘의 방향과 평행하게 측정한 부재의 연단까

지의 최단거리 (mm)

d : 핀직경 (mm)

t : 판재의 두께 (mm)

【해설】

4.1.5.1.1의 해설과 동일하며 이를 참조한다.

4.1.5.1.3 핀의 투영면적에 대한 지압

핀의 투영면적에 대한 지압에 의한 공칭인장강도는 KDS 14 31 25(4.1.7)에 따른다.

4.1.5.1.4 총단면적에 대한 항복

총단면의 항복에 의한 공칭인장강도는 식 (4.1-4)에 따라 산정한다.

4.1.5.2 핀접합부재의 구조제한

(1) 건축물강구조를 포함한 일반강구조물의 핀접합부재에 대한 구조제한은 다음과 같다.

① 핀구멍은 부재의 중앙에 위치해야 한다.

② 핀이 전하중상태에서 접합재들간의 상대변위를 제어하기 위해 사용될 때, 직경은 핀직경보다 1mm 이상 크면 안 된다.

③ 핀구멍이 있는 플레이트의 폭은 $2b_{eff}+d$ 이상이어야 하며, 재축에 평행한 핀구멍의 연단거리 a는 $1.33b_{eff}$ 이상이어야 한다.

(2) 교량강구조의 핀접합부재에 대한 구조제한은 다음과 같다.

① 핀구멍의 중심선을 지나는 횡단면에서 모재판과 핀보강판의 순단면적의 합은 핀구멍이 없는 단면에서 필요한 모재판의 순단면적의 1.4배보다 커야 한다.

② 핀구멍을 지나 종방향으로의 모재판과 핀보강판의 순단면적의 합은 핀구멍이 없는 단면에서 필요한 모재판의 순단면적보다 커야 한다.

③ 핀구멍의 중심은 모재판의 종축선 상에 위치해야 한다. 핀구멍의 직경은 핀의 직경보다 0.8mm 이상 커서는 안 된다.

④ 최소항복강도가 460MPa 보다 큰 강재의 경우 구멍의 직경은 모재판과 핀보강판

의 두께를 합한 값의 5배를 초과해서는 안 된다.

⑤ 모재판과 핀보강판의 두께의 합은 구멍 끝에서 핀 연단거리의 12%보다 작아서는 안 된다. 모재판의 두께는 핀구멍이 없는 단면의 폭의 12%보다 커야 한다.

【해설】

이 조항은 핀접합 부위에서 파단이 일어나는 것을 방지하기 위함이다. 단면요구조건은 다음과 같다.

단면요구조건

$a \geq (4/3)\, b_{eff}$

$w \geq 2 b_{eff} + d$

$c \geq a$

여기서, $b_{eff} = 2t + 16\text{mm} \leq b$

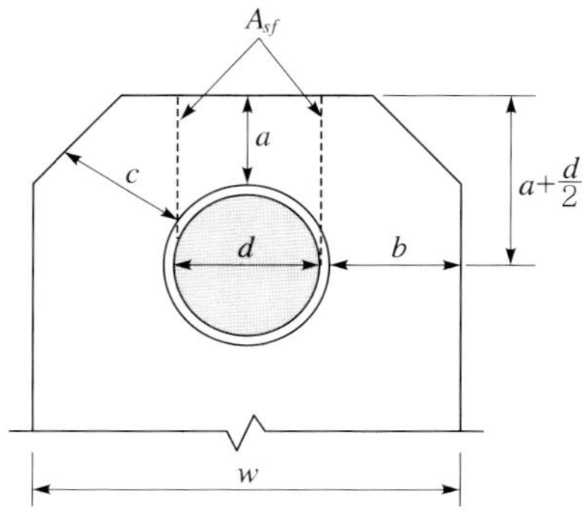

해설 그림 4.1-2 핀접합 부재의 구조제한

4.1.6 아이바

4.1.6.1 인장강도

아이바의 인장강도는 4.1.3.1에 따른다. 다만, 아이바몸체의 단면적은 A_g로 한다. 아이바 몸체의 폭은 두께의 8배를 초과하지 않도록 한다.

4.1.6.2 아이바의 구조제한

(1) 건축물강구조를 포함한 일반강구조 아이바에 대한 구조제한은 다음과 같다.

① 아이바의 원형머리부분과 몸체사이부분의 반지름은 아이바 머리의 직경보다 커야 한다. 핀직경은 아이바몸체폭의 7/8배 보다 커야 한다.

② F_y가 460MPa을 초과하는 강재의 구멍직경은 플레이트 두께의 5배를 초과할 수 없고 아이바본체의 폭은 그에 따라 감소시켜야 한다.

(2) 교량강구조의 아이바에 대한 구조제한은 다음과 같다.

① 아이바의 두께는 13mm 이상 그리고 50mm 이하이어야 한다.

② 핀구멍의 중심선에서 잰 머리부분의 순폭은 필요한 몸체부의 폭의 135% 이상이어야 한다.

③ 핀구멍을 지나 아이바의 길이방향에서 잰 머리부분의 순폭은 몸체부 폭의 75% 이상이어야 한다.
④ 몸체부의 폭은 두께의 8배를 초과해서는 안 된다.
⑤ 핀구멍의 중심은 아이바 몸체의 중심축선상에 있어야 한다.
⑥ 핀구멍의 직경은 핀의 직경보다 0.8mm 이상 커서는 안 된다.
⑦ 최소항복강도가 460MPa 보다 큰 강재를 사용할 경우 구멍의 직경은 아이바 두께의 5배를 초과할 수 없다.

【해설】

아이바 (eyebar)로 연결된 플레이트는 특별한 경우에 다양하게 사용된다. 아이바는 핀구멍 부분을 보강하지 않은 균일한 두께를 가져야 하며, 핀구멍과 동심원이 되는 원형머리를 가져야 한다. 단, 아이바두께는 핀플레이트나 필러플레이트를 조이기 위해 외부 너트를 사용하는 경우에만 13mm 이하의 두께 사용이 허용된다.

단면요구조건

$t \geq 13\text{mm}$

$w \leq 8t$

$d \geq (7/8)w$

$d_h \leq d + 0.8\text{mm}$

$R \geq d_h + 2b$

$(2/3)w \leq b \leq (3/4)w$(상한값은 계산상의 목적에 한한다.)

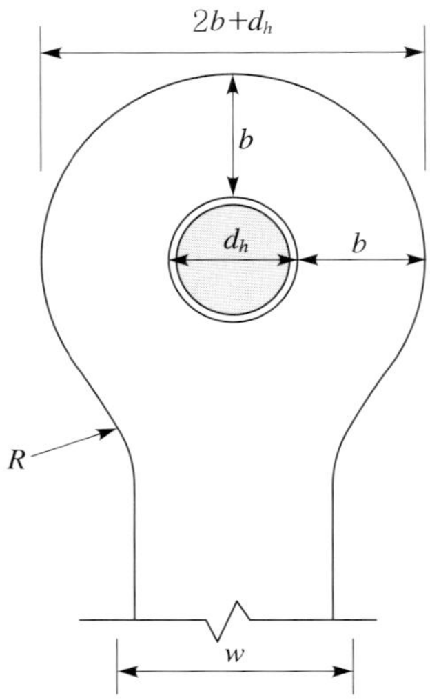

해설 그림 4.1-3 아이바의 구조제한

4.1.6.3 연결

(1) 여러 개의 아이바가 동시에 사용될 경우 가능한 한 서로 평행해야 하고, 연결되는 부재의 중심면에 대하여 대칭으로 배열해야 한다. 아이바는 횡방향 이동 및 사교에서 발생할 수 있는 횡방향뒤틀림에 대하여 구속해야 한다.
(2) 인접한 아이바의 간격은 13mm 이상이어야 한다. 동일한 핀으로 연결된 인접한 아이바의 사이를 고리모양으로 된 끼움재를 사용해야 한다. 대각선으로 교차하는 아이바 간격이 작을 경우 교차점에서 서로 크램핑시켜야 한다.

【해설】

아이바를 연결할 때 연결부 사이 부식을 발생시킬 수 있는 물질이 들어가지 않도록 해야 한다. 아이바는 때때로 진동을 일으킬 수 있다. 이 때 아이바들이 서로 반복해서 부딪히는 것을 방지하기 위하여 적당한 간격을 두거나 서로 크램핑할 필요가 있다.

4.1.7 합성부재의 인장강도

매입형 합성부재의 인장강도는 4.2.8.2.1.3을 따르며, 충전형 합성부재의 인장강도는 4.2.8.2.2.3을 따른다.

참고문헌

Segui, W. T. (2007), "Steel Design", 4th Ed., Thomson, Canada.

4.2 압축부재

4.2.1 일반사항

설계압축강도 $\phi_c P_n$은 다음과 같이 산정한다. 공칭압축강도 P_n은 적용하는 휨좌굴, 비틀림좌굴, 휨-비틀림좌굴의 한계상태 중에서 작은 값으로 한다. 강도저항계수는 $\phi_c = 0.90$을 적용한다. 표 4.2-1은 압축부재단면의 형상과 세장판 유무에 따라 적용하는 절과 그 한계상태를 나타낸다.

표 4.2-1 압축부재에 적용하는 절과 한계상태

단면	세장판이 없는 경우(비세장판 단면)		세장판이 있는 경우(세장판 단면)	
	절	한계상태	절	한계상태
	4.2.3 4.2.4	휨좌굴 비틀림좌굴	4.2.7	국부좌굴 휨좌굴 비틀림좌굴
	4.2.3 4.2.4	휨좌굴 휨비틀림좌굴	4.2.7	국부좌굴 휨좌굴 휨비틀림좌굴
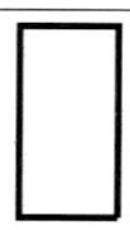	4.2.3	휨좌굴	4.2.7	국부좌굴 휨좌굴
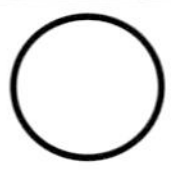	4.2.3	휨좌굴	4.2.7	국부좌굴 휨좌굴
	4.2.3 4.2.4	휨좌굴 휨비틀림좌굴	4.2.7	국부좌굴 휨좌굴 휨비틀림좌굴
	4.2.3 4.2.4 4.2.6	휨좌굴 휨비틀림좌굴	4.2.6 4.2.7	국부좌굴 휨좌굴 휨비틀림좌굴
	4.2.5		4.2.5	
	4.2.3	휨좌굴	해당없음	해당없음
ㄱ형강을 제외한 비대칭 단면	4.2.4	휨비틀림좌굴	4.2.7	국부좌굴 휨비틀림좌굴

【해설】

4.2.3의 기둥 설계압축강도 식은 많은 연구데이터를 신중히 검토하여 얻어졌으며(Ziemian, 2010; Tide, 1985; Tide, 2001), 하중저항계수설계법에 의한 강구조설계기준(강구조학회, 2009; 2014) 및 건축구조기준(대한건축학회, 2009; 2016)의 것과 동일하다.

4.2.1.1 국부좌굴에 대한 단면의 분류

압축력을 받는 판 단면은 비세장판 단면 및 세장판단면으로 구분된다.

(1) 비세장판 단면 : 압축판요소의 폭두께비 λ가 표 4.2-2의 λ_r를 초과하지 않는 단면 ($\lambda \le \lambda_r$)

(2) 세장판 단면 : 압축판요소의 폭두께비 λ가 표 4.2-2의 λ_r를 초과하는 단면($\lambda > \lambda_r$)

4.2.1.1.1 자유돌출판

압축력 방향과 평행한 선을 따라 판의 한쪽 연단만 지지되어 있는 자유돌출판의 폭은 다음 값을 취하고, 그 치수는 표 4.2-2에 따른다.

(1) I, H형강 및 T형강 플랜지에 대한 폭 b는 전체 플랜지폭 b_f의 반이다.
(2) ㄱ형강의 다리, ㄷ형강 및 Z형강의 플랜지에 대한 폭 b는 전체 공칭치수이다.
(3) 플레이트에 대한 폭 b는 자유단으로부터 연결재의 첫 번째 줄 혹은 용접선까지의 길이이다.
(4) T형강의 스템에 대한 d는 단면의 전체공칭높이로 한다.

4.2.1.1.2 양연지지판

압축력 방향과 평행한 선을 따라 판의 양쪽 연단이 지지된 양연지지판의 폭은 다음 값으로 취하고, 그 치수는 표 4.2-2에 따른다.

(1) 압연이나 성형단면의 웨브에 대하여, h는 각 플랜지에서 필릿이나 모서리반경을 감한 플랜지사이의 순간격이다. h_c는 도심에서 필릿이나 모서리반경을 감한 압축플랜지의 내측면까지의 거리의 2배이다.
(2) 조립단면의 웨브에 대하여, h는 인접한 연결재의 열간거리 또는 용접한 경우 플랜지 사이의 순간격이며, h_c는 도심으로부터 압축플랜지에서 제일 가까운 연결재열까지 거리 또는 용접한 경우 압축플랜지의 내측면까지 거리의 2배이다. h_p는 소성중립축으로부터 압축플랜지에서 제일 가까운 연결재열까지 거리 또는 용접한 경우 압축플랜지의 내측면까지 거리의 2배이다.
(3) 조립단면에서 플랜지 또는 다이아프램 플레이트에 대하여, 폭 b는 인접한 연결재의 열

간거리 또는 용접선간의 거리이다.

(4) 각형강관 단면의 플랜지에 대하여, 폭 b는 각 변의 내측 모서리반경을 감한 웨브사이의 순간격이다. 각형강관단면의 웨브에 대하여, h는 각 변의 내측 모서리 반경을 감한 플랜지사이의 순간격이다. 만일 모서리반경을 알 수 없으면 b와 h는 각 외측치수에서 두께의 3배를 감한 값으로 취한다. 여기서, t는 설계벽두께이다. 여기서 t는 전기저항용접 각형강관의 경우는 공칭벽두께의 0.93배, 서브머지드아크용접 각형강관의 경우는 공칭벽두께를 사용한다.

(5) 유공커버플레이트의 경우, b는 인접한 연결재의 열간 수직거리이고 플레이트의 순단면적은 가장 넓은 구멍이 있는 곳에서 취한다.

4.2.1.1.3 압축판요소의 폭두께비

압축력을 받는 압축판요소의 비세장판 요소와 세장판 요소를 구분하는 폭두께비 한계값은 표 4.2-2에 따른다.

표 4.2-2 압축력을 받는 압축판요소의 폭두께비

단면	구분	판요소에 대한 설명	폭두께비	폭두께비 한계값 λ_r(비세장/세장)	예
자유돌출판	1	-압연H형강의 플랜지 -압연H형강으로부터 돌출된 플레이트 -서로 접한 쌍ㄱ형강의 돌출된 다리 -ㄷ형강의 플랜지 -T형강의 플랜지	b/t	$0.56\sqrt{\dfrac{E}{F_y}}$	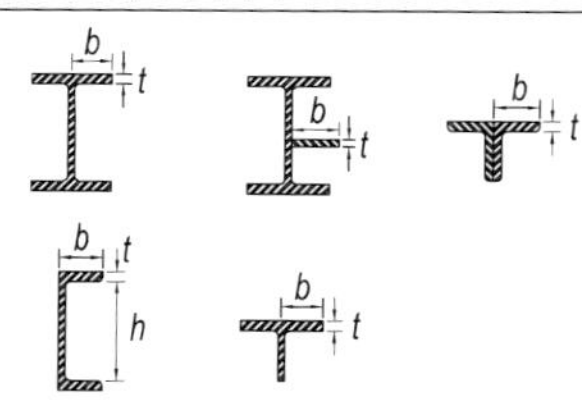
	2	-용접H형강의 플랜지 -용접H형강으로부터 돌출된 플레이트 또는 ㄱ형강다리	b/t	$0.64\sqrt{\dfrac{k_cE}{F_y}}$ 1)	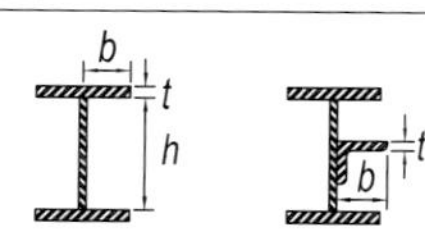
	3	-ㄱ형강의 다리 -끼움판을 낀 쌍ㄱ형강의 다리 -그 외 모든 한쪽만 지지된 판 요소	b/t	$0.45\sqrt{\dfrac{E}{F_y}}$	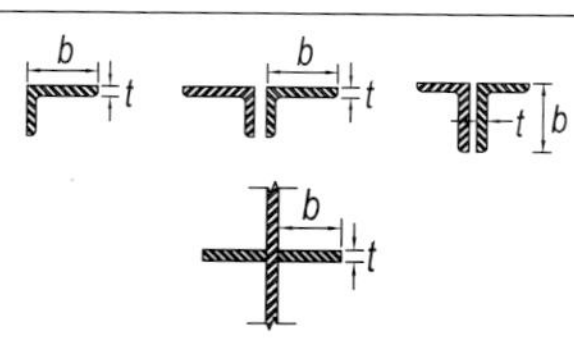
	4	-T형강의 스템	d/t	$0.75\sqrt{\dfrac{E}{F_y}}$	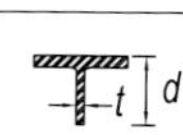

주1) $k_c = \dfrac{4}{\sqrt{h/t_w}}$, 여기서 $0.35 \le k_c \le 0.76$

표 4.2-2 압축력을 받는 압축판요소의 폭두께비(계속)

단면	구분	판요소에 대한 설명	폭두께비	폭두께비 한계값 λ_r(비세장/세장)	예
양연지지판	5	-2축 대칭 H형강의 웨브와 ㄷ형강	h/t_w	$1.49\sqrt{\dfrac{E}{F_y}}$	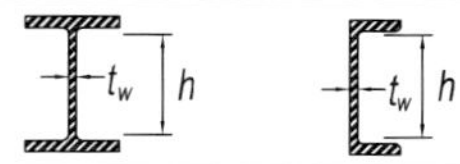
	6	-균일한 두께를 갖는 각형강관과 박스의 벽	b/t	$1.40\sqrt{\dfrac{E}{F_y}}$	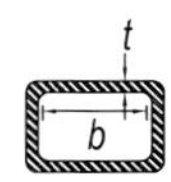
	7	-플랜지덮개판 -연결재 또는 용접선 사이의 다이아프램플레이트	b/t	$1.40\sqrt{\dfrac{E}{F_y}}$	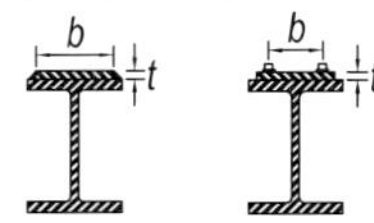
	8	-그 외 모든 양쪽이 지지된 판요소	b/t	$1.49\sqrt{\dfrac{E}{F_y}}$	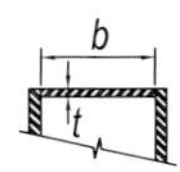
	9	-원형강관	D/t	$0.11\dfrac{E}{F_y}$	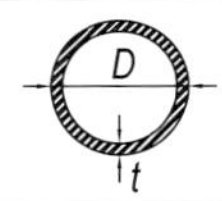

【해설】

압축부재는 비세장판요소만으로 구성된 부재와 세장판요소를 포함하는 부재로 구분한다. 표 4.2-2에서 압축력을 받는 판요소는 폭두께비에 따라 비세장판요소와 세장판요소로 구분한다. 폭두께비가 표 4.2-2에 규정된 폭두께비 한계값 λ_r보다 큰 압축판요소를 포함하는 부재는 세장판단면 압축부재로 설계하며, 4.2.7에 기술된 국부좌굴에 의한 강도 감소를 적용한다. 비세장판단면 압축부재(부재 내 모든 압축판요소의 폭부께비가 λ_r보다 작거나 같은 부재)는 국부좌굴에 의한 강도 감소를 적용하지 않는다.

4.2.2 유효좌굴길이와 세장비 제한

(1) 건축물강구조와 일반강구조의 경우, 유효좌굴길이계수 K와 기둥의 세장비(KL/r)의 산정은 표 4.2-3에 따른다. 압축력에 기초하여 설계되는 부재의 세장비(KL/r)는 가급적 200을 넘지 않도록 한다.

(2) 교량강구조의 경우, 압축부재의 세장비는 다음을 만족해야 한다.

① 주부재 : $KL/r \leq 120$

② 가새 : $KL/r \leq 140$

여기서, L : 휨좌굴에 대한 비지지길이 (mm)

r : 단면2차반경 (mm)

K : 표 4.2-4에서 결정되는 유효좌굴길이계수

(3) 다음 조건을 만족할 때 회전반경은 단면의 일부를 제외한 가상단면으로 계산할 수 있다.

① 실제단면적과 회전반경에 의한 부재의 저항강도가 설계하중을 초과하고,

② 감소된 단면적과 그 회전반경에 의한 가상부재의 저항강도가 설계하중을 초과할 경우

표 4.2-3 유효좌굴길이계수 K

	(a)	(b)	(c)	(d)	(e)	(f)
기둥의 좌굴형태를 점선으로 표시	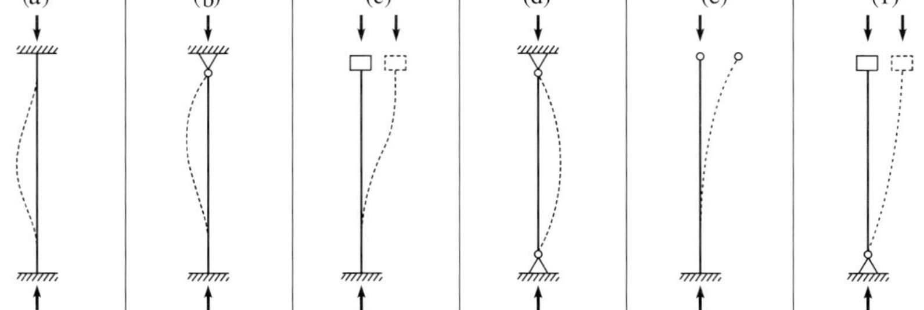					
이론값	0.5	0.7	1.0	1.0	2.0	2.0
설계값	0.65	0.8	1.2	1.0	2.1	2.0
단부조건		회전고정 및 이동고정				
		회전자유 및 이동고정				
		회전고정 및 이동자유				
		회전자유 및 이동자유				

【해설】

유효좌굴길이는 압축부재에 대한 전체 골조의 상호작용효과를 추정할 수 있도록 한 취지에서 도입된 개념이다. 길이 L인 골조 내 압축부재의 강도를 축방향하중만을 받는 길이 KL인 등가인 양단 핀 압축부재와 동등하게 간주하기 위하여 K 계수를 적용한다. 즉

$$L_K = KL \qquad \text{(해설 4.2-1)}$$

이것은 실제 구조체의 설계과정에서 발생하는 모든 경우에 대해 2차효과를 고려할 수 있는 매우 유용한 방법이다. 그러나 이 방법은 이상적인 구조물에서는 완전하게 적용되지만 실제적으로 이상화된 조건에 가깝게 되기 위해서는 여러 가지 가정을 필요로 한다.

표 4.2-3은 절점의 회전과 이동이 자유롭게 생길 수 있거나 완벽하게 구속된 6가지의 이상적인 조건에 대해 이론적인 K 값을 제시하고 있다. 또한, 표 4.2-3은 위의 6가지 조건에 대해 설계에 적용할

수 있는 권장 K 값을 제시하고 있다. 일반적으로 이론적인 고정이 실제설계에서는 완전한 고정이 아닐 수 있기 때문에 약간 큰 K 값을 취하고 있다. 그러나 실제설계에서 완전한 핀이 아닌 경우, 약간 작은 K 값을 취해야 하지만 안전측으로 K 값을 취하고 있다. 일반적으로 K 값은 다음 식을 이용하여 구한다.

$$K=\sqrt{\frac{P_e}{P_{cr}}} \qquad \text{(해설 4.2-2)}$$

여기서, P_{cr}은 경계조건에 따른 좌굴하중이고, P_e는 양단 핀인 기둥의 오일러좌굴하중을 나타낸다. 비가새골조에서 기둥의 유효좌굴길이를 추정하는 데에 몇 가지 합리적인 방법이 있다. 대표적인 방법으로 해설 그림 4.2-1의 유효좌굴길이계수 산정 계산도표를 사용하여 선정된 골조부재에 대해 적절한 K 값을 결정할 수 있다.

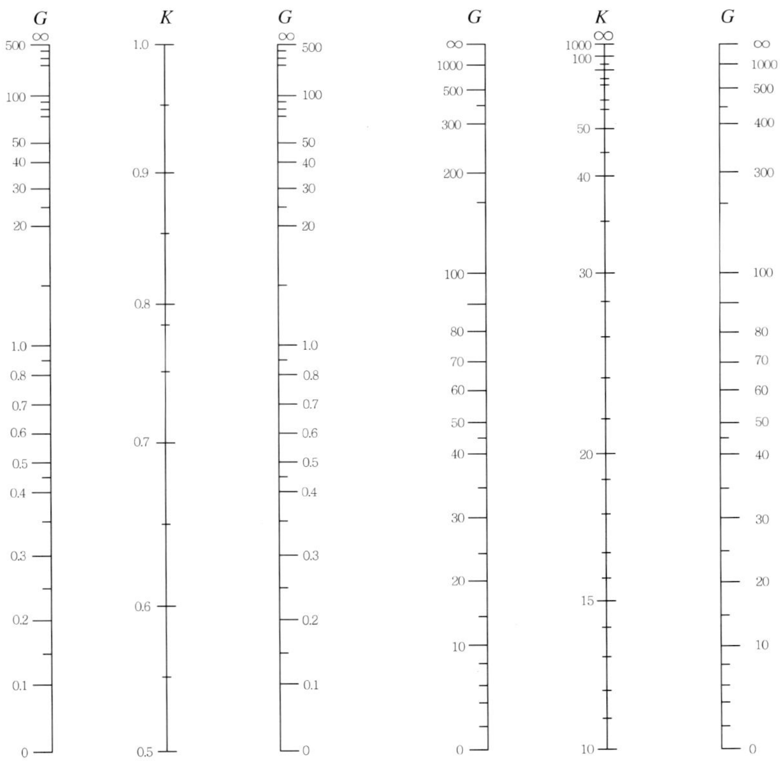

(a) 횡이동이 없을 때
(가새골조)

(b) 횡이동이 있을 때
(비가새골조)

해설 그림 4.2-1 유효좌굴길이계수 산정 계산도표

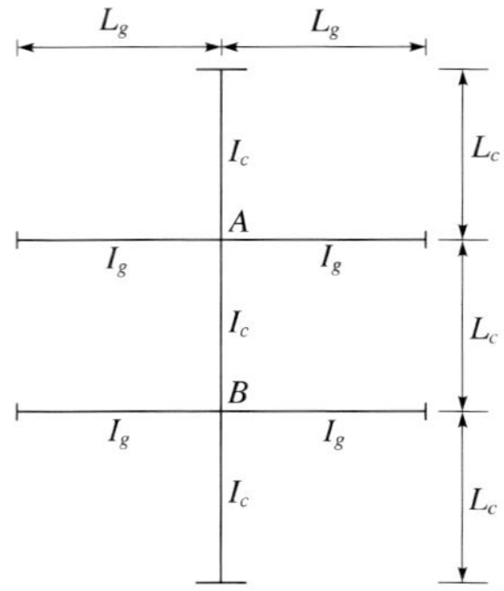

해설 그림 4.2-2 G값을 위한 골조의 예

G 값은 다음 식으로 결정한다. 해설 그림 4.2-2에 보이는 바와 같이 첨자 A와 B는 기둥단면의 양단부 절점을 나타낸다.

$$G=\frac{\Sigma(I_c/L_c)}{\Sigma(I_g/L_g)} \qquad \text{(해설 4.2-3)}$$

Σ는 기둥의 좌굴이 평면 내에서 일어나고 절점이 강접합된 모든 부재의 총합이다. I_c와 L_c는 각각 기둥의 단면2차모멘트와 지지길이이고, I_g와 L_g는 각각 보 또는 기타 구속부재의 단면2차모멘트와 지지길이이다. 여기서, I_c와 I_g는 좌굴면에 직각인 축에 대한 기둥과 보의 단면2차모멘트값이다. 이 계산도표를 이용하는 경우 다음의 값을 택한다.

1) 기초면에 강접합으로 지지되지 않는 주각에서의 G는 이론적으로 무한대의 값을 갖지만, 현실적으로 마찰이 전혀 없는 핀으로 설계되지 않으므로 실제 설계에서는 10을 적용할 수 있다.
2) 단부가 적절하게 강접합되어 있는 경우 G의 값은 1.0으로 한다. 그러나 해석에 의해 합리적이라고 판단되면 더 작은 G의 값을 적용할 수 있다.
3) 보의 타단이 힌지나 고정으로 되어 있는 경우 보의 강성 I_g/L_g은 다음 해설 표 4.2-1의 값을 곱하여 적용한다.

해설 표 4.2-1 보의 강성 보정계수

	횡변위가 구속된 경우	횡변위가 구속되지 않는 경우
타단 힌지	1.5	0.50
타단 고정	2.0	0.67

세장비의 제한은 이전 기준에 "압축재에서 세장비 KL/r은 200을 넘지 않아야 한다."의 강제 조항에서 현 기준은 제한사항이 없이 권장하는 것으로 바뀌었다. 그러나 설계자는 세장비가 200을 넘는 기둥재의 경우에는 좌굴응력 식 (4.2-3)에 의하면 43.5MPa보다 낮은 좌굴응력도를 나타낸다는 것을 명심하여야 한다. 200의 상한제한은 전문적인 판단과 건설현장에서의 경제성, 작업의 용이성, 운반과 조립 등 제조상의 결함을 최소화하기 위하여 만들어졌다. 따라서 제작 및 설치전문가의 도움이 없이는 압축부재의 제한을 넘지 않도록 하여야 한다.

4.2.3 비세장판단면을 가진 부재의 휨좌굴에 대한 압축강도

이 조항은 균일압축을 받는 비세장판단면 압축부재에 적용된다. 비틀림에 대한 비지지길이가 휨좌굴에 대한 비지지길이보다 큰 경우, H형강이나 그와 유사한 형상의 기둥의 설계는 4.2.4를 따른다. 공칭압축강도 P_n은 휨좌굴에 대한 한계상태에 기초하여 다음과 같이 산정한다.

$$P_n = F_{cr} A_g \quad (4.2\text{-}1)$$

좌굴응력 F_{cr}은 다음과 같이 산정한다.

(1) $\dfrac{KL}{r} \le 4.71\sqrt{\dfrac{E}{F_y}}$ 또는 $\dfrac{F_y}{F_e} \le 2.25$인 경우

$$F_{cr} = \left[0.658^{\frac{F_y}{F_e}}\right] F_y \quad (4.2\text{-}2)$$

(2) $\dfrac{KL}{r} > 4.71\sqrt{\dfrac{E}{F_y}}$ 또는 $\dfrac{F_y}{F_e} > 2.25$인 경우

$$F_{cr} = 0.877 F_e \quad (4.2\text{-}3)$$

여기서, F_e : 탄성좌굴해석을 통하여 구하는 탄성좌굴응력

$$= \frac{\pi^2 E}{\left(\dfrac{KL}{r}\right)^2} \text{ (MPa)} \quad (4.2\text{-}4)$$

A_g : 부재의 총단면적 (mm^2)

F_y : 강재의 항복강도 (MPa)

E : 강재의 탄성계수 (MPa)

K : 유효좌굴길이계수

L : 부재의 휨좌굴에 대한 비지지길이 (mm)

r : 좌굴축에 대한 단면2차반경 (mm)

$P_n = P_r$: 축방향 공칭설계강도

【해설】

4.2.3은 4.2.1.1에서 정의된 비세장판단면의 압축부재에 적용된다.

기둥에 대한 좌굴응력 식 (4.2-2)와 식 (4.2-3)은 기본적으로 $l/1500$의 초기만곡곡선에 기초를 둔 미

국 SSRC (Structural Stability Research Council)의 기둥-강도곡선과 같은 곡선이다(AISC, 2001; Bjorhovde, 1972; 1988; Galambos, 1998). 4.2.3의 기둥의 강도식은 건축구조기준(KBC2005) (대한건축학회, 2005)의 식과 근본적으로 같다. 건축구조기준(KBC2005)에서는 비탄성영역의 세장변수, $\lambda_c = \frac{KL}{r\pi}\sqrt{\frac{F_y}{E}}$ 의 값 1.5를 기준으로 탄성영역과 비탄석영역으로 구분을 하였으나, 본 기준에서는 세장변수 대신에 설계자에게 더 알려져 있고 익숙한 KL/r을 사용하고 있다. 4.2.3의 좌굴응력 식은 건축구조기준(KBC2005) (대한건축학회, 2005)의 기둥강도 식에서 무차원 세장비 $\lambda_c = \frac{KL}{r\pi}\sqrt{\frac{F_y}{E}}$ 를 KL/r로 대체한 것과 같다. 처음에 K 값을 계산하지 않고 편리하게 탄성좌굴응력을 직접적으로 계산하기 위하여, 좌굴응력 식 (4.2-2)와 식 (4.2-3)의 세장비 조건식을 F_y/F_e에 대한 조건식으로도 제공한다.

한계세장비 이상의 세장비를 갖는 기둥에 대해서는 탄성좌굴방정식인 오일러좌굴방정식을 기초로 한 공식으로부터 설계압축강도를 구한다. 허용응력설계법의 곡선식과는 다르게 모든 기둥에 대해 일정한 단일 안전율을 적용하고자 하였고, 세장비에 따른 강도의 변화를 곡선식으로 고려하였다. 또한, 초기만곡으로 인한 내력의 저하를 반영하기 위하여 오일러방정식에 계수 0.870을 곱한 값을 설계압축강도공식으로 택하였다. 이 값은 허용응력설계법에서 적용하고 있는 안전율(1.670/1.920=0.870)과 동일하다. 비탄성영역에서 설계압축강도를 구하는 계산을 하기 위해서 S자형의 곡선을 사용하고 있으며, 실험데이터로부터 하한값으로 계수 0.658을 채택하였다.

탄성좌굴과 비탄성좌굴의 한계 값은 $\frac{KL}{r} = 4.71\sqrt{\frac{E}{F_y}}$ 혹은 $\frac{F_y}{F_e} = 2.25$이다. $\frac{F_y}{F_e} = 2.25$는 하중저항계수설계법에 의한 강구조설계기준(한국강구조학회, 2009) 및 건축구조기준(KBC2009) (대한건축학회, 2009)에서의 $F_e = 0.44F_y$와 동일하다.

기둥의 공칭압축강도 산정식에서 중요한 파라미터 중 하나는 탄성좌굴응력 F_e이다. F_e는 식 (4.2-4) 이외에, 직접골조좌굴해석과 4.2.4에서 다뤄지는 비틀림 또는 휨-비틀림좌굴해석을 포함하는 다른 방법으로도 산정할 수 있다.

4.2.3의 공칭압축강도 산정식은 일반적인 식으로서, 직접골조좌굴 또는 비틀림 및 휨-비틀림좌굴에 사용될 수 있으며(4.2.4), 또한 단일ㄱ형강의 수정된 세장비와 함께 사용할 수 있고(4.2.5), 세장판단면의 압축부재에 대하여 Q 계수(4.2.7)로 수정하여 사용할 수 있다.

4.2.4 비세장판단면 부재의 비틀림좌굴 및 휨비틀림좌굴에 대한 압축강도

1축대칭부재, 비대칭부재, 균일압축을 받는 비세장판요소를 가진 +형 또는 조립기둥과 같은 2축대칭부재에 적용한다. 그리고 비틀림에 대한 비지지길이가 횡좌굴에 대한 비지지길이를 초과할 경우 비세장판요소를 가진 모든 2축대칭부재에 적용된다. 또한 $b/t > 20$인 단일ㄱ형강부재의 경우에도 적용된다.

공칭압축강도 P_n은 비틀림좌굴과 휨비틀림좌굴에 대한 한계상태에 기초하여 다음과 같이 산정한다.

$$P_n = F_{cr} A_g \tag{4.2-5}$$

좌굴응력 F_{cr}은 다음과 같이 산정한다.

(1) 쌍ㄱ형강과 T형강 압축부재의 경우

$$F_{cr} = \left(\frac{F_{cry} + F_{crz}}{2H}\right)\left[1 - \sqrt{1 - \frac{4F_{cry}F_{crz}H}{(F_{cry} + F_{crz})^2}}\right] \tag{4.2-6}$$

여기서 F_{cry}는 y축대칭에 대한 휨좌굴에 대해서는 식 (4.2-2)와 식 (4.2-3)에서 구한 F_{cr}값, T형강 압축부재에 대해서는 $\frac{KL}{r} = \frac{K_y L}{r_y}$, 쌍ㄱ형강 압축부재에 대해서는 4.2.6으로 부터 $\frac{KL}{r} = \left(\frac{KL}{r}\right)_m$ 을 사용한다.

$$F_{crz} = \frac{GJ}{A_g \overline{r_0}^2} \tag{4.2-7}$$

(2) 다른 모든 경우

F_{cr}값은 다음에서 산정되는 탄성비틀림좌굴응력과 탄성휨비틀림좌굴응력 F_e를 사용하여, 식 (4.2-2)와 식 (4.2-3)에 따라 산정한다.

① 2축대칭부재의 경우

$$F_e = \left[\frac{\pi^2 E C_w}{(K_z L)^2} + GJ\right]\frac{1}{I_x + I_y} \tag{4.2-8}$$

② y축에 대칭인 1축대칭부재의 경우

$$F_e = \left(\frac{F_{ey} + F_{ez}}{2H}\right)\left[1 - \sqrt{1 - \frac{4F_{ey}F_{ez}H}{(F_{ey} + F_{ez})^2}}\right] \tag{4.2-9}$$

③ 비대칭부재의 경우 다음 방정식의 해 중 가장 작은 해를 F_e로 사용한다.

$$(F_e - F_{ex})(F_e - F_{ey})(F_e - F_{ez}) - F_e^2(F_e - F_{ey})\left(\frac{x_0}{\overline{r_0}}\right)^2 - F_e^2(F_e - F_{ex})\left(\frac{y_o}{\overline{r_0}}\right)^2 = 0 \tag{4.2-10}$$

여기서, A_g : 부재의 총단면적 (mm^2)

C_w : 뒤틀림상수 (mm^6)

$$F_{ex} = \frac{\pi^2 E}{\left(\dfrac{K_x L}{r_x}\right)^2}$$

$$F_{ey} = \frac{\pi^2 E}{\left(\dfrac{K_y L}{r_y}\right)^2}$$

$$F_{ez} = \left[\frac{\pi^2 E C_w}{(K_z L)^2} + GJ\right]\frac{1}{A_g \overline{r_0}^2}$$

G : 강재의 전단탄성계수

$$H = 1 - \frac{x_0^2 + y_0^2}{\overline{r_0}^2}$$

I_x, I_y : 주축에 대한 단면2차모멘트 (mm^4)

J : 비틀림상수 (mm^4)

K_x : x축에 대해서 비틀림좌굴에 대한 유효좌굴길이계수

K_y : y축에 대해서 비틀림좌굴에 대한 유효좌굴길이계수

K_z : z축에 대해서 비틀림좌굴에 대한 유효좌굴길이계수

$\overline{r_0}$: 전단중심에 대한 극2차반경 (mm)

$$\overline{r_0}^2 = x_0^2 + y_0^2 + \frac{I_x + I_y}{A_g}$$

r_x : x축에 대한 단면2차반경 (mm)

r_y : y축에 대한 단면2차반경 (mm)

x_0, y_0 : 단면의 도심에서 전단중심까지의 거리(mm)

2축대칭 H형단면의 경우, $C_w = I_y h_0^2/4$ 값을 사용할 수 있다. 여기서, h_0는 플랜지 도심간의 거리를 나타낸다. T형강과 쌍ㄱ형강의 경우, F_{ez}를 계산할 때 C_w를 포함한 항을 삭제하고 x_0를 0으로 놓는다.

【해설】

4.2.4는 4.2.1.1에서 정의한 균일한 압축을 받는 비세장판단면의 1축대칭 부재 및 비대칭 부재, 그리고 +형 및 조립기둥과 같은 2축대칭 부재에 적용한다. 그리고 비틀림에 대한 비지지길이가 횡좌굴에 대한 비지지길이보다 길 경우 2축대칭 부재에 적용한다. 또한 $b/t > 20$인 단일ㄱ형강 부재의 경우에

도 적용된다.

기둥의 탄성 비틀림좌굴하중 및 탄성 휨-비틀림좌굴하중을 구하기 위한 4.2.4의 식들은 구조안정론 관련 서적 및 논문(Bleich, 1952; Timoshenko and Gere, 1961; Galambos, 1968; Chen and Atsuta, 1977; Galambos and Surovek, 2008; Ziemian, 2010)들에 의해 정립되었다. 이 방정식들은 탄성좌굴에만 적용되므로, 4.2.3의 기둥식들에 비틀림임계응력 및 휨비틀림임계응력을 사용하여 비탄성좌굴에 맞게 수정해야만 한다.

대칭단면의 비틀림좌굴과 비대칭단면의 휨비틀림좌굴은 열간압연형강 기둥설계에서 일반적으로 검토하지 않는 파괴 모드이다. 그러한 파괴 모드들은 일반적으로 지배적이지 않거나, 그 임계하중이 약축에 대한 휨좌굴하중과 큰 차이를 보이지 않기 때문이다. 비틀림좌굴 및 휨비틀림좌굴모드는 상대적으로 얇은 판으로 만들어진 대칭기둥과 비틀림 비지지길이가 약축에 대한 휨좌굴 모드의 비지지길이보다 상당히 큰 대칭기둥과 비대칭기둥의 강도에 지배적일 수 있다. 이러한 탄성임계응력을 결정하기 위한 식들이 4.2.4에 주어지고 있다. 해설 표 4.2-2는 이러한 기둥들에 적용되는 적절한 좌굴응력 식을 선택하기 위해 참고할 수 있다.

쌍ㄱ형강과 T형강 기둥의 좌굴강도를 구하는 더 간단한 방법은 4.2.3의 기둥 강도식들 중에서 y축 휨강도를 사용한다.

해설 표 4.2-2 비틀림 및 휨-비틀림좌굴응력 산정식 선택

단면	적용하는 좌굴응력 산정식
쌍ㄱ형강과 T형강 압축부재[4.2.4(1)] 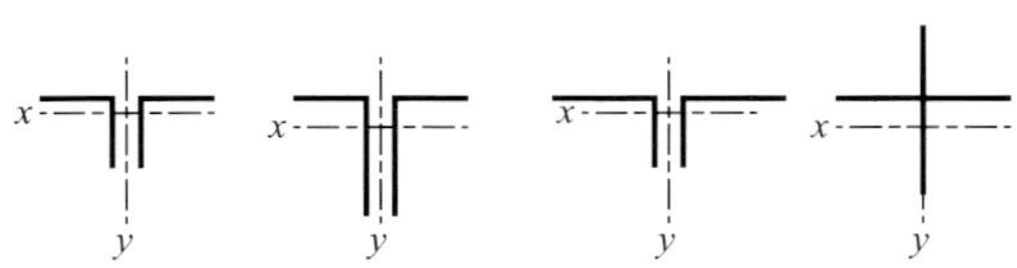 	식 (4.2-6)
모든 2축대칭 부재 및 Z형강[4.2.4(2)①] 	식 (4.2-8)
쌍ㄱ형강과 T형강 압축부재를 제외한 1축대칭 부재[4.2.4(2)②] 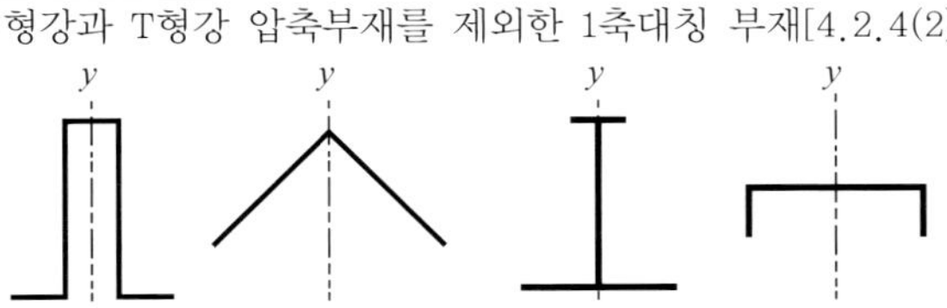 	식 (4.2-9)
비대칭 부재[4.2.4(2)③] 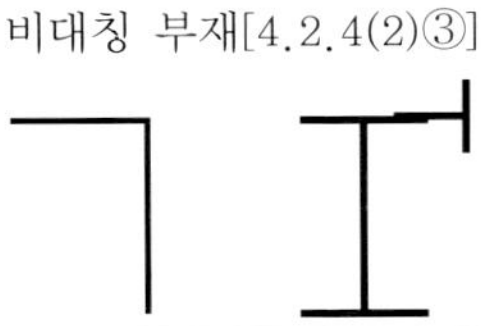	식 (4.2-10)

4.2.5 단일ㄱ형강 압축부재

단일ㄱ형강부재의 공칭압축강도 P_n은 4.2.5(1) 또는 4.2.5(2)에 규정한 유효세장비 KL/r을 사용하여 4.2.3 또는 4.2.7에 따라 산정한다. $b/t > 20$인 단일ㄱ형강부재는 4.2.4에 따라 산정한다.

단일ㄱ형강 압축부재가 하나의 다리를 통하여 양단에서 압축력을 받고, 용접이나 최소한 2개의 볼트로 접합되고, 부재중간에 횡하중을 받지 않는다면, 4.2.5(1) 또는 4.2.5(2)에 규정한 유효세장비 중 하나를 사용하여 압축부재를 평가할 때 단일ㄱ형강의 편심에 대한 효과는 무시할 수 있다.

단일ㄱ형강이 긴 다리와 짧은 다리의 비가 1.7이상 또는 부재중간에 횡하중을 받고, 4.2.5(1) 또는 4.2.5(2)에 설명된 조건과 다른 단부조건일 경우 축력과 휨의 조합된 힘을 받는 부재에 대한 4.4의 규정에 따른다.

(1) 등변ㄱ형강 또는 긴 다리로 접합된 부등변ㄱ형강이 단일부재이거나 또는 평면트러스의 웨브재로 인접한 웨브재와 거셋플레이트 또는 현재의 동일면에 접합된 경우 :

① $0 \le \dfrac{L}{r_x} \le 80$일 때

$$\frac{KL}{r} = 72 + 0.75\frac{L}{r_x} \qquad (4.2\text{-}11)$$

② $\dfrac{L}{r_x} > 80$일 때

$$\frac{KL}{r} = 32 + 1.25\frac{L}{r_x} \le 200 \qquad (4.2\text{-}12)$$

부등변ㄱ형강에서 다리길이의 비가 1.7 이하이고 ㄱ형강의 짧은 다리가 접합되면, 식 (4.2-11)과 식 (4.2-12)에 $4\left[(b_l/b_s)^2 - 1\right]$를 더하여 KL/r을 산정한다. 다만, 이 값은 $0.95L/r_z$ 이상이어야 한다.

(2) 등변ㄱ형강 또는 긴 다리로 접합된 부등변ㄱ형강이 박스형 또는 입체트러스의 웨브재로 인접한 웨브재와 거셋플레이트 또는 현재의 동일면에 접합된 경우 :

① $0 \le \dfrac{L}{r_x} \le 75$일 때

$$\frac{KL}{r} = 60 + 0.8\frac{L}{r_x} \qquad (4.2\text{-}13)$$

② $\frac{L}{r_x} > 75$ 일 때

$$\frac{KL}{r} = 45 + \frac{L}{r_x} \leq 200 \quad (4.2\text{-}14)$$

부등변ㄱ형강에서 다리길이의 비가 1.7 이하이고 ㄱ형강의 짧은다리가 접합되면 식 (4.2-13)과 식 (4.2-14)에 $6\left[(b_l/b_s)^2 - 1\right]$를 더하여 KL/r을 산정한다. 다만, 이 값은 $0.82L/r_z$ 이상이어야 한다.

여기서, L : 부재길이 (mm)

b_l : ㄱ형강의 긴쪽다리의 길이 (mm)

b_s : ㄱ형강의 짧은쪽다리의 길이 (mm)

r_x : 접합된 다리와 평행한 축에 대한 단면2차반경 (mm)

r_z : 약축에 대한 단면2차반경 (mm)

【해설】

단일ㄱ형강의 축방향 내하력은 4.2.3 또는 4.2.7에 따라 결정된다. $b/t \leq 20$인 단일ㄱ형강은 4.2.4와 4.2.7에서 언급했듯이 4.2.4의 식 (4.2-9) 또는 (4.2-10)을 적용하여 F_e를 계산할 필요 없다. 이는 현재 생산되는 모든 열간압연ㄱ형강에 적용된다. $b/t > 20$인 조립ㄱ형강의 F_e는 4.2.4에 따라 계산한다.

4.2.5는 하나의 다리가 연결재에 부착되고, 그 다리를 통해 축방향 압축 하중을 받는 단일ㄱ형강의 단순화된 설계 규정이다. 이러한 단일ㄱ형강은 부재의 세장비를 조정함으로써 축방향 하중을 받는 부재로 취급하며, 부착된 다리는 용접 또는 적어도 2개의 볼트 접합으로 거셋판 또는 다른 부재의 돌출판에 고정한다. 등가 세장비는 단일ㄱ형강이 연결판에 부착된 다리에 수직인 y축에 대하여 충분히 구속되었다는 것을 전제조건으로 하므로, 단일ㄱ형강은 주로 x축에 대해여 구부러지고 뒤틀리는 경향이 있다고 여긴다. 이러한 이유에서 L/r_x를 세장비로 사용한다. 수정된 세장비는 하중의 편심으로 인한 단일ㄱ형강의 굽힘과 트러스 현재에 구속된 단부의 효과를 간접적으로 설명한다.

4.2.6 조립 압축재

4.2.6.1 압축강도

볼트나 용접으로 접합되거나 또는 유공커버플레이트나 타이플레이트를 갖는 가새와 접합된 개단면을 1개 이상 갖고 있는 2개의 부재로 구성한 조립부재에 적용한다. 단부 연결은 용접되거나 마찰접합으로 연결된다.

볼트나 용접으로 접합된 2개의 부재로 구성된 조립재의 공칭압축강도는 아래와 같이 수정하여 4.2.3, 4.2.4 또는 4.2.7에 따라 산정한다. 만일 좌굴모드가 각 개별부재간의 접합재에 전단력을 발생시키는 상대변형을 포함하고 있다면 KL/r 대신에 아래와 같이 계산된 $(KL/r)_m$ 을 사용한다.

(1) 1차조임의 볼트로 접합된 경우

$$\left(\frac{KL}{r}\right)_m = \sqrt{\left(\frac{KL}{r}\right)_o^2 + \left(\frac{a}{r_i}\right)^2} \qquad (4.2\text{-}15)$$

(2) 용접이나 볼트로 접합된 경우

① $\frac{a}{r_i} \leq 40$ 일 때

$$\left(\frac{KL}{r}\right)_m = \left(\frac{KL}{r}\right)_o \qquad (4.2\text{-}16)$$

② $\frac{a}{r_i} > 40$ 일 때

$$\left(\frac{KL}{r}\right)_m = \sqrt{\left(\frac{KL}{r}\right)_o^2 + \left(\frac{K_i a}{r_i}\right)^2} \qquad (4.2\text{-}17)$$

여기서, $\left(\frac{KL}{r}\right)_m$: 조립부재의 수정된 기둥세장비

$\left(\frac{KL}{r}\right)_o$: 고려하는 좌굴방향으로 단일부재로 거동하는 조립부재의 세장비

K_i = 0.5 (서로 맞닿은 ㄱ형강일 경우)

= 0.75 (서로 맞닿은 ㄷ형강일 경우)

= 0.86 (다른 모든 경우)

a : 접합재 사이의 길이 (mm)

r_i : 개별부재의 최소단면2차반경 (mm)

【해설】

볼트 연결은 KDS 14 31 25(4.1.3.6)을 참조한다.

4.2.6.2 치수 요구조건

(1) 2개 이상의 형강들로 구성된 압축부재의 개별 구성요소들은 연결재사이의 각 형강의 유효세장비 Ka/r_i가 조립부재의 최대세장비 KL/r의 3/4배를 초과하지 않도록 간격 a로 서로 접합한다. 여기서 r_i는 각 구성요소의 최소곡률반경이다.

(2) 기초판 또는 완성된 면을 지압하는 조립 압축부재의 단부에서는 서로 접촉된 모든 구성요소들을 부재의 최대폭보다 길게 용접하거나, 부재최대폭의 1.5배 이상의 구간에 대하여 길이방향으로 볼트직경의 4배 이하 간격으로 볼트접합한다.

(3) 단부 접합부사이의 조립 압축부재의 길이를 따라 단속용접 또는 볼트접합의 길이방향 간격은 소요강도를 전달하기에 적절해야 한다. 연속적으로 접촉하는 판과 형강 또는 2개의 판요소들을 접합하는 연결재의 길이방향간격에 대한 제한조건은 KDS 14 31 25(4.1.1.10)에 규정하고 있다. 조립압축부재가 구성요소로서 커버플레이트를 가질 경우, 구성요소의 모서리를 따라 단속용접할 때 그 최대간격 또는 각 단면의 모든 게이지선에서 연결재의 최대간격은 가장 얇은 커버플레이트두께의 $0.75\sqrt{E/F_y}$배 그리고 305mm 이하로 한다. 연결재가 불규칙배치될 경우 각 게이지선에서 연결재의 최대간격은 가장 얇은 커버플레이트 두께의 $1.12\sqrt{E/F_y}$배 그리고 460mm 이하로 한다.

판 또는 형강으로 조립한 압축부재의 개단면에는 일련의 작업구멍을 갖는 연속된 유공커버플레이트가 적용될 수 있다. 4.2.1.1에 규정한 유공커버플레이트의 비지지폭은 작업 개구부에서 다음의 요구조건을 만족할 때 설계강도 계산에 고려된다.

① 폭두께비는 4.2.1.1의 제한조건을 만족해야 한다. 표 4.2-2의 7번 경우에는 폭 b를 가장 가까운 연결재 열간 횡거리로 폭두께 한계비에 사용하면 보수적이다. 판의 순단면적은 가장 큰 구멍이 있는 곳에서 취한다. 이러한 방법 대신에 폭두께 한계비는 해석을 통해 결정될 수 있다.

② 응력방향의 개구부의 길이는 개구부 폭의 2배 이하로 한다.

③ 응력방향의 개구부 순거리는 가장 가까운 연결재 열 간 또는 용접선 간의 횡거리보다 길어야 한다.

④ 개구부의 둘레 모든점에서의 곡률반경은 38mm 이상으로 한다.

(4) 유공커버플레이트의 대안으로써, 래티스 설치에 지장이 있는 경우 단부와 중간부에 띠판을 설치할 수 있다. 띠판은 단부에 가깝게 설치하는 것이 실용적이다. 단부 띠판 폭은 부재의 구성요소와 띠판을 접합하는 연결재 열 간 또는 용접선 간 거리보다 길

어야 하고, 중간부 띠판 폭은 이 거리의 1/2 이상이어야 한다. 띠판 두께는 부재의 구성요와 띠판을 접합하는 연결재 열 간 또는 용접선 간 거리의 1/15 이상이어야 한다. 띠판을 접합하는 각 용접선의 길이는 띠판 길이의 1/3 이상이어야 한다. 띠판에서 응력방향으로 볼트간격은 볼트직경의 6배보다 작아야 하며, 띠판은 각 구성요소에 3개 이상의 연결재로 접합되어야 한다.

(5) 평강, ㄱ형강, ㄷ형강 및 기타형강이 래티스로 사용되며, 이 래티스의 간격은 부재의 플랜지요소의 세장비 L/r이 부재전체의 최대세장비의 3/4를 초과하지 않도록 한다. 래티스는 조립부재 설계압축강도의 2%와 같은 전단강도를 부재축에 수직하게 갖도록 배치해야 한다. 단일 래티스부재 세장비 L/r은 140 이하로 하고, 복 래티스 경우에는 200이하로 한다. 복 래티스부재들은 교차부분에서 연결되어야 한다. 압축을 받는 래티스부재의 길이 L은 단일 래티스 경우 주부재와 래티스를 접합하는 용접 또는 연결재 사이의 래티스 비지지길이이고, 복래티스 경우 이 거리의 70%로 한다.
부재의 축에 대한 래티스부재의 경사각은 단일 래티스 경우 60°, 복 래티스 경우 45° 이상이어야 한다. 부재의 플랜지에서 용접선 간 또는 연결재 간 거리가 380mm 이상이면, 래티스를 복래티스로 하거나 ㄱ형강으로 하는 것이 바람직하다.

【해설】

압연형강의 크기와 형태는 제조시설의 제한성으로 인하여 일정규격으로 생산되고 있다. 따라서 설계압축력을 단일재로 지지하는 것이 불가능한 경우에는 강재를 조립하여 만든 조립압축재로서 설계를 한다.

이러한 조립압축재는 해설 그림 4.2-3에서와 같이 낄판, 띠판, 래티스형식(단래티스, 복래티스) 등이 있으며, 수평력에 의한 전단변형과 접합재의 설계에 유의하여야 한다.

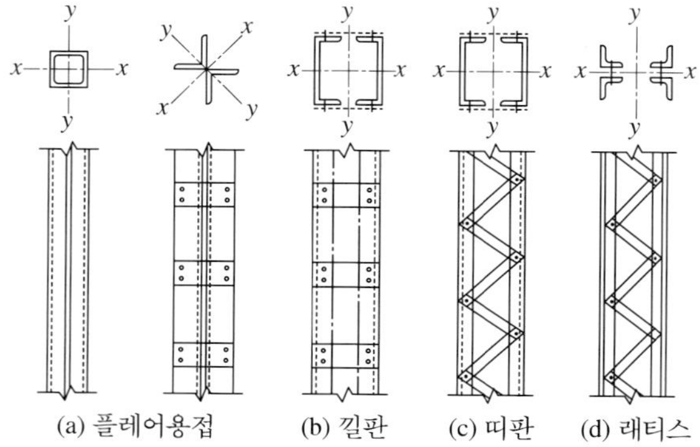

해설 그림 4.2-3 조립압축재의 종류

조립압축재의 상세 및 설계에 관한 식은 계산식이 아닌 판단 및 경험에 기초를 두고 있다. 조립압축재의 각 부재를 접합하는 접합부 사이의 길이방향간격은 각 부재의 세장비 L/r이 부재전체의 세장비를 초과하지 않아야 한다. ㄱ형강으로 이루어진 조립압축재에 대해서는 추가 조항을 두고 있다. 그러나 이러한 최소 요구조항들을 따르더라도 조립재의 유효세장비가 단일부재로 거동하는 부재의 세장비와 같게 되지는 않는다.

접합재는 좌굴된 부재에 발생하는 전단력에 견디도록 설계되어야 한다. 파스너의 최대 간격은 맞댄 부위 전체가 완전히 밀착하도록 잘 접합되어야 하므로 강도상 필요한 간격보다 더 좁아야 한다.

4.2.6.2는 조립압축재 설계를 위한 연결재 간격 및 연결에 대한 추가 요구조항을 규정한다. 또한 개별 부재가 넓게 위치한 래티스 조립식 부재의 설계 요구조항을 규정한다. 치수 요구조항은 실무자의 판단 및 경험을 근거로 한 것이며, 유공커버플레이트의 조립에 관한 조항은 많은 실험 연구(Stang and Jaffe, 1948)를 근거로 한 것이다.

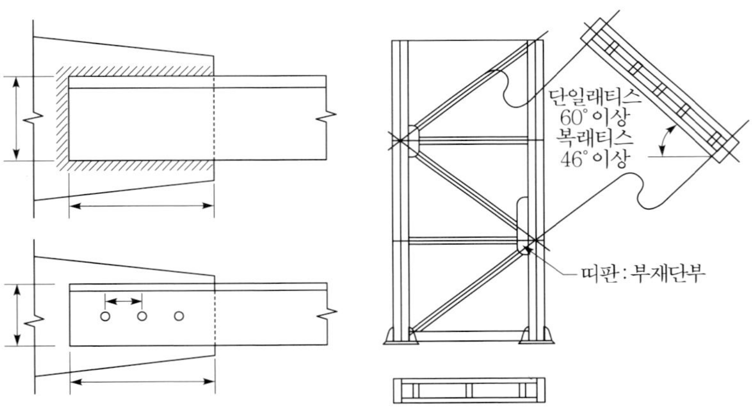

해설 그림 4.2-4 조립압축재 구조제한의 그림 예

4.2.7 세장판단면 압축부재

균일압축을 받는 단면에 대하여 4.2.1.1에서 정의된 것처럼 세장판단면 압축부재에 적용한다. 공칭압축강도 P_n은 적용하는 휨좌굴, 비틀림좌굴 및 휨비틀림좌굴 한계상태 중 가장 작은 값으로 다음과 같이 산정한다.

$$P_n = F_{cr} A_g \tag{4.2-18}$$

좌굴응력 F_{cr}은 다음과 같이 산정한다.

(1) $\dfrac{KL}{r} \leq 4.71\sqrt{\dfrac{E}{QF_y}}$ 또는 $\dfrac{QF_y}{F_e} \leq 2.25$일 경우

$$F_{cr} = Q\left[0.658^{\frac{QF_y}{F_e}}\right]F_y \tag{4.2-19}$$

(2) $\frac{KL}{r} > 4.71\sqrt{\frac{E}{QF_y}}$ 또는 $\frac{QF_y}{F_e} > 2.25$일 경우

$$F_{cr} = 0.877F_e \tag{4.2-20}$$

여기서, F_e : 탄성좌굴응력, 2축대칭부재는 식 (4.2-4)와 식 (4.2-8), 1축대칭 부재는 식 (4.2-4)와 식 (4.2-9), 비대칭 부재는 식 (4.2-10), 그리고 $b/t > 20$인 단일ㄱ형강은 식 (4.2-4)을 사용하여 산정한다.

Q : 모든 세장 압축요소를 고려하는 순감소계수로서, 균일압축을 받는 단면에 대해 4.2.1.1에서 정의된 것처럼 세장판요소가 없는 부재는 1.0, 세장판요소를 갖는 부재는 Q_sQ_a로 산정한다.

세장한 자유돌출판으로만 조합된 단면의 경우, $Q = Q_s(Q_a = 1.0)$, 세장한 양연지지판으로만 조합된 경우, $Q = Q_a(Q_s = 1.0)$, 양연지지판과 자유돌출판으로 조합된 단면의 경우, $Q = Q_sQ_a$로 산정한다. 여러 개의 세장한 자유돌출판으로 조합된 단면의 경우, 더 세장한 판으로 구해진 작은 Q_s를 사용하는 것이 보수적이다.

【해설】

열간압연형강을 주로 사용하는 구조 전문가는 4.2.7을 적용할 기회가 거의 없을 것이다. 이 절의 규정을 적용해야 할 가능성이 가장 높은 압연형강의 경우는 기둥처럼 사용되는 보 단면, 다리 두께가 얇은 ㄱ형강을 포함하는 기둥 그리고 두께가 얇은 줄기의 T형강 기둥이다. 얇은 판을 용접 또는 볼트접합으로 조립하는 기둥을 설계할 경우에는 특별한 주의를 기울여서 Q 값을 정하여야 한다.

이 절의 규정은 압축부재 단면이 하나 이상의 세장판요소를 포함하고 있을 경우에 적용해야 하는 사항에 대한 것이다. 표 4.2-2에 규정된 한계 폭두께비(λ_r)를 초과하는 판요소는 세장한 것으로 간주한다. 판요소가 세장하지 않다면, 국부좌굴없이 최대 항복응력을 발현할 수 있다. 단면이 세장판요소를 포함하고 있는 경우, 세장판요소로 인한 좌굴응력의 감소를 고려하는 순감소계수(Q)는 항복응력(F_y)에 대한 국부좌굴응력의 비로 정의된다. 4.2.3의 식들에 사용된 항복응력 F_y는 QF_y 값으로 대체된다. 이렇게 수정된 식들이 식 (4.2-19)와 식 (4.2-20)이다. 세장판단면 압축부재에 대한 접근방식은 '1969 AISI Specification for the Design of Cold-Formed Steel Structural Members (AISI, 1969)'를 모사한 '1969 AISC Specification for the Design, Fabrication, and Erection of Structural Steel for Buildings (AISC, 1969)'에 기반하고 있다. 1969년 이전의 AISC 관행은 λ_r을

초과한 판요소의 폭은 뺀 나머지 단면이 허용응력을 초과하지 않는지를 확인하였는데, 이러한 방식은 비효율적이고 비경제적임이 입증되었다. 4.2.7에 나열된 식들은 1969년에 제안된 식들과 거의 같다. 본 기준은 자유돌출판을 가진 압축부재와 양연지지판을 가진 압축부재에 차이를 둔다. 그 배경의 개념은 다음과 같다: (1) 자유돌출판은 이론적으로 국부좌굴응력에 도달할 때 한계상태를 발현하는 것으로 간주된다. (2) 양연지지판은 구조용강관(HSS) 압축부재에서처럼 길이방향 가장자리의 양단에 지지된 판요소의 고유한 후좌굴강도(post-buckling)를 활용할 수 있다. 추가된 후좌굴강도를 얻기 위해 유효폭 개념이 사용된다. 이 두 개의 개념은 냉간성형 1969 AISC의 압축부재 설계 관행에 반영되었다. 특히, AISI 기준의 후속 출판본 'North American Specification for the Design of Cold-Formed Steel Structural Members (AISI, 2001; 2007)'는 자유돌출판 및 양연지지판에 대해서 모두 유효폭 개념을 채택하였다. 그러나 AISC 기준의 후속 발행본들과 이 기준에서는 AISI에 의해 설정된 예를 따르지 않았다. 압축판요소가 매우 세장한 경우에만 후좌굴강도의 이점을 활용할 수 있는데 그런 치수의 적용은 냉간성형 압축부재의 경우에는 보통 있지만 열간압연 판재를 사용하여 제작한 부재의 경우에는 매우 드물기 때문이다.

4.2.7.1 세장한 자유돌출판

세장한 자유돌출판의 저감계수 Q_s는 다음과 같이 산정한다.

(1) 압연하여 만든 기둥 또는 다른 압축부재의 돌출된 플랜지, ㄱ형강 및 플레이트

① $b/t \le 0.56\sqrt{E/F_y}$ 일 경우

$$Q_s = 1.0 \tag{4.2-21}$$

② $0.56\sqrt{E/F_y} < b/t < 1.03\sqrt{E/F_y}$ 일 경우

$$Q_s = 1.415 - 0.74\left(\frac{b}{t}\right)\sqrt{\frac{F_y}{E}} \tag{4.2-22}$$

③ $b/t \ge 1.03\sqrt{E/F_y}$ 일 경우

$$Q_s = \frac{0.69E}{F_y\left(\frac{b}{t}\right)^2} \tag{4.2-23}$$

(2) 조립하여 만든 H형 기둥 또는 다른 압축부재의 돌출된 플랜지, ㄱ형강 및 플레이트

① $b/t \le 0.64\sqrt{Ek_c/F_y}$ 일 경우

$$Q_s = 1.0 \tag{4.2-24}$$

② $0.64\sqrt{Ek_c/F_y} < b/t \le 1.17\sqrt{Ek_c/F_y}$ 일 경우

$$Q_s = 1.415 - 0.65\left(\frac{b}{t}\right)\sqrt{\frac{F_y}{Ek_c}} \tag{4.2-25}$$

③ $b/t > 1.17\sqrt{Ek_c/F_y}$ 일 경우

$$Q_s = \frac{0.90Ek_c}{F_y\left(\frac{b}{t}\right)^2} \tag{4.2-26}$$

여기서, b : 4.2.1.1에서 규정된 자유돌출판의 폭 (mm)

$k_c = \frac{4}{\sqrt{h/t_w}}$, $0.35 < k_c \le 0.76$

t : 부재의 두께 (mm)

(3) 단일ㄱ형강

① $b/t \le 0.45\sqrt{E/F_y}$ 일 경우

$$Q_s = 1.0 \tag{4.2-27}$$

② $0.45\sqrt{E/F_y} < b/t \le 0.91\sqrt{E/F_y}$ 일 경우

$$Q_s = 1.34 - 0.76\left(\frac{b}{t}\right)\sqrt{\frac{F_y}{E}} \tag{4.2-28}$$

③ $b/t > 0.91\sqrt{E/F_y}$ 일 경우

$$Q_s = \frac{0.53E}{F_y\left(\frac{b}{t}\right)^2} \tag{4.2-29}$$

여기서, b : ㄱ형강의 가장 긴 다리의 폭 (mm)

(4) T형강의 스템

① $d/t \le 0.75\sqrt{E/F_y}$ 일 경우

$$Q_s = 1.0 \tag{4.2-30}$$

② $0.75\sqrt{E/F_y} < d/t \le 1.03\sqrt{E/F_y}$ 일 경우

$$Q_s = 1.908 - 1.22\left(\frac{d}{t}\right)\sqrt{\frac{F_y}{E}} \tag{4.2-31}$$

③ $d/t > 1.03\sqrt{E/F_y}$ 일 경우

$$Q_s = \frac{0.69E}{F_y\left(\frac{d}{t}\right)^2} \tag{4.2-32}$$

여기서, d : T형강의 공칭높이 (mm)

【해설】

세장한 자유돌출판의 저감계수(Q_s)에 대한 식들은 (1) 압연형강, (2) 조립단면, (3) 단일 ㄱ형강, 그리고 (4) T형강의 돌출된 요소들에 대해서 4.2.7.1에 주어져 있다. 이러한 기준들에 대한 기초체계는 해설 그림 4.2-5에 나타내고 있다. 곡선은 Q계수와 무차원 세장비 $b/t\sqrt{(F_y/E)[12(1-\nu^2)/(\pi^2k)]}$ 의 관계를 보여 준다. 폭(b)와 두께(t)는 4.2.1.1.3에 정의되어 있다. 단, ν (포아송비)는 0.3, k는 판요소의 가장자리 구속형태에 따른 판좌굴계수 특성이다. 단일 ㄱ형강에 대해서 다른 쪽 다리로부터의 구속이 없다고 가정할 경우에 k는 0.425, 돌출된 플랜지 요소 및 T형강 스템의 경우에 k는 대략 0.7이다. 이 값들은 판요소의 한쪽 가장자리가 단면에 부착되어 있고 다른 가장자리는 자유단일 때의 경계조건을 반영한 것이다.

–세장비 관계곡선은 세구간으로 구분된다:

(1) Q (판재가 항복응력까지 강도를 발현할 수 있는) 세장비가 0.7 이하일 때, Q = 1,

(2) 탄성판좌굴구간에서의 좌굴은 $F_{cr} = \pi^2Ek/[12(1-\nu^2)(b/t)^2]$에 의해 결정된다,

(3) 천이구간은 경험적으로 요소의 형상에 따른 잔류응력에 기인한 조기항복의 효과를 설명한다.

일반적으로 이러한 천이구간은 직선으로 간주한다. 자유돌출판 요소에 대한 규준은 Winter 및 동료 연구원에 의한 것이며, 참고문헌의 전체목록은 'Commentary to the AISI North American Specification (AISI, 2001; 2007)'에 기술되어 있다. 해설 그림 4.2-6에서, 이러한 세장비관련 기준이 압연 H형강의 플랜지를 예로 들어 나타나 있다.

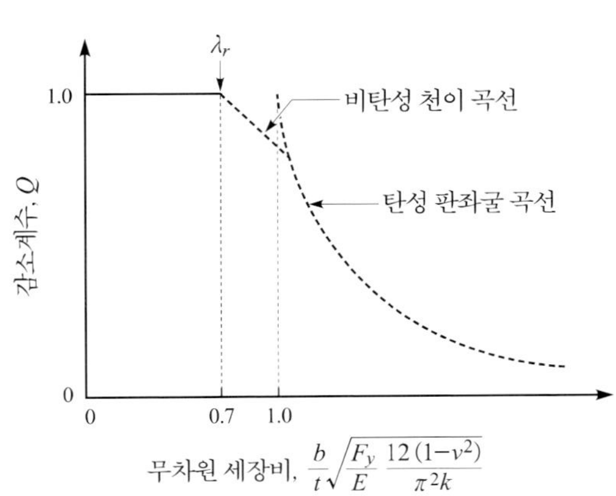

해설 그림 4.2-5 세장한 자유돌출판의 저감계수 Q_s의 정의

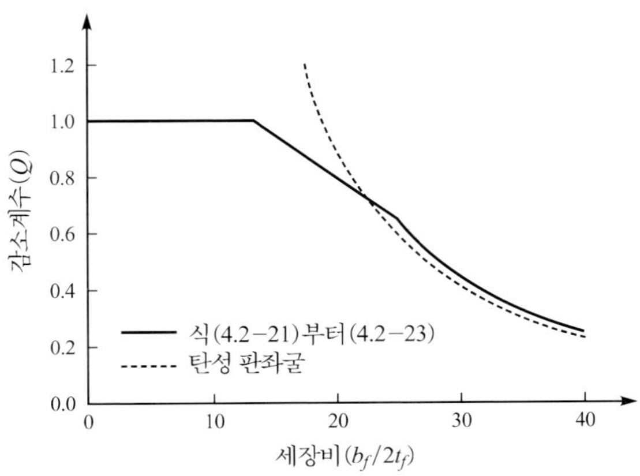

해설 그림 4.2-6 압연 H형강 기둥(F_y = 345MPa)의 저감계수

조립단면의 자유돌출된 플랜지, ㄱ형강, 그리고 판재에 대한 식 (4.2-24) ~ (4.2-26)은 Johnson (1985)의 연구결과로부터 시작되었다. 플랜지와 웨브가 세장한 요소로 구성된 보의 시험에서 보수적이지 않은 강도 예측을 야기할 수 있는 플랜지 좌굴과 웨브 뒤틀림의 상호작용이 있었음이 언급되었다. Johnson (1985)에 의해 제안된 식을 바탕으로 수정된 식이 '1989 Specification for Structural Steel Buildings - Allowable Stress Design and Plastic Design (AISC, 1989)'에 처음으로 수록되었다.

원래의 식을 단순하게 변형시킨 식은 1993년 'Load and Resistance Factor Design Specification for Structural Steel Buildings (AISC, 1993)'에서 소개되었고, 이 식들은 변경되지 않은 상태로 현 설계기준에 남아있다. 웨브 세장비의 영향은 λ_r과 Q의 계산식에서 k_c 계수를 도입하여 고려한다.

$$k_c = \frac{4}{\sqrt{\frac{h}{t_w}}} \qquad \text{(해설 4.2-4)}$$

여기서, 계산식에 적용하는 k_c의 값으로 0.35 이상 0.76 이하의 값을 취한다.

4.2.7.2 세장한 양연지지판

세장한 양연지지판의 저감계수 Q_a는 다음과 같이 산정한다.

$$Q_a = \frac{A_e}{A_g} \qquad (4.2\text{-}33)$$

여기서, A_g : 부재의 총단면적 (mm^2)

A_e : 감소된 유효폭 b_e를 고려하여 산정한 유효단면적의 합 (mm^2)

감소된 유효폭 b_e는 다음과 같이 산정한다.

(1) 균일한 두께를 갖는 정방형이나 장방형 단면의 플랜지를 제외하고, 균일압축을 받는 세장판 단면 $\left(\frac{b}{t} \geq 1.49\sqrt{\frac{E}{f}}\right)$

$$b_e = 1.92t\sqrt{\frac{E}{f}}\left[1 - \frac{0.34}{(b/t)}\sqrt{\frac{E}{f}}\right] \leq b \qquad (4.2\text{-}34)$$

여기서, f는 $Q = 1.0$일 때의 F_{cr}의 값이다.

(2) 균일한 두께를 갖는 정방형이나 장방형의 세장판 단면의 플랜지 $\left(\frac{b}{t} \geq 1.40\sqrt{\frac{E}{f}}\right)$

$$b_e = 1.92t\sqrt{\frac{E}{f}}\left[1 - \frac{0.38}{(b/t)}\sqrt{\frac{E}{f}}\right] \leq b \qquad (4.2\text{-}35)$$

여기서, $f = P_n/A_e$ 반복계산을 요하는 $f = P_n/A_e$ 구하는 대신, f는 F_y와 같다고 할 수 있다. 이 경우에는 기둥유효강도를 약간 보수적으로 추정한다.

(3) 축력을 받는 원형단면 $0.11\dfrac{E}{F_y} < \dfrac{D}{t} < 0.45\dfrac{E}{F_y}$ 일 경우

$$Q = Q_a = \frac{0.038E}{F_y(D/t)} + \frac{2}{3} \tag{4.2-36}$$

여기서, D : 원형강관의 외경 (mm)

t : 부재의 두께 (mm)

【해설】

세장한 자유돌출판의 국부좌굴에 대한 설계기준은 판좌굴 발생의 한계상태를 기반으로 하는 반면에, 유효폭 개념을 활용하는 개선된 접근방법이 기둥 내 양연지지판의 압축강도 산정을 위해 사용된다. 이 방법은 von Kármán et al. (1932)에 의해 최초로 제안되었다. 이후 Winter (1947)에 의해서 실험을 통해 충분히 효과적이라고 증명된 매우 세장한 단면 부재와 비세장단면 부재 사이에 천이구간을 두도록 수정안이 제시되었다. 'AISI North American Specification (AISI, 2001; 2007)에서 수정된 바와 같이, 압축부재의 양연지지판 요소에 작용하는 압축응력이 감소할수록, 실제폭에 대한 유효폭의 비는 증가하며 다음의 형태를 취한다.

$$\frac{b_e}{t} = 1.9\sqrt{\frac{E}{f}}\left[1 - \frac{C}{(b/t)}\sqrt{\frac{E}{f}}\right] \tag{해설 4.2-5}$$

여기서, f는 Q=1.0에 기초하여 F_{cr}로 간주한다. C는 실험결과에 기초한 상수이다(Winter, 1947).

양단에 무시할 정도의 회전구속을 갖는 균일한 두께의 정사각형 및 직사각형 박스단면의 경우, 식 (4.2-35)의 C 값은 0.38로서 식 (4.2-34)의 C 값 0.34보다 크다. 식 (4.2-34)는 인접한 플랜지 또는 웨브 요소로부터 상당히 구속된 균일압축을 받는 양연지지판의 일반적인 경우에 적용된다. 이러한 C 값들(0.38 및 0.34)은 'AISI North Specification (AISI, 2001; 2007)'에서의 C 값(= 0.415)보다 작은데, 이는 냉간성형 형강보다 후판 사이의 용접 또는 압연형강의 모살로 인해 판요소 간의 연결부 강성이 더 크게 되는 점을 반영한 것이다.

길이방향으로 압축력을 받는 원형단면 기둥부재에 대한 고전이론은 실제좌굴강도를 종종 200% 이상 과대평가한다. 실제좌굴강도는 형강의 필연적인 불완전성과 편심하중으로 인해 이론강도보다 작다. 4.2.7.2(3)에서 기술하고 있는 한계는 이론적 계산보다는 오히려 만약 $D/t \le 0.11E/F_y$이라면 국부좌굴이 발생하지 않는다는 실험결과에 근거를 두고 있다(Sherman, 1976). $0.11E/F_y < D/t < 0.45E/F_y$를 만족할 경우, 식 (4.2-36)은 국부좌굴 저감계수(Q)를 제공한다. $D/t > 0.45E/F_y$인 원형강관 또는 파이프 기둥의 사용은 권장하지 않는다.

4.2.8 합성부재

이 절은 압연형강, 용접형강 또는 강관이 구조용 콘크리트와 함께 거동하도록 구성된 합성 부재에 적용한다.

【해설】

이 절은 구조용 강재와 콘크리트로 이루어진 합성부재 설계에 대하여 기술하고 있다. 다양한 합성구조의 현장적용이 점증하는 상황에서 최근 연구 성과와 AISC 및 EC4를 참고하여 현행 기준의 현장 적용성을 제고하고자 하였다.

4.2.8.1 일반사항

합성부재를 포함하는 구조물의 부재 및 접합부에 작용하는 하중을 산정할 때는 작용하중 단계마다 적용되는 유효단면을 적절히 고려해야 한다.

【해설】

설계자는 시공 중의 하중효과에 대해서는 강재단면만에 의해 지지되는 하중을 고려하여야 한다. 또한, 설계자는 구조물의 사용연한에 걸쳐 발생할 수 있는 변형과 이러한 변형에 대한 적절한 단면 등에 관해 고려하여야 한다. 이러한 한계상태의 경우, 콘크리트의 크리프와 건조수축에 의한 응력과 변형에서의 장기변화를 적절하게 고려하여야 한다.

4.2.8.1.1 콘크리트와 철근

합성구조에 사용된 콘크리트와 철근에 관련된 설계, 배근상세 및 재료성질은 KDS 14 20 00에 따른다. 추가적으로, 다음의 예외사항 및 제한사항을 준용한다.

(1) KDS 14 20 00 중 아래 내용에 대해 제외한다.

① 기둥 및 접합부 철근의 특별 배치상세 중 강재 심부에 대한 사항

② 합성 콘크리트 압축부재의 설계에 관한 사항

③ 내진설계 시 특별 고려사항

(2) 콘크리트와 철근의 재료강도에 대한 제한사항은 4.2.8.1.3을 따른다.

(3) 횡방향 철근에 대한 구조 제한사항은 4.2.8.2.1.1(2)와 KDS 14 20 50을 따른다.

(4) 매입형 합성부재에서 길이방향 철근의 최소철근비는 4.2.8.2.1.1(3)을 따른다.

(5) KDS 14 20 00에 따라 설계된 콘크리트와 철근의 설계는 한계상태설계법의 하중조합

에 따른다.

4.2.8.1.2. 합성단면의 공칭강도

합성단면의 공칭강도는 소성응력분포법과 변형률적합법에 따라 결정한다. 합성단면의 공칭강도를 결정하는데 있어 콘크리트의 인장강도는 무시한다. 4.2.8.1.4에 정의된 충전형 합성부재는 국부좌굴의 영향을 고려해야 한다. 매입형 합성부재는 국부좌굴을 고려할 필요가 없다.

【해설】

합성단면의 강도는 이 항에서 제시하는 두 가지 방법 중의 하나를 사용하여 구해야 한다. 첫 번째는 변형률적합법 (Strain compatibility method)으로 일반적인 계산법이다. 두 번째는 소성응력분포법 (Plastic stress distribution method) 으로 변형률적합법의 한 방법에 해당된다. 소성응력분포법은 대부분의 설계에 있어 단순하면서도 편리한 계산을 제공하여 합성구조의 공칭강도를 계산하는데 있어 널리 이용된다.

또한, 이 두 방법은 강재와 콘크리트의 재료 특성을 바탕으로 계산된 공칭강도이므로 부재의 길이 효과 및 국부좌굴 등은 이 두 방법에 고려되지 않는다.

4.2.8.1.2.1 소성응력분포법

소성응력분포법에서는 강재가 인장 또는 압축으로 항복응력에 도달할 때 콘크리트는 축력과/또는 휨으로 인한 압축으로 $0.85f_{ck}$의 응력에 도달한 것으로 가정하여 공칭강도를 계산한다. 충전형 원형강관 합성기둥의 콘크리트가 축력과 휨, 축력 또는 휨으로 인한 압축응력을 받는 경우 구속효과를 고려한다. 원형강관의 구속효과를 고려한 콘크리트의 소성압축응력은 축압축력을 받는 원형 충전강관 기둥부재에서는 $0.85\left(1+1.56\frac{f_y t}{D_c f_{ck}}\right)f_{ck}$로 하고, 축압축력을 받지 않는 원형 충전강관 휨부재에서는 $0.95f_{ck}$로 한다.

【해설】

소성응력분포법은 단면에 작용하는 변형률이 선형적으로 분포하며 재료가 탄소성적으로 거동한다는 가정을 근거로 한다. 이 방법은 콘크리트가 0.003의 압축변형도에서 압괴강도에 도달하고 이 때 강재는 항복변형도(F_y/E_s)에 도달했다고 가정하며 응력의 크기가 $0.85f_{ck}$인 사각응력블럭을 사용한다.

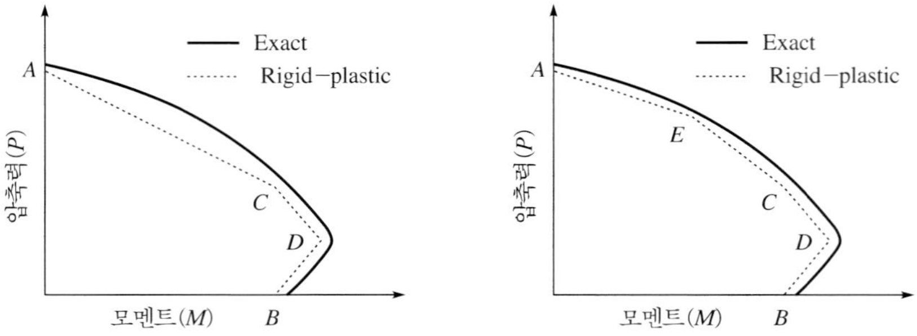

(a) 강축에 대한 상관도 (b) 약축에 대한 상관도

해설 그림 4.2-7 정밀 및 단순 모멘트-축력상관도

이러한 가정에 근거하여 일반적인 합성기둥단면의 경우 압축력과 휨모멘트의 조합력에 대한 단면의 강도를 근사적으로 구할 수 있다. 소성응력분포에 기초한 합성단면에 대한 휨모멘트와 압축력의 상호작용곡선은 해설 그림 4.2.7과 같이 철근콘크리트단면에 대한 상호작용곡선과 유사하다. 콘크리트매입형단면의 경우, 단순화하기 위해 휨의 축에 따라 네 개 또는 다섯 개의 점 사이에서 직선적으로 변하는 안전측의 상호관계곡선을 사용할 수 있다. 해설 그림 4.2-7의 A, B, C, D, 및 E는 이러한 점들을 나타낸 것이다.

기둥에 대해 소성응력법을 적용하는 경우 강재와 콘크리트 사이에 미끄러짐이 발생하지 않는 것으로 가정하며 폭두께비 제한을 만족하면 충분한 비탄성이 일어날 때까지 국부좌굴이 발생하지 않는 것으로 가정한다. 실험과 해석의 결과들은 시어커넥터를 설치한 콘크리트매입형 강재단면과 본 규정을 만족하는 충전형 각형강관단면에 대한 극한 한계상태의 경우, 이러한 가정들이 합리적임을 보여주고 있다. 원형강관의 경우 AISC360-10에서 이 규정은 구속효과를 고려하기 위해 콘크리트의 응력을 0.95 f_{ck}로 증가시킬 수 있도록 허용하고 있다.

유사한 가정을 근거로 하되 강재보와 합성슬래브 사이의 미끄러짐을 고려하여 일반적인 합성보단면에 대해 단순한 형태의 식을 유도할 수 있다. 엄밀히 말하면 이 때의 응력의 분포는 미끄러짐에 기초한 것이 아니라 전단연결재의 강도에 기초한 것이다. 만일 전단연결재의 강도가 다음의 값을 초과하면 완전합성으로 가정한다. (a)합성보가 정모멘트를 받는 경우 강재단면의 인장항복강도 또는 콘크리트슬래브의 압축강도. (b)합성보가 부모멘트를 받는 경우 슬래브 내 길이방향 철근의 인장항복강도 또는 강재단면의 압축강도. 전단연결재의 수가 이러한 휨강도를 발휘하기에 충분한 경우, 항복이 일어나기 전에 발생할 수 있는 미끄러짐이 거동에 미치는 영향은 무시할 수 있다. 완전한 합성이 일어나지 않는 경우의 보를 부분합성보라 한다. 부분합성보의 탄성거동에 대한 미끄러짐의 영향이 무시할 수 없을 정도로 큰 경우에는 사용하중에 의한 처짐과 응력의 계산에 그 영향이 고려되어야 한다.

4.2.8.1.2.2 변형률적합법

변형률적합법에서는 단면에 걸쳐 변형률이 선형적으로 분포한다고 가정하며 콘크리트의 최대 압축변형률을 0.003으로 가정한다. 강재 및 콘크리트의 응력-변형률관계는 공인된 실험을 통해 구하거나 유사한 재료에 대한 공인된 결과를 사용한다.

【해설】

4.2.8.1.2.1에서 단면강도를 산정하는데 사용된 원칙들이 모든 설계조건이나 단면형태에 적용될 수 있는 것은 아니다. 이에 대한 대안으로 4.2.8.1.2.2에서는 강재와 콘크리트에 대한 합리적인 응력-변형모델의 사용이 가능한 일반화된 변형률적합법을 사용할 수 있도록 허용하고 있다.

4.2.8.1.3 재료강도 제한

합성구조에 사용되는 구조용 강재, 철근 및 콘크리트는 실험 또는 해석으로 검증되지 않을 경우 다음과 같은 제한조건들을 만족해야 한다.

(1) 설계강도의 계산에 사용되는 콘크리트의 설계기준 압축강도는 21MPa 이상이어야 하며 70MPa를 초과할 수 없다. 경량 콘크리트의 경우에는 설계기준 압축강도는 21MPa 이상이어야 하며 42MPa를 초과할 수 없다.

(2) 합성기둥의 강도를 계산하는데 사용되는 구조용 강재 및 철근의 설계기준 항복강도는 650MPa를 초과할 수 없다. 다만, 매입형 합성기둥의 강도산정은 합성부재 4.2.8.2항을 따른다.

(3) 교량의 합성기둥인 경우, 강재의 단면적이 전체단면의 4% 이상일 때에는 4.2.8.2.1.2의 규정에 의해 압축강도를 결정한다. 강재 또는 강판의 단면적이 전체단면적의 4% 이하일 경우에는 철근콘크리트 기둥으로 계산한다. 콘크리트의 압축강도는 21MPa 이상 55MPa 이하로 한다. 공칭압축강도 계산을 위한 강재의 길이방향 철근의 항복강도는 420MPa를 넘지 않도록 한다.

【해설】

4.2.8.1.3의 재료강도 제한은 실험을 통해 구한 재료적 성질의 범위를 나타내고 있다(Ziemian, 2010 ; Hajjar, 2000 ; Shanmugam and Lakshmi, 2001 ; Varma et al., 2002 ; Leon et al., 2007, 김종락 등, 2008). 철근콘크리트 설계의 경우, 강도계산에는 70MPa를 최대제한값으로 한다. 이 제한값 이상의 경우에는 자료가 충분하지 않기 때문이다(Varma et al., 2002). 일반콘크리트와 경량 콘크리트 모두 21MPa를 최저제한값으로 하며 경량콘크리트의 경우, 품질이 우수하면서 쉽게 구할 수 있는 콘크리트의 사용을 권장하기 위해 최대 제한값으로 42MPa를 사용한다. 탄성계수 및 강도계산의 경우, 적

합한 실험 또는 해석을 통해 검증된 경우에는 더 큰 값의 강도를 갖는 콘크리트를 사용할 수 있다.
구조용강재와 철근의 설계기준항복강도는 650MPa를 초과할 수 없다. 이는 고강도 강재를 사용하는 경우, 강재가 충분히 항복하기 이전에 콘크리트에서 파괴가 발생하기 때문이다. 설계기준항복강도가 650MPa 이하인 경우에는 강재의 구속효과에 의해 콘크리트가 충분한 능력을 나타내고 있어 합성효과에 의한 강도를 발현된다.
교량의 합성기둥의 경우, 강재의 단면적이 전체 단면의 4% 이상인 경우에 대하여 합성기둥의 압축강도 산정방법을 따르도록 하고 있다. 원형 충전강관을 사용하는 경우, 4%의 강재 단면적은 D/t=100에 이른다. 이는 표 4.2.8.1.4-1의 압축력을 받는 충전형 합성부재의 폭두께비 제한식에서 원형강관의 최대허용 D/t와 일치하는 결과를 보여준다 (E=210,000MPa, F_y=650MPa 가정).

4.2.8.1.4 국부좌굴에 대한 충전형 합성단면의 분류

압축력을 받는 충전형 합성부재의 단면은 조밀, 비조밀, 세장요소(표 4.2-5를 참조)로 분류한다. 충전형 합성단면의 압축 강재요소 중 최대 폭두께비가 λ_p를 초과하지 않는다면 조밀로 분류한다. 하나 또는 그 이상의 압축 강재요소의 최대 폭두께비가 λ_p를 초과하고 λ_r를 초과하지 않는다면 비조밀로 분류한다. 압축 강재요소 중에서 최대 폭두께비가 λ_r를 초과하는 요소가 있으면 세장으로 분류한다. 최대 허용 폭두께비는 표 4.2-5를 따른다.

각형강관과 원형강관의 폭(b) 또는 직경(D)과 두께(t)에 대한 정의는 표 4.2-2를 참고한다.

표 4.2-5 압축력을 받는 충전형 합성부재 압축 강재요소의 폭두께비 제한 (4.2.8.2.2에 사용)

구분	폭두께비	λ_p 조밀/비조밀	λ_r 비조밀/세장	$\lambda_{\max}$ 최대허용
각형강관1)	b/t	$2.26\sqrt{\frac{E}{F_y}}$	$3.00\sqrt{\frac{E}{F_y}}$	$5.00\sqrt{\frac{E}{F_y}}$
원형강관	D/t	$\frac{0.15E}{F_y}$	$\frac{0.19E}{F_y}$	$\frac{0.31E}{F_y}$

주1) 사각형 강관 및 두께가 일정한 용접 사각형 강관을 나타냄

【해설】

충전형합성부재의 거동은 순수강관부재의 거동과는 근본적으로 다르다. 충전콘크리트는 합성부재의 강성, 강도, 연성에 중요한 영향을 준다. 강재의 단면적이 감소할수록 콘크리트의 기여도는 더욱 커진다. 강관의 탄성국부좌굴은 콘크리트의 충전유무에 의해 크게 영향을 받는다. 충전콘크리트는 내부로의 변형을 방지함으로써 (부재의 단면 및 길이방향으로) 강관의 좌굴모드를 변화시킨다(해설 그림 4.2-8, 해설 그림 4.2-9 참고).

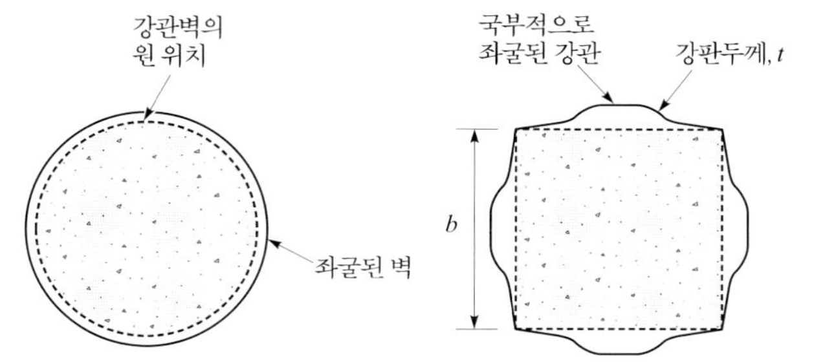

해설 그림 4.2-8 충전콘크리트로 인한 단면방향의 좌굴모드 변화

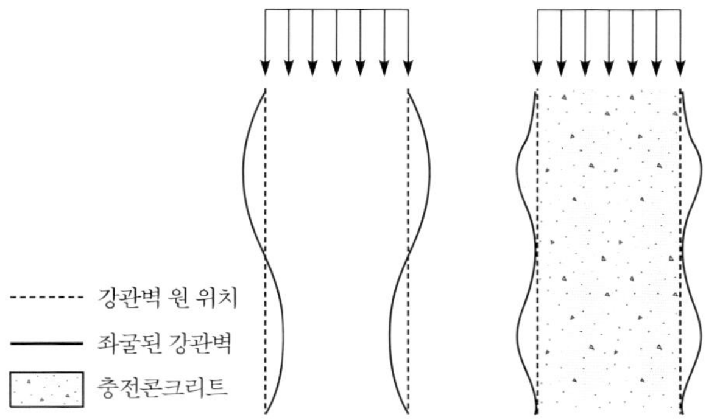

해설 그림 4.2-9 충전콘크리트로 인한 길이방향의 좌굴모드 변화

충전형합성압축부재의 탄성국부좌굴거동을 분석한 연구(Bradford et al., 1998)에서는 각형강관의 탄성플레이트 좌굴식(Ziemian, 2010)의 플레이트 좌굴계수(k-factor)가 4.00(강관의 경우)에서 10.6(충전단면의 경우)로 변화하는 것을 보여준다. 결과적으로, 충전강관단면의 탄성플레이트좌굴응력은 순수강관단면에 비해 2.65배까지 증가한다. 유사하게 기존 연구(Braford et al. 2002)에서도 충전형원형단면의 탄성국부좌굴응력은 순수원형강관단면에 비하여 1.73배인 것으로 나타났다.

AISC360-10은 위 연구 및 여러 실험결과들을 토대로 충전형합성부재의 강관 폭-두께비 제한을 대폭 완화하였다. 기존의 AISC360-05와 현행 ACI 및 EC4 합성기준이 조밀단면만을 허용하여 지나치게 보수적이었던 것에 비해 AISC360-10은 비조밀 및 세장단면까지 확대 허용함으로 인해 합성구조의 현장적용성을 제고할 것으로 기대되어 이를 본기준에 수용하였다.

① 충전형사각형단면 :

충전형각형단면에 대한 탄성국부좌굴응력(F_{cr})은 판좌굴식을 식(4.2-50)으로 단순화한 것이다. 이 식은 b/t가 비조밀과 세장단면 사이를 구분하는 한계 λ_r를 나타내는 $3.00\sqrt{E_s/F_y}$ 이하인 플레이트에서 항복이 발생한다는 것을 의미한다. 이 한계는 잔류 응력이나 기하학적 불완전성의 영향을 고려하지 않는다. 왜냐하면 이보다 큰 b/t비에서 콘크리트의 기여도가 지배적이며, 강재응력을 감소시키는 효과는 작기 때문이다. $\lambda_{\max}$와 관련한 최대 허용 b/t값은 $5.00\sqrt{E_s/F_y}$ 이상에 대한 실험데이터의 부족과 극도로 세장한 강관단면에서의 콘크리트 타설압력으로 인한 잠재적인 영향(강관의 잔류변형과 잔류응력)을 근거로 한 것이다.

② 충전형원형단면 :

축압축력을 받는 충전형원형단면에 대한 비조밀과 세장 사이의 한계 λ_r은 원형강관단면에 대한 한계 $(0.11E/F_y)$의 1.73배인 $0.19E/F_y$정해졌다. 이는 앞서 언급한 Bradford et al. (2002)의 연구에 근거하고, 이는 실험데이터와 비교하여 잘 맞는다.

$0.31E/F_y$인 최대허용값 D/t는 실험데이터 부족과 극도로 세장한 충전형강관단면에서의 콘크리트 타설압력으로 인한 잠재적 영향에 근거한다.

4.2.8.2 축력을 받는 부재

이 규정은 매입형 합성부재와 충전형 합성부재에 적용한다.

【해설】

콘크리트매입형 합성기둥과 콘크리트충전형 합성기둥의 설계는 많은 공통점이 있지만 이 조항에서는 설계를 쉽게하기 위해 각 형식의 기둥에 대해 일반적인 사항들과 상세요건들을 구분하여 다룬다.

4.2.8.2.1 매입형 합성부재

4.2.8.2.1.1 구조제한

매입형 합성기둥 부재는 다음과 같은 조건을 만족해야 한다.

(1) 강재 코아의 단면적은 합성부재 총단면적의 1% 이상으로 한다.

(2) 강재 코아를 매입한 콘크리트는 연속된 길이방향 철근과 띠철근 또는 나선철근으로 보강되어야 한다. 횡방향 철근의 중심간 간격은 직경 D10의 철근을 사용할 경우에는 300mm 이하, 직경 D13 이상의 철근을 사용할 경우에는 400mm 이하로 한다. 이형철근망이나 용접철근을 사용하는 경우에는 앞의 철근에 준하는 등가단면적을 가져야 한다. 또한, 횡방향 철근의 최대간격은 강재코어의 설계항복강도가 450MPa 이하일 경우에는 부재단면에서 최소크기의 0.5배를 초과할 수 없으며 강재코어의 설계기준 항복강도가 450MPa를 초과하는 경우는 부재단면에서 최소크기의 0.25배를 초과할 수 없다.

(3) 연속된 길이방향 철근의 최소철근비 ρ_{sr}는 0.004로 하며 다음과 같은 식으로 구한다.

$$\rho_{sr} = \frac{A_{sr}}{A_g} \qquad (4.2\text{-}37)$$

여기서, A_{sr} : 연속 길이방향 철근의 단면적 (mm^2)

A_g : 합성부재의 총단면적 (mm^2)

(4) 교량의 매입형 합성기둥 부재인 경우, 합성단면은 최소한 하나의 대칭축을 가져야 하고 콘크리트로 둘러싸인 강재 단면은 길이방향 및 횡방향으로 보강해야 한다. 보강방법에 대해서는 콘크리트 단면의 설계규정을 따르고, 횡방향 띠철근 간격은 다음을 초과할 수 없다.

- 길이방향 철근지름의 16배
- 띠철근 지름의 48배
- 합성단면 최소변길이의 1/2

【해설】

(1) 본 조항에서 합성압축부재기둥의 최소강재비(강재의 단면적을 총단면적으로 나눈값)는 1%로 하고 있다.

(2) 횡방향철근량을 철근직경에 따른 간격으로 규정하여 설계적용에 더욱 분명하고 편리하도록 개정하였고, 최대간격의 제한을 추가하였다. 횡철근의 최소량에 대한 규정은 콘크리트에 우수한 구속효과를 제공하기 위한 것이다. 기준의 의도는 콘크리트 설계기준의 횡철근에 대한 기준에 제한규정을 추가하려는 것이다. 특히, 강재코어의 설계기준 공칭항복강도가 450N/mm^2를 초과하는 경우에는 횡철근의 간격을 기둥의 최소폭의 0.25배 이하로 규정하여 심부콘크리트의 구속효과를 도입하고 있다. 실제로 설계기준 공칭항복강도가 450N/mm^2를 초과하는 고강도 강재를 사용한 매입형 합성부재 실험에서 강재가 충분히 소성영역에 도달하기 이전에 콘크리트의 피복부분이 균열과 함께 박리현상이 발생하였으나 띠철근 내부의 콘크리트가 띠철근의 구속효과로 인하여 최대내력 이후 소성영역에 진입하여도 높은 연성능력을 나타내고 있다. 따라서 설계기준 공칭항복강도가 450N/mm^2를 초과하는 고강도 강재를 사용한 매입형 합성부재의 압축강도 산정 시에는 띠철근 내부의 콘크리트만 유효한 단면으로 하여 압축강도를 산정해야 한다. 그러나 합성단면의 유효강성 산정시에는 콘크리트의 전단면을 유효한 것으로 산정하는 것이 합리적임을 나타내고 있다. 이는 실험에서 최대강도의 80%이상에 이르기까지 콘크리트의 전단면이 강재와 일체로 거동하고 있음이 규명되었기 때문이다(이명재 외, 2013).

(3) 이 기준에서는 철근이 없는 매입콘크리트로는 설계할 수 없다는 것을 확실하게 하기 위하여 길이방향 철근의 최소량이 규정되어 있다. 단면의 각 모서리에는 연속된 길이방향 철근이 있어야 한다. 길이방향 연결철근을 구속하기 위한 목적으로 다른 길이방향 철근들이 사용될 수 있으나 이러한 철근은 연속적이며 적절하게 정착되지 않으면 길이방향 철근의 최소단면적이나 단면의 강도 산정에 사용될 수 없다.

(4) 교량의 매입형 합성기둥 부재는 길이방향 및 횡방향으로 적절히 보강되어야 한다. 길이방향의 보강은 일반적인 철근콘크리트 설계기준을 적용하면 된다. 하지만, 횡방향 보강 간격에 대하여는

4.2.8.2.1.1과 같이 제한을 하고 있으며, 이는 AASHTO (2012) 기준의 6.9.5.2.3에서 수용한 것이다.

4.2.8.2.1.2 압축강도

축하중을 받는 2축대칭 매입형 합성부재의 설계압축강도 $\phi_c P_n$은 기둥세장비에 따른 휨좌굴 한계상태로부터 다음과 같이 구한다.

$$\phi_c = 0.75$$

(1) $\dfrac{P_{no}}{P_e} \le 2.25$ 인 경우

$$P_n = P_{no}\left[0.658^{\left(\frac{P_{no}}{P_e}\right)}\right] \tag{4.2-38}$$

(2) $\dfrac{P_{no}}{P_e} > 2.25$ 인 경우

$$P_n = 0.877 P_e \tag{4.2-39}$$

여기서,

$$P_{no} = F_y A_s + F_{ysr} A_{sr} + 0.85 f_{ck} A_c \tag{4.2-40}$$

P_e : 제3장 또는 제4장에 따라 산정된 탄성임계좌굴하중

$= \pi^2 (EI_{eff})/(KL)^2$ (4.2-41)

A_s : 강재 단면적 (mm^2)

A_c : 콘크리트 단면적 (mm^2); 단, 강재코어의 설계기준 항복강도가 450MPa를 초과할 경우는 $A_c = A_{ce}$ 로 해야 한다.

A_{ce} : 피복두께와 띠철근 직경을 제외한 심부콘크리트 유효단 면적 (mm^2)

A_{sr} : 연속된 길이방향철근의 단면적 (mm^2)

E_c : 콘크리트의 탄성계수 (MPa)

E_s : 강재의 탄성계수 (MPa)

E_{sr} : 철근의 탄성계수 (MPa)

f_{ck} : 콘크리트의 설계기준 압축강도 (MPa)

F_y : 강재의 설계기준 항복강도 (MPa)

F_{ysr} : 철근의 설계기준 항복강도 (MPa)

I_c : 콘크리트 단면의 단면2차모멘트 (mm^4)

I_s : 강재 단면의 단면2차모멘트 (mm^4)

I_{sr} : 철근단면의 단면2차모멘트 (mm^4)

K : 부재의 유효좌굴길이계수

L : 부재의 횡지지길이 (mm)

P_{no} : 길이효과를 고려하지 않은 공칭압축강도 (N);
매입형 합성부재 식(4.2-40), 충전형 합성부재는 식(4.2-46)에 의해 구한다.

w_c : 콘크리트의 단위체적 당 무게 ($1{,}500 \le w_c \le 2{,}500$ kg/m^3)

EI_{eff} : 합성단면의 유효강성 (N·mm^2). 단, 설계기준강도가 450MPa 초과하여도 콘크리트 전체단면적(A_c)을 사용한다.

$$EI_{eff} = E_s I_s + 0.5 E_{sr} I_{sr} + C_1 E_c I_c \tag{4.2-42}$$

$$C_1 = 0.1 + 2\left(\frac{A_s}{A_c + A_s}\right) \le 0.3 \tag{4.2-43}$$

여기서, C_1는 매입형 합성압축부재의 유효강성을 구하기 위한 계수

합성부재의 설계압축강도는 순강재 부재의 설계압축강도 이상으로 한다.

【해설】

단면의 압축강도는 각 요소의 극한강도의 합으로 구해진다. 강도는 다음과 같은 이유로 인해 철근콘크리트기둥설계의 경우와 달리 상한치를 두지 않는다.

(1) 저항계수의 값은 이전 기준보다 낮은 0.75를 사용한다.

(2) 기준에서 요구하고 있는 횡방향 철근은 일반 철근콘크리트 압축부재에 비해 보다 우수한 성능을 발휘한다.

(3) 단면중심부의 강재단면이 주철근의 좌굴로 인한 갑작스런 파괴의 가능성을 감소시킨다.

(4) 대부분의 경우에 단면의 치수 및 하중전달기구로 인한 상당한 크기의 편심하중(또는 모멘트)이 발생한다.

4.2.8.2.1.2에서는 이전에 비해 탄성좌굴과 비탄성좌굴을 구분하는 한계세장비의 표현방식에 변동이 있으며, 적용 범위를 2축대칭으로 제한하였다. 비대칭단면에 대하여는 이론상 휨-비틀림좌굴의 발생이 가능하다.

AISC 360-16은 근래의 실험자료의 재평가와 해석적 연구의 결과에 따라 매입형 합성기둥의 유효강성 산정공식을 다음과 같이 변경하였다.

$$EI_{eff} = E_s I_s + E_{sr} I_{sr} + C_1 E_c I_c \quad \text{(해설 4.2-6)}$$

$$C_1 = 0.25 + 3\left(\frac{A_s + A_{sr}}{A_g}\right) \le 0.7 \quad \text{(해설 4.2-7)}$$

4.2.8.2.1.3 인장강도

매입형 합성기둥의 설계인장강도 $\phi_t P_n$는 항복한계상태로부터 다음과 같이 구하며 강도저항계수 $\phi_t = 0.90$을 적용한다.

$$P_n = F_y A_s + F_{ysr} A_{sr} \quad (4.2\text{-}44)$$

【해설】

이 조항은 인발이 발생할 수 있는 경우나 보-기둥 상호작용과 관련된 계산의 경우에 사용되는 인장강도를 규정하고 있다. 이 규정은 전단면의 항복이라는 한계상태를 사용한다. 필요시 구조물의 형태에 따라 4.1 인장부재 및 KDS 14 31 25의 다른 인장강도 및 접합강도 한계상태를 고려하여야 한다.

4.2.8.2.1.4 상세요구사항

(1) 강재코어와 길이방향 철근의 최소 순간격은 철근직경의 1.5배 이상 또는 40mm 중 큰 값으로 한다.
(2) 플랜지에 대한 콘크리트 순피복두께는 플랜지폭의 1/6 이상으로 한다.
(3) 합성단면이 2개 이상의 형강재를 조립한 단면인 경우 형강재들은 콘크리트가 경화하기 전에 가해진 하중에 의해 각각의 형강재가 독립적으로 좌굴하는 것을 막기 위해 띠판 등과 같은 부재들로 서로 연결해야 한다.

【해설】

이전 기준에 비해 철근콘크리트에 관련된 사항이 줄어들었고, 하중도입부에 관련된 사항은 신설된 4.2.8.2.4 하중전달에 포함되어 있다.

4.2.8.2.2 충전형 합성부재

4.2.8.2.2.1 구조제한

강관의 단면적은 합성기둥 총단면적의 1% 이상으로 한다.
충전형 합성부재는 4.2.8.1.4에 따라서 국부좌굴효과를 고려하여 분류한다.

【해설】

(1) 매입형합성기둥에서 언급한 것처럼 충전형합성압축부재는 강재비를 1%까지 낮추어 설계할 수 있다.

(2) 충전형합성단면은 강관의 세장 정도(b/t 또는 D/t)와 표 4.2.8.1.4-1의 제한에 따라서 조밀, 비조밀 또는 세장으로 분류된다.

사각형 충전단면의 벽은 콘크리트의 큰 수평 타설압력에 의해 변형되기 쉽다. 이러한 변형은 합성기둥 거동 시에 국부좌굴의 위치와 시작에 영향을 미친다. 이러한 변형을 제어하기 위해 다음 제한식이 레온(Leon 등)에 의해 제안되었고, AISC 360-16의 해설에 추가되었다. 따라서 강관 벽의 최대 휨응력이 $0.5F_y$를 초과하거나 최대 변형이 $L/2{,}000$을 초과하는 경우에는 콘크리트 타설 및 경화 동안에 외부에 띠장 등을 사용하도록 권장된다.

$$\sigma_{\max} = \max\left[\begin{array}{c}\left(\dfrac{2h_c}{b_c+4h_c}\right)\dfrac{ph_c^2}{t^2} \\ \dfrac{1}{3}\left(\dfrac{3b_c+4h_c}{b_c+4h_c}\right)\dfrac{ph_c^2}{t^2}\end{array}\right] \le 0.5F_y \tag{해설 4.2-8}$$

$$\delta_{\max} = \frac{1}{32}\left(\frac{5b_c+4h_c}{b_c+4h_c}\right)\frac{ph_c^4}{E_s t^3} \le \frac{L}{2{,}000} \tag{해설 4.2-9}$$

여기서, h_c : 사각형 강관 단면의 긴 변 내부 폭, $h_c = h-2t$

b_c : 사각형 강관 단면의 짧은 변 내부 폭, $b_c = b-2t$

t : 사각형 강관 단면의 벽 두께

h : 사각형 강관 단면의 긴 변 외부 폭

b : 사각형 강관 단면의 짧은 변 외부 폭

L : 콘크리트 타설 압력 높이

p : 콘크리트 타설 수평압력

4.2.8.2.2.2 압축강도

축하중을 받는 2축대칭 충전형 합성부재의 설계압축강도 $\phi_c P_n$은 4.2.8.2.1.2에 따라 휨좌굴 한계상태로부터 구하며 다음 식을 사용한다.

(1) 조밀단면

$$P_{no} = P_p \tag{4.2-45}$$

여기서,

$$P_p = F_y A_s + C_2 f_{ck}\left(A_c + A_{sr}\frac{E_{sr}}{E_c}\right) \tag{4.2-46}$$

C_2 : 사각형 단면에서는 0.85,

원형 단면에서는 $0.85\left(1+1.56\dfrac{F_y t}{D_c f_{ck}}\right), D_c = D - 2t$

t : 강관의 두께

(2) 비조밀단면

$$P_{no} = P_p - (P_p - P_y)\frac{(\lambda - \lambda_p)^2}{(\lambda_r - \lambda_p)^2} \qquad (4.2\text{-}47)$$

여기서, λ, λ_p와 λ_r은 표 5.8.1.4-1의 폭(직경)두께비 제한값이며, P_p는 식 (5.8.2.2.2-2)에 의해 결정된다.

$$P_y = F_y A_s + 0.7 f_{ck}\left(A_c + A_{sr}\frac{E_{sr}}{E_c}\right) \qquad (4.2\text{-}48)$$

(3) 세장단면

$$P_{no} = F_{cr} A_s + 0.7 f_{ck}\left(A_c + A_{sr}\frac{E_{sr}}{E_c}\right) \qquad (4.2\text{-}49)$$

여기서, ① 사각형 단면인 경우

$$F_{cr} = \frac{9E_s}{(b/t)^2} \qquad (4.2\text{-}50)$$

② 원형 단면인 경우

$$F_{cr} = \frac{0.72F_y}{[(D/t)(F_y/E_s)]^{0.2}} \qquad (4.2\text{-}51)$$

합성단면의 유효강성은 다음 식으로 구한다.

$$EI_{eff} = E_s I_s + E_{sr} I_{sr} + C_3 E_c I_c \qquad (4.2\text{-}52)$$

여기서, C_3는 충전형 합성압축부재의 유효강성을 구하기 위한 계수

$$C_3 = 0.6 + 2\left[\frac{A_s}{A_c + A_s}\right] \le 0.9 \qquad (4.2\text{-}53)$$

합성부재의 설계압축강도는 순강재 부재의 설계압축강도 이상으로 한다.

【해설】

AISC 360-10에서는 조밀단면강관을 갖는 충전콘크리트의 소성압축강도는 강관의 직경 두께비와 관

계없이 $0.95f_{ck}$로 하고 있다. 그러나, 새 기준에서는 강구조학회의 합성구조 소전문위원회에서 발표한 논문 '데이터베이스에 의한 콘크리트충전원형강관단면의 압축강도에 대한 연구(김승원, 김철환, 2013)'를 참조하여 압축강도식을 변경하였다.

조밀강관구조단면(HSS)는 길이방향압축력에서 강관의 항복이 발현될 수 있고, 압축강도를 발현할 수 있도록 충전콘크리트를 구속할 수 있는 충분한 두께를 갖는다. 비조밀단면은 길이방향으로 강관의 항복이 발생될 수 있도록 충분한 두께를 갖지만, 콘크리트에 $0.7f_{ck}$의 응력에 도달한 후 콘크리트를 구속할 수 없고 현저한 비탄성거동과 부피확장이 시작되어, 강관을 밀어내게 된다. 세장단면은 길이방향으로 강관의 항복발현을 할 수 없고, 콘크리트에 $0.7f_{ck}$의 응력에 도달한 후 콘크리트를 구속할 수 없으며, 비탄성거동과 현저한 부피확장이 시작되어, 강관을 밀어내게 된다(Varma and Zhang, 2009).

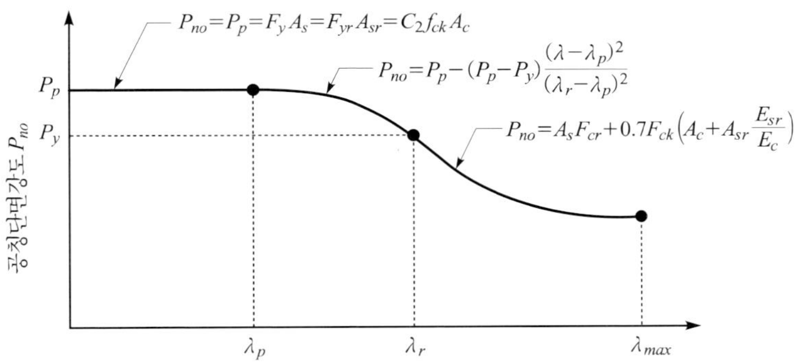

해설 그림 4.2-10 강관의 세장정도에 따른 공칭단면압축강도

해설 그림 4.2-10는 강관의 세장정도에 따른 합성단면의 공칭단면압축강도 P_{no}의 변화를 보여준다. 보는 바와 같이 조밀단면은 압축에 대해 전소성강도 P_p를 발현할 수 있다. 비조밀단면의 공칭압축강도는 강관의 세장정도에 따라 소성강도 P_p와 항복강도 P_y 사이에 2차방정식 보간법(quadratic interpolation)을 사용하여 구할 수 있다. 이 보간식은 비탄성거동과 부피확장을 하고 있는 충전콘크리트를 구속할 수 있는 강관의 능력이 강관의 세장정도에 따라 급격하게 감소하기 때문에 2차함수를 갖는다. 세장단면은 강관의 임계좌굴응력 F_{cr}과 충전콘크리트의 $0.7f_{ck}$까지 발현하는 것으로 제한하고 있다(Varma and Zhang, 2009).

길이영향을 고려한 합성압축부재의 공칭축강도 P_n은 합성단면의 강성을 고려한 EI_{eff}와 앞에 기술한 국부좌굴의 영향을 고려한 P_{no}을 이용하여 식(4.2-38)와 식(4.2-39)에 의해 구할 수 있다. 이 방법은 4.2.7(세장판 단면을 갖는 압축부재)에 있는 강관단면에서 사용하는 방법과 약간 다르다. 4.2.7에서 세장단면에 대한 유효국부좌굴응력 f은 기둥좌굴응력에 영향을 미치며, 기둥의 좌굴응력도 유효국부좌굴응력에 영향을 미친다.

4.2.7의 방법은 충전형 압축부재에는 적합하지 않다. 왜냐하면 충전형 압축부재에서 (i) 축강도는 충전콘크리트의 기여도에 의해 현저하게 지배받고, (ii) 콘크리트 비탄성거동은 좌굴하중과 관계없이 압축부재 파괴부분 안에서 발생되며, (iii) 계산으로 구한 공칭강도는 실험결과와 비교할 때 안전측이기 때문이다 (Varma and Zhang, 2009).

AISC 360-16은 근래의 실험자료의 재평가와 해석적 연구의 결과에 따라 충전형 합성기둥의 유효강성 산정공식을 다음과 같이 변경하였다.

$$EI_{eff} = E_s I_s + E_{sr} I_{sr} + C_3 E_c I_c \quad \text{(해설 4.2-10)}$$

$$C_3 = 0.45 + 3\left(\frac{A_s + A_{sr}}{A_g}\right) \le 0.9 \quad \text{(해설 4.2-11)}$$

4.2.8.2.2.3 인장강도

충전형 합성기둥의 설계인장강도 $\phi_t P_n$은 항복한계상태로부터 다음과 같이 구한다.

$$P_n = F_y A_s + F_{ysr} A_{sr} \quad (4.2\text{-}54)$$

$$\phi_t = 0.90$$

【해설】

매입형 합성부재처럼 4.2.8.2.2.3은 충전형 합성부재에 대한 인장강도를 규정하고 있다.

4.2.8.2.3 전단강도

충전형 및 매입형 합성부재의 설계전단강도 $\phi_v V_n$은 다음 중에서 1가지 방법으로 구한다.

(1) 강재 단면만의 설계전단강도

(2) "KDS 14 20 22"에 따른 철근콘크리트만의 전단강도. 강도저감계수는 다음 값을 사용한다.

$$\phi_v = 0.75$$

단, 무근콘크리트로 채운 충전형 합성부재는 "콘크리트구조기준"에 따른다.

(3) 강재 단면의 공칭전단강도와 "콘크리트구조기준"에 따른 철근의 공칭전단강도의 합으로 한다. 강도저감계수는 다음 값을 사용한다.

$$\phi_v = 0.75$$

【해설】

충전형과 매입형 합성부재의 전단강도는 다음과 같은 3가지 방법에 의하여 계산할 수 있다.

(1) 강재단면만의 전단강도. 이 방법이 의도하는 것은 설계자가 콘크리트의 기여를 완전히 무시하고 단순히 4.2.8의 저항력과 안전계수를 사용하는 것을 허용하는 것이다.

(2) KDS 14 20 22에 규정한 철근콘크리트 부분(콘크리트와 횡철근)만의 강도. 이 방법에서는 5장과 일치하는 강도저항계수 0.75가 적용된다.

(3) 강재단면의 강도에 횡철근의 기여분을 합친 강도. 이 방법은 강재 단면의 공칭전단강도에 콘크리트구조기준에 따라 결정된 횡철근의 공칭전단강도를 합치는 방법이다. 부재에 대한 총설계전강도는 이 두 공칭 전단강도의 합에 강도저항계수 0.75를 곱하여 결정된다.

비록 강재단면과 철근콘크리트의 모든 전단강도를 합하는 규준을 제시하는 것이 논리적일 수는 있으나 이를 증명할만한 유용한 연구가 충분하지 않다.

4.2.8.2.4 하중전달

4.2.8.2.4.1 일반요구사항

(1) 외력이 매입형 합성부재 또는 충전형 합성부재에 축방향으로 가해질 때, 부재로의 힘 도입과 부재 안에서의 길이방향 전단력의 전달은 이 조항에 있는 힘의 분배에 대한 요구사항에 따라 평가한다.

(2) 4.2.8.2.4.3에 따라 결정된 적절한 힘 전달기구의 설계강도 ϕR_n은 4.2.8.2.4.2에서 구한 길이방향 소요전단력 V_r' 이상이어야 한다.

【해설】

일반적으로 외력은 강재와의 직접 연결, 콘크리트의 지압 또는 이들의 조합을 통하여 합성부재에 가해진다. 이러한 하중 가력을 위한 접합부 설계는 기준 KDS 14 31 25뿐만 아니라 4.2.8.2.4의 적용 가능한 한계상태도 따라야 한다. 또한, 충전형 합성부재의 콘크리트 지압 검토 시, 해설 4.2.8.2.4.2에서 언급된 바와 같이 강관에 의한 콘크리트의 구속(confinement)이 지압강도에 영향을 줄 수 있다는 것을 고려할 필요가 있다.

일단 외력이 부재로 도입되는 하중경로(load path)가 결정되면, 콘크리트와 강재 간의 접촉면은 합성단면내에 힘의 평형을 확보하기 위해 요구되는 길이방향 전단력(longitudinal shear)을 전달할 수 있도록 설계되어야 한다. 이에 4.2.8.2.4.2에서는 외력의 작용 조건, 즉 하중경로에 따라 강재와 콘크리트 사이에 전달되어야 하는 길이방향 전단력의 크기를 결정하는 방식을 기술하고 있으며, 4.2.8.2.4.3에서는 길이방향 전단력의 전달기구(transfer mechanism)에 관하여 기술하고 있다.

4.2.8.2.4.2 힘의 분배

강재와 콘크리트 간에 전달되어야 할 힘의 크기는 다음 요구사항에 따른 외력의 분배로 한다.

(1) 외력이 강재 단면에 직접 가해지는 경우

모든 외력이 강재 단면에 직접 가해지는 경우, 콘크리트에 전달되어야 할 힘 V_r'은 다음과 같이 구한다.

$$V_r' = P_r(1 - F_y A_s / P_{no}) \tag{4.2-55}$$

여기서, P_{no} : 길이효과를 고려하지 않은 공칭압축강도 (N); 매입형 합성부재는 식 (4.2-40), 충전형 합성부재는 식 (4.2-45)에 의해 구한다.

P_r : 합성부재에 가해지는 소요외력 (N)

(2) 외력이 콘크리트에 직접 가해지는 경우

모든 외력이 피복 콘크리트 또는 충전 콘크리트에 직접 가해지는 경우, 강재에 전달되어야 할 힘 V_r'은 다음과 같이 구한다.

$$V_r' = P_r(F_y A_s / P_{no}) \tag{4.2-56}$$

여기서, P_{no} : 길이효과를 고려하지 않은 공칭압축강도 (N); 매입형 합성부재는 식 (4.2-40), 충전형 합성부재는 식 (4.2-45)에 의해 구한다.

P_r : 합성부재에 가해지는 소요외력 (N)

(3) 외력이 강재 단면과 콘크리트에 동시에 가해지는 경우

외력이 강재 단면과 매입 콘크리트 또는 충전 콘크리트에 동시에 가해지는 경우, 콘크리트에서 강재 또는 강재에서 콘크리트로 전달되어야 할 힘 V_r'은 강재에 직접 가해지는 외력의 일부 P_{rs}와 식 (4.2-56)에서 산정한 힘 V_r'과의 차이로 한다.

$$V_r' = P_{rs} - P_r(F_y A_s / P_{no}) \tag{4.2-57}$$

여기서, P_{rs} : 강재에 직접 가해지는 외력의 일부 힘 (N)

【해설】

힘의 분배조항은 매입형과 충전형에 같이 적용한다. 이번 개정에서는 전체 외력이 강재 또는 콘크리트에 각각 작용하는 경우 뿐 아니라 두 재료에 동시에 작용하는 경우도 추가되어 있다. 이 조항은 전단면에 걸쳐 힘의 평형을 이루기 위해서는, 두 재료 안에 생기는 각 힘의 크기가 소성응력분포모델에 따라서 비례하는 것처럼, 강재와 콘크리트 사이 경계면에 길이방향 전단력의 전달이 발생된다는 가정에 근거를 두고 있다. 이와 같은 소성응력분포 모델에 의한 하중분배에 따라 전달되어야 하는 길이방

향 전단력을 하중경로에 따라 식(4.2-55)과 (4.2-56)에 나타내었다.
식(4.2-55)은 단면이 평형상태일 때 외부 또는 내부의 콘크리트에 발생하는 힘의 크기를 나타낸다. 강재 단면에 직접 하중이 작용되어 발생한 길이방향 전단력은 식(4.2-55)에 따라 콘크리트에 분포된 하중의 총합에 근거하여 결정된다. 반대로 하중이 콘크리트 단면에만 작용할 경우, 단면의 평형을 위해 요구되는 길이방향 전단력은 식(4.2-56)에 따라 강재에 분포되는 힘의 총합에 근거하여 결정된다. 하중이 두 재료에 동시에 작용될 경우, 단면의 평형상태를 확보하기 위해 전달되어야 하는 길이방향 전단력은 외력 중 콘크리트로 직접 작용되는 부분과 식(4.2-55)에 의해 요구되는 값의 차이 또는 기준 식(4.2-57)과 같이 외력 중 강재 단면에 직접 작용되는 부분과 식(4.2-56)에 의해 요구되는 값의 차이에 의해 결정될 수 있다.
AISC 360-16에서 세장단면으로 분류된 충전형 합성기둥은 모든 외력이 강관에 직접 전달하는 설계는 허용하지 않도록 제한하였다.

외력이 지압을 통하여 충전형 합성부재의 콘크리트에 작용되는 경우, 강관에 의해 적절한 구속이 제공되어 KDS 14 31 25의 식(4.1-24)에서 $\sqrt{A_2/A_1}$ =2로 하여 지압강도를 산정할 수 있으며 이러한 가정은 압축부재에 외력 도입과 관련하여 적용 가능한 사항이다. 압축 부재에서 내부 강판과 같은 지압기구를 통한 길이방향 전단력의 전달은 4.2.8.2.4.3에 직접 언급되어 있다.

4.2.8.2.4.3 힘 전달기구

직접부착작용, 전단열결 및 직접지압에 의한 힘 전달기구의 공칭강도 R_n은 다음 규정에 따라 산정된다. 이 중에서 가장 큰 공칭강도의 힘 전달기구를 사용할 수 있으나, 이러한 힘 전달기구들은 중첩하여 사용할 수 없다.

길이방향 전단력 $V_r{}'$이 직접부착강도에 의한 설계전단강도를 초과할 경우에는 아래의 (1)직접지압강도 또는 (2)전단접합에 의한 힘의 전달기구를 사용하여야 한다.

(1) 직접지압강도

힘이 내부지압기구에 의한 직접지압에 의해 매입형 또는 충전형 합성부재에 전달되는 경우, 설계지압강도는 다음과 같이 콘크리트압괴의 한계상태로부터 구한다.

$$R_n = 1.7 f_{ck} A_1 \tag{4.2-58}$$

$$\phi_B = 0.65$$

여기서, A_1 : 관통 거셋플레이트 또는 베어링 플레이트 등의 하부 지압면적 (mm^2)

(2) 전단접합

힘이 전단접합에 의해 매입형 또는 충전형 합성부재에 전달되는 경우, 스터드 전단연결재 또는 ㄷ형강 전단연결재의 설계전단강도는 다음과 같이 구한다.

$$R_c = \Sigma Q_{cv} \tag{4.2-59}$$

여기서, ΣQ_{cv} : 4.2.8.2.4.4에 정의한 하중도입부 길이 안에 배치된 스터드 전단연결재 또는 ㄷ형강 전단연결재의 설계전단강도 ϕQ_{nv}의 합 (N); 스터드 전단연결재의 ϕQ_{nv}는 4.2.8.2.5.2로부터, ㄷ형강 전단연결재의 ϕQ_{nv}는 4.2.8.2.5.3으로부터 구한다.

(3) 직접부착강도

힘이 직접부착작용에 의해 충전형 합성부재 및 매입형 합성부재에 전달되는 경우, 강재와 콘크리트 사이의 설계부착강도는 다음과 같이 구한다.

$$R_n = U_{in} L_{in} F_{in} \tag{4.2-60}$$

$$\phi = 0.45$$

여기서, R_n : H형강 또는 강관의 전둘레 길이와 하중도입부의 길이에 해당하는 공칭부착강도 (N)

U_{in} : H형강 또는 강관의 둘레길이 (mm)

L_{in} : 4.2.8.2.4.4에서 규정한 하중도입부의 길이 (mm)

F_{in} : 표 4.2-6에서 규정된 공칭부착응력 (MPa)

표 4.2.8.2.4.3-1의 공칭부착응력은 콘크리트와 접하는 강재단면 표면에 도장, 기름, 윤활유 및 녹 등이 없는 경우에 가정된 값이다.

표 4.2-6 공칭부착응력, F_{in}

단면 종류		F_{in}, MPa
콘크리트에 완전히 매입된 강재단면		0.66
콘크리트충전 각형강관 단면	조밀단면	0.40
	비조밀, 세장단면	0.40
콘크리트충전 원형강관 단면	조밀단면	1.22
	비조밀, 세장단면	0.40

※ 일반적이지 않은 형상은 별도의 실험으로 증명한 공칭부착응력을 사용할 수 있다.

표 4.2-6에 주어진 콘크리트에 완전 매입된 H형강 단면의 공칭부착응력 F_{in}은 플랜지에 대한 콘크리트의 최소 유효 피복두께가 40mm이고 4.2.8.2.1.4의 (1)과 (2)를 만족하고, 4.2.8.2.1.1에 따른 횡방향 철근과 길이방향 철근이 있는 단면에 적용할 수 있다. 플랜지에 대한 유효 피복두께가 더 두껍고, 플랜지의 피복 콘크리트를 충분

히 구속시킬 수 있는 횡방향 철근과 길이방향 철근이 있는 경우에는 좀 더 높은 부착응력 값을 사용할 수 있다. 피복두께를 고려한 공칭부착응력은 실험으로 증명되지 않는 한, $\beta_c F_{in}$값을 사용하여야 하며, β_c는 식 (4.2-61)에 의해 결정한다.

$$\beta_c = 1 + 0.02\, c_e \left(1 - \frac{40}{c_e} \right) \le 2.5 \tag{4.2-61}$$

여기서, c_e : 플랜지면에 대한 콘크리트의 유효 피복두께(mm). 유효 피복두께는 플랜지 면에 대한 콘크리트의 순피복 두께에서 띠철근의 외부 면에 대한 순피복 두께를 제외한 두께로 한다.

【해설】

금번 개정에서는 내부 지압기구들(내부 지압판 등과 같은)을 통한 직접지압 또는 강재앵커 등을 통한 전단접합과 더불어 콘크리트와 직접 접하는 강재 표면의 직접부착(direct bond)작용을 이용한 길이방향 전단력의 전달도 충전형 및 매입형 합성부재 모두에서 허용된다.

또한, 각 힘 전달기구 중 가장 큰 공칭강도를 제공하는 힘 전달기구의 사용이 허용된다. 그러나 실험결과에 따르면 직접지압 또는 전단접합에 의한 저항력은 대부분의 경우 직접부착작용이 소실된 이후 발현되며, 직접지압과 강재앵커를 통한 전단접합 간의 상호작용과 관련된 유용한 실험결과가 거의 없는 관계로 힘 전달기구의 겹침은 허용되지 않는다.

(1) 직접지압강도

콘크리트에 지압으로 직접 작용한 하중 평가 시 일반적인 조건과 재하면적보다 모든 방향으로 더 넓은 콘크리트 지지면적으로 인해 주위의 콘크리트가 지압면을 횡구속하게 되는 상황을 고려할 때 콘크리트의 공칭지압강도는 다음과 같이 산정할 수 있다. 단, $\sqrt{A_2/A_1}$ 의 값은 2보다 작거나 같아야 한다.

$$R_n = 0.85 f_{ck} A_1 \sqrt{A_2/A_1} \tag{해설 4.2-12}$$

여기서, $A_1 =$ 콘크리트의 재하면적(mm^2)

$A_2 =$ 가압면적과 기하학상으로 유사하고 중심이 일치하는 지지면의 최대면적(mm^2)

$f_{ck} =$ 콘크리트 공칭압축강도(MPa)

내부지압기구를 통한 직접지압으로 길이방향 전단력을 전달하는 특수한 조건의 경우, 식(4.2-58)에 나타난 바와 같이 식 (해설 4.2-6)에서 $\sqrt{A_2/A_1}=2$를 적용하여 $1.7 f_{ck} A_1$로 최대공칭지압강도를 산정하는 것을 허용한다. 콘크리트 구조기준에 따라 지압의 감소계수 ϕ_B는 0.65를 사용한다.

(2) 전단접합

전단접합을 위한 전달연결재는 4.2.8.2.5에 따른 합성요소로 설계되어야 한다.

(3) 직접부착강도

매입형합성기둥에서 직접부착강도를 인정하고 직접부착강도식을 적용한다.

구속효과를 고려하여 합성단면 종류별로 차별화한 공칭부착응력을 추가하였다.(EC4의 설계전단강도와 실험자료를 참고하여 공칭강도를 결정하였다. 참고로 AISC2010은 0.40MPa의 단일값 지정)

직접부착에 의한 힘의 전달은 일반적으로 접합 상세가 국부적인 변형들을 제한하는 경우의 충전형 합성부재에 한하여 사용되어 왔다(API, 1993 ; Roeder et al., 1999). 그러나 부착강도와 관련하여 실험결과가 넓게 산포되어 있으며, 이는 충전콘크리트를 강관 외부로 밀어내는 인발실험(push-out test)과 보부재가 강관에만 연결되어 보의 전단력이 강관을 통해 충전형 합성압축부재에 전달하는 실험을 서로비교할 때 충전형 합성압축부재의 힘전달길이와도 결부되어 있는 것으로 알려져 있다. 일반적으로 접합부 실험에서 편심이 더해지면 충전형 합성압축부재의 부착강도는 상승한다.

4.2.8.2를 만족하는 충전형 합성압축부재의 합리적인 부착강도 하한치는 0.4MPa이다. 인발시험(push-out test)의 결과가 종종 이 값보다 낮은 부착강도를 나타내기도 하나, 접합부에 편심이 도입되면 부착강도는 제안된 값 또는 그 이상의 값으로 상승한다. 하중전달영역은 (해설 4.2.8.2.4.4)를 참조한다.

매입형 H형강 또는 충전형 합성압축부재의 직접부착작용에 대한 식은 형강의 전 둘레에 대한 길이가 직접부착작용에 의한 응력 전달에 관계된다고 가정한다. 낮은 값의 강도저항계수(ϕ=0.45)를 적용한 것은 실험결과의 분산정도가 크기 때문이다. 형강에 대한 전 둘레길이는 다음 식으로 구할 수 있다.

매입형 H형강 합성부재 :

$$U_{in} = 2d + 4b_f - 2t_w \quad \text{(해설 4.2-13)}$$

충전형 각형강관 합성부재 :

$$U_{in} = 2(B + H) \quad \text{(해설 4.2-14)}$$

충전형 원형강관 합성부재 :

$$U_{in} = \pi D \quad \text{(해설 4.2-15)}$$

여기서, U_{in}: H형강 또는 강관의 둘레길이 (mm)

d : H형강단면의 높이 (mm)

b_f : H형강단면의 플랜지폭 (mm)

t_w : H형강단면의 웨브두께 (mm)

B : 각형강관단면의 폭(짧은 변) (mm)

H : 강형강관단면의 높이(긴 변) (mm)

D : 원형강관단면의 외경 (mm)

(1) 매입형 합성기둥의 부착강도

AISC 360-10에서는 매입형 H형강합성기둥의 H형강에 대한 공칭부착강도를 제시하고 있지 않다. 한편, 유럽의 합성부재 통합기준 EC4에서는 콘크리트피복두께에 따른 설계전단강도(피복두께 40~115mm에서 0.30~0.75MPa)를 제시하고 있다. EC4의 설계전단강도를 부착강도저항계수

ϕ=0.45로 나눈 값(피복두께 40~115mm에서 0.67~1.67MPa)을 공칭부착강도라 하면, 이 공칭부착강도는 이에 관련된 국내 연구실험결과(피복두께 150mm에서 1.55~1.58MPa)와 비슷하다 (강재매입형 합성기둥의 합성작용에 관한 실험, Journal of the Korea Concrete Institute, Vol.17, No.3, pp.393~400, June, 2005).

표 4.2-6에 제시된 콘크리트에 완전히 매입된 H형강단면의 공칭부착강도 F_{in}는 강구조학회의 합성구조 소전문위원회에서 발표한 논문 '매입형 합성 기둥의 하중전달 기준에 관한 고찰(김철환, 김승원 외, 2013)'을 참조하여 EC4보다 보수적으로 만들어졌다.

(2) 충전형 합성기둥의 부착강도

충전형 합성기둥의 하중도입부에 대한 외국의 기준들을 서로 비교하면 직접부착작용에 의한 전단강도 크기와 하중전달부의 제한길이에 매우 큰 차이가 있다. 미국의 AISC 360-10에서의 공칭전단강도는 강관의 형태와 폭(또는 직경)두께비를 고려하지 않고 원형과 각형 모두 0.4MPa로 하고 있고, 유럽의 EC4에서의 설계전단강도는 폭(또는 직경)두께비를 고려하지 않으나 각형과 원형을 구분하여 각각 0.40MPa, 0.55MPa로 하고 있다. 한편, 최근의 연구문헌(Jie Zhang, Mark D. Denavit, Jerome F. Hjjar and Xilin Lu, 2011)에서는 충전형합성부재의 직접부착작용에 의한 길이방향전단강도는 강관의 형태와 폭(또는 직경) 두께비에 따른 콘크리트의 구속효과를 고려하는 방법으로 평가하려는 경향이 있다. 강관의 형태와 폭(또는 직경) 두께비에 따른 콘크리트의 구속효과를 고려한 부착전단강도를 제시하는 것이 논리적이고 합리적이라고 판단되나 아직 유용한 연구결과가 미흡하므로 금번 개정에서는 각형과 원형강관을 구분하고, 원형강관에서는 조밀과 비조밀을 구분한 부착강도를 제시하였다.

표 4.2-6에 제시된 충전강관의 공칭부착강도 F_{in}는 강구조학회의 합성구조 소전문위원회에서 발표한 논문 '데이터베이스에 의한 콘크리트충전강관기둥의 부착강도에 대한 연구(김승원, 김철환, 2013)' 및 AISC 360-10와 EC4를 참조하여 만들어졌다. 이 논문에 의하면 KBC2016의 강도제한을 만족하는 일반조건의 충전강관실험체(원형 116개, 사각형 24개)의 평균 부착강도는 원형충전강관의 경우 1.71MPa, 사각형충전강관의 경우 0.39MPa로 평가되었으며, 원형 또는 각형 충전강관의 부착강도는 조밀단면일수록 높고, 세장단면일수록 낮아지는 경향을 보이고 있다.

(3) 원형 충전강관의 부착강도 :

해설 그림 4.2-11과 같이 원형충전강관의 실험체는 주로 조밀단면에 속해 있고 더 세장한 단면의 실험자료가 부족하므로 조밀단면일 경우에는 EC4의 설계부착강도 0.55MPa를 강도저항계수 0.45로 나눈 값인 1.22MPa으로 제한하고, 조밀한계를 초과하는 단면일 경우에는 AISC 360-10의 공칭부착강도와 같은 값인 0.4MPa로 하여 보수적으로 결정하였다.

(4) 사각형 충전강관의 부착강도 :

해설 그림 4.2-12에서 알 수 있듯이 사각형충전강관의 공칭부착강도는 실험체의 수도 적고 콘크리트의 구속효과가 낮으므로 실험체의 평균값(0.39MPa)이 AISC 360-10의 공칭부착강도(0.40MPa)와 근사하므로 0.40MPa로 결정하였다.

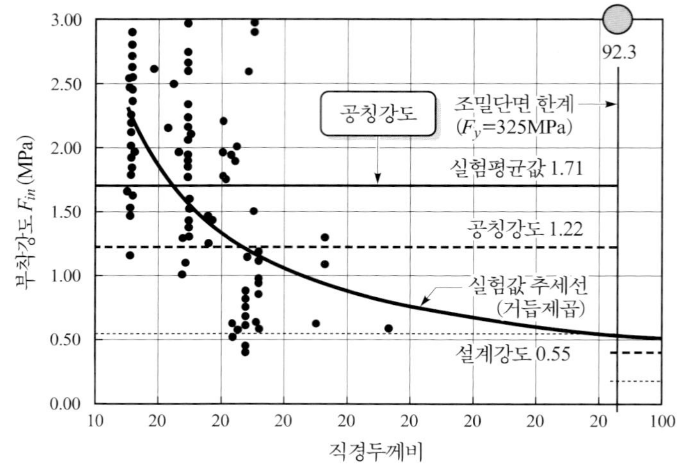

해설 그림 4.2-11 원형 충전강관의 부착강도

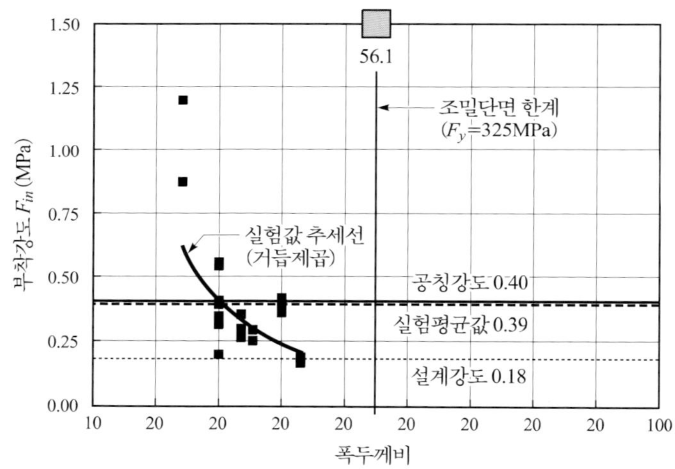

해설 그림 4.2-12 사각형 충전강관의 부착강도

4.2.8.2.4.4 상세요구사항

(1) 매입형 합성부재

① 길이방향 전단력을 전달하기 위한 강재 전단연결재는 하중도입부의 길이 안에 배치한다. 하중도입부의 길이는 하중작용방향으로 합성부재 단면의 최소폭의 2배와 부재길이의 1/3 중 작은 값 이하로 한다. 길이방향 전단력을 전달하기 위한 강재 전단연결재는 강재 단면의 축에 대해 대칭인 형태로 최소한 2면 이상에 배치한다.

② 하중도입부의 길이구간과 이외 구간에 배치하는 강재 전단연결재의 간격은 4.2.8.2.5에 따른다.

(2) 충전형 합성부재

① 길이방향 전단력을 전달하기 위한 강재 전단연결재는 하중도입부의 길이 안에 배치한다. 하중도입부의 길이는 하중작용방향으로 합성부재 단면의 최소폭의 2배와 부재길이의 1/3 중 작은 값 이하로 한다.

② 하중도입부의 길이구간과 이외 구간에 배치하는 강재 전단연결재의 간격은 4.2.8.2.5에 따른다.

【해설】

매입형 또는 충전형 합성부재의 접합부에 구조용 강재단면이나 콘크리트로의 과응력 도입(overstressing)을 피하기 위해 길이방향 전단력의 전달은 하중도입부의 길이 내에서 이루어지도록 요구된다. AISC에서의 하중도입부의 길이는 하중전달영역의 상, 하부 양쪽으로 합성 부재의 폭 중 작은 값의 2배를 더한 만큼으로 한다. 한편 EC4에서의 하중도입부의 길이는 그림 4.2-13처럼 하중작용방향으로 합성부재단면의 최소폭의 2배와 부재길이의 1/3 중 작은 값 이하로 제한하고 있다. 이는 하중도입부 길이가 짧을수록 전단지연이 줄어들어 하중전달이 빠르게 전달되어 합성효과를 발휘하도록 하는데 목적이 있다.

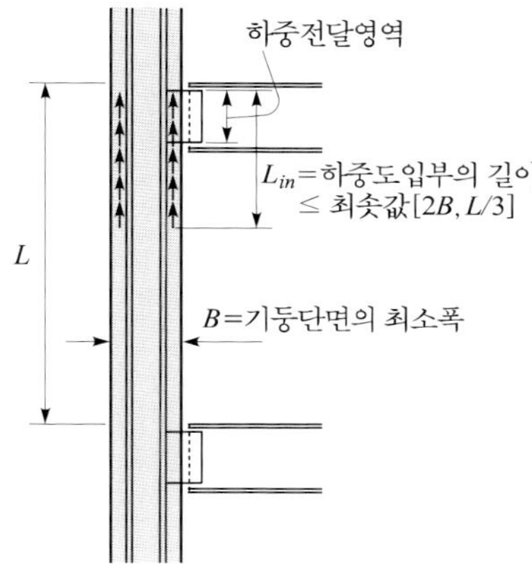

해설 그림 4.2-13
합성기둥의 하중전달영역/하중 입부의 길이(매입형 합성기둥의 예)

이러한 기준 간에 차이(하중도입부의 영역과 힘 전달기구의 강도)를 비교·분석한 국내연구논문 '합성기둥의 하중도입부 설계기준에 대한 고찰(김승원, 이철호, 2011)'을 참고하여 새 기준에 반영되었다. 일반적으로 하중전달영역은 그림 4.2-13에서 나타낸 바와 같이 연결요소의 춤으로 하고, 하중도입부의 길이에 포함시킨다.

전술한 하중도입의 길이 안에서 소요길이방향 전단력을 전달할 수 없을 정도로 큰 규모의 하중이 작용하는 경우 구조설계자는 전단력을 전달하기 위해 추가적으로 요구되는 길이에 해당하는 압축부재는 비합성으로 취급해야 한다.

4.2.8.2.4.5 하중도입부 이외 구간의 길이방향 전단력

① 부재의 직각방향 하중 또는 단부모멘트 또는 직각방향 하중과 단부모멘트에 의해 발생되는 하중도입부 이외 구간에서의 콘크리트와 강재 사이 접촉면의 길이방향 소

요 전단응력 분포를 확인해야 한다. 길이방향 소요전단응력이 표 4.2.8.2.4.3-1의 값에 강도저감계수 $\phi = 0.45$를 곱한 설계전단응력 ϕF_{in}을 초과하는 경우에는 4.2.8.2.5에 따라서 전단연결재로 보강해야 한다.

② 보다 정밀한 방법에 의하지 않는 한, 접촉면에서의 길이방향 소요전단응력은 콘크리트의 장기효과와 균열을 고려한 탄성해석에 의해 구한 값을 사용할 수 있다.

【해설】

AISC 360-10은 매입형 합성부재의 경우 부수적인 휨모멘트(초기 좌굴에 의해 도입되는 휨을 포함) 하에서 부재의 합성 효과를 유지하기 위해 압축 부재의 전 길이에 걸쳐 최대허용간격으로 전단연결재를 설치하도록 요구하고 있고, 충전형 합성부재의 경우에는 매입형 합성부재와는 달리 강재앵커는 길이방향 전단력의 전달을 위해서만 요구하며, 하중도입부길이 이외 구간의 부재길이에서는 요구하지 않는다.

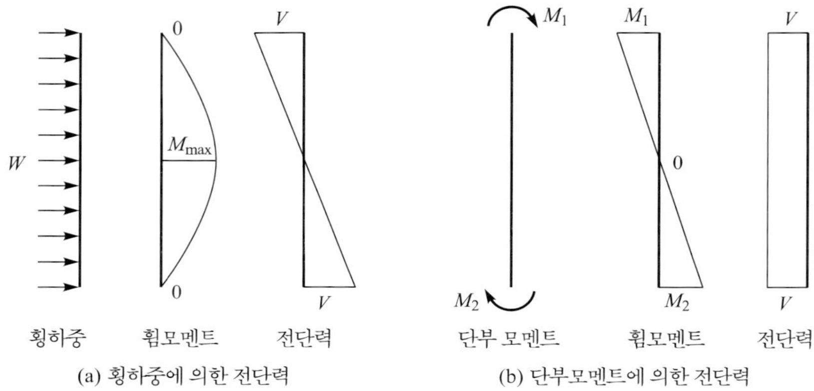

해설 그림 4.2-14 하중도입부 이외구간의 휨모멘트에 의해 전단력이 발생되는 예

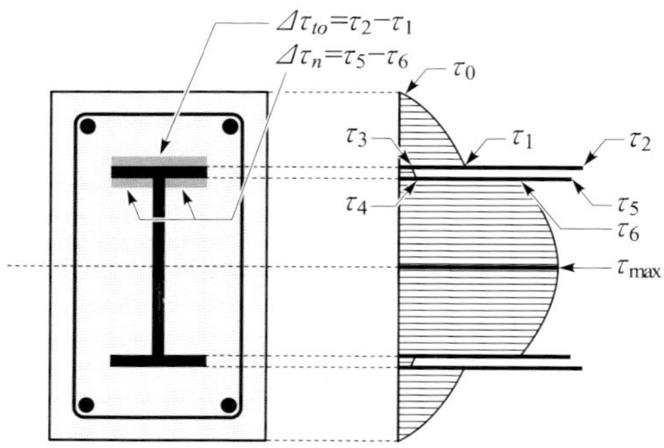

$$V=\frac{M_1-M_2}{L},\quad \tau_i=\frac{S_i}{Ib_i}$$

해설 그림 4.2-15 탄성해석에 의한 하중도입부 이외구간의 길이방향 전단응력의 분포 예

새 기준은 전술한 AISC 360-10의 정성적 방법대신에 EC4와 같이 탄성해석법에 의해 길이방향 전단 응력분포를 확인하여 전단응력이 부착강도를 초과하는 경우에는 4.2.8.2.5에 따라 전단연결재로 보강하도록 하는 정량적 방법으로 개정하였다. 따라서 하중도입부 이외 구간은 해설 그림 4.2-14와 해설 그림 4.2-15와 같은 설계자의 공학적 판단이 요구된다 (H형강구조설계매뉴얼, KSEA 731-12).

4.2.8.2.5 강재 전단연결재

4.2.8.2.5.1 일반사항

이 규정은 매입형 합성부재 안에 사용하는 스터드 전단연결재 또는 ㄷ형강 전단연결재의 설계에 적용한다. 이 조항 대신에 "KDS 14 20 00"을 사용할 수 있다.

(1) 보통 콘크리트를 사용하는 경우, 전단력만 받는 스터드 전단연결재의 길이는 몸체직경의 5배 이상으로 한다. 인장 또는 전단과 인장의 조합력을 받는 스터드 전단연결재의 길이는 몸체직경 8배 이상으로 한다.

(2) 경량 콘크리트를 사용하는 경우, 전단력만 받는 스터드 전단연결재의 길이는 몸체직경의 7배 이상으로 한다. 인장력을 받는 스터드 전단연결재의 길이는 몸체직경의 10배 이상으로 한다. 전단과 인장의 조합력을 받는 스터드 전단연결재의 공칭강도는 "KDS 14 20 00"을 따른다.

(3) 인장 또는 전단과 인장의 조합력을 받는 스터드 전단연결재의 머리직경은 몸체직경의 1.6배 이상으로 한다.

표 4.2-7은 각 하중조건에 대한 스터드 전단연결재의 최소 길이 / 직경비를 나타낸 것이다.

표 4.2.-7 스터드 전단연결재의 최소 길이/직경비

하중조건	보통콘크리트	경량콘크리트
전단	$h/d \geq 5$	$h/d \geq 7$
인장	$h/d \geq 8$	$h/d \geq 10$
전단과 인장의 조합력	$h/d \geq 8$	*

h/d : 몸체직경에 대한 스터드 전단연결재의 길이의 비
* : 경량콘크리트에 묻힌 전단연결재에 대한 조합력의 작용효과는 "KDS 14 20 00"에 따른다.

【해설】

(1) 전단연결부의 하중 저항 매커니즘은 순수전단에 대해서 연결재 단면과 이에 저항하는 연결재 주변의 콘크리트 지압을 포함해서 연결재 줄기의 면을 따라 형성되는 부착 및 마찰 저항이 일정 정도의 역할을 수행하게 된다. 따라서, 연성 연결재로서 파괴모드를 가지기 위한 연결재 길이의 최

소 기준을 제시하고 있고 전단과 함께 인장을 받는 전단연결부는 추가적인 부착 및 마찰 저항을 요구하기 위해 연결재 높이를 더 많이 요구하게 된다.

(2) 경량 콘크리트의 재료 특성이 보통 콘크리트와 다른 것을 고려한 규정이다. 콘크리트 구조설계기준에서는 콘크리트 앵커 규정으로 이를 제한하고 있다.

(3) 스터드 전단연결재의 머리직경은 스터드 연결재의 뽑힘 강도를 증진시키는 효과를 가진다. 이 기준에서 제시하는 한계값은 기준이 규정하고 있는 경험 기반의 수식들에 대한 적용성을 고려한 것이다. 스터드길이(h)는 스터드가 용접된 모재의 용접면으로부터 스터드 헤드까지를 포함한 전체 높이로 정의된다.

AISC Manual I8.3 Steel anchors in composite components에서 기술하고 있는 것은 합성 부재의 선설치된 스터드 및 ㄷ형강 앵커에 적용된다. 전단에 의한 스터드 강재 파단 및 콘크리트 지압파괴를 다룬다. 단, 제시된 간격 및 치수 제한은 ACI 318 Chapter 17 (국내 기준 'KDS 14 20 54 콘크리트용 앵커 설계기준')에 제시된 전단에 의한 콘크리트 프라이아웃 파괴 모드와 인장력이 재하된 앵커의 콘크리트 파괴 모드는 포함하지 않는다. 경량콘크리트에 사용된 전단력과 인장력이 동시에 작용되는 스터드 앵커의 강도는 ACI 318 Chapter 17 (국내 기준 'KDS 14 20 54 콘크리트용 앵커 설계기준')에 따른다.

AISC Manual Commentary I8. Steel Anchors 1. General에서 합성보에서 스터드 앵커의 설계전단 강도를 산정할 때, 스터드 길이/직경비는 최소 4 이상이지만, 합성부재에서는 이를 상향하여 적용한다. 합성부재의 설계전단강도는 강재 파괴 모드만을 고려하며 콘크리트 파괴 모드를 포함하지 않는다(Pallarés and Hajjar, 2010a, 2010b).

AISC Manual Commentary I8. Steel Anchors 3. Steel Anchors in composite components에서는 콘크리트와 강재가 부재 내에서 함께 거동하는 합성 압축부재, 보-기둥, 매입형 합성보, 충전형 합성보, 합성연결보, 합성 벽체의 하중전달부(연결부)에 사용되는 스터드 앵커를 다룬다. 이 경우에 강재 앵커는 전단, 인장 또는 이 둘이 동시에 작용하는 하중 상태에 놓일 수 있다. 하중전달부 앵커의 강도는 합성부재 전체로 산정되기 보다는 개별적으로 직접 산정되므로, 볼트 연결재 설계와 마찬가지로 앵커에 저항계수를 직접 적용한다.

많은 연구 결과들을 바탕으로, 스터드의 길이/직경비가 5이상인 보통 중량의 콘크리트에 사용된 스터드 앵커는 몸체 강재 또는 용접부에서 파단되는 것으로 밝혀졌다. 경량 콘크리트를 사용한 경우에는 길이/직경비가 7 이상이어야 한다(Pallarés and Hajjar, 2010a). 유사하게, 인장 또는 인장과 전단이 함께 재하된 경우에 보통 중량의 콘크리트에서 스터드의 길이/직경비가 8이상인 경우 스터드 앵커는 몸체 강재 또는 용접부에서 주로 파단된다. 경량 콘크리트인 경우에는 길이/직경비가 10이상이어야 한다(Pallarés and Hajjar, 2010b). 경량 콘크리트에서 전단과 인장이 함께 재하되는 스터드 앵커에 대한 실험 결과는 매우 적어서, 강재 파괴모드가 지배적이라는 명확한 근거가 부족하다. 전단과 인장이 함께 걸리는 경량 콘크리트에 적용된 스터드 앵커는 'KDS 14 20 54 콘크리트용 앵커 설계기준'을 적용할 것을 권장한다.

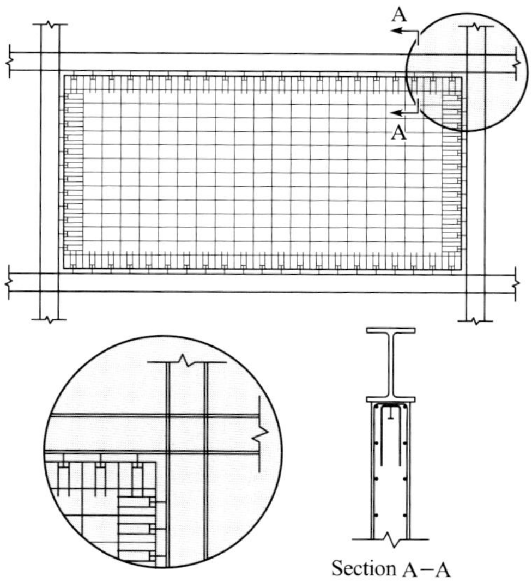

해설 그림 4.2-16 인장력을 받는 스터드 앵커를 위한 합성 벽체의 일반 배근 상세

'KDS 14 20 54 콘크리트용 앵커 설계기준'는 콘크리트 지압 파괴되는 강재 앵커의 강도를 계산하기 위하여 가장자리 거리를 복잡하게 고려한다. 합성부재에서는 앵커가 가장자리에 놓이고 일정하게 지지되지 않아 콘크리트 파단이 발생할 가능성이 있는 경우는 드물다. 따라서 이 기준은 단순히 콘크리트 파괴 모드가 지배하는 여부를 판단하기 위한 용도로 사용하는 것이 좋다. 일반적인 합성부재에서 가장자리가 일정하게 지지된 경우라면 가장자리 조건으로 인한 콘크리트 파괴는 발생하지 않는 것으로 봐도 좋다. 따라서 'KDS 14 20 54 콘크리트용 앵커 설계기준'을 적용하는 경우, 전단에 의한 콘크리트 파괴 모드가 발생하지 않도록 가장자리가 하중작용 방향과 수직하도록 하거나 가장자리가 하중작용선과 평행한 경우 충분한 거리를 두도록 설계하는 것이 중요하다. 전단 하중에 대하여 콘크리트 파괴 모드를 허용하는지 여부는 설계자의 선택에 맡기며, 'KDS 14 20 54 콘크리트용 앵커 설계기준'에 근거하여 스터드 앵커의 강도를 직접 산정할 수 있다.

이 기준에서 제시된 강재 파괴에 대한 한계상태와 저항 계수는 'KDS 14 20 54 콘크리트용 앵커 설계기준'에 제시된 저항계수와 별도로 산정된 것이지만 결과적으로 동일하다. 가장자리 조건이 없다면 강재 파괴 모드만을 고려하면 되고, 최소 길이/직경비를 만족하는 경우에 대한 실험은 강재 파괴와 콘크리트 파괴가 발생한 결과를 모두 포함하여 저항 계수가 산정되었다(Pallarés and Hajjar, 2010a, 2010b).

인장 또는 인장과 전단이 함께 재하되는 스터드 앵커는 조기 파단을 방지하기 위하여 스터드 주변으로 배근하는 것을 권장한다. 길이/직경비가 너무 작다면, 'KDS 14 20 54 콘크리트용 앵커 설계기준'을 적용하여 앵커의 강도를 산정하여야 한다. 가장자리 거리 또는 인접한 앵커와의 간격이 너무 좁다면, 'KDS 14 20 54 콘크리트용 앵커 설계기준'을 적용하여야 한다.

4.2.8.2.5.2 스터드 전단연결재의 전단강도

(1) 한계상태가 콘크리트 전단파괴강도가 아닌 경우, 스터드 전단연결재의 1개에 대한 설계전단강도는 다음과 같이 구한다.

$$Q_{nv} = F_u A_{sa} \quad (4.2\text{-}62)$$

$$\phi_v = 0.65$$

여기서, Q_{nv} : 스터드 전단연결재의 공칭전단강도 (N)

A_{sa} : 스터드 전단연결재의 단면적 (mm^2)

F_u : 스터드 전단연결재의 설계기준인장강도 (MPa)

(2) 한계상태가 콘크리트 전단파괴강도인 경우, 스터드 전단연결재 1개에 대한 설계전단강도는 다음 중 1가지 방법으로 구한다.

① 스터드 전단연결재 파괴면의 양측에 "KDS 14 20 00"에 따라 전단연결재 철근이 배근된 경우, 스터드 전단연결재의 공칭전단강도 Q_{nv}는 식 (4.2.8.2.5.2-1)으로 구한 강재의 공칭전단강도와 전단연결재 철근의 공칭강도 중의 최소값으로 한다.

② "KDS 14 20 00"에 있는 방법.

【해설】

전단연결부는 파괴가 연결재 자체의 전단강도와 지압영역의 콘크리트의 지압파괴에 이어지는 연결재 파괴로 구분되어 경험식 기반의 설계강도가 산정되었다. 전단연결부의 파괴 모드를 3가지로 구분하여 전단강도를 산정할 수 있다. 이는 연결재 전단강도와 지압영역의 콘크리트 강도에 대한 상대적인 비에 따라 결정된다. AISC Manual I8.3a Shear strength of steel headed stud anchors in composite components에 따르면 전단파괴면(breakout prism)이 강판, 플랜지 또는 웹에 의하여 구속되지 않은 경우는 전단에 대한 한계상태가 콘크리트 지압 파괴강도일 수 있다.

4.2.8.2.5.3 스터드 전단연결재의 인장강도

(1) 전단연결재의 중심에서 스터드 전단연결재의 높이에 직교한 콘크리트 단부까지의 거리가 스터드 전단연결재 상단까지 높이의 1.5배 이상이고, 스터드 전단연결재의 중심간 간격이 스터드 전단연결재 상단까지 높이의 3배 이상인 경우, 스터드 전단연결재의 1개에 대한 설계인장강도는 다음과 같이 구한다.

$$Q_{nt} = F_u A_{sa} \quad (4.2\text{-}63)$$

$$\phi_t = 0.75$$

여기서, Q_{nt} : 강재 스터드 전단연결재의 공칭인장강도 (N)

A_{sa} : 강재 스터드 전단연결재의 단면적 (mm^2)

F_u : 강재 스터드 전단연결재의 설계기준 인장강도 (MPa)

(2) 전단연결재의 중심에서 스터드 전단연결재의 높이에 직교한 콘크리트 단부까지의 거리가 스터드 전단연결재 상단까지 높이의 1.5배 미만이고, 스터드 전단연결재의 중심 간 간격이 스터드 전단연결재 상단까지 높이의 3배 미만인 경우, 스터드 전단연결재의 1개에 대한 공칭인장강도는 다음 중 1가지 방법으로 구한다.

① 스터드 전단연결재 파괴면의 양측에 KDS 14 20 00에 따라 전단연결재 철근이 배근된 경우, 스터드 전단연결재의 공칭인장강도 Q_{nt}는 식 (4.2-63)으로 구한 강재의 공칭전단강도와 전단연결재 철근의 공칭강도 중의 최솟값으로 한다.

② KDS 14 20 00에 있는 방법

【해설】

전단연결재의 간격이 좁거나 단부까지의 거리가 충분하지 못한 경우에는 개별적인 연결재 하나의 강도를 전단지간내에서 합산하여 강도 검토를 하는 것이 안전측이 아닌 결과를 도출할 수 있기 때문에 간격에 대한 전제조건을 제시한 것이다. AISC Manual I8.3b Tensile strength of steel headed stud anchors in composite components에 따르면 인장을 받거나 인장과 전단이 함께 재하되는 스터드 앵커는 가장자리 효과 혹은 좁은 설치 간격으로 인한 효과를 피하기 위하여 앵커 주변에 충분한 구속 철근을 배근하는 것이 바람직하다

4.2.8.2.5.4 전단과 인장의 조합력을 받는 스터드 전단연결재의 강도

(1) 한계상태가 콘크리트 전단파괴강도가 아닌 경우, 전단연결재의 중심에서 스터드 전단연결재의 높이에 직교한 콘크리트 단부까지의 거리가 스터드 전단연결재 상단까지 높이의 1.5배 이상이고, 스터드 전단연결재의 중심간 간격이 스터드 전단연결재 상단까지 높이의 3배 이상이면, 스터드 전단연결재의 1개에 대한 전단과 인장의 상호작용에 대한 공칭강도는 다음과 같이 구한다.

$$\left[\left(\frac{Q_{rt}}{Q_{ct}}\right)^{5/3}+\left(\frac{Q_{rv}}{Q_{cv}}\right)^{5/3}\right]\le 1.0 \qquad (4.2\text{-}64)$$

여기서, Q_{rt} : 소요인장강도 (N)

$Q_{ct}=\phi_t Q_{nt}$: 설계인장강도 (N)

Q_{rv} : 소요전단강도 (N)

$Q_{cv} = \phi_v Q_{nv}$: 설계전단강도 (N)

(2) 소요인장강도 Q_{rt}와 소요전단강도 Q_{rv}는 설계요구사항에 따른 하중조합에서 요구하는 강도이다. 강도저감계수는 다음과 같다.

$\phi_t = 0.75$, 인장저항계수

$\phi_v = 0.65$, 전단저항계수

한계상태가 콘크리트 전단파괴강도인 경우이거나, 전단연결재의 중심에서 스터드 전단연결재의 높이에 직교한 콘크리트 단부까지의 거리가 스터드 전단연결재 상단까지 높이의 1.5배 미만이거나, 스터드 전단연결재의 중심간 간격이 스터드 전단연결재 상단까지 높이의 3배 미만인 경우, 스터드 전단연결재의 1개에 대한 전단과 인장의 상호작용에 대한 공칭강도는 다음 중 1가지 방법으로 구한다.

① 스터드 전단연결재 파괴면의 양측에 KDS 14 20 00에 따라 전단연결재 철근이 배근된 경우, 식 (4.2-64)에 사용하는 스터드 전단연결재의 공칭전단강도 Q_{nv}는 식 (4.2-62)로 구한 강재의 공칭전단강도와 전단연결재 철근의 공칭강도 중의 최소값으로 하고, 스터드 전단연결재의 공칭인장강도 Q_{nt}는 식 (4.2-63)으로 구한 강재의 공칭전단강도와 전단연결재 철근의 공칭강도 중의 최소값으로 한다.

② KDS 14 20 00에 있는 방법

【해설】

전단과 인장의 상호작용에 대한 경험식은 1973년에 McMakin이 수행한 54개의 실험 결과로부터 도출된 것이다. 이 식은 ACI 318-08과 PCI에도 채택된 경험식이다. 이후에 Bode와 Roik (1987)의 연구로 인장과 전단력이 각각의 강도의 20%를 넘지 않는 수준이면 상호작용의 영향을 고려하지 않아도 된다고 제안되었다. 이는 ACI 318의 17장을 준용한 'KDS 14 20 54 콘크리트용 앵커 설계기준'의 4.5에 다음과 같이 반영되어 있다.

(1) $V_{ua} \le 0.2\phi V_n$인 경우, 전체 인장강도를 사용할 수 있고 $\phi N_n \ge N_{ua}$를 적용하여야 한다.

(2) $N_{ua} \le 0.2\phi N_n$인 경우, 전체 전단강도를 사용할 수 있고 $\phi V_n \ge V_{ua}$를 적용하여야 한다.

(3) $V_{ua} > 0.2\phi V_n$이고, $N_{ua} > 0.2\phi N_n$인 경우, 다음 식을 적용한다.

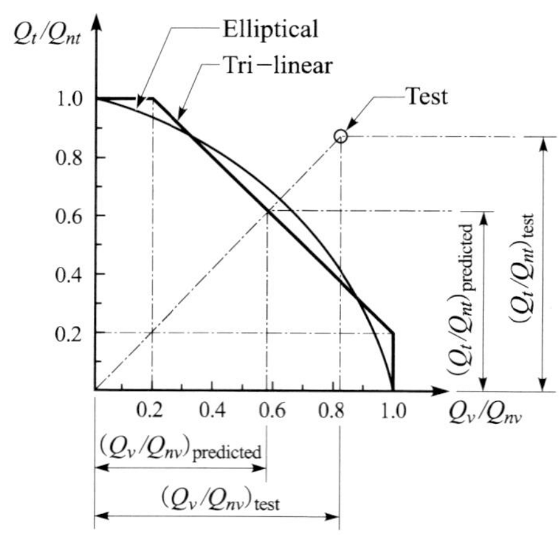

해설 그림 4.2-17 상호작용에 대한 고려

$$\frac{N_{ua}}{\phi N_n}+\frac{V_{ua}}{\phi V_n}\leq 1.2 \quad \text{(해설 4.2-16)}$$

4.2.8.2.5.5 ㄷ형강의 전단강도

ㄷ형강 전단연결재의 설계전단강도는 식 (4.2-65)에 따라 구한 공칭전단강도와 다음의 강도저감계수에 의해 구한다.

$$Q_n = 0.3(t_f + 0.5t_w)L_a\sqrt{f_{ck}E_c} \quad (4.2\text{-}65)$$

$$\phi_v = 0.75$$

여기서, t_f : ㄷ형강 전단연결재의 플랜지 두께(mm)

t_w : ㄷ형강 전단연결재의 웨브 두께(mm)

L_a : ㄷ형강 전단연결재의 길이(mm)

ㄷ형강 전단연결재의 강도는 편심의 영향을 고려하여 Q_n의 힘을 받을 수 있도록 보플랜지에 용접되어야 한다.

【해설】

1965년에 Slutter와 Driscoll이 수행한 41개의 실험 결과에 근거한 경험식을 일부 수정한 강도식이다. 34개는 102mm 높이를 갖는 channel에 대한 실험이었고 5개는 76mm, 2개는 127mm 높이를 갖는 연결재를 대상으로 하였다. 35개의 실험부재가 길이가 152mm인 긴 연결재를 대상으로 하였다. 따라서, 이 수식은 주로 높이 102mm, 길이 152mm를 갖는 연결재에 적용가능하다고 할 수 있다.

캐나다 설계기준 (NBC)에서는 $Q_n = 36.5(t_f + 0.5t_w)L_a\sqrt{F_c}$로 제시하고 있다. 유로코드 4에서는 강성연결재로 취급하고 있고 uplift를 방지하기 위한 타이 상세를 함께 사용하도록 한다. 설계강도는 $P_{Rd} = \eta A_{f1}F_{ck}/\gamma_c$로 제시하고 있는데 연결재 전면에서의 지압강도를 기반으로 하고 있다.

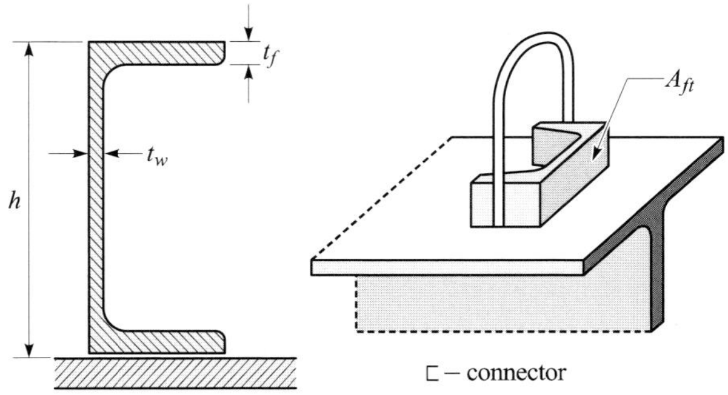

해설 그림 4.2-18 연결재의 주요 치수 및 타이 상세

4.2.8.2.5.6 상세요구사항

강재 전단연결재의 측 방향의 콘크리트 순 피복두께는 25mm 이상으로 한다. 스터드 전단연결재의 중심간 최소간격은 어느 방향이든 몸체직경의 4배로 한다. 스터드 전단연결재의 중심간 최대간격은 어느 방향이든 몸체직경의 32배로 한다. ㄷ형강 전단연결재의 중심간 최대간격은 600mm로 한다.

【해설】

설계기준에서 제시하는 경험식을 강도 평가에 사용하기 위한 전제조건으로 이 상세요구사항이 제시된 것이다. 상세 요구사항에 부합하지 않는 경우에는 경험식을 사용할 수 없다.

참고문헌

AISI (1969), Specification for the Design of Cold-Formed Steel Structural Members, American Iron and Steel Institute, Washington, DC.

AISI (2001), North American Specification for the Design of Cold-Formed Steel Structural Members, American Iron and Steel Institute, Washington, DC.

AISI (2007), North American Specification for the Design of Cold-Formed Steel Structural Members, ANSI/AISI Standard S100 2007, Washington, DC.

Bjorhovde, R. (1972), "Deterministic and Probabilistic Approaches to the Strength of Steel Columns," Ph.D. Dissertation, Lehigh University, Bethlehem, PA, May.

Bjorhovde, R. (1988), "Columns: From Theory to Practice," Engineering Journal, AISC, Vol. 25, No. 1, 1st Quarter, pp. 21-34.

Bleich, F. (1952), Buckling Strength of Metal Structures, McGraw-Hill, New York, NY.

Chen, W.F. and Atsuta, T. (1977), Theory of Beam Columns, Volume II: Space Behavior and Design, McGraw-Hill, New York, NY.

Galambos, T.V. (1968a), Structural Members and Frames, Prentice-Hall, Englewood Cliffs, NJ.

Galambos, T.V. (1968b), "Deformation and Energy Absorption Capacity of Steel Structures in the Inelastic Range," Steel Research for Construction Bulletin No. 8, American Iron and Steel Institute.

Galambos, T.V. (ed.) (1998), Guide to Stability Design Criteria for Metal Structures, 5th Ed., Structural Stability Research Council, John Wiley & Sons, Inc., New York, NY.

Galambos, T.V. and Surovek, A.E. (2008), Structural Stability of Steel-Concepts and Applications for Structural Engineers, John Wiley & Sons, Inc., New York, NY.

Johnson, D.L. (1985), "An Investigation into the Interaction of Flanges and Webs in Wide-Flange Shapes," Proceedings of the Annual Technical Session and Meeting, Cleveland, OH, April 16-17, 1985, Structural Stability Research Council, Bethlehem, PA, pp. 397-405.

Sherman, D.R. (1976), "Tentative Criteria for Structural Applications of Steel Tubing and Pipe," American Iron and Steel Institute, Washington, DC, August.

Stang, A.H. and Jaffe, B.S. (1948), Perforated Cover Plates for Steel Columns, Research Paper RP1861, National Bureau of Standards, Washington, DC.

Tide, R.H.R. (1985), "Reasonable Column Design Equations," Proceedings of the Annual Technical Session and Meeting, Cleveland, OH, April 16-17, 1985, Structural Stability Research Council, Bethlehem, PA.

Tide, R.H.R. (2001), "A Technical Note: Derivation of the LRFD Column Design Equations," Engineering Journal, AISC, Vol. 38, No. 3, 3rd Quarter, pp. 137-139.

Timoshenko, S.P. and Gere, J.M. (1961), Theory of Elastic Stability, McGraw-Hill Book Company, New York, NY.

von Kármán, T., Sechler, E.E. and Donnell, L.H. (1932), "The Strength of Thin Plates in Compression," Transactions of the ASME, Vol. 54.

Winter, G. (1947), "Strength of Thin Steel Compression Flanges," Transactions of the ASCE, Vol. 112, p. 547.

Ziemian, R.D. (ed.) (2010), Guide to Stability Design Criteria for Metal Structures, 6th Ed., John Wiley & Sons, Inc., Hoboken, NJ.

4.3 휨 부재

4.3.1 일반사항

하중이 단면의 주축과 전단중심을 통과하여 비틀림이 발생하지 않는 형강 및 조립부재에 적용한다.

4.3.2 형강 및 강관

4.3.2.1 단일부재

4.3.2.1.1 휨강도

4.3.2.1.1.1 일반사항

공칭휨강도를 산정할 때 다음의 내용은 이 절에 포함된 모든 부재에 공통적으로 적용한다. 이 절에서 포함하는 단면의 종류는 표 4.3-1 과 같고 단면의 폭두께비 제한은 표 4.3-2 와 같다.

(1) 설계휨강도 $\phi_b M_n$ 의 산정

공칭휨강도 M_n은 4.3.2.1.1.2 ~ 4.3.2.1.1.12 에 따라 적용한다. M_n은 4.4의 M_r과 같다.

(2) 횡비틀림좌굴 보정계수 C_b

모멘트분포가 일정하지 않은 휨재의 횡비틀림좌굴강도 산정 시 보정계수 C_b는 다음과 같다.

$$C_b = \frac{12.5\,M_{\max}}{2.5M_{\max} + 3M_A + 4M_B + 3M_C} \tag{4.3-1}$$

단,

① 자유단이 횡지지되지 않은 캔틸레버와 내민보의 경우 $C_b = 1.0$

② 횡지지점 사이에 횡하중이 없는 2축 대칭부재에서 C_b 는 다음 값을 초과할 수 없다.

가. 횡지지된 양단부의 모멘트 크기가 같고 부호가 같은 경우에는 1.0

나. 횡지지된 양단부의 모멘트 크기가 같고 부호가 반대인 경우에는 2.27

다. 한쪽 단부모멘트가 0인 경우에는 1.67

여기서, $M_{\max}$: 비지지구간에서 최대모멘트 절대값 (N·mm)

M_A : 비지지구간에서 1/4지점의 모멘트 절대값 (N·mm)

M_B : 비지지구간에서 중앙부의 모멘트 절대값(N·mm)

M_C : 비지지구간에서 3/4지점의 모멘트 절대값(N·mm)

복곡률이 발생하는 1축대칭부재의 경우에는 상하플랜지 모두에 대하여 횡비틀림좌굴 강도를 검토한다. C_b의 값은 모든 경우에 있어서 안전측으로 1.0을 사용할 수 있다.

표 4.3-1 휨부재 단면의 분류

해당 절	단면의 형태	플랜지	웨브	한계상태
4.3.2.1.1.2	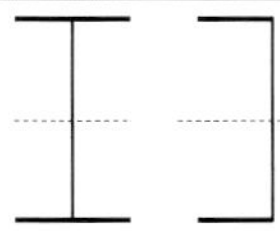	조밀	조밀	항복 횡비틀림좌굴
4.3.2.1.1.3		비조밀 세장판요소	조밀	횡비틀림좌굴 플랜지국부좌굴
4.3.2.1.1.4	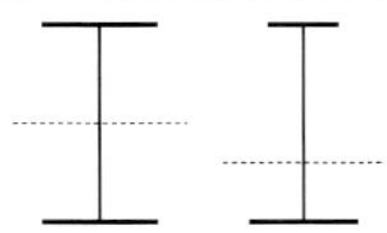	조밀 비조밀 세장판요소	조밀 비조밀	항복 횡비틀림좌굴 플랜지국부좌굴 인장플랜지항복
4.3.2.1.1.5	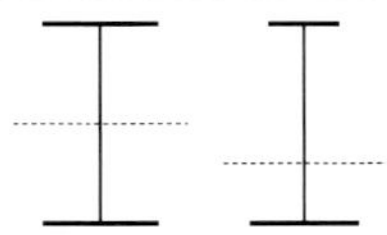	조밀 비조밀 세장판요소	세장판요소	항복 횡비틀림좌굴 플랜지국부좌굴 인장플랜지항복
4.3.2.1.1.6	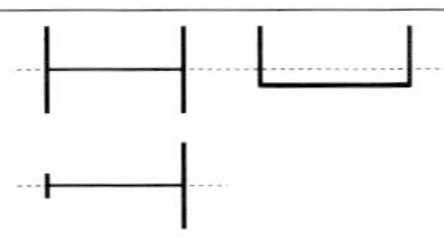	조밀 비조밀 세장판요소	–	항복 플랜지국부좌굴
4.3.2.1.1.7		조밀 비조밀 세장판요소	조밀 비조밀	항복 플랜지국부좌굴 웨브국부좌굴
4.3.2.1.1.8	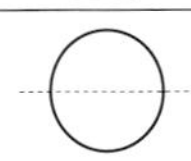	–	–	항복 국부좌굴
4.3.2.1.1.9	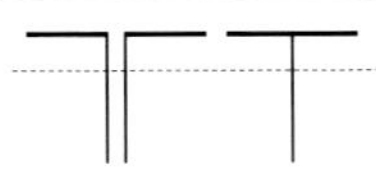	조밀 비조밀 세장판요소	–	항복 횡비틀림좌굴 플랜지국부좌굴
4.3.2.1.1.10	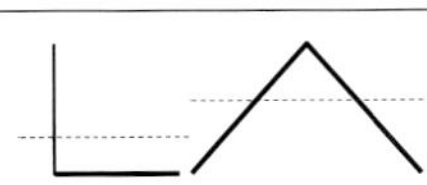	–	–	항복 횡비틀림좌굴 플랜지국부좌굴
4.3.2.1.1.11	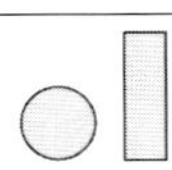	–	–	항복 횡비틀림좌굴
4.3.2.1.1.12	비대칭단면	–	–	모든 한계상태 포함

표 4.3-2 휨재단면의 폭두께비 제한

	판요소에 대한 설명	폭두께비	폭두께비 제한값		예
			λ_p(조밀)	λ_r(비조밀)	
자유돌출판	① 압연 H형강, ㄷ형강 및 T형강의 플랜지	b/t	$0.38\sqrt{E/F_y}$	$1.0\sqrt{E/F_y}$	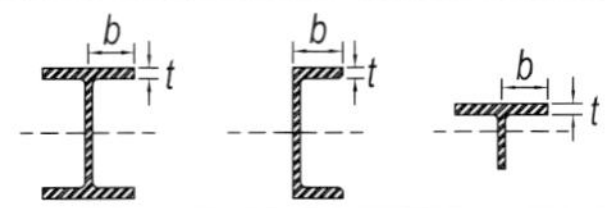
자유돌출판	② 2축 또는 1축 대칭인 용접 H형강의 플랜지	b/t	$0.38\sqrt{E/F_y}$	$0.95\sqrt{k_c E/F_L}$ 1),2)	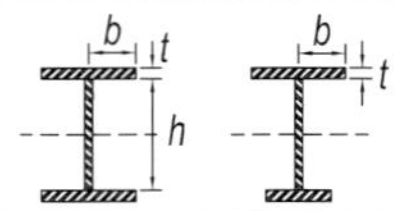
자유돌출판	③ 단일 ㄱ형강의 다리	b/t	$0.54\sqrt{E/F_y}$	$0.91\sqrt{E/F_y}$	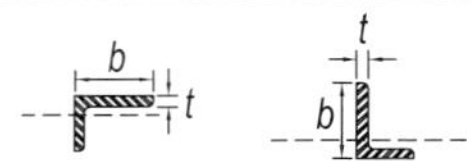
자유돌출판	④ 약축 휨을 받는 압연 H형강, ㄷ 형강의 플랜지	b/t	$0.38\sqrt{E/F_y}$	$1.0\sqrt{E/F_y}$	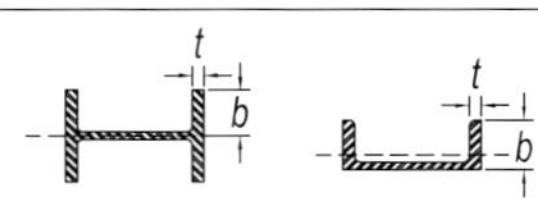
자유돌출판	⑤ T형강의 플랜지	d/t	$0.84\sqrt{\frac{E}{F_y}}$	$1.52\sqrt{\frac{E}{F_y}}$	
양연지지판	① -2축 대칭 H형강의 웨브 -ㄷ형강의 웨브	h/t_w	$3.76\sqrt{\frac{E}{F_y}}$	$5.70\sqrt{\frac{E}{F_y}}$	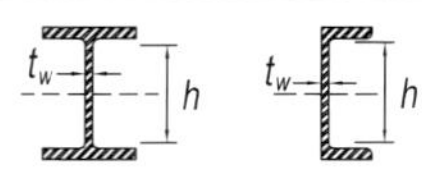
양연지지판	② 1축 대칭 H형강의 웨브	h_c/t_w	$\dfrac{\frac{h_c}{h_p}\sqrt{\frac{E}{F_y}}}{\left(0.54\frac{M_p}{M_y}-0.09\right)^2} \le \lambda_r$	$5.70\sqrt{\frac{E}{F_y}}$	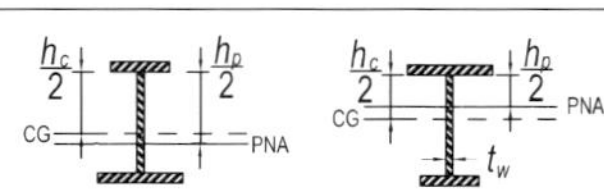
양연지지판	③ 균일한 두께를 갖는 각형강관과 박스의 플랜지	b/t	$1.12\sqrt{\frac{E}{F_y}}$	$1.40\sqrt{\frac{E}{F_y}}$	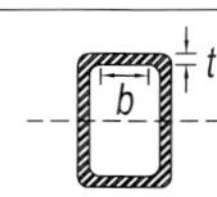
양연지지판	④ -플랜지 커버플레이트 -연결재 또는 용접선 사이의 다이아프램 플레이트	b/t	$1.12\sqrt{\frac{E}{F_y}}$	$1.40\sqrt{\frac{E}{F_y}}$	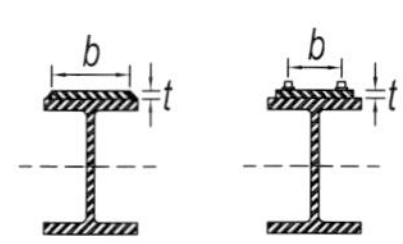
양연지지판	⑤ 각형강관과 박스의 웨브	h/t	$2.42\sqrt{\frac{E}{F_y}}$	$5.70\sqrt{\frac{E}{F_y}}$	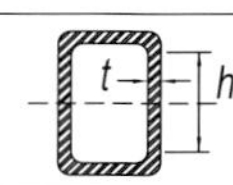
	⑥ 원형강관	D/t	$0.07\frac{E}{F_y}$	$0.31\frac{E}{F_y}$	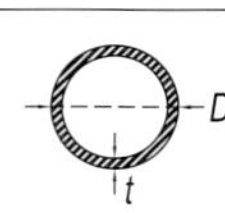

주1) $k_c = \dfrac{4}{\sqrt{h/t_w}}$, 여기서 $0.35 \le k_c \le 0.76$

주2) $F_L = 0.7F_y$: 약축 휨을 받는 경우, 웨브가 세장판 단면인 용접 H형강이 강축 휨을 받는 경우,

그리고 조밀단면 웨브 또는 비조밀단면 웨브이고 $S_{xt}/S_{xc} \geq 0.7$인 용접 H형강이 강축 휨을 받는 경우

$F_L = F_y S_{xt}/S_{xc} \geq 0.5F_y$: 조밀단면 웨브 또는 비조밀단면 웨브이고 $S_{xt}/S_{xc} < 0.7$인 용접 H형강이 강축 휨을 받는 경우

표 4.3-3 휨을 받는 충전형 합성부재의 압축 강재요소에 대한 폭두께비 제한

구분	폭두께비	λ_p (조밀)	λ_r (비조밀)	λ_{max} (최대허용)
각형강관[1)]의 플랜지	b/t	$2.26\sqrt{\frac{E}{F_y}}$	$3.00\sqrt{\frac{E}{F_y}}$	$5.00\sqrt{\frac{E}{F_y}}$
각형강관[1)]의 웨브	h/t	$3.00\sqrt{\frac{E}{F_y}}$	$5.70\sqrt{\frac{E}{F_y}}$	$5.70\sqrt{\frac{E}{F_y}}$
원형강관	D/t	$\frac{0.09E}{F_y}$	$\frac{0.31E}{F_y}$	$\frac{0.31E}{F_y}$

주1) 사각형 강관 및 두께가 일정한 용접 사각형 강관을 나타냄

【해설】

[위 기준(1)항의 "Mn은 4.4의 Mr과 같다"라는 문구는 삭제되어야 함]

본 절은 강축에 휨을 받는 1축 또는 2축 대칭 휨부재에 적용한다. 본 절에서 제시된 공칭휨강도 M_n는 전소성모멘트 M_p를 초과하지 못한다. 공칭휨강도는 보부재의 폭두께비와 횡비틀림지지길이에 따라 결정된다. 부재의 공칭휨강도가 전소성모멘트 상태에 도달하기 위해서는 부재의 단면이 조밀단면이며 횡비틀림지지되어 있어야 한다. 조밀 단면의 여부는 설계요구사항에서 제시된 부재단면의 폭두께비에 의하여 결정되며 상기의 조건이 충족되지 않으면 공칭휨강도는 저감된다. 과거 기준에서는 단면의 형태와 관계없이 모든 한계상태 즉, 항복, 횡비틀림좌굴, 플랜지 국부좌굴, 웨브 국부좌굴, 인장플랜지 항복 등에 대해서 검토했던 것에 비하여 본 기준에서는 단면 형태에 따라서 검토하여야 할 한계상태를 국한시킴으로써 사용자의 편의성을 고려하였다. 해설 그림 4.3-1은 조밀 단면, 비조밀단면, 세장판요소에 대한 공칭휨강도의 한계를 3개 구간으로 분류하여 나타낸다. 각 구간에서의 공칭휨강도는 폭두께비 λ에 따라 결정된다. 해설 그림 4.3-2는 횡비틀림지지길이와 공칭휨강도와의 관계를 나타낸다. 여기서 공칭휨강도는 각각 소성설계구간, 소성구간, 비탄성횡비틀림좌굴구간, 탄성횡비틀림좌굴구간의 4개 구간으로 분류되며 구간경계점 L_{pd}, L_p, L_r 로 구분된다. 탄성횡비틀림좌굴은 보의 횡비틀림지지길이가 식 (4.3-7)에 제시된 값 L_r 보다 큰 경우 발생하며, 이때의 횡비틀림좌굴강도는 식 (4.3-4)와 같다. 비탄성횡비틀림좌굴은 횡비틀림지지길이가 L_p보다 크고 L_r보다 작은 구간에서 발생하며, 이때의 횡비틀림좌굴강도는 식 (4.3-3)과 같다. 비 탄성횡비틀림좌굴구간에서 횡비틀림지지길이와 횡비틀림좌굴강도의 관계는 직선적으로 변화한다. 탄성횡비틀림좌굴과 비탄성횡비틀림좌굴경계점에서의 공칭휨강도는 $0.7F_yS_x$가 된다. 보가 등분포모멘트를 받지 않는 경우의 공칭

휨강도는 기준강도에 횡비틀림좌굴모멘트수정계수 C_b를 곱하여 산정한다. 여기서 기준강도는 C_b의 값이 1.0일 때의 값으로 정의한다. C_b에 의하여 공칭휨강도는 해설 그림 4.3-2와 같이 증가하나 공칭휨강도는 소성모멘트 M_p값을 초과하지 못하므로 주의를 요한다. 1.0보다 큰 C_b값에 대하여 소성모멘트까지 이르는데 더 큰 횡비틀림지지길이가 허용될 수 있기 때문이다. 설계를 하기 위해서는 식 (4.3-3)을 M_p와 같게 놓고 필요한 C_b값을 사용하여 이 식을 L_b에 대하여 구함으로써 이 길이를 구할 수 있다.

1998년 대한건축학회 한계상태설계기준(이하 이전 설계기준) 이래로

$$C_b = 1.75 + 1.05\left(\frac{M_1}{M_2}\right) + 0.3\left(\frac{M_1}{M_2}\right)^2 \quad \text{(해설 4.3-1)}$$

를 사용하여 왔으나 이 식은 모멘트가 부재 내에서 직선적으로 변화한다는 가정 하에 제안된 식으로 일반적으로는 흔하게 발생되지 않는 경우이다. 따라서 다양한 모멘트변화를 갖는 부재에 대하여 적용할 수 있는 식이 이번 기준에서 수정 제시되었으며 식 (4.3-1)과 같다. 이 식은 단부가 고정단일 경우 더욱 정확한 값을 제시하며 모멘트가 직선적으로 변화할 때에도 식 (4.3-1)과 일치한다.

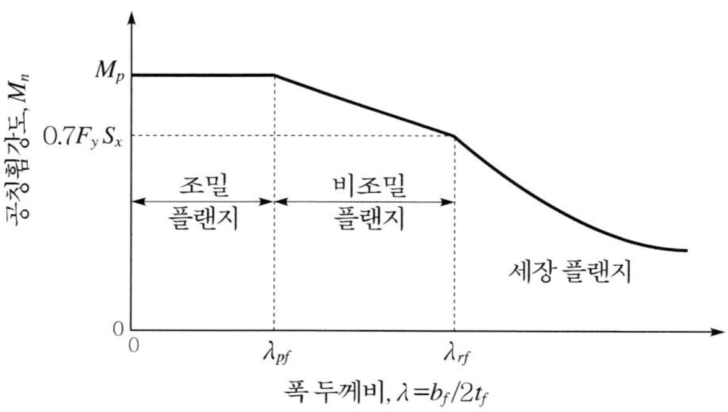

해설 그림 4.3-1 공칭휨강도와 폭두께비와의 관계

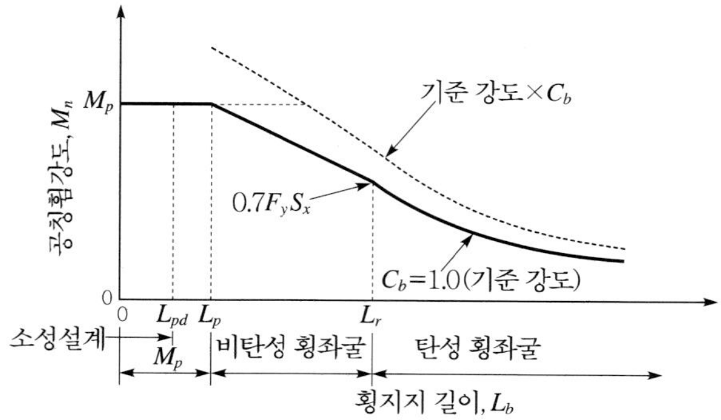

해설 그림 4.3-2 공칭휨강도와 횡비틀림지지길이와의 관계

4.3.2.1.1.2 강축휨을 받는 2축대칭 H형강 또는 ㄷ형강 조밀단면부재

이 조항은 강축에 대한 휨을 받는 2축대칭 H형강 또는 ㄷ형강 조밀단면부재에 적용한다.

(1) 소성모멘트

$$M_n = M_p = F_y Z_x \tag{4.3-2}$$

여기서, F_y : 강재의 항복강도 (MPa)

Z_x : x축에 대한 소성단면계수 (mm^3)

(2) 횡비틀림좌굴강도

① $L_b \leq L_p$의 경우에는 횡비틀림좌굴강도를 고려하지 않아도 된다.

② $L_p < L_b \leq L_r$의 경우

$$M_n = C_b\left[M_p - (M_p - 0.7F_y S_x)\left(\frac{L_b - L_p}{L_r - L_p}\right)\right] \leq M_p \tag{4.3-3}$$

③ $L_b > L_r$의 경우

$$M_n = F_{cr} S_x \leq M_p \tag{4.3-4}$$

여기서, L_b : 보의 비지지길이 (mm)

$$F_{cr} = \frac{C_b \pi^2 E}{\left(\frac{L_b}{r_{ts}}\right)^2}\sqrt{1 + 0.078\frac{Jc}{S_x h_o}\left(\frac{L_b}{r_{ts}}\right)^2} \tag{4.3-5}$$

E : 강재의 탄성계수 (MPa)

J : 단면비틀림상수 (mm^4)

S_x : 강축에 대한 탄성단면계수 (mm^3)

식 (4.3-5)에서 $\sqrt{1 + 0.078\frac{Jc}{S_x h_o}\left(\frac{L_b}{r_{ts}}\right)^2}$ 값은 안전측으로 설계할 경우, 1.0 값을 사용할 수 있다.

소성한계 비지지길이 L_p 및 탄성한계 비지지길이 L_r은 다음과 같이 산정한다.

$$L_p = 1.76 r_y \sqrt{\frac{E}{F_y}} \tag{4.3-6}$$

$$L_r = 1.95 r_{ts}\frac{E}{0.7F_y}\sqrt{\frac{Jc}{S_x h_o}}\sqrt{1 + \sqrt{1 + 6.76\left(\frac{0.7F_y}{E}\frac{S_x h_o}{Jc}\right)^2}} \tag{4.3-7}$$

여기서, $r_{ts}^2 = \dfrac{\sqrt{I_y C_w}}{S_x}$ (4.3-8)

$c = 1$: 2축대칭 H형강 부재의 경우 (4.3-8a)

$c = \dfrac{h_o}{2}\sqrt{\dfrac{I_y}{C_w}}$: ㄷ형강의 경우 (4.3-8b)

h_o : 상하부 플랜지 간 중심거리 (mm)

【해설】

이 조항은 강축에 휨을 받는 2축대칭 H형강 부재에 적용한다. 4.3.2.1.1.2에 제시된 식은 이전의 한계상태설계기준에서 제시된 식과 동일하다. 단 탄성횡비틀림좌굴과 비탄성횡비틀림좌굴의 경계점에서 발생하는 휨응력 F_L의 값을 산정함에 있어 이전 기준에서는 $F_{yf} - F_r$를 사용했으나 본 기준에서는 $0.7F_y$를 사용한다. 탄성횡비틀림좌굴응력식인

$$F_{cr} = \frac{C_b \pi^2 E}{\left(\dfrac{L_b}{r_{ts}}\right)^2}\sqrt{1 + 0.078\frac{J\,c}{S_x h_o}\left(\frac{L_b}{r_{ts}}\right)^2} \quad \text{(해설4.3-2)}$$

은 이전 기준의 탄성횡비틀림좌굴강도

$$F_{cr} = \frac{M_{cr}}{S_x} = \frac{C_b\,\pi}{L_b\,S_x}\sqrt{EI_y GJ + \left(\frac{\pi E}{L_b}\right)^2 I_y C_w} \quad \text{(해설4.3-3)}$$

과 동일하다.

여기서, $r_{ts}{}^2 = \dfrac{\sqrt{I_y C_w}}{S_x}$

$h_0 = d - t_f$

$\dfrac{2G}{\pi^2 E} = 0.0779$

$c = 1.0$의 경우 식 (4.3-6)는 이전 설계기준의 $\Lambda = \dfrac{79}{\sqrt{F_{yf}}}$와 동일하다. 이 식은 식 (해설 4.3-3)의 F_{cr}의 값이 $0.7F_y$가 될 때의 L_b값이다.

4.3.2.1.1.3 강축 휨을 받는 2축대칭 H형강(조밀단면 웨브, 비조밀 또는 세장판단면 플랜지) 부재

이 조항은 강축에 대한 휨을 받는 2축대칭 H형강(조밀단면 웨브, 비조밀 또는 세장판단면 플랜지) 부재에 적용한다.

(1) 횡비틀림좌굴강도

횡비틀림좌굴강도의 산정은 4.3.2.1.1.2(2)에 따른다.

(2) 압축플랜지 국부좌굴강도

① 비조밀단면 플랜지를 갖는 단면

$$M_n = \left[M_p - (M_p - 0.7 F_y S_x) \left(\frac{\lambda - \lambda_{pf}}{\lambda_{rf} - \lambda_{pf}} \right) \right] \quad (4.3\text{-}9)$$

② 세장판 단면 플랜지를 갖는 단면

$$M_n = \frac{0.9 E k_c S_x}{\lambda^2} \quad (4.3\text{-}10)$$

여기서, $\lambda = \dfrac{b_f}{2t_f}$

$\lambda_{pf} = \lambda_p$ 이며 표 4.3-2에 제시된 조밀단면 플랜지의 한계 폭두께비

$\lambda_{rf} = \lambda_r$ 이며 표 4.3-2에 제시된 비조밀단면 플랜지의 한계 폭두께비

$k_c = \dfrac{4}{\sqrt{h/t_w}}$, $0.35 \le k_c \le 0.76$

h : 표 4.3-2에 명시된 값

【해설】

이 조항은 4.3.2.1.1.2 와 단면의 형상은 동일하나 플랜지가 비조밀 또는 세장한 경우에 한하여 적용한다. 단면의 폭두께비 λ는 해설 그림 4.3-1에서 λ_{pf}와 λ_{rf}사이에 위치한다.

4.3.2.1.1.4 강축 휨을 받는 기타 H형강(웨브 조밀 또는 비조밀단면)부재

이 조항은 비조밀단면 웨브를 갖는 강축에 휨을 받는 2축대칭 H형강 단면과 조밀단면 웨브 또는 비조밀단면 웨브를 갖는 강축에 휨을 받는 1축대칭 H형강 단면에 적용한다. 공칭휨강도 M_n은 압축플랜지항복강도, 횡비틀림좌굴강도, 압축플랜지 국부좌굴강도 및 인장플랜지 항복강도 중 최솟값으로 한다.

(1) 압축플랜지 항복강도

$$M_n = R_{pc} M_{yc} = R_{pc} F_y S_{xc} \quad (4.3\text{-}11)$$

여기서, M_{yc}는 압축플랜지의 항복모멘트(N·mm)이다.

(2) 횡비틀림좌굴강도

① $L_b \le L_p$의 경우에는 횡비틀림좌굴강도를 산정하지 않는다.

② $L_p < L_b \le L_r$의 경우

$$M_n = C_b\left[R_{pc}M_{yc} - (R_{pc}M_{yc} - F_L S_{xc})\left(\frac{L_b - L_p}{L_r - L_p}\right)\right] \le R_{pc}M_{yc} \tag{4.3-12}$$

③ $L_b > L_r$의 경우

$$M_n = F_{cr}S_{xc} \le R_{pc}M_{yc} \tag{4.3-13}$$

여기서, $M_{yc} = F_y S_{xc}$ (4.3-14)

$$F_{cr} = \frac{C_b \pi^2 E}{\left(\frac{L_b}{r_t}\right)^2}\sqrt{1 + 0.078\frac{J}{S_{xc}h_o}\left(\frac{L_b}{r_t}\right)^2} \tag{4.3-15}$$

$\frac{I_{yc}}{I_y} \le 0.23$의 경우 J의 값은 0으로 한다.

I_{yc}는 y축에 대한 압축플랜지의 단면2차모멘트이다.

응력 F_L은 다음과 같이 산정한다.

가) $\frac{S_{xt}}{S_{xc}} \ge 0.7$의 경우

$$F_L = 0.7F_y \tag{4.3-16a}$$

나) $\frac{S_{xt}}{S_{xc}} < 0.7$의 경우

$$F_L = F_y\frac{S_{xt}}{S_{xc}} \ge 0.5F_y \tag{4.3-16b}$$

항복한계상태에서의 한계 비지지길이 L_p는

$$L_p = 1.1r_t\sqrt{\frac{E}{F_y}} \tag{4.3-17}$$

비탄성 횡비틀림좌굴 한계상태에서의 한계 비지지길이 L_r은

$$L_r = 1.95r_t\frac{E}{F_L}\sqrt{\frac{J}{S_{xc}h_o}}\sqrt{1 + \sqrt{1 + 6.76\left(\frac{F_L}{E}\frac{S_{xc}h_o}{J}\right)^2}} \tag{4.3-18}$$

웨브소성화계수 R_{pc}는 다음과 같이 산정한다.

가) $\dfrac{h_c}{t_w} \le \lambda_{pw}$의 경우

$$R_{pc} = \frac{M_p}{M_{yc}} \tag{4.3-19a}$$

나) $\dfrac{h_c}{t_w} > \lambda_{pw}$의 경우

$$R_{pc} = \left[\frac{M_p}{M_{yc}} - \left(\frac{M_p}{M_{yc}} - 1\right)\left(\frac{\lambda - \lambda_{pw}}{\lambda_{rw} - \lambda_{pw}}\right)\right] \le \frac{M_p}{M_{yc}} \tag{4.3-19b}$$

여기서, $M_p = Z_x F_y \le 1.6 S_{xc} F_y$

S_{xc}, S_{xt} : 압축, 인장플랜지 각각의 탄성단면계수 (mm^3)

$\lambda = \dfrac{h_c}{t_w}$

h_c : 압연형강의 경우 중립축으로부터 압축플랜지의 내측면 거리에서 모살 또는 코너반경을 제외한 거리의 2배 값; 조립단면의 경우 중립축으로부터 파스너선 사이의 거리 또는 용접한 경우에는 플랜지의 내측면 거리의 2배값 (mm)

t_w : 웨브두께 (mm)

$\lambda_{pw} = \lambda_p$: 표 4.3-2의 조밀단면 웨브의 한계폭두께비

$\lambda_{rw} = \lambda_r$: 표 4.3-2의 비조밀단면 웨브의 한계폭두께비

$I_{yc}/I_y \le 0.23$인 경우는 $R_{pc} = 1.0$으로 한다.

횡비틀림좌굴에 대한 유효단면2차반경 r_t는 다음과 같이 산정한다.

가) 사각형 압축플랜지를 갖는 H형강 부재의 경우

$$r_t = \frac{b_{fc}}{\sqrt{12\left(\dfrac{h_o}{d} + \dfrac{1}{6} a_w \dfrac{h^2}{h_o d}\right)}} \tag{4.3-20}$$

여기서, $a_w = \dfrac{h_c t_w}{b_{fc} t_{fc}}$ (4.3-21)

b_{fc} : 압축플랜지의 폭 (mm)

t_{fc} : 압축플랜지의 두께 (mm)

압축플랜지요소와 압축 측 웨브의 1/3에 해당하는 면적을 합한 단면의 y축에 대한 단면2차반경 (mm)

a_w : 압축웨브면적에 2배한 값과 압축플랜지 면적의 비

나) 압축플랜지에 ㄷ형강으로 캡을 씌우거나 커버플레이트가 부착된 H형강 부재의 경우 다음의 근사식을 식 (4.3-20) 대신 사용할 수 있다.

$$r_t = \frac{b_{fc}}{\sqrt{12\left(1+\frac{1}{6}a_w\right)}} \tag{4.3-22}$$

(3) 압축플랜지 국부좌굴강도

① 조밀단면 플랜지인 경우에는 압축플랜지 국부좌굴강도를 산정하지 않는다.

② 비조밀단면 플랜지인 경우에는

$$M_n = \left[R_{pc}M_{yc} - (R_{pc}M_{yc} - F_L S_{xc})\left(\frac{\lambda - \lambda_{pf}}{\lambda_{rf} - \lambda_{pf}}\right)\right] \tag{4.3-23}$$

③ 세장판 단면 플랜지의 경우에는

$$M_n = \frac{0.9Ek_c S_{xc}}{\lambda^2} \tag{4.3-24}$$

여기서, F_L : 식 (4.3-16a) 또는 식 (4.3-16b)에 따라 산정

R_{pc} : 웨브소성화계수, 식 (4.3-19a) 또는 식 (4.3-19b)에 따라 산정

$k_c = \frac{4}{\sqrt{h/t_w}}$, $0.35 \le k_c \le 0.76$

$\lambda = \frac{b_{fc}}{2t_{fc}}$

$\lambda_{pf} = \lambda_p$: 표 4.3-2의 조밀단면 플랜지의 한계세장비

$\lambda_{rf} = \lambda_r$: 표 4.3-2의 비조밀단면 플랜지의 한계세장비

(4) 인장플랜지 항복강도

① $S_{xt} \ge S_{xc}$의 경우 인장플랜지 항복강도를 산정하지 않는다.

② $S_{xt} < S_{xc}$의 경우

$$M_n = R_{pt}M_{yt} \tag{4.3-25}$$

여기서, $M_{yt} = F_y S_{xt}$

인장플랜지 항복 시 적용하는 웨브단면 소성계수 R_{pt}는 다음과 같이 산정한다.

가) $\dfrac{h_c}{t_w} \le \lambda_{pw}$ 의 경우

$$R_{pt} = \frac{M_p}{M_{yt}} \tag{4.3-26a}$$

나) $\dfrac{h_c}{t_w} > \lambda_{pw}$ 의 경우

$$R_{pt} = \left[\frac{M_p}{M_{yt}} - \left(\frac{M_p}{M_{yt}} - 1\right)\left(\frac{\lambda - \lambda_{pw}}{\lambda_{rw} - \lambda_{pw}}\right)\right] \le \frac{M_p}{M_{yt}} \tag{4.3-26b}$$

여기서, $\lambda = \dfrac{h_c}{t_w}$

$\lambda_{pw} = \lambda_p$: 표 4.3-2의 조밀단면 웨브의 한계폭두께비

$\lambda_{rw} = \lambda_r$: 표 4.3-2의 비조밀단면 웨브의 한계폭두께비

h_c : 압연형강의 경우 중립축으로부터 압축플랜지의 내측면 거리에서 모살 또는 코너반경을 제외한 거리의 2배 값; 조립단면의 경우 중립축으로부터 파스너선 사이의 거리 또는 용접한 경우에는 플랜지의 내측면 거리의 2배값(mm)

t_w : 웨브두께(mm)

【해설】

이 조항은 비조밀단면 웨브를 갖는 강축에 휨을 받는 2축대칭 H형강 단면과 조밀단면 웨브 또는 비조밀단면 웨브를 갖는 강축에 휨을 받는 1축대칭 H형강 단면에 적용한다. 웨브가 세장한 경우에는 4.3.2.1.1.5를 적용한다. 공칭휨강도는 4가지의 한계상태 1)횡비틀림좌굴; 2)압축플랜지 국부좌굴강도; 3)압축플랜지 항복; 4)인장플랜지 항복에 의하여 결정된다. 웨브좌굴의 영향을 고려하여 압축 플랜지 항복의 경우에는 압축항복시의 모멘트 M_{yc}에 보정계수 R_{pc}를 곱한 값을 공칭휨강도로 하고, 인장플랜지 항복의 경우에는 인장항복시의 모멘트 M_{yt}에 보정계수 R_{pt}를 곱한 값을 공칭휨강도로 한다.

4.3.2.1.1.5 강축휨을 받는 세장판단면 웨브의 1축 또는 2축대칭 H형강부재

이 조항은 강축에 휨을 받는 세장판 단면 웨브를 갖는 1축 또는 2축대칭 H형강 부재에 적용한다. 공칭휨강도 M_n은 압축플랜지 항복강도, 횡비틀림좌굴강도, 압축플랜지 국부좌굴강도 및 인장플랜지 항복강도 중 최솟값으로 한다.

(1) 압축플랜지 항복강도

$$M_n = R_{pg} F_y S_{xc} \tag{4.3-27}$$

(2) 횡비틀림좌굴강도

$$M_n = R_{pg} F_{cr} S_{xc} \tag{4.3-28}$$

① $L_b \leq L_p$의 경우에는 횡비틀림좌굴강도를 산정하지 않는다.

② $L_p < L_b \leq L_r$의 경우

$$F_{cr} = C_b \left[F_y - (0.3F_y) \left(\frac{L_b - L_p}{L_r - L_p} \right) \right] \leq F_y \tag{4.3-29}$$

③ $L_b > L_r$의 경우

$$F_{cr} = \frac{C_b \pi^2 E}{\left(\frac{L_b}{r_t} \right)^2} \leq F_y \tag{4.3-30}$$

여기서, L_p : 식 (4.3-17)에 따라 산정한다.

$$L_r = \pi r_t \sqrt{\frac{E}{0.7F_y}} \tag{4.3-31}$$

R_{pg} : 휨강도 감소계수

$$= 1 - \frac{a_w}{1200 + 300a_w} \left(\frac{h_c}{t_w} - 5.7\sqrt{\frac{E}{F_y}} \right) \leq 1.0 \tag{4.3-32}$$

여기서, a_w는 식 (4.3-21)에 따라 산정하며 10을 초과할 수 없다. r_t는 4.3.2.1.1.4에 제시된 횡비틀림좌굴에 대한 유효단면2차반경이다.

(3) 압축플랜지 국부좌굴강도

$$M_n = R_{pg} F_{cr} S_{xc} \tag{4.3.33}$$

① 조밀단면 플랜지 갖는 단면의 경우에는 압축플랜지 국부좌굴강도를 산정하지 않는다.

② 비조밀단면 플랜지를 갖는 단면의 경우

$$F_{cr} = \left[F_y - (0.3F_y)\left(\frac{\lambda - \lambda_{pf}}{\lambda_{rf} - \lambda_{pf}}\right)\right] \qquad (4.3\text{-}34)$$

③ 세장판 단면 플랜지를 갖는 단면의 경우

$$F_{cr} = \frac{0.9Ek_c}{\left(\dfrac{b_f}{2t_f}\right)^2} \qquad (4.3\text{-}35)$$

여기서, $k_c = \dfrac{4}{\sqrt{h/t_w}}$, $0.35 \le k_c \le 0.76$

$\lambda = \dfrac{b_{fc}}{2t_{fc}}$

$\lambda_{pf} = \lambda_p$: 표 4.3-2의 조밀단면 플랜지 한계폭두께비

$\lambda_{rf} = \lambda_r$: 표 4.3-2의 비조밀단면 플랜지 한계폭두께비

h : 압연강재의 경우 필릿 또는 코너반경을 제외한 플랜지간 순거리, 조립단면의 경우 파스너선 사이의 거리 또는 용접한 경우에는 플랜지간 순거리 (mm)

t_w : 웨브두께 (mm)

(4) 인장플랜지 항복강도

① $S_{xt} \ge S_{xc}$의 경우 인장플랜지 항복강도를 산정하지 않는다.

② $S_{xt} < S_{xc}$의 경우

$$M_n = F_y S_{xt} \qquad (4.3\text{-}36)$$

【해설】

이 조항은 강축에 휨을 받는 세장한 단면 웨브의 1축 또는 2축대칭 H형강 부재에 적용한다.

세장한 단면 웨브의 폭두께비 h_c/t_w의 값은 $5.7\sqrt{E/F_y}$ 보다 큰 값을 갖는다. 공칭휨강도는 4가지의 한계상태 1)횡비틀림좌굴; 2)압축플랜지 국부좌굴; 3)압축플랜지 항복; 4)인장플랜지 항복에 의하여 결정된다. 이 조항의 내용은 이전 설계기준 플레이트거더와 유사하다. 단, 횡비틀림좌굴강도를 산정함에 있어 비조밀 단면과 세장한 단면과의 차이를 둔 점이 변경된 내용이다. 폭두께비가 경계점 $\lambda_r = 5.7\sqrt{E/F_y}$ 에 위치하는 부재인 경우, 예로써 $F_y = 345$MPa이며 h_c/t_w의 값이 137인 부재와 138인 부재는 횡비틀림좌굴강도에 있어서 차이를 나타내게 되는데 이는 단면비틀림상수 J의 값이 4.3.2.1.1.4에서는 적용되나 4.3.2.1.1.5에서는 적용되지 않기 때문이다. 세장한 단면에서 $J=0$으로 적용한 것은 횡비틀림좌굴 시 웨브의 비틀림을 고려하였기 때문이다.

4.3.2.1.1.6 약축 휨을 받는 H형강 또는 ㄷ형강 부재

이 조항은 약축에 휨을 받는 H형강 또는 ㄷ형강 부재에 적용한다. 공칭휨강도 M_n은 항복강도(소성모멘트) 및 플랜지 국부좌굴강도를 산정한 후 최솟값으로 한다.

(1) 항복강도

$$M_n = M_p = F_y Z_y \leq 1.6 F_y S_y \quad (4.3\text{-}37)$$

여기서, Z_y : 약축에 대한 소성단면계수 (mm^3)

S_y : 약축에 대한 탄성단면계수 (mm^3)

(2) 플랜지 국부좌굴강도

① 조밀단면 플랜지를 갖는 단면의 경우에는 국부좌굴강도를 산정하지 않는다.

② 비조밀단면 플랜지를 갖는 단면의 경우

$$M_n = \left[M_p - (M_p - 0.7 F_y S_y) \left(\frac{\lambda - \lambda_{pf}}{\lambda_{rf} - \lambda_{pf}} \right) \right] \quad (4.3\text{-}38)$$

③ 세장판 단면 플랜지를 갖는 단면의 경우

$$M_n = F_{cr} S_y \quad (4.3\text{-}39)$$

여기서, $F_{cr} = \dfrac{0.69E}{\left(\dfrac{b_f}{2t_f} \right)^2}$ (4.3-40)

$\lambda = \dfrac{b_f}{t_f}$

$\lambda_{pf} = \lambda_p$: 표 4.3-2의 조밀단면 플랜지 한계폭두께비

$\lambda_{rf} = \lambda_r$: 표 4.3-2의 비조밀단면 플랜지 한계폭두께비

S_y : y축에 대한 탄성단면계수 (mm^3); ㄷ형강의 경우 최소단면계수

b_f : 플랜지의 폭 (mm)

t_f : 플랜지의 두께 (mm)

【해설】

약축휨을 받는 H형강 또는 ㄷ형강 부재는 횡비틀림좌굴 또는 웨브좌굴이 발생치 않는다. 공칭휨강도는 소성모멘트에 의한 압축항복, 플랜지 국부좌굴에 의하여 결정된다.

4.3.2.1.1.7 각형강관

이 조항은 강축 또는 약축 휨을 받는 조밀 또는 비조밀단면 웨브 및 조밀, 비조밀 또는 세장판 단면플랜지를 갖는 정사각형, 직사각형 및 2축대칭 각형강관에 적용한다. 공칭휨강도 M_n은 항복강도(소성모멘트), 플랜지 국부좌굴강도 및 웨브 국부좌굴강도의 한계상태 중 최솟값으로 한다.

(1) 항복강도

$$M_n = M_p = F_y Z \tag{4.3-41}$$

여기서, Z : 소성단면계수 (mm^3)

(2) 플랜지 국부좌굴강도

① 조밀단면 플랜지인 경우에는 플랜지 국부좌굴강도를 산정하지 않는다.

② 비조밀단면 플랜지를 갖는 단면의 경우

$$M_n = M_p - (M_p - F_y S)\left(3.57\frac{b}{t}\sqrt{\frac{F_y}{E}} - 4.0\right) \le M_p \tag{4.3-42}$$

여기서, b : 플랜지의 폭 (mm)

t_f : 플랜지의 두께 (mm)

S : 탄성단면계수 (mm^3)

③ 세장판 단면 플랜지를 갖는 단면의 경우

$$M_n = F_y S_{eff} \tag{4.3-43}$$

여기서, S_{eff} : 압축플랜지의 유효폭 b_e에 대한 유효단면계수

$$b_e = 1.92\,t_f\sqrt{\frac{E}{F_y}}\left[1 - \frac{0.38}{b/t_f}\sqrt{\frac{E}{F_y}}\right] \le b \tag{4.3-44}$$

(3) 웨브 국부좌굴강도

① 조밀 웨브단면인 경우에는 웨브 국부좌굴강도를 산정하지 않는다.

② 비조밀 웨브단면의 경우에는

$$M_n = M_p - (M_p - F_y S_x)\left(0.305\frac{h}{t_w}\sqrt{\frac{F_y}{E}} - 0.738\right) \le M_p \tag{4.3-45}$$

여기서, h : 웨브의 폭 (mm)

t_w : 웨브의 두께 (mm)

S_x : 강축에 대한 탄성단면계수 (mm^3)

【해설】

이 조항은 정사각형 및 직사각형 각형강관에 적용한다. 공칭휨강도 M_n은 항복강도(소성모멘트), 플랜지국부좌굴강도, 웨브국부좌굴강도를 산정한 후 최솟값으로 한다. 약축에 휨을 받는 각형강관은 횡비틀림좌굴을 고려할 필요가 없다. 이 단면은 비틀림에 대한 내력이 높기 때문에 소성모멘트에 도달하는 한계세장비가 상대적으로 크게 된다.

4.3.2.1.1.8 원형강관

이 조항은 D/t 비가 $\dfrac{0.45E}{F_y}$ 보다 적은 원형강관에 적용한다. 공칭휨강도 M_n은 항복강도(소성모멘트) 및 국부좌굴강도의 한계상태 중 최솟값으로 한다.

(1) 항복강도

$$M_n = M_p = F_y Z \qquad (4.3\text{-}46)$$

여기서, Z : 소성단면계수 (mm^3)

(2) 국부좌굴강도

① 조밀단면인 경우에는 플랜지 국부좌굴강도를 산정하지 않는다.

② 비조밀단면 의 경우

$$M_n = \left(\frac{0.021E}{\dfrac{D}{t}} + F_y\right)S \qquad (4.3\text{-}47)$$

③ 세장판 단면의 경우

$$M_n = F_{cr} S \qquad (4.3\text{-}48)$$

여기서, $F_{cr} = \dfrac{0.33E}{(D/t)}$ (4.3-49)

S : 탄성단면계수 (mm^3)

D : 원형강관의 외경 (mm)

t : 원형강관의 두께 (mm)

【해설】

원형강관은 횡비틀림좌굴을 발생치 않는다. 원형강관의 한계상태는 다음의 세 가지로 구분된다.

1) 작은 직경-두께비(D/t)를 갖는 강관으로 모멘트-곡률관계 곡선 상에서 상당한 소성변형이 진행된 후 국부좌굴이 발생하는 경우
2) 중간정도의 직경-두께비(D/t)를 갖는 강관으로 소성변형에 도달하면서 국부좌굴이 발생하는 경우
3) 큰 직경-두께비(D/t)를 갖는 강관으로 소성변형에 도달하기 이전에 국부좌굴이 급격하게 발생하는 경우이다.

참고로 본문에서 제시된 강도식은 열간압연강에 대한 실험을 기초로 한 것이다.

4.3.2.1.1.9 T형강 및 쌍ㄱ형강

이 조항은 대칭면에 하중을 받는 T형강 및 쌍ㄱ형강에 적용한다. 공칭휨강도 M_n은 항복강도(소성모멘트), 횡비틀림좌굴강도 및 플랜지 국부좌굴강도의 한계상태 중 최솟값으로 한다.

(1) 항복강도

$$M_n = M_p \tag{4.3-50}$$

여기서, $M_p = F_y Z_x \le 1.6 M_y$ (스템이 인장인 경우) (4.3-51)

$\le M_y$ (스템이 압축인 경우) (4.3-52)

(2) 횡비틀림좌굴강도

$$M_n = M_{cr} = \frac{\pi \sqrt{E I_y G J}}{L_b}\left[B + \sqrt{1+B^2}\right] \tag{4.3-53}$$

여기서, $B = \pm 2.3\left(\dfrac{d}{L_b}\right)\sqrt{\dfrac{I_y}{J}}$ (4.3-54)

L_b : 횡비틀림지지길이 (mm)

I_y : y축에 대한 단면2차모멘트 (mm^4)

G : 강재의 전단탄성계수 (MPa)

J : 비틀림상수 (mm^4)

(+)부호는 스템이 인장인 경우에 적용하며, (-)부호는 스템이 압축인 경우에 적용한다. T형강스템의 연단이 압축을 받는 경우에는 (-)부호를 적용한다.

(3) T형강의 플랜지 국부좌굴강도

$$M_n = F_{cr} S_{xc} \tag{4.3-55}$$

여기서, S_{xc} : 압축플랜지의 탄성단면계수 (mm^3)

F_{cr}은 다음과 같이 산정한다.

① 휨압축을 받는 조밀단면 플랜지를 갖는 단면인 경우에는 플랜지 국부좌굴강도를 산정하지 않는다.

② 휨압축을 받는 비조밀 플랜지를 갖는 단면의 경우

$$M_n = M_p - (M_p - 0.7F_y S_{xc})\left(\frac{\lambda - \lambda_{pf}}{\lambda_{rf} - \lambda_{pf}}\right) \leq 1.6M_y \qquad (4.3\text{-}56)$$

③ 휨압축을 받는 세장판 단면 플랜지를 갖는 단면의 경우

$$M_n = \frac{0.7ES_{xc}}{\left(\frac{b_f}{2t_f}\right)^2} \qquad (4.3\text{-}57)$$

여기서, b_f : 플랜지의 폭(mm)

t_f : 플랜지의 두께(mm)

(4) 휨압축을 받는 T형강 스템의 국부좌굴강도

$$M_n = F_{cr} S_x \qquad (4.3\text{-}58)$$

여기서, S_x : 탄성단면계수(mm^3)

임계응력 F_{cr}은 다음과 같이 구한다.

① $\frac{d}{t_w} \leq 0.84\sqrt{\frac{E}{F_y}}$ 인 경우

$$F_{cr} = F_y \qquad (4.3\text{-}59)$$

② $0.84\sqrt{\frac{E}{F_y}} < \frac{d}{t_w} \leq 1.03\sqrt{\frac{E}{F_y}}$ 인 경우

$$F_{cr} = \left[2.55 - 1.84\frac{d}{t_w}\sqrt{\frac{F_y}{E}}\right]F_y \qquad (4.3\text{-}60)$$

③ $\frac{d}{t_w} > 1.03\sqrt{\frac{E}{F_y}}$ 인 경우

$$F_{cr} = \frac{0.69E}{\left(\frac{d}{t_w}\right)^2} \qquad (4.3\text{-}61)$$

【해설】

1축대칭 T형강의 횡비틀림좌굴강도는 상당히 복잡한 식으로 제시되며 이 조항에서는 이를 단순화하여 식 (4.3-53)으로 제시되었다. H형강 횡비틀림좌굴강도 산정 시에 사용되었던 계수 C_b는 T형강에 사용 시 비안전측의 값을 제시하므로 T형강에 있어서 $C_b = 1.0$으로 취하는 것이 적당하다. 보가 복곡률 형태의 휨을 받을 때 T형강의 스템이 압축을 받는 경우 횡비틀림좌굴강도의 저하가 우려되기 때문이다. T형강에 있어서 폭두께비 λ_r에 대한 제한은 없다. 그 이유는 본문 식 (4.3-53) 및 식 (4.3-54)에서 L_b값이 0에 가까이 갈수록 횡비틀림좌굴강도는 국부좌굴강도 값에 근접하기 때문이다. L´Hospital의 법칙에 따라 $L_b = 1.0$을 식에 대입하면 횡비틀림좌굴과 국부좌굴의 영향이 고려된 다음 식을 얻는다.

$$M_{cr,\,L_b=0} = \frac{\pi EJ\sqrt{\dfrac{G}{E}}}{4.6d} = 0.424\frac{EJ}{d} \qquad \text{(해설 4.3-4)}$$

4.3.2.1.1.10 단일ㄱ형강

이 조항은 횡비틀림 지지가 있거나 횡비틀림 지지가 없는 단일ㄱ형강에 대하여 적용한다. 연속적인 횡비틀림 지지가 되어 있는 단일ㄱ형강의 경우에는 기본축인 x, y축을 기준으로 한 단면제계수를 이용하여 설계가능하며, 연속적인 횡비틀림 지지가 없는 경우에는 단면의 주축(강축, 약축)을 기준으로 한 단면제계수를 이용하여 설계해야 한다. 공칭휨강도 M_n은 항복강도(소성모멘트), 횡비틀림좌굴강도, ㄱ형강 다리의 국부좌굴강도의 한계상태 중 최솟값으로 한다.

(1) 항복강도

$$M_n = 1.5\,M_y \qquad (4.3\text{-}62)$$

여기서, M_y : 휨축에 대한 항복모멘트 (N·mm)

(2) 횡비틀림좌굴강도

연속적인 횡비틀림 지지가 없는 경우에 대하여

① $M_e \le M_y$ 의 경우

$$M_n = \left(0.92 - \frac{0.17M_e}{M_y}\right)M_e \qquad (4.3\text{-}63)$$

② $M_e > M_y$의 경우

$$M_n = \left(1.92 - 1.17\sqrt{\frac{M_y}{M_e}}\right)M_y \le 1.5M_y \tag{4.3-64}$$

여기서, M_e 는 탄성 횡비틀림좌굴모멘트이며 다음과 같이 산정한다.

가) 횡비틀림 지지가 없는 등변ㄱ형강의 경우

(가) 형강의 다리 끝부분이 최대압축을 받는 경우

$$M_e = \frac{0.66E\,b^4\,t\,C_b}{L_b^2}\left[\sqrt{1+0.78\left(\frac{L_b t}{b^2}\right)^2} - 1\right] \tag{4.3-65a}$$

(나) 형강의 다리 끝부분이 최대인장을 받는 경우

$$M_e = \frac{0.66E\,b^4\,t\,C_b}{L^2}\left[\sqrt{1+0.78\left(\frac{Lt}{b^2}\right)^2} + 1\right] \tag{4.3-65b}$$

M_y 의 값은 x, y축에 대한 단면계수를 사용하여 계산된 항복모멘트에 0.8배를 곱한 값을 취한다.

나) 최대모멘트가 발생한 위치에만 횡비틀림 지지가 되어 있는 경우,

M_e 의 값은 식 (4.3-65a) 또는 식 (4.3-65b)에 산정된 M_e 값에 1.25배를 곱한 값을 취한다.

M_y 의 값은 x, y축에 대한 단면계수를 사용하여 산정된 항복모멘트값을 취한다.

다) 등변ㄱ형강이 강축에 휨을 받는 경우

$$M_e = \frac{0.46E\,b^2\,t^2\,C_b}{L} \tag{4.3-66}$$

라) 부등변ㄱ형강이 강축에 휨을 받는 경우

$$M_e = \frac{4.9E\,I_z\,C_b}{L_b^2}\left[\sqrt{\beta_w^2 + 0.052\left(\frac{L_b t}{r_z}\right)^2} + \beta_w\right] \tag{4.3-67}$$

여기서, C_b : 식 (4.3-1)에 따라 산정한 횡비틀림좌굴모멘트 수정계수로 1.5를 초과해서는 안 된다.

L_b : 횡비지지길이 (mm)

I_z : 약축에 대한 단면2차모멘트 (mm^4)

r_z : 약축에 대한 단면2차반경 (mm)

t : ㄱ형강 다리의 두께

$$\beta_w = \frac{1}{I_w} = \int_A z(w^2+z^2)dA - 2z_0,$$

여기서, z_0는 단면중심에서 z축의 전단중심까지의 거리이고 I_w는 주축에 대한 단면2차모멘트이다. 압축을 받는 다리길이가 짧은 경우 (+)의 값을, 압축을 받는 다리길이가 긴 경우 (−)의 값을 갖는다.

(3) ㄱ형강 다리의 국부좌굴강도

① 조밀단면인 경우에는 국부좌굴강도를 산정하지 않는다.

② 비조밀단면의 경우

$$M_n = F_y S_c \left[2.43 - 1.72\left(\frac{b}{t}\right)\sqrt{\frac{F_y}{E}}\right] \quad (4.3\text{−}68)$$

③ 세장판 단면의 경우

$$M_n = F_{cr} S_c \quad (4.3\text{−}69)$$

여기서, $F_{cr} = \dfrac{0.71E}{(b/t)^2}$ (4.3−70)

b : 압축을 받는 다리부분의 외측 폭 (mm)

S_c : 휨축에 대한 다리 압축부분의 탄성단면계수 (mm^3). 연속적인 횡비틀림 지지가 없는 경우, S_c의 값은 기본축인 x, y축에 대해 산정한 값의 0.8배를 취한다.

【해설】

단일ㄱ형강에 대한 공칭휨강도 M_n은 항복(소성모멘트), 횡비틀림좌굴, 국부좌굴에 대하여 산정한다. 일반적인 부등변형강뿐만 아니라 등변ㄱ형강의 경우를 별도로 하여 강도식이 제시되었다. 단부가 구속되지 않고 휨을 받는 경우에 ㄱ형강 두 끝부분의 휨응력은 서로 같은 부호를 가지며, 단부가 구속되고 휨응력을 받는 경우에 ㄱ형강 두 끝부분의 휨응력은 서로 다른 부호를 갖는다.

사용성한계상태에 대한 고려가 필요하며, 특히 단부구속이 없는 휨을 받는 경우에는 횡비틀림좌굴이나 국부좌굴보다 우선하여 사용성한계상태에 도달할 수 있다. 이 조항에서 휨강도 결정구간은 3개의 구간인, 소성에 의한 항복구간, 휨강도 선형변화구간, 국부좌굴 구간으로 구분된다.

항복강도 : 소성모멘트에 의한 항복 시 형상계수는 1.5를 취한다. 최근 연구결과에 의하여 1.5는 보수적인 값으로 확인되었다. 따라서 공칭휨강도 $M_n = 1.5M_y$로 산정된다.

횡비틀림좌굴강도 : 비지지단일형강의 경우 횡비틀림좌굴에 의하여 한계상태가 결정될 수 있다. 해설 그림 4.3−3에 제시된 바와 같이, 본문 식 (4.3−63) 부재의 이론적 탄성횡비틀림좌굴모멘트 M_e가 M_y보다 적은 경우에 적용하는 식이며 이 경우에는 탄성횡비틀림좌굴이 발생하며 이때의 공칭휨강도

M_n은 항복강도 M_y의 75%이하에서 결정된다. 본문 식 (4.3-64)는 부재의 이론적 탄성횡비틀림좌굴모멘트 M_e가 M_y보다 큰 경우에 적용하는 식이며 이때의 공칭휨강도 M_n은 항복강도의 75%이상, 150%이하의 범위에서 결정된다. 공칭휨강도와 항복강도와 같아질 때(그림에서 $M_y/M_e = 0.13$일 때)의 탄성횡비틀림좌굴모멘트 M_e는 $7.7M_y$이다.

국부좌굴강도 : 단일ㄱ형강에 있어서 국부좌굴강도는 압축력보다는 휨에 의해 발생되므로 이 조항에서는 이를 고려하여 수정, 보완되었다.

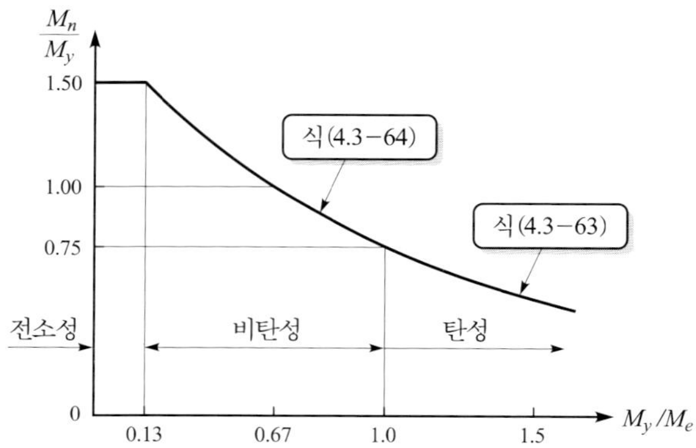

해설 그림 4.3-3 단일ㄱ형강보의 횡비틀림좌굴강도

4.3.2.1.1.11 각형 또는 원형강봉

이 조항은 각형 또는 원형강봉에 적용한다. 공칭휨강도 M_n은 항복강도(소성모멘트) 및 횡비틀림좌굴강도의 한계상태 중 최솟값으로 한다.

(1) 항복강도

$\frac{L_b d}{t^2} \le \frac{0.08E}{F_y}$ 을 만족하는 강축 휨을 받는 각형강봉, 약축휨을 받는 각형강봉 또는 원형강봉의 경우

$$M_n = M_p = F_y Z \le 1.6 M_y \quad (4.3\text{-}71)$$

(2) 횡비틀림좌굴강도

① 강축 휨을 받는 각형강봉에서 $\frac{0.08E}{F_y} < \frac{L_b d}{t^2} \le \frac{1.9E}{F_y}$ 인 경우

$$M_n = C_b \left[1.52 - 0.274 \left(\frac{L_b d}{t^2} \right) \frac{F_y}{E} \right] M_y \le M_p \quad (4.3\text{-}72)$$

② 강축휨을 받는 각형강봉에서 $\dfrac{L_b d}{t^2} > \dfrac{1.9E}{F_y}$ 인 경우

$$M_n = F_{cr} S_x \le M_p \tag{4.3-73}$$

여기서, $F_{cr} = \dfrac{1.9 E C_b}{\dfrac{L_b d}{t^2}}$ (4.3-74)

t : 휨축과 평행한 방향의 강봉단면의 폭 (mm)

d : 강봉단면의 두께 (mm)

L_b : 횡비지지길이 (mm)

C_b : 횡비틀림좌굴 보정계수

③ 약축에 대해 휨을 받는 원형강봉 또는 각형강봉의 경우에는 횡비틀림좌굴강도를 산정하지 않는다.

【해설】

[기준(2)항의 "d"는 강봉단면의 높이를 의미하는 것으로 휨축과 수직한 방향의 단면크기를 의미한다.]
이 조항은 각형 또는 원형강봉에 적용한다. 공칭휨강도 M_n은 주로 소성모멘트에 의하여 결정된다. 단, 강봉 단면의 두께(d)가 폭(t)보다 클 경우에는 횡비틀림좌굴강도를 고려해야한다.

4.3.2.1.1.12 비대칭단면

이 조항은 단일ㄱ형강을 제외한 비대칭단면에 적용한다.

공칭휨강도 M_n은 항복강도(소성모멘트), 횡비틀림좌굴강도 및 국부좌굴강도의 한계상태 중 최솟값으로 한다.

$$M_n = F_n S \tag{4.3-75}$$

여기서, S : 휨축에 대한 탄성단면계수 중 최솟값 (mm^3)

(1) 항복강도

$$F_n = F_y \tag{4.3-76}$$

(2) 횡비틀림좌굴강도

$$F_n = F_{cr} \le F_y \tag{4.3-77}$$

여기서, F_{cr} : 해석으로부터 산정된 좌굴응력 (MPa)

(3) 국부좌굴강도

$$F_n = F_{cr} \leq F_y \quad (4.3\text{-}78)$$

여기서, F_{cr} : 해석으로부터 산정된 좌굴응력(MPa)

【해설】

대칭축을 갖지 않는 단면에 대해서는 공칭휨강도를 산정함에 있어 별도의 해석으로부터 산출된 값을 사용하며 이 때 응력의 최대치는 항복응력과 탄성좌굴응력을 초과해서는 안 된다.

4.3.2.1.1.13 휨부재의 단면산정

(1) 구멍단면적 공제에 따른 강도저감

이 조항은 전체단면에 의해 휨강도가 산정되는 구멍이 있는 압연형강, 용접형강 및 커버플레이트를 사용한 휨재에 적용한다. 이와 같은 경우 다른 조항에 규정된 한계상태에 추가하여 인장플랜지의 인장파괴 한계상태를 추가로 산정한다.

① $F_u A_{fn} \geq Y_t F_y A_{fg}$ 의 경우, 인장파괴에 대한 한계상태를 산정하지 않는다.

② $F_u A_{fn} < Y_t F_y A_{fg}$ 의 경우, 인장플랜지에 구멍이 있는 위치에서의 공칭휨강도는 다음의 값을 초과하지 않아야 한다.

$$M_n = \frac{F_u A_{fn}}{A_{fg}} S_x \quad (4.3\text{-}79)$$

여기서, A_{fg} : 4.1.2.1에 따라 산정된 인장플랜지의 총단면적(mm^2)

A_{fn} : 4.1.2.2에 따라 산정된 인장플랜지의 순단면적(mm^2)

Y_t $=1.0$ ($F_y/F_u \leq 0.8$의 경우)

$=1.1$ (그 이외의 경우)

F_u : 인장강도(MPa)

S_x : 강축에 대한 탄성단면계수(mm^3)

(2) H형강 부재의 단면제한

1축대칭 H형강 부재는 다음 사항을 만족해야 한다.

$$0.1 \leq \frac{I_{yc}}{I_y} \leq 0.9 \quad (4.3\text{-}80)$$

여기서, I_{yc} : y축에 대한 압축플랜지의 단면2차모멘트 또는 복곡률의 경우 압축

플랜지 중 작은 플랜지의 단면2차모멘트 (mm^4)

I_y : y축에 대한 단면2차모멘트 (mm^4)

또한, 세장판 단면 웨브를 갖는 H형강 부재는 다음 사항도 만족해야 한다.

① $\frac{a}{h} \le 1.5$의 경우

$$\left(\frac{h}{t_w}\right)_{max} = 11.7\sqrt{\frac{E}{F_y}} \tag{4.3-81}$$

② $\frac{a}{h} > 1.5$ 의 경우

$$\left(\frac{h}{t_w}\right)_{max} = \frac{0.42\,E}{F_y} \tag{4.3-82}$$

여기서, a : 수직보강재의 순간격 (mm)

h : 웨브의 높이 (mm)

t_w : 웨브의 두께 (mm)

보강재가 없는 보는 h/t_w의 값이 260을 초과해서는 안 되며, 웨브의 면적은 압축플랜지 면적의 10배를 초과할 수 없다.

(3) 커버플레이트

휨재에 볼트로 체결된 커버플레이트의 단면적은 전체 플랜지 단면적의 70%를 넘지 않아야 한다. 플랜지와 웨브 또는 커버플레이트와 플랜지를 접합하는 고장력볼트나 용접은 보의 휨모멘트에 의해 발생한 전체 수평전단력에 저항할 수 있어야 한다. 이러한 볼트 또는 단속용접의 종방향분포는 전단력의 크기에 비례해야 한다. 그러나 종방향 간격은 4.1 인장재 또는 4.2 압축재에 대한 최대 허용간격을 초과하지 않아야 한다. 플랜지에 작용하는 하중이 직접 지압에 의해 웨브에 전달되는 것이 아닐 경우에는, 플랜지와 웨브를 접합하는 볼트 또는 용접은 플랜지에 작용하는 모든 하중이 웨브에 전달되도록 해야 한다.

부분적인 커버플레이트의 길이는 이론상의 절단점을 넘어 연장해야 하며, 그 연장부분은 절단점에서 발생하는 보의 휨응력 중 커버플레이트가 부담하는 응력을 전달할 수 있도록 마찰형 고장력볼트나 필릿용접으로 플랜지에 접합해야 한다. 이 때 고장력볼트, 필릿용접은 KDS 14 31 25의 규정을 만족해야 한다. 용접한 커버플레이트의 경우, 그 연장 길이는 이론상 절단점에서 보의 휨응력 중 커버플레이트가 부담하는 응력을 발휘할 수 있도록 커버플레이트의 2연단을 따라 양단 연속용접해야 한다. 그리고 그 연장길이는 다음과 같다.

① 커버플레이트 단부면의 전체폭에 걸쳐 용접치수가 커버플레이트 두께의 $\frac{3}{4}$ 이상인 연속용접을 하였을 경우

연장길이=커버플레이트 폭 (4.3-83)

② 커버플레이트 단부면의 전체폭에 걸쳐 용접치수가 커버플레이트 두께의 $\frac{3}{4}$ 미만인 연속용접을 하였을 경우

연장길이=(커버플레이트 폭)×1.5 (4.3-84)

③ 커버플레이트 단부면에 용접하지 않은 경우

연장길이=(커버플레이트 폭)×2

【해설】

설계기준 본문 중에서 (3) 커버플레이트 설명 중에 다음 항목이 누락되어 ③항목을 추가하였다.

③ 커버플레이트 단부면에 용접하지 않는 경우

연장길이= (커버플레이트 폭)×2

4.3.2.1.2 전단강도

4.3.2.1.2.1 일반사항

(1) 적용범위

이 절은 웨브에 전단력을 받는 1축 또는 2축 대칭단면, 단일ㄱ형강과 강관, 약축방향 전단력을 받는 1축 또는 2축 대칭 단면에 적용한다.

(2) 설계전단강도

① 전단강도는 다음과 같은 2가지 방법으로 산정한다.

가) 4.3.2.1.2.2는 부재의 후좌굴강도(인장역작용)를 이용하지 않고 산정한다.

나) 4.3.2.1.2.3은 인장역작용을 고려하여 산정한다.

② 4.3.2.1.2.2.(1) ②가)의 $h/t_w \le 2.24\sqrt{E/F_y}$ 인 압연 H형강의 웨브를 제외하고 이 절의 설계전단강도 $\phi_v V_n$은 강도저항계수 $\phi_v = 0.90$을 적용하여 산정한다.

【해설】

이 절에서는 1축 또는 2축대칭인 H형강보와 조립보의 전단강도를 산정하는 2가지 방법을 제시하고 있다. 4.3.2.1.2.2는 웨브의 좌굴이 후강도를 이용하지 않는 반면, 4.3.2.1.2.3은 웨브의 좌굴이후강도를 이용하여 산정한다.

4.3.2.1.2.2 웨브가 수직보강재에 의해 보강 또는 보강되지 않은 부재

(1) 공칭전단강도

① 이 조항은 웨브면내에 전단력을 받는 1축 또는 2축대칭 단면과 ㄷ형강의 웨브에 적용한다.

② 수직보강재에 의해 보강 또는 보강되지 않은 웨브의 공칭전단강도 V_n은 전단항복과 전단좌굴의 한계상태에 따라 다음과 같이 산정한다.

$$V_n = 0.6 F_y A_w C_v \tag{4.3-86}$$

여기서, A_w : 웨브의 단면적 (mm^2)

가) $h/t_w \le 2.24\sqrt{E/F_y}$ 인 압연 H형강의 웨브의 강도저항계수 $\phi_v = 1.00$ 및 $C_v = 1.0$을 적용한다.

나) 원형강관을 제외한 모든 2축 대칭단면, 1축대칭단면 및 ㄷ형강의 전단상수 C_v는 다음과 같이 산정한다.

(가) $h/t_w \le 1.10\sqrt{k_v E/F_y}$ 일 때

$$C_v = 1.0 \tag{4.3-87}$$

(나) $1.10\sqrt{k_v E/F_y} < h/t_w \le 1.37\sqrt{k_v E/F_y}$ 일 때

$$C_v = \frac{1.10\sqrt{k_v E/F_y}}{h/t_w} \tag{4.3-88}$$

(다) $h/t_w > 1.37\sqrt{k_v E/F_y}$ 일 때

$$C_v = \frac{1.51 E k_v}{(h/t_w)^2 F_y} \tag{4.3-89}$$

여기서, A_w : 부재 전체 높이 d와 웨브의 두께 t_w의 곱 (mm^2)

h : 웨브의 높이 (mm)

웨브 판 좌굴계수 k_v는 다음과 같이 산정한다.

(가) T형강의 스템을 제외한 $h/t_w < 260$ 인 비구속지지된 판요소 웨브

$$k_v = 5 \tag{4.3-90}$$

(나) $h/t_w < 260$ 인 T형강의 스템

$$k_v = 1.2 \tag{4.3-91}$$

(다) 구속판 요소 웨브

$$k_v = 5 + \frac{5}{(a/h)^2} \tag{4.3-92}$$

$$a/h > 3.0 \text{ 또는 } a/h > \left[\frac{260}{(h/t_w)}\right]^2 \text{인 경우 } k_v = 5 \tag{4.3-93}$$

여기서, a : 수직보강재의 순간격 (mm)

h : 압연형강의 플랜지 간 순거리에서 필릿 또는 코너반경을 뺀거리 (mm), 용접형강의 경우 플랜지 간 순거리 (mm), 볼트 조립단면에서는 파스너 열간거리 (mm)

(2) 수직보강재

① $h/t_w \leq 2.46\sqrt{E/F_y}$ 이거나 계수하중에 의한 구조해석으로 결정된 소요전단강도가 4.3.2.1.2.2(1)의 $k_v = 5$를 적용하여 산정한 전단강도 이하일 때 수직보강재는 필요하지 않다.

② 양면 보강재의 경우 웨브 중심축에 대한 단면2차모멘트와 단일 보강재의 경우 웨브판과 보강재의 접합면에 대한 단면2차모멘트는 $at_w^3 j$ 이상이어야 한다.

$$\text{여기서, } j = \frac{2.5}{(a/h)^2} - 2 \geq 0.5 \tag{4.3-94}$$

③ 수직보강재는 집중하중이나 반력을 전달하기 위한 지압이 필요하지 않는 경우 인장플랜지에 접합하지 않아도 된다. 이 경우 수직보강재를 웨브에 접합시키는 용접은 웨브와 플랜지가 만나는 끝에서 웨브두께의 4배 이상 그리고 6배 이하에서 끝나야 한다.

가) 사각형의 단일 보강재가 사용될 때 부재의 비틀림에 의한 플랜지의 상향 변형에 저항하기 위하여 보강재는 압축플랜지에 용접해야 한다.

나) 단일 또는 양면 보강재에 횡가새가 설치되어 있을 때 플랜지가 ㄱ형강만으로 구성되어 있지 않으면 총 플랜지 응력의 1%를 전달할 수 있도록 압축플랜지에 접합시킨다.

④ 거더 웨브에 보강재를 접합시키는 볼트의 중심간격은 300mm 이하로 한다.
⑤ 단속 필릿용접을 사용하면 용접간 순간격은 웨브 두께의 16배 또는 250mm 이하이어야 한다.

【해설】

이 조항에서는 웨브 면내에 전단력과 휨모멘트를 받는 H형강, I형강 및 T형강 보웨브의 전단강도를 다루고 있다. 이 조항의 규정은 인장역작용에 의한 강도의 증가가 허용되지 않는 일반적인 경우에 적용한다. 설계상 편의를 위해 이 규정을 인장역작용에 의한 강도증가가 필요치 않은 경우에도 보수적으로 적용할 수도 있다. 전단강도에 휨의 효과를 고려하지 않는데, 이는 그 효과가 무시해도 좋을 만큼 작기 때문이다.

(1) 공칭전단강도 : 웨브의 공칭전단강도는 식 (4.3-86)과 같이 전단항복강도 $0.6F_yA_w$와 전단좌굴감소계수(전단상수) C_v의 곱으로 정의된다.

식 (4.3-86)의 가)번 경우인 $h/t_w \le 2.24\sqrt{E/F_y}$ 인 압연H형강의 웨브의 경우는 이전 규정과 유사한데, 변경된 사항은 ϕ값이 0.90에서 1.00으로 증가되었는데 이는 안전율을 1.67에서 1.5로 하향한 것에 상응하는 결과이다. $\phi = 0.90$이란 값은 실험결과 압연H형강의 전체적인 성능에 있어서 인장과 압축항복에 비해 전단항복의 영향이 적기 때문에 결정된 값이다. 이러한 증가는 압연H형강의 전단항복에서만 적용한다.

식 (4.3-86)의 나)번 경우는 전단좌굴 감소계수(전단상수) C_v를 사용한다.(해설 그림 4.3-4) 이 그림에서, C_v 곡선은 세 개의 요소로 구분된다.

(가) $h/t_w \le 1.10\sqrt{k_vE/F_y}$ 인 웨브에 대하여, 공칭전단강도 V_n은 웨브의 전단항복을 기초로 하고 있으며, 여기에서 C_v값은 식 (4.3-87)에 주어져 있다. 여기에서, h/t_w한계값은 전단좌굴을 유발하는 임계응력 F_{cr}을 웨브의 항복응력 $F_{yw} = F_y$와 같다고 놓음으로써 결정되었다.

(나) $1.10\sqrt{k_vE/F_y} < h/t_w \le 1.37\sqrt{k_vE/F_y}$ 인 경우, 웨브의 전단강도는 좌굴에 기초한다. 여기에서, 비례한계는 웨브항복응력의 80%를 취할 것을 제안하고 있다.
이는 $h/t_w = (1.10/0.8)(\sqrt{k_vE/F_y})$에 상응한다.

(다) $h/t_w > 1.37\sqrt{k_vE/F_y}$ 인 경우, 웨브의 전단강도는 Timoshenko and Gere(1961)의 탄성좌굴응력에 의하여 다음과 같이 결정된다.

$$F_{cr} = \frac{\pi^2 E k_v}{12(1-\nu^2)(h/t_w)^2} \quad \text{(해설4.3-5)}$$

식 (4.3-89)의 C_v는 식 (해설 4.3-5)로부터의 F_{cr}을 $0.6F_yA_w$로 나누고 $E = 210{,}000\,\text{MPa}$ 및 $\nu = 0.3$을 사용하여 산정한 것이다.

식 (4.3-88)에서 C_v에 대한 직선추세는 $1.10\sqrt{k_vE/F_y} < h/t_w \le 1.37\sqrt{k_vE/F_y}$ 에 따른다.

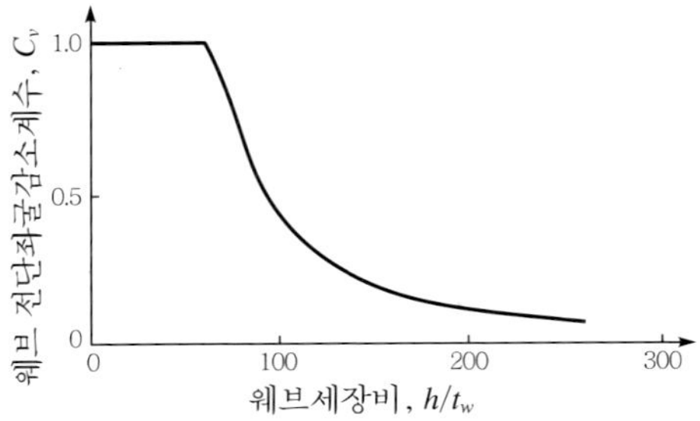

해설 그림 4.3-4 $F_y = 345$ 및 $k_v = 5.0$인 경우의 전단좌굴 감소계수, C_v

순수전단을 받고 네 면이 모두 단순지지된 패널의 웨브판 좌굴계수 k_v는 Galambos (1998)의 다음 식에 따른다.

$$k_v = \begin{cases} 4.00 + \dfrac{5.34}{(a/h)^2}, \ a/h \le 1 \text{인 경우} \\ 5.34 + \dfrac{4.00}{(a/h)^2}, \ a/h > 1 \text{인 경우} \end{cases} \qquad \text{(해설4.3-6)}$$

정확도를 유지하면서도 실무에 적용할 수 있도록, 이 식은 식 (해설 4.3-7)과 같이 단순화되었다.

$$k_v = 5 + \frac{5}{(a/h)^2} \qquad \text{(해설 4.3-7)}$$

패널비 a/h가 커지면, 수직보강재가 없는 웨브의 경우와 같이 $k_v = 5.0$이 된다. 식 (해설 4.3-7)은 웨브의 양단부에 플랜지가 있는 한 언제나 적용할 수 있다. T형보의 경우, 한쪽 단부에는 플랜지가 없으므로, 이 경우에는 $k_v = 1.2$를 사용한다.

4.3.2.1.2.2 (1) 규정은 단조증가하중을 가정한다. 휨재가 반복하중을 받아 웨브의 대부분에 반복항복을 유발하는 경우, 즉 대규모의 지진이 발생할 경우, 특별한 설계법이 고려되어야 한다.

(2) 수직보강재 : 수직보강재가 필요한 경우에는, 보강재가 좌굴 nodal line을 형성할 수 있도록 충분히 강해야 한다. 이 요구사항은 인장역작용의 고려여부와 상관없이 적용한다. 식 (4.3-89)는 Salmon and Johnson(1996)의 내용으로부터 유도되었다. 원래의 식은 Bleich(1952)에서 찾을 수 있다.

4.3.2.1.2.3 인장역작용을 이용한 설계전단강도

(1) 인장역작용 사용의 제한사항

① 인장역작용을 사용하기 위해서는 웨브의 4면 모두가 플랜지나 보강재에 의해 지지되어 있어야 한다.

② 다음과 같은 경우에는 인장역작용을 사용할 수 없고 공칭전단강도는 4.3.2.1.2.2

에 따라 산정한다.

가) 수직보강재를 갖는 모든 부재내의 단부패널

나) $a/h > 3.0$ 또는 $a/h > \left(\dfrac{260}{h/t_w}\right)^2$ 인 경우

다) $\dfrac{2A_w}{A_{fc}+A_{ft}} > 2.5$ 인 경우

라) $\dfrac{h}{b_{fc}} > 6.0$ 또는 $\dfrac{h}{b_{ft}} > 6.0$ 인 경우

여기서, A_{fc} : 압축플랜지의 단면적 (mm^2)

A_{ft} : 인장플랜지의 단면적 (mm^2)

b_{fc} : 압축플랜지의 폭 (mm)

b_{ft} : 인장플랜지의 폭 (mm)

A_w : 웨브의 단면적 (mm^2)

h : 웨브의 높이 (mm)

a : 수직보강재의 간격 (mm)

(2) 인장역작용을 이용한 공칭전단강도

인장역작용을 이용한 공칭전단강도 V_n은 인장역항복의 한계상태에 따라 다음과 같이 산정한다.

① $h/t_w \le 1.10\sqrt{k_v E/F_{yw}}$ 인 경우

$$V_n = 0.6F_{yw}A_w \tag{4.3-95}$$

② $h/t_w > 1.10\sqrt{k_v E/F_{yw}}$ 인 경우

$$V_n = 0.6F_{yw}A_w\left(C_v + \frac{1-C_v}{1.15\sqrt{1+(a/h)^2}}\right) \tag{4.3-96}$$

여기서, C_v : 웨브 전단항복응력에 대한 선형좌굴이론에 따른 웨브 임계응력의 비율을 나타내는 정수로써 4.3.2.1.2.2(1)에 따라 산정한 값

k_v : 웨브 판좌굴계수로 4.3.2.1.2.2(1)에 따라 산정한 값

(3) 수직보강재

인장역작용을 이용할 때 수직보강재는 4.3.2.1.2.2(2) 및 다음 조건을 만족해야 한다.

① $(b/t)_{st} \le 0.56\sqrt{E/F_{yst}}$ (4.3-97)

② $I_{st} \geq I_{st1} + (I_{st2} - I_{st1})\left[\dfrac{V_r - V_{c1}}{V_{c2} - V_{c1}}\right]$ (4.3-98)

여기서, $(b/t)_{st}$: 보강재의 폭두께비

F_{yst} : 보강재의 항복강도 (MPa)

I_{st} : 양면 보강재의 경우 웨브중심축, 일면 보강재의 경우 웨브면에 대한 단면2차모멘트 (mm^4)

I_{st1} : 인장역 작용이 없는 경우의 단면2차모멘트 (mm^4)

I_{st2} : 좌굴 또는 후좌굴 전단강도가 발현되는 단면2차모멘트 (mm^4)

$$= \frac{h^4 {\rho_{st}}^{1.3}}{40}\left(\frac{F_{yw}}{E}\right)^{1.5}$$

V_r : 하중조합에 의한 인접 웨브패널의 소요전단강도 중 큰 값 (N)

V_{c1} : 인장역 작용없이 계산된 인접 웨브패널의 전단강도 중 작은 값 (N)

V_{c2} : 인장역 작용을 고려해 계산된 인접 웨브패널의 전단강도 중 작은 값 (N)

ρ_{st} : F_{yw}/F_{yst} 와 1 중 큰 값

F_{yw} : 웨브의 항복강도 (MPa)

【해설】

4.3.2.1.2.3의 규정은 인장역작용에 의해 조립부재 웨브의 전단강도를 증가시키고자 할 때 적용한다.

(1) 인장역작용 사용의 제한사항 : 조립부재 웨브패널이 상하의 플랜지에 의해 그리고 좌우는 수직보강재에 의해 지지되어 있는 경우, 웨브의 좌굴하중보다 훨씬 큰 지지능력을 갖게된다. 이론적인 웨브좌굴한계에 도달하면 매우 작은 웨브의 횡변형이 발생한다. 하지만 이 변형은 더 큰 강도를 제공할 수 있는 다른 방법들이 존재하기 때문에 구조적으로 큰 의미를 갖지 않는다.

수직보강재가 적절한 간격으로 배치되고 압축 스트럿역할을 하기에 충분히 강할 경우, 이론적인 웨브좌굴하중보다 큰 전단력에 의한 부재응력이 웨브패널에 대각 인장역을 형성한다. 결과적으로 플랫트러스와 같은 작용을 하게되어, 선형좌굴이론에 의하여 작용하는 전단력을 지지할 수 있는 강도를 제공한다.

플레이트거더 웨브에 인장역형성의 핵심은 보강재의 양쪽패널로부터 압축을 지지할 수 있는 보강재의 능력이라 할 수 있다. 단부패널의 경우, 보강재의 한 쪽에만 패널이 존재한다. 패널형상비가 지나치게 커지면, 인장역에 의한 지지능력 또한 감소한다. 이러한 이유로 인해, 단부패널과 $a/h > 3.0$ 또는 $a/h > \left(\dfrac{260}{h/t_w}\right)^2$ 인 경우에는 인장역에 의한 강도증가는 고려하지 않는다.

(2) 인장역작용을 이용한 공칭전단강도 : 인장역작용을 기초로 하는 해석적인 방법이 개발되었고 다

방면의 실험을 통해 이를 검증하였다. 식 (4.3-96)은 연구에 기초를 두고 있다. 식의 괄호안 두 번째 요소는 인장역작용에 의한 패널전단강도의 상대적인 증가를 나타낸다.

(3) 수직보강재 : 웨브패널에서 발생하는 인장역의 수직요소는 반드시 수직보강재에 의해 지지되어야 한다. 4.3.2.1.2.2(2)에서 규정된 바와 같이 좌굴된 패널이 고정점으로써의 보강재 열을 유지하기 위한 요구강도뿐만 아니라, 보강재는 인장역에 의한 반력을 지지할 수 있는 충분한 단면적이 요구된다. 식 (4.3-98)이 보강재의 설계를 좌우하기도 한다.

4.3.2.1.2.4 단일ㄱ형강

단일ㄱ형강 다리의 공칭전단강도 V_n은 식 (4.3-86)으로 산정한다. 이 식에서 $C_v = 1.0$을 적용하며 $A_w = bt\,(\mathrm{mm}^2)$이다. 여기서, b는 전단력을 저항하는 ㄱ형강 다리의 폭(mm)이고 t는 다리의 두께(mm)이다.

【해설】

단일ㄱ형강의 전단응력은 휨모멘트(휨전단) 및 비틀림모멘트로부터 발생한다. 휨전단에 의한 최대탄성응력은 식 (해설 4.3-8)과 같다.

$$f_v = \frac{1.5\,V_b}{bt} \qquad \text{(해설 4.3-8)}$$

여기서, V_b는 다리의 폭이 b이고 두께가 t인 ㄱ형강의 다리와 평행한 방향으로의 전단력요소이다. 응력은 두께전체에 걸쳐 동일하며, 최대치를 결정하기 위하여 양쪽의 다리에서 산정되어야 한다. 상수 1.5는 주축 중 하나의 축을 따라 작용하는 하중을 받는 등변ㄱ형강을 기준으로 계산된 값이다. 기하학적 한 축을 따라 하중을 받는 등변ㄱ형강의 경우, 이 값은 1.35이다. 이 두 값 사이에 있는 요소들은 중립축에서의 최대응력을 결정하기 위하여 V_bQ/It의 식을 사용하여 보수적으로 산정한다. 또 다른 방법으로, 휨응력만이 고려되는 경우에는, 재료의 비탄성거동과 응력재분배로 인해 ㄱ형강 다리의 등분포응력을 V_b/bt의 식을 사용할 수도 있다.

ㄱ형강의 비틀림방지를 위한 횡비틀림지지가 없는 경우, 횡력과 전단중심으로부터의 거리 e의 곱만큼의 비틀림모멘트가 양쪽다리 중심선의 교차점에 발생한다. 뒴비틀림(warping torsion)에 의한 응력은 순수비틀림(St. Venant torsion)에 비해 작다. 순수전단응력은 다리폭에 걸쳐 일정하고 최대응력은 다음과 같이 산정할 수 있다.

$$f_v = \frac{M_T t}{J} = \frac{3M_T}{At} \qquad \text{(해설 4.3-9)}$$

여기서, A : 전체단면적 (mm^2)

J : 비틀림상수 (mm^4); 근사적으로 $\sum (bt^3/3)$을 적용할 수 있다.

M_T : 비틀림모멘트 (N·mm)

4.3.2.1.2.5 각형강관 및 상자형단면

각형강관 및 상자형 단면의 공칭전단강도 V_n은 4.3.2.1.2.2(1)에 따라 산정한다. 이때 $A_w = 2ht(\mathrm{mm}^2)$ 및 $k_v = 5.0$이다. 여기서, h는 코너반경 안쪽의 플랜지 간 순거리(mm)이며 코너반경을 모르는 경우 단면 외부치수에서 두께의 3배를 감한 값이며 $t_w = t$이다.

【해설】

폐단면각형강관의 두 개의 웨브는 I형플레이트거더 또는 H형보의 단일웨브와 동일한 방법으로 전단에 저항하므로 4.3.2.1.2.2의 규정을 적용한다.

4.3.2.1.2.6 원형강관

원형강관의 공칭전단강도 V_n은 전단항복 및 전단좌굴의 한계상태에 따라 다음과 같이 산정한다.

$$V_n = F_{cr}A_g/2 \tag{4.3-99}$$

여기서, F_{cr} 은 다음 중 큰 값을 사용하되 $0.6F_y$를 초과해서는 안 된다.

$$F_{cr} = \frac{1.60E}{\sqrt{\frac{L_v}{D}}\left(\frac{D}{t}\right)^{\frac{5}{4}}} \tag{4.3-100}$$

$$F_{cr} = \frac{0.78E}{\left(\frac{D}{t}\right)^{\frac{3}{2}}} \tag{4.3-101}$$

여기서, A_g : 강관의 전단면적 (mm^2)
D : 강관의 외경 (mm)
L_v : 최대전단력 작용점과 전단력이 0인 점 사이의 거리 (mm)
t : 강관의 두께 (mm)

【해설】

원형강관의 수직방향전단과 관련한 정보가 거의 없어서 비틀림에 의한 실린더의 국부좌굴규정을 기초로 작성되었다. 하지만, 일반적으로 비틀림은 부재의 길이방향으로는 일정하게 분포하지만 수직방향으로는 변화하게 되므로, 수직방향전단에 대한 임계응력은 비틀림 임계응력의 1.3배를 취할 것을 권한다. 비틀림식은 부재의 길이방향 전체에 동일하게 적용하지만, 수직방향전단에 대해서는 최대전단력작용점과 전단력이 0인 지점사이의 값을 사용하는 것이 합리적이다. 최초항복을 기초로 한 전단강도의 감소는 박판 원형강관에만 적용한다. 이 경우에서도, 경간이 짧은 박판의 원형강관에서만 전단력에 의해 설계가 결정된다.

원형강관의 공칭전단강도 V_n을 산정하는 식에서, VQ/Ib로 산정되는 중립축에서의 전단응력은 F_{cr}로 가정한다. 반경이 R이고 두께 t인 박판원형강관에서, $I=\pi R^3 t$, $Q=2R^2 t$, $b=2t$이다. 이 값들로 계산하면 중심에서의 응력은 $V/\pi Rt$인데, 여기서 분모항은 원형강관단면적의 1/2임을 알 수 있다.

4.3.2.1.2.7 약축에 대해 전단이 작용하는 1축 또는 2축대칭 단면

> 약축에 하중이 작용하는 1축 또는 2축 대칭 단면의 각 저항요소에 대한 공칭전단강도 V_n은 식 (4.3-86)과 4.3.2.1.2.2(1) ②나)에 따라 산정한다. 단, $A_w = b_f t_f (\mathrm{mm}^2)$ 및 $k_v = 1.2$이다.

【해설】

1축 또는 2축 대칭 H형단면의 공칭전단강도는 T형단면과 동일한 판좌굴계수 $k_v = 1.2$를 사용한 4.3.2.1.2.2의 식에 의해 산정한다.

모든 압연형강의 최대판세장비, $(b_f/2t_f) = 13.8$이며, $F_y = 690\,\mathrm{MPa}$인 경우,

$1.10\sqrt{\frac{k_v E}{F_y}} = 1.10\sqrt{\frac{(1.2)(210{,}000)}{690}} = 21.02$이다. 따라서, 매우 세장한 플랜지를 갖는 조립부재를 제외하고는 $C_v = 1.0$ 이다.

4.3.2.1.2.8 웨브에 구멍이 있는 보

> 강재보 및 합성보의 웨브에 구멍이 있을 때에는 그 효과를 고려하여 공칭전단강도를 산정한다. 웨브에 구멍이 있는 부분의 소요전단강도가 설계전단강도를 초과하는 경우 이를 적절히 보강해야 한다.

【해설】

보의 웨브구멍은 다양한 기계, 전기 및 기타 시스템을 설치하기 위하여 사용된다. 압축플랜지나 웨브의 국부좌굴, T형단면의 개구부상부 또는 하부압축역에서의 국부좌굴이나 인장, 횡비틀림좌굴과 모멘트-전단력 상호작용 또는 사용성 등을 포함한 강도한계상태가 웨브에 구멍이 있는 휨재의 설계를 결정하게 된다. 개구부의 위치, 크기 및 개수가 중요한 변수임이 실험연구를 통하여 밝혀졌다.

4.3.2.2 합성부재

이 규정은 압연형강, 용접형강 또는 강관이 구조용 콘크리트와 함께 거동하도록 구성된 철근콘크리트 슬래브와 이를 지지하는 강재보가 서로 연결되어 보와 슬래브가 함께 휨에 저항하도록 구성된 교량용 거더를 제외한 합성보에 적용한다. 교량용 강합성거더의 설계는 4.3.3에 따른다. 강재 전단연결재를 갖는 단순 및 연속합성보 그리고 매입형 합성보에도 동바리 사용여부와 상관없이 적용한다.

【해설】

이 절은 이전의 기준에 비해 새로운 내용뿐 아니라 기술적인 변화 및 형식의 변화를 포함하고 있다. 주된 기술적인 변화로는 합성기둥의 새로운 설계기준이 있으며 여기에는 새로운 단면강도모델, 인장 및 전단설계에 대한 기준, 그리고 강관부재에 대한 세장비의 완화가 포함된다.

4.3.2.2.1 일반사항

합성보를 포함하는 구조물의 부재 및 접합부에 작용하는 하중을 산정할 때는 작용 하중단계마다 적용되는 유효단면을 적절히 고려해야 한다. 합성보에 사용된 콘크리트와 철근에 관련된 설계, 배근상세 및 재료적 성질은 KDS 14 20 00에 따른다. 합성보 단면의 공칭강도, 재료강도의 제한 및 강재 전단연결재에 관한 사항은 앞의 4.2.8.1에서 제시한 바에 따른다.

【해설】

일반사항에 관한 해설은 압축재로서의 합성부재와 공통되므로 4.2.8의 해설을 참조한다.

4.3.2.2.2 휨부재

4.3.2.2.2.1 일반사항

이 규정은 휨을 받는 다음 3종류의 합성부재에 적용한다. 즉 스터드 전단연결재 또는 ㄷ형강앵커로 구성된 강재 전단연결재가 있는 합성보, 매입형 합성부재 및 충전형 합성부재이다.

(1) 유효폭

콘크리트 슬래브의 유효폭은 보중심을 기준으로 좌우 각 방향에 대한 유효폭의 합으로 구하며 각 방향에 대한 유효폭은 다음 중에서 최솟값으로 구한다.

① 보경간(지지점의 중심간)의 1/8
② 보중심선에서 인접보 중심선까지 거리의 1/2
③ 보중심선에서 슬래브 가장자리까지의 거리

(2) 시공 중의 강도
동바리를 사용하지 않는 경우, 콘크리트의 강도가 설계기준강도의 75%에 도달하기 전에 작용하는 모든 시공하중은 강재단면 만에 의해 지지해야 한다. 강재 단면의 휨강도는 4.3.2.1.1에 따라 구한다.

【해설】
이 조항은 다음과 같은 세 가지 형태의 합성보에 대해 설명한다: 완전매입형강재보, 콘크리트충전강관, 그리고 기계적 정착기구를 사용하여 슬래브와 연결된 강재보.

(1) 유효폭 : 보의 한 쪽에만 슬래브가 있는 합성보와 양 쪽 모두에 슬래브가 있는 합성보 모두에 대해 같은 유효폭 규칙이 적용된다. 보의 한 쪽에만 슬래브가 있는 합성보의 유효강성이 중요한 경우에는 특별한 주의가 필요하다. 왜냐하면 이러한 모델은 강성을 지나치게 크게 평가할 수 있기 때문이다. 설계를 단순화하기 위해 단순보와 연속보 모두에 대해 전 경간과 지지부재의 중심간 거리를 사용하여 유효폭을 구한다.
(2) 전단강도 : 합성보의 전단규정은 모든 전단을 강재단면의 웨브가 담당하게 하는 안전측의 접근법을 사용한다. 이러한 방법은 콘크리트슬래브의 영향을 무시함으로써 설계를 단순화시킬 수 있다.
(3) 시공 중의 강도 : 합성보의 설계는 재하과정을 고려하는데 주의를 기울일 필요가 있다. 콘크리트가 경화하기 전에 동바리를 사용하지 않는 보에 가해진 하중들은 모두 강재단면 만에 의해 지지되며 콘크리트가 경화한 후에 가해진 하중만이 합성보에 의해 지지되는 것으로 고려한다. 일반적으로 설계를 위해 콘크리트의 강도가 설계기준강도의 75%에 도달했을 때 콘크리트가 경화한 것으로 가정한다. 동바리를 사용하지 않는 보의 경화하기 전의 콘크리트에 의한 처짐은 슬래브의 두께를 증가시키며 이는 고정하중 증가의 원인이 된다. 경간이 긴 경우 이러한 현상은 지붕의 물고임과 유사한 안정성의 문제를 발생시킬 수 있다. 슬래브두께의 지나친 증가는 보의 캠버를 통해 방지할 수 있다. 거푸집이 상부플랜지와 연결되지 않는 경우에는 시공 중 강재보의 횡방향지지가 연속적으로 이루어지지 않을 수 있으므로 앞에서 정의한 대로 비지지길이가 휨강도를 결정할 수 있게 된다.
이 기준에는 시공 중의 강도에 대한 별도의 요구조건이 포함되어 있지 않다. 이러한 비합성보에 대해서는 앞에서의 기준들을 적용한다.

합성휨부재에 대한 단면2차모멘트는 다음과 같이 산정한다.
합성보에 대한 휨강성은 정확하게 예측하기 어렵고 이전 연구(Leon, 1990, Leon and Alsamsam, 1993)의 시험은 예측된 처짐과 실험에 의한 처짐 사이에 큰 차이를 보이고 있다. 최근의 연구에 의하면 처짐의 계산에 등가2차단면모멘트 I_{equiv}를 사용하면 검토된 실험 테스트의 통계적 평균과 대략적으로 같은 단기 처짐을 예측할 수 있다(Zhao and Leon, 2013). 이전 기준에서는 I_{equiv}에 0.75의 추가감소계수를 곱한 유효2차단면모멘트 $0.75I_{equiv}$도 권장했었다. 그러나 이 접근법은 그 기본이 구체화될 수 없으므로 제거하였다. 대신 이 기준에서는 하한 단면2차모멘트 I_{LB}의 사용을 권장한다. 하한 단면2차모멘트는 이름이 암시하듯이 보수적으로 단기 처짐을 추정한다. I_{LB} 접근법에 의해 얻어진 값은 조사된 120개의 시험(Zhao and Leon, 2013)을 근거로 한 평균에 표준편차(84%)를 더한 것과 대략 일치한다.

하한 단면2차모멘트의 값은 다음과 같이 정의한다.

$$I_{LB} = I_s + A_s(Y_{ENA} - d_3)^2 + (\Sigma Q_n / F_y)(2d_3 + d_1 - Y_{ENA})^2 \qquad \text{(해설 4.3-10)}$$

여기서, A_s : 강재의 단면적 (mm^2)

d_1 : 콘크리트의 압축력중심으로부터 강재단면의 상단까지 거리 (mm)

d_3 : 강재의 전체단면이 인장으로 항복할 때 인장력의 합으로부터 강재상단까지 거리 (mm)

I_{LB} : 단면2차모멘트의 하한값 (mm^4)

I_s : 강재단면의 단면2차모멘트 (mm^4)

ΣQ_n : 정모멘트가 최대가 되는 위치와 모멘트가 0인 위치 사이에 있는 강재앵커(전단연결재)의 공칭강도의 합 (N)

$Y_{ENA} = [(A_s d_3 + (\Sigma Q_n / F_y)(2d_3 + d_1)) / (A_s + (\Sigma Q_n / F_y))]$

등가 단면2차모멘트의 값은 다음과 같이 정의한다.

$$I_{equiv} = I_s + \sqrt{(\Sigma Q_n / C_f)}\,(I_{tr} - I_s) \qquad \text{(해설 4.3-11)}$$

여기서, I_s : 강재단면의 단면2차모멘트 (mm^4)

I_{tr} : 균열이 없는 완전합성환산단면의 단면2차모멘트 (mm^4)

ΣQ_n : 정모멘트가 최대가 되는 위치와 모멘트가 0인 위치 사이에 있는 강재앵커(전단연결재)의 공칭강도의 합 (N)

C_f : 완전합성보의 콘크리트슬래브의 압축력; $A_s F_y$와 $0.85 f_{ck} A_c$ 중에서 작은 값 (N)

A_c : 유효폭 내의 콘크리트단면적 (mm^2)

부분합성보의 경우 강재단면의 인장플랜지에 대한 유효단면계수 S_{eff}는 다음과 같은 식으로 근사적으로 구할 수 있다.

$$S_{eff} = S_s + \sqrt{(\Sigma Q_n / C_f)}\,(S_{tr} - S_s) \qquad \text{(해설 4.3-12)}$$

여기서, S_s : 강재단면의 인장플랜지에 대한 단면계수 (mm^3)

S_{tr} : 균열이 없는 완전합성환산단면의 강재단면의 인장플랜지에 대한 단면계수 (mm^3)

식 (해설 4.3-11)과 식 (해설 4.3-12)은 $\Sigma Q_n / C_f$의 값이 0.25보다 작은 경우에는 사용될 수 없다. 이

러한 제한은 보강성의 지나친 감소와 지나친 미끄러짐의 발생을 막기 위한 것이다. 연구의 결과는 식 (해설 4.3-11)과 식 (해설 4.3-12)은 완전합성거동에 필요한 것보다 적은 수의 앵커(전단연결재)가 사용되는 경우 이에 따른 보의 강성 및 강도의 감소를 적절하게 반영함을 보여주고 있다.

연속보의 탄성해석은 철근콘크리트설계 방법처럼 일정한 크기의 강성을 사용한다. 정모멘트영역과 부모멘트영역의 가중 평균 단면2차모멘트로 구한 강성은 다음과 같은 형식으로 할 수 있다.

$$I_t = aI_{pos} + bI_{neg} \qquad \text{(해설 4.3-13)}$$

여기서, I_{pos} : 정모멘트에 대한 유효단면2차모멘트 (mm^4)

I_{neg} : 부모멘트에 대한 유효단면2차모멘트 (mm^4)

유효단면2차모멘트는 합성의 정도를 고려한 균열환산단면으로부터 구한다. 연직하중만을 받는 연속합성보의 경우에는 a의 값은 0.6, b의 값은 0.4를 사용한다. 합성보가 모멘트골조의 횡력저항시스템의 요소로 사용되는 경우에는 수평변위와 관련된 계산에는 a와 b의 값은 0.5를 사용한다.

다음 항목들은 현 기준에서는 특별히 요구하지 않지만 이런 항목들을 적용하기 위한 설계자를 위하여 기술한 것이다.

(1) 슬래브의 길이방향 수평전단강도

좁은 V자형 데크 또는 얇은 슬래브를 사용하는 큰보의 설계는 슬래브의 전단강도에 의해 결정될 수도 있다(해설 그림 4.3-5 참조). 비록 국내에 사용하는 데크의 형태는 이 파괴모드를 억제하는 편이지만, 슬래브에 작용하는 힘이 크거나 일반적이지 않은 형태가 선택되는 경우에는 슬래브의 전단강도에 대한 검토는 중요하다. 슬래브의 전단강도는 콘크리트의 전단강도와 전단-면을 가로지르고 있는 슬래브철근의 기여도를 합하여 계산하여 계산할 수 있다.

그림과 같이 요구전단강도는 예상되는 유력한 파괴면의 내부와 외부 영역에서의 차이나는 힘으로 구해진다.

사용성에 유해한 길이방향균열이 발생될 수 있다고 보여지는 곳의 슬래브는 지지강재보에 직각방향의 철근으로 보강되어야한다. 이러한 보강철근의 단면적은 보의 길이방향 콘크리트면적의 0.2% 이상되어야하고, 균등하게 분포시켜야한다.

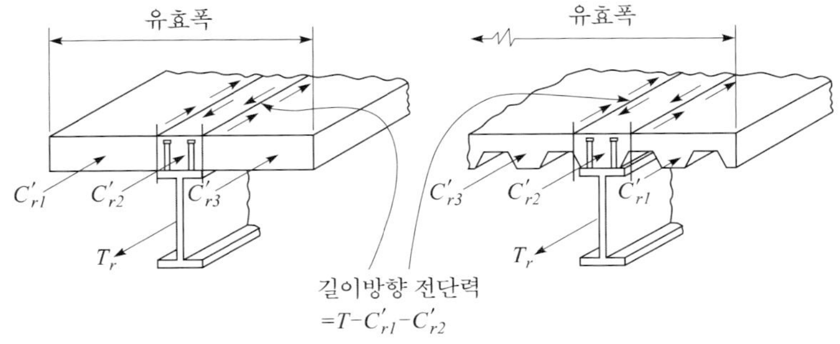

해설 그림 4.3-5 슬래브의 길이방향전단력

그러나 이철호 교수의 실험보고서처럼 고강도의 강재를 사용한 합성정도가 높은 합성보에서는 강재의 완전항복 전에 슬래브의 길이방향 전단파괴가 발생할 수 있으므로 이에 대한 검토를 권장한다.

슬래브의 길이방향 수평전단력은 스트럿-타이 해석모델(해설 그림 4.3-6)에 의해 산정할 수 있으며 스트럿-타이의 각 요소강도는 콘크리트 기준을 참고하여 구할 수 있으며, 구체적인 방법은 EC2와 EC4의 관련 조항을 참고한다.

Observed Longitudinal Cracking of Test Beam Slab

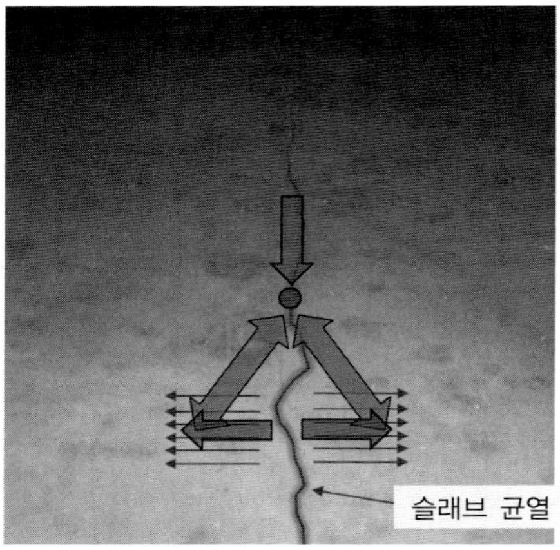

TESTING AND ANALYSIS OF COMPOSITE STEEL-CONCRETE BEAM FLEXURAL STRENGTH
David Leaf1 and Jeffrey A Laman2*,2013 IJSCER

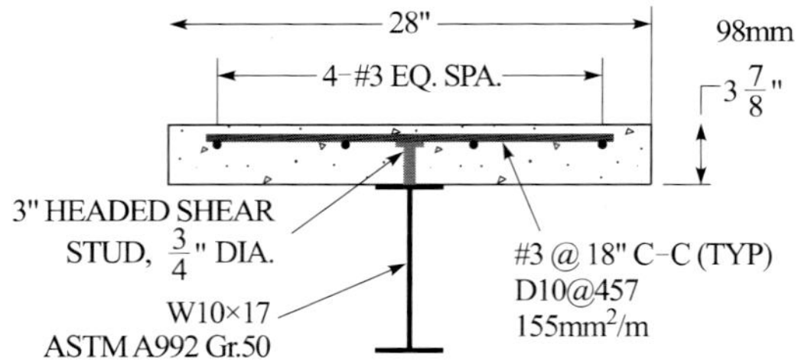

(a) 실험체 보의 단면

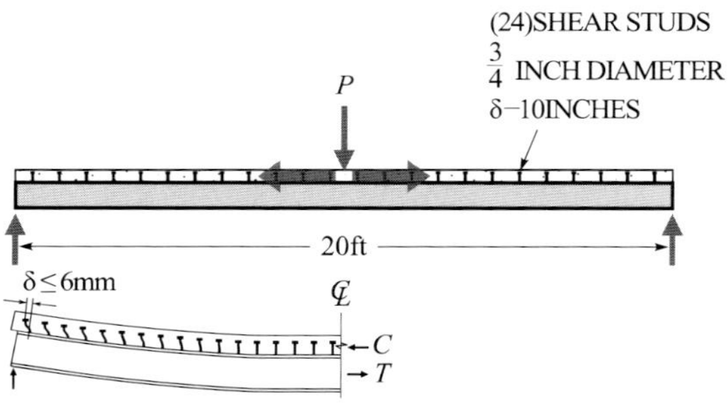

(b) 실험체 합성보의 형상

해설 그림 4.3-6 스트럿-타이 모델에 의한 슬래브의 길이방향 전단력

(2) 힌지영역의 회전능력

힌지영역의 회전능력은 요구되지 않는다. 붕괴기구에 의한 소성재분배가 허용되는 곳에서는 단면의 휨모멘트는 탄성해석으로 구한 휨모멘트보다 30% 낮출 수 있다. 이러한 하중영향의 감소는 매우 큰 회전변형이 가능한 시스템의 능력에 근거를 두고 있다. 이 회전이 이루어지기 위해서 매우 제한된 국부좌굴과 횡비틀림좌굴에 대한 요구사항을 만족시켜야 한다(Dekker et al., 1995). 0716.3에서 허용하고 있는 10% 재분배를 하는 경우에 요구회전능력은 0706의 국부좌굴과 횡비틀림좌굴 조항에 있는 제한들을 만족시켜야 한다. 그러므로 이 조항을 사용한 설계에서 회전능력검토는 대개 요구되지 않는다.

(3) 수축과 크리프에 의한 장기변형

수축과 크리프로 인한 합성보의 장기처짐 계산에 대한 직접적인 지침은 없다. 수축에 의한 장기변형은 [해설 그림 4.3-7]에 있는 단순화한 모델로 계산될 수 있다. 수축영향은 수축력 P_{sh}(장기억제수축변형도 ϵ_{sh}와 콘크리트의 탄성계수 E_c와 콘크리트의 유효단면적 A_c을 곱한 값)에 편심 e(슬래브의 중심과 탄성중립축 사이의 거리)를 곱하여 주어진 단부모멘트와 같게 균등하게 취한다. 골재에 대한 억제수축계수를 알 수 없는 경우에는 수축변형도는 0.02%로 하여 계산할 수 있다. 그림과 유사한 모델을 사용하여 수치화할 수 있는 크리프로 인한 장기변형은 지간이 길지 않고 영구활하중이 크지 않은 한 매우 적다.

크리프로 인한 장기변형은 그림과 유사한 모델을 사용하여 수치화할 수 있다. 이 변형은 지간이 길지 않고 영구활하중이 크기 않은 한 매우 적다. 경량골재를 사용한 경우에는 수축과 크리프의 영향에 대해 특별히 주의해야한다. 경량골재는 보통골재에 비해 크리프계수와 흡수율이 더 높으며 탄성계수는 더 낮다. 이것은 잠재적인 처짐문제를 악화시킨다. 장기변형에 대한 계산은 관련된 많은 변수들을 고려해야하고 이 변수들에 대한 영향들을 선형중첩으로 정확하게 구할 수 없기 때문에 공학적 판단이 요구된다(ACI, 1997; Viest et al., 1997).

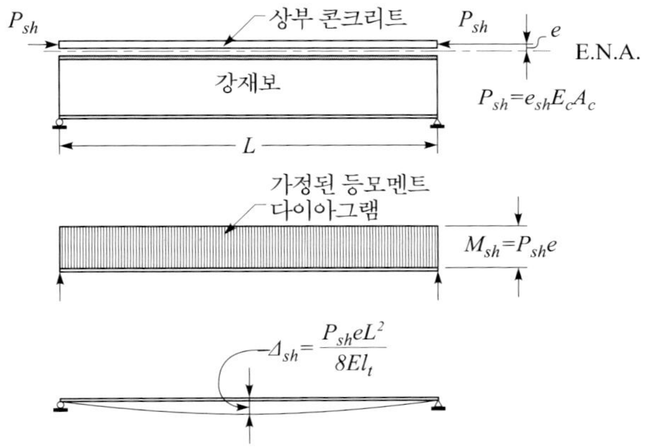

해설 그림 4.3-7 수축영향의 계산

4.3.2.2.2.2 강재 전단연결재를 갖는 합성보

강재 전단연결재는 스터드 전단연결재 또는 ㄷ형강 전단연결재를 사용한다.

(1) 정모멘트에 대한 휨강도

정모멘트에 대한 설계휨강도 $\phi_b M_n$은 항복한계상태로부터 다음과 같이 구한다.

$$\phi_b = 0.90$$

① $h/t_w \le 3.76\sqrt{E/F_y}$ 인 경우

M_n은 합성단면의 항복한계상태에 대해 소성응력분포로부터 산정한다(소성모멘트).

② $h/t_w > 3.76\sqrt{E/F_y}$ 인 경우

M_n은 동바리의 영향을 고려하여 항복한계상태에 대해 탄성응력을 중첩하여 구한다(항복모멘트).

여기서, h : 웨브의 높이 (mm), t_w : 웨브의 두께 (mm)

(2) 부모멘트에 대한 휨강도

부모멘트에 대한 설계휨강도 $\phi_b M_n$은 4.3.2.1.1에 따라 강재단면 만을 사용하여 구해야 한다. 또는 부모멘트에 대한 설계휨강도는 아래와 같은 계수를 사용하여 항복한계상태(소성모멘트)에 대해 합성단면의 소성응력분포로부터 구할 수 있다.

$\phi_b = 0.90$

다만, 이 때에는 다음과 같은 조건들을 만족해야 한다.

① 강재보는 조밀단면이며 4.3.2.1.1에 따라 적절히 횡지지해야 한다.

② 부모멘트구간에서는 콘크리트 슬래브와 강재보 사이에 강재 전단연결재를 설치해야 한다.

③ 유효폭 내의 강재보에 평행한 슬래브철근은 적절히 정착해야 한다.

(3) 골데크플레이트를 사용한 합성보

① 일반사항

강재보와 데크플레이트 슬래브로 이루어진 합성부재의 설계휨강도는 4.3.2.2.2.2(1)과 4.3.2.2.2.2(2)에 따라 구하되 다음과 같은 조건들을 만족해야 한다.

가. 데크플레이트의 공칭골깊이는 75mm 이하이어야 한다. 더 큰 골높이의 사용은 실험과 해석을 통하여 정당성을 증명해야 한다. 골의 폭 또는 헌치의 평균폭 w_r은 50mm 이상이어야 하며 계산에 사용될 경우 데크플레이트 상단의 최소 순폭 이하로 한다.

나. 콘크리트 슬래브와 강재보를 연결하는 스터드는 직경이 19mm 이하이어야 하며 데크플레이트를 통하거나 아니면 강재보에 직접 용접해야 한다. 스터드는 부착 후 데크플레이트 상단 위로 38mm 이상 돌출해야 하며 스터드 전단연결재의 상단 위로 13mm 이상의 콘크리트피복이 있어야 한다.

다. 데크플레이트 상단 위의 콘크리트두께는 50mm 이상이어야 한다.

라. 데크플레이트는 지지부재에 450mm 이하의 간격으로 고정해야 한다. 데크플레이트의 고정은 스터드나 스터드와 점용접의 조합, 또는 설계자에 의해 명시된 방법에 의해 이루어져야 한다.

② 데크플레이트의 골방향이 강재보와 직각인 경우

골 내부의 콘크리트는 합성단면의 성능산정이나 A_c의 계산에 포함할 수 없다.

③ 데크플레이트의 골방향이 강재보와 평행인 경우

골 내부의 콘크리트는 합성단면의 성능산정에 포함될 수 있으며 A_c의 계산에 포함한다. 지지보 위의 데크플레이트 골은 길이방향으로 절단한 후 간격을 벌림으로써 콘크리트 헌치를 형성하도록 할 수 있다. 데크플레이트의 공칭깊이가 40mm 이상일 때 골 또는 헌치의 평균 폭 w_r은 스터드가 일렬배치인 경우에는 50mm 이상이어야 하며 추가되는 스터드마다 스터드 직경의 4배를 더해 주어야 한다.

(4) 강재와 슬래브 사이의 하중전달

① 정모멘트구간에서의 하중전달

4.3.2.2.2.3의 매입형 합성단면을 제외하고는, 강재보와 슬래브면 사이의 전체 수평전단력은 강재 전단연결재에 의해서만 전달된다고 가정한다. 휨모멘트를 받는 강재보와 콘크리트가 합성작용을 하기 위해서는, 정모멘트가 최대가 되는 위치와 모멘트가 0이 되는 위치 사이의 총 수평전단력 V'는 콘크리트의 압괴, 강재단면의 인장항복, 그리고 강재 전단연결재의 강도 등의 3가지 한계상태로부터 구한 값 중에서 가장 작은 값으로 한다.

가. 콘크리트 압괴

$$V' = 0.85 f_{ck} A_c \qquad (4.3\text{-}101a)$$

나. 강재단면의 인장항복

$$V' = F_y A_s \qquad (4.3\text{-}101b)$$

다. 강재 전단연결재의 강도

$$V' = \Sigma Q_n \qquad (4.3\text{-}101c)$$

여기서, A_c : 유효폭 내의 콘크리트 단면적 (mm^2)

A_s : 강재 단면적 (mm^2)

ΣQ_n : 정모멘트가 최대가 되는 위치와 모멘트가 0인 위치 사이 강재 전단연결재 공칭강도의 합 (N)

② 부모멘트 구간에서의 하중전달

연속합성보에서 부모멘트구간의 슬래브 내에 있는 길이방향 철근이 강재보와 합성으로 작용하는 경우, 부모멘트가 최대가 되는 위치와 모멘트가 0이 되는 위치 사이의 총수평전단력 V'는 슬래브철근의 항복과 강재 전단연결재의 강도 등의 2가지 한계상태로부터 구한 값 중에서 작은 값으로 한다.

가. 슬래브철근의 인장항복

$$V' = F_{yr} A_r \tag{4.3-102a}$$

여기서, A_r : 콘크리트 슬래브의 유효폭 내에 있는 적절하게 정착된 길이방향 철근의 단면적 (mm^2)

F_{yr} : 철근의 설계기준 항복강도 (MPa)

나. 강재 전단연결재의 강도

$$V' = \Sigma Q_n \tag{4.3-102b}$$

(5) 합성보의 강재 전단연결재

스터드 전단연결재의 직경은 강재단면의 웨브판과 직접 연결된 플랜지 부분에 용접하는 경우를 제외하고 플랜지 두께의 2.5배를 초과할 수 없다. 용접 후 밑면에서 머리 최상단까지의 스터드 전단연결재 길이는 몸체직경의 4배 이상으로 한다.

① 스터드 전단연결재의 강도

콘크리트 슬래브 또는 합성슬래브에 매입된 스터드 전단연결재 1개의 공칭강도 Q_n은 다음과 같이 산정한다.

$$Q_n = 0.5 A_{sc} \sqrt{f_{ck} E_c} \le R_g R_p A_{sc} F_u \tag{4.3-103}$$

여기서, A_{sc} : 스터드 전단연결재의 단면적 (mm^2)

E_c : 콘크리트의 탄성계수 (MPa)

F_u : 스터드 전단연결재의 인장강도 (MPa)

$R_g = 1$: (a) 데크플레이트의 골방향이 강재보에 직각이며 골 내에 용접되는 스터드 전단연결재의 개수가 1개인 경우

(b) 스터드 전단연결재가 일렬로 강재에 직접 용접된 경우

(c) 데크플레이트의 골방향이 강재보와 평행하며 스터드 전단연결재가 데크를 통해 일렬로 용접되며 골의 평균폭과 골의 높이의 비가 1.5 이상인 경우

$R_g = 0.85$: (a) 데크플레이트의 골방향이 강재보에 직각이며 골 당 스터드 전단연결재의 개수가 2개인 경우

(b) 데크플레이트의 골방향이 강재보와 평행하며, 스터드 전단연결재가 데크를 통해 용접되며 골의 평균폭과 골의 높이의 비가 1.5보다 작으며 스터드 전단연결재의 개수가 1개인 경우

$R_g = 0.7$: 데크플레이트의 골방향이 강재보에 직각이며 골 내에 용접되는 스터드 전단연결재의 개수가 3개 이상인 경우

$R_p = 0.75$: (a) 형강에 직접 용접된 스터드 전단연결재

(b) 데크플레이트의 골방향이 강재보에 직각이며 $e_{mid-ht} \geq 50\text{mm}$인 합성슬래브에 용접되는 스터드 전단연결재의 경우

(c) 데크플레이트의 골방향이 강재보와 평행하며 합성슬래브에 매입되는 스터드 전단연결재가 데크플레이트를 통해 용접되는 경우

(d) 거더의 채움재로 (큰보의 강재보와 데크플레이트 사이의 길쭉한 틈에) 사용되는 강재 데크 또는 평판을 통하여 용접된 스터드 전단연결재, 데크플레이트의 골방향이 강재보와 평행한 합성슬래브에 매입되는 스터드 전단연결재의 경우

$R_p = 0.6$: 데크플레이트의 골방향이 강재보에 직각이며 $e_{mid-ht} < 50\text{mm}$인 합성슬래브에 용접되는 스터드의 경우

e_{mid-ht} : 스터드 몸체의 바깥면으로부터 데크플레이트 웨브(데크골의 중간높이)까지의 거리이며 스터드의 하중저항방향, 즉 단순보에서 최대모멘트의 방향으로의 거리

w_c : 콘크리트의 단위체적 당 무게 $(1{,}500 \leq w_c \leq 2{,}500\,\text{kg/m}^3)$

표 4.3-4는 여러 가지 경우에 대한 R_g와 R_p의 값을 나타낸 것이다.

표 4.3-4 R_g와 R_p의 값

<table>
<tr><th colspan="3">조건</th><th>R_g</th><th>R_p</th></tr>
<tr><td colspan="3">골데크플레이트를 사용하지 않은 경우</td><td>1.0</td><td>0.75</td></tr>
<tr><td rowspan="2">데크플레이트의 골방향이 강재보와 평행한 경우</td><td colspan="2">$\frac{w_r}{h_r} \geq 1.5$</td><td>1.0</td><td>0.75</td></tr>
<tr><td colspan="2">$\frac{w_r}{h_r} < 1.5$</td><td>0.85*</td><td>0.75</td></tr>
<tr><td rowspan="6">데크플레이트의 골방향이 강재보에 직각인 경우에 데크플레이트의 골 당 스터드 전단연결재의 개수</td><td rowspan="3">약한 위치의 스터드 전단연결재</td><td>1개</td><td>1.0</td><td>0.6</td></tr>
<tr><td>2개</td><td>0.85</td><td>0.6</td></tr>
<tr><td>3개 이상</td><td>0.7</td><td>0.6</td></tr>
<tr><td rowspan="3">강한 위치의 스터드 전단연결재</td><td>1개</td><td>1.0</td><td>0.75</td></tr>
<tr><td>2개</td><td>0.85</td><td>0.75</td></tr>
<tr><td>3개 이상</td><td>0.7</td><td>0.75</td></tr>
</table>

h_r : 리브의 공칭높이 (mm)
w_r : 콘크리트 리브 또는 헌치의 평균 폭 (mm)
* : 스터드 전단연결재가 1개인 경우
- 약한 위치의 스터드 전단연결재 : $e_{mid-ht} <$50mm인 경우
- 강한 위치의 스터드 전단연결재 : $e_{mid-ht} \geq$50mm인 경우

② ㄷ형강 전단연결재의 강도

중실형 콘크리트 슬래브에 매입된 ㄷ형강 전단연결재 1개의 공칭강도는 다음 식으로 구한다.

$$Q_n = 0.3(t_f + 0.5t_w)L_a\sqrt{f_{ck}E_c} \quad (4.3\text{-}104)$$

여기서, t_f : ㄷ형강 전단연결재의 플랜지두께 (mm)
t_w : ㄷ형강 전단연결재의 웨브두께 (mm)
L_a : ㄷ형강 전단연결재의 길이 (mm)

ㄷ형강 전단연결재는 편심의 영향을 고려하여 Q_n의 힘을 받을 수 있도록 보플랜지에 용접해야 한다.

③ 강재 전단연결재의 소요개수

정 또는 부모멘트가 최대가 되는 위치와 모멘트가 0이 되는 위치 사이에 배열되는 강재 전단연결재의 소요개수는 4.3.2.2.2.2(4)에서 구한 총수평전단력을 강재 전단연결재의 공칭강도로 나눈 값으로 구한다. 집중하중이 작용하는 위치와 이와 가장 가까운 모멘트가 0이 되는 위치 사이에 강재 전단연결재의 소요개수는 집중하

중이 작용하는 위치의 최대모멘트를 받을 수 있도록 충분한 수를 사용한다.

④ 상세요구사항

가. 별도의 시방이 없는 한, 정 또는 부모멘트가 최대가 되는 위치와 모멘트가 0이 되는 위치 사이에 일정한 간격으로 배치한다.

나. 데크플레이트의 골에 설치되는 강재 전단연결재를 제외하고, 전단연결재의 측면 피복은 25mm 이상이 되어야 한다. 강재 전단연결재의 중심에서 전단력 방향에 있는 가장자리까지의 거리는 보통콘크리트에서는 200mm 이상, 경량 콘크리트에서는 250mm 이상으로 한다. 강재보의 웨브 위에 위치하지 않는 경우, 전단연결재의 직경은 용접되는 플랜지 두께의 2.5배를 초과해서는 안 된다. 이 규정 대신에 KDS 14 20 00을 사용할 수 있다.

다. 스터드 전단연결재의 중심 간 간격은 합성보의 길이방향으로는 스터드 전단연결재 직경의 6배 이상이 되어야 하며 직각방향으로는 직경의 4배 이상이 되어야 한다. 다만 골방향이 강재보에 직각인 데크플레이트의 골 내에 설치되는 경우, 중심간 간격은 모든 방향으로 스터드 전단연결재 직경의 4배 이상이 되어야 한다. 스터드 전단연결재의 중심 간 간격은 슬래브 총 두께의 8배 또는 900mm를 초과할 수 없다.

⑤ 합성구성요소 내부에 사용하는 강재 전단연결재

이 규정은 매입형 합성부재 안에 사용하는 스터드 전단연결재 또는 ㄷ형강 전단연결재의 설계에 적용한다. 이 조항 대신에 KDS 14 20 00에 의한 방법을 사용할 수 있다.

가. 보통 콘크리트를 사용하는 경우, 전단력만 받는 스터드 전단연결재의 길이는 몸체직경의 5배 이상으로 한다. 인장 또는 전단과 인장의 조합력을 받는 스터드 전단연결재의 길이는 몸체직경 8배 이상으로 한다.

나. 경량 콘크리트를 사용하는 경우, 전단력만 받는 스터드 전단연결재의 길이는 몸체직경의 7배 이상으로 한다. 인장력을 받는 스터드 전단연결재의 길이는 몸체직경의 10배 이상으로 한다. 전단과 인장의 조합력을 받는 스터드 전단연결재의 공칭강도는 KDS 14 20 00에 따른다.

다. 인장 또는 전단과 인장의 조합력을 받는 스터드 전단연결재의 머리직경은 몸체직경의 1.6배 이상으로 한다.

표 4.3-5는 각 하중조건에 대한 스터드 전단연결재의 최소 h/d 값을 나타낸 것이다.

표 4.3-5 스터드 전단연결재의 최소 길이/직경비 h/d

하중조건	보통콘크리트	경량콘크리트
전단	$h/d \geq 5$	$h/d \geq 7$
인장	$h/d \geq 8$	$h/d \geq 10$
전단과 인장의 조합력	$h/d \geq 8$	*

h/d =몸체직경에 대한 스터드 전단연결재의 길이의 비
* 경량 콘크리트에 묻힌 전단연결재에 대한 조합력의 작용효과는 KDS 14 20 00에 따른다.

【해설】

이 규정은 공사시 동바리지지 사용여부와 관계없이 강재앵커(전단연결재)를 갖는 단순 또는 연속 합성보에 적용한다. 합성보의 설계가 처짐에 의해 결정되는 경우 사용하중의 조합에 대해 보의 거동이 탄성범위 내에 있도록 설계하여야 한다. 아니면 처짐을 검토할 때 비탄성거동에 의한 확대효과를 고려해야 한다.

AISC manual에서는 4.3.2.2.2.2(5)와 4.2.8.2.5를 합쳐서 하나의 장(I8 Steel anchors)으로 개정하였다.

AISC Manual Commentary I8. Steel Anchors 2a. Strength of steel headed stud anchors에서 이를 다루고 있다. 합성보와 스터드 앵커에 대한 현재의 강도 식은 최근의 많은 연구에 근거하고 있다 (Jayas and Hosain, 1988a, 1988b; Mottram and Johnson, 1990; Easterling et al., 1993; Roddenberry et al., 2002a). 식 (4.3-103)은 R_g, R_p 계수를 도입하여 합성보의 강도를 전 세계의 다른 기준과 동등한 결과를 주도록 하였다. 다른 나라의 기준은 스터드의 강도 산정식의 형태는 유사하지만, 캐나다 기준(CSA, 2009)에서는 ϕ 계수 0.8을 도입하여 강도를 저감시키고, 유로코드 4(CEN, 2003)에서는 동일한 식에 부분 안전계수(ϕ=0.60)을 도입하여 더 낮은 강도를 사용한다. 본 기준은 스터드 앵커의 개별 저항 계수를 사용하지 않고 전체 합성보의 저항계수를 사용하였다.

오늘날 사용되는 합성데크플레이트의 대부분은 골의 중간위치에 보강용 리브를 가지고 있다. 이러한 보강용 리브로 인해 스터드가 데크플레이트 골의 중심에서 벗어나 용접된다. 최근의 연구결과 (Lawson, 1992; easterling et al., 1993; Van der Sanden, 1995; Yuan, 1996; Johnson and Yuan, 1998; Roddenberry et al., 2002a, 200b)는 데크플레이트 골 내의 위치에 따라 스터드의 거동이 달라지는 것을 보여주고 있다. 해설 그림 4.3-8은 약한(불리한) 위치와 강한(유리한) 위치를 나타낸 것이다. 또한 이러한 연구결과는 데크플레이트를 통해 용접된 스터드의 최대강도가 $0.7F_uA_{sc}$에서 $0.75F_uA_{sc}$의 범위에 있음을 보여주고 있다. 약한 위치에 설치된 스터드의 강도는 $0.5F_uA_{sc}$ 정도까지 감소할 수 있다.

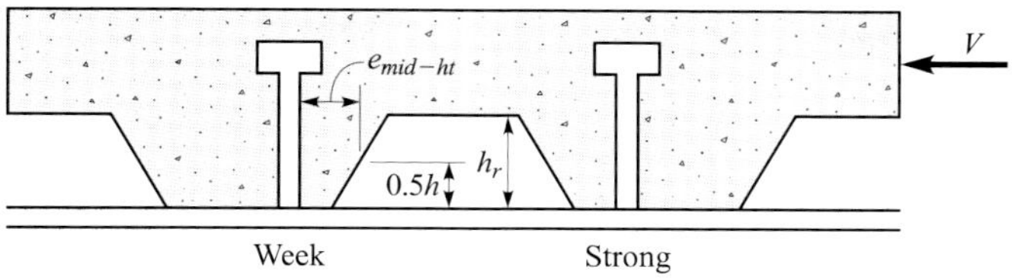

해설 그림 4.3-8 스터드의 약한 위치와 강한 위치

데크플레이트의 골방향이 강재보에 직각인 경우 골 내에 설치되는 스터드의 강도는 식 (4.3-103)을 사용하여 구할 수 있으며 이 식은 약한 위치에 있는 스터드의 전단강도를 기본으로 한 것이다. AISC(1997a)와 Steel Deck Institute(SDI, 2001)는 강한 위치에 스터드를 설치할 것을 권고하지만, 현장에서 이를 결정하기가 명확하지 않은 경우가 많으며, 그런 경우에는 약한 위치에 설치된 것으로 본다.

최근 설계되는 대부분의 합성바닥구조의 경우, 소요강도를 발휘하는데 있어 일반적으로 완전합성이 가장 경제적인 방법이 아니며 따라서 합성단면의 극한강도는 스터드의 강도에 의해 결정된다. 합성도(degree of composite action)는 $\Sigma Q_n / F_y A_s$(전단연결재의 전체강도를 강재단면의 항복강도로 나눈 값)으로 나타낼 수 있는데 해설 그림 4.3-9와 같이 휨강도에 영향을 미치게 된다.

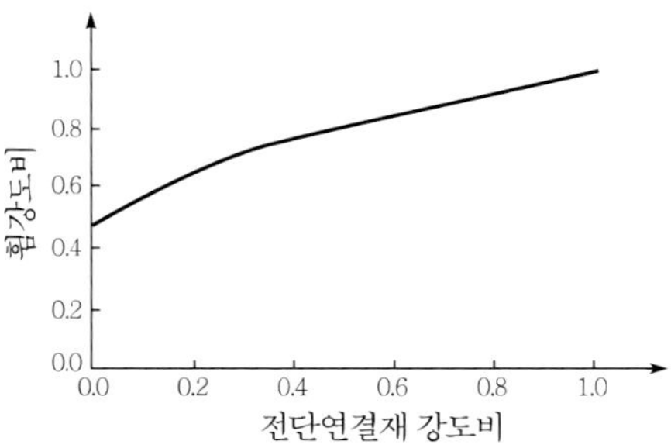

해설 그림 4.3-9 휨강도비와 전단연결재 강도비(합성도)의 관계

해설 그림 4.3-9로부터 전단연결재강도의 상대적으로 큰 변화에 의한 휨강도의 변화는 그보다 훨씬 더 작음을 알 수 있다. 따라서 과거에 해 왔던 것처럼 데크플레이트가 전단연결재의 강도에 미치는 영향을 보실험결과를 근거로 휨모델을 통해 유도하는 것은 메탈데크에 설치된 스터드강도를 평가하는데 있어 정확하지 못한 결과를 줄 수 있다.

이 기준에서의 변화들은 구조물의 파괴나 사용상의 문제에 따른 결과가 아니다. 기존건축물의 강도에 대해 고려할 때 설계자들은 해설 그림 4.3-9에서 곡선의 기울기가 합성의 정도가 1.0에 접근함에 따라 수평에 가깝게 되는 것에 유의할 필요가 있다. 즉 전단스터드 강도의 큰 변화가 이에 비례하는 휨강도의 감소를 일으키지 않는다. 이외에도 앞에서 언급한 것처럼 현재의 식은 모든 가능한 전단력 전달기구를 고려하지는 못한다. 이는 대부분의 전단력 전달기구가 복잡하거나 정량화하기 어렵기 때문이다. 그러나 6.2.2.2.1의 해설에서 언급한 것처럼 합성도가 감소할수록 스터드에 대한 변형요구는 증가하게 된다. 이러한 영향은 해설 그림 4.3-9에서 합성도가 감소할수록 곡선의 기울기가 증가하는 것에 의해 나타난다. 따라서 설계자는 합성도를 50% 이상으로 설정하여야 한다.

최근 AISC 360-16 해설(I3, 2d, 1)에 의하면 불완전합성보는 전단연결재의 연성능력을 검토할 필요가 있다고 다음과 같이 기술하고 있다.

1980년대 중반까지, 합성보의 설계에서 전단연결부의 구체적인 슬립성능을 검토하지 않고 소성응력분포법에 기초한 휨강도를 결정한 것은 합리적이었다. 이는 주로 높은 합성정도를 갖도록 설계하였고, 대부분의 경우 비교적 스팬이 짧았기 때문이다. 오늘날 합성보는 (고강도강재의 사용과) 사용성에 지배되는 장스팬이 많이 사용되므로 합성정도가 낮게 설계되는 경향이 있다. 합성정도가 낮은 장스팬 합성보는 전단스터드에 추가 변형이 발생한다. Mujagic et al.(2015) 및 Selden et al.(2015)은 합성 정도가 낮게 설계된 장스팬의 합성보는 전단연결재의 변형능력이 부족하기 때문에 공칭강도에 도달하지 못할 수 있다고 지적한다.
따라서 불완전합성보는 전단연결재의 연성능력을 검토할 필요가 있다.

AISC 360-16 해설(I3, 2d, 1)에 의하면 다음 조건 중에서 한 가지 이상에 해당하는 경우에는 검토할 필요가 없다.

(1) 스팬이 9.0m 이하인 보;
(2) 50% 이상의 합성정도를 갖는 보; 또는
(3) 전단 스팬에 걸친 평균 공칭전단강도가 233kN/m 이상인 보(300mm 간격의 직경 19mm 둥근 머리 강재앵커에 해당).

이러한 제한 값들은 EC4의 6.6.1.2 Limitation on the use of partial shear connection in beams for buildings에 있는 식 (6.12)에 미국에서 일반적으로 사용하고 있는 ASTM A992의 항복강도 ($F_y = 345\text{MPa}$)를 적용하여 이해할 수 있다(해설 그림 4.3-10 참조).

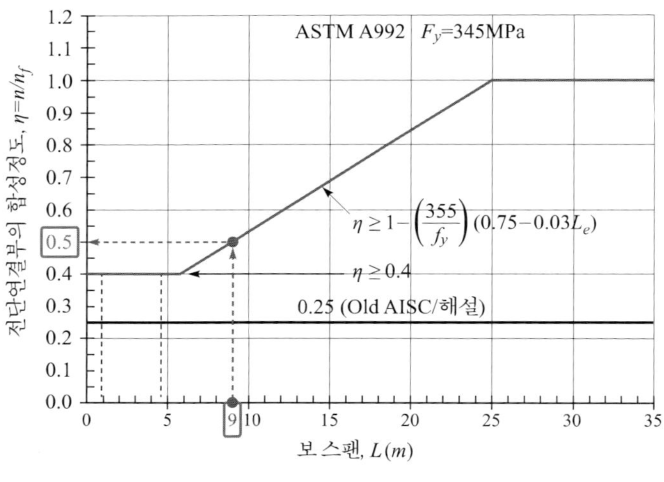

해설 그림 4.3-10 전단연결부의 최소 합성정도(보길이 9.0m, $F_y = 345\text{MPa}$의 예)

형강에 직접 용접된 스터드 앵커의 감소계수 R_p는 2010년도 기준부터 과거 1.0에서 0.75로 저감되었다. R_g와 R_p 계수를 적용하는 방법론은 2005년 기준부터 적용되었다. 이 계수에 대한 연구(Roddenberry et al., 2002a)는 스터드가 강재 데크에 관통 용접된 경우만을 대상으로 다루었다. 당시 연구에서는 콘크리트 슬래브(solid slab)에 대하여 R_p=0.75를 사용하는 근거가 될 만한 실험 결과가 충분치 않았다. 그러나 최근 연구 결과 계수 0.75가 적절한 것으로 밝혀졌다(Pallarés and Hajjar, 2010a)

AISC Manual Commentary I8. Steel Anchors 2b. Strength of steel channel anchors에서 제시한 근거는 다음과 같다.

식 (4.3-104)는 Viest et al. (1952)에 의해 수행된 단순 합성보와 푸쉬아웃 실험 결과에 근거하여 Slutter와 Driscoll(1965)이 제안한 ㄷ형강 전단연결재의 강도 식을 수정한 것이다. 또한 식의 수정을 통해 경량콘크리트에도 적용할 수 있도록 확대되었다.

용접목의 치수가 5mm보다 크고 ㄷ형강이 다음의 요구사항을 만족하는 경우 용접설계에 있어 편심의 영향을 고려할 필요가 없다.

$$1.0 \leq \frac{t_f}{t_w} \leq 5.5$$

$$\frac{H}{t_w} \geq 8.0$$

$$\frac{L_c}{t_f} \geq 6.0$$

$$0.5 \leq \frac{R}{t_w} \leq 1.6$$

여기서, t_f : ㄷ형강 전단연결재의 플랜지두께 (mm)

t_w : ㄷ형강 전단연결재의 웨브두께 (mm)

H : ㄷ형강 전단연결재의 높이 (mm)

L_c : ㄷ형강 전단연결재의 길이 (mm)

R : ㄷ형강 전단연결재의 플랜지와 웨브 사이 필릿부분의 반경 (mm)

AISC Manual Commentary I8. Steel Anchors 2d. Detailing Requirements에서는 매우 큰 집중하중이 작용하는 경우를 제외하고 전단연결재를 일정한 간격으로 배치할 수 있다.

콘크리트 슬래브의 바닥면이 편평한 경우와 데크플레이트의 골방향이 보와 평행한 경우 보의 길이방향으로 커넥터의 최소간격은 스터드직경의 6배이다. 이러한 간격은 콘크리트슬래브 내의 전단면(shear plane)의 형성을 고려한 것이다(Ollgaard 등 1971). 직각방향의 최소간격은 대부분의 실험결과가 직각방향으로 간격이 최소한 직경의 4배인 경우에 관련된 것이므로 이 값을 최소간격으로 사용한다. 강재보의 플랜지폭이 좁은 경우에는 스터드의 열 사이의 수직방향간격이 스터드직경의 3배 이상이 되도록 스터드를 지그재그 형태로 배치함으로써 이러한 간격에 대한 요구조건을 만족시킬 수 있다. 데크플레이트 골의 방향이 보와 평행하며 설계에 의해 골 내에 설치될 수 있는 것보다 더 많은 양의 스터드가 요구될 때에는 데크플레이트를 절단한 후 벌림으로써 스터드설치를 위해 적절한 공간을 확보할 수 있다. 해설 그림 4.3-11은 전단연결재의 배치를 나타낸 것이다.

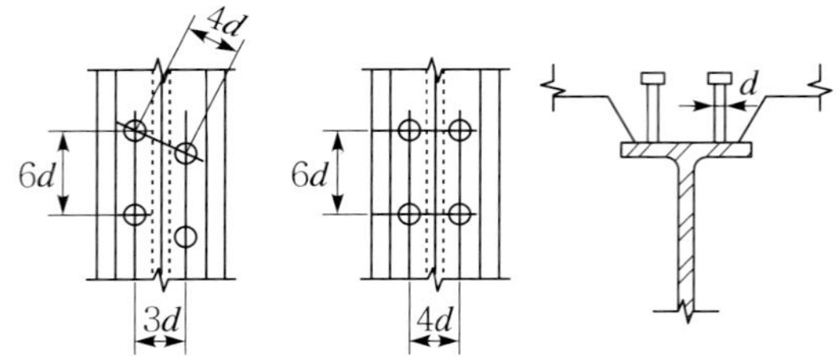

해설 그림 4.3-11 전단연결재의 배치

4.3.2.2.2.3 매입형 합성부재의 휨강도

매입형 합성부재의 설계휨강도는 다음과 같이 구한다.

$\phi_b = 0.90$

공칭휨강도 M_n은 다음 방법 중의 하나를 사용하여 구한다.

(1) 항복한계상태(항복모멘트): 동바리의 효과를 고려하여 합성단면에 작용하는 탄성응력을 중첩하여 산정한다.

(2) 강재 단면의 항복한계상태(소성모멘트): 강재 단면만의 소성응력분포를 사용하여 구한다.

(3) 합성단면에 작용하는 소성응력분포를 사용하여 구하거나 변형률적합법을 사용하여 구한다. 매입형 합성부재에는 강재 전단연결재를 사용해야 한다.

【해설】

매입형합성보의 실험결과로부터 다음과 같은 사실을 알 수 있다:

1) 콘크리트에 의한 매입은 횡비틀림좌굴의 가능성을 크게 감소시키며 매입된 강재의 국부좌굴을 방지한다.

2) 매입과 관련된 제한사항들은 강재단면의 항복이 발생하기 전에 부착파괴가 일어나는 것을 방지한다.

3) 부착파괴가 반드시 매입된 강재보의 휨강도를 제한하는 것은 아니다(ASCE 1979). 따라서 이 기준은 다음과 같은 세 가지 설계법 중의 하나를 사용하여 공칭휨강도를 결정할 수 있도록 하고 있다:

(a) 합성단면의 인장플랜지의 항복

(b) 강재단면의 소성휨강도

(c) 합성단면의 소성휨강도 또는 변형률적합법.

여기서 방법 (c)는 전단연결재가 강재보를 따라 설치되고 매입콘크리트의 철근이 명시된 상세

조건을 만족하는 경우에 한해 적용할 수 있다. 매입이 국부좌굴과 횡비틀림좌굴 모두를 효율적으로 방지할 수 있으므로 합성보나 강재단면 구성요소의 세장비에 대한 제한조건은 없다.
방법 (a)에서는 콘크리트가 경화하기 전에 동바리를 사용하지 않는 보에 가해진 장기하중에 의한 강재단면의 응력에 콘크리트가 경화한 후에 보에 가해진 하중에 의한 합성단면의 응력을 더해야 한다. 이러한 중첩의 경우 모든 장기하중에는 고정하중계수를 곱하고 모든 적재하중에는 적재하중계수를 곱해야 한다. 동바리를 사용한 보의 경우 모든 하중은 합성보에 의해 지지되는 것으로 간주하며 콘크리트와 강재보 사이에 완전한 합성(미끄러짐이 없음)이 이루어지는 것으로 가정한다.

4.3.2.2.2.4 충전형 합성부재의 휨강도

충전형 합성단면은 4.2.8.1.4에 따라 국부좌굴에 의해 분류한다.
충전형 합성단면의 설계휨강도는 다음과 같이 구한다.

$$\phi_b = 0.90$$

공칭휨강도 M_n은 다음과 같이 구한다.

(1) 조밀단면

$$M_n = M_p \qquad (4.3\text{-}105)$$

여기서, M_n :합성단면의 소성응력분포로부터 구한 모멘트 (N·mm)

(2) 비조밀단면

$$M_n = M_p - (M_p - M_y)\left(\frac{\lambda - \lambda_p}{\lambda_r - \lambda_p}\right) \qquad (4.3\text{-}106)$$

여기서, λ, λ_p와 λ_r은 표 4.3-2의 판폭(직경)두께비 제한값

M_n : 인장플랜지의 항복과 압축플랜지의 첫 항복에 대응하는 항복모멘트(N·mm). 첫 항복에서의 저항능력은 $0.7f_{ck}$의 최대 콘크리트 압축응력과 f_y의 최대 강재응력의 선형탄성 응력분포로 가정하여 계산한다.

(3) 세장단면

공칭휨강도는 첫 항복모멘트로부터 구한다. 압축플랜지 응력은 식 (4.2-50) 또는 식 (4.2-51)로부터 구한 국부좌굴응력 F_{cr}로 제한한다. 콘크리트 응력분포는 최대압축응력을 $0.7f_{ck}$로 한 선형탄성 응력분포로 한다.

4.3.2.2.3 휨과 축력의 조합

합성부재에 압축력과 휨이 동시에 작용하는 경우 KDS 14 31 05에서 요구되는 안정성을 고려해야 한다. 설계압축강도와 설계휨강도는 4.2.8.2.1.2와 4.3.2.1.1에 따라서 각각 구한다. 압축강도에 미치는 길이의 영향을 고려한 부재의 공칭압축강도는 4.2.8.2.1.2에 따라 구한다.

매입형 합성부재와 조밀단면의 충전형 합성부재에 대한 축력과 휨의 상호관계는 식 (4.4-1)의 상호관계식 또는 식 (4.4-2)에서 규정한 방법 중의 1가지 방법에 따른다.

비조밀 또는 세장단면의 충전형 합성부재에 대한 축력과 휨의 상호관계는 식 (4.4-1)의 상호관계식에 따른다.

【해설】

이 장에서는 모든 골조해석에 있어 합성보-기둥에 대한 소요강도를 이차해석 또는 확대일차해석을 통해 구해야 한다. 합성부재에 있어 압축과 휨의 상호작용에 대해 이 규정은 명확한 식들을 제시하지 않는다. 그러나 이 규정은 철근콘크리트설계법에서 사용되는 상호작용곡선과 유사한 형태의 결과를 주는 원칙들에 관해 제시하고 있다.

합성보-기둥좌굴의 영향을 고려한 압축강도와 휨강도는 소성응력분포법이나 변형률적합법을 사용하여 구할 수 있다. 합성보-기둥의 강도를 결정하는 데에는 다음과 같은 세 가지 단순한 방법이 있다. 이러한 방법들은 몇 가지 경우에 대해서는 강도를 직접 구하고 다른 경우들에 대해서는 보간법을 사용하여 구한다.

첫 번째 방법은 2축대칭합성보-기둥에 적용한다. 이런 경우 4.4.1의 상호작용식들은 압축과 휨의 조합력에 대한 부재의 강도를 안전측으로 평가하게 된다. 이러한 규정은 인장과 휨의 조합력에 대해서도 적용할 수 있다. 안전측의 정도는 일반적으로 전체강도에 있어 강재에 비해 콘크리트의 기여의 정도에 따라 달라진다. 따라서 이러한 식들은 일반적으로 낮은 압축강도의 콘크리트를 사용한 부재에 비해 높은 압축강도의 콘크리트를 사용한 부재에 대해 보다 안전측의 결과를 주게 된다.

두 번째의 방법은 소성응력분포법을 사용하여 공칭강도수준에서 압축과 휨의 조합력에 대해 상호작용관계를 유도하는 것이다. 이 방법에 의해 해설 그림 4.3-12의 곡선과 유사한 상호작용관계를 얻게 된다. 해설 그림 4.3-12에 나타낸 다섯 개의 점들은 소성응력분포를 사용하여 정의된다. A점은 식 (4.2-40) 또는 식 (4.2-47)에 의해 구해지는 순수압축강도를 나타낸다. B점은 4.3.2.2.3의 규정에 따라 결정되는 단면의 휨강도를 나타낸다. C점은 축하중이 작용하는 상태에서 B점과 같은 휨강도를 갖는 소성중립축의 위치에 해당된다. D점은 압축강도가 C점의 압축강도의 1/2에 해당하는 점을 나타낸다. E점은 매입형단면의 y축에 대한 휨강도와 충전형단면의 휨강도를 보다 잘 나타내기 위해 임의로 선정된 점이다. 이러한 점들 사이에는 선형적인 관계를 사용한다. 그러나 이 방법을 사용할 경우 저항계수에 의해 또는 부재의 세장비를 고려하기 위해 D점의 위치를 축소시킬 때에는 주의가 필요하다. 왜냐하면 부재의 단면에 의해 발휘될 수 있는 압축강도보다 더 낮은 강도를 사용함으로써 추가적인 휨강도가 허용되고 이로 인해 불안전측의 결과를 줄 수 있기 때문이다. 공칭강도 상호작용관계가 결정된 후 식 (4.2-38)과 (4.2-39)에 의한 길이효과를 고려해야 한다. 그리고 최종적인 가용강도는 압축 및 휨에 대한 저항계수를 적용하여 결정한다.

세 번째 방법은 해설 그림 4.3-12와 같이 두 개의 직선으로 단순화시킨 방법이다. 먼저 매입형단면과 충전형단면에 대해 각각 식 (4.2-40)과 (4.2-45)을 이용하여 기둥의 압축강도(해설 그림 4.3-12의 A점)를 구한다. 이 강도를 식 (4.2-38) 또는 식 (4.2-39)에 의해 길이효과를 고려하여 감소시킴으로써 P_n(그림의 A_A점)을 구한다. 이 값에 저항계수 ϕ_c를 적용하면 설계에 사용되는 수직축 상의 최종적인 점인 A_d점이 구해진다. 수평축 상의 최종적인 점인 B_d점은 단면의 휨강도에 해당하는 B점에 적절한 휨저항계수를 적용하여 구한다.

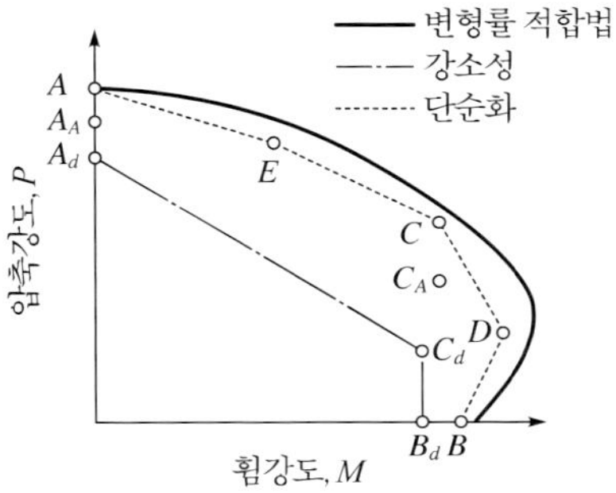

해설 그림 4.3-12 합성보-기둥설계를 위한 상관도

한편 C점은 먼저 A점에 대해 적용한 것과 동일한 방법으로 길이효과를 고려하여 수직방향으로 감소시킴으로써 C_A점을 구한다. 그 후 C_A점을 수직방향으로는 ϕ_c를 사용하여 조정하고 수평방향으로는 ϕ_b를 사용하여 조정함으로써 C_d점을 구한다. A_d점과 B_d점 그리고 B_d점과 C_d점 사이는 해설 그림 4.3-12와 같이 직선을 사용하여 근사적으로 나타낸다. 이처럼 직선을 사용하여 나타내는 경우 압축과 두 방향 휨의 조합력을 받는 합성보-기둥에 대해 다음과 같은 상호작용식을 유도할 수 있다.

$P_r < P_C$인 경우

$$\frac{M_{rx}}{M_{Cx}} + \frac{M_{ry}}{M_{Cy}} \leq 1 \qquad \text{(해설 4.3-14)}$$

$P_r \geq P_C$인 경우

$$\frac{P_r - P_C}{P_A - P_C} + \frac{M_{rx}}{M_{Cx}} + \frac{M_{ry}}{M_{Cy}} \leq 1 \qquad \text{(해설 4.3-15)}$$

여기서, P_r : 소요압축강도 (N)

P_A : A점의 가용압축강도 (N)

P_C : C점의 가용압축강도 (N)

M_r : 요구휨강도 (N·mm)

M_C : C점의 가용휨강도 (N·mm)

x : 강축에 대한 휨과 관련된 기호첨자

y : 약축에 대한 휨과 관련된 기호첨자

강도설계에 따른 설계의 경우

$P_r = P_u$: 하중조합을 사용한 소요압축강도 (N)

$P_A = P_{Ad}$: 4.2.12에 따라 구한 설계압축강도 (N)

$P_C = P_{Cd}$: 해설 그림 4.3-12에서 C_d점의 설계압축강도 (N)

$M_r = M_u$: 하중조합을 사용한 소요휨강도 (N·mm)

$M_C = M_{Cd} = M_{Bd}$: 4.3.2.2.2에 따라 구한 설계휨강도 (N·mm)

$\phi_c = 0.75$

$\phi_b = 0.90$

양 축에 대해 휨이 작용하는 경우 강축 및 약축에 대해 계산된 P_C의 값이 서로 다를 수 있다. 이 때에는 두 값 중에서 작은 값을 식 (해설 4.3-14)와 식 (해설 4.3-14)의 한계값으로 그리고 식 (해설 4.3-15)에서 P_C의 값으로 사용한다.

합성보에 작용하는 압축과 휨의 조합력에 대해 이 절에서는 다루지 않았다. 축하중을 받는 합성바닥보부재(상부플랜지에 콘크리트슬래브가 위치하는 강재보)로는 기둥부재가 경사진 경우에 사용되는 수집재(collector element)와 안정부재(stabilizing members) 등이 있다.

축하중을 강재단면으로 또는 강재단면으로부터 전달하기 위한 적절한 방법이 제시되어야 한다. 전단연결재가 사용되는 경우 상부플랜지는 전단연결재의 위치에서 압축력에 대해 횡방향으로 지지된 것으로 가정한다. 축하중의 전달을 위해 그리고 하중조합으로부터 구해지는 추가적인 휨으로 인해 추가적인 전단연결재가 요구될 수 있다. 보와 슬래브 사이에 축하중을 전달하기 위해 추가되는 전단연결재에 대해 Q_n은 4.3.2.2.2에 따라 구한다. 하부플랜지에 압축하중을 일으키는 하중조합에 대해서는 횡방향지지점 사이의 길이효과를 고려해야 한다. 변곡점의 위치를 비지지플랜지의 비틀림좌굴에 대한 지지점으로 간주해서는 안된다.

참고문헌

ACI (1997), Prediction of Creep, Shrinkage and Temperature Effects in Concrete Structures, ACI 209R-92, American Concrete Institute, Farmington Hills, MI.

ACI (2002), Building Code Requirements for Structural Concrete, ACI 318-02 and ACI 318M-02, American Concrete Institute, Farmington Hills, MI.

AISC (1975), Australian Standard AS1250, Australian Institute of Steel Construction, Sydney, Australia.

AISC (1997), A Guide to Engineering and Quality Criteria for Steel Structures, American Institute of Steel Construction, Inc, Chicago, IL.

Ansourian, P. (1982), "Plastic Rotation of Composite Beams", Journal of the Structural Division, ASCE, Vol. 108, No. ST3, pp. 643-659.

API (1993), Recommended practice for Planningm Designing and Construction Fixed offshore Platforms - Load and Resistance Factor Design, 1st edition, American Petroleum Institute, Washington, DC, July.

ASCE (1979), "Structural Design of Tall Steel Buildings", American Society of Civil Engineers, New York, NY.

ASCE (2002), Minimum Design Loads for Buildings and Other Structures, ASCE 7-02, American Society of Civil Engineers, Reston, VA.

Baldwin, J. W., H. J. Salame, and R. C. Duffield (1978), "Fatigue Test of a Three-Span Composite Highway Bridge", Report 73-1, Department of Civil Engineering, University of Missouri, Columbia.

Basler, K. (1961), "Strength of Plate Girders Under Combined Bending and Shear", Journal of the Structural Division, ASCE, Vol. 87, No. ST7, pp. 181-197.

Basler, K. and B. Thurlimann (1961), "Strength of Plate Girders in Bending", Journal of the Structural Division, ASCE, Vol. 87, No. ST6, pp. 153-181.

Basler, K., and Thurlimann B. (1963), "Strength of Plate Girders in Bending", Transactions of the Amercan Society of Civil Engineers, Vol. 128, PartⅡ, p. 655-682.

Brosnan,D.P., and Uang, C.M. (1995), "Effective Width of Composite L-Beams in Buildings", Engineering Journal, AISC, Vol. 30, No. 2, pp. 73-81

Carskadann, P. S. (1980), "Autostress Design of Highway Bridges-Phase 3: Interior-Support-Model Test", Research Laboratory Report. United States Steel Corporation, Monroeville, Pennsylvania.

Cooper, P. B. (1967), "Strength of Longitudinally Stiffened Plate Girders", Proc. of the ASCE, Vol. 93, No. ST2, pp. 419-451.

CSA (1994), Limit States Design of Steel Structures, CSA S 16.1, Canadian Standards Association, Resdale, Ontario, Canada.

Dekker, N.W., Kemp, A.R., and Trinchero, P. (1995), "Factors Influencing the Strength of Continuous Composite Beams in Negative Bending", Journal of Constructional Steel Research, Vol. 34, Nos. 2-3, pp. 161-185.

Dishongh, Burl E. (1995), "Inelastic Moment Redistribution". Journal of the Structural Division, ASCE, Volume 121, No. 2, pp. 378-382.

Dubas, C. (1948), "A Contribution to the Buckling of Stiffened Plates", IABSE Preliminary Publication. Third Congress, IABSE, Liege.

Earls,C.J., and Galambos, T.V. (1997), "Design Recommendations for Equal Leg Single Angle Flexural Members", Journal of Constructional Steel Research, Vol. 43, Nos. 1-3, 99. 65-85.

Easterling, W.S., and Gonzales, L. (1993), "Shear Lag Effects in Steel Tension Members", Engineering Journal, AISC, Vol. 30, No. 3,3rd Quarter, pp. 77-89.

Easterling, W.S., Gibbings, D.R., and Murray, T.M.(1993), "Strength of Shear Studs in Steel Deck on Composite Beams and Joists", Engineering Journal, AISC, Vol. 30, No. 2,2nd Quarter, pp. 44-55.

Ellifritt, D.S.. Wine, G., Sputo, T., and Samuel, S. (1992), "Flexural Strength of WHSections". Engineering Journal, AISC, Vol 29, No.2, 2nd Quarter, pp. 67-74.

FHWA (1980), "Proposed Design Specifications for Steel Box Girder Bridges", FHWA-TS-80-205, Federal Highway Administration, Washington, D.C.

Fisher, J.W. (1970), "Design of Composite Beams with Formed Metal Deck", Enginneering Journal, AISC, Vol. 3, No. 7, pp. 88-96.

Frank, K. H., and T. A. Helwig (1995), "Buckling of Webs in Unsymmetric Plate Girders", AISC Engineering Journal, Vol. 32, pp. 43-53.

Galambos, T. V. (1998), "Guide to Stability Design Criteria for Metal Structures", 5th ed., Structural Steel Research Council, John Wiley and Sons, Inc., New York, NY, USA.

Galambos, T.V. (2001). "Strength of Singly Symmetric I-Shape Beam-Columns", Engineering Journal, AISC, Vol. 38, No. 2, 2nd Quarter, pp. 65-77.

Goble, G.G. (1968), "Shear Strenght of Thin Flange Composite Specimens", Engineering Journal, AISC, Vol. 5, No. 2, 2nd Quarter, pp. 62-65.

Goldberg, J. E. and H. L. Leve (1957), "Theory of Prismatic Folded Plate Structures", IABSE, Vol. 16, International Association for Bridge and Structural Engineers, Zurich, Switzerland, pp. 59-86.

Grant, J.A., Fisher, J.W., and Slutter, R.G. (1977), "Composite Beams with Formed Steel Deck", Engineering Journal, AISC, Vol. 14, No. 1, 1st Quarter, pp. 24-43.

Griffis, L.G. (1992), Load and Resistance Factor Design of W-Shapes Encased in Concrete, Steel Design Guide series No. 6, American Institute of Steel Construction, Inc., Chicago, IL.

Grubb, M. A., and P. S. Carskaddan (1981), "Autostress Design of Highway Bridge-Phase 3: Moment-Rotiation Requirements", Research Laboratory Report, United States Steel Corporation, Monroeville, Pennsylvania.

Haaijer, G., P. S. Carskaddan, and M. A. Grubb (1987), "Suggested Autostress Procedures for Load Facor Design of Steel Beam Bridges", AISI Bulletin, No. 29.

Hajjar, J.F. (2000), "Concrete-Filled Steel Tube Columns under Earthquake Loads", Prigress in Structural Engineering and Materials, Vol. 2, No. 1, pp. 72-82.

Jayas, B.S., and Hosain, M.U. (1988), "Composite Beams with Perpendicular Ribbed Metal Deck", Composite Construction in Steel and Concrete II, Buckner, C. D., and Viest, I.M. (eds.), American Society of Civil Engineers, New York, NY, pp. 511-526.

Jayas, B.S., and Hosain, M.U. (1988a), "Behaviour of Headed studs in Composite Beams:Push-Out Tests", Canadian Journal of Civil Engineering, Vol. 15, pp. 240-253.

Johnson, D. L. (1985), "An Investigation into the Interaction of Flanges and Webs in Wide Flange Shapes", Proc. of the 1985 SSRC Annual Technical Session.

Johnson, R. P., and R. J. Buckby (1986), "Composite Structures of Steel and Concrete", Vol. 2, Bridges, 2nd ed. William Collins Sons and Company, Ltd., London, England.

Johnson, R.P., and Yuan, H. (1998), "Existing Rules and Mew Tests for Stud Shear Connectors in Troughs of Profiled Sheeting", Proceedings of the Institution of Civil Engineers: Structures and Buildings, Vol. 128, No. 3, pp. 244-251.

Johnston, B. G. (1966) "Design Criteria for Metal Compression Members", 2nd ed., John Wiley and Sons, Inc., New York, NY, USA.

Johnston, B. G. and A. H. Mattock (1967) "Lateral Distribution of Load in Composite Box Girder Bridges", Highway Research Record No. 167, Bridges and Structures, Washington, D.C.

Kirby,P.A., and Nethercot, D.A. (1979), Design for Structural Stability, John Wiley and Sons, Inc., New York, NY.

Kitipornchai, S., and N. S. Trahair (1980), "Buckling Properties of Monosymmetric I-Beams", Journal of the Structural Division, ASCE, Vol. 106, No. ST5, pp. 941-957.

Lawson, R.M. (1992), "Shear Connection in Composite Beams", Composite Construction in Steel and Concrete Ⅱ, Easterling, W.S., and Roddis, W.M.K. (eds.), American Society of Civil Engineers, New York, NY.

Lee, S. C., Lee, D. S. and Yoo, C. Y. (2008), "Ultimate Shear Strength of Long Web Panels", Journal of Constructional Steel Research, 64, Elsvier.

Lee, S. C., Lee, D. S., Park, C. S, Yoo, C. H. (2009), "Further Insights into Postbuckling of Web Panels II: Experiments and Verification of New Theory" Journal of Structural Engineering, ASCE, Vol. 135, No. 1.

Lee, S. C., Lee, D. S., Yoo, C. H. (2009), "Further Insights into Postbuckling of Web Panels I: Review of Flange Anchoring Mechanism", Journal of Structural Engineering, ASCE, Vol. 135, No. 1.

Lee, S.C., Yoo, C. H. and Yoon, D. Y. (2002), "Behavior of Intermediate Transverse Stiffeners Attached on Web Panels", Journal of Structural Engineering, ASCE, Vol. 128, No. 3, pp. 337-345.

Lee, S.C., Yoo, C. H. and Yoon, D. Y. (2003), "New Design Rule for Intermediate Transverse Stiffeners Attached on Web Panels", Journal of Structural Engineering, ASCE, Vol. 129, No. 12, pp.1607-1614.

Leigh, J.M. and Lay, M.G. (1978). "Laterally Unsupported Angles with Equal and Unequal Legs", Report MRL 22/2, July, Melbourne Research Laboratories, Clayton, Victoria, Australia.

Leigh, J.M. and Lay, M.G. (1984) "The Design of Laterally Unsupported Angles", Steel Design Current Practice, Section 2, Bending Members, American Institute of Steel Construction, Inc., Chicago, IL, January.

Leon, R.T. and Aho, M.F (2002), "Toward New Design Provisions for Composite Columns", Composite Construction in Steel and Concrete IV, Hajjar, J.F., Hosain, M., Easterling, W.S., and Shahrooz, B.M (eds.), American Society of Civil Engineers, Reston, VA.

Madugula, M.K.S., and Kennedy, J.B. (1985), Single and Compound Angle Members, Elsevier Applied Science, New York, NY.

Mottram, J.T., and Johnson, R.P.(1990), "Push Tests on Studs Welded Through Profiled Steel Sheeting", The Structural Engineer, Vol. 68, No. 10, pp. 187-193.

Mueller, J. A., and B. T. Yen (1968), "Girder Web Boundary Stresses and Fatigue", WTC Bulletin, No. 127.

Ollgaard, J.G., Slutter, R.G., and Fisher, J.W. (1971), "Shear Strength of Stud Shear Connections in LightWeight and Normal Weight Concrete", Engineering Journal, AISC, Vol. 8, No. 2, 2nd Quarter, pp. 55-64.

Robinson, H. (1967), "Tests of Composite Beams with Cellular Deck", Journal of the Structural Division, ASCE, Vol. 93, No. ST4, pp. 139-163.

Roddenberry, M.R., Lyons, J.C., Easterling, W.S., and Murray, T.M. (2002a), "Performance and Strength of Welded Shear Studs", Composite Construction in Steel and Concrete IV, Hajjar, J.F., Hosain, M, Easterling, W.S., and Shahrooz, B.M. (eds.), Smerican Society of Civil Engineers, Reston, VA, pp. 458-469.

Roddenberry, M.R.,Easterling, W.S., and Murray, T.M. (2002), "Behavior and Strength of Welded Stud Shear Connectors", Report No. CE/VPI-02/04, Virginia Polytechnic Institute and state University, Blacksburg, VA.

Roeder, C. W., and L. Eltvik (1985), "An Experimental Evaluation of Autostress Design", In Transportation Research Record 1044. TRB, National Research Council, Washington, D.C.

Roeder, C.W., Cameron, B., and Brown, C.B. (1999), "Composite Action in Concrete Filled Tubes", Journal of Structural Engineering, ASCE, Vol. 125, No.5, May, pp. 477–484.

Roik, K., and Bergmann, R. (1992), "Composite Column", Constructional Steel Design: An International Guied, Dowling, P.J., Harding,J.E., and Bjorhovde, R. (eds.), Elsevier Applied Science, London, United Kingdom.

Ruddy, J. (1986), "Ponding of Concrete Dfeck Floors", Engineering Journal, AISC Vol. 23, No. 3,3rd Quarter, pp.107–115.

Salvadori, M. (1956), "Lateral Buckling of Eccentrically Loaded I–Columns", Transactions of the ASCE, Vol. 122, No. 1.

Schilling, C. G. (1968), "Bending Behavior of Composite Hybrid Beams", Journal of the Structural Division, ASCE, Vol. 94, No. ST8, pp. 1945–1964.

Schilling, C. G. (1986), "Fatigue", Chapter I/6, Highway Structures Design Handbook, AISC Marketing, Inc., available from the National Steel Bridge Alliance, Chicago, Illinois.

Schilling, C. G., and R. W. Frost (1964), "Behavior of Hybrid Beams Subjected to Static Loads", Journal of the Structural Division, ASCE, Vol. 90, No. ST3, pp. 55–88.

Schilling, C. G., and S. S. Morcos, (1988), "Moment–Rotation Tests of Steel Girders with Ultracompact Flanges". AISI.

SDI (1999), Standard Practice Details, Steel Deck Institute, Fox River Grove, IL

Shanmugam, N.E., and Lakshmi, B. (2001), "State of the Art Report on Steel–Concrete Composite columns". Journal of Constructional Steel Research, Vol 57, No,10 October, pp. 1,041–1,080.

Sherman, D.R (1992), "Tubular Members", Constructional Steel Design – An International Guide, Dowling, P.J., and Bjorhovde, R.(eds.), Elsevier Applied Science, London, United Kingdom, pp. 91–104.

Slutter, R. G., and J. W. Fisher. (1966), "Fatigue Strength of Shear Connectors", Highway Research Record No. 147, Highway Research Board, Washington, D.C.

Slutter, R.G.,and Driscoll, G.C. (1965), "Flexural Strength of Steel–Concrete Composite Beams", Journal of the Structural Division, ASCE, Vol. 91, No. ST2, April, pp. 71–99.

Timoshenko, S. P. and J. M. Gere (1961), "Theory of the elastic stability", 2nd ed., McGraw Hill, New York, NY.

Van der Sanden, P.G.F.J. (1995), "The Behaviour of a Headed Stud Connection in a 'New' Push Test including a Ribbed Slab. Tests: Main Report", BKO Report No. 95–16, Eindhoven University of Technology, Eindhoven, The Netherlands, March.

Viest, I.M., Colaco, J.P., Furlong, R.W., Griffis, L.G., Leon, R.T., and Wyllie, L.A., Jr.

(1997), Composite Construction: Design for Buildings, McGraw-Hill, New York, N

Viest, I.M.., Siess, C.P., Appleton, J.H., and Newmark, N. (1952), "Full-Scale tests of Channel Shear Connectors and Composite T-Beams", Bulletin Series No. 405, Vol. 50, No. 29, University of Illinois Engienering Experiment Station, University of Illinois, Urbana, IL

Vincent, G. S. (1969), "Tentative Criteria for Load Factor Design of Steel Highway Bridges", AISI Bulletin, No. 15, American Iron and Steel Institute, Washington, D.C.

Wattar, F., P. Albrecht, and A. H. Sahli (1985), "End-Bolted Cover Plates", Journal of the Structural Division, ASCE. Vol. 3, No. 6, pp. 1235-1249.

White, D.W. (2004), "Unified Flexural Resistance Equations for Stability Design of Steel I-Section Members Overview", Structural Engineering, Mechanics and Materials Report No. 24a, School of Civil and Environmental Engineering, Georgia Institute of Technology, Atlanta, GA.

White, D.W. and Jung, S.K (2003). "Simplified Lateral-Torsional Buckling Equations for Singly-Symmetric I-Section Members", Structural Engineering, Mechanics and Materials Report No. 24b, School of Civil and Environmental Engineering, Georgia Institute of Technology, Atlanta, GA.

Wittry, Dennis M. (1993), "An Analytical Study of the Ductility of Steel Concrete Composite Sections", Masters thesis. University of Texas at Austin.

Wolchuk, R. (1990), "Box Girders", Structural Engineering Handbook, 3rd Ed., E. H. Gaylord and C. N. Gaylord eds., McGraw Hill, New York, NY, USA, pp. 19-1-19-28.

Yen, B. T., and J. A. Mueller (1966), "Fatigue Tests of Large Size Welded Plate Girders", WRC Bulletin, No. 118.

Yoo, C. H. and Lee, Sung C. (2006) "Mechanics of Web Panel Postbuckling Behavior in Shear", Journal of Structural Engineering, ASCE, Vol. 132, No. 10, 1580-1589.

Yuan,H. (1996), "The Resistances of Stud Shear Connectors with Profiled Sheeting", Ph.D.Dissertation, Department of Engineering, The University of Warwick. Coventry, United Kingdom.

Yura, J. A., T. V. Galambos, and M. K. Ravindra (1978) "The Bending Resistance of Steel Beams", Journal of the Structural Division, ASCE, Vol. 104, No. ST9, pp. 1355-1370.

Zureick, A. and B. Shih (1994), "Local Buckling of Fiber-Reinforced Polymeric Structural Members Under Linearly-Varying Edge Loading", Structural Engineering, Mechanics, and Materials Research Report No. SEMM 94-1, Technical Report of Research Sponsored by the U.S. Department of Transportation, Georgia Institute of Technology.

4.3.3 교량용 거더

4.3.3.1 플레이트거더

4.3.3.1.1 일반사항

이 규정들은 웨브 중심선을 통과하는 수직축에 대하여 대칭인 I형 압연 또는 조립 직선 교량과 직선 부재가 각을 이루고 연속으로 연결된 교량 또는 수평 곡선 교량의 휨설계에 적용한다. 이 규정들은 4.3.3.1.1.1부터 4.3.3.1.1.8까지의 요구조건에 정의된 합성 또는 비합성단면, 하이브리드 또는 균질 단면, 그리고 웨브의 높이가 일정한 단면 또는 변단면에도 적용된다. 또한 이 규정들은 비틀림모멘트 등으로 인하여 발생하는 플랜지 횡방향 휨과 주축 휨의 영향을 함께 고려한 것이다. 휨을 받는 모든 I형 단면은 최소한 다음의 규정을 만족하도록 설계해야 한다.

(1) 단면비 제한조건 : 4.3.3.1.2

(2) 시공성 요구조건 : 4.3.3.1.3

(3) 사용한계상태 요구조건 : 4.3.3.1.4

(4) 피로 및 파괴한계상태 요구조건 : 4.3.3.1.5

(5) 강도한계상태 요구조건: 4.3.3.1.6

세장한 웨브 부재의 웨브 휨좌굴강도는 4.3.3.1.1.9에 따라 결정한다. 하이브리드 단면 또는 세장한 웨브 부재의 플랜지 응력감소계수는 4.3.3.1.1.10에 따라 결정한다.

【해설】

이 조항은 적용 가능한 강재 I형 단면 형식의 교량에 관한 일반적인 사항에 관한 것이다.

주부재의 경우에는 완전합성을 기본으로 하나, 부부재의 경우 비합성 또는 부분합성을 적용할 수 있다. 부분합성에 관한 상세내용은 Eurocode 4(2005)를 참조할 수 있다.

4.3.3.1.1.1 합성단면

4.3.3.1.10에 의해 설계된 전단연결재로 강재단면과 콘크리트 바닥판이 결합되어 강재에 대한 횡방향지지 및 확실한 합성거동이 보장되는 경우에는 합성단면으로 설계할 수 있다.

(1) 응력

① 하중 재하순서

합성단면 임의의 점에서 외력에 의해 발행하는 탄성응력은 다음과 같은 단면에 각

각 작용하는 하중에 의해 발생한 응력의 합으로 구한다

가. 강재단면

나. 단기합성단면

다. 장기합성단면

동바리 공법을 적용하지 않고 시공하는 경우, 콘크리트 바닥판이 굳기 전이나 합성이 완료되기 전에 작용하는 영구하중은 강재단면 만이 지지하는 것으로 간주해야 한다. 합성이 완료된 이후에 작용하는 영구하중과 활하중은 합성단면이 지지하는 것으로 간주한다. 동바리 공법을 적용하여 시공하는 경우 모든 영구하중은 콘크리트 바닥판이 굳었거나 합성이 완료된 후에 작용하는 것으로 간주해야 하며, 관련 계약문서 상에도 그 사항을 명시해야한다.

② 정모멘트 단면의 응력

정모멘트에 의한 휨응력을 계산할 때의 합성단면은 강재단면과 콘크리트 바닥판 유효폭에 대한 환산단면으로 구성된다.

단기 합성단면에 작용하는 활하중에 대해서는, 단기 합성단면에 대한 탄성수비 n을 사용하여 바닥판의 환산단면적을 구해야 한다. 장기 합성단면에 작용하는 영구하중에 대해서는 탄성계수비 $3n$을 사용하여 바닥판의 환산단면적을 구한다. 강도한계상태에서 활하중과 영구하중에 의해 발생한 모멘트들의 부호가 반대인 경우, 계수모멘트의 합으로 인해 발생하는 콘크리트 바닥판의 순응력이 압축이라면 이 같은 방법으로 활하중 및 영구하중에 대한 바닥판의 환산단면적을 구하면 된다. 계수모멘트의 합으로 인해 발생하는 콘크리트 바닥판의 순응력이 인장인 경우에는 ③으로 강재단면의 응력을 구해야 하며, 콘크리트 바닥판의 응력은 ④로 구해야 한다.

탄성계수비는 다음과 같이 계산한다.

$$n = \frac{E}{E_c} \qquad (4.3\text{-}107)$$

여기서, E_c : 콘크리트의 탄성계수 (MPa)

③ 부모멘트 단면의 응력

부모멘트에 의한 휨응력을 계산할 때, 별도로 ④, 4.3.3.1.4.2 또는 KDS 14 31 20(4.1.2.1)에서 규정된 경우를 제외하고, 단기와 장기 합성단면은 강재 단면과 바닥판 유효폭 내의 종방향 철근으로 이루어진다.

④ 콘크리트 바닥판 응력

모든 영구하중과 활하중에 의한 콘크리트 바닥판의 종방향 휨응력을 계산할 때는 단기 탄성계수비 n을 사용한다.

⑤ 콘크리트 바닥판의 유효폭

바닥판의 유효폭을 결정하는 특별한 다른 방법이 없을 경우에는 아래의 일반적인 보의 유효폭 규정을 적용한다. 유효지간길이는 단순보의 경우는 실제 지간길이로 하고, 연속보의 경우는 장기하중에 의한 처짐 곡선의 변곡점 간의 거리로 한다.

내측 보의 유효폭은 다음 중 최소값으로 한다.

가. 유효 지간길이의 1/4

나. 바닥판 평균두께의 12배에 웨브두께와 상부플랜지 폭의 1/2 중 큰 값을 합한 값

다. 인접한 보와의 평균 간격

외측 보의 유효폭은 인접한 내측 보의 유효폭의 1/2과 다음 중 최소값을 합한 값으로 한다.

가. 유효 지간길이의 1/8

나. 바닥판 평균두께의 6배에 웨브두께의 1/2과 상부플랜지 폭의 1/4 중 큰 값을 합한 값

다. 내민 폭

【해설】

합성단면의 응력은 합성전 강재단면에 작용하는 하중과 합성후 합성단면에 작용하는 하중을 별도로 계산하는 시공단계별 해석을 통해 산정한다. 합성후 합성단면에 작용하는 영구하중에 대해서는 영구하중에 의해 콘크리트 단면에 발생한 콘크리트의 응력과 콘크리트의 재령, 크리프 특성을 고려한 시간의존적 해석을 수행하여 장기적인 응력 변화량을 산정한다. 합성단면에 작용하는 영구하중에 대한 장기거동해석은 콘크리트구조기준 등을 참조하여 수행할 수 있다. 하지만 합성단면의 장기거동해석은 복잡한 해석 과정이 필요하기 때문에 이 기준에는 실무에서 보다 간편하게 콘크리트의 장기거동을 고려할 수 있는 해석방법을 규정하였다. 합성단면에 대해 보다 엄밀한 장기거동 해석을 수행하는 경우 이 설계 규정을 따르지 않아도 된다.

이 규정은 먼저 설치된 강재단면 위에 건설 현장에서 콘크리트를 타설하는 철근콘크리트 바닥판에 대해 제한적으로 적용할 수 있다. 프리스트레스가 도입된 콘크리트 바닥판이나 프리캐스트 콘크리트 바닥판처럼 현장타설된 콘크리트 바닥판과 비교할 때 장기거동 영향이 다른 경우에는 그 차이점들을 고려하여 합성단면의 장기거동해석을 수행하여야 한다.

콘크리트 바닥판은 28일 압축강도의 75%가 얻어지면 충분히 굳었다고 간주할 수 있다. 이 기준에서 동바리공법 시공은 허용하지만 비경제적이라 권장은 하지 않는다.

⑤항의 콘크리트 바닥판의 유효폭 규정은 최신 AASHTO(LRFD)(2014)에 따라 다음과 같이 정할 수 있다.

"합성거더, 합성세로보 또는 합성 바닥트러스 현재의 바닥판 유효플랜지폭은 양쪽 인접 거더까지 거리의 1/2 또는 한쪽 인접 거더까지의 거리의 1/2 + 전체 내민 거리(full overhang width)로 취할 수 있다. 그렇지 않은 경우 바닥판 플랜지유효폭은 상세해석에 의하여 결정되어야 한다."

4.3.3.1.1.2 비합성단면

4.3.3.1.10 조항에 따라 설계된 전단연결재로 콘크리트 바닥판이 강재단면에 연결되지 않은 단면은 비합성단면으로 설계한다.

【해설】

교량의 주부재는 비합성단면으로 설계하는 것을 허용하지 않고 있다. 비합성단면은 교량 부부재에 국한해서 적용이 가능하다. 부부재의 경우 비합성 또는 부분합성 단면을 적용할 수 있다.

4.3.3.1.1.3 하이브리드 단면

웨브의 최소항복강도는 강도가 더 큰 플랜지 최소항복강도의 65% 보다 작아서는 안 된다. 휨강도나 전단강도를 구할 때, 한 쪽 혹은 양 쪽 플랜지 보다 웨브의 항복강도가 큰 경우 웨브의 항복강도는 항복강도가 작은 플랜지 최소항복강도의 120% 이하여야 한다. 정모멘트를 받는 합성단면에서는, 웨브의 항복강도가 압축플랜지의 항복강도보다 높은 경우 웨브의 항복강도를 그대로 적용할 수 있다.

【해설】

이 기준은 웨브의 최소항복강도가 한 쪽 혹은 양 쪽 플랜지의 최소항복강도보다 작은 경우에 적용한다. 비록 이 규정이 모든 종류의 하이브리드 단면에 안전하게 적용될 수 있지만, 가장 효율적인 단면은 웨브의 최소항복강도와 강도가 더 큰 플랜지의 최소항복강도가 강종상 한 등급 차이가 나는 것을 추천한다. 이러한 단면의 경우, 4.3.3.1.8.2(2)와 4.3.3.1.8.2(3)에서 결정되는 잔류응력의 영향을 포함한 공칭항복강도에 도달할 때 압축플랜지 응력값 F_{yr}에 대한 웨브의 최소항복강도 F_{yw}의 상한값이 설계를 지배하지 않게 된다. 뿐만 아니라, 웨브의 항복강도에 대한 이러한 최소 한계는 세장한 하이브리드 웨브의 조기 비탄성 휨좌굴을 예방한다.

Mozer와 Culver(1970)와 Mozer 등(1971)의 실험에 따르면, 다수의 곡선형 비합성 플레이트 거더는 F_{yw}/F_{yf}가 0.72~0.76의 값을 갖는다. 이러한 하이브리드 플레이트 거더의 휨강도와 인장역작용을 포함한 전단강도는 이 기준에서 충분히 예측되었다. 주축에 대한 휨응력은 직선형 플레이트 거더의 웨브 보다 곡선형 플레이트 거더 웨브에서 더 작은 경향이 있다. 이는 휨저항 일부가 플랜지 횡방향 휨에 의해 줄어들기 때문이다. 4.3.3.1.2와 4.3.3.1.5.3 항목의 규정은 직선형과 곡선형 하이브리드 플레이트 거더에서 웨브에 발생하는 현저한 면외 휨을 방지한다(Yen과 Mueller 1966, ASCE 1968).

웨브의 공칭항복강도가 한 쪽 혹은 양 쪽 플랜지의 공칭항복강도보다 큰 단면에 대한 실험 데이터는 제한적이다. 그럼에도 불구하고, 많은 실험에서 얇은 웨브의 실제 항복강도는 플랜지의 실제 항복강도보다 크다. 이 기준에서는 이러한 경우 휨강도와 전단강도를 결정할 때 사용되는 웨브의 공칭항복강도가 가용한 실험 데이터에 의해 뒷받침되는 경우로 제한하였다.

추가적으로 하이브리드 단면 웨브의 최소항복강도가 강도가 큰 플랜지 최소항복강도 의 65% 보다 작아서는 안 된다고 규정하고 있는 현행 규정과 달리 Bitar 등(2008)은 웨브의 최소항복강도가 강도가 큰 플랜지 최소항복강도의 50% 이상인 경우에도 교량에 적용할 수 있다고 제안하였다. 이는 웨브의 최소항복강도가 강도가 큰 플랜지 최소항복강도의 50% 이상인 하이브리드 단면이 반복하중 200만회에 대한 교량의 피로한계상태를 만족한다는 실험 결과에 근거한다.

4.3.3.1.1.4 웨브 높이가 변하는 부재

단면의 주축에 관한 휨에 의해 발생되는 하부플랜지의 응력을 산정할 때 하부플랜지 경사의 효과를 고려해야 한다. 정적 평형을 고려하여 영구하중에 의한 웨브의 전단력은 하부플랜지에 작용하는 수직력 성분만큼 감소시킬 수 있다. 하부플랜지가 수평을 유지하는 지점에서는 플랜지에 작용하는 수직력 성분을 웨브에 다시 전달시켜야 한다.

【해설】

$$P_h = MA_f / S_x \qquad \text{(해설 4.3-16)}$$

여기서, A_f = 경사진 하부 플랜지의 면적 (mm^2)

M = 단면의 주축에 대한 휨모멘트 (MPa)

S_x = 경사진 하부 플랜지의 탄성 단면계수 (mm^3)

합성단면의 경우, 식 (해설 4.3-16)의 P_h를 계산하기 위해 4.3.3.1.1.1(1)의 ①을 적용하고, 경사진 하부 플랜지 수직응력 f_n은 다음과 같이 계산한다(Blodgett, 1982):

$$f_n = P_h / A_f \cos\theta \qquad \text{(해설 4.3-17a)}$$

여기서, θ = 하부 플랜지의 경사각 (°, 도)

플랜지 수직력은 다음과 같이 구한다:

$$P_v = P_h \tan\theta \qquad \text{(해설 4.3-17b)}$$

플랜지 수직력은 웨브의 수직 전단력에 영향을 준다. 폭이 점점 줄어드는 정모멘트부 또는 지점부 방향의 아래쪽으로 경사진 포물선 형상 헌치에서 P_v는 웨브의 수직 전단력을 증가시킨다. 그 외의 모든 경우 P_v는 웨브의 수직 전단력을 감소시킨다. 이 설계기준은 이러한 경우 설계자로 하여금 웨브의 고정하중에 의한 전단력을 감소시키는 것을 허용한다. 활하중의 경우 가장 불리하거나 가장 작은 전단력 감소를 결정하기 위해 동시에 발생하는 많은 모멘트와 전단력을 계산해야만 하므로 활하중 전단력을 감소시키지 않는다. 고정하중이 지배적인 장경간 거더의 경우에는 깊이가 변하는 웨브가 자주 사용되는데 이 경우 플랜지의 수직력이 웨브의 전단력에 영향을 준다.

하부 플랜지의 경사가 내부 지점 근처에서 더 커지는 포물선 형상의 헌치에서는 하부 플랜지 경사 변화와 하부 플랜지 압축 응력은 웨브에 수직방향 압축 분포 하중을 유발한다 (Blodgett 1982). 만일 거더가 수직 보강재로 보강되지 않았거나 수직보강재 간격 d_0가 $1.5D$보다 크다면 설계자는 웨브의 안정성을 검토해야만 한다.

경사진 플랜지가 수평이 되는 지점에서는 경사진 플랜지에 작용하는 수직력이 집중하중 형태로 웨브에 다시 전달된다. 이러한 집중하중은 웨브와 웨브-하부 플랜지 사이의 용접부에 추가 응력을 유발하여 종종 국부적인 보강을 필요로 하기도 한다. 이 위치에서 베어링의 길이 N을 0으로 했을 때 부록 B5.2의 필요조건이 만족되면, 웨브는 추가적인 보강이 필요없다. N이 0이고 집중하중으로 압축력이 작용하는 지점에서는 일반적으로 부록 B5.3의 규정과 비교하여 부록 B5.2의 규정들을 적용한다. 따라서, 베어링의 길이 N을 0으로 했을 때 부록 B5.2의 필요조건이 만족되면, 웨브는 수직방향 집중하중으로 압축력 또는 인장력이 작용하는 위치에 대하여 추가적인 보강이 필요없다.

4.3.3.1.1.5 강성

> 휨부재의 강성을 구할 때 적용하는 단면은 다음과 같다:
>
> (1) 비합성단면에 작용하는 하중에 대하여 : 강재단면
>
> (2) 합성단면에 작용하는 영구하중에 대하여 : 전 지간에 걸쳐서 콘크리트 바닥판이 유효하다고 가정하여 구한 장기 합성단면
>
> (3) 합성단면에 작용하는 활하중에 대하여 : 전 지간에 걸쳐서 콘크리트 바닥판이 유효하다고 가정하여 구한 단기 합성단면

【해설】

많은 현장실험 결과 비합성단면도 상당한 합성작용이 발생하지만, 설계의 편의상 그리고 안전측으로 비합성단면에 대해서는 강재단면의 강성만을 적용하도록 규정하였다.

연속합성교에 대한 현장실험 결과 부모멘트 구간에서 상당한 합성작용이 발생하는 것으로 밝혀졌다 (Baldwin 등 1987; Roeder와 Eltvik 1985; Yen 등 1995). 따라서 완전합성단면의 강성을 전 지간에 걸쳐서 적용하도록 간편하게 규정하였다.

설계자는 다른 합리적인 방법을 적용하여 강성을 구할 수도 있다. 교각의 양쪽 편으로 각각 지간의 15%의 거리 이내의 단면에 균열단면의 강성을 사용하는 것도 한 대안이 될 수 있다. 영국에서는 이 근사법이 적용된다(Johnson과 Buckby 1986).

4.3.3.1.1.6 플랜지응력과 부재 휨모멘트

휨강도가 횡비틀림좌굴에 의해 지배되는 경우 :

(1) 응력 f_{bu}는 고려 대상 플랜지가 있는 비지지길이 구간에서 발생하는 횡방향 휨응력을 제외한 플랜지 압축응력 중 가장 큰 값으로 한다.

(2) 휨모멘트 M_u는 비지지길이 구간 내에 작용하는 주축에 대한 휨모멘트 값 중 가장 큰 값으로 한다.

(3) 응력 f_l은 고려 대상 플랜지가 있는 비지지길이 구간에서 작용하는 횡방향 휨에 의한 응력 중 가장 큰 값으로 한다.

휨강도가 항복, 플랜지 국부좌굴 또는 웨브 휨좌굴에 지배되는 경우에는, f_{bu}, M_u와 f_l은 고려 중인 단면에 해당되는 값으로 한다.

f_{bu}, M_u와 f_l의 값은 계수하중으로 구하고, 모든 강도식의 부호는 양으로 한다.

연속적으로 횡지지된 플랜지의 횡방향 휨응력은 0으로 한다. 불연속적으로 횡지지된 플랜지의 횡방향 휨응력은 구조해석으로 구해야 하고 다음을 만족해야 한다.

$$f_l \le 0.6F_{yf} \qquad (4.3\text{-}108)$$

다음을 만족할 경우 불연속적으로 횡지지된 압축플랜지의 횡방향 휨응력 f_l은 1차탄성해석으로부터 직접 구할 수 있다.

$$L_b \le 1.2L_p\sqrt{\frac{C_bR_b}{f_{bu}/F_{yc}}} \qquad (4.3\text{-}109)$$

또는

$$L_b \le 1.2L_p\sqrt{\frac{C_bR_b}{M_u/M_{yc}}} \qquad (4.3\text{-}110)$$

여기서, C_b : 4.3.3.1.8.2(3) 또는 부록 A.3.3에 규정된 모멘트구배 보정 계수

f_{bu} : 고려 중인 플랜지에서 횡방향 휨을 고려하지 않고 전체 비지지길이 내에 발생하는 압축응력 중 가장 큰 값(MPa)

L_b : 비지지길이(mm)

L_p : 4.3.3.1.8.2(3)에 규정된 비지지길이 한계(mm)

M_u : 고려 대상 플랜지압축부의 비지지길이 내에서 작용하는 주축에 대한 휨모멘트 중 가장 큰 값(N·mm)

M_{yc} : 부록 B.2에 규정된 압축플랜지에 대한 항복모멘트 (N·mm)

R_b : 4.3.3.1.1.10(2)에 규정된 웨브의 국부좌굴을 고려한 플랜지 응력 감소계수

식 (4.3-109) 또는 식 (4.3-110)을 만족하지 않는 경우에는 2차 탄성해석으로 압축플랜지 횡방향 휨응력을 구해야 한다. 엄밀 2차탄성해석을 하지 않고 근사적으로 1차 탄성해석값을 다음과 같이 확대시켜 2차 횡방향 응력을 구할 수 있다.

$$f_l = \left(\frac{0.85}{1 - \dfrac{f_{bu}}{F_{cr}}} \right) f_{l1} \geq f_{l1} \tag{4.3-111}$$

또는

$$f_l = \left(\frac{0.85}{1 - \dfrac{M_u}{F_{cr} S_{xc}}} \right) f_{l1} \geq f_{l1} \tag{4.3-112}$$

여기서, f_{bu} : 고려 대상 플랜지의 횡방향 휨을 고려하지 않고 전체 비지지길이 내에서 발생하는 압축응력 중 가장 큰 값 (MPa)

f_{l1} : 고려 대상 단면에서 1차 압축플랜지 횡방향 휨응력 또는 비지지길이에 걸친 압축플랜지의 최대 1차 횡방향 휨응력 (MPa)

F_{cr} : 식 (4.3-174) 또는 부록 식 (A.3.3-8)로부터 결정된 플랜지의 탄성 횡비틀림좌굴응력. 식 (A.3.3-8)은 웨브가 조밀 또는 비조밀인 직선 I-거더교에도 적용할 수 있다.

M_u : 고려 대상 플랜지압축부의 비지지길이 내에서 작용하는 주축에 대한 휨모멘트 중 가장 큰 값

S_{xc} : 압축플랜지의 주축에 대한 탄성단면계수($= M_{yc}/F_{yc}$) (mm^3)

【해설】

횡비틀림좌굴강도를 검토할 때, 응력 f_{bu} 또는 모멘트 M_u의 정확한 값은 일반적으로 비지지길이 전체에서 검토 대상 플랜지에 압축력을 유발하는 최대값이다.

횡방향 휨을 받는 불연속적으로 횡지지된 압축 플랜지에서 휨강도가 횡비틀림 좌굴에 의해 지배되는 경우에는 플랜지 비지지길이 전체에서 최대 횡방향 휨응력을 f_{bu} 또는 M_u와 함께 사용하여야 한다. 비지지길이 내에서 f_l과 f_{bu} 또는 M_u의 최대값을 사용하는 것은 강도가 횡비틀림좌굴과 같은 부재 안정성에 의해 지배될 때 보-기둥 상호작용식을 적절하게 적용하는 관습과 일치한다.

항복, 플랜지의 국부좌굴과 웨브의 휨좌굴은 단면한계상태로 고려한다. 그러므로, 설계자는 이러한 한계상태를 검토할 때 f_l과 f_{bu} 또는 M_u와 같은 단면값을 사용할 수 있다. 일반적으로, 이러한 접근방식은 비지지길이를 따라 여러 단면에서 한계상태를 검토하는 것을 필요로 한다. f_l과 f_{bu} 또는 M_u의 최대값이 비지지길이 내의 서로 다른 위치에서 발생할 때 항복과 플랜지 국부좌굴식 중 최대값을 사용하면 보수적인 결과가 얻어진다. 플랜지의 횡방향 휨은 웨브의 휨좌굴강도 계산식에는 사용하지 않는다.
해설 4.3.3.1.3.4 조항은 외측 부재를 따라 시공된 거푸집용 캔틸레버 형식의 브래킷에 작용하는 콘크리트 바닥판 돌출부의 편심 하중에 의한 플랜지의 횡방향 최대 휨모멘트를 계산할 때 사용할 수 있는 근사식을 정밀해석결과 대신 제공한다. 불연속 횡방향 프레임(cross-frame)과 경사 지점(skew supports) 그리고 곡률의 영향에 의한 플랜지의 횡방향 휨모멘트는 교량 상부구조의 직접적인 구조해석을 수행하여 결정하는 것이 가장 좋다.
모든 강도식에서 f_{bu}, M_u 또는 f_l값의 부호는 양으로 한다. 하지만, 고정하중과 활하중에 의해 유발되는 f_{bu}, M_u 또는 f_l의 부호가 서로 반대가 되는 위치에서 사용한계상태와 강도한계상태를 검토하는 경우에는 각각의 부호를 반드시 고려해야 한다. 그러한 경우, 고정하중과 활하중 모두에 대하여 고려대상인 한계상태에서 가장 결정적인 응답이 될 수 있는 부호를 고려하여 계수 하중에 의해 발생하는 주축에 대한 횡방향 휨거동의 순수합을 계산해야 한다.
상부 플랜지는 4.3.3.1.10 조항의 규정을 만족시키는 전단연결재에 의해 바닥판에 합성되거나 콘크리트에 매설되어 연속 지지된 것으로 간주한다. 인장부 또는 압축부의 연속 지지된 플랜지의 횡방향 휨 효과는 고려할 필요가 없다. 콘크리트 바닥판이 타설된 후에는 추가적인 횡방향 휨응력이 작기 때문이다. 이 단계 이전의 연속 지지된 플랜지에 발생했던 횡방향 휨응력은 콘크리트 바닥판이 타설된 후에는 고려할 필요가 없다. 합성된 콘크리트 바닥판의 강도는 일반적으로 이러한 초기 횡방향 휨응력을 무시해도 될만큼 충분하다. 설계자는 상부 플랜지가 바닥판에 의해 연속적으로 지지되지 않는 경우에는 비합성된 플랜지의 횡방향 휨응력을 고려해야 한다.
플랜지의 수직과 횡방향 휨의 조합에 대한 4.3.3.1의 규정은 대부분 주축 휨을 받는 플레이트 거더에 국한한다. 플랜지의 탄성 휨응력이 대략 $0.6F_{yf}$보다 큰 경우, 플랜지의 횡방향 휨에 의한 주축 휨강도의 감소가 이 규정에 의해 계산된 것보다는 큰 경향이 있다. 이 기준의 사용한계상태와 강도한계상태 규정은 이러한 한계보다 다소 큰 f_l값을 갖는 플레이트 거더에 대해서도 만족스러운 성능을 보장한다.
식 (4.3-111) 또는 식 (4.3-112)에서 $f_l = f_{l1}$일 때 식 (4.3-109) 또는 식 (4.3-110)에서 L_b가 최대값이 된다. 식 (4.3-109) 또는 식 (4.3-110)은 2차 효과로 인한 1차 압축 플랜지의 횡방향 휨응력의 확대를 고려한 근사식이다. 이 식은 다른 프레임에 의해 끝단이 횡구속된 보-기둥 부재에서의 최대 2차 탄성 모멘트를 추산하기 위한 식으로 f_{bu}가 F_{cr}에 근접하는 더 큰 비지지길이에 대해 상당히 보수적인 경향이 있다(White 등 2001). F_{cr}값을 계산할 때 횡비틀림좌굴 또는 모멘트 구배보정계수에 대한 유효길이계수를 고려할 때에도 고려 대상인 비지지 구간의 한쪽 끝단이 인접한 구간에 의해 구속되지 않는 때에도 보수적인 경향이 있다. 비록 식 (4.3-111)과 식 (4.3-112)가 비지지길이내에서 f_{l1}에 대한 최대 1차 횡방향 휨응력을 사용하여 최대 2차 횡방향 휨응력을 직접 계산하지만, 두 식은 고려 대상인 비지지길이 내의 어떠한 단면에 대해서도 해당 위치의 f_{l1}을 사용하여 2차 횡방향 휨응력을 산정하는데 적용될 수 있다.

식 (4.3-111)과 식 (4.3-112)의 목적은 플랜지의 2차 횡방향 휨응력의 효과가 두드러지게 나타나는 비지지길이가 길어지지 않도록 예방하는데 있다. 시공할 때 위의 두 식 값의 증가가 큰 경우에는 설계자는 상부구조의 2차 효과를 더욱 정확하게 결정하기 위해 직접 기하비선형해석을 수행하거나 해설 4.3.3.1.8.2(3)에 제안한 과정에 따라 F_{cr}을 적절하게 증가시키기 위하여 횡비틀림좌굴에 대한 더 작은 값의 유효길이계수를 사용하는 것을 고려할 수 있다.

식 (4.3-111)에 사용될 F_{cr}값이 4.3.3.1.8.2(3)에 규정된 것처럼 $R_bR_hF_{yc}$로 제한되지 않고, 또한 식 (4.3-112)에 사용될 $F_{cr}S_{xc}$값이 부록 A.3.3에 규정된 것처럼 $R_{pc}M_{yc}$으로 제한되지 않았다는 것에 주의해야 한다. 플랜지의 횡방향 휨응력에 대한 탄성 2차 증가량을 추산하기 위해 식 (4.3-111)과 식 (4.3-112)에는 탄성좌굴응력을 사용하는 것이 적절하다.

조밀 웨브와 비조밀 웨브에 대한 정의는 해설 4.3.3.1.6.2(3)에서 논의한다.

4.3.3.1.1.7 부모멘트 구간의 최소 바닥판철근

계수시공하중에 의한 콘크리트 바닥판의 교축방향 인장응력이 ϕf_r을 초과하는 경우, 교축방향 철근단면적은 바닥판 총단면적의 1% 이상이어야 한다. 여기서, ϕ는 인장을 받는 콘크리트에 적용하는 강도저항계수이며, f_r은 콘크리트의 파괴계수이다. 이 때 적용하는 철근의 최소항복강도는 400MPa 이상이어야 하며, D19 이하의 철근을 사용해야 한다. 교축방향 철근은 바닥판 전폭에 걸쳐서 2단으로 배근하되 2/3를 위 쪽에 배치해야 한다. 또한 철근의 간격은 300mm를 넘지 않도록 배근해야 한다.

전단연결재를 설치하지 않은 부모멘트구간의 경우, 모든 교축방향 철근은 4.3.3.1.10.3에 규정된 추가 전단연결재 설치구간을 지나 정모멘트구간까지 연장해야 한다.

【해설】

부모멘트 구간에 D19보다 작은 철근을 최소 1% 이상 사용하는 이유는 바닥판의 균열 제어에 효과적인 최소한의 철근을 배근하기 위해서이다. 이 규정은 계수시공하중에 대한 최소철근량이며 모든 합성형교량에 대해 허용균열폭을 만족시키는 철근량은 아니다. 실제 장경간 합성형교량 철근콘크리트 바닥판 부모멘트 구간에 배근되는 철근량은 1% 이상 요구되기 때문에 교량에 요구되는 허용균열폭을 만족시키는 설계를 통해 산정해야 한다. 연속 합성형교량에 발생하는 부모멘트는 합성단면에 작용하는 고정하중, 활하중뿐만 아니라 콘크리트의 건조수축에 의한 영향등을 고려하여 산정해야 한다. 장경간 합성형교량에 대해 상세한 균열폭 해석을 수행하지 않는 경우에는 최소 1.5% 이상 축방향 철근을 배근하는 것을 권장한다.

인장을 받는 콘크리트의 강도저항계수 ϕ는 0.9를 적용한다.

항복강도가 적어도 400MPa 이상 되는 철근은 비록 부모멘트의 비탄성 재분배가 발생하더라도 탄성영역에 머물 것으로 기대된다. 그러므로 활하중이 제거되면 탄성회복이 가능할 것으로 예상되며, 이러한 현상으로 균열이 봉합될 것으로 판단된다.

교축방향 철근의 2/3를 상단에 배근하면 콘크리트 바닥판 상면에 발생되는 균열폭을 억제시키는데 유리하다. 하지만 합성형교량의 경간장이 길어져 축방향 철근량이 많이 요구되면 2단 배근시 상단에 2/3를 배치하면 철근 배근 간격이 작아 시공성에 문제가 발생할 수 있다. 이런 경우축방향 철근을 2단 등간격으로 배근하여도 된다.

최소 1% 이상 축방향 철근 요구사항은 연속지간의 부모멘트 구간으로 한정되었는데, 흔히 고정하중에 의해 발생하는 변곡점 사이의 구간을 취하기도 한다. 이동 활하중 하에서는 고정하중에 의한 변곡점 외부에 상당한 크기의 인장응력이 발생할 수 있다. 단계적으로 콘크리트 바닥판을 타설하는 경우, 최종 상태에서는 정모멘트를 주로 받는, 이미 충분한 강도가 발현된 굳은 바닥판 구간에 시공 중에 부모멘트가 발생하기도 한다. 온도 및 건조수축도 이들에 의한 응력이 없다면 인장응력이 발생하지 않을 바닥판에 인장응력을 유발하기도 한다.

4.3.3.1.1.8 순단면 파단

강도한계상태 또는 시공성에 대하여 휨부재를 검토할 때 인장플랜지에 구멍이 있는 모든 단면은 다음의 추가적인 요구조건을 만족해야 한다.

$$f_t \le 0.84\left(\frac{A_n}{A_g}\right)F_u \le F_{yt} \qquad (4.3\text{-}113)$$

여기서, A_n : 인장플랜지의 순단면적 (mm^2)

A_g : 인장플랜지의 전단면적 (mm^2)

f_t : 플랜지의 횡방향 휨을 고려하지 않고 계산된 계수하중에 의한 인장플랜지의 전단면에 발생하는 응력 (MPa)

F_u : 인장플랜지의 최소인장강도 (MPa)

【해설】

인장플랜지에 구멍이 있는 단면이 식 (4.3-113)을 만족한다면, 플랜지의 순단면에 파단이 발생하지 않는다. 볼트 연결시 사용되는 통상적인 구멍보다 큰 구멍에 대해서는 인장부재를 참조한다.

정모멘트부 조밀단면과 부록 A를 만족하고 인장플랜지에 구멍이 없는 단면에 대해, 강도한계상태에서 첫 번째 항복을 유발하는 모멘트를 초과하는 값을 공칭휨강도로 사용하는 것이 허용된다. 추가 연구 결과가 나올 때까지는 강도한계상태에서 인장플랜지에 구멍이 있는 모든 단면에 대해 식 (4.3-113)을 만족하는 것이 요구된다. 하지만, 그러한 단면의 완전 소성화가 인장플랜지의 순단면이 파단되기 전에 발생할 수 있다는 것은 아직 완전히 증명되지는 않았다. 식 (4.3-113)은 하이브리드 단면에서 허용된 국부 항복을 초과하는 항복을 웨브에 유발시키는 최대 모멘트가 인장 플랜지의 구멍 위치 또는 그 근처에서 발생하는 것을 방지할 것이다.
식 (4.3-113)에 사용된 계수 0.84는 인장부재의 항복에 대한 강도저항계수ϕ_y에 대한 인장부재의 파단에 대한 강도저항계수ϕ_u의 비와 거의 유사하다.

4.3.3.1.1.9 웨브 휨좌굴강도

(1) 수평보강재가 없는 웨브

공칭휨좌굴강도는 다음과 같이 구한다.

$$F_{crw} = \frac{0.9Ek}{(D/t_w)^2} \qquad (4.3\text{-}114)$$

그러나 $R_h F_{yc}$ 와 $F_{yw}/0.7$ 중 작은 값을 초과해서는 안 된다. 여기서, 휨좌굴계수 k 는 다음 식으로 구한다.

$$k = \frac{9}{(D_c/D)^2} \qquad (4.3\text{-}115)$$

여기서, D_c : 탄성범위 내에서 웨브의 압축 측 높이(mm). 합성단면의 경우 D_c는 부록 B.3.1을 적용하여 구할 수 있다.

R_h : 4.3.3.1.1.10(1)에 규정된 하이브리드 단면의 플랜지 응력감소계수

웨브의 양쪽 단이 압축을 받는 경우에는 k는 7.2를 사용한다.

【해설】

이 절 이후에는 웨브의 이론적인 휨좌굴강도는 일반적으로 계수 하중에 의해 발생하는 압축 플랜지의 최대 응력에 대해 플랜지의 횡방향 휨을 고려하지 않고 산정된 값으로 검토한다. 압축 플랜지의 응력과 웨브에 발생하는 최대 압축응력은 엄밀하게 구분되지 않는다. $R_h F_{yc}$에 이르는 압축플랜지의 공칭 응력에 대하여 웨브의 휨좌굴과 관련된 종방향 변형률을 플랜지가 제한하는 경향이 있기 때문에, 하이브리드 단면에서는 F_{crw}의 값으로 웨브의 최소항복강도로 규정된 F_{yw}보다 큰 값을 사용할 수 있다. 안정적인 탄성압축플랜지는 웨브와 플랜지의 접합부에서 비탄성 웨브의 종방향 변형률과 평판 휨변형률을 제한한다(ASCE, 1968). ASCE(1968)는 웨브의 세장비가 $5.87\sqrt{E/F_{yc}}$를 초과하지 않는 한 F_{yc}가 690MPa 이하인 하이브리드 단면에서는 웨브의 휨좌굴을 고려할 필요가 없다고 권한다. 식 (4.3-114)의 F_{crw}는 $2D_c/t_w = 5.7\sqrt{E/F_{yc}}$ 일 때 F_{yc}가 된다. 이러한 규정은 $F_{yw}/F_{yc} < 0.7$인 하이브리드 단면에서 F_{crw}를 $R_h F_{yc}$와 $F_{yw}/0.7$중 작은 값으로 제한하는 ASCE(1968)의 권장사항보다 더 보수적

이다. Lew와 Toprac(1968)의 실험에 따르면 D/t_w와 $2D_c/t_w$의 값이 305에 이르고 $F_{yw}/F_{yc}=0.32$인 수평보강재가 없는 하이브리드 부재의 강도에 대해 설계기준에 주어진 휨강도식은 다소 보수적인 결과를 제공한다. 그러므로, 강도한계상태에서 KDS 14 31 05(3.1)에 규정된 강재와 관련된 F_{yw}/F_{yc}의 모든 가능한 값에 대한 추가 요구사항은 불필요하다.

(2) 수평보강재가 있는 웨브

다른 합리적인 해석법을 적용하지 않는 경우 공칭휨좌굴강도는 식 (4.3-114)에 의해 결정하며 휨좌굴계수는 다음과 같다.

① $\dfrac{d_s}{D_c} \geq 0.4$ 인 경우 :

$$k = \frac{5.17}{(d_s/D)^2} \geq \frac{9}{(D_c/D)^2} \tag{4.3-116}$$

② $\dfrac{d_s}{D_c} < 0.4$ 인 경우 :

$$k = \frac{11.64}{\left(\dfrac{D_c - d_s}{D}\right)^2} \tag{4.3-117}$$

여기서, d_s : 종방향 수평보강재 중심선과 압축플랜지 안쪽 면 사이의 거리 (mm)

웨브의 양쪽 단이 압축을 받는 경우에는 k는 7.2를 사용한다.

【해설】

식 (4.3-116)과 식 (4.3-117)은 1단 수평 보강 웨브의 모든 수직 위치에서 휨좌굴 계수 k에 대한 정확한 근사치를 제공한다 (Frank와 Helwig 1995). 좌굴계수 k는 압축플랜지로부터 최적강성의 수평보강재 위치에 따라 달라지는데, $d_s/D_c=0.4$인 위치가 최적이며(Vincent 1969), 식 (4.3-114)으로부터 구한 휨좌굴강도를 결정하는데 사용된다.

플랜지의 치수 변화는 거더를 따라 D_c의 변화를 의미한다. 따라서 수평보강재의 위치가 압축플랜지로부터 고정되어 있다면, 거더 전체에 걸쳐 수평보강재의 위치는 최적이 아니다. 또한 합성단면의 경우는 콘크리트와 거더가 합성된 후에 중립축의 위치가 변하게 되므로 D_c도 상대적으로 변하게 된다. 이러한 중립축의 이동은 정모멘트 구간에서 더욱 크게 나타난다. 따라서 어떤 위치에 수평보강재가 설치되든지 D_c에 따라 휨좌굴강도를 결정할 수 있도록 허용하고 있다. 압축플랜지로부터 수평보강재까지의 위치 d_s가 $0.4D_c$보다 작은 경우는 최적위치보다 가까이 있게 되므로 수평보강재와 인장플랜지 사이의 웨브에 휨좌굴이 발생하게 된다. d_s가 $0.4D_c$보다 큰 경우는 압축플랜지와 수평보강재 사이의 웨브에 휨좌굴이 발생하게 된다. d_s와 $0.4D_c$가 같은 경우는 수평보강재가 최적위치에 있게 되므로 수평보강재 위쪽과 아래쪽 웨브에 휨좌굴이 동시에 발생한다. 이러한 경우는 좌굴계수 k의 값이 129.3이 된다(Dubas 1948).

수평보강재가 설치된 웨브에 대해서는 다양한 수평보강재의 위치와 각각의 한계상태에 대한 응력검토가 이루어져야 하는데, 경우에 따라서는 수평보강재의 위치가 비효과적일 수도 있다. 식 (4.3-116)과 식 (4.3-117)의 유도과정에서 웨브는 단순지지로 가정되었기 때문에 수평보강재가 설치된 웨브의 강도가 식에 의해 계산된 경우는 수평보강재가 설치되지 않았지만 실제의 지지조건을 고려하여 계산한 강도보다 작은 경우가 발생할 수 있다. 이러한 모순을 방지하기 위해 수평보강재가 설치된 경우의 k값은 $9.0(D/D_c)2$ 이상이어야 한다고 규정하고 있다. 여기서 k는 수평보강재가 설치되지 않았지만 단순지지 이상의 지지조건에 대하여 계산된 값이다. 따라서, k의 최솟값을 7.2로 규정하고 있는데, 이는 압축플랜지에 의해 고정지지된 웨브가 등분포의 압축응력을 받을 때의 이론적인 휨좌굴계수이다(Timoshenko와 Gere 1961).

4.3.3.1.1.10 플랜지 응력감소계수

(1) 하이브리드 단면의 플랜지 응력감소계수

압연, 균질 조립단면과 웨브강도가 양측 플랜지강도보다 큰 경우 Rh는 1.0을 사용한다. 그렇지 않으면 다른 합리적인 해석 대신 하이브리드 단면의 플랜지 응력감소계수는 다음 식으로 구한다.

$$R_h = \frac{12+\beta(3\rho-\rho^3)}{12+2\beta} \tag{4.3-118}$$

여기서, $$\beta = \frac{2D_n t_w}{A_{fn}} \tag{4.3-119}$$

ρ : F_{yw}/f_n과 1.0 중에 작은 값

여기서, A_{fn} : 플랜지 단면적과 D_n방향에 위치한 플랜지 덮개판 면적의 합(mm^2). 부모멘트를 받는 합성단면인 경우 상부플랜지에 대한 A_{fn}값은 종방향 철근단면적을 포함시킨다.

D_n : 단면의 탄성중립축으로부터 양 플랜지의 안쪽 면까지의 거리 중 큰 값(mm). 중립축의 위치가 웨브중앙에 위치하는 경우에는 중립축으로부터 먼저 항복이 발생하는 중립축 측 플랜지 안쪽 면까지의 거리.

f_n : D_n방향에 위치한 플랜지, 덮개판 또는 종방향 철근에서 처음으로 항복이 발생하는 단면의 경우에는 A_{fn}산정 시 포함된 각 요소의

최소항복강도(MPa). 그 밖의 경우에는 D_n과 반대방향에서 최초 항복 발생 시 D_n방향에 위치한 플랜지, 덮개판 또는 종방향 철근의 탄성응력 중 가장 큰 값.

【해설】

R_h 계수는 하이브리드 단면에서 웨브의 저강도 강재가 먼저 항복함으로 인해 플랜지 요소에서 첫 번째 항복 발생 시 공칭 휨강도에 대한 웨브의 기여가 줄어드는 것을 고려하기 위해 사용한다. 이 때 플랜지 요소란 플랜지 또는 커버플레이트 또는 종방향 철근으로 정의한다.

식 (4.3-118)은 탄성중립축 위치와 서로 다른 항복강도를 갖는 상·하부플랜지와 관련된 모든 조합을 고려하여 도출한 식이다. 식 (4.3-118)은 원래 2축 대칭 플레이트 거더(doubly symmeric I-section)로부터 유도된 식을 항복이 먼저 발생하는 중립축 면에 주안점을 둠으로써 1축 대칭인 합성단면에 적용할 수 있도록 하였다 (ASCE, 1968; Schilling, 1968; Frost와 Schilling, 1964). 중립축 면에 있는 모든 플랜지 요소는 웨브의 끝단에 위치하고 있는 것으로 가정하였다. 식 (4.3-118)은 또한 웨브에서 항복이 시작될 때 중립축의 이동은 무시할 수 있다고 가정하였다. 어떠한 방법을 사용하던지 계산된 R_h 값은 전반적으로 1.0에 가깝다.

(2) 웨브의 국부좌굴에 따른 플랜지 응력감소계수, R_b

4.3.3.1.3.2의 규정에 따라 시공성을 검토할 때 또는

① 합성단면이고 정모멘트를 받으며 웨브가 4.3.3.1.2.1(1) 또는 4.3.3.2.2.1(2)의 규정을 만족하는 경우, 또는

② 1개 또는 그 이상의 종방향 수평보강재가 설치되고 다음을 만족하는 경우,

$$\frac{D}{t_w} \le 0.95\sqrt{\frac{Ek}{F_{yc}}} \qquad (4.3\text{-}120)$$

또는

③ 웨브가 다음 식을 만족하는 경우,

$$\frac{2D_c}{t_w} \le \lambda_{rw} \qquad (4.3\text{-}121)$$

R_b는 1.0을 사용한다.

그 밖의 경우 :

$$R_b = 1 - \left(\frac{a_{wc}}{1200 + 300a_{wc}}\right)\left(\frac{2D_c}{t_w} - \lambda_{rw}\right) \le 1.0 \qquad (4.3\text{-}122)$$

여기서, λ_{rw} = 비조밀 웨브에 대한 세장비 한계

$$= 5.7\sqrt{\frac{E}{F_{yc}}} \quad (4.3\text{-}123)$$

a_{wc} = 압축을 받는 웨브의 2배 면적과 압축플랜지의 비

$$= \frac{2D_c t_w}{b_{fc} t_{fc}} \quad (4.3\text{-}124)$$

정모멘트를 받는 수평보강재가 있는 합성단면의 경우,

$$= \frac{2D_c t_w}{b_{fc} t_{fc} + b_s t_s (1 - f_{DC1}/F_{yc})/3n} \quad (4.3\text{-}125)$$

여기서, b_s : 콘크리트 바닥판의 유효폭(mm)

f_{DC1} : 콘크리트 바닥판이 경화되기 전이나 합성되기 전에 작용하는 설계영구하중에 대한 압축플랜지 응력(MPa)이며, 이 때 플랜지 횡방향 휨에 의한 응력은 포함하지 않는다.

k : 4.3.3.1.1.9(2)에 규정된 수평보강재가 설치된 웨브의 휨좌굴계수

n : 4.3.3.1.1.1(1)②에 규정된 탄성계수비

t_s : 콘크리트 바닥판의 두께(mm)

D_c : 탄성범위 내에서 웨브의 압축 측 높이(mm)

합성단면의 경우 D_c는 부록 B.3.1을 적용하여 구할 수 있다.

【해설】

R_b는 세장한 웨브의 국부 휨좌굴 발생 후 비선형 응력변화를 고려하기 위한 후좌굴강도감소계수이다. 이 계수는 세장한 웨브의 압축응력 감소와 그에 따르는 압축 플랜지 내의 휨응력증가로 인한 단면 휨강도의 감소를 고려한다. 식 (4.3-122)의 R_b는 방대한 실험과 이론 연구에 근거하고 있으며 (Galambos, 1998), Basler와 Thurlimann (1961)이 개발한 두 수식에 의해 개선되었다. R_b는 인장 플랜지의 공칭 휨강도를 결정하는 데에는 적용되지 않는데 이것은 인장 플랜지 응력이 웨브의 압축 응력 저감에 의해 크게 증가하지 않기 때문이다 (Basler and Thurlimann, 1961).

시공성 검토를 위한 압축플랜지 공칭휨강도 산정시 R_b값은 항상 1.0을 취한다. 이 조건은 모든 세장한 웨브 단면에 대해 시공 중 계수하중에 의한 압축 플랜지의 휨응력을 웨브의 탄성휨좌굴강도인 F_{crw}로 제한함으로써 만족시킬 수 있다. 강도한계상태에서 정모멘트부 합성단면의 경우, 웨브의 휨좌굴에 의한 휨강도의 감소는 없거나 또는 무시할 수 있어서 R_b의 값은 1.0을 취할 수 있다. 한 개 이상의 종방향 수평보강재가 설치된 정모멘트부 또는 부모멘트부 단면의 경우, R_b의 값은 1.0을 취할 수 있다. 이러한 단면에서 웨브 세장비 D/t_w는 강도한계상태에서의 이론적인 휨좌굴 응력이 F_{yc}가 되는

세장비의 값 이하가 된다. 웨브 최적 위치에 하나의 종방향 수평보강재가 설치된 2축 대칭 거더(즉, $D_c = 0.5D$)의 경우, 한계세장비의 값은 강종에 따라 달라진다.

부모멘트부 합성단면과 식 (4.3-121)을 만족하는 비합성단면의 경우, R_b의 값은 1.0을 취한다. 왜냐하면, 웨브 세장비 $2D_c/t_w$가 강도한계상태에서의 이론적인 휨좌굴 응력이 F_{yc}가 되는 세장비의 값 이하가 되기 때문이다.

4.3.3.1.2 단면비 제한

4.3.3.1.2.1 웨브단면비

(1) 수평보강재가 없는 웨브

웨브는 다음을 만족해야 한다.

$$\frac{D}{t_w} \leq 150 \qquad (4.3\text{-}126)$$

【해설】

식 (4.3-126)은 종방향 수평보강재가 없는 웨브의 세장비에 대해 웨브의 깊이 D를 사용하여 표현한 실질적인 상한이다. 이 식은 이전 설계기준과 비교할 때 예비 설계단계에서 웨브의 단면계산을 더 수월하게 할 수 있도록 한다. 이전 설계기준에서는 식 (4.3-126)은 보강재가 없는 웨브의 상한 한계였다. 수직보강재로 보강된 웨브의 세장비에 대해서도 이와 같이 제한함으로써 최대 허용 수직보강재의 간격은 $3D$가 된다. 또한 식 (4.3-126)을 만족하면 해설 4.3.3.1.1.9에 기술한 바와 같이 정모멘트부의 합성단면 설계시 웨브의 휨좌굴을 무시할 수 있다. 식 (4.3-126)은 규정된 최소 항복강도가 690MPa 이하인 단면에 대해 유효하다.

(2) 수평보강재가 있는 웨브

웨브는 다음을 만족해야 한다.

$$\frac{D}{t_w} \leq 300 \qquad (4.3\text{-}127)$$

【해설】

식 (4.3-127)는 종방향 수평보강재가 있는 웨브의 세장비에 대해 웨브의 깊이 D를 사용하여 표현한 실질적인 상한이다. 이 식은 이전 설계기준과 비교할 때 예비 설계단계에서 웨브의 단면계산을 더 수월하게 할 수 있도록 한다. 식 (4.3-127)은 규정된 최소 항복강도가 690MPa 이하인 단면에 대해 유효하다. Cooper(1967)는 수직방향 플랜지 좌굴한계상태식이 보수적이라는 것과 종방향으로 보강된 플레이트 거더에서 이러한 한계상태를 고려하지 않는 것에 대한 타당성을 보여주었다. Cooper(1967), Owen

등(1970)과 여러 다른 연구자들은 실험을 통해 휨강도는 종방향으로 보강된 거더가 식 (4.3-127)을 상당부분 초과하더라도 수직방향 플랜지좌굴을 포함한 최종 파괴모드에 의해 나쁜 영향을 받지 않는다는 사실을 밝혔다. 수직방향 플랜지좌굴을 포함한 모든 파괴형식의 경우, 압축 플랜지의 광범위한 휨항복이 파괴 이전에 발생한다. 하지만, 웨브의 D/t_w가 식 (4.3-127)에 규정된 D/t_w보다 크면, 그 웨브는 비교적 비효율적이고 변형유발피로(distorsion-induced fatigue)에 더 취약하며 웨브의 크리플링(crippling)과 웨브의 항복 한계상태(부록 B.5 참조)에 더 취약하다.

4.3.3.1.2.2 플랜지 단면비

압축플랜지와 인장플랜지는 다음을 만족해야 한다.

$$\frac{b_f}{2t_f} \le 12.0 \qquad (4.3\text{-}128)$$

$$b_f \ge D/6 \qquad (4.3\text{-}129)$$

$$t_f \ge 1.1t_w \qquad (4.3\text{-}130)$$

$$0.1 \le \frac{I_{yc}}{I_{yt}} \le 10 \qquad (4.3\text{-}131)$$

여기서, I_{yc} : 웨브 중심선의 수직축에 관한 압축플랜지의 단면2차모멘트 (mm^4)

I_{yt} : 웨브 중심선의 수직축에 관한 인장플랜지의 단면2차모멘트 (mm^4)

【해설】

식 (4.3-128)은 웨브에 용접된 플랜지의 지나친 비틀림을 방지하기 위한 실질적인 상한이다. White와 Barth(1998)은 단면의 종횡비(aspect ratio) D/b_f가 플레이트거더 단면의 강도와 모멘트-회전 특성에 영향을 미치는 중요한 변수가 된다는 사실을 확인했다. 식 (4.3-129)는 D/b_f의 값이 최대 6이 되도록 제한한다. 폭이 매우 좁은 플랜지 단면에 대한 실험 데이터는 제한적이다. 이러한 제한된 실험의 상당수는 공칭휨강도와 공칭전단강도값이 이 기준과 이전 기준에서 결정된 값보다 작다. 압축플랜지와 인장플랜지 모두에 대해 D/b_f의 값을 6으로 제한하면, 식 (4.3-182)를 만족하는 단면과 보강된 내부 웨브 판넬이 인장역작용에 의한 후좌굴 전단강도를 발생시킨다(White 등 2004). 식 (4.3-129)는 플랜지 폭에 대한 하한값을 준다. 대부분 실무에서 특히 곡선거더에 폭이 넓은 플랜지가 요구된다.

식 (4.3-130)을 만족하는 경우, 플랜지가 웨브의 전단 좌굴을 구속하는 효과가 있다. 식 (4.3-131)은 플랜지의 단면비를 더욱 효율적이게 만들어 줌으로써, 시공 중 다루기 힘든 단면이 사용되지 않도록 한다.

4.3.3.1.3 시공성 검토

4.3.3.1.3.1 일반사항

주요 시공단계 중에는 적절한 강도가 확보되도록 해야 한다. 또한 주요부재에 대해서는 하이브리드 단면 웨브의 항복을 제외하고 공칭항복강도를 초과하지 않도록 설계해야 하며, 후좌굴강도를 고려해서는 안 된다. 이는 시공단계에서 4.3.3.1.3.2와 4.3.3.1.3.3의 규정을 따르면 만족된다. 최종단계에서는 합성을 이루지만 시공 중에는 비합성인 정모멘트부 단면의 경우에는 4.3.3.1.3.4 규정을 적용한다. 휨부재에 대한 시공성 검토 시 모든 하중은 해당 설계기준에 규정된 계수를 고려해야 한다. 처짐 계산 시에는 하중계수 1.0을 사용한다.

베어링에서 부재를 들어 올릴 가능성에 대해서도 각각의 주요 시공단계에서 검토해야 한다.

바닥판을 통하지 않고 전달되는 집중하중이 작용하는 위치에서 지압보강재가 설치되지 않은 웨브는 부록 B.5의 규정을 만족해야 한다.

만약 인장플랜지에 구멍이 있다면 인장플랜지는 4.3.3.1.1.8의 규정을 만족해야 한다.

휨부재에 위치하거나 연결된 하중에 저항하는 볼트연결부는 각각의 중요한 시공단계에서 설계하중 하에서의 미끄럼이 방지되도록 설계하고 KDS 14 31 25(4.1.3.6)의 규정으로 연결부 미끄럼을 검토해야 한다.

【해설】

만일 주요 시공단계에서 부재에 부반력이 확인되면, 이를 방지하기 위해 임시로 하중을 재하하기도 한다. 소요 임시 하중의 크기와 위치는 계약서류에 제공되어야 한다. 하중을 전달하는 부재에 대한 고장력볼트 연결부에서의 계수 하중은 각각의 주요시공단계에서 구조물의 올바른 기하학적 구조가 유지될 수 있도록 연결의 마찰저항으로 제한한다.

4.3.3.1.3.2 휨

(1) 불연속으로 횡지지된 압축플랜지

주요 시공단계에 대해서 아래의 식을 모두 만족해야 한다. 세장한 웨브를 가진 단면의 경우 f_l이 0인 경우에는 식 (4.3-132)를 검토하지 않아도 된다. 조밀 또는 비조밀 웨브를 가진 단면의 경우 식 (4.3-134)는 검토하지 않아도 된다.

$$f_{bu} + f_l \le \phi_f R_h F_{yc} \tag{4.3-132}$$

$$f_{bu} + \frac{1}{3} f_l \le \phi_f F_{nc} \tag{4.3-133}$$

그리고

$$f_{bu} \le \phi_f F_{crw} \quad (4.3-134)$$

여기서, ϕ_f : 휨에 대한 강도저항계수

f_{bu} : 4.3.3.1.1.6에 명시된 플랜지 횡방향 휨이 고려되지 않고 계산된 플랜지응력 (MPa)

f_l : 4.3.3.1.1.6에 명시된 플랜지 횡방향 휨응력 (MPa)

F_{crw}: 4.3.3.1.1.9에 규정된 웨브 공칭휨좌굴강도 (MPa)

F_{nc} : 플랜지의 공칭휨저항강도 (MPa)

M_{yc}: 부록 B.2에 규정된 압축플랜지에 관한 항복모멘트 (N·mm)

R_h : 4.3.3.1.1.10(1)에 규정된 하이브리드 단면의 플랜지 응력감소계수

S_{xc} : M_{yc}/F_{yc}로 구하는 압축플랜지의 주축에 대한 탄성단면계수 (mm^3)

【해설】

연속적으로 횡지지된 플랜지의 경우, 플랜지의 횡방향 휨을 고려할 필요가 없기 때문에, 불연속적으로 횡지지된 압축 및 인장 플랜지와 연속적으로 횡지지된 압축 및 인장 플랜지가 구분된다.

식 (4.3-132), (4.3-133), (4.3-134)는 시공 중 발생하는 계수 하중에 의한 종방향 응력과 플랜지의 횡방향 휨응력을 이용하여 불연속으로 횡지지된 압축플랜지에 대한 소요 시공성을 검토한다.

식 (4.3-132)는 항복한계상태를 검토하는데 사용된다. 즉, 압축플랜지에 발생하는 최대응력이 규정된 플랜지 최소항복강도와 하이브리드 계수를 곱한 값을 초과하지 않도록 한다.

식 (4.3.-133)은 부재가 횡비틀림과 플랜지 횡방향 휨을 포함한 한계상태에 대해 충분한 강도를 확보하도록 한다. 곡선교의 경우, 불연속적으로 횡지지된 플랜지에 대해 곡률에 의한 플랜지 횡방향 휨의 영향을 항상 고려하여야 한다.

식 (4.3-134)는 이론적인 웨브의 휨좌굴이 시공 중에 발생하지 않도록 한다.

(2) 불연속으로 횡지지된 인장플랜지

주요 시공단계에 대해서 아래 식을 만족해야 한다.

$$f_{bu} + f_l \le \phi_f R_h F_{yt} \quad (4.3-135)$$

【해설】

불연속으로 횡지지된 인장 플랜지에서 식 (4.3-135)는 계수 하중에 의한 강축 휨과 횡방향 휨응력의 조합이 작용하는 시공 중에 플랜지에 발생하는 응력이 규정된 최소 항복강도와 하이브리드 계수와의 곱을 초과하지 않도록 한다.

(3) 연속적으로 횡지지된 압축 또는 인장플랜지

주요 시공단계에 대해서 아래 식을 만족해야 한다.

$$f_{bu} \leq \phi_f R_h F_{yf} \qquad (4.3\text{-}136)$$

세장한 웨브와 압축을 받는 플랜지를 갖는 비합성단면은 식 (4.3-134)도 만족해야 한다.

【해설】

이 규정에서는 연속적으로 횡지지된 압축 플랜지의 경우, 국부 또는 횡방향 비틀림 좌굴을 받지 않는다고 가정한다. 여기서, 연속적으로 횡지지된 압축 플랜지는 콘크리트 내에 플랜지가 매설되거나 전단연결재에 의해 플랜지가 콘크리트 바닥판에 합성된 경우로, 플랜지의 한쪽면이 국부좌굴에 대해 구속되어 있거나, 양쪽 플랜지가 콘크리트 바닥판 반대방향으로 좌굴되는 경우이다. 따라서, 플랜지와 웨브 접합부는 사실상 매우 강하게 구속되어 있다. 또한, 플랜지의 횡방향 휨에 의한 처짐이 콘크리트 바닥판에 의해 구속된다. 그러므로, 플랜지 국부좌굴과 횡비틀림좌굴은 단면비 제한을 만족하고 연속적으로 횡지지된 압축 플랜지에 대해서는 검토할 필요가 없다.

(4) 콘크리트 바닥판

주요 시공단계에 대해서 종방향 철근이 4.3.3.1.1.7의 규정에 따라 설계된 경우 외에는 설계하중에 의한 바닥판 교축방향 인장응력은 ϕf_r을 초과하지 않도록 설계한다.

콘크리트 바닥판의 종방향 응력은 4.3.3.1.1.1(1)④의 조항으로 산정해야 한다. ϕ와 f_r은 4.3.3.1.1.7 조항에 따라 산정해야 한다.

【해설】

이 규정은 콘크리트 바닥판이 콘크리트가 이미 타설된 경간에 인접한 위치에 설치될 때 주로 적용된다. 인접 경간의 부모멘트는 이미 타설된 콘크리트에 인장 응력을 유발한다. 또한, 긴 구간의 첫 번째 타설시에 부모멘트부가 포함되면, 추후 바닥판 타설시 부모멘트 구간의 콘크리트에서 인장응력이 발생할 수 있고, 이로 인해 바닥판에 조기 균열이 발생할 수 있다. 바닥판에 발생하는 종방향 인장응력이 콘크리트의 파괴계수 f_r를 초과하면, 균열 제어를 위해 종방향 철근을 사용해야 한다.

4.3.3.1.3.3 전단

웨브는 주요 시공단계에서 아래 식을 만족해야 한다.

$$V_u \leq \phi_v V_{cr} \qquad (4.3\text{-}137)$$

여기서, ϕ_v : 전단에 대한 강도감소계수

V_u : 비합성단면에 적용된 설계시공하중과 설계영구하중에 의해 작용하는 웨브의 전단력 (N)

V_{cr} : 식 (4.3-190)으로부터 구한 전단좌굴저항강도 (N)

【해설】

웨브는 시공 중 비합성 단면에 가해지는 영구 계수 하중과 시공 계수 하중의 합에 대해 검토한다. 이러한 검토에 사용되는 공칭전단강도는 전단 항복 또는 전단좌굴강도로 제한한다. 인장역작용을 사용하는 것은 영구 계수 하중과 시공 계수 하중에 대해서는 허용되지 않는다.

4.3.3.1.3.4 바닥판 시공

최종적으로 합성을 이루지만 시공 중에는 비합성인 정모멘트단면들은 다양한 바닥판 시공단계 중 4.3.3.1.3.2의 규정에 따라 휨에 대한 검토를 수행해야 한다.

기하학적인 특성, 브레이싱 길이 및 공칭휨저항강도를 계산하기 위한 응력들은 강재단면에만 국한한다. 여러 바닥판 시공단계에서 하중, 강성 및 브레이싱의 변화를 고려해야 한다.

【해설】

전 콘크리트 바닥판을 동시에 타설하는 경우는 거의 없다. 따라서 시공순서에 따라 단계적으로 거더가 합성단면이 된다. 시공순서에 따라서, 타설 중 거더에 발생하는 일시적인 모멘트가 단계적인 타설이 완료되어 굳은 다음에 발생하는 최대 비합성 단면 고정하중 모멘트보다 훨씬 크게 될 수도 있다. 경제적인 합성거더는 정모멘트 구간에서 보통 하부플랜지보다 상부플랜지가 작다. 따라서 이 구간의 바닥판 시공 중에는 웨브 높이의 절반 이상이 압축을 받게 된다. 만약 바닥판 타설 중에 발생하는 큰 모멘트를 설계에 반영하지 않았다면, 좁은 상부플랜지와 이 조건이 연계되어 시공 중에 압축플랜지와 웨브의 면외 뒤틀림 변형과 같은 문제가 발생할 수도 있다. 다음 식과 같이 거더 상의 타설 구간을 최소 압축플랜지 폭의 약 85배까지로 제한 한다면, 이러한 문제의 발생 가능성을 최소화할 수 있다.

$$b_{fc} \geq \frac{L}{85} \qquad \text{(해설 4.3-18)}$$

여기서, L은 거더 상의 타설 구간이고 b_{fc}은 압축플랜지의 폭이다.

식 (해설 4.3-18)은 합성거더 정모멘트 구간에서 상부플랜지의 최소폭을 계산하기 위해 4.3.3.1.2.2에 규정한 플랜지 단면비 규정과 함께 사용되어야 한다. 식 (해설 4.3-18)은 절대적으로 요구되는 것은 아니다.

단계적인 콘크리트의 타설은 근접한 기 타설 콘크리트 바닥판에 심각한 인장 변형을 유발할 수도 있다. 단계적인 타설 중에 고정하중에 의하여 발생하는 일시적인 처짐도 최종적인 비합성 고정하중 처짐과는 다르다. 이 사항은 솟음과 관련된 요구사항에 고려해야 한다. 이러한 시공성과 관련한 문제는 초기시공 뿐만 아니라 교체시공 시에도 적용해야 한다.

플레이트 거더교 시공중에는 바닥판의 켄틸레버부 고정하중은 외측 거더를 따라 1.0m~1.2m 간격으로 설치된 캔틸레버 형식의 브래킷에 의하여 지지된다. 외측 거더 중심선에 편심하중으로 작용하는 브래킷 하중은 가로보 사이에 적당한 간격으로 작용하는 비틀림 모멘트를 산출하게 되고, 이 모멘트는 결과적으로 외측 거더 상부플랜지를 바깥쪽 방향으로 비틀리게 하는 경향이 있다. 결과적으로 다음 두 가지 문제의 발생 가능성이 있다.

- 비틀림 모멘트의 작용으로 외측 거더 플랜지에 추가적인 종방향 응력을 발생시킨다.
- 캔틸레버 형식의 브래킷에 작용하는 합력의 수평분력은 종종 외측 거더 웨브에 직접 전달되게 된다. 거더 웨브에는 이 하중에 의하여 횡방향 처짐이 발생하게 된다.

  외측 거더의 설계는 이러한 영향을 고려해야 한다. 가능하면 브래킷은 하부플랜지와 웨브의 접합부 부근까지 연장해야 한다.

편심하중에 의해 플랜지에 발생하는 최대 횡방향 휨모멘트는 정밀한 해석 결과가 없는 경우 식 (해설 4.3-19) 또는 식 (해설 4.3-20)이 사용될 수 있다. 횡방향력이 상부 플랜지에 어떻게 적용되는지에 따라 사용할 식을 결정한다.

$$M_l = \frac{F_l L_b^2}{12} \qquad \text{(해설 4.3-19)}$$

여기서, M_l은 거푸집용 브래킷 편심하중에 의해 플랜지에 발생하는 횡방향 휨모멘트 (N-mm),

F_l은 계수 하중에 의해 브래킷에 발생하는 정적 등가 균일 횡력 (N/mm),

L_b은 비지지길이 (mm)이다.

$$M_l = \frac{P_l L_b}{8} \qquad \text{(해설 4.3-20)}$$

여기서, P_l은 비지지길이 중앙에 작용하는 정적 등가 집중 횡력(N)이다.

4.3.3.1.3.5 고정하중 처짐

고정하중 처짐을 고려할 경우에는 해당 설계기준의 규정을 적용한다.

【해설】

만일 단계적으로 시공하도록 규정되어 있다면, 솟음과 응력을 결정할 때 하중 재하 순서를 확인해야 한다. 도로교설계기준(KDS 24 14 31)을 참고하면 된다.

4.3.3.1.4 사용한계상태

4.3.3.1.4.1 탄성처짐

> 탄성처짐을 고려할 경우에는 해당 설계기준의 규정을 적용해야 한다.

【해설】

웨브 높이에 대한 제한이 없는 경우, 설계시 합리적인 최소 웨브 높이 확보를 위해 경간 대 높이 비가 사용되어야 한다. 도로교설계기준(KDS 24 14 31)을 참고하면 된다.

4.3.3.1.4.2 영구처짐

> (1) 일반사항
>
> ① 이 규정을 적용할 때에는 사용한계상태조합을 적용해야 한다.
>
> ② 사용한계상태조합에서 강재의 응력을 계산할 때 다음의 방법을 적용할 수 있다.
>
> 가. 4.3.3.1.1.7을 만족하면서 전 길이에 걸쳐 전단연결재가 부착된 부재의 경우 합성단면에 별개로 작용하는 하중에 의한 휨응력은 단기 또는 장기 합성단면으로 가정하여 계산한다. 사용한계상태조합 하에서 교축방향으로 발생하는 콘크리트의 최대인장응력이 $2f_r$보다 작은 경우 콘크리트 바닥판은 정모멘트 및 부모멘트 구간에서 모두 유효하다고 가정할 수 있다. 여기서, f_r은 콘크리트의 파괴계수이다.
>
> 나. 부모멘트 구간에서 합성단면 콘크리트 바닥판의 교축방향 최대인장응력이 $2f_r$보다 큰 경우에는 사용한계상태조합 하에서 강재의 휨응력 계산 시 강재단면과 콘크리트 바닥판의 유효단면 내에 있는 철근만을 고려한다.
>
> 다. 부모멘트를 받는 비합성단면의 경우 강재의 휨응력을 구할 때 강재단면만 유효한 것으로 본다.
>
> ③ 콘크리트 바닥판의 교축방향 응력은 4.3.3.1.1.1(1)④ 규정에 의하여 계산해야 한다.

【해설】

이 규정은 설계활하중에 대해 적용한다. 만약 이 기준을 설계 허용 하중에 적용하는 경우에는 활하중계수를 저감하는 것을 고려해야 한다.

이 규정은 콘크리트의 종방향 최대 인장 응력이 $2f_r$보다 작을 때에는 콘크리트 슬래브에 균열이 없는 것으로 가정할 수 있다는 구체적인 지침을 제공한다. 강재에서 휨응력 산정시 사용되는 균열여부에 대한 이러한 한계값은 CEN(2004)에 제안된 콘크리트 균열 효과가 고려되어야 하는 한계값과 유사하다.

(2) 휨

① 플랜지는 아래의 요구조건을 만족해야 한다.

가. 합성단면 상부플랜지의 경우

$$f_f \leq 0.95 R_h F_{yf} \tag{4.3-138}$$

나. 합성단면 하부 플랜지의 경우

$$f_f + \frac{f_l}{2} \leq 0.95 R_h F_{yf} \tag{4.3-139}$$

다. 비합성단면 상하부 플랜지의 경우

$$f_f + \frac{f_l}{2} \leq 0.80 R_h F_{yf} \tag{4.3-140}$$

여기서, f_f : 플랜지 횡방향 휨을 고려하지 않은 사용한계상태조합에 의한 플랜지 응력 (MPa)

f_l : 4.3.3.1.1.6에 규정된 사용한계상태조합에 의한 플랜지 횡방향 휨 응력 (MPa)

R_h : 4.3.3.1.1.10(1)에 규정된 하이브리드 단면의 플랜지 응력감소계수

② 동바리 공법을 이용하여 시공한 정모멘트부의 합성 조밀단면의 경우 사용한계상태조합에 의한 콘크리트 바닥판의 교축방향 압축응력은 4.3.3.1.1.1(1)④의 규정으로 구하며 $0.6f_c{}'$을 초과해서는 안 된다.

③ 4.3.3.1.2.1(1)의 규정을 만족하는 웨브를 가진 정모멘트부 합성단면을 제외하고 모든 단면은 다음의 규정을 만족해야 한다.

$$f_c \leq F_{crw} \tag{4.3-141}$$

여기서, f_c : 플랜지 횡방향 휨을 고려하지 않고 계산된 사용한계상태조합에 의한 단면의 압축플랜지 응력 (MPa)

F_{crw} : 4.3.3.1.1.9에 규정된 웨브 공칭휨좌굴강도 (MPa)

【해설】

식 (4.3-138)에서 식 (4.3-140)은 매우 과도한 차량 하중의 통행으로 인해 부적절한 영구 처짐이 발생하여 차량 통행성을 손상시키는 것을 방지한다. 명시된 한계가 저항계수가 1.0인 사용성 기준이기 때문에, 이 식들에는 저항계수를 적용하지 않았다.

식 (4.3-138)에서 식 (4.3-140)은 하이브리드 단면에서 발생할 수 있는 웨브 조기 항복에 의한 플랜

지 응력 증가를 하이브리드 계수 R_h를 사용하여 나타냈다.

부모멘트부에서만 비합성 단면이 사용되는 연속 경간 부재의 경우, 식 (4.3-138)과 식 (4.3-139)를 적용하는 것을 권장한다.

식 (4.3-139)와 식 (4.3-140)에 사용된 계수 1/2는 Schilling (1996)과 Yoo와 Davidson(1997)의 연구 결과에 기반한다. F_{yf}를 상한값으로 갖는 식 (4.3-139)와 식 (4.3-140)은 웨브와 플랜지 접합부에서 항복이 발생하는 하중에 대한 항복상관식의 근사식이다. 이 때 접합부에서의 항복은 플랜지 끝단의 항복 효과는 포함하지만, 플랜지의 잔류응력 효과는 고려하지 않는다. 식 (4.3-139)와 식 (4.3-140)의 우변에 각각 $0.95R_h$와 $0.80R_h$를 추가한 것은 플랜지의 횡방향 휨이 상당한 경우 영구변형을 추가적으로 제어하기 위해서이다. 식 (4.3-139)와 식 (4.3-140)의f_f와 f_l의 부호는 항상 양(+)이어야 한다.

상부 플랜지가 콘크리트 바닥판에 연속적으로 횡지지되어 있기 때문에 식 (4.3-138)에는 f_l이 포함되어 있지 않다. 연속적으로 횡지지된 비합성 단면의 경우에는 식 (4.3-140)에 포함된 f_l값을 0으로 한다.

4.3.3.1.5 피로 및 파단한계상태

4.3.3.1.5.1 피로

(1) 피로상세는 KDS 14 31 20(4.1)의 피로규정에 따라 검토해야 한다.
(2) 수평곡선 플레이트거더교의 경우 주축 휨에 의한 피로응력범위에 횡방향 휨응력을 합하여 적용해야 한다.
(3) 전단연결재는 4.3.3.1.10.2와 4.3.3.1.10.3의 피로규정들을 적용해야 한다.

【해설】

강구조 피로 및 파단설계기준(KDS 14 31 20)을 참고하면 된다.

4.3.3.1.5.2 파단

계약 문서에 명시된 파단인성 요구조건은 KDS 14 31 20(4.2)의 규정을 따라야 한다.

4.3.3.1.5.3 웨브의 피로요구조건

이 조항을 적용하는 경우에 한하여 설계피로하중은 피로하중조합으로 계산한 값의 2배를 적용한다.

수직보강재가 설치된 웨브 내측 패널은 수평보강재 유무에 관계없이 아래 규정을 만족해야 한다.

$$V_u \leq V_{cr} \quad (4.3\text{-}142)$$

여기서, V_u : 하중계수를 곱하지 않은 영구하중과 설계피로하중으로 발생하는 웨브 전단력 (N)

V_{cr} : 식 (4.3-180)로 구한 전단좌굴강도 (N)

4.3.3.1.6 강도한계상태

4.3.3.1.6.1 일반사항

해당 설계기준에 규정된 강도한계상태 하중조합을 적용해야 한다.

【해설】

이 절에는 합성 또는 비합성 및 정모멘트부 또는 부모멘트부 플레이트 거더의 강도한계상태 설계를 위해 필요한 사항을 기술하였다. 휨강도를 플랜지 응력으로 나타내는 경우, 탄성해석으로 산정한 플랜지 응력은 초기 잔류응력과 기타 예기치 않게 발생한 응력을 고려할 수 없기 때문에 실제 플랜지에 발생된 응력과 다를 수 있다. 이 기준에서 정한 최대 휨강도에 도달하기 전 단면 내 발생한 일부 항복의 영향은 미미하므로 응력이나 모멘트의 산정 시에 무시할 수 있다.

최대 휨강도가 항복모멘트 이내인 경우, 휨강도를 응력으로 고려하는 것이 보다 적절한데, 이는 비합성, 단기합성, 장기합성 단계에 대한 하중의 조합효과를 휨모멘트 보다는 플랜지 휨응력으로 표현하는 것이 편리하기 때문이다. 그러므로 4.3.3.1의 각 규정은 f_{bu}에 의한 최대강도가 항복강도 F_y 보다 작거나 같을 경우, 응력을 기준으로 작성되어 있다.

휨강도가 항복모멘트보다 큰 부재에 대해서는 단면 내 심각한 항복이 발생되어 단면 응력으로 단면 휨성능을 다루는 것은 적합하지 않다. 휨모멘트로 제시된 규정 조항은 등가의 탄성응력으로 표현될 수는 있지만, 단면의 항복모멘트 보다 크기 때문에 해당 탄성응력강도는 항복응력보다 일반적으로 큰 범위에 속하게 된다. 예로써 정모멘트부 조밀 합성단면의 소성모멘트(M_p)는 합성단면의 소성해석으로 산정한다. 휨강도 성능이 휨모멘트로써 표시되는 단면에 대해, 비합성단면, 단기합성단면 및 장기합성단면에 각각 작용하는 휨모멘트 성분은 단순 합산하여 공칭휨강도와 비교한다. 다양한 종류의 하중 적용 순서나 일부 항복에 의한 최대 휨강도에 대한 효과는 고려하지 않는다.

이 기준은 연속적으로 지지된 압축플랜지는 국부좌굴이나 횡비틀림좌굴의 영향이 없는 것으로 가정한다. 이 규정은 축력의 영향이 미미한 경우에 해당된다.

이 경우 중심축하중 P_u가 압축강도 P_r의 10 퍼센트일 경우 부재의 휨강도는 5% 저감한다. 축하중이 이보다 낮은 경우, 축하중의 영향을 무시하는 것이 합리적이다.

강도한계상태 하중조합은 도로교설계기준(KDS 24 14 31)의 하중조합을 적용한다.

4.3.3.1.6.2 휨

(1) 일반사항

인장플랜지에 구멍이 있는 인장플랜지는 4.3.3.1.1.8을 만족해야 한다.

(2) 정모멘트부의 합성단면

① 직선 거더가 각을 이루고 연속으로 연결된 교량 또는 수평 곡선 거더 교량의 합성단면은 비조밀단면으로 간주하며 4.3.3.1.7.2를 만족해야 한다.

② 아래의 요구조건을 만족하는 직선교의 합성단면은 조밀단면으로 간주한다.

가. 플랜지의 최소항복강도가 485MPa를 초과하지 않고,

나. 웨브는 4.3.3.1.2.1(1)의 규정을 만족하며,

다. 웨브세장비 한계를 만족하는 단면

$$\frac{2D_{cp}}{t_w} \le 3.76\sqrt{\frac{E}{F_{yc}}} \quad (4.3\text{-}143)$$

여기서, D_{cp} : 부록 B.3.2에 규정된 소성모멘트 적용 시 압축 측 웨브의 높이 (mm)

③ 조밀단면은 4.3.3.1.7.1을 만족해야 한다. 그렇지 않으면 단면은 비조밀단면으로 간주하고 4.3.3.1.7.2를 만족해야 한다.

④ 조밀단면 및 비조밀단면은 4.3.3.1.7.3에 규정된 연성조건을 만족해야 한다.

【해설】

지정된 강종, 웨브세장비 및 연성 조건을 만족하는 경우 직선교 정모멘트부 합성단면의 공칭휨강도는 4.3.3.1.7의 규정에 의거하여 항복모멘트를 초과하는 것이 허용된다. 이러한 조밀단면의 공칭휨강도는 휨모멘트로 표현된다. 그 외의 경우 또는 곡선교의 정모멘트부 합성단면은 비조밀단면에 해당되므로, 이의 공칭휨강도는 항복모멘트를 초과할 수 없고 항복강도 이내의 플랜지 응력으로써 나타내어진다.
직선거더라도 485MPa를 초과하는 항복강도의 플랜지 또는 4.3.3.1.2.1(1)를 만족하지 않는 웨브단면을 가진 정모멘트부 합성단면은 강도한계상태에서 비조밀단면으로 설계된다.
바닥판에 쓰이는 콘크리트의 압축강도에 대해 강재 항복강도가 높을수록 4.3.3.1.7에 제시된 조밀단면 휨강도에 도달하지도 못한 채 심각한 비선형 거동이나 콘크리트 바닥판의 잠재적인 파쇄를 초래하기도 한다.
4.3.3.1.2를 만족하지 않는 웨브에는 수평보강재가 설치되어야 한다. 수평보강재가 설치된 합성단면은 비교적 형고가 높아 상대적으로 긴 지간에 적용되는 편이라서 비교적 큰 비합성 고정하중 응력을 가지므로, R_hM_y에 가까운 휨모멘트에서 휨좌굴 발생 전에 웨브에 상당한 수준의 비탄성 휨변형율의 발생을 방지할 수 있는 D_c/t_w의 범위를 갖는다. 그러므로, 압축을 받는 웨브의 높이가 줄어들어 R_hM_y보다 큰 휨모멘트에 의한 소성변형율이 유발되고 소성휨모멘트 단계의 D_{cp}가 식 (4.3-143)를 충족하

더라도, 이러한 형태의 소성모멘트 단면 설계를 뒷받침하기에 충분한 시험 결과자료가 마련되지 못하였다. 게다가 이러한 형태의 단면에서 콘크리트 바닥판에 대해 강재 단면의 상대적인 크기 때문에 소성모멘트 M_p는 R_hM_y에 비해 크게 다르지 않다. 이러한 요인들로 인해 4.3.3.1.2의 웨브 단면 조건을 충족치 않는 정모멘트부 합성단면은 비조밀단면으로 분류된다.

또한, 직선 거더가 각을 이루고 연속으로 연결된 교량 또는 수평 곡선 거더 교량은 비조밀단면으로서 강도한계상태에 대해 4.3.3.1.7.2에 따라 설계되어야 한다. 아직 항복모멘트를 초과하는 휨강도를 보장할 만한 연구 자료나 지침이 마련되지 못해오고 있다.

이 절의 웨브 세장비 조건은 AISC (2005)를 준용한 것이며 AASHTO (2002)에 제시된 조밀단면의 웨브세장비와 유사하다. 콘크리트 바닥판이 중립축을 상향 이동시켜서 압축을 받는 웨브 깊이는 상당히 줄어들기 때문에, 웨브 수평보강재가 없는 정모멘트부 합성 단면은 대부분 이 조항에 의거하여 조밀단면에 해당될 수 있다. 이러한 단면의 D/t_w는 4.3.3.1.2에 의거하여 150으로 제한된다. 소성모멘트 상태의 합성단면의 중립축 위치는 표 B.1-1에 있는 산정식을 이용해서 결정될 수 있다.

정모멘트부 조밀합성단면은 연성 파괴모드를 확보하기 위해 4.3.3.1.7.3의 규정을 준수해야 한다. 비조밀단면인 경우에도 4.3.3.1.7.3에 제시된 연성요구조건을 만족해야 한다. 이는 동바리로 지지된 시공이거나 800MPa급 강종을 사용한 단면에서 콘크리트 바닥판의 조기 파쇄에 대비한 적정한 수준의 안전율을 부여하고자 한다. 이 조건들은 정모멘트부 합성단면의 설계 시, 웨브가 4.3.3.1.2.1(1)을 만족할 때 웨브 휨좌굴을 고려하지 않아도 되는 중요한 한계조건이다.

(3) 부모멘트부의 합성단면 및 비합성단면

① 직선 거더가 각을 이루고 연속으로 연결된 교량 또는 수평 곡선 거더 교량의 단면은 4.3.3.1.8의 규정을 적용하여 설계해야 한다.

② 직교 혹은 사각이 20° 미만인 사교에 중간 다이아프램 또는 크로스프레임이 지점과 평행한 선을 따라 설치되어 있고, 다음의 조건을 만족하면 부록 A에 명시된 조밀 또는 비조밀 웨브 단면의 규정에 따라 설계할 수 있다.

가. 플랜지의 최소항복강도가 485MPa를 초과하지 않고,

나. 웨브가 비조밀단면 세장비 한계를 만족하며,

$$\frac{2D_{cp}}{t_w} \le 5.7\sqrt{\frac{E}{F_{yc}}} \qquad (4.3\text{-}144)$$

그리고

다. 플랜지가 아래의 비율을 만족하는 단면

$$\frac{I_{yc}}{I_{yt}} \ge 0.3 \qquad (4.3\text{-}145)$$

여기서, D_c : 탄성범위 내에서 웨브의 압축 측 높이(mm). 합성단면의 경우 D_c는 부록 B.3.1을 적용하여 구할 수 있다.

I_{yc} : 웨브 중심선의 수직축에 관한 압축플랜지의 단면2차모멘트(mm^4)

I_{yt} : 웨브 중심선의 수직축에 관한 인장플랜지의 단면2차모멘트(mm^4)

위의 조건을 만족하지 않으면 4.3.3.1.8을 따라야 한다.

【해설】

부모멘트부 합성단면과 비합성단면에 관한 4.3.3.1.8의 규정은 공칭휨강도를 항복모멘트 이하로 제한하고 있다. 이에 의해 공칭휨강도는 탄성영역에서 산정된 플랜지 응력에 의해 용이하게 정해진다. 사각이 없는 직교에서 규정된 강재를 사용하고 웨브와 플랜지가 각각 식 (4.3-144)와 (4.3-145)를 만족하는 경우 부록 A에 의거한 항복모멘트를 초과하는 공칭휨강도가 가능하며 휨모멘트 단위로써 규정된다. 상기의 단면에 대해서도 부록 A를 적용하지 않고4.3.3.1.8의 규정을 그대로 적용해도 무방하며, 물론 상기 조건을 만족하지 않는 단면의 직교나 수평곡선교 단면의 설계에도 적용된다.

과도한 사각을 가진 교량에 연속적으로 수직브레이싱이 설치되면 상당한 횡방향 강성이 발휘되므로, 탄성영역에서도 수직브레이싱에는 이미 상당히 큰 하중이 작용된다. 중간지점 상의 단면이 항복에 이르러 더 이상의 강성을 발휘하지 못하게 되면 하중이 분산되고 이에 따라 인접한 수직브레이싱에는 작용하중이 크게 증가된다.

이러한 수직브레이싱 작용하중의 증가를 상세한 비선형해석 없이 예측하는 방법이나 절차가 명시되어 있지 않다. 수직브레이싱이 불연속적으로 설치되면 플랜지에 심각한 횡방향 휨응력이 발생할 수 있다. 플랜지가 횡방향으로 변형되어감에 따라 이러한 횡방향 휨모멘트 및 휨응력은 중간지점에 인접하여 압축을 받는 하부플랜지에서 증폭되기도 한다.

플랜지가 항복하고 있는 동안 발생하는 이 증폭효과를 정확히 예측할만한 방법은 현재 제시되지 않고 있다. 사각을 갖는 지지점에서 거더의 비틀림이 유발되는데 이를 소성 설계이론에서 감안하지 않고 있다. 또한 상대적인 수직방향의 처짐으로 인한 거더에 유발되는 편심 효과도 고려되지 않는다. 이러한 효과들이 면밀히 연구 및 조사되기 전까지는 다소 보수적인 접근방법이 요구된다.

식 (4.3-144)는 비조밀 웨브 단면에 대한 세장비 한계를 정하고 있다. 이 한계를 초과하는 세장비의 웨브 단면은 세장한 단면으로 분류된다. 예전 설계기준은 조밀 또는 비조밀단면으로 나눠서 정의하고 있으며 비조밀단면과 세장단면을 명확히 구분하지는 않았다.

비조밀단면 웨브에 대해 이론적인 웨브 휨좌굴은 보이론에 따라 산출된 휨강도 이내의 탄성영역 응력에서는 발생하지 않는다.

세장한 웨브를 가진 거더의 단면은 강도한계상태 하중조합 하에서 후좌굴강도를 기대할 수 있다.

조밀단면 웨브는 식 (A.2.1-1)에 의해 정해지는 세장비한계를 만족하는 단면이다. 조밀단면 웨브를 갖고 $I_{yc}/I_{yt} \geq 0.3$인 거더의 단면은 강종에 따른 연성, 플랜지 세장비 및 횡지지간격의 조건이 만족되면 소성모멘트 성능을 발휘할 수 있다.

플랜지 항복강도 F_{yc}는 웨브 좌굴 거동에 보다 연관성을 가지며 휨강도에 대한 영향도 웨브 항복강도 F_{yw}에 비해 크다. 웨브가 비조밀 단면인 하이브리드 거더의 경우, RhF_{yc}이내의 응력 수준에서 안정적인 탄성거동을 하는 플랜지는 강도가 낮은 웨브를 구속하는 경향을 보인다.

조밀 웨브를 갖는 단면에서 소성 휨강도를 발휘하는 비탄성 변형율은 웨브 항복강도 보다는 플랜지 항복강도에 더 관련성이 깊다. 일반적으로 플레이트 거더교의 웨브는 식 (4.3-144)로 정해지는 세장한 단면 또는 비조밀 단면을 가진다. 이 거더가 부모멘트를 받는 합성단면이거나 비합성단면인 경우, 공칭휨강도는 4.3.3.1.8의 규정을 적용하는 것이 가장 적합하다.

식 (4.3-145)는 비합성 I-형 단면 거더에 대해 과도한 일축대칭(비대칭) 단면을 방지하기 위해 정해졌는데, 해석적 연구결과로부터 단면의 뒤틀림에 의한 횡비틀림좌굴강도식의 St.Venant 비틀림강성에 상당한 손실이 발생되는 것으로 나타나고 있다. 이러한 단면에서 횡비틀림좌굴강도에 대한 웨브 뒤틀림의 영향은 더 증대된다. 즉, 상하부 플랜지 두께가 같은 경우, 압축플랜지/인장플랜지의 폭비는 0.67 이상이어야 한다.

4.3.3.1.6.3 전단

4.3.3.1.9의 규정을 적용해야 한다.

4.3.3.1.6.4 전단연결재

4.3.3.1.10.4의 규정을 적용해야 한다.

4.3.3.1.7 휨강도-정모멘트부 합성단면

4.3.3.1.7.1 조밀단면

(1) 일반사항

강도한계상태에서 단면은 아래 식을 만족해야 한다.

$$M_u + \frac{1}{3} f_l S_{xt} \leq \phi_f M_n \qquad (4.3\text{-}146)$$

여기서, ϕ_f : 휨에 대한 강도저항계수

f_l : 4.3.3.1.1.6에 규정된 플랜지 횡방향 휨응력 (MPa)

M_n : 4.3.3.1.7.1(2)에 규정된 공칭휨강도 (N·mm)

M_u : 4.3.3.1.1.6에 규정된 단면의 주축에 대한 휨모멘트 (N·mm)

M_{yt} : 부록 B.2에 규정된 인장플랜지에 관한 항복모멘트(N·mm)
S_{xt} : M_{yt}/F_{yt}로 구하는 인장플랜지의 주축에 대한 탄성단면계 수(mm^3)

【해설】
정모멘트부 합성단면의 경우 콘크리트 바닥판으로 인하여 연속 구속되므로 강도한계상태에서 압축플랜지의 횡방향 휨은 고려할 필요 없다.
식 (4.3-146)은 인장 플랜지에 대한 횡방향 휨의 영향을 고려한 상호작용식이며, 탄성적으로 산정된 플랜지 횡방향 휨응력 f_l과 주축에 대한 휨모멘트 M_u의 조합으로 구성되어 있다. 식 (4.3-146)은 이후 제시된 식 (4.3-154) 및 (4.3-160)과 유사하며, 4.3.3.1.8.1에 배경이 해설되어 있다. 그러나 식 (4.3-154)와 (4.3-160)은 탄성적으로 산정된 응력의 형식으로 표현되어 있으며, 우변의 강도에 대한 표현식은 일반적으로 $\phi_f R_h F_{yt}$와 같다. 식 (4.3-146)은 휨모멘트 형식으로 제시되어 있으나, 식의 양변을 탄성단면계수, S_{xt}로 나누어 응력 형식으로 표현할 수도 있다.
식 (4.3-146)의 우변 M_n은 일반적으로 항복모멘트, M_{yt} 보다 크므로 강도를 탄성응력의 형식으로 기술할 경우도 F_{yt} 보다 크다. 이 설계기준은 강도에 대한 식을 모멘트 형식으로 사용하는 것을 기본으로 하고 있으며, 탄성적으로 산정된 응력의 형식으로 기술된다면 잠재적으로 강도값이 규정된 강재의 최소항복강도보다 크다고 가정할 수 있다. 이러한 형식의 단면은 탄성적으로 산정된 휨응력 보다 주축에 대한 휨모멘트가 보다 의미있는 물리량이다.
식 (4.3-146)은 플랜지의 횡방향 휨을 고려하기 위하여 인장 플랜지의 단부로부터 일부폭이 제외된 탄소성 단면해석의 결과로 충분히 합리적이나 보수적인 값을 제공한다.

(2) 공칭휨강도
공칭항복강도가 485 MPa 이하인 강재로 설계된 균질 합성단면 또는 상부 및 하부플랜지의 공칭항복강도가 485 MPa 이하이며 4.3.3.1.1.3 규정을 만족하는 하이브리드 합성단면의 공칭휨강도는 다음과 같이 구한다.

- $D_p \le 0.1 D_t$인 경우 :

$$M_n = M_p \qquad (4.3\text{-}147)$$

- 그 밖의 경우 :

$$M_n = M_p\left(1.07 - 0.7\frac{D_p}{D_t}\right) \qquad (4.3\text{-}148)$$

여기서, D_p : 콘크리트 바닥판의 상단에서 소성모멘트의 중립축까지의 거리(mm)
D_t : 합성단면의 전체높이(mm)

M_p : 부록 B.1에 규정된 합성단면의 소성모멘트 (N·mm)

공칭항복강도가 690 MPa인 강재로 설계된 균질 합성단면 또는 상부 및 하부플랜지의 공칭항복강도가 690 MPa이며, 4.3.3.1.1.3 규정을 만족하는 하이브리드 합성단면의 공칭휨강도는 다음과 같이 구한다.

- $D_p \leq 0.1D_t$ 인 경우

$$M_n = M_p \tag{4.3-149}$$

- $0.1D_t < D_p \leq 0.2D_t$ 인 경우

$$M_n = M_p\left(1.19 - 1.9\frac{D_p}{D_t}\right) \tag{4.3-150}$$

- $D_p > 0.2D_t$ 인 경우

$$M_n = M_p\left(1.0 - 0.95\frac{D_p}{D_t}\right) \tag{4.3-151}$$

여기서, D_p : 콘크리트 바닥판의 상단에서 소성모멘트 중립축까지의 거리 (mm)

D_t : 합성단면의 전체높이 (mm)

M_p : 부록 B.1에 규정된 합성단면의 소성모멘트 (N·mm)

연속교의 경우 단면의 공칭휨강도는 다음 식을 만족해야 한다.

$$M_n \leq 1.3R_h M_y \tag{4.3-152}$$

여기서, M_y : 부록 B.2에 규정된 항복모멘트 (N·mm)

R_h : 4.3.3.1.1.10(1)에 규정된 하이브리드 단면의 응력감소계수

【해설】

식 (4.3-148)은 콘크리트 바닥판의 상단에서 소성모멘트 중립축까지의 거리, D_p가 일정한 값을 초과할 경우 정모멘트구간의 조밀합성단면의 이론적인 공칭 휨강도는 부가적인 안전여유도가 필요하다는 Wittry(1993)의 제안에 따른 것이다. D_p/D_t의 선형함수로 개략적으로 증가하는 이러한 부가적인 안전여유도는 콘크리트 바닥판의 조기 파괴를 방지하기 위한 의도이며, 이를 통해 합성단면의 적절한 연성을 확보할 수 있다. D_p/D_t가 0.1 이하인 단면은 충분한 연성 발현에 대한 우려 없이 합성단면의 소성모멘트 M_p까지 도달할 수 있다.

식 (4.3-148)은 이전 기준의 유사식과 대략 동일한 결과를 제시하나, Yakel and Azizinamini (2005)도 제안했던 바와 같이 소성모멘트 M_p와 D_p/D_t 만을 고려한 보다 단순한 형태이다. 두 식은

Wittry(1993)에 의해 증명된 개념을 따르고 있다. Wittry(1993)는 다양한 실험결과에 대한 검토와 상당수의 단면에 대한 매개변수해석을 수행하였다. 이 연구와 후속 연구에서 고려했던 모든 단면의 실험적 또는 이론적 최소강도는 $0.96M_p$이다. 식 (4.3-148)의 목표 부가안전여유도는 이론적인 가정 강도값 $0.96M_p$와 함께 최대허용값 D_p에서의 값으로 Wittry가 지정한 1.28이다. 식 (4.3-158)에 정해진 최대허용값 D_p에서 공칭설계휨강도는 $0.78M_p$이다.

일부의 경우 정모멘트 구간 합성단면에 대한 형상계수 M_p/M_y는 1.5보다 클 수 있으며, 이러한 경우 M_p에 도달하기 위해서는 상당한 양의 항복 및 비탄성곡률이 필요하다. 이러한 항복은 정모멘트단면의 유효강성을 감소시킨다. 연속경간에서 강성의 감소는 정모멘트 영역을 부모멘트 영역으로 확대시킬 수 있다. 만약 해당 영역의 내부지점부 단면이 발생하는 큰 모멘트를 견딜 수 있는 부가적인 능력이 없으며, 비조밀단면으로 연성 모멘트-회전 성능을 갖도록 설계되지 않았다면 이러한 단면의 모멘트 재분배는 반복적인 활하중의 재하로 인한 점진적인 붕괴를 야기할 수 있다.

식 (4.3-152)은 연속경간 정모멘트구간 합성단면에서 R_hM_y 이후 추가적인 모멘트의 허용량을 R_hM_y의 30%로 제한하기 위하여 제시되었다. $1.3R_hM_y$ 제한은 강구조설계기준(2009) 6.3.1.4.2에 제시된 근사해석법과 동일하다. 식 (4.3-152)의 공칭 휨강도는 합성단면의 강도와 연성을 적절히 확보하기 위한 식 (4.3-147) 또는 (4.3-148)으로 결정된 강도보다 작아야 한다. D_p/D_t가 상대적으로 크고 M_p/M_y가 상대적으로 작을 경우 예외적으로 식 (4.3-152) 보다 식 (4.3-148)이 지배적일 수 있으나, 대부분 실제 경우에서는 식 (4.3-152)이 지배적이다.

만약 연속경간 내부지점부 단면이 발생하는 큰 모멘트를 견딜 수 있는 부가적인 능력이 있고 조밀단면으로 연성적인 모멘트-회전 성능을 갖도록 설계되었다면, 연속경간 정모멘트구간 단면의 공칭휨강도는 제한을 받지 않는다.

4.3.3.1.7.2 비조밀단면

(1) 일반사항

① 강도한계상태에서 압축플랜지는 다음 식을 만족해야 한다.

$$f_{bu} \leq \phi_f F_{nc} \tag{4.3-153}$$

여기서, ϕ_f : 휨에 대한 강도저항계수

f_{bu} : 4.3.3.1.1.6에 명시된 플랜지 횡방향 휨을 고려하지 않고 계산한 플랜지응력 (MPa)

F_{nc} : 4.3.3.1.7.2(2)에 규정된 압축플랜지의 공칭휨강도 (MPa)

② 인장플랜지는 다음의 식을 만족해야 한다.

$$f_{bu} + \frac{1}{3}f_l \le \phi_f F_{nt} \quad (4.3\text{-}154)$$

여기서, f_l : 4.3.3.1.1.6에 규정된 플랜지 횡방향 휨응력(MPa)

F_{nt} : 4.3.3.1.7.2(2)에 규정된 인장플랜지의 공칭휨강도(MPa)

③ 동바리 공법을 이용한 경우 강도한계상태에서 콘크리트 바닥판의 교축방향 최대 압축응력은 4.3.3.1.1.1(1)④로 구할 수 있으며 $0.6f_c{}'$을 초과해서는 안 된다.

【해설】

비조밀단면의 경우 강도한계상태에서 압축플랜지는 식 (4.3-153)을 만족해야 하며, 인장플랜지는 식 (4.3-154)를 만족해야 한다. 식 (4.3-154)의 배경은 [해설 4.3.3.8.1.2]에 제시되어 있다. 정모멘트 구간 합성단면의 경우 콘크리트 바닥판에 의해 플랜지가 연속지지되므로 강도한계상태에서 압축플랜지의 횡방향 휨은 고려할 필요 없다.

동바리 공법을 이용한 경우 강재 고정하중도 합성단면에 단기하중과 장기하중으로 작용하여 콘크리트 바닥판의 종방향 변형률을 크게 증가시킨다. 이러한 장기 거동 특성으로 콘크리트 바닥판의 종방향 휨응력 산정도 엄밀하게 장기 합성단면으로 산정해야 한다. 하지만 콘크리트 바닥판 종방향 휨응력을 4.3.3.1.1.1(1)④에 제시된 단기 탄성계수비 n을 사용하여 계산하면 실제 콘크리트의 휨응력을 과소평가하게 된다. 이런 측면을 고려하여 콘크리트 바닥판의 교측방향 최대압축응력을 $0.6f_c{}'$로 제한한다.

(2) 공칭휨강도

압축플랜지의 공칭휨강도는 다음과 같이 산정한다.

$$F_{nc} = R_b R_h F_{yc} \quad (4.3\text{-}155)$$

여기서, R_b : 4.3.3.1.1.10(2)에 규정된 웨브의 국부좌굴에 의한 플랜지 응력감소계수

R_h : 4.3.3.1.1.10(1)에 규정된 하이브리드 단면의 플랜지 응력감소계수

인장플랜지의 공칭휨강도는 다음과 같이 산정한다.

$$F_{nt} = R_h F_{yt} \quad (4.3\text{-}156)$$

【해설】

정모멘트구간에서 비조밀 합성단면의 공칭휨강도는 항복모멘트로 제한된다. 그러므로 공칭휨강도는 플랜지응력으로 단순히 표현된다. 비조밀단면의 경우 4.3.3.1.1.1(1)에 따라 산정된 계수하중에 의해 각 플랜지에 대하여 탄성적으로 산정된 응력은 플랜지의 항복응력과 적절한 플랜지강도저감계수의 곱과 비교한다.

4.3.3.1.7.3 연성 요구조건

조밀 및 비조밀단면은 아래의 식을 만족해야 한다.

(1) 공칭항복강도가 690 MPa인 강재로 설계된 균질 합성단면 또는 상부 및 하부플랜지의 공칭항복강도가 690 MPa이며 4.3.3.1.1.3 규정을 만족하는 하이브리드 합성단면인 경우

$$D_p \leq 0.3D_t \tag{4.3-157}$$

(2) 그 밖의 단면인 경우

$$D_p \leq 0.42D_t \tag{4.3-158}$$

여기서, D_p : 소성모멘트 상태에서 콘크리트 바닥판의 상단에서 중립축까지의 거리 (mm)

D_t : 합성단면의 전체높이 (mm)

【해설】

이 조항의 목적은 연성요구조건은 콘크리트 바닥판의 조기 파쇄를 방지하는 것이다.

식 (4.3-158)에서 비율 D_p/D_t는 모든 잠재적인 경우에서 콘크리트 바닥판 상부가 파쇄변형률에 도달했을 때 하부플랜지의 충분한 항복이 보장되도록 0.42로 저감하였다. 이 요건②을 확인 시 D_t는 콘크리트 헌치 실제두께의 하한산정값을 이용하거나 보수적으로 헌치의 두께를 무시하고 결정되어야 한다.

4.3.3.1.8 휨강도-부모멘트부의 합성단면과 비합성단면

4.3.3.1.8.1 일반사항

(1) 불연속적으로 횡지지된 압축플랜지

강도한계상태에서는 다음의 요구조건을 만족해야 한다.

$$f_{bu} + \frac{1}{3}f_l \leq \phi_f F_{nc} \tag{4.3-159}$$

여기서, ϕ_f : 휨에 대한 강도저항계수

f_{bu} : 4.3.3.1.1.6에 명시된 플랜지 횡방향 휨이 고려되지 않고계산된 플랜지 응력 (MPa)

f_l : 4.3.3.1.1.6에 규정된 플랜지 횡방향 휨응력 (MPa)

F_{nc} : 4.3.3.1.8.2에 규정된 플랜지의 공칭휨강도 (MPa)

【해설】

식 (4.3-159)은 압축플랜지의 강도를 등가의 보-기둥으로 간주하여 고려한다. 식 (4.3-159)은 탄성해석으로 산정된 플랜지응력으로 표현되어 있으며, 실질적으로 보-기둥의 상호작용식이다. 등가의 보-기둥 부재에서 f_{bu}항은 축력과 비슷하며, f_l은 휨모멘트와 비슷하다. 식 (4.3-159)의 f_l에 곱해진 1/3은 4.3.3.1.1.6에 명시된 f_l에 대한 제한 내에서 등가 보-기둥 강도의 정확한 선형 근사로 산정한 값이다. 식 (4.3-159), (4.3-160) 및 (4.3-161)은 특히 세장판 웨브 비합성단면과 부모멘트구간의 세장판 웨브 합성단면의 검토를 위해 개발되었다. 이 식은 다른 형식의 부모멘트구간 합성단면과 비합성단면의 보수적 강도의 간소한 검토에도 활용할 수 있다. 부록 A.1에 제시된 규정은 직선교에서 플랜지와 웨브의 최소항복강도가 485MPa 이하이며 플랜지가 식 (4.3-145)을 만족하는 조밀 및 비조밀 웨브를 갖는 부모멘트구간 합성단면과 비합성단면에 적용될 수 있다. 설계자는 직선교에서 조밀 웨브를 갖는 단면에서 부록 A.1 규정의 활용을 고려해야 하나, 부록 A6는 식 (4.3-144)의 비조밀 웨브 한계에 접근하는 웨브 세장비를 갖는 단면에서는 공칭강도의 증가가 미소하다.

(2) 불연속적으로 횡지지된 인장플랜지

강도한계상태에서 다음의 요구조건을 만족해야 한다.

$$f_{bu} + \frac{1}{3} f_l \le \phi_f F_{nt} \tag{4.3-160}$$

여기서, F_{nt} : 4.3.3.1.8.3에 규정된 플랜지의 공칭휨강도(MPa)

(3) 연속적으로 횡지지된 인장 또는 압축플랜지

강도한계상태에서 다음의 요구조건을 만족해야 한다.

$$f_{bu} \le \phi_f R_h F_{yf} \tag{4.3-161}$$

【해설】

식 (4.3-160)는 식 (4.3-108)의 한도 내에서의 연직방향 및 횡방향 휨의 조합력을 받는 사각형 플랜지단면의 소성강도에 대한 정확한 근사식이다.

4.3.3.1.8.2 압축플랜지 휨저항강도

(1) 일반사항

식 (4.3-159)을 검토할 때 F_{nc}는 4.3.3.1.8.2(2)에 규정된 국부좌굴강도와 4.3.3.1.8.2(3)에 규정된 횡비틀림좌굴강도를 적용한다.

【해설】

이 기준의 I형 단면의 압축플랜지에 대한 모든 휨강도식은 주축에 대한 균일한 휨의 경우 일관적으로 해설 그림 4.3-13의 두 기준점을 명시하는 이론에 기반하고 있다.

기준점 1의 위치는 해설 그림 4.3-13과 같이 수평좌표는 횡비틀림좌굴에 대하여 길이 $L_b = L_p$ 또는 플랜지국부좌굴의 경우 플랜지 세장비 $b_{fc}/2t_{fc} = \lambda_{pf}$에 상응하는 수직좌표는 최대 잠재휨강도, $F_{\max}$ 또는 $M_{\max}$이다. 기준점 2의 위치는 횡비틀림좌굴은 비탄성좌굴 한계길이 L_r, 플랜지국부좌굴은 비조밀플랜지 세장비한계 λ_{rf}이며, 이 경우 비탄성 및 탄성 횡비틀림좌굴 또는 플랜지국부좌굴 강도는 동일하다. 4.3.3.1.8에서 이 강도는 R_bF_{yr}으로 F_{yr}은 $0.7F_{yc}$와 F_{yw} 중 작은 값이나, $0.5F_{yc}$ 보다는 커야 한다. F_{yw}가 F_{yc} 보다 상당히 작은 하이브리드 단면을 제외하고, F_{yr}은 $0.7F_{yc}$이다. 이러한 한계는 $0.3F_{yc}$의 공칭압축플랜지 잔류응력효과와 일치한다. F_{yr}에 대한 한계값 $0.5F_{yc}$는 비탄성좌굴식이 탄성좌굴곡선보다 큰 강도를 제공하는 단면과 같은 비정상 상황을 피하기 위하여 설정되었다. 또한 F_{yr} 한계는 강구조설계기준(2009)에 사용된 F_{yr}이 암시하는 값과 동일하다. $L_b > L_r$ 또는 $b_{fc}/2t_{fc} > \lambda_{rf}$의 경우 횡비틀림좌굴 및 플랜지국부좌굴에 대한 강도는 탄성좌굴이 지배하나, 4.3.3.1.2.2의 한계는 $F_{yc} = 620$ MPa 이하로 지정된 항복강도까지 탄성 플랜지국부좌굴이 제외되어 있으므로 탄성 플랜지국부좌굴 강도식은 이들 조항에 명시적으로 나타나 있지 않다. 비탄성 플랜지국부좌굴식 (4.3-163)의 사용은 $F_{yc} > 620$ MPa 일 때 $b_{fc}/2t_{fc} > \lambda_{rf}$인 드문 경우에 허용된다.

모멘트구배가 있는 비지지 길이에 대하여 그림 4.3-9의 점선과 같이 횡비틀림좌굴 강도가 $F_{\max}$ 또는 $M_{\max}$에서 최대가 됨을 제외하고 주축에 대한 균일 휨의 경우 횡비틀림좌굴 강도는 모멘트구배 보정계수 C_b로 용이하게 보정된다. 모멘트구배 하에서 횡비틀림좌굴이 $F_{\max}$ 또는 $M_{\max}$ 일 때 최대 비지지길이는 부록 B.4.1 또는 B.4.2를 이용하여 결정할 수 있다. 모멘트 구배에 대한 플랜지국부좌굴 강도의 경우는 상대적으로 미미한 모멘트 구배 효과를 무시한 등분포 주축 휨의 경우와 같다.

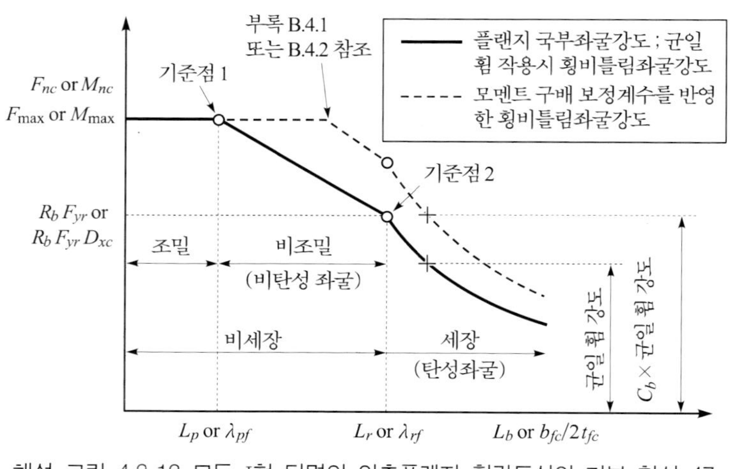

해설 그림 4.3-13 모든 I형 단면의 압축플랜지 휨강도식의 기본 형식 47

(2) 국부좌굴강도

압축플랜지의 국부좌굴강도는 다음과 같이 구한다.

① $\lambda_f \le \lambda_{pf}$ 인 경우

$$F_{nc} = R_b R_h F_{yc} \tag{4.3-162}$$

② 그 밖의 경우

$$F_{nc} = \left[1 - \left(1 - \frac{F_{yr}}{R_h F_{yc}}\right)\left(\frac{\lambda_f - \lambda_{pf}}{\lambda_{rf} - \lambda_{pf}}\right)\right] R_b R_h F_{yc} \tag{4.3-163}$$

여기서, λ_f = 압축플랜지의 세장비

$$= \frac{b_f}{2t_f} \tag{4.3-164}$$

λ_{pf} = 조밀단면 플랜지의 세장비 한계

$$= 0.38\sqrt{\frac{E}{F_{yc}}} \tag{4.3-165}$$

λ_{rf} = 비조밀단면 플랜지의 세장비 한계

$$= 0.56\sqrt{\frac{E}{F_{yr}}} \tag{4.3-166}$$

여기서, F_{yr} : 잔류응력의 영향을 포함한 공칭항복강도에 도달할 때 압축플랜지 응력. 압축플랜지 횡방향 휨은 고려치 않으며 $0.7F_{yc}$와 F_{yw} 가운데 작은 값이지만 $0.5F_{yc}$ 이상이어야 한다.

R_b : 4.3.3.1.1.10(2)에 규정된 웨브의 국부좌굴에 의한 플랜지 응력감소계수

R_h : 4.3.3.1.1.10(1)에 규정된 하이브리드 단면의 플랜지 응력감소계수

【해설】

식 (4.3-165)는 조밀플랜지에 대한 세장비한계를 정의하는 반면 식 (4.3-166)는 비조밀플랜지에 대한 세장비한계를 제시한다. 조밀플랜지를 갖는 단면의 공칭휨강도는 플랜지의 세장비와 무관한 반면 비조밀플랜지를 갖는 단면은 휨강도는 해설 그림 4.3-9에 보이는 것과 같이 플랜지 세장비의 선형함수로 표현된다. 조밀플랜지의 세장비 한계는 AISC(2005) 및 강구조설계기준(2009)에 제시된 것과 동일하다. 다양한 등급의 강재에 대한 세장비한계는 다음 해설 표 4.3-1와 같다.

해설 표 4.3-1 조밀플랜지의 한계세장비

F_{yc} (MPa)	λ_{pf}
265	10.7
345	9.4
380	8.9
410	8.6
450	8.2
690	6.6

식 (4.3-166)는 보수적으로 부록식 (A.3.2-5)에 제시된 것 보다 일반적인 한계에 근거하나, 플랜지 국부좌굴계수 $k_c = 0.35$ 이다. $F_{yw} < 0.7F_{yc}$ 인 하이브리드단면을 제외하고, 식 (4.3-166)의 F_{yr}은 항상 $0.7F_{yc}$이다.

(3) 횡비틀림좌굴강도

① 비지지길이 내에서 균일 단면을 갖는 압축플랜지의 횡비틀림좌굴강도는 다음과 같이 구한다.

가. $L_b \leq L_p$인 경우

$$F_{nc} = R_b R_h F_{yc} \tag{4.3-167}$$

나. $L_p < L_b \leq L_r$ 인 경우

$$F_{nc} = C_b\left[1-\left(1-\frac{F_{yr}}{R_h F_{yc}}\right)\left(\frac{L_b - L_p}{L_r - L_p}\right)\right]R_b R_h F_{yc} \leq R_b R_h F_{yc} \tag{4.3-168}$$

다. $L_b > L_r$ 인 경우

$$F_{nc} = F_{cr} \leq R_b R_h F_{yc} \tag{4.3-169}$$

여기서, L_b : 비지지길이 (mm)

L_p = 소성거동을 보장하는 비지지길이의 한계 (mm)

$$= 1.0 r_t \sqrt{\frac{E}{F_{yc}}} \tag{4.3-170}$$

L_r = 비탄성 횡비틀림좌굴을 보장하는 비지지길이의 한계(mm)

$$= \pi r_t \sqrt{\frac{E}{F_{yr}}} \tag{4.3-171}$$

C_b : 모멘트 보정계수

(가) 브레이싱이 없는 캔틸레버나 $f_{mid}/f_2 > 1$ 또는 $f_2=0$인 부재

$$C_b = 1.0 \tag{4.3-172}$$

(나) 그 밖의 모든 경우

$$C_b = 1.75 - 1.05\left(\frac{f_1}{f_2}\right) + 0.3\left(\frac{f_1}{f_2}\right)^2 \leq 2.3 \tag{4.3-173}$$

$$F_{cr} = \text{탄성 횡비틀림좌굴응력 (MPa)} = \frac{C_b R_b \pi^2 E}{(L_b/r_t)^2} \tag{4.3-174}$$

r_t = 압축플랜지와 압축을 받는 웨브 높이의 1/3을 합한 면적의 연 직축에 대한 유효회전반경 (mm)

$$= \frac{b_{fc}}{\sqrt{12\left(1 + \frac{1}{3}\frac{D_c t_w}{b_{fc} t_{fc}}\right)}} \tag{4.3-175}$$

여기서, F_{yr} : 잔류응력의 영향을 포함한 공칭항복강도에 도달할 때 압축플랜지 응력. 압축플랜지 횡방향 휨은 고려치 않고 $0.7F_{yc}$와 F_{yw} 가운데 작은 값이지만 $0.5F_{yc}$ 이상이어야 한다.

D_c : 탄성범위 내에서 웨브의 압축 측 높이 (mm). 합성단면의 경우 D_c는 부록 B.3.1을 적용하여 구할 수 있다.

f_{mid} : 고려 중인 플랜지의 비지지길이 구간 중앙점에서의 횡방향 휨을 고려하지 않은 휨응력으로 최대 압축응력을 발생시키거나 압축이 전혀 작용하지 않는 경우에는 최소 인장응력을 발생시키는 설계모멘트로 산정한다. 이 응력은 계수하중에 의한 응력이며 압축일 경우가 양의 값이며 인장인 경우는 음의 값이다 (MPa).

f_0 : f_2에 대응하는 반대지점의 횡방향 휨을 고려하지 않은 휨응력으로 최대 압축응력을 발생시키거나 압축이 전혀 작용하지 않는 경우에는 최소 인장응력을 발생시키는 설계모멘트로 산정한다. 이 응력은 계수하중에 의한 응력이며 압축일 경우가 양의 값이며 인장인 경우는 음의 값이다 (MPa).

f_1 : f_2에 대응하는 반대쪽 브레이싱 지점의 횡방향 휨을 고려하지 않

은 휨응력으로, C_b 값을 가장 작게 발생시키는 f_2와 f_0 (또는 f_{mid}) 간 선형보간하여 구한 응력으로 다음과 같이 구한다(MPa).

㉮ 브레이싱 양단 지점 간의 거리에 따라 모멘트의 변화가 오목한 형태인 경우

$$f_1 = f_0 \qquad (4.3\text{-}176)$$

㉯ 그 밖의 경우

$$f_1 = 2f_{mid} - f_2 \geq f_0 \qquad (4.3\text{-}177)$$

f_2 : 브레이싱 양단 지점에서 발생하는 압축응력 중 큰 값(MPa). 가장 불리한 계수하중을 적용하며 항상 양의 값을 갖는다. 브레이싱 양 지점에서 플랜지의 응력이 0이거나 인장으로 작용하는 경우에는 0으로 한다.

R_b : 4.3.3.1.1.10(2)에 규정된 웨브의 국부좌굴을 고려한 플랜지 응력감소계수

R_h : 4.3.3.1.1.10(1)에 규정된 하이브리드 단면의 플랜지 응력감소계수

② 비지지구간이 역곡률 휨을 받고 비합성 비대칭 단면으로 구성된 부재들로 이루어진 경우, 상부플랜지가 연속적으로 횡방향으로 지지되지 않았다면, 양쪽플랜지 모두 횡비틀림좌굴강도를 검토해야 한다.

③ 비지지구간에서 불균일 단면을 갖는 경우, 각각의 단면에서 압축플랜지의 횡비틀림좌굴강도는 비지지구간 내에서 단면이 균일한 것으로 가정하고 식 (4.3-167), (4.3-168) 및 (4.3-169)으로 구한 값 중 작은 값으로 적용한다. 이 경우에는 모멘트 보정계수를 1.0을 적용하고 L_b는 유효길이계수에 의해 수정하지 않는다.

④ 브레이싱 구간 길이의 20% 이하에 걸쳐 작은 단면으로 변하는 경우, 플랜지의 횡방향 단면모멘트나 작은 단면의 양측 플랜지의 단면모멘트가 큰 단면 값의 1/2 이상이면 작은 단면으로의 단면변화를 무시하고 횡비틀림좌굴강도를 구한다.

【해설】

식 (4.3-170)는 등분포 주축휨을 받는 부재에 대한 조밀비지지길이한계를 정의하며, 식 (4.3-171)은 상응하는 비조밀비지지길이한계를 나타낸다. 조밀한계 이하로 지지된 부재의 공칭 휨강도는 비지지길이와 무관한 반면 비조밀한계 이하로 지지된 부재의 휨강도는 그림 4.3.3.1.8.2-1과 같이 비지지길이의 선형함수로 표현된다.

식 (4.3-170)의 한계는 강구조설계기준(2009) 및 AISC(2005)의 상응하는 L_p식의 한계에 비하여 일

반적으로 약간 더 제한적이다. 식 (4.3-170)의 한계는 실질적인 횡비틀림좌굴에 대한 유효길이가 1.0인 주축에 대한 순수휨을 포함한 광범위한 휨시험 결과를 비탄성횡비틀림좌굴 영역 내에서의 선형회귀분석을 적용하여 그림 4.3.3.1.8.2-1과 같이 제시하였다.

특히 모멘트구배 보정계수 C_b가 1.0일 때 최대휨강도 F_{max}이 되기 위한 비지지길이를 L_p로 제한하는 것으로는 가장 경제적인 해답이 되지 않을 수 있다.

식 (4.3-174)은 웨브의 뒤틀림 효과를 고려하여 압축플랜지 탄성횡비틀림좌굴강도를 대한 보수적으로 산정한 값이다. 식 (4.3-175)는 $D=h=d$ 일 때 상기 r_t에 대한 단순식이다. 두꺼운 플랜지를 가진 단면에 대하여 식 (4.3-175)는 정확한 공식보다 3%에서 4% 가량 보수적일 수 있는 r_t값을 산출한다. 식 (A.3.3-8)의 사용은 소프트웨어를 이용한 계산이나 설계자가 탄성횡비틀림좌굴강도에 대한 보다 정밀한 계산을 요구할 때 가능하다.

식 (4.3-174)의 주요 단순화는 St. Venant 비틀림계수 J가 0이라는 가정이다. 이러한 가정은 세장비가 식 (4.3-127)의 최대 한계에 접근하여 종방향 수평보강재가 보강된 웨브의 경우에도 유용하다. 이러한 형식의 단면에 대하여 탄성 횡비틀림좌굴강도에 대한 J의 기여는 일반적으로 작으며, 웨브 뒤틀림에 의해 더욱 감소되는 경향이 있다. 그러나 웨브의 세장비가 식 4.3.3.6.10.2-1(확인이안됨)로 주어지며 해설 표 4.3-1에 상이한 항복강도로 수록된 비조밀한계값에 근접하는 단면에 대하여 $J=0$ 이라는 가정은 편리하나 보수적인 경향이 있다. $D/b_{fc}>2$ 이고 $I_{yc}/I_{yt}\geq 0.3$ 인 플레이트 거더에서 비조밀지지한계 L_r의 크기에 미치는 이 가정의 영향은 보통 10% 이하이다(White, 2001).

식 (4.3-174)과 (A.3.3-8)은 모든 종류의 플레이트 거더의 탄성 횡비틀림좌굴 강도에 대한 하나의 값을 일관되게 제공한다. 부모멘트구간의 합성 플레이트 거더는 바닥판의 횡방향 및 비틀림 강성으로 인한 하부압축플랜지의 구속효과를 무시하므로 이들 식은 부모멘트구간의 합성 플레이트 거더의 탄성 횡비틀림좌굴강도에 대한 보수적인 산정값을 제공한다. 이 구속효과는 일반적으로 웨브의 뒤틀림에 의하여 감소한다. 특히 상대적으로 큰 규모의 교량용 플레이트 거더의 경우 바닥판으로 인한 비틀림 구속이 효과적이지 않으므로 복잡한 뒤틀림좌굴해를 고려할 필요가 없다.

설계자는 식 (4.3-175)의 웨브에 대한 $D_c t_w$의 중요성을 주목해야 한다. 이전 설계기준은 횡비틀림좌굴강도에 대한 설계식에 종종 압축플랜지의 회전반경 $r_{yc}=b_{fc}/\sqrt{12}$ 을 사용하였으나 이 근사식은 실험 및 정밀유한요소해석 결과에 비해 보수적이지 않은 강도가 산정될 수 있다. 식 (4.3-175)의 $D_c t_w$은 웨브에 발생하는 휨압축으로 인한 불안정성을 고려하였다.

식 (4.3-175)의 $D_c t_w/b_{fc}t_{fc}$를 대푯값 2.0으로 취할 경우, 이 식은 $0.22b_{fc}$로 간략화할 수 있다. 이 가정 및 $F_{yc}=345$ MPa인 경우 조밀지지한계는 $L_p=5.4b_{fc}$, 식 (4.3-171)의 비조밀지지한계는 $L_r=20b_{fc}$ 로 간략화할 수 있다. 동일한 가정을 적용할 경우 B.4의 식들은 일반적으로 L_b에 대하여 $5.4b_{fc}$ 보다 큰 한계값을 제공한다. 횡비틀림좌굴강도는 모멘트 보정계수($C_b>1.0$ 인 경우)를 고려하면 해설 그림 4.3-9의 F_{max} 또는 M_{max}이 된다.

횡지지점 사이 길이 방향의 모멘트 변화는 모멘트구배 보정계수 C_b를 이용하여 고려된다. 횡지지점

길이 내 모멘트와 상응하는 플랜지 주축 휨압축응력이 일정할 때 C_b는 1.0이다. C_b는 경간 내 횡지지 수직브레이싱이 없거나, 다음 설명과 같이 큰 상부플랜지 하중이 재하된 캔틸리버보를 포함한 비정상적인 상황을 제외하고 모든 경우에 보수적으로 1.0으로 취할 수 있다.

C_b의 산정과정은 이전 설계기준과 같이 식 (4.3-174)을 사용하고 있다. 그러나 C_b가 1.0일 때의 정의와 식 (4.3-174)의 f_1과 f_2의 계산과 관련하여 모호한 경우를 제거하고 정확한 해에 비해 매우 비보수적인 C_b값을 산출할 수 있는 경우를 고려하고자 변경되었다. 일례로는 자중과 균일한 하중을 받으며 단부와 중앙에만 수직브레이싱으로 횡지지된 단순지지 부재가 있다. 이러한 이상적인 경우는 상부구조 내 횡방향 수직브레이싱의 개수가 최소이고 현장타설된 바닥판 콘크리트가 굳기 전의 비합성 상태인 상부구조에 대한 가설상황으로 대표될 수 있다. 이 경우의 C_b 값은 이전 설계기준들에서 1.75, AISC(1999)의 보다 정확한 식은 1.30을 구할 수 있다. C_b에 대한 보다 작은 값 1.30은 포물선 형태의 모멘트선도 비지지길이 구간 내의 플랜지 압축이 최대가 되기 때문이다. 이 조항의 C_b의 계산과정은 위와 같은 문제를 플랜지의 비지지길이 중앙에서의 계수하중으로 인한 응력 f_{mid}을 이용하여 해결한다. f_{mid}가 계수하중으로 인한 비지지길이 단부에서의 플랜지 최대압축응력 f_2 이상일 경우 C_b는 1.0이다. 또한 비지지길이 양단에서 플랜지 응력이 0 또는 인장일 때 f_2는 0이며, C_b는 1.0이다. 이러한 상황은 단순지지 또는 경간 내 수직브레이싱이 없는 연속경간과 같이 매우 큰 비지지길이를 갖는 부재의 경우에만 발생한다. 비지지 캔틸레버의 경우도 AISC(2005)와 같이 C_b는 1.0이다.

그 외의 경우에도 상당히 유리하고 계산 가능한 모멘트구배 효과가 존재한다. 식 (4.3-173)는 비지지길이 방향으로의 응력변화에 대하여 다음과 같은 중요 한계값에 작은 C_b값을 근사값으로 사용한다: 응력변화가 (1) f_2와 f_{mid}를 통과하는 직선 또는 (2) f_2와 비지지길이의 반대쪽 단부에서 고려되는 플랜지의 응력 f_0 사이를 통과하는 직선인 경우. f_2의 반대쪽 단부에서 가장 중요한 선형응력변화의 값은 f_1이다. 위와 같은 특정 사례에 대하여 C_b값은 1.30이며, 보다 정교한 AISC(2005) 계산식으로 산정한 C_b값과 동일하다. f_{mid}의 크기가 f_0와 f_2의 평균 보다 작거나 지지점 사이의 모멘트선도 또는 포락선이 오목한 형상인 모든 경우에 대하여 식 (4.3-173)의 f_1과 f_2는 항상 비지지길이 단부의 플랜지 응력과 동일하며 $f_1 = f_0$ 이다.

일축대칭 비합성 I-형 단면으로 구성되고 역곡률 휨을 받는 부재의 경우 상부 플랜지가 연속적으로 지지되지 않는다면 일반적으로 상부 및 하부 플랜지에 대하여 횡방향 비틀림좌굴강도가 검토되어야 한다. 이러한 형태의 단면에서는 다른 크기의 플랜지가 사용되므로 횡방향 비틀림좌굴 강도는 상대적으로 작은 플랜지의 압축에 지배 받을 수 있으며, 이 경우 이 압축응력은 상대적으로 큰 플랜지의 최대 압축응력보다 작을 수 있다. 이러한 경우 기술된 접근법은 일반적으로 정확하고 보수적인 C_b값을 산출한다. 일축대칭단면과 역곡률 휨에서 이 조항을 이용하여 산정한 C_b는 1.75와 2.3 사이의 값이며, 횡비틀림좌굴 강도에 대한 정밀식에 비하여 종종 상당히 보수적이다. 그러나 이러한 조항들은 하중효과가 작고 비지지길이의 모멘트 변화가 선형에 가까운 경우에 대하여 AISC(2005)의 C_b 정교식으로 산정한 강도에 비하여 덜 보수적이다. 하중효과가 클 때를 포함한 나머지의 경우 개선된

AISC(2005) 설계식이 역곡률 휨을 받는 부재의 비지지에 대하여 보다 정확하고 덜 보수적인 결과를 제공한다. 역곡률 휨을 받는 부재의 경우 비지지 길이 내의 합성 플레이트 거더의 상부플랜지는 플랜지가 연속적으로 지지될 경우 횡비틀림좌굴에 대하여 검토할 필요가 없다.

C_b에 대한 조항을 엄격하게 적용할 경우는 비지지길이를 따라 공존하는 모멘트(concurrent moment)에 대한 고려가 필요하다. 이 경우 (1) 비지지 길이 내 모멘트를 이용한 f_{mid}와 f_0의 계산과 함께 한계모멘트 포락선(critical moment envelope)을 이용한 보다 큰 압축응력을 갖는 지지점에서 가능한 f_2의 최대값과 (2) 비지지 길이내 모멘트를 이용한 f_0와 f_2의 계산과 함께 한계모멘트영역값을 이용 발생 가능한 f_{mid}의 최대압축값의 계산이 필요하다. 그러나 비지지 길이내 모멘트는 보통 해석에서 산정되지 않으므로 상기의 응력 계산 시는 가장 불리한 모멘트값을 사용하는 것이 편리하고 언제나 보수적이다. f_2 산정 시 가장 불리한 모멘트는 한계포락선(critical envelope value) 또는 고려되는 플랜지 내의 가장 큰 f_2값을 발생시키는 모멘트값이다. f_0와 f_{mid}의 계산시 가장 불리한 모멘트는 각 위치에서 고려되는 플랜지에 가장 큰 압축응력 또는 압축이 발생하지 않는 지점에서는 가장 작은 인장응력을 산출하는 모멘트 포락선(moment envelop)으로부터 구해진다. f_2, f_{mid} 및 f_0의 계산에 가장 불리한 모멘트를 사용하는 것은 고려 가능한 모든 하중조합에 대하여 비지지길이를 따라 보다 큰 응력분포가 존재할 수 없기 때문에 항상 보수적이다. 이것은 f_2 또는 f_{mid} 위치에서 응력이 더 작으나, 모멘트구배효과가 작아 더 작은 C_b값을 산출하는 모든 잠재적인 조건을 포함한다. 가장 큰 f_2값을 산출하는 하중에 대하여 f_0와 f_{mid}를 산정하기 위한 비지지길이내 모멘트의 사용은 이러한 특정 하중에 대하여 항상 보다 큰 C_b를 야기한다. 유사하게 가장 큰 f_{mid} 압축값을 산출하는 하중에 대하여 f_2와 f_0를 산정하기 위한 모멘트의 사용은 이러한 특정 하중에 대하여 항상 보다 큰 C_b를 야기한다.

A.3.3에 따라 설계된 조밀 및 비조밀 웨브에 대한 C_b의 계산은 강구조설계기준(2009)의 가이드라인도 적용 가능하다. 4.3.3.1.8에 따라 설계된 단면의 경우 C_b의 계산 시 주축에 대한 압축플랜지 휨응력의 사용이 강력히 추천되며, 이러한 설계는 계수하중에 의한 고정하중과 활하중 휨모멘트가 합성거더의 다른 단면에 적용되는 사실을 더 잘 나타내기 때문이다. 그러나 최종 C_b 산정값에 휨모멘트에 의한 것이 응력에 의한 것에 비해 미치는 영향이 심각하지 않다고 설계자가 판단할 때, 편의상 압축플랜지 응력비를 대신하여 지지점에서 주축에 대한 휨모멘트 비를 사용할 수 있다. A.3.3에 따라 설계된 조밀과 비조밀 웨브단면에 대하여 C_b 계산 시 주축에 대한 휨모멘트를 사용하도록 정하였다. 식 A.3.3-7에 모멘트가 사용된 이유는 다른 단면에 작용하는 모멘트의 전체적인 효과는 이러한 종류의 단면에 대하여 덜 중요하기 때문이다.

중대한 모멘트구배 효과의 존재가 있어 C_b가 1.0보다 클 때 횡비틀림좌굴강도는 부록 B.4.1에 제시된 동등의 과정으로 대체 산정될 수 있다. 이 조항과 부록 B.4.1의 계산식은 C_b가 1.0을 초과할 때 보다 큰 비지지길이에서 그림 4.3.3.1.8.2-1의 $F_{\max}$가 될 수 있도록 한다. 부록 B.4.1의 과정은 설계자로 하여금 휨강도가 $F_{\max}$ 일 때의 최대 비지지길이에 직접 주목하도록 한다. 이러한 동등의 과정은 설계과정에서 1.0보다 큰 C_b값을 사용할 때 강하게 추천된다.

일반적으로 1.0보다 큰 C_b값을 사용할 때 재하되는 하중에 따른 휨강도의 종속성과 함께 하중비의 어려움을 야기할 수 있으나, 최대휨강도 F_{max}의 발현을 위한 C_b값은 대부분 1.0 보다 약간 큰 정도로 충분하다. F_{max} 발현을 위한 지지간격과 $C_b > 1.0$ 이 충분할 때, 휨강도는 작용 하중과 무관하다. 그러므로 $C_b > 1.0$ 이 사용될 때 중요 위치에서 비지지길이 L_b는 최종 건설조건에서 이러한 조건이 만족되도록 선택하는 것이 바람직하다. 이 조항의 규정은 C_b의 값을 상당한 보수적으로 정확히 산정하는 경향이 있다. 그러므로 설계 시 위 가이드라인에 따라 설계한다면 어떠한 평가 상황에서도, 특히 설계자가 평가 산정 시 보다 개선된 C_b 계산을 사용한다면, 휨강도는 F_{max}와 다르지 않다. C_b에 대한 보다 개선된 공식은 Galambos(1998)가 제시한 바 있다.

이들 지침과 AISC(2005)의 C_b는 모두 단면의 중간 높이를 기준으로 한 작용 하중의 위치의 영향을 무시하였다. 중간 수직브레이싱이 없는 드문 상황과 상부 플랜지 높이에 상당한 하중이 작용하는 비지지 캔틸레버의 경우 설계자는 C_b 계산에서 하중고 효과를 고려해야 한다. 이러한 경우 관련한 C_b 값은 1.0보다 작을 수 있다. Galambos(1998)는 단순 또는 연속경간에 대하여 하중고 효과를 고려한 계산식을 제시하였으며, Dowswell(2002)는 비지지 내민보에 대한 이러한 영향을 고려한 해를 제시하였다. $C_b > 1.0$ 일 때, 그림 4.3.3.1.8.2-1과 같이 L_b가 L_p 이하일 때에도 F_n은 F_{max}보다 작을 수 있다. 그러므로 $C_b > 1.0$ 일 때 강도는 L_b가 L_p 이하인 경우에 대한 식 4.3.3.1.8.2-7을 이용하여 산정해야 한다.

재건 설계 또는 보기 드문 상황에서 설계자는 L_b를 횡비틀림좌굴에 대한 탄성유효길이계수로 변경하는 것을 고려할 수 있다.

Galambos(1998)는 브레이싱시스템의 안정설계에 대한 일반적인 가이드라인을 제시하였다. 이전의 경우 횡비틀림좌굴 강도식에 모멘트구배의 영향이 포함되지 않을 때 변곡점은 종종 지지점으로 고려되어 왔다. 일부 경우 이러한 설계는 상당히 비보수적인 휨강도를 산정할 수 있다. 이 설계기준은 변곡점을 지지점으로 고려하도록 의도하지 않았다. 모멘트구배의 영향은 C_b의 사용을 통해 적정하게 고려될 수 있으며, 인접한 비지지 부분 구속의 영향은 1.0 보다 작은 유효길이계수의 사용으로 고려될 수 있다.

균일한 휨을 받는 경우, 지지점 중 하나로부터 비지지길이의 20% 위치에서 단면변화를 가지고 작은 단면의 플랜지의 횡방향 단면2차모멘트가 큰 단면의 상응값에 절반일 때 탄성 횡비틀림 강도의 저감은 대략 5%이다. 큰 단면에 큰 휨모멘트가 발생하거나, 단면 변화가 횡지지에 근접하거나, 작은 단면의 플렌지 횡방향 단면2차모멘트가 큰 단면 상응값의 절반보다 큰 경우 모멘트구배의 영향으로 횡비틀림좌굴강도의 저감은 5%보다 작다. 단면 변화는 일반적으로 큰 모멘트구배를 갖는 영역 내에 위치하므로 횡비틀림 좌굴강도에 미치는 단면 변화의 영향은 전술된 조건을 만족하는 경우 무시될 수 있다. 하나 이상의 단면변화가 있는 경우 보다 작은 모멘트의 지지점으로부터의 비지지길이의 20% 내에 위치한 모든 단면변화는 무시될 수 있으며, 잔여 비균일단면 비지지길이의 횡비틀림좌굴강도는 잔여단면에 기초한 최소 강도로써 산정될 수 있다.

상대적으로 작은 모멘트를 가지는 지지점으로부터 비지지길이의 20%이상 구간이 작은 단면을 가지는 경우, 횡비틀림좌굴강도는 고려되는 비지지길이 내의 최소 강도로 산정해야 한다. 이러한 근사는 비균일단면 부재를 등가의 균일단면부재로 대체하는 것에 기초하고 있다. 정확한 횡비틀림좌굴강도를 주는 등가부재의 단면은 일반적으로 비지지길이를 따른 단면들의 가중평균이다. 비지지길이내 균일 휨하중에 대해 최소 횡비틀림강도를 나타내는 단면을 고려한다면, 비지지길이 내 모든 단면에 대해 횡비틀림강도를 초과하지 않으며 보수적인 해를 구할 수 있다.

플랜지의 횡방향 단면2차모멘트 또는 작은 단면의 플랜지들이 큰 단면의 상응값에 절반 이상일 때, 횡비틀림좌굴강도의 심각한 저감을 피하기 위하여 플랜지 단면 변화는 작은 모멘트의 지지점으로부터 비지지길이의 20%내에 위치할 수 있다.

4.3.3.1.8.3 인장플랜지 휨강도

인장플랜지의 공칭휨강도는 다음과 같이 구한다.

$$F_{nt} = R_h F_{yt} \qquad (4.3-178)$$

여기서, R_h : 4.3.3.1.1.10(1)에 규정된 하이브리드 단면의 플랜지 응력감소계수

4.3.3.1.9 전단강도

4.3.3.1.9.1 일반사항

(1) 강도한계상태에서 직선 및 곡선 웨브 패널은 다음을 만족해야 한다.

$$V_u \le \phi_v V_n \qquad (4.3-179)$$

여기서, ϕ_v : 전단에 대한 강도저항계수

V_n : 4.3.3.1.9.2 및 4.3.3.1.9.3에 규정된 공칭전단강도(N)

V_u : 설계하중에 의한 웨브의 전단력(N)

(2) 중간수직보강재는 4.3.3.1.11.1로 설계하며 수평보강재는 4.3.3.1.11.3에 따라 설계한다.

(3) 균질 거더 및 하이브리드 거더의 내측 웨브가 다음을 만족하는 경우 보강웨브로 간주하고 4.3.3.1.9.3에 따라 설계한다.

① 수평보강재가 없는 경우 및 중간수직보강재 간격이 $3D$를 초과하지 않는 경우

② 1개 이상의 수평보강재가 있는 경우 중간수직보강재의 간격은이 $1.5D$를 초과하지 않는 경우

그 외의 경우는 비보강웨브로 간주하고 4.3.3.1.9.2에 따라 설계한다.
(4) 보강웨브에 있어 단부 패널 설계는 4.3.3.1.9.3(3)의 규정을 적용한다.

【해설】

이 조항은 다음의 경우에 적용된다.

- 보강재가 없는 단면
- 수직보강재만 있는 단면
- 수직 및 수평보강재가 모두 있는 단면

I-단면의 전단강도를 결정하기 위한 순서도는 해설 그림 4.3-14와 같다.

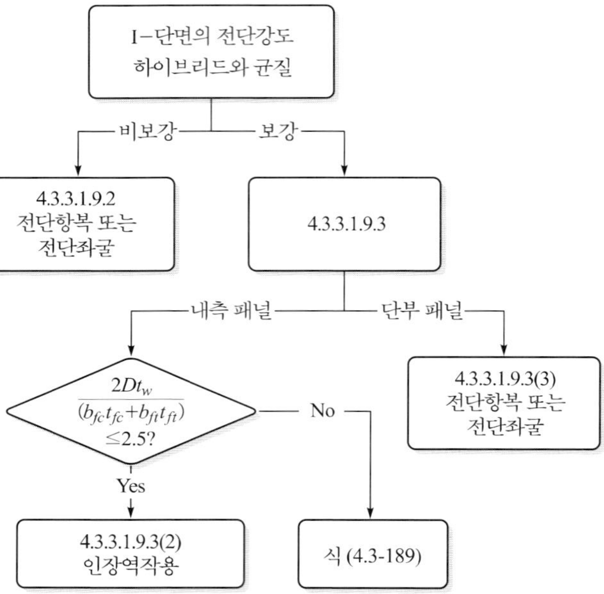

해설 그림 4.3-14 I-형 단면의 전단설계 순서도

비보강 및 보강 내측 웨브패널은 이 조항에 제시된 최대수직보강재 간격 요건에 따라 정의된다.

균질 또는 하이브리드 부재의 비보강 웨브패널의 공칭전단강도는 4.3.3.1.9.2에 제시된 웨브세장비에 따라 전단항복 또는 전단좌굴에 의해 정의된다.

균질 또는 하이브리드 부재의 전체 패널 단면이 식 (4.3-182)을 만족하면 내측 웨브패널의 공칭전단강도는 전단항복 또는 전단좌굴 강도와 4.3.3.1.9.3에 제시된 인장역작용에 따른 후좌굴강도의 합으로 정의된다. 다른 경우 전단강도는 식 (4.3-189)을 이용하여 산정한다. 종래 강구조설계기준(2009)는 인장역작용에 따라 하이브리드 부재의 웨브패널이 후좌굴강도를 발현하는 가능성을 인지하지 못했다.

균질 및 하이브리드 부재에 대하여 보강웨브 단부 패널의 공칭전단강도는 4.3.3.1.9.3(3)의 전단항복 또는 전단좌굴로 정의된다.

4.3.3.1.9.2 비보강 웨브의 공칭강도

비보강 웨브의 공칭전단강도는 다음과 같이 구한다.

$$V_n = V_{cr} = C\,V_p \qquad (4.3\text{-}180)$$

$$V_p = 0.58\,F_{yw}\,D\,t_w \qquad (4.3\text{-}181)$$

여기서, C : 식 (4.3-185), (4.3-186) 또는 (4.3-187)에 규정된 전단항복강도에 대한 전단좌굴응력의 비로서, 전단좌굴계수 k는 5.0으로 한다.

V_{cr} : 전단좌굴강도 (N)

V_n : 공칭전단강도 (N)

V_p : 소성전단력 (N)

【해설】

비보강 웨브 패널은 인장역작용에 대한 고려를 하지 않는다. 탄성 전단항복 또는 전단좌굴 강도는 4.3.3.1.9.3(2)에 정의된 상수 C 와 식 (4.3-181)의 소성전단력 V_p의 곱으로 계산한다. 소성전단력은 웨브면적과 가정된 전단항복강도 $F_{yw}/\sqrt{3}$ 의 곱과 같다. 상수 C의 계산에 사용된 전단좌굴계수 k는 비보강 웨브 패널에 대하여 5.0으로 정의되며, 단순지지된 가장자리(edge)를 갖는 무한대로 긴 스트립(strip)에 대한 정확한 값인 5.35에 대한 보수적인 근사값이다.

4.3.3.1.9.3 보강 웨브의 공칭강도

(1) 일반사항

① 수직보강재나 수평보강재가 있는 내측 웨브 패널의 공칭전단강도는 4.3.3.1.9.3(2)의 규정으로, 단부 웨브 패널의 공칭전단강도는 4.3.3.1.9.3(3)의 규정을 적용한다. 수평보강재가 있는 웨브 패널의 공칭전단강도를 구할 때에는 웨브의 전체높이 D를 사용한다. 수직보강재는 패널에 작용하는 최대 전단력을 고려하여 간격을 정한다.

② 보강재는 4.3.3.1.11에서 규정한 요구사항을 만족해야 한다.

【해설】

수평보강재는 웨브 패널을 부격간(subpanel)으로 분할한다. Cooper(1967)에 따르면 전체 패널의 전단강도는 부격간 전단강도의 합으로 나타낼 수 있으나, 휨에 대한 최적위치에 설치된 각 수평보강재의 전단강도에의 기여도는 상대적으로 작다. 그러므로 보수적으로 웨브 패널의 공칭전단강도 산정 시 수평보강재의 영향은 무시하였다.

(2) 내측 패널

내측 웨브 패널이 4.3.3.1.9.1 규정에 따라 설계되고 전체 패널 단면이 다음 단면비를 만족하는 경우에는,

$$\frac{2Dt_w}{(b_{fc}t_{fc}+b_{ft}t_{ft})} \le 2.5 \qquad (4.3\text{-}182)$$

① 공칭전단강도는 다음 식으로 구한다.

$$V_n = V_p\left[C + \frac{0.87(1-C)}{\sqrt{1+\left(\frac{d_0}{D}\right)^2}}\right] \qquad (4.3\text{-}183)$$

여기서, $V_p = 0.58\,F_{yw}\,D\,t_w$ (4.3-184)

d_0 : 보강재 간격 (mm)

V_n : 공칭전단강도 (N)

V_p : 소성전단력 (N)

C : 전단항복강도에 대한 전단좌굴응력비

② 전단좌굴응력비 C는 아래와 같이 계산한다.

- $\frac{D}{t_w} < 1.12\sqrt{\frac{Ek}{F_{yw}}}$ 인 경우

$$C = 1.0 \qquad (4.3\text{-}185)$$

- $1.12\sqrt{\frac{Ek}{F_{yw}}} \le \frac{D}{t_w} \le 1.40\sqrt{\frac{Ek}{F_{yw}}}$ 인 경우

$$C = \frac{1.12}{(D/t_w)}\sqrt{\frac{Ek}{F_{yw}}} \qquad (4.3\text{-}186)$$

- $\frac{D}{t_w} > 1.40\sqrt{\frac{Ek}{F_{yw}}}$ 인 경우

$$C = \frac{1.57}{(D/t_w)^2}\left(\frac{Ek}{F_{yw}}\right) \qquad (4.3\text{-}187)$$

여기서, k = 전단좌굴계수

$$= 5 + \frac{5}{(d_0/D)^2} \qquad (4.3\text{-}188)$$

③ 그 밖의 경우 공칭전단강도는 다음과 같이 구한다.

$$V_n = V_p\left[C + \frac{0.87(1-C)}{\left(\sqrt{1+\left(\frac{d_0}{D}\right)^2} + \frac{d_0}{D}\right)}\right] \qquad (4.3\text{-}189)$$

【해설】

식 (4.3-182)을 만족하는 균질 및 하이브리드 부재의 내측 보강웨브 패널은 인장역 작용으로 인하여 후좌굴 전단강도로 발전할 수 있다. 이러한 패널의 공칭전단강도는 보작용과 후좌굴 인장역 작용의 기여의 합으로 계산할 수 있다. 최종 표현은 식 (4.3-183)에 제시되어 있으며, 괄호 내 첫 번째 항은 전단항복 또는 전단좌굴력과 관계되며, 두 번째 항은 후좌굴 인장장과 관계한다. 식 (4.3-182)을 만족하지 않는 경우 패널 내 플랜지의 전체면적은 웨브의 면적보다 작으며, 일반적으로 후좌굴강도가 완전히 발현되지 않는다. 그러나 이 경우 식 (4.3-189)에 제시된 후좌굴강도를 사용하는 것이 보수적이다. 식 (4.3-189)은 Basler 모델 내에 내포된 인장밴드(tension band) 외부의 웨브 패널의 쐐기 내 응력증가를 무시했을 경우의 해를 제공한다.

일반적으로 식 (4.3-182)과 (4.3-129), 특히 수평으로 보강된 I-거더에 대한 4.3.3.1.9.3(1)의 제한 내에서 패널 내 최대모멘트가 휨강도의 검토에 사용될 때 White et al.(2004)는 설계기준의 계산식이 모멘트-전단 상호작용을 고려할 필요 없이 합리적으로 시험 결과를 충분히 반영하고 있음을 제시하였다. 추가적으로 이 설계기준의 전단강도 조항 내에서 부가 전단강도와 합성 바닥판이 제공하는 인장장작용의 앵커(anchorage)는 무시된다. 또한 최대모멘트와 전단력의 영역값이 통상적으로 설계에 사용되는 반면, 최대 공존 모멘트와 전단력은 덜 중대한 경향이 있다. 이들 계수는 이들 계수가 존재하지 않을 경우 얻을 수 있는 충분한 안전도를 넘는 추가적인 보수적 여유도를 제공한다. 그러므로 이전 모멘트-전단력 상호작용 효과와 관련한 이전 기준은 이 설계기준에 필요하지 않다.

계수 C는 단순지지경계조건 가정 하에 계산된 패널의 탄성 좌굴응력 대 $F_{yw}/\sqrt{3}$ 와 같다고 가정한 전단항복강도의 비율과 동일하다. 식 (4.3-187)은 0.8 이하의 C에 대해서만 적용 가능하다. 0.8이 넘는 경우 C는 전단좌굴응력이 전단항복강도와 같으며 $C=1.0$ 인 한계세장비까지 식 (4.3-186)로 계산한다. 전단좌굴계수에 대한 식 (4.3-188)은 패널의 형상비에 따른 k에 대한 두 개의 정확한 식을 단순화한 것이다. 식 (4.3-185)부터 식 (4.3-187)까지의 계수들은 강구조설계기준(2009)에 제시된 식들에서 사소한 반올림오차를 수정을 위하여 약간 개선되었다.

식 (4.3-126)에 따라 수평보강재가 없는 웨브의 세장비가 150으로 제한되므로 강구조설계기준

(2009)에 제시된 수평보강재가 없는 웨브 패널에 대한 별도 취급 요건은 필요하지 않으며, 이 기준에서는 삭제하였다.

(3) 단부 패널

① 단부 패널의 공칭전단강도는 다음과 같이 구한다.

$$V_n = V_{cr} = C\,V_p \qquad (4.3\text{-}190)$$

여기서, V_p = 소성전단력(N)

$$= 0.58\,F_{yw}\,D\,t_w \qquad (4.3\text{-}191)$$

C : 식 (4.3-185), (4.3-186) 또는 (4.3.3.1.9.3-6)에 규정된 전단항복강도에 대한 전단좌굴응력의 비

V_{cr} : 전단좌굴강도(N)

② 수평보강재가 있거나 없는 단부 패널에서 수직보강재의 간격은 $1.5D$를 초과하면 안 된다.

【해설】

단순지지 인근 단부 패널의 전단은 전단항복 또는 인근 내부 패널의 인장장에 대한 기반(anchor)을 제공하기 위하여 식 (4.3-190)의 전단좌굴 강도로 제한된다. 식 (4.3-190)의 상수 C의 결정에 사용된 전단좌굴계수 k는 지점에서 지점에 인접한 첫 번째 보강재까지의 거리에 기반하여 계산되었으며, $1.5D$를 초과할 수 있다.

4.3.3.1.10 전단연결재

4.3.3.1.10.1 일반사항

(1) 합성단면에서 콘크리트 바닥판과 강재 단면 사이의 내부전단에 저항하기 위해 스터드나 ㄷ형강의 전단연결재를 설치해야 한다.

(2) 단경간 합성교는 지간 전체에 걸쳐 전단연결재를 설치한다. 직선 연속 합성교는 보통 교량의 전체길이에 걸쳐 전단연결재를 설치해야 한다. 부모멘트 영역에서 교축방향 철근이 합성단면의 일부분으로 고려되는 구간에는 전단연결재를 설치한다. 그렇지 않을 경우, 전단연결재를 부모멘트 영역에 설치할 필요는 없지만, 4.3.3.1.10.3의 규정에 따라 영구하중에 의하여 휨모멘트부호가 변하는 변곡점 구간에는 추가적인 연결재를 설치해야 한다.

(3) 부모멘트 영역에서 전단연결재를 설치하지 않은 구간에서는 4.3.3.1.1.7에 따라 교축방향 철근을 정모멘트 구간 내로 연장시켜야 한다.

(4) 곡선 연속 합성교는 교량의 전체 길이에 걸쳐 전단연결재를 설치해야 한다.

(5) 형태

① 스터드와 ㄷ형강 전단연결재는 본 규정에 따라 설계해야 한다. 전단연결재는 표면 전체가 콘크리트와 접촉될 수 있도록 콘크리트를 철저히 다짐할 수 있는 형태이어야 한다. 전단연결재는 콘크리트와 강재 사이에서 수직 및 수평 등 모든 방향의 이동에 저항할 수 있어야 한다.

② 스터드 전단연결재의 직경에 대한 높이의 비는 4.0 이상이어야 한다.

③ ㄷ형강 전단연결재는 5mm 이상의 치수로 필릿용접을 해야 한다.

(6) 피치

① 전단연결재의 피치는 4.3.3.1.10.2와 4.3.3.1.10.3에 규정된 피로한계상태를 만족해야 한다. 전단연결재의 개수는 4.3.3.1.10.4에 규정된 강도한계상태를 만족하기 위한 소요개수 이상이어야 한다.

② 전단연결재의 피치 p는 다음 조건을 만족해야 한다.

$$p \leq \frac{nZ_r}{V_{sr}} \tag{4.3-192}$$

여기서, V_{sr} = 단위길이 당 수평방향 피로전단력 발생범위 (N/mm)

$$= \sqrt{(V_{fat})^2 + (F_{fat})^2} \tag{4.3-193}$$

V_{fat} = 단위길이 당 종방향 피로전단력 발생범위 (N/mm)

$$= \frac{V_f Q}{I} \tag{4.3-194}$$

F_{fat} = 단위길이 당 반경방향 피로전단력 발생범위 (N/mm). 다음 중 큰 값을 적용한다.

$$F_{fat1} = \frac{A_{bot}\sigma_{flg}l}{wR} \tag{4.3-195}$$

또는

$$F_{fat2} = \frac{F_{rc}}{w} \tag{4.3-196}$$

σ_{flg} : 플랜지 횡방향 휨을 고려하지 않은 하부플랜지의 종방향 피로응력 발생범위 (MPa)

A_{bot} : 하부플랜지의 단면적 (mm²)

F_{rc} : 상부플랜지에서 크로스프레임 또는 다이아프램의 작용력의 순범위 (N)

I : 단기 합성단면의 단면2차모멘트 (mm^4)

l : 브레이싱점 사이의 거리 (mm)

n : 한 단면 내에 배치된 전단연결재의 개수

p : 전단연결재의 거더 축방향 피치 (mm)

Q : 단기 합성단면의 중립축에 대한 바닥판 환산단면적의 단면1차모멘트 (mm^3)

R : 패널 내의 최소 거더반경 (mm)

V_f : 피로하중조합 하의 수직전단력 발생범위 (N)

w : 콘크리트 바닥판의 유효폭 길이로 1,220mm이며, 측경간 단지점에서는 610mm이다 (mm).

Z_r : 4.3.3.1.10.2에 의해 결정된 전단연결재 1개의 전단피로강도 (N)

③ 직선 경간 또는 경간 일부가 직선인 경우, 식 (4.3-195)로부터 구한 반경 방향 피로전단력 발생범위를 0으로 할 수 있다. 직선교 또는 사각이 20°를 초과하지 않는 수평 곡선교는 식 (4.3-196)으로부터 구한 반경 방향 피로 전단력 발생범위를 0으로 할 수 있다.

④ 전단연결재의 중심과 중심 사이의 피치는 600mm를 초과해서는 안 되며, 직경의 6배 이상이어야 한다.

(7) 횡방향 간격

① 전단연결재는 상부플랜지의 횡방향으로 배치해야 하며 규칙적이거나 다양한 간격을 갖도록 설계할 수 있다.

② 스터드 전단연결재는 거더 직각방향으로 스터드의 중심과 중심 사이의 간격이 스터드 직경의 4배 이상이어야 한다.

③ 상부플랜지의 연단과 가장 인접한 전단연결재의 순연단 거리는 25mm 이상이어야 한다.

(8) 덮개와 관입

전단연결재 위의 콘크리트 피복덮개 높이는 50mm 이상이어야 한다. 전단연결재는 적어도 50mm를 슬래브 내부로 관입시켜야 한다.

【해설】

(6) 단면상수 I와 Q는 유효플랜지폭 내에 있는 바닥판을 포함하여 결정한다. 그러나 부모멘트 구간에서 I와 Q는 콘크리트 슬래브가 인장에 유효하지 않으면 유효플랜지폭 내의 철근만을 포함하여 결정한다.

최대 종방향 피로전단력 발생범위는 설계단면 좌측과 우측 인접부에 피로활하중을 재하시켜 구한다. 이 위치에 재하된 하중에 의해 정모멘트가 거더의 상당한 부분에 발생한다. 따라서 전체 경간에 걸쳐 전단범위 계산에 콘크리트 상판을 포함하는 완전합성단면을 사용하는 것이 타당하다. 또한, 대부분의 경우 상판의 수평전단력이 전체경간에 걸쳐 유효한 것으로 간주된다. 이러한 가정을 만족시키기 위하여, 상판에서의 전단력은 전체경간에 걸쳐서 발생되어져야만 한다. 참고로 상판 내에 전단력이 발생되는 경우 길이방향 응력범위를 계산함에 있어서 콘크리트가 전단면 유효하다고 하지 않는 한, 부의 휨이 발생하는 구역의 전단범위 계산 시 콘크리트 상판은 무시될 수 있다. 만약 콘크리트가 이 영역에서 무시되어진다고 해도, 규정된 최대간격을 초과해서는 안 된다.

(8) 바닥판의 하부와 상부플랜지 사이에 헌치가 있다면 전단연결재는 이를 관통하여 바닥판 속까지 관입해야 한다.

4.3.3.1.10.2 피로강도

(1) 전단연결재의 피로강도 Z_r 은 다음과 같이 구한다.

① 스터드 전단연결재의 경우

가. 무한수명 전단피로강도는 다음과 같다.

$$Z_r = 18.9\,d^2 \qquad (4.3\text{-}197)$$

나. 그렇지 않은 경우, 전단피로강도는 다음과 같다.

$$Z_r = \alpha\, d^2 \qquad (4.3\text{-}198)$$

여기서, $\alpha = 238.0 - 29.5\log N$ (4.3-199)

② ㄷ형강 전단연결재의 경우 :

가. 무한수명 전단피로강도는 다음과 같다.

$$Z_r = 183.9w \qquad (4.3\text{-}200)$$

나. 그렇지 않은 경우, 전단피로강도는 다음과 같다.

$$Z_r = Bw \qquad (4.3\text{-}201)$$

여기서, $B = 1641.6 - 189.2\log N$ (4.3-202)

여기서, d : 스터드의 직경 (mm)

N : KDS 14 31 20 4.1.2.5에 규정된 하중반복회수

w : 플랜지에 직각방향으로 측정된 ㄷ형강 전단연결재의 길이(mm)

(2) 전단연결재의 피치는 Z_r 값과 전단력 범위 V_{sr}을 이용하여 식 (4.3-192)로부터 구한다. 전단연결재가 플랜지의 피로강도에 미치는 효과는 KDS 14 31 20(4.1.2)로 검토한다.

【해설】

AASHTO LRFD(2007)에서 제시한 피로 설계 곡선(S-N)은 Slutter와 Fisher(1966)의 연구에 근거하고 있다. 그 후에 원래의 연구 결과에 피로한계(Constant Amplitude Fatigue Limit, CAFL)를 24.2MPa에 준하도록 추가하였다. 일반적인 피로 설계식이 하중반복횟수(N)와 응력변동폭(S)을 모두 로그 스케일로 사용하는 것과 다르게, 스터드에 대한 피로 설계식은 하중반복횟수(N)만 로그 스케일로 사용하고 있다. 이는 스터드 피로 설계식이 현재의 일반적인 피로설계식이 완성되기 이전에 만들어진 식이기 때문이다. 미국을 제외한 다른 나라에서 하중반복횟수(N)와 응력변동폭(S)를 모두 로그 스케일로된 일반적인 피로 설계식의 형태로 스터드 피로 설계식을 사용하고 있다.

유로코드-4(2005)의 경우 피로 S-N 곡선을 식 (해설 4.3-22)과 같이 제시하고 있으며 별도의 피로한계는 제시하고 있지 않다. 일본강구조학회(JSSC)(1995)의 경우 유로코드-3(2005)에서 전단을 받는 강재(스터드는 해당하지 않음)에 해당하는 식 ((해설 4.3-23)에 피로 한계를 66.6MPa로 높여서 사용하고 있다. 영국의 BS-5400: Part 10(1980)에서는 피로 S-N 곡선을 식 (해설 4.3-24)와 같이 2단계의 기울기로 제시하고 있으며 응력을 전단연결재의 정적 극한 강도에 대한 비율로 환산하여 사용하고 있다. 따라서 전단연결재의 인장강도가 높아지면 자연스럽게 피로 강도도 높아지게 된다.

AASHTO LRFD (2007) : $Z_r = (238 - 29.5\log N)d^2 \geq \dfrac{38.0}{2}d^2$ (해설 4.3-21)

유로코드-4 (2005) : $\log N = 21.935 - 8\log S$ (해설 4.3-22)

일본강구조학회 (1995) : $\log N = 15.816 - 5\log S$ (해설 4.3-23)

BS5400 : part 10 : $\log N = 22.318 - mlogS_{BS}$ (해설 4.3-24)

여기서, $S_{BS} = 425[MPa] \times \Delta P / P_{Rd}$;

$N \leq 10^7$ 일 때, $m = 8$;

$N \geq 10^7$ 일 때, $m = 10$

최근의 연결부 상세의 변화는 고강도 재료의 사용, 전단 강도를 증진시키기 위해 대직경 스터드, 그룹 배치 사용, 콘크리트의 지압강도를 높이기 위한 구속 상세 채용, 프리캐스트 부재의 연결부로 활용 등이 있다. 이러한 변화는 1966년 Slutter & Fisher의 실험에 근거한 현재의 피로 설계 규정을 변경하기 위한 검토를 요구하고 있다.

특히, 교량 구조에서는 피로 설계가 연결재 설계를 지배하기 때문에 아래 그림과 같이 각 설계기준에

서 제시하고 있는 피로 곡선의 차이는 최종적인 설계결과에 영향을 미치게 된다. 아래 그림에서 제시된 Linear Log-Log Design Model은 AASHTO LRFD 피로 설계식의 근거가 되는 실험 데이터(Slutter와 Fisher(1966))를 바탕으로 log-log 스케일로 피로 설계식을 다시 유도한 것이다. 설계식의 형태를 semi-log 스케일에서 log-log 스케일로 변경하여도, 다른 나라의 설계식보다 보수적인 설계식이 유도되는 것을 알 수 있다. 이는 당시의 전단연결재 시험에서 스터드에 순수한 전단력이 재하되지 않고 인장력이 함께 재하되도록 실험이 수행되었기 때문에 보수적인 결과가 도출된 것으로 판단된다(이경찬, 윤기용 2009; Lee et al. 2010).

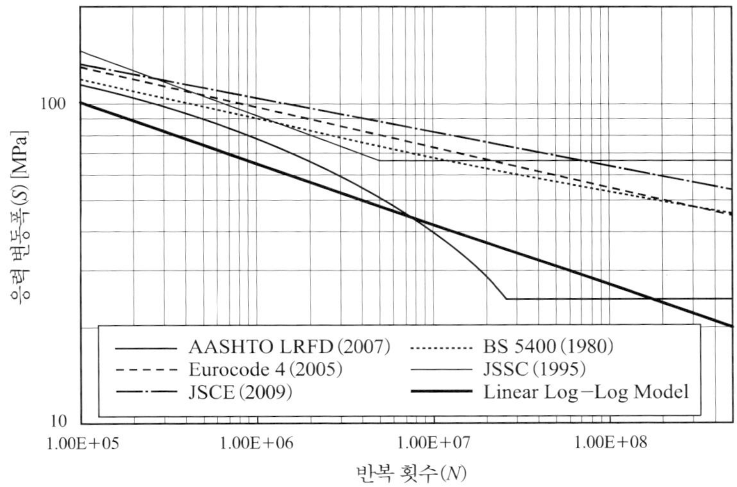

해설 그림 4.3-15 피로 설계기준의 비교 (Lee et al. 2010)

대직경 스터드에 대한 연구결과에서 제시된 피로 결과를 모두 그려보면 아래 그래프와 같다. 유로코드의 설계식과 비교할 때 25mm 이상의 연결재 피로 강도가 비안전측의 결과를 보이는 것을 다수 확인할 수 있다. 이는 대직경 스터드의 용접이 자동용접기를 활용하는데 이 용접기의 용접 조건이 적절하지 않고 전류와 용접 시간을 조정하더라도 용접의 품질을 관리하는 것이 어려워지기 때문으로 판단된다. 따라서, 대직경 스터드의 사용을 허용하기 위해서 이에 대한 추가 고려가 요구된다.

프리캐스트 바닥판을 위한 전단연결부에서는 프리캐스트 부재에 미리 연결재를 위한 공간인 전단포켓을 만들어두고 바닥판을 거치한 후에 합성을 위해 무수축모르터를 타설하는 것이 일반적이다. 즉, 연결재의 지압영역이 일반적인 콘크리트가 아니고 고강도 무수축 모르터가 되는 것이다. 이에 따라서 연결재를 그룹 배치해야 하는 요구가 발생하고 연결재의 최소간격 규정인 직경의 5배보다 작은 간격을 갖는 것이 필요해지게 된다. 아래 그래프에 보는 바와 같이 간격이 좁아지면 대체적으로 피로강도가 감소하는 것을 알 수 있다. 물론, 유로코드나 현재 LRFD 설계기준을 적용할 때 무리는 없지만 전체적으로 설계기준을 확장할 때 이러한 스터드 최소간격 규정을 넘어서는 범위를 포함하기 위해서는 고려해야 한다.

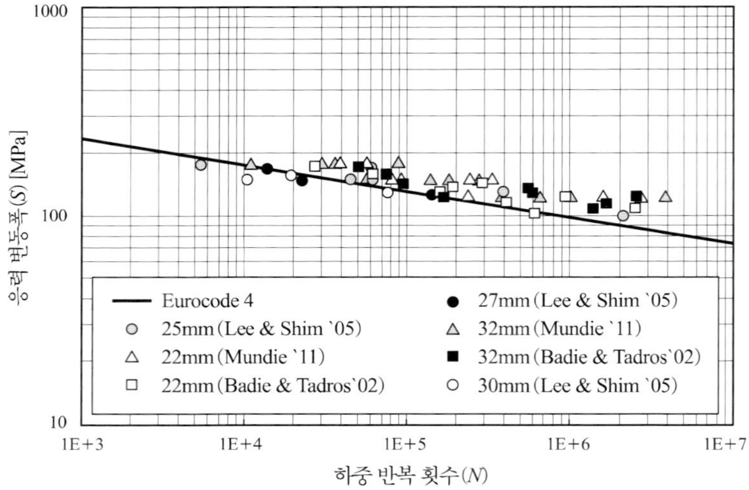

해설 그림 4.3-16 대직경 스터드 연결재의 피로 강도 평가 (Lee et al. 2010)

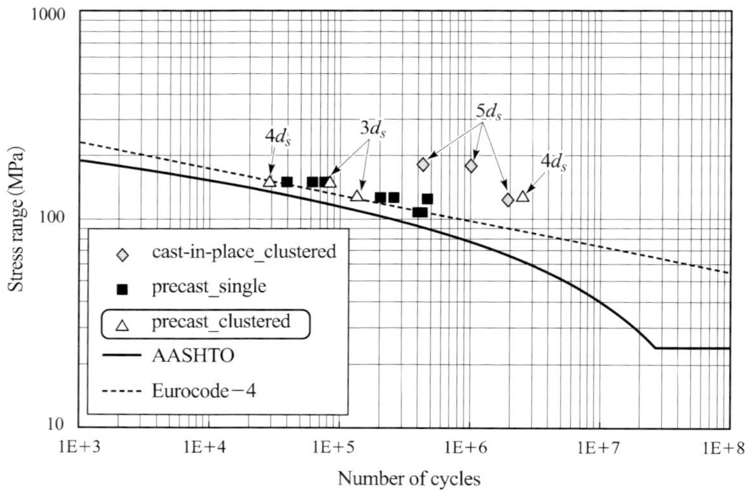

해설 그림 4.3-17 스터드 간격이 피로 강도에 미치는 영향 분석 (Shim and Kim, 2014)

스터드 전단연결재의 피로설계식을 적용할 수 있는 범위 설정에서 최대 전단력은 유로코드에서 정적강도의 60%를 넘지 않도록 하고 있다. 이는 일반적으로 교량에서 작용하는 사용하중에 의한 전단력이 정적강도의 30% 수준인 것을 감안하고 지압영역의 조기 압괴를 방지하기 위한 목적이다. 아래 그래프에서 보는 바와 같이 지압응력을 작용 전단력을 $2d^2$로 나눈 값을 사용할 때 지압응력이 지압영역의 재료 압축강도의 3배를 초과하면 상당한 수준의 피로강도 감소를 가져오기 때문에 이를 설계기준에서 제한할 필요가 있다. 고강도 재료를 사용하는 추세에서 정적강도는 증진시키지만 피로 강도는 거의 변화가 없게 되어 경제성을 높이기 힘들기 때문에 이러한 측면을 고려하도록 해야 한다.

4.3.3.1.10.3 영구하중에 의한 휨 변곡점구간에 대한 특별요구사항

(1) 최종조건이 부모멘트부의 비합성 부재인 경우, 영구적인 하중으로 인한 휨의 변곡점 구간에는 추가적인 전단연결재를 설치해야 한다.

(2) 추가적인 전단연결재의 개수 n_{ac}는 다음과 같다.

$$n_{ac} = \frac{A_s f_{sr}}{Z_r} \qquad (4.3\text{-}203)$$

여기서, A_s : 내부지점부에서 콘크리트 바닥판 유효폭 내의 종방향 철근의 총단면적 (mm^2)

f_{sr} : 피로하중조합 하의 종방향 철근의 응력범위 (MPa)

Z_r : 4.3.3.1.10.2에 규정한 전단연결재 한 개의 전단피로강도 (N)

(3) 추가적인 전단연결재는 강재자중에 의한 휨 변곡점에서 양쪽으로 바닥판 유효폭의 1/3 거리 이내에 설치해야 한다. 추가 전단연결재를 포함한 모든 전단연결재의 중심간 피치는 4.3.3.1.10.1(2)의 규정을 만족해야 한다. 현장 이음판은 전단연결재와 간섭되지 않도록 배치해야 한다.

【해설】

전단연결재를 추가로 설치하는 목적은 부모멘트 구간에서 철근을 휨강성에 포함시키기 위함이다.

4.3.3.1.10.4 강도한계상태

(1) 일반사항

강도한계상태에서 전단연결재의 설계전단강도 Q_r은 다음과 같이 구한다.

$$Q_r = \phi_{sc} Q_n \qquad (4.3\text{-}204)$$

여기서, Q_n : 4.3.3.1.10.4(3)에 규정된 전단연결재의 공칭전단강도 (N)

ϕ_{sc} : 전단연결재에 대한 강도저항계수

강도한계상태에서 전단연결재의 최소개수는 다음과 같이 구한다.

$$n = \frac{P}{Q_r} \qquad (4.3\text{-}205)$$

여기서, P : 4.3.3.1.10.4(2)에 규정된 총 공칭전단력 (N)

Q_r : 식 (4.3-204)로부터 구하는 전단연결재의 1개에 대한 설계전단강도 (N)

(2) 공칭전단력

① 단순교 및 최종조건이 부모멘트부의 비합성단면 연속교인 경우, 최대정모멘트(활하중+충격하중) 지점과 양측으로 인접한 모멘트가 0인 구간에서의 총 공칭전단력 P는 다음과 같이 구한다.

$$P = \sqrt{P_p^2 + F_p^2} \tag{4.3-206}$$

여기서, P_p : 최대정모멘트(활하중+충격하중) 지점에서 콘크리트 바닥판의 총 종방향 전단력으로 다음 중 작은 값을 취한다(N).

$$P_{1p} = 0.85\, f_c{}'\, b_s t_s \tag{4.3-207}$$

또는

$$P_{2p} = F_{yw}\, D\, t_w + F_{yt}\, b_{ft}\, t_{ft} + F_{yc}\, b_{fc}\, t_{fc} \tag{4.3-208}$$

F_p : 최대정모멘트(활하중+충격하중) 지점에서 콘크리트 바닥판의 총 반경방향 전단력(N)으로서 다음과 같다.

$$F_p = P_p \frac{L_p}{R} \tag{4.3-209}$$

여기서, b_s : 콘크리트 바닥판의 유효폭(mm)

L_p : 최대정모멘트(활하중+충격하중)에 인접한 지점과 거더단부 사이의 호의 길이(mm)

R : L_p 구간 내의 최소 거더반경(mm)

t_s : 콘크리트 바닥판의 두께(mm)

② 직선 경간이나 경간 일부가 직선인 구간에 대해서는 F_p를 0으로 할 수 있다.

③ 최종조건이 부모멘트부의 합성 연속교인 경우, 최대 정모멘트(활하중+충격하중) 지점과 이에 인접한 부재 단부 사이의 총 공칭전단력 P는 식 (4.3-206)으로 구한다. 최대 정모멘트(활하중+충격하중) 지점과 이에 인접한 내측 지점의 중심선 사이의 총 공칭전단력 P는 다음과 같이 구한다.

$$P = \sqrt{P_T^2 + F_T^2} \tag{4.3-210}$$

여기서, P_T : 최대 정모멘트 지점과 이에 인접한 내측 지점의 중심선 사이의 콘크리트 바닥판의 총 종방향 전단력으로 다음과 같이 구한다(N).

$$P_T = P_p + P_n \tag{4.3-211}$$

P_n : 내측 지점부의 콘크리트 바닥판의 총 종방향 전단력으로 다음 중 작은 값을 취한다 (N).

$$P_{1n} = F_{yw} D t_w + F_{yt} b_{ft} t_{ft} + F_{yc} b_{fc} t_{fc} \tag{4.3-212}$$

또는

$$P_{2n} = 0.45 f_c{}' b_s t_s \tag{4.3-213}$$

F_T : 최대 정모멘트 지점과 이에 인접한 내측 지점의 중심선 사이에 위치한 콘크리트 바닥판의 총 반경방향 전단력으로 다음과 같이 구한다 (N).

$$F_T = P_T \frac{L_n}{R} \tag{4.3-214}$$

여기서, L_n : 최대 정모멘트 지점과 이에 인접한 내측 지점의 중심선 사이의 호의 길이 (mm)

R : L_n 구간 내의 최소 거더반경 (mm)

④ 직선 경간이나 경간 일부가 직선인 구간에 대해서는 F_T를 0으로 할 수 있다.

(3) 공칭전단강도

① 콘크리트 바닥판 내에 매입된 스터드 전단연결재 1개의 공칭전단강도는 다음과 같다. 단, 아래 강도식은 스터드의 직경이 25mm 이하이고 최소인장강도가 500MPa 이하인 경우에 적용한다.

$$Q_n = 0.27 d^2 \sqrt{f_c{}' E_c} \le 0.8 A_{sc} F_u \tag{4.3-215}$$

여기서, d : 스터드의 직경 (mm)

A_{sc} : 스터드 전단연결재의 단면적 (mm^2)

E_c : 콘크리트의 탄성계수 (MPa)

F_u : 스터드 전단연결재의 최소인장강도 (MPa)

② 콘크리트에 매립된 ㄷ형강 전단연결재의 공칭전단강도는 다음과 같다.

$$Q_n = 0.3 (t_f + 0.5 t_w) L_c \sqrt{f_c{}' E_c} \tag{4.3-216}$$

여기서, t_f : ㄷ형강 전단연결재의 플랜지두께 (mm)

t_w : ㄷ형강 전단연결재의 웨브두께 (mm)

L_c : ㄷ형강 전단연결재의 길이 (mm)

【해설】

(2) 합성보에서 전단연결재의 길이방향 간격을 전단력에 따라서 변화시킨 경우와 연결재를 일정한 간격으로 배치한 경우는 기본적으로 사용하중 하에서 동일한 전단강도와 처짐을 보인다. 이는 수평전단력을 최대로 받는 전단연결재가 항복하면 다른 인접 연결재로 전단력이 재분배되기 때문이다. 가장 중요한 사항은, 총 연결재수가 최대 모멘트지점의 어느 한 쪽에 작용하는 전단력 P_n을 감당하기에 충분해야 한다는 것이다.
부모멘트 구간에서 철근을 유효단면에 포함시키기 위해서는 충분한 수의 전단연결재가 필요하다. 곡선교의 경우에는 수평방향의 전단력과 함께 반경방향으로 발생하는 전단력을 합산하여 평가하도록 설계기준이 변경되었다. 반경방향으로 발생하는 전단력은 수평방향 전단력에 비해서 10%내외로 작게 평가되어 전체적으로는 소요 전단강도의 증가는 크지 않다. 직선교에 대해서는 F_T값은 0으로 산정한다.

(3) AASHTO LRFD 혹은 AISC의 스터드 전단연결재 강도에 대한 경험식은 Viest가 1956년에 처음으로 일리노이 대학에서 h_s/d_s를 변수로 한 12개의 실험을 통해 스터드 전단연결재의 강도에 대한 평가를 수행하였고 Teraszkiewics (1961)와 Davies (1940~1966)가 연구를 진전시켜서 좀 더 많은 변수의 영향을 포함시킨 후 1962년에 Slutter와 Driscoll이 해설 식 (해설 4.3-25)을 제안하였다. 이 경험식에는 스터드 전단연결재를 갖는 전단연결부의 강도 상한값을 연결재의 전단 파괴 강도로 설정하였고 연결부 전단강도에 미치는 주요 변수로 연결재 직경과 콘크리트의 압축강도로 하였다. 이는 스터드 연결재의 재료 강도가 일정하다는 가정하에 평가된 것이다. 또한, 바닥판의 쪼갬 파괴가 발생하지 않는다는 가정하에서 유효한 평가식이다.

$$Q_u = 0.5A_{sc}\sqrt{f_c^{'}E_c} \le A_{sc}f_u \quad \text{(해설 4.3-25)}$$

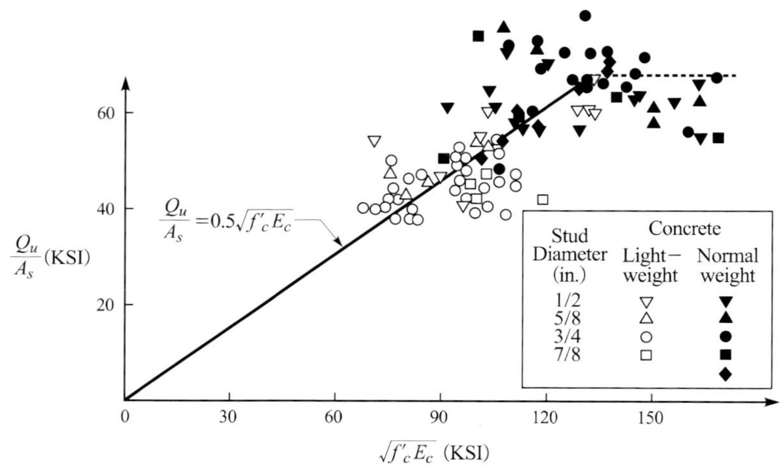

해설 그림 4.3-18 Ollgaard 등의 제안식 평가

현재 우리 기준에서 주로 채택하고 있는 이 경험식은 재료 강도 적용범위의 제약과 더불어 연결재 지압영역의 재료 변화, 프리캐스트 바닥판, 구속조건에 의한 강도 증진 등의 효과를 반영하고 있지 못하고 오래된 실험결과에 의존하고 있어서 해설 그림 4.3-19에 나타난 바와 같이 최근의 설계 실무에서 다루는 스터드 전단연결부에 대한 168개의 실험결과의 전단강도를 상당부분 비안전측으로 평가하고 있어 개선이 필요하다.

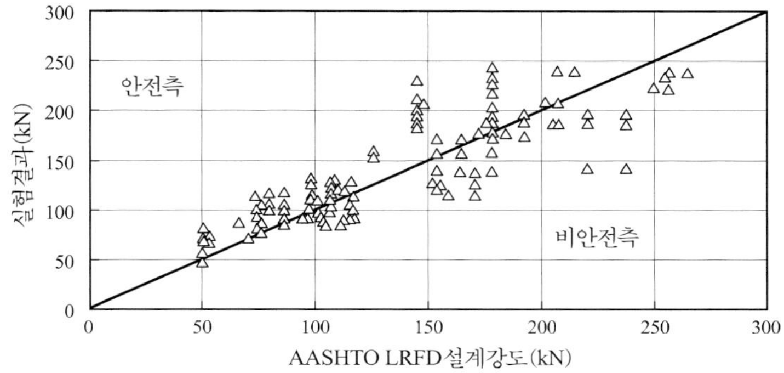

해설 그림 4.3-19 AASHTO LRFD의 스터드 전단연결부 전단강도 평가식 비교

상대적으로 최근에 확립된 유로코드-4에서의 스터드 전단연결부의 정적 강도식은 대체로 적용 범위를 확장하고 새로운 상세에 대해서도 일정한 안전율을 확보하는 평가를 하는 것으로 나타났다. 다만, 재료 수준에서의 부분안전계수 개념이 현재 강구조설계기준의 철학과 부합하지 않는 면이 있어 수정이 필요하고 전단연결부의 정적강도 상한값에 0.8을 곱하는 것은 재료의 항복강도를 근거로 정적강도를 설정한 의미를 지닌다. 콘크리트가 고강도화되면 상한값에 의해서 정적강도의 증가를 기대할 수 없는 경우가 되어서 이에 대한 고려가 필요하다.

설계식의 수정은 전단연결재의 강도감소계수 0.85를 유지한 상태로 공칭강도식을 설정하고 스터드 인장강도의 상한값에 0.8을 곱하는 경우와 그렇지 않은 경우를 비교하여 95% 신뢰도를 확보하는 방안을 도출하였다. 0.8을 곱하면 비안전측으로 되는 확률이 4.88%로 현재의 공칭강도의 개념에 부합하게 된다. 현재의 AISC의 기준식과 같은 상한값을 사용하면 5%를 초과하는 결과를 얻게 되어 공칭강도로 사용하기 힘들어지게 되고 $Q_n = 0.27d^2\sqrt{f_c'E_{C_u}}$ 의 상수값을 줄이는 것은 적절하지 않은 결과를 낳게 된다. 따라서, 위에서 제안한 형태의 정적 강도 평가식이 기준 개정안으로 적합한 것으로 판단된다.

프리캐스트 바닥판의 합성 작용을 확보하기 위한 스터드 전단연결부에 대한 연구가 Shim 등(2014)에 의해 수행되었다. 지압영역의 재료가 채움재로 사용되는 무수축 모르터이기 때문에 기존의 설계식에서 콘크리트 강도식을 바꾸고 상세에서 필요한 베딩층의 존재로 인한 강도 감소를 고려하여 식 (해설 4.3-26)와 같이 제시되었다. 이 경험식의 고려사항을 포함할 경우에는 베딩층 두께에 대한 계수와 스터드 간격이 현재의 최소 간격 규정보다 작은 경우에 대한 계수를 고려한 설계식의 사용이 가능하고 모르터를 사용하는 경우의 탄성계수식을 활용할 수 있다.

$$Q_u = 0.22\alpha_b \cdot \beta_s \cdot d_s^2 \sqrt{f_{cm} E_{cm}} \qquad \text{(해설 4.3-26)}$$

α_b : 베딩층의 두께 영향 고려 계수 $\alpha_b = 1 - 0.0086(B_h - 20)$

β_s : 스터드의 간격 영향 고려 계수

$$\beta_s = 0.093(s/d_s) + 0.516;\ \text{for}\ 3 \le s/d_s \le 5$$
$$\beta_s = 1.0 \qquad ;\ \text{for}\ s/d_s \ge 5$$

s : 스터드 피치 (mm)

f_{cm} : 모르터의 압축강도 (MPa)

E_{cm} : 모르터의 탄성계수, $E_{cm} = 3.26 \times 10^3 \sqrt{f_{cm}}$ (MPa)

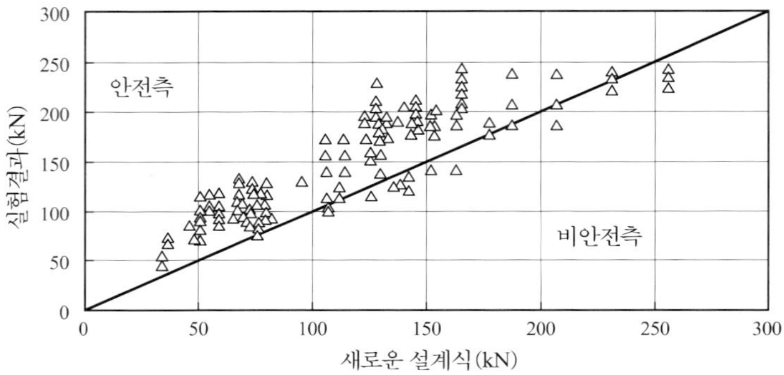

(가) 상한값으로 $A_{sc} f_u$를 적용한 경우

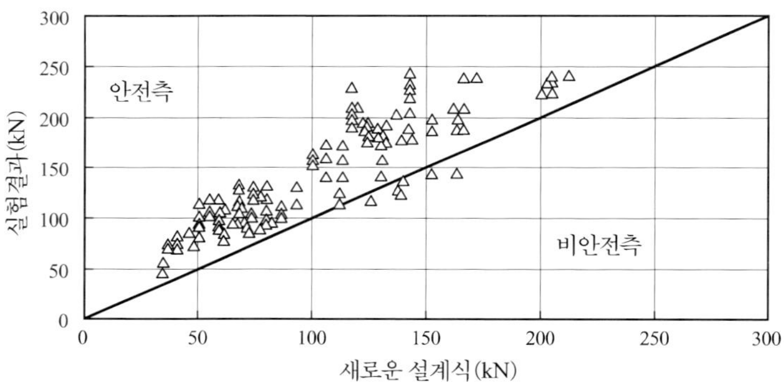

(나) 상한값으로 $0.8 A_{sc} f_u$를 적용한 경우

해설 그림 4.3-20 새로운 설계기준의 적용성 검토

4.3.3.1.11 보강재

4.3.3.1.11.1 중간수직보강재

(1) 일반사항

① 수직보강재는 판 또는 L형강을 사용하여 웨브의 한쪽 또는 양쪽에 볼트나 용접으로 접합한다. 직선교에서 다이아프램이나 수직 브레이싱의 이음판으로 사용되지 않은 보강재는 압축플랜지에 틈이 없도록 밀착시키거나 접합해야 하나, 인장플랜지와는 밀착시키지 않아도 된다. 수평 곡선교에서 웨브 한쪽 면에만 설치된 수직보강재는 상·하 플랜지에 모두 접합시켜야 하고, 수직보강재를 양쪽 모두 설치할 때에는 상·하 플랜지에 틈이 없도록 밀착시키거나 접합해야 한다.

② 다이아프램이나 수직 브레이싱의 이음판으로 사용되는 보강재는 상·하 플랜지에 접합시켜야 한다.

③ 수직보강재-웨브 용접단부와 이에 인접한 웨브-플랜지 용접부 또는 수평보강재-웨브 용접단까지의 거리는 $4t_w$이상 그리고 $6t_w$와 100mm 이하이어야 한다.

【해설】

수평 곡선교의 웨브 한쪽 면에만 수직보강재를 설치되는 경우, 이 수평 곡선교에 비틀림이 작용할 때 거더의 단면형상을 유지하는 데 도움을 주기 위하여 또는 웨브에 국부적인 큰 휨 발생을 억제하기 위하여 수직보강재는 상·하 플랜지에 모두 접합시켜야 한다. 이 규정은 콘크리트 바닥판에 의해 비틀림 구속이 발생하는 상부플랜지의 경우 특히 중요하다. 수직보강재를 웨브 양쪽 모두 설치할 때에도 같은 이유로 상·하 플랜지에 틈이 없도록 밀착시키거나 접합해야 한다.
수직보강재-웨브 용접단부와 이에 인접한 웨브-플랜지 용접부 또는 수평보강재-웨브 용접 단까지의 최소거리는 비지지 웨브에 발생되는 휨을 완화하기 위하여, 보강재-웨브 용접부의 피로유발 균열을 방지하기 위하여, 그리고 의도치 않은 교차용접을 방지하기 위한 규정이다. 최대거리 $6t_w$규정은 비지지 웨브의 수직좌굴을 방지하기 위한 것이다. 최대거리 100mm 규정은 안정성보다는 다른 이유로 웨브의 두께를 결정하는 경우 비지지 웨브 길이가 과도하게 커지는 것을 방지하기 위한 규정이다.

(2) 돌출폭

돌출폭 b_t는 다음 조건을 만족해야 한다.

$$b_t \geq 50 + \frac{D}{30} \tag{4.3-217}$$

그리고

$$16t_p \geq b_t \geq b_f/4 \quad (4.3\text{-}218)$$

여기서, b_f : I-단면의 경우, 가장 넓은 압축플랜지의 전폭; U-형단면의 경우, 가장 넓은 압축플랜지의 전폭; 폐단면 박스거더의 경우 $b_f/4$ 제한치는 적용되지 않는다. (mm)

t_p : 수직보강재의 두께 (mm)

【해설】

식 (4.3-217)의 출처는 Ketchum(1920)이다. I형 거더의 D/b_f 비율이 큰 경우, 식 (4.3-218) 보다는 식 (4.3-217)이 보다 지배적이다. 압축을 받는 플랜지의 구속을 위한 최소 보강재폭 확보를 위하여, 고려중인 전체 단면에서 가장 넓은 압축플랜지의 전폭을 식 (4.3-218)의 b_f에 적용한다. 이 기준은 전체 단면에 대한 최소 돌출폭을 규정하는 기준으로 편리하게 사용될 수도 있다. U-형단면(개구제형 박스)의 경우, 하부 플랜지 양단이 웨브로 구속되어 있으므로 상부 압축플랜지의 가장 큰 전폭을 식 (4.3-218)의 b_f에 적용한다. 같은 이유로 폐단면 박스거더의 경우 $b_f/4$ 제한치는 적용되지 않는다.

(3) 단면2차모멘트

① 수직보강재 양쪽 웨브에서 전단력 V_u가 설계전단좌굴강도 $\phi_v V_{cr}$보다 크지 않은 경우, 수직보강재의 단면 2차모멘트 I_t는 다음 값 중 작은 값을 만족해야 한다.

$$I_t \geq I_{t1} \quad (4.3\text{-}219)$$

그리고

$$I_t \geq I_{t2} \quad (4.3\text{-}220)$$

여기서,

$$I_{t1} = b t_w^3 J \quad (4.3\text{-}221)$$

$$I_{t2} = \frac{D^4 \rho_t^{1.3}}{40}\left(\frac{F_{yw}}{E}\right)^{1.5} \quad (4.3\text{-}222)$$

$$J = \frac{2.5}{(d_0/D)^2} - 2.0 \geq 0.5 \quad (4.3\text{-}223)$$

$$F_{crs} = \frac{0.31E}{\left(\frac{b_t}{t_p}\right)^2} \leq F_{ys} \quad (4.3\text{-}224)$$

$$V_{cr} = C V_p \tag{4.3-225}$$

$$V_p = 0.58 F_{yw} D t_w \tag{4.3-226}$$

여기서, ϕ_v : 전단에 대한 강도저항계수

V_{cr} : 인접 웨브 패널의 공칭전단좌굴강도 중 작은 값 (N)

V_u : 설계조합하중에 의한 인접 웨브의 전단력 중 큰 값 (N)

I_t : 한 쪽 면만 보강된 경우는 웨브와의 접합면에 대하여, 양면 보강된 경우에는 웨브의 중심축에 대한 수직보강재의 단면2차모멘트 (mm^4)

b : d_0와 D 중 작은 값 (mm)

d_0 : 인접한 웨브 폭들 중 작은 값 (mm)

J : 보강재 휨강성 변수

ρ_t : F_{yw}/F_{crs}와 1.0 중 큰 값

F_{crs} : 보강재의 국부좌굴강도 (MPa)

F_{ys} : 보강재의 최소 항복강도 (MPa)

C : 식 (4.3-185), (4.3-186) 또는 (4.3-186)에 규정된 전단항복강도에 대한 전단좌굴강도의 비. 비보강 웨브의 경우 k=5.0를 적용한다.

V_p : 소성전단력 (N)

【해설】

웨브의 전단좌굴강도 또는 전단좌굴과 후좌굴 조합강도를 충분히 확보하기 위하여, 보강재 설치선을 따라서 국부처짐이 발생하지 않도록 수직보강재는 충분한 강성을 가지고 있어야 한다. d_0/D이 1.0보다 작은 경우, 전단좌굴강도 확보를 위하여 I_t는 큰 값이 적용된다(Bleich, 1952; 식 (4.3-219)). 한 쪽 면만 보강된 경우, 보강재의 중립축이 웨브와 맞닿는 끝단에 가깝게 위치되므로 웨브가 보강재 휨강성에 기여할 수 있다. 단순화를 위해 보강재의 중립축이 웨브와 맞닿는 끝단에 위치하는 것으로 하고 이 축에 대한 웨브의 단면 2차모멘트 기여도를 무시한다. $d_0 > D$인 웨브 패널의 경우, b와 식 (4.3-223)는 전단좌굴강도를 확보하기 위한 일정한 I_t 값을 제공한다 (Kim et al., 2004).

식 (4.3-219)는 웨브의 탄성전단좌굴강도를 토대로 개발된 식으로 D/t_w가 $1.12\sqrt{Ek/F_{yw}}$ 보다 작고 전단좌굴강도비 C=1 일 때 보강재의 크기가 과도하게 산출된다. Bleich(1952)의 비탄성좌굴해는 D/t_w가 $1.12\sqrt{Ek/F_{yw}}$ 보다 작은 경우에 보강재가 과도하게 산출되지 않으며, 이 결과는 유한요소해석과 일치하고 있다(Kim et al., 2004). k는 전단좌굴계수로 4.3.3.1.9에 정의 되어 있다.

인장역작용과 관련된 웨브 전단후좌굴강도를 위하여 일반적으로 식 (4.3-219)의 I_t보다 큰 값을 사용한다. 식 (4.3-220)의 I_t는 ρ_t=1, D/t_w=1.12$\sqrt{Ek/F_{yw}}$ 인 웨브의 경우 식 (4.3-219)의 I_t와 대략적으로 같은 값을 나타내며, 이 설계기준에서 허용하고 있는 모든 직선교와 곡선교의 D/t_w에 대해서 유한요소해석결과보다는 안전측의 보강재 크기를 제안한다.

다양한 연구에서 인장역작용을 고려한 플레이트 거더의 수직보강재는 웨브의 횡변위를 구속하기 때문에 휨이 지배적인 하중이라 기술하고 있다. 일반적으로 인장역작용으로 인하여 수직보강재는 압축력의 영향을 일부 받기도 하지만 이 설계기준에서 허용하고 있는 매우 세장한 웨브일 경우일지라도 좌굴 후 웨브로 전달되는 압축력의 영향은 횡하중 효과에 비해 매우 미비하다. 그러므로 이전 설계기준의 수직보강재 단면적 규정은 더 이상 정의하지 않았다.

웨브 한쪽 면에만 수직보강재가 설치되는 거더의 경우, 식 (4.3-220)은 D/t_w가 1.12$\sqrt{Ek/F_{yw}}$ 를 조금 초과할 때 예전 설계기준보다 보강재를 조금 더 크게 요구한다. 여기서 요구되는 I_t는 식 (4.3-219)와 비교하여 예전 설계기준에 규정된 한쪽면 수직보강재설치 면적요구에 비해 보다 지배적이다. D/t_w가 큰 경우, 식 (4.3-220)은 $V_u = \phi_v V_n$ 로 산정할 때 일반적으로 예전 설계기준의 면적요구조건에 비교하여 한쪽면 보강재를 비슷하게 또는 작게 제안한다. 수직보강재를 웨브 양쪽면에 설치한 거더의 경우, 예전 설계기준은 $D/t_w \rangle$ 1.12$\sqrt{Ek/F_{yw}}$ 의 증가에 따라 필요한 보강재 크기 요구를 과소평가하고 있다. 식 (4.3-220)은 같은 I_t를 가지는 한쪽 면 또는 양쪽면 수직보강재는 근본적으로 같은 효과를 보인다(Lee et al., 2003; Kim et al., 2004). 식 (4.3-220)의 ρ_t는 $F_{ys} < F_{yw}$ 인 수직보강재의 조기항복영향과 폭-두께비(b_t/t_p)가 큰 보강재의 국부좌굴영향을 안전측으로 고려하기 위한 것이다. 보강재 국부좌굴응력(F_{crs})의 정의는 AASHTO(2004)를 따르고 있다.

② 수직보강재의 한쪽 또는 양쪽 웨브에서 전단력 V_u가 설계전단좌굴강도 $\phi_v V_{cr}$ 보다 커서 웨브의 후좌굴강도 또는 사인장강도가 요구되는 경우, 수직보강재의 단면2차모멘트 I_t는 다음을 만족해야 한다.

가. $I_{t2} \geq I_{t1}$ 인 경우

$$I_t \geq I_{t1} + (I_{t2} - I_{t1})\left(\frac{V_u - \phi_v V_{cr}}{\phi_v V_n - \phi_v V_{cr}}\right) \tag{4.3-227}$$

나. 그 밖의 경우

$$I_t \geq I_{t2} \tag{4.3-228}$$

여기서, V_n : 4.3.3.1.9.3에 규정된 전단좌굴강도와 사인장강도의 조합공칭강도

로 산정한 인접 웨브 패널의 공칭전단강도 중 작은 값 (N)

다. 수평보강재가 있는 경우, 수직보강재는 또한 다음 조건을 만족 해야 한다.

$$I_t \geq \left(\frac{b_t}{b_l}\right)\left(\frac{D}{3.0d_0}\right)I_l \qquad (4.3\text{-}229)$$

여기서, b_t : 수직보강재의 돌출폭 (mm)

b_l : 수평보강재의 돌출폭 (mm)

I_l : 4.3.3.1.11.3(3)에 규정된 수평보강재의 단면2차모멘트 (mm^4)

【해설】

V_u가 웨브전단좌굴과 후좌굴 강도를 고려한 설계강도($\phi_v V_n$)보다 작을 때, 식 (4.3-227)은 V_u보다 크거나 같은 전단강도를 발휘할 수 있는 I_t 가 작아진다는 것을 설명하고 있다(Kim et al., 2004). 거더 높이가 큰 경우, 식 (4.3-227)은 $V_u \leq \phi_v V_n$를 충분히 만족하는 보수적이고 경제적인 보강재 크기를 제시한다. 식 (4.3-228)은 $V_n = V_p$에 가까운 두꺼운 웨브인 경우에도 적용된다.

수평보강재 길이를 따라 발생되는 횡하중은 집중반력처럼 인접한 수직보강재에 전달된다(Cooper 1967). 식 (4.3-229)는 수직보강재가 집중반력에 의한 파괴가 발생되지 않도록 수평보강재와 수직보강재의 단면2차모멘트 관계를 제시하고 있다. 이 식은 보강재가 웨브의 같은 면 또는 반대 면에 설치하였을 때 적용할 수 있다.

4.3.3.1.11.2 하중집중점 지압보강재

(1) 일반사항

① 지압보강재는 모든 지점부 위치에 설치해야 한다. 압연 형강보의 지점부 위치나 조립단면 또는 압연형강이 바닥판을 통하지 않고 집중하중을 받는 위치에는 지압보강재를 설치하거나 웨브를 부록 B.5에 따라 설계해야 한다.

② 지압보강재는 단일 또는 여러 개의 판 또는 L형강을 웨브 양면에 용접 또는 볼트로 접합시켜 설계하중에 의한 전체 수직력을 전달할 수 있도록 설계해야 한다.

③ 지압보강재는 웨브의 전체높이까지 연장시켜야 하며, 가능한 한 플랜지 연단까지 연장시켜야 한다. 각 지압보강재는 플랜지에 밀착되어 하중을 지지할 수 있도록 공장가공을 하거나 완전용입그루브용접으로 플랜지와 접합시켜야 한다.

【해설】

지점부에 지압보강재가 설치되지 않는 형강 또는 조립단면의 웨브는 부록 B.5 규정의 절차에 따라 웨브 국부항복과 크립플링 한계상태에 대한 검토가 필요하다.
공사 중 바닥판 또는 바닥판 시스템에 하중이 제대로 전달되지 않는 경우의 임시집중하중 저항에 대한 부적절한 규정은 파괴를 유발할 수 있다. 기술자는 지점에 순차적으로 거더가 설치될 때 이러한 점에 대해서 필히 숙지하고 있어야 한다.

(2) 돌출폭

지압보강재 돌출폭 b_t는 다음의 조건을 만족해야 한다.

$$b_t \le 0.48 t_p \sqrt{\frac{E}{F_{ys}}} \tag{4.3-230}$$

여기서, F_{ys} : 지압보강재의 최소항복강도 (MPa)

t_p : 지압보강재 두께 (mm)

【해설】

이 규정은 지압보강재의 국부좌굴을 방지하는데 그 목적이 있다.

(3) 지압강도

설계지압강도는 다음과 같이 구한다.

$$(R_{sb})_r = \phi_b (R_{sb})_n \tag{4.3-231}$$

여기서, ϕ_b : 지압에 대한 강도저항계수

$(R_{sb})_n$ = 지압보강재의 공칭지압강도 (N)

$$= 1.4 A_{pn} F_{ys} \tag{4.3-232}$$

여기서, A_{pn} : 웨브 용접면으로부터 돌출된 지압보강재의 단면적으로서 플랜지 연단 위의 돌출부는 포함하지 않는다. (mm^2)

F_{ys} : 지압보강재의 최소항복강도 (MPa)

【해설】

지압보강재 판을 플랜지에 밀착시키기 위해서, 복부와 플랜지사이의 필릿용접과의 간섭을 피하도록 보강재의 일부를 잘라내어야 한다. 이러한 경우 직접지압면적은 보강재의 전면적보다 작게 된다. 지압강도는 이 지압면적과 보강재의 항복강도로 결정된다.
정의된 설계지압강도는 AISC(2005)의 지압강도와 거의 유사하다. 식 (4.3-232)의 공칭지압강도는

AISC와 AASHTO LRFD 설계기준의 지압 저항계수의 차이를 고려하여 AISC(2005)의 $1.8A_{pn}F_{ys}$를 감소시킨 것이다.

(4) 지압보강재의 축방향 강도

① 일반사항

설계축방향강도 P_r은 지압보강재의 최소항복강도 F_{ys}를 사용하여 4.2에 따라 결정한다. 회전반경은 웨브 중심축에 대해 계산하며 유효좌굴길이는 $0.75D$로 한다. 여기서, D는 웨브 높이이다.

② 유효단면

가. 웨브에 볼트로 접합된 보강재의 경우는 지압보강재 만을 유효 기둥단면으로 취급한다.

나. 웨브에 용접된 보강재의 경우, 유효 기둥단면에 웨브의 일부를 포함한다. 웨브에 용접으로 접합된 2개의 지압보강재가 사용된 경우는 지압보강재의 양쪽으로 각각 $9t_w$ 이내의 웨브를 유효 기둥단면으로 본다. 만약 1쌍 이상의 지압보강재가 사용된 경우에는 지압보강재 중 가장 외측 보강재들로부터 각각 $9t_w$ 이내의 웨브를 유효 기둥단면으로 본다.

다. 연속지간의 내부지점부 하이브리드 단면에서 웨브의 최소항복강도가 플랜지의 최소항복강도의 70%보다 작으면 웨브는 유효단면에서 제외시켜야 한다.

라. 웨브의 최소항복강도가 보강재의 항복강도보다 작으면 웨브 유효단면은 F_{yw}/F_{ys}의 비로 줄여야 한다.

【해설】

① 플랜지에 의한 기둥좌굴 단부구속효과를 고려하여 유효길이를 감소시켜 적용한다. 보강판의 최소항복강도(F_{ys})가 낮은 경우, 보강판의 낮은 강도로 인한 조기항복 영향을 고려하여 지압보강재의 축방향 강도를 계산하여야 한다.

② 웨브의 일부는 지압보강판과 복합적인 거동을 보인다. 그러나 연속경간 하이브리드 부재의 내부지점에 대해서는 종방향 휨응력으로 인한 웨브 항복이 가능하므로 F_{yw}가 기준치보다 작은 경우 이 거동을 고려하지 않는다. 하이브리드 부재의 단부 지점에서는 웨브의 최소항복강도와 무관하게 이 거동특성을 고려할 수 있다. 일반적이지 않은 $F_{ys} > F_{yw}$인 경우, 낮은 강도를 가지는 웨브 항복강도는 F_{yw}/F_{ys}에 의한 유효단면을 고려한 웨브 폭 보정을 통해 보강재 축방향 강도 산정에 사용할 수 있다.

4.3.3.1.11.3 수평보강재

(1) 일반사항

① 수평보강재가 필요한 부분에 대해서는 웨브의 1면에 수평방향으로 플레이트를 용접접합하거나 혹은 앵글을 볼트로 체결하여 설치한다. 수평보강재는 식 (4.3-134)의 시공성 기준, 식 (4.3-141)의 사용한계상태기준, 그리고 강도한계상태에서의 요구조건을 모두 만족하도록 설치위치를 결정해야 한다. 수평보강재는 계약서에서 허용되지 않는다면 보강재가 필요한 구간에서 가능한 절단하지 않도록 한다. 웨브의 보강재 역할을 하는 수직보강재가 수평보강재에 의해 간섭되는 경우, 수직보강재는 휨과 축방향 강성을 발휘할 수 있도록 수평보강재에 부착시켜야 한다.

② 강도한계상태에서의 설계하중과 시공성을 검토할 때 수평보강재의 휨응력 f_s는 다음 식을 만족해야 한다.

$$f_s \le \phi_f R_h F_{ys} \tag{4.3-233}$$

여기서, ϕ_f : 휨에 대한 강도저항계수

F_{ys} : 보강재의 최소항복강도 (MPa)

R_h : 4.3.3.1.1.10(1)에 규정된 하이브리드 단면의 응력감소계수

【해설】

수평보강재의 설치 위치는 대부분 압축플랜지로부터 일정한 거리에 위치하지만, 합성단면의 경우 콘크리트 슬래브가 경화된 후에 결정되는 D_c에 따라 최적의 설치위치가 변한다. 따라서 계산된 웨브 휨좌굴 강도는 슬래브가 경화되기 전과 후에 따라 달라진다. 다음 식은 정모멘트를 받는 구간의 합성단면에서 보강재의 위치를 처음 결정하기 위해서 사용할 수 있다.

$$\frac{d_s}{D_c} = \frac{1}{1 + 1.5\sqrt{\dfrac{f_{DC1} + f_{DC2} + f_{DW} + f_{LL+LM}}{f_{DC1}}}} \tag{해설 4.3-27}$$

여기서, d_s : 판 수평보강재의 중심선으로부터, 또는 L형 수평보강재의 표준 치수선으로부터 압축플랜지의 한 구간의 내측면까지의 거리

D_c : 탄성영역에서 압축을 받는 강재단면의 웨브 높이

f_{xx} : 최대 압축 휨응력을 받는 단면에서 여러 가지 다른 계수 하중에의해 일어나는 다양한 압축플랜지 휨응력, $DC1$은 비합성단면에 작용하는 고정하중, $DC2$는 장기적인 합성단면에 작용하는 고정하중, DW는 포장 및 포설 장비하중, 그리고 $LL+IM$; 플랜지 횡방향 휨은 본 계산에서 고려하지 않는다.

부모멘트를 받는 구간에서의 합성단면, 그리고 비합성단면에서는 압축플랜지 내측면으로부터 보강재 최초위치 $2D_c/5$로 검토해야 한다. 여기서 D_c는 설계하중으로 인해 발생하는 최대 휨압축응력을 받는 단면에서 압축영역에서 웨브 높이이다. 한편, 부모멘트를 받는 구간의 합성단면에서 D_c는 강재거더와 바닥판 보강철근으로 이루어진 단면으로 산정한다. 비합성 단면에서 이론 연구와 실험 연구는 일단 수평보강재 최적위치가 휨에서는 $2D_c/5$, 전단에서는 $D/2$인 것으로 조사되었다. 실험은 또한 이러한 단면에서 $2D_c/5$에 배치된 수평보강재가 휨에 의한 웨브의 횡방향 처짐을 효과적으로 제어할 수 있음을 보였다(Cooper 1967). 전단은 항상 모멘트에 의하여 수반되기 때문에 그리고 적절하게 균형 잡힌 수평보강재는 전단에 의하여 발생되는 웨브의 횡방향 처짐을 감소시키기 때문에 높이를 $2D_c/5$로 하는 것으로 제안하고 있다. 또한 D_c는 경간의 길이를 따라서 변화할 수 있기 때문에 가장 큰 압축 휨응력을 받는 단면에서 산정된 D_c를 사용하여 보강재를 배치시키도록 제안하고 있다. 따라서 수평보강재는 응력이 작고 다른 D_c를 가진 단면에서는 최적위치에 배치되지 않는다. 이러한 단면들은 또한 규정된 한계상태를 만족하는가에 대한 검토가 이루어져야 한다.

웨브에 교번응력이 발생하는 구간에서는 웨브에 두 개의 수평보강재를 사용하는 것이 바람직하다.

수평보강재는 중간수직보강재가 설치된 웨브면의 반대편에 배치되는 것이 좋다. 수평보강재와 수직보강재 부재가 교차되는 지점 보강재와 연결판에서 수평보강재나 수직보강재 중 하나는 절단시켜야 한다. 그러나 불연속된 부재는 부재의 휨 그리고 축방향으로 충분히 저항할 수 있도록 부재의 양측면에 밀착시켜 부착해야 한다. 가급적 수평보강재는 절단하지 않는 것이 좋다. 수평보강재가 중단되고, 수직보강재에 밀착시키지 않으면, 그 면적은 단면계산에 포함시키지 않아야 한다. 연속화되지 않은 모든 부재들은 피로 설계시에 주의해야 한다. 다양한 보강재의 끝단상세와 관련된 피로에 관한 규정은 Schilling(1986)을 참고하며, 교차 용접을 피하도록 한다.

수평보강재는 해당 위치에서 웨브의 휨응력과 같은 정도의 응력이 발생한다. 따라서 웨브의 휨좌굴에 저항하기 위한 충분한 강성 및 강도를 가져야 한다. 식 (4.3-233)은 보강재와 웨브로 구성된 등가기둥단면의 축방향 강도 산정이 가능하도록 규정하고 있는 식 (4.3-236) 적용을 위한 적용한계로 사용된다. 하이브리드 부재에서 수평보강재 응력에 웨브항복 영향을 고려하기 위하여, 보강재의 탄성응력은 식 (4.3-233)의 $\phi_f R_h F_{ys}$로 제한된다. 강도한계상태와 시공성 검토를 위하여 고려중인 단면에 상응하는 R_h을 식 (4.3-233)에 사용한다.

(2) 돌출폭

수평보강재의 돌출폭 b_l은 다음 조건을 만족해야 한다.

$$b_l \leq 0.48 t_s \sqrt{\frac{E}{F_{ys}}} \qquad (4.3\text{-}234)$$

여기서, t_s : 보강재의 두께(mm)

【해설】

이 규정은 수평보강재의 국부좌굴을 방지하기 위한 것이다.

(3) 단면2차모멘트와 회전반경

수평보강재는 다음 조건을 만족해야 한다.

$$I_l = Dt_w^3\left[2.4\left(\frac{d_0}{D}\right)^2 - 0.13\right]\beta \qquad (4.3\text{-}235)$$

그리고

$$r \geq \frac{0.16d_0\sqrt{\dfrac{F_{ys}}{E}}}{\sqrt{1-0.6\dfrac{F_{yc}}{R_h F_{ys}}}} \qquad (4.3\text{-}236)$$

여기서, β : 다음과 같이 계산된 수평보강재 휨강성을 위한 곡률 보정계수

① 수평보강재가 곡률중심의 반대편 웨브면에 설치된 경우

$$\beta = \frac{Z}{6} + 1 \qquad (4.3\text{-}237)$$

② 수평보강재가 곡률중심 쪽 웨브면에 설치된 경우

$$\beta = \frac{Z}{12} + 1 \qquad (4.3\text{-}238)$$

$Z =$ 곡률인자

$$= \frac{0.95d_0^2}{Rt_w} \leq 10 \qquad (4.3\text{-}239)$$

여기서, d_0 : 수직보강재 간격 (mm)

I_l : 수평보강재와 웨브 유효폭 $18t_w$를 포함한 조합단면의 중립축에 대한 단면2차모멘트 (mm^4). F_{yw}가 F_{ys}보다 작을 경우 유효단면에 포함된 웨브의 폭을 F_{yw}/F_{ys} 비로 감소시킨다.

R : 해당 패널의 최소 거더반경 (mm)

r : 수평보강재와 웨브 유효폭 $18t_w$를 포함한 조합단면의 중립축에 대한 회전반경 (mm)

【해설】

단면 2차모멘트의 규정(식 (4.3-235))은 보강재가 웨브 패널에서 횡변형이 거의 없이 경계조건(nodal line)을 유지하기 위하여 적절한 강성을 보유하도록 하는 것이다(Galambos, 1998). 회전반경 규정(식 (4.3-236))은 수평보강재가 횡방향 좌굴없이 축방향 압축응력에 충분하게 견딜 수 있는 강성을 갖기 위해 제안되었다. 단면 2차모멘트와 회전반경을 계산하는 이 절차는 AASHTO(2003) 수평곡선 플레이트 거더교 규정과 일치한다. 수평보강재보다 낮은 항복강도를 가지는 웨브의 영향은 수평보강재의 단면2차모멘트 계산에 F_{yw}/F_{ys} 비율을 반영한 유효기둥단면을 고려하며 웨브를 검토한다.

곡선웨브의 수평보강재 요구 강도는 직선 웨브의 요구 강도보다 크다. 식 (4.3-235)의 β는 곡선거더의 수평보강재에 대한 Hanshin(1998) 규정을 단순화한 것이다. 직선 웨브의 수평보강재의 경우, 식 (4.3-239)는 β=1.0이 된다.

보강재와 압축플랜지의 최소항복강도차이 고려를 제외하고, 식 (4.3-236)은 Cooper(1967)의 모델을 근간으로 하고 있다. 하이브리드 웨브의 영향은 하이브리드 계수(R_h)를 적용하여 고려한다. 하이브리드가 아닌 일반 플레이트 거더의 경우 , 식 (4.3-236)의 회전반경은 예전 설계기준 보다는 조금 크게 산정된다. F_{yc}/F_{ys}>1.0인 플레이트 거더 단면의 경우, 식 (4.3-236)의 회전반경은 예전 설계기준보다 조금 크게 계산된다. 이러한 경우 강도를 비교하면 등가등방성단면보다 등가기둥으로서 수평보강재에 보다 큰 응력이 작용한다.

4.3.3.1.9.3 규정은 웨브의 전단저항력이 전체 웨브 깊이(D)를 토대로 결정되도록 정의하고 있다. 그러므로 응력장작용을 충분히 유도하기 위한 수평보강재의 면적에 관한 규정은 주어지지 않는다.

4.3.3.1.12 덮개판

4.3.3.1.12.1 일반사항

(1) 부재에 덧붙여지는 각 덮개판의 길이 L_{cp}(mm)는 다음 조건을 만족해야 한다.

$$L_{cp} \geq 2d + 900 \qquad (4.3\text{-}240)$$

여기서, d : 강재 단면의 전체높이 (mm)

(2) 플랜지에 인장응력과 압축-인장 교번응력을 일으키는 반복하중을 받는 단재하경로 구조물에서 두께 20mm 이상 되는 플랜지에는 부분용접을 한 덮개판을 사용해서는 안 된다. 각 덮개판의 최대두께는 덮개판이 붙여지는 플랜지두께의 2배를 초과해서는 안 된다. 덮개판을 여러 겹으로 용접해 붙이는 것은 허용되지 않는다. 덮개판의 폭은 덮개판이 붙여지는 플랜지폭보다 좁거나 넓게 할 수 있다.

4.3.3.1.12.2 단부 요구조건

(1) 일반사항

이론적인 덮개판의 끝단은 설계하중에 의한 휨모멘트 M_u 또는 휨응력 f_{bu}가 플랜지의 설계휨강도와 같은 단면위치로 결정해야 한다. 덮개판은 이론적인 덮개판의 끝단보다 다음 조건들을 만족하도록 연장해야 한다.

① 실제 덮개판의 끝단은 KDS 14 31 20(4.2)에 규정된 피로조건의 응력범위 내에 있어야 한다.

② 설계하중에 의해 이론적인 끝단에서 덮개판에 발생되는 축력은 덮개판의 이론적인 끝단과 실제 끝단 사이의 용접이나 볼트를 통하여 전달될 수 있어야 한다.

③ 단면변화를 준 덮개판 끝의 폭은 75mm 이상이어야 한다.

(2) 용접단

덮개판의 이론적인 끝단과 실제 끝단 사이의 용접은 이론적인 끝단에서 덮개판에 발생되는 힘을 충분히 전달할 수 있어야 한다. 덮개판의 폭이 플랜지폭보다 더 넓을 경우 덮개판을 끝돌림용접해서는 안 된다.

(3) 볼트 연결단

① 이론적인 끝단과 실제 끝단 사이의 플랜지와 덮개판을 마찰연결하는 경우 연결볼트는 이론적인 끝단에서 설계하중에 의해서 계산되는 덮개판의 축방향력을 충분히 저항할 수 있어야 한다. 단부 볼트연결의 미끄럼강도는 KDS 14 31 25(4.1.3.6)에 따라서 결정한다.

② 덮개판과 플랜지의 종방향 용접은 연속적이어야 하고, 단부 볼트연결부의 첫 번째 볼트열과 만나기 전 볼트 간격만큼 떨어진 곳에서 용접을 끝내야 한다.

【해설】

볼트 연결단을 갖는 덮개판에 대한 연구는 Wattar et al.(1985)에서 논의되었다.

4.3.3.2 박스거더

4.3.3.2.1 일반사항

(1) 이 절의 규정은 경간장 105m 이내인 단일 박스거더 또는 다중 박스거더를 갖는 직선 또는 곡선 단순교 또는 연속교에 적용한다. 이 규정은 4.3.3.1.1.1, 4.3.3.1.1.3~4.3.3.1.1.8 및 4.3.3.2.1.1~4.3.3.2.1.4에 정의되거나 기술된 요구조건을 만족하는

합성단면, 하이브리드 단면 및 균질 단면, 그리고 웨브의 높이가 일정하거나 변하는 단면에 적용한다. 4.3.3.1.1.6의 규정은 U형단면의 상부플랜지에만 적용해야 한다.

(2) 단일 박스거더는 전체 단면의 중앙에 위치시켜야 하며, 고정하중의 무게중심은 박스의 전단중심에 가능한 한 가깝게 위치하도록 설계해야 한다. 이 규정은 다실 단일 박스거더 또는 하부플랜지를 콘크리트와 합성시킨 박스단면에는 적용할 수 없다.

(3) 휨을 받은 모든 형태의 박스단면은 최소한 다음조건을 만족하도록 설계해야 한다.

① 4.3.3.2.2에 규정된 단면비 제한

② 4.3.3.2.3에 규정된 시공성

③ 4.3.3.2.4에 규정된 사용한계상태

④ 4.3.3.2.5에 규정된 피로 및 파괴한계상태

⑤ 4.3.3.2.6에 규정된 강도한계상태

(4) 웨브가 세장한 부재의 웨브 휨좌굴강도는 4.3.3.1.1.9 규정에 따라 결정해야 한다. 하이브리드 단면 또는 세장 웨브를 갖는 부재의 플랜지 응력감소계수는 4.3.3.1.1.10 규정에 따라 결정해야 한다.

【해설】

4.3.3.2.1 규정은 직선교, 곡선교, 또는 직선 및 곡선이 혼합된 교량의 폐합단면 및 U형단면 박스거더에 대한 일반사항을 기술한 것이다. 4.3.3.2 규정을 적용함에 있어서 직선 및 곡선 구간이 혼합된 교량은 곡선교로 취급해야 한다. 이는 지점반력과 거더의 처짐에 대한 곡률의 영향, 플랜지 횡방향 휨 및 비틀림 전단의 영향이 곡선 구간 연장 상에 있는 직선구간에도 미치기 때문이다. 여기에는 경간장의 한계를 105m로 제한하고 있지만 구조공학 근본 원리에 따라 철저한 적용성 평가를 수행하여 경간장이 105m 이상인 교량에도 적용할 수 있다. FHWA(1980)에는 장경간 강박스거더교 설계에 관련된 추가 자료가 기술되어 있으며, 박스거더교 전반에 대한 내용은 Wolchuk(1997)을 참고한다.

①~⑤ 항은 다음에 기술되는 박스단면 휨부재 설계 규정 가운데 핵심적인 구성체계를 나타내는 항목들이다. 4.3.3.1.1 규정에 기술한 플레이트거더에 대한 일반사항은 박스거더에도 상당 부분 적용되므로 반복을 피하기 위해 여기에서는 4.3.3.1.1의 일부 규정을 원용한 것이다. 4.3.3.2의 많은 규정에서 필요시 4.3.3.1의 다른 규정들을 참고하고 있다.

여기의 규정 내에서 박스플랜지라는 용어는 두 웨브에 연결된 플랜지 판요소를 일컫는다.

여기 규정들은 4.3.3.1.1.2 규정에 정의된 바와 같이 완성계에서 비합성인 박스거더 휨부재에는 적용되지 않는다. 4.3.3.1.1.5 규정을 따르는 합성단면에 적용되는 하중에 대한 해석을 수행할 때, 콘크리트 바닥판은 전 경간에 걸쳐 유효한 것으로 가정한다. 따라서, 바닥판이 강거더와 분리되어 비합성 단면이 되는 것을 방지하기 위해 모든 형식의 합성 박스거더에는 전 길이에 걸쳐 작용하는 비틀림 전단에 저항하는 전단연결재를 전체 경간에 설치해야 한다. 박스거더의 활하중분배 규정을 처음 정립할 때 적용된 교량 모델(Johnson과 Mattock, 1967)과 일관성을 갖도록 부모멘트 구간에도 전단연결재를 설치해야 한다. 합성박스 단면 시공 중에 단면이 실질적으로 개단면(open)으로 거동하는 경우는 4.3.3.1, 준폐합단면(quasi-box)으로 거동하는 경우에는 4.3.3.2의 적절한 해당 규정을 적용할 수 있다. 압축 또는 인장부재로 사용되는 비합성 폐단면 박스 단면의 휨저항강도는 4.3.3.3.2.2(2)에 규정되어 있다.

이 규정에서는 몇몇 지점에 두 개의 받침을 사용하여 비틀림에 대한 평형을 유지할 수 있으므로 단일박스 단면의 사용을 허용하고 있다. 단일박스 단면의 전단중심 근처에 고정하중의 무게중심을 위치시키면 비틀림을 최소화시킬 수 있다. 교량의 한 쪽 측면에 설치하는 방음벽과 같은 시설은 단일박스 단면에서 매우 중요한 영향을 미칠 수 있다.

이 규정은 다실 단일박스 단면(multiple cell single box section)에는 적용할 수 없고 도로교설계기준(한계상태설계법)-케이블교량편(2015)을 참조하여 설계할 수 있다. 이와 같은 형식의 교량은 각 실(cell)에 작용하는 전단흐름을 고려한 해석을 수행해야 한다.

경사 웨브를 갖고 높이가 변하는 박스단면인 경우에는 해석과 제작의 단순화를 위해 웨브 경사각을 일정하게 유지하는 것이 바람직하다. 박스상부의 웨브 중심간 거리를 일정하게 유지하기 위해서는 하부플랜지 폭을 길이방향으로 변화시키고 주어진 횡단면에서의 웨브 높이는 동일하게 설계하는 것이 요구된다. ILM 공법으로 교량을 가설하는 경우에는 박스단면의 높이를 일정하게 유지하는 것이 권장된다.

4.3.3.2의 규정은 U형단면 상부플랜지에 시공 도중 발생하는 주축(major-axis)에 대한 휨과 플랜지 횡방향 휨이 조합된 하중이 고려된 통합 접근법(unified approach)이다. 이 규정은 또한 시공 중 및 완성 상태의 폐단면 및 U형단면의 수직응력과 순수비틀림 전단응력의 조합효과가 고려된 통합 접근법이다. 여기에는 수직응력과 비틀림 전단응력이 조합된 영향을 받는 박스플랜지의 공칭휨강도를 결정하는 일반 설계식이 기술되어 있다. 이 규정은 또한 박스단면 웨브와 전단연결재 설계에서 비틀림 전단을 고려할 수 있게 한다. 큰 토크를 받지 않는 교량의 직선 박스에서는 비틀림 전단의 영향은 상대적으로 적다. 예를 들어, 사각 지점(skewed supports) 위에 거치된 박스는 일반적으로 큰 토크를 받는다. 수평 곡선교 박스의 경우, 모든 한계상태와 시공성 검토 시에 곡률에 의한 플랜지 횡방향 휨의 영향과 비틀림 전단의 영향을 반드시 고려해야 한다.

플랜지 횡방향 휨 또는 비틀림 전단의 영향이 크지 않거나 부차적인 것으로 판단되거나 이들의 영향을 고려하지 않는 경우에는 설계식에서 이들 효과와 관련된 항을 간단히 0으로 놓는다. 이와 같은 경우에는 플랜지 횡방향 휨과 순수비틀림(St. Venant torsion)이 없는 박스단면의 휨저항강도 산정식의 형식으로 단순화된다.

여기의 규정은 폐단면 합성박스 단면이나 강재 상부플랜지가 콘크리트 바닥판에 합성된 휨부재에 적용될 수 있다. 이 규정은 부모멘트부 하부플랜지의 강성을 증가시킬 목적으로 하부플랜지를 콘크리트와 합성시킨 단면에 대해 제시된 규정이 아니라는 의미이고 각 설계항목별 기준의 의도에 맞게 항목을 적용시킬 수 있다. 실제 이중합성 구조는 유럽에서 많이 적용하고 있는 구조이다. 유로코드에는 이중합성 구조는 하부플랜지에 콘크리트를 보강한 단면은 조밀단면으로 규정하고 있다. 이중합성 박스 단면에 대한 설계는 하부 플랜지 콘크리트를 고려하여 여기서 제시한 5가지 설계 요구사항을 만족하도록 검토할 수 있다. 단면비 요구조건, 시공성, 사용한계상태 검토에서는 하부 콘크리트 단면으로 인해 구속되는 복부 단면을 무시할 경우에 보수적인 설계가 될 수 있고 휨강도와 전단강도는 이중합성단면을 고려하여 산정할 수 있다. 하부 콘크리트 단면에 대한 전단연결재 설계는 이 기준의 규정을 적용하여 설계할 수 있고 하부 플랜지와의 합성을 확보하도록 배치한다. 보강재 설계 등 이중합성 단면과 무관한 규정은 그대로 적용할 수 있다. 이중합성 구조를 현행 강구조설계기준을 따라 설계하는 경우 보수적으로 국부좌굴이 발생하지 않는 비조밀단면으로 간주하여 설계하는 방법이 한시적인 대안이 될 수 있다. 향후 이중합성 구조를 유럽처럼 조밀단면으로 설계할 수 있는 규정이 기준에 도입될 필요성이 있다.

4.3.3.2.1.1 응력계산

(1) 플랜지의 폭이 유효 경간장의 1/5을 초과하지 않으면 다중 및 단일 박스단면의 플랜지폭 전체를 휨에 대한 유효폭으로 본다. 단경간의 경우 유효 경간장은 경간장과 같다. 연속교의 경우 유효 경간장은 영구하중변곡점 간의 거리 또는 단순지점과 영구하중 변곡점 사이의 거리와 같다. 만약 플랜지의 폭이 유효 경간장의 1/5을 초과할 때에는 경간장의 1/5을 휨에 대한 유효폭으로 본다.

(2) 단일 박스단면, 곡선교의 다중 박스단면과 박스플랜지 전체가 유효하지 않는 단면인 경우, 휨전단과 순수비틀림에 의한 전단의 영향을 고려해야 한다. 강도한계상태에서 계수하중에 의한 박스플랜지의 순수비틀림 전단응력은 플랜지의 계수비틀림 전단강도 F_{vr} 을 초과할 수 없다. F_{vr} 은 다음과 같이 산정한다.

$$F_{vr} = 0.75\phi_v \frac{F_{yf}}{\sqrt{3}} \tag{4.3-241}$$

여기서, ϕ_v : 전단에 대한 강도저항계수

(3) 또한, 단면 뒤틀림에 의한 횡방향 휨응력은 4.3.3.2.5에 규정된 피로와 강도한계상태에 대하여 고려되어야 한다. 계수하중에 의한 횡방향 휨응력은 강도한계상태에서 135MPa을 초과해서는 안 된다. 단면 뒤틀림에 의한 종방향 뒴응력은 4.3.3.2.5에 규정된 피로에 대해서는 고려해야 하지만 강도한계상태에 대해서는 무시할 수 있다. 횡방향 휨과 종방향 뒴응력은 합리적인 해석방법에 의해 결정해야 한다. 웨브 또는 박스플랜지에 부착된 수직보강재는 횡방향 휨에 저항하는 것으로 간주한다.

【해설】

박스거더 플랜지 유효폭 산정을 위해 실교량 대상으로 절판방정식을 활용한 응력해석이 수행된 사례가 있다(Goldberg와 Leve, 1957). 이 연구에서는 경간 대 플랜지 폭의 비가 5.65~35.3인 교량을 고려하였으며, 전체 플랜지 폭에 대한 플랜지 유효폭은 0.89~0.99의 범위이다. 이를 근거로 하면 플랜지 폭이 교량 경간장의 1/5을 초과하지 않으면 플랜지 전체가 유효하고 균일한 종방향 응력을 받는다고 간주하는 것은 합리적이다. 극단적인 광폭 박스(wide box) 플랜지의 경우에는 전단지연에 대한 특별한 검토가 요구된다.

위에 인용한 결과는 단순교에 대한 것이지만 이 규정에서 정의된 적절한 유효 경간장을 적용하면 연속교에도 이 기준은 적용될 수 있다.

계수하중에 의해 단면에 발생하는 휨응력을 산정할 때 유효 박스플랜지 폭을 사용해야 한다. 박스플랜지의 공칭휨강도를 산정할 때에는 전체 플랜지 폭을 사용해야 한다.

폐단면 박스는 단면 뒤틀림(distortion)을 제한시키면서 비틀림에 저항할 수 있다. 4.3.3.4.3 규정에 따라 충분한 내부 브레이싱을 설치하면 뒤틀림은 제한되므로 비틀림은 주로 St. Venant 비틀림 전단흐름에 의해 저항된다. 폐단면 박스에서 뒴계수(warping constant)는 근사적으로 0이다. 따라서, 뒴비틀림(warping torsion)에 의한 뒴전단과 수직응력은 보통 매우 작고 일반적으로 무시된다.

박스 단면의 뒤틀림에 의한 박스 플랜지와 웨브의 횡방향(transverse) 휨응력은 전단흐름 벡터의 방향이 바뀌기 때문에 발생한다. 플랜지와 웨브의 횡방향 휨강성만으로는 박스형상을 유지하기에 충분치 않으므로 내부 크로스 브레이싱이 필요한 것이다. 단면의 뒤틀림에 의한 종방향 뒴응력(warping stresses) 역시 해설 4.3.3.4.3에 상세히 논의된 바와 같이 내부 크로스 브레이싱에 의해 가장 잘 제어된다.

비틀림 하중을 받는 U형단면 상부플랜지는 콘크리트 바닥판이 굳거나 합성되기 전에 작용하는 비합성 하중에 대하여 준 박스(pseudo-box)로 작용하기 위해 횡지지 되어야 한다. 내부 크로스 브레이싱과 함께 거동하는 횡지지된 상부플랜지는 박스의 형상을 유지시키고 경사진 웨브에 의한 횡방향 하중과 비틀림에 저항한다.

해설 4.3.3.2.2.3에서 상세히 논의된 바와 같이 4.3.3.2.2.3에 규정된 제한사항을 만족하는 직선교의 다중 박스단면의 경우, 박스 플랜지의 폭이 매우 크지 않으면 St. Venant 비틀림 전단과 이차적인 뒤틀림 응력의 영향은 무시할 수 있다. KDS 24 10 11 : 2016(4.6.3.2)에 규정된 직선교의 다중 박스단면에 대한 활하중 분배계수를 적용하여 이들 교량의 해석을 수행할 수 있다. 이들 제한사항 가운데 하나라도 만족하지 않는 교량의 경우에는 해당 설계기준에 제시된 활하중 분배계수를 적용할 수 없으므로 별도의 정밀 구조해석법이나 해당 설계기준에 허용된 근사 구조해석법을 적용해야 한다. 4.3.3.2.2.3에 규정된 제한사항을 모두 만족하지 않는 교량의 경우에는 St. Venant 비틀림 전단과 이차적인 뒤틀림 응력의 영향은 더욱 커지므로 이를 고려해야 한다. 모든 형식의 단일 박스거더교 및 다중 박스단면을 갖는 수평곡선교는 이 범주에 해당된다. 단일 박스 단면, 현저한 곡선형 박스, 사각지점(skewed supports) 위에 놓인 박스와 같이 큰 토크를 받는 박스에 있어서는 횡방향 휨응력에 특별히 유의해야 한다. 반면에, 4.3.3.2.2.3 규정을 만족하는 직선교처럼 연구(Johnson과 Mattock, 1967)에 의해 토크가 충분히 작은 수준임이 입증되거나, 발주자나 설계자에 의해 비틀림이 매우 작은 것으로 판단된 경우에는 뒤틀림 응력은 무시할 수 있다. 이와 같은 경우에는 피로성능을 향상시키기 위해 모든 웨브 보강재를 상하부 플랜지에 부착시킬 것이 권장된다.

특히 단일 박스 단면인 경우에는 시공 중이나 활하중을 받을 때에 현저한 비틀림 하중이 작용할 수 있다. 바닥판 끝단에 작용하는 활하중은 휨모멘트를 크게 발생시키지 않지만 비틀림 하중을 크게 발생시킬 수 있다. 하중해석에서 활하중은 휨과 비틀림을 고려하여 위치시켜야 한다. 지점에서의 반력이 직접 계산되도록 구조해석 시에 받침의 위치는 정확히 파악되어야 한다.

필요시에 순수비틀림 전단과 웨브와 플랜지 요소의 전단응력은 전단흐름으로 계산되는 다음 식으로 산정할 수 있다.

$$f = \frac{T}{2A_o} \qquad \text{(해설 4.3-28)}$$

여기서, A_o = 박스단면의 폐합면적 (mm^2)

f = 전단흐름 (N/mm)

T = 계수하중에 의한 내부 토크 (N-mm)

토크가 비합성단면에 작용하는 경우에는 비합성 박스단면에 대한 값으로 A_o를 산정해야 한다. 4.3.3.5.3에 규정된 바와 같이 U형단면 상부 횡브레이싱이 웨브에 부착된 경우에는 브레이싱의 실제 위치를 반영하여 A_o를 감소시켜야 한다. 여기서는 박스단면의 전 길이에 걸쳐 전단연결재를 설치하도록 규정하고 있기 때문에 콘크리트 바닥판은 교축방향 모든 곳에서 비틀림에 저항하는 것으로 간주할 수 있다. 따라서, 정모멘트부 또는 부모멘트부 합성단면에 작용하는 토크에 대해서, 하부플랜지에서 콘크리트 바닥판 두께의 중앙부까지의 높이를 이용하여 합성단면에 대한 A_o를 계산한다. 이 높이를 계산할 때 콘크리트 헌치의 실제 두께의 하한치 또는 헌치 두께를 무시한 안전측의 값을 사용할 수 있다.

합성단면에 작용하는 비틀림모멘트는 콘크리트 바닥판에 수평전단을 발생시키며 보강철근을 설계할 때 이 수평전단을 고려해야 한다. 폐단면 박스에서 콘크리트 바닥판의 비틀림 전단을 산정하는 절차는 해설 4.3.3.2.10에 제시되어 있다. U형단면의 경우 합성 박스단면의 상부에 작용하는 모든 비틀림 전단은 바닥판에 의해 저항되는 것으로 가정해야 한다.

박스 플랜지의 St. Venant 비틀림 전단저항 공칭값을 전단항복응력인 $F_{yf}/\sqrt{3}$ 이 아닌 $0.75F_{yf}/\sqrt{3}$로 규정한 것은 응력의 크기가 전단항복응력에 근접하면 플랜지의 공칭휨강도가 현저히 감소하기 때문이다. 실제 박스거더를 설계할 때 이와 같은 큰 크기의 비틀림 전단응력이 발생하는 경우는 매우 드물다.

횡단면의 뒤틀림에 의한 웨브와 플랜지에서의 횡방향 또는 두께방향 휨응력과 응력범위는 BEF (beam-on-elastic-foundation) 이론(Wright와 Abdel-Samad, 1968)을 적용하여 산정할 수 있다. 이 방법에서는 내부 다이아프램이나 크로스프레임을 탄성지지보의 중간 지점과 유사한 것으로 가정하며, 박스 횡단면이 제공하는 뒤틀림 저항은 연속 탄성지지와 유사한 것으로 간주한다. BEF의 처짐은 횡방향 휨응력과 유사하다. 수직보강재가 부착된 경우에는 웨브 또는 박스플랜지와 더불어 이들 요소에 대한 휨강성을 산정할 때 수직보강재는 유효한 것으로 간주해야 한다. BEF 접근법에 근거한 계산

예는 Heins와 Hall(1981)에 수록되어 있다. 박스단면 전체 해석의 일부로 두께방향 휨응력을 산정하기 위해 유한요소법을 사용하는 것은 정밀한 유한요소망을 구성해야 하기 때문에 비현실적이다.
횡단면의 뒤틀림에 의한 종방향 뒴응력은 BEF 해석법으로 산정할 수 있다. 뒴응력은 BEF에서 모멘트와 유사하다. 뒴응력은 박스의 모서리에서 가장 크게 발생하며 이 모서리에는 중요 용접상세가 위치하는 경우가 많고 피로에 대한 검토가 필요하다(Wright와 Abdel-Samad, 1968). 이들 뒴응력은 전형적인 박스거더의 극한강도에는 영향을 미치지 않는 것으로 시험을 통하여 밝혀졌다.
상부 횡브레이싱은 U형단면의 휨강성에 기여하므로 단면특성을 산정할 때 상부플랜지 브레이싱이 설치된 구역의 종방향 요소를 포함시켜야 한다. 플랜지 종방향보강재를 사용한 곳에서는 박스나 U형단면의 단면특성 산정에 이를 포함시켜야 한다.

4.3.3.2.1.2 받침

지점에는 단일 또는 이중받침을 설치할 수 있다. 박스거더 단면의 웨브 내외 측에 이중받침을 설치할 수 있다. 단일받침이 하부플랜지 폭보다 좁은 경우는 전단중심선을 따라 배치해야 하며, 기타 지점은 모든 하중경우에 대하여 전도가 발생하지 않도록 배치해야 한다. 하부고정받침을 사용할 때에는 설계 시 이들로부터 야기되는 하중효과도 고려해야 한다.

【해설】

받침의 배열은 지점에서 비틀림에 저항하는 방식에 지배적인 영향을 미치며 특히 단일 박스단면에는 대단히 중요하다. 단일받침이 사용되면 박스 사이에 있는 크로스프레임이나 다이아프램을 통하여 토크는 다중 박스단면으로부터 제거될 수 있다. 각 박스에 2개의 받침을 사용하면 각 박스는 토크에 저항하는 짝힘을 받게 된다. 이중받침은 박스 웨브 사이에 또는 박스 바깥쪽에 설치할 수 있다. 박스 바깥쪽에 받침을 설치하면 받침에 작용하는 전도하중(overturning loads)을 감소시킬 수 있고 들림(uplift) 현상을 없앨 수 있다. 이중받침을 사용하는 경우, 바닥판 돌출부(overhang)가 크고 무거운 난간 또는 방음벽이 돌출부 끝단에 설치되면 들림은 매우 중요하다. 들림은 향후 포장면의 영향을 무시하고 검토되어야 한다.
받침 대신에 강재 또는 콘크리트로 제작된 캡이 있는 일체형 보(integral cap beam)가 박스단면에 종종 사용된다.

4.3.3.2.1.3 플랜지와 웨브의 연결

이 절에 규정된 경우를 제외하고는 플랜지-웨브용접의 총 유효두께는 웨브 또는 플랜지의 두께보다 작아서는 안 된다. 1지간 내에 2개 이상의 중간 내측 다이아프램이 설치

> 된 경우에 플랜지-웨브 연결은 필릿용접을 사용할 수 있다. 만약, 필릿용접을 사용할 때는 연결플랜지 또는 웨브의 양측 모두를 용접해야 한다.

【해설】

각 경간마다 적어도 두 개의 중간 내부 크로스프레임이나 다이아프램이 설치되지 않으면 플랜지-웨브 용접부는 적어도 웨브 또는 플랜지 두께의 작은 값 이상의 용접두께를 갖게 해야 한다. 이 경우 진동이나 횡단면의 뒤틀림에 의해 박스단면에 이차적인 휨응력이 발생할 가능성이 있기 때문에 전두께를 용접해야 한다. Haaijer(1981)의 연구에 의하면 경간당 1개의 중간 내부 크로스프레임을 설치하면 웨브-플랜지 용접부의 이차적인 횡방향 뒤틀림 응력범위는 50% 이상 감소되고 경간당 2개의 중간 내부 크로스프레임을 설치하면 80% 이상 감소되는 것으로 밝혀졌다. 따라서, 경간당 2개 이상의 중간 내부 크로스프레임이나 다이아프램을 설치하면 웨브 양쪽면에 필릿용접을 적용할 수 있는 것으로 가정할 수 있다.

전단면용입그루브용접 또는 필릿용접을 사용할 경우 반드시 연결플랜지 또는 웨브의 양쪽면을 용접해야 한다. 이렇게 하면 횡방향 휨응력(transverse flexural stress)으로부터 발생하는 피로파괴의 가능성을 최소화하는데 도움이 된다.

4.3.3.2.1.4 접근 및 배수

> 박스단면의 접근구멍은 응력이 작은 곳의 하부플랜지에 위치시켜야 한다. 접근구멍이 플랜지 응력에 미치는 영향을 모든 한계상태에 대해 조사하여 필요 시 구멍을 보강해야 한다. 압축을 받는 박스플랜지에 있는 접근구멍의 경우, 강도한계상태에서 구멍이 있는 면의 남아 있는 플랜지의 공칭휨강도는 4.3.3.1.8.2(2)의 규정에 따라 결정해야 한다. 이때 λ_f는 구멍이 있는 면의 플랜지 투영폭을 보강을 포함한 플랜지 두께로 나눈 값으로 적용한다. 박스단면의 내측에 통풍과 배수를 위한 규정을 두어야 한다.

【해설】

압축을 받는 박스플랜지의 접근구멍에서 구멍 양쪽 측면에 남아 있는 플랜지의 공칭휨저항강도는 구멍이 있는 쪽 플랜지의 돌출폭에 근거한 플랜지 세장비를 이용하여 플레이트거더 압축플랜지 국부좌굴 저항강도식으로 산정된다.

외측 접근구멍은 검사를 위해 충분한 크기로 설치해야 한다. 외부 접근구멍의 문은 힌지되어야 하고 잠금장치도 있어야 한다. 박스단면의 모든 외측 개구부는 출입 권한이 없는 사람, 조류 및 야생동물의 출입이 차단되어야 한다.

박스단면 내부는 밝은 색으로 도장해야 한다. 내부를 이와 같이 도장하는 이유는 검사를 용이하게 하기 위함이고, U형단면인 경우에는 시공중에 U형단면이 임시적으로 개단면 상태인 동안에 태양열 흡수를 방지하고 강재를 최소한 수준이나마 보호하기 위함이다. 페인트의 품질은 외면에 사용한 것과 일치하지 않아도 된다. 대부분의 경우 일회 코팅이면 충분하고, 박스 내부의 환기와 배수에 대한 제한규정이 있는 경우는 특히 그렇다.

4.3.3.2.2 단면비 요구조건

4.3.3.2.2.1 웨브 단면비

(1) 일반사항

웨브는 경사지거나 또는 수직이어야 한다. 하부플랜지와 수직을 이루는 평면과 웨브판의 경사는 1/4을 초과해서는 안 된다. 경사 웨브의 경우 모든 설계요구조건에서 경사를 고려한 웨브 길이를 적용하여 검토해야 한다. U형단면의 상부플랜지에 부착된 웨브는 플랜지 폭의 중앙점에 부착해야 한다.

【해설】

(1) 하부플랜지의 폭을 감소시키는 데는 경사 웨브가 유리하다.

플랜지 폭의 중앙에 위치하지 않은 웨브를 갖는 U형단면 상부플랜지는 사용하지 않아야 하는데 이는 특별한 검토가 요구되는 추가적인 플랜지 횡방향 휨이 발생하기 때문이다.

(2) 수평보강재가 없는 웨브

웨브는 다음 조건을 만족해야 한다.

$$\frac{D}{t_w} \leq 150 \qquad (4.3-242)$$

【해설】

(2) 식 (4.3-242)은 해설 4.3.3.1.2.1(1)에 논의되어 있다.

(3) 수평보강재가 있는 웨브

웨브는 다음 조건을 만족해야 한다.

$$\frac{D}{t_w} \leq 300 \qquad (4.3-243)$$

【해설】

(3) 식 (4.3-243)는 해설 4.3.3.1.2.1(2)에 논의되어 있다.

4.3.3.2.2.2 플랜지 단면비

압축 또는 인장을 받는 U형단면의 상부플랜지는 다음 조건을 만족해야 한다.

$$\frac{b_f}{2t_f} \leq 12.0 \tag{4.3-244}$$

$$b_f \geq D/6 \tag{4.3-245}$$

$$t_f \geq 1.1t_w \tag{4.3-246}$$

【해설】

식 (4.3-244)부터 식 (4.3-246)은 플레이트거더 상하부 플랜지에 적용되며 U형단면 단일 상부플랜지에도 적용된다. 식 (4.3-244)부터 식 (4.3-246)은 해설 4.3.3.1.2.2에 설명되어 있다.

박스플랜지는 각 웨브를 플랜지에 용접하기 위한 공간으로 각 웨브의 외측으로 25mm 이상 돌출되어야 한다. 설계기술자는 필요시 용접 용이성을 높이기 위해 제작자가 이 길이를 증가시킬 수 있도록 하는 설계 계획을 선택사항으로 제공해야 한다.

4.3.3.2.2.3 다중 박스단면의 활하중 분배계수 적용 특별제한

(1) 2개 이상의 단일 박스단면으로 구성된 직선교에서 활하중 분배계수를 적용하여 활하중 휨모멘트를 산정할 경우에는 다음에 언급된 기하학적 조건을 만족해야 한다. 또한, 베어링 연결선은 사각을 이루지 않아야 한다.

(2) 지간 중앙에서의 인접 박스 간 플랜지의 중심간격 a는 그림 4.3-1과 같이 각 박스단면의 플랜지 중심간격 w의 80% 보다 크고 120% 보다 작아야 한다. 또한, 평행하지 않은 박스거더 단면을 사용하는 경우 중앙지간에서의 요구조건 외에 지점에서의 인접한 박스거더의 플랜지 중심간격은 각 박스단면의 플랜지 중심간격의 65% 이상 및 135% 이내이어야 한다. 각 박스단면의 플랜지 중심간격은 동일해야 한다.

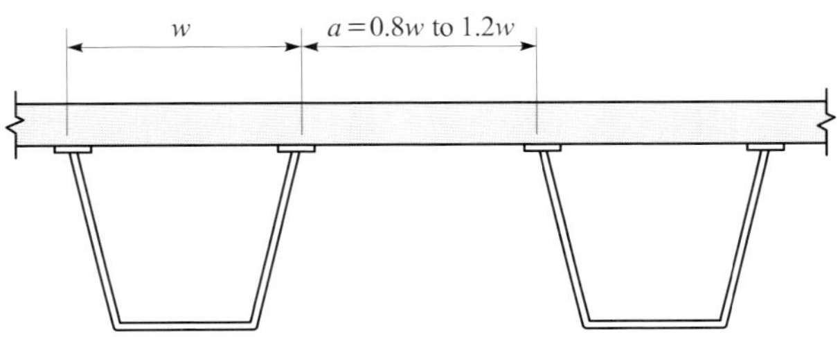

그림 4.3-1 플랜지중심 간 거리

(3) 웨브의 경사도는 1/4을 넘어서는 안 된다.

(4) 난간이나 연석을 포함한 바닥판의 내민부는 인접 박스 간 상부 강재플랜지의 평균 중심간격 a의 60%를 초과할 수 없으며, 또한 1,800mm 이내이어야 한다.

【해설】

다중 박스단면을 사용하는 직선교에 대해 여기에 규정된 제한사항은 KDS 24 10 11(4.6.3.2)에 제시된 활하중 분배계수를 적용하기 위해 필요한 것이다. 이 분배계수는 여기서의 제한사항을 만족하는 많은 교량을 대상으로 광범위한 연구(Johnson과 Mattock, 1967)에 근거하여 개발된 것이다. 이 연구에서는 전 경간에 걸쳐 전체 합성단면에 대한 강성(uncracked stiffness)으로 가정하였다.
더욱이 이들 제한사항을 만족하는 경우, 박스 플랜지의 폭이 4.3.3.2.1.1에 정의된 유효 경간장의 1/5을 초과하지 않으면 St. Venant 비틀림에 의한 전단과 이차적인 뒤틀림에 의한 휨응력의 영향은 무시할 수 있는 것으로 결정된 것이다. 이 같은 형식의 교량에 대한 해석적 연구결과, 특정 거더에 최대 모멘트가 발생하도록 하중이 재하되어 중간 지점부 근처의 플랜지가 최대 압축상태에 있으면 그 거더의 비틀림 정도는 무시할 수 있는 것으로 밝혀졌다. 따라서, 여기에 규정된 제한사항을 만족하고 박스플랜지 전체가 유효한 교량의 경우에는 최대 압축이나 인장 하중에 대한 박스플랜지 설계 시에 비틀림에 의한 전단은 고려할 필요가 없다.
지점부 사각(support skew)이 있는 교량의 경우, 박스단면에서 추가적인 비틀림이 발생하며 하중 횡분배에도 영향을 미친다. 여기의 횡단면 제한조건을 만족하는 교량일지라도 KDS 24 10 11 (4.6.3.2(1))에 제시된 활하중 분배계수는 이들 영향을 고려하지 않고 있다. 따라서, 이와 같은 경우에는 정밀해석법을 적용하여 보다 엄밀한 응력해석이 필요하다. 여기의 제한사항을 만족하는 교량의 직선 구간에도 교량 일부가 곡선구간을 갖고 있으면 정밀해석법이 권장된다. 필수 요구조건은 아니지만 여기의 제한조건을 만족하는 교량에도 원하면 정밀해석법을 사용할 수 있다.
하중분배계수를 사용할 경우 그림 4.3-1에 보인 바와 같이 a의 범위를 w의 배율로 제한하고 있는데, 이는 활하중 분배계수 규정을 정하기 위한 연구에서 a=w 인 교량을 대상으로 하였기 때문이다. 평행하지 않는 박스단면에 대한 제한조건은 이 규정의 유효성을 유지하면서도 설계시 구조요소 배치에 어느 정도 융통성을 허용할 것이다. 평행하지 않는 박스단면에 대해 활하중 분배계수를 사용하는 경우는 KDS 24 10 11(4.6.3.2(1))을 참고한다.

4.3.3.2.3 시공성

4.3.3.2.3.1 일반사항

(1) 여기에 명시된 사항 외에는 4.3.3.1.3 규정을 적용해야 한다.

(2) 각각의 박스단면의 기하학적 형상은 모든 시공단계 동안 유지되어야 한다. 박스거더 단면의 변형을 제어할 수 있도록 일시적 또는 영구적인 중간 내측 다이아프램 또는

크로스프레임, 외측 다이아프램 또는 크로스프레임, 상부 횡브레이싱 등의 부재 설치를 검토해야 한다.

【해설】

설계기술자는 시공 도중에 발생 가능한 편심하중을 고려해야 한다. 콘크리트와 가설 장비가 불균등하게 위치하는 경우에도 편심하중이 발생한다. 원 설계의 일부가 아닌 임시 가설용 크로스프레임이나 다이아프램은 제거되어야 하는데, 만일 제거하지 않으면 하중분배를 포함한 박스단면의 구조적 거동에 현저한 영향을 끼치기 때문이다.

합성 박스단면 시공에 대한 추가적인 자료는 NSBA(1996) 및 US Steel(1978)을 참고한다. 설계기술자는 도장된 박스거더에 대해 도장재의 무게를 고려해야 한다. 일반적인 구조물의 경우 강재 무게의 3%를 도장재의 무게로 본다.

4.3.3.2.3.2 휨

(1) 주요 시공단계에서 4.3.3.1.3.2(1)~4.3.3.1.3.2(3)의 규정은 U형단면 박스의 상부플랜지에만 적용해야 한다. 비지지길이는 내측 크로스프레임 또는 다이아프램 사이의 거리로 본다. 조밀 또는 비조밀 웨브를 갖는 U형단면박스 상부플랜지의 횡비틀림좌굴강도를 구하는데 KDS 14 31 00 부록 A.3.3의 규정을 적용할 수 없다.

(2) 주요 시공단계에서 압축을 받는 비합성박스의 압축플랜지는 다음을 만족해야 한다.

$$f_{bu} \leq \phi_f F_{nc} \tag{4.3-247}$$

그리고

$$f_{bu} \leq \phi_f F_{crw} \tag{4.3-248}$$

여기서, ϕ_f : 휨에 대한 강도저항계수

f_{bu} : 종방향 뒴을 고려하지 않고 계산된 고려 중인 단면의 계수하중에 의한 종방향 플랜지응력(MPa)

F_{crw} : 4.3.3.1.1.9에 규정된 웨브의 공칭휨좌굴강도(MPa)

F_{nc} : 4.3.3.2.8.2에 규정된 압축플랜지의 공칭휨강도(MPa). 시공성검토에서 F_{nc}를 계산할 때 웨브 응력감소계수 R_b는 1.0으로 한다.

(3) 조밀 또는 비조밀 웨브를 가진 단면인 경우 식 (4.3-248)는 검토하지 않아도 된다.

(4) 주요 시공단계 검토에서 비합성 박스거더 인장플랜지 및 연속적으로 횡지지된 인장 또는 압축플랜지는 다음을 만족해야 한다.

$$f_{bu} \leq \phi_f R_h F_{yf} \Delta \qquad (4.3\text{-}249)$$

여기서,

$$\Delta = \sqrt{1 - 3\left(\frac{f_v}{F_{yf}}\right)^2} \qquad (4.3\text{-}250)$$

f_v : 고려 중인 단면에서 계수하중에 의한 플랜지의 순수비틀림에 의한 전단응력 (MPa) $= \dfrac{T}{2A_0 t_f}$ (4.3-251)

여기서, A_0 : 박스거더 단면의 폐합단면적 (mm^2)

R_h : 4.3.3.1.1.10(1)에 규정된 하이브리드계수

T : 계수하중에 의한 내부토크 (N·mm)

콘크리트가 굳기 전 또는 합성되기 전에 박스플랜지에 작용하는 하중에 대해서 플랜지는 비합성 박스플랜지로 설계해야 한다. 플랜지 자중을 포함한 계수가 곱해지지 않은 영구하중 및 계수가 곱해지지 않은 시공하중으로 인한 비합성 박스플랜지의 최대 수직처짐은 웨브 사이의 횡방향지간의 1/360 배를 초과해서는 안 된다. 계수영구하중과 계수 시공하중으로 인한 비합성 박스플랜지의 두께방향 휨응력은 135MPa을 초과해서는 안된다. 비합성 박스플랜지 위에 놓인 젖은 콘크리트의 무게 및 다른 일시적 또는 영구적인 하중은 박스플랜지가 웨브 사이에 단순보처럼 작용하는 것으로 볼 수 있다. 콘크리트 바닥판이 굳기 전이거나 합성되기 전에 작용하는 하중으로 인한 플랜지의 응력과 처짐을 제어할 필요가 있는 경우에는 플랜지를 보강할 수 있다.

【해설】

4.3.3.1.3.2(1)부터 4.3.3.1.3.2(3)에 있는 설계식은 플레이트거더의 플랜지에 적용되지만 이들 식은 U형단면 단일 상부플랜지에도 안전하게 적용될 수 있다. 4.3.3.1.1.6의 규정도 이들 설계식을 사용할 때 적용된다.

플랜지 사이에 오직 스트럿만 있는 곳에서 플랜지에 부착된 상부 횡브레이싱은 설계기술자의 판단에 따라 횡지지점으로 간주할 수 있다.

직선 거더에서 콘크리트 바닥판이 굳거나 합성되기 전에는 바람과 다른 여러 요인에 의한 비틀림에 의해 불연속적으로 횡지지된 U형단면 상부플랜지에 횡방향 휨을 발생시킨다. 4.3.3.1.3.2(1)과 4.3.3.1.3.2(2)의 규정에 있는 설계식은 설계기술자에게 플랜지 횡방향 휨의 영향을 직접적으로 고려할 수 있도록 허용한 것이다. 플랜지 횡방향 휨의 영향이 중요하지 않거나 부수적인 경우에는 설계식에서 횡방향 휨 항목인 f_l을 0으로 놓아 단순화한다. 그럴 경우 이들 설계식의 형식은 플랜지 횡방향

휨이 없는 경우에 적용해 왔던 항복, 횡방향 비틀림좌굴 또는 국부좌굴에 대한 여러 한계상태에서의 플랜지를 검토하는 식으로 단순화된다. 곡선 거더교의 경우, 곡률에 의한 플랜지 횡방향 휨의 영향은 시공 중에 늘 고려되어야 한다. 상부플랜지가 연속적으로 횡지지된 후에 시공 중 작용하는 하중에 대해서는 4.3.3.1.3.2(3)의 규정을 적용한다. 4.3.3.1.3.2 규정에서 불연속적 및 연속적으로 횡지지된 플랜지를 구분하는 것은 연속적으로 횡지지된 플랜지의 경우에는 플랜지 횡방향 휨을 고려할 필요가 없기 때문이다. 해설 4.3.3.1.1.6은 상부플랜지가 연속적으로 횡지지된 것으로 간주할 수 있는 조건을 언급하고 있다. 연속적으로 횡지지된 U형단면의 상부플랜지에 대해서는 St. Venant 비틀림 전단은 전형적으로 무시된다. U형단면에서 한 개의 상부플랜지에 대한 4.3.3.1.3.2(1)부터 4.3.3.1.3.2(3) 규정의 요구조건을 검토할 경우, U형단면의 절반에 대한 검토가 권장된다.

조밀 또는 비조밀 웨브를 갖는 플레이트거더 직선교에서 식 (4.3-133)를 검토할 때, KDS 14 31 00 : 2016(부록 A.3.3) 규정에 의하면 순수비틀림상수 J의 기여를 포함하여 압축플랜지 횡비틀림 좌굴강도를 결정할 수 있다. 조밀 또는 비조밀 웨브를 갖는 U형단면 상부플랜지의 검토에는 안전측으로 이 규정의 적용을 허용하지 않는다. 조밀, 비조밀, 세장 웨브에 대한 정의는 해설 4.3.3.1.6.2(3)에 논의되어 있다. 비합성 조건에서 이 설계식을 검토하는 경우에는 비합성단면의 특성에 근거하여 웨브의 범주를 정한다.

비틀림에 의한 플랜지 횡방향 휨의 중요한 원인 가운데 하나는 U형단면 외측을 따라 설치된 외팔보 가설용 브라켓에 작용하는 콘크리트 바닥판 돌출부 편심하중의 영향이다. 이와 같은 편심하중에 의해 U형단면 최외측 상부플랜지에 작용하는 최대 횡방향 휨모멘트는 정밀해석 대신에 이 횡방향 하중이 플랜지에 어떻게 작용한 것으로 가정하는 지에 따라 식 (해설 4.3-19) 또는 (해설 4.3-20)으로 산정할 수 있다.

경사 웨브를 갖는 박스단면에서 고정하중에 의한 웨브 전단의 변화량 및 부재방향 단위길이당 고정하중에 의한 St. Venant 비틀림 전단의 변화량은 거더 플랜지에 균일분포 횡방향 하중으로 작용한다. 이 횡방향 하중에 의해 불연속적으로 횡지지된 U형단면 상부플랜지의 횡방향 휨을 감소시키기 위해 추가적인 내부 크로스프레임, 다이아프램 또는 스트럿의 설치가 요구된다. 특히, 웨브 경사도가 1/4를 초과하거나 상부플랜지의 비지지길이가 9m를 초과하는 경우에는 이들 요소의 설치가 필요하다. 이 외에는 이 횡방향 하중은 전형적으로 무시될 수 있다. 이 횡방향 하중에 의한 플랜지 최대 횡방향 휨모멘트는 정밀해석 대신에 식 (해설 4.3-19)를 이용하여 산정할 수 있으며, 이 식에서 F_l은 계수 균일분포 횡방향 하중의 크기로 놓는다. 전체 횡방향 하중은 상부플랜지에 작용하는 것으로 가정해야 한다(Fan과 Helwig, 1999). 고려 중인 패널 내의 전체 횡방향 하중은 크로스프레임이나 스트럿이 지탱하는 것으로 가정할 수 있다.

플랜지 횡방향 휨의 또 다른 주요 원인은 U형단면에 휨이 작용하면서 Warren형 단일 사재 상부 횡브레이싱에 발생하는 하중 때문이다.

U형단면 내의 전체 길이에 걸쳐 횡브레이싱 시스템을 적용하지 않는 경우, 각 현장 조립용 세크먼트 내의 상부플랜지 최소 폭은 4.3.3.2.2.2의 플랜지 단면비 규정과 더불어 식 (해설 4.3-18)의 지침을 만족해야 한다. 이 경우 식 (해설 4.3-18)의 L은 조립용 세그먼트 길이 방향으로 횡브레이싱 패널간

거리 또는 횡브레이싱 패널과 조립용 세그먼트 단부간 거리 가운데 큰 값을 적용한다. U형단면 내의 전체 길이에 걸쳐 횡브레이싱 시스템을 적용하는 경우에는 해설식 (4.3-18)을 U형단면 상부플랜지에 적용할 필요가 없다.

압축을 받는 비합성 박스의 플랜지의 경우에는 식 (4.3-247)에 따라 주요 시공단계 동안에 플랜지 국부좌굴을 검토해야 한다. 폐단면 박스플랜지에 대해서 플랜지의 횡방향 휨과 횡비틀림좌굴은 검토하지 않는다.

식 (4.3-248)는 비합성 폐단면 박스플랜지가 압축을 받는 단면에서 시공 도중 이론상의 웨브 휨좌굴이 발생하지 않는 것을 보장하는 식이다. 식 (4.3-134)은 U형단면 상부플랜지가 압축을 받는 단면에서 시공 도중 이론상의 웨브 휨좌굴이 발생하지 않는 것을 보장하는 식이다. 두 경우 모두 경사 웨브를 갖는 박스단면에서 웨브 휨좌굴강도 F_{crw}를 산정할 때 D_c는 경사면을 따라 측정된 압축을 받는 웨브의 높이를 사용해야 한다. 플랜지응력이 웨브 휨좌굴응력으로 제한되어 있기 때문에 압축플랜지 공칭휨강도에 대한 시공성을 검토할 때 계수 R_b는 항상 1.0을 적용한다. 시공 중에 플랜지가 식 (4.3-248) 또는 식 (4.3-134)을 만족하지 않는 경우에 고려할 수 있는 다른 선택사항은 해설 4.3.3.1.3.2(1)에 논의되어 있다. 조밀 또는 비조밀 웨브를 갖는 단면의 경우에는 웨브 휨좌굴은 고려대상이 아니므로 검토할 필요가 없다.

인장을 받는 비합성 박스플랜지 또는 인장이나 압축을 받는 연속적으로 횡지지된 박스플랜지의 경우 비틀림 전단의 영향을 고려하기 위한 식 (4.3-249)에서는 von Mises 항복이론(Boresi 등, 1978)을 사용하고 있다.

식 (4.3-247)과 식 (4.3-249)을 검토할 때 횡단면의 뒤틀림에 의한 종방향 뒴응력은 일반적으로 고려할 필요가 없지만, 시공 중에 플랜지 볼트 연결부 이음판의 미끄러짐을 검토할 때에는 고려되어야 한다.

폐단면 박스단면에서 박스상부의 비합성 박스플랜지는 시공 중에 콘크리트가 굳기 전이나 합성되기 전에 젖은 콘크리트와 기타의 다른 하중을 받는다. 박스플랜지의 처짐과 응력을 제어하기 위해 박스플랜지는 횡방향 및 종방향 보강이 요구된다.

4.3.3.2.3.3 전단

4.3.3.1.3.3에 규정된 전단요구조건을 검토할 때 필요 시 4.3.3.2.9의 규정도 함께 적용해야 한다.

4.3.3.2.4 사용한계상태

(1) 여기에 명시된 사항 외에는 4.3.3.1.4 규정을 적용해야 한다.

(2) 식 (4.3-133)의 f_l 항은 0으로 놓아야 한다. 식 (4.3-134)은 적용할 수 없다.

폐합단면을 형성하여 콘크리트 바닥판 타설 이전 단계에서부터 온도 변화에 의한 단면 뒤틀림을 제한하고 시공 중 강거더 단면에 작용하는 편심 비틀림에 적절히 대응하기 위한 것이다.

AASHTO (1993)은 상부수평브레싱 사재에 대한 다음의 규정을 정하고 있다:

$$A_d \geq 0.03w \qquad \text{(해설 4.3-43)}$$

여기서, A_d = 각 사재의 최소 요구단면적 (mm^2)

w = 상부플랜지 중심간격 (mm)

상기 규정은 유사박스단면의 뒴응력이 박스거더의 휨응력에 비해 10% 이내에 들도록 하여 뒴 거동에 의한 변형을 최소화하기 위함이다.

본 규정이 여타의 브레이싱 배치 방식이나 단면 형상에 대해서는 직접적인 적용성을 갖진 못할 지라도 최소한의 소요면적에 대한 가이드라인으로 활용될 수는 있다. X-형 방식보다는 단일사재 방식이 선호되는 데, 이는 연결부의 소요 갯수를 줄이고 제작의 효율성을 높일 수 있어서이다. 해설 그림 4.3-21에 보이는 바와 같이, 단일사재로 구성된 워렌 타입(Warren-type)의 상부수평브레이싱에 개구제형 단면 휨에 의해 유발된 부재력은 상부플랜지 횡방향 휨응력으로 전개된다. 엄밀 상세해석을 대신할만한 상부플랜지 횡방향 휨응력의 평가 방법은 Fan and Helwig (1999)에 제시되어 있다.

필요에 따라 해설 그림 4.3-22와 같이 단일사재 부재를 평행하게 놓는 프랫 타입 (Pratt-type) 배열을 채택하면 플랜지 횡방향 휨응력과 브레이싱의 부재력이 종종 효과적으로 완화될 수도 있다.

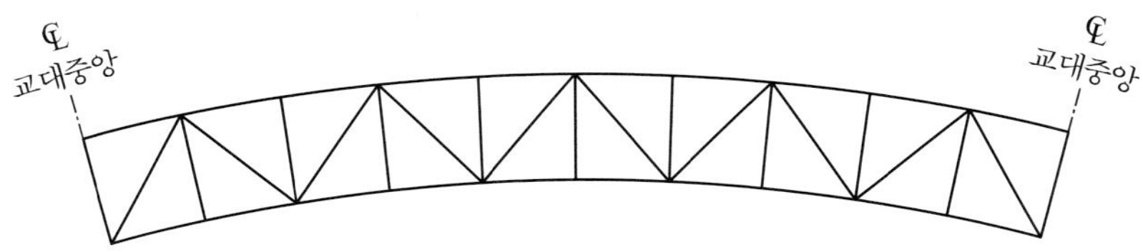

해설 그림 4.3-21 개구제형 단면부재에 단일 사재가 적용된 워렌타입 상부수평브레이싱 모습

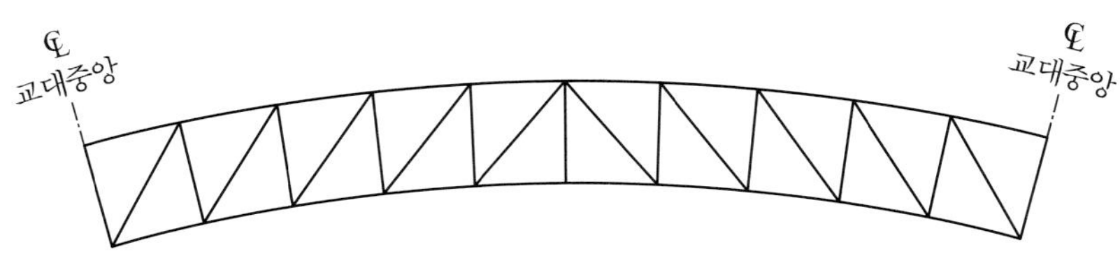

해설 그림 4.3-22 개구제형 단면부재에 단일 사재가 적용된 프렛타입 상부수평브레이싱 모습

4.3.3.5.4 트러스교

하로 트러스교와 상로 트러스교에는 상부 수평가새와 하부 수평가새를 각각 설치한다. X형 가새의 경우, 인장 및 압축부재의 세장비 규정을 만족하도록 하며, 교차점에서 서로 연결한다. 압축을 받는 현재에 연결된 가새 부재는 가능한 한 높을수록 좋고, 상·하부플랜지에 연결한다. 수평가새의 설치가 원활하도록 가로보 연결부의 위치를 결정한다. 가로보와 교축방향의 주부재가 만나는 곳에서는 수평가새를 양 부재에 연결한다.

참고문헌

Bitar, D., Trumpf, H., Galea, T., and Lukic, M. (2008) "Hybrid Girders – Strength and Fatigue Design Rules Based on Experimental and Numerical Studies," Proceedings of the 2004 omposire Construction in Steel and Concrete V, ASCE, pp1-12)

Boresi, A. P., O. M. Sidebottom, F. B. Seely, and J. O. Smith (1978), "Advanced Mechanics of Materials", 3rd Ed. John Wiley and Son, New York.

Brown, J. D., D. J., Lubitz, Y. C. Cekov, and K. H. Frank (2007), "Evaluation of Influence of Hole Making Upon the Performance of Structural Steel Plates and Connections", Report No. FHWA/TX-07/0-4624-1, University of Texas at Austin, Austin, TX.

Culver, C. G. (1972), "Design Recommendations for Curved Highway Bridges", Final Report for PennDOT Research Project 68-32, Civil Eng. Dept., Carnegie-Mellon University, Pittsburgh, PA.

Davidson, J. S., M. A. Keller, and C. H. Yoo. 1996. "Cross-Frame Spacing and Parametric Effects in Horizontally Curved I-Girder Bridges," Journal of Structural Engineering. American Society of Civil Engineers, Vol. 122, No. 9, September, New York, NY, pp. 1089-1096.

Dowswell, B. 2002. "Lateral-Torsional Buckling of Wide Flange Cantilever Beams." Proceedings of the 2002 Annual Stability Conference. Structural Stability Research Council, University of Missouri, Rolla, MO, pp. 267.290.

Fan, Z. and T. A. Helwig (1999), "Behavior of Steel Box Girders with Top Flange Bracing", Journal of the Structural Eng., ASCE, Vol. 125, No. 8, pp. 829-837.

FHWA (1980), "Proposed Design Specifications for Steel Box Girder Bridges", FHWA-TS-80-205, Federal Highway Administration, Washington, D.C.

Galambos, T. V. (1998), "Guide to Stability Design Criteria for Metal Structures", 5th ed., Structural Steel Research Council, John Wiley and Sons, Inc., New York, NY, USA.

Galambos, T. V., ed. 1998. Guide to Stability Design Criteria for Metal Structures, Fifth Edition. Structural Stability Research Council, John Wiley and Sons, Inc., New York, NY.

Goldberg, J. E. and H. L. Leve (1957), "Theory of Prismatic Folded Plate Structures", IABSE, Vol. 16, International Association for Bridge and Structural Engineers, Zurich, Switzerland, pp. 59-86.

Haaijer, G. (1981), "Simple Modeling Technique for distortion Analysis for Steel Box Girders", Proc. of the MSC/NASTRAN Conference on Finite Element Methods and Technology. McNeal/Schwendler Corporation, Los Angeles, California.

Heins, C. P. 1975. Bending and Torsional Design in Structural Members. Lexington Books, D. C. Heath and Company, Lexington, MA, pp. 17-

Heins, C. P. and D. H. Hall (1981), "Designer's Guide to Steel Box Girder Bridges", Booklet No. 3500, Bethlehem Steel Corporation, Bethlehem, PA, USA, pp. 20-30.

Johnston, B. G. and A. H. Mattock (1967), "Lateral Distribution of Load in Composite Box Girder Bridges", Highway Research Record No. 167, Bridges and Structures, Washington, D.C.

Lee K.C., Abbas H.H and Ramey G.E. (2010). "Review of Current AASHTO Fatigue Design Specifications for Stud Shear Connectors", Structures Congress ASCE, 310-321.

NHI (2001), "Design Criteria for Arch and Cable Stayed Signature Bridges", Reference Manual for NHI Course No. 130096, FHWA-NHI-11-023, Federal Highway Administration, Washington, D.C.

NSBA (1996), "Composite Box Girder", Highway Structures Design Handbook, 2nd Ed., National Steel Bridge Alliance, Chicago, Illinois, Chapter II/7.

Richardson, Gordon, and Associates (presently HDR Pittsburgh Office). 1976. "Curved Girder Workshop Lecture Notes." Prepared under Contract No. DOT-FH-11-8815, Federal Highway Administration. The four-day workshop was presented in Albany, Denver and Portland during September-

Shim C.S., Kim D.W., Nhat M.X. (2014). "Performance of stud clusters in precast bridge decks", The Baltic Journal of Road and Bridge Engineering, 9(1), 2014: 43-51.

Timoshenko, S. P. and J. M. Gere (1961), "Theory of Elastic Stability", 2nd Ed., McGraw Hill, New York, NY.

U.S. Steel Group (1978), "Steel/Concrete Composite Box-Girder Bridges: A Construction Manual", Available from National Steel Bridge Alliance, Chicago, Illinois.

Ugural, A. C. and Fenster, S. K. (1978), "Advanced Strength and Applied Elasticity", Elsevier North Holland Publishing Co., New York, pp. 105-107.

White, D. W., A. H. Zureick, N. Phoawanich, and S.-K. Jung. 2001. Development of Unified Equations for Design of Curved and Straight Steel Bridge I Girders. Final

Report to American Iron and Steel Institute Transportation and Infrastructure Committee, Professional Services Industries, Inc., and Federal Highway Administration, School of Civil and Environmental Engineering, Georgia Institute of Technology, Atlanta, GA.

White, D. W., M. Barker, and A. Azizinamini. 2004. "Shear Strength and Moment-Shear Interaction in Transversely-Stiffened Steel I-Girders," Structural Engineering, Mechanics and Materials Report No. 27. School of Civil and Environmental Engineering, Georgia Institute of Technology, Atlanta, GA.

Wittry, Dennis M. 1993. An Analytical Study of the Ductility of Steel Concrete Composite Sections. Masters Thesis. University of Texas, Austin, TX, December.

Wolchuk, R. (1997), "Steel-Plate-Deck Bridges and Steel Box Girder Bridges", Structural Engineering Handbook, 4th Ed., E. H. Gaylord, C. N. Gaylord, and J. E. Stallmeyer, eds., McGraw Hill, New York, NY, USA, pp. 19-1-19-31.

Wright, R. N. and S. R. Abdel-Samad (1968), "BEF Analogy for Analysis of Box Girders", Journal of the Structural Division, ASCE, Vol. 94, No. ST7.

Yakel, A. J., and A. Azizinamini. 2005. "Improved Moment Strength Prediction of Composite Steel Plate Girder in Positive Bending," Journal of Bridge Engineering. American Society of Civil Engineers, Reston, VA, January/February.

4.4 조합력과 비틀림부재

4.4에서는 축력과 1축 또는 2축 휨의 조합상태에 비틀림응력이 작용하거나 작용하지 않는 부재 혹은 비틀림응력만을 받는 부재에 적용한다.

【해설】

이 기준의 4.1, 4.2, 4.3은 각각 인장력, 압축력, 휨이라는 한 종류의 응력을 받는 부재를 취급한다. 4.4절에서 다뤄지는 강도저항계수(ϕ_c, ϕ_b)는 건축분야에 해당되는 값이며 토목분야에서는 각 시설물에서 규정한 값을 사용한다. 이 장에서는 위에 열거된 두 개 혹은 그 이상의 응력, 경우에 따라서는 비틀림도 추가적으로 작용하는 조합력을 받는 부재에 대해서 설명한다. 관련규정은 두 가지로 분류할 수 있다:

(a) 소요강도 대 가용강도의 비의 합으로 표시되는 상호작용식으로 처리할 수 있는경우 (대부분 이 이에 속함),

(b) 외력이 유발한 응력의 합을 좌굴 또는 항복응력으로 제한하여 처리하는 경우. 설계자는 예외적인 경우를 제외하고는 4.4.2 및 4.4.3의 규정을 거의 사용하지 않는다.

4.4.1 휨과 축력이 작용하는 1축 및 2축 대칭단면 부재

4.4.1.1 압축력과 휨을 받는 1축 및 2축 대칭단면 부재

2축 대칭단면 부재와 I_{yc}/I_y의 값이 0.1 이상 0.9 이하로서 기하축(x축 또는/과 y축)으로만 휨이 발생하도록 구속된 1축 및 2축 대칭단면 부재에 있어서 휨과 압축력의 상관관계는 식 (4.4-1)과 식 (4.4-2)에 의해 제한된다. 여기서, I_{yc}는 압축력을 받는 플랜지의 y축에 대한 단면2차모멘트를 나타낸다. 이 조항의 규정 대신 4.4.2의 규정을 적용할 수 있다.

(1) $\dfrac{P_r}{P_c} \geq 0.2$ 인 경우

$$\frac{P_r}{P_c} + \frac{8}{9}\left(\frac{M_{rx}}{M_{cx}} + \frac{M_{ry}}{M_{cy}}\right) \leq 1.0 \tag{4.4-1}$$

(2) $\dfrac{P_r}{P_c} < 0.2$ 인 경우

$$\frac{P_r}{2P_c} + \left(\frac{M_{rx}}{M_{cx}} + \frac{M_{ry}}{M_{cy}}\right) \leq 1.0 \tag{4.4-2}$$

여기서, P_r : 하중조합으로 구한 소요압축강도 (N)

P_c : 4.2에 따라 정한 설계압축강도(= $\phi_c P_n$) (N)

M_r : 하중조합으로 구한 소요휨강도 (N·mm)

M_c : 4.3에 따라 정한 설계휨강도(= $\phi_b M_n$) (N·mm)

x : 강축휨을 나타내는 아래첨자

y : 약축휨을 나타내는 아래첨자

ϕ_c : 압축에 대한 강도저항계수 (=0.90)

ϕ_b : 휨에 대한 강도저항계수 (=0.90)

【해설】

[본문의 식 (4.4-1)과 (4.4-2)의 첨자는 기준의 첨자와 다름에 유의한다]

4.4.1.1은 1축, 2축대칭부재에서 휨과 압축 또는 휨과 인장이 동시에 작용하는 등단면부재에 대한 설계규정을 포함한다. 4.4.1의 규정은 일반적으로 압연H형강, ㄷ형강, T형강, 원형/각형강관부재, 원형/정사각형/직사각형/다이아몬드형 단면부재, 그리고 판재와 형강재를 용접이나 볼트로 조립·제작한 많은 1축 또는 2축대칭부재에 적용할 수 있다. 4.4.1에서 제시된 상호작용식은 압축력 또는 인장력을 받으면서 동시에 1축 또는 2축의 주축에 대한 휨이 발생하는 경우에도 사용될 수 있다.

2축휨의 경우, 아래식에서 2개의 휨에 대한 비율이 존재하게 된다.

$$\frac{P_r}{\phi_c P_c}+\left(\frac{M_{rx}}{\phi_b M_{cx}}+\frac{M_{ry}}{\phi_b M_{cy}}\right) \leq 1.0 \qquad \text{(해설 4.4-1)}$$

위 식에서 아래첨자 x와 y는 각 축에 대한 휨을 나타낸다. 식 (해설 4.4-1)은 휨과 압축력을 받는 부재에 대한 기본식이다. 이 기준에서는 2개의 식 (4.4-1)과 식 (4.4-2)로 나타내었다. (4.4-1)은 축력이 상대적으로 큰 경우이고, 식 (4.4-2)는 축력이 상대적으로 작은 경우이다. 만약 축력이 상대적으로 작다면, 식 (4.4-2)와 같이 축력의 항이 줄어든다.

현행 건축구조기준 및 미국의 AISC에서는 상호작용식에서 하중조합으로 구한 소요압축강도 및 소요휨강도의 기호는 P_u 및 M_u 대신 P_r 및 M_r을 사용하고 있으며, 4.2 및 4.3에 따라 정한 설계압축강도 및 설계휨강도의 기호는 P_r 및 M_r 대신 P_c 및 M_c를 사용하고 있다. 이는 상호작용식의 소요강도가 2차효과를 고려하고 있어서 2차효과를 고려하지 않은 소요강도의 기호와 구분하기 위함이다.

미국 AISC의 LRFD(1999) 이후 Steel Construction Manual(13th edition, 2005)에서 부터는 LRFD와 ASD가 통합된 기준을 제시하고 있는데, 여기에서 P_r, M_r, P_c, M_c를 다음과 같이 정의하고 있다.

P_r : Required second-order axial strength using LRFD or ASD load combinations

M_r : Required second-order flexural strength under LRFD or ASD load combinations

P_c : Available axial compressive strength

M_c : Available flexural strength determined in accordance with Chapter F

1923년 미국의 제1판 AISC기준에서는 휨과 압축에 의한 응력을 더해서 그 합이 허용치를 초과하지 않도록 설계할 것을 요구하였다. 1936년판 기준에서 처음으로 "축력과 휨응력을 동시에 받는 부재는 $\frac{f_a}{F_a}+\frac{f_b}{F_b}$ 값이 1을 초과하지 않도록 설계한다"는 상호작용식이 등장했다. 이 식에서 F_a와 F_b는 각각 이 장에서 정한 축력 및 휨에 대한 허용응력이고, f_a와 f_b는 각각 축력과 휨모멘트가 유발한 응력이다. 이 선형 상호작용식은 골조안정성과 $P-\delta$효과(부재 양단부사이의 2차모멘트 효과)를 반영하기 위해 1961년에 기준이 수정되기까지 그대로 사용되었다 식 (4.4-1 참조). 그 당시에는 $P-\Delta$ 효과(층간변위에 의한 2차모멘트 효과)는 고려하지 않았다.

$$\frac{f_a}{F_a}+\frac{C_m f_b}{\left(1-\frac{f_a}{F_c'}\right)F_b}\le 1.0 \qquad \text{(해설 4.4-2)}$$

위 식에서 허용압축응력 F_a는 모멘트골조의 경우 1.0보다 큰 유효길이계수에 의해 산정된다. 또한 $\frac{1}{(1-f_a/F_c')}$항은 부재의 변형에 축력이 곱해져서 발생하는 모멘트증폭을 반영하는 계수이다($P-\delta$ 효과). C_m은 부재 내 모멘트구배의 영향을 반영한다.

휨과 압축력의 상관관계에 대한 새로운 접근법이 1986년 AISC-LRFD기준에 처음으로 도입되었다. 이하에서는 아래 상호작용식의 배경을 설명한다.

$\frac{P_u}{P_y}\ge 0.2$ 일 때,

$$\frac{P}{P_y}+\frac{8}{9}\frac{M_{pc}}{M_p}=1 \qquad \text{(해설 4.4-3a)}$$

$\frac{P_u}{P_y}< 0.2$ 일 때,

$$\frac{P}{2P_y}+\frac{M_{pc}}{M_p}=1 \qquad \text{(해설 4.4-3b)}$$

위 식은, 강축(x축)에 대한 휨을 받는 조밀단면 H형강 단주의 무차원축강도 P/P_y와 무차원휨강도 M/M_y 사이 상호작용에 대한 하한의 강도곡선을 나타낸다. 조밀한 단주이므로 압축 및 인장 모두에 대해 국부좌굴 없이 완전히 항복된다고 가정한다. 위 식에서 P_y 는 항복압축강도, M_p는 소성모멘트, M_{pc}는 축력 P가 존재할 때 단면의 감소된 소성모멘트강도이다.

축력과 강축에 대한 휨을 받는 H형강∨단면의 정확한 항복내력은 다음과 같다 (ASCE 1971, AISC 2005).

$0\le\frac{P}{P_y}\le\frac{t_w(d-2t_f)}{A}$ 일 때,

$$\frac{M_{pc}}{M_p} = 1 - \frac{A^2\left(\frac{P}{P_y}\right)^2}{4t_w Z_x} \qquad \text{(해설 4.4-4a)}$$

$\frac{t_w(d-2t_f)}{A} \le \frac{P}{P_y} \le 1$ 일 때,

$$\frac{M_{pc}}{M_p} = \frac{A\left(1-\frac{P}{P_y}\right)}{2Z_x}\left[d - \frac{A\left(1-\frac{P}{P_y}\right)}{2b_f}\right] \qquad \text{(해설 4.4-4b)}$$

H형강의 평균항복내력을 표시하는 근사식은 다음과 같다.

$$\frac{M_{pc}}{M_p} = 1.18\left(1-\frac{P}{P_y}\right) \le 1 \qquad \text{(해설 4.4-5)}$$

압축력과 강축에 대한 휨을 받는 H-형강의 모멘트-축력과의 상관관계에 대한 결과가 본 설계 기준의 식 (4.4-3a,b), 엄밀한 이론식(해설 4.4-4a,b) 및 평균항복에 대한 근사식(해설 4.4-5)에 의하여 산정되어 해설 그림 4.4-1에 도시되어 있다.

해설 그림 4.4-2의 곡선은 약축(y축)에 대하여 휘는 H-형강의 정밀 및 근사 항복상관곡선과 원형과 각형 강봉의 정밀 항복상관곡선을 나타낸다.

단주에 휨과 압축의 조합력을 받는 보-기둥강도에서 소요휨강도 M_u를 축력이 작용하지 않는 상태의 공칭휨강도 M_n으로 무차원화하고 소요압축강도 P_u를 휨모멘트가 작용하지 않은 상태의 공칭압축강도 P_n으로 무차원화함으로써 실제 부재길이를 갖는 실제 보-기둥에 적용하였다. 실제 단주의 상관곡선을 이동시키고 회전함으로써 해설 그림 4.4-3과 같이 보정하였다.

실제길이 효과가 반영된 보-기둥의 상호작용식은 아래와 같다.

$\frac{P_u}{P_n} \ge 0.2$ 일 때,

$$\frac{P_u}{P_n} + \frac{8}{9}\frac{M_u}{M_n} = 1 \qquad \text{(해설 4.4-6a)}$$

$\frac{P_u}{P_n} < 0.2$ 일 때,

$$\frac{P_u}{2P_n} + \frac{M_u}{M_n} = 1 \qquad \text{(해설 4.4-6b)}$$

상기한 상호작용식은 매우 다양한 상황을 포괄할 수 있도록 고안된 것이다. 분모의 항들은 상관관계도 두 끝점의 위치를 지정한다. 공칭휨강도 M_n은 4.3으로부터 결정된다. 즉 M_n은 항복, 횡비틀림좌굴, 플랜지국부좌굴, 웨브국부좌굴 등 4가지 한계상태강도 중 최솟값으로 산정된다.

축력항 P_u는 4.2의 관련 규정에 의해 산정된다. 즉 (비)조밀 또는 세장판 요소 기둥 여부, 좌굴의 방

향(강축좌굴/약축좌굴), 비틀림좌굴과 휨비틀림좌굴한계상태 등을 고려하여 산정된다. 또한, KDS 14 31 15에 따라 소요휨강도와 소요압축력을 산정하는 경우, 공칭압축강도 P_n은 골조의 좌굴효과를 고려한 유효좌굴길이에 따라 산정할 수 있다. 이 소요휨강도와 소요압축강도는 2차효과에 의한 증폭의 영향이 포함되어있다.
위의 상관관계식은 2축휨에 대한 경우도 포괄할 수 있기 때문에 더욱 유용하다.

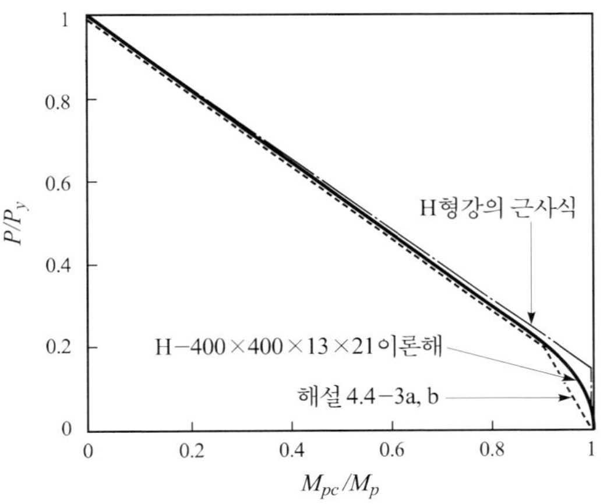

해설 그림 4.4-1 단주의 상관곡선 : H형강의 소성모멘트-축력 (강축 휨)

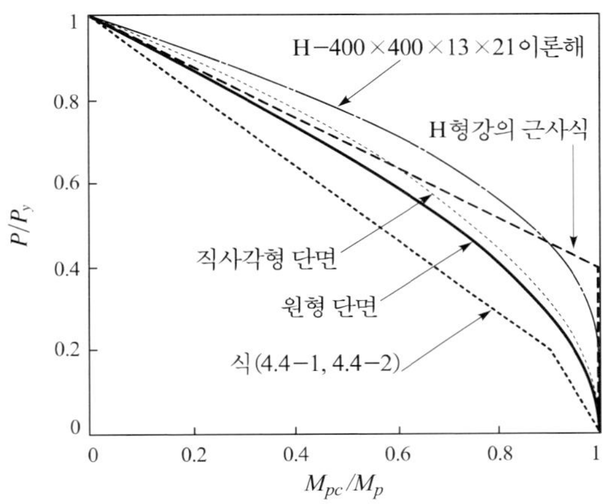

해설 그림 4.4-2 단주의 상관곡선 : 원형 및 각형강봉과 H형강(약축)의 소성모멘트-축력

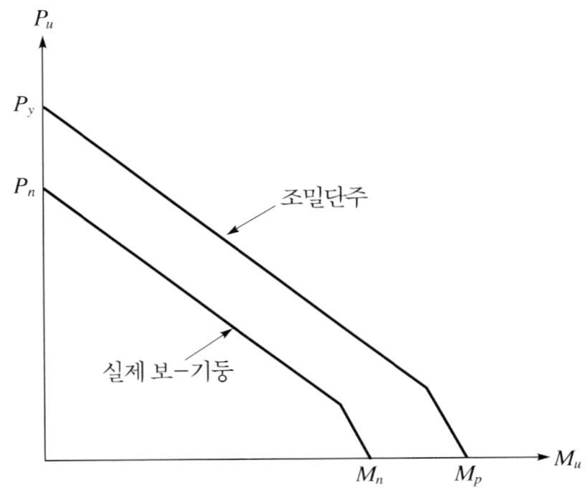

해설 그림 4.4-3 단주 보-기둥과 일반 보-기둥의 상관곡선

4.4.1.2 인장력과 휨을 받는 1축 및 2축 대칭단면부재

(1) 기하축(x축 또는/과 y축)으로만 휨이 발생하도록 구속된 1축 대칭단면 부재에 있어서 휨과 인장력의 상관관계는 식 (4.4-1) 및 식 (4.4-2)로 제한한다.

P_u : 하중조합으로 구한 소요인장강도(N)

P_r : 4.3.2에 따라 정한 설계인장강도($=\phi_t P_n$) (N)

M_u : 하중조합으로 구한 소요휨강도(N·mm)

M_r : 4.3에 따라 정한 설계휨강도($=\phi_b M_n$) (N·mm)

ϕ_t : 인장에 대한 강도저항계수(4.3 참조)

ϕ_b : 휨에 대한 강도저항계수($=0.90$)

(2) 2축대칭단면을 가진 부재에서 인장력과 휨이 동시에 작용할 때, 4.3의 C_b값은 $\sqrt{1+\dfrac{P_u}{P_{ey}}}$를 곱하여 증가시킬 수 있다. 여기서 $P_{ey}=\dfrac{\pi^2 EI_y}{L_b^2}$이다. 식 (4.4-1) 및 식 (4.4-2)를 대신해서 인장과 휨과의 상관관계에 대한 좀 더 정밀한 해석결과를 사용할 수 있다.

【해설】

4.4.1.1은 설계에서 가장 빈번하게 발생하는 경우, 즉 휨과 압축력을 받는 부재를 취급한다. 반면 4.4.1.2는 휨과 인장력을 받는 다소 드문 경우를 다룬다. 축인장력은 휨강성을 다소 증가시키는 효과가 있기 때문에, 4.4.1.2에서는 $\sqrt{1+P_u/P_{ey}}$에 비례하여 상호작용식의 휨모멘트항의 증가를 허용하고 있다.

4.4.1.3 1축휨과 압축력을 받는 2축 대칭단면부재

(1) 주축에 대한 모멘트와 함께 휨과 압축을 받고 $(KL)_z \le (KL)_y$인 2축 대칭 압연형강 조밀단면 부재는 4.4.1.1의 조합법 대신에 서로 독립적인 두 한계상태인 면내 불안정 한계상태와 면외좌굴(또는 횡비틀림좌굴) 한계상태에 대하여 개별적으로 고려해도 무방하다.

(2) $M_{uy}/M_{ry} \ge 0.05$인 부재는 4.4.1.1의 규정을 따라야 한다.

① 면내 불안정 한계상태에 대해서는 식 (4.4-1)을 사용한다.

P_r, M_{ux}, M_{rx}의 값은 휨이 발생한 면내에서 산정한다.

② 면외좌굴과 횡비틀림좌굴의 한계상태에 대해서는 다음의 식을 사용한다.

$$\frac{P_u}{P_{ry}} \times \left(1.5 - 0.5\frac{P_u}{P_{ry}}\right) + \left(\frac{M_{ux}}{C_b M_{rx}}\right) \leq 1.0 \tag{4.4-3}$$

여기서, P_{ry} : 면외 휨을 고려한 설계압축강도 (N)

C_b : 4.3.2.1.1.1에 정의된 횡비틀림좌굴 보정계수

M_{rx} : 4.3.2.1.1.1에 따라 $C_b = 1$을 이용하여 산정된 강축 휨에 대한 설계횡비틀림좌굴강도 (N·mm)

【해설】

선형상호작용식(식 (해설 4.4-6))은 축력에 대한 한계상태가 면외좌굴이고 휨모멘트에 대한 한계상태가 강축휨을 받는 2축대칭 H형강의 횡비틀림좌굴인 경우에는 보수적인 결과를 보여준다(Galambos, 1998). 이런 보-기둥부재에 대해 4.4.1.3은 또 다른 설계식을 제공하고 있다.

4.4.2 휨과 축력을 받는 비대칭단면부재 및 기타부재

이 절에서는 4.4.1에서 다루지 않는 형강에 대한 휨과 축응력의 상관관계를 규정한다. 4.4.1의 규정 대신에 임의의 형강에 대해 이 절의 다음 규정을 사용할 수 있다.

$$\left|\frac{f_{ua}}{F_{ra}} + \frac{f_{ubw}}{F_{rbw}} + \frac{f_{ubz}}{F_{rbz}}\right| \leq 1.0 \tag{4.4-4}$$

여기서, f_{ua} : 부재 단면의 특정 위치에서 하중조합으로 구한 소요축방향응력 (MPa)

F_{ra} : 설계축방향응력($=\phi_c F_{cr}$), 압축에 대해서는 4.2에 따라 산정되고 인장에 대해서는 4.1에 따라 산정된다. (MPa)

f_{ubw}, f_{ubz} : 부재 단면의 특정위치에서 하중조합으로 구한 소요휨응력 (MPa)

F_{rbw}, F_{rbz} : 4.3에 따라 결정된 설계휨응력($=\dfrac{\phi_b M_n}{S}$) (MPa) 특정 위치의 단면계수의 값을 사용하고, 응력의 부호를 고려해야 한다.

w : 강주축 휨을 나타내는 아래첨자

z : 약주축 휨을 나타내는 아래첨자

ϕ_c : 압축에 대한 강도저항계수 (=0.90)

ϕ_t : 인장에 대한 강도저항계수(4.1.3 참조)

ϕ_b : 휨에 대한 강도저항계수(=0.90)

식 (4.4-4)은 단면의 가장 불리한 부분에서의 휨응력의 부호를 고려하여 주축에 대해 적용한다. 휨응력 항은 부호에 따라 축력 항에 적절히 가감되어야 한다. 압축력이 작용하는 경우는 KDS 14 31 15 : 2016의 규정에 따라 2차효과를 고려해야 한다. 식 (4.4-4) 대신에 좀 더 엄밀한 해석에 바탕을 둔 휨-인장 상관관계를 사용해도 무방하다.

【해설】

4.4.1의 규정은 1축 또는 2축대칭인 단면을 갖는 보-기둥에 적용된다. 그러나 부등변ㄱ형강이나 조립단면에서와 같이 비대칭단면이 상당수 있을 수 있다. 이러한 경우에 대해서 4.4.1의 상관관계식은 적절하지 않을 수 있다. 선형상호작용식 $\frac{f_{ua}}{F_{ra}}+\frac{f_{ubw}}{F_{rbw}}+\frac{f_{ubz}}{F_{rbz}} \leq 1.0$ 은 그러한 문제를 해결하는데 보수적이고 간편한 방법을 제공한다. 소문자(f)로 표시한 응력들은 탄성해석에 의해 계산된 소요축응력과 휨응력이고, 대문자(F)로 표시한 응력들은 항복이나 좌굴의 한계상태에 상응하는 응력이다. 아래첨자 w, z 는 비대칭단면의 주축을 나타낸다. 이 항에서는 4.4.1의 상호작용식을 적용할 수 있는 단면에 대해서도 4.4.2의 상관관계식을 사용할 수 있도록 하고 있다(즉 설계자의 선택사항으로 남겨둠). 상호작용식 (식 (4.4-4))은 축력이 인장인 경우에 대해서도 동일하게 적용된다.

4.4.3 비틀림 또는 비틀림, 휨, 전단력, 축력 등을 동시에 받는 부재

【해설】

4.4.3은 4.4.1과 4.4.2에서 다루지 않은 경우의 규정들을 다룬다. 4.4.3.1과 4.4.3.2는 강관부재의 설계에 대한 내용이고 4.4.3.3은 수직응력과 전단응력에 비틀림이 추가되는 경우의 일반적인 규정에 대한 내용이다.

4.4.3.1 원형과 각형강관의 비틀림강도

(1) 비틀림항복과 비틀림좌굴의 한계상태를 고려한 원형과 직사각형 강관의 설계비틀림강도 $\phi_T T_n$은 다음과 같이 산정한다.

$$\phi_T = 0.90$$

$$T_n = F_{cr} C \tag{4.4-5}$$

여기서, C는 강관의 비틀림상수이며, 임계좌굴응력 F_{cr}은 다음과 같이 산정한다.

① 원형강관에 대한 F_{cr}

식 (4.4-6)과 식 (4.4-7)중에 큰 값을 사용한다.

$$F_{cr} = \frac{1.23E}{\sqrt{\frac{L}{D}}\left(\frac{D}{t}\right)^{\frac{5}{4}}} \quad (4.4\text{-}6)$$

$$F_{cr} = \frac{0.60E}{\left(\frac{D}{t}\right)^{\frac{3}{2}}} \quad (4.4\text{-}7)$$

여기서, L : 부재의 길이 (mm)

D : 외경 (mm)

② 각형강관에 대한 F_{cr}

가. $h/t \leq 2.45\sqrt{E/F_y}$

$$F_{cr} = 0.6F_y \quad (4.4\text{-}8)$$

나. $2.45\sqrt{E/F_y} < h/t \leq 3.07\sqrt{E/F_y}$

$$F_{cr} = \frac{0.6F_y(2.45\sqrt{E/F_y})}{\left(\frac{h}{t}\right)} \quad (4.4\text{-}9)$$

다. $3.07\sqrt{E/F_y} < h/t \leq 260$

$$F_{cr} = \frac{0.458\pi^2 E}{\left(\frac{h}{t}\right)^2} \quad (4.4\text{-}10)$$

여기서, h : 4.2.1.1.2에 정의된 내측 모서리 반경을 감한 플랜지 사이의 순간격 (mm)

t : 설계벽두께

(2) 비틀림전단상수 C는 다음과 같이 안전측으로 취할 수 있다.

원형강관 : $C = \frac{\pi(D-t)^2 t}{2}$

각형강관 : $C = 2(B-t)(H-t)t - 4.5(4-\pi)t^3$

【해설】

강관은 대공간구조나 상당한 비틀림모멘트를 부재가 저항해야 하는 상황에서 빈번하게 사용된다. 강관은 폐단면이므로 H형강, ㄷ형강과 같은 개단면보다 비틀림에 훨씬 효과적으로 저항할 수 있다. 개단면에서는 뒴(Warping)의 구속에 따른 수직 및 전단응력이 일반적으로 중요한 고려사항이지만, 폐단면에서는 그다지 문제가 되지 않는다. 따라서 폐단면에서는 전체 비틀림모멘트를 순수비틀림전단응력에 의해 저항하는 것으로 가정해도 된다.

강관의 순수비틀림전단응력은 단면의 끝단에 따라 균등하게 분포한다고 가정되고, 비틀림모멘트 T_u를 비틀림전단상수 C로 나눈 값과 같다. 한계상태의 식으로 표현하면, 공칭비틀림저항모멘트는 전단상수에 임계전단응력 F_{cr}을 곱한 값이다.

원형강관의 비틀림전단상수는 극단면2차모멘트를 반지름으로 나눈 값으로서 다음과 같다.

$$C = \frac{\pi t(D-t)^2}{2} \qquad \text{(해설 4.4-7)}$$

각형강관의 비틀림전단상수는 막유추이론에 의해 $2tA_0$로 구할 수 있다. 여기서 A_0는 단면의 중앙선을 경계로 하는 내부면적이다. 보수적으로 외부모서리반경을 $2t$로 고려하면, 이 부분의 중앙반경은 $1.5t$이므로, A_0는 다음과 같다.

$$A_0 = t^2(B-t)(H-t)\frac{9(4-\pi)}{4} \qquad \text{(해설 4.4-8)}$$

결과적으로 각형강관의 비틀림전단상수는 다음과 같이 산정한다.

$$C = 2t(B-t)(H-t) - 4.5t^3(4-\pi) \qquad \text{(해설 4.4-9)}$$

저항계수 ϕ는 4.3.2.1.2의 휨전단에 대한 경우와 같다.

비틀림을 받는 원형강관의 국부좌굴이 고려대상인 경우, 대부분의 구조부재는 중간 이상의 길이를 갖게 되므로, 길이가 짧은 강관에 대한 조항을 더 이상 적용할 수 없다. 길이가 긴 강관형 부재의 탄성국부좌굴강도는 단부조건에 영향을 받지 않고 임계응력은 다음 식으로 산정할 수 있다 (Galambos 1998).

$$F_{cr} = \frac{K_t E}{\left(\frac{D}{t}\right)^{\frac{3}{2}}} \qquad \text{(해설 4.4-10)}$$

K_t의 이론값은 0.73이지만 초기결함을 고려하여 0.6을 권장한다. 단부의 회전이 구속되어 있지 않고, 중간정도의 길이($L > 5.1D^2/t$)를 갖는 원형강관의 탄성국부좌굴응력은 다음과 같이 산정할 수 있다 (Schilling 1965, Galambos 1998).

$$F_{cr} = \frac{1.23E}{\left(\frac{D}{t}\right)^{\frac{5}{4}}\sqrt{\frac{L}{D}}} \qquad \text{(해설 4.4-11)}$$

위 식에는 초기결함을 고려하여 15% 강도저감이 반영되어 있다. 위 식은 양단단순지지를 전제로 한 것이며, 양단고정 시에 예상되는 대략 10%의 강도증가를 무시하였다. 물론 전단항복강도 $0.6F_y$를 초과할 수는 없다.
각형강관에 대한 임계응력규정은 전단좌굴계수를 $k_v = 0.5$로 취하여 4.3.2.1.2의 휨전단 규정을 적용한다. 각형강관의 장변에서는 비틀림에 의한 전단분포가 균등한데, 이는 H형강보의 웨브의 전단응력 분포와 동일하게 보는 것이다. 따라서 좌굴에 대한 규정 역시 양쪽 모두 동일하다.

4.4.3.2 비틀림, 전단, 휨, 축력을 동시에 받는 강관

소요비틀림강도 T_u가 설계비틀림강도 T_r의 20% 이하이면 강관에 대한 비틀림, 전단, 휨, 또는/과 축력의 상관관계는 4.4.1의 규정에 따라 산정되고 비틀림 효과는 무시한다. T_u가 T_r의 20%를 초과하면 비틀림, 전단, 휨 또는/과 축력의 상관관계는 다음의 식에 따라 제한한다.

$$\left(\frac{P_u}{P_r}+\frac{M_u}{M_r}\right)+\left(\frac{V_u}{V_r}+\frac{T_u}{T_r}\right)^2 \le 1.0 \qquad (4.4\text{-}11)$$

여기서, P_u : 하중조합으로 구한 소요축강도(N)
P_r : 4.1 또는 4.2에 따라 산정된 설계인장강도 또는 설계압축강도 $(=\phi P_n)$ (N)
M_u : 하중조합으로 구한 소요휨강도(N·mm)
M_r : 4.3에 따라 산정된 설계휨강도$(=\phi_b M_n)$ (N·mm)
V_u : 하중조합으로 구한 소요전단강도(N)
V_r : 4.3.2.1.2에 따라 산정된 설계전단강도$(=\phi_v V_n)$ (N)
T_u : 하중조합으로 구한 소요비틀림강도(N·mm)
T_r : 4.4.3.1따라 산정된 설계비틀림강도(N·mm)

【해설】
수직응력과 전단응력을 유발하는 하중조합에 대한 상호작용을 반영하는 몇 가지 형식이 문헌에서 제시된 바가 있다. 가장 대표적인 형태는 수직응력과 전단응력의 제곱을 합하여 타원방정식 형태로 조합하는 것이다 (Felton & Dobbs 1967).

$$\left(\frac{f}{F_{cr}}\right)^2+\left(\frac{f_v}{F_{vcr}}\right)^2 \le 1.0 \qquad (\text{해설 } 4.4\text{-}12)$$

두 번째 형태는 수직응력비를 제곱하지 않고 더하는 것이다.

$$\left(\frac{f}{F_{cr}}\right)+\left(\frac{f_v}{F_{vcr}}\right)^2 \le 1.0 \qquad \text{(해설 4.4-13)}$$

두 번째 식이 보다 보수적이기는 하지만, 과도하게 보수적인 것은 아니므로 (Schilling 1965), 다음 식을 본 기준에서 사용하였다.

$$\left(\frac{P_r}{P_c}+\frac{M_r}{M_c}\right)+\left(\frac{V_r}{V_c}+\frac{T_r}{T_c}\right)^2 \le 1.0 \qquad \text{(해설 4.4-14)}$$

위 식에서 아래첨자 r이 있는 항은 소요강도이고, 아래첨자 c가 있는 항은 그에 상응하는 설계강도이다. 현행 건축구조기준 및 미국의 AISC에서도 소요강도에 대한 아래첨자 u대신에 r을 그리고 그에 상응하는 설계강도에 대한 아래첨자 r대신에 c를 사용한다. 휨과 축력효과에 의한 수직응력효과를 선형으로 더한 다음, 휨과 비틀림전단효과의 선형합의 제곱과 더한다. 압축력이 존재할 때의 소요휨강도 M_c는 2차효과를 반영하여 산정한다.

4.4.3.3 비틀림과 조합응력을 받는 비강관 부재

(1) 비강관 부재들의 설계비틀림강도는 다음과 같이 수직응력항복 한계상태, 전단응력항복 한계상태, 좌굴 한계상태에 따라 구해진 값들 중 가장 작은 값을 택한다.

$\phi_T = 0.90$

① 수직응력항복 한계상태

$$F_n = F_y \qquad (4.4\text{-}12)$$

② 전단응력항복 한계상태

$$F_n = 0.6F_y \qquad (4.4\text{-}13)$$

③ 좌굴 한계상태

$$F_n = F_{cr} \qquad (4.4\text{-}14)$$

여기서, F_{cr} : 해석에 의해 결정된 단면의 좌굴응력 (MPa)

(2) 탄성영역에 이웃한 부분에는 약간의 제한된 국부항복을 허용한다.

【해설】

이 항은 앞에서 다루지 않은 나머지 모든 경우를 다룬다(예를 들어, 조립 비대칭 크레인거더와 다양한 형태의 조립단면). 소요응력은 타당한 구조역학이론에 기반하여 탄성응력해석에 의해 산정한다. 고려해야 할 세 가지 한계상태와 상응하는 설계응력은 다음과 같다.

(1) 수직응력하의 항복 : F_y

(2) 전단응력하의 항복 : $0.6F_y$

(3) 좌굴 : F_{cr}

대부분의 경우 최댓값은 단면이나 스팬내의 같은 위치에서 발생하는 경우가 드물기 때문에 수직응력과 전단응력을 분리해서 고려해도 충분하다.

비틀림모멘트에 의해서 부재 단면에는 순수비틀림 전단응력, 뒴(뒤틀림, warping) 전단응력, 뒴 수직응력이 발생한다. 순수비틀림 전단응력은 단면 요소의 두께 내에서 교차되며 선형적으로 변하고 요소 연단에 평행하게 작용한다. 뒴 전단응력은 단면요소의 두께를 따라 일정하고 요소의 길이에 따라 크기가 변하며 요소 연단에 평행한 방향으로 작용한다. 뒴 수직응력은 단면에 수직하게 작용하며 단면 두께를 따라 일정하며 요소의 길이에 따라 크기가 변한다. I-형강에서 발생하는 비틀림 응력이 해설 그림 4.4-4에 도시되었다. 개단면의 비틀림해석에 대해서는 Seaburg & Carter (1997)의 연구를 참조한다.

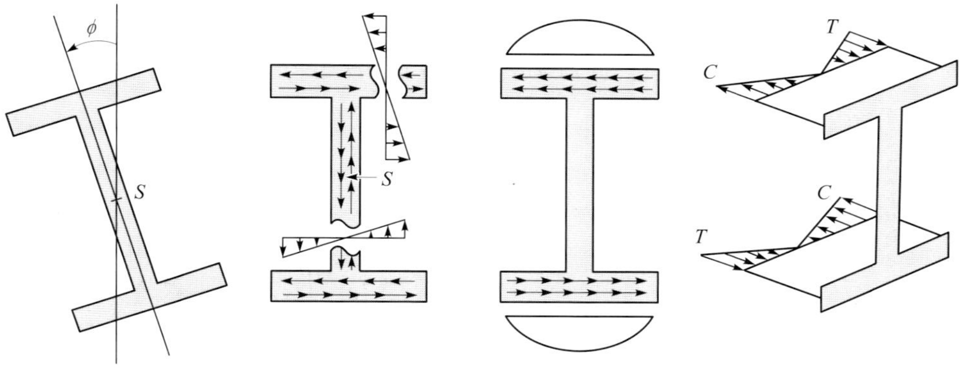

(a) 비틀림 회전 (b) 순수비틀림응력 (c) 뒴(warping)전단응력 (d) 뒴수직응력

해설 그림 4.4-4 I-형강에서 발생하는 비틀림 응력

4.4.4 구멍이 있는 플랜지의 인장파단

축력과 주축휨이 조합된 하중상태 하에서 인장을 받는 플랜지의 볼트 구멍 위치에서 플랜지의 인장파단강도는 식 (4.4-15)에 의해 제한된다. 축력과 휨에 의해 인장을 받는 각각의 플랜지는 개별적으로 검토되어야 한다.

$$\frac{P_u}{P_r} + \frac{M_{ux}}{M_{rx}} \leq 1.0 \qquad (4.4\text{-}15)$$

여기서, P_u : 하중조합으로 구한 소요인장강도(N)

P_r : 4.1.3.2에 따라 산정된 인장파단의 한계상태에 대한 설계인장강도

$(=\phi_t P_n)$ (N)

M_{ux} : 하중조합으로 구한 소요휨강도 (N·mm)

M_{rx} : 4.3.2.1.1.13에 따라 정하는 설계휨강도$(=\phi_b M_n)$ 또는 고려되어 지지 않은 볼트 구멍으로 산정된 소성모멘트 M_p (N·mm)

ϕ_t : 4.1.3.2에서 규정된 인장파단에 대한 강도저항계수 (=0.75)

ϕ_b : 휨에 대한 강도저항계수 (=0.90)

【해설】

식 (4.4-15)은 보기둥 부재(beam-column)의 플랜지 인장파단 한계상태를 평가하기 위한 규정이다. 이 규정은 휨과 축력의 조합력을 받는 인장플랜지에 1개 이상의 볼트구멍이 존재하는 경우에 한하여 적용한다. 축응력과 휨응력이 모두 인장인 경우에는 두 가지 효과를 가산한다. 축응력과 휨응력의 부호가 반대인 경우에는 압축효과에 의하여 인장효과가 감소된다.

참고문헌

ASCE (1971), "Plastic Design in Steel", A Guide and a Commentary, ASCE Manuals and Reports on Engineering Practice No. 41, American Society of Civil Engineers, New York, NY.

Felton, L.P. and Dobbs, M.W. (1967), "Optimum Design of Tubes for Bending and Torsion", Journal of the Structural Division, ASCE, Vol. 93, No. ST4, pp. 185-200.

Galambos, T.V. (ed.) (1998), "Guide to Stability Design Criteria for Metal Structures", 5th edition, John Wiley and Sons, New York, NY.

Schilling, C.G. (1965), "Buckling Strength of Circular Tubes", Journal of the Structural Division, ASCE, Vol. 91, No. ST5, paper 4520.

Seaburg, P.A., and Carter, C.J. (1997), "Torsional Analysis of Structural Steel Members", Steel Design Guide Series No.9, American Institute of Steel Construction, Inc., Chicago, IL.

4.5 기타 부재

4.5.1 기둥과 보의 가새

4.5.1.1 일반사항

(1) 모든 안정용가새는 부재에 대해 직각으로 설치되는 것을 가정으로 하며, 가새가 경사진 경우나, 대각가새인 경우에는 가새의 강도 및 강성은 경사각에 따라 보정해야 한다. 가새의 강성도를 평가함에 있어 그 부재특성과 기하학적 특성뿐만 아니라 접합부 및 정착부의 상세의 영향 또한 고려해야 한다.

(2) 안정용가새구조는 상대구속가새와 절점구속가새, 이 두 가지의 일반적인 형태로 분류한다. 상대구속가새는 인접가새점에 대하여 가새점의 거동을 제어하며, 절점구속가새는 인접가새점의 직접적인 상호작용과는 관계없이 가새점의 거동을 제어한다. 가새의 허용강도 및 강성은 별도의 구조해석을 통한 결과값이 명시되어있는 경우를 제외하고는 소요한계강도 및 강성값과 같거나 그 이상이어야 한다.

(3) 안정용가새의 강도와 강성을 산정하기 위하여 구조물의 초기변형이나 부재의 초기변형을 포함한 2차해석을 수행한다면, 그 결과를 이 절의 규정 대신에 사용할 수 있다.

【해설】

4.5.1에서 규정하는 내용은 해설 그림 4.5-1에 나타낸 상대구속가새와 절점구속가새 등, 안정용가새 가새구조를 고려한 설계요구조건에 관한 것이다. 이 절에서 언급하는 강도저항계수 ϕ는 건축분야(건축구조기준)에 해당되는 값이다.

기둥의 상대구속가새구조(대각선 가새와 전단벽)는 비가새 길이로 정의되는 기둥의 길이에 걸쳐진 두 지점에 연결된다. 그림에서와 같이 상대구속가새는 수평재와 사재로 구성되며 비가새길이의 단부분 A와 B 등, 가새점의 거동을 제어한다. 상대구속가새의 강도와 강성은 사재와 수평재에 분배된다. 수평재가 슬래브와 같은 바닥보인 경우에는 그 강성이 사재의 강성에 비해 매우 크기 때문에 사재가 상대구속가새의 강도와 강성을 제어하는 것으로 한다.

절점구속가새는 인접가새점의 직접적인 상호작용과는 관계없이 특정 가새점의 거동만을 제어한다. 따라서 비가새길이를 정의하기 위해서는 해설 그림 4.5-1에 나타낸 것처럼 추가적인 인접가새점이 필요하다. C점과 D점, 두 절점의 구속가새는 강지지부에 연결되며, $K=1.0$을 사용하여 비가새길이를 정의한다. 인접한 두 개의 보 사이에 위치하는 크로스프레임의 보는 크로스프레임의 위치에서만 보의 뒤틀림을 구속하므로 절점구속가새로 취급한다. 이 경우에 비가새길이는 보길이의 절반으로 한다. 두 개의 보단부에 대한 뒤틀림은 보단부의 보-기둥접합으로 인해 방지되는 것으로 한다. 기둥의 중간지점에서의 수평가새는 보의 상부플랜지와 강지지점에 연결되고, 이 경우 가새점에서 기둥의 수평거동은 없는 것으로 한다.

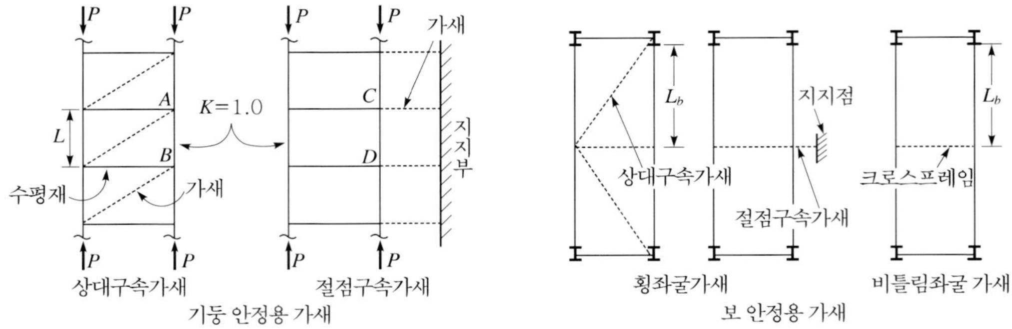

해설 그림 4.5-1 가새의 종류

가새는 $K=1.0$인 임의의 부재가 비가새길이 안에서 부재의 최대하중에 도달할 수 있게 설계되어야 한다. 이것은 해설 그림 4.5-2에 나타낸 횡지지된 캔틸레버보의 좌굴하중과는 다른 의미이다. $K=1.0$인 경우의 임계강성은 $1.0P_E/L$로서, $K=0.7$인 경우에 대한 성능의 95%를 만족하기 위해서는 다섯 배의 강성이 필요하게 된다. 이론적으로, 가새의 강성이 무한히 크다면 횡지지한계에 도달한다. 가새의 성능은 시방서에 규정하는 범위의 특정 회전능력 및 연성한계를 만족해야 한다. 부재의 비탄성은 가새의 요구조건에 상당한 영향을 미치지 않는다 (Yura, 1995).

Winter (1958, 1960)는 가새설계에 대하여 강도와 강성을 이용한 설계기준을 제안하였다. 가새의 축력은 기둥의 초기변위 Δ_0와 가새의 강성함수 β로 나타낸다. 상대구속가새에 대한 기둥의 하중, 가새의 강성 및 횡변위의 관계를 해설 그림 4.5-3에 나타낸다. 오차가 없는 완벽한 수직 부재에 대한 가새의 임계강성이 $\beta=\beta_i$이면, 횡변위가 매우 큰 경우에 한해서는 $P=P_e$이 설계가 가능하지만, 이러한 큰 변위는 큰 가새의 하중을 요구하게 된다. 경험적으로 Δ는 설계 시에 요구되는 하중수준으로 작게 해야 한다.

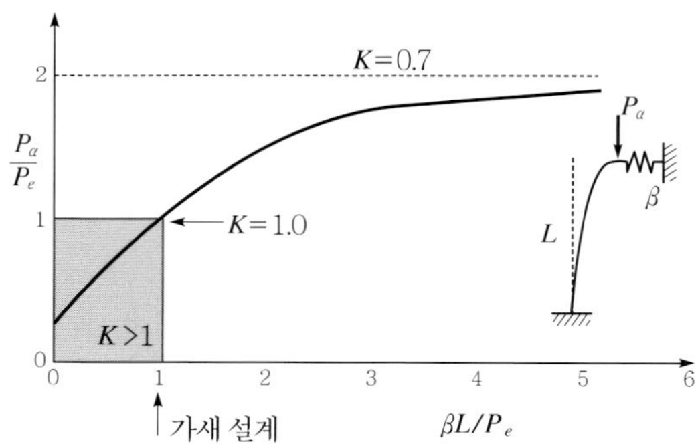

해설 그림 4.5-2 캔틸레버보의 가새

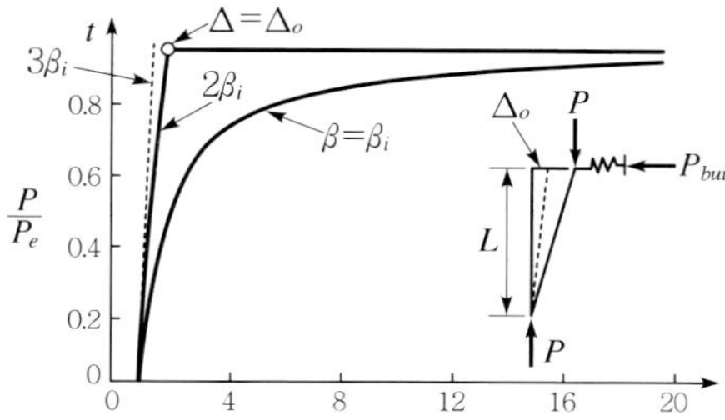

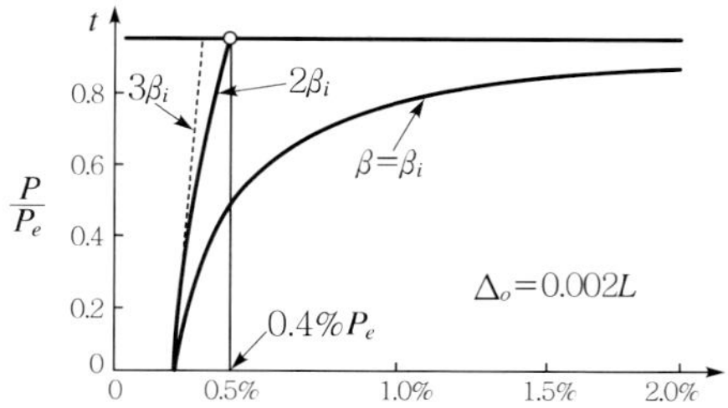

해설 그림 4.5-3 초기수직오차의 영향

골조, 기둥 및 보에 대한 가새의 소요강성 β_{bu}은 임계강성의 2배로 하며, 모든 가새의 소요강성에는 $\phi=0.75$를 사용한다. 해설 그림 4.5-3에 나타낸 상대구속가새에서 $\beta_{bu}=2\beta_i$인 경우에는 $\Delta_0=0.002L$에 대해서 $P_{bu}=0.004P_e$다. 주어진 가새강도 β_{act} 가 요구조건과 다르다면, 가새의 축력 혹은 모멘트의 계산에 다음의 식으로 구해지는 값을 곱하도록 한다.

$$\frac{1}{2-\dfrac{\beta_{bu}}{\beta_{act}}} \qquad \text{(해설 4.5-1)}$$

가새의 소요강도식에 필요한 ϕ값에 대해 구체적인 언급은 이 장의 구성요소의 설계강도의 산정에서 구체적으로 설명하도록 한다.

상대구속가새와 절점구속가새에서 기둥의 초기변위 Δ_0는 해설 그림 4.5-4에 나타낸 것처럼 가새 지점간의 거리로써 정의된다. Δ_0는 가새점을 직선으로 연결한 위치로부터 구한 변위이며, 중력하중이나 압축력에 의한 가새의 변형으로 발생한 변위라기보다는 바람이나 다른 수평하중, 가설공사 시의 시공오차 및 기둥축소 등에 의한 초기변위를 의미한다.

골조, 기둥 및 보의 횡지지가새에 대한 가새의 축력은 $\Delta_0=0.002L$라는 가정을 근간으로 하며, 여기서 L은 인접가새점 사이의 거리이다. 보의 비틀림좌굴가새의 경우에 초기비틀림각은 $\theta_0=0.002L/h_0$이며, 여기서 h_0는 플랜지의 도심간 거리이다. 이외의 Δ_0와 θ_0값은 가새의 소요강도 P_{bu}과 소요모멘트 M_{bu}을 수정하기 위해 사용한다. 한 층의 모든 기둥이 같은 방향의 초기횡변위가 존재하는 경우에는 평균값 $\Delta_0=0.002L/\sqrt{n_0}$을 사용하도록 하며, n_0는 기둥의 개수를 의미한다. 위의 Δ_0는 지진하중 및 풍하중에 대한 가새의 안정성을 고려한 경우 적합할 수 있다.

가새의 접합부에서 휨이나 슬립이 발생할 경우, 가새의 소요강성을 계산하기 위해서는 다음의 식을 고려해야 한다.

$$\frac{1}{\beta_{act}}=\frac{1}{\beta_{conn}}+\frac{1}{\beta_{brace}} \qquad \text{(해설 4.5-2)}$$

가새구조의 강성 β_{act}는 접합부의 강성 β_{conn}과 가새의 강성 β_{brace} 중, 작은 값보다 더 작은 값을 갖는다. 일반적인 볼트접합부에서 슬립은 설계에서 고려하지 않아도 된다. 단, 적은 수의 볼트를 사용한 경우에 대해서는 슬립을 고려할 필요가 있다. 기둥의 주열 구간 혹은 보에 대한 가새구조를 산정하는 경우에는 각각의 보 및 기둥위치에서 발생한 변위에 대한 축적된 가새의 힘을 고려할 필요가 있다. 일반적으로, 가새의 힘은 가새의 개수를 증가시키거나 강성이 높은 가새를 사용함으로써 최소화시킬 수 있다.

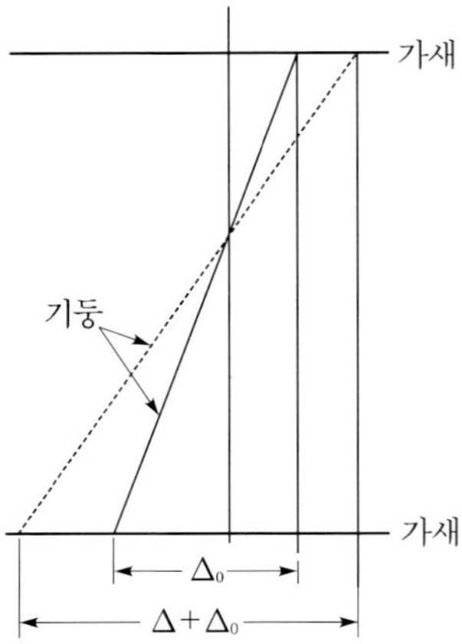

해설 그림 4.5-4 상대구속가새 및 절점구속가새의 초기변위 정의

4.5.1.2 기둥 안정용가새

각각의 기둥은 그 길이에 걸쳐 끝단 및 중간위치에서 상대구속가새 또는 절점구속가새 구조로 가새지지될 수 있다. 절점구속가새의 설계식은 기둥길이에 걸쳐서 등간격으로 가새가 배치된다고 가정한 경우이다.

4.5.1.2.1 상대구속가새

4.5.1.2.1.1 소요강도

$$P_{bu} = 0.004\,P_u \qquad (4.5\text{-}1)$$

4.5.1.2.1.2 소요강성

$$\beta_{bu} = \frac{1}{\phi}\left(\frac{2P_u}{L_b}\right) \qquad (4.5\text{-}2)$$

여기서, $\phi = 0.75$

L_b : 가새간길이(비지지길이) (mm)

P_{bu} : 소요압축강도 (N)

4.5.1.2.2 절점구속가새

4.5.1.2.2.1 소요강도

$$P_{bu} = 0.01\,P_u \tag{4.5-3}$$

4.5.1.2.2.2 소요강성

$$\beta_{bu} = \frac{1}{\phi}\left(\frac{8\,P_u}{L_b}\right) \tag{4.5-4}$$

여기서, $\phi = 0.75$

P_{bu} : 소요압축강도 (N)

L_b 의 값이 L_q (여기서, L_q 는 K값이 1인 기둥의 소요강도에 요구되는 최대비지지길이)보다 작은 경우에는 식 (4.5-4)의 L_b 대신에 L_q 를 적용해도 된다.

【해설】

절점구속가새의 임계강성은 중간가새의 개수에 대한 함수로 나타난다 (Winter, 1958, 1960). 중간가새가 하나인 경우에 대해서는 $\beta_i = 2P/L_b$, 여러 개인 경우에 대해서는 $\beta_i = 4P/L_b$이다. 임계강성과 가새개수(n)와의 관계는 $\beta_i = N_i P/L_b$, $N_i = 4 - 2/n$로 나타낼 수 있으며, 많은 수의 가새가 필요한 경우에 대한 가새의 소요강성은 $\beta_{bu} = 2 \times 4P/L_b$이다. 또한 실제의 가새 개수를 고려하여, $N_i/4$로 함으로써 식 (4.5-4)에서의 소요강성을 줄일 수 있다.

식 (4.5-4)에서 비지지길이 L_b의 값이 L_q와 같다고 한다면, 기둥의 강도는 한계강도 P_u로 할 수 있다. 실제의 가새간격이 L_q보다 작은 경우, 가새의 소요강성과 L_b는 반비례관계이므로 계산된 소요강성은 다소 과대평가될 수 있다. 이러한 경우에는 L_b를 대신해서 L_q를 사용할 수 있다(이것은 보안정용가새에 관한 식 (4.5-8)과 식 (4.5-9)에도 적용가능하다). 식 (4.5-3)에 L_q를 사용하는 것은 소요강성을 구하는데 있어 합당한 추정이라 할 수 있다.

가새의 소요강도과 관련하여 강접모델에서는 지점간 횡변위에 의한 힘의 영향을 P_u값의 0.8%로 고려하고 있지만, 부재변형에 의한 힘의 영향을 추가적으로 고려할 경우에는 P_u값의 1.0%로 고려해야 한다.

4.5.1.3 보 안정용가새

보, 거더 및 트러스의 길이방향회전에 대한 구속은 부재의 가새 지점에서 확보되는 것으로 한다. 보에 대한 가새는 상부와 하부플랜지의 상대변위, 즉 단면의 비틀림을 방지해야 한다. 보의 횡방향안정성은 횡가새, 비틀림가새 또는 이 2가지의 조합으로 확보해야 한다. 복곡률휨을 받는 보에서 변곡점을 가새지점으로 볼 수 없다.

【해설】

보 안정용가새는 부재의 횡변위가 아닌 단면의 비틀림을 방지해야 한다. 횡좌굴가새(단순지지된 보의 압축플랜지에 접합된 가새) 및 비틀림좌굴가새 (크로스프레임 또는 다이아프램가새)는 비틀림을 효과적으로 제어해야 한다. 보의 도심부분에 접합된 횡좌굴가새의 경우에는 비틀림에 대해 유효하지 않은 것으로 한다. 복곡률휨을 받는 보의 경우에는 변곡점에서 비틀림이 발생함으로 (Galambos, 1998), 변곡점을 가새의 지점으로 할 수 없으며, 변곡점 부근의 한쪽 플랜지에 접합된 횡좌굴가새 또한 가새의 지점으로 할 수 없다. 복곡률휨을 받는 보에서 변곡점 부근에 대한 횡좌굴가새의 지점은 비틀림을 방지하기 위해 상부, 하부플랜지 양쪽에 접합하거나 또는 비틀림좌굴가새를 설치해야 한다. 보안정용가새의 요구조건은 Yura (1993)의 권고를 기반으로 한다.

4.5.1.3.1 횡좌굴 가새

횡좌굴가새는 압축플랜지 부근에 부착시켜야 한다. 다만, 캔틸레버보에서 단부에 위치한 가새는 상부(인장)플랜지 부근에 접합해야 한다. 또한, 복곡률휨을 받는 보에서 변곡점 부근에 횡지지가새를 설치하는 경우 이 가새는 양쪽플랜지 모두에 접합해야 한다.

4.5.1.3.1.1 상대구속 가새

(1) 소요강도

$$P_{bu} = 0.008\ M_u\ C_d\ /\ h_o \qquad (4.5-5)$$

(2) 소요강성

$$\beta_{bu} = \frac{1}{\phi}\left(\frac{4M_u C_d}{L_b h_o}\right) \qquad (4.5-6)$$

여기서, $\phi = 0.75$

h_o : 플랜지 도심간의 거리 (mm)

C_d : 단곡률인 경우 1.0 복곡률인 경우 2.0으로서 변곡점에 가장 가까운

가새에만 적용한다.

L_b : 횡좌굴 비지지길이 (mm)

M_u : 소요휨강도 (N·mm)

4.5.1.3.1.2 절점구속 가새

(1) 소요강도

$$P_{bu} = 0.02\ M_u\ C_d\ /\ h_o \tag{4.5-7}$$

(2) 소요강성

$$\beta_{bu} = \frac{1}{\phi}\left(\frac{10 M_u C_d}{L_b h_o}\right) \tag{4.5-8}$$

여기서, $\phi = 0.75$

M_u : 소요휨강도 (N·mm)

L_b 의 값이 L_q (여기서, L_q 는 보의 소요휨강도 M_u 에 요구되는 최대비지지길이)보다 작은 경우에는 식 (4.5-8)의 L_b 대신에 L_q 를 적용해도 된다.

【해설】

횡좌굴 가새의 소요강성은 다음과 같다.

$$\beta_{bu} = 2N_i(C_b P_f)\,C_t C_d/\phi L_b \tag{해설 4.5-3}$$

여기서, N_i : 상대구속가새의 경우 1.0, 불연속 가새의 경우, $(4-2/n)$

n : 중간가새의 개수

P_f : 보의 압축측플랜지가 받는 힘, $\pi^2 EI_{yc}/L_b^2$

I_{yc} : 압축측플랜지의 약축에 대한 단면2차모멘트

C_b : 모멘트분포에 따른 수정계수

C_t : 상부플랜지에 작용하는 하중에 대한 계수, 집중하중의 경우 1.0, $1+(1.2/n)$

C_d : 상, 하부플랜지가 압축을 받는 경우의 복곡률계수, $1+(M_S/M_L)^2$

M_S : 상, 하부플랜지의 압축에 의해 발생하는 최소모멘트

M_L : 상, 하부플랜지의 압축에 의해 발생하는 최대모멘트

C_d의 값은 1.0에서 2.0사이의 값으로써, 변곡점에 가장 가까운 가새에만 적용한다. 위식에서 $2N_iC_t$ 항은 대략적으로 절점구속가새의 어떠한 부재에 대해서도 10의 값을, 상대구속가새에 대해서는 4의 값을 가질 수 있다. 또한 (C_bP_f)항은 M_u/h의 값으로 사용할 수 있다. 식 (4.5-5)은 식 (4.5-6) 및

식 (4.5-8)을 대신하여 사용할 수 있다.

이 경우, 상대구속가새의 소요강도는 다음과 같다.

$$P_{bu} = 0.004 M_u C_t C_d / h_o \quad \text{(해설 4.5-4)}$$

절점구속가새의 소요강도는 다음과 같다.

$$P_{bu} = 0.01 M_u C_t C_d / h_o \quad \text{(해설 4.5-5)}$$

위 식들은 압축측플랜지의 초기횡변위가 $0.002L_b$라는 가정을 근거로 한다. 가새의 소요강도에 관한 식 (4.5-5) 및 식 (4.5-7)은 식 (해설 4.5-4) 및 식 (해설 4.5-5)에서 $C_t = 2$인 경우로부터 유도되었으며, 식 (해설 4.5-4)와 식 (해설 4.5-5)는 식 (4.5-5) 및 식 (4.5-7)을 대신하여 사용할 수 있다.

4.5.1.3.2 비틀림좌굴 가새

비틀림좌굴 가새는 절점가새 또는 보길이에 걸친 연속가새일 수 있다. 비틀림좌굴가새는 단면의 어떠한 위치에도 부착할 수 있으며, 반드시 압축플랜지 부근에 부착시킬 필요가 없다. 비틀림좌굴가새와 보 사이의 접합부는 다음과 같이 주어지는 소요모멘트를 저항할 수 있어야 한다.

4.5.1.3.2.1 상대구속 가새

(1) 소요모멘트

$$M_{bu} = \frac{0.024\ M_u\ L}{n\ C_b\ L_b} \quad (4.5\text{-}9)$$

(2) 크로스프레임 또는 다이아프램가새의 소요강성도

$$\beta_{Tb} = \frac{\beta_T}{\left(1 - \dfrac{\beta_T}{\beta_{\sec}}\right)} \quad (4.5\text{-}10)$$

$$\beta_T = \frac{1}{\phi}\left(\frac{2.4\ L\ M_u^2}{n\ E\ I_y\ C_b^2}\right) \quad (4.5\text{-}11)$$

$$\beta_{\sec} = \frac{3.3\ E}{h_o}\left(\frac{1.5\ h_o\ t_w^3}{12} + \frac{t_s\ b_s^3}{12}\right) \quad (4.5\text{-}12)$$

여기서, $\phi = 0.75$

L : 부재 길이 (mm)

n : 경간내에서 가새지점의 수

I_y : 약축에 대한 단면2차모멘트 (mm^4)

C_b : 제6장의 모멘트분포에 따른 보정계수

t_w : 보웨브두께 (mm)

t_s : 웨브보강재의 두께 (mm)

b_s : 웨브보강재의 폭 (mm)

(양면 보강인 경우, 양쪽 폭의 합을 사용)

β_T : 웨브뒴을 배제한 가새의 강성 (N·mm/rad)

β_{sec} : 웨브의 뒴강성 (N·mm/rad)

(웨브의 중간보강재가 있는 경우 이의 효과를 포함)

M_u : 소요휨강도 (N·mm)

만약, $\beta_{sec} < \beta_T$이면, 식 (4.5-10)은 음수가 되는데, 이는 웨브의 비틀림강성이 부적절하기 때문에 보의 비틀림좌굴가새가 비효율적임을 가리킨다.

필요하다면, 웨브보강 중간보강재는 보의 전체높이에 걸쳐 설치해야 한다. 특히, 비틀림좌굴가새가 있는 경우에는 가새가 부착되는 플랜지까지 중간보강재를 연장해야 한다. 대안으로서, 비틀림좌굴가새가 직접 부착되지 않는 플랜지의 경우에 보의 중간보강재는 플랜지에서 4 t_w 거리만큼 떨어진 위치까지만 설치하여도 무방하다. 설계한 비지지길이가 L_q 보다 작은 경우에는 식 (4.5-9)의 L_b 대신에 L_q 를 적용해도 된다.

4.5.1.3.2.2 연속 비틀림좌굴 가새

연속비틀림좌굴가새의 경우, 식 (4.5-9), 식 (4.5-10) 및 식 (4.5-11)의 사용에 있어 L/n 의 값을 1, L_b 를 L_q 로서 적용하며, 가새의 모멘트와 강성은 단위길이당의 값으로 주어지게 된다. 비보강웨브의 뒤틀림강성도는 다음과 같다.

$$\beta_{sec} = \frac{3.3E\,t_w^3}{12h_o} \qquad (4.5\text{-}13)$$

【해설】

비틀림좌굴가새는 보의 길이 (슬래브 혹은 데크플레이트)를 따라 연속적으로 접합하거나, 부재의 길이 (크로스프레임)를 따른 불연속점에 배치한다. 작은보의 거동에 따른 비틀림좌굴가새의 접합은 인장플랜지의 경우 보의 중간높이로 접합하는 것이 효과적이며 압축플랜지에도 접합가능하다. 일반적으로 가새의 위치가 작은보의 거동에 미치는 영향은 경미하지만, 보단면에 대한 가새지점의 위치는 가새 자체의 강성에 영향이 있다. 예를 들면, 하부플랜지에 접합된 비틀림좌굴가새의 경우 단곡률의 휨모멘트분포(가새의 휨강성이 $2EI/L$)로 나타나며, 상부플랜지에 가새가 접합된 경우는 반대의 양상(가새의 휨강성이 $6EI/L$)을 나타낸다.

비틀림좌굴가새의 요구조건은 보의 길이를 따라 비틀림좌굴가새가 연속적으로 배치된 보의 좌굴강도를 근거로 하며, 단면비틀림에 대한 수정소요모멘트에 관한 식은 다음과 같다.

$$M_u \leq M_{cr} = \sqrt{(C_{bu}M_o)^2 + \frac{C_b^2 EI_y \overline{\beta_T}}{2C_{tt}}} \quad \text{(해설 4.5-6)}$$

위 식에서 $C_{bu}M_0$항은 비틀림 좌굴가새가 없는 경우에 대한 보의 좌굴강도이다. 상부플랜지에 하중이 작용할 경우에는 $C_{tt}=1.2$이며, 도심에 하중이 작용할 경우에는 $C_{tt}=1.0$이다. $\overline{\beta_T}=n\beta_T/L$이며, 스팬 L의 길이에 걸쳐 n개의 절점가새가 사용된 경우에 대한 연속비틀림좌굴가새의 단위길이당 강성, 혹은 등가강성이다. 또한 위식의 분모항에 2를 곱하는 것은 초기오차를 고려하기 위함이다.

비틀림좌굴가새의 소요강도의 추정에는 초기 비틀림 불완전성이 $\theta_0 = 0.002L_b/h_0$라는 것에 근거를 두고 있으며, 여기서 h_0는 보의 높이이다. 가새의 축력에 대해 소요강성의 2배를 확보하기위해서 $M_{bu}=\beta_T\theta_0$로 한다. 식 (4.5-9)를 한계상태설계법에 적용하기 위한 비틀림좌굴가새의 소요강도는 다음과 같다.

$$M_{bu} = \beta_T\theta_o = \frac{2.4LM_u^2}{nEI_yC_b^2}\frac{L_b}{500h_o} \quad \text{(해설 4.5-7)}$$

식 (해설 4.5-11)은 다음의 식을 통해 단순화된 것으로써,

$$M_{bu} = \frac{2.4LM_u^2}{nEI_yC_b^2}\frac{L_b}{500h_o}\frac{\pi^2L_b^2}{\pi^2L_b^2} = \frac{2.4\pi^2C_bM_uL}{500nL_bC_b^2}\frac{M_u}{h_o}\frac{L_b^2}{C_b\pi^2EI_y} \quad \text{(해설 4.5-8)}$$

위 식에서 M_u/h_0항은 플랜지의 축력 P_f를 대략적으로 나타낸 것이며, $L_b^2/C_b\pi^2EI_y$항은 플랜지의 좌굴강도를 두 배한 값을 역수로 나타낸 것이다 $(1/2Pp_f)$. 이 항들을 위식에 대입하고 상수항을 고려하면 다음의 식을 얻을 수 있다.

$$M_{bu} = \frac{0.024M_uL}{nC_bL_b} \quad \text{(해설 4.5-9)}$$

부록의 식 (해설 4.5-8) 및 식 (해설 4.5-9)는 2축대칭단면보에 대한 소요강도 및 소요강성에 관한 식이며, 1축대칭단면보의 경우에는 소요강도 및 소요강성이 다소 과대평가될 수 있다. 1축대칭단면보에 대한 비틀림좌굴가새의 정확한 소요강도는 식 (해설 4.5-7)의 I_y에 대해 다음의 I_{eff}값을 대입함으로써 구할 수 있다.

$$I_{eff} = I_{yc} + \frac{t}{c}I_{yt} \quad \text{(해설 4.5-10)}$$

위 식에서 t는 중립축에서 최대 인장면까지의 거리이며, c는 중립축에서 최대압축면까지의 거리, I_{yc}

및 I_{yt}는 각각 웨브를 통과하는 축에 대한 인장측 플랜지 및 압축측 플랜지의 단면2차모멘트이다. H형강과 같은 2축 대칭단면보에 대한 비틀림좌굴가새의 정확한 소요강성은 식 (4.5-11)에 식 (해설 4.5-10)을 대입함으로써 구할 수 있다.
식 (4.5-10), 식 (4.5-11) 및 식 (4.5-12)에서 β_{sec}은 단면의 비틀림을 고려한 강성이다. 가새지점에 웨브의 보강스티프너를 설치함으로써, 단면의 비틀림저하 및 비틀림좌굴가새의 성능을 높일 수 있다. 크로스프레임이 상·하 양쪽플랜지 부근에 접합되거나 혹은 다이아프램의 춤이 작은 보와 같은 경우에는 비틀림의 영향이 매우 작아지므로 β_{sec}는 무한대에 가깝게 된다. 가새의 소요강성 β_{Tb}는 비틀림의 영향을 고려한 다음의 식으로부터 얻어진 식이다.

$$\frac{1}{\beta_T}=\frac{1}{\beta_{Tb}}+\frac{1}{\beta_{sec}} \qquad \text{(해설 4.5-11)}$$

트러스의 상부, 하부현재가 스팬의 단부까지 확장되고 지지점에 연결된 평행현트러스는 보로서 취급할 수 있다. 식 (4.5-5)부터 식 (4.5-9)까지의 M_u는 가새의 소요강도 및 소요강성을 구하기 위한 모멘트로써, 트러스의 높이에 현재의 최대압축력을 곱한 값이다. 보춤의 높이를 가지는 크로스프레임이 가새로 사용되는 경우에는, 단면의 비틀림을 고려한 강성 β_{sec}를 고려하지 않아도 된다. 트러스의 상현재 혹은 하현재가 스팬의 단부까지 확장되지 않은 경우에는 뒤틀림을 방지하기 위해서 크로스프레임 혹은 연결재를 사용한 인장접합이 필요하다.

4.5.2 핀

【해설】

건축물 강구조 설계기준(KDS 41 31 00) 의 4.1 인장재에서는 인장핀의 인장강도와 전단강도를 다룬다. 또한, 건축물 강구조 설계기준(KDS 41 31 00)의 4.7.7에는 접합에서 핀의 지압강도 기준이 있다

4.5.2.1 위치

편심을 최소화할 수 있도록 핀의 위치를 결정한다.

4.5.2.2 강도

4.5.2.2.1 **휨과 전단의 조합**

휨과 전단을 동시에 받을 경우에는 다음 식을 만족해야 한다.

$$\frac{6.0M_u}{\phi_f D^3 F_y}+\left(\frac{2.2V_u}{\phi_v D^2 F_y}\right)^3 \le 0.95 \qquad (4.5\text{-}14)$$

여기서, D : 핀의 직경 (mm)

M_u : 설계하중에 의한 휨모멘트 (N·mm)

V_u : 설계하중에 의한 전단력 (N)

F_y : 핀의 항복강도 (MPa)

ϕ_f : 휨에 대한 강도저항계수로서 ϕ_f = 1.0

ϕ_v : 전단에 대한 강도저항계수로서 ϕ_v = 1.0

M_u와 V_u는 동일한 단면에서 구한 값을 사용한다.

【해설】

식 (4.5-14)의 유도과정은 참고문헌(Kulicki, 1983)에 설명되어 있다.

4.5.2.2.2 지압

핀의 지압강도는 다음과 같다.

$$(R_{pB})_r = \phi_b (R_{pB})_n \quad (4.5\text{-}15)$$

$$(R_{pB})_n = 1.5tDF_y \quad (4.5\text{-}16)$$

여기서, t : 판의 두께 (mm)

D : 핀의 직경 (mm)

ϕ_b : 지압에 대한 강도저항계수로서 ϕ_b = 1.0

【해설】

건축물 강구조설계기준, KDS 41 31 00에서 핀의 지압강도 는 다음과 같이 규정되어 있으므로 건축물 설계시에는 아래내용도 같이 고려할 필요가 있다.

설계지압강도 ϕR_n은 국부압축항복의 한계상태를 가정하여 다음과 같이 산정한다.

$\phi = 0.75$

공칭지압강도 R_n은 지압형태에 따라 다음과 같이 산정한다.

4.7.7.1 공장가공면, 핀의 구멍, 지압스티프너 등의 지압

$$R_n = 1.8F_y A_{pb} \quad (\text{해설 } 4.5\text{-}12)$$

여기서, F_y : 항복강도 (MPa)

A_{pb} : 투영된 지압면적 (mm^2)

4.7.7.2 확장롤러 및 확장록커

(1) $d \leqq 635$ mm인 경우

$$R_n = 1.2(F_y - 90)\, l\, d\, /\, 20 \quad (\text{해설 } 4.5\text{-}13)$$

(2) $d > 635\text{mm}$인 경우

$$R_n = 30.2(F_y - 90)\, l \sqrt{d} \,/\, 20 \quad \text{(해설 4.5-14)}$$

여기서, d : 직경 (mm)

l : 지압길이 (mm)

4.5.2.3 아이바 핀의 최소치수

핀의 직경 D는 다음의 값보다 커야 한다.

$$D \geq \left(\frac{3}{4} + \frac{F_y}{2760}\right) b \quad (4.5\text{-}17)$$

여기서, F_y : 핀의 최소항복강도 (MPa)

b : 아이바 몸체의 폭 (mm)

【해설】

건축물 강구조와 토목 강구조의 인장부재에서 아이바의 구조제한은 4.1.6.2를 참조한다.

건축물 강구조설계기준(KDS 41 31 00)의 4.1.6.2절에서는 아이바의 구조제한을 다음과 같이 규정하고 있으므로 건축구조부재 설계시는 고려할 필요가 있다.

(1) 아이바의 원형 머리 부분과 몸체 사이 부분의 반지름은 아이바머리의 직경보다 커야 한다.

(2) 핀직경은 아이바 몸체 폭의 7/8배보다 커야 하고, 핀구멍의 직경은 핀직경보다 1mm를 초과할 수 없다

(3) F_y가 485MPa(강구조설계기준에서는 460MPa로 되어있음) 를 초과하는 강재의 구멍직경은 플레이트두께의 5배를 초과할 수 없고 아이바 몸체 폭은 그에 따라 감소되어야 한다.

4.5.2.4 핀과 너트

핀은 나사부가 연결부재 내에 있지 않도록 충분한 길이를 가져야 한다.

4.5.3 말뚝

4.5.3.1 일반사항

말뚝은 모든 상재하중을 안전하게 지지할 수 있는 구조부재로 설계해야 한다.

횡하중을 받는 연직말뚝 만으로 구성된 군말뚝의 경우, 말뚝의 구조해석 시 말뚝-흙-

말뚝 상호작용으로 알려진 군말뚝 효과를 반드시 고려해야 한다.

【해설】

전형적으로 연직말뚝과 경사말뚝으로 구성된 군말뚝의 흙-구조물 상호작용에 대한 상세한 분석적 검토가 부족하기 때문에, 축하중 및 휨하중의 조합에 대한 평가는 연직말뚝 만으로 구성된 군말뚝에만 적용해야 한다.

4.5.3.2 구조적인 저항

강도한계상태의 저항계수 ϕ는 한계상태 관련 조항에 규정된 값으로 한다. 말뚝 타입에 의해 손상을 입는 압축력을 받는 말뚝의 축력에 대한 저항계수는 손상을 받기 쉬운 단면에만 적용한다. 그러므로 휨하중 없이 압축력만을 받는 말뚝에 대한 0.50-0.70의 값을 가지는 축저항계수 ϕ_c는 말뚝의 압축성능에만 적용한다. 저항계수 ϕ_c값 0.70-0.80 그리고 ϕ_f값 1.0은 압축과 휨을 조합한 상관관계식에서 말뚝의 압축과 휨에 대해 각각 적용한다.

【해설】

말뚝 타입의 본질상, 저항계수의 선택에서 강재의 경우 보통 적용하지 않는 추가적인 인자를 고려해야 한다. 저항계수의 규정에서 고려해야하는 인자들은 다음과 같다.

- 말뚝 축에 대한 재하하중의 의도되지 않은 편심
- 말뚝 재료특성의 편차
- 말뚝 타입에 의한 손상

이런 인자들은 Davisson (1983)에 의하여 논의 되었다. 여기에서 규정된 저항계수는 일반적으로 Davisson (1983)이 제안한 값과 일치하지만, 그 계수들은 현재의 설계철학을 반영하여 수정되었다.

계수압축저항 P_r에는 의도적이지 않게 발생하는 편심하중, 재료 특성의 편차에 의한 감소인자는 물론 주로 말뚝 선단부에서 발생하기 쉬운 말뚝 타입에 기인한 말뚝의 손상에 의한 감소 요인을 함께 고려하였다. 말뚝 선단부위의 계수압축말뚝저항 산정 시의 저항계수는 열악한 타입조건에서는 0.5에서 0.6사이의 값이며, 양호한 타입조건에서는 0.6에서 0.7 범위로 각각 정하였다. 이 계수들은 기본적인 축압축저항계수 $\phi_c = 0.9$를 편심하중에 대한 감소계수로 H-말뚝의 경우 0.78, 원형말뚝의 경우 0.87과 열악한 타입 조건의 경우 0.75, 약간 어려운 타입조건의 경우 0.875를 각각 곱하여 수정한 값이다. 강 말뚝의 경우 휨은 주로 말뚝 두부 쪽에 발생한다. 이 말뚝의 상부는 타입에 의한 손상은 거의 발생하지 않는다. 그러므로 압축과 휨의 조합과 관련하여, 압축저항에 대한 저항계수를 뜻하지 않은 하중의 편심과 말뚝 재료의 편차를 함께 고려하여 $\phi_c = 0.7 - 0.8$범위로 정하도록 하였다. 반면에 휨저항에 대한 저항계수는 선단 휨저항 만을 고려하여 $\phi_f = 1.0$으로 정하였다. 이러한 설계방법은 해설 그림

4.5-5에 도시하였으며, $P-\Delta$ 해석에 의해 구한 고정점도 그림에 도시하였다.

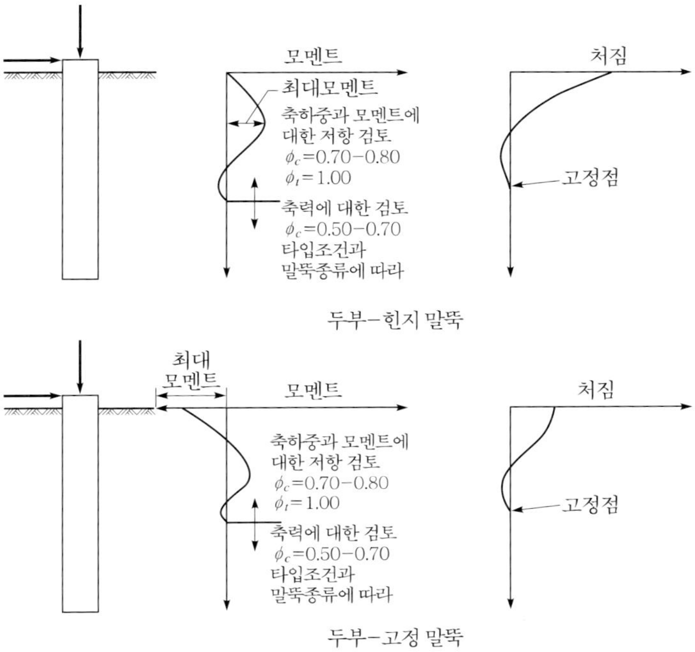

해설 그림 4.5-5 횡하중을 받는 연직말뚝의 모멘트 분포 및 처짐

특수한 상황에 의하여 말뚝 선단에 심각한 휨이 발생하게 되면, 휨과 압축의 조합에 대한 저항을 평가하는데 말뚝의 손상가능성을 고려해야 한다.

4.5.3.3 압축저항

4.5.3.3.1 축압축

압축하중을 받는 말뚝의 경우 저항계수 ϕ_c는 0.9를 사용하고 압축강도는 4.2.3에 규정한 값으로 한다.

4.5.3.3.2 축압축과 휨의 조합

축하중과 휨을 받는 말뚝은 한계상태 관련 조항에 규정된 저항계수 ϕ_c와 ϕ_f를 사용하는 4.4.1.1에 따라 설계해야 한다.

4.5.3.3.3 좌굴

수중 또는 대기 중으로 연장된 말뚝의 안정문제는 4.2에 규정된 바와 같이 검토해야 한다. 수중 또는 대기 중으로 연장한 말뚝은 지표면으로부터 적당한 높이에서 고정된 것으로 간주한다. 안정문제는 4.2에 따라 횡방향 비지지길이와 고정점까지의 매입 깊이를 합한 말뚝의 등가길이를 적용하여 검토한다. 고정점까지의 깊이는 수직말뚝에 대하여는 $P-\Delta$ 해석을 적용하여 구하고, 경사말뚝에 대하여는 아래와 같이 구한다.

- 점성토

$$1.4\left[\frac{E_p I_p}{E_s}\right]^{0.25} (\text{mm}) \qquad (4.5\text{-}18)$$

- 사질토

$$1.8\left[\frac{E_p I_p}{n_h}\right]^{0.25} (\text{mm}) \qquad (4.5\text{-}19)$$

여기서, E_p : 말뚝의 변형계수 (MPa)

I_p : 말뚝의 단면2차모멘트 (mm^4)

E_s : 점성토의 변형계수, $67S_u$ (MPa)

S_u : 점성토의 비배수 전단강도 (MPa)

n_h : 깊이에 따른 사질토의 변형계수 증가율 (MPa/mm)

표 4.5-1 깊이에 따른 사질토의 변형계수 증가율 (n_h)

연경도(밀도)	건조 또는 습윤	포화
느슨	9.4×10^{-3}	4.7×10^{-3}
중간	0.025	0.013
조밀	0.063	0.031

4.5.3.4 최대 허용항타응력

두부 항타 강말뚝의 최대허용항타응력은 파동방정식해석이나 파일 항타시 두부의 하중 및 가속도를 측정하여 구한다.

최대허용항타력은 다음을 초과해서는 안 된다.

- 압축 : $0.9F_y A_g$

- 인장 : $0.9F_yA_n$

【해설】

$P-\Delta$ 해석 대신에 기술자가 허용하는 근사해법을 사용할 수도 있다.

4.5.4 파형강판 구조물

이 절은 구조용 파형강판을 이용한 구조물의 해석 및 설계 관련 일반적인 요구사항을 규정한다.

【해설】

구조용 파형강판을 이용한 파형강판 지중구조물은 소교량, 통로암거, 수로암거, 개착터널 및 임시 가시설 등의 목적으로 설계 및 시공한다. 파형강판 지중구조물의 단면 형상은 용도와 현장 여건을 고려하여 적절한 단면 형상을 선정한다.

파형강판 구조물은 Soil-metal 상호작용에 의해 지배되어 구조물의 안전성이 시공방법에 좌우되기 때문에 4.5.4 파형강판 구조물에 대한 해설은 본 해설의 다른 장과 달리 시공에 대한 최소기준을 포함한다.

4.5.4.1 일반사항

4.5.4.1.1 파형강판 규격

일반형 및 대골형 파형강판의 규격은 표 4.5-2에 따르며, 재료는 KS D 3503 및 KS D 3506을 따른다.

표 4.5-2 파형강판의 규격

종류	골의 피치 (p)	골의 깊이(d)	최소항복강도
일반형	150～200mm	50～55mm	225MPa
대골형	380～500mm	140～250mm	275MPa

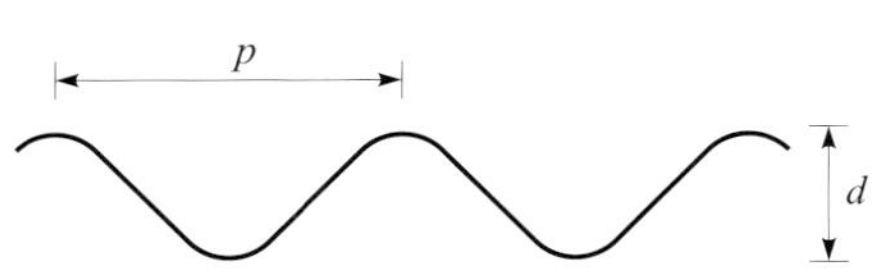

【해설】

파형강판의 규격은 파형의 피치, 깊이에 따라서 일반형과 대골형으로 구분된다. 일반형과 대골형 파형강판의 규격은 표 4.5-2와 같으며, 규격별 재료의 최소 항복강도는 해설 표 4.5-2와 같다.

해설 표 4.5-1 파형강판의 규격 및 최소항복강도

종류	골의 피치 (p)	골의 깊이(d)	최소항복강도
일반형	150～200mm	50～55mm	225MPa
대골형	380～500mm	140～250mm	275MPa

파형강판의 규격은 재료 및 구조적 성능이 검증되어 공인된 기타 규격을 사용 할 수 있다.
파형강판 원소재의 재료는 해설 표 4.5-2에 부합하는 구조용 강재를 사용하여야 하며, 부식에 대한 내구성을 확보하기 위하여 용융아연도금 등의 부식 방지 공법을 실시하여야 한다. 단, 단기간 동안 임시구조물로 사용하고자 할 경우에는 아연도금을 생략할 수 있다. 해설 표 4.5-2의 아연 부착량은 강판의 양면을 기준으로 한 것이며, 설계시 항복 강도는 제시된 값을 적용하되 별도 시험결과가 있을 경우에는 시험 값을 적용할 수 있다.

해설 표 4.5-2 파형강판 원소재의 기계적 성질 (KS D 3503, 3506)

재료기호	화학적 성분		기계적 특성			
	P(%)	S(%)	항복강도 (MPa)	인장강도 (MPa)	연신율(%)	
					t≤5	5<t≤16
SS235	0.050 이하	0.050 이하	235 이상	330 이상	26 이상	21 이상
SS275			275 이상	410 이상	21 이상	18 이상
SS315			315 이상	490 이상	19 이상	16 이상
SS410	0.040 이하	0.040 이하	410 이상	590 이상	16 이상	14 이상
SS450			450 이상	590 이상	14 이상	12 이상
SS550			550 이상	690 이상	13 이상	11 이상

파형강판의 규격은 재료 및 구조적 성능이 검증되어 공인된 기타 규격을 사용 할 수 있다.

4.5.4.1.2 최소두께

구조용 파형강판의 최소두께는 3.0mm로 한다.

4.5.4.1.3 연결재

일반형과 대골형 파형강판 연결에는 지압면이 구면인 볼트와 너트를 사용한다.

【해설】

파형강판 지중구조물의 볼트 이음은 지압이음방식이다. 지압이음은 볼트의 체결 시 발생하는 접촉면의 마찰력보다 더 큰 하중을 전달하는 것으로 가정한다. 즉, 연결되는 부재의 상대적인 미끄러짐이 약간 발생하고 이 때문에 볼트는 볼트구멍과 볼트몸체 사이의 접촉면에 발생하는 지압력과 전단력을 받게 된다.

강판 조립에 사용하는 볼트, 너트는 표준 규격에서 정하는 제품을 사용하여야 하며, 콘크리트와 연결시키기 위한 앵커볼트, 베이스채널은 볼트 및 강판의 재료 기준에 부합하여야 한다. 단기간 임시구조물로 사용할 경우 외에는 상기 금속 부속자재는 반드시 아연도금 되거나 녹슬지 않는 재료를 사용하여야 한다.

볼트, 너트의 규격 및 강도는 해설 표 4.5-3를 참고하며, 설계되는 파형강판의 강종, 두께, 이음특성을 고려하여 증가시킬 수 있다.

해설 표 4.5-3 볼트와 너트의 규격 및 아연도금 부착량

구분	규격	강도구분	참조규격	아연도금두께(μm)
볼트	M20 이상	7T 이상	KS B 1002	49 이상
너트	M20 이상	4T 이상	KS B 1012	49 이상

4.5.4.1.4 구조적 뒤채움 재료

구조용 파형강판을 지중구조물에 사용하는 경우에는 주변의 일정한 영역을 구조적 뒤채움 재료로 다짐 시공하여야 한다. 구조적 뒤채움 재료는 통일분류법에 의하여 표 4.5-3과 같이 분류되는 재료를 사용한다.

표 4.5-3 파형강판 지중구조물의 구조적 뒤채움 재료

분 류	구조적 뒤채움 재료 I	구조적 뒤채움 재료 II
통일분류 기호	GW, GP, SW, SP	GC, SC, SM

상대다짐도에 따른 흙의 할선탄성계수는 표 4.5-4에 따라 적용할 수 있으며 상대다짐도가 표에 제시된 값의 사이값일 경우 흙의 할선탄성계수는 선형 보간하여 적용한다. 다짐밀도는 KS F 2312 'C', 'D', 또는 'E' 방법으로 구한 최대건조밀도를 기준으로 한다.

표 4.5-4 상대다짐도에 따른 흙의 할선탄성계수

상대다짐도(%)	E_s (MPa)	
	구조적 뒤채움 재료 I	구조적 뒤채움 재료 II
85%	6	3
90%	12	6
95%	24	12
100%	30	15

【해설】

구조적 뒤채움 재료는 다진 후 압축성이 작고 내구성이 우수한 부순 돌, 자갈, 입도분포가 양호한 모래 등 감독원이 확인한 재료 또는 혼합물로서, 표 4.5-3과 같이 구조적 뒤채움 재료 Ⅱ 이상의 품질을 보유하여야 한다.

구조적 뒤채움 영역에 일반 토사 재료 대신 유동성 저강도 재료(CLSM, controlled low strength material) 또는 저강도 콘크리트 및 기타 특수재료를 사용할 수 있다. 이 경우에는 상기 항목에도 불구하고, 전문가의 검토를 거쳐 4.5.4.2.7 구조적 뒤채움 범위와 다짐 기준 등을 조정할 수 있다. 또한 보강을 위하여 금속이나 토목섬유를 이용한 강재를 삽입하여 사용할 수 있다.

구조적 뒤채움 재료로 유동성 저강도 재료 (CLSM)을 사용하는 경우 별도의 시험결과가 없을 경우 30MPa로 가정할 수 있다.

구조적 뒤채움 재료의 할선탄성계수는 부재력 및 강도 산정에 중요하므로 표 4.5-3외 재료에 대한 시험 결과를 사용하는 경우 전문가로부터 엄밀한 검증이 필요하다.

4.5.4.1.5 한계상태

파형강판 구조물의 구조적 안전성은 강도한계상태 및 사용한계상태에 대하여 검토한다. 강도한계상태는 압축좌굴, 시공 중 압축력과 휨 모멘트에 의한 소성힌지 발생, 대골형의 경우 완공 후 압축력과 휨 모멘트에 의한 소성힌지 발생 및 이음부 파괴에 대한 것이고, 사용한계상태는 시공 중 변형에 대한 것이다.

【해설】

구조적 안전성은 해설 표 4.5-4 와 같이 강도한계상태 및 사용한계상태에 대하여 검토한다.

해설 표 4.5-4한계상태

한계상태	구조형식	구체적인 한계상태
강도한계상태	일반형 파형강판 구조물	압축좌굴 시공 중 소성힌지 이음부강도
	대골형 파형강판 구조물	압축좌굴 시공 중 소성힌지 완공 후 소성힌지 이음부강도
사용한계상태	파형강판 구조물	시공 중 변형

4.5.4.1.6 저항계수

아치형과 박스형 파형강판 구조물에 대한 저항계수는 표 4.5-5에 따른다.

표 4.5-5 저항계수

구조물의 종류	저항계수		
아치형	압축강도		ϕ_t = 0.80
	휨모멘트와 압축력에 의한 소성힌지	시공 중	ϕ_{hc} = 0.90
		완공 후	ϕ_h = 0.85
	이음부강도		ϕ_j = 0.70
박스형	압축강도		ϕ_t = 0.90
	휨모멘트와 압축력에 의한 소성힌지		ϕ_h = 0.90
	휨모멘트		ϕ_h = 0.90
	이음부강도		ϕ_j = 0.70

【해설】

현재의 아치형 파형강판 구조물과 박스형 파형강판 구조물의 다양한 구성 요소의 강도에 대한 통계자료는 현실적으로 저항계수 값을 결정하기에 충분하지 않다. 저항계수의 결정은 4.5.4절 에 의해 설계된 국내외 구조물의 성공적인 구조물 설계에서 적용 된 값으로 결정되었다.

4.5.4.1.7 하중

고정하중, 활하중, 지진의 영향을 고려한다. 파형강판 구조물에 대한 하중조합 및 하중계수는 최대하중조합효과가 계산되도록 선정하며 하중조합 및 하중계수는 표 4.5-6에 따른다.

표 4.5-6 하중조합 및 하중계수 α

하중조합	고정하중(α_D)	활하중(α_L)	지진하중(α_E)
조합 I	1.25	1.70	
조합 II	1.25		1.00
조합 III	1.00	1.00	
조합 IV	1.35		

조합 I 은 파형강판 구조물 설계 시 일반 하중조합 조건이며, 조합 II 는 지진 하중 고려 시 적용한다. 조합 III 은 파형강판 구조물의 시공 중 검토 시 적용하며, 조합 IV 는 고정하

중만 작용하는 경우 적용한다.

【해설】

하중계수는 우리나라의 통계자료, 시공기술 및 여건 등을 고려하여 합리적으로 정해야 한다. 하중조합 및 하중계수에 대해서는 지중구조물의 하중특성을 감안하여 합리적으로 결정한 후, 그 안전 수준이 외국의 규정과 거의 유사하도록 강도감소계수를 정하였다.

조합Ⅰ은 파형강판 구조물 설계시 일반 하중조합 조건이며, 4.5.4.2.3.3의 규정에 다른 지진하중 고려시 조합Ⅱ를 적용한다. 조합Ⅲ은 파형강판 지중구조물의 시공중 소성힌지 검토시 적용하는 하중조합이다. 조합Ⅳ는 고정하중만 고려시 적용한다.

4.5.4.1.8 토피고

파형강판 구조물의 상부 뒤채움 흙의 높이는 활하중에 의한 응력 집중을 분산시켜 구조물의 안정성을 확보할 수 있도록 구조물 형식에 따른 최소토피고 H_{min} 이상 확보해야 한다. 설계토피고 H는 그림 4.5-1과 같이 산정하는데 최소토피고가 확보되지 않는 경우에는 콘크리트 등으로 적절한 보강이 필요하다.

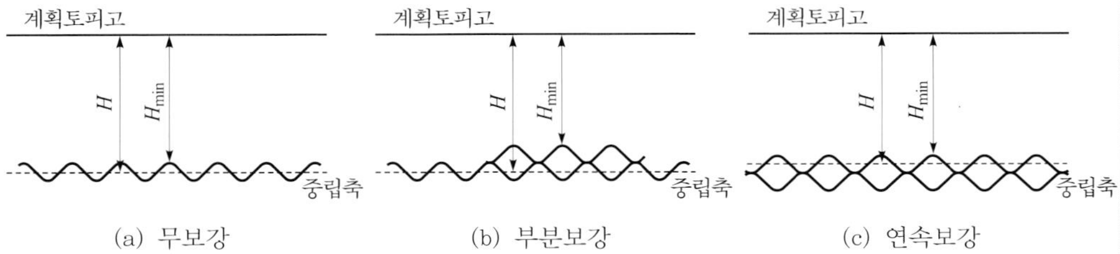

그림 4.5-1 아치형과 박스형 구조물의 최소토피고와 설계토피고

4.5.4.1.9 보강단면의 단면계수 산정

파형강판 구조물의 내하력을 증대시키기 위해 구조물을 보강할 수 있다. 강재를 이용한 보강단면의 휨에 대한 단면계수는 원단면과 보강단면 각각의 휨에 대한 단면계수 합으로 산정한다. 강재 원단면과 강재 보강단면으로 폐합된 내부에 콘크리트가 충진된 경우는 콘크리트 단면을 제외한 강재 원단면과 강재 보강단면만의 휨에 대한 합성단면으로 단면계수를 산정한다. 강재와 콘크리트의 합성 효과가 실험으로 입증되는 경우에는 휨에 대한 단면계수 계산에 그 효과를 포함할 수 있다.

【해설】

파형강판 구조물이 원단면으로 내하력이 부족할 경우 보강단면이 설계되어야 하며, 이때 보강단면은 원단면과 밀착 유지될 수 있는 곡률을 가져야 한다. 보강단면은 3차원 해석에 기초한 설계과정을 2차원 해석 및 설계에 적용할 수 있도록 종방향에 대해 일정한 간격을 두고 설치하여야 한다.

보강단면 설치 시에도 내하력이 부족할 경우 원단면과 보강단면으로 폐합된 내부에 콘크리트를 충진하여 추가 보강이 가능하다.

해설 표 4.5-4 보강단면의 휨에 대한 단면계수는 보강단면이 원단면과 동일한 파형강판으로 설치 된 그림 4.5-7의 보강단면에 대해 실험으로 입증된 내용이다. 해설 표 4.5-4 의 보강방법에 따른 휨 저항단면으로 산정된 단면계수는 별도 실험 입증 없이 사용 가능하다.

해설 표 4.5-5 보강방법에 따른 휨 단면계수

보강방법	보강단면	휨 저항단면
강재원단면, 강재보강단면	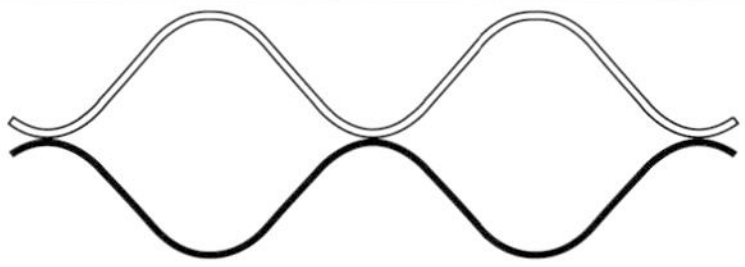	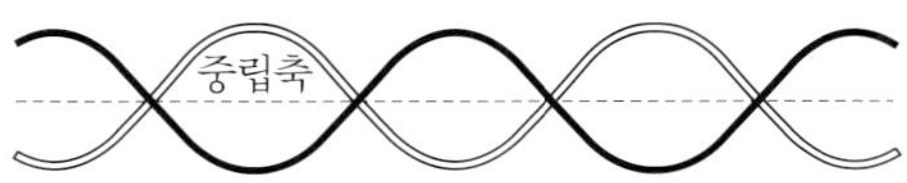
강재원단면, 강재보강단면, 내부 콘크리트 충진	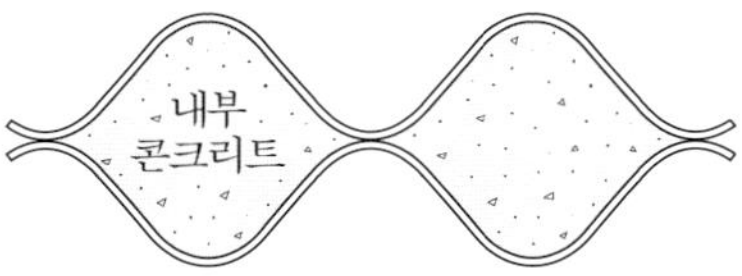	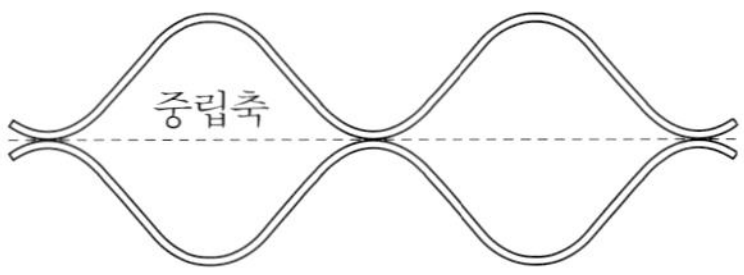

강재원단면과 강재보강단면으로 폐합된 내부에 콘크리트가 충진된 경우 압축력은 강재와 콘크리트가 분담하여 저항한다. 압축력에 대한 파형강판 분담률은 $Steel_{\_Ratio}=EA/(EA+E_cA_c)$, 콘크리트 분담률은 $Con'c_{\_Ratio}=E_cA_c/(EA+E_cA_c)$ 로 산정한다. (E:파형강판 탄성계수, A:파형강판 단면적, E_c:콘크리트 탄성계수, A_c:콘크리트 단면적)

4.5.4.1.10 내구성

내구성을 요하는 구조물일 경우 파형강판, 볼트, 너트 및 기타 금속 자재는 용융아연도금 등의 부식 방지 처리를 한다.

【해설】

파형강판은 특별히 지정되지 않는 한 반드시 최종 형태로 성형하고, 볼트구멍을 펀칭한 후에 용융아연도금하여야 하며, 아연부착량은 강판 양면 기준으로 900g/m^2 한다. 도금 후에는 임의 절단하거나 형상을 변화시켜서는 안된다.

4.5.4.1.11 정밀해석에 의한 설계

> 이 기준에서 제시하는 관용식은 파형강판 구조물이 연성구조로 거동하고, 뒤채움 흙의 강성기여가 보장될 때에 사용 가능하다. 뒤채움 흙의 강성기여를 고려하지 않거나, 토피고를 고려하지 않을 경우, 또는 뒤채움 흙의 다짐도를 완화하여 준강성 구조로 설계하고자 할 경우에는 정밀해석을 수행해야 한다.

4.5.4.1.12 처짐 검토

> 파형강판 구조물의 허용변위는 공정단계별로 검토되어야 하며 아치형 파형강판 구조물에서 일반형의 경우에는 그림 4.5-9에서 정의한 구조물의 높이(R)의 5% 이내, 대골형의 경우에는 2% 이내로 한다. 박스형 파형강판 구조물의 경우에는 그림 4.5-11에서 정의한 구조물의 높이(R)의 1% 이내로 한다.

【해설】

뒤채움이 시작되면 완료되기 전까지 파형강판에는 변형이 발생한다. 이러한 변형이 일정한 크기를 초과하게 되면 구조물의 파괴 또는 영구변형을 유발하므로 4.5.4.1.12는 과도한 변형을 제한하기 위한 규정이다.

파형강판의 발생 변위는 일반적으로 구조물 정점부의 솟음 또는 처짐량을 산정하여 허용변위 만족여부를 검토하게 된다.

아치형 파형강판 구조물에서 일반형의 허용변위는 실험에 의한 Snap-through 파괴가 발생되는 변위 Rise의 20%에 안전율 4를 적용하여 5%로 관리한다.

대골형의 허용변위 Rise의 2%는 해석을 기반으로 한 것이 아닌 경험적인 수치이다.

박스형 파형강판 구조물의 허용변위는 4.5.4.1.12에서 구조물 높이(R)의 1%로 제시되었으나 구조물 지간(D_h)의 1%로 적용 되어야 한다. 박스형 파형강판 구조물은 일반적으로 뒤채움 시공 중 측면에 가해지는 측면토압이 구조물 정점부에 큰 솟음을 발생시키기에는 부족하여 처짐이 발생한다. Duncan et al.(1984) 은 약 0.4~1.5m 범위의 토피고에서 구조물 정점부의 처짐은 지간의 0.5~1% 사이로 평가하였으며, 활하중에 의한 처짐이 지간의 약 0.5% 임을 확인하였다.

파형강판 구조물 시공 중 발생변위는 4.5.4.1.12의 허용변위 이내로 관리되어야 하나 허용변위 초과 시 구조물 붕괴로 이어지는 것은 아니다.

따라서 완공 시 까지 허용변위 초과가 예상될 경우 구조물의 상부가 교량의 슬래브와 유사하게 거동하는 박스형 파형강판 구조물을 제외하고 아치형 파형강판 구조물에 한해 엄밀한 구조해석을 수행하여 발생변위에 의한 부재력이 부재의 강도 이내로 확인 되면 구조물의 안전성은 문제가 없다고 판단할 수 있다.

구조해석은 완공 시 까지 적정단계를 선정하여 단계별 예상변위를 산정하고 실제 시공 중 구조해석에서 선정된 단계에서 실측이 수행되어야 한다. 실측은 변위 수렴이 확인될 때 까지 수행되어야 하며, 수렴 된 실측변위가 구조해석의 예상변위 이내이면 구조해석 결과의 안전성을 신뢰할 수 있다.
실측변위가 구조해석의 예상변위를 초과하면 부재력을 재산정 하여 재검토 되어야 하며, 변위가 수렴되지 않을 경우 뒤채움 제거 또는 부재보강 등의 조치가 필요하다.
그러나 설계단계에서 모든 파형강판 구조물은 예상되는 발생변위가 허용변위 이내로 설계되어야 한다.

4.5.4.2 아치형 파형강판 구조물

4.5.4.2.1 적용 범위

그림 4.5-8과 같은 아치형 파형강판 구조물은 구조물 높이($Rise$)와 지간($Span$)의 비가 0.3 이상이고, 아치 단면의 최소 곡률반경 $R_{\min}$이 상부 아치의 정점부 곡률반경 R_c의 0.2배 이상이고, 종방향 이음부에서 인접하는 두 파형강판의 곡률반경간의 비가 8 이하인 구조물 설계에 적용한다. 그림 4.5-9는 다양한 아치형 파형강판 구조물의 단면형상과 지간 D_h 및 높이 D_v의 정의를 보여준다.

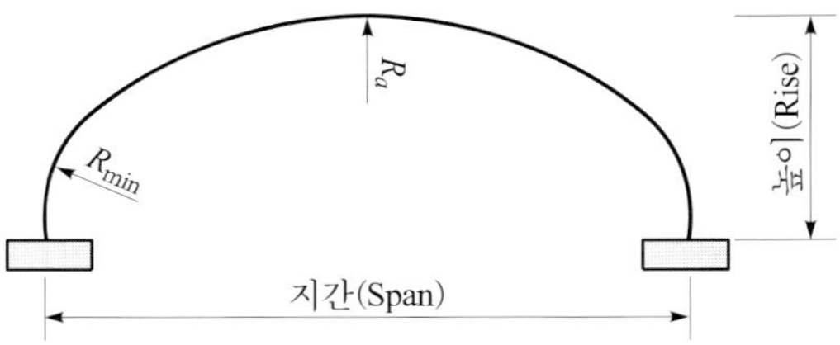

그림 4.5-2 아치형 파형강판 구조물 단면

【해설】

Canadian Highway Bridge Design Code(CHBDC), CSA S6-06(2006년)에서는 표 4.5-1의 일반형과 대골형 중 380×140, 400×150 규격에 축력과 모멘트 산정을 위해 4.5.4.2.3.1, 4.5.4.2.5를 제시하고 있으며, 대골형(380×140, 400×150)의 경우 4.5.4.2.5.3을 추가로 제시하고 있다.
CSA S6-14(2014년) 개정되면서, 일반형은 변경이 없으나 대골형은 500×237 규격이 추가되었고 대골형의 경우 파형규격이 380×140, 400×150 이고 단일곡률 아치이면서 토피고가 지간의 절반($H < 0.5D_h$) 보다 작은 경우에만 4.5.4.2.3.1, 4.5.4.2.5, 4.5.4.2.5.3을 이용하여 축력과 모멘트를 산정하고 그 외 경우는 흙과 구조물의 상호작용을 고려하는 엄밀한 구조해석으로 산정하도록 개정 되었다.
본 설계기준은 CSA S6-06과 동일하게 제정되었으나 해설에서는 CSA S6-14의 개정내용을 반영하여 설계 시 일반형과 대골형 중 파형규격이 380×140, 400×150 이며, 단일곡률 아치이고 토피고가 지간의 절반($H < 0.5D_h$) 보다 작은 경우 4.5.4.2.3.1, 4.5.4.2.5, 4.5.4.2.5.3을 이용하여 축력과

모멘트를 산정하고 그 외 경우는 흙과 구조물의 상호작용을 고려하는 엄밀한 구조해석으로 산정할 것을 제시한다.

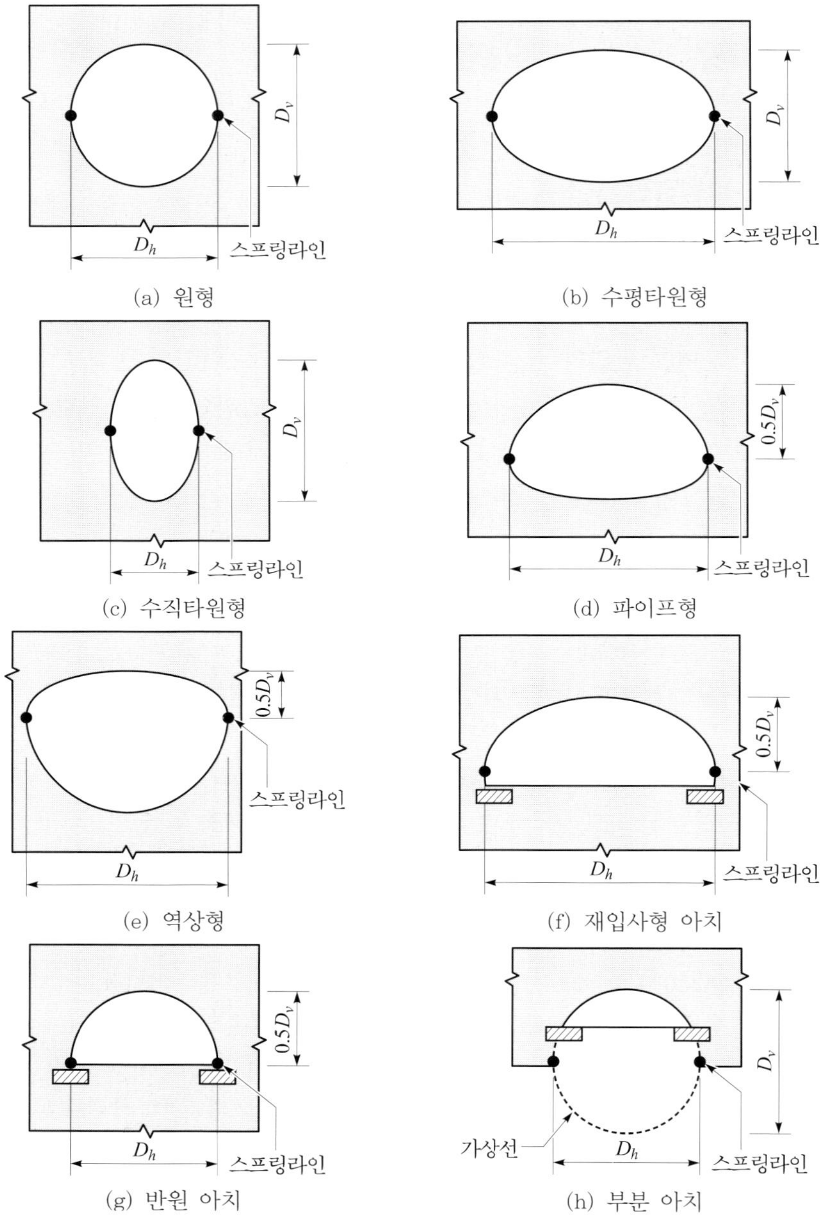

(a) 원형 (b) 수평타원형 (c) 수직타원형 (d) 파이프형 (e) 역상형 (f) 재입사형 아치 (g) 반원 아치 (h) 부분 아치

그림 4.5-3 아치형 파형강판 구조물 단면 형상 및 R, D_h, D_v

4.5.4.2.2 최소토피고

최소토피고 $H_{\min}$는 아치형 파형강판 지중구조물의 단면정점부에서 뒤채움 흙의 최소 높이로서, 다음 세 가지 값 중 가장 큰 값으로 결정한다.

$$0.6\ (\mathrm{m}),\ \frac{D_h}{6}\left(\frac{D_h}{D_v}\right)^{0.5}(\mathrm{m}),\ 0.4\left(\frac{D_h}{D_v}\right)^{2}(\mathrm{m}) \tag{4.5-20}$$

여기서, D_h : 구조물 스프링라인 사이 거리(m)

D_v : 구조물 단면 정점부에서 스프링라인까지 연직거리의 2배(m)

대골형 파형강판의 최소토피고는 식 (4.5-20)로 산정한 값과 1.5m 중 작은 값으로 한다.

【해설】

일반형은 활하중에 의한 모멘트가 안전하게 무시 될 수 있고, 편심하중 작용 시 구조물 상부의 토사가 쐐기에 의한 융기가 발생하지 않도록 최소한의 토피고를 식 (4.5-20)의 최댓값으로 산정한다.

대골형은 자체의 휨 강성이 콘크리트 파이프와 유사하므로 식 (4.5-20)로 구한 최댓값이 1.5m 보다 클 경우 최소토피고로 1.5m만 확보하면 문제가 없다.

대골형은 최근 설계기준 작성시 4.5.4.2.2의 참고문헌이었던 Canadian Highway Bridge Design Code(CHBDC), CSA S6-06(2006년)이 CSA S6-14(2014년) 개정되면서 최소토피고 1.5m가 1.0m로 개정되었다.

따라서 대골형의 경우 식 (4.5-20)로 구한 최댓값이 1.0m 보다 클 경우 최소토피고로 1.0m를 적용하여도 문제가 없다.

최소토피고가 부족할 경우 지중응력 저감과 압축 및 전단저항 증대를 위하여 콘크리트, 강재를 이용한 보강 슬래브나 토목섬유 보강재를 설치하는 등 적절한 보강대책을 수립하여 적용할 수 있다.

콘크리트, 강재를 이용한 보강 슬래브 적용시 슬래브의 길이는 설계지간보다 최소 토피고의 2배 이상이어야 한다.

4.5.4.2.3 설계 압축력

아치형 파형강판 구조물의 설계압축력 T_f는 다음과 같이 산정한다.

$$T_f = \alpha_D T_D + \max\{\alpha_L T_L(1+i)\ \text{or}\ \alpha_E T_E\}\ (\mathrm{kN/m}) \tag{4.5-21}$$

여기서, T_D : 고정하중에 의한 압축력(kN/m)

T_L : 활하중에 의한 압축력(kN/m)

T_E : 지진하중에 의한 압축력(kN/m)

α_D : 고정하중 하중계수

α_L : 활하중 하중계수

α_E : 지진하중 하중계수

i : 충격계수

4.5.4.2.3.1 고정하중에 의한 압축력

상부 토피하중에 의한 압축력 T_D는 다음과 같이 산정한다.

$$T_D = 0.5(1.0 - 0.1\,C_s)A_f W \ (\text{kN/m}) \quad (4.5\text{-}22)$$

여기서, C_s : 뒤채움 흙과 구조물의 상대 축강성 매개변수 $\left(C_s = \dfrac{1000 E_s D_v}{EA}\right)$

E_s : 뒤채움 흙의 할선탄성계수(MPa)

D_v : 구조물 단면의 정점부에서 스프링 라인까지 연직거리의 2배(m)

E : 파형강판의 탄성계수(MPa)

A : 파형강판의 단면적(mm^2/mm)

A_f : 단면 형상과 토피고에 따른 무차원 아칭계수(그림 4.5-4)

H/D_h 값이 0.2 보다 작은 경우는 외삽하여 사용할 수 있다.

W : 상부아치 위 뒤채움 흙과 포장의 자중(kN/m)

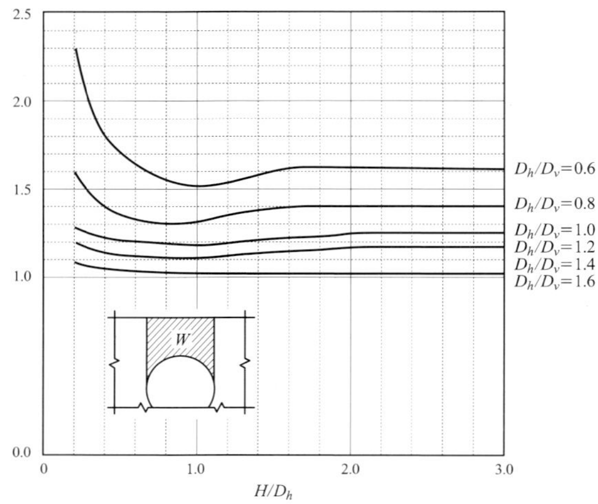

그림 4.5-4 단면 형상과 토피고에 따른 무차원 아칭계수(A_f)와 흙의 자중(W)

【해설】

그림 4.5-4에서 제시한 D_h/D_v와 H/D_h에 따른 무차원 계수 A_f 값은 해설 표 4.5-6과 같다. 해설 표. 4.5-6에 제시한 경우 이외의 무차원 값 A_f는 수치적으로 선형보간하여 산정할 수 있다.

단, H/D_h 값이 0.2 보다 작은 경우는 토피고 H가 4.5.4.2.2의 최소토피고 조건을 만족하는 경우에 한하여 무차원 계수 A_f 값은 수치적으로 보간 하여 산정할 수 있다.

해설 표 4.5-6 D_h/D_v와 H/D_h 값에 따른 무차원 계수 A_f

H/D_h \ D_h/D_v	0.6	0.8	1.0	1.2	1.4	1.6
0.2	2.250	1.600	1.260	1.200	1.140	1.100
0.3	2.035	1.505	1.240	1.175	1.120	1.075
0.4	1.820	1.410	1.220	1.150	1.100	1.050
0.5	1.735	1.380	1.210	1.135	1.085	1.040
0.6	1.650	1.350	1.200	1.120	1.070	1.030
0.7	1.600	1.330	1.195	1.115	1.060	1.025
0.8	1.550	1.310	1.190	1.110	1.050	1.020
0.9	1.540	1.310	1.190	1.110	1.050	1.020
1.0	1.530	1.310	1.180	1.100	1.040	1.020
1.1	1.540	1.320	1.190	1.110	1.055	1.020
1.2	1.550	1.330	1.200	1.120	1.070	1.020
1.3	1.570	1.355	1.210	1.135	1.075	1.020
1.4	1.590	1.380	1.220	1.150	1.080	1.020
1.5	1.600	1.385	1.230	1.160	1.080	1.020
1.6	1.610	1.390	1.240	1.170	1.080	1.020
1.7	1.615	1.385	1.245	1.175	1.080	1.020
1.8	1.620	1.400	1.250	1.180	1.080	1.020
1.9	1.620	1.400	1.250	1.180	1.080	1.020
2.0	1.620	1.400	1.250	1.180	1.080	1.020

4.5.4.2.3.2 활하중에 의한 압축력

활하중에 의한 압축력은 차량진행 직각방향 하중분포, 차량진행 방향 하중분포, 그리고 윤하중의 작용거리에 따른 영향을 엄밀히 고려하여 식 (4.5-23)와 같이 산정한다. 지간에 비해 토피가 낮은 구조물에서는 차량진행 방향 하중분포폭을 구조물의 전지간으로 가정할 경우, 압축력을 과대평가할 수 있으므로 설계지간 D_h와 차량진행 방향 하중분포폭 l_t 중 작은값을 적용한다.

$$T_L = 0.5 D_h f_L m_f$$
$$= 0.5 l_t f_L m_f \ (\mathrm{kN/m}) \quad (4.5\text{-}23)$$

여기서, f_L : 등가활하중 $(\mathrm{kN/m^2})$ $\left(f_L = \dfrac{n \times P_{DB}}{l_t \times l_l}\right)$

n : 차선수

D_h : 설계지간 (m)

P_{DB} : 축당 설계하중 (kN)

l_l : 연직 대 수평경사 2:1로 산정한 차량진행 직각방향 활하중 분포폭 (m)

l_t : 연직 대 수평경사 1:1로 산정한 차량진행 방향 활하중 분포폭 (m)
단, 분산된 하중이 겹칠때는 하중이 각각의 분산면적 가장자리에 쌓이는 사각형 면적에 균일하게 분포되는 것으로 가정한다.

m_f : 차량하중이 재하되는 차선수에 따른 보정계수
차선수 n = 1일 때 1.0, n = 2일 때 0.9, n = 3일 때 0.8, n = 4일 때 0.70, n = 5일 때 0.6, n ≥ 6일 때 0.55

【해설】

등가 활하중 강도는 작용되는 윤하중의 합을 구조물의 정점부 높이에서의 활하중 분포면적($l_t \times l_l$)으로 나누어 구한다.

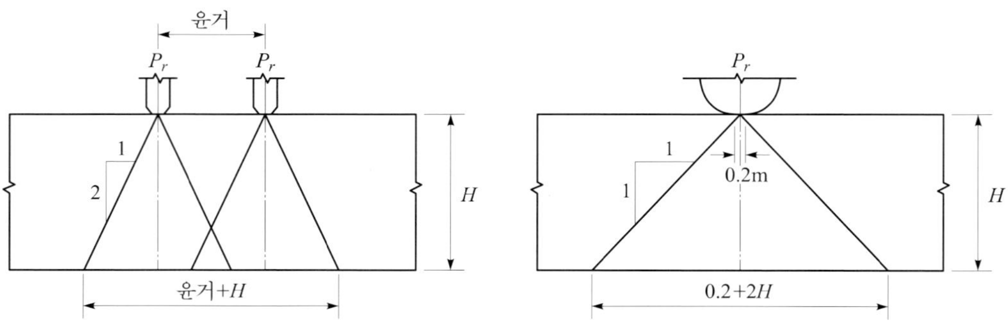

(a) 차량진행 직각방향 활하중 분포폭(l_l) (b) 차량진행 직각방향 활하중 분포폭(l_t)

해설 그림 4.5-6 토피고에 따른 활하중 분포폭

4.5.4.2.3.3 지진하중에 의한 압축력

지진하중에 의한 압축력 T_E는 다음과 같이 산정한다.

$$T_E = T_D A_V \ (\mathrm{kN/m}) \quad (4.5\text{-}24)$$

여기서, T_D : 고정하중에 의한 압축력(kN/m)

A_V : 수직가속도계수 $\left(A_V = \frac{2}{3} A_H\right)$

A_H : 수평가속도계수

【해설】

지진시 진동으로 인한 부재력의 증가는 동적해석으로 부터 가속도의 수평성분과 수직성분으로 계산될 수 있다(Byrne et al. 1996). 지진시 축력의 증가는 지진의 수직성분에 의해 제어되고 모멘트는 수평성분에 의해 제어된다.

수직가속도계수(A_V)는 수평가속도계수(A_H)값의 2/3을 적용하며, 수평가속도계수(A_H)는 지진구역계수, 위험도계수, 지반계수를 곱하여 산정한다.

해설 표 4.5-7 지진구역계수 (재현주기 500년에 해당)

지진구역	I	II
구역계수	0.11	0.07

해설 표 4.5-8 지진구역의 구분

지진구역	행정구역[5]	
I	시	서울특별시, 인천광역시, 대전광역시, 부산광역시, 대구광역시, 울산광역시, 광주광역시
Ⅱ	도	경기도, 강원도 남부[1], 충청북도, 충청남도, 경상북도, 경상남도, 전라북도, 전라남도 북동부[2]
	도	강원도 북부[3], 전라남도 남서부[4], 제주도

주1) 강원도 남부(군, 시) : 영월, 정선, 삼척시, 강릉시, 동해시, 원주시, 태백시
2) 전라남도 북동부(군, 시) : 장성, 담양, 곡성, 구례, 장흥, 보성, 화순, 광양시, 나주시, 여수시, 순천시
3) 강원도 북부(군, 시) : 홍천, 철원, 화천, 횡성, 평창, 양구, 인제, 고성, 양양, 춘천시, 속초시
4) 전라남도 남서부(군, 시) : 무안, 신안, 완도, 영광, 진도, 해남, 영암, 강진, 고흥, 함평, 목포시
5) 행정구역의 경계를 통과하는 교량의 경우에는 구역계수가 큰 값을 적용한다.

해설 표 4.5-9 위험도계수

재현주기(년)	500	1000
위험도계수	1	1.4

(국토교통부, 도로교설계기준 2016, 8.5.2)

해설 표 4.5-10지반계수

지반계수	지반종류			
	I	II	III	IV
S	1	1.2	1.5	2

해설 표 4.5-11 지반의 분류

지반 종류	지반종류의 호칭	지표면아래 30cm 토층에 대한 평균값		
		전단파속도 (m/s)	표준관입시험 (N[1])	배부수전단강도 (kPa)
I	경암지반 보통암지반	760 이상	-	
II	매우 조밀한 토사지반 또는 연암지반	360에서 760	> 50	> 100
III	단단한 토사지반	180에서 360	15에서 50	50에서 100
IV	연약한 토사지반	180 미만	< 15	< 50
V	부지 고유의 특성평가가 요구되는 지반			

주1) 비점착성 토층만을 고려한 평균 N치

4.5.4.2.3.4 충격계수

도로의 지중구조물인 경우에는 활하중에 따른 충격계수를 적용하며, 충격계수 i는 토피고 H에 따라 다음과 같이 산정한다. 최소 충격계수 $i_{\min}$ 는 0.1을 적용한다

$$i = 0.4(1 - 0.5 \times H) \geq 0.1 \qquad (4.5\text{-}25)$$

여기서, H : 설계토피고(m)

【해설】

활하중은 교면의, 요철, 차량의 가속과 감속, 전후 차량과 협동작용 등의 여러 가지 이유로 정적하중보다 큰 영향을 준다. 일반적으로 이를 충격이라 부르고 충격계수로써 충격의 정도를 나타낸다. 따라서 충격계수는 노면상태, 차량속도, 지간장, 고정하중과 활하중과의 비, 구조특성 등에 따라 다르게 엄밀한 공식화가 어렵지만 지중 구조물에서의 가장 지배적인 인자인 토피 두께의 함수로 나타내었다.

4.5.4.2.4 압축 좌굴

(1) 파형강판 구조물의 압축 좌굴 안정성 검토는 다음 식을 따른다.

$$f_c = \frac{T_f}{A} \leq f_b \qquad (4.5\text{-}26)$$

여기서, f_c : 설계 압축응력(MPa)

T_f : 설계 압축력(kN/m)

A : 파형강판의 단면적(mm^2/mm)

f_b : 설계 좌굴강도(MPa)

(2) 본 절에서 아치 구조물의 정점부의 곡률 중심과 정점부를 연결하는 직선에서 각도 $\pm\theta_0(\theta_0 = 1.6 + 0.2\log\left[EI/(E_m R^3)\right])$만큼 이격되고 정점부 곡률 중심을 지나는 두 직선 사이의 아치 부분을 상부라 하고 그 이외의 부분을 하부라 한다.

(3) 아치 단면의 곡률반경 R과 등가 곡률반경 R_e에 따라 설계 좌굴강도 f_b는 다음과 같이 산정한다.

① $R \leq R_e$ 인 경우

$$f_b = \phi_t F_m \left[F_y - \frac{F_y^2}{12 E \rho} \left(\frac{K R}{r} \right)^2 \right] \tag{4.5-27}$$

② $R > R_e$ 인 경우

$$f_b = \frac{3 \phi_t \rho F_m E}{(K R/r)^2} \tag{4.5-28}$$

여기서, ϕ_t : 좌굴 저항계수

F_y : 파형강판의 항복강도(MPa)

F_m : 병렬 구조물에 따른 감소계수

단일 구조물 : $F_m = 1.0$

병렬 구조물 : $F_m = (0.85 + 0.3\, S/D_h) \leq 1.0$

S : 병렬 구조물의 인접 구조물간 최소 거리(m)

R_e : 등가 곡률반경(mm) $\left(R_e = \frac{r}{K} \left[\frac{6 E \rho}{F_y} \right]^{0.5} \right)$

E : 파형강판의 탄성계수(MPa)

r : 파형강판의 회전반경(mm)

ρ : 토피고를 고려한 감소계수 $\left(\rho = \left[1000 \frac{(H + H')}{R_c} \right]^{0.5} \leq 1.0 \right)$

K : 인접한 흙에 대한 구조물의 상대강성계수 $\left(K = \lambda \left[\frac{E I}{E_m R^3} \right]^{0.25} \right)$

λ : 구조물 높이와 D_h의 비가 0.4 이하인 단일 곡률 부분 아치의 경우

를 제외한 상부는 $\lambda = 1.22\left[1.0 + 1.6\left\{EI/(E_m R_c^3)\right\}^{0.25}\right]$ 이고,

그 외는 $\lambda = 1.22$ 적용

E_m : 뒤채움 흙의 탄성계수(MPa)

상부강판에서는 $\left(E_m = E_s\left[1 - \left\{\dfrac{R_c}{R_c + 1000(H + H')}\right\}^2\right]\right)$

측면 및 하부강판에서는 $E_m = E_s$

E_s : 측면 및 하부강판 뒤채움 흙의 할선탄성계수(MPa)

R : 파형강판 지중구조물 상부 또는 측면 곡률반경(mm)

R_c : 파형강판 구조물 상부의 곡률반경(mm)

H : 토피고(m)

H' : 단면 정점부에서 스프링 라인까지 연직거리의 1/2(m)

I : 파형강판의 단면2차모멘트(mm^4/mm)

【해설】

파형강판 구조물의 좌굴강도(f_b)는 구조물이 뒤채움 방향으로 거동하는 하부와 구조물 내부 방향으로 거동하는 상부로 구분되며, 구분식을 아래와 같이 제시하고 있다.

'아치 구조물의 정점부의 곡률 중심과 정점부를 연결하는 직선에서 각도 $\pm\theta_0(\theta_0 = 1.6 + 0.2\log\left[EI/(E_m R^3)\right])$ 만큼 이격되고 정점부 곡률 중심을 지나는 두 직선 사이의 아치 부분을 상부라 하고 그 이외의 부분을 하부라 한다.'

파형강판 구조물의 좌굴강도(f_b)는 곡률반경(R)과 등가곡률반경(R_e)의 조건식에 의해 식 (4.5-27), 식 (4.5-28)로 산정되며, 식 (4.5-27)은 비탄성 거동, 식 (4.5-28)은 탄성거동과 관련된다.

F_m은 구조물이 병렬로 설치 될 경우 좌굴강도(f_b)가 인접구조물의 변형특성에 의한 영향을 고려하기 위한 계수로 구조물의 지간과 구조물 간 거리에 의해 산정 되며, 대골형의 상부 좌굴강도 산정시에는 1.0을 적용할 수 있다.

E_m은 흙의 할선탄성계수(E_s)를 토피고 두께를 고려하여 수정하여 적용하는 계수이다.

ρ는 상부 아치의 곡률에 따른 토질 강성의 변화와 토피고에 따른 활하중의 국부적인 효과를 반영하기 위한 계수이다.

설계좌굴강도(f_b)를 구하기 위한 식(4.5-27)과 식(4.5-28)은 상부토피의 경사가 없고 파형강판구조물 양측의 지지상태가 대칭인 경우에 유도된 것이다. 따라서 지형이나 기초조건, 추가 시설물 등에 의해 고정하중에 의한 파형강판의 거동이 대칭성을 유지하지 못하는 경우 설계 검토(압축좌굴, 이음부강도, 소성힌지 검토)시에 부재력은 엄밀한 구조해석을 통하여 구하며, 이러한 검토는 시공 중과 완공 후 모두 수행되어야 한다. 특히 피암터널과 같이 비대칭성이 큰 경우, 파형강판 구조물의 길

이방향의 흙벽이 밀려나지 않아야 하고, 흙벽 연결부의 연속성이 보장되어야 한다. 이는 파형강판구조물을 2차원 평면해석을 하는 경우 흙벽의 결함이나 밀려나는 현상을 고려하지 못하기 때문이다.

4.5.4.2.5 휨모멘트와 압축력에 의한 소성힌지

4.5.4.2.5.1 일반사항

> 파형강판 구조물은 시공 시와 완공 시에 대하여 휨모멘트와 압축력의 복합작용에 의한 소성힌지 검토를 만족하여야 한다. 시공 중 검토는 뒤채움 토피가 구조물의 정점부까지 시공된 상태와 다짐 장비하중이 재하될 수 있는 시공단계에 대해 만족해야 한다.

【해설】

4.5.4.2.5.1의 목적은 파형강판 구조물의 뒤채움 시공 시와 완공 시 영구 변형을 방지하는데 있다. 완공 시는 자체 강성이 크므로 설계에서 무시할 수 없는 휨모멘트를 발생시키는 대골형에 대해서만 검토를 수행한다.

4.5.4.2.5.2, 4.5.4.2.5.3의 모멘트 산정식은 Duncan et al. 연구결과에서 유도 되었다.

4.5.4.2.5.2 시공 중 검토

> 시공 중 휨모멘트와 압축력에 의한 소성힌지 검토는 다음 식을 따른다.
>
> $$\left(\frac{P}{P_{pf}}\right)^2 + \left|\frac{M}{M_{pf}}\right| \le 1 \qquad (4.5\text{-}29)$$
>
> 여기서, P : 시공 중 작용하는 압축력 (kN/m) $(P = T_D + T_C)$
>
> T_D : 파형강판에 작용하는 고정하중에 의한 압축력 (kN/m)
>
> T_C : 파형강판에 작용하는 시공장비에 의한 압축력 (kN/m)
>
> P_{pf} : 파형강판의 소성압축강도 (kN/m) $(P_{pf} = \phi_{hc}\ A\ F_y)$
>
> ϕ_{hc} : 시공중 소성힌지 저항계수
>
> A : 파형강판의 단면적 (mm^2/mm)
>
> F_y : 파형강판의 항복강도 (MPa)
>
> M : 시공 중 작용하는 휨모멘트 (kN·m/m) $(M = M_1 + M_B + M_C)$
>
> M_1 : 상부 아치 정점부까지 고정하중에 의한 휨모멘트 (kN·m/m) $(M_1 = K_{m1}\, R_B\, \gamma\, D_h^{\ 3})$
>
> M_B : 상부 아치 정점부 위의 고정하중에 의한 휨모멘트 (kN·m/m)

$(M_B = - K_{m2} R_B \gamma D_h^{\ 2} H_c)$

M_C : 시공 중 활하중에 의한 휨모멘트(kN·m/m)

$(M_C = K_{m3} R_L D_h A_c / k_4)$

H_c : 시공 중 안정성 검토대상 토피고(m)

단, 시공 중 검토대상 토피고 H_c가 최소토피고보다 작은 경우 작용 압축력 P는 0 으로 가정한다.

K_{m1}, K_{m2}, K_{m3} : 고정하중 시공단계 및 활하중 재하 시 휨강성비에 따른 무차원 계수

$K_{m1} = 0.0046 - 0.0010 \cdot \log_{10}(N_F) \quad (N_F \leq 5{,}000)$

$K_{m1} = 0.0009 \quad (N_F > 5{,}000)$

$K_{m2} = 0.018 - 0.004 \cdot \log_{10}(N_F) \quad (N_F \leq 5{,}000)$

$K_{m2} = 0.0032 \quad (N_F > 5{,}000)$

$K_{m3} = 0.120 - 0.018 \log_{10}(N_F) \quad (N_F \leq 100{,}000)$

$K_{m3} = 0.030 \quad (N_F > 100{,}000)$

N_F : 구조물과 흙의 휨강성비 $(N_F = E_s(1000\ D_h)^3/(E\,I))$

E_s : 뒤채움 흙의 할선탄성계수(MPa)

E : 파형강판의 탄성계수(MPa)

R_B : 단면형상에 따른 감소계수

$R_B = 0.67 + 0.87[(D_v/2D_h) - 0.2] \quad (0.2 \leq D_v/2D_h \leq 0.35)$

$R_B = 0.80 + 1.33[(D_v/2D_h) - 0.35] \quad (0.35 < D_v/2D_h \leq 0.50)$

$R_B = D_v/D_h \quad (0.50 < D_v/2D_h)$

R_L : 휨강성비, 지간 및 토피고에 따른 감소계수

$R_L = [0.265 - 0.053 \log_{10}(N_f)]/(H_c/D_h)^{0.75} \leq 1.0$

A_c : 시공장비 축하중(kN)

k_4 : 표 8.4.2.5.2-1에서 제시된 등가 선하중 환산계수(m)

M_{pf} : 파형강판의 소성모멘트강도(kN·m/m) $(M_{pf} = \phi_{hc} Z F_y)$

F_y : 파형강판의 항복강도(MPa)

Z : 파형강판의 소성단면계수(mm^3/mm)

【해설】

4.5.4.2.5.2의 목적은 뒤채움 시공 중 활하중에 의한 영향에 의한 영구 변형을 방지하는데 있다. 시공 중 중요한 단계로는 구조물의 정점부까지 뒤채움 시와 최소토피고에서 시공 장비의 활하중 재하단계이며, 최소 이 두 단계에 대한 검토가 포함되어야 한다.

표 4.5-11 등가 선하중 산정을 위한 k_4 값

토피고 (m)	k_4 (m)		
	차축당 2륜	차축당 4륜	차축당 8륜
0.3	1.3	1.5	2.6
0.6	1.6	2.0	2.8
0.9	2.1	2.7	3.2
1.5	3.7	3.8	4.1
2.1	4.4	4.4	4.5
3.0	4.9	4.9	4.9
4.6	6.7	6.7	6.7
6.1	8.5	8.5	8.5
9.1	12.2	12.2	12.2

4.5.4.2.5.3 완공 후 검토

대골형 파형강판을 적용한 파형강판 지중구조물은 완공 후 작용하는 압축력과 휨 모멘트에 대하여 안전성을 확보해야 하며 다음 식을 만족하여야 한다.

$$\left(\frac{T_f}{P_{pf}}\right)^2 + \left|\frac{M_f}{M_{pf}}\right| \le 1 \qquad (4.5\text{–}30)$$

여기서, T_f : 설계압축력 T_f 는 4.5.4.2.3절 식 (4.5–21)을 적용하여 구한다.

P_{pf} : 파형강판의 소성압축강도 (kN/m) ($P_{pf} = \phi_h A F_y$)

ϕ_h : 완공 후 소성힌지 저항계수

A : 파형강판의 단면적 (mm²/mm)

F_y : 파형강판의 항복강도 (MPa)

M_f : 완공 후 작용하는 휨모멘트 (kN·m/m)

($M_f = \alpha_D \cdot |M_1 + M_D| + \alpha_L \cdot M_L (1 + i)$)

M_1 : 상부 아치 정점부까지 고정하중에 의한 휨모멘트

($M_1 = K_{m1} R_B \gamma D_h{}^3$)

M_D : 상부 아치 정점부 위의 고정하중에 의한 휨모멘트
$\left(M_D = - K_{m2} R_B \gamma D_h^{\ 2} H_e\right)$
M_L : 완공 후 활하중에 의한 휨모멘트
$\left(M_L = K_{m3} R_U D_h A_L / k_4\right)$
H_e : 토피고 H 와 $D_h/2$ 중 작은 값(m)
K_{m1}, K_{m2}, K_{m3} 및 R_B : 4.5.4.2.5.2 절의 시공 중 검토 식 참조
R_U : 지간 및 토피고에 따른 하중감소계수
$\left(R_U = [0.265 - 0.053 \log_{10}(N_f)] / (H/D_h)^{0.75} \le 1.0\right)$
A_L : 차량 축하중(kN)
k_4 : 표 4.5-11에서 제시된 등가 선하중 환산계수(m)
단, 토피고가 3.0m보다 큰 경우는 4.9m 적용
M_{pf} : 파형강판의 소성모멘트강도(kN·m/m) $\left(M_{pf} = \phi_h Z F_y\right)$
Z : 파형강판의 소성단면계수(mm^3/mm)

【해설】

4.5.4.2.5.3은 대골형의 파형 강성이 설계에서 무시 할 수 없는 모멘트를 발생시키므로 도입 되었다. 구조물 정점부 이상의 토피 하중에 의해 산정되는 MD는 토피고가 구조물 지간/2 이상 일 경우($H \ge D_h/2$) 흙과 구조물의 상호작용을 고려하는 엄밀한 구조해석에 의해 산정 되어야 한다.

4.5.4.2.6 이음부 강도

주어진 하중 조건에서 파형강판 구조물의 길이방향(구조물 축방향)의 볼트 이음부는 충분한 강도를 보유하여 파괴되지 않아야 하며, 이음부 강도 검토는 다음 식을 따른다. 이음부 공칭강도(S_s)는 국내·외 기준에 등재된 값의 사용을 원칙으로 한다.

$$T_f < \phi_j \cdot S_s \tag{4.5-31}$$

여기서, T_f : 설계압축력(kN/m)
ϕ_j : 이음부 저항계수
S_s : 이음부 공칭강도(kN/m)

【해설】

파형강판 구조물의 길이방향(구조물 축방향) 이음부는 국내·외 기준에 등재된 값의 사용을 원칙으로

한다. 기준에 등재된 재료 및 두께가 다른 경우 이음부 공칭강도는 파형강판의 종방향 연속되는 이음부특성을 고려한 실험체에 대한 공인기관의 실험값을 사용한다.

4.5.4.2.7 구조적 뒤채움 범위

구조적 뒤채움 범위는 연직 방향으로 최소 토피고까지 이고, 횡방향으로 표 4.5-8에 따른다.

표 4.5-8 횡방향 구조적 뒤채움 범위

뒤채움 조건		구조물 스프링 라인 외측으로 최소 횡방향 거리
절토 조건	원지반이 구조적 뒤채움 보다 양호한 절토 조건	2.0 m 와 $D_h/2$ 중 작은 값
	원지반이 구조적 뒤채움 보다 취약한 절토 조건	5.0 m 와 $D_h/2$ 중 작은 값, 그러나 구조물 높이와 $D_v/2$ 중 작은 값 보다는 큰 값
성토조건		5.0 m 와 $D_h/2$ 중 작은 값, 그러나 구조물 높이와 $D_v/2$ 중 작은 값 보다는 큰 값

【해설】

파형강판 지중구조물의 뒤채움 부위는 강판 구조물의 거동에 직접적인 영향을 주는 구조적 뒤채움부와 그 외곽의 일반 뒤채움부로 구분한다. 실제 다짐 영역은 현장 조건 등을 감안하여 전문가의 검토를 거쳐 다양한 형태로 조정이 가능하다.

구조적 뒤채움 범위 내 구조물에 인접한 300mm에는 동결-해동에 의한 구조적 뒤채움의 강도감소를 피하기 위해 유도배수 층 또는 콘크리트 등의 동결되지 않는 재료가 계획되어야 한다.

4.5.4.2.7은 휨 강성이 작은 일반형 파형규격에 대해 처음 개발 되었다. 대골형은 일반형과 비교 시 휨 강성이 크므로 뒤채움 범위에 대한 기준이 완화되어야 하지만 현재까지 설계기준에 반영할 수 있는 뒤채움 범위 축소에 대한 연구가 수행되지 않았다.

4.5.4.3 박스형 파형강판 구조물

4.5.4.3.1 적용 범위

본 절에 제시된 박스형 파형강판 구조물의 일반적 형상은 그림 4.5-5과 같으며 본 절에 제시된 설계법은 높이($Rise$), 지간($Span$) 및 토피고의 범위가 표 4.5-9을 만족하는 경우에 적용할 수 있다. 표의 범위를 벗어나는 경우에는 흙과 구조물의 상호 작용을 고려하는 엄밀한 구조해석이 필요하다.

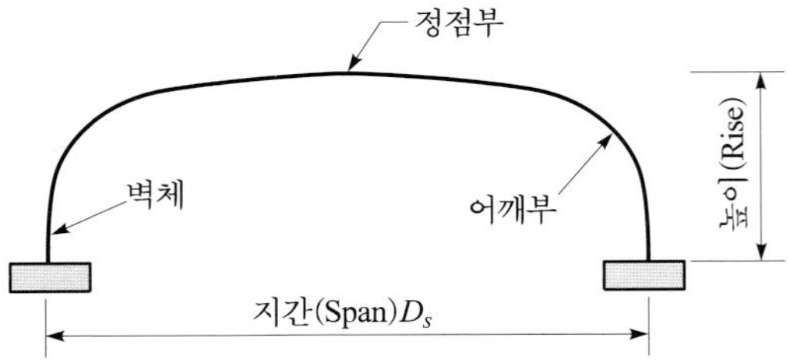

그림 4.5-5 박스형 파형강판 구조물 단면

표 4.5-9 박스형 파형강판 구조물의 형상 한계

	최소 (m)	최대 (m)
높이	0.8	3.2
지간, D_s	2.7	8.0
토피고, H	0.3	1.5

【해설】

최초의 박스형 파형강판 구조물은 1975년 리브로 보강된 알루미늄 파형강판으로 제작되었다. 당시 설계는 경험적이었으며, 파형강판의 두께와 리브 간격을 결정하기 위한 현장 하중 실험이 수행 되었다. 이후 3년 이내에 다수의 박스형 파형강판 구조물이 시공되었고 구조물의 규모를 늘이기 위한 요구에 따라 경험적인 설계는 더 이상 적절하지 않아졌다.

1978년 Duncan et al.(1984)에서 알루미늄 박스형 파형강판 구조물에 대한 합리적인 설계 절차를 개발하기 위해 연구가 수행되었다. 이 연구의 첫 번째 단계는 뒤채움과 활하중 재하시 박스형 구조물의 휨모멘트 및 축방향 힘을 결정하기 위한 유한요소 프로그램의 개발이었다.

1980년에는 지간 8m까지의 알루미늄 박스형 구조물의 거동을 평가하기 위해 유한요소해석을 수행하였다. 1981년 계측된 박스형 파형강판 구조물에 대한 본격적인 하중 테스트를 수행하여 설계를 위한 구조계산과 실측 거동을 상세하게 비교할 수 있는 기반을 제공했다.

이후 대골형이 도입되어 박스형 구조물의 지간을 8m 이상으로 증가시키는 것이 실용화 되었다.

4.5.4.3.2 최소토피고

박스형 파형강판 구조물의 최소토피고는 0.3m 이상을 유지하여야 한다.

【해설】

박스형 파형강판 구조물의 최소토피고는 아치형 파형강판 구조물과는 크게 다르며, 활하중 모멘트, 동적 허용하중, 토사의 쐐기파괴의 변화로부터 0.3m로 감소된다.

4.5.4.3.3 설계 휨모멘트

박스형 파형강판 구조물의 정점부 설계 휨모멘트 M_{cf} 및 어깨부 설계 휨모멘트 M_{hf}는 다음과 같이 산정한다.

$$M_{cf} = \alpha_D M_{cD} + \max\{\alpha_L M_{cL}(1+i) \text{ or } \alpha_E M_{cE}\} \quad (4.5\text{-}32)$$

$$M_{hf} = \alpha_D M_{hD} + \max\{\alpha_L M_{hL}(1+i) \text{ or } \alpha_E M_{hE}\} \quad (4.5\text{-}33)$$

여기서, M_{cf} : 정점부 설계 휨모멘트(kN·m/m)

M_{cD} : 고정하중에 의한 정점부 휨모멘트(kN·m/m)

M_{cL} : 활하중에 의한 정점부 휨모멘트(kN·m/m)

M_{cE} : 지진하중에 의한 정점부 휨모멘트(kN·m/m)

M_{hf} : 어깨부 설계 휨모멘트(kN·m/m)

M_{hD} : 고정하중에 의한 어깨부 휨모멘트(kN·m/m)

M_{hL} : 활하중에 의한 어깨부 휨모멘트(kN·m/m)

M_{hE} : 지진하중에 의한 어깨부 휨모멘트(kN·m/m)

α_D : 고정하중 하중계수

α_L : 활하중 하중계수

α_E : 지진하중 하중계수

i : 충격계수

【해설】

Duncan et al.(1984)는 다양한 범위의 지간, 높이, 토피고, 하중위치 등에 대한 박스형 파형강판 구조물의 휨모멘트와 축력을 연구하기 위해 100개의 구조물에 대한 유한요소해석을 수행하여 분석하였으며, 이러한 분석을 바탕으로 설계 방법이 개선되었다.

일반적으로 토피고가 1.5m 이내 이면 박스형 파형강판 구조물에서의 축력 영향은 휨모멘트의 영향과 비교했을 때 미소하므로 설계 시 휨모멘트만 고려한다.

4.5.4.3.3.1 고정하중에 의한 휨모멘트

고정하중에 의한 정점부 및 어깨부 휨모멘트는 다음 식을 따른다.

$$M_{cD} = \kappa M_D \quad (4.5\text{-}34)$$

$$M_{hD} = (1-\kappa) M_D \quad (4.5\text{-}35)$$

여기서, κ : 정점부 휨모멘트 분배계수 $(0.70 - 0.0328\,D_s)$

M_D : 정점부와 어깨부의 고정하중 및 휨모멘트의 합 (kN·m/m)

$$k_1 \gamma D_s^3 + k_2 \gamma \left[H - \left(0.3 + \frac{d}{2000} \right) \right] D_s^2$$

k_1 : 고정하중 시공단계별 지간에 따른 계수

$(0.0053 - 0.00024\,(3.28\,D_s - 12))$

k_2 : 고정하중 시공단계별 지간에 따른 계수 (0.053)

H : 토피고 (m)

d : 파형강판의 골 깊이 (mm)

【해설】

박스형 파형강판 구조물에 발생하는 휨모멘트는 구조물의 지간과 높이에 따라 크게 달라진다. 동일한 지간에서 상대적으로 낮은 높이의 단면이 높은 단면보다 보수적인 결과를 나타내다.

4.5.4.3.3.1은 보수적인 낮은 높이의 단면을 기반으로 하며, k_1, k_2는 Duncan et al. (1984)의 유한요소해석 결과로부터 제시 되었다.

4.5.4.3.3.2 활하중에 의한 휨모멘트

활하중에 의한 정점부 및 어깨부 휨모멘트는 다음 식을 따른다.

$$M_{cL} = \kappa M_L \qquad (4.5\text{-}36)$$

$$M_{hL} = (1 - \kappa)\, k_R M_L \qquad (4.5\text{-}37)$$

여기서, κ : 정점부 휨모멘트 분배계수 $(0.70 - 0.0328\,D_s)$

k_R : 어깨부 휨모멘트 감소계수 $(0.425\,H + 0.48 \le 1.0)$

M_L : 트럭하중에 의한 휨모멘트 (kN·m/m) $(C_1 k_3 D_s A_L / k_4)$

C_1 : 차량 축 개수와 지간에 따른 감소계수

1.0 ; 차량축이 하나일 경우

$0.5 + \dfrac{D_s}{15.24} \le 1.0$; 차량축이 하나 이상일 경우

k_3 : 활하중 재하 시 지간 및 토피에 따른 계수

$\dfrac{0.08}{\left[\dfrac{H}{D_s} \right]^{0.2}}$; $D_s \le 6\,\text{m}$ 인 경우

$$\frac{[0.08 - 0.002(3.28D_s - 20)]}{\left[\frac{H}{D_s}\right]^{0.2}} \quad ;\ 6\,\text{m} < D_s \leq 8\,\text{m} \text{인 경우}$$

A_L : 차량 축하중(kN)

차량 축 하나의 하중 ; $D_s < 3.6\,\text{m}$인 경우

인접한 두 축의 합 하중 ; $D_s \geq 3.6\,\text{m}$인 경우

k_4 : 표 8.4.2.5.2-1에서 제시된 등가 선하중 환산계수(m)

【해설】

활하중이 박스형 파형강판 구조물 상부를 통행할 때 구조물 주변의 휨모멘트의 크기와 방향은 달라진다. 따라서 설계 휨모멘트를 결정하려면 지간 중심부터 지간 외측 범위까지의 활하중 위치에 대한 영향을 확인해야 한다. 대부분의 박스형 파형강판 구조물에서 정점부 모멘트와 어깨부모멘트의 임계 하중의 위치는 지간의 중심 근처이다.

설계 기준에서 사용되는 활하중에 의한 휨모멘트는 하중의 위치가 정확히 일치 하지 않더라도 정점부와 어깨부에서 산정된 최대 값을 기준으로 한다.

Duncan et al.(1984)에 의해 지간 8m 이상 지간의 박스형 파형강판 구조물의 활하중에 의한 모멘트 산정식이 유도 되었다. k_R은 실물 크기 모형 실험의 결과로부터 제시 되었으며, 토피고가 증가할 수록 하중의 거리가 증가하여 연장방향으로 분산되는 하중에 대한 여유도를 나타낸다. 활하중에 의해 발생하는 휨모멘트는 토피고에 따라 크게 달라지며, 토피고가 증가할수록 모멘튼 작아진다. 이 효과는 깊은 토피고에서 하중의 분산 정도가 커지기 때문이다.

지간에 평행하게 발생하는 활하중의 분산은 유한요소해석을 통해 모델링 할 수 있지만 구조물 연장방향으로 발생하는 분산은 쉽게 모델링 할 수 없다. 구조물 연장방향 하중분산을 설명하기 위해, 평면변형 유한요소해석에서 등가선하중이 사용된다. 이러한 등가선하중은 Boussinesq 탄성이론에 근거하여 구조물 정점부 토피고에 의해 연장방향으로 분산되는 하중과 같은 크기의 하중을 산정하여 활하중 작용 위치에 재하 시킨다.

등가선하중의 값은 설계 활하중의 축하중을 표 4.5-11의 k_4로 나눈 값이며, 구조물 지간 전체에 걸쳐 토피고 가장 낮은 정점부를 기준으로 산정된 값이므로 보수적이다.

4.5.4.3.3.3 지진하중에 의한 휨모멘트

지진하중에 의한 정점부 및 어깨부 휨모멘트는 다음 식을 따른다.

$$M_{cE} = \kappa M_E \tag{4.5-38}$$

$$M_{hE} = (1-\kappa) M_E \tag{4.5-39}$$

여기서, M_E : 지진하중에 의한 휨모멘트(kN·m/m) $(M_D A_V)$

A_V : 수직가속도계수 $\left(A_V = \dfrac{2}{3} A_H\right)$

A_H : 수평가속도계수

【해설】

박스형 파형강판 구조물의 경우 동적해석 시 지진의 수평성분에 의해 상당한 추가 모멘트가 유도되며, 수직성분의 영향은 작다. 그러나 설계기준 식에 지진의 수평성분을 반영하기는 어렵다. 4.5.4.3.3.3은 이러한 박스형 파형강판 구조물의 지진 시 휨모멘트 산정을 위한 간편식을 제시한다. 지진하중으로 인한 축력은 박스형 파형강판 구조물 설계 시 고려하지 않는다.

4.5.4.3.4 휨강도 검토

한계상태에서 정점부 설계 휨모멘트 M_{cf} 및 어깨부 설계 휨모멘트 M_{hf}는 소성설계모멘트 M_{pf}를 초과하지 못한다.

$$M_{pf} = \phi_h Z F_y \tag{4.5-40}$$

여기서, ϕ_h : 소성힌지 저항계수

Z : 파형강판의 소성단면계수(mm^3/mm)

F_y : 파형강판의 항복강도(MPa)

4.5.4.3.5 이음부 강도

(1) 휨에 대해서만 설계하는 경우에 이음부 강도, $\phi_j \cdot S_m$ 는 M_{pf} 이상이어야 한다. 압축력과 휨을 동시에 고려할 경우에 이음부 강도 $\phi_j \cdot S_s$는 T_f 이상이어야 한다. 압축 및 휨에 의한 이음부 공칭강도 S_s 및 S_m은 국내·외 기준에 등재된 값의 사용을 원칙으로 한다.

(2) 이음부는 설계하중에 의한 이음부의 휨모멘트와 $0.75M_{Pf}$ 중 큰 값을 사용하여 설계한다.

4.5.4.3.6 구조적 뒤채움 범위

최소토피고 $H_{\min}$는 0.3m이고, 박스형 파형강판 구조물의 횡방향 구조적 뒤채움 최소 범위는 그림 4.5-6과 같다.

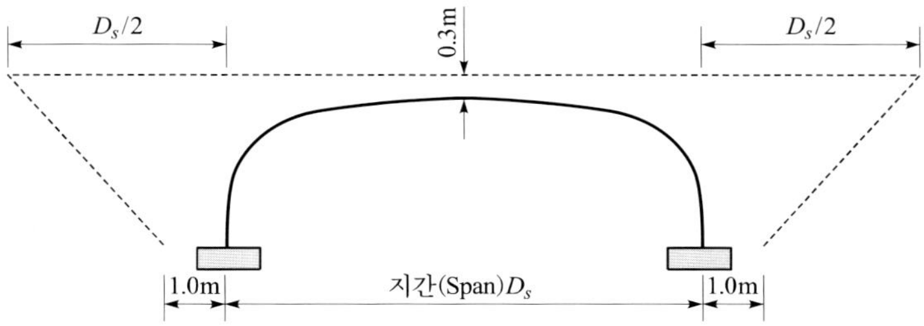

그림 4.5-6 박스형 파형강판 구조물 최소 구조적 뒤채움 범위

【해설】

박스형 파형강판 구조물은 Soil-metal 상호 작용을 기반으로 하지 않으므로 구조적 뒤채움 범위에 대한 요구 사항이 아치형에 비해 보수적이지 않다.

참고문헌

Davisson, M. T., F. S. Manuel and R. M. Armstrong.(1983), "Allowable Stresses in Piles", FHWA/RD-83/059.

Galambos, T. V. (ed.) (1998), "Guide to Stability Design Criteria for Metal Structures", Structural Stability Research Council, 5th Edition, JohnWiley& Sons, NewYork, NY.

Kulicki, J. M. (1983), "Load Factor Design of Truss Bridges with Applications to Greater New Orleans Bridge No. 2". In transportation Research Record 903. TRB, National Research Council, Washington, D.C.

Winter, G. (1958), "Lateral Bracing of Columns and Beams", Journal of the Structural Division, ASCE, Vol. 84, No. ST2, March, pp. 1561-1-1561-22.

Winter, G. (1960), "Lateral Bracing of Columns and Beams", Transactions, ASCE, Vol. 125, Part 1, pp. 809-825.

Yura, J. A. (1993), "Fundamentals of Beam Bracing", Proc., SSRC Conf., Is Your Structure Suitably Braced, Milwaukee, WI.

Yura, J. A. (1995), "Bracing for Stability-State-of-the-Art", Proceedings, Structures Congress XIII, ASCE, Boston, MA, April, pp. 88-103.

제 3 장

KDS 14 31 15 : 2017

강구조 골조의 안정성 설계기준

KDS 14 31 15 강구조 골조의 안정성 설계기준

1. 일반사항

이 기준의 규정은 강구조 골조의 안정성 설계에 적용한다.

2. 조사 및 계획

내용 없음.

3. 재료

KDS 14 31 05(3)에 따른다.

4. 설계

이 장에서는 구조물의 안정성 설계에 대한 요구조건과 직접해석법 및 대체설계법에 따라 소요강도와 설계강도를 산정하는 방법을 규정한다.

(1) 직접해석법

직접해석법에 의한 설계는 4.2에 따라 소요강도와 설계강도를 산정하며, 모든 구조물에 대하여 사용할 수 있다.

(2) 대체 해석법

4.3에서 설명한 유효좌굴길이법과 4.4에서 설명한 1차해석법은 각 절에서 규정한 제한조건을 만족하는 구조물에 대하여 소요강도와 설계강도를 산정할 수 있으며, 직접해석법의 대체 설계방법으로 사용할 수 있다.

【해설】

안정성 설계는 구조요소의 소요강도를 결정하는 구조해석과 적절한 설계강도를 가진 구조요소 선택의 조합이다. 안정성을 고려하기 위한 다양한 방법이 있다(Ziemian, 2010).

이 장에서는 강구조 건축물 및 기타 구조물에 대한 안정성 설계 요구조건을 다루며, 모든 경우에 사용할 수 있는 직접해석법을 기반으로 한다. 유효좌굴길이법 및 1차해석법은 4.3 및 4.4에서 다루며, 각각 4.3.1 및 4.4.1의 제한조건을 만족할 때 사용할 수 있다. 4.1의 일반적인 요구조건을 만족하면, 2차비탄성해석 또는 소성해석을 포함한 다른 방법도 사용할 수 있다. 구조해석과 부재강도식이 불가분하게 상호의존적이기 때문에, 탄성해석 자체만으로는 안정성을 평가하기에 충분하지 않다. 한편, 유효좌굴길이법은 유효길이법이라고도 한다.

4.1 일반적 안정성 요구조건

안정성은 구조물의 전체 및 각 요소에 대하여 만족해야 하며, 구조물과 그 요소들의 안정성에 대해 다음 모든 사항들을 고려해야 한다.

(1) 휨, 전단 및 축부재의 변형과 전체구조물의 변위에 영향을 미치는 모든 다른 변형

(2) 2차효과($P-\Delta$와 $P-\delta$ 효과)

(3) 기하학적 불완전성

(4) 비탄성으로 인한 강성저하

(5) 강성과 강도의 불확실성

위의 항목에 기술된 효과를 모두 고려하는 안정성에 대한 합리적인 설계방법을 사용할 수 있다. 이러한 설계방법은 4.2, 4.3, 4.4에서 확인되는 설계방법을 포함한다.

【해설】

철골 구조물의 안정성에 영향을 미치는 다양한 매개변수와 거동효과가 존재한다(Birnstiel and Iffland, 1980; McGuire, 1992; White and Chen, 1993, ASCE Task Committee on Effective Length, 1997; Ziemian, 2010). 구조물과 개별 구조요소의 안정성은 압축부재뿐만 아니라 보, 가새시스템 및 연결부를 포함한 전체 구조물의 관점에서 고려하여야 한다.

많은 건축물 기준은 지진에 의한 횡변위를 제어하기 위한 강성 요구조건을 포함하고 있으며, 공칭강성으로 계산된 횡변위 증폭비(2차횡변위/1차횡변위 또는 B_2)가 대략 1.5에서 1.6을 초과하지 못하도록 제한하고 있다(ICC, 2009). 이 제한조건은 감소된 강성으로 계산된 횡변위 증폭비가 2.5 이하이어야 한다는 보다 일반적인 권고사항 범위 내에 있다. 횡변위 증폭비가 클 경우, 큰 기하학적 비선형성으로 인해 중력 하중 및/또는 구조적 강성의 작은 변화에도 횡변위 및 2차효과가 상당히 크게 변할 수 있기 때문에 후자의 권고사항이 만들어졌다.

해설 표 4.1-1은 4.1에 제시된 다섯 항목의 기본적인 안정성 요구조건을 직접해석법(4.2)과 유효좌굴길이법(4.3)에서 어떻게 반영하는지를 보여 준다.

해설 표 4.1-1 기본적인 안정성 요구사항에 대한 해석법에 따른 규정 비교

<table>
<tr><th colspan="2">4.1 안정성에 대한 기본적인 요구조건</th><th>4.2 직접해석법 규정</th><th>4.3 유효좌굴길이법 규정</th></tr>
<tr><td colspan="2">(1) 휨, 전단 및 축 부재의 변형과 전체구조물의 변위에 영향을 미치는 모든 변형</td><td>4.2.1.1(1).
모든 변형 고려</td><td>직접해석법과 동일</td></tr>
<tr><td colspan="2">(2) 2차효과($P-\Delta$와 $P-\delta$ 효과)</td><td>4.2.1.1(2).
2차효과($P-\Delta$와 $P-\delta$ 효과)[2] 고려</td><td>직접해석법과 동일</td></tr>
<tr><td rowspan="3">(3) 기하학적 불완전성
- 연결부-위치 불완전성[1] : 구조물 응답에 영향을 미침
- 부재 불완전성: 구조물 응답과 부재 강도에 영향을 미침</td><td>연결부-위치 불완전성[1]의 구조물 응답에 대한 효과</td><td>“4.2.1.2(1) 불완전성 직접 모델링” 또는 “4.2.1.2(2) 불완전성의 효과를 나타내는 가상하중의 사용”</td><td>직접해석법과 같이, “4.2.1.2(2) 불완전성의 효과를 나타내는 가상하중의 사용”으로만 고려</td></tr>
<tr><td>부재 불완전성의 구조물 응답에 대한 효과</td><td>“4.2.1.3 강성 조정”에 포함</td><td rowspan="6">부재 강도 검토시 횡변위좌굴해석을 통해 구한 KL을 적용함으로써 모든 효과를 고려.

직접해석법과 유효좌굴길이법의 차이점
• 직접해석법: 해석에 저하된 강성을 사용하며, 부재 강도 검토시 $KL=(1.0)L$ 적용
• 유효좌굴길이법: 해석에 전체 강성을 사용하며, 부재강도 검토시 횡변위좌굴해석을 통해 구한 KL 적용</td></tr>
<tr><td>부재 불완전성의 부재 강도에 대한 효과</td><td>$KL=(1.0)L$을 적용한 부재 강도 식에 포함</td></tr>
<tr><td rowspan="2">(4) 비탄성으로 인한 강성저하
- 구조물 응답과 부재 강도에 영향을 미침</td><td>강성저하의 구조물 응답에 대한 효과</td><td>“4.2.1.3 강성 조정”에 포함</td></tr>
<tr><td>강성저하의 부재 강도에 대한 효과</td><td>$KL=(1.0)L$을 적용한 부재 강도 식에 포함</td></tr>
<tr><td rowspan="2">(5) 강성과 강도의 불확실성
- 구조물 응답과 부재 강도에 영향을 미침</td><td>강성/강도 불확실성의 구조물 응답에 대한 효과</td><td>“4.2.1.3 강성 조정”에 포함</td></tr>
<tr><td>강성/강도 불확실성의 부재 강도에 대한 효과</td><td>$KL=(1.0)L$을 적용한 부재 강도 식에 포함</td></tr>
</table>

주1) 전형적인 건축구조물에서 “연결부-위치 불완전성”이란 기둥의 “수직도 오차(out-of-plumbness)"를 의미한다.

주2) “엄격한 2차해석” 또는 “4.5에 명시된 B_1과 B_2를 사용하는 근사2차해석법”을 통해 2차효과를 고려할 수 있다.

4.2 직접해석법

직접해석법에 의한 설계는 4.2.1에 따라 소요강도를 산정하고 4.2.2에 따라 설계강도를 산정하며, 모든 구조물에 대하여 사용될 수 있다.

4.2.1 소요강도

직접해석법설계에서 구조물을 구성하는 요소들의 소요강도는 4.2.1.1을 만족하는 해석으로부터 결정한다. 이 해석은 4.2.1.2에 따라 초기불완전성을 고려하고 4.2.1.3에 따라 강성을 조정한다.

【해설】

4.2.1에 따라 소요강도를 결정하는 구조해석과 4.2.2에 따라 부재 및 연결부의 설계강도 평가가 안정성 설계를 위한 직접해석법의 근간이다. 직접해석법은 모멘트골조, 가새골조, 전단벽골조 및 이들과 유사한 시스템의 조합을 포함한 모든 강구조 시스템의 안정성 설계에 유용하다(AISC-SSRC, 2003b). 직접해석법은 구조해석에 기하학적 불완전성과 강성저하의 효과를 직접적으로 포함하기 때문에 구조물 내 하중 효과를 보다 정확하게 결정할 수 있다. 또한 직접해석법은 KDS 14 31 10(4.4)의 보-기둥 상호작용식에서 면내 기둥강도 P_c를 계산할 때 $K=1.0$을 사용할 수 있으며, 이는 철골모멘트골조 및 복합시스템의 설계에서 중요한 단순화이다.

4.2.1.1 일반적 해석 요구조건

구조물의 해석은 다음과 같은 조건을 만족해야 한다.

(1) 이 해석은 휨, 전단 및 축부재의 변형과 구조물의 변위에 영향을 유발하는 모든 구성요소 및 접합부의 변형을 고려한다. 4.2.1.3의 규정에 따라 구조물의 안정성에 영향을 미치는 모든 강성을 저감시킨다.

(2) 이 해석은 $P-\Delta$와 $P-\delta$ 모두 고려하는 2차해석이며, 다음 조건을 만족할 시 구조물의 응답에 $P-\delta$ 효과를 무시할 수 있다.

① 중력하중들을 주로 수직기둥, 벽 또는 골조를 통해 지지하는 구조물

② 모든 층에서 최대1차횡변위에 대한 최대2차횡변위의 비율(4.2.1.3에 규정한대로 조정된 강성을 사용함)이 1.7 이하

③ 고려하는 변위의 방향으로의 모멘트저항골조의 기둥이 구조물에 작용하는 전체중

력하중의 1/3이하를 받을 경우

압축과 휨을 받는 개별부재의 평가 시 모든 경우에 대하여 $P-\delta$ 효과를 고려해야 한다. 4.5에 기술된 근사2차해석법은 엄격한 2차해석 대신 사용될 수 있다.

(3) 이 해석은 구조물의 안정성에 영향을 주는 모든 중력과 외력을 고려해야 한다.

(4) 2차해석은 하중조합을 사용하여 수행한다.

【해설】

(1) 구조해석에서 고려하여야 할 변형

구조해석은 휨, 전단 및 축 변형, 그리고 구조물의 변위에 영향을 유발하는 모든 구성요소 및 연결부(접합부)의 변형을 고려하여야 한다. 그러나 "고려하다"는 "포함하다"와 동의어가 아니며, 일부 변형은 그 효과를 합리적으로 고려하여 무시할 수 있음을 인지해야 한다. 예를 들어, 사무소 건물의 콘크리트가 타설된 데크플레이트 바닥판 다이어프램(diaphragm)의 면내 변형은 일반적으로 무시할 수 있다. 그러나 횡력저항요소의 배치간격이 넓은 대형창고나 공장에 사용하는 냉간성형 경량지붕데크플레이트의 면내 변형은 일반적으로 무시할 수 없다. 다른 예로서, 저층 모멘트골조에서 보와 기둥의 전단 변형은 일반적으로 무시할 수 있지만, 고층 골조튜브시스템(Framed Tube System)에서는 그렇지 않을 수 있다.

(2) 2차효과

직접해석법은 $P-\Delta$와 $P-\delta$ 효과 모두를 고려하는 2차해석을 사용하여 내력의 효과를 계산하기 위한 기본 요구조건을 포함한다(해설 그림 4.2-1 참조). $P-\Delta$ 효과는 구조물 내 접합부(연결부) 또는 절점의 변위 지점에 작용하는 하중 효과이다. $P-\delta$ 효과는 접합부(연결부) 또는 절점 사이에 있는 부재의 변형 형상에 작용하는 하중 효과이다.

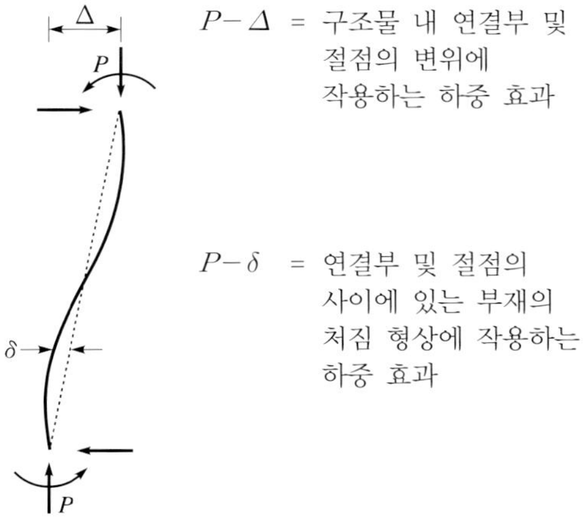

해설 그림 4.2-1 보-기둥 부재의 $P-\Delta$와 $P-\delta$ 효과

엄밀한 2차해석은 모든 중요한 2차효과를 정확하게 모델링하는 것이다. 이러한 접근법 중 하나는 안정성 함수(stability function)를 통한 또는 2차효과를 모델링할 수 있는 전산해석프로그램을 이용한 지배 미분 방정식의 해법이다(McGuire et al., 2000; Ziemian, 2010). 일부 상용 전산해석프로그램은 엄밀한 2차해석을 수행할 수 있는데, 사용자가 반드시 검증하여야 한다.

엄밀한 2차해석의 대안으로, 2차효과 증폭계수를 사용하여 1차해석 결과를 수정하는 방법을 사용할 수 있다. 4.5에 주어진 B_1과 B_2 증폭계수의 사용은 그러한 대안법들 중 하나이다. 이외의 다른 방법은 정확성을 검증하여야 한다.

(3) 해석 벤치마크 문제

4.4 직접해석법 및 4.3 유효좌굴길이법에 적합한 엄밀한 2차해석의 요구조건을 충족시키는지 여부를 결정하는 첫 번째 검토 단계로서 다음의 벤치마크 해석을 권장한다. 일부 2차해석의 절차는 구조물의 전체적인 응답에서 $P-\delta$ 효과를 포함하지 않을 수도 있다. 따라서 다음의 벤치마크 해석을 통해 $P-\delta$ 효과가 해석에 포함되었는지 여부를 판단할 수 있다. 4.2.1.1(2)의 요구조건에 따르면, 2차해석 시에 $P-\delta$ 효과를 항상 포함할 필요가 없다는 점에 유의하여야 한다(이 효과를 무시한 결과에 대한 추가 논의는 아래에서 다루고 있다).

해설 그림 4.2-2와 4.2-3은 벤치마크 문제 설명과 풀이를 보여 준다.

1) 사례 1 (해설 그림 4.2-2)는 지지점 사이에 등분포 횡하중과 축하중이 동시에 재하된 단순 지지된 기둥(보-기둥)이다. 이 문제는 부재의 한쪽 단부에서 다른 쪽 단부에 대한 상대 변위가 발생하지 않기 때문에 $P-\delta$ 효과만을 포함한다.
2) 사례 2는 부재의 자유단 상단에 축하중과 횡하중이 동시에 재하되고, 고정단 지지점 조건을 갖는 캔틸레버 기둥(보-기둥)이다. 이 문제는 $P-\Delta$와 $P-\delta$ 효과를 모두 포함한다.

해석방법의 정확성을 확인하는 데에 있어서, 모멘트와 처짐은 부재에 재하된 다양한 수준의 축하중에 대하여 검토해야 하며, 모든 경우에서 결과값의 차이가 각각 3% 및 5% 이내이어야 한다.

일반 골조시스템 설계에서 통상 사용하는 주어진 해석방법의 정확성을 확인하기 위해서는 검토해야 할 요소들이 많다는 점을 감안하면, 광범위한 벤치마크 문제들을 채택하여야 한다. Kaehler et al. (2010), Chen and Lui (1987), McGuire et al. (2000)에서 여러 가지 다른 목적의 해석 벤치마크 문제들을 찾아볼 수 있다. 2차해석 절차의 정확성을 평가하기 위해 벤치마크 문제를 이용하는 경우, 벤치마크 연구에 사용된 해석의 세부사항들(부재를 구성하는 요소 개수 및 적용된 수치해법 등)을 실제 구조물 설계에 사용되는 해석에 반영하여야 한다. 탄성좌굴하중에 대한 설계하중의 비는 2차효과의 영향을 가늠하는 중요한 지표이기 때문에, 0.6 ~ 0.7 정도의 하중 비를 갖는 벤치마크 문제들을 포함하여야 한다.

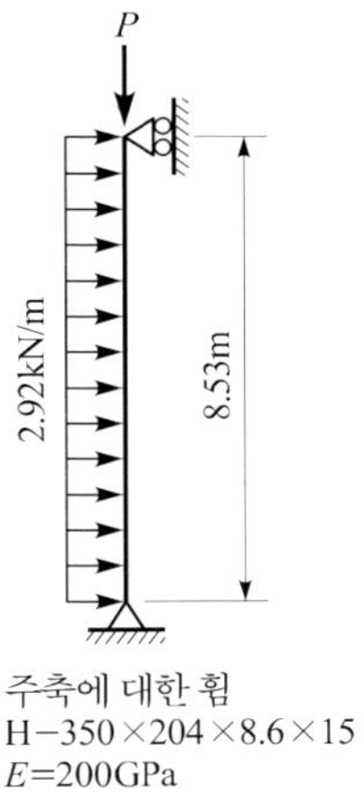

압축력, P (KN)	0	667	1334	2001
M_{mid}(kN−m)	26.6 [26.6]	30.5 [30.4]	35.7 [35.4]	43.0 [42.4]
Δ_{mid}(mm)	5.13 [5.02]	5.86 [5.71]	6.84 [6.63]	8.21 [7.91]

구조해석은 축력, 휨 및 전단 변형을 포함한다.
[ ]의 값은 전단 변형을 제외한 값임.

해설 그림 4.2-2 벤치마크 문제: 사례 1

압축력, P (KN)	0	445	667	890
M_{base} (kN−m)	38.0 [38.0]	53.2 [53.1]	68.1 [67.7]	97.2 [96.2]
Δ_{tip} (mm)	23.1 [22.9]	34.2 [33.9]	45.1 [44.6]	66.6 [65.4]

구조해석은 축력, 휨 및 전단 변형을 포함한다.
[ ]의 값은 전단 변형을 제외한 값임.

해설 그림 4.2-3 벤치마크 문제: 사례 2

(4) $P-\delta$ 효과를 반영하지 않은 경우

근사해석의 일반적인 유형은 부재의 단부변위(가령, 층간변위)에서 기인한 $P-\Delta$ 효과만을 반영하지만, 현(chord)에 대한 부재의 곡률에서 기인한 $P-\delta$ 효과는 반영하지 못한다. 이러한 유형의 해석은 $P-\Delta$ 해석으로 간주한다. $P-\delta$ 효과가 적지 않은 경우, 국부(δ) 및 전체(Δ) 변위와 이에 상응하는 내부 모멘트의 증폭에 미치는 $P-\delta$ 모멘트 효과를 정확하게 반영하지 못하는 근사법을 적용하게 되면 오차가 발생한다. 이러한 오차는 2차구조해석용 전산프로그램을 사용하는 경우와 B_1 및 B_2 증폭계수를 사용하는 경우 모두에서 발생할 수 있다. 가령, 식 (4.5−7)의 R_M은 전체 횡변위 Δ와 이에 상응하는 모멘트에 미치는 $P-\delta$ 효과(기둥 곡률에서 기인한)를 근접하게 반영하는 조정계수이다. 일반적인 직사각형 모멘트골조의 경우, 하나의 부재 당 한 개의 요소를 적용하는 $P-\Delta$ 해석은 $R_M=1$ 및 식 (4.5−6)의 B_2 증폭계수를 사용한 것과 같으며, 따라서 이러한 해석은 구조물의 응답에 대한 $P-\delta$ 효과를 무시한 것이다.

4.2.1.1(2)는 1차 횡변위에 대한 2차 횡변위의 비가 1.7 미만이고, 모멘트저항골조의 일부인 기둥이 건물의 총 중력하중의 1/3이하를 지지할 때, 전형적인 건축구조물에 $P-\Delta$ 효과만을 고려한(즉 구조물의 응답에 대한 $P-\delta$ 변형 효과를 무시한) 해석을 적용할 수 있음을 명시하고 있다. 후자의 조건은 R_M 값이 0.95 이상인 것과 같다. 이러한 조건들이 충족되는 경우, $P-\Delta$ 효과만을 고려한 해석에서 얻어진 횡변위 오차는 일반적으로 3% 미만일 것이다. 그러나 하나 이상의 부재에서 $P-\delta$ 효과가 클 경우(즉 B_1 증폭계수가 약 1.2 이상일 경우), $P-\Delta$ 효과만을 고려한 해석은 $P-\delta$ 효과가 큰 부재들에 연결된 구성요소의 비횡변위 모멘트(nonsway moments)에 큰 오차를 초래할 수 있다.

구조실무자가 이러한 경우에 $P-\Delta$ 효과만을 고려한 해석을 사용할 때는 사전에 발생 가능한 오차를 인지하고 있어야 한다. 예를 들어, 직접해석법을 사용하여 해설 그림 4.2-4의 고정단 캔틸레버 기둥(보-기둥)을 평가해보면, 횡변위 증폭계수($\Delta_{2nd}/\Delta_{1st}$)는 3.83이며, $M_u = 158\,\text{kN·m}$에 상응하는 기둥 하단의 모멘트 증폭계수(M_u/M_{1st})는 3.32이다.

제시된 하중에 대해, KDS 14 31 10(4.4)의 식 (4.4-1)에 의한 보-기둥 강도 상호작용 값은 1.0이다. 구조물의 응답에 $P-\delta$ 효과를 반영하지 않는 단일 요소를 사용한 $P-\Delta$ 해석에 의해 결정된 횡변위 및 기둥 하단의 모멘트 증폭계수는 2.55이며, 그 결과 $M_u^{P-\Delta} = 121\,\text{kN·m}$ (보다 정확한 값인 M_u 대비 23.2%의 오차 발생)이고 보-기둥 상호작용 값은 0.91이다.

$P-\Delta$ 효과만을 고려한 해석법에 부재를 다수의 요소들로 세분화함으로써 전부는 아니지만 일부의 $P-\delta$ 효과는 얻을 수 있다. 해설 그림 4.2-4의 예제의 경우, 2차 기둥 하단의 모멘트와 상단의 횡방향 변위의 오차를 각각 3% 및 5% 미만으로 줄이기 위해서는 하나의 부재를 세 개의 동일한 길이로 나눈 요소를 사용한 $P-\Delta$ 해석이 요구된다.

이 경우 구조물의 응답에 미치는 $P-\delta$ 효과를 무시한 결과로 발생한 안전측이 아닌 오차는 식 (4.5-8)을 사용하면 제거할 수 있다는 것을 유의해야 한다. 해설 그림 4.2-4의 하중의 경우, $R_M = 0.85$를 적용한 식 (4.5-7)과 식 (4.5-6)으로 부터 B_2 증폭계수의 값은 3.52로 산정된다. 이는 앞의 예제에서 $M_u = 166\,\text{kN·m}$에 상응하는 값으로서, 엄밀한 2차해석으로 얻은 값보다 대략 6% 이상 크다.

단순지지된 지지점조건을 가진 횡변위 기둥의 경우, $\alpha P_r / P_{eL} \le 0.05$ 일 때, $P-\Delta$ 효과만을 고려한 해석에서 얻은 2차 내부모멘트와 2차 변위의 오차는 일반적으로 각각 3% 및 5%보다 작다.
여기서 $\alpha = 1.00$

P_r = 소요축력 (N)

$P_{eL} = \pi^2 EI / L^2$ (공칭강성을 사용하여 해석할 경우) (N)

$P_{eL} = 0.8\tau_b \pi^2 EI / L^2$ (휨강성저감 $0.8\tau_b$을 사용하여 해석할 경우) (N)

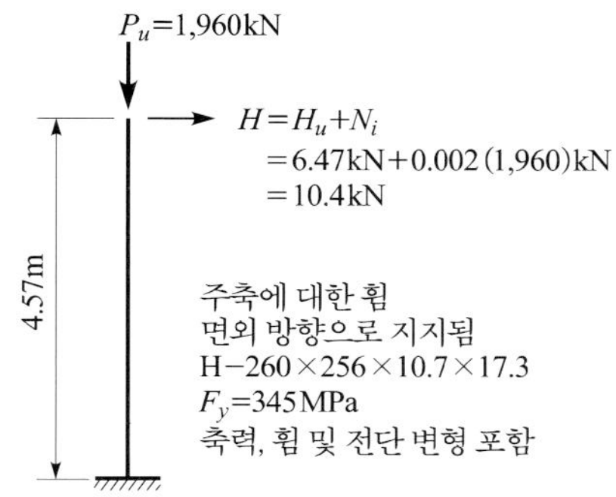

$P_u/P_y = 0.50,\ \tau = 1.0$
$E = 0.8\times\tau\times 200\,\text{GPa} = 160\,\text{GPa}$
$G = E/2(1+v) = 61.5\,\text{GPa}$

엄격한 $P-\triangle$ 및 $P-\delta$ 해석
$\Delta_{2nd} = 56.5\,\text{mm}$
$M_u = 158\,\text{kN-m}$
$P_u/\phi_c P_n + \frac{8}{9}(M_u/\phi_b M_n) = 1.00$

단일 요소 $P-\triangle$ 해석
$\Delta_{1st} = 15\,\text{mm}$
$M_{1st} = HL = 48\,\text{kN-m}$
$1/[1-P_u/(HL/\Delta_{1st})] = 2.55$
$M_u^{P-\Delta} = 2.55M_{1st} = 121\,\text{kN-m}$
$P_u/\phi_c P_n + \frac{8}{9}(M_u^{P-\Delta}/\phi_b M_n) = 0.910$

해설 그림 4.2-4 하나의 부재당 한 개의 해석요소를 적용한 $P-\triangle$ 해석과 관련된 잠재적 오류 사례

횡이동이 가능한 기둥이 양단에 최소 $1.5(EI/L)$(공칭강성을 사용할 경우) 또는 $1.5(0.8\tau_b EI/L)$($0.8\tau_b$의 휨강성저감을 사용할 경우)의 회전강성을 갖는 경우, $\alpha P_r/P_{eL} \le 0.12$ 일 때, $P-\Delta$ 효과만을 고려한 해석에서 얻은 2차 내부모멘트와 변위의 오차는 일반적으로 각각 3% 및 5%보다 작다.

대체로 횡이동이 구속된 단부조건을 가진 부재의 경우, $\alpha P_r/P_{eL} \le 0.05$ 일 때, $P-\Delta$ 효과만을 고려한 해석에서 얻은 2차 내부모멘트와 변위의 오차는 일반적으로 각각 3% 및 5%보다 작다.

$P-\triangle$ 효과만을 고려한 해석을 사용할 수 있는 제한조건을 충족시키기 위해서, 4.2.1.1(2)에 따라, 부재 길이를 따라 분포된 모멘트(즉, 부재 단부 절점 위치 사이의 모멘트)는 $P-\delta$ 효과를 포함하기 위해 필요한 만큼 증폭되어야만 한다는 점을 유의해야 한다. 이를 달성하기 위한 방법 중 하나가 B_1 계수를 사용하는 것이다.

Kaehler et al. (2010)은 위의 제한점을 초과하는 경우에 $P-\triangle$ 효과를 고려한 해석에 사용될 요소의 적절한 개수에 대한 지침과, 요소의 내부 2차 모멘트를 계산하기 위한 지침을 제시한다. 또한 $P-\triangle$ 효과와 $P-\delta$ 효과를 모두 포함하는 2차 해석이 가능한 방법을 사용할 때, 부재별로 필요한 요소의 개수에 대한 완화된 지침을 제시한다.

앞서 지적한 대로 구조실무자는 다양한 범위의 대표적인 하중에 대한 정해와 해석 결과와의 비교를 통해 2차 해석 프로그램의 정확성을 검증하여야 한다. Chen and Lui (1987)와 McGuire et al. (2000), Kaehler et al. (2010)은 각형 단면의 부재로 구성된 골조의 2차 해석을 시험하기 위한 5가지의 유용한 벤치마크 문제들을 추가로 제시하였다. 또한 웨브의 높이가 변하는 부재에 대한 2차 해석 능력을 평가하기 위한 벤치마크를 제시하였다.

(5) 강도해석

2차 효과와 관련된 비선형성 때문에, 반드시 강도 수준에서 골조해석을 수행하여야 한다.

4.2.1.2 초기 불완전성

구조물의 안정성에 대한 초기불완전성의 영향은 (1)에 따른 초기불완전성 직접모델링 해석 또는 (2)에서 정의된 가상하중을 적용하여 고려한다.

(1) 불완전성 직접모델링

구조물은 절점의 공칭위치로부터 발생된 변위를 이용하여 해석된다. 초기변위는 설계에서 고려되는 최댓값이며, 초기변위의 경향은 가장 큰 불안정효과를 제공하는 것이다. 중력하중을 주로 수직기둥, 벽 또는 골조로 지지하고 최대1차횡변위에 대한 최대2차횡변위의 비율이 1.7이하인 구조물의 해석은 중력하중만 포함된 하중조합에 대한 해석에서만 초기불완전성을 포함한다. 횡하중을 포함하는 하중조합에 대한 해석은 초기 불완전성을 포함하지 않는다.

(2) 불완전성의 효과를 나타내는 가상하중의 사용

중력하중을 주로 수직기둥, 벽 또는 골조로 지지하는 구조물에 대하여, 초기 불완전성의 효과를 나타내기 위해 이 기준의 요구사항을 만족하는 가상하중을 사용할 수 있다. 가상하중은 구조물의 공칭 기하학적 형상을 기초로 한 구조물의 모델에 적용한다.

① 가상하중은 모든 층에 횡하중처럼 작용한다. 아래 ④의 경우를 제외하고 가상하중은 다른 횡하중에 추가되어야 하고 모든 하중조합에 적용되어야 한다. 가상하중의 크기는 다음과 같다.

$$N_i = 0.002\,Y_i \tag{4.2-1}$$

여기서, N_i : i층에 적용되는 가상하중 (N)

Y_i : 하중조합에 의해 i층에 적용되는 중력하중 (N)

② 임의의 층에서 가상하중 N_i는 중력하중과 같은 방식으로 분포되야 한다. 가상하중은 가장 큰 불안정화효과를 주는 방향으로 적용되어야 한다.

③ 식 (4.2-1)에서 가상하중계수 0.002는 초기의 층수직도오차 1/500에 근거한 값이다. 이와 다른 최대 층수직도 오차를 사용하는 것에 대한 타당성이 입증된다면, 가상하중계수는 비례적으로 조정할 수 있다.

④ 최대2차횡변위에 대한 최대1차횡변위의 비율(하중조합과 4.2.1.3에서 규정된 조정된 강성으로 결정되는)이 모든 층에 대하여 1.7이하인 구조물에 대하여, 중력하

중만 포함된 하중조합에 대한 해석에서만 초기 불완전성을 포함한다. 횡하중을 포함하는 하중조합에 대한 해석은 초기 불완정성을 포함하지 않는다.

【해설】

현대의 안정성 설계규정들은 2차 탄성해석으로 산정된 부재력이 구조물의 변형된 형상에서도 평형상태를 만족한다는 전제에 기반한다. 수직도 오차, 재료 및 제작과정의 허용오차와 같은 구조물 내 초기불완전성은 불안정 효과를 유발한다.

직접해석법을 개발하고 보정하면서, 기하학적 초기 불완전성이 "KCS 14 31 00 강구조공사(2016)"에서 허용된 재료, 제작 및 설치 최대 허용오차와 동일하다고 보수적으로 가정하였다. 즉, 부재의 직선도 오차(out-of-straightness)는 $L/1000$, 부재의 수직도 오차는 $H/500$이다. 여기서 L은 가새 또는 골조 사이의 부재 길이이고 H는 층고이다. "KCS 14 31 00 강구조공사(2016)"에서 규정한 것과 같이, 수직도 오차 허용치는 경우에 따라 $H/500$보다 작을 수 있다.

초기 불완전성은 직접모델링(4.2.1.2(1)) 또는 불완전성의 효과를 나타내는 가상하중의 사용(4.2.1.2(2))을 통해 직접해석법에서 고려할 수 있다. 횡하중을 포함한 모든 하중조합에 대하여 최대 횡변위 증폭비($\Delta_{2nd\,order}/\Delta_{1st\,order}$) 또는 B_2가 1.7 (저감된 강성 사용 시) 또는 1.5 (전체 강성 사용 시) 이하인 경우, 가상하중을 횡하중을 포함한 하중조합이 아닌 오직 중력하중만의 하중조합에 적용할 수 있다. 이와 같이 횡변위 증폭비 또는 B_2가 작은 범위에서는 횡하중을 포함한 하중조합에 가상하중을 적용하지 않아 발생하는 부재력의 오차는 비교적 작다. B_2가 위의 임곗값 1.7 또는 1.5를 초과할 경우, 가상하중은 반드시 다른 횡하중을 포함하는 하중조합에도 적용하여야 한다.

초기 불완전성을 고려하기 위한 설계기준의 요구조건은 강도한계상태에서의 구조해석에만 적용하도록 의도하였다. 횡변위, 처짐 및 진동과 같은 사용성 조건에서의 구조해석은 대부분의 경우 초기 불완전성을 고려할 필요가 없다.

4.2.1.3 강성 조정

구성요소의 소요강도를 산정하기 위한 구조물해석은 다음과 같은 저감된 강성을 사용해야 한다.

(1) 계수 0.8은 구조물의 안정성에 영향을 미치는 모든 강성에 적용되어야 한다.

(2) 추가적인 계수 τ_b는 구조물의 안정성에 영향을 미치는 모든 부재의 휨강성에 적용되어야 한다.

① $P_r/P_y \le 0.5$인 경우

$$\tau_b = 1.0 \quad (4.2\text{-}2)$$

② $P_r/P_y > 0.5$인 경우

$$\tau_b = 4(P_r/P_y)[1-(P_r/P_y)] \quad (4.2\text{-}3)$$

여기서, P_r : 하중조합으로 구해진 소요축압축강도(N)

P_y : 축항복강도($=F_yA_g$) (N)

강구조부재 구조해석에서 EI에 $0.8\tau_b$배, EA 및 GA_v에 0.8배를 곱하여 계산한다.

(3) 4.2.1.2(2)가 적용되는 구조물에서 추가적으로 가상하중 $0.001\,Y_i$(Y_i는 4.2.1.2(2)① 에 정의됨)가 모든 하중조합에서 모든 층에 작용되면, $P_r/P_y > 0.5$인 경우에 $\tau_b < 1.0$을 사용하는 대신 $\tau_b = 1.0$을 사용할 수 있다. 이러한 가상하중은 4.2.1.2(2) ④와 상관없이 불완정성을 고려하는 가상하중에 더해진다.

(4) 구조용강을 제외한 재료로 구성된 부재들이 구조물의 안정성에 기여한다고 고려되고, 그리고 다른 재료에 대한 규준과 설계기준들이 강성에 더 큰 감소를 요구한다면, 큰 강성감소를 이러한 부재들에 적용한다.

【해설】

부재 내 잔류응력에 의한 부분 항복은 강도한계상태에서 구조물의 일반적 연화(softening)를 야기시켜 불안정성 효과를 더 발생시킬 수 있다. 또한 직접해석법은 부재 단면과 길이를 따라 확산되는 소성화를 고려하는 비탄성 분포소성해석(inelastic distributed-plasticity analyses)에 대응하여 보정된다. H-형강 내 잔류응력은 플랜지 팁에서 $0.3F_y$의 최대 압축잔류응력을 갖고, 플랜지에서는 선형 변화의 분포를, 웨브에서는 균일한 인장응력 분포(소위 Lehigh 패턴)를 갖는다고 가정한다(Ziemian, 2010).

저감된 강성($EI^* = 0.8\tau_b EI$ 및 $EA^* = 0.8EA$)을 직접해석법에 사용하는 두 가지 이유는 다음과 같다. 첫째, 세장한 부재를 가진 골조의 경우, 즉 한계상태가 탄성좌굴 안정성에 의해 지배되는 경우, 강성에 대한 계수 0.8은 탄성 안정성 한계의 0.8배와 동일한 시스템 설계강도 값을 야기한다. 이는 KDS 14 31 15의 식 (4.2-3)에 따라 $\phi P_n = 0.9(0.877P_e) = 0.79P_e$인, 유효좌굴길이법에서 세장한 기둥을 위해 설계규정에 내포한 안전 여유도(margin of safety)와 대략 동일하다. 둘째, 비세장한 부재를 가진 골조의 경우, $0.8\tau_b$ 계수는 부재가 설계강도에 도달하기 전 비탄성 연화를 반영하기 위하여 강성을 저감시킨다. τ_b 계수는 큰 압축 하중($P_r > 0.5P_y$)에서의 강성 손실을 반영하기 위해 기둥강도곡선에 내포된 비탄성 강성저감 계수와 유사하며, 0.8 계수는 압축과 휨의 조합력 하에서의 추가적인 연화를 반영한 것이다. 세장한 기둥과 비세장 기둥에 대한 강성저감 계수가 근사한 것은 우연의 일치이며, 그 결과 하나의 저감계수 $0.8\tau_b$가 전체 세장비 범위에 걸쳐 적용될 수 있는 것이다.

저감된 강성은 강도 및 안정성 한계상태를 위한 해석에만 적용한다. 이와 다른 강성기반 조건 및 기준(횡변위, 처짐, 진동, 주기 산정 등)을 위한 해석에는 적용하지 않는다.

$\tau_b = 1$을 사용하는 경우, 설계실무 적용에 용이하도록 구조해석 시 E를 수정하여 EI 및 EA 저감을 적용할 수 있다. 그러나 실무자는 설계 시 사용되는 전산프로그램에 저감된 E가 반드시 2차해석에만 적용되도록 하여야 한다. 탄성계수 E를 포함하는 공칭강도 식(예를 들어, 비지지된 보의 횡비틀림좌굴에 대한 M_n)에서는 탄성계수를 저감해서는 안된다.

해설 그림 4.2-5에서 볼 수 있듯이, 위에 기술된 방식으로 구조해석을 수정한 결과, 2차 힘이 구조물의 실제 부재력에 더 가깝도록 증폭된다. 이러한 이유로, 실제 부재의 비지지길이 L (즉, $K=1$)을 적용하여 기둥강도곡선에서 계산한 압축강도 P_{nL}을 사용하여 면내 휨좌굴에 대한 보-기둥 상호작용을 검토한다.

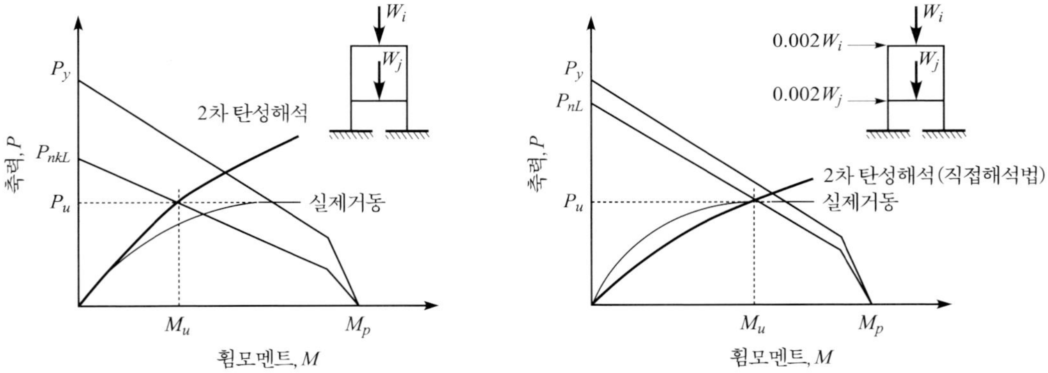

(a) 유효좌굴길이법 (b) 직접해석법

해설 그림 4.2-5 면내 보-기둥 상호작용 검토: (a) 유효좌굴길이법과 (b) 직접해석법의 비교

그 외 다른 구조 구성요소(접합부, 기둥 기초 상세, 다이어프램 역할을 하는 수평 트러스)의 유연도를 구조해석에서 명시적으로 모델링하는 경우, 이러한 구성요소의 강성도 저감해야 한다. 모든 경우에 대해 $EA^* = 0.8EA$ 및 $EI^* = 0.8EI$와 같이 보수적으로 강성을 저감할 수 있다. Surovek-Maleck et al. (2004)은 부분강접골조의 해석에서 접합부 강성의 적절한 저감에 대해 논의한다.

콘크리트 전단벽 또는 기타 비강재 구성요소가 구조물의 안정성에 기여하고 이들 요소를 위한 설계기준 또는 규준에서 보다 많은 강성저감을 규정할 경우, 보다 많은 강성저감을 적용하여야 한다.

4.2.2 설계강도

(1) 직접해석법으로 설계할 경우, 부재와 연결재의 설계강도는 전체구조물의 안정성을 고려하지 않고, KDS 14 31 10(4)와 KDS 14 31 25(4)규정에 따라 계산한다. 모든 부재의 유효좌굴길이계수 K는 1을 사용한다. 단, 합리적인 해석으로 1보다 작은 값을 사용할 수 있다.

(2) 개별부재의 비지지길이를 결정하는 가새는 가새절점에서의 부재이동을 제어할 수 있도록 충분한 강성과 강도를 가져야한다.

【해설】

구조해석 시 4.2.1 요구조건이 충족된다면, KDS 14 31 10(4)의 부재 설계강도에 대한 조항과 KDS 14 31 25(4)의 연결부(접합부)에 대한 조항을 함께 이용하여, 직접해석법에 의한 설계과정을 완료한다. 설계강도 계산 시 모든 부재에 대해 유효좌굴길이계수 K는 1을 사용할 수 있다.

횡하중저항시스템의 일부가 아닌 가새에 의해 보와 기둥의 비지지길이를 정의하는 경우, 가새 자체는 가새 지점에서의 부재 이동을 제어하기에 충분한 강도와 강성을 가져야 한다. 횡하중저항시스템의 일부인 가새(즉, 구조해석에 포함된 가새)를 위한 설계 요구조건은 이 장 내에서 다루어진다.

1축 휨 및 압축을 동시에 받는 보-기둥의 경우, 직접해석법에 의한 해석결과는, 면내 휨좌굴 및 면외 횡비틀림 불안정성을 분리하여 설명하는, KDS 14 31 10(4.4)의 상호작용식과 함께 직접 사용될 수 있다. 이 분리된 상호작용식은, P_r/P_c 와 M_r/M_c에 대한 면내 및 면외 한계상태의 가장 불리한 조합을 사용한 하나의 식으로 두 한계상태를 결합하여 검토하는, KDS 14 31 10(4.4.1) 조항의 보수성을 완화시킨다. 직접해석법의 중요한 장점은 상호작용식 내 P_c를 이용하는 면내 검토가 $K=1.0$을 사용하여 결정된다는 점이다.

4.3 유효좌굴길이법

4.3.1 제한조건

유효좌굴길이법의 사용은 다음과 같은 조건을 만족해야 한다.

(1) 중력하중을 주로 수직 기둥, 벽 또는 골조를 통해 지지하는 구조물

(2) 모든 층에서 최대1차횡변위에 대한 최대2차횡변위의 비율이 1.5이하이고 임의의 층에서 1차횡변위에 대한 2차횡변위의 비율은 4.5.2.2에서 계산되는 B_2를 취할 수 있다.

4.3.2 소요강도

(1) 부재의 소요강도는 4.2.1.1 요구조건을 만족하는 해석으로부터 결정된다. 하지만 4.2.1.3에서 명시된 강성감소는 적용하여서는 안되며 모든 구조용 강재의 공칭강성들을 사용한다. 해석할 때 가상하중은 4.2.1.2(2)에 따라 적용한다.
(2) 유효좌굴길이법을 적용할 수 있는 모든 경우가 4.2.1.2(2)의 ④조건을 만족하기 때문에 가상하중은 중력하중만 포함된 하중조합에 대한 해석에서만 적용된다.

4.3.3 설계강도

부재와 연결재의 설계강도는 KDS 14 31 10(4)와 KDS 14 31 25(4)의 규정 따라 계산한다. 압축을 받는 부재의 유효좌굴길이계수 K는 다음과 같이 산정한다.
(1) 가새골조시스템, 전단벽시스템 그리고 그 외 구조시스템(횡적안정성과 횡하중에 대한 저항이 기둥의 휨강성에 의존하지 않는)의 경우, 압축을 받는 부재의 유효좌굴길이계수 K는 1.0을 취한다. 단, 합리적인 구조해석으로 확인하여 1보다 작은 값을 사용할 수 있다.
(2) 모멘트골조시스템과 기둥의 휨강성이 횡적 안정성과 횡하중에 대한 저항에 기여한다고 여겨지는 시스템들의 경우, 횡적 안정성과 횡하중에 대한 저항에 기여한다고 여겨지는 휨강성을 갖는 기둥의 탄성임계좌굴응력 F_e 또는 유효좌굴길이계수 K는 횡변위 좌굴해석으로부터 산정된다. 기둥의 휨강성이 횡적 안정성과 횡하중에 대한 저항에 기여하지 않는다고 고려되면 그 기둥의 K는 1.0을 취한다.
(3) 최대1차횡변위에 대한 최대2차횡변위의 비율이 1.1이하면 모든 기둥설계에서 $K=1.0$을 사용할 수 있다.

개별부재의 비지지길이를 결정하는 가새는 가새절점에서의 부재이동을 제어할 수 있도록 충분한 강성과 강도를 가져야 한다.

【해설】
유효좌굴길이법은 1961년 이후 다양한 형태로 사용되어 왔다. 유효좌굴길이는 초기 수직도오차의 효과와 소성화의 확산으로 인한 부재의 강성저감 효과를 반영한다. 구조해석 시에 강성저감은 하지 않는다.

탄성(또는 비탄성) 안정성 이론 또는 등가 탄성좌굴하중 $F_e = \pi^2 EI/(KL)^2$에 기초한 기둥의 유효좌굴길이 KL은, 기하학적 불완전성 및 항복의 분산(잔류응력의 영향 포함)을 반영한 기둥강도곡선으로, 축 방향 압축강도 P_c를 산정할 때 사용된다. 이렇게 구한 기둥강도 P_c는 보-기둥 상호작용식에서 휨강도 M_c 그리고 소요 2차 부재력 P_r 및 M_r과 조합된다.

4.3.4 유효길이계수, K

(1) 회전과 병진운동에 대한 기둥의 양단 지지조건을 적절히 고려하기 위하여 유효길이계수 K를 기둥의 실제 길이에 곱해야 한다. 이상화된 구속 조건이 실제 구속조건을 완전히 충족시킬 수 없기 때문에 표 4.3-1에서 주어진 바와 같이 이상화된 구속 조건에 대한 K의 이론치보다 큰 값을 설계 시의 K값으로 사용한다.

표 4.3-1 유효길이계수, K

	(a)	(b)	(c)	(d)	(e)	(f)
점선은 좌굴 형상	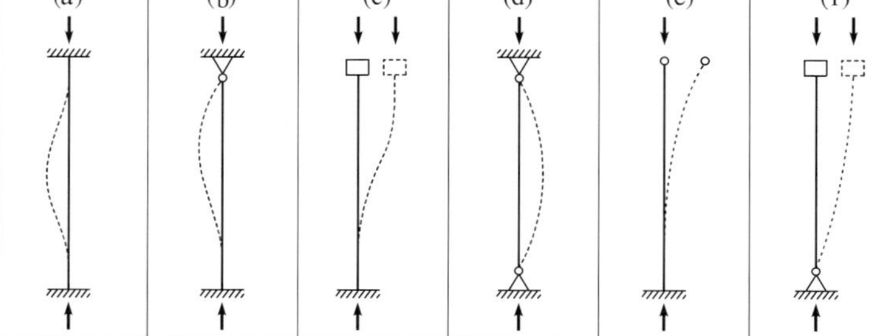					
K의 이론치	0.5	0.7	1.0	1.0	2.0	2.0
이상화된 지지조건이 근사적으로 성립할 경우 K의 설계치	0.65	0.8	1.2	1.0	2.1	2.0
지지 조건		회전 변위 구속 수평 이동 구속				
		회전 변위 자유 수평 이동 구속				
		회전 변위 구속 수평 이동 자유				
		회전 변위 자유 수평 이동 자유				

(2) 모든 기둥이 탄성 거동을 하고, 동시에 좌굴한다고 가정하면, 유효길이계수를 다음과 같이 구할 수 있다.

① 횡구속골조(가새골조)

$$\frac{G_a G_b}{4}\left(\frac{\pi}{K}\right)^2 + \frac{G_a + G_b}{2}\left(1 - \frac{\pi/K}{\tan(\pi/K)}\right) + \frac{2\tan(0.5\pi/K)}{\pi/K} = 1 \qquad (4.3\text{-}1)$$

② 횡이동골조(모멘트골조)

$$\frac{G_a G_b(\pi/K)^2 - 36}{6(G_a + G_b)} = \frac{\pi/K}{\tan(\pi/K)} \qquad (4.3\text{-}2)$$

여기서, 아래첨자 a 및 b는 각각 기둥의 양단을 표시하며, 사용된 기호의 정의는 다음과 같다.

$$G = \frac{\sum(E_c I_c/L_c)}{\sum(E_g I_g/L_g)} \qquad (4.3\text{-}3)$$

여기서, $\sum$ = 휨이 발생하는 면내의 기둥 한쪽단에 강결된 부재의 물성치 합

I_c = 기둥의 단면 2차 모멘트 (mm^4)

L_c = 기둥의 비지지 길이 (mm)

I_g = 보의 단면 2차 모멘트 (mm^4)

L_g = 보의 비지지 길이 (mm)

K = 기둥의 유효길이계수

(3) 식 (4.3-1)과 식 (4.3-2)에 대응하는 그림 4.3-1과 그림 4.3.2는 K, G_a 그리고 G_b의 관계를 나타내는 차트이며, 이 차트를 사용하여 K의 값을 직접 구할 수 있다.

(4) 식 (4.3-1)와 (4.3-2) 및 그림 4.3-1와 그림 4.3-2에 주어진 차트는 모두 이상화된 지지조건으로 유도된 것이다. 실제의 조건이 위에서 설명한 이상화된 조건과 현저하게 다를 경우, 그림 4.3-1과 그림 4.3-2의 차트를 사용하면 실제 상황과 맞지 않는 비현실적인 설계가 될 수 있다.

(5) 다음 사항들을 그림 4.3-1, 그림 4.3-2과 함께 고려할 수 있다.

① 기둥 지점이 기초나 지반에 의해 지지되고 있으나 완전히 강결되어 있지 않을 때, G값은 이론적으로 무한히 큰 값을 가진다. 그러나 실제적으로 마찰 없는 활절로 설계된 경우를 제외하고는 실제 설계에서는 G값을 10으로 취할 수 있다. 만약 기둥의 끝이 적절히 설계된 기초에 완전히 강결되었다면 G값을 1로 취할 수 있으며, 해석에 의해 검증된다면 이보다 더 작은 값을 사용할 수 있다.

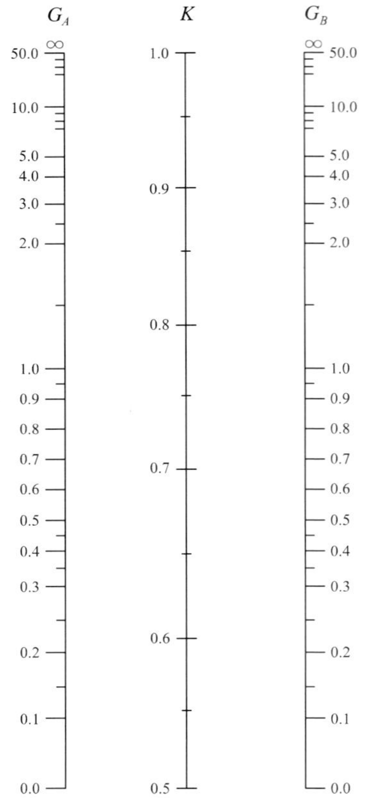

그림 4.3-1 횡구속골조(가새골조)의 유효길이계수를 구하기 위한 도표

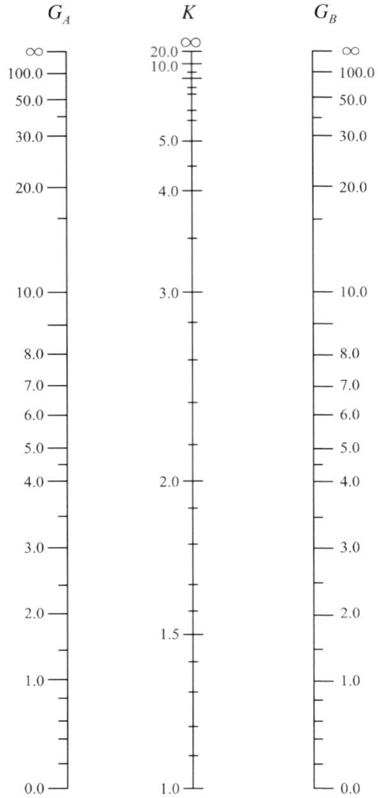

그림 4.3-2 횡이동골조(모멘트골조)의 유효길이계수를 구하기 위한 도표

② 그림 4.3-1 및 4.3-2를 이용하여 K를 구할 경우, 모든 절점들은 강결되어 있다는 가정을 전제로 한다. 만약 보의 타단(far end)에서 가정과 다른 경계조건을 갖는다면 보 길이는 표 4.3.4-2와 같이 수정할 필요가 있다. 즉 상대 강성비인 G 값 산정 시, 실제 보 길이 L_g 대신에 수정 보 길이 $L_g{}'$을 적용한다.

표 4.3-2 보의 수정길이 $L_g{}'$

타단의 경계조건	횡구속골조(가새골조)	횡이동골조(모멘트골조)
고정단	$0.5L_g$	$1.5L_g$
힌지단	$L_g/1.5$	$2.0L_g$

(3) 기초와 일체로 시공된 기둥의 유효길이계수 계산 시에는 기초의 고정성(fixity)을 적절히 평가하여야 한다. 일반적으로 다음과 같은 값을 사용할 수 있다.

조건	G
암반에 정착된 기초	1.5
암반에 정착되지 않은 기초	3.0
토사에 지지된 기초	5.0
선단 지지 무리 말뚝위에 설치된 기초	1.0

(4) 대각 가새나 그 외의 적절한 방법으로 횡방향 안정성을 확보한 트러스 및 골조 구조물에서 정밀 해석을 하지 않을 경우, 압축 부재의 가새 평면에서 유효길이 계수 K는 다음과 같다.

① 양단이 볼트 연결되어 있거나 용접되어 있는 경우: $K = 0.750$

② 양단이 핀연결되어 있는 경우: $K = 0.875$

(5) 비렌딜(vierendeel) 트러스는 가새되지 않은 골조 구조물로 간주한다. 보다 정확한 유효길이계수가 요구되는 경우에는 시스템 탄성좌굴해석을 이용한 다음의 산정법을 적용할 수 있다.

① 계수하중에 대한 선형탄성해석으로부터 각 부재의 축력 P를 산정한다.

② 탄성강도행렬과 축력에 대한 기하학적 강도행렬을 이용하여 좌굴고유치 λ_{cr}를 산정한다.

③ 개별부재의 유효길이계수를 다음 식으로 구한다.

$$KL = \pi\sqrt{\frac{EI}{P\lambda_{cr}}} \qquad (4.3\text{-}4)$$

여기서, P = 개별부재의 축방향력

EI = 개별부재의 탄성 휨강성

$KL(= L_E)$ = 개별부재의 유효좌굴길이

4.4 1차 해석법

4.4.1 제한조건

1차해석법을 사용하는 것은 다음과 같은 제한조건을 갖는다.

(1) 중력하중을 주로 수직 기둥, 벽 또는 골조를 통해 지지하는 구조물

(2) 모든 층에서 최대 1차 횡변위에 대한 최대 2차 횡변위의 비율이 1.5이하

(3) 휨강성이 구조물의 횡적안정에 기여하는 것으로 평가되는 모든 부재의 소요압축강도는 다음과 같은 제한조건은 만족해야 한다.

$$P_r \leq 0.5P_y \tag{4.4-1}$$

여기서, P_r : 하중조합으로 구해진 소요축강도(N)

P_y : 축항복강도($= F_y A$) (N)

4.4.2 소요강도

부재의 소요강도는 아래의 추가적인 요구조건(1), (2)를 이용하여 1차해석으로 산정한다. 해석은 휨, 전단, 축부재의 변위와 이 외의 구조물의 변위에 기여하는 모든 변위를 고려한다.

(1) 모든 하중조합은 각 층에서 다른 하중들과 함께 조합되는 추가적인 횡하중 N_i를 포함한다.

$$N_i = 2.1(\Delta / L)Y_i \geq 0.0042\,Y_i \tag{4.4-2}$$

여기서, Y_i : 하중조합에 의해 i층에 적용되는 중력하중(N)

Δ / L : 구조물의 모든 층에 대한 최대 L에 대한 Δ의 비

Δ : 하중조합으로 구해진 1차층간변위. Δ값은 구조물의 평면상에서 변하는 경우 중력하중에 비례하는 평균변위로 하거나 최대변위로 한다. (mm)

L : 층고(mm)

임의의 층에서 가상하중은 중력하중과 같은 방식으로 그 층에 분포해야 한다. 추가적인 가상하중은 가장 큰 불안정화 효과를 주는 방향으로 적용된다.

(2) 횡방향으로 구속된 보-기둥모멘트의 증폭은 전체부재의 모멘트에 4.5.2.1에 규정한 증폭계수 B_1을 적용하여 고려한다.

4.4.3 설계강도

부재와 연결재의 설계강도는 KDS 14 31 10(4)와 KDS 14 31 25(4)의 규정에 따라 계산

한다. 모든 부재의 유효좌굴길이계수 K는 1의 값을 취한다. 개별부재의 비지지길이를 결정하는 가새는 가새절점에서의 부재이동을 제어할 수 있도록 충분한 강성과 강도를 가져야한다.

【해설】

이 조항 4.4는, 4.4.1의 제한조건을 만족하는 경우, $K=1.0$을 적용한 1차 탄성해석을 사용하여 골조를 설계하는 방법을 제시한다. 이 1차 해석법은, 부재의 2차 내력 및 내부모멘트가 1차 구조해석의 일부로서 직접 결정될 수 있도록, 수학적 작업을 통해 직접해석법에서 유도되었다(Kuchenbecker et al., 2004). 이는 목표 최대 횡변위비 Δ/L와 아래의 가정사항 (1), (2)를 기저로 한다.

(1) 횡방향 증폭비 $\Delta_{2nd\,order}/\Delta_{1st\,order}$ (또는 B_2)를 1.5로 가정한다.

(2) 구조물의 초기 수직도오차를 $\Delta_o/L=1/500$로 가정하지만, 초기 수직도오차를 Δ의 계산에 고려할 필요는 없다.

1차해석에는 공칭(비저감)강성을 사용한다. 강성저감은 증폭계수의 산정에서만 고려한다. 보-기둥 모멘트의 증폭은 4.5.2.1의 횡이동구속 증폭계수 B_1을 전체 부재 모멘트에 보수적으로 적용함으로써, 이 조항에 규정된 절차 내에서 다루어진다. 휨평면내의 지지점 사이에 횡하중이 작용하지 않는 보-기둥을 포함한 대부분의 경우, $B_1=1.0$이다.

추가적인 횡하중 N_i를 결정하기 위하여, 강도하중조합 하에서의 횡변위에 상응하는 목표 최대 횡변위비를 설계 초기에 가정할 수 있다. 어떠한 강도하중단계에서도 최대 횡변위비가 초과되지 않는 한 설계는 보수적으로 된다.

Kuchenbecker et al. (2004)은 이 방법의 일반적인 형식을 제시한다. 위의 방법을 적용하면, $B_2 \le 1.5$ 그리고 $\tau_b=1.0$인 경우, 공칭(비저감) 강성을 사용한 1차 해석 시, 다른 횡하중과 함께 적용될 추가적인 소요 횡하중은 다음과 같다.

$$N_i=\left(\frac{B_2}{1-0.2B_2}\right)\frac{\Delta}{L}Y_i \ge \left(\frac{B_2}{1-0.2B_2}\right)0.002\,Y_i \qquad \text{(해설 4.4-1)}$$

여기서, 해당 변수들은 4.4.2에 정의된 것들과 같다.

만약 저감되지 않은 강성으로 계산된 B_2가 4.4.1에서 기술된 제한값 1.5로 설정될 경우,

$$N_i=2.1\left(\frac{\Delta}{L}\right)Y_i \ge 0.0042\,Y_i \qquad \text{(해설 4.4-2)}$$

이것은 4.4.2에서 요구하는 추가적인 횡하중이다. N_i의 최솟값 $0.0042\,Y_i$는 최소 1차 횡변위비의 가정 값인 $\Delta/L=1/500$에 기반한 것이다.

4.5 근사2차해석

이 규정은 엄격한 2차해석을 대체하기 위해 1차해석으로 구한 소요강도를 증폭하여 구조물에 대한 2차효과를 산정하는 근사2차해석의 제한조건과 계산 과정을 규정한다.

4.5.1 제한조건

이 방법을 사용하는 것은 중력하중을 주로 수직 기둥, 벽 또는 골조를 통해 지지하는 구조물에 제한된다.

4.5.2 근사2차해석 계산과정

모든 부재의 소요 2차휨강도 M_r과 소요 2차축강도 P_r은 다음과 같이 산정된다.

$$M_r = B_1 M_{nt} + B_2 M_{lt} \quad (4.5\text{-}1)$$

$$P_r = P_{nt} + B_2 P_{lt} \quad (4.5\text{-}2)$$

여기서, B_1 : 압축과 휨을 받는 부재와 각 부재의 휨방향에 대한 $P-\delta$ 효과를 설명하기 위한 증폭계수이며, 압축을 받지 않는 부재에 대한 B_1은 1이다.

B_2 : 구조물의 각 층의 층횡변위의 방향에 대한 $P-\Delta$ 효과를 설명하기 위한 증폭계수

M_{lt} : 골조의 횡변위가 발생할 때의 하중조합으로 구해진 1차모멘트 (N·mm)

M_{nt} : 골조의 횡변위가 발생하지 않을 때의 하중조합으로 구해진 1차모멘트 (N·mm)

M_r : 하중조합으로 구해진 소요 2차휨강도 (N·mm)

P_{lt} : 골조의 횡변위가 발생할 때의 하중조합으로 구해진 1차축강도 (N)

P_{nt} : 골조의 횡변위가 발생하지 않을 때의 하중으로 구해진 1차축강도 (N)

P_r : 하중조합으로 구해진 소요2차축강도 (N)

4.5.2.1 $P-\delta$효과에 대한 증폭계수 B_1

압축을 받는 부재와 각 부재의 휨방향에 대한 증폭계수 B_1은 다음과 같이 산정 된다.

$$B_1 = \frac{C_m}{1-P_r/P_{e1}} \geq 1 \tag{4.5-3}$$

여기서, C_m : 골조의 횡변위가 발생하지 않는 것으로 가정할 때의 계수이며, 다음과 같이 산정한다.

(1) 휨 평면상의 지지점 사이에 횡하중이 작용하지 않는 보-기둥

$$C_m = 0.6 - 0.4(M_1/M_2) \tag{4.5-4}$$

위 식에서 1차해석에서 계산된 M_1과 M_2는 1차해석에서 계산되며, 휨평면상에서 비지지된 부분의 양끝에서 발생하는 모멘트로서 각각 절대값이 작은 것과 큰 것이다. M_1/M_2은 부재의 휨이 복곡률이면 양(+)의 값이며, 부재의 휨이 단곡률이면 음(-)의 값을 갖는다.

(2) 지지점사이에 횡하중이 작용하는 보-기둥부재의 C_m은 해석에 의해 산정하거나 모든 경우에 있어 보수적으로 1.0으로 할 수 있다.

P_{e1} : 휨평면상에서 횡방향으로 단부가 구속된 부재의 탄성좌굴강도

$$P_{e1} = \frac{\pi^2 EI^*}{(K_1 L)^2} \tag{4.5-5}$$

여기서, EI^* : 해석에서 사용되는 휨강성(직접해석법 : $0.8\tau_b EI$, 유효좌굴길이법과 1차해석법 : EI)

I : 휨평면에 대한 단면2차모멘트 (mm^4)

L : 층고 (mm)

K_1 : 횡방향으로 구속된 골조에 대해 산정한 휨평면에 대한 유효좌굴길이계수

식 (4.5-5)의 P_r은 1차해석에 의한 $P_r = P_{nt} + P_{lt}$으로 적용될 수 있다.

표 4.5-1 증폭계수 ψ와 C_m

단부조건 및 하중상태	ψ	C_m
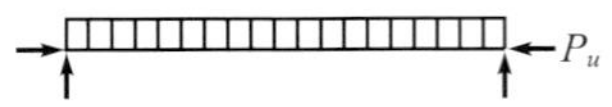	0	1.0
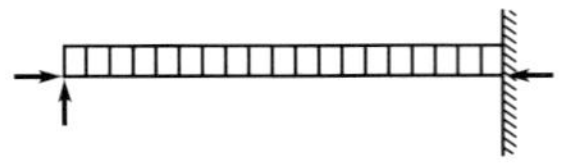	-0.4	$1-0.4\dfrac{P_u}{P_{e1}}$
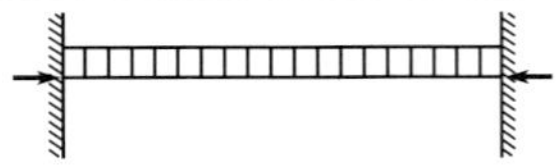	-0.4	$1-0.4\dfrac{P_u}{P_{e1}}$
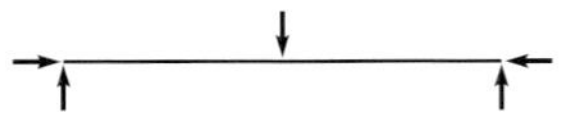	-0.2	$1-0.2\dfrac{P_u}{P_{e1}}$
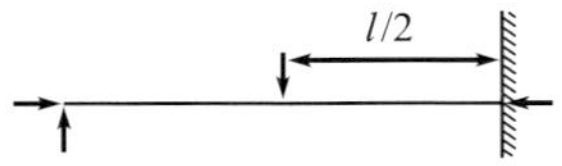	-0.3	$1-0.3\dfrac{P_u}{P_{e1}}$
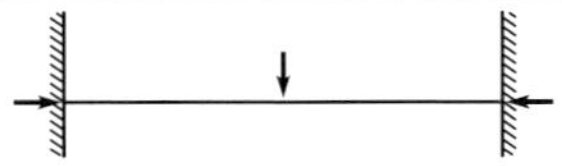	-0.2	$1-0.2\dfrac{P_u}{P_{e1}}$

4.5.2.2 $P-\Delta$에 대한 증폭계수 B_2

각 층에 대한 증폭계수 B_2는 다음과 같이 산정된다.

$$B_2 = \frac{1}{1-\dfrac{P_{story}}{P_{e\,story}}} \geq 1 \qquad (4.5\text{-}6)$$

여기서, P_{story} : 층에 의해 지지되는 전체수직하중, 이 하중은 횡하중저항시스템이 아닌 기둥에 작용하는 하중도 포함한 하중조합이다. (N)

$P_{e\,story}$: 고려하는 변위의 방향으로의 층에 대한 탄성좌굴강도 횡변위좌굴해석에 의해 산정되거나 다음과 같이 산정된다. (N)

$$P_{e\,story} = R_M \frac{HL}{\Delta_H} \qquad (4.5\text{-}7)$$

여기서, $R_M = 1-0.15(P_{mf}/P_{stroy})$ (4.5-8)

L : 층고 (mm)

P_{mf} : 고려되는 변위의 방향으로의 모멘트골조가 있는 층에서 기둥에

작용하는 전체 수직하중(가새골조시스템에 대해서는 0이다.) (N)

Δ_H : 횡하중에 의한 1차층간변위(mm), 해석에서 사용하기 위해 요구되는 강성을 이용하여 계산된다(직접해석법을 사용할 때 4.2.1.3에서 규정한 감소된 강성을 사용). 구조물의 평면상에서 Δ_H가 변하는 경우에는 중력하중에 비례하는 평균변위로 하거나 최대변위로 한다.

H : Δ_H를 계산하기 위해 사용된 횡하중에 의하여 고려되는 변위의 방향으로 발생하는 층전단력(N)

【해설】

4.2.1.1(2)에서는 $P-\Delta$ 효과와 $P-\delta$ 효과를 고려한 2차 해석의 필요성을 기술하였다. 엄격한 2차 해석의 대안으로서, 이 4.5 조항에서는 근사절차에 의한 1차해석의 힘과 모멘트의 증폭을 허용한다. 이 기법의 주요 사항은 증폭계수 B_1과 B_2를 통해 각각 $P-\delta$ 효과와 $P-\Delta$ 효과를 개별적으로 평가하는 것으로, R_M 계수를 통해 $P-\delta$ 효과가 구조물의 전체 응답에 미치는 영향(결국 $P-\Delta$에 미치는 영향)을 간접적으로 고려한다. 전체 구조물의 응답에 상당한 영향을 미치는 부재의 B_1 값이 1.2보다 클 경우, 골조의 내력을 정확하게 산정하기 위해서 엄밀한 2차 탄성해석을 권장한다.

이 절차에서는, 2차 힘과 모멘트의 추정치를 얻기 위해, 1차 힘과 모멘트에 증폭계수를 적용하는 1차 탄성해석법을 사용한다. 일반적인 경우, 부재는, 횡변위(sidesway)와 관련 없으며 B_1 계수를 곱하는 1차 하중효과와, 횡변위에 의해 발생되며 B_2 계수를 곱하는 1차 하중효과를 가질 수 있다. B_1 계수는 압축부재의 비횡변위(nonsway) 모멘트에 미치는 $P-\delta$효과를 평가한다. B_2 계수는 모든 부재의 힘과 모멘트에 미치는 $P-\Delta$효과를 평가한다. 이러한 효과는 해설 그림 4.2-1 및 해설 그림 4.5-1에서 보여 준다.

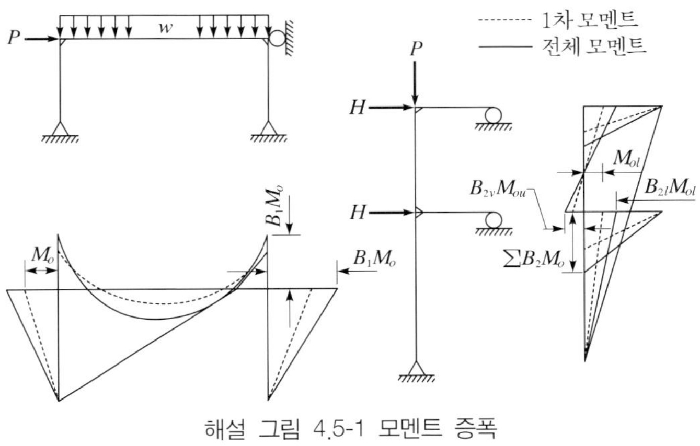

해설 그림 4.5-1 모멘트 증폭

B_2 계수는 횡변위(횡이동)와 관련된 내력에만 적용되며, 전체 층에 대하여 계산된다. Δ_H/L에 미리 제한값을 두고 설계되는 건축구조물 골조의 경우, 개별 부재 설계에 앞서, 식 (4.5-7)에 Δ_H/L의 목표 최대 제한값을 적용하여 B_2 계수를 구할 수 있다. 또한, 2차 모멘트의 효과를 감소시키기 위한 목적으로 다양한 범주의 건축구조물 설계를 위해 횡변위 제한을 설정할 수 있다(ATC, 1978; Kanchanalai and Lu, 1979). 그러나 횡변위 제한만으로 안정성 효과를 무시하기에는 부족하다 (LeMessurier, 1977).

횡하중저항시스템에 대한 B_2 및 2차효과를 결정할 때, Δ_H는 횡하중저항시스템 평면에서의 층간변위뿐만 아니라, 바닥판 또는 지붕 다이어프램의 추가적인 변위 또는 수평골조시스템에 부착되어 의지하는 기둥의 전도효과(overturning effects)를 증가시킬 수 있는 수평골조시스템의 추가적인 변위도 포함하는 것이 중요하다. 최대 변위 또는 기둥 하중에 비례하여 가중된 평균 변위를 고려하여야만 한다.

현행 규정은 층탄성좌굴강도를 결정하기 위한 식 (4.5-7) 하나만을 제시한다. 이 공식은 1차해석에서 결정된 층의 횡강성을 기저로 하며, 모든 건축구조물에 적용가능하다. 과거 설계기준에서 제시한 식 (해설 4.5-1)은 개별 기둥의 횡좌굴강도를 기저로 하고, 모멘트골조가 횡강성 전체를 제공하는 건축구조물에만 적용 가능하다.

$$\Sigma P_{e2} = \Sigma \frac{\pi^2 EI}{(K_2 L)^2} \qquad \text{(해설 4.5-1)}$$

여기서, ΣP_{e2}= 층탄성좌굴강도 (N)

L = 층간높이 (mm)

K_2 = 횡변위 좌굴해석으로부터 얻어진 휨평면 내의 유효길이계수

층탄성좌굴강도를 위한 식 (해설 4.5-1)은 적용이 제한적이고, 정확한 K_2 계산에 대한 어려움이 있으며, 층강성을 기저로 한 식 (4.5-7)이 적용하기에 보다 편리하므로, 이 설계기준에 포함하지 않았다. 또한 층 탄성좌굴강도는 식 (해설 4.5-1)이 의미하는 개별 기둥부재의 좌굴강도의 합이 아니기 때문에, 기호 $\sum P_{e2}$가 $P_{e\,story}$로 변경되었다.

횡이동이 구속된 구조물의 부재 내 1차 힘과 1차 모멘트는 P_{nt}와 M_{nt}로 표시하며, 횡방향 이동의 1차 효과는 P_{lt}와 M_{lt}로 표시한다. 중력하중에 의한 횡방향 이동이 무시할 정도인 구조물의 경우, P_{nt}와 M_{nt}는 중력하중 효과이고 P_{lt}와 M_{lt}는 횡하중 효과이다. 일반적인 경우, P_{nt}와 M_{nt}는 횡이동이 구속된 구조물의 해석 결과이며, P_{lt}와 M_{lt}는 첫 번째 해석(P_{nt}와 M_{nt}를 구하기 위해 수행된 해석)에서 얻은 횡방향 반력을 횡하중으로 적용한 구조해석의 결과이다. 식 (4.5-1)과 (4.5-2)에 명시된 바와 같이, 계수 B_1과 B_2를 적용한 두 세트의 힘(P_{nt}, P_{lt})과 모멘트(M_{nt}, M_{lt})를 대수적으로 더하면 합리적으로 정확한 전체 2차 힘과 2차 모멘트 값을 얻을 수 있다.

B_2 계수는 횡하중 저항에 참여하는 모든 부재(보, 기둥, 대각 가새 및 전단벽을 포함)의 힘 P_{lt}와 모

멘트 M_{lt}에 적용할 수 있다. P_{lt}와 M_{lt}는 횡하중 저항에 참여하지 않는 부재에서 0이므로, 이러한 부재에 대하여 B_2는 아무런 영향을 미치지 않는다. B_1 계수는 압축부재에만 적용된다.

특정 횡이동 방향에 대한 B_2가 건축구조물의 층들 사이에서 크게 변하지 않는 경우, 모든 층에 B_2의 최댓값을 사용하는 것이 편리하다. 즉 건축구조물 전체에 대하여, 총 두 개(서로 직각인 횡방향에 대해 하나씩)의 B_2 값을 사용하는 것이다. B_2가 층 사이에서 크게 달라지는 경우, 층 사이의 보를 위한 계수는 더 큰 값으로 하여야 한다.

기둥의 1차 단부모멘트가 B_1 및 B_2 계수에 의해 커질 경우, 기둥 1차 단부모멘트가 기둥에 연결된 보의 모멘트와 평형조건을 이루도록 해야 한다(예, 해설 그림 4.5-1). B_2 계수는 모든 부재에게 적용되므로 이 점에 있어 아무런 문제가 없다. 그러나 B_1 계수는 압축부재에만 적용되며, 연결된 부재의 상응하는 2차 내부 모멘트는 압축부재 B_1값을 적용하여 고려할 수 있다(접합부에 2개 이상의 압축부재가 있는 경우, 가장 큰 B_1 값 사용). 다른 대안으로, 주어진 연결부에서 압축부재의 1차 모멘트와 B_1만 고려하여 증폭된 모멘트의 차이를 압축 부재(들)에 부착된 다른 모멘트-저항 부재들에, 상대적 강성에 비례하여, 분배할 수 있다. 경미한 불균형은 설계자의 판단에 따라 무시될 수 있다. 복잡한 조건은 엄격한 2차 해석을 통해 보다 편리하게 처리될 수 있다.

가새골조 및 모멘트골조에서, 부재가 상당한 2축 휨을 받거나 KDS 14 31 10(4.4.1.3)의 규정을 활용하지 않는다면, P_c는 휨평면과 관계없이 최대 세장비에 의해 결정된다. KDS 14 31 10(4.4.1.3)은, 골조 평면에서 주로 휨을 받는 부재의 보-기둥 면내 및 면외 안정성을 개별적으로 검토하는, 보-기둥 강도 검토 대안법이다. 그러나 식 (4.5-5)의 P_{e1}은 항상 휨평면 내의 세장비를 사용하여 계산된다. 따라서, 보-기둥 부재의 휨이 오직 강축에 대한 것이라면, 증폭1차탄성해석과 강도검토 계산에 두 개의 다른 세장비가 포함될 수 있다.
식 (4.5-7)의 R_M 계수는 $P-\delta$ 효과가 횡이동 증폭에 미치는 영향을 반영한다. 모멘트골조를 포함한 층을 위해서 R_M에 하한값 0.85을 적용할 수 있다(LeMessurier, 1977). 층에 모멘트골조가 없으면, $R_M = 1$이다. 두 극한값(0.85와 1) 사이의 보다 정교한 값을 구하기 위해 본문의 R_M을 위한 식을 사용할 수 있다.

개별적인 구조해석에서 얻어진 2차 내력들은 보통 중첩에 의해 조합될 수 없다. 왜냐하면 2차 증폭은 구조물 내 총 축력에 기반한 비선형 효과이기 때문이다. 따라서 설계 시 고려되는 각 하중조합들에 대해 개별적인 구조해석을 반드시 수행하여야 한다. 그러나 4.5의 증폭1차탄성해석 절차에서, 증폭되기 이전에 계산된 1차 내력은 총 1차 내력을 결정하기 위해 중첩될 수 있다.

C_m 계수와 유효좌굴길이계수 K

식 (4.5-3)과 (4.5-4)는 접합부 절점의 상대적 이동이 없고 부재 양 단부 사이에 횡하중이 재하되지 않은 압축부재의 최대 2차모멘트를 근사화하는데 사용된다. 해설 그림 4.5-2는 단부에 모멘트가 재하된 보-기둥을 위한 식 (4.5-4)에 있는 C_m의 근사값과 정확한 이론해를 비교한 것이다(Chen and Lui, 1987). P/P_e 값($P_e = P_{e1}$이고 $K=1$을 적용)에 대하여, C_m의 근사값 및 해석값과 단부모멘트 비(M_1/M_2)와의 관계를 도시하였다. 해설 그림 4.5-3은, 단부모멘트 비(M_1/M_2)에 대하여, 축하중 비(P/P_e)와 부재 내 최대 2차 탄성모멘트(M_r)의 근사해 및 해석해와의 관계를 보여준다.

횡하중을 받는 보-기둥의 경우, 단순지지된 부재의 2차 모멘트는 다음의 C_m 값을 사용하여 근사화 할 수 있다.

$$C_m = 1 + \Psi\left(\frac{P_r}{P_{e1}}\right) \qquad \text{(해설 4.5-2)}$$

여기서, $$\Psi = \frac{\pi^2 \delta_o EI}{M_o L^2} - 1 \qquad \text{(해설 4.5-3)}$$

δ_o = 횡하중에 의한 최대 처짐 (mm)

M_o = 횡하중에 의한 부재 내의 최대 1차모멘트 (N·mm)

단순지지된 보-기둥에 대한 두 사례와 함께 단부 구속조건에 따른 네 사례를 표 4.5-1에 나타내었다 (Iwankiw, 1984). C_m 값은 항상 부재의 최대 1차 모멘트와 함께 사용된다. 단부가 구속된 경우, 부재의 단부조건에 따라 1보다 작은 K 값을 P_{e1}의 계산에 사용하면, B_1 값은 가장 정확하다.

위의 방정식을 사용하는 대신에, $C_m = 1$을 사용하면 모든 횡하중을 받는 부재에 대하여 보수적이다. 이전 기준에 규정된 것처럼 구속단부를 갖는 부재에 $C_m = 0.85$를 사용하면, 내부 모멘트가 상당히 과소평가되는 경우가 있다. 따라서 횡하중을 받는 부재를 포함하는 모든 경우에 $C_m = 1$의 사용을 간단하면서 보수적인 근사법으로 권장한다.

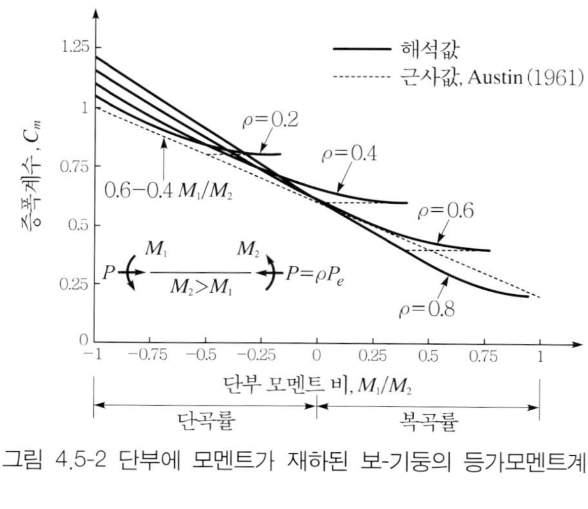

해설 그림 4.5-2 단부에 모멘트가 재하된 보-기둥의 등가모멘트계수 C_m

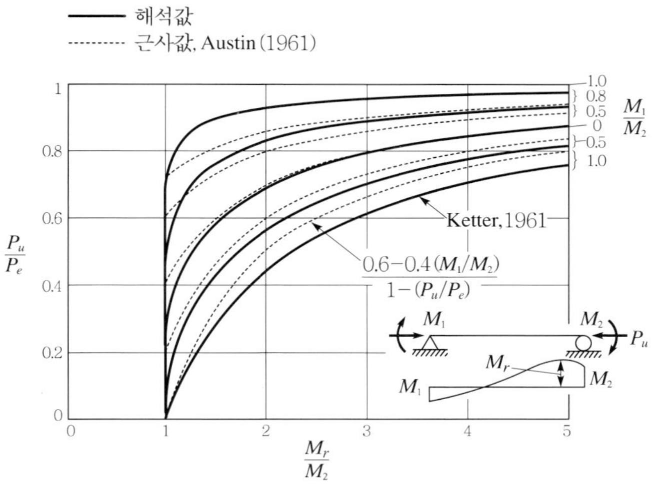

해설 그림 4.5-3 단부에 모멘트가 재하된 보-기둥의 최대 2차모멘트 M_r

1차 해석결과의 증폭에 의한 2차 해석에서 유효좌굴길이계수(K)는 탄성좌굴하중(P_{e1})의 결정에 사용된다. 그리고 이 탄성좌굴하중은 B_1 증폭계수를 계산하는데 사용된다.

B_1은 압축부재의 횡구속모멘트(M_{nt})에 대한 $P-\delta$ 효과를 평가하는 데에 사용된다. K_1은 부재의 단부가 이동되지 않는다는 조건 하에 휨평면 내에서 계산되며, 해석에 의해 1.0보다 작은 K_1 값을 입증할 수 없다면 일반적으로 1.0으로 설정한다.

증폭1차탄성해석은 골조 및 기둥 강성의 척도로서 탄성좌굴하중의 계산을 포함하기 때문에, 오직 탄성 K계수만이 이러한 용도에 적합하다.

요약-증폭계수 B_1 및 B_2의 응용

각층 및 층 횡이동 각 방향에 대해 단일 B_2값이 있다. 즉, 전체 좌표계의 두방향에 대하여 B_{2X} 및 B_{2Y}를 갖는다. 증폭계수 B_{2X}는 전체 좌표계 X방향 층이동에 의해 발생한 모든 축력, 전단력, 그리고 모멘트에 적용할 수 있다. 따라서 중력하중이 횡이동을 유발하지 않고 모든 X방향 이동이 X방향 횡하중의 결과인 일반적인 경우에, B_{2X}는 전체 좌표계 X방향 횡하중에 의해 유발되는 모든 축력과 모멘트에 적용할 수 있다. 마찬가지로 B_{2Y}는 Y방향에 적용할 수 있다.

B_{2X}와 B_{2Y}는 전체 좌표계 X축 및 Y축 그리고 층이동 방향 또는 하중 방향과 관련되지만, 개별부재의 휨방향과는 전혀 무관하다는 점을 유의하여야 한다. 예를 들어, 전체 좌표계 X방향의 횡하중 또는 횡이동이 특정부재의 부재축 x와 y에 대해 모멘트 M_x와 M_y를 발생시키는 경우, B_{2X}를 M_x와 M_y에 모두 적용하여야 한다.

압축 및 휨을 받는 모든 부재에 대하여 그리고 부재의 각 휨방향에 대하여 별도의 B_1값이 있다. 즉, 두 부재축에 대해서 B_{1x}와 B_{1y}를 갖는다. 증폭계수 B_{1x}는 해당 모멘트를 유발하는 하중에 관계없이 부재의 x축 모멘트에 적용할 수 있다. 마찬가지로 증폭계수 B_{1y}도 해당 모멘트를 유발하는 하중에 관계없이 부재의 y축 모멘트에 적용할 수 있다.

참고문헌

AISC-SSRC (2003b), "Background and Illustrative Examples on Proposed Direct Analysis Method for Stability Design of Moment Frames", Technical White Paper, AISC Technical Committee 10, AISC-SSRC Ad Hoc Committee on Frame Stability, American Institute of Steel Construction, Chicago, IL.

ASCE Task Committee on Effective Length (1997), "Effective Length and Notional Load Approaches for Assessing Frame Stability: Implications for American Steel Design", American Society of Civil Engineers, New York, NY.

ATC (1978), "Tentative Provisions for the Development of Seismic Regulations for Buildings", Publication 3-06, Applied Technology Council, Redwood City, CA.

Birnstiel, C. and Iffland, J.S.B. (1980), "Factors Influencing Frame Stability", Journal of the Structural Division, ASCE, Vol. 106, No. 2, pp. 491-504.

Chen, W.F. and Lui, E.M. (1987), Structural Stability: Theory and Implementation, Elsevier, New York, NY.

ICC (2009), International Building Code, International Code Council, Falls Church, VA.

Iwankiw, N. (1984), "Note on Beam-Column Moment Amplification Factor," Engineering Journal, AISC, Vol. 21, No. 1, 1st Quarter, pp. 21-23.

Kaehler, R.C., White, D.W. and Kim, Y.D. (2010), Frame Design Using Web-Tapered Members, Design Guide 25, Metal Building Manufacturers Association and AISC, Chicago, IL.

Kanchanalai, T. and Lu, L.-W. (1979), "Analysis and Design of Framed Columns under Minor Axis Bending", Engineering Journal, AISC, Vol. 16, No. 2, 2nd Quarter, pp. 29-1.

Kuchenbecker, G.H., White, D.W. and Surovek-Maleck, A.E. (2004), "Simplified Design of Building Frames Using First-Order Analysis and K =1", Proceedings of the Annual Technical Session and Meeting, Long Beach, CA, March 24-27, 2004, Structural Stability Research Council, Rolla, MO, pp. 119-38.

LeMessurier, W.J. (1977), "Practical Method of Second Order Analysis, Part 2—Rigid Frames", Engineering Journal, AISC, Vol. 14, No. 2, 2nd Quarter, pp. 49-7.

McGuire, W., Gallagher, R.H. and Ziemian, R.D. (2000), Matrix Structural Analysis, 2nd

4.3.3.2.2.1(2) 규정을 만족하는 웨브를 갖는 정모멘트부 단면을 제외하고 모든 단면들은 식 (4.3-141)를 만족해야 한다.

【해설】

4.3.3.1.4.1 규정은 선택사항인 활하중에 의한 처짐 기준과 경간장 대 높이비 기준을 기술하고 있는 KDS 24 10 11 : 2016(2.5.2.6)의 규정을 참고한 것이다. 높이 제한이 없으면 플레이트거더 단면에 대한 경간장 대 높이비에 따라 합리적인 최소 웨브 높이를 설정하여 설계에 사용할 수 있다. 그러나, 박스단면은 비틀림강성이 원래 크기 때문에 박스단면의 최적 높이는 동일 경간장을 갖는 플레이트거더 단면의 최적 높이 보다는 대체로 약간 작다. 교량 길이방향으로 박스플랜지 크기의 변화량은 일반적으로 작기 때문에 박스단면의 최적 높이를 잘 설정하는 것은 특별히 중요하다. 높이가 너무 낮은 박스는 보다 큰 비틀림 전단을 받는다.

KDS 24 12 11(4.1.1)에 규정된 하중조합 하에서 식 (4.3-138) 및 식 (4.3-139)는 정모멘트부 조밀단면에 대해서만 검토하면 된다. 부모멘트부 단면 및 정모멘트부 비조밀단면의 경우에는 이들 식이 설계를 지배하지 않으므로 검토하지 않아도 된다. 그러나, 이들 단면에 대해서 해당된다면 식 (4.3-141)는 여전히 검토되어야 한다.

폐단면 박스플랜지에 대해서는 플랜지 횡방향 휨을 고려하지 않으며, 식 (4.3-139)를 검토할 때 이를 고려할 필요가 없다. 식 (4.3-138)에서는 플랜지 횡방향 휨을 고려하고 있지 않는데, 이는 사용한계상태에서 상부플랜지가 연속적으로 횡지지되기 때문이다. 횡단면 뒤틀림에 의한 종방향 뒴응력은 4.3.3.1.4.2(2) 규정에 있는 식을 검토할 때 고려할 필요가 없지만 사용한계상태에서 볼트 연결부 플랜지 이음판의 미끄러짐을 검토할 때에는 고려해야 한다. 순수비틀림 전단응력은 박스플랜지에 대하여 4.3.3.1.4.2(2) 규정에 있는 식을 검토할 때 고려할 필요가 없다. 사용한계상태에서 종방향 뒴응력과 비틀림 전단응력이 전체 영구처짐에 미치는 영향은 비교적 미미한 것으로 간주된다.

경사 웨브를 갖는 박스단면에서 식 (4.3-141)의 검토에 필요한 웨브 휨좌굴강도 F_{crw}를 산정할 때 D_c는 경사면을 따라 측정된 압축을 받는 웨브의 높이를 사용해야 한다.

박스거더에는 내부지점부 모멘트재분배 규정의 적용성이 입증되지 않았으므로 연속교 내측 지점부의 모멘트재분배 규정은 적용하지 않아야 한다.

4.3.3.2.5 피로 및 파괴한계상태

(1) 여기에 명시된 사항 외에는 4.3.3.1.5의 규정을 적용해야 한다.
(2) 전단연결재의 피로인 경우 4.3.3.2.10의 해당규정을 적용해야 한다. 4.3.3.1.10.3에 규정된 전단연결재 피로규정은 적용할 수 없다.
(3) 4.3.3.1.5.3에 규정된 전단 요구조건을 검토할 때 4.3.3.2.9의 해당 규정을 적용해야 한다.

(4) 다음 단면에 대해서는 단면 비틀림으로 인한 종방향 뒴응력과 횡방향 휨응력을 고려해야 한다.

① 단일 박스단면을 갖는 직선교 또는 곡선교

② 4.3.3.2.2.3의 요구조건을 만족하지 않는 다중 박스단면 직선교

③ 다중 박스단면 곡선교

④ 4.3.3.2.1.1 규정을 적용했을 때 플랜지 전체가 유효하지 않는 단일 또는 다중 박스단면

(5) 박스단면의 모든 상세에서 모재의 피로강도를 검토할 때, 종방향 뒴으로 인한 응력범위를 고려해야 한다. 플랜지-웨브 필릿용접부에 근접한 모재나 횡방향 요소를 웨브나 박스플랜지에 연결하는 필릿용접 끝단에 근접한 모재의 피로강도 평가 시에 횡방향 응력 범위를 별도의 경우로 고려해야 한다. 횡방향 휨응력 발생범위를 결정할 때, 일회 응력반복횟수는 피로검토가 중요한 2개의 다른 횡방향 위치에서 계수 피로하중의 통과에 의해 결정된 응력범위의 75%로 정의된다. 이와 같이 산정된 응력범위는 어떤 경우에도 단일 차선에 작용시킨 계수 피로하중에 의한 응력범위보다 커야한다.

(6) 크로스프레임 연결판과 플랜지를 연결하는 필릿용접 끝단에서 하부 박스플랜지의 횡방향 휨응력 범위에 저항하는 내측 크로스프레임 내에 있는 하부 횡방향 부재의 필요성 여부에 대해 반드시 검토해야 한다. 플랜지 종방향보강재를 사용하지 않는 경우 박스플랜지 부근에 있는 횡방향 크로스프레임 부재는 박스플랜지에 부착되어야 하며, 종방향보강재를 사용하는 경우에는 횡방향 부재를 볼트로 종방향보강재에 부착시켜야 한다. 이들 횡방향 크로스프레임 부재의 단면2차모멘트는 고려 중인 내측 크로스프레임에 부착되는 가장 큰 연결판의 웨브와 접촉되는 단부를 기준으로 한 단면2차모멘트보다 작아서는 안 된다.

(7) 단일 박스단면에서는 임의 위치에서 플랜지와 웨브가 가상적으로 완전 파단이 지속된 후에도 전체 고정하중과 활하중의 일부를 단면이 지탱하는 것으로 해석을 통하여 판명되지 않는 경우에는 인장플랜지는 파괴유발부재로 보아야 한다. 2개의 박스단면을 갖는 경우 손상된 구조물의 적절한 강도와 안정성을 정밀해석으로 증명하지 않는 한 정모멘트부 하부플랜지만을 파괴유발부재로 간주한다. 2개를 초과하는 박스거더 단면을 갖는 경우에는 박스단면의 모든 요소는 파괴유발부재로 간주하지 말아야 한다.

【해설】

박스단면이 비틀림 하중을 받을 때 단면은 뒤틀리게 되는데 다이아프램이나 크로스프레임에 의해 원상태로 회복된다. 이와 같은 뒤틀림은 이차적인 휨응력을 발생시킨다. 반대방향의 비틀림 하중은 뒤

틀림에 의해 유발된 이차적인 휨응력을 회복시키는 역할을 한다. 경우에 따라 피로를 검토할 때 이와 같은 뒤틀림 응력은 고려되어야 한다. 이들 응력이 특히 중요한 상황 및 무시할 수 있는 상황에 대해서는 해설 4.3.3.2.1.1에 논의되어 있다. 단면의 뒤틀림에 의한 횡방향 휨과 종방향 뒴응력의 범위는 해설 4.3.3.2.1.1에 논의된 BEF 접근법을 적용하여 결정할 수 있다. 종방향 뒴응력은 주축에 대한 종방향 휨응력에 더해지는 것으로 고려한다.

최대 뒤틀림 응력범위는 보통 활하중을 박스의 한쪽 측면에 위치시켰다가 반대 편에 위치시키는 경우에 발생한다. 이렇게 계산된 응력범위의 한 주기를 얻기 위해서는 차량 두 대가 서로 다른 가로방향 위치에서 교량을 통과하도록 해야 하는데 이 경우 차량 한 대는 다른 차량 앞쪽에 위치시켜야 한다. 이와 같은 경우가 수백만회 이상 발생할 가능성이 적은 점을 감안하여, 최대 응력범위가 한 차선 하중에 의해 발생하는 경우를 제외하고 뒤틀림을 유발하는 응력을 산정할 때 계수 0.75의 적용을 허용하는 것이다. 이 계수 0.75는 KDS 24 12 11 : 2016(4.1.1)에 규정된 피로하중조합에 적용된 하중계수와는 구별되는 값으로 경우에 따라 두 계수를 동시에 적용할 수도 있다. 이 경우 1회 응력반복회수를 발생시키기 위해 두 대의 트럭을 적용하여 설계하는 규정은 없다. 유한수명에 근거하여 공칭피로강도를 계산하는 경우, 설계기술자는 1회 응력반복회수를 유발하기 위해서는 2회의 하중반복회수가 필요하므로 반복회수의 감소를 고려할 수도 있다.

횡방향 휨에 대한 가장 결정적인 상황은 횡방향 요소를 웨브나 박스플랜지에 연결하기 위한 필릿용접 끝단에 인접한 모재에서 발생할 가능성이 크다. 횡방향 휨의 결과로 이와 같은 용접부 끝단에서는 응력집중 현상이 발생한다. 횡방향 휨을 받는 이와 같은 상세의 피로강도는 현재로서는 정량화할 수 없고 상세범주 E 정도 수준일 것으로 예상된다. 연결판 역할을 하지 않는 웨브 수직보강재가 설치된 곳의 웨브가 피로 검토에 결정적인 것으로 판명된 상황에서는 보강재를 플랜지에 용접하여 횡방향 휨응력범위를 감소시킬 수 있다. 피로 검토 시에 보통 가장 지배적인 보강재-웨브 용접부 끝단에 위치한 비보강된 웨브에서, 웨브 수직보강재를 플랜지에 부착시키면 두께방향으로 심하게 변하는 휨응력은 감소된다. 크로스프레임 연결판은 이와 같은 이유로 플랜지에 부착되어야 한다.

플랜지에 용접된 크로스프레임 연결판에 인접한 박스플랜지의 횡방향 휨응력범위를 감소시킬 필요가 있으면, 내부 크로스프레임의 일부로 박스나 U형단면 하부를 가로질러 설치한 횡방향 크로스프레임 부재에 대한 규정은 용접부 횡방향 휨응력범위를 현저히 감소시키고 횡단면의 형상이 유지되는 것을 보장해 준다. 크로스프레임의 간격을 조밀하게 설치하면 역시 횡방향 휨응력은 감소된다. 하부에 횡방향 크로스프레임 부재를 설치하는 경우 이 부재는 박스플랜지나 플랜지 종방향보강재에 부착시켜야 한다. 폐단면 박스에서는 상부에 설치하는 횡방향 크로스프레임 부재를 이 같은 방식으로 부착시켜야 한다. 횡방향 브레이싱 부재를 박스플랜지에 직접적으로 용접하는 경우, 이들 용접부 끝단에 인접한 모재에 대한 피로 검토 시에 횡방향 휨에 의한 응력범위를 고려해야 한다. 횡방향 크로스프레임 부재를 플랜지 종방향보강재에 부착시키는 경우에 대해 횡방향 휨응력을 계산할 때 박스플랜지는 보강된 것으로 간주한다. 이 경우에도 횡방향 연결판은 양쪽 플랜지에 부착되어야 한다.

하중유발피로는 보통 U형단면 상부 횡브레이싱의 설계를 지배하지 않는데, 이는 콘크리트 바닥판이 훨씬 더 강성이 크고 브레이싱에 비해 더 많은 하중을 지탱하기 때문이다. 이 경우에 비틀림 전단의 대부분을 콘크리트 바닥판이 저항하므로 바닥판 보강철근에 추가되는 수평 전단에 대한 검토가 권장된다. 심하게 사각진 지점은 바닥판에 중대한 수평전단을 발생시킬 수 있다.
횡브레이싱을 상부플랜지에 연결하여 웨브로 통하는 하중경로를 제거하는 것이 바람직하다. U형단면 거더에서 제거 가능한 바닥판 거푸집을 사용하면 문제가 많지만 때로는 발주자가 이의 사용을 요구하기도 한다. 이런 경우에 횡브레이싱을 박스 웨브에 부착하기 위해 낮은 위치에 설치할 필요가 있다. 이와 같은 상황에서는 피로에 의한 주요 문제점을 방지하기 위해 KSD 14 31 20:2016(4.1.3.2) 규정의 요구조건에 따라 웨브에 연결해야 한다. 피로를 고려하여 브레이싱과 웨브 연결부 및 상부플랜지 사이에는 적절한 하중경로를 확보해야 한다. 강재 바닥판 존치거푸집을 사용하여 횡브레이싱과 웨브간 연결을 피할 수 있다.
점검구 순단면에 있는 모재의 피로는 고려되어야 한다. 큰 접근구멍 순단면의 피로강도는 현재로서는 규정되어 있지 않지만 뚫려있는 볼트구멍이 있는 순단면의 모재는 피로상세 D등급을 만족하는 것으로 나타났다(Brown 등, 2007). 이는 응력집중 또는 구멍 주위의 탄성 인장응력과 순단면적에 작용하는 평균응력의 비를 3.0으로 가정한 것이다. 접근구멍 단부의 응력집중을 적절히 평가하는 경우에는 보다 완화된 피로등급을 고려할 수도 있다.
구조물의 일부가 붕괴유발부재가 아님을 증명하는 정밀 해석법의 사용에 관한 추가적인 논의에 대해서는 KSD 14 31 20:2016(해설 4.1.2)를 참조한다.
인장을 받는 단일 박스단면의 박스플랜지를 붕괴유발부재로 고려할 필요가 없는 경우에는 예외가 있을 수 있다. 상부플랜지 역할을 하는 적절한 바닥판 철근이 있는 부모멘트부의 연속적으로 횡지지된 상부플랜지가 그 예로, 이 경우에는 적절한 전단연결재를 사용해야 한다.

4.3.3.2.6 강도한계상태

4.3.3.2.6.1 일반사항

이 절의 조항은 강도한계상태하중조합에 대해 적용해야 한다.

【해설】

4.3.3.2.6은 정 또는 부모멘트 구간에서 박스단면의 강도한계상태 설계에 적용되는 규정을 제시한다.

4.3.3.2.6.2 휨

(1) 일반사항
고려 중인 단면에서 인장플랜지에 구멍이 있는 경우 인장플랜지는 4.3.3.1.1.8의 요구조건을 만족해야 한다.

【해설】

4.3.3.1.1.8의 요구조건은 정 또는 부모멘트가 작용하는 인장플랜지에 개구부가 있는 단면의 순단면 파괴를 방지하기 위한 것이다. 점검구가 인장플랜지에 설치되는 경우, 개구부를 공제한 순단면으로 검토하여야 한다.

연속적으로 횡지지된 압축플랜지에는 국부좌굴 또는 횡비틀림 좌굴이 적용되지 않는다고 가정한다. 이러한 한계상태 검토를 제외하는 것에 대한 이론적 근거는 4.3.3.1.3.2(3)에 설명되어 있다. 이들 규정들은 부재축력이 낮거나 또는 작용하지 않는다고 가정한다. 강도한계상태에서 부재 계수축강도 P_r의 10%를 초과하는 계수하중 P_u가 작용하는 단면의 경우, 4.4.1.1 또는 4.4.1.2절 규정에 따라 검토되어야 한다. 이들 절에 주어진 식에 따르면, P_u가 P_r의 10%인 경우 부재의 휨강도는 개략 5% 감소하게 되며, P_u가 P_r의 10% 이하의 경우에는 부재의 설계에서 축력의 효과를 무시하는 것이 합리적이다.

(2) 정모멘트 구간

① 곡선 강거더교 단면은 비조밀단면으로 고려해야 하며 4.3.3.2.7.2의 요구조건을 만족해야 한다.

② 아래의 요구조건을 모두 만족하는 직선교 단면은 조밀단면으로 설계해야 한다.

가. 플랜지와 웨브의 최소항복강도가 455MPa을 초과하지 않으며,

나. 웨브는 4.3.3.2.2.1(2)의 요구조건을 만족하며,

다. 단면은 4.3.3.2.2.3의 요구조건을 만족하는 교량의 일부이며,

라. 4.3.3.2.1.1에 따라 플랜지 전체가 유효하며,

마. 웨브가 다음 세장비 한계를 만족하는 경우 :

$$\frac{2D_{cp}}{t_w} \leq 3.76\sqrt{\frac{E}{F_{yc}}} \tag{4.3-252}$$

여기서, D_{cp} : KDS 14 31 00 소성모멘트 적용 시 압축을 받는 웨브의 높이 (mm)

③ 조밀단면은 4.3.3.2.7.1의 요구조건을 만족해야 한다. 그 밖의 경우, 비조밀단면으로 고려해야 하며 4.3.3.2.7.2의 요구조건을 만족해야 한다.

④ 조밀 및 비조밀단면은 4.3.3.1.7.3에 규정된 연성요구조건을 만족해야 한다.

【해설】

4.3.3.2.2.3절의 규정을 만족하는 직선교의 정모멘트 구간 단면이 공칭 휨강도를 충족하고, 강재 등급, 웨브 세장비, 플랜지 유효폭과 연성 요구사항을 만족하는 경우, 4.3.3.1.7절에 따라 최초 항복모멘트(moment at first yield)를 초과하는 것을 허용한다.

조밀단면으로 불리는 이들 단면의 공칭 휨강도는 모멘트로 보다 적절하게 표현된다. 이러한 요구조건

들을 만족하지 않는 직선교의 정모멘트 구간 단면 또는 비조밀단면인 곡선교의 정모멘트 구간의 합성단면의 경우, 공칭휨강도는 항복모멘트를 초과하는 것이 허용되지 않는다. 이러한 경우의 공칭휨강도는 탄성 상태에서 계산된 플랜지응력으로 보다 적절하게 표현된다.

해설 4.3.3.1.6.2(2)에 설명된 바와 같이, 플랜지 항복강도가 455MPa 이상이거나, 4.3.3.2.2.1(2) 또는 식 (4.3-252)을 만족하지 않는 웨브를 갖는 직선교 정모멘트 구간의 합성단면은 4.3.3.2.7.2에 규정된 바와 같이 강도한계상태에서 비조밀단면으로 설계된다. 더 나아가 4.3.3.2.2.3에 규정된 제한조건을 만족하는 직선교가 아닌 경우, 곡선교의 경우 또는 4.3.3.2.1.1에 정의된 바와 같이 박스 플랜지가 전단면이 유효하지 않은 경우, 단면은 비조밀 단면으로 설계되어야 한다.

상당한 크기의 순수 비틀림 전단(St. Venant torsional shear)과 단면의 뒤틀림 응력(distortion stresses)이 발생하는 경우, 항복모멘트를 초과하는 공칭휨강도를 발휘할 수 있는 단면의 저항능력은 입증된 바가 없다.

정모멘트에서 조밀단면은 파괴시 연성거동을 보장하기 위하여 4.3.3.1.7.3의 규정을 만족하여야 한다. 비조밀단면 역시 연성파괴를 보장하기 위해 4.3.3.1.7.3에서 규정한 연성 요구사항을 만족하여야 한다. 위의 제한사항은 강재응력이 690MPa을 초과하는 단면 또는 동바리공법(shored construction)을 적용하는 단면에서 콘크리트 바닥판의 조기파손을 방지하기 위한 적절한 안전율을 확보하기 위함이다.

또한, 해설 4.3.3.1.1.9(1)에 논의된 바와 같이, 위의 조건들은 복부판이 4.3.3.2.2.1(2)를 만족할 때, 정모멘트 구간의 합성단면 설계에서 복부 휨좌굴의 영향을 무시할 수 있는 주요 조건이다.

(3) 부모멘트 구간 4.3.3.2.8의 규정을 적용해야 한다. 부록 A6의 규정은 적용할 수 없다.

【해설】

부모멘트 구간에서 4.3.3.2.8의 규정은 모든 형상의 박스거더교에서 공칭휨저항강도를 항복모멘트 이하로 제한한다. 결과적으로 이 구간에서 공칭휨강도는 간편하게 탄성으로 계산된 플랜지응력으로 표현된다.

박스단면에 대한 KDS 14 31 00 : 2016(부록 A6)의 선택규정에 대한 적용은 검증되지 않았으므로, 이들 규정은 박스단면에 적용할 수 없다.

4.3.3.2.6.3 전단

4.3.3.2.9의 규정을 적용해야 한다.

4.3.3.2.6.4 전단연결재

4.3.3.1.10.4의 규정을 적용해야 한다. 필요 시 4.3.3.2.10의 규정을 함께 적용해야 한다.

4.3.3.2.7 휨강도-정모멘트부

4.3.3.2.7.1 조밀단면

(1) 일반사항

강도한계상태에서 단면은 다음을 만족해야 한다.

$$M_u \leq \phi_f M_n \tag{4.3-253}$$

여기서, ϕ_f : 휨에 대한 강도저항계수

M_n : 4.3.3.2.7.1(2)에 규정된 단면의 공칭휨강도 (N·mm)

M_u : 계수하중에 의한 단면의 주축에 대한 휨모멘트 (N·mm)

【해설】

정모멘트 구간의 합성단면에서 강도한계상태의 횡방향 휨(lateral bending)은 U형 단면의 압축플랜지에는 고려하지 않는다. 이는 압축플랜지가 콘크리트 바닥판에 의하여 연속적으로 지지되기 때문이다. 박스단면에서 역시 플랜지의 횡방향 휨은 고려하지 않는다.

(2) 공칭휨강도

단면의 공칭휨강도는 4.3.3.1.7.1(2)의 규정으로 구해야 하며, 연속교의 경우 항상 식 (4.3-152)의 한계 이내 값이어야 한다.

【해설】

4.3.3.1.7.1(2)의 식은 해설 4.3.3.1.7.1(2)에 자세히 논의되어 있다. 식 (4.3-152)은 직선연속 경간의 박스단면 정모멘트구간에서 조밀단면의 공칭휨저항강도의 한계를 결정하기 위해 사용한다.

4.3.3.2.7.2 비조밀단면

(1) 일반사항

① 압축플랜지는 강도한계상태에서 다음을 만족해야 한다.

$$f_{bu} \leq \phi_f F_{nc} \tag{4.3-254}$$

여기서, ϕ_f : 휨에 대한 강도저항계수

f_{bu} : 플랜지 횡방향 휨이나 종방향 뒴을 고려하지 않은 플랜지 종방향 응력 (MPa)

F_{nc} : 4.3.3.2.7.2(2)에 규정된 압축플랜지의 공칭휨강도 (MPa)

② 인장플랜지는 다음을 만족해야 한다.

$$f_{bu} \le \phi_f F_{nt} \qquad (4.3\text{-}255)$$

여기서, F_{nt} : 4.3.3.2.7.2(2)에 규정된 인장플랜지의 공칭휨강도 (MPa)

③ 강도한계상태에서 4.3.3.1.1.1(1)④의 규정으로 산정한 콘크리트 바닥판의 최대 종방향 압축응력은 $0.6f_c{}'$을 초과해서는 안 된다.

【해설】

강도한계상태에서 비조밀단면의 압축플랜지는 식 (4.3-254)을 만족하고 인장플랜지는 식 (4.3-255)를 만족하여야 한다.

정모멘트 구간의 합성단면에서 강도한계상태의 횡방향 휨은 압축플랜지에는 고려하지 않는다. 이는 압축플랜지가 콘크리트 바닥판에 의하여 연속적으로 지지되기 때문이다. 이러한 경우 인장플랜지는 모두 박스플랜지가 되므로 인장플랜지에 대해서도 횡방향 휨검토는 생략할 수 있다.

비조밀단면에서 강재 플랜지응력 계산에 가정되는 콘크리트의 선형거동을 보장하기 위하여 콘크리트 바닥판의 종방향 응력은 $0.6f_c{}'$로 제한된다. 이 조건은 다음 경우를 제외하고는 설계를 지배하지 않을 것이다: (1) 동바리공법을 적용하는 경우 또는 동바리공법을 적용하지 않고 비합성 강재단면의 고정하중 응력이 작은 경우이면서 다음 (2)항에 해당하는 경우 (2) 단기와 장기 합성단면의 중립축이 콘크리트바닥판 하단에서 현저히 아래쪽에 위치하는 형상을 갖는 경우.

(2) 공칭휨강도

① U형단면 박스의 압축플랜지 공칭휨강도는 다음과 같이 구한다.

$$F_{nc} = R_b R_h F_{yc} \qquad (4.3\text{-}256)$$

여기서, R_b : 4.3.3.1.1.10(2)에 규정된 웨브응력감소계수

R_h : 4.3.3.1.1.10(1)에 규정된 하이브리드 단면의 응력감소계수

② 폐단면 박스의 압축플랜지 공칭휨강도는 다음과 같이 구한다.

$$F_{nc} = R_b R_h F_{yc} \Delta \qquad (4.3\text{-}257)$$

여기서,

$$\Delta = \sqrt{1 - 3\left(\frac{f_v}{F_{yc}}\right)^2} \quad (4.3\text{-}258)$$

f_v = 계수하중에 의한 플랜지의 순수비틀림 전단응력 (MPa)

$$= \frac{T}{2A_0 t_{fc}} \quad (4.3\text{-}259)$$

여기서, A_0 : 박스거더 단면의 폐합단면적 (mm^2)

T : 계수하중에 의한 내부 비틀림모멘트 (N·mm)

③ 폐단면과 U형단면 박스의 인장플랜지 공칭휨강도는 다음과 같이 구한다.

$$F_{nt} = R_h F_{yt} \Delta \quad (4.3\text{-}260)$$

여기서,

$$\Delta = \sqrt{1 - 3\left(\frac{f_v}{F_{yt}}\right)^2} \quad (4.3\text{-}261)$$

f_v = 계수하중에 의한 플랜지의 순수비틀림 전단응력 (MPa)

$$= \frac{T}{2A_0 t_{ft}} \quad (4.3\text{-}262)$$

【해설】

정모멘트부 비조밀단면의 공칭휨강도는 최초 항복모멘트에 의하여 제한된다. 그러므로, 공칭휨강도는 간단하게 플랜지 응력으로 표현된다.

비조밀단면의 경우 4.3.3.1.1.1(1)①로 계산된 계수하중에 의한 탄성응력 계산값은 플랜지의 항복응력과 적절한 플랜지응력 저감계수를 곱한 값과 비교된다.

박스플랜지에서 플랜지의 순수비틀림 전단응력의 효과는 필요한 곳에 고려되어야 한다. 해설 4.3.3.2.1.1은 비조밀단면과 조밀단면에 각각 비틀림이 작용하는 경우에 적용 가능한 식 (4.3-259)과 (4.3-262)에 의한 플랜지 비틀림 전단응력의 계산은 해설 4.3.3.2.1.1에 논의되어 있다.

4.3.3.2.8 휨강도-부모멘트부

4.3.3.2.8.1 일반사항

(1) 압축플랜지

압축플랜지는 강도한계상태에서 다음을 만족해야 한다.

$$f_{bu} \leq \phi_f F_{nc} \quad (4.3\text{-}263)$$

여기서, ϕ_f : 휨에 대한 강도저항계수

f_{bu} : 플랜지의 횡방향 휨이나 종방향 뒴을 고려하지 않은 플랜지 종방향 응력 (MPa)

F_{nc} : 4.3.3.2.8.2에 규정된 압축플랜지의 공칭휨강도 (MPa)

【해설】

식 (4.3-263)은 압축측 박스플랜지가 국부좌굴에 대한 충분한 강도를 갖도록 보장한다. 플랜지 횡방향 휨과 횡방향 비틀림 좌굴은 박스플랜지에서는 고려 대상이 아니다.

일반적으로 내부지점부의 박스 하부플랜지는 박스단면의 주축 휨과 교량받침 위의 내부 다이아프램의 주축 휨으로 인한 2방향 응력을 받는다. 또한, 플랜지는 내부 다이아프램의 수직응력과 순수비틀림 전단을 함께 고려해야 하는 경우로 인하여 전단응력을 받는다. 한 개의 받침으로 지지되는 박스에서 교량받침 상부의 내부 다이아프램 휨은 중요하다. 전단응력과 내부 다이아프램의 휨이 상당한 것으로 판단되는 경우, 강도한계상태에서 박스플랜지의 조합응력(combined stress)을 확인하기 위해 다음 식이 사용될 수 있다.

$$\sqrt{f_{bu}^2 - f_{bu}f_{by} + f_{by}^2 + 3(f_d + f_v)^2} \le \phi_f R_b R_h F_{yc} \quad \text{(해설 4.3-29)}$$

여기서: f_{by} = 계수하중으로 인하여 교량받침 위에서 내부 다이아프램의 주축 휨에 의한 플랜지 응력 (MPa)

f_d = 계수하중으로 인하여 내부 다이아프램의 수직전단에 의한 플랜지의 전단응력 (MPa)

f_v = 계수하중에 의한 플랜지의 순수비틀림 전단응력 (MPa)

R_b = 4.3.3.1.1.10(2)에 규정된 웨브의 국부좌굴에 의한 플랜지 응력감소계수

R_h = 4.3.3.1.1.10(1)에 규정된 하이브리드 단면의 플랜지 응력감소계수

해설 식 (해설 4.3-29) 은 Huber-von Mises-Hencky 항복기준의 일반적인 형태를 나타낸다 (Ugural and Fenster, 1975). 두 개의 받침으로 지지되는 박스거더에서 해설 식 (해설 4.3-29) 의 f_{by}는 일반적으로 상대적으로 작아서 대개 무시될 수 있다. 박스플랜지는 내부지점부의 내부 다이아프램과 함께 유효한 것으로 고려될 수 있다. 두께의 6배에 해당하는 플랜지 폭은 내부 다이아프램과 함께 유효한 것으로 고려된다. 계수하중으로 유발된 내부 다이아프램의 수직전단력에 의한 플랜지의 전단응력 f_d는 다음 식과 같이 산정된다.

$$f_d = \frac{VQ}{It_{fc}} \quad \text{(해설 4.3-30)}$$

여기서: V = 순수비틀림과 휨에 의해 내부 다이아프램에 발생하는 수직전단력 (kN)

Q = 유효 박스플랜지면적의 1/2에 대한 유효 내부 다이아프램 단면의 중립축을 기준으로 한 단면1차모멘트 (mm^3)

I = 유효 내부다이아프램 단면의 단면2차모멘트 (mm^4)

내부 다이아프램 내에 점검구가 설치되는 경우 유효 다이아프램의 단면성능을 계산할 때 구멍의 영향은 고려되어야 한다.

(2) 연속적으로 횡지지된 인장플랜지

강도한계상태에서 다음의 규정을 만족해야 한다.

$$f_{bu} \le \phi_f F_{nt} \tag{4.3-264}$$

여기서, F_{nt} : 4.3.3.2.8.3에 규정된 인장플랜지의 공칭휨강도(MPa)

【해설】

연속적으로 횡지지된 U형단면의 상부플랜지의 경우, 플랜지의 횡방향 휨은 고려할 필요가 없다. 순수비틀림 전단력(St. Venant torsional shears) 역시 일반적으로 무시한다. 그러나, 연속적으로 횡지지된 박스플랜지에서 비틀림 전단력(torsional shears)은 고려되어야 한다.

4.3.3.2.8.2 압축플랜지의 휨강도

(1) 일반사항

종방향보강재로 보강되지 않은 압축플랜지의 공칭휨강도는 4.3.3.2.8.2(2)의 규정으로 구해야 한다. 종방향보강재로 보강된 압축플랜지의 공칭휨강도는 4.3.3.2.8.2(3)의 규정으로 구해야 한다.

(2) 비보강 플랜지

압축플랜지의 공칭휨강도는 다음과 같이 구한다.

$$F_{nc} = F_{cb}\sqrt{1-\left(\frac{f_v}{\phi_v F_{cv}}\right)^2} \tag{4.3-265}$$

여기서, F_{cb}는 플랜지의 공칭압축좌굴강도로 다음과 같이 구한다.

① $\lambda_f \le \lambda_p$인 경우

$$F_{cb} = R_b R_h F_{yc} \Delta \tag{4.3-266}$$

② $\lambda_p < \lambda_f \le \lambda_r$인 경우

$$F_{cb} = R_b R_h F_{yc}\left[\Delta - \left(\Delta - \frac{\Delta - 0.3}{R_h}\right)\left(\frac{\lambda_f - \lambda_p}{\lambda_r - \lambda_p}\right)\right] \tag{4.3-267}$$

③ $\lambda_f > \lambda_r$ 인 경우

$$F_{cb} = \frac{0.9ER_b k}{\lambda_f^2} \tag{4.3-268}$$

F_{cv}는 전단만 작용할 때 플랜지의 공칭전단좌굴강도로 다음과 같이 구한다.

④ $\lambda_f \le 1.12\sqrt{\frac{Ek_s}{F_{yc}}}$ 인 경우

$$F_{cv} = 0.58F_{yc} \tag{4.3-269}$$

⑤ $1.12\sqrt{\frac{Ek_s}{F_{yc}}} < \lambda_f \le 1.40\sqrt{\frac{Ek_s}{F_{yc}}}$ 인 경우

$$F_{cv} = \frac{0.65\sqrt{F_{yc}Ek_s}}{\lambda_f} \tag{4.3-270}$$

⑥ $\lambda_f > 1.40\sqrt{\frac{Ek_s}{F_{yc}}}$ 인 경우

$$F_{cv} = \frac{0.9Ek_s}{\lambda_f^2} \tag{4.3-271}$$

여기서,

λ_f = 압축플랜지의 세장비

$$= \frac{b_{fc}}{t_{fc}} \tag{4.3-272}$$

$$\lambda_p = 0.57\sqrt{\frac{Ek}{F_{yc}\Delta}} \tag{4.3-273}$$

$$\lambda_r = 0.95\sqrt{\frac{Ek}{F_{yr}}} \tag{4.3-274}$$

$$\Delta = \sqrt{1 - 3\left(\frac{f_v}{F_{yc}}\right)^2} \tag{4.3-275}$$

f_v = 계수하중에 의한 플랜지의 순수비틀림 전단응력 (MPa)

$$= \frac{T}{2A_0 t_{fc}} \tag{4.3-276}$$

F_{yr} = 잔류응력이 고려된 압축플랜지의 항복강도 또는 웨브의 최소항복강도 중 작은 값 (MPa) $= (\Delta - 0.3)F_{yc} \leq F_{yw}$ (4.3-277)

k = 균일분포 압축응력에 대한 판의 좌굴계수 = 4.0

k_s = 전단응력에 대한 판의 좌굴계수 = 5.34

여기서, ϕ_f : 휨에 대한 강도저항계수

ϕ_v : 전단에 대한 강도저항계수

b_{fc} : 웨브 사이의 압축플랜지 폭 (mm)

A_0 : 박스거더 단면의 폐합단면적 (mm^2)

R_b : 6.3.1.1.10(2)에 규정된 웨브 응력감소계수

R_h : 6.3.1.1.10(1)에 규정된 하이브리드 단면의 응력감소계수

T : 계수하중에 의한 내부 비틀림모멘트 (N·mm)

【해설】

비보강 플랜지에서 세장비는 복부 사이의 전체 플랜지 폭 b_{fc}에 근거한다.

수직응력과 비틀림 전단응력이 조합된 플랜지의 경우, 다음 비선형 상관곡선(nonlinear interaction curve)이 플랜지의 저항강도를 유도하기 위하여 사용된다(NHI, 2011).

$$\left(\frac{f_v}{\phi_v F_{cv}}\right)^2 + \left(\frac{f_c}{\phi_f F_{cb}}\right)^2 \leq 1.0 \qquad \text{(해설 4.3-31)}$$

f_c에 대하여 식 (해설 4.3-31)을 재정렬하고, f_c에 F_{nc}를 대입하면 식 (4.3-265)로 규정된 압축플랜지의 공칭 휨강도의 정의를 쉽게 구할 수 있다. 비틀림 전단력에 의한 임계 국부좌굴응력의 감소 문제에 대한 일반적인 논의는 Galambos(1998)에서 확인할 수 있다.

압축력이 단독으로 작용하는 플랜지의 공칭 압축좌굴강도 F_{cb}는 플랜지의 세장비에 근거한 3가지 영역에 대하여 정의된다. 식 (4.3-268)에 주어진 플랜지의 탄성좌굴강도는 등분포 수직응력이 재하된 무한길이 판에 대한 이론적 탄성 오일러 좌굴방정식에 근거한다(Timoshenko and Gere, 1961).

짧고 두꺼운(stocky) 판의 완전항복(full yielding)은 수직과 전단응력의 조합에 대한 von Mises 항복 기준에 의하여 정의된다(Boresi 등, 1978). 이러한 판의 경우 F_{cb}는 식 (4.3-269)에 의하여 정의된다. 이들 두 영역사이는 잔류응력과 초기결함에 의한 부분항복(partial yielding)으로 탄성좌굴응력에 도달하지 않는다는 사실을 반영한 천이영역이다. 이 영역에서 플랜지의 공칭휨강도는 플랜지 세장비의 선형함수로서 식 (4.3-267)으로 표현된다. 전단력이 작용하지 않는 상태에서 잔류응력의 수준을 $0.3F_{yc}$로 가정한 것이다.

식 (4.3-268)로 주어진 탄성좌굴응력이 $R_b F_{yc} \Delta$와 같은 경우에, 식 (4.3-266) 또는 식 (4.3-267)의

사용여부를 결정하는 플랜지 한계세장비 λ_p는 플랜지 세장비의 0.6배로 정의된다. 식 (4.3-268)로 주어진 탄성좌굴응력이 $R_b F_{yr}$과 같은 경우에, 식 (4.3-267) 또는 식 (4.3-268)의 사용여부를 결정하는 플랜지 한계세장비 λ_r는 플랜지의 세장비로서 정의된다. 여기서, F_{yr}은 식 (4.3-277)으로 주어진다. 전단력만 작용하는 플랜지의 공칭 전단좌굴강도에 대한 식 F_{cv}은 4.3.3.1.9.3(2)에 주어진 상수 C에 대한 방정식으로부터 결정된다. 여기서, C는 $F_{yc}/3$로 정해지는 플랜지의 전단항복강도에 대한 전단좌굴강도의 비율이다. 비합성과 합성단면에 별개로 작용하는 비틀림으로 인한 식 (4.3-276)에서 플랜지 비틀림 전단응력 f_v의 계산은 해설 4.3.3.2.1.1에 논의되어 있다. f_v가 상대적으로 작은 경우에는 예비 설계에서 Δ는 1과 같고, F_{nc}는 F_{cb}와 같다고 가정할 수 있다.

등분포 수직응력에 대하여 규정된 판좌굴계수 k와 전단좌굴계수 k_s는 플랜지의 단부에서 단순지지된 경계조건으로 가정한다(Timoshenko and Gere, 1961). R_b는 세장한 웨브에서 압축응력이 압축플랜지 쪽으로 분배되고 이로 인해 압축플랜지 내 휨응력이 증가하여 휨저항강도의 감소가 감안된 후좌굴강도 감소계수이다. R_h 계수는 하이브리드의 웨브에서 보다 낮은 강도의 강재가 먼저 항복하여 플랜지 부재의 최초 항복 시에 공칭 휨강도에 대한 웨브의 기여도 감소분을 고려한 계수이다. R_b와 R_h 계수에 대해서는 각각 해설 4.3.3.1.1.10(2)와 4.3.3.1.1.10(1)에 상세히 논의되어 있다.

U형 단면에 대한 R_b와 R_h의 계산에서 하나의 상부플랜지와 단일 웨브로 결합된 유효 박스플랜지 폭의 1/2을 사용한다. 여기서, 유효 박스플랜지 폭은 4.3.3.2.1.1에서 정의되어 있다. 폐합 박스단면에서는 단일웨브와 결합된 유효 상부플랜지와 하부플랜지 폭의 1/2을 사용한다.

(3) 종방향보강재로 보강된 압축플랜지

압축플랜지의 공칭휨강도는 4.3.3.2.8.2(2)에 규정된 종방향보강재가 없는 압축플랜지의 공칭휨강도 산정식으로 구해야 하며 이를 적용할 때 다음을 따라야 한다.

① b_{fc}는 w로 대체한다.

② 등분포 수직응력에 대한 판 좌굴계수 k는 아래와 같이 구한다.

- $n=1$ 인 경우

$$k=\left(\frac{8I_s}{wt_{fc}^3}\right)^{\frac{1}{3}} \qquad (4.3\text{-}278)$$

- $n=2$ 인 경우

$$k=\left(\frac{0.894I_s}{wt_{fc}^3}\right)^{\frac{1}{3}} \qquad (4.3\text{-}279)$$

단, $1.0 \le k \le 4.0$

③ 전단응력에 대한 판 좌굴계수 k_s는 아래와 같이 구한다.

$$k_s = \frac{5.34 + 2.84\left(\frac{I_s}{wt_{fc}^3}\right)^{\frac{1}{3}}}{(n+1)^2} \le 5.34 \qquad (4.3\text{-}280)$$

여기서, I_s : 플랜지와 평행한 축에 대한 보강재 하단에서의 종방향보강재 1개의 단면2차모멘트 (mm^4)

n : 등간격인 종방향보강재의 수

w : 압축플랜지의 종방향보강재 사이 폭 또는 웨브로부터 가장 가까운 종방향보강재까지의 거리 중 큰 값 (mm)

압축플랜지 종방향보강재는 4.3.3.2.11.2 규정을 만족해야 한다.

【해설】

비합성 비보강 박스플랜지의 세장비가 너무 커서 공칭휨강도가 터무니 없는 수준까지 감소한다면 플랜지에 종방향보강재를 추가할 수 있다.

종방향으로 보강된 박스플랜지의 공칭휨강도는 4.3.3.2.8.2(2)의 비보강 박스플랜지에 대하여 동일하게 규정된 기본 식을 사용하여 결정된다.

식에서 b_{fc}에 폭 w를 대입한다. 식에 적용하는 보강된 판의 전단좌굴계수 k_S는 Culver(1972)가 식 (4.3-280)과 같이 제안하였다. 식에서 사용된 등분포 수직응력에 대한 판좌굴계수 k는 플랜지 종방향보강재의 강성에 관계되고 식 (4.3-285)에서 유도할 수 있다. k는 1.0에서 4.0까지의 값을 취할 수 있으나, 일반적으로는 2.0에서 4.0까지의 값을 적용한다. 식 (4.3-278)는 한 개의 플랜지 종방향보강재에(n=1), (4.3-279)는 두 개의 플랜지 종방향보강재에 적용된다(n=2). 해설 4.3.3.2.11.2에서 추가로 논의된 바와 같이, 보강재의 수가 한 개 이상으로 증가될 경우, 필요한 k값을 만족하기 위해 식 (4.3-285)로부터 소요되는 관성모멘트가 극단적으로 증가하기 시작해서 결국 비현실적인 값이 된다. 따라서, 일반적인 비율의 박스에서 플랜지 종방향보강재의 수는 경제성을 최대화하기 위해서 하나를 초과하지 않도록 하는 것을 적극 권장한다. 참고로 식 (4.3-278) 또는 (4.3-279)는 식 (4.3-285)에 의하여 직접적으로 유도되어, 식 (4.3-278) 또는 (4.3-279)로부터 결정된 k값으로 가정된 플랜지 종방향보강재의 관성모멘트에 의하여 식 (4.3-285)는 자동적으로 만족된다. 식 (4.3-278) 또는 (4.3-279)를 사용하는 대신의 또 다른 대안은 k값을 가정한 다음, 가정된 k값을 주는 식 (4.3-285)로부터 각각의 플랜지 종방향보강재를 위한 최소 소요 관성모멘트를 결정하는 것이다.

플랜지 종방향보강재의 강성이 크면, k 값은 거의 4에 근접할 것이며, 보강재 사이에서 판좌굴이 발생하게 될 것이다. 강성이 보다 작은 보강재는 작은 k값을 산정하게 되고 상응하는 플랜지 공칭휨강도는 감소하게 된다. 식 (4.3-278) 및 (4.3-279), 혹은 또 다른 식 (4.3-285)는 항상 4.0과 동일한 k 값을 얻기 위해 필요한 최대 보강재를 제공하는 대신 설계자가 소요 플랜지 강도에 맞추어 소요 보강재의 크기를 결정할 수 있도록 허용하는 것이다.
플랜지 종방향보강재는 현장이음부에서 불연속이 되는 것이 가장 좋으며, 특히, 경간비를 잘 맞추어 박스플랜지의 한 쪽 편이 보강될 필요가 없도록 하는 것이 가장 좋다. 이와 같은 설계는 플랜지 수직응력이 영이 되는 플랜지의 자유단까지 보강재가 설치되도록 플랜지 이음판을 분할시킴으로써 가능하다. 반대편 이음부에서 비보강 박스플랜지의 압축강도는 확인되어야 한다.
그렇지 않고 순수 인장응력을 받는 구간에서 보강재가 단절되어야 하는 경우에는, KSD 14 31 20:2016(4.1.2.1)과 같이 보강재와 플랜지 용접의 단부는 단부상세에 따라 피로를 검토해야 한다.
현장이음을 지나서 보강재를 설치하는 것이 필요한 경우, 현장이음부를 가로질러 보강재를 볼트체결하는 것이 바람직하다.

4.3.3.2.8.3 인장플랜지 휨강도

(1) U형 단면 박스의 인장플랜지 공칭휨강도는 다음과 같이 구해야 한다.

$$F_{nt} = R_h F_{yt} \tag{4.3-281}$$

여기서, R_h : 4.3.3.1.1.10(1)에 규정된 하이브리드 단면의 응력감소계수

(2) 폐단면 박스의 인장플랜지 공칭휨강도는 식 (4.3-260)로부터 구해야 한다.

4.3.3.2.9 전단강도

(1) 한 쪽 웨브의 설계전단강도를 결정할 때 여기에 명시된 사항 이외에는 4.3.3.1.9의 규정을 적용해야 한다. 경사진 웨브의 경우에는 4.3.3.1.9의 웨브 높이 D는 경사를 따라 측정한 높이를 사용해야 한다. 경사진 웨브의 경우 각 웨브는 계수하중에 의한 전단력 V_{ui}에 대하여 설계되어야 한다.

$$V_{ui} = \frac{V_u}{\cos\theta} \tag{4.3-282}$$

여기서, V_u : 경사진 웨브 1개에 작용하는 계수하중에 의한 전단력(N)

θ : 연직축에 대한 웨브의 경사각(°)

(2) 모든 단일 박스단면, 곡선교 단면, 그리고 4.3.3.2.2.3의 요구조건을 만족시키지 않거나 또는 4.3.3.2.1.1의 규정에 따라 플랜지 전체폭이 유효하지 않는 다중 박스단면교인 경우, V_u는 휨전단과 순수비틀림전단의 합으로 구해야 한다.

(3) 식 (4.3-182)을 검토할 때, 박스플랜지의 b_{fc} 또는 b_{ft}는 웨브 사이의 유효플랜지폭의 1/2로 한다. 이 때, 유효플랜지폭은 4.3.3.2.1.1의 규정으로 구하며 그 값은 $18t_f$

를 초과하지 않아야 한다. 여기서, t_f는 박스플랜지의 두께이다.

(4) 웨브 보강재는 4.3.3.2.11.1의 요구조건을 만족해야 한다.

【해설】

경사 웨브를 갖는 박스에서 웨브는 웨브의 평면에서 수직전단력 성분에 대하여 설계되어야 한다.

보통 박스 웨브는 동일한 높이를 갖도록 상세 설계된다. 바닥판 경사도가 큰 경우 일반적으로 거더단면의 대칭성을 유지하도록 제작을 단순화하는 것이 바람직하기 때문에 바닥판의 경사와 일치하기 위하여 박스를 회전시킬 수 있다. 그 결과 박스가 회전되지 않는 경우에 비해 한 쪽 웨브의 경사도는 박스가 회전하는 정도 이상으로 증가하게 된다. 따라서, 수직 작용하중으로 인하여 계산된 웨브의 전단력은 이에 따라 조정되어야 한다.

곡선교의 단면을 포함하여 특별히 이 절에서 인용된 박스단면의 경우, 순수비틀림 전단력은 웨브의 설계에서 고려되어야 한다. 비틀림 전단력은 두 웨브에서 반대방향으로 작용하므로, 하나의 웨브에서 전체 전단력은 동일단면의 다른 웨브보다 크다. 실용성을 위하여 양측 웨브는 임계 전단력(critical shear)에 대하여 설계될 수 있다.

비록 뒴에 의한 웨브의 전단과 종방향 응력은 0이 아니지만, 이들 효과는 통상적으로 매우 작아서 웨브의 설계에서 무시될 수 있다. 휨에 대한 활하중 분배계수가 사용되는 4.3.3.2.2.3의 요구사항을 만족하는 직선교의 다중 박스 단면에서, 각각의 웨브의 활하중 수직 전단력의 계산에서는 휨에 대한 분배계수의 1/2이 사용되어야 한다.

4.3.3.2.10 전단연결재

(1) 여기에 명시된 사항 이외에는 4.3.3.1.10의 규정에 따라 전단연결재를 설계해야 한다.

(2) 부모멘트 구간에도 전단연결재를 설치해야 한다.

(3) 모든 단일 박스단면, 곡선교 단면, 그리고 4.3.3.2.2.3의 요구조건을 만족시키지 않거나 또는 4.3.3.2.1.1의 규정에 따라 플랜지 전체폭이 유효하지 않는 다중 박스단면교인 경우, 전단연결재는 휨전단과 순수비틀림전단을 합한 전단력에 대하여 설계해야 한다. U형단면 박스거더의 한 쪽 상부플랜지에 발생하는 단위길이 당 종방향 피로전단력 발생범위 V_{fat}는 추가적인 휨전단과 비틀림전단을 받는 웨브에 대하여 계산되어야 한다. 산정된 전단연결재 피치는 다른 쪽 상부플랜지에도 동일하게 적용해야 한다. 식 (4.3-195)로 주어진 곡률에 의한 피로전단력 발생범위 F_{fat1}는 직선 또는 곡선 경간 전체 또는 경간 일부분에 있는 박스단면의 설계 시에 무시할 수 있다.

(4) 강도한계상태를 만족하도록 전단연결재의 개수를 검토하는 경우, 강박스단면의 단면적과 콘크리트 바닥판의 유효단면적은 식 (4.3-207), 식 (4.3-208), 식 (4.3-212)

및 식 (4.3-213)으로 P를 결정할 때 적용되어야 한다.

(5) 합성박스플랜지의 전단연결재는 플랜지의 폭에 걸쳐 균등하게 분포되어야 한다. 합성박스플랜지에서 전단연결재 사이의 횡방향 최대간격 s_t는 다음을 만족해야 한다.

$$\frac{s_t}{t_f}\sqrt{\frac{F_{yf}}{kE}} \le R_1 \qquad (4.3\text{-}283)$$

여기서, k : 4.3.3.2.8.2에 규정된 균일분포 수직응력에 대한 판의좌굴계수

R_1 : 식 (4.3-272)로 산정된 박스플랜지의 한계세장비

(6) 피로한계상태에서 합성박스플랜지의 경우, 식 (4.3-192)의 V_{sr}은 식 (4.3-194)에 주어진 종방향 피로전단력 발생범위와 콘크리트 바닥판의 비틀림 피로전단력 발생범위의 벡터 합으로 구해야 한다. 강도한계상태를 만족하는 전단연결재의 개수는 4.3.3.1.10.4의 규정에 따라 결정해야 한다. 또한, 전단연결재 1개 당 콘크리트 바닥판의 계수하중에 따른 종방향 및 비틀림 전단력의 벡터 합은 식 (4.3-204)로부터 구한 Q_r을 초과해서는 안 된다.

【해설】

전단연결재는 합성박스단면의 전 경간을 따라 발생하는 비틀림 전단력(torsional shear)을 저항하도록 부모멘트 구간에 설치되어야 한다. 또한 직선박스 단면에 대한 활하중 분배규정의 초기 개발에서 연구된 원형 또는 모형 교량은 부모멘트 구간 전체에서 전단연결재를 가지고 있었다.

최대 휨과 비틀림 전단력은 일반적으로 동시에 작용하는 하중(concurrent loads)에 의하여 발생하지는 않는다. 그러나, 이동하중으로 인하여 휨과 비틀림의 상호작용은 매우 복잡해서 현실적으로 처리할 수 없다. 대신, 비틀림 전단력이 고려되어야 하는 경우에 이 규정은 피로에 대한 종방향 전단력 범위는 추가 전단력을 가정하여 웨브에서 최대 휨과 비틀림 전단력의 합을 사용하는 식 (4.3-194)으로부터 계산될 수 있다. 전단력 범위와 산정된 피치는 합성박스단면의 관성모멘트의 1/2을 사용하여 계산되어야 한다.

반대편 웨브의 상부플랜지 또는 폐합 박스단면 플랜지의 반대편 절반은 동일 수량의 전단연결재를 가져야 한다.

이러한 요구사항에 내재된 보수성으로 인하여 직선 또는 수평곡선 경간 또는 부재 중 하나에서 박스단면에 대한 수평 피로전단범위의 계산을 하는 경우에 곡률에 의한 피로전단범위는 고려될 필요가 없다.

박스플랜지의 전단연결재는 콘크리트와 함께 전 플랜지의 합성작용이 보장되도록 플랜지의 폭방향으로 최대한 균등하게 배치된다. 전단연결재는 압축력을 받는 플랜지판의 국부좌굴을 방지하기 위하여 식 (4.3-283)을 만족하도록 교축방향으로 배치되어야 한다. 콘크리트 바닥판에 의하여 저항되는 비틀림 전단력 또는 전단력 범위는, 합성박스단면의 상부에 작용하는 비틀림 전단력 또는 전단력 범위를 환산바닥판의 두께와 상부플랜지 및 환산바닥판(transformed deck) 두께를 합한 전체 두께의 비

에 곱하여 결정할 수 있다. 적절한 횡방향 철근은 이 비틀림 전단력을 저항하기 위해 바닥판에 배치되어야 하다.

4.3.3.2.11 보강재

4.3.3.2.11.1 웨브 보강재

(1) 웨브의 중간수직보강재는 4.3.3.1.11.1의 규정에 따라 설계해야 한다.
(2) 웨브의 수평보강재는 4.3.3.1.11.3의 규정에 따라 설계해야 한다.
(3) 여기에 명시된 사항 이외에 대해서 지압보강재는 4.3.3.1.11.2의 규정에 따라 설계해야 한다. 지압보강재는 경사진 웨브보다는 반드시 다이아프램에 부착되어야 한다. 다이아프램에 부착된 지압보강재의 경우 4.3.3.1.11.2(4)②의 규정은 웨브보다는 다이아프램에 적용되어야 한다. 신축이음부 베이링에 위치한 지압보강재와 다이아프램 설계 시에는 온도변화로 인한 편심을 고려해야 한다.

【해설】

경사 웨브가 사용된 경우 지점보강재(bearing stiffeners)는 웨브보다는 내부 또는 외부 다이아프램에 부착되어 밑판과 수직을 이루도록 해야 한다.

온도변화에 의한 교량의 이동은 받침에 대하여 다이아프램의 편심을 유발할 수도 있으며, 이 편심은 다이아프램과 지점보강재의 설계에 고려되어야 한다. 편심의 효과는 보통 지점보강재가 다이아프램에 부착된 경우에 매우 중요하다. 편심의 효과는 4.3.3.2.11.2 및 4.4.1.1의 규정에 따라서 지점보강재 일체를 보-기둥으로 간주하고 설계함으로써 고려될 수 있다.

4.3.3.2.11.2 압축플랜지 종방향보강재

(1) 박스플랜지에 설치된 압축플랜지 종방향보강재는 플랜지폭에 걸쳐 등간격으로 배치해야 한다. 보강재의 최소항복강도는 부착된 박스플랜지의 최소항복강도보다 작아서는 안 된다.
(2) 플랜지 종방향보강재의 돌출폭 b_l은 다음을 만족해야 한다.

$$b_l \le 0.48 t_s \sqrt{\frac{E}{F_{yc}}} \tag{4.3-284}$$

여기서, t_s : 종방향보강재 돌출요소의 두께(mm)

(3) 플랜지와 평행한 축에 대해 보강재하단에서의 보강재 1개의 단면2차모멘트 I_l은 다음을 만족해야 한다.

$$I_l \geq \psi w t_{fc}^3 \qquad (4.3\text{-}285)$$

여기서, ψ = $0.125k^3$ (n=1인 경우)

= $1.120k^3$ (n=2인 경우)

k = 등분포 수직응력에 대한 판의 좌굴계수

= $1.0 \leq k \leq 4.0$

n : 등간격인 플랜지 종방향보강재의 수

w : 종방향보강재 사이의 플랜지폭과 웨브에서 가장 가까운 종방향보강재까지의 거리 중 큰 값(mm)

【해설】

식 (4.3-284)은 플랜지 종방향보강재의 돌출부 요소(projecting elements)의 국부좌굴을 방지한다. 구조용 T형강에서, b_l은 플랜지 폭의 절반이다. 플랜지 종방향보강재의 단면2차모멘트 I_l에 대한 요구조건식 (4.3-285)는 그 적용범위 내에서 정확하지만 복잡한 탄성 안정식(Timoshenko and Gere, 1961)에 가까운 플랜지 탄성임계좌굴응력을 산정하는 근사식이다.

패널이 작아질수록 패널의 좌굴강도는 증가하기 때문에 이에 따라 보강재의 소요크기는 증가한다.

실제 플랜지 종방향보강재 단면2차모멘트 I_s는 식 (4.3-278) 또는 (4.3-279)로부터 산정된 등분포 수직응력에 대한 판좌굴계수 k를 결정하는데 사용되며, 이와 같이 산정된 k값을 사용하면 k에 대한 식이 식 (4.3-285)로부터 직접적으로 유도되므로 I_s는 식 (4.3-285)를 자동적으로 만족시킨다. 대안으로 k값은 식 (4.3-278) 또는 (4.3-279)를 사용하는 대신에 가정치를 사용할 수도 있다. k는 1.0에서 4.0까지의 값을 취할 수 있으나, 일반적으로는 2.0에서 4.0까지의 값을 적용한다. 가정된 k값을 주는 개개 플랜지 종방향보강재의 최소 소요 단면2차모멘트는 식 (4.3-285)에 의하여 결정될 수 있다.

필요 시 플랜지 종방향보강재의 수는 통상적인 단면비를 갖는 박스단면에서 경제성을 극대화하기 위해 1개를 초과하지 않는 것이 좋다. 식 (4.3-285)는 박스플랜지와 보강재가 무한히 긴 것으로 가정한 것이며, 횡방향 브레이싱이나 보강재의 효과를 무시한다. 따라서, n이 1을 초과하는 경우 식 (4.3-285)에서 요구하는 단면2차모멘트는 급격히 증가한다. ψ값이 $0.07k^3n^4$과 같을 경우, n이 2를 초과하면 식 (4.3-285)에서 요구하는 단면2차모멘트는 거의 비현실적이 된다.

예외적으로 넓은 박스플랜지 폭이 필요하고 n이 2를 초과하는 극히 드문 경우에, 플랜지 종방향보강재의 소요 크기를 보다 현실적인 값으로 줄이기 위해서 플랜지 횡방향보강재가 고려될 수 있다. 약 2.5보다 큰 k값이 필요하고 식 (4.3-285)에 주어진 종방향 보강재의 소요 크기를 축소하고 싶으면, n이 2인 경우에도 플랜지 횡방향보강재의 사용을 고려할 수 있다. 규정된 플랜지 횡방향보강재의 최소 항복강도는 박스플랜지의 규정된 최소 항복강도 이상이어야 한다. 각 구조용 T형강은 플랜지 횡방향보강재로 사용될 수 있다. 그리고, 스트럿이 식(해설 4.3-35)의 강성요구조건을 만족한다면, 4.3.3.2.5의 요구사항을 만족하는 박스 내부 횡브레이싱 내의 하부 스트럿은 플랜지 횡방향보강재로서 기능할 수 있다.

다른 경우에 플랜지 횡방향보강재는 볼트에 의하여 플랜지 종방향보강재에 부착되어야 한다. 각 종방향보강재의 연결은 다음의 수직력을 저항할 수 있도록 설계되어야 한다.

$$F_s = \frac{\phi_f F_{ys} S_s}{n b_{fc}} \qquad \text{(해설 4.3-32)}$$

여기서, ϕ_f = 휨 저항계수

F_{ys} = 플랜지 횡방향보강재의 최소항복강도 (MPa)

S_s = 플랜지 횡방향보강재의 단면계수 (mm^3)

플랜지 횡방향보강재로 기능하는 각 구조용 T형강은 박스의 웨브에 부착되어야 한다. 플랜지 횡방향보강재와 각 웨브의 연결은 다음의 수직력을 저항하도록 설계되어야 한다.

$$F_w = \frac{\phi_f F_{ys} S_s}{2 b_{fc}} \qquad \text{(해설 4.3-33)}$$

플랜지 횡방향보강재가 필요하다고 판단되는 예외적인 경우, 식 (해설 4.3-33)의 상수 ψ는 플랜지 종방향보강재의 소요 단면2차모멘트를 결정할 때 8로 한다. 이 경우 n은 5를 초과하지 않도록 하는 것이 좋다. 횡방향보강재가 유효하게 고려되기 위해서 횡방향 플랜지의 종방향 간격은 박스플랜지 전폭 b_{fc}의 3배를 초과하지 않아야 한다. 식 (4.3-278) 또는 (4.3-279)에 의해 결정되는 k값을 대신하여 4.3.3.2.8.2(2)의 식에서 사용되는 등분포 수직응력에 대한 판좌굴계수 k는 다음 식에 의하여 결정될 수도 있다.

$$k = \frac{\left[1+(a/b_{fc})^2\right]^2 + 87.3}{(n+1)^2 (a/b_{fc})^2 \left[1+0.1(n+1)\right]} \le 4.0 \qquad \text{(해설 4.3-34)}$$

여기서, a = 플랜지 횡방향보강재의 종방향 간격 (mm)

4w 이하의 간격으로 배치된 플랜지 횡방향보강재는 n이 5를 초과하지 않는 경우에 식 (해설 4.3-34)에 따라 k값은 약 4.0 정도이다. 식 (해설 4.3-33)의 k값이 사용된 경우, 중립축과 보강재 하부에 평행한 축에 대하여 각각의 플랜지 횡방향보강재의 단면2차모멘트 I_t는 다음 식을 만족하여야 한다.

$$I_t \ge 0.1(n+1)^3 w^3 \frac{f_s}{E} \frac{A_f}{a} \qquad \text{(해설 4.3-35)}$$

여기서, A_f = 플랜지 종방향보강재를 포함한 박스플랜지의 단면적 (mm^2)

f_s = 고려되는 플랜지 횡방향보강재의 패널에서 계수하중으로 인한 플랜지 종방향 응력의 최대값 (MPa)

구조용 T형강은 단면적이 강성에 기여하는 비율이 높으므로 플랜지 종방향보강재로 선호된다. 또한, 구조용 T형강은 보강재의 횡방향 비틀림 좌굴의 발생을 최소화한다. 보강재로서 비효율적인 평강(flat bar)을 사용하는 것은 바람직하지 않다. 플랜지 종방향보강재는 주하중을 전달하는 부재이므로, 규정된 보강재의 최소항복강도는 보강재가 부착되는 박스플랜지의 최소항복강도 이상이어야 한다. 보다 높은 등급의 강도를 갖는 구조용 T형강은 생산되지 않을 수도 있다. 이러한 경우 평판

(plate)에서 절단된 평판 또는 절판(bar)을 이용하여 구조용 T형강을 제작할 수 있다. 플랜지 종방향보강재는 내부 다이아프램 위치에서 연속이어야 한다. 내부 다이아프램에 플랜지 종방향보강재를 부착하는 것을 고려해야 한다. 구조용 T형강은 한 쌍의 클립 앵글(clip angles)로 다이아프램에 간단하게 부착될 수 있다.

단면의 뒤틀림에 의한 횡방향 휨응력을 4.3.3.2.5의 피로검토규정에 고려하는 경우, 박스플랜지의 뒤틀림을 제어하고, 플랜지에서 횡방향 휨응력 범위를 축소하기 위한 특정 상황에서는 내부 크로스프레임의 일부로서 하부 횡브레이싱 부재의 적용을 고려할 필요가 있다. 플랜지 종방향보강재가 사용되는 경우 횡방향 부재는 종방향보강재에 볼트로 부착된다. 이 절에서 논의된 것과 같이 플랜지 종방향보강재에 부착된 하부 브레이싱 부재와 개개의 플랜지 횡방향보강재는 예외적으로 폭이 넓은 박스 플랜지에서 특별한 경우에 필요할 수 있다. 다른 모든 경우에 대해서는 박스 플랜지에 대한 추가적인 횡방향 보강은 필요하지 않다. 박스플랜지 설계에 식 (해설 4.3-34)의 k값을 사용하지 않으면 하부 횡브레이싱 부재와 그 연결부를 설치할 경우에 식 (해설 4.3-32), (해설 4.3-33) 및 (해설 4.3-35)의 요구조건을 만족할 필요가 없다는 점을 반드시 염두에 두어야 한다.

4.3.3.3 기타 휨부재

4.3.3.3.1 일반사항

4.3.3.3.1.1 범위

4.3.3.3은 다음의 경우에 적용한다.

(1) 휨을 받는 비합성 H형 부재

(2) 비합성 박스형 부재

(3) 비합성 원형강관

(4) ㄷ형강, L형강, T형강 및 봉

(5) 매입형 압연형강

(6) 합성강관

【해설】

이 항은 트러스 및 뼈대구조물에 주로 사용되는 소형의 압연형강 또는 조합단면의 합성이나 비합성 부재 그리고 축하중을 동시에 받는 기타의 부재에 대한 사항을 포함한다.

4.3.3.3.1.2 강도한계상태

(1) 휨

설계휨강도 M_r은 다음과 같다.

$$M_r = \phi_f M_n \quad (4.3\text{-}286)$$

여기서, M_n : 4.3.3.3.2.2 및 4.3.3.3.2.3에 규정된 비합성 및 합성부재에 대한 공칭휨강도 (N·mm)

ϕ_f : 강도한계상태에서 휨에 대한 강도저항계수

(2) 축방향력과 휨모멘트의 조합

4.4.1.1에 규정된 축방향 압축력과 휨모멘트의 조합에 관한 상관관계식 또는 4.4.1.2에 규정된 축방향 인장력과 휨모멘트의 조합에 관한 상관관계식을 적용한다.

(3) 전단력

설계전단강도 V_r은 다음과 같다.

$$V_r = \phi_v V_n \quad (4.3\text{-}287)$$

여기서, V_n : 비합성부재 및 합성부재의 웨브에 대한 4.3.3.1.9.2 및 4.3.3.3.3에 규정된 공칭전단강도 (N)

ϕ_v : 강도한계상태에서 전단에 대한 강도저항계수

4.3.3.3.2 공칭휨강도

4.3.3.3.2.1 일반사항

횡방향비틀림좌굴에 관한 규정을 합성부재, 비합성 박스형 부재, 웨브와 평행한 축에 대해 휨을 받는 H형 부재 및 원형강관에는 적용할 필요가 없다.

4.3.3.3.2.2 비합성부재

(1) H형 부재

이 규정은 H형 부재와 두개의 ㄷ형강의 플랜지가 웨브판으로 연결되는 부재에 적용한다. 4.3.3.1.8의 규정은 웨브에 수직한 축에 대한 휨의 경우에 적용한다.

웨브와 평행한 축에 대한 공칭휨강도는 다음과 같다.

$$M_n = M_p \quad (4.3\text{-}288)$$

여기서, M_p : 웨브와 평행한 중심축에 대한 소성휨강도 (N·mm)

【해설】

H형 부재의 $M_p = 1.5F_yS$이고 여기서 S는 탄성단면계수이다.

(2) 박스형 부재

공칭휨강도는 다음과 같다.

$$M_n = F_yS\left[1 - \frac{0.064F_ySl}{AE}\left(\frac{\Sigma\left(\frac{b}{t}\right)}{I_y}\right)^{0.5}\right] \quad (4.3\text{-}289)$$

여기서, S : 휨축에 관한 단면계수 (mm³)

A : 박스를 형성하는 판의 중심선으로 둘러싸인 면적 (mm²)

l : 비지지길이 (mm)

I_y : 휨축에 수직한 축에 대한 단면2차모멘트 (mm⁴)

b : 판 사이의 순간격 (mm)

t : 판 두께 (mm)

【해설】

박스의 횡방향 비틂강도는 대체로 커서 종종 무시되나 트러스 부재와 비지지길이가 긴 경우에는 이를 무시하는 것이 적합하지 않다. 식 (4.3-289)는 다음과 같이 주어지는 횡방향 탄성 비틂좌굴강도에서 유도되었다.

$$M_{CR} = \frac{\pi}{\ell}\sqrt{EI_yGJ} \quad \text{(해설 4.3-36)}$$

여기서,

$$G=0.385E \quad \text{(해설 4.3-37)}$$

$$J = \frac{4A^2}{\sum\frac{b}{t}} \quad \text{(해설 4.3-38)}$$

(해설 4.3-37)와 (해설 4.3-38)을 (해설 4.3-36)에 대입하면 다음을 얻는다.

$$M_{CR} = \frac{3.90EA}{\ell}\sqrt{\frac{I_y}{\sum\frac{b}{t}}} \quad \text{(해설 4.3-39)}$$

좌굴이 비탄성영역에서 일어난다고 가정하여 비탄성좌굴의 영향을 고려하기 위해 다음과 같은 CRC 기둥공식을 사용한다.

$$M_I = F_yS\left[1 - \frac{F_yS}{4M_{CR}}\right] \quad \text{(해설 4.3-40)}$$

식 (해설 4.3-39) 식 (해설 4.3-40) 대입하여 식 (4.3-289)을 얻는다. 안전측 설계를 위해 모멘트구배계수는 고려하지 않는다.

(3) 원형강관

비합성 원형강관의 공칭휨강도는 다음과 같다.

$$\frac{D}{t} < 2\sqrt{\frac{E}{F_y}} \text{ 인 경우 : } M_n = M_p \quad (4.3\text{-}290)$$

$$2\sqrt{\frac{E}{F_y}} < \frac{D}{t} \le 8.8\sqrt{\frac{E}{F_y}} \text{ 인 경우 } M_n = M_y \quad (4.3\text{-}291)$$

여기서, D : 원형강관의 외경 (mm)

t : 강관의 두께 (mm)

(4) ㄷ형강, L형강, T형강 및 강봉

① 비틀림이 구속된 ㄷ형강

하중작용점과 지점의 비틀림이 구속된 ㄷ형강의 경우에는 4.3.3.1.8의 규정을 적용한다.

② 기타의 경우

4.3.3.3.2.2(4)①에 포함되지 않은 ㄷ형강, L형강, T형강 및 강봉의 공칭휨강도는 다음 중 최소값을 취한다.

가. 항복

나. 횡방향 비틀림좌굴

다. 요소의 국부좌굴

4.3.3.3.2.3 합성부재

(1) 매입형 형강

① 4.2.8.2.1.1의 규정을 만족하는 매입형 형강이 압축력을 받지 않는 경우, 공칭휨강도는 다음 값 중 작은 값으로 한다.

$$M_n = M_{ps} \quad (4.3\text{-}292)$$

$$M_n = M_{yc} \quad (4.3\text{-}293)$$

② 4.4.1.1의 규정을 고려하기 위하여 압축력과 휨을 동시에 받는 매입형 형강의 공

칭휨강도는 다음과 같다.

가. $\dfrac{P_u}{\phi_c P_n} \geq 0.3$인 경우 :

$$M_n = ZF_y + \frac{(d-2c)A_r F_{yr}}{3} + \left(\frac{d}{2} - \frac{A_w F_y}{1.7 f_{ck} b}\right) A_w F_y \qquad (4.3\text{-}294)$$

나. $0.0 < \left(\dfrac{P_u}{\phi_c P_n}\right) < 0.3$인 경우 :

M_n은 $P_u = 0$일 때 식 (4.3-292)과 (4.3-293)로 계산되는 M_n과 $\dfrac{P_u}{\phi_c P_n} \geq 0.3$ 일 때의 식 (4.3-294)에 의한 M_n 사이를 선형보간으로 결정한다.

여기서, P_u : 설계축방향하중 (N)

P_n : 4.2.8.2에 규정된 공칭압축강도 (N)

ϕ_c : 강도한계상태에서 압축에 대한 강도저항계수

M_{ps} : 강재 단면의 소성모멘트 (N·mm)

M_{yc} : 부록 B.2에 규정된 합성단면의 항복모멘트 (N·mm)

Z : 소성단면계수 (mm^3)

A_w : 웨브단면적 (mm^2)

f_{ck} : 콘크리트의 최소 28일 압축강도 (MPa)

A_r : 주철근의 단면적 (mm^2)

c : 주철근 중심을 기준으로 한 피복두께 (mm)

d : 휨평면에서의 부재높이 (mm)

b : 휨평면에 수직인 부재의 폭 (mm)

F_{yr} : 종방향 철근의 최소항복강도 (MPa)

【해설】

이 항에 포함된 콘크리트로 둘러싸인 형강과 콘크리트로 채워진 강관의 거동에 대해서는 Galambos (1998)과 AISC(2005)에 광범위하게 언급되어 있다. 이 부재들은 기둥 또는 보-기둥으로 사용된다. 합성 보-기둥에 대한 부착력 손실에 관한 실험 자료를 구할 수 없지만, AISC(1999)에서는 콘크리트의 인장균열을 고려하여 안전측의 한계로 $\dfrac{P_u}{\phi_c P_n} = 0.3$을 제시하고 있다. $\dfrac{P_u}{\phi_c P_n}$이 0.3 미만일 경우, 공칭휨강도는 식 (4.3-294)에 의한 합성단면의 소성휨강도 이하로 감소한다.

완전히 둘러싸인 경우에도 축방향력이 없다면 강재 단면의 소성휨강도나 합성단면의 항복휨강도 중 작은 값까지만 부착능력이 있다고 본다.

(2) 충전형 강관

4.2.8.2의 규정을 만족하는 충전형 강관의 공칭휨강도는 다음과 같다.

① $\frac{D}{t} < 2.0\sqrt{\frac{E}{F_y}}$ 인 경우 :

$$M_n = M_{ps} \tag{4.3-295}$$

② $2.0\sqrt{\frac{E}{F_y}} < \frac{D}{t} \le 8.8\sqrt{\frac{E}{F_y}}$ 인 경우 :

$$M_n = M_{yc} \tag{4.3-296}$$

4.3.3.4 다이아프램 및 수직가새

4.3.3.4.1 일반사항

교량의 단부 및 내부지점과 지간 중간부에는 필요에 따라 다이아프램이나 수직가새를 설치해야 한다. 모든 시공단계 및 사용단계에서 다이아프램이나 수직가새의 필요성을 다음과 같이 검토한다.

(1) 거더하단에서 바닥틀로, 그리고 바닥틀에서 받침부로 횡방향 풍하중의 전달

(2) 모든 하중에 대한 압축플랜지의 안정성

(3) 콘크리트 바닥판이 양생되기 이전의 상부압축플랜지의 안정성

(4) 수직방향의 고정하중 및 활하중의 분배

① 사용단계에서 필요한 다이아프램이나 수직가새 이외에도 시공 중 필요 시에는 임시로 가새를 설치한다.

② 수직가새나 다이아프램이 하중을 받는 경우에는 이에 저항하도록 설계해야 한다. 적어도 다이아프램이나 수직가새는 풍하중을 전달할 수 있도록 설계해야 하며, 4.1.1 또는 4.2.2에 규정된 세장비 규정을 만족해야 한다.

③ 다이아프램과 수직가새의 연결판은 KDS 14 31 20 : 2016 (4.1.3.1)을 만족해야 한다.

④ 교량단부 및 슬래브의 이음부에는 다이아프램을 설치하거나 슬래브의 캔틸레버부를 지지하도록 한다.

【해설】

다이아프램 간격을 7.5m 이내로 제한하는 임의 규정(AASHTO Standard Specifications, 2002)은 합리적인 해석 조건에 대한 내용으로 대체되었다. 수평곡선 거더에서 브레이싱은 직교에 비해 매우 중요한 의미를 가진다. 다이아프램과 수직브레이싱은 곡선 거더 교량의 적절한 성능을 위한 중대한 하중 성분을 지지하고 있기 때문에 주부재로 분류된다. 그러므로, 브레이싱에 작용하는 부재력을 산정하고 이에 대해 설계하여야 한다.

다이아프램의 플랜지 또는 수직브레이싱의 상하현재(수평재)가 거더의 플랜지에 직접 연결되지 않는 경우 부재력은 연결판 부재를 통해 전달되게 된다. 다이아프램 플랜지 또는 수직브레이싱의 수평재와 거더 플랜지 사이의 이러한 편심효과가 연결판과 이에 연결된 웨브 및 플랜지의 설계에 반드시 고려되어야 한다.

4.3.3.4.2 플레이트거더 단면

(1) 압연거더에 설치되는 다이아프램이나 수직가새의 높이는 거더 높이의 1/2 이상으로 하고, 플레이트거더에 설치되는 경우에는 가능한 한 높게 한다.

(2) 단부에 설치되는 다이아프램이나 수직가새는 모든 횡방향하중을 받침부로 전달할 수 있도록 설계한다. 다이아프램이나 수직가새가 교축방향과 수직이 아닌 경우에는 전달되는 힘의 교축방향성분을 고려한다. 사각이 20° 이상인 사교의 중간에 설치되는 수직가새는 교축방향과 직각으로 한다. 사교의 경우 지점부의 수직가새는 받침의 가로방향 연결선과 일치하지 않아도 좋다.

(3) 단부에 설치되는 다이아프램은 바닥틀이나 바닥틀 연결부에서 전달되는 힘과 휨에 저항할 수 있도록 설계한다. 교축방향부재와 다이아프램의 연결부 설계 시 다이아프램의 단부휨모멘트를 고려해야 한다.

【해설】

이 규정이 수평곡선거더에 적용될 때 “교축방향과 수직”이라는 언급은 각 위치에서의 접선에 대한 수직방향으로 적용된다.

중간다이아프램이나 수직브레이싱은 대부분의 경우 설계와 시공의 효율을 고려해서 통상 등간격으로 설치된다.

지간에 대한 형고비가 4이하인 다이아프램은 깊은 보로써 거동하므로, 보이론 보다는 주응력을 고려한 설계가 이뤄져야 한다.

사각이 20° 이상인 경우 수직브레이싱을 불연속으로 설치하면 수직브레이싱 부재력은 줄고 플랜지의 횡방향 휨응력은 증가하는 경향이 있다.

수평 곡선 I-거더에서 중간다이아프램의 간격은 R/10으로 제한되며 식 (4.3-171)에 의한 한계비지지길이 L_r 보다는 작아야 한다.
아래 식 (해설 4.3-40) 예비설계 시 곡선교의 다이아프램의 간격 결정에 준용될 수 있다.

$$L_b = \sqrt{\frac{5}{3} r_\sigma R b_f} \qquad \text{(해설 4.3-41)}$$

여기서, b_f = 플랜지 폭 (mm)

L_b = 다이아프램 또는 수직브레이싱 간격 (mm)

r_σ = 횡방향휨응력/균일응력 $(=f_l/f_{bu}) \leqq 0.3$

R = 거더 곡률반경 (mm)

4.3.3.4.3 박스거더 단면

(1) 단면의 회전, 변위 및 뒴에 저항할 수 있도록 각 지점부에는 박스거더 단면내부에 다이아프램이나 수직가새를 설치하고, 박스거더로부터 받침부로 비틀림모멘트나 횡방향 하중을 전달할 수 있도록 설계해야 한다.
(2) 인장력에 저항하거나 연결을 위해 다이아프램을 설치할 경우, 박스거더 단면의 웨브와 플랜지에 연결해야 한다. 내부출입문은 가능한 크게 설치해야 하고, 내부 출입문의 설치로 인한 다이아프램의 응력집중을 검토하여 필요 시 보강해야 한다.
(3) 4.3.3.2.1.1의 규정대로 다중 박스거더 단면을 설계할 경우 단면내부나 단면과 단면 사이에 영구적인 다이아프램이나 수직가새를 설치하지 않아도 좋다. 단일 박스거더 단면인 경우에는 단면변형을 방지하기 위하여 적당한 간격으로 내부에 다이아프램이나 수직가새를 설치해야 한다.

【해설】

지점부 내부 다이아프램은 박스거더교의 안정성을 위해 필수적인 주부재이므로 엄밀해석이 바람직하다. 형상비 또는 형고비가 4보다 작은 경우 깊은 보로써 거동하므로 주응력을 고려해서 설계한다.
다이아프램 및 플랜지와의 연결부 등 피로 영향에 민감한 상세는 주인장응력을 면밀히 고려하여야 한다.
바닥판 콘크리트가 타설되는 동안 과도한 회전변형이 예상되는 경우, 박스거더 사이에 임시로라도 외부다이아프램이 설치되어야 한다. 이의 철거 시에 주변의 볼트나 콘크리트 바닥판에 대한 영향이 고려되어야 한다.
U형 박스거더 위에 바닥판이 경화될 때까지 내부 다이아프램이나 크로스프레임, 상부 수평브레이싱이 설치되어야 한다.
4.3.3.2.2.3을 만족하는 사각의 영향이 없는 직선 박스거더에서는 뒤틀림 응력과 횡방향 휨응력이 무시될 수 있다(Johnston and Mattock, 1967).
바닥판 하중이 비대칭으로 작용하는 경우 박스거더의 비틀림 단면력이 상당히 커질 수 있으므로, 내부 다이아프램이나 크로스프레임, 상부 수평브레이싱 부재의 저감은 적정한 해석적인 평가 후에 취해질 수 있다.

박스거더의 내부 다이아프램이나 크로스프레임은 최대 모멘트 단면 위치나 현장연결부 근방에 두어져야 한다. 기술자는 시공, 운송, 거치 등 각 단계에서 임시 또는 영구적으로 설치되는 내부 다이아프램이나 크로스프레임의 추가 여부를 판단해야 한다.

강도한계상태에서 횡방향휨응력이 135MPa 이내로 제한되도록 적정 간격으로 설치되어야 하며, 박스거더 강축에 작용하는 휨모멘트 응력의 10% 이내로 제한하는 것이 바람직하다. 이를 위한 설치 간격은 일반적으로 9m 이내가 된다.

St. Venant 비틀림이 심한 경우, 박스 또는 U형 거더 하부에 횡방향 브레이싱 부재를 설치하는 것을 고려하여야 한다.

상부수평브레이싱, 수직브레이싱 및 내부다이아프램에 의해 박스거더의 뒤틀림이 적절히 제어된다면 비틀림 극관성모멘트(St. Venant torsional inertia) J는 아래 식으로 산정될 수 있다.

$$J = 4\frac{A_0^2}{\sum \frac{b}{t}} \qquad \text{(해설 4.3-42)}$$

여기서, A_o = 박스단면에 의해 둘러싸인 단면적 (mm^2)

b = 사각 판 부재의 폭 (mm)

t = 판 부재 두께 (mm)

4.3.3.4.4 트러스교 및 아치교

(1) 집중하중의 작용점, 가로보 연결부 및 기타 연결부에는 다이아프램을 설치한다. 교량의 뒴을 방지하기 위하여 중간에 다이아프램을 설치하는 것이 좋다.

(2) 트러스교 단부의 지지부 핀에 연결된 연결판은 다이아프램으로 연결한다. 지지부의 웨브는 다이아프램으로 연결한다.

(3) 덮개판이나 웨브판의 단부가 주부재의 교차점으로부터 1200mm 이상 떨어져 있을 경우에는 주부재를 연결하는 연결판 사이에 다이아프램을 설치한다.

4.3.3.5 수평가새

4.3.3.5.1 일반사항

(1) 모든 시공단계나 사용단계에서 수평가새의 필요성을 반드시 검토하고, 필요 시 플랜지면 근처에 수평가새를 설치한다. 수평가새의 필요성을 검토할 때 다음 사항을 고

려 한다.

① 횡방향 풍하중의 받침부로의 전달

② 횡방향 지진하중의 전달

③ 제작, 가설 및 바닥틀의 설치 시에 발생하는 변형 방지

(2) 시공 후 필요치 않은 임시수평가새는 철거해도 좋다.

(3) 영구 수평가새의 설계 시에는 적어도 4.1.1 및 4.2.2를 만족해야 한다.

(4) 수평가새의 연결판은 KDS 14 31 20(4.1.3.2)를 만족해야 한다.

(5) 수평가새의 내진설계 시에는 지진하중을 고려해야 한다.

【해설】

I-형 거더 교량에서 하부플랜지 수평가새(수평브레이싱)는 콘크리트 바닥판과 함께 유사폐합단면(pseudo-closed section)을 형성하여 하중을 전달하게 된다. 하부플랜지에 수평브레이싱을 설치하면 유사폐합단면의 형상을 유지하기 위한 작용으로 인해 수직가새(수직브레이싱)의 단면력은 증가된다. 게다가 수평가새가 설치된 거더에서 휨모멘트의 분배는 더욱 원활히 이뤄지며, 브레이싱 부재들도 활하중에 의한 상당한 단면력을 받게 된다.

4.3.3.5.2 플레이트거더 단면

(1) 필요할 경우 외측 주형 사이에 수평가새를 설치한다. 충분한 강성을 갖고 있는 바닥틀에 연결된 플랜지에는 수평가새를 설치하지 않아도 좋다.

(2) 연속교 거더의 부모멘트 구간에는 가설 중 부재의 안정성을 위한 수평가새의 필요여부를 검토해야 한다.

【해설】

풍하중에 의해 I-형 거더에 유발되는 응력은 다음과 같은 방법에 의해 줄일 수 있다.

· 플랜지 단면 제원의 조정

· 다이아프램 및 수직브레이싱 간격의 축소

· 수평가새(수평브레이싱)의 설치

60m 이상 경간에 강거더를 시공하는 경우, 과도한 수평변위를 방지하기 위해서는 지점부에 인접한 최소 한 구간 이상 영구적인 또는 임시적인 수평브레이싱의 설치가 바람직하다.

연속교에서 수평브레이싱은 내부 지점 인근에서 반드시 필요하며, 연속부재의 자유단에도 고려되어야 한다.

수평브레이싱을 설치하면 바닥판이 합성되기 이전 단계에서 횡방향 변위에 대한 강성이 증가되어, 풍하중에 의한 횡변위나 플랜지 횡방향 휨응력을 줄이는데 효과적이다.

상부 수평브레이싱이 선호되며, 하부 수평브레이싱도 이와 유사한 기능을 담당하지만 상부 수평브레이싱과 달리 완공된 이후 활하중에 의해 상당히 큰 부재력을 받을 수 있다.

수평곡선교량에 대해 곡률이 크고 동바리 설치가 용이하지 않을 경우 수평브레이싱을 상하부에 모두 설치하여 유사 폐합박스의 효과를 얻도록 하는 것이 바람직하다. 임시 브레이싱이 설치되더라도 구조해석 시에 이의 효과를 적절히 반영해야 한다.

4.3.3.5.3 박스거더 단면

(1) 제작, 가설 및 콘크리트의 타설 도중에 발생하는 단면의 변형을 방지하기 위하여 각 박스거더 단면의 플랜지 사이에 상부 수평가새의 필요성을 검토해야 한다.

(2) 바닥 콘크리트가 굳기 이전에 발생하는 전단흐름에 저항할 수 있도록 상부 수평가새를 설치하고, 이 때 박스거더의 휨으로 인해 발생하는 하중을 고려해야 한다.

(3) 가새가 웨브와 연결되어 있는 경우, 가새의 실제 위치를 고려하여 전단흐름을 계산하기 위해 단면적을 감소시켜야 하고, 가새로부터 상부플랜지로 하중이 전달될 수 있도록 적절한 수단을 강구해야 한다.

【해설】

관련 연구로부터 다중 개구제형 단면(multiple tub section) 거더 사이 횡방향 브레이싱은 별도로 필요치 않은 것으로 알려져 있다. 개구제형 단면의 전단중심은 하부플랜지 아래에 있다(Heins, 1975). 상부 수평브레이싱을 설치하면 전단중심이 유사박스단면의 중심 부근으로 상승하게 되며 이로 인해 비틀림강성이 크게 향상된다. 이러한 상부수평브레이싱은 비틀림 전단흐름에 저항할 뿐 만 아니라 개구제형 거더 비합성 단면에 발생하는 휨에 의해 상당한 영향을 받는다.

엄밀해석을 하지 않을 때, 상부수평브레이싱의 부재력을 산정하는 방식이 제시된 바 있다(Fan and Helwig, 1999). 상부수평브레이싱 부재는 시공 중에 비합성 유사박스단면 상태에서 풍하중에 의한 영향을 받는다.

경간장 45m 이하인 직선거더의 경우, 인양점(lifting points)의 양 면에 최소 한 패널구간에 걸쳐 수평 브레이싱이 설치되도록 한다. 상부플랜지에 작용하는 바닥판 타설 등 시공 중 편심 하중에 의한 비틀림 및 전단력에 저항하기 위한 추가적인 수평브레이싱의 여부는 반드시 고려되어야 한다.

수평브레이싱이 부분적으로 설치된 U형 거더 단면에 비틀림이 작용된다면, 단면의 뒤틀림이나 상부플랜지 횡방향 휨응력에 대해 고려하여야 한다.

사교이거나 비대칭으로 콘크리트 바닥판이 설치되는 경우, 전 구간에 걸쳐 상부수평브레이싱을 설치되도록 고려해야 한다. 전 구간에 설치하기 어려운 경우는 설계자는 모든 시공과정에서 상부플랜지와 U형 단면 부재의 국부좌굴 및 전체좌굴에 대한 구조적 안정성을 확보해야 한다.

경간장 45m 이상인 직선거더에는 상부수평브레이싱이 전 구간에 걸쳐 설치되어야 한다. 이는 유사

Ed., John Wiley & Sons, Inc., New York, NY.

Surovek-Maleck, A., White, D.W. and Leon, R.T. (2004), "Direct Analysis and Design of Partially-Restrained Steel Framing Systems", Journal of Structural Engineering, ASCE, Vol. 131, No. 9, pp. 1376-389.

White, D.W. and Chen, W.F. (ed.) (1993), Plastic Hinge Based Methods for Advanced Analysis and Design of Steel Frames: An Assessment of State-of-the-Art, Structural Stability Research Council, Bethlehem, PA.

Ziemian, R.D. (ed.) (2010), Guide to Stability Design Criteria for Metal Structures, 6th Ed., John Wiley & Sons, Inc., Hoboken, NJ.

제 4 장

KDS 14 31 20 : 2017

강구조 피로 및 파단 설계기준

KDS 14 31 20 강구조 피로 및 파단 설계기준

1. 일반사항

이 기준의 규정은 강구조물의 피로 및 파단 설계에 적용한다.

2. 조사 및 계획

내용 없음.

3. 재료

KDS 14 31 05(3)에 따른다.

4. 설계(피로 및 파단)

4.1 피로

4.1.1 일반사항

피로는 하중유발피로와 변형유발피로로 분류된다.

【해설】

2004년까지의 과거의 규정은 하중유발피로의 경우만 다루었고, 2009년 기준부터는 하중유발피로와 변형유발피로로 분류하여 기술하고 있다.

4.1.2 하중유발피로

4.1.2.1 적용

강구조물 구조상세에 대한 피로설계 시 고려해야 할 응력은 활하중에 의해 발생된 응력범위이다.

잔류응력은 피로설계 시 고려하지 않는 것으로 한다. 이 규정은 순인장응력을 받는 상세에만 적용된다. 하중계수를 적용하지 않은 고정하중이 압축응력을 발생시키는 부분의 경우, 이 압축응력이 피로한계상태조합에 따른 최대 활하중 인장응력의 2배보다 작은 경우에만 피로문제를 고려한다.

【해설】

용접상세에 있어서 작용하는 전체응력의 크기는 중요하지 않으며, 용접에 대한 잔류응력 또한 피로설계 시 중요한 지배 요소인 응력범위 규정에 내재적으로 포함되어 있으므로 별도로 고려하지 않는다. 응력범위만을 고려하는 이 같은 개념은 아주 다른 잔류응력장이 존재하는 형강, 볼트 및 리벳 연결 상세에도 그대로 적용된다. 용접이 없는 상세의 경우 본 기준은 안전측의 결과를 제공한다.

피로하중 통과로 인한 활하중 응력은 100년 안에 교량을 통과한다고 예상되는 가장 무거운 트럭이 통과할 때 발생되는 응력의 대략 1/2 이하이다.

4.1.2.2 설계기준

하중유발피로를 고려하는 경우, 각 구조상세는 다음 조건을 만족해야 한다.

$$\gamma(\Delta f) \le (\Delta F)_n \qquad (4.1\text{-}1)$$

여기서, γ : 하중조합 규정에 명시된 하중계수

(Δf) : 하중효과, 즉 피로설계하중 통과 시 발생되는 활하중 응력범위 (MPa)

$(\Delta F)_n$: 4.1.2.5에 규정된 공칭피로강도 (MPa)

【해설】

식 (4.1-1)은 일반적인 한계상태에 관한 식에, 피로하중 및 피로강도를 적용하여 얻을 수 있다.

$$\eta\gamma(\Delta f) \le \phi(\Delta F)_n \qquad (\text{해설 } 4.1\text{-}1)$$

도로교량의 피로한계상태에 대해서는, 다음과 같은 계수를 적용한다.

$\eta = 1.0$

$\phi = 1.0$

4.1.2.3 상세범주

부재와 이음부의 상세는 표 4.1-1에 요약되어 있는 각 상세범주의 요구조건을 만족하도록 설계해야 한다. 표에 볼트구멍으로 그려진 부분은 강구조시방서 규정에 따라 볼트체결이 이루어진 것을 나타낸다.

붕괴유발부재와 같이 특별히 규정된 경우를 제외하고, 설계수명동안 피로설계 대상 부재가 받을 응력반복횟수를 산정할 수 있고, 이 반복횟수가 표 4.1-3에 있는 무한수명에 해당하는 응력범위 반복횟수보다 적다면 유한수명을 고려하여 해당 반복횟수에 상응하는 피로강도를 계산하여 피로설계에 적용하고, 그렇지 않은 경우 무한수명을 고려하여 피로설계를 수행한다.

강바닥판 부재 및 상세 또한 표 4.1-1의 강바닥판 상세범주 요구조건을 만족하도록 설계한다.

표 4.1-1 하중유발피로에 대한 상세범주

상세설명	범주	일정 진폭 피로한계값 ($(\Delta F)_{TH}$) (MPa)	무한수명 피로한계값 ($(\Delta F)_{CL}$) (MPa)	균열발생 가능위치	그림(예)
유형 1 - 용접의 영향을 받지 않는 부재					
1.1 압연면 또는 부착물이 없는 깨끗한 표면을 갖는 모재부(가스절단부의 경우 0.025mm 이하의 조도를 가지며, 다른 부재와의 연결을 위한 가공된 모서리가 없어야 함)	A	165.0	82.5	모든 용접부 및 연결부에서 떨어진 곳	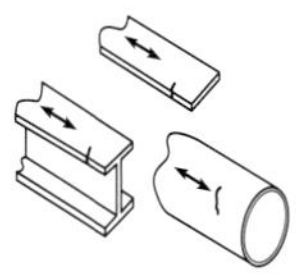
1.2 무도장 내후성 강재(가스절단부의 경우 0.025mm 이하의 조도를 가지며, 다른 부재와의 연결을 위한 가공된 모서리가 없어야 함)	B	110.0	55.0	모든 용접부 및 연결부에서 떨어진 곳	
1.3 다른 부재와의 연결을 위한 가공된 모서리가 있는 경우 또는 강구조시방서에 따라 제작된 기하하적 불연속부(용접작업구 제외)	C	69.0	34.5	모서리부 모든 곳	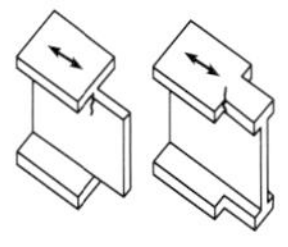
1.4 용접작업구가 있는 압연단면	C	69.0	34.5	부재조립을 위한 용접작업구의 모재부	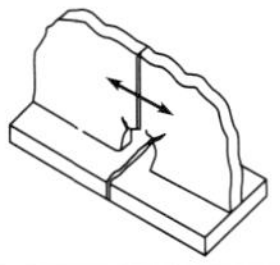

상세설명	범주	일정 진폭 피로한계값 $((\Delta F)_{TH})$ (MPa)	무한수명 피로한계값 $((\Delta F)_{CL})$ (MPa)	균열발생 가능위치	그림(예)
1.5 부재의 개구부	D	48.3	24.2	구멍주변의 순단면 부위	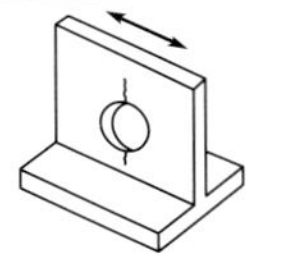
유형 2 - 볼트연결부					
2.1 고장력볼트를 적용한 마찰이음부 전단면 적용 모재부(볼트구멍을 드릴로 뚫거나, 펀칭 후 리밍하여 가공한 경우)	B	110.0	55.0	볼트구멍 주변	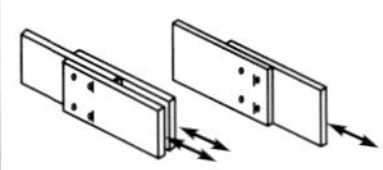
2.2 마찰이음 요구조건에 맞춰 고장력볼트로 체결되었으나 지압이음으로 설계된 순단면 적용 모재부(볼트구멍을 드릴로 뚫거나, 펀칭 후 리밍하여 가공한 경우)	B	110.0	55.0	볼트구멍 주변	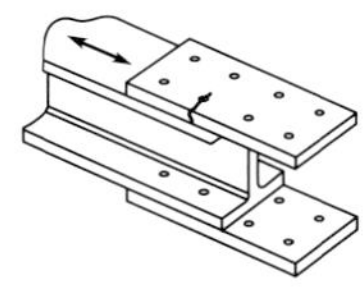
2.3 •용융아연도금한 모든 볼트연결부의 순단면 적용 모재부 •2.1 및 2.2의 조건과 같으나, 펀칭으로만 전체구멍을 뚫은 경우 •볼트를 제외한 다른 연결재를 적용한 순단면 적용 모재부(아이바와 핀 연결판 제외)	D	48.3	24.2	볼트구멍 주변 또는 구멍과 가까운 모재부	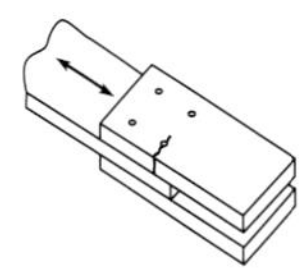
2.4 아이바의 머리부분과 핀연결판의 순단면 적용 모재부	E	31.0	15.5	구멍 주변	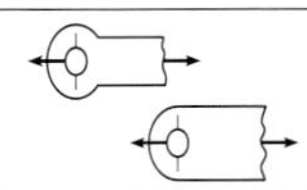
유형 3 - 조립부재의 용접연결부					
3.1 종방향으로 연속된 완전용입 그루브 용접 또는 응력 작용방향과 평행한 연속된 필릿용접에 의해 연결된 부착물이 없는 형강 또는 조립 부재의 모재부와 용접금속부	B	110.0	55.0	용접표면 또는 용접내부의 결함 등 불연속부	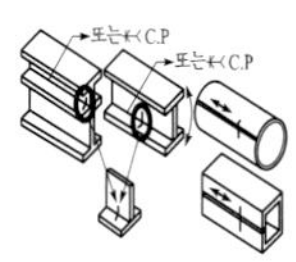
3.2 3.1의 상세에서 받침봉을 제거하지 않은 완전용입 그루브용접이 적용된 곳과 응력 작용방향과 평행한 연속 부분용입 그루브용접이 적용된 경우	B'	82.7	41.4	용접표면 또는 용접내부의 불연속부(받침봉을 붙이기 위한 용접부 포함)	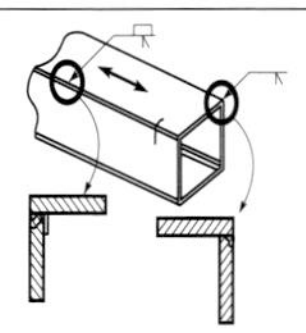

상세설명	범주	일정 진폭 피로한계값 $((\Delta F)_{TH})$ (MPa)	무한수명 피로한계값 $((\Delta F)_{CL})$ (MPa)	균열발생 가능위치	그림(예)
3.3 용접작업구의 종방향 용접 끝나는 부분의 용접금속 및 모재부(플랜지의 맞대기이음부는 포함하지 않음)	D	48.3	24.2	웨브 또는 플랜지의 용접이 끝나는 부분	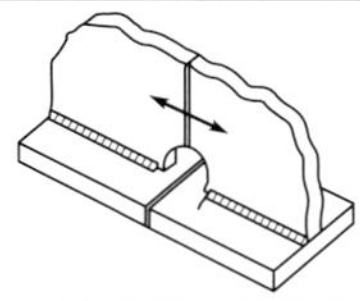
3.4 응력 작용 방향과 평행한 필릿용접에 의해 연결된 덮개판의 용접금속 및 모재부	B	110.0	55.0	용접단부에서 어느 정도 떨어진 용접표면 또는 용접내부의 불연속부	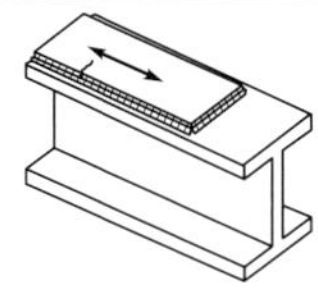
3.5 끝부분 돌림용접 적용여부와 관계없고 사각형 또는 경사진 단면의 덮개판 폭이 플랜지보다 좁은 경우 또는 끝부분 용접이 있는 플랜지 폭이 플랜지보다 큰 경우 용접연결부의 용접금속부 또는 모재부 - 플랜지 두께 ≤ 20mm - 플랜지 두께 ≥ 20mm	 E E'	 31.0 17.9	 15.5 9.0	돌림용접 지단부의 플랜지, 종방향용접이 끝나는 부분의 플랜지, 덮개판 폭이 플랜지보다 큰 경우 용접된 플랜지모서리	
3.6 플랜지와 접합된 끝부분은 마찰이음 고장력볼트로 접합되고, 나머지 부분은 용접연결된 덮개판의 용접단부의 모재부	B	110.0	55.0	종방향용접이 끝나는 부분의 플랜지	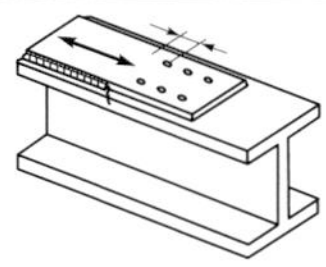
3.7 끝부분 용접이 없고 플랜지보다 폭이 넓은 덮개판의 종방향 용접이 끝나는 부분의 모재부	E'	17.9	9.0	덮개판 용접 끝부분의 플랜지 모서리	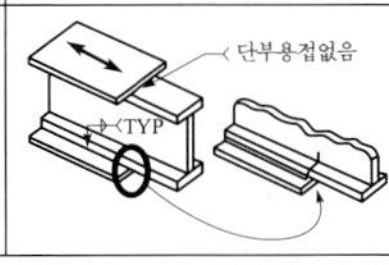
		유형 4 - 보강재 용접연결부			
4.1 수직보강재와 플랜지 및 수직보강재와 웨브의 필릿용접 지단부의 모재부 (주: 지압보강재와 연결판 등의 유사 용접부 포함)	C'	82.7	41.4	필릿용접지단의 기하학적 불연속부	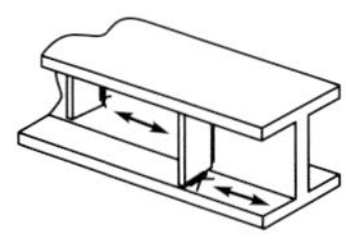
4.2 응력 작용방향과 평행하게 연속적으로 웨브 또는 플랜지에 필릿용접된 수평보강재 용접부의 용접금속 및 모재부	B	110.0	55.0	용접단부로부터 일정거리 떨어진 부분의 용접표면 및 내부의 불연속부	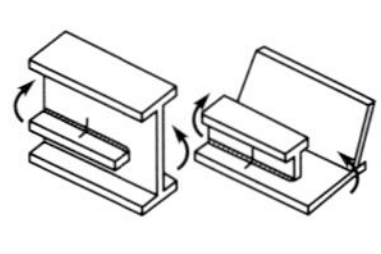

상세설명	범주	일정 진폭 피로한계값 $((\Delta F)_{TH})$ (MPa)	무한수명 피로한계값 $((\Delta F)_{CL})$ (MPa)	균열발생 가능위치	그림(예)
4.3 웨브 또는 플랜지에 부착된 수평보강재 용접단부의 모재부. •변화부 반경을 두지 않는 필릿용접 보강재의 경우 - 보강재두께 < 25mm - 보강재두께 ≥ 25mm •변화부 반경을 갖고 용접 끝부분을 매끈하게 연마한 경우 - R ≥ 600mm - 600mm > R ≥ 150mm - 150mm > R ≥ 50mm - 50mm > R	 E E' B C D E	 31.0 17.9 110.0 69.0 48.3 31.0	 15.5 9.0 55.0 34.5 24.2 15.5	용접이 끝나는 부분 용접지단에 접한 주부재 (플랜지 또는 웨브) 변화부 반경 끝부분의 주부재 (플랜지 또는 웨브)	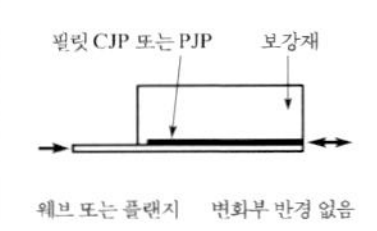 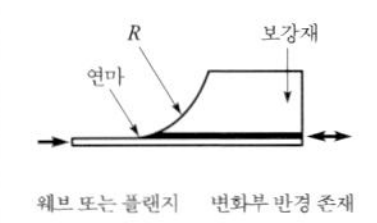
유형 5 - 응력 작용 방향에 수직한 방향으로 용접된 접합부					
5.1 용접의 건정성이 비파괴시험을 통해 입증되고, 용접부가 응력 작용방향으로 연마되어 있는 완전용입 그루브용접부의 용접금속 및 모재부(폭이나 두께방향 변화부 기울기가 1:2.5 이하)	B	110.0	55.0	용접내부 불연속부(결함부) 또는, 폭 또는 두께가 변화하는 시점	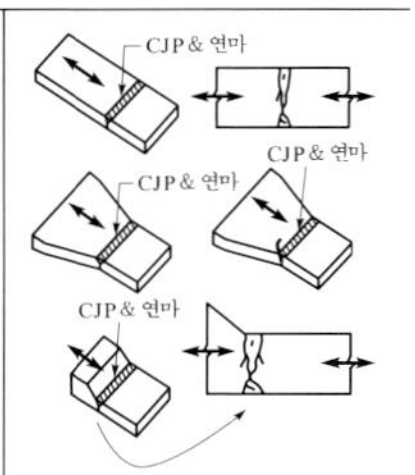
5.2 다른 조건은 5.1의 경우와 같고, 그루브용접 단부의 접선점에서 시작한 폭변화부 반경이 600mm 이상인 경우	B	110.0	55.0	용융부 주변의 불연속부 또는 용접내부의 불연속부	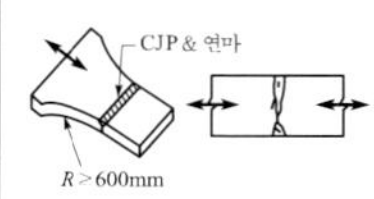
5.3 완전용입그루브용접된 T형 또는 모서리 접합부 주변 또는 용접된 부분의 용접금속 및 모재부 또는 두께변화가 없거나 1:2.5 이하의 두께변화가 있는 경우로 용접덧살이 제거되지 않은 완전용입 그루브용접 맞대기이음부의 용접금속 및 모재부	C	69.0	34.5	용융부 주변 또는 용접지단의 불연속부 표면	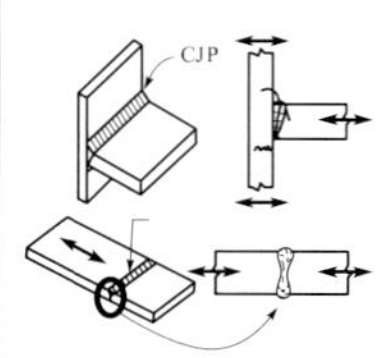
5.4 하중전달형 불연속 판요소가 양면 필릿용접에 의해 부착된 상세의 용접금속 또는 모재부, 또는 응력 작용방향에 수직한 판의 양면에 부분용입 그루브용접 접합된 상세의 용접금속 및 모재부(식 (4.1-5)에 의해 조정된 C 상세 적용)	C	69.0	34.5	모재에 접한 용접지단의 기하학적 불연속부 또는 인장을 받는 용접루트	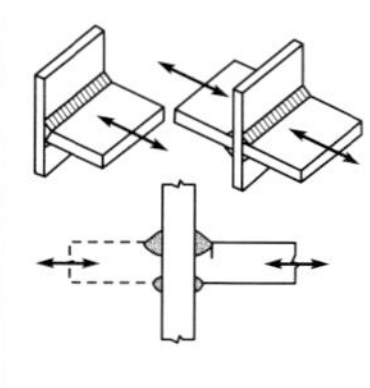

상세설명	범주	일정 진폭 피로한계값 $((\Delta F)_{TH})$ (MPa)	무한수명 피로한계값 $((\Delta F)_{CL})$ (MPa)	균열발생 가능위치	그림(예)
유형 6 - 횡방향으로 응력을 받는 용접 부착물					
6.1 주응력 방향과 평행한 방향의 용접에 의해 부착되고 용접단을 매끈하게 연마하였으며 변화부의 반경이 R인 횡방향으로 응력을 받는 상세(예를 들어, 측면 연결판) 위치에서 종방향으로 응력을 받는 부재의 모재부				종방향으로 응력을 받는 부재모서리 또는 용접단이 매끈하게 연마되지 않은 경우 용접지단부와 변화부 반경과의 접촉점 근처	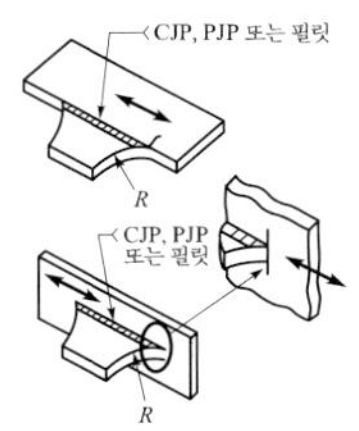
- R ≥ 600mm	B	110	55.0		
- 600mm > R ≥ 150mm	C	69.0	34.5		
- 150mm > R ≥ 50mm	D	48.3	24.2		
- 50mm > R	E	31.0	15.5		
용접단을 매끈하게 연마하지 않은 모든 변화부 반경에 대해서 (주의: 적용가능하다면, 조건 6.2, 6.3 또는 6.4 또한 검토해야 한다.)	E	31.0	15.5		
6.2 종방향으로 응력을 받는 동일한 두께의 부재에 주응력과 평행한 방향으로 완전용입 그루브용접으로 부착되고 변화부 반경 R을 포함하는 횡방향으로 응력을 받는 상세(예를 들면, 측면 연결판)의 모재에서 용접 건전도가 비파괴시험으로 입증되고 용접단이 매끈하게 연마된 경우 :				변화부 반경의 접촉점 근처나 용접 내부 또는 종방향으로 응력을 받는 부재나 횡방향으로 응력을 받는 부착물의 융해 경계	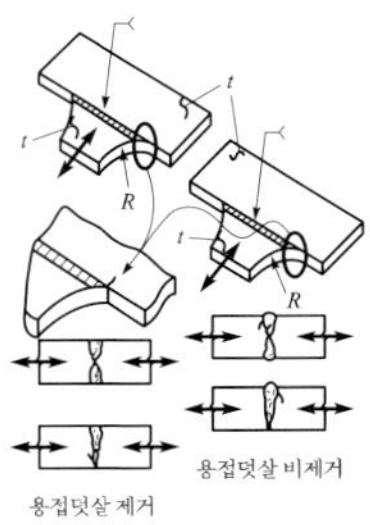
용접덧살이 제거되었을 때 :				종방향으로 응력을 받는 부재나 횡방향으로 응력을 받는 부착물의 모서리를 따라 생긴 용접지단부	
- R ≥ 600mm	B	110.0	55.0		
- 600mm > R ≥ 150mm	C	69.0	34.5		
- 150mm > R ≥ 50mm	D	48.3	24.2		
- 50mm > R	E	31.0	15.5		
용접덧살이 제거되지 않았을 때 :					
- R ≥ 600mm	C	69.0	34.5		
- 600mm > R ≥ 150mm	C	69.0	34.5		
- 150mm > R ≥ 50mm	D	48.3	24.2		
- 50mm > R	E	31.0	15.5		
(주의 : 조건 6.1 또한 검토해야 한다.)					

상세설명	범주	일정 진폭 피로한계 값 $((\Delta F)_{TH})$ (MPa)	무한수명 피로한계 값 $((\Delta F)_{CL})$ (MPa)	균열발생 가능위치	그림(예)
6.3 종방향으로 응력을 받는 두께가 다른 부재에 주응력과 평행한 방향으로 완전용입 그루브용접으로 부착되고 용접변화부 반경 R을 포함하는 횡방향으로 응력을 받는 상세(예를 들면, 측면 연결판)의 모재에서 용접 건전도가 비파괴시험으로 입증되고 용접단이 매끈하게 연마된 경우 : 용접덧살이 제거되었을 때 : - R ≥ 50mm - R < 50mm 용접덧살이 제거되지 않았을 때: (주의: 조건 6.1 또한 검토해야 한다.)	 D E E	 48.3 31.0 31.0	 24.2 15.5 15.5	두께가 더 얇은 판의 모서리를 따라 생긴 용접지부 용접변화부 반경이 작은 용접단 두께가 더 얇은 판의 모서리를 따라 생긴 용접지단	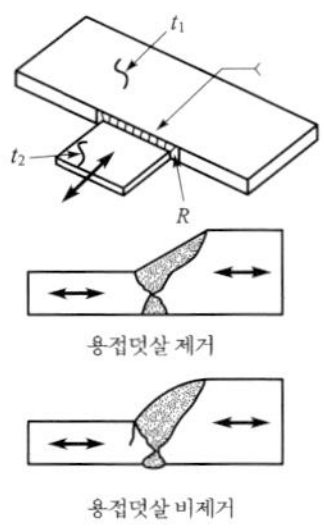
6.4 종방향으로 응력을 받는 부재에 주응력과 평행한 방향으로 필릿용접이나 부분용입 그루브용접으로 부착된 횡방향으로 응력을 받는 상세(예를 들면, 측면 연결판)의 모재부 (주의 : 조건 6.1 또한 검토해야 한다.)	조건 5.4 참조				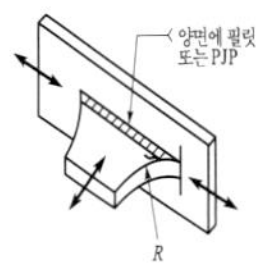
유형 7 - 종방향으로 응력을 받는 용접 부착물					
7.1 변화부 반경을 포함하지 않는 이음부가 주응력 방향과 평행 또는 수직한 방향으로 각각 길이가 L이고 두께가 t로 그루브용접 또는 필릿용접으로 부착된 종방향으로 응력을 받는 부재의 모재부 - L < 50mm - 50mm ≤ L ≤ 12t 또는 100mm - L > 12t 또는 100mm - t < 25mm - t ≥ 25mm	 C D E E'	 69.0 48.3 31.0 17.9	 34.5 24.2 15.5 9.0	용접 지단부에서의 주부재	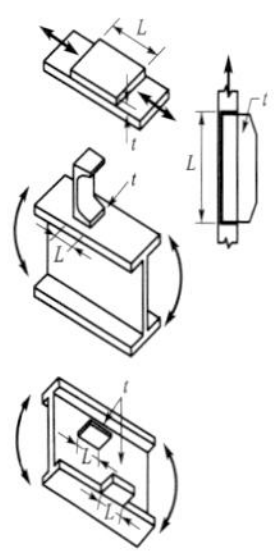
유형 8 - 기타					
8.1 리브와 바닥판간 용접 - 용접이전에 용접루트 간격이 0.5mm 이하인 단일면 80%(최소 70% 이상) 용입 용접부	C	69.0	34.5	그림 참조	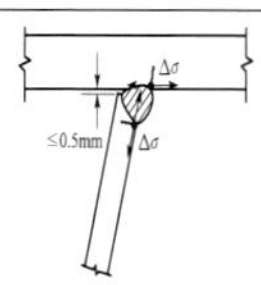

상세설명	범주	일정 진폭 피로한계 값 $((\Delta F)_{TH})$ (MPa)	무한수명 피로한계 값 $((\Delta F)_{CL})$ (MPa)	균열발생 가능위치	그림(예)
8.2 리브용접 이음부 - 용접간격이 리브의 두께보다 크고 영구받침봉이 그대로 남아있는 맞대기 일면 그루브용접부	D	48.3	24.2	그림 참조	
8.3 볼트가 적용된 리브이음부 - 고장력 마찰접합된 전단면 적용 모재부	B	110.0	55.0	그림 참조	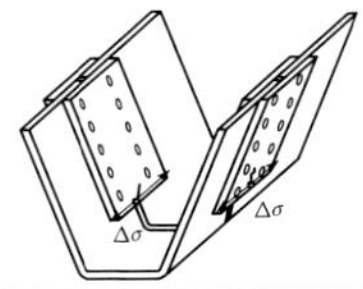
8.4 바닥판이음부 - 영구받침봉이 그대로 남아있는 횡방향 또는 종방향 맞대기 일면 그루브용접부	D	48.3	24.2	그림 참조	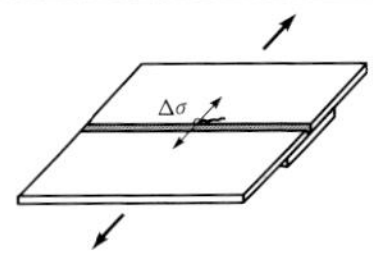
8.5 리브의 횡리브 또는 가로보 용접부-횡리브 또는 가로보에 필릿 또는 완전용입용접된 리브용접부	C	69.0	34.5	그림 참조	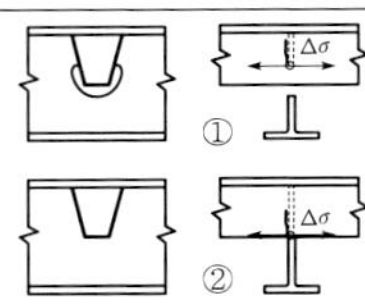
8.6 리브와 용접된 횡리브 또는 가로보의 웨브 - 리브와 필릿, 부분용입 또는 완전용입용접된 횡리브 또는 가로보의 웨브 용접부	C	69.0	34.5	그림 참조	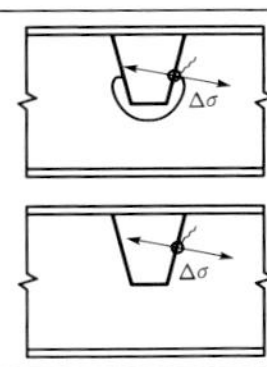
8.7 횡리브 또는 가로보 절곡부 - 끝단이 강구조시방서에 따라 "매끈하게" 가스절단된 모재 (벌크헤드플레이트 절곡부)	B	110.0	55.0	그림 참조	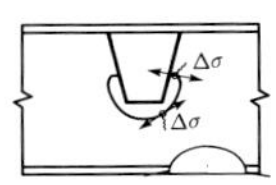
8.8 절곡부에서의 리브판 - 횡리브 또는 가로보와 필릿, 부분용입 또는 완전용입용접된 지점의 리브판 (벌크헤드플레이트와 횡리브 또는 가로보와 필릿, 부분용입 또는 완전용입용접된 지점의 벌크페드플레이트)	C	69.0	34.5	그림 참조	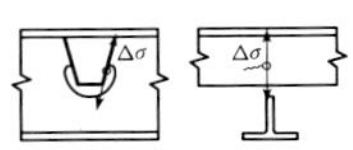
8.9 횡리브 또는 가로보, 바닥판과 리브의 교차점	E	31.0	15.5	그림 참조	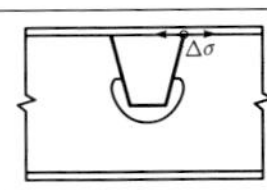

상세설명	범주	일정 진폭 피로한계 값 ($(\Delta F)_{TH}$) (MPa)	무한수명 피로한계 값 ($(\Delta F)_{CL}$) (MPa)	균열발생 가능위치	그림(예)
주의 1: 필릿이나 부분 용입용접부에서 응력이 면내성분에 의해 지배되는 경우에는 식 (4.1-5)가 고려되어야 한다. 이러한 경우, Δf는 두께의 중심에서 계산되어야 한다.					
유형 9 - 기타					
9.1 필릿이나 자동 스터드 용접에 의해 부착된 스터드형태의 전단연결재 부근의 모재부	C	69.0	34.5	모재의 용접단부	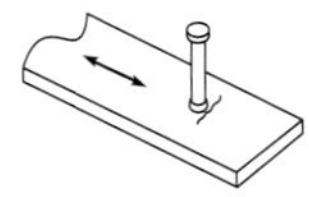
9.2 축방향 인장을 받는 F8T 볼트 축방향 인장을 받는 F10T(S10T) 볼트 축방향 인장을 받는 F13T(S13T) 볼트		100 110 80	50 55 40	그림 참조	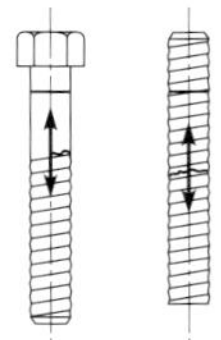

【해설】

하중에 의해 피로균열이 쉽게 발생할 수 있는 부재와 이음부들을 피로강도에 따라 상세범주라고 하는 여덟 개의 범주로 분류하였다. 실제설계과정에서, 상세범주 A, B 및 B′에 대하여는 피로에 대해 고려하지 않아도 되지만 상세범주 C보다 높은 피로강도를 갖는 부재와 이음부도 완전을 기하기 위하여 표 4.1-1에 포함시켰다. 상세범주 C보다 피로강도가 큰 이음부에 대한 검토도 특별한 경우에는 필요할 수 있다.

표 4.1-1에서 필릿용접 목부분에 대한 허용전단응력범위에 해당하는 범주 F를 삭제하고 범주 E로 대치하였다. 범주 F는 명확히 규정되어 있지 않기 때문에 범주 F대신에 범주 E로 안전하게 적용한 것이다. 필릿용접 크기가 강도를 고려하여 명확하게 정해지면, 범주 F는 문제가 되지 않는다.

표 4.1-1에서, "종방향 재하"는 응력 작용방향이 용접의 길이 방향과 평행하다는 것을 나타내며 "횡방향 재하"는 응력 작용방향이 용접의 길이 방향과 직각이라는 것을 나타낸다.

덮개판의 끝을 볼트로 연결한 이음부에 대한 사항은 Wattar(1985) 등에 의한 논문을 참고 할 수 있다.

표 4.1-1은 강바닥판에 대한 특별상세를 포함하고 있다. 강바닥판에 대한 구조상세 및 피로설계 내용은 도로교설계기준(한계상태설계법)(2016)-케이블교량편에 자세히 수록되어 있으므로 본 해설집 4.1.3.3에 간략하게만 설명하고 자세한 사항은 도로교설계기준(한계상태설계법)(2016)-케이블교량편을 참고하는 것으로 한다.

해설 표 4.1-1은 표 4.1-1에는 포함되어 있지 않으나 최근에 AISC Steel Construction Manual (14th Edition) 및 AASHTO LRFD Bridge Design Specifications(2012)에 추가된 상세들을 나타내고 있으며, 해당 상세의 피로설계에 적용할 수 있다.

해설 표 4.1-1 하중유발피로에 대한 상세범주(추가)

상세설명	범주	일정 진폭 피로한계값 $((\Delta F)_{TH})$ (MPa)	무한수명 피로한계값 $((\Delta F)_{CL})$ (MPa)	균열발생 가능위치	그림(예)
유형 2 - 볼트 연결부					
2.5 거셋이나 연결판에 고장력볼트를 적용한 마찰이음으로 연결된 L형강 또는 T형강의 모재부. 피로응력범위는 부재의 유효순단면적(A_e)을 적용하여 계산한다. 유효순단면적은 다음과 같이 산정한다. $A_e = UA_g$ $U = (1 - x/L)$ A_g : 부재의 총단면적 x : 부재의 도심에서 거셋 혹은 연결판 표면까지의 거리 L : 힘의 방향과 평행한 연결부 거리 응력범위를 계산할 때 연결의 편심으로 인한 모멘트효과는 무시한다. 피로범주는 상세 2.1에서의 규정에 따른다. 다른 유형들의 볼트 연결부에 대해서는 위의 식들을 적용한 유효순단면적 계산 시 A_g을 A_n으로 대체하고, 상세 2.2 또는 2.3에 명시된 연결 유형에서 해당되는 피로범주를 사용한다.	표 4.1.1의 상세 2.1~2.4에서 적용되는 범주를 따른다	표 4.1.1의 상세 2.1~2.4에서 적용되는 값을 따른다.	표 4.1.1의 상세 2.1~2.4에서 적용되는 값을 따른다.	볼트구멍 측면(side)에서 시작하여 구멍에 가까운 전단면 또는 순단면으로 진전	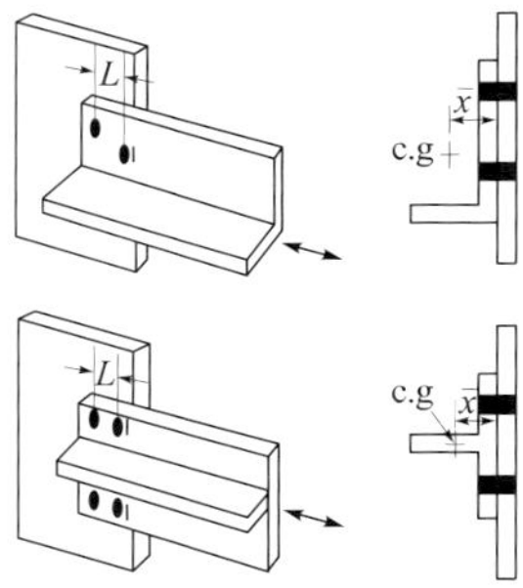
유형 3 - 조립부재의 용접 연결부					
3.8 종방향 단속(intermittent) 필릿 용접 끝나는 부분의 모재부	E	31.0	15.5	용접금속(weld deposit)의 시작과 끝에 연결어 있는 재료	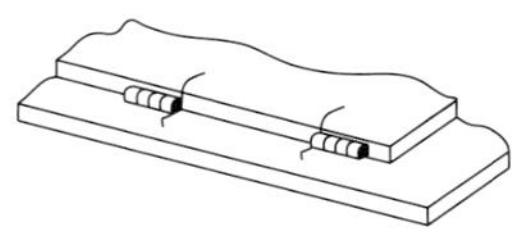

상세설명	범주	일정 진폭 피로한계값 ($(\Delta F)_{TH}$) (MPa)	무한수명 피로한계값 ($(\Delta F)_{CL}$) (MPa)	균열발생 가능위치	그림(예)
		유형 7 - 종방향으로 응력을 받는 용접 부착물			
7.2 부재단면 연결부의 양측을 따라서 거셋이나 연결판에 종방향 필릿용접으로 연결되는 L형강 또는 T형강의 모재부. 피로응력범위는 부재의 유효순단면적(A_e)을 적용하여 계산한다. 유효순단면적은 다음과 같이 산정한다. $A_e = UA_g$ $U = (1 - x/L)$ A_g : 부재의 총단면적 x : 부재의 도심에서 거셋 혹은 연결판 표면까지의 거리 L : 종방향 용접의 최대길이 응력범위를 계산할 때 연결의 편심으로 인한 모멘트효과는 무시한다.	E	31.0	15.5	연결부재의 필릿용접 지단부	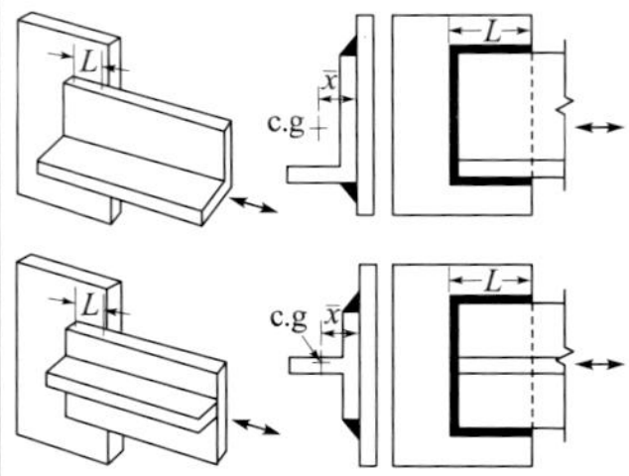
7.3 축력을 받는 부재의 종방향용접이 끝나는 부분의 모재부. 용접부의 응력을 균형화 시키기 위해 용접은 부재축의 각각의 면에 위치한다. - t ≤ 12mm - t > 12mm	 E E'	 31.0 17.9	 15.5 9.0	용접 끝부분에서 시작되어 모재부로 진전	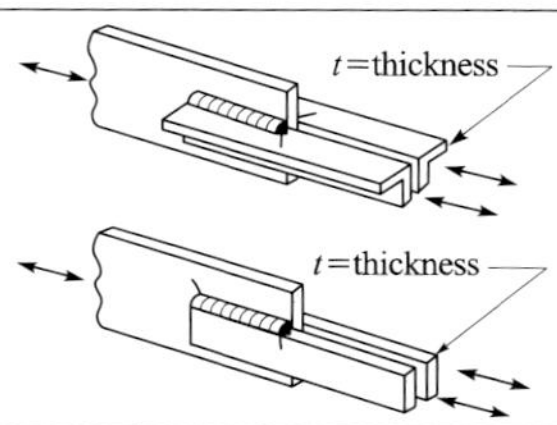
7.4 필릿용접이나 부분용입 그루브용접으로 부착되고 용접단을 매끈하게 연마하였으며 변화부의 반경이 R인 종방향 응력을 받는 모재부 (상세에 작용하는 횡방향 하중의 유무와는 관계없음) - R > 50mm - R ≤ 50mm	 D E	 48.3 31.0	 24.2 15.5	용접 끝부분의 모재부에서 시작되어 모재부로 진전	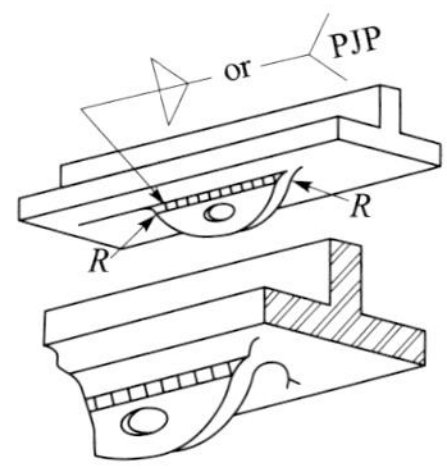
		유형 9 - 기타			
9.3 플러그 또는 슬롯용접에서의 모재부	E	31.0	15.5	플러그 및 슬롯용접 끝부분의 모재부에서 시작되어 모재부로 진전	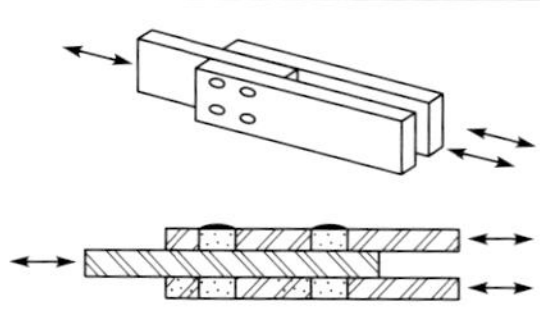

상세설명	범주	일정 진폭 피로한계 값 ($(\Delta F)_{TH}$) (MPa)	무한수명 피로한계 값 ($(\Delta F)_{CL}$) (MPa)	균열발생 가능위치	그림(예)
9.4 연속적이거나 간헐적인 종방향 또는 횡방향 필릿용접 목(throat)에서의 전단	F	55	27.5	필릿용접의 루트에서 시작되어 용접부로 진전	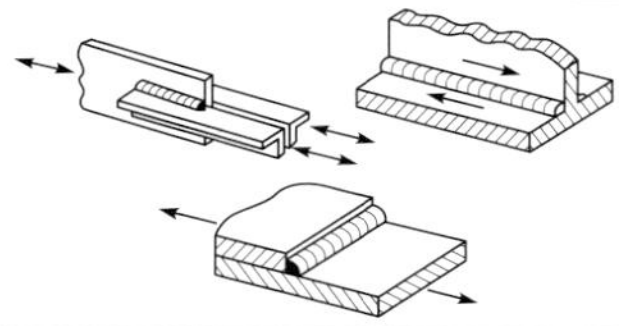
9.5 플러그 또는 슬롯용접부에서의 전단	F	55	27.5	접합면의 용접부에서 시작되어 용접부로 진전	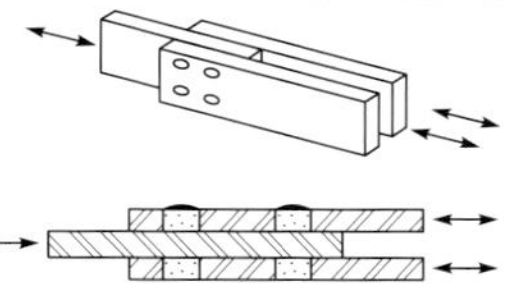
9.6 밀착조임 고장력볼트, 일반볼트, 나사산 앵커볼트, 절단부를 갖는 행어로드, 가공 나사산. 활하중과 지렛대작용(prying action)으로 인한 인장응력이 작용하는 부분에 대한 응력범위	G	48	24	나사산(thread)의 루트에서 시작되어 연결재(fastener)로 진전	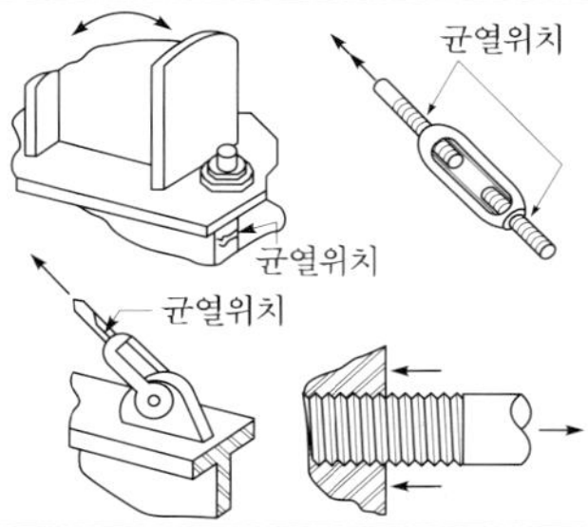

중공단면에 대해서는 아래 해설 표 4.1-2의 유로코드 규정(BS EN 1991-1-9 : 2003:)을 적용하는 것으로 한다. 이 해설 표 4.1-2에서의 상세범주는 해설 그림 4.1-1에서 2백만회에서의 피로강도 공칭응력($\Delta\sigma_c$)를 나타낸다. 각 상세범주에 대한 일정진폭 피로한계(CAFL) 및 무한수명 응력범위(cuf-off limit)는 해설 그림 4.1-1에 나타나는 식을 따른다.

해설 표 4.1-2 중공단면에 대한 피로 상세범주 (t≤12.5mm)

상세 범주 (MPa)	조립상세	기술	요구사항
71	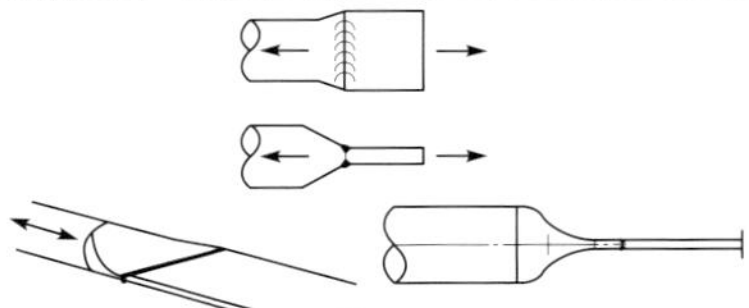 ①	1) 관-판 이음, 편평관, 맞대기 이음(X 개선)	1) 관에서 계산된 응력범위 관 직경이 200mm보다 작은 경우에 타당함

상세 범주 (MPa)	조립상세	기술	요구사항
71	$\alpha \le 45°$ 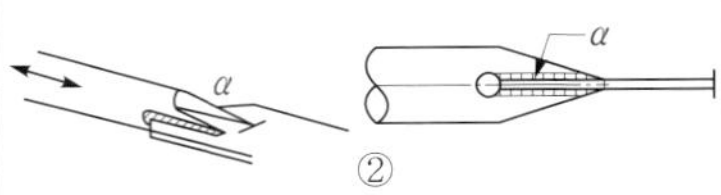 ②	2) 관-판 이음, 판에 용접된 슬릿관, 슬릿단부에서의 구멍	2) 관에서 계산된 응력범위$\Delta\sigma$
63	$\alpha > 45°$		
71	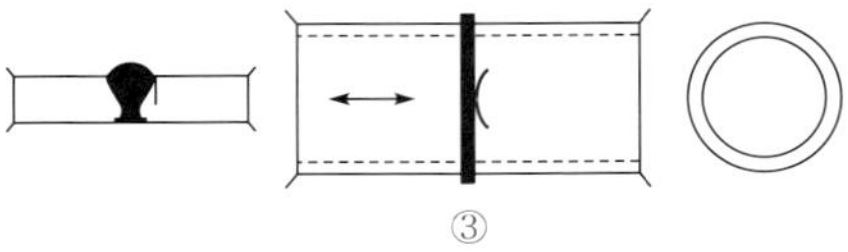 ③	횡방향 맞대기용접: 3) 원형구조중공단면 사이의 단부와 단부 연결부의 맞대기용접	상세 3) 및 4): 용접볼록부≤매끄러운 변화구간을 가지며 용접 폭의 10%, 아래보기 자세 용접, 검사결과 허용오차 EN 1090 이외의 결함이 없을 것 t > 8mm이면 상세범주를 2개 더 높게 분류함.
56	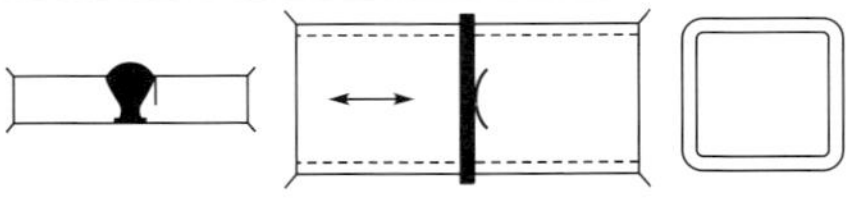 ④	4) 사각형구조중공단면사이의 단부와 단부 연결부의 맞대기용접	
71	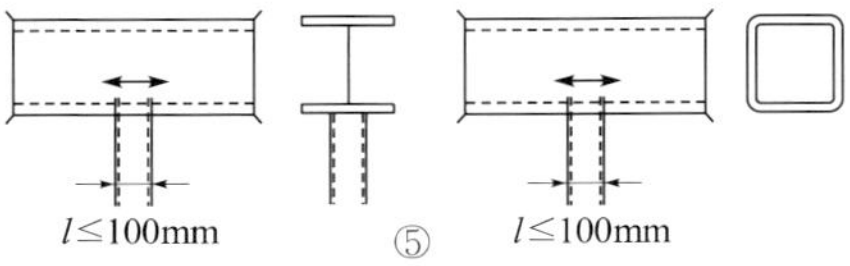 ⑤	용접부착물: 5) 다른 단면에 필릿용접된 원형 또는 사각형구조 중공단면	5) 비하중전달용접 응력방향에 평행한 폭 $l \le 100$mm
50	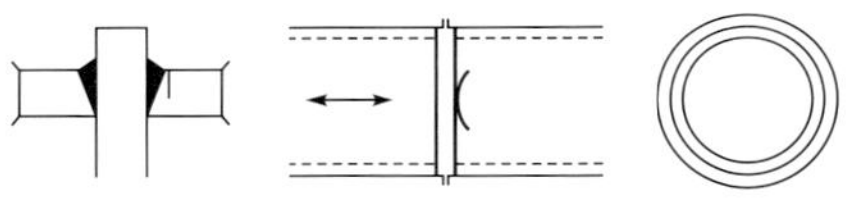 ⑥	용접스플라이스: 6) 원형구조중공단면, 중간판을 갖는 단부와 단부의 맞대기용접	상세 6) 및 7): 하중전달용접 용접 검사결과 허용오차 EN 1090 이외의 결함이 없을 것 t > 8mm이면 상세범주를 1개의 더 높게 분류한다.
45	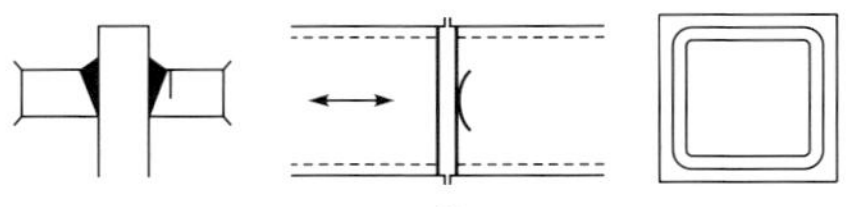 ⑦	7) 사각구조중공단면, 중간판을 갖는 단부와 단부의 맞대기용접	
40	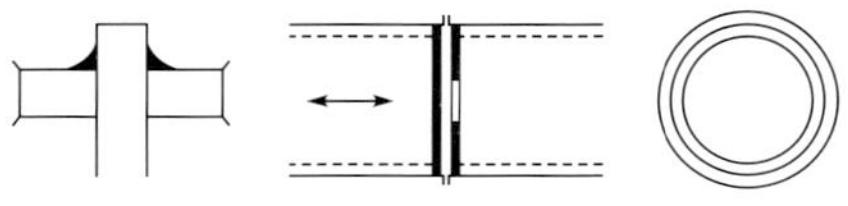 ⑧	8) 원형구조중공단면, 중간판을 갖는 단부와 단부의 필릿용접	상세 8) 및 9): 하중전달용접 용접두께 t ≤ 8mm
36	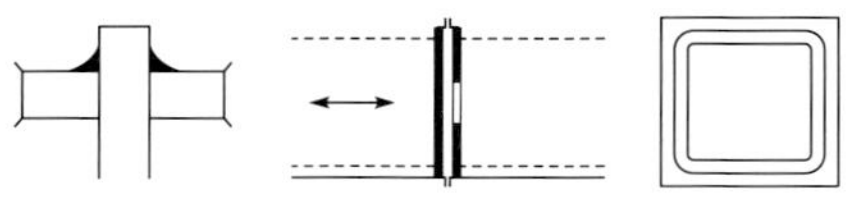 ⑨	9) 사각구조중공단면, 중간판을 갖는 단부와 단부의 필릿용접	

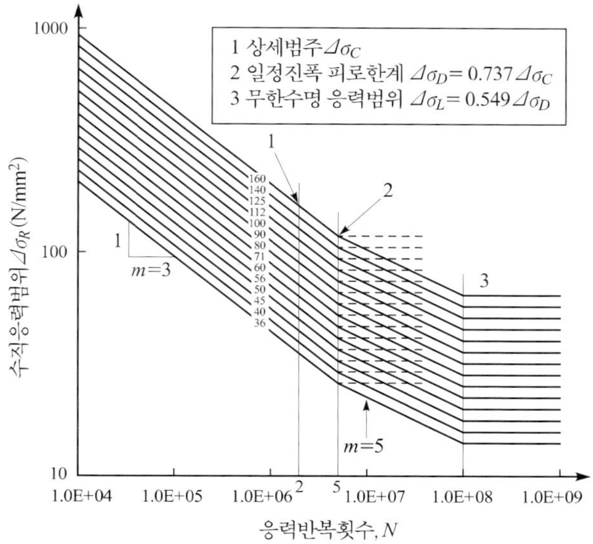

해설 그림 4.1-1 수직응력범위에 대한 피로강도선도

격점부재에 대해서는 아래 해설 표 4.1-5의 유로코드 규정(BS EN 1991-1-9 : 2003:)을 적용할 수 있다. 중공단면으로 구성된 격점부재의 해석모델은 일반적으로 핀 연결의 단순 트러스모델에 기반한다. 이 경우, 이차모멘트에 의한 추가적인 응력을 반영하기 위해 단순 해석모델에서의 공칭응력범위에 아래 해설 표 4.1-3 및 4.1-4의 수정계수($k1$)를 곱하여 피로설계에 적용할 응력범위를 산정하여야 한다.

해설 표 4.1-3 면내하중하에서의 원형중공단면에 대한 $k1$ 계수

이음 형식		코드	수직재	사재
갭 이음	K 형식	1.5	1.0	1.3
	N형식/ KT형식	1.5	1.8	1.4
겹침 이음	K 형식	1.5	1.0	1.2
	N형식/ KT형식	1.5	1.65	1.25

해설 표 4.1-4 면내하중하에서의 사각중공단면에 대한 $k1$ 계수

이음 형식		코드	수직재	사재
갭 이음	K 형식	1.5	1.0	1.5
	N형식/ KT형식	1.5	2.2	1.6
겹침 이음	K 형식	1.5	1.0	1.3
	N형식/ KT형식	1.5	2.0	1.4

해설 표 4.1-5 격점부재에 대한 피로상세 범주 (유로코드)

<table>
<tr><th>상세
범주
(MPa)</th><th colspan="2">조립상세</th><th>요구사항</th></tr>
<tr><td>90
$m=5$</td><td>$\frac{t_0}{t_i} \ge 2.0$</td><td rowspan="2">갭 이음: 상세 1) K 및 N이음,
원형구조중공단면
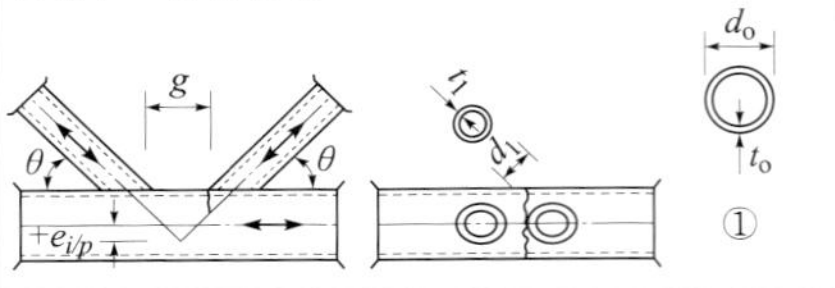</td><td rowspan="4">상세 1) 및 2):
- 코드와 브레이스는 필요에 따라 분리하여 조립
- t_0/t_i 비의 중간값에 대해서는 상세범주를 선형으로 보간한다.
- 필릿용접은 벽두께 $t \le 8$mm브레이스에 대해 허용한다.
- $t_0, t_1 \le 8$mm - $35^\circ \le \theta \le 50^\circ$
- $b_0/t_0 \times t_0/t_i \le 25$ - $d_0/t_0 \times t_0/t_i \le 25$
- $0.4 \le b_i/b_0 \le 1.0$ - $0.25 \le d_i/d_0 \le 1.0$
- $b_0 \le 200$mm - $d_0 \le 300$mm
- $-0.5h_o \le e_{i/p} \le 0.25h_0$
- $-0.5d_o \le e_{i/p} \le 0.25d_0$
- $e_{o/p} \le 0.02b_0$ 또는 $\le 0.02d_0$
[$e_{o/p}$: 면외평면 편심]
상세 2):
$0.5(b_0-b_i) \le g \le 1.1(b_0-b_i)$ 및 $g \ge 2t_0$</td></tr>
<tr><td>90
$m=5$</td><td>$\frac{t_0}{t_i} = 1.0$</td></tr>
<tr><td>90
$m=5$</td><td>$\frac{t_0}{t_i} \ge 2.0$</td><td rowspan="2">갭 이음: 상세 2) K 및 N이음,
사각구조중공단면
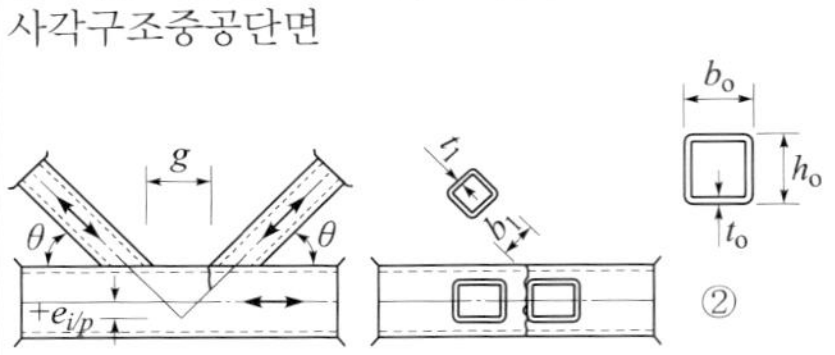</td></tr>
<tr><td>90
$m=5$</td><td>$\frac{t_0}{t_i} = 1.0$</td></tr>
<tr><td>90
$m=5$</td><td>$\frac{t_0}{t_i} \ge 1.4$</td><td rowspan="2">겹침 이음: 상세 3) K이음,
원형 또는 사각구조중공단면
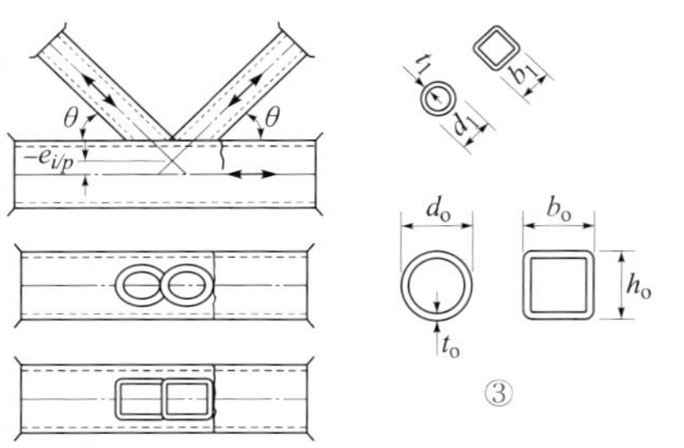</td><td rowspan="4">상세 3 및 4):
- $30\% \le$ 겹침 $\le 100\%$
- 겹침 $=(q/p)\times 100\%$
- 코드와 브레이스는 필요에 따라 분리하여 조립
- t_0/t_i 비의 중간값에 대해서는 상세범주를 선형으로 보간한다.
- 필릿용접은 벽두께 $t \le 8$mm브레이스에 대해 허용한다.
- $t_0, t_1 \le 8$mm - $35^\circ \le \theta \le 50^\circ$
- $b_0/t_0 \times t_0/t_i \le 25$ - $d_0/t_0 \times t_0/t_i \le 25$
- $0.4 \le b_i/b_0 \le 1.0$ - $0.25 \le d_i/d_0 \le 1.0$
- $b_0 \le 200$mm - $d_0 \le 300$mm
- $-0.5h_o \le e_{i/p} \le 0.25h_0$
- $-0.5d_o \le e_{i/p} \le 0.25d_0$
$e_{o/p} \le 0.02b_0$ 또는 $\le 0.02d_0$
[$e_{o/p}$: 면외평면 편심]
p 및 q의 정의
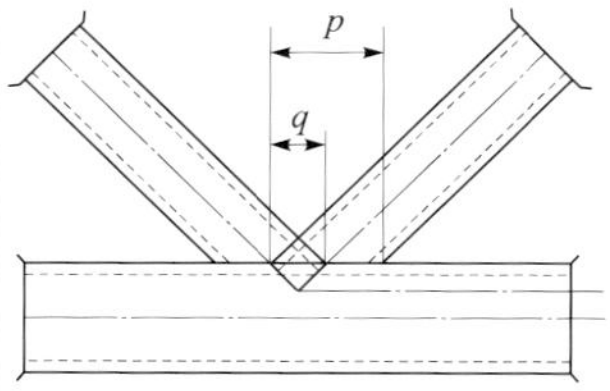</td></tr>
<tr><td>90
$m=5$</td><td>$\frac{t_0}{t_i} = 1.0$</td></tr>
<tr><td>90
$m=5$</td><td>$\frac{t_0}{t_i} \ge 1.4$</td><td rowspan="2">겹침 이음: 상세 3) N이음,
원형 또는 사각구조중공단면
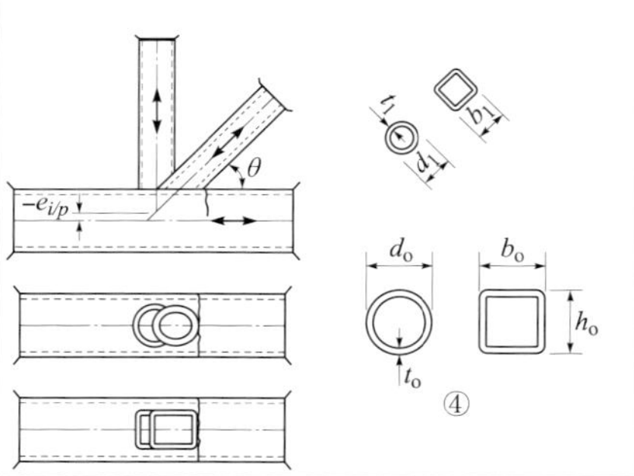</td></tr>
<tr><td>90
$m=5$</td><td>$\frac{t_0}{t_i} = 1.0$</td></tr>
</table>

또한 참고적으로 핫스폿(hot spot)응력을 사용하는 경우에는 아래의 van Wingerde, A.M. (1998)의 연구 결과를 사용하여 평가하는 것이 효율적이다.

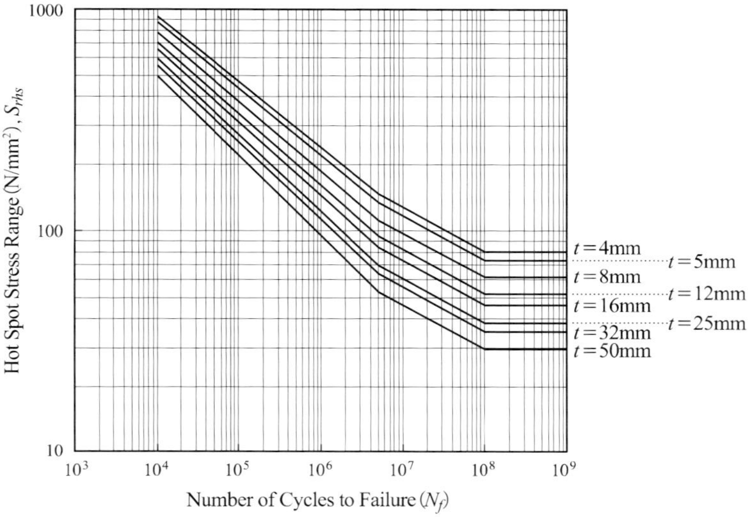

해설 그림 4.1-2 Hot Spot Stress와 피로수명과의 관계

참고로 일본도로협회의 "강도로교 피로설계지침(2002)"에서는 케이블에 대한 피로강도등급을 해설 표 4.1-6에서와 같이 규정하고 있다. 해설 그림 4.1-3은 "강도로교 피로설계지침(2002)"에서 규정하는 수직응력을 받는 케이블의 피로설계곡선을 나타낸다.

해설 표 4.1-6 케이블 및 고장력볼트에 대한 피로강도등급

상세범주		강도등급$\Delta\sigma_f$ (MPa)	비고
(1) 케이블 본체	(1) 평행선	K1(270)	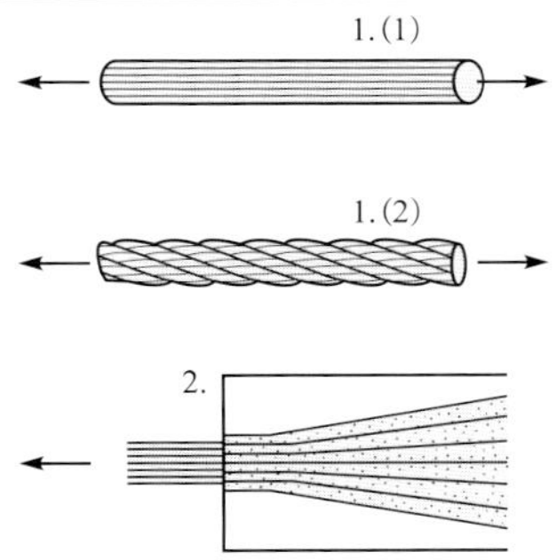
	(2) 로프	K2(200)	
(2) 케이블 정착부	(1) 평행선 신정착법	K1(270)	
	(2) 평행선 아연주입	K2(200)	
	(3) 로프아연주입	K3(150)	주) 2.(1)의 신정착법이란 케이블 본체와 동일정도의 피로강도를 갖는 정착부 구조를 말한다.

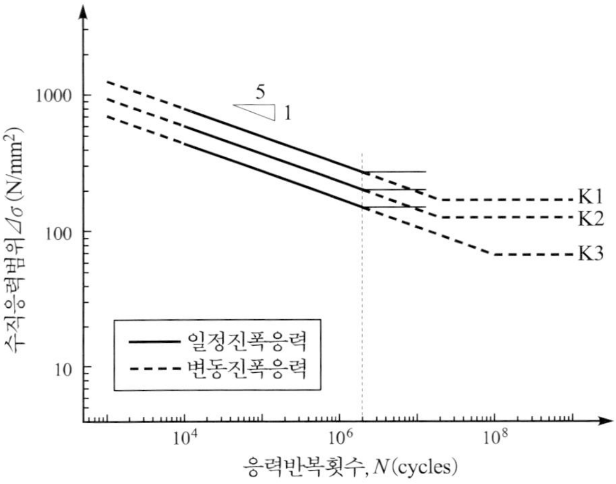

해설 그림 4.1-3 수직응력을 받는 케이블의 피로설계곡선

4.1.2.4 구속을 줄이기 위한 상세

용접 구조물은 구속-유발파단을 일으킬 수 있는 심한 구속에 의해 응력이 발생 될 수 있는 상세 및 균열과도 같은 기하학적 불연속부를 갖지 않도록 상세를 설계해야 한다.

작용 응력방향과 평행한 수평보강재 용접부와 수직보강재 용접부 교차부에는 용접지단 사이의 간격이 최소 25mm 이상 되도록 설계한다.

【해설】

이 조항의 목적은 일반 접합부에서 취성파괴를 일으킬 수 있는 상세를 피하기 위한 가이드라인을 제공함에 있다. 구속-유발파단으로 일컬어져 온 이러한 형태의 취성파괴는 인지 가능한 피로균열의 진전이 없을 뿐만 아니라, 어떠한 경고도 없이 발생할 수 있다. 이러한 형태의 파괴는 Hoan Bridge 파괴조사 동안 Wright, Kaufmann, and Fisher (2003) 및 Kaufmann, Connor, and Fisher (2004)에 의해 보고되었다. Mahmoun, Connor, and Fisher(2005)의 논의와 같이 이러한 파괴모드를 일으킬 수 있는 교량 및 상세를 식별하기 위해 이 기준이 개발되었다. 용접부는 교차되지 않도록 설계하여야 한다. 작용 응력방향과 평행한 수평보강재는 전깊이(full- depth)의 수직보강재에 의해 간섭을 받을 수 있다. 해설 그림 4.1-4에서와 같이 작용 응력방향과 평행한 수평보강재가 연속이고 수직보강재가 불연속일 때 이 요소들은 파괴 및 피로에 덜 민감하게 된다. 또한, 해설 그림 4.1-4는 웨브판에 부착되는 수직보강재 용접부와 수평보강재 용접부 사이의 구속을 줄이기 위한 공간을 보여준다.

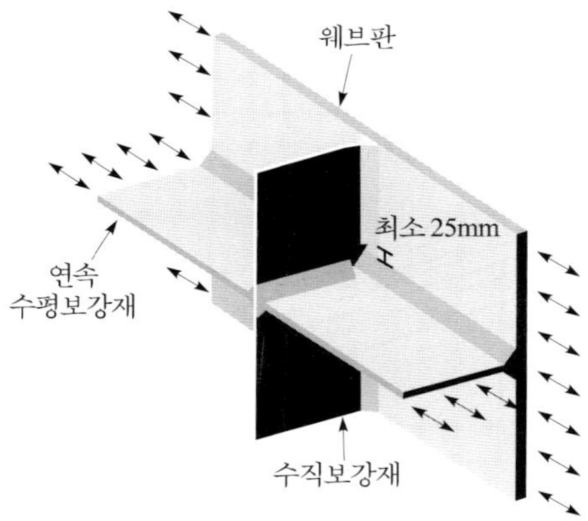

해설 그림 4.1-4 종방향 보강재가 연속인 용접상세

4.1.2.5 피로강도

일정진폭응력에 대한 각 상세별 공칭피로강도는 다음과 같다.

$$(\Delta F)_n = \left(\frac{N_{TH}}{N}\right)^{\frac{1}{3}} (\Delta F)_{TH}, \qquad N \le N_{TH} \tag{4.1-2}$$

다양한 진폭응력에 대한 각 상세별 공칭피로강도는 다음과 같다.

$$(\Delta F)_n = \left(\frac{N_{TH}}{N}\right)^{\frac{1}{3}} (\Delta F)_{TH}, \qquad N \le N_{TH} \tag{4.1-3}$$

$$= \left(\frac{N_{TH}}{N}\right)^{\frac{1}{5}} (\Delta F)_{TH}, \qquad N_{TH} \le N \le N_{CL} \tag{4.1-4}$$

여기서, N : 대상 구조상세가 설계수명 동안 받을 것으로 예상되는 활하중에 의한 응력범위 반복횟수

$(\Delta F)_{TH}$: 표 4.1-2에 주어진 일정진폭 피로한계값(MPa)

$(\Delta F)_{CL}$: 표 4.1-3에 주어진 무한수명 공칭피로강도(MPa)

N_{TH} : 일정진폭 피로한계값($(\Delta F)_{TH}$)에 해당하는 응력범위 반복횟수 (표 4.1-2)

N_{CL} : 무한수명 응력범위(cut-off limit)에 해당하는 응력범위 반복횟수 (표 4.1-3)

그림 4.1-1은 범주 A에서 E'까지의 공칭피로강도를 나타낸 그래프이다.

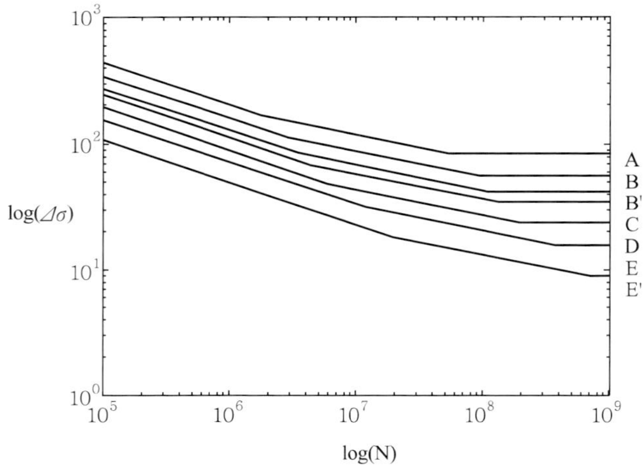

그림 4.1-1 피로강도곡선

N이 N_{CL}을 초과하거나 트럭 교통량을 명확히 규정할 수 없는 경우는 표 4.1-3에 주어진 무한수명에 해당하는 공칭 피로강도 $(\Delta F)_{CL}$를 적용할 수 있다.

불연속된 판에 의해 하중을 받고 응력방향과 수직한 방향으로 필릿용접 또는 부분용입 그루브용접 연결된 상세부 모재에 대한 공칭피로강도는 다음과 같다.

$$(\triangle F)_n = (\triangle F)_n^c \left(\frac{1.12 - \left(\frac{2a}{t_p}\right) + 1.24\left(\frac{w}{t_p}\right)}{t_p^{0.167}} \right) \le (\triangle F)_n^c \qquad (4.1\text{-}5)$$

여기서, $(\triangle F)_n^c$: 상세범주 C에 대한 공칭피로강도(MPa)

$2a$: 하중 전달판의 두께방향으로의 용접루트 사이 간격(mm)
(필릿용접의 경우 $(2a/t_p)$는 1.0임.)

t_p : 하중을 받는 판의 두께(mm)

w : 하중 전달판 두께방향의 필릿용접의 각장(mm)

표 4.1-2 일정진폭 피로한계값($(\Delta F)_{TH}$) 및 반복횟수(N_{TH})

상세범주	$(\Delta F)_{TH}$(MPa)	N_{TH} ($\times 10^6$)
A	165.0	1.83
B	110.0	2.95
B'	82.7	3.54
C	69.0	4.38
C'	82.7	2.55
D	48.3	6.40
E	31.0	12.12
E'	17.9	22.32
축방향인장을 받는 F8T 볼트	100.0	0.84

표 4.1-2 일정진폭 피로한계값($(\Delta F)_{TH}$) 및 반복횟수(N_{TH})

상세범주	$(\Delta F)_{TH}$(MPa)	N_{TH} ($\times 10^6$)
A	82.5	58.41
B	55.0	94.49
B'	41.4	113.11
C	34.5	140.27
C'	41.4	81.47
D	24.2	204.76
E	15.5	387.77
E'	9.0	714.17
축방향인장을 받는 F8T 볼트	50.0	6.75
축방향인장을 받는 F10T(S10T) 볼트	55.0	6.13
축방향인장을 받는 F13T(S13T) 볼트	40.0	6.75

【해설】

반복회수의 항으로 볼때, 일정진폭 피로한계값($(\Delta F)_{TH}$)을 넘는 피로강도는 응력범위의 3제곱에 반비례한다. 즉, 만약 응력범위가 1/2로 감소된다면, 피로수명은 8배 만큼 증가한다는 것이다.

더욱 많은 교통량을 갖는 교량에 대하여(즉, 다양한 진폭의 응력범위의 경우), $(\Delta F)_{TH}$보다 작은 응력범위에서 발생하는 피로손상은 $(\Delta F)_{TH}$보다 큰 경우의 피로손상보다 작게 된다. 이론적으로 작용응력범위가 $(\Delta F)_{TH}$보다 작으면 피로손상이 없어야 하지만 $(\Delta F)_{TH}$보다 큰 응력범위에 의한 손상으로 인해 $(\Delta F)_{TH}$보다 낮은 응력범위에서도 손상이 일어날 수 있다. 이러한 점을 고려해서 대상 구조상세가 설계수명 동안 받을 것으로 예상되는 활하중에 의한 응력범위 반복횟수(N)가 $(\Delta F)_{TH}$에 해당하는 응력범위 반복횟수(N_{TH})보다 크고 무한수명 공칭피로강도(cut-off limit)에 해당하는 응력범위 반복횟수(N_{CL})보다 작은 경우, S-N 선도의 기울기 m = 5로 조정된 식 (4.1-4)를 적용하여 공칭 피로강도를 산정한다.

아래 해설 그림 4.1-5는 범주 A에서 E'까지의 공칭피로강도를 나타낸 그래프이다.

교량의 피로설계에서 트럭한대 통과 시 경간에 따른 종방향 부재별 발생하는 응력범위의 반복회수(n)는 해설 표 4.1-7을 적용한다.

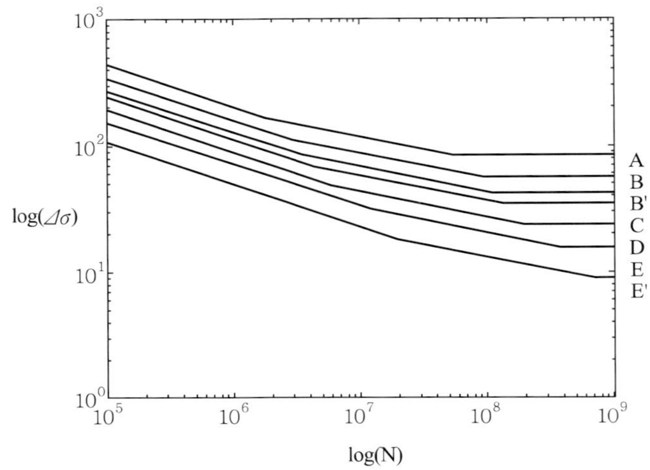

해설 그림 4.1-5 응력범위 대 반복횟수

해설 표 4.1-7 트럭 한 대 통과 시 반복횟수, n

종방향 부재	경간 길이	
	> 12,000mm	≤ 12,000mm
단순경간 거더	1.0	2.0
연 속 거 더		
1) 내측 지점 부근	1.5	2.0
2) 기타	1.0	2.0
캔틸레버 거더	5.0	
트 러 스	1.0	
횡방향 부재	간격	
	> 6,000mm	≤ 6,000mm
	1.0	2.0

식 (4.1-5)는 용접 루트에 용입이 없다는 가정하에 Frank, Fisher(1979)가 제안한 식이다.
과거의 설계기준에서는, 허용응력범위들이 단재하 및 다재하경로 구조물 모두에 대하여 규정되어 있

다. 단재하경로 구조물에 대한 허용응력들은 단재하경로 구조물 파손이 더욱 심각한 결과를 초래하기 때문에 다재하경로 구조물에 대한 허용응력들의 80퍼센트를 적용하였었다. 그러나 설계기준에 엄격한 인성요구조건 규정이 도입됨에 따라 단재하경로 구조물에 대한 허용응력 감소는 불필요한 것으로 판단되어, 식 (4.1-2)~(4.1-4)에 의한 허용응력범위를 단재하 및 다재하경로 구조물 모두에 적용하도록 하였다.

연속 경간에 대한 트럭 통과당 응력반복회수 결정을 위해서는 내측지점의 각각에서 경간의 1/10에 이르는 거리를 지점 근방으로 간주해야 한다.

트럭 통과당 반복회수는 캔틸레버 거더에 대해 5.0으로 한다. 왜냐하면, 이러한 형태의 교량은 참고문헌 Moses(1987)과 Schilling(1990) 등에 나와 있듯이 트럭 통과 후에도 추가적인 응력반복회수를 야기하는 큰 진동을 일으킬 수 있기 때문이다.

부분용입그루브용접에 의해 연결된 하중 불연속판 요소에 대한 공칭피로강도식(식 (4.1-5))에서의 변수들은 해설 그림 4.1-6을 참조한다.

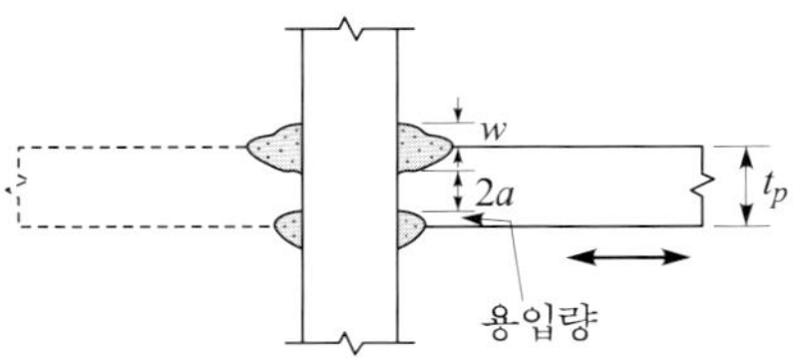

해설 그림 4.1-6 부분용입그루브용접에 의해 연결된 하중 불연속판 요소

4.1.3 변형유발피로

모든 횡방향 부재를 종방향 부재의 단면을 포함하는 적절한 구조요소에 연결해 줌으로서, 예상하였거나 예상치 못한 하중을 전달하기에 충분한 하중경로를 제공해 주어야 한다. 이러한 하중경로는 여러 구조요소를 용접 또는 볼트로 연결하여 확보할 수 있다.

웨브의 좌굴과 면외 변형을 제어하기 위해 KDS 14 31 10 (4.3.3.1.5.3)의 규정을 만족해야 한다.

【해설】

적절한 구조상세를 적용하지 않는 경우, 설계과정에서는 계산되지 않는 국부적인 변형에 기인한 '변형유발 피로'라고 불리는 피로균열이 발견되고 있다. 변형유발피로는 주로 횡방향부재의 힘을 복부판으로 부터 플랜지로 적절하게 전달하는 확실한 상세가 적용되지 않는 수직브레이싱 용접연결판이 붙어있는 플랜지에 가까운 복부판에 발생하게 된다.

종방향 또는 횡방향 부재에 피로균열 진전을 유도하는 2차응력이 발생되지 않도록 하는 연결구조를 적용해야 한다.(Fisher 등, 1990)

4.1.3.1 수직연결판

연결판은 다음과 같은 단면의 압축 및 인장플랜지 모두에 대해 용접 또는 볼트를 이용해 연결되어야 한다.

(1) 내·외부 다이아프램이나 브레이싱은 횡방향 연결판 또는 연결판으로서의 기능을 갖는 수직보강재에 부착해야 한다.

(2) 가로보는 횡방향 연결판 또는 연결판으로서의 기능을 갖는 수직보강재에 부착해야 한다.

(3) 특별한 조건이 주어지지 않는 한, 용접 및 볼트연결은 직선교의 경우 90,000N의 횡하중에 저항하도록 설계되어야 한다.

【해설】

이들 규정은 종방향부재의 내부 또는 종방향부재들 사이에 설치되는 다이아프램 모두에 적용한다. 90000-N 하중은 직선교에 대한 경험적인 값이며, 곡선교나 사교에서 다이아프램에 작용하는 힘은 해석을 통해 결정해야 한다(Keating 등, 1990).

4.1.3.2 수평연결판

(1) 플랜지에 수평연결판을 붙이는 것이 곤란할 경우에는, 보강된 웨브에 부착되는 수평연결판은 플랜지에서 플랜지폭의 1/2 이상 떨어져야 한다. 비보강 웨브에 부착된 수평연결판은 플랜지에서 150mm 이상 및 플랜지 폭의 1/2 이상 떨어져야 한다.

(2) 수평연결판으로 연결된 수평 브레이싱 부재의 끝은 웨브 및 수직보강재로부터 최소 100mm의 거리를 유지해야만 한다.

(3) 보강재가 사용된 웨브의 수평연결판은 보강재가 웨브와 같은 면에 있는 경우든 없는 경우든 모두, 보강재의 중심선에 맞추어 설치되어야 한다. 수평연결판과 보강재가 웨브의 같은 면에 위치한 경우에는 수평연결판을 보강재에 부착해야 한다. 이 경우에 수직보강재는 압축플랜지로부터 인장플랜지까지 연속되어 있어야 하며, 양쪽 플랜지 모두에 부착되어야 한다.

【해설】

플랜지로부터의 최소간격규정은 거싯판과 플랜지 사이의 복부판에 집중되는 면외변형을 감소시키기 위한 것이다. 또한, 용접봉의 접근이 가능하도록 하고, 용접 끝단이 피로에 미치는 영향을 감소시키도록 거싯판을 거더의 중립축에 더욱 가깝게 이동시키기 위한 것이다.

또한 위의 요구조건은 복부판과 보강재 또는 수직, 수평브레이싱 연결을 위한 거싯판과의 틈(gap)에 발생할 수 있는 변형유발응력을 감소시키기 위한 것이며, 이러한 응력은 횡방향부재의 진동에 의해 유발된다.

4.1.3.3 강바닥판

강바닥판에 대한 구조상세는 강바닥판 조항의 규정을 만족해야 한다.

【해설】

이 규정은 면외휨으로 인해 발생되는 2차응력을 받는 바닥판 구조상세의 변형유발피로를 제어하기 위한 것이다.

강바닥판에 대한 구조상세는 도로교설계기준(한계상태설계법)(2015)-케이블교량편 4.13.5.3(7)의 규정을 따른다. 직교이방성 강바닥판의 피로설계 시 실험을 통해 검증된 표준 단면을 적용하거나, 표준 단면을 사용하지 않을 경우 상세 해석이나 실험을 통해 단면 상세를 결정할 수 있다. 자세한 사항은 도로교설계기준(한계상태설계법)(2015)-케이블교량편 4.13.5.3(8)의 규정을 참고한다.

직교이방성 강바닥판의 폐단면 리브와 바닥판간 용접은 단일면 최소 80% 부분용입 그루브용접으로 명시되어 왔다. 그러나 용접 시 리브 안으로의 blow-through 없이 최소 80% 용입 규정을 달성하기에는 제작자들에게 매우 어려움이 있어 왔다. 문헌조사에 의하면 이 80%는 용접 blow-through가 자주 발생하지 않고 달성 가능한 최대 용입으로 제안되었다. 또한 용접의 목두께는 최소한 리브의 두께와 같아야 하고 용입은 50%~80%이어야 한다고 제안되었다(Kolstein, 2007). 그러나 50% 용입 하한은 다소 큰 융합부족면(lack of fusion plane)을 야기하여 용접루트로부터 시작되는 균열의 위험을 증가시킨다. 80%를 목표로 75%~95% 수준의 용입은 달성 가능하고 하한계로 70%가 제안되었다(Xiao, 2008).

루트갭(root gap) 또한 성능에 영향을 미칠 수 있는 변수이다. 연구에 의하면 루트갭이 닫혔을 때 용접의 피로저항은 증가하는 것으로 보고되었다. 완전히 접촉되었을 때 루트부가 보호되어 균열이 방지되는 것으로 나타났다. 제작의 경험으로는 용접전에 꼭 끼워서 맞추는 것(tight fit)은 용접 blow-through를 방지하는데도 도움이 된다. Kolstein(2007)은 용접이전의 용접루트 간격을 0.5mm 이하로 제안하였고, 이는 이 설계기준에 채택되었다.

추가로, 용접의 melt-through도 제어되어야 하는 품질 이슈이다. 제한된 시험체로 수행된 피로실험(Sim and Uang, 2007)에 의하면, melt-through 위치에서의 성능은 80% 용입에 의한 노치 조건에서의 성능보다 크거나 같은 것으로 나타났다. 그러나 과도한 melt-through는 잠재적으로 피로 발생위치를 제공할 수 있으므로 가능하면 피해야 한다. 이러한 이유로 제안된 상세규정은 용접 전 0.5mm 이하의 루트갭으로 blow-through 없이 단일면 공칭 80% (최소 70%) 용입이다. 용접부에 대한 추가적인 상세규정은 제작자가 개발하도록 한다.

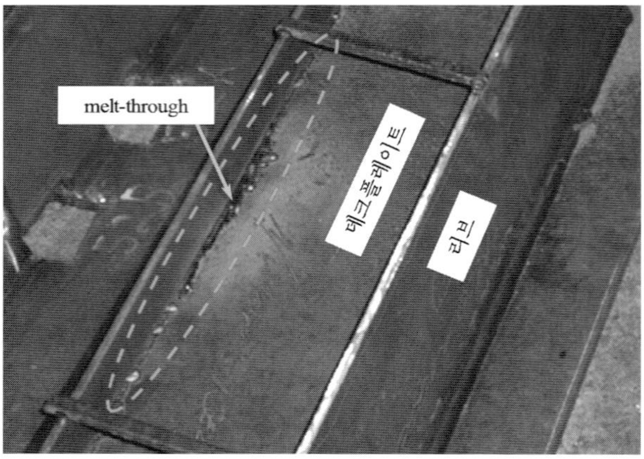

해설 그림 4.1-7 Melt-through 예시

4.2 인성요구조건

(1) 국내의 지역별 온도구역은 표 4.2-1에 따르며, 인장 또는 교번응력을 받는 주부재의 사용강재는 표 4.2-2에 따라서 샤르피흡수에너지로 나타내는 저온인성규격을 만족해야 한다.

(2) 인장 또는 교번응력을 받는 주부재의 최대 허용판두께는 교량이 건설되는 지역의 온도구역에 따라 표 4.2-2에 규정한 값으로 한다.

(3) 인장 또는 교번응력을 받는 주부재는 도면과 공사시방서 등에 명시해야 한다.

표 4.2-1 국내 지역별 최저 공용온도에 따른 온도구역 구분

구 분	최저 공용온도(T)[1]	대 상 지 역[2]
온도구역 I	−15℃≤T	부산, 울산, 광주 전체지역
		전라남도 전체지역
		경상남도 전체지역
		경상북도 전체지역(온도구역II 지역 제외)
		제주도 전체지역
온도구역 II	−25℃≤T<−15℃	서울, 인천, 대구, 대전 전체지역
		경기도 동부를 제외한 지역
		충청남도 전체지역
		전라북도 전체지역
		경상북도 내륙지역
		강원도 해안지역

구 분	최저 공용온도(T)[1]	대 상 지 역[2]
온도구역 III	-35℃≤T<-25℃	경기도 동부지역(동두천, 이천, 양평 등)
		강원도 내륙지역
		충청북도 전체지역

주1) 최저 공용온도(T)라 함은 교량이 건설되는 지역의 최근 30년 내 최저기온(100년 재현주기 최저 기온과 유사)을 말한다.

주2) 교량이 건설되는 지역의 온도구역 구분이 명확하지 않은 경우에는, 대상지역의 기상청 관측 자료를 기준으로 최근 30년 내 최저기온에 따라 온도구역을 구분한다.

표 4.2-2 인장 또는 교번응력을 받는 주부재의 강종별 인성규격과 온도구역 별 최대 허용판두께

온도구역 및 강종				온도구역 I (-15℃)[1]	온도구역 II (-25℃)[1]	온도구역 III (-35℃)[1]
구분	기호	충격시험[2] 시험온도	충격시험[2] 샤르피 흡수에너지	최대 허용판두께[3] (mm)		
용접구조용 압연강재	SM275B	0℃	27J 이상	40	40	40
	SM275C	-20℃	27J 이상	100	100	90
	SM275D	-40℃	27J 이상	100	100	100
	SM355B	0℃	27J 이상	40	40	40
	SM355C	-20℃	27J 이상	100	80	70
	SM355D	-40℃	27J 이상	100	100	100
	SM420B	0℃	27J 이상	40	40	40
	SM420C	-20℃	27J 이상	80	65	55
	SM420D	-40℃	27J 이상	100	100	80
	SM460B	0℃	47J 이상	65	55	45
	SM460C	-20℃	27J 이상	75	60	50
용접구조용 내후성 열간 압연강재	SMA275B	0℃	27J 이상	40	40	40
	SMA275C	-20℃	27J 이상	100	100	90
	SMA355B	0℃	27J 이상	40	40	40
	SMA355C	-20℃	27J 이상	100	80	70
	SMA460	0℃	47J 이상	65	55	45
교량구조용 압연강재	HSB380	-5℃	47J 이상	85	70	60
	HSB380L	-20℃	47J 이상	100	95	80
	HSB380W	-5℃	47J 이상	85	70	60
	HSB460	-5℃	47J 이상	70	60	50
	HSB460L	-20℃	47J 이상	95	80	65
	HSB460W	-5℃	47J 이상	70	60	50
	HSB690	-20℃	47J 이상	55	45	40
	HSB690L	-40℃	47J 이상	80	70	60
	HSB690W	-20℃	47J 이상	55	45	40

주1) 선형보간법에 따라 최대 허용판두께를 산정할 때 사용되는 각 구역별 기준 공용온도.

주2) KS B 0810 "금속 재료 충격 시험 방법"에 따라 측정하며 강재의 인성을 충격에 대한 에너지흡수능력으로 표현하는 값임.
주3) 교량이 건설되는 지역의 최근 30년 내 최저기온(T)를 알고 있는 경우, 주 1의 기준공용온도에 따른 선형보간법을 적용하여 최대 허용판두께를 산정해도 좋다. 예를 들어 SM355C의 경우, 어느 지역의 최저기온(T)이 -20℃라면 구역 Ⅰ의 -15℃와 구역 Ⅱ의 -25℃를 기준으로 하여 최대 허용판두께는 90mm로 된다. 단, 최저기온의 범위가 -35℃≤T< -15℃일 때만 선형 보간을 적용할 수 있다.

【해설】

기존 설계기준에서는 도면과 공사시방서 등에 인성요구조건을 명시해야 한다는 선언적 규정만 있었지만, 이번에 개정된 규정은 표 4.2-1과 같이 전국을 최저 공용온도에 따라 3개 온도지역으로 구분하고, 표 4.2-2와 같이 강도등급 및 인성규격에 따른 강종별로 교량이 건설되는 지역의 최저 공용온도에 따라 최대 허용 판두께를 제시함으로써 교량 설계 실무자가 사용환경에 따라 적합한 강종과 판두께를 선택할 수 있도록 하였다.

이 절에서 언급된 주부재는 피로균열이 발생되어 파단에 이를 수 있는 부재를 말하는 것으로 박스거더에 부착하는 리브 등은 이에 해당되지 않는다.

미국이나 유럽의 강재 인성기준과 비교했을 때, 우리나라의 인성기준은 사용환경에 대한 고려가 없었다. 우리나라 도로교와 철도교의 경우, 종래의 강종 선정시에는 강도에 따른 소요 판두께를 결정하여 판두께 40mm 이하에서는 -B재를, 40mm 이상 100mm 이하에서는 -C재를 적용해 왔다. KS규격에는 -A재는 인성에 대한 보증이 없는 강종이고, -B재는 0℃에서 27J의 샤르피 흡수에너지를, -C재는 0℃(SM570의 경우 -5℃)에서 47J의 샤르피 흡수에너지를 보증한다. 고속철도교의 경우에는 유럽기준을 적용하여 판두께 100mm 이하의 강판에 대해 -20℃에서 40J의 고인성 강재를 사용하도록 규정하고 있다.

개정된 도로교 설계기준의 요구인성은 SINTAP(Structural INTegrity Assessment Procedure)에서 적용되었던 방법을 이용하고, 우리나라 지역별 사용온도 조건을 고려하여 산정하였다.

우리나라 전국 73개 관측소의 1904년 기상관측 이후의 최저기온에 대한 기상청 자료를 활용하여 표 4.2-1 또는 해설 그림 4.2-1과 같이 전국을 세 온도구역으로 구분하였다. 이때 적용한 온도구역별 최소 공용온도 Tmin는 다음과 같다.

$$T_{\min} = \begin{cases} -15℃\ (\text{Zone I}) \\ -25℃\ (\text{Zone II}) \\ -35℃\ (\text{Zone III}) \end{cases}$$

표 4.2-2의 주1) 및 주2)에서와 같이, 교량이 건설되는 지역의 최근 30년 내 최저기온(Tmin)를 알고 있는 경우, 기준공용온도에 따른 선형보간법을 적용한 엄밀 기준을 이용하여 허용판두께의 범위를 확대시킬 수 있다. 해설 그림 4.2-2는 HSB460L의 경우에 선형보간법을 적용한 엄밀기준, SINTAP의 기준, 그리고 표 4.2-2의 기준치를 비교한 그래프이다.

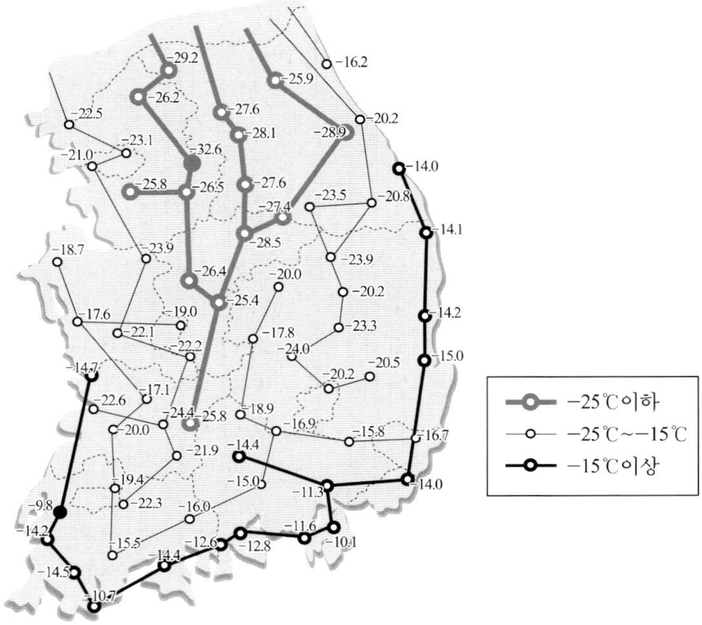

해설 그림 4.2-1 전국의 지역별 연 최저온도 기록에 따른 지역구분

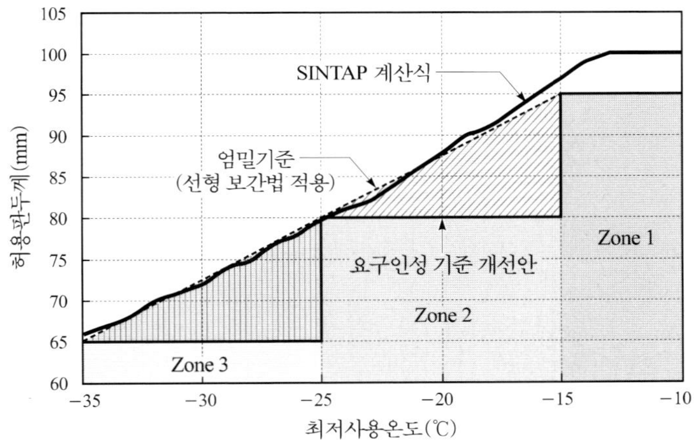

해설 그림 4.2-2 교량용 강재 요구인성 기준 개선안의 엄밀기준 예시 (HSB460L의 경우)

참고문헌

일본도로협회 (2002), "강도로교의 피로설계지침". 일본 강구조 협의회

FHWA (2012), "Manual for Design, Construction, and Maintenance of Orthotropic Steel Deck Bridges", FHWA-IF-12-027

Fisher J. W., and J. Jin, D. C. Wagner, and B. T. Yen, (1990), "Distortion- Induced Fatigue Cracking in Steel Bridges", NCHRP Report 336. TRB, Nation Research Council, Washington, DC, December.

Fracture—Draft Final Report. ATLSS Engineering Research Center, Lehigh University, Bethlehem, PA.

Frank, K. H., and J. W. Fisher (1979), "Fatigue Strength of Fillet Welded Cruciform Joints", American Society of Civil Engineers, New York, NY, Vol.105, No. ST9, September, pp.1727-1740.

Kaufmann, E. J., R. J. Connor, and J. W. Fisher (2004), Failure Investigation of the SR 422 over the Schuylkill River Girder

Keating, P. B., et al (1990), "Economical and Fatigue Resistant Steel Bridge Details", FHWA-H1-90-043. Federal Highway Administration, Washington, DC, U.S. Department of Transportation, DC, October.

Kolstein, M. H. (2007). "Fatigue Classification of Welded Joints in Orthotropic Steel Bridge Decks", Ph.D. Dissertation, ISBN 978-90-9021933-2. Delft University of Technology. The Netherlands.

Mahmoud, H. N., R. J. Connor, and J. W. Fisher (2005). "Finite Element Investigation of the Fracture Potential of Highly Constrained Details," Journal of Computer-Aided Civil and Infrastructure Engineering. Blackwell Publishing, Inc., Malden, MA, Vol. 20.

Moses, F., C. G. Schilling, and K. S. Raju (1987), "Fatigue Evalution Procedures for Steel Bridges", NCHRP Report 299. TRB, Nation Research Council, Washington, DC, November.

Sim, H. and C. Uang. 2007. "Effects of Fabrication Procedures and Weld Melt-Through on Fatigue Resistance of Orthotropic Steel Deck Welds, Report No. SSRP-07/13. University of California, San Diego. August.

Schilling, C. G. (1990), "Variable Amplitude Load Fatigue-Volume I : Traffic Loading and Bridge Response", FHWA-RD-87-059. Fedral Highway Administration, Washington, DC, U.S. Department od Transportation, July.

Specification for Fatigue Design of Hollow Section Joints", The Eighth International Symposium on Tubular Structures, Singapore, August, pp 117-127.

van Wingerde, A.M., Wardenier, J. and Packer, J.A. (1998), "Commentary on the Draft

Watter, F. P. Albrecht, and A. H. Sahli. (1985), "End-Bolted Cover Plates", Journal of the Structural Division, American Society of Civil Engineers, New York, NY, Vol.3, No.6, June, pp.1235-1249.

Wright, W. J., J. W. Fisher, and E. J. Kaufmann (2003). "Failure Analysis of the Hoan Bridge Fractures," Recent Developments in Bridge Engineering, Mahmoud ed. Swets & Zeitlinger, Lisse.

Xiao. (2008). "Effect of Fabrication Procedures and Weld Melt-Through on Fatigue Resistance of Orthotropic Steel Deck Welds", Final Report No. CA08-0607. Department of Structural Engineering University of California, San Diego, CA.

제 5 장

KDS 14 31 25 : 2017

강구조 연결 설계기준

KDS 14 31 25 강구조 연결 설계기준

1. 일반사항

이 기준의 규정은 강구조물 연결부의 설계에 적용한다.

2. 조사 및 계획

내용 없음.

3. 재료

KDS 14 31 05(3)에 따른다.

4. 설계

4.1 공통사항

4.1.1 일반사항

4.1.1.1 설계일반

(1) 접합부의 설계강도 ϕR_n은 이 절과 KDS 14 31 00에 따라 산정한다.
(2) 접합부의 소요강도는 명시된 설계하중에 대한 구조해석에 의해 결정되어야 한다.
(3) 접합부 설계에 사용되는 힘과 변형은 구조해석 시 적용한 접합부의 의도된 성능 및 가정과 일치해야 한다.
(4) 축력을 받는 부재의 축이 한 점에서 만나지 않을 경우에는 편심의 영향을 고려해야 한다.
(5) 건축구조물 접합부는 "건축강구조 표준접합상세지침"에 따르고 그렇지 않을 경우 구조상의 안전에 이상이 없도록 해야 한다.

【해설】
한국강구조학회에서 발간한 "건축강구조 표준접합상세지침"에는 건축구조물의 접합에 사용할 수 있는 각종 접합부 형식들이 포함되어 있어 참고할 수 있다.

4.1.1.2 단순접합

(1) 단순접합부는 무시할 정도로 작은 모멘트를 전달한다. 단순접합부는 구조해석 시에 회전이 구속되지 않은 것으로 가정한다.
(2) 설계도서에서 별도 지정이 없는 한 작은 보, 큰 보 또는 트러스 부재의 단순접합은 회전에 대해 유연하게 설계해야 하며, 접합부에서 전달하는 축력 및 전단력에 대해서만 설계하는 것이 허용된다.
(3) 단순접합부는 부재의 단부 회전을 수용할 수 있어야 한다. 구조해석에 의한 소요 회전을 흡수할 수 있는 충분한 회전용량을 갖고 있어야 한다. 보의 단부 회전을 수용하기 위한 접합부의 자체 제한적 비탄성 변형은 허용된다.

【해설】
단순접합은 접합부내에 무시할 정도의 작은 모멘트만을 전달한다. 구조해석에서 "단순접합"으로 가정한 접합부는 최종적으로 설계된 실제 접합부가 가정한 성능이 발휘될 수 있도록 회전변형이 허용되어야한다. 따라서 단순접합부는 구조물해석으로부터 산정된 회전변형을 수용할 수 있도록 충분한 회전용량을 보유하여야 하며, 회전 변형에 의해 유발되는 단면력이 부재 또는 구조계의 거동을 심각하게 변경시킬 수 있는 강도와 강성이 있어서는 안 된다.

4.1.1.3 모멘트접합

(1) 모멘트접합부은 모멘트를 전달한다. 접합부의 회전이 무시할 정도로 작은 완전 모멘트 접합부와 무시하지 못할 정도인 부분 모멘트접합부가 있다.
(2) 완전 모멘트접합부는 구조해석 시 접합부에서 회전이 발생하지 않는 것으로 가정한다. 완전 모멘트접합부는 강도한계상태에서 접합되는 부재들 사이의 각도가 원상태로 유지될 수 있도록 충분한 강도와 강성을 갖고 있어야 한다.
(3) 부분 모멘트접합부는 구조해석 시 접합부의 하중-회전각 관계를 포함시켜야 한다. 부분 모멘트접합부는 접합부 요소들이 강도한계상태에서 충분한 강도와 변형용량을 갖고 있어야 한다.
(4) 작은 보, 큰 보 및 트러스 부재의 모멘트접합은 축력과 전단력뿐만 아니라 접합부의

힘 강성으로 인하여 유발되는 모멘트와의 조합력에 대해서 설계해야 한다.

【해설】

모멘트접합은 접합부 내에 모멘트를 전달한다. 다음에 규정된 것과 같은 2가지 형태의 모멘트접합이 허용된다.

(1) 완전모멘트접합(FR : Fully restrained)

완전모멘트접합은 접합되는 부재사이에 무시할 정도의 상대회전변형을 가지면서 모멘트를 전달한다. 구조물의 해석에서 상대회전변형이 없는 것으로 가정할 수 있다. 완전모멘트접합은 강도한계상태에서 접합된 부재사이의 각도가 유지되도록 충분한 강도와 강성을 보유하여야 한다.

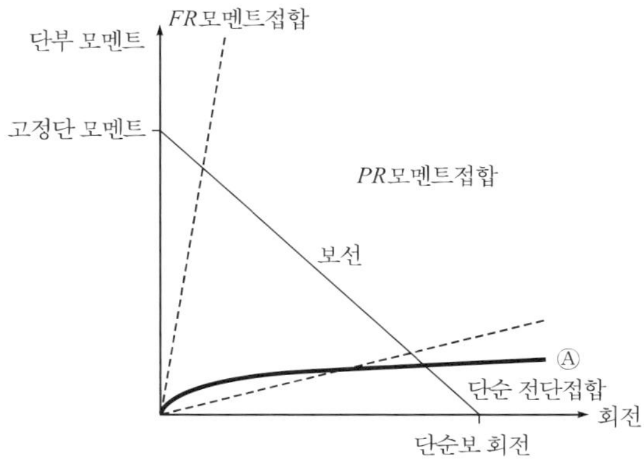

해설 그림 4.1-1 접합부 종류별 단부모멘트-단부회전도

(2) 부분모멘트접합(PR : Partially restrained)

부분모멘트접합은 모멘트를 전달한다. 그러나 접합부재사이의 상대회전변형은 무시할 정도가 아니다. 구조물의 해석에서 접합부의 힘-변형거동특성이 포함되어야 한다. 부분모멘트접합의 거동특성은 문헌, 해석적 또는 실험적인 방법으로 정립된 자료를 적용한다. 부분모멘트접합의 구성요소는 강도한계상태에서 설계조건을 만족하도록 충분한 강도, 강성 및 변형능력을 보유하여야 한다.

4.1.1.4 편심접합

편심력이 작용하는 접합부에서는 편심의 영향을 고려해야 한다. 책임구조기술자가 확인한 경우에 소성회전중심법을 적용하여 접합부의 해석 및 설계를 할 수 있다.

【해설】

전단접합으로 설계되었지만 실제로 편심을 받는 접합부의 경우에는 순수전단력과 편심에 의한 모멘트의 합력으로 설계되어야 한다. 볼트접합부 및 용접접합부의 면내에 편심이 생길 경우에는 모든 볼트 또는 용접부는 직접전단력 P_u와 편심모멘트 $P_u e$에 의한 추가의 전단력을 조합한 효과에 저항하도록 설계하여야 한다. 이러한 유형의 편심모멘트에 대한 해석방법에는 소성회전중심법(instantaneous center of rotation method)과 탄성법(elastic method)의 2가지가 있다. 소성회전중심법이 보다 정확하기는 하지만 일반적으로 도표의 값을 사용하거나 반복해석을 통한 해법이 필요하다. 탄성법은 해법이 단순한 반면에 볼트군의 연성과 전단력의 재분배 가능성을 무시하기 때문에 지나치게 안전 측의 설계가 된다.

4.1.1.5 기둥의 이음 및 선단밀착접합

(1) 기둥이 지압판으로 지지되거나 또는 이음부에서 선단지지 되도록 가공된 경우에는 모든 부분들이 안전하게 제 위치를 유지할 수 있도록 충분한 연결재들이 있어야 한다.

(2) 기둥 이외의 압축 부재가 선단지지 되도록 가공된 경우에는 이음판과 연결재들이 모든 부분을 제 위치에 유지할 수 있도록 배치되어야 하며, 다음의 ①, 또는 ②의 조건 중 하나에 따라 설계 되어야 한다. 두 가지 조건 중 엄격하지 않은 조건의 적용도 허용된다.

① 소요압축강도의 50%에 해당하는 축방향 인장력

② 소요압축강도의 2%에 해당하는 횡방향 하중으로 인한 휨모멘트와 전단력, 횡방향 하중은 이음부에 작용시켜야 하며, 부재는 핀 연결된 것으로 가정하여 이음의 전단과 휨모멘트를 정한다.

【해설】

이 조항과 유사한 규정이 이전부터 강구조설계기준의 내용이었다. 이 전까지는 밀착접촉면의 응력전달을 소요응력의 1/4까지만 허용하였으나 최근의 연구결과에 따라 1/2까지 전달할 수 있는 것으로 조정되었다. 최근의 규정은 인장력이 이음부와 접합부의 단면설계를 위한 힘이라는 것을 언급함으로써 이 조항의 요구사항을 분명히 하고 있다. 이 규정은 압축력이 접합부에 휨을 발생시키지 않는 경우에도 접합부 설계를 명확하게 한다. 기둥이음 시 볼트의 개수가 과도하게 산정되는 문제점이 있어 모재의 밀착에 의한 하중의 전달을 일부 허용하는 내용이다.

4.1.1.6 접합부의 최소강도

접합부의 설계강도는 45 kN 이상이어야 한다. 다만, 연결재, 새그로드 또는 띠장은 제외한다.

【해설】

규정된 설계하중이 없는 경우, 최소설계하중(하중계수 포함 45kN)이 고려되어야 한다. 연결재, 새그로드, 띠장 그리고 기타 소부재에 대해서는 그 크기에 적절한 하중이 가정되어야 한다. 접합부의 최소하중을 규정할 때에는 설계요구조건 및 시공하중을 고려하여야 한다.

4.1.1.7 용접 또는 볼트의 배열

(1) 편심에 대한 별도의 지정이 없는 경우, 축방향힘을 전달하는 부재의 단부에서 용접이

나. 볼트의 군은 그 군의 중심이 부재의 중심과 일치하도록 배열해야 한다.

(2) 정적하중을 받는 ㄱ형강, 쌍ㄱ형강부재 또는 이와 유사한 부재의 단부접합에서는 4.1.1.7 (1)을 적용하지 않는다.

【해설】

ㄱ형강 또는 쌍ㄱ형강부재의 종방향 중심축과 접합부 볼트 군의 중심 사이에서 발생하는 경미한 편심은 부재의 정적 강도에 미치는 영향이 매우 작아서 무시되었다. 그러나 편심하중을 받는 ㄱ형강 용접부의 피로수명은 매우 짧은 것으로 나타났다(Kloppel & Seeger, 1964). 축방향 반복하중이 부재 끝부분의 용접부가 단면의 중립축에 대해 균형을 이루지 않게 접합된 ㄱ형강에 적용할 때 휨에 의해 용접축에 수직인 인장응력이 발생할 수 있다. 이 인장응력의 반복은 필릿용접 루트의 노치에 해롭게 작용한다. 따라서 반복하중을 받는 이러한 부재의 접합부는 중립축에 대한 균형용접(해설 그림 4.1-2)이 요구된다.

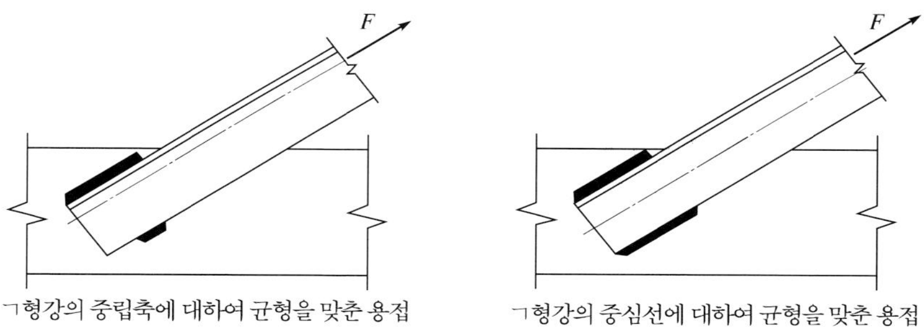

해설 그림 4.1-2 ㄱ형강의 균형용접

4.1.1.8 용접과 볼트의 병용

(1) 볼트접합은 용접과 조합해서 하중을 부담시킬 수 없다. 이러한 경우 용접이 전체하중을 부담하는 것으로 한다.

(2) 다만 전단접합에는 용접과 볼트의 병용이 허용된다. 표준구멍과 하중방향에 직각인 단슬롯의 경우 볼트와 하중방향에 평행한 필릿용접이 하중을 각각 분담할 수 있다. 이때 볼트의 설계강도는 지압접합 볼트 설계강도의 50%를 넘지 않도록 한다.

(3) 마찰볼트접합으로 기 시공된 구조물을 개축할 경우 고장력 볼트는 기 시공된 하중을 받는 것으로 가정하고 병용되는 용접은 추가된 소요강도를 받는 것으로 용접설계를 병용할 수 있다.

【해설】

이 규정은 볼트가 전단접합인 경우를 제외하고는 용접과 하중을 분담하는 것을 허용하지 않는다. 하중분담을 위한 조건은 최근의 연구(Kulak & Grondin 2001) 결과를 반영하였다. 길이방향으로 하중을 받는 필릿용접이 있는 전단접합부에 대해서, 종방향 용접부와 표준구멍 또는 하중방향에 대해 수직인 단슬롯에 체결된 볼트의 하중분담은 허용된다. 그러나 볼트의 하중분담은 상응한 지압접합부 가용강도의 50%로 제한된다(Kulak, Fisher, and Struik 1987).

마찰볼트접합으로 설계되어 이미 시공된 기존 구조물을 개축하는 경우에 고장력볼트는 기존 구조체계에서의 하중을 받는 것으로 가정하고 개축으로 인하여 증가되는 하중은 추가하는 용접부가 받는 것으로 설계 할 수 있다.

4.1.1.9 볼트와 용접접합의 제한

다음의 접합에 대해서는 용접 또는 마찰접합을 사용해야 한다.

(1) 높이가 38m 이상인 다층 구조물의 기둥이음부

(2) 높이가 38m 이상인 구조물의 기둥-보 연결부와 기둥가새가 연결된 모든 보의 접합부

(3) 용량 50kN 이상의 크레인을 설치한 구조물의 지붕트러스 이음부, 지붕트러스와 기둥 연결부, 기둥이음, 기둥가새, 크레인 지지부

(4) 기둥-보 모멘트접합부에서 볼트가 용접과 병용될 경우에 마찰볼트접합을 사용

(5) 기계받침과 교량 등과 같이 동적 하중을 받는 구조물의 접합부

【해설】

접합부 미끄러짐이 구조물의 성능저하를 가져오거나 반복하중에 의해 너트가 풀릴 가능성이 있을 때, 고장력볼트 마찰접합 또는 용접이 필요하다. 밀착조임(snug-tightened)한 고장력볼트는 그 외의 접합에 사용이 가능하다. 모멘트골조의 기둥-보 모멘트접합부에서 웨브를 현장볼트로 하고 플랜지를 현장용접하는 경우에 반복하중을 받으면 웨브 볼트접합부의 슬립으로 인하여 플랜지 용접부에 과도한 변형이 발생하여 취성 파괴될 가능성이 높고 충분한 변형능력의 발휘가 어려우므로 마찰접합을 사용하는 것이 필요하다. 다만 내진성능요구도가 낮은 접합부는 지압접합의 사용도 가능하다.

건축구조기준(2016)에서는, 접합부 미끄러짐이 구조물의 성능저하를 가져오거나 반복하중에 의해 너트가 풀릴 가능성이 있을 때, 마찰접합 또는 용접 외에 전인장조임도 허용하고 있다. 여기서 전인장조임이란 마찰면 처리 없이 설계볼트장력을 도입한 프리텐션조임(fully-tensioned joint)을 지칭한다. 접합방식은 하중특성과 구조물에 요구되는 사용성 및 안전성을 고려하여 책임구조기술자가 선정한다. 단, 반복하중이 작용하거나 슬립 이후 사용성이나 안전성에 영향을 미칠 수 있는 경우는 용접이나 마찰접합 등 보수적인 접근이 필요하다.

4.1.1.10 이음부 설계세칙

(1) 응력을 전달하는 필릿용접의 최소유효길이는 공칭용접치수의 10배 이상 또한 30mm 이상을 원칙으로 한다.

(2) 응력을 전달하는 겹침이음은 2열 이상의 필릿용접을 원칙으로 하고, 겹침길이는 얇은쪽 판두께의 5배 이상 또한 20mm 이상으로 한다.

(3) 고장력볼트의 구멍직경은 표 4.1-1에 따른다.

(4) 고장력볼트의 구멍중심간의 거리는 볼트 공칭직경의 2.5배를 최소거리로 하고 3배를 표준거리로 한다.

(5) 고장력볼트의 구멍중심에서 피접합재의 연단까지의 최소거리는 연단부 가공방법을 고려하여 표 4.1-2에 따른다.

(6) 고장력볼트의 구멍중심에서 볼트머리 또는 너트가 접하는 부재의 연단까지의 최대거리는 판두께의 12배 이하 또한 150mm 이하로 한다.

표 4.1-1 고장력볼트의 공칭구멍 치수 (mm)

볼트의 호칭	표준구멍의 직경	과대구멍의 직경	단슬롯	장슬롯
M16	18	20	18× 22	18× 40
M20	22	24	22× 26	22× 50
M22	24	28	24× 30	24× 55
M24	27	30	27× 32	27× 60
M27	30	35	30× 37	30× 67
M30	33	38	33× 40	33× 75

표 4.1-2 볼트중심에서 연단까지 최소거리 (mm)

볼트의 공칭직경 (mm)	연단부의 가공방법	
	전단절단, 수동가스절단	압연형강, 자동가스절단, 기계가공마감
16	28	22
20	34	26
22	38	28
24	42	30
27	48	34
30	52	38
30 초과	1.75d	1.25d

【해설】

볼트 연단거리는 다음과 같이 정하였다.

- 전단절단 또는 수동가스절단 한 연단의 경우 볼트의 공칭직경에 1.75를 곱한 후 짝수가 되도록 정리한 값(mm)
- 판이나 형강의 압연된 연단, 또는 자동가스절단, 기계가공마감 한 연단의 경우 직경에 1.25를 곱한 후 짝수가 되도록 정리한 값(mm)

강교량 등 토목구조물의 경우 외측 강판에 대해 볼트구멍의 중심에서 연단까지의 거리는 판두께의 8배보다 작아야 하며, 125mm를 초과해서는 안 된다.

일반볼트를 사용할 경우에도 볼트구멍의 크기 및 연단거리는 고장력볼트의 경우와 같은 값을 적용한다.

ANSI/AISC 360-10에서는 과대구멍과 단슬롯 또는 장슬롯에 대해서 최소연단거리를 가공방법에 따른 구분 없이 해설 표 4.1-1과 같이 증가시킬 것을 규정하고 있다.

해설 표 4.1-1 ANSI/AISC 360-10, TABLE J3.5M : 최소연단거리의 증가량(mm)

볼트의 공칭직경 (mm)	과대구멍	슬롯		
		장축에 직각인 연단부의 경우		장축에 평행인 연단부의 경우경우
		단슬롯	장슬롯	
≤22	2	3	0.75d	0
24	3	3		
≥27	3	5		

4.1.2 용접

4.1.2.1 그루브용접

4.1.2.1.1 완전용입 그루브용접

(1) 모재의 규정 항복강도와 인장강도 이상이 되도록 용접된 완전용입 그루브용접의 공칭강도는 접합되는 모재 중 공칭강도가 작은 쪽 값으로 한다.

(2) 인장강도 600MPa 이상의 강종에 대해 언더매칭 용접을 한 경우에는 용접금속의 인장강도를 기준으로 공칭강도를 정한다.

【해설】

언더매칭 용접이란 용접재의 인장강도가 모재의 인장강도보다 한 단계(약 70MPa 정도) 이상 낮은 용접재를 사용하는 용접을 말한다. 용접재는 모재의 인장강도를 기준으로 선정한다. 일반적으로 용접재의 인장강도가 모재의 인장강도와 같거나 거의 동등한 수준의 인장강도를 가진 용접재를 선정하며, 이와 같이 선정된 용접재를 매칭용접재라고 한다. 또한, 오버매칭 용접재란 용접재의 인장강도가 모재의 인장강도보다 한 단계(약 70MPa 정도) 이상 높은 용접재를 말하며, 이와 같이 선정된 용접재는 용접부의 불필요한 취성 증가 등 부작용으로 인해 권장되지 않는다.

4.1.2.1.2 부분용입 그루브용접

(1) 부분용입 그루브용접의 유효목두께는 $\sqrt{2t}$ (mm) 이상으로 한다. 여기서, t는 접합부의 두꺼운 쪽 판의 두께이다. 단, 부분용입 그루브용접의 유효목두께는 얇은 쪽 판의 두께 이하이어야 한다.
(2) 부분용입 그루브용접의 용접방법 및 그루브 형상에 따른 유효목두께는 표 4.1-3에 따른다.
(3) 부분용입 그루브용접의 유효면적은 용접의 유효길이에 유효목두께를 곱한 것으로 한다.
(4) 부분용입 그루브용접의 공칭강도는 용접축에 평행으로 작용하는 인장 또는 압축에 대해서는 고려할 필요가 없으며, 그 외의 경우에는 표 4.1-5에 따른다.

표 4.1-3 부분용입그루브용접의 유효목두께

용접방법	용접자세	그루브 형상	유효목두께
SMAW GMAW FCAW	모든 자세	J 또는 U 그루브, 60° V 그르브	그루브 깊이
SAW	아래보기자세	J 또는 U 그루브 60° 베벨 또는 V	
GMAW FCAW	아래보기자세 수평자세	45° 베벨	그루브 깊이
SMAW	모든 자세	45° 베벨	그루브 깊이에서 3mm 공제
GMAW FCAW	수직자세 위보기자세		

【해설】

부재를 구성하는 판 요소의 전체두께에 걸쳐서 완전한 용융과 접합이 요구되는 완전용입용접(CJP: Complete Joint Penetration)과는 달리 부분용입용접은 완전용입용접에 비해 용입 깊이가 판 두께보다 작은 용접으로 후판의 박스형 단면부재를 조립용접 할 때 사용하는 경우가 있다. 한쪽 면에서만 시공되는 부분용입용접은 휨모멘트 또는 편심력이 작용하는 경우에 사용해서는 안 된다.
부분용입 그루브용접의 유효목두께는 위 표와 같이 용접공정, 용접자세 및 그루브 형상에 따라 달라진다.

4.1.2.2 필릿용접

4.1.2.2.1 유효면적

(1) 필릿용접의 유효면적은 유효길이에 유효목두께를 곱한 것으로 한다.
(2) 필릿용접의 유효길이는 필릿용접의 총길이에서 용접치수의 2배를 공제한 값으로 한다.

(3) 필릿용접의 유효목두께는 용접치수의 0.7배로 한다. 접합하는 두 부재사이의 각도가 90°가 아닌 경우, 또는 용접 다리의 크기가 서로 다른 경우의 필릿용접 유효목두께는 용접루트를 꼭지점으로, 용접 외측 면을 밑변으로 하는 용접단면 내접 삼각형의 높이로 한다.

(4) 플러그용접과 슬롯용접의 유효길이는 목두께의 중심을 잇는 용접중심선의 길이로 한다.

【해설】

두 부재 사이의 각도가 직각이며 다리치수가 같은(등각) 필릿용접의 유효목두께는 다리치수의 약 0.7배($1/\sqrt{2}$)가 된다. 두 부재 사이의 각도가 직각(90°)이 아니거나 다리치수가 서로 다른 경우와 비대칭 한쪽으로 기울어진 T-용접부, 그루브용접에 덧살이 추가된 경우 등에는 그 형상에 따라 용접부의 루트에서 표면사이에 구성되는 삼각형의 최소 높이를 사용하여 유효목두께를 산정하여야 한다.

4.1.2.2.1 (2)는 용접부의 시작과 끝 부분에서 채워지지 아니한 크레이터가 발생되는 경우를 고려한 것이며, 4.1.2.2.1 (4)는 플러그나 슬롯의 크기가 큰 경우에 플러그나 슬롯 홈의 전체를 채우지 아니하고 그 둘레를 따라 필릿용접을 하는 경우에 적용한다.

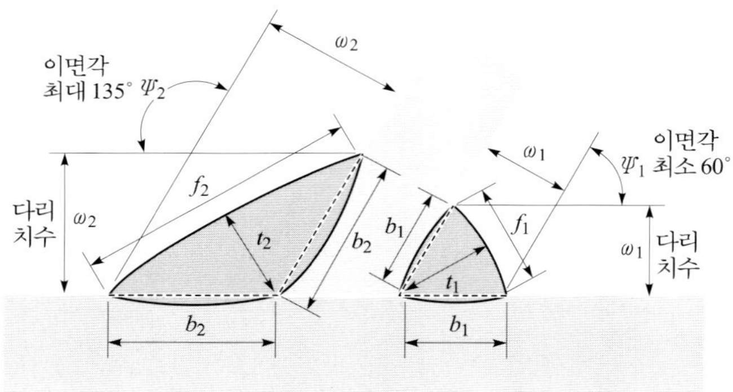

해설 그림 4.1-3 직각이 아닌 필릿용접의 유효목두께 산정

4.1.2.2.2 제한사항

(1) 필릿용접의 최소치수는 표 4.1-4에 따른다.

표 4.1-4 필릿용접의 최소치수 (mm)

접합부의 두꺼운 쪽 소재 두께 t	필릿용접의 최소치수
$t \leq 6$	3
$6 < t < 13$	5
$13 \leq t \leq 20$	6
$20 < t$	8

(2) 겹침이음의 필릿용접 최대치수 s는 연단이 용접되는 판의 두께 t에 대해서,

① $t < 6\text{mm}$일 때, $s = t$

② $t \geq 6\text{mm}$일 때, $s = t - 2\text{mm}$

(3) 강도를 기반으로 하여 설계되는 필릿용접의 최소길이는 공칭용접치수의 4배 이상으로 하여야 한다. 또는 유효용접치수는 그 유효길이의 1/4 이하로 하여야 한다.

(4) 평판 인장재의 단부에 길이방향으로 필릿용접이 될 경우 각 필릿용접의 길이는 이들 용접의 직각방향 간격보다 길게 해야 한다. 이때 인장재의 유효 순단면적은 KSD 14 31 10 (4.1.2.3)에 따른다.

(5) 부재 단부에 용접된 필릿용접의 길이가 용접치수의 100배 이내인 경우에는 실제 용접된 길이를 유효길이로 사용할 수 있다. 용접길이가 용접치수의 100배를 초과하고, 300배 이하인 경우에는 실제 용접된 길이에 다음의 감소계수, β를 곱한 값을 필릿용접의 유효길이로 한다.

$$\beta = 1.2 - 0.002\left(\frac{l}{z}\right) \leq 1.0 \qquad (4.1\text{-}1)$$

여기서, l : 부재 단부 필릿용접의 실제 길이(mm)

z : 필릿용접의 치수(mm)

용접길이가 용접치수의 300배를 초과하는 경우에는 용접치수의 180배를 필릿용접의 유효길이로 한다.

(6) 단속 필릿용접은 연결부 또는 겹친 면사이의 힘을 전달하거나 조립부재의 요소를 서로 접합하는데 사용할 수 있다. 단속 필릿용접의 한 세그멘트 길이는 용접치수의 4배 이상이며 최소 40mm이어야 한다.

(7) 겹침이음의 경우 최소 겹침길이는 연결부의 얇은 쪽 판 두께의 5배 또는 25mm로 한다.

(8) 축방향력을 받는 부재의 겹침이음이 횡방향 필릿용접만으로 된 경우 겹쳐진 부재의 양쪽 단부는 필릿용접을 해야 한다. 그러나 최대하중 작용 시에 접합부가 벌어지지 않도록 겹친 부분의 변형이 충분히 구속된 경우에는 예외로 한다.

【해설】

필릿용접의 최소치수를 위한 필요조건은 강도개념이 아닌 적은 량의 용접으로 인한 두꺼운 부재의 담금질 효과를 근거로 한다. 필릿용접의 최소치수 규정은 열영향부(HAZ)나 또는 용접부금속의 균열 발생가능성을 감소시킬 수 있도록 충분한 입열을 확보하기 위한 경우와, 접합하는 부재 중 얇은 부재와의 합리적인 균형을 유지하기 위한 경우에 적용한다. 두 경우 모두 최소 용접부 치수가 설계요구조건을 만족시키기 위해 필요한 용접부 치수보다 더 클 때에 적용한다.

필릿용접의 겹침이음은 얇은 부재 두께의 5배 또는 25mm 이상에 해당되는 최소겹침[해설 그림 4.1-4]을 제공함으로써 응력전달에 무리가 없도록 한다. 인장을 받는 필릿용접 겹침이음은 개방되는 경향이 있으므로, [해설 그림 4.1-5(a)]에서 보는 바와 같이 힘 F에 의해 결합되는 경우가 아니라면 [해설 그림 4.1-5(b)]와 같이 용접부의 루트에서 파괴현상이 발생할 수 있다. 따라서, 건축구조기준(KDS 41 31 00)에서는 수직방향 필릿용접으로만 축방향 응력을 전달하는 겹침이음의 경우에는 양쪽 단부를 모두 용접하도록 규정하고 있다.

표 4.1-4의 필릿용접 최소치수는 용접부의 두꺼운 쪽 부재의 두께를 기준으로 정한 것이다. 그러나 필릿용접부가 필요에 따라 규정된 예열을 한 상태에서 저수소계 용접봉을 사용하여 인증 받은 용접절차서(WPS: Welding Procedure Specification)에 따라 시공하는 경우에는 필릿용접의 유효목두께 최소 값으로 얇은 쪽 부재의 두께 t를 기준으로 계산한 (mm)를 적용할 수 있다.

표 4.1-4의 필릿용접 최소치수는 용접부의 두꺼운 쪽 부재의 두께를 기준으로 정한 것이다. 그러나 필릿용접부가 필요에 따라 규정된 예열을 한 상태에서 저수소계 용접봉을 사용하여 인증 받은 용접절차서(WPS: Welding Procedure Specification)에 따라 시공하는 경우에는 필릿용접의 유효목두께 최소 값으로 얇은 쪽 부재의 두께 t를 기준으로 계산한 (수학기호제곱근) 2t (mm)를 적용할 수 있다.

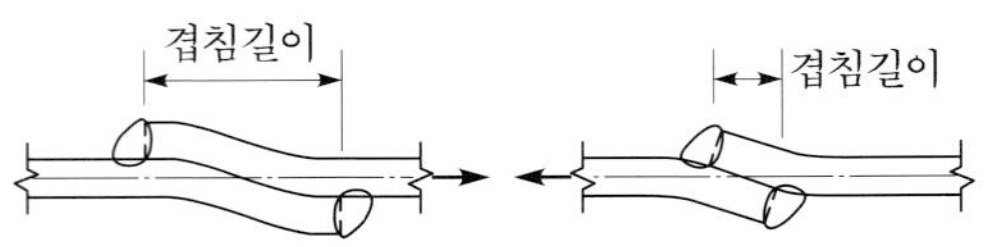

해설 그림 4.1-4 최소겹침길이

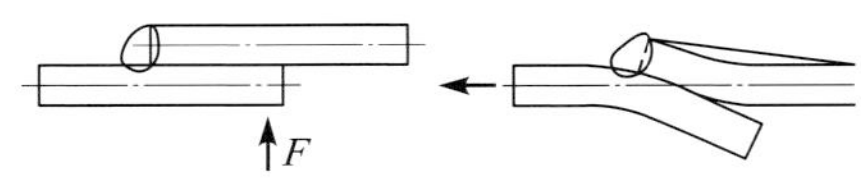

해설 그림 4.1-5 겹침이음부의 구속

4.1.2.3 플러그 및 슬롯용접

4.1.2.3.1 유효면적

플러그 및 슬롯용접의 유효전단면적은 접합면에서의 구멍 또는 슬롯의 공칭단면적으로 한다.

4.1.2.3.2 제한사항

(1) 플러그 및 슬롯용접은 겹침이음부에서의 전단력 전달, 겹침이음한 요소들 사이의 벌어짐 또는 좌굴을 방지, 조립단면의 요소들 사이의 접합 등을 위해 사용할 수 있다.

(2) 플러그용접을 위한 구멍의 직경은 구멍이 있는 판의 두께에 8mm를 더한 값 이상, 용접 두께의 2.25배 또는 최소 직경에 3mm를 더한 값 이하로 한다.

(3) 플러그용접의 최소 중심간격은 공칭구멍직경의 4배로 한다.

(4) 슬롯용접의 슬롯길이는 용접두께의 10배 이하로 한다. 슬롯의 폭은 슬롯이 있는 판의 두께에 8mm를 더한 값 이상, 용접두께의 2.25배 이하로 한다. 슬롯의 끝부분은 반원형, 또는 귀퉁이를 판두께 이상의 반지름으로 둥글게 해야 한다.
(5) 슬롯용접 길이에 횡방향인 슬롯용접선의 최소간격은 슬롯 폭의 4배로 한다. 길이방향의 최소 중심간격은 슬롯길이의 2배로 한다.
(6) 슬롯용접선의 횡방향 최소간격은 슬롯 폭의 4배로 한다. 길이방향의 최소 중심간격은 슬롯길이의 2배로 한다.
(7) 플러그 및 슬롯용접의 두께는 판 두께 16mm 이하의 경우 판 두께와 동일하게 하고, 16mm를 초과하는 경우에는 판 두께의 1/2 이상으로 하되 최소 16mm로 한다.

【해설】

플러그 및 슬롯용접은 겹침이음의 한 쪽 부재에 둥근 구멍을 만들어 용접하는 방법이다. 겹쳐진 부재 사이의 용접이음에서 구멍지름이나 슬롯 길이가 큰 경우에 구멍 전부를 메우지 않고 구멍 속을 필릿용접하는 경우에는 필릿용접으로 간주된다. 따라서, 구멍 또는 슬롯 안의 필릿용접은 플러그용접이 아니다.

플러그와 슬롯용접부는 피로에 대한 성능이 낮으므로 반복하중을 받는 부재에 적용되는 경우에는 주의해야 한다. 강교량과 같은 토목 구조물에서는 힘을 전달하는 목적으로 사용할 수 없다.

플러그 및 슬롯용접은 겹침이음부에서 전단력을 전달하거나 또는 겹침이음부 판 요소들 사이의 벌어짐이나 좌굴을 방지하기 위하여 사용할 수 있다. 이들 용접은 전단 이외의 하중이나 동적 하중이 작용하는 곳에서는 사용할 수 없다. 플러그용접을 위한 구멍의 최소 직경이나 슬롯의 최소 폭은 구멍이 있는 판 두께에 8mm를 더한 짝수(mm) 값 이상으로 한다. 플러그 구멍의 최대 직경이나 슬롯의 최대 폭은 최소 직경이나 슬롯 최소 폭에 3mm를 더한 값, 또는 구멍이 있는 판 두께의 2.25배 중 큰 값 이하로 한다.

4.1.2.3.3 공칭강도

플러그 및 슬롯용접의 공칭강도는 표 4.1-5에 따른다.

4.1.2.4 설계강도

(1) 용접의 단위길이 당 설계강도, ϕR_n은 식 (4.1-2)와 같이 구하며, 식 (4.1-3)에 따른 용접 단위길이 당 소요강도, P_u 이상이어야 한다.

$$\phi R_n = \phi F_{nw} A_w \tag{4.1-2}$$

단, ϕ와 F_{nw}의 값은 표 4.1-5에 따른다.

표 4.1-5 용접부 응력의 공칭강도(MPa)

용접구분	응력구분	공칭강도 (F_{nw})	저항계수 (ϕ)
완전 그루브 용입용접	용접축에 직각인 인장	모재와 동일 (4.1.2.1.1)	
	용접축에 직각인 압축	모재와 동일 (4.1.2.1.1)	
	용접선에 평행한 인장, 압축	별도 검토하지 않음	
	전단	$0.6F_u^{1)}$	0.8
부분 그루브 용입용접	용접축에 직각인 인장	$0.6F_u^{1),2)}$	0.8
	4.1.1.4 (1)에 따른 기둥의 선단밀착접합부 압축	별도 검토하지 않음	
	4.1.1.4 (2)에 따른 기둥 외의 선단밀착접합부 압축	$0.6F_u^{1)}$	0.8
	선단밀착접합부 외의 압축	$0.9F_u^{1)}$	0.8
	용접선에 평행한 인장, 압축	별도 검토하지 않음	
	전단	$0.6F_u^{1),2)}$	0.75
필릿용접	전단	$0.6F_u^{1),2)}$	0.75
	용접선에 평행한 인장, 압축	별도 검토하지 않음	
플러그, 슬롯용접	접합면에 평행한 전단	$0.6F_u^{1),2)}$	0.75

주1) 용접부 모재의 인장강도이며, 언더매칭용접의 경우에는 용접재의 인장강도를 적용한다.
주2) 인장강도 600MPa의 강종(HSB460)은 0.56Fu, 800MPa의 강종(HSA650, HSB690)은 0.45Fu을 적용하며, 인장강도가 이들 사이인 강종의 경우에는 보간법을 적용한다.

(2) 필릿용접의 단위길이 당 소요강도, P_u는 용접의 단위길이 당 작용하는 모든 방향의 힘들의 합력의 크기이다. 여기서 합력의 크기는 임의의 방향으로 작용하는 힘들의 벡터 합으로 구할 수 있으며, 작용하는 힘을 용접의 유효면에서 서로 직각인 3방향으로 구분한 경우에는 다음식과 같이 계산할 수 있다.

$$P_u = \sqrt{P_{\perp}^2 + V_{\perp}^2 + V_{\parallel}^2} \qquad (4.1\text{-}3)$$

여기서, $P_{\perp}$: 필릿용접의 유효면에 작용하는 수직력

$V_{\perp}$: 필릿용접의 유효면에서 용접축에 직각방향으로 작용하는 전단력

$V_{\parallel}$: 필릿용접의 유효면에서 용접축에 평행으로 작용하는 전단력

(3) 책임구조기술자가 별도로 용접재의 강도 등급을 선택하여 용접부를 설계하는 경우에는 4.1.2.4 (1) 대신에 용접재와 모재의 강도를 고려하여 용접부의 강도를 결정할 수

있다.

(4) KCS 14 31 20에 따른 품질관리 구분 '나'의 구조물 중 용접검사 비파괴시험을 면제한 경우, 필릿용접부에 대해서는 식 (4.1-2)에 의해 계산한 값의 50%를 용접의 단위길이 당 설계강도 값으로 취한다.

【해설】

용접부의 강도는 모재, 또는 용착된 용접금속의 강도에 의해 결정된다. 완전용입그루브용접의 경우 용접금속의 강도가 모재의 강도보다 낮은 언더매칭 용접부는 용접금속의 강도에 따라 결정된다. 그러나 일반적으로 기준에서는 매칭용접을 요구하고 있으므로, HSB690과 같이 고강도 강재에 대해 용접성을 고려하여 특별히 언더매칭용접으로 설계한 경우가 아니면 완전용입그루브용접부의 강도는 연결된 부재의 설계 강도를 발휘하는데 적당하며, 따로 용접부에 대한 검토는 요구되지 않는다.

용접봉 또는 용접와이어 등의 선택은 용접방법의 선택과 함께 시공에 관한 사항이므로 설계 단계에서 결정하는 데에는 어려움이 있다. 특별한 경우가 아니면 매칭용접 하는 것이 원칙이다. 이 경우에는 모재의 공칭인장강도를 기준으로 용접부에 대한 설계강도 값을 산출하여야 한다. 그러나 경제성, 또는 경우의 특수성 등을 고려하여 책임구조기술자가 별도로 용접재의 강도 등급을 선택하여 용접부를 설계하는 경우에는 용접재와 모재의 강도를 고려하여 용접부의 강도를 결정할 수 있도록 예외 규정을 두었다.

필릿용접부의 시험에 의한 강도 값은 모재의 강도가 증가함에 따라 모재의 공칭인장강도 대비 용접부의 강도가 감소하는 것으로 나타난다. 따라서 이 기준에서는 인장강도가 높은 HSB460과 HSB690 강재의 경우에는 감소의 정도가 상당하므로 모재의 인장강도에 0.6 보다 작은 계수를 곱한 값을 필릿용접부의 공칭인장강도로 제시하였다.

실험 결과에 의하면 필릿용접부의 강도는 필릿용접의 축방향에 대한 힘의 작용방향에 따라 차이가 있다. 힘이 용접축에 직각방향으로 작용하는 경우에는, 용접부의 구속상태에 따라 차이는 있지만, 필릿용접부의 변형 용량은 감소하는 반면 강도는 증가하는 것으로 나타난다. 이 설계기준에서는 각각 용접부의 다양한 구속 상태와 하중 방향을 고려하여 구조 검토를 수행해야 어려움을 줄이기 위해 안전측으로 하중 방향이 용접축과 평행인 경우의 강도를 모든 경우에 적용하는 것으로 제시한 것이다. 그러나 설계 책임기술자가 이러한 요인들을 모두 고려하여 문헌과 해외의 기준(예: AISC 360) 등에서 제시하고 있는 하중작용방향에 따른 용접부 각 요소의 강도-변위 관계식을 적용하여 극한강도를 산출한다면 더 경제적인 설계도 가능할 것이다.

표 4.1-5에서, 필릿용접의 공칭강도는 유효목두께로부터 결정되나 연결된 모재의 강도는 각각의 모재 두께에 의해 지배된다. 해설 그림 4.1-6은 필릿용접 연결부의 용접금속과 모재에 대한 예상 전단파괴면을 보여주고 있다.

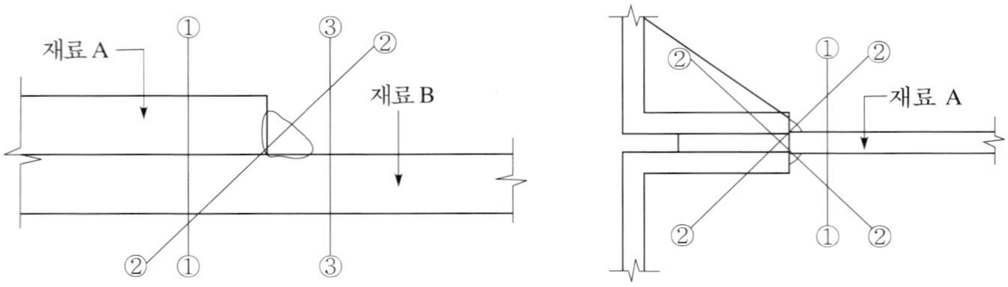

해설 그림 4.1-6 길이방향 전단력을 받는 필릿용접 연결부에 대한 전단면

(1) 면 ①-① : 재료 A의 전단강도에 의해 지배된다.
(1) 면 ②-② : 용접금속의 전단강도의 의해 지배된다. 용접금속의 강도가 모재의 강도보다 크므로 용접금속의 전단면적에 모재의 강도를 적용한다.
(3) 면 ③-③ : 재료 B의 전단강도에 의해 지배된다.

연결부의 강도는 전단력을 전달하는 각각의 전단면에 대해 계산한 값 중에 가장 작은 값이다. 면 ①-①과 면 ②-②는 모재와 용접금속의 용융부에서 떨어져 있다. 실험에 의하면 용융부는 필릿용접의 전단강도의 크기에 결정적이지 않다.
플러그용접과 부분용입맞대기용접 연결부의 용접금속과 모재에 예상되는 전단 파괴면은 해설 그림 4.1-7에 나타나 있다. 일반적으로 모재가 전단강도를 결정한다.

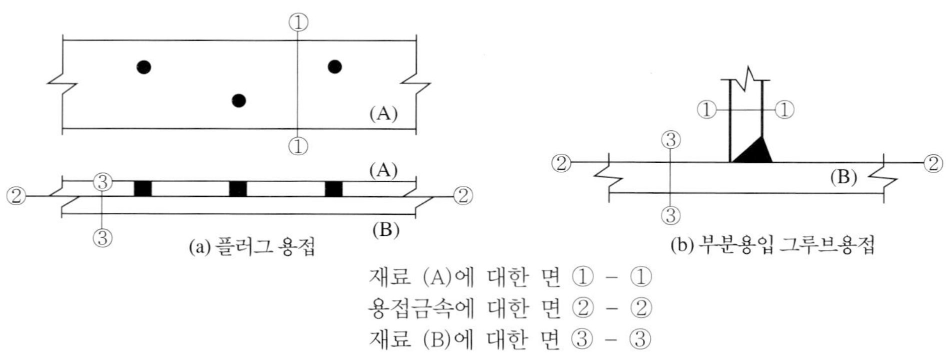

해설 그림 4.1-7 플러그용접과 부분용입그루브용접 연결부에 대한 전단면

용접축에 횡방향으로 힘이 작용하는 경우에는 부분용입 그루브용접의 사용을 금지한다. 그러나 강바닥판의 경우 U-리브와 데크플레이트 용접부에 80%이상 용입한 부분용입 그루브 용접을 허용한다.
거더의 플랜지 표면에 횡방향 필릿용접만으로 부착한 거셋은 금지한다.
플랜지와 웨브 사이의 필릿용접 접합부는 용접 축에 평행인 이들 부재의 인장 또는 압축응력에 상관없이 설계한다.

전단력에 대한 필릿용접의 설계 강도는 용접금속의 강도와 용접축에 대한 하중의 작용방향에 따라 달라진다. 용접축에 대해 서로 다른 방향으로 작용하는 하중의 경우, 용접접합은 전단에 의해 파괴되나 파괴면은 같지 않다. 용접부가 전체적으로 큰 변형이 발생되지 않은 상태에서 변형률 경화가 일어나므로 전단 항복은 용접부에 있어서 결정적인 것이 아니다. 그러므로 설계전단강도는 용접금속의 파괴전에 연결된 부재의 전체 강도가 발휘되도록 용접금속의 전단강도에 적절한 강도계수를 곱하여 계산한 값을 바탕으로 한다.

필릿용접에 전단과 휨응력을 발생시키는 편심하중이 작용할 때는 용접에 작용하는 각 방향의 전단력의 벡터 합을 바탕으로 용접의 크기를 정하여야 한다.

용접의 다리부분 모재에서 파괴가 일어나는 경우는 드물다. 용접 다리부분 모재에 대한 유효 단면적은 용접목에 대한 유효단면적 보다 30%정도 크다. 용접금속의 강도가 모재보다 높거나 용접 목 부분이 과대하게 볼록하면 연결부의 강도는 모재 유효 단면부에 의해 좌우 된다.

4.1.2.5 용접의 병용

접합부에서 2가지 이상의 용접유형(그루브용접, 필릿용접, 플러그용접, 슬롯용접)을 병용할 경우, 용접군의 축에 대하여 각각 구분하여 계산해야 한다.

【해설】

동일한 이음 내에서의 부분용입 맞대기용접과 필릿용접의 혼용강도를 결정할 때, 전체 목두께는 필릿용접 목두께와 그루브용접 목두께를 단순히 합한 값이 아니다. 이러한 경우에, 합성된 용접의 목두께는 루트 면으로부터 필릿용접의 표면까지의 치수에 따라 결정되고 설계되어야 한다.

4.1.3 볼트

4.1.3.1 고장력 볼트

(1) 모든 고장력볼트는 너트회전법, 직접인장측정법, 토크관리법, T/S볼트 등을 사용하여 표 4.1-7에 주어진 설계볼트장력 이상으로 조여야 한다.

(2) 마찰접합에서 하중이 접합부의 단부를 향할 때는 적절한 설계지압강도를 갖도록 4.1.3.5에 따라 검토해야 한다.

(3) 다음의 경우에는 밀착조임을 사용할 수 있다. 여기서, 밀착조임이란 임팩트렌치로 수 회 또는 일반렌치로 최대로 조여서 접합되는 판들이 서로 충분히 밀착된 상태가 된 볼트 조임을 말한다. 밀착조임은 설계도면과 시공도면에 명확히 표기해야 한다.

① 지압접합

② 진동이나 하중변화에 따른 고장력볼트의 풀림이나 피로를 설계에 고려할 필요가 없는 F8T의 경우

【해설】

토크관리법을 사용할 경우 작업현장에서의 온도에 따른 토크 계수값의 변화로 인하여 볼트장력의 크기가 다르므로 온도의 영향을 고려하여야 한다. 특히 낮은 온도에서는 토크계수가 커지는 경향이 있으므로 볼트에 도입되는 축력이 목표 축력(표준볼트축력)보다 부족할 수 있으므로 동절기 공사시에는 시공관리에 주의하여야 한다.(김진호 등, 2007, RIST연구논문 제21권 제4호 ; 나환선 등, 2008, 한국강구조학회 논문집 Vol.30, No3). T/S 볼트를 사용할 경우 전체 볼트를 1차 조임한 후 토크법을 사용하여 최종 마감한다.

건축 구조물에 대해서는 건축구조기준(KDS 41 31 00) 및 ANSI/AISC 360-10을 참고하여 책임구조기술자의 책임 하에 밀착조임접합(snug-tightened joint), 전인장조임접합(pretensioned joint), 마찰접합(slip-critical joint) 등의 접합부 유형 중에서 적절하게 선정하여 적용할 수 있으며, 설계도서에 명기하여야 한다. 이들 접합부 유형에 대한 간략한 설명과 적용범위 등은 다음과 같다.

(1) 밀착조임접합

밀착조임접합은 접합판이 완전히 밀착되도록 단순히 임팩트렌치로 수 회 또는 일반 렌치로 최대로 조인 접합상태를 말한다. 밀착조임접합은 설계, 시공, 검사가 단순하므로 전인장조임접합 또는 마찰접합이 요구되지 않는 경우에는 밀착조임접합으로 설계하는 것이 경제적이다. 밀착접합부의 전단설계강도는 지압한계상태의 강도만 검토하면 되기 때문에 접합면은 마찰접합에 대한 요구조건을 적용할 필요가 없다. 또한 밀착조임접합에서는 볼트장력에 대한 구체적인 요구사항이 없으므로 이에 대한 검사 또한 필요하지 않다.

(2) 전인장조임접합

전인장조임접합은 마찰접합과 마찬가지로 기준에서 규정한 고장력볼트의 설계볼트장력으로 볼트를 체결하여야 하지만 미끄럼한계상태의 강도는 검토할 필요가 없는 접합유형이다. 전인장조임접합부의 전단설계강도는 밀착조임접합과 마찬가지로 지압한계상태의 강도만 검토하면 되기 때문에 접합면은 마찰접합에 대한 요구조건은 적용할 필요가 없다. ANSI/AISC 360-10에서는 다음 조건의 접합부는 전인장조임접합을 하도록 규정하고 있다.

- 높이가 38m 이상인 모든 다층 구조물: 기둥의 이음부
- 높이가 38m 이상인 모든 구조물: 모든 보와 기둥 사이의 접합부, 기둥을 횡지지하는 기타의 모든 보의 접합부
- 용량이 50kN을 초과하는 크레인이 설치된 구조물: 지붕트러스 부재의 이음부, 트러스와 기둥 사이의 접합부, 기둥의 이음부, 기둥을 횡지지하는 가새의 접합부, 니브레이스의 접합부, 크레인 지지 구조물의 접합부
- 기계장치와 충격하중 또는 반전하중을 지지하는 구조물의 접합부

(3) 마찰접합

마찰접합은 기준에서 규정한 고장력볼트의 설계볼트장력으로 볼트를 체결하고 지압한계상태의 강도뿐만 아니라 미끄럼한계상태의 강도도 검토하여야하는 접합유형이다. 따라서 접합면은 4.1.3.6에 따라 '무도장 블라스트 처리한 마찰면' 또는 '무기질 아연말 프라이머 도장한 표면'이어야 한다. 마찰접합은 접합면의 처리 비용 때문에 다른 접합유형에 비하여 많은 비용이 소요되므로 꼭 필요한 접합부에만 사용하여야 한다. 강재의 표면을 도장하여야하는 경우에는 필요한 미끄럼저항을 확보할 수 있는 가장 경제적인 방법을 찾아야할 것이다. 미끄럼 저항용 특수도장을 사용할 수도 있고 접합면만 가리고 일반도장을 하는 방법도 있다. RCSC Specification에 따르면 다음 조건의 접합부는 마찰접합으로 하여야 한다.

- 하중의 방향이 반전되는 피로하중을 받는 접합부
- 과대구멍을 사용하는 접합부
- 하중의 방향이 슬롯의 긴 방향과 거의 직각(80°~100°)인 경우가 아닌, 단슬롯 또는 장슬롯을 사용하는 접합부.
- 접합면의 미끄러짐이 구조물의 성능에 해로운 영향을 주는 접합부

4.1.3.2 일반볼트

(1) 일반볼트는 영구적인 구조물에 구조용으로는 사용할 수 없으며, 가체결용으로만 허용한다.

(2) 일반볼트의 인장과 전단강도는 표4.1-6에 따른다.

(3) 일반볼트의 접합에서 인장과 전단의 조합의 경우에는 4.1.3.4에 따른다.

(4) 일반볼트 구멍의 지압강도는 4.1.3.5에 따른다.

4.1.3.3 볼트의 인장 및 전단강도

(1) 밀착조임 볼트, 장력도입 볼트, 또는 나사 강봉의 설계인장강도 또는 설계전단강도 ϕR_n ($\phi = 0.75$)은 인장파단과 전단파단의 한계상태에 대하여 다음과 같이 산정한다.

$$R_n = F_n A_b \tag{4.1-4}$$

여기서, F_n : 표4.1-6에 따른 공칭인장강도 F_{nt} , 또는 공칭전단강도 F_{nv} (MPa)

A_b : 볼트, 또는 나사 강봉의 나사가 없는 부분의 공칭단면적 (mm^2)

(2) 소요인장강도는 접합부의 변형에 의한 지레작용을 고려한 인장력으로 한다.

표 4.1-6 볼트의 공칭강도 (MPa)

강도 \ 강종		고장력볼트			일반볼트
		F8T	F10T	F13T	4.6[5]
공칭인장강도, F_{nt}[1]		600	750	975	300
지압접합의 공칭 전단강도, F_{nv}[2]	나사부가 전단면에 포함될 경우[3]	320	400	520	160
	나사부가 전단면에 포함되지 않을 경우[4]	400	500	650	200

주1) 인장강도의 0.75배
주2) 힘 작용 방향으로 볼트접합부의 첫 번째 볼트와 맨 끝 볼트의 중심 거리가 800mm 이하인 경우에 대한 것임. 이를 초과하는 경우에는 주어진 값의 85%를 적용함.
주3) 인장강도의 0.4배
주4) 인장강도의 0.5배
주5) KS B 1002에 따른 강도 등급

【해설】

볼트의 인장하중은 접합된 부분에서의 변형으로 인해 항상 약간의 휨을 동반한다. 그래서, 저항계수 ϕ는 상대적으로 보수적인 값을 적용한다. 표 4.1-6의 공칭인장강도는 다음 식으로부터 얻어진다.

$$F_{nt} = 0.75F_u \qquad \text{(해설 4.1-2)}$$

이 식에 포함된 계수 0.75는 볼트의 몸통부 단면적에 대한 나사부 유효 인장 단면적의 비율의 근사값이다. 여기서, A_b는 볼트의 몸통부 면적(비나사부의 단면적)으로 정의된다. 따라서, 표 4.1-6에서의 F_{nt}에 대한 값은 $0.75F_u$로서 계산된다.

식 (해설 4.1-2)에서 주어진 인장강도는 볼트의 사전 긴장력 도입 또는 밀착조임 유무와는 무관하다. 실험결과 피로에 노출되지 않은 인장을 받는 ASTM A325와 A325 볼트의 성능은 처음의 설치 조건(사전 긴장력 도입 또는 밀착조임 여부)에 의해 영향을 받지 않는다는 것을 보여준다(Amrine and Swanson, 2004; Johnson, 1996; Murray et al., 1992). 이 식은 볼트접합부에 대해서 제시되었지만 나사부에도 안전한 측으로 적용되었다(Kulak 등 1987). 또한, ASTM A325 또는 A325M 볼트에 대해서, 직경 25mm 보다 큰 볼트의 경우 최소 인장강도 F_u가 더 낮다하더라도 직경의 작고 큼 사이의 명확한 구분은 없다. 특히 안전측의 저항계수 ϕ의 관점에서 전체 단면적에 대한 인장단면적의 비의 증가와 다른 보정 계수와 관련된 보정 값들은 적용되지 않았다. 표 4.1-6에서 지압접합의 공칭전단강도 값은 다음 식으로부터 얻어진다.

나사부가 전단면에 포함되지 않을 경우

$$F_{nv} = 0.50F_u \qquad \text{(해설 4.1-3)}$$

나사부가 전단면에 포함될 경우

$$F_{nv} = 0.40F_u \qquad \text{(해설 4.1-4)}$$

공칭전단강도는 인장강도의 0.62배에 접합길이감소계수 0.8를 고려한 값이다(Kulak등, 1987). 연구결과에 의하면 전단파괴에 대한 허용응력의 안전계수는 짧은 연결부에 대해서는 3.3, 총 길이가 1,270mm를 초과하는 연결부에 대해서는 약 2.0의 범주에 있다. Kulak(1987)등은 길이가 길고 중요한 연결부가 안전계수 2.0에서도 만족할 만한 사용 상태에 있다는 것을 증명하였다.

실험에 의하면 전단면에 나사를 포함하는 경우는 나사를 포함하지 않는 경우에 비하여 평균공칭강도는 0.833, 그 표준편차는 0.03이었다. 식 (해설 4.1-4)에는 볼트의 공칭면적을 기준으로 0.80을 사용하였다. 위에서 언급된 논의는 주로 단부하중을 받는 접합부에 대해서 적용할 수 있지만, 단순함을 위해 모든 접합부에 적용한다.

제안된 설계 강도는 근사적으로 볼트의 초기 긴장력과 같다. 그래서 사용하중 재하시 고장력 볼트는 실질적인 응력 변화가 매우 적을 것이므로 인장력을 받는 연결부의 볼트는 완전히 조여져야 한다. 적절히 조여진 F8T, F10T 및 F13T 볼트 연결부는 지레작용력이 재하 인장력에 비해 상대적으로 작은 일부분에 지나지 않을 정도로 연결요소의 강성이 충분하다면 사용하중 인장응력의 반복 작용에 의해 불리한 영향을 받지 않는다.

지레작용에 의한 힘의 크기를 계산하는 식은 Douly와 McGuine (1965)에 의한 반경험식을 단순화한 것이 있다. 이 단순화 공식은 지레작용력을 실제보다 더 크게 산정하는 경향이 있어 안전 측으로 설계된다(Nair 등, 1974).

4.1.3.4 지압접합에서 인장과 전단의 조합

(1) 지압접합이 인장과 전단의 조합력을 받을 경우 볼트의 설계강도는 다음의 인장과 전단파괴의 한계상태에 따라서 산정한다($\phi = 0.75$).

$$R_n = F_{nt}' A_b \qquad (4.1\text{-}5)$$

여기서, F_{nt}' : 전단응력의 효과를 고려한 공칭 인장강도(MPa)

$$F_{nt}' = 1.3F_{nt} - \frac{F_{nt}}{\phi F_{nv}} f_v \leq F_{nt} \qquad (4.1\text{-}6)$$

F_{nt} : 표 4.1-6에 의한 공칭인장강도 (MPa)

F_{nv} : 표 4.1-6에 의한 공칭전단강도 (MPa)

f_v : 소요전단응력 (MPa)

(2) 볼트의 설계전단응력이 단위면적당 전단소요응력 f_v 이상이 되도록 설계한다.

(3) 전단 또는 인장에 의한 소요응력 f가 설계응력의 20% 이하이면 조합응력의 효과를 무시할 수 있다.

【해설】

외부 힘에 의해 발생하는 전단과 인장의 조합을 받는 지압접합부의 강도는 다음과 같은 타원식으로 정의할 수 있다(Kulak 등 1987).

$$\left(\frac{f_t}{\phi F_{nt}}\right)^2 + \left(\frac{f_v}{\phi F_{nv}}\right)^2 = 1 \qquad \text{(해설 4.1-5)}$$

식 (해설 4.1.3.4.-1), f_v와 f_t는 각각 소요 전단응력과 인장응력을, F_{nv}와 F_{nt}는 각각 공칭전단강도와 인장강도를 나타낸다. 타원곡선은 해설 그림 4.1.3.4-1에서와 같이 작은 편차를 가지는 3개의 직선으로 대체하여 표현할 수 있다. 직선의 기울어진 부분은 식 (해설 4.1-6)와 같으며, 이로부터 식 (4.1-6)이 도출되었다.

$$\left(\frac{f_t}{\phi F_{nt}}\right) + \left(\frac{f_v}{\phi F_{nv}}\right) = 1.3 \qquad \text{(해설 4.1-6)}$$

식 (해설 4.1-6)는 단위면적당 공칭전단강도, F_{nv}' 를 구하기 위해 소요인장응력 f_t의 함수로 다음 식 (해설 4.1-7)과 같이 다시 쓸 수 있다.

$$F_{nv}' = 1.3F_{nv} - \frac{F_{nv}}{\phi F_{nt}} f_t \leq F_{nv} \qquad \text{(해설 4.1-7)}$$

4.1.3.4에서는 직선의 식이 채택되었으나 일반적으로 해설 그림 4.1.3.4-1의 타원 식의 사용도 허용된다. 타원 식(해설 4.1-5)로부터 단위면적당 공칭인장전단강도, F_{nt}' 를 구하기 위한 식을 도출하면 다음과 같다.

$$F_{nt}' = F_{nt} \sqrt{1 - \left(\frac{f_v}{\phi F_{nv}}\right)^2} \qquad \text{(해설 4.1-8)}$$

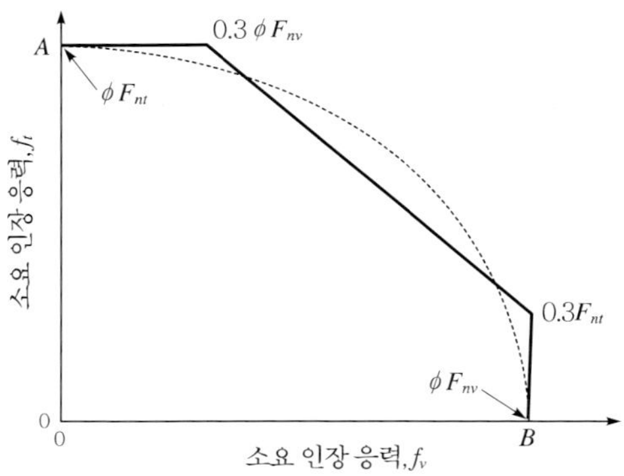

해설 그림 4.1-8 타원의 직선화

4.1.3.5 볼트구멍의 지압강도

(1) 지압강도한계상태에 대한 볼트구멍에서 설계강도 $\phi R_n(\phi = 0.75)$은 다음과 같이 산정한다.

① 표준구멍, 과대구멍, 단슬롯의 모든 방향에 대한 지압력 또는 장슬롯의 길이방향에 평행으로 작용하는 지압력의 경우

(가) 사용하중상태에서 볼트구멍의 변형을 설계에 고려할 필요가 있는 경우

$$R_n = 1.2L_c t F_u \le 2.4 d t F_u \qquad (4.1\text{-}7)$$

(나) 사용하중상태에서 볼트구멍의 변형을 설계에 고려할 필요가 없는 경우

$$R_n = 1.5L_c t F_u \le 3.0 d t F_u \qquad (4.1\text{-}8)$$

② 장슬롯의 길이방향에 직각으로 작용하는 지압력의 경우

$$R_n = 1.0L_c t F_u \le 2.0 d t F_u \qquad (4.1\text{-}9)$$

여기서, d : 볼트 공칭직경 (mm)

F_u : 피접합재의 공칭인장강도 (MPa)

L_c : 하중방향 순간격, 구멍의 끝과 피접합재의 끝 또는 인접구멍의 끝까지의 거리 (mm)

t : 피접합재의 두께 (mm)

(2) 접합부에 대하여 지압강도는 각각 볼트의 지압강도의 합으로 산정한다.

(3) 지압접합과 마찰접합 모두에 대하여 볼트구멍의 지압강도를 검토해야 한다.

【해설】

볼트의 지압강도에 관한 규정은 4.1.3.7의 핀의 지압강도와 다르다.

지압강도 값은 볼트를 보호하기 위한 목적이 아니라, 볼트가 지압하는 재료의 강도 값으로 주어진 것이다. 따라서 볼트로 조립된 모든 이음에 대해 볼트의 전단강도 또는 지압영역에서의 나사산 존재 유무와 관계없이 동일한 지압강도 값을 적용한다.

지압강도는 볼트가 지압하는 구멍에서의 지압변형 또는 재료의 찢어짐(블록전단파괴)에 의해 제한될 수 있다. Kim & Yura(1996), Lewis & Zwerneman(1996)은 4.1.3.5에서 나타난 바와 같이, 공칭지압강도 R_n은 $CdtF_u$로 보고하였다. 여기서, C는 구멍의 종류 또는 극한하중에서의 구멍변형 허용치에 따라 2.4, 3.0 또는 2.0으로 규정된다. 또한 이 연구는 찢어짐파괴로 지배되는 경우에 대해 다른 지압강도 규정의 필요성을 제기하였다. 이에 따라 순간격, L_c의 함수로 된 적절한 지압강도 계산식이 주어졌고, 이것은 RCSC Specification (RCSC, 2009)와 일치한다.

Frank와 Yura(1981)에 의하면 지압력이 $2.4dtF_u$ 를 초과하여 증가할 때, 특히 순단면적에 작용하는 높은 인장력과 조합되면 비록 파괴는 일어나지 않더라도 구멍의 변형이 일반적으로 6mm를 초과하게 된다는 것을 보여주었다. 하중방향에 수직인 장슬롯인 경우 지압력이 $2.0dtF_u$ 이상인 경우 같은 현상이 일어난다. 상한 값 $3.0dtF_u$에서는 최대강도에서의 구멍 변형(6mm 초과)이 예상된다. 또한, 지압강도 계산을 단순화하고 일반화하기 위해서 현재 규정은 순간격 공식에 기초하고 있다. 이전의 규정은 구멍의 형태와 방향에 따른 보정계수와 함께 구멍 중심선에서 측정된 연단거리와 볼트간격, 최소연단거리 조건을 사용했다.

Kulak(1987)등은 연결판에 볼트를 체결한 후 실험한 결과 힘 작용방향으로 부재의 연단에서 볼트의 중심까지 측정한 거리 L 이 볼트 직경에 인장강도에 대한 지압응력의 비를 곱한 값보다 작지 않다면 부재의 연단 찢어짐에 의한 파괴는 일어나지 않는 것을 보여주었다.

전단을 받는 각각의 볼트의 유효강도는 4.1.3.4의 전단강도와 4.1.3.5의 지압강도에 의해 제한될 수 있다. 연결의 유효강도는 각각의 볼트의 유효강도의 합이다. 일반적으로 이는 연결에서의 마지막 볼트의 유효강도가 위에서 언급한 찢어짐에 의해 제한될 때 발생한다. 반면 연결에서의 몇몇 볼트의 유효강도는 다른 볼트보다 유효강도보다 작을 수 있기 때문에 연결은 모든 볼트가 각각의 유효강도에 도달하기 위해서 충분한 연성을 가져야 한다.

4.1.3.6 고장력볼트의 미끄럼강도

(1) 마찰접합은 미끄럼을 방지하고 지압접합에 의한 한계상태에 대하여도 검토해야 한다.

(2) 마찰볼트에 끼움재를 사용할 경우에는 미끄럼에 관련되는 모든 접촉면에서 미끄럼에 저항할 수 있도록 해야 한다.

(3) 미끄럼 한계상태에 대한 마찰접합의 설계강도는 다음과 같이 산정한다.

$$R_n = \mu h_f T_o N_s \tag{4.1-10}$$

① 표준구멍 또는 하중방향에 수직인 단슬롯에 대하여, ϕ = 1.00

② 과대구멍 또는 하중방향에 평행한 단슬롯에 대하여, ϕ = 0.85

③ 장슬롯에 대하여, ϕ = 0.70

여기서, μ : 미끄럼계수

= 0.5 (무도장 블라스트 처리한 마찰면)

= 0.4 (무기질 아연말 프라이머 도장한 표면)

h_f : 끼움재계수

= 1.0 : 끼움재를 사용하지 않는 경우와 끼움재 내 하중의 분산을 위하여 볼트를 추가한 경우 또는 끼움재 내 하중의

분산을 위해 볼트를 추가하지 않은 경우로서 접합되는 재료 사이에 1개의 끼움재가 있는 경우

= 0.85 : 끼움재 내 하중의 분산을 위해 볼트를 추가하지 않은 경우로서 접합되는 재료 사이에 2개 이상의 끼움재가 있는 경우

T_o : 표 4.1-7의 고장력볼트의 설계볼트장력 (kN)

N_s : 전단면의 수

표 4.1-7 고장력볼트의 설계볼트장력

볼트의 등급	볼트의 호칭	최소 인장하중[1] (kN)	설계볼트장력[2] (T_o) kN
F8T	M16	125.4	84
	M20	195.8	131
	M22	242.7	163
	M24	282.0	189
F10T	M16	156.7	105
	M20	244.8	164
	M22	303.4	203
	M24	352.5	236
	M27	458.8	307
	M30	561.3	376
F13T	M16	203.7	136
	M20	318.2	213
	M22	394.4	264
	M24	458.3	307

주1) KS B 1010, 표 3에 규정된 볼트의 최소 인장하중
주2) 설계볼트장력은 KS B 1010에 규정된 볼트의 최소 인장하중에 0.67을 곱한 값

【해설】

접합부의 미끄러짐이 과도한 변형을 유발하여 사용성에 영향을 주거나 또는 안정성이나 강도감소의 원인이 될 경우, 사용 가능한 접합부의 강도가 충분할지라도 구조기술자가 판단하여 마찰접합으로 설계하여야 한다. 예를 들어, 피로의 우려가 있는 연결부나 과대구멍 또는 하중의 방향에 평행한 슬롯으로 된 볼트 연결부는 마찰접합으로 설계하여야 한다.

표준구멍을 적용한 건축 구조물의 볼트 접합부 미끄러짐에 대한 염려 없이 지압접합으로 설계할 수 있다. 표준구멍 또는 힘의 방향에 수직인 슬롯이 3개 이상의 볼트로 체결된 접합부의 경우 미끄러짐이 발생할 가능성은 일반적으로 없다. 왜냐하면, 1개 또는 그 이상의 볼트는 하중이 작용하기 이전에

이미 지압된 상태로 있기 때문이다.

마찰접합의 강도는 전통적으로 사용한계상태로 보아왔다. 따라서 사용성하중조합에 대하여 미끄러짐에 저항하도록 설계하고 강도하중조합에 대하여 지압접합으로 검토하여 왔다. 그러나 과대구멍이나 하중에 평행한 슬롯으로 된 접합부에서 미끄러짐에 의한 변형이 강도한계상태보다 더 큰 하중을 초래할 수 있는 경우가 있다. 사용한계상태에 대한 마찰접합 강도의 일반적인 가정이 적용될 수 없는 사례들은 다음과 같다.

① 높은 형상비를 가진 가새골조에서 과대구멍이나 슬롯구멍에 의하여 허용되는 미끄러짐이 비교적 크고, 잠재적으로 큰 $P-\Delta$효과를 유발하는 경우.

② 장스팬, 평지붕 트러스에서 과대구멍에서의 미끄러짐이 물고임으로 인한 과도하게 큰 하중을 유발할 경우.

③ 조립압축부재에서 각 요소 단부사이의 미끄러짐이 부재의 유효좌굴길이를 증가시킬 수 있고, 이에 따라 좌굴 강도가 현저하게 감소될 경우.

④ 접합부의 미끄러짐으로 인해 변형이 없는(작은) 구조물로 취급하는 통상적인 해석의 가정에 어긋날 수 있고, 결과적으로 하중의 증가를 초래하는 모든 조건의 경우

볼트 접합부의 미끄러짐에 대한 소요강도의 결정과 실제 접합부의 강도에 영향을 미치는 요인은볼트 접합부의 설계에서 고려해야 할 매우 중요하다. 참고용으로 간략히 정리하면 다음과 같다.

(1) 미끄러짐에 대한 소요강도의 결정

이 기준은 표준구멍이나 하중방향에 직각인 슬롯에 볼트를 사용한 모든 마찰접합에 대하여 사용성에 따라 설계하는 것을 허용하고 있다. 이런 형태의 구멍을 사용할 때 접합부 미끄러짐으로 인하여 발생하는 약간의 형상변화 때문에 정상적인 해석의 가정을 변경시키거나 또는 하중이 증가되는 결과가 초래되지는 않는다.

과대구멍이나 하중방향에 평행한 슬롯구멍의 모든 볼트접합에 대한 기본 설계요건은 강도한계상태에서 미끄러짐의 방지이다. 이것은 접합부 미끄러짐으로 인한 형상의 변화에 대한 잠재성이 무시 못 할 정도이고, 접합부 미끄러짐이 상당한 하중 증가를 초래한다고 보수적으로 가정한 것이다. 모든 마찰접합부는 강도한계상태 하중조합을 사용하여 전단과 지압에 대해 검토하여야 한다.

강도한계상태 하중조합의 효과로 인한 미끄러짐에 대한 저항을 설계할 때, 요구되는 신뢰성은 약간의 설명이 필요하다. 전통적으로, 접합의 한계상태는 볼트 및 필릿용접에 대하여 신뢰성지수, β 값으로 4.0을 요구한다. 이는 접합부의 파괴와 관련된 한계상태의 대부분이 갑작스럽고, 연성이 결여된 접합부의 분리와 연관되기 때문이다. 접합부가 강도한계상태 하중조합의 효과에 대해 지압접합으로 검토되는 한, 접합부의 미끄러짐으로 인하여 접합부가 갑자기 분리되지는 않기 때문에, 강도한계상태 하중조합의 효과에 대한 미끄러짐 저항의 정확한 신뢰성의 수준은 접합부 성능에 결정적이지 않다. 과대구멍과 슬롯에 대해 제안된 구멍계수와 함께, 저항계수은 신뢰성 지수 4.0을 얻는데 필요하다. 그러나 마찰접합의 신뢰성 지수 계산에는 복잡한 계수들이 포함되어 있고, 과대구멍과 슬롯의 미끄러짐 저항에 대한 광범위한 통계적 자료가 부족하기 때문에 강도한계상태 하중조합에 대해 지압과 전단에

대한 검토를 요구하고 있다.

(2) 접합부의 미끄러짐 저항에 영향을 미치는 요인

① 접합면의 미끄럼계수

건축구조물에서는 도장하지 않고 블라스트 처리한 표면에 대해 $\mu=0.50$를 적용하고 접합면은 이를 확보하도록 한다. 실험에 의하면 마찰에 의해 전단력을 전달하는 유효 접촉면은 볼트에 가까운 주변에 환형으로 집중되어 있는 것으로 나타났다(Plyzois와 Fank, 1976). 볼트구멍의 연단으로부터 25mm 또는 볼트 직경 이상 떨어진 곳의 접합면 도장은 마찰이음의 강도를 감소시키지는 않는다. 한편, 볼트의 체결력이 두꺼운 판을 완전히 평평하게 하고 볼트 주변의 접촉면이 견실히 밀착되도록 끌어당기는데 적합하지 않을 수 있다. 따라서 이 규정은 볼트에 가까운 주변뿐만 아니라 볼트 사이의 다른 접합면에도 도장하지 말 것을 요구하고 있다.

강교량과 같이 시공과정에 부재가 노천에 노출되는 경우에는 접합면의 부식방지를 위해서 도장을 한다. 시험에 의한 표면에 대한 마찰계수의 평균값이 각 표면 등급을 결정하는데 사용된다. Frank와 Yura (1981)의 연구결과로서 볼트 접합면에 사용된 도장에 대한 마찰계수 시험 방법이 개발되었다(AISC, 1983). 이 방법은 검증된 도장에 대해 확실한 성능을 보장하기위한 장기 크리프 테스트 요건을 포함하고 있다. 주요변수가 변경되면 재검증을 요구하는 이 방법은 사용되는 모든 도장의 검증을 위한 유일한 방법이다. 시방규정에 따른 무기질 아연말 프라이머 도장한 표면은 시험결과 안정적으로 0.4 이상의 미끄럼계수를 확보할 수 있는 것으로 나타났다. 이 경우 볼트 체결은 반드시 도장이 충분히 경화된 후에 이루어져야 한다. 도장의 모든 경화는 연결부가 조립되고 볼트가 조여진 후에 바로 멈춘다. 완전히 경화하지 않은 페인트 코팅은 윤활유처럼 작용하며, 연결부의 활동 저항력을 심각하게 감소시킬 수 있다.

최근 국내에서도 고장력볼트 이음의 미끄럼 계수에 대한 연구가 진행되었다(박용명 외, 2000, 한국강구조학회 논문집 제 12권 2호 ; 성택룡 외, 2007, 대한토목학회 논문집 제27권 제5호). 내후성강재에 대한 실험결과(박용명 외, 2007)의 경우 미끄럼 계수는 블라스팅 처리한 경우는 평균 0.568, 무기질 아연말 프라이머 도장의 경우는 평균 0.438(60S의 경우)이상을 나타내었다. 또한 후판강재를 이용한 실험(성택룡 외, 2007)에서는 80mm 두께의 강판에 대해 평균 미끄럼계수 0.474 이상을 나타내었다. 이상과 같은 실험결과에 의하면 무기질 아연말 프라이머로 도장한 경우의 미끄럼 계수는 0.40를 초과할 것으로 예상되나 한계상태 설계법에 따른 이 기준에서는 기존의 허용응력 설계법에 비하여 마찰접합 강도에 대한 여유분이 매우 작은 점을 감안하여 기존의 미끄럼계수 0.4를 사용하는 것으로 하였다.

참고로 미국 AISC(2010) 에서는 표면처리의 종류에 따라 Class A, Class B로 구분하여 미끄럼 계수를 달리 적용하고 있으며 아래의 Class A, 또는 Class B의 미끄럼계수를 사용하거나 실험에 의해 결정된 값을 사용하도록 되어있다.

Class A : $\mu=0.30$

- 무도장 흑피 또는 블라스트 처리 또는 용융아연도금과 거친 표면에 Class A로 도장된 표면

Class B : $\mu=0.50$

- 무도장 블라스트 처리 또는 블라스트 처리된 강재에 Class B로 도장된 표면

② 볼트장력의 관리방법

볼트는 토크법, 너트회전법, 토크-전단볼트법, 직접인장측정법 등으로 조여서 볼트의 장력을 관리한다. 조임방법에 따라 볼트장력값은 다양하다. 가장 낮은 평균 장력값은 토크렌치를 사용하여 설계볼트장력 값의 1.13배 정도로 조였을 경우이다. 너트회전법은 볼트의 회전과 볼트의 등급에 따라 설계볼트장력 값의 1.22~1.35배 정도가 된다. 직접인장측정법과 토크-전단볼트법의 인장조절 볼트조립은 토크렌치와 너트회전법 사이에 있는 것으로 알려져 있다. 따라서 이 규정은 마찰접합의 모든 볼트가 위에 언급된 방법을 이용하여 설계볼트장력 T_0보다 최소한 1.13배의 장력으로 체결된다고 전제하고 있다.

③ 구멍의 종류

과대구멍과 단슬롯에 적절한 와셔를 사용한 고력볼트의 적절한 설치는 표준구멍의 볼트와 같은 정도의 미끄러짐에 대한 저항력을 가진다. 그러나 미끄러짐 크기의 증가로 인해 초래될 가능한 결과를 감안하여 미끄러짐 저항이 더 크게 설계되도록 구멍계수 $h_{sc} = 0.85$ 를 사용한다. 과대구멍과 단슬롯에 적절한 와셔를 사용한 고력볼트의 적절한 설치는 표준구멍의 볼트와 같은 정도의 미끄러짐에 대한 저항력을 가진다. 그러나 미끄러짐 크기의 증가로 인해 초래될 가능한 결과를 감안하여 미끄러짐 저항이 더 크게 설계되도록 구멍계수 $h_{sc} = 0.85$ 를 사용한다.

장슬롯에 대한 구멍계수 $h_{sc} = 0.70$ 은 과대구멍과 유사한 형태의 연결에 대해서 미끄러짐 저항의 증가와 장슬롯의 길이에 의한 긴장력와 미끄러짐 저항의 약간의 감소에 대한 보상을 고려한 것이다. 이전의 기준에서는 하중의 방향과 평행한 슬롯에 대해 구멍계수 $h_{sc} = 0.60$ 으로 추가적인 감소가 있었다. 사실 이것은 이러한 구멍에 대한 강도한계상태에 대한 설계로서 저항계수 ϕ를 사용하여 동일한 결과를 얻기 위한 것이었다.

4.1.3.7 마찰접합에서 인장과 전단의 조합

마찰접합이 인장하중을 받아 장력이 감소할 경우 4.1.3.6에서 산정된 설계미끄럼강도에 다음계수를 사용하여 감소한 후 산정한다.

$$k_s = 1 - \frac{T_u}{T_o N_b} \tag{4.1-11}$$

여기서, N_b : 인장력을 받는 볼트의 수

T_o : 표 4.1-7에 따른 설계볼트장력 (kN)

T_u : 소요인장력 (kN)

【해설】

마찰접합부에서의 미끄러짐저항은 인장력이 적용된다면 감소하게 된다. 계수 k_s는 적용된 인장력의 함수로써 식 (4.1-11)에서 주어진 공칭미끄러짐저항을 감소시키는 계수이다.

4.1.3.8 핀접합

(1) 휨모멘트를 받는 핀의 설계강도 ϕM_n은 다음과 같이 산정한다($\phi = 0.90$)

$$M_n = 1.00 F_y Z \qquad (4.1\text{-}12)$$

여기서, F_y : 핀의 항복강도 (MPa)

Z : 핀의 소성단면계수 (mm^3)

(2) 휨모멘트를 받는 핀의 설계전단강도 ϕV_n은 다음과 같이 산정한다 ($\phi = 0.9$).

$$V_n = 0.6\ F_y A_p \qquad (4.1\text{-}13)$$

여기서, A_p : 핀의 단면적 (mm^2)

4.1.4 접합부재의 설계강도

4.1.4.1 설계인장강도

접합부재의 설계인장강도 ϕR_n은 인장항복과 인장파단의 한계상태에 따라 다음 중 작은 값으로 산정한다.

(1) 접합부재의 인장항복에 대하여($\phi = 0.90$)

$$R_n = F_y A_g \qquad (4.1\text{-}14)$$

(2) 접합부재의 인장파단에 대하여($\phi = 0.75$)

$$R_n = F_u A_e \qquad (4.1\text{-}15)$$

여기서, A_e : 유효단면적 (mm^2)

볼트접합부의 경우에는 $A_e = A_n \leq 0.85 A_g$

【해설】

실험결과에 따르면 볼트접합 부재에서의 항복은 A_n/A_g 값이 0.85 이상이면 순단면적이 인장강도에 도달하기 전에 전 단면에 인장항복이 발생한다(Kulak 등 1987). 접합부의 길이가 부재의 전체 길이에 비해 짧기 때문에 접합부의 전 단면 항복으로 인한 부재의 비탄성변형 용량은 제한적이다. 따라서 제한적인 비탄성변형 용량을 감안하고, 설계에서 볼트구멍으로 인한 강도증가 효과가 예비용량으로 제공되도록 유효 순단면적 A_e를 $0.85A_g$ 이하로 제한하였다.

4.1.4.2 설계전단강도

접합부재의 설계전단강도 ϕR_n은 전단항복과 전단파단의 한계상태에 따라 다음 중 작은 값으로 산정한다.

(1) 접합부재의 전단항복에 대하여($\phi = 1.00$)

$$R_n = 0.6F_yA_{gv} \tag{4.1-16}$$

여기서, A_{gv} : 전단력을 받는 총단면적 (mm^2)

(2) 접합부재의 전단파단에 대하여($\phi = 0.75$)

$$R_n = 0.6F_uA_{nv} \tag{4.1-17}$$

여기서, A_{nv} : 유효전단단면적 (mm^2)

4.1.4.3 블록전단강도

전단 파괴선을 따라 발생하는 전단파단과 직각으로 발생하는 인장파단의 블록전단파단 한계상태에 대한 설계강도는 다음과 같이 산정한 공칭강도에 $\phi = 0.75$을 적용하여 구한다.

$$R_n = [0.6\ F_u\ A_{nv} + U_{bs}F_u\ A_{nt}] \le [0.6\ F_y\ A_{gv} + U_{bs}F_u\ A_{nt}] \tag{4.1-18}$$

여기서, A_{gv} : 전단저항 총단면적 (mm^2)

A_{nv} : 전단저항 순단면적 (mm^2)

A_{nt} : 인장저항 순단면적 (mm^2)

U_{bs} : 인장응력이 균일할 경우 1.0, 불균일할 경우 0.5 적용

【해설】

플랜지가 절취된 보에 대한 실험에 의하면 찢어짐 파괴모드가 해설 그림 4.1-9 에서와 같이 볼트 구멍 주위를 따라 발생할 수 있다는 것을 보여준다(Birkemoe과 Gilmour 1978). 이러한 블록전단모드는 한 면에서의 인장파괴와 수직면에서의 전단파괴를 합한 것이다. 파괴경로는 볼트구멍의 중심선에 의해 정의된다.

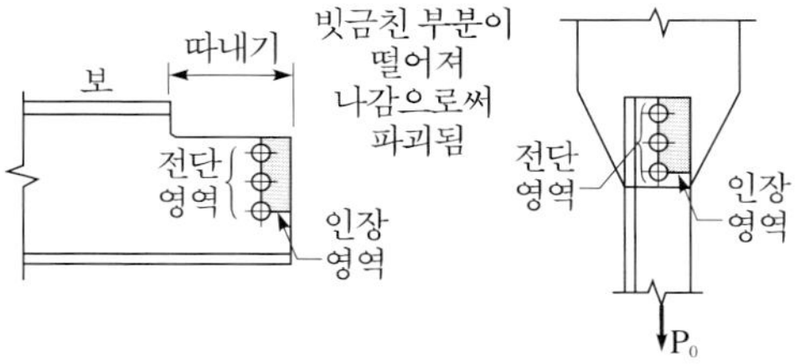

해설 그림 4.1-9 한계상태 블록전단 파괴면

Ricles와 Yura(1983), Hardash 와 Bjorhovde(1985)와 같은 최근의 실험에서는 한 면의 항복강도를 수직인 면의 파괴강도에 합하는 것이 바람직하다고 지적했다. 블록전단은 항복한계상태가 아닌 파괴되는 현상이다. 따라서 블록전단의 내력식은 파괴가 선행되는 면을 기준으로 하여 파괴면과 항복면의 조합으로 되어 있다. 선행파괴가 일어나는 면은 전단면에 대한 항복강도 식을 사용하고 동반되는 파괴면은 순단면에 대한 파괴강도 식을 적용하여 합한 것을 강도 계산식으로 사용한다. 식 (4.1-18)는 인장 순단면의 내력이 전단 순단면의 내력보다 큰 경우이다. 전단을 받는 면이 먼저 파괴에 도달하므로 전단을 받는 면은 전단면에 대한 항복강도 식을, 인장을 받는 면은 순단면에 대한 파괴강도 식을 적용한다.

AISC 설계기준(AISC, 2010)은 블록전단강도를 예측하기 위하여 보수적인 모델을 채택하고 있다. 따내기 된 보의 웨브와 ㄱ형강에서의 파괴형상은 거셋플레이트의 경우와 다른데 이는 전단저항이 단지 한 면에만 있기 때문이며, 이 경우 전체 저항을 제공하는 재료의 블록에 약간의 회전이 발생하게 된다. 비록 단부면의 순단면적에서 인장파괴가 나타나지만 인장응력의 분포가 항상 균등한 것은 아니다 (Ricles와 Yura, 1983; Kulak과 Grondin, 2001a). 식 (해설 4.1.4.3-1)은 인장파괴면의 불균등한 응력분포를 고려하기 위해 감소계수 U_{bs}를 포함하고 있다. 해설 그림 4.1.4.3-2의 보의 단부에서 2열 접합하는 경우 인장응력의 분포가 균등하지 않은데, 이는 보의 단부에 가까운 열의 볼트가 전단력의 대부분을 분담하기 때문이다.

해설 그림 4.1.4.3-2에 보여지지 않은 조건에 대해서는 U_{bs}는 $(1-e/l)$로 취해질 수 있다. 여기서 e/l 은 블록 길이에 의해 나누어지는 저항의 중심에 대한 편심하중의 비이다. 이것에 대한 분석데이터는 Kulak and Grondin (2001), Kulak 그리고 Grondin (2002), and Yura et al. (1982)에 의해 보고되었다.

블록전단은 파단이나 찢어지는 현상이지 항복한계상태는 아니다. 그러나 $0.6F_uA_{nv}$의 값이 $0.6F_yA_{gv}$를 초과할 경우, 인장 면에서 찢어짐이 시작될 때 전단(shear) 면에서 전단면의 항복이 발생할 수 있다. 그러므로 식 (4.1-18)에서 $0.6F_uA_{nv}$ 의 값이 $0.6F_yA_{gv}$ 의 값 이하가 되도록 제한하고 있다 (Hardash and Bjorhovde, 1985). 항복한계상태에 대해서는 총 단면을 사용하고, 파단에 대해서는 순단면적을 사용하는 인장부재에 대한 개념과 일치한다.

블록전단파괴양상은 플랜지가 절취된 보 단부의 볼트 연결부에만 국한되지 않는다. 인장을 받는 용접연결 주위에 대해서도 검토되어야 한다. 여러 가지 예를 해설 그림 4.1-10에 나타낸다.

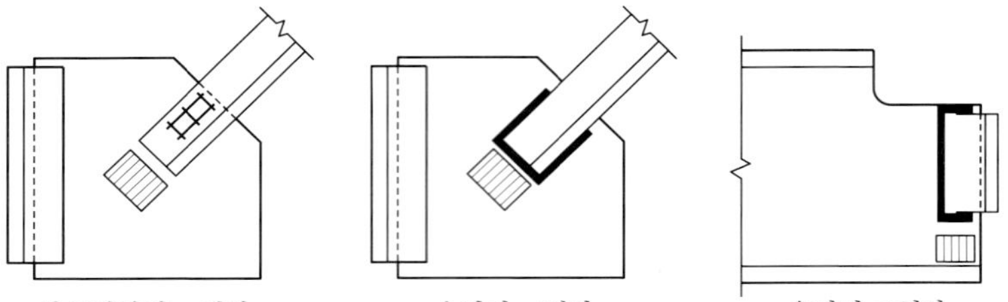

(a) $U_{bs}=1.0$인 경우

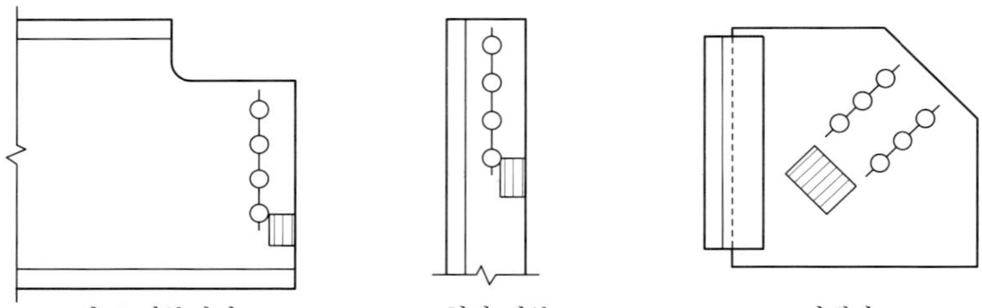

(b) $U_{bs}=0.5$인 경우

해설 그림 4.1-10 블록전단 인장응력의 분포

4.1.4.4 설계압축강도

접합부재의 압축강도는 다음과 같이 산정한다.

(1) $KL/r \leqq 25$ 인 경우($\phi=0.90$)

$$P_n = F_y A_g \qquad (4.1\text{-}19)$$

(2) $KL/r > 25$ 인 경우, KDS 14 31 10: 2016 (4.2)의 압축부재를 적용한다.

【해설】

연결의 계산을 단순화하기 위해서 부재의 세장비가 25보다 크지 않을 때 압축에 대한 부재의 공칭강도는 $F_y A_g$이다. 이는 KDS 14 31 10 (4.2)의 압축부재의 규정을 적용한 값보다 약간 큰 값이 된다. 더욱 세장한 부재에 대해서 KDS 14 31 10 (4.2)의 압축부재의 규정을 적용할 수 있다.

4.1.5 끼움재

(1) 용접구조에서 두께 6mm 이상의 끼움재는 이음판의 연단 밖으로 돌출해야 하며 끼움재의 표면에 작용하는 하중을 이음판에 전달하는데 충분하도록 용접해야 한다.

(2) 두께가 6mm 이하인 끼움재의 단부는 이음판의 단부와 일치되게 용접해야 한다. 이음두께에 끼움재 두께를 더한 크기의 하중을 전달할 수 있도록 용접해야 한다.
(3) 볼트접합에서 끼움재의 두께가 6mm 이하이면 전단강도는 감소하지 않는다고 가정한다.
(4) 볼트접합에서 끼움재의 두께가 6mm 초과하고 19mm 이하일 때
감소계수 $[1-0.0154(t-6)]$를 곱한다. 여기서 t는 끼움재의 전체두께이다.

【해설】

추가적인 채결재를 사용하여 끼움재를 고정시키는 작업은 실제로는 전단 연결 요소의 하나의 일체화된 부분이 되므로 부재가 요구되는 강도 수준에서 미끄러짐에 대해 저항하도록 설계된 경우에는 필요하지 않다. 그러한 연결에서, 끼움재와 다른 연결부 사이에서의 미끄러짐 저항은 끼움재가 없는 경우 연결부 사이에 존재하는 것과 비교될 수 있다.
끼움판은 두께가 다른 용접된 연결의 겹침이음부에 사용되거나 연결부가 떨어져 있는 부분에 사용될 수 있다.

4.1.6 이음

(1) 플레이트거더 또는 보의 그루브용접이음은 작은 쪽 이음 단면의 전강도로 설계해야 한다.
(2) 플레이트거더 또는 보의 단면 내에서 다른 형태의 이음은 이음점에서의 소요강도에 충분하도록 설계해야 한다.

【해설】

플레이트거더 또는 보의 이음에서 그루브용접을 사용할 경우에는 얇은 쪽 판의 공칭강도가 발휘되어야 하지만, 다른 유형의 접합부에서는 접합부의 소요강도를 발휘하도록 설계하는 것으로 충분하다.

4.1.7 지압강도

설계지압강도 ϕR_n은 국부압축항복의 한계상태를 가정하여 다음과 같이 산정한다 $(\phi=0.75)$.
공칭지압강도 R_n은 지압형태에 따라 다음과 같이 산정한다.

【해설】

일반적으로 면 가공한 면의 지압강도설계는 $0.9F_y$의 응력이 발생하는 공칭하중에서의 지압한계상태(국부압축항복)에 의해 지배된다. 변형이 증가함에 따라 항복 후 강도에 의해 적절한 안전율이 확보되기 때문에 가공된 지압면의 강도는 항복강도를 초과한다. 핀 연결부에 대한 실험(Johnston 1939)과 라커에 대한 실험(Wilson 1934)은 이러한 거동을 확인하였다.

이 규정에 사용된 "기계절삭 면" 의 용어는 적절한 수단을 사용하여 정확하게 잘리거나 마무리되어서 완전한 평면으로 가공된 면을 포함한다.

4.1.7.1 공장가공면, 핀의 구멍, 지압보강재 등의 지압

$$R_n = 1.8\ F_y A_{pb} \tag{4.1-20}$$

여기서, F_y : 항복강도 (MPa)

A_{pb} : 투영된 지압면적 (mm^2)

4.1.7.2 확장롤러 및 확장록커

(1) $d \leq 635$mm인 경우

$$R_n = 1.2(F_y - 90)\, l\, d\, /\, 20 \tag{4.1-21}$$

(2) $d > 635$mm인 경우

$$R_n = 30.2(F_y - 90)\, l \sqrt{d}\ /\ 20 \tag{4.1-22}$$

여기서, d : 직경 (mm)

l : 지압길이 (mm)

4.1.8 주각부 및 콘크리트의 지압

주각부는 기둥의 하중과 모멘트를 기초에 전달할 수 있도록 설계되어야 한다. 콘크리트의 설계지압강도 $\phi_c\ P_p(\phi_c = 0.65)$는 콘크리트압괴의 한계상태에 대하여 다음과 같이 산정한다.

(1) 콘크리트 총단면이 지압을 받는 경우

$$P_p = 0.85 f_{ck}\ A_1 \tag{4.1-23}$$

(2) 콘크리트단면의 일부분이 지압을 받는 경우

$$P_p = 0.85 f_{ck} A_1 \sqrt{A_2/A_1} \leq 1.7 f_{ck} A_1 \quad (4.1\text{-}24)$$

여기서, A_1 : 베이스플레이트의 면적 (mm^2)

A_2 : 베이스플레이트와 닮은꼴의 콘크리트 지지부분의 최대면적 (mm^2)

4.1.9 앵커볼트

(1) 앵커볼트는 주각부의 베이스플레이트를 통해 전달되는 인장 및 전단하중에 대해 저항할 수 있도록 설계해야 한다.

(2) 앵커볼트의 콘크리트 내 정착관련 규정은 KDS 14 20 52: 2016과 KDS 14 20 54: 2016를 참고한다.

(3) 앵커볼트의 설계는 4.1.3.3에 따른다.

【해설】

"앵커볼트(anchor rod)"라는 용어는 강구조부재를 고정하기 위해 콘크리트에 매입되는 나사강봉을 의미한다. 이는 구조용 볼트가 아닌 나사강봉이며, 표 4.1-6의 일반볼트를 사용하거나 또는 연성이 풍부한 앵커용 재질의 강재를 사용하여 나사강봉으로 설계하여야 한다.

일반적으로 앵커볼트를 설계함에 있어 요구되는 가장 큰 인장력은 기둥받침부의 휨모멘트에 의해 발생되며, 수평하중이 작용할 경우 건축물을 전도시키려는 힘에 의해 유발되는 인발력에 의해 더욱 증가된다.

앵커볼트를 배치함에 있어 기둥 받침부의 설계뿐만 아니라, 기초의 철근위치를 함께 고려해야 한다. 앵커볼트 하단부에서의 앵커장치는 기초의 철근과 간섭을 피하도록 가능하면 작은 것을 사용하는 것이 좋다.

4.1.10 집중하중을 받는 플랜지와 웨브

H형단면 부재에서 플랜지에 수직이며 웨브에 대하여 대칭인 단일 또는 2중 집중하중을 받는 경우에 적용한다.

(1) 한 쪽의 플랜지에 집중하중을 받는 경우에는 플랜지 국부휨, 웨브 국부항복, 웨브 크리플링 및 웨브 횡좌굴에 대하여 4.1.10.1, 4.1.10.2, 4.1.10.3 및 4.1.10.4에 의해 각각 설계한다.

(2) 양측의 플랜지로부터 집중하중을 받는 경우에는 웨브 국부항복, 웨브 압축좌굴에 대

하여 4.1.10.2, 4.1.10.5에 의해 각각 설계한다.

(3) 큰 전단력을 받는 웨브 패널존은 4.1.10.6에 의해 설계한다.

(4) 소요강도가 한계상태의 설계강도를 초과하는 경우에는 소요강도와 설계강도의 차이 만큼 보강재 또는 2중플레이트를 설치해야 한다.

(5) 추가되는 보강재와 2중플레이트에 대하여는 4.1.10.7 및 4.1.10.8에 의해 각각 설계한다.

【해설】

이 규정은 플랜지부재에 대한 집중하중의 다음 2가지 유형에 대해 적용된다.

(1) 단일 집중하중으로 인장행거 등에 의해 전달되는 것 같은 인장력, 또는 보 중간의 지압판, 보 단부의 반력, 다른 지점 연결 등에 의해 전달되는 것 같은 압축력.

(2) 2중 집중하중으로써, 용접이나 볼트 접합으로 기둥의 플랜지에 보가 연결된 경우와 같이 부재 플랜지의 한쪽 면에 우력 모멘트로 작용하는 인장력과 압축력.

플랜지 국부휨은 인장력에 대해서만, 웨브 국부항복은 인장력과 압축력 모두에 대해서, 그리고 나머지의 경우는 압축력에 대해서만 적용된다.

웨브에 수직보강재와 2중플레이트는 집중하중이 해당 한계상태의 설계강도를 초과하는 경우에만 요구된다. 그러나 위와 같이 보강을 하는 것보다 아예 부재 자체를 크게 선택하는 것이 더 경제적일 경우가 많다. 소요강도를 규정 최소 항복강도 F_y에 하중 전달하는 요소의 총 단면적을 곱해 산출하기도 하지만, 다양한 하중조합으로부터 산정된 플랜지 최대 작용력으로써 결정될 수 있다. 보강재 또는 2중플레이트, 그리고 이들의 접합을 위한 용접치수는 해당 한계상태에서 소요강도와 설계강도의 차이를 고려해서 결정된다.

4.1.10.1 플랜지 국부휨강도

플랜지에 수직으로 용접된 판에 작용된 인장력에 의해 국부 휨을 받는 플랜지의 설계강도 $\phi R_n (\phi = 0.90)$은 다음과 같이 산정한다.

$$R_n = 6.25 t_f^{\ 2} F_{yf} \tag{4.1-25}$$

여기서, F_{yf} : 플랜지의 항복강도 (MPa)

t_f : 하중을 받는 플랜지의 두께 (mm)

플랜지부재에 걸쳐 작용하는 하중구간의 길이가 $0.15b_f$보다 작으면 (여기서, b_f는 플랜지부재의 폭), 식 (4.1-25)의 검토는 필요하지 않다. 다만 부재단부로부터 집중하중에 저항하는 거리가 $10t_f$보다 작은 경우 R_n의 50%를 저감한다.

【해설】

플랜지를 가로질러 용접된 판에 의해 인장력이 전달되는 경우에는 플랜지의 과대한 변형과 웨브 위치에서의 용접부에 높은 응력 집중이 생기지 않도록 충분한 강성을 갖고 있어야 한다.

연결된 플레이트의 응력분포는 해설 그림 4.1-11과 같으며 플랜지와 웨브가 결합되는 위치에서 응력집중이 발생한다. 이 응력집중의 정도는 플랜지의 면외 휨강성에 따라 영향을 받으며, 휨강성이 클수록 집중 정도는 완화 된다.

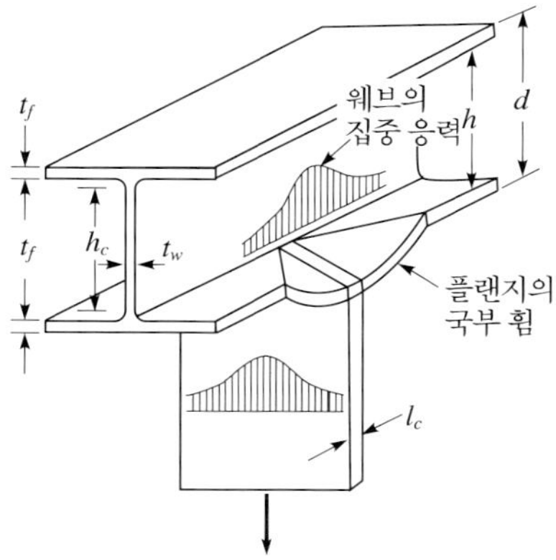

해설 그림 4.1-11 플랜지의 국부 휨과 웨브의 국부항복

플랜지의 국부 휨에 대한 요소의 유효길이는 $12t_f$이다 (Graham 등 1960). 즉, 집중하중이 작용하는 지점으로부터 각 방향으로 $6t_f$ 떨어진 곳에 플랜지 항복라인이 형성된다고 가정한 것이다. 이 모델의 가정과 일치하는 고정단을 만들기 위해 추가적으로 $4t_f$, 따라서 전체적으로 $10t_f$만큼의 거리가 필요하며, 이로부터 전체 플랜지 휨강도 산출 식 (4.1-25)을 유도하였다. 집중하중이 부재 단부로부터 $10t_f$보다 가까운 지점에 적용하는 경우, 적용할 수 있는 연구 결과가 없다면, R_n에 대해서 50%의 강도를 저감한다.

식 (4.1-25)은 처음에는 모멘트 접합을 위해 만들어졌으나 보의 하부플랜지에 면외 방향이며 웨브에 대해서는 직각 방향으로 용접된 행어 연결용 플레이트와 같은 단일집중하중에도 적용할 수 있다. 원래 실험에서 이 강도 산출 식은 플랜지가 변형되면서 응력과 변형률의 불균일 분포로 인해 불리하게 된 용접부의 파괴 강도의 하한 값을 제시하고자 했던 것이다.

최근 최소 요구 충격치를 만족하는 용접부에 대한 실험 결과에 의하면 용접부의 파괴는 이 강도식의 값을 초과했을 경우의 파괴모드가 아니다. 오히려 이 강도식에 의한 값은 기둥의 플랜지 간격을 6mm 벌려놓는데 필요한 하중보다 변함없이 작은 것으로 나타났다. 이정도의 플랜지 변형은 허용오차 수준이며, 이 수준을 초과하는 경우에는 국부좌굴 등 부재의 성능에 결정적인 문제가 있는 것으로 간주된다. 압축력에 의해서도 역시 이와 같은 플랜지의 변형이 발생할 수 있지만, 플랜지 국부휨에 대함 검토는 인장력에 대해서면 검토하는 것이 관례이며, 압축력에 대한 검토는 요구되지 않는다.

이 규정의 플랜지 국부휨강도는 엔드플레이트 또는 티-스터브(tee-stub) 형태의 모멘트접합부에는 적용할 수 없다.

4.1.10.2 웨브 국부항복강도

단일 집중하중과 2중 집중하중의 인장·압축 두 요소에 모두 적용된다. 집중하중이 작용하는 지점에서 웨브 필릿 선단부의 설계강도 ϕR_n ($\phi = 1.00$)은 다음에 의해 산정한다.

웨브 국부공칭강도 R_n은 다음에 의해서 산정한다.

(1) 인장 또는 압축 집중하중의 작용점에서 부재 단부까지의 거리가 부재 깊이d를 초과할 경우

$$R_n = (5k + N)F_{yw}t_w \quad (4.1\text{-}26)$$

(2) 상기의 집중하중의 작용점에서 부재 단부까지의 거리가 부재 깊이d 이하일 경우

$$R_n = (2.5k + N)F_{yw}t_w \quad (4.1\text{-}27)$$

여기서, k : 플랜지의 바깥쪽 면으로부터 웨브 필릿 선단까지의 거리(mm)

F_{yw} : 웨브의 항복응력(MPa)

N : 집중하중이 작용하는 폭 (다만 k보다 작지 않을 것) (mm)

t_w : 웨브두께(mm)

d : 부재의 전체깊이(mm)

필요한 경우 수직보강재 또는 2중플레이트 한 쌍을 설치한다.

【해설】

웨브 국부항복 규정 식 (4.1-26), 식 (4.1-27)은 모멘트와 지압에 대한 연결부의 인장력과 압축력에 적용할 수 있다. 이 규정은 하중이 전달되는 부재 웨브에서의 항복 범위를 제한하기 위한 것이다. 이 규정은 기둥부재 양측에 보를 연결시킨 시험체에 대한 시험결과(Sherbourne and Jensen, 1957)에 기반을 두고 있으며, 응력을 받는 범위가 2:1의 경사로 퍼져나간다는 것을 고려하여 유도한 것이다. 다른 시험(Graham 등 1960)에서는 집중하중이 웨브에 분산 전달되는데 1:2.5의 기울기가 적절하다고 보고하였다. 최근 시험결과도 식 (4.1-26), 식 (4.1-27)은 약간 보수적이며, 항복은 경사 2.5:1의 경사와 일치하는 범위 내에 제한된다고 확인하였다.

이러한 집중하중에 의해 취약한 단면은 웨브 필릿 선단부이다. 즉 플랜지의 외면으로부터 플랜지의 두께와 필릿의 합 k만큼 떨어진 웨브 필릿 선단부에서의 국부항복설계강도를 구한다.

4.1.10.3 웨브 크리플링강도

이 조항은 압축 단일 집중하중과 2중 집중하중의 압축요소에 적용된다. 웨브의 국부 크리플링에 대한 설계강도 $\phi R_n (\phi = 0.75)$은 다음에 의해 산정한다.

웨브 크리플링공칭강도 R_n은 다음에 의해서 산정한다.

(1) 집중하중이 부재 단부에서 $d/2$ 이상 떨어진 지점에 작용할 때

$$R_n = 0.80t_w^2\left[1+3\left(\frac{N}{d}\right)\left(\frac{t_w}{t_f}\right)^{1.5}\right]\sqrt{\frac{EF_{yw}t_f}{t_w}} \tag{4.1-28}$$

(2) 집중하중이 부재 단부에서 $d/2$ 미만 떨어진 지점에 작용할 때

① $N/d \le 0.2$ 인 경우

$$R_n = 0.40t_w^2\left[1+3\left(\frac{N}{d}\right)\left(\frac{t_w}{t_f}\right)^{1.5}\right]\sqrt{\frac{EF_{yw}t_f}{t_w}} \tag{4.1-29}$$

② $N/d > 0.2$ 인 경우

$$R_n = 0.40t_w^2\left[1+\left(\frac{4N}{d}-0.2\right)\left(\frac{t_w}{t_f}\right)^{1.5}\right]\sqrt{\frac{EF_{yw}t_f}{t_w}} \tag{4.1-30}$$

여기서, t_f : 플랜지 두께 (mm)

강도가 부족할 경우, 한 개의 수직보강재 또는 한 쌍의 수직보강재 또는 최소한 웨브 깊이의 절반을 덮는 2중플레이트를 설치한다.

【해설】

웨브 크리플링에 대한 식 (4.1-28), 식 (4.1-29), 식 (4.1-30)은 압축력에 대해서만 적용한다. 웨브 크리플링은 플랜지에 작용하는 집중하중에 의해 작용점 바로 밑에서 웨브가 면외로 부풀어 나오는 현상이며 비교적 세장한 웨브에서 발생한다. 반면에 웨브 국부항복은 보다 두꺼운 단면의 웨브에서 발생하는 것으로 같은 영역에서 항복강도에 이르는 것을 의미한다.

상기 공칭 강도식은 지압 연결에 대해 적용되어야 하나, 일반적으로 모멘트 연결에 대해서도 적용할 수 있다.

웨브 크리플링은 하중이 가해지는 플랜지 근방의 웨브에서 발생한다. 이에 따라 웨브 깊이의 절반이상 구간을 보강재(half-depth stiffener) 또는 2중플레이트(half-depth doubler plate)로 보강한다.

4.1.10.4 웨브 횡좌굴강도

집중압축하중을 받는 휨부재의 하중작용점에서의 압축플랜지와 인장플랜지의 상대적 횡방향이동이 구속되어 있지 않은 경우에 적용된다. 웨브의 횡좌굴에 대한 설계강도 $\phi R_n (\phi = 0.85)$은 다음에 의해 산정한다.

웨브 횡좌굴공칭강도 R_n은 다음에 의해 산정한다.

(1) 압축플랜지가 회전에 대해서 구속될 때,

① $(h/t_w)/(l/b_f) \le 2.3$ 일 때,

$$R_n = \frac{C_r t_w^3 t_f}{h^2}\left[1 + 0.4\left(\frac{h/t_w}{l/b_f}\right)^3\right] \qquad (4.1\text{-}31)$$

② $(h/t_w)/(l/b_f) > 2.3$ 일 때, 웨브 횡좌굴의 한계상태에 대한 검토는 필요하지 않다. 웨브의 소요강도가 설계강도를 초과할 때, 국부 가로방향 가새를 인장플랜지에 설치하거나 또는 한 쌍의 수직보강재 또는 2중플레이트를 설치한다.

(2) 압축플랜지가 회전에 대해서 구속되지 않을 때,

① $(h/t_w)/(l/b_f) \le 1.7$ 일 때,

$$R_n = \frac{C_r t_w^3 t_f}{h^2}\left[0.4\left(\frac{h/t_w}{l/b_f}\right)^3\right] \qquad (4.1\text{-}32)$$

② $(h/t_w)/(l/b_f) > 1.7$ 일 때, 웨브 횡좌굴의 한계상태에 대한 검토는 필요하지 않다. 웨브의 소요강도가 설계강도를 초과할 때, 국부 횡가새를 집중하중에 작용하는 지점의 양측 플랜지에 설치한다. 식 (4.1-31), 식 (4.1-32) 은 다음의 정의를 따른다.

b_f : 플랜지폭 (mm)

C_r : 하중작용지점에서 $M_u < M_y$ 일 때, 6.62×10^6 (MPa)
하중작용지점에서 $M_u \ge M_y$ 일 때, 3.31×10^6 (MPa)

h : 플랜지 사이의 순거리 (mm)
(압연형강은 필릿을 제외한 거리, 용접형강은 플랜지 안쪽 사이의 거리로 함)

l : 하중점에서 각 플랜지의 횡방향비지지길이 (mm)

t_f : 플랜지 두께 (mm)

t_w : 웨브 두께 (mm)

【해설】

웨브 횡좌굴 규정 식 (4.1-31), 식 (4.1-32)은 지압연결부에서의 압축력에만 적용할 수 있고, 모멘트 연결부에는 적용하지 않는다. 실험연구(Summers & Yura 1982; Elgaaly 1983)를 통해 시험된 보에서 예상치 않은 파괴 형상이 목격된 후부터 웨브 횡좌굴에 관한 규정이 마련되었다. 이는 해설 그림 4.1-12과 같이 설명되는데, 압축플랜지는 집중하중을 받는 부분에서 수직브레이스에 의해 횡방향으로 지지되어 있고, 웨브는 플랜지에서 가해진 집중하중에 의해 압축상태에 놓이게 되어 인장플랜지가 횡방향으로 변형 되는 거동이다

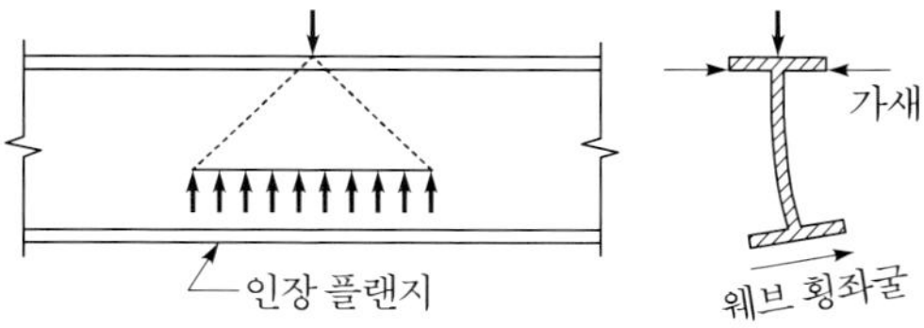

해설 그림 4.1-12 웨브횡좌굴

웨브 횡좌굴은 다음과 같은 경우에는 발생하지 않는다.

(1) 슬래브에 접합된 경우와 같이 회전에 대해서 구속된 플랜지의 경우

$$\frac{h/t_w}{l/b_f} > 2.3$$

(2) 회전에 대해서 구속되지 않은 플랜지의 경우

$$\frac{h/t_w}{l/b_f} > 1.7$$

여기서, l은 해설 그림 4.1-13에서의 값.

하중을 받는 지점에 횡방향 브레이스를 설치하거나 적합한 강성의 보강재를 배치하면 웨브 횡좌굴은 방지할 수 있다. 단면 상하부 플랜지(양연)에 설치된 국부 브레이스는 재하된 집중하중의 1% 수준에 대해 설계한다. 그리고, 횡좌굴 방지 보강재는 하중 작용점으로부터 거더 형고의 절반에까지 설치되어야 한다. 이 때 보강재는 웨브 양면에 한 쌍으로 설치하여 전체 작용하중을 전달할 수 있어야 한다. 집중하중을 받는 플랜지에 단면 회전이 일어나면, 보강재나 2중플레이트 모두 웨브의 횡좌굴 방지에 효과적이지 못하다.

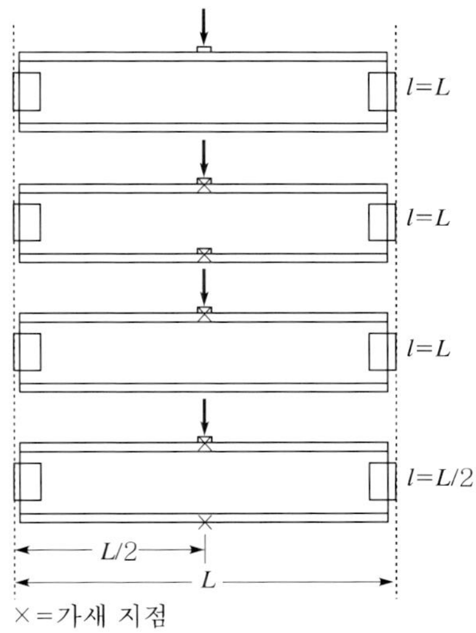

해설 그림 4.1-13 웨브 횡좌굴에 대한 비지지 플랜지길이

4.1.10.5 웨브압축좌굴강도

양쪽 플랜지에 집중압축력이 작용할 때 무보강 웨브의 공칭강도 $\phi R_n (\phi = 0.90)$은 다음에 의해 산정한다.

$$R_n = \frac{24 t_w^3 \sqrt{E F_{yw}}}{h} \tag{4.1-33}$$

부재 단부로부터 한 쌍의 집중하중에 저항하는 거리가 $d/2$보다 작을 경우, R_n의 50%를 저감한다. 필요한 경우에 단일 수직보강재와 한 쌍의 수직보강재 또는 웨브의 전체깊

이를 덮는 2중플레이트를 설치한다.

【해설】

상기 웨브 압축좌굴에 관한 규정은 동일 단면 내플랜지 양단 모두에 압축력이 작용하는 경우에 해당된다. 이 경우 2개의 연속된 모멘트접합부의 하부플랜지에 자중에 의해 발생할 수 있다. 이 상태에서, 웨브는 압축좌굴을 피할 세장비 이내로 설계되어야 한다.

식 (4.1-33)은 한 쌍의 모멘트접합에 대해 적용가능하다. 그리고 L_b/d가 1 보다 작은 경우 부재의 양플랜지에 작용하는 압축력에 적용된다. L_b/d가 1보다 작지 않은 경우, 웨브는 KDS 14 31 10 (4.2)의 압축부재 규정에 따라 압축부재로 설계된다. 식 (4.1-33)은 부재 안쪽에 재하된 상태에 대해 예상되는 공칭강도이므로, 압축력이 부재 단부 가까이 재하 된 경우 적용될만한 지침이 없으면 이의 절반 수준으로 낮춰 적용한다.

4.1.10.6 웨브 패널존 전단강도

전단력과 압축력을 받는 패널존의 설계강도 $\phi R_n (\phi = 0.90)$은 다음에 의해 산정한다.

웨브 패널존 공칭강도 R_n은 다음에 의해 산정한다.

(1) 골조안정성에 대한 패널존 변형의 효과가 해석에서 고려되지 않을 때 :

① $P_r \le 0.4P_c$ 일 때,

$$R_n = 0.60F_y d_c t_w \tag{4.1-34}$$

② $P_r > 0.4P_c$ 일 때,

$$R_n = 0.60F_y d_c t_w\left(1.4 - \frac{P_r}{P_c}\right) \tag{4.1-35}$$

(2) 골조 안정성에 대한 소성 패널존 변형을 포함하는 것이 해석에서 고려될 때 :

① $P_r \le 0.75P_c$ 일 때,

$$R_n = 0.60F_y d_c t_w\left(1 + \frac{3b_{cf}t_{cf}^2}{d_b d_c t_w}\right) \tag{4.1-36}$$

② $P_r > 0.75P_c$ 일 때,

$$R_n = 0.60F_y d_c t_w\left(1 + \frac{3b_{cf}t_{cf}^2}{d_b d_c t_w}\right)\left(1.9 - \frac{1.2P_r}{P_c}\right) \tag{4.1-37}$$

식(4.1-34), 식 (4.1-35), 식 (4.1-36), 식 (4.1-37)의 기호는 다음의 정의에 따른다.

A : 기둥 횡단면적 (mm^2)

b_{cf} : 기둥 플랜지의 폭 (mm)

d_b : 보깊이 (mm)

F_y : 기둥 웨브의 명시된 최소항복강도 (MPa)

P_c : P_y (N)

P_r : 소요강도 (N)

P_y : F_yA, 기둥의 축방향항복강도 (N)

t_{cf} : 기둥 플랜지의 두께 (mm)

t_w : 기둥 웨브의 두께 (mm)

필요한 경우 2중플레이트 또는 한 쌍의 대각보강재를 강접합 경계 내에 설치해야 한다.

【해설】

패널존은 강접합의 기둥-보접합부에 기둥과 보의 플랜지로 둘러싸인 웨브 부분으로 해설 그림 4.1-14과 같다. 패널존에 수평하중이 작용하는 경우에는 상·하 기둥의 단부와 좌·우측 보의 단부로부터 커다란 전단력과 휨모멘트가 작용하므로 패널존에 복잡한 응력분포가 나타난다. 이 경우에 패널존의 전단항복에 의한 과대한 전단변형으로 골조전체의 내력 및 강성에 나쁜 영향을 미칠 수 있다. 그러므로, 패널존의 판두께에 대한 충분한 검토를 통하여 전단강도와 강성을 높일 필요가 있다.

해설 그림 4.1-14의 면 A-A를 따라서 소요강도 ΣF_u가 기둥웨브의 설계강도 ϕR_v를 초과하는 경우에는 웨브를 보강해야 한다.

$$\Sigma F_u = \frac{M_{u1}}{d_{m1}} + \frac{M_{u2}}{d_{m2}} - V_u$$

$$M_{u1} = M_{u1L} + M_{u1G} \ (\mathrm{N \cdot mm})$$

$$M_{u2} = M_{u2L} - M_{u2G} \ (\mathrm{N \cdot mm})$$

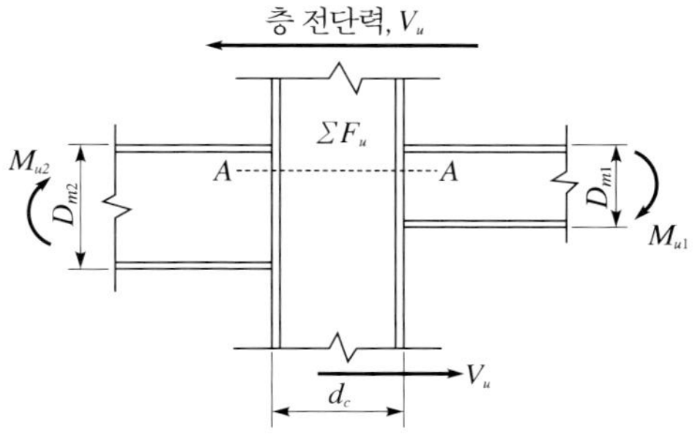

해설 그림 4.1-14 패널존에서의 힘

접합부의 바람 작용면에 대해서,

M_{u1L}, M_{u2L} : 발생된 횡하중에 의한 모멘트

M_{u1G}, M_{u2G} : 발생된 중력에 의한 모멘트

만약 $\Sigma F_u \leq \phi R_v$인 경우 보강이 필요하지 않다.

식 (4.1-34), 식 (4.1-35)는 패널존 거동을 탄성영역으로 제한한다. 이 경우 패널존은 초기의 전반적인 항복 후에도 큰 여유 능력을 가지고 있지만 이에 상응하는 연결부의 비탄성 변형이 골조의 강도와 안정에 좋지 않은 영향을 미칠 수 있다 (Fielding & Huang, 1971; Fielding & Chen, 1973). 패널존의 전단항복은 전체골조의 강성에 영향을 미친다. 따라서 그에 따라 발생하는 2차 효과가 심각할 수 있다. 해설 그림 4.1-15에 보여준 바와 같은 전단과 축력의 상관관계를 나타내는 식 (4.1-35)은 탄성상태의 패널 거동에 대한 것이다.

만약 연결부의 적절한 연성능력이 확보되고, 패널존의 비탄성 변형을 고려하여 골조해석을 한다면, 추가적인 비탄성전단강도는 식 (4.1-36), 식 (4.1-37)의 다음 계수에 의해 반영시킬 수 있다.

$$\left(1+\frac{3b_{cf}t_{cf}^2}{d_b d_c t_w}\right) \qquad \text{(해설 4.1-3)}$$

이 비탄성전단강도는 강진지역의 내진설계시 골조의 설계에 있어 가장 많이 사용하였으며, 골조를 구성하는 부재의 강도를 발휘할 수 있도록 패널존을 설계할 때 사용해야 한다.

식 (4.1-37)에 나타낸 전단과 축력의 상관관계(해설 그림 4.1-16 참조)는 웨브가 완전히 전단항복 하였을 때 기둥의 축방향 하중이 플랜지에 의해 지지되는 것으로 고려한 것이다.

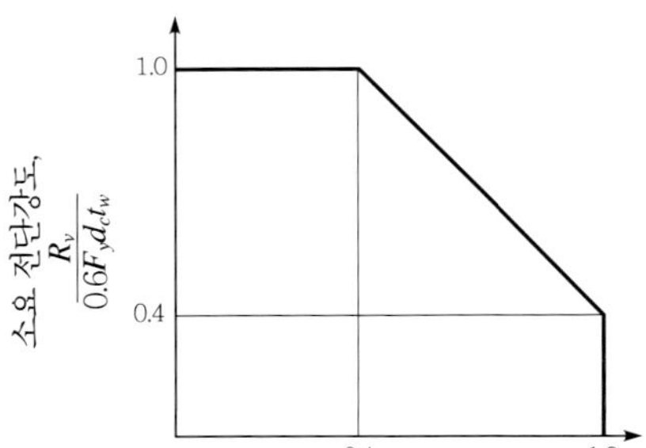

해설 그림 4.1-15 전단과 축력의 상관곡선 - 탄성

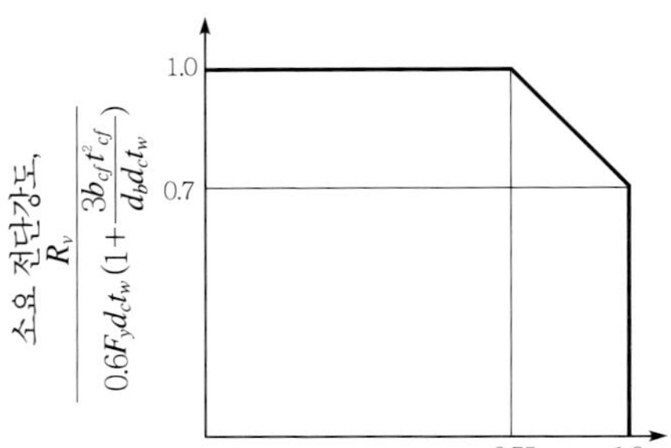

해설 그림 4.1-16 전단과 축력의 상관곡선 - 비탄성

4.1.10.7 집중하중에 대한 추가 보강재 요구사항

(1) 인장집중하중에 저항하기 위해 요구되는 부재는 KDS 14 31 10 (4.1)에 따라 설계하고 보강재가 필요한 경우, 소요강도와 한계상태강도의 차이만큼 설계한다. 보강재를 웨브에 용접하는 경우, 보강재단부에 작용하는 인장력의 차이만큼을 웨브에 전달할 수 있도록 설계한다.
(2) 압축집중하중에 저항하기 위해 요구되는 보강재는 4.1.4.4와 KDS 14 31 10: 2016 (4.2.6.2)에 의해 설계한다. 보강재를 플랜지에 용접하는 경우, 소요강도와 설계강도의 차이만큼 용접설계한다. 보강재를 웨브에 용접하는 경우, 보강재의 단부에 작용한 압축력의 차이만큼을 웨브에 전달할 수 있도록 설계한다.
(3) 압축력에 저항하는 전체깊이에 걸친 수직보강재는 4.1.4.4와 KDS 14 31 10: 2016 (4.2.6.2)에 따라 축방향 압축력을 받는 부재로 설계한다. 부재의 성능은 유효좌굴길이를 $0.75h$로 하고 유효단면은 2개의 보강재와 부재 안쪽으로 폭 $25t_w$, 부재 단부쪽으로 폭 $12t_w$를 가지는 웨브의 스트립으로 구성되는 십자형단면을 사용하여 결정한다.
(4) 수직 그리고 대각보강재는 다음의 추가적인 기준을 만족해야 한다.
   ① 집중하중을 받는 보강재 설계 시, 기둥웨브두께의 1/2에 보강재 한 쪽의 폭을 더한 길이는 플랜지 또는 모멘트접합플레이트 폭의 1/3보다 작아서는 안 된다.
   ② 집중하중을 받는 보강재 설계 시, 보강재의 두께는 t_f의 1/2 그리고 b_f의 1/15 이상으로 한다.
   ③ 수직보강재의 길이는 4.1.10.5에서 요구하는 사항을 제외하고 부재 깊이의 최소 1/2 이상으로 한다.

4.1.10.8 집중하중에 대한 추가 2중플레이트 요구사항

2중플레이트는 압축강도에 대해서 KDS 14 31 10: 2016 (4.2)의 요구사항을, 인장강도에 대해서 KDS 14 31 10: 2016 (4.1)의 요구사항을 따른다. 전단강도(4.1.10.6 참고)에 대해서는 KDS 14 31 10: 2016 (4.3)을 따른다.

4.2 거더이음

4.2.1 볼트이음

(1) 일반

① 연속경간에서 이음은 고정하중에 의한 휨모멘트 방향의 변환점 또는 변환점 가까이 있는 곳에 있도록 해야 한다.

② 응력 작용방향이 변하는 웨브와 플랜지의 이음은 정과 부의 휨모멘트에 대해 모두 검토해야 한다. 웨브와 플랜지의 이음에서 이음 한쪽 편에 볼트를 2줄 미만으로 해서는 안 된다.

③ 과대구멍과 슬롯은 볼트이음에서 부재나 이음판 어느 쪽에도 사용해서는 안 된다.

④ 휨부재의 볼트이음은 4.1.3.7의 규정에 따른 마찰접합으로 설계해야 한다. 강구조물의 가설과 바닥판의 콘크리트 타설 도중에 이음부에서 미끄러짐이 발생하지 않도록 설계해야 한다.

⑤ 이음점에서 강도한계상태에 대한 플랜지의 설계휨강도는 KDS 14 31 10: 2016 (4.3.3.1.6)의 관련 조항을 만족시켜야 한다.

⑥ 이음점에서의 강도한계상태의 설계하중에 의한 휨응력과 볼트 이음의 미끄러짐에 대한 검토를 위한 휨응력은 전체단면을 사용하여 구한다.

⑦ 플랜지 L형강 볼트이음은 휨부재 각 면에 1개씩 있는 2개의 L형강을 포함해야 한다.

(2) 웨브이음

① 웨브 이음판과 웨브의 연결은 웨브 이음점에서의 전단력과 이 전단력의 편심작용으로 인한 모멘트, 그리고 이음점에서 웨브가 분담해야 하는 휨모멘트에 대해 설계해야 한다.

② 웨브가 경사진 박스거더의 경우 웨브의 이음은 수직전단력의 웨브 면내 성분에 대해서 설계해야 한다.

③ 강도한계상태에서 최솟값으로 설계전단력, V_{uw}는 다음과 같다.

$$V_{uw} = 1.5\,V_u \qquad (V_u < 0.5\phi_v V_n \text{ 인 경우}) \qquad (4.2\text{-}1)$$

$$V_{uw} = \frac{(V_u + \phi_v V_n)}{2} \qquad (V_u \geq 0.5\phi_v V_n \text{ 인 경우}) \qquad (4.2\text{-}2)$$

여기서, V_u : 이음점에서 설계하중에 의한 전단력

V_n : KDS 14 31 10: 2016 (4.3.3.1.9.2) 또는 KDS 14 31 10: 2016 (4.3.3.1.9.3)에 규정된 웨브의 공칭전단강도

④ 강도한계상태에서의 설계 전단력은 4.1.4.3에 규정된 웨브 이음판의 설계강도와 4.1.4.2에 규정된 웨브 이음판의 설계강도 중 작은 값을 초과해서는 안 된다.

⑤ 전단력의 편심거리는 이음의 중심선으로부터 고려 중인 이음 한쪽 편에 있는 볼트들의 무게중심까지의 거리를 취해야 한다.

⑥ 강도한계상태에서 웨브 이음판의 휨응력은 이음판의 항복강도에 강도저항계수를 곱한 값을 초과해서는 안 된다.

⑦ 웨브 이음의 볼트는 최대 볼트설계력에 대해 마찰접합으로 설계해야 한다. 웨브 이음볼트의 미끄러짐을 검토하기 위해서 최솟값으로 설계 전단력은 KDS 14 31 10: 2016 (1.5)에 규정된 사용하중 조합을 고려하여 이음점에서의 전단력을 취해야 한다.

⑧ 웨브는 웨브 양면에 이음판으로 대칭이 되도록 연결한다. 웨브 이음판은 가능한 한 플랜지 사이의 웨브 전 높이를 덮을 수 있도록 연장시켜야 한다.

(3) 플랜지 이음

강도한계상태에서 제어플랜지의 이음판과 볼트이음은 설계응력, F_{cf}에 이음의 양측 유효 플랜지 면적, A_e 중 작은 값을 곱하여 구한 최소강도 이상의 강도를 갖도록 설계해야 한다. 여기서, F_{cf}는 다음과 같다.

$$F_{cf} = \frac{\left(\dfrac{f_{cf}}{R_h} + \alpha \phi_f F_{yf}\right)}{2} \geq 0.75\alpha\phi_f F_{yf} \tag{4.2-3}$$

여기서, f_{cf} : 이음점에서 설계하중에 의한 제어 플랜지 두께 중심에서의 최대휨응력

R_h : KDS 14 31 10: 2016 (4.3.3.1.1.10, (1))에 규정된 응력감소계수 F_{cf}값이 웨브의 항복강도를 초과하지 않는 서로 다른 종류의 강재로 구성된 단면의 경우 응력감소계수는 1.0을 사용한다.

α : 1.0 (단, F_n이 F_{yf}보다 작은 비조밀단면의 플랜지에 대해 1.0보다 작은 (F_n/F_{yf})의 값을 사용할 수 있다.)

ϕ_f : 휨에 대한 강도저항계수

F_n : 플랜지의 공칭휨강도 (MPa)

F_{yf} : 플랜지의 항복강도 (MPa)

A_e : 유효플랜지면적(mm^2), 압축플랜지는 플랜지 총 단면적이고, 인장플랜지의 경우 다음 식으로 산정한다.

$$A_e = \left(\frac{\phi_u F_u}{\phi_y F_{yt}} \right) A_n \leq A_g \qquad (4.2\text{-}4)$$

여기서, ϕ_u : 인장부재 파단에 대한 강도저항계수

ϕ_y : 인장부재 항복에 대한 강도저항계수

F_u : 인장플랜지의 최소인장강도 (MPa)

F_{yt} : 인장플랜지의 항복강도 (MPa)

A_n : 인장플랜지의 순단면적 (mm^2)

A_g : 인장플랜지의 전단면적 (mm^2)

강도한계상태에서 비제어 플랜지의 이음판과 볼트는 설계응력, F_{ncf}에 이음의 양측 유효플랜지 면적, A_e중 작은 값을 곱하여 구한 최소 강도값 이상의 강도를 갖도록 설계해야 한다. 여기서, F_{ncf}는 다음과 같다.

$$F_{ncf} = R_{cf} \left| \frac{f_{ncf}}{R_h} \right| \geq 0.75 \alpha \phi_f F_{yt} \qquad (4.2\text{-}5)$$

여기서, R_{cf} : 제어플랜지의 f_{cf}에 대한 F_{cf}비의 절대값

f_{ncf} : f_{nf}와 동일한 이음점에서의 비제어 플랜지 두께 중앙점의 설계 휨응력, 인장응력은 (+), 압축응력은 (−)

R_h : KDS 14 31 10: 2016 (4.3.3.1.1.10, (1))에 규정된 플랜지 응력감소계수

강도한계상태에서 인장력을 받는 이음판의 설계 단면력은 4.1.4.1에 규정된 설계 인장강도를 초과하지 않도록 해야 한다. 압축력을 받은 이음판의 설계 단면력은 다음의 설계압축강도, R_r을 초과하지 않도록 해야 한다.

$$R_r = \phi_c F_y A_s \qquad (4.2\text{-}6)$$

여기서, ϕ_c : 압축에 대한 강도저항계수

F_y : 이음판의 항복강도 (MPa)

A_s : 이음판의 전 단면적

플랜지의 볼트이음은 플랜지의 설계 단면력에 대해 마찰연결로 설계해야 한다. 플랜지 볼트이음부의 미끄러짐에 대한 검토를 위한 플랜지의 설계 단면력은 사용하중조합에 의한 설계응력, F_s에 이음 양측의 플랜지 전 단면적 중 작은 값을 곱하여 구한 값 이상이어야 한다. 여기서, F_s는 다음과 같다.

$$F_s = \frac{f_s}{R_h} \tag{4.2-7}$$

여기서, f_s : 사용하중조합에 의한 이음점에서 작은 쪽 단면의 검토대상 플랜지 두께에서의 휨응력

R_h : KDS 14 31 10: 2016 (4.3.3.1.1.10(1))에 규정된 플랜지 응력 감소계수

끼움재가 필요한 경우에는 4.1.5의 규정을 적용해야 한다.

【해설】

(1) 일반

고정하중 작용에 대한 변곡점 근처에 위치한 볼트이음부는 지배적인 조건을 결정하기 위해 정모멘트와 부모멘트의 두 경우에 대해 검토하여야 한다.

시공 중 거더의 적절한 정렬 및 안정을 확보하기 위하여 웨브와 플랜지의 이음은 이음의 한쪽 편에 2열 이상의 볼트를 사용하여야 한다. 또한 휨부재의 이음부에서 모재 또는 이음판에 과대구멍이나 슬롯의 사용은 허용되지 않는다. 이것은 시공 중의 기하학적 오차관리를 향상시키기 위해서, 그리고 편심하중을 받는 웨브에 과대구멍이나 슬롯을 사용하면 강도의 감소가 일어날 수 있기 때문이다.

개선된 기하학적 오차관리를 위해서 웨브와 플랜지의 볼트이음은 강구조물의 가설과 바닥판 콘크리트의 타설 중에 유발되는 최대하중에 대해서도 미끄러짐을 방지할 수 있도록 설계 하여야 한다.

인장플랜지에 구멍이 있는 다음과 같은 단면의 경우 :

· 정모멘트 구간의 조밀 합성단면

· 부모멘트 구간의 합성단면 또는

규정에 따라 설계된 조밀 또는 비조밀 웨브의 비합성단면

공칭휨강도가 강도한계상태에서 단면의 항복모멘트를 초과하는 것이 허용되는데, 인장플랜지의 순단면에서 파단이 발생하기 전에 단면의 소성모멘트에 도달할 수 있는 것인지 아직까지 완전하게 보고된 것은 없다. 더구나 이 조항의 이음 설계규정은 대폭적인 웨브의 항복이 위에 언급한 단면들의 휨강도에 기여하는 것을 고려하고 있지 않다. 따라서 인장플랜지에 구멍이 있는 단면의 설계휨강도는 강도한계상태 또는 시공가능성에 대해 안전한 측으로 4.1.4.1에 규정된 인장플랜지의 최소항복강도 이하가 되도록 제한된다. 결과적으로 이 요구조건은 볼트이음이 강도한계상태에서 상당한 크기의, 하이브

리드 부재에서 허용되는 국부적인 웨브의 항복을 넘는, 웨브 항복이 허용되는 최대 휨모멘트 작용점 또는 근처에 위치하는 것을 방지할 가능성이 많다.

휨부재의 볼트이음은 과거에 일반적으로 거더의 웨브와 플랜지를 독립된 개별요소로 취급하고, 이음의 설계모멘트를 각 요소에 분담하였다. 그러나 합성단면의 경우, 모멘트들이 각기 다른 단면에 작용하기 때문에 탄성응력 상태에서도 모멘트의 중첩은 적용되지 않는다. 반면에 응력의 중첩은 유효하다. 그래서 이음의 설계에 필요한 작용력을 계산하기 위해 휨응력을 사용하는 것이 선호된다.

마찰이음부 모재에 대한 피로는 이음판과 모재의 전체 단면을 사용하여 KDS 14 31 20 표 4.1-1의 규정에 따라 검토할 수 있다. 웨브와 플랜지에 부착되는 이음판의 단면적은 일반적으로 웨브와 플랜지의 단면적과 같거나 그 이상이다. 플랜지와 웨브는 별도로 동급 또는 더 낮은 등급의 피로범주 상세에 대해 검토한다. 따라서 이음판의 설계는 일반적으로 피로에 의해 좌우되지는 않을 것이다.

(2) 웨브이음

식 (4.2-1)은 이음점에서 계수하중에 의한 전단력 V_u가 설계전단강도, V_r의 50% 보다 작은 경우, 이음점에서 설계전단력의 증가를 전단력 V_u의 50%까지로 임의 제한하고 있다. 이것은 설계전단력이 계산값에서 변할 가능성은 모멘트의 경우보다 낮기 때문이다. 이음점에서 의도되지 않은 전단력의 변화는 거의 발생하지 않는다. 또한 이음부에서 최대전단력은 일반적으로 최대모멘트와 동시에 발생하지 않는다. 따라서 전단력이 작게 작용하는 구간에서 낮은 설계전단력을 사용하는 것은 합리적인 것으로 사료된다. 낮은 설계전단력은 상당히 높은 설계전단강도를 갖고 있는 압연보에 대해서도 더 합리적이다. V_u가 V_r의 50% 보다 큰 경우, 설계전단력은 식 (4.2-2)와 같이 V_u와 V_r의 평균값을 취한다. 볼트이음의 미끄러짐을 검토하기 위해서 설계전단력은 사용한계상태의 설계하중조합에 의한 이음점에서의 전단력을 취한다.

또한 웨브이음은 설계전단력의 편심작용에 의한 모멘트에 대해서도 설계하여야 한다. 편심거리는 각각 이음 한쪽 편에 있는 볼트군의 무게중심점 사이의 거리가 아니라 이음의 중심선으로부터 이음 한쪽 편에 있는 볼트군의 무게중심점까지의 거리로 명확하게 규정되어 있다(Sheikh-Ibrahim and Frank, 1998).

이음점에서 웨브가 분담하는 전체 휨모멘트를 구하기 위해 서로 다른 여러 접근방법이 사용되었는데, 항상 같은 결과를 얻은 것은 아니었다. 다음에 논의된 이유 때문에 웨브가 분담하는 것으로 가정되는 휨모멘트는 웨브의 높이 중앙에 작용하는 것으로 제안되었다. 그 결과 단면의 중심선이 웨브의 높이 중앙과 일치하지 않는 경우 힘의 평형을 이루기 위해 웨브 높이 중앙에 수평의 합력을 작용시켜야 한다. 이 수평합력은 웨브의 모든 볼트에 균일하게 분포되어 작용하는 것으로 가정할 수 있다. 다음 식은 강도한계상태에서 웨브 이음판과 볼트를 설계하기 위한 설계모멘트, M_{uw}와 웨브의 높이 중앙에 작용하는 수평합력, H_{uw}를 구할 수 있도록 제시된 것이다.

$$M_{uw} = \frac{t_w D^2}{12} \left| R_h F_{cf} - R_{cf} f_{ncf} \right| \qquad \text{(해설 4.2-1)}$$

$$H_{uw} = \frac{t_w D}{2}(R_h F_{cf} + R_{cf} f_{ncf}) \qquad \text{(해설 4.2-2)}$$

여기서, t_w : 웨브의 두께

D : 웨브의 높이

R_h : KDS 14 31 10(4.3.3.1.1.10(1))에 규정된 응력감소계수

F_{cf}값이 웨브의 항복강도를 초과하지 않는 서로 다른 종류의 강재로 구성된 단면의 경우 응력감소계수 1.0을 사용한다.

F_{cf} : 4.2.1(3)에 규정된 이음점에서의 제어플랜지에 대한 설계응력, 인장응력은 (+), 압축응력은 (-)

R_{cf} : 4.2.1(3)에 규정된 이음점에서의 설계하중에 의한 제어플랜지 두께 중앙점의 최대 설계 휨응력, f_{cf}에 대한 F_{cf}비의 절대값

f_{ncf} : f_{nf}와 동일한 이음점에서의 설계하중에 의한 비제어플랜지 두께 중앙점의 설계 휨응력, 인장응력은 (+), 압축응력은 (-)

식 (해설 4.2-1)과 (해설 4.2-2)에서 안전한 측으로 플랜지 두께 중앙점의 응력을 사용하여 M_{uw}와 H_{uw}를 계산하도록 제안되었다. 플랜지 두께 중앙점의 응력을 사용함으로써 동일한 값을 웨브이음과 플랜지이음에 사용할 수 있도록 하여 계산을 단순화시켰다. 대안으로 플랜지 내측의 연단응력을 사용할 수 있다. 식 (해설 4.2-1)과 (해설 4.2-2)에서는 비제어플랜지의 두께 중앙점에 동시에 발생하는 휨응력은 4.1의 일반 설계요건을 충족하도록 제어플랜지의 휨응력과 같은 비율로 증가시켰다. 제어 및 비제어플랜지는 4.2.1(3)의 해설에 규정되어 있다.

식 (해설 4.2-1)과 (해설 4.2-2)에 사용하는 응력은 부호가 있는 값이다. 편리를 위해 식 (해설 4.2-1)에 사용되는 응력들의 결과적인 차이만 절댓값 부호가 적용된다. 실제로는 M_{uw}의 부호는 고려하고 있는 하중작용 하에서의 휨모멘트 부호와 같다. 식 (해설 4.2-2)의 H_{uw}는 부호가 있는 값인데, 인장력의 경우 (+), 압축력의 경우 (-)이다. 단면의 중립축이 웨브 높이 중앙에 있는 단면의 경우는 H_{uw}값이 0이 된다. 모든 다른 단면의 경우는 M_{uw}와 H_{uw}가 동시에 작용하며, 각각의 단면력에 의한 응력분포의 합은 웨브의 비대칭으로 분포하는 응력과 동일하게 된다.

식 (해설 4.2-1)과 (해설 4.2-2)는 웨브 볼트의 미끄러짐을 검토하기 위한 M_{uw}와 H_{uw}값의 계산에도 사용될 수 있다. 단, 두식에 사용되는 값들을 우선적으로 다음과 같이 치환시켜야 한다.

- F_{cf}를 이음점에서 사용한계상태 하중조합 작용에 의해 단면의 크기가 작은 쪽의 플랜지 두께 중앙에 발생하는 최대 휨응력, f_s로 치환
- f_{ncf}를 이음점에서 사용한계상태 하중조합 작용에 의해 f_s와 동시에 발생하는 다른 쪽 플랜지 두께 중앙에 발생하는 휨응력, f_{os}로 치환
- 계수값, R_h와 R_{cf}을 1.0으로 고정. 미끄러짐을 검토하기 위해 제어플랜지와 비제어플랜지를 구분하는 것은 필요하지 않다. 동일한 부호가 응력에 적용된다.

응력의 방향이 바뀌는 구간에서 M_{uw}와 H_{uw}는 지배적인 조건에 대해 검토할 수 있도록 정모멘트와 부모멘트에 대해 각각 계산하여야 한다. 응력의 방향이 바뀌지 않는 구간에서의 웨브이음에 대해서는 강도한계상태에서 제어플랜지에 또는 사용한계상태 하중조합의 경우 검토대상 플랜지에 최대 휨응력을 발생시키는 하중에 대해서만 M_{uw}와 H_{uw}값을 계산하면 된다.

플랜지가 설계모멘트에 저항할 수 있다면 전체 휨모멘트가 플랜지이음에 의해 전달되는 것으로 가정하는 조밀단면에 대한 대안의 접근방법은 Sheikh-Ibrahim and Frank(1998)에 제시되어 있다. 이 방법은 강도한계상태에 대해서만 적용되며 볼트의 미끄러짐은 기존의 방법을 사용하여 검토되어야 한다. 플랜지가 전체 설계휨모멘트에 저항할 능력이 없는 경우에는 웨브이음이 설계전단력에 더하여 추가의 휨모멘트와 설계전단력의 편심작용으로 인한 모멘트에 대해 저항하는 것으로 가정한다.

편심 전단력을 받은 볼트군에 대해서는 볼트군의 중심에 전단력과 모멘트가 작용하는 것으로 하는 전통적인 방법이 많이 사용된다. 마찰이 없고 판과 볼트가 탄성거동 한다고 가정하고 벡터해석을 수행한다. AISC(1994)의 전통적인 탄성접근법은 AISC(1994)에 제시된 극한강도 접근법에 비해 선호되고 있는데, 극한강도 접근법에서는 좀 더 일관성 있는 안전율을 제공하도록 개개 볼트에 대한 실험에 의한 하중-변위 관계를 고려하고 있다.

효율적으로 전통적인 탄성접근법을 사용하여 볼트에 작용하는 최대합력을 계산하기 위해서는 모든 힘을 웨브 높이의 중앙에 작용시켜야 하며, 볼트군의 극관성모멘트, I_p값을 연결 중심에 대해 계산하여야 한다. 볼트군의 극관성모멘트를 일반적으로 웨브의 중앙에 위치하지 않는 합성단면의 중립축으로 이동시키면 합성단면의 중립축 위치를 각 하중의 작용에 의해 해당 단면에 발생한 응력들을 합한 결과부터 계산하지 않는다면 볼트에 작용하는 힘이 적게 계산될 수 있다. 따라서 계산을 단순화시키고 가능한 실수를 피하기 위하여 웨브이음의 설계에서는 모든 계산된 웨브의 힘들을 웨브 높이 중앙에 작용시킬 것을 권고한다. 다음의 식은 연결 중심에 대한 I_p값을 계산하기 위해 사용될 수 있다.

$$I_p = \frac{nm}{12}[s^2(n^2-1)+g^2(m^2-1)] \qquad \text{(해설 4.2-3)}$$

여기서, m : 수직방향 볼트열의 수

n : 수직방향 1개 볼트열의 볼트 개수

s : 수직방향 볼트 중심간격

g : 수평방향 볼트 중심간격

웨브 볼트구멍의 강도를 검토할 경우, 최외측 볼트홀의 순연단거리를 사용하여 구한 강도는 연결부의 최외측 볼트에 작용하는 최대합력에 대해 안전한 측으로 검토될 수 있다. 이와 같은 검토방법은 볼트에 작용하는 합력이 순연단거리보다 큰 기울어진 방향으로 작용하기 때문에 안전측에 놓이게 된다. 볼트구멍의 강도가 초과될 경우에는 볼트숫자를 증가시키는 대신 볼트의 연단거리를 약간 증가시키거나 웨브의 두께를 증가시킬 것을 추천한다. 다른 방법으로는 합력작용방향으로 볼트구멍의 강도를 계산하거나 각각의 연단거리 방향으로 합력을 분해하는 것이다. 웨브 이음판의 저항강도가 지배적인 경우 이음판에서 순연단거리와 단부거리 중 작은 것을 사용하여 최외측 볼트구멍의 강도를 계산할 수 있다.

웨브 이음판은 웨브 양측에 대칭이어야 하며, 볼트 조립을 위한 공간확보에 지장을 두지 않는 한 상하 플랜지 사이의 전체 웨브 높이에 연장되도록 하여야 한다. 볼트조립을 위해 확보되어야 할 공간에 대해서는 AISC(1993)에 제시되어 있다.

(3) 플랜지 이음

식 (4.2-3)은 강도한계상태에서 제어플랜지의 설계 단면력을 구하기 위해 이음 양측의 플랜지 유효단면적 중 작은 값과 곱하게 될 설계응력을 규정하고 있다.

설계응력은 이음부에서의 설계하중 작용시 휨, 전단 그리고 축력에 의한 응력과 이음부 부재의 설계강도의 평균값, 그리고 부재의 설계강도의 75%를 취한 값 중 큰 값으로 하는 것을 기반으로 한 것이다. KDS 14 31 10(4.3.3.1.1.8)에 규정된 유효플랜지 면적의 사용은 이음부에서의 휨응력을 구하기 위한 유효단면과의 일관성을 보장하고, 아울러 이론적으로 이음부 인장플랜지의 순단면적에서의 파단을 방지한다. 설계 단면력이 작은 쪽 플랜지의 설계강도를 초과하지 않도록 보장하기 위해서 이음 양쪽의 플랜지 유효단면적 중 작은 값을 플랜지 설계 단면력으로 사용한다.

제어플랜지는 이음점에서 작은 쪽 단면의 상부와 하부 플랜지 중 설계하중에 의한 플랜지 두께 중앙에서의 탄성휨응력과 설계강도의 비가 최대가 되는 플랜지로 규정된다. 다른 쪽 플랜지는 "비제어플랜지"라고 한다. 응력의 방향이 바뀌는 구간에서는 정모멘트와 부모멘트에 대해 각각 별도로 이음에 대해 검토해야 한다. 정모멘트를 받는 합성단면의 경우 제어플랜지는 일반적으로 하부플랜지이다. 부모멘트를 받는 경우에는 어느 쪽의 플랜지이든 제어플랜지가 될 수 있다.

식 (4.2-3)의 α는 F_n이 F_{yf}보다 작은 비조밀단면의 플랜지에 대해 1.0보다 작은 F_n 과 F_{yf}의 비를 사용할 경우를 제외하고는 일반적으로 1.0을 취한다. 이와 같이 1.0보다 작은 값을 사용하는 경우는 I단면 또는 다련 박스단면의 압축을 받는 하부플랜지, 또는 1련 박스의 인장 또는 압축을 받는 하부플랜지 등을 포함한다. 이들의 경우 이음에서의 계산된 플랜지의 공칭휨강도 F_n은 설계를 위한 플랜지의 설계 단면력 계산식 (4.2-3)에 F_{yf}를 사용하는 것이 지나치게 안전측이 될 정도로 F_{yf}보다 상당히 작아질 수 있다. 압축력을 받는 I단면 플랜지의 경우 F_n이 F_{yt}로 감소하는 것은 일반적으로 박스단면 플랜지의 경우와 같이 크지 않다. 따라서 이 경우에 기준에서는 더 낮은 값의 사용을 허용하더라도 단순화 시켜서 α값으로 안전측에 놓인 1.0을 사용할 수 있다.

식 (4.2-5)는 강도상태에서 비제어플랜지의 설계응력을 규정하고 있다. 이 식에서는 4.1의 일반설계 규정을 충족시키도록 제어플랜지의 응력과 동시에 발생하는 비제어플랜지 두께 중앙에서의 휨응력을 제어플랜지의 휨응력과 같은 비례로 증가시켰다. 그러나 최솟값으로 비례 증가시킨 값이 $0.75\alpha F_{yf}$값 이상이 되어야 한다.

식 (4.2-7)는 사용성 한계상태 하중조합 작용하에 볼트이음의 미끄러짐을 검토하기 위한 플랜지의 설계단면력의 계산에 사용되는 설계응력을 규정하고 있다. 이 하중조합 작용하에서 미끄러짐에 대한 검토를 할 경우 순단면의 파단은 관심사항이 아니므로 다음 양측의 플랜지 전 단면력 중 작은 값이 설계단면력의 계산에 사용된다.

이종강재로 구성된 거더의 플랜지는 F_{yf}까지의 응력에 도달하는 것을 허용하므로 식 (4.2-3), 식 (4.2-5) 및 식 (4.2-7)에서 플랜지 두께 중앙에 작용하는 휨응력은 F_{yf}를 R_n로 감소시키는 대신에 플랜지 응력감소계수, R_h로 나누어진다. 플랜지 응력이 웨브 항복강도 이하인 경우에는 이론적으로 웨브에 항복이 발생하지 않으므로 R_h값으로 1.0을 취한다. 하중 감소계수, ϕ_b는 웨브 이음판이 웨브의 국부좌굴 발생 가능성을 방지하므로 이 식들에는 포함되지 않았다.
인장력을 받는 플랜지 이음판은 4.1.4의 규정에 따라 강도한계상태에서 전단면의 항복, 순단면의 파단, 그리고 블록전단 파열에 대해 검토하여야 한다. 블록전단파열은 일반적으로 이음판의 설계에 지배적이지 않다. 강도한계상태에서 압축력을 받는 플랜지의 이음판은 식 (4.2-6)에 따라 전단면의 항복에 대해서만 검토하여야 한다. 식 (4.2-6)은 이음판에 대해 비지지 거리를 0으로 가정하고 있다.
플랜지 내, 외측에 이음판을 사용한 플랜지 이음에서 강도한계상태의 플랜지 설계단면력은 내, 외측 이음판의 단면적이 10% 이상 차이가 나지 않는다면 내, 외측 이음판에 균일하게 분배되는 것으로 가정할 수 있다. 이 경우 볼트연결은 2면 전단연결로 가정하고 설계한다. 내, 외측 이음판의 단면적이 서로 10% 이상 차이가 날 경우에는 강도한계상태에서 각각의 이음판과 볼트에 대한 설계단면력으로 플랜지 설계단면력을 내, 외측 이음판 단면적의 비례를 배분시킨 값을 사용하여야 한다. 이 경우 볼트의 전단강도는 1개 전단면에 작용하는 계산된 이음판 최대단면력에 대해 검토되어야 한다. 내, 외측에 이음판을 사용한 플랜지 볼트이음의 미끄러짐에 대해 검토할 경우 마찰강도는 항상 내, 외측 이음판의 단면적의 비와 관계없이 플랜지의 설계단면력을 두 전단면에 균일하게 분배하여 결정하여야 한다. 볼트연결은 두 전단면에서 미끄러짐이 발생하지 않는다면 발생할 수 없다.
마찰연결로 설계된 경우에는 전단연결 구성요소로서 일체로 작용하게 하기 위하여 추가의 볼트 등으로 채움재를 고정시킬 필요는 없다. 이러한 연결 방법에서는 채움재와 양쪽 연결부 사이의 마찰에 대한 저항력은 채움재가 없는 경우의 연결부 사이의 저항력과 마찬가지이다.

4.2.2 용접이음

용접이음의 설계나 세부사항은 명시된 사항 또는 AWS D1.1, KCS 24 00 00, 그리고 AWS D1.5의 해당 규정을 따른다. 용접이음은 규정된 설계모멘트, 설계전단력 혹은 설계축방향력에 저항하도록 설계해야 한다. 인장과 압축부재는 완전용입 그루브용접으로 이어질 수 있는데, 이 때 이음판을 사용하지 않아도 된다. 현장 용접이음은 가능한 한 위보기 자세를 피하도록 설계해야 한다. 서로 다른 폭을 갖는 부재에 대한 그루브용접이음은 그림 4.2-1에서와 같은 대칭인 변화부를 가져야 한다. 계약서에는 서로 다른 두께의 그루브용접이음부의 오프셋 표면 기울기가 1/2.5 이하가 되도록 규정해야 한다.

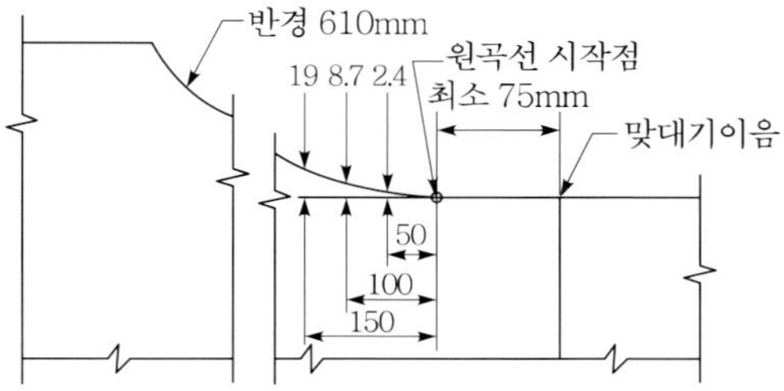

(a) 폭 변화부의 상세

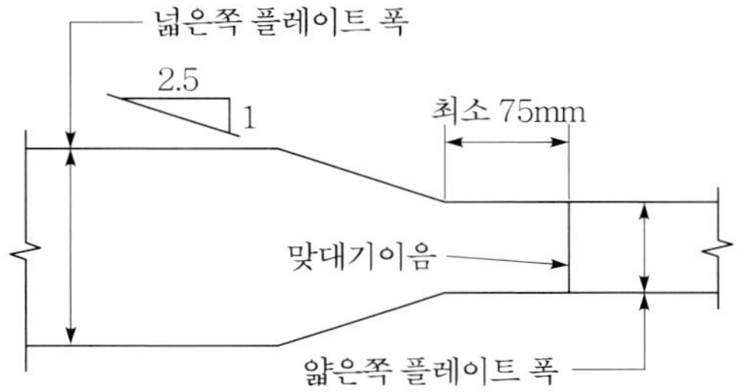

(b) 직선 변화부의 상세

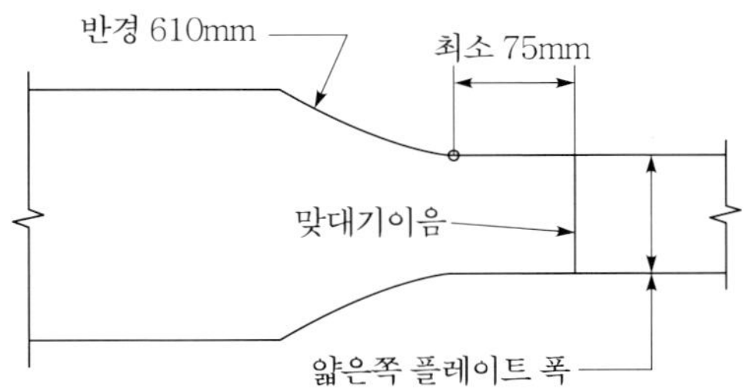

(c) 반경 610mm 변화부의 상세

그림 4.2-1 이음부 상세

【해설】

플랜지 폭의 변화부 상세는 전형적으로 그루브용접이음에서 시작하는 폭의 변화구간을 보여주고 있다. 그림 4.2-1은 선호되는 상세를 보여주고 있는데, 엔드탭 부착의 편리를 위해 그루브용접이음은 폭이 변화하는 구간에서 최소 75mm 만큼 떨어진 좁은 쪽 강판에 있다. 운송 측면에서는 가능하면 균일한 폭을 갖는 플랜지가 선호된다.

4.3 강관구조접합

이 절은 균일두께의 강관 접합부 설계에 적용한다. 강관구조 볼트접합의 부가적인 요구사항은 4.1을 참조한다.

【해설】

이 절은 강관구조 및 박스부재 용접연결의 강도에 대해 설명한다. 이 조항은 강관구조에 관한 국제적인 연구에서 보고된 파괴모드를 기초로 하며, 그 대부분은 1960년대 이후 CIDECT가 후원에 의해 수행된 결과이다. 또한 이 연구는 강관구조물에 관한 국제용접학회(IIW) XV-E 소위원회의 검증을 받았다. 강관구조 연결 설계 권장사항은 일반적으로 소위원회(IIW, 1989)의 설계 권장사항과 일치한다. 일부 한계상태에 대한 IIW 권장사항의 부분적 수정은 이 설계기준의 다른 한계상태에 대한 공식적인 채택을 통해 이루어졌다. 위에 언급된 IIW 연결 설계 권장사항은 최신 CIDECT 설계지침(Wardenier et al., 1991; Packer et al., 1992), 캐나다 강구조학회 설계지침(Packer and Henderson, 1997) 및 CEN(2005)에 의해 보완되었다. 이러한 IIW 설계 권장사항 중 일부는 AWS(2010)에도 통합되어 있다. 1980년대 중반까지 CIDECT 연구 프로그램에 의해 작성된 많은 연구자료는 CIDECT Monograph No.6(Giddings and Wardenier, 1986)에 요약되어 있다. CIDECT 간행물 및 보고서에 대한 자세한 정보는 해당 웹사이트 www.cidect.com에서 얻을 수 있다.

4.3.2와 4.3.3의 범위는 지강관과 주강관의 중심선이 단일평면에 있어야 한다. 다중 평면연결, 부분적 또는 전체적으로 평평한 지강관 단부의 연결, 이중 강관연결, 중심선이 강관의 중심선 또는 각형 주강관과 연결된 원형 지강관과 교차하지 않도록 오프셋 된 지강관의 연결과 같은 다른 형상에 대해서는 IIW(1989), CIDECT(Wardenier et al., 1991; Packer et al., 1992), CISC(Packer and Henderson, 1997; Marshall, 1992; AWS, 2010), 또는 기타 검증된 설계지침이나 실험결과를 사용할 수 있다.

4.3.1 집중하중에 대한 강관구조의 강도

4.3.1.1 적용한계

4.3의 규정은 다음과 같은 제한 범위내의 접합부에만 적용할 수 있다.

【해설】

이 절에서 사용되는 강관접합의 공통기호를 해설 그림 4.3-1에 나타내었다.

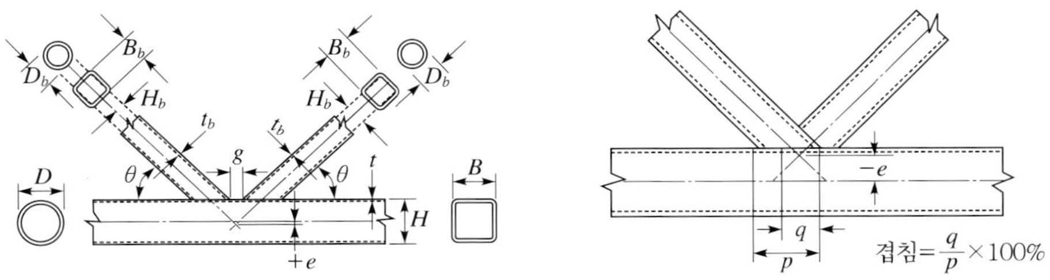

해설 그림 4.3-1 강관접합의 공통기호

4.3.1.1.1 강도

강관에 대하여 $F_y \le 360\,\mathrm{MPa}$

4.3.1.1.2 연성

강관에 대하여 $F_y / F_u \le 0.8$

4.3.1.2 축직각방향 집중하중

4.3.1.2.1 원형강관

집중하중이 강관축에 직각으로 분포할 때, 국부항복 한계상태에 관한 설계강도 ϕR_n ($\phi = 0.90$)은 다음과 같이 산정한다.

$$\phi R_n = F_y t^2 [5.5/(1-0.81B_p/D)]\, Q_f \qquad (4.3\text{-}1)$$

여기서, Q_f는 식 (4.3-13)에 따른다.

추가적인 제한 요건은 다음과 같다.

(1) $0.2 < B_p/D \le 1.0$

(2) T형 접합에 대하여 $D/t \le 50$, X형 접합에 대하여 $D/t \le 40$

【해설】

4.3.1.2.2의 해설을 참조한다.

4.3.1.2.2 각형강관

집중하중이 강관축에 직각으로 분포할 때, 설계강도 ϕR_n은 비균일 하중분포로 인한 국부항복, 전단항복(뚫림), 측벽강도의 한계상태에 따라 구한 값 중에서 최솟값으로 한다.

추가적인 제한요건은 다음과 같다.

(1) $0.25 < B_p/D \leq 1.0$

(2) 하중을 받는 관벽의 두께에 대해 $B/t \leq 35$

① 하중이 전달된 판내의 비균일 하중분포에 의한 국부항복의 한계상태($\phi = 0.95$)

$$R_n = [10F_y t/(B/t)]B_p \leq F_{yp}t_p B_p \tag{4.3-2}$$

② 전단항복(뚫림)의 한계상태($\phi = 0.95$)

$$R_n = 0.6F_y t[2t_p + 2B_{ep}] \tag{4.3-3}$$

여기서, $B_{ep} = 10B_p/(B/t) \leq B_p$

$B_p > (B-2t)$ 인 경우와 $B_p < 0.85B$ 인 경우 한계상태는 검토할 필요가 없다.

③ 인장력을 받는 측벽의 한계상태의 경우, 설계강도는 측벽의 국부항복응력으로 한다. 압축력을 받는 측벽의 한계상태의 경우, 설계강도는 측벽의 국부항복응력, 측벽의 국부크리플링, 측벽의 국부좌굴의 한계상태 일 때의 값 중에서 최솟값으로 한다.

주강관과 지강관의 폭이 동일($\beta = 1.0$)하지 않다면 이러한 한계상태는 검토할 필요가 없다.

가) 측벽 국부항복의 한계상태($\phi = 1.0$)

$$R_n = 2F_y t[5k + N] \tag{4.3-4}$$

여기서, k : 강관모서리의 외부반경, 명확하지 않을 경우에 $1.5t$로 한다.

나) T형 접합에서 측벽의 국부크리플링의 한계상태($\phi = 0.75$)

$$R_n = 1.6t^2[1 + 3N/(H-3t)](EF_y)^{0.5}Q_f \tag{4.3-5}$$

여기서, Q_f는 식 (4.3-22)에 따른다.

다) X형 접합에서 측벽의 국부좌굴의 한계상태($\phi = 0.90$)

$$R_n = [48t^3/(H-3t)](EF_y)^{0.5}Q_f \tag{4.3-6}$$

여기서, Q_f는 식 (4.3-22)에 따른다.

강관과 직교하는 판과의 접합에서 강관 벽의 연성으로 인하여 용접선에서 하중전달이 불균등해지는 현상을 용접설계에서 고려해야 한다. 이에 대한 방법은 각형강관에 대한 그루브용접이나 필릿용접의 유효길이 L_e를 다음과 같이 제한하여 충족시킬 수 있다.

$$L_e = 2[10/(B/t)][(F_y t)/(F_{yp} t_p)]B_p \le 2B_p \tag{4.3-7}$$

여기서, L_e : 직교하는 판 양측의 용접에 대한 총 용접유효길이(mm)

식 (4.3-7) 대신 다른 합리적인 방법에 의하여 구할 수 있다.

【해설】

강관의 모든 집중하중에 포함되기는 하지만, 4.3.1.3과 4.3.1.4는 특별히 플레이트-강관 용접접합에 맞추어져 있으며 이러한 적용은 표의 형태로 표 4.3-1, 표 4.3-2에 표시되어 있다. 이 기준의 설계규정에 덧붙여, 표 4.3-2는 또한 플레이트-원형강관접합의 휨강도를 나타낸다. 각형강관의 측벽크리플링의 한계상태에 대한 규정, 식 (4.3-5)와 식 (4.3-6)은 이 기준에서 웨브 크리플링 방정식에 따른다. 플레이트가 강관에 슬롯을 관통하고 그 다음 "관통 플레이트접합"을 형성하기 위하여 강관표면에 앞 뒤로 플레이트를 용접함으로써 종방향 플레이트-각형강관접합이 만들어진다면, 공칭강도는 식 (4.3-10)에 의해 주어진 값의 두 배가 될 수 있다(Kosteski와 Packer 2003).

횡방향 플레이트-강관접합에 대해 주어진 공식들은 폭이 넓은 보-강관의 반강접 접합용으로 적용될 수 있으며, 그 때 보의 플랜지를 한 쌍의 횡방향 플레이트로 취급하고 보의 웨브는 무시한다. 이러한 폭이 넓은 보접합의 경우, 보의 모멘트는 보플랜지의 짝힘에 의해 생성된다. 이때 접합휨강도는 플레이트-강관접합강도에 보플랜지 중심간격을 곱하여 얻어진다. 표 4.3-1에는 횡방향 플레이트-각형강관접합에 대한 주강관벽 소성화의 한계상태에 대한 검토가 없다. 왜냐하면 이것은 실제의 경우 설계에 영향을 미치지 않기 때문이다. 그러나 강관이 기둥으로 사용될 때와 같이 주된 압축력이 존재한다면, 주부재에서 이러한 압축력은 연결된 주강관벽의 항복선 소성화 파괴모드에 부정적인 영향을 준다(Q_f 계수에 의하여). 이러한 경우, 설계자는 CIDECT 설계지침 9번(Kurobane 등 2004)의 규준을 사용할 수 있다.

4.3.1.4는 전단력을 받는 종방향 플레이트접합에 적용된다. 이러한 지침은 Sherman & Ales(1991), Sherman(1995; 1996)에 기초하며, 폭이 넓은 보와 각형강관 기둥간의 많은 단순 프레임접합을 연구하였고 그때 전달된 하중은 주로 전단력이었다. 또한 비용검토를 통하여 단일 플레이트와 단일 ㄱ형강접합이 가장 경제적이고, 쌍 ㄱ형강과 필릿용접 T형 접합은 비용이 많이 든다는 것을 보여주고 있다. 경사용접 T형 접합이 그중 가장 비용이 많이 들었다(Sherman 1995). 광범위한 접합부 실험을 걸쳐, 오직 하나의 한계상태만이 각형강관기둥에서 확인되었다. 두꺼운 전단플레이트가 비교적 얇은 강관에 연결되었을 때, 보의 단부회전에 관련된 뚫림전단 파괴부등식인 식 (4.3-10)을 만족시키는 것이 이러한 강관 파괴모드를 막는 것이다. 강관벽이 세장요소로 분류되지 않는다면 이러한 설계식은 타당

하다. 식 (4.3-10)의 보외법은 또한 세장요소로 분류되지 않는 원형강관 단면의 원형강관 기둥에 대하여 적용된다.

4.3.1.3 중공단면 폭의 중심에 종방향으로 분포된 횡방향 집중하중

집중하중이 강관의 축에 직각방향으로 작용하고(또는 강관의 축방향에 직각인 분력을 가지거나), 강관의 축을 따라 강관의 지름 또는 폭의 중심에 종방향으로 분포되는 경우, 강관의 축에 직각방향의 설계강도 ϕR_n은 주강관 소성화 한계상태에 대하여 다음과 같이 산정한다.

4.3.1.3.1 원형강관

추가적인 제한요건 : T형 접합에 대하여 $D/t \leq 50$, X형 접합에 대하여 $D/t \leq 40$ ($\phi = 0.90$)

$$R_n = 5.5F_y t^2 (1 + 0.25N/D)Q_f \tag{4.3-8}$$

여기서, Q_f는 식 (4.3-13)에 따른다.

4.3.1.3.2 각형강관

추가적인 제한요건 : 하중을 받는 관 벽에 관한 $B/t \leq 40$ ($\phi = 1.00$)

$$R_n = \left[F_y t^2/(1 - t_p/B)\right]\left[2N/B + 4(1 - t_p/B)^{0.5} Q_f\right] \tag{4.3-9}$$

여기서, $Q_f = (1 - U^2)^{0.5}$, U는 식 (4.3-24)에 따른다.

4.3.1.4 강관폭의 중심에 종방향으로 분포된 종방향 집중하중

각형강관의 부재축선 상을 따라 분포되는 집중하중이 부재축에 대해 편심을 가지고 평행인 방향으로 작용할 때, 그 접합부는 다음 사항을 확인해야 한다.

$$F_{yp} t_p \leq F_u t \tag{4.3-10}$$

4.3.1.5 각형강관의 단부 마구리판에 작용하는 축방향 집중하중

강관의 단부가 마구리판으로 막힌 면에 부재축방향의 집중하중이 작용할 때, 설계강도 ϕR_n은 전단뒴을 고려하여, 벽체의 국부항복(인장력 또는 압축력으로 인한)과 벽체의 국부 크리플링(압축력만으로 인한)의 한계상태에 대하여 다음과 같이 산정해야 한다.

아래의 절차는, 집중하중이 마구리판(두께 t_p)를 통하여 2.5:1의 경사로 폭이 B인 강관의 두 벽체에 분포하여 전달된다고 가정한 것이다.

$5t_p + N \geq B$ 인 경우, 강관의 설계강도는 4개의 벽체가 부담하는 값으로 한다.

$5t_p + N < B$ 인 경우, 강관의 설계강도는 하중이 분포하는 2개의 벽체가 부담하는 값으로 한다.

【해설】

해설 그림 4.3-2에서 보는 바와 같이 마구리판(또는 T형 플랜지)를 통하여 하중이 전달되는 정사각형 또는 직사각형 각형강관의 내력에 대하여, 4.3.1.5에서 2가지 한계상태가 주어져 있다. 일반적으로, 각형강관은 $B \times H$ 단면이지만, 그림에서는 지지길이(또는 폭) N이 횡방향 하중분포를 위해 폭 B의 벽쪽으로 향하고 있음을 보여준다. 보수적인 분포경사도는 T형 웨브의 각 면에서 2.5:1로 가정될 수 있고(Wardenier 등 1991; Kitipornchai & Traves 1989), 그것은 분포된 하중폭($5t_p + N$)을 생성한다. 이것이 B보다 작다면, 치수 B의 두 측벽만이 하중을 저항하는데 유효하며, 심지어 그 둘은 부분적으로만 유효하게 될 것이다. ($5t_p + N \geq B$)이면, 각형강관의 모든 4개의 벽이 참여하게 되며, 모두는 전체적으로 유효할 것이다. 그러나 마구리판(또는 T-플랜지)은 이러한 것이 발생하기 위하여 충분히 두꺼워져야 한다. 식 (4.3-11)과 식 (4.3-12)에서 임의의 용접길이치수는 무시되었다. 용접길이치수가 알려져 있다면, 용접끝에서부터 하중분산을 가정하는 것이 인정될 수 있다. 해설 그림 4.3-2에서 보는 바와 같이 동일한 하중분산모델이 원형강관의 마구리판접합에서도 적용될 수 있다.

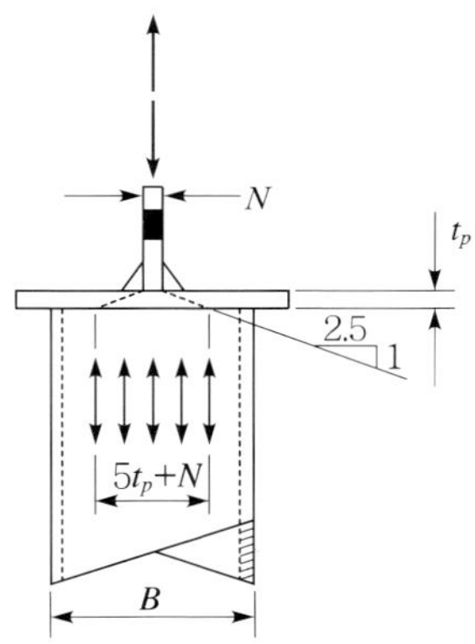

해설 그림 4.3-2
마구리판을 통해 전달되는
집중하중의 하중 분산

4.3.1.5.1 한 개의 벽체에 대한 국부항복 한계상태

$$R_n = F_y t\left[5t_p + N\right] \le BF_y t \tag{4.3-11}$$

$$\phi = 1.00$$

4.3.1.5.2 한 개의 벽체에 대한 국부 크리플링 한계상태

$$R_n = 0.8t^2\left[1+(6N/B)(t/t_p)^{1.5}\right]\left[EF_y t_p/t\right]^{0.5} \tag{4.3-12}$$

$$\phi = 0.75$$

표 4.3-1 각형강관과 강판접합부의 공칭강도

접합형태	접합부의 공칭강도
종방향 플레이트	$\beta \le 0.85$ 기본 : 주강관의 소성화
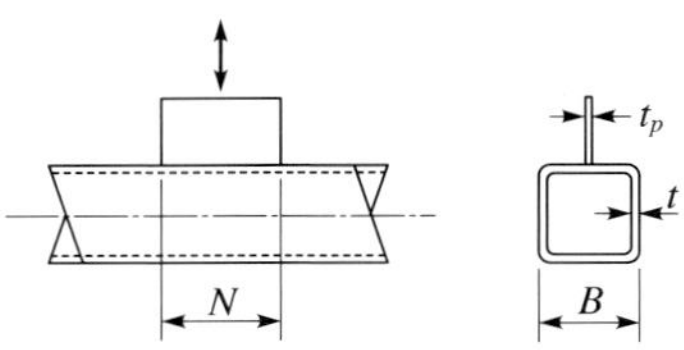	$R_n = \dfrac{F_y t^2}{1-\dfrac{t_p}{B}}\left(\dfrac{2N}{B}+4\sqrt{1-\dfrac{t_p}{B}Q_f}\right)$
횡방향 플레이트	$\beta \approx 1.0$기본 : 강관의 측벽강도
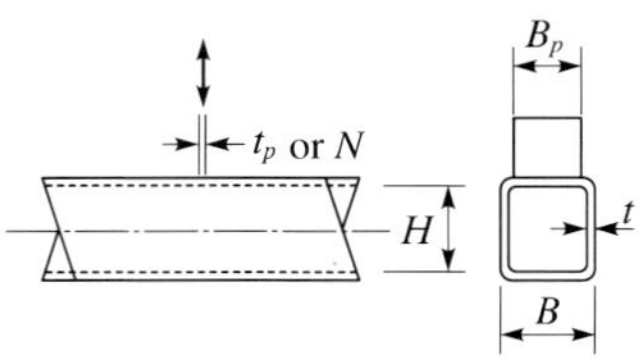	인장과 압축 : $R_n = 2F_y t[5k+N]$ T형 접합의 압축 : $R_n = 1.6t^2\left[1+\dfrac{3N}{H-3t}\right]\sqrt{EF_y}Q_f$ X형 접합의 압축 : $R_n = \dfrac{48t^3}{H-3t}\sqrt{EF_y}Q_f$
	$0.85 \le \beta \le 1-2t/B$기본 : 뚫림전단 파괴
	$R_n = 0.6F_y t[2t_p + 2B_{ep}]$
	모든 β 기본 : 비균일 하중분포
	$R_n = \dfrac{10}{B/t}F_y t B_p \le F_{yp} t_p B_p$
수식과 사용범위	
$\dfrac{B}{t} \le 35$: 횡방향 판의 경우	≤ 40 : 종방향 판의 경우
$0.25 < \dfrac{B_p}{B} \le 1.0$: 횡방향 판의 경우	B_{ep}: $\dfrac{10B_p}{B/t} \le B_p$
k : 강관의 모서리 외부반경 $\ge 1.5t$	Q_f: 1.0 (주관이 인장을 받는 횡방향 판 접합)
Q_f: $1.3-0.4\dfrac{U}{\beta} \le 1.0$ (주관이 압축을 받는 횡방향 판 접합)	Q_f: $\sqrt{1-U^2}$ (종방향 판의 경우)

표 4.3-2 원형강관과 강판접합부의 공칭강도

접합형태	접합부의 공칭강도		
	축력	면내휨	면외휨
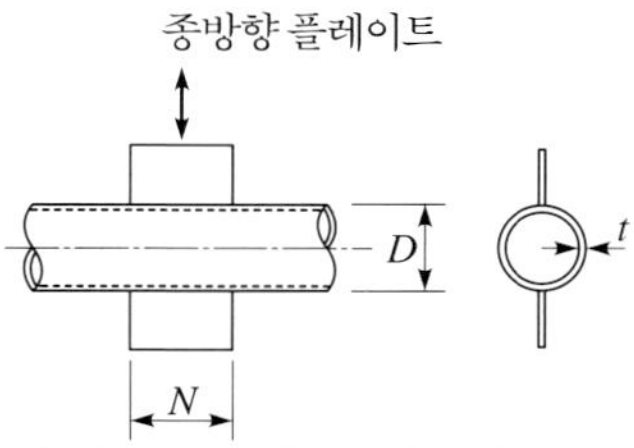	주강관의 소성화 $R_n = 5.5F_y t^2\left(1+0.25\frac{N}{D}\right)Q_f$	$M_n = NR_n$	–
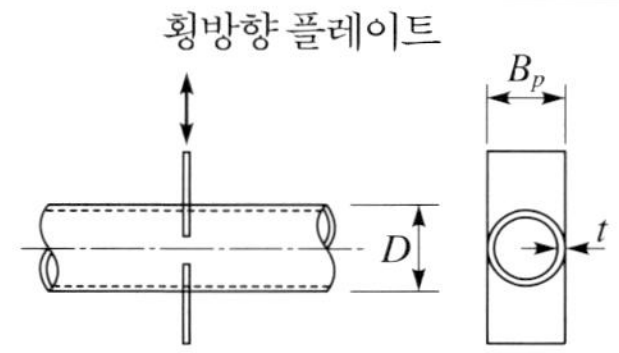	$R_n = F_y t^2\left[\frac{5.5}{1-0.81\frac{B_p}{D}}\right]Q_f$	–	$M_n = 0.5B_pR_n$

함수 및 타당성 범위

$\frac{D}{t} \le 50$ T형 접합인 경우, $\frac{D}{t} \le 40$ X형 접합인 경우

$0.2 < \frac{B_p}{D} \le 1.0$ (횡방향 판의 경우)

Q_f : 1.0(인장을 받는 주관)

Q_f: $1.0 - 0.3U(1+U) \le 1.0$(압축을 받는 주관)

4.3.2 강관-강관 트러스접합

강관구조의 트러스접합은 하나 이상의 지강관으로 구성되고 접합부를 통과하는 연속적인 주강관에 직접 용접된 접합부로 정의하며 다음과 같이 분류한다.

(1) 지강관의 뚫림하중($P_r\sin\theta$)이 주강관의 보 전단력과 평형을 이루며, 그 접합을 지강관이 주강관과 수직이면 T형 접합으로 분류하고, 다르면 Y형 접합으로 분류한다.

(2) 지강관의 뚫림하중($P_r\sin\theta$)이 접합부의 같은 평면상에서 다른 지강관의 하중과 (20% 이내로) 평형을 이룬다면, 그 접합을 K형 접합으로 분류한다. 힘의 평형을 이루는 주요 지강관들 사이에 적절한 간격이 있어야한다. N형 접합은 K형 접합의 한 형태로 고려할 수 있다. 하나의 지강관이 주강관에 수직인 K형 접합을 N형 접합으로 부른다.

(3) 뚫림하중($P_r\sin\theta$)이 주강관을 관통하고 반대편 지강관에 의해 평형을 이룰 때, 그

접합을 X형 접합으로 분류한다.

(4) 접합부가 2개 이상의 주요 지강관을 가지고 있거나 한 평면 이상의 평면에서 지강관을 갖는 경우, 그 접합은 일반이음 또는 다평면 이음으로 분류한다. 지강관이 일부하중은 K형 접합으로 일부하중은 T, Y 또는 X형 접합으로 전달할 때 공칭강도는 전체에서 각각의 비례에 따라 보간법에 의해 결정한다.

이 규정의 적용을 위해서는 주강관과 지강관의 중심선이 동일한 면 위에 있어야 하고, 각형 강관의 경우에는 벽체 면이 그 접합부 평면에 평행해야 한다. 주관에 지관을 용접하여 만든 강관 트러스인 경우, 적용범위 이내의 편심은 접합설계에 편심으로 인한 휨모멘트의 고려없이 허용할 수 있다.

【해설】

이 절에서 사용되는 공통 기호는 해설 그림 4.3-1과 같다. 강관트러스 형태의 접합을 K(N 포함), Y(T 포함) 또는 X형 접합으로 분류하는 것은 접합부에서 하중전달 방법에 기초한 것이며 접합부의 물리적 외관에 기초한 것이 아니다. 그러한 분류의 예를 해설 그림 4.3-3에 나타내었다.

4.3.2에서 서술한 바와 같이, 지강관 부재가 하중의 일부분을 K형 접합으로 그리고 일부를 T, Y 또는 X형 접합으로 전달할 때, 각 지강관의 적합성은 각 하중전달 형태와 관련된 지강관하중의 선형상관 비례정도에 의하여 결정된다. 해설 그림 4.3-3(b)에 나타난 것과 같이 한 K형 접합은 주강관에 수직인 지강관 하중 성분이 20% 정도 차이가 발생하더라도 여전히 K-이음 거동을 나타내는 것으로 간주됨을 예시하고 있다. 이것은 전형적인 트러스의 지강관 하중에서 일련의 판넬 절점하중에 의해 야기되는 약간의 편차를 수용하는 것이다. 그러나 해설 그림 4.3-3(c)의 N형 접합은 주강관에 수직인 지강관의 하중성분의 비가 2:1이다. 이 경우, “순수” K형 접합(균형을 이루는 지강관하중)과 X형 접합(나머지 대각선 지강관하중이 접합부를 관통하여 전달되기 때문이다)의 두 가지로 해설 그림 4.3-4에서 보는 바와 같이 해석된다. 이 이음부에서 대각선 인장지강관에 대하여 다음의 검토 또한 이루어져야 한다.

$$(0.5P\sin\theta/K\text{형 접합의 설계강도}) + (0.5P\sin\theta/X\text{ 형 접합의 설계강도}) \leq 1.0$$

간격K(또는 N)형 접합 예를 들어, 해설 그림 4.3-3(a)에서 간격크기가 커서 편심한계의 허용값을 초과한다면, K형 접합은 2개의 독립 Y형 접합으로 취급하여야 한다. 해설 그림 4.3-3(e)에 나타난 것과 같이 두 지강관이 매우 가깝거나 X형 접합 부분은 주강관에 대한 부담면적으로 간주될 수 있다. 해설 그림 4.3-3(d)와 같은 K형 접합에서, 한 지강관이 거의 또는 전혀 하중을 받지 않는 경우 그 이음부는 나타낸 것과 같이 Y형 접합으로 취급될 수 있다.

용접 강관접합의 설계는 특별한 이음형상과 하중에 대하여 발생할 수 있는 잠재적인 한계상태에 기초하고 있으며, 규정된 적용 제한 내에서 발생할 수 있는 가능한 파괴모드를 차례로 표현하고 있다. 각형강관에서 나타난 트러스형태 이음의 전형적인 파괴모드가 해설 그림 4.3-5에 나타나 있다.

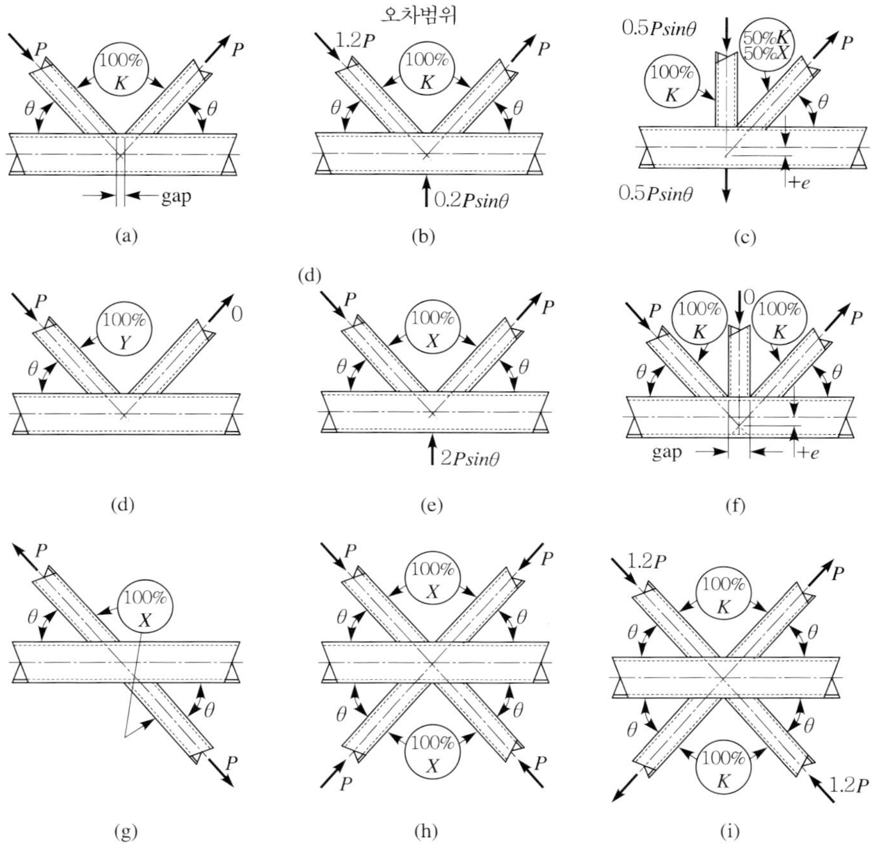

해설 그림 4.3-3 강관이음(접합) 분류의 예

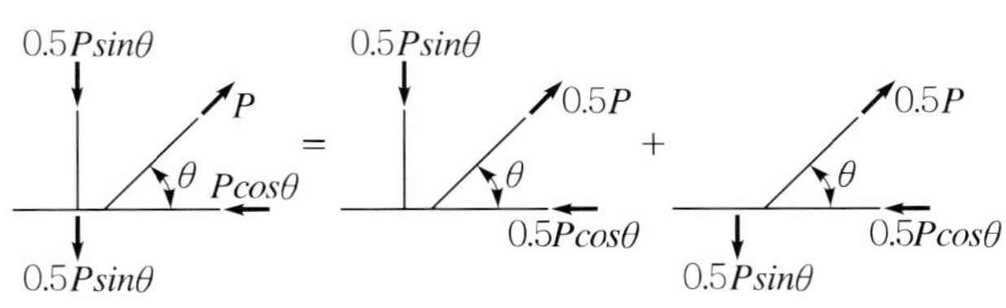

해설 그림 4.3-4 불균형상태의 지강관 하중을 받는 K형 접합의 검토

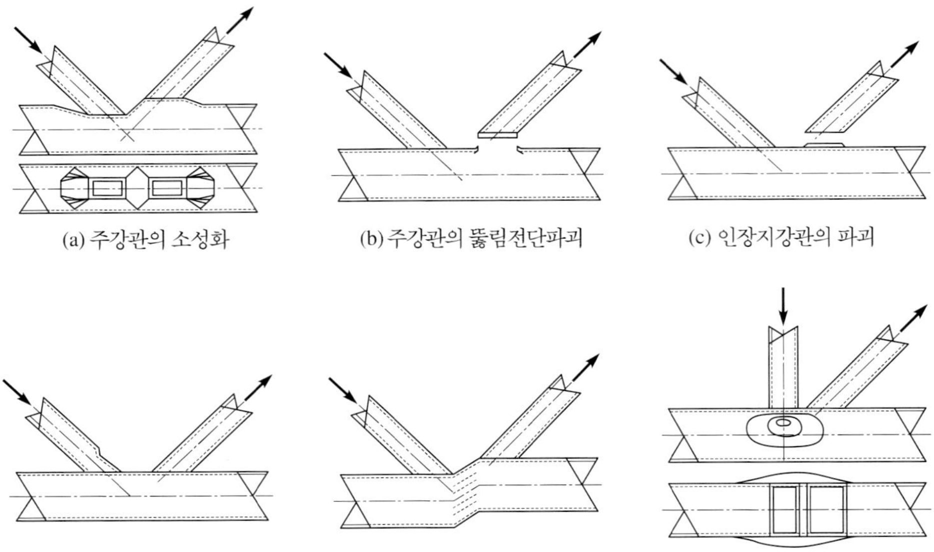

(a) 주강관의 소성화 (b) 주강관의 뚫림전단파괴 (c) 인장지강관의 파괴

(d) 압축지강관의 파괴 (e) 주강관의 전단항복 (f) 주강관의 측벽파괴

해설 그림 4.3-5 강관-강관 트러스이음에 대한 전형적인 한계상태

4.3.2.1 원형강관

주강관 하중과 국부 지강관 이음하중에 의한 응력 상호작용은 주강관 응력상관계수 Q_f를 통하여 구한다.

(1) 주강관이 인장인 경우

$Q_f = 1.0$

(2) 주강관이 압축인 경우

$$Q_f = 1.0 - 0.3U(1+U) \qquad (4.3\text{-}13)$$

여기서, $U = |P_u/A_gF_c + M_u/SF_c|$; 유용성비 (4.3-14)

P_u : 주강관의 소요압축강도(N) ; K-이음에서 P_u은 더 작은 압축응력을 갖는 이음 부분에서 결정한다.(작은 U값)

M_u : 주강관의 소요휨강도 (N·mm)

A_g : 주강관의 총단면적 (mm^2)

F_c : 설계응력 (MPa)

S : 주강관의 탄성단면계수 (mm^2)

$$F_c = F_y \quad \text{(MPa)}$$

4.3.2.1.1 적용한계

접합형상이 다음의 적용한계 내에 있을 때만 이 규정을 적용할 수 있다.

(1) 접합부 편심 : K형 접합에 대하여, $-0.55D \le e \le 0.25D$, 여기서 D는 바깥지름, e는 지강관에서 떨어진 거리로서 양의 수를 나타낸다.
(2) 지강관 각도 : $\theta \ge 30°$
(3) 주강관벽 세장비 : 벽지름 두께비로 T, Y, K-형 이음에서 50이하; X형 접합에서 40이하
(4) 인장 지강관벽의 세장비 : 벽지름 두께비로 50 이하
(5) 압축 지강관벽의 세장비 : 벽지름 두께비로 $0.05E/F_y$ 이하
(6) 폭비 : T, Y, X, 겹침 K형 접합은, $0.2 < D_b/D \le 1.0$이고, 간격 K형 접합은 $0.4 \le D_b/D \le 1.0$
(7) 간격 K접합인 경우 : g는 지강관 벽두께 총합 이상
(8) 겹침 K접합인 경우 : $25\% \le O_v \le 100\%$,
여기서, $O_v = (q/p) \times 100\%$; p는 주강관에 대한 겹치는 지강관의 투영길이; q는 (주강관의 접촉면에서 측정한 겹친 길이) 겹침접합의 경우 더 큰 지강관(또는 직경이 같다면 더 두꺼운 지강관)이 주강관에 직접 연결되는 "관통부재"이다.
(9) 겹침접합의 지강관 두께비 : 겹치는 지강관의 두께는 겹쳐지는 지강관 두께 이하로 한다.
(10) 강도 : 주강관과 지강관에 대하여 $F_y \le 360\,\text{MPa}$
(11) 연성 : $F_y/F_u \le 0.8$

【해설】

최소 지강관의 각도는 양호한 제작을 위한 실무적인 제한 값이다. 작은 지강관 각도도 가능하나 이 경우 제작자와의 사전협의가 있어야 한다.

압축지강관에 대한 관벽 세장비제한은 접합강도가 지강관의 국부좌굴에 의해 감소되지 않기 위한 제한이다.

유효전단력이 한쪽 지강관에서 다른 지강관으로 전달되기 위하여, 지강관간의 적당한 상호접합이 존재하도록 최소겹침에 대한 제한이 적용된다.

4.3.2.1.2 T, Y, X형 접합의 압축력을 받는 지강관

T- 및 Y-형 접합에서 지강관의 설계강도 ϕP_n은 주강관의 소성화, 전단항복(뚫림)의 한계상태에 따라 얻어진 값 중에서 작은 값으로 한다.

(1) T- 및 Y-형 접합에 주강관 소성화의 한계상태($\phi = 0.90$)

$$P_n \sin\theta = F_y t^2 [3.1 + 15.6\beta^2] \gamma^{0.2} Q_f \quad (4.3\text{-}15)$$

(2) 전단항복(뚫림)의 한계상태($\phi = 0.95$)

$$P_n = 0.6 F_y t \pi D_b [(1 + \sin\theta) / 2\sin^2\theta] \quad (4.3\text{-}16)$$

$\beta > (1 - 1/\gamma)$일 때, 이 한계상태는 검토할 필요가 없다.

(3) X형 이음에서 주강관 소성화의 한계상태($\phi = 0.90$)

$$P_n \sin\theta = F_y t^2 [5.7 / (1 - 0.81\beta)] Q_f \quad (4.3\text{-}17)$$

【해설】

뚫림전단 규정을 제외한, 4.3.2.1.2와 4.3.2.1.3에서 주어진 규정들은, 95% 신뢰성을 갖고, 기계적, 기하학적 특성의 전형적인 편차 뿐 아니라 실험결과의 편차를 고려한, 반 경험적 "특성강도"식에 일반적으로 근거하고 있다. 이러한 "특성강도"식은 한계상태설계법에서 관련 파괴모드를 감안하기 위하여 저항계수를 곱한다. 주강관의 소성화 파괴모드의 경우 ϕ계수를 0.9로 적용하는 반면에, 뚫림전단의 경우 0.95로 적용한다.

전단파괴저항은 4.3.2와 4.3.3에서와 같이 $0.95(0.6F_y) = 0.57F_y$ 로 한다. 반면 IIW(1989)에서는 Von Mieses의 전단항복저항식을 $1.0(F_y/\sqrt{3}) = 0.58F_y$ 로 사용한다. 극한강도 F_u가 뚫림전단 파괴 기준의 기본으로 채택된다면, ϕ는 0.75로 된다. 이 때 $0.75(0.6F_u) = 0.45F_u$ 는 $0.95(0.6F_y) = 0.57F_y$와 아주 비슷한 값을 산출한다. 규정된 공칭 F_y/F_u비가 0.79보다 적은 강관의 경우, 후자가 훨씬 더 보수적이 된다. 식 (4.3-16)는 $\beta > (1 - 1/\gamma)$일 때는 검토할 필요가 없다. 왜냐하면 이것은 지강관이 주강관 부재를 뚫을 수 있는 물리적 제한이기 때문이다.

4.3.2.1.3 K형 접합의 압축력을 받는 지강관

K형 접합에서 지강관의 설계강도 ϕP_n은 간격접합과 겹침접합에 관한 주강관 소성화의 한계상태와 간격접합에 관한 전단항복(뚫림)의 한계상태에 따라 얻어진 값 중에서 작은 값으로 한다.

(1) 주강관 소성화의 한계상태($\phi=0.90$)

① 압축 지강관의 경우 :

$$P_n \sin\theta = F_y t^2 \left[2.0 + 11.33 D_b / D\right] Q_g Q_f \qquad (4.3\text{-}18)$$

여기서, D_b는 단지 압축 지강관에 대하여만 관련된다.

$$Q_g = \gamma^{0.2}\left[1 + \frac{0.024\gamma^{1.2}}{e^{\left(\frac{0.5g}{t} - 1.33\right)} + 1}\right] \qquad (4.3\text{-}19)$$

간격접합에서 g(용접치수를 무시한 주강관 상단부를 따라 측정된)는 양수이다. 겹침접합에서 g는 음수이고 q와 같다.

② 인장 지강관의 경우 :

$$P_n \sin\theta = (P_n \sin\theta)_{압축지관} \qquad (4.3\text{-}20)$$

(2) 간격 K형 접합에서 전단항복(뚫림)의 한계상태($\phi=0.95$)

$$P_n = 0.6 F_y t \pi D_b \left[(1+\sin\theta)/2\sin^2\theta\right] \qquad (4.3\text{-}21)$$

【해설】

축력을 받는 K형 접합에서 원형강관의 경우, 압축지강관의 크기는 접합강도를 결정하는데 중요한 요소이다. 그러므로 식 (4.3-18)의 D_b항은 압축지강관에만 속하고 두 지강관의 평균이 아니다. 그래서 만약 인장지강관에 하중으로써 표현되는 접합강도를 필요로 한다면, 식 (4.3-18)로 부터의 해답을 식 (4.3-20)을 이용하여 인장지강관의 방향으로 분해할 수 있다. 강관-강관 트러스접합의 강도 산정식에서는 축하중만 받는 지강관을 다루고 있음에 주목할 필요가 있다. 이것은 트러스 구조해석이 다음 추천된 방법 중 하나에 따라서 수행된다면, 전형적인 평면 K형 접합의 지강관에 축력만이 존재하기 때문이다.

(i) 핀접합해석 또는

(ii) 해설 그림 4.3-6에서 보는 바와 같이, 연속 트러스 주부재에 핀접합된 웨브부재를 사용하는 해석

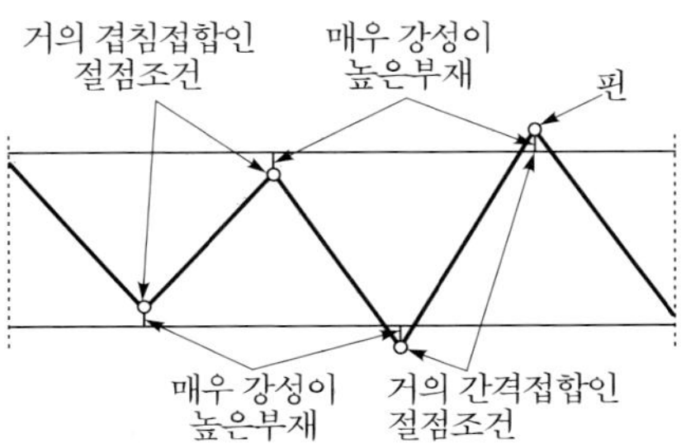

해설 그림 4.3-6 연속 트러스 현재에
핀접합된 웨브부재를 사용한 모델링 가정

4.3.2.2 각형강관

주강관하중과 국부지강관 이음하중에 의한 응력 상호작용은 주강관 응력상관계수 Q_f에 반영한다.

(1) 주강관이 인장인 경우

$$Q_f = 1$$

(2) T, Y, X형 접합에서 주강관이 압축인 경우

$$Q_f = 1.3 - 0.4U/\beta \leq 1 \tag{4.3-22}$$

(3) 간격 (K형 접합)에서 주강관이 압축인 경우

$$Q_f = 1.3 - 0.4U/\beta_{eff} \leq 1 \tag{4.3-23}$$

여기서, $U = |P_u/A_g F_c + M_u/SF_c|$; 유용성비 (4.3-24)

P_u : 주강관의 소요축강도(N); 간격 K형 접합에서 P_u는 더 큰 압축응력을 갖는 접합부분에서 결정한다.(더 큰 U값)

M_u : 주강관의 소요휨강도 (N·mm)

A_g : 주강관의 총단면적 (mm^2)

F_c : 설계응력 (MPa)

S : 주강관의 탄성단면계수 (mm^2)

$F_c = F_y$ (MPa)

4.3.2.2.1 적용한계

접합형상이 다음 한계 내에 있을 때에만 이 규정을 적용할 수 있다.

(1) 접합부 편심 : K형 접합에 대하여, $-0.55H \leq e \leq 0.25H$. 여기서, H는 주강관의 높이, e는 지강관에서 떨어진 거리로 양의 수이다.

(2) 지강관 각도 : $\theta \geq 30°$

(3) 주강관벽 세장비 : 벽의 폭두께비로 간격 K, T, Y, X형 접합에서 35 이하; 겹침 K형 접합에서 30 이하

(4) 인장 지강관벽 세장비 : 벽의 폭두께비로 35이하

(5) 압축 지강관벽 세장비 : 벽의 폭두께비로 $1.25(E/F_{yb})^{0.5}$ 이하이며 간격 K형 접합과

T, Y, X형 접합에서 35이하; 겹침 K형 접합에서 $1.1(E/F_{yb})^{0.5}$ 이하

(6) 폭비 : 주강관의 벽폭에 대한 지강관의 벽폭의 비로 T, Y, X와 겹침 K형 접합에서 0.25 이상; 간격 K형 접합에서 0.35 이상

(7) 형상비 : $0.5 \leq$ 높이와 폭의 비 ≤ 2.0

(8) 겹침접합 : $25\% \leq O_v \leq 100\%$

여기서, $O_v = (q/p) \times 100\%$. p는 주강관에 대한 겹쳐지는 지강관의 투영길이; 주강관의 접촉면에서 측정한 겹친 길이다. 겹침접합에서 더 큰 지강관(또는 폭이 같다면 두께가 더 큰)이 주강관에 연결되는 "관통부재"이다.

(9) 겹침접합에서 지강관의 폭비 : 겹쳐진 지강관의 폭에 대한 겹치는 지강관의 폭비로 0.75 이상

(10) 겹침접합에서 지강관 두께비 : 겹치는 지강관의 두께는 겹쳐지는 지강관의 두께 이하로 한다.

(11) 강도 : 주강관과 지강관에 대하여 $F_y \leq 360\,\text{MPa}$

(12) 연성 : $F_y/F_u \leq 0.8$

(13) 다른 제한들은 특별규정을 적용한다.

【해설】

최소 지강관각도는 양호한 제작을 위한 실무적인 제한이다. 유효전단력이 한 쪽 지강관에서 다른 지강관으로 전달되기 위하여, 지강관간의 적절한 상호접합이 존재하도록 최소겹침에 대한 제한이 적용된다.

4.3.2.2.2 T, Y, X형 접합의 압축력을 받는 지강관

T, Y, X형 접합에서 지강관의 설계강도 ϕP_n은 주강관 소성화, 전단항복(뚫림), 측벽강도, 비균일 하중분포로 인한 국부항복의 한계상태들에 따라 얻어진 값들 중 최솟값으로 한다. 또한 4.3.2.2.1의 적용범위 β는 0.25 이하로 할 수 없다.

(1) 주강관벽 소성화의 한계상태($\phi = 1.00$)

$$P_n \sin\theta = F_y t^2 [2\eta/(1-\beta) + 4/(1-\beta)^{0.5}] Q_f \qquad (4.3\text{-}25)$$

$\beta > 0.85$일 때, 이 제한은 검토할 필요가 없다.

(2) 전단항복(뚫림)의 한계상태($\phi = 0.95$)

$$P_n \sin\theta = 0.6 F_y t B [2\eta + 2\beta_{eop}] \qquad (4.3\text{-}26)$$

식 (4.3-26)에서 유효외부뚫림변수 $\beta_{eop} = 5\beta/\gamma$ 는 β를 초과하지 못한다. 이 한계 상태는 $\beta > (1 - 1/\gamma)$ 일 때와 $\beta < 0.85$, $B/t \geq 10$ 일 때 검토할 필요가 없다.

(3) 측벽강도의 한계상태에 관하여 인장지강관의 설계강도는 측벽 국부항복의 설계강도로 취급한다. 측벽강도의 한계상태에 관하여 압축 지강관의 설계강도는 측벽 국부항복응력과 측벽 국부크리플링강도 중에서 작은 값으로 한다. 90° 보다 작은 지강관을 갖는 X형 접합에 대하여는, 주강관 측벽의 전단파괴에 관하여 KDS 14 31 10: 2016 (4.3.2.1.2.5)에 추가적으로 검토해야 한다.

주강관과 지강관이 같은 폭($\beta = 1.0$)이 아니라면 이 한계상태는 검토할 필요가 없다.

① 국부항복의 한계상태($\phi = 1.00$)

$$P_n \sin\theta = 2F_y t\,[5k + N] \tag{4.3-27}$$

여기서, k : 강관모서리의 외부반경(mm), 명확하지 않을 경우에 $1.5t$로 한다.

N : 주강관축에 평행한 하중지지길이(mm), $H_b/\sin\theta$

② T, Y형 접합에서 측벽 국부크리플링의 한계상태($\phi = 0.75$)

$$P_n \sin\theta = 1.6t^2\,[1 + 3N/(H - 3t)]\,(EF_y)^{0.5} Q_f \tag{4.3-28}$$

③ X형 접합에서 측벽 국부크리플링의 한계상태($\phi = 0.90$)

$$P_n \sin\theta = \left[48t^3/(H - 3t)\right](EF_y)^{0.5} Q_f \tag{4.3-29}$$

(4) 비균일 하중분포로 인한 국부항복의 한계상태($\phi = 0.95$)

$$P_n = F_{yb} t_b \left[2H_b + 2b_{eoi} - 4t_b\right] \tag{4.3-30}$$

여기서, $b_{eoi} = [10/(B/t)]\,[F_y t/(F_{yb} t_b)]\,B_b \leq B_b$ (4.3-31)

$\beta < 0.85$ 이면 이 한계상태는 검토할 필요가 없다.

【해설】

식 (4.3-25)은 접합되는 주강관면의 휨에 대하여 해석적 항복선 해를 나타낸다. 이 공칭강도식은 접합부 변형을 제안하기 위하여 제공하며 극한접합강도보다 아래에 있다는 것은 잘 알려져 있다. ϕ계수를 1.0으로 하는 것은 적절하다. 지강관폭이 주강관폭의 0.85를 초과한 경우, 이 항복선 붕괴 메카니즘이 임계설계하중을 유발하지는 않는다.

식 (4.3-26)와 식 (4.3-33)에서 분명한 뚫림전단 한계상태는 지강관 주위의 뚫림전단 유효길이에 기초하며, 지강관 전체원주는 유효길이에 대하여 상한선이 된다. β_{eop}항은 주강관축에 직각방향인 단일 지강관 식 (4.3-33) 또는 두 개 지강관 식 (4.3-26)벽에 인접한 주강관면의 뚫림전단 유효폭비를 나타낸다. 이 β_{eop}항은 ϕ계수를 0.8로 한다.

압축지강관의 국부좌굴 또는 인장지강관의 조기항복파괴에 의해 나타나는 "비균일 하중분포"의 한계상태는 식 (4.3-30)과 (4.3-34)로 표현되며, 지강관 4개 측면의 유효면적의 합으로 검토된다.
$\beta \le 0.85$ 인 T, Y, X형 접합의 경우, 접합강도는 식 (4.3-25)에 의해서만 결정된다. 축력을 받는 간격 K형 접합의 경우, 지강관의 "밀고-당기는" 작용을 받는 주강관 접합면의 소성화는 가장 지배적이며 결정적인 파괴모드이다. 사실 모든 강관부재가 정방형이라면, 이러한 파괴모드가 결정적이며 식 (4.3-33)이 검토할 수 있는 유일한 식이다. 주강관면 소성화에 대한 이 식은 반 경험적 "특성강도"식이며, 이것은 95%의 신뢰도를 갖고 있으며 기계적, 기하학적 특성의 전형적인 편차는 물론이고 실험결과의 편차를 고려하였다.

4.3.2.2.3 간격 K형 접합에서 압축력을 받는 지강관

간격 K형 접합의 경우, 지강관의 설계강도 ϕP_n은 주강관벽 소성화, 전단항복(뚫림), 전단항복, 비균일 하중분포로 인한 전단항복과 국부항복의 한계상태들에 따라 구한 최솟값으로 한다. 4.3.2.2.1의 적용한계와 더불어 다음의 한계상태들을 적용해야 한다.

(1) $B_b/B \ge 0.1 + \gamma/50$

(2) $B_{eff} \ge 0.35$

(3) $\zeta \ge 0.5(1-\beta_{eff})$

(4) 간격 : g, 지강관 벽두께의 총합 이상

(5) (더 작은 B_b) > (더 큰 B_b)의 0.63배 값

① 주강관벽 소성화의 한계상태($\phi = 0.90$)

$$P_n \sin\theta = F_y t^2 \left[9.8\beta_{eff}\gamma^{0.5}\right] Q_f \tag{4.3-32}$$

② 전단항복(뚫림)의 한계상태($\phi = 0.95$)

$$P_n \sin\theta = 0.6 F_y t B \left[2\eta + \beta + \beta_{eop}\right] \tag{4.3-33}$$

식 (4.3-33)에서 유효외부뚫림변수 $\beta_{eop} = 5\beta/\gamma$ 는 β를 초과해서는 안 된다. 이 한계상태는 $B_b < (B-2t)$ 또는 지강관이 정사각형이 아닌 경우에만 검토할 필요가 있다.

③ 간격에서 주강관의 전단항복의 한계상태에 관하여, 설계강도는 KDS 14 31 10: 2016 (4.2)에 따라 검토한다. 이 한계상태는 주강관이 정사각형이 아닌 경우에만 검토할 필요가 있다.

④ 비균일 하중분포로 인한 국부항복의 한계상태($\phi = 0.95$)

$$P_n = F_{yb}t_b[2H_b + B_b + b_{eoi} - 4t_b] \quad (4.3\text{-}34)$$

여기서, $b_{eoi} = [10/(B/t)][F_y t/(F_{yb}t_b)]B_b \le B_b$ (4.3-35)

이 한계상태는 지강관이 정사각형이 아니거나 $B/t < 15$인 경우에만 검토할 필요가 있다.

【해설】

최소간격비에 대한 제한은 IIW(1989)로부터 Packer와 Henderson(1997)의 연구에 따라 보다 실무적으로 수정되었다. 최소간격치수 g는 지강관의 끝부분에서 용접이 만족스럽게 실시될 수 있도록 적절한 간격을 규정한 것이다.

다른 사항은 4.3.2.2.2의 해설 참조.

4.3.2.2.4 겹침 K형 접합에서 압축력을 받는 지강관

겹침 K형 접합에서 지강관의 설계강도 ϕP_n은 비균일 하중분포로 인한 국부항복의 한계상태로부터 결정한다($\phi = 0.95$).

(1) 겹치는 지강관에 대하여, 그리고 겹치는 지강관의 측정된 겹침이 $25\% \le O_v < 50\%$ 인 경우

$$P_n = F_{ybi}t_{bi}[(O_v/50)(2H_{bi} - 4t_{bi}) + b_{eoi} + b_{eov}] \quad (4.3\text{-}36)$$

(2) 겹치는 지강관에 대하여, 그리고 겹치는 지강관의 측정된 겹침이 $50\% \le O_v < 80\%$ 인 경우

$$P_n = F_{ybi}t_{bi}[2H_{bi} - 4t_{bi} + b_{eoi} + b_{eov}] \quad (4.3\text{-}37)$$

(3) 겹치는 지강관에 대하여, 그리고 겹치는 지강관의 측정된 겹침이 $80\% \le O_v \le 100\%$ 인 경우

$$P_n = F_{ybi}t_{bi}[2H_{bi} - 4t_{bi} + B_{bi} + b_{eov}] \quad (4.3\text{-}38)$$

여기서, b_{eoi} : 주강관에 용접된 지강관 면의 유효폭

$= [10/(B/t)][(F_y t)/(F_{ybi}t_{bi})]B_{bi} \le B_{bi}$ (4.3-39)

b_{eov} : 겹친 가새에 용접된 지강관면의 유효폭

$= [10/(B_{bj}/t_{bj})][(F_{ybj}t_{bj})/(F_{ybi}t_{bi})]B_{bi} \le B_{bi}$ (4.3-40)

B_{bi} : 겹치는 지강관의 폭(mm)

B_{bj} : 겹친 지강관의 폭(mm)

f_{ybi} : 겹치는 지강관 재료의 항복응력(MPa)

f_{ybj} : 겹친 지강관 재료의 항복응력(MPa)

H_{bi} : 겹치는 지강관의 높이(mm)

t_{bi} : 겹치는 지강관의 두께(mm)

t_{bj} : 겹친 지강관의 두께(mm)

겹쳐진 지강관의 강도 P_n은 식 (4.3-36), 식 (4.3-37) 및 식 (4.3-38)에 의한 겹치는 지강관의 강도P_n에 계수 $A_{bj}F_{ybj}/A_{bi}F_{ybi}$ 를 곱한 값을 초과하지 않아야 한다.

여기서, A_{bi} : 겹치는 지강관의 단면적(mm^2)

A_{bj} : 겹친 지강관의 단면적(mm^2)

4.3.2.2.5 지강관의 용접

강관 이음부에서 강관 벽의 상대적 유연성의 차이로 인하여, 용접선을 따라 하중전달의 비균일성은 용접부에 비례하여 고려해야 한다. 각형강관에 그루브용접과 필릿용접의 총 유효용접길이 L_e는 다음과 같이 제한한다.

(1) T, Y, X형 접합에서

① $\theta \leq 50°$인 경우 :

$$L_e = \frac{2(H_b - 1.2t_b)}{\sin\theta} + (B_b - 1.2t_b) \qquad (4.3\text{-}41)$$

② $\theta \geq 60°$인 경우 :

$$L_e = \frac{2(H_b - 1.2t_b)}{\sin\theta} \qquad (4.3\text{-}42)$$

50°와 60°사이의 θ값에 대한 L_e를 구하기 위하여 직선보간법을 사용한다.

(2) 각 지강관 주위의 간격 K형 접합에서

① $\theta \leq 50°$인 경우

$$L_e = \frac{2(H_b - 1.2t_b)}{\sin\theta} + 2(B_b - 1.2t_b) \qquad (4.3\text{-}43)$$

② $\theta \geq 60°$인 경우

$$L_e = \frac{2(H_b - 1.2t_b)}{\sin\theta} + (B_b - 1.2t_b) \qquad (4.3\text{-}44)$$

50°와 60° 사이의 θ값에 대한 L_e를 구하기 위하여 직선보간법을 사용한다.

식 (4.3-41)~식 (4.3-44)까지의 위의 규정 대신에 다른 합리적인 방법도 허용한다.

(3) 겹침K형 접합에서

겹치는 지강관에 대한 총유효용접길이는

① 25% ≤ O_v < 50%인 경우

$$l_{e,i} = \frac{2O_v}{50}\left[\left(1-\frac{O_v}{100}\right)\left(\frac{H_{bi}}{\sin\theta_i}\right)+\frac{O_v}{100}\left(\frac{H_{bi}}{\sin(\theta_i+\theta_j)}\right)\right]+b_{eoi}+b_{eov} \qquad (4.3\text{-}45)$$

② 50% ≤ O_v < 80%인 경우

$$l_{e,i} = 2\left[\left(1-\frac{O_v}{100}\right)\left(\frac{H_{bi}}{\sin\theta_i}\right)+\frac{O_v}{100}\left(\frac{H_{bi}}{\sin(\theta_i+\theta_j)}\right)\right]+b_{eoi}+b_{eov} \qquad (4.3\text{-}46)$$

③ 80% ≤ O_v ≤100%인 경우

$$l_{e,i} = 2\left[\left(1-\frac{O_v}{100}\right)\left(\frac{H_{bi}}{\sin\theta_i}\right)+\frac{O_v}{100}\left(\frac{H_{bi}}{\sin(\theta_i+\theta_j)}\right)\right]+B_{bi}+b_{eov} \qquad (4.3\text{-}47)$$

$B_{bi}/B_b > 0.85$ 또는 $\theta_i > 50°$일 경우, $b_{coi}/2$는 $2t$를 초과해서는 안 되며, $B_{bi}/B_{bj} > 0.85$ $B_{bi}/B_b > 0.85$ 또는 $(190-\theta_i-\theta_j) > 50°$일 경우, $b_{cov}/2$는 $2t_{bj}$를 초과해서는 안 된다.

겹쳐진 지강관에 대한 총 유효용접길이는

$$l_{e,j} = \frac{2H_{bi}}{\sin\theta_j}+2b_{eoj} \qquad (4.3\text{-}48)$$

$$b_{eoj} = \frac{10}{B/t}\left(\frac{F_y t}{F_{ybj}t_{bj}}\right)B_{bj} \le B_{bj} \qquad (4.3\text{-}49)$$

$B_{bi}/B_b > 0.85$ 또는 $\theta_j > 50°$인 경우

$$l_{e,j} = \frac{2(Hbj-1.2t_{bi})}{\sin\theta_j} \qquad (4.3\text{-}48)$$

4.3.3 강관-강관 모멘트접합

강관간의 모멘트접합은 접합부에서 연속인 주강관에 휨모멘트 하중을 받는 1개 이상의 지강관이 직접 용접접합된 것으로 다음과 같이 구분한다.

(1) 지강관이 하나이며 주강관에 직각인 T형 접합과 지강관이 하나이고 주강관에 직각이 아닌 Y형 접합
(2) 주강관의 서로 반대되는 양측에 지강관이 있는 접합을 X형 접합이라 한다.

지강관과 주강관의 중심선은 동일 평면에 위치해야 한다.

【해설】

모멘트가 작용하는 강관-강관접합에 관한 이 조항은 비렌딜보(Vierendeel Girder)와 같은 부분 또는 완전 모멘트접합부를 갖는 골조에 적용할 수 있다. 전형적인 평면 삼각 형태의 트러스 구조에는(이것은 4.3.2에서 다루고 있음) 일반적으로 적용할 수 없다. 따라서 지강관에 모멘트가 작용하는 K형 접합은 이 기준에서는 포함되지 않는다.

강관-강관 모멘트접합에 관한 사용가능한 실험은 축력을 받는 T, Y, X, K형 접합의 경우보다 훨씬 범위가 좁다. 그러므로 축력을 받는 접합의 경우 검토되어야 할 지배한계상태가 모멘트를 받는 접합의 가능한 한계상태를 위한 기본으로 사용된다. 그래서 원형강관 모멘트접합의 설계판정은 주강관 소성화와 전단파괴의 한계상태들에 근거하고 이 때 ϕ는 4.3.2와 일치한다. 반면에 각형강관 모멘트접합의 설계판정은 주강관 접합면의 소성화, 주강관 측벽항복, 비균일한 하중분포, 주강관 뒤틀림파괴의 한계상태들에 근거하며, 이 때 ϕ는 4.3.2와 일치한다. "주강관 뒤틀림파괴"모드는 지강관에서 면외모멘트를 받는 각형강관 T형 접합에서만 적용가능하다. 지강관의 마름모꼴 뒤틀림은 주강관의 장방형 단면형태를 유지하기 위한 스티프너 또는 다이아프램을 사용함으로써 방지할 수 있다. 4.3.3에서 식들의 적용제한은 주로 4.3.2로부터 다시 만들어졌다. 4.3.3에서 식들의 기본은 Eurocode 3 (2002)이며, 그것은 용접강관-강관접합에 관한 가장 최신의 기준 또는 지침서 중의 하나로 대표된다. 4.3.3의 식들은 CIDECT 설계가이드 9번(Kurobane 등 2004)에서도 채택되었다.

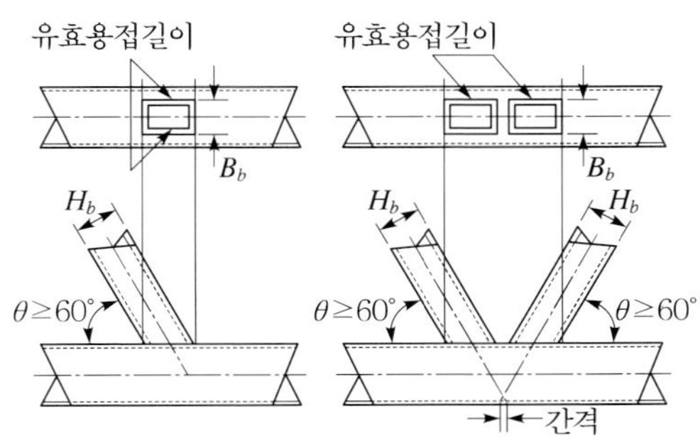

해설 그림 4.3-7 특별한 각형강관접합의 유효용접길이

4.3.3.1 원형강관

주강관 하중과 국부 지강관 이음하중에 의한 응력상호작용은 주강관 응력상관계수 Q_f를 통하여 반영된다.

- 주강관이 인장인 경우 :

$$Q_f = 1.0$$

- 주강관이 압축인 경우 :

$$Q_f = 1.0 - 0.3U(1+U) \quad (4.3\text{-}51)$$

여기서, $U = |P_u/A_g F_c + M_u/SF_c|$: 유용성비 (4.3-52)

P_u : 주강관의 소요축강도 (N)

M_u : 주강관의 소요휨강도 (N·mm)

A_g : 주강관의 총단면적 (mm^2)

F_c : 설계응력 (MPa)

S : 주강관의 탄성단면계수 (mm^2)

$F_c = F_y$ (MPa)

4.3.3.1.1 적용한계

이음형상이 다음의 적용한계 내에 있을 때만 이 규정을 적용할 수 있다.

(1) 지강관 각도 : $\theta \geq 30°$

(2) 주강관벽 세장비 : 벽지름 두께비로 T, Y, K형 접합에서 50 이하, X형 접합에서 40 이하

(3) 인장 지강관벽의 세장비 : 벽지름 두께비로 50 이하

(4) 압축 지강관벽의 세장비 : 벽지름 두께비로 $0.05E/F_y$ 이하

(5) 폭비 : $0.2 < D_b/D \leq 1.0$

(6) 강도 : 주강관과 지강관에 대하여 $F_y \leq 360$ MPa

(7) 연성 : $F_y/F_u \leq 0.8$

4.3.3.1.2 T, Y, X형 접합에서 지강관의 면내 휨모멘트

설계강도 ϕM_n은 주강관의 소성화, 전단항복(뚫림)의 한계상태에 따라 구해진 값 중에서 최솟값으로 한다.

(1) 주강관 소성화의 한계상태($\phi = 0.90$)

$$M_n \sin\theta = 5.39 F_y t^2 \gamma^{0.5} \beta D_b Q_f \quad (4.3\text{-}53)$$

(2) 전단항복(뚫림)의 한계상태($\phi = 0.95$)

$$M_n = 0.6F_y t D_b^2 [(1+3\sin\theta)/4\sin^2\theta] \quad (4.3\text{-}54)$$

$\beta > (1-1/\gamma)$ 이면 이 한계상태는 검토할 필요가 없다.

4.3.3.1.3 T, Y, X형 접합에서 지강관의 면외 휨모멘트

설계강도 ϕM_n은 주강관의 소성화, 전단항복(뚫림)의 한계상태에 따라 구해진 값 중에서 최솟값으로 한다.

(1) 주강관 소성화의 한계상태($\phi = 0.90$)

$$M_n \sin\theta = F_y t^2 D_b [3.0/(1-0.81\beta)] Q_f \quad (4.3\text{-}55)$$

(2) 전단항복(뚫림)의 한계상태($\phi = 0.95$)

$$M_n = 0.6F_y t D_b^2 [(3+\sin\theta)/4\sin^2\theta] Q_f \quad (4.3\text{-}56)$$

$\beta > (1-1/\gamma)$ 이면 이 한계상태는 검토할 필요가 없다.

4.3.3.1.4 T, Y, X형 접합에서 지강관의 휨모멘트와 압축력의 조합

지강관의 압축력, 면내 휨모멘트, 면외 휨모멘트 또는 이러한 하중효과들의 조합력을 받는 접합부는 다음을 만족해야 한다.

$$(P_u/\phi P_n) + (M_{u-ip}/\phi M_{n-ip})^2 + (M_{u-op}/\phi M_{n-op}) \le 1.0 \quad (4.3\text{-}57)$$

여기서, P_u : 하중조합을 사용하는 지강관의 소요축강도(N)

ϕP_n : 4.3.2.2.2으로부터 구한 설계강도

M_{u-ip} : 지강관의 소요 면내 휨강도(N·mm)

ϕM_{n-ip} : 4.3.3.2.2으로부터 구한 설계휨강도

M_{u-op} : 지강관의 소요 면외 휨강도(N·mm)

ϕM_{n-op} : 4.3.3.2.3으로부터 구한 설계휨강도

4.3.3.2 각형강관

주강관 하중과 국부 지강관 이음하중에 의한 응력상호작용은 주강관 응력상관계수 Q_f를 반영한다.

(1) 주강관이 인장인 경우 :

$$Q_f = 1.0$$

(2) 주강관이 압축인 경우 :

$$Q_f = (1.3 - 0.4U/\beta) \leq 1 \quad (4.3\text{-}58)$$

여기서, $U = |P_r/A_g F_c + M_r/SF_c|$; 유용성비 (4.3-59)

P_u : 주강관의 소요축강도 (N)

M_u : 주강관의 소요휨강도 (N·mm)

A_g : 주강관의 총단면적 (mm^2)

F_c : 설계응력 (MPa)

S : 주강관의 탄성단면계수 (mm^2)

$F_c = F_y$ (MPa)

4.3.3.2.1 적용한계

접합형상이 다음의 적용한계 내에 있을 때만 이 규정을 적용할 수 있다.

(1) 지강관 각도는 약 90°

(2) 주강관 벽세장비 : 벽의 폭두께비로 35 이하

(3) 인장 지강관의 벽세장비 : 벽의 폭두께비로 35 이하

(4) 압축 지강관의 벽세장비 : 벽의 폭두께비로 $1.25(E/F_{yb})^{0.5}$ 이하이며 또한 35 이하

(5) 폭비 : 주강관의 폭에 대한 지강관의 폭비로 0.25 이상

(6) 형상비 : $0.5 \leq$ 높이와 폭의 비 ≤ 2.0

(7) 강도 : 주강관과 지강관에 대하여 $F_y \leq 360\,\text{MPa}$

(8) 연성 : $F_y/F_u \leq 0.8$

(9) 다른 제한들은 특별규정을 적용한다.

4.3.3.2.2 T, X형 접합에서 지강관의 면내 휨모멘트

설계강도 ϕM_n은 주강관 소성화, 측벽 국부항복, 비균일 하중분포로 인한 국부항복의 한계상태들에 따라 구한 최소값이다.

(1) 주강관벽 소성화의 한계상태($\phi = 1.00$)

$$M_n = F_y t^2 H_b \left[(1/2\eta) + 2/(1-\beta)^{0.5} + \eta/(1-\beta) \right] Q_f \qquad (4.3\text{-}60)$$

$\beta > 0.85$이면 이 한계상태는 검토할 필요가 없다.

(2) 측벽 국부좌굴의 한계상태($\phi = 1.00$)

$$M_n = 0.5 F_y^* t (H_b + 5t)^2 \qquad (4.3\text{-}61)$$

여기서, F_y^* : T형 접합에 대하여 F_y

F_y^* : X형 접합에 대하여 $0.8F_y$

$\beta < 0.85$이면 이 한계상태는 검토할 필요가 없다.

(3) 비균일 하중분포로 인한 국부항복의 한계상태($\phi = 0.95$)

$$M_n = F_{yb} \left[Z_b - (1 - b_{eoi}/B_b) B_b H_b t_b \right] \qquad (4.3\text{-}62)$$

여기서, b_{eoi} : $[10/(B/t)]\left[F_y t/(F_{yb} t_b)\right] B_b \le B_b \qquad (4.3\text{-}63)$

Z_b : 휨축에 대한 지강관의 소성단면계수(mm^3)

$\beta < 0.85$ 이면 이 한계상태는 검토할 필요가 없다.

4.3.3.2.3 T, X형 접합에서 지강관의 면외 휨모멘트

설계강도 ϕM_n은 주강관벽 소성화, 측벽 국부항복, 비균일 하중분포로 인한 국부항복, 주강관의 뒴파단의 한계상태들에 따라 구한 최솟값으로 한다.

(1) 주강관벽 소성화의 한계상태($\phi = 1.00$)

$$M_n = F_y t^2 \left[0.5 H_b (1+\beta)/(1-\beta) + \left[2BB_b (1+\beta)/(1-\beta) \right]^{0.5} \right] Q_f \qquad (4.3\text{-}64)$$

$\beta > 0.85$ 이상이면 이 한계상태는 검토할 필요가 없다.

(2) 측벽 국부항복의 한계상태($\phi = 1.00$)

$$M_n = F_y^* t (B - t)(H_b + 5t) \qquad (4.3\text{-}65)$$

여기서, F_y^* : T형 접합에 대하여 F_y

F_y^* : X형 접합에 대하여 $0.8F_y$

$\beta < 0.85$이면 이 한계상태는 검토할 필요가 없다.

(3) 비균일 하중분포로 인한 국부항복의 한계상태($\phi = 0.95$)

$$M_n = F_{yb}\left[Z_b - 0.5(1 - b_{eoi}/B_b)^2 B_b^2 t_b\right] \quad (4.3\text{-}66)$$

여기서, $b_{eoi} = [10/(B/t)]\left[F_y t/(F_{yb} t_b)\right] B_b \le B_b$ (4.3-67)

Z_b : 휨축에 대한 지강관의 소성단면계수(mm^2)

$\beta < 0.85$이면 이 한계상태는 검토할 필요가 없다.

(4) 주강관 뒤틀림의 한계상태($\phi = 1.00$)

$$M_n = 2F_y t\left[H_b t + [BHt(B+H)]^{0.5}\right] \quad (4.3\text{-}68)$$

주강관 뒤틀림이 다른 조치에 의하여 방지되어 있다면 X형 접합 또는 T형 접합에서 이 한계상태는 검토할 필요가 없다.

4.3.3.2.4 T, X형 접합에서 지강관의 휨모멘트와 압축력의 조합

지강관의 압축력, 면내 휨모멘트, 면외 휨모멘트 또는 이러한 하중효과들의 조합력을 받는 접합부는 다음을 만족해야 한다.

$$(P_u/\phi P_n) + (M_{u-ip}/\phi M_{n-ip})^2 + (M_{u-op}/\phi M_{n-op}) \le 1.0 \quad (4.3\text{-}69)$$

여기서, P_u : 하중조합을 사용하는 지강관의 소요축강도(N)

ϕP_n : 4.3.2.2.2으로부터 구한 설계강도

M_{u-ip} : 지강관의 소요면내휨강도(N·mm)

ϕM_{n-ip} : 4.3.3.2.2으로부터 구한 면내설계휨강도

M_{u-op} : 지강관의 소요면외휨강도(N·mm)

ϕM_{n-op} : 4.3.3.2 참조

제 6 장

KDS 14 31 50 : 2017

강구조 물고임 및 내화 설계기준

KDS 14 31 50 강구조 물고임 및 내화 설계기준

1. 일반사항

이 기준의 규정은 강구조물의 물고임 및 내화설계에 적용한다.

2. 조사 및 계획

내용 없음.

3. 재료

KDS 14 31 05(3)에 따른다.

4. 설계

4.1 물고임에 대한 개략설계

지붕구조는 물고임에 대한 적절한 강도와 강성을 확보해야 하며 지붕구조는 물고임에 대해 안정을 확보하기 위해 아래의 두 조건을 모두 만족해야 한다.

$$C_p + 0.9C_s \leq 0.25 \quad (4.1\text{-}1)$$

$$I_d \leq 3940S^4 \quad (4.1\text{-}2)$$

여기서, $C_p = \dfrac{504L_sL_p^4}{I_p}$, $C_s = \dfrac{504SL_s^4}{I_s}$

L_p : 큰보방향의 기둥간격(주요 부재길이) (m)

L_s : 큰보의 수직방향 기둥간격(보조 부재길이) (m)

S : 보조부재간격 (m)

I_p : 주부재의 단면2차모멘트 (mm^4)

I_s : 보조부재의 단면2차모멘트 (mm^4)

I_d : 보조부재에 의해 지지되는 데크의 단면2차모멘트 (mm^4/m)

위 식의 적용에 있어서 트러스와 강재 장선의 경우는 단면2차모멘트, I_s를 15% 저감해야 한다. 그리고 강재 데크가 주부재에 의해 직접 지지되는 경우 보조부재로 간주한다.

【해설】

물고임이란 평지붕골조의 처짐을 유발하는 물의 고임현상을 말한다. 물고임에 대한 구체적인 설계접근은 4.2의 해설에 기술한 바와 같다.

4.2 물고임에 대한 개선된 설계

(1) 4.1에 의한 것 보다 더 정확한 지붕구조의 강성을 평가하는 경우 다음의 계수들을 이용할 수 있다.

① 주부재의 응력지표

$$U_p = \left(\frac{0.8F_y - f_0}{f_0}\right)_p \tag{4.2-1}$$

② 보조부재의 응력지표

$$U_s = \left(\frac{0.8F_y - f_0}{f_0}\right)_s \tag{4.2-2}$$

여기서, f_o : 하중조합($D+R$)에 의한 응력

D : 공칭고정하중

R : 물고임의 기여를 제외한 빗물이나 눈에 의한 공칭하중 (MPa)

(2) 주부재와 보조부재로 구성된 지붕구조에 대해 조합강성은 다음과 같이 평가할 수 있다.

① 주부재에 대해 계산된 응력지표 U_p에 해당하는 값을 그림 4.2-1에서 찾는다.

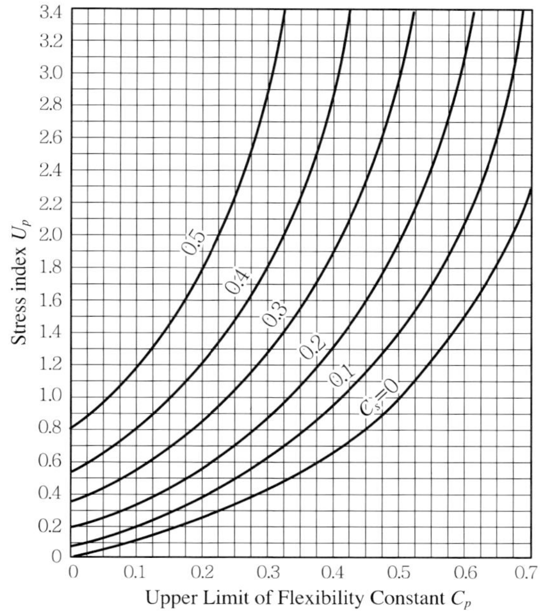

그림 4.2-1 주부재의 한계 연성도 계수

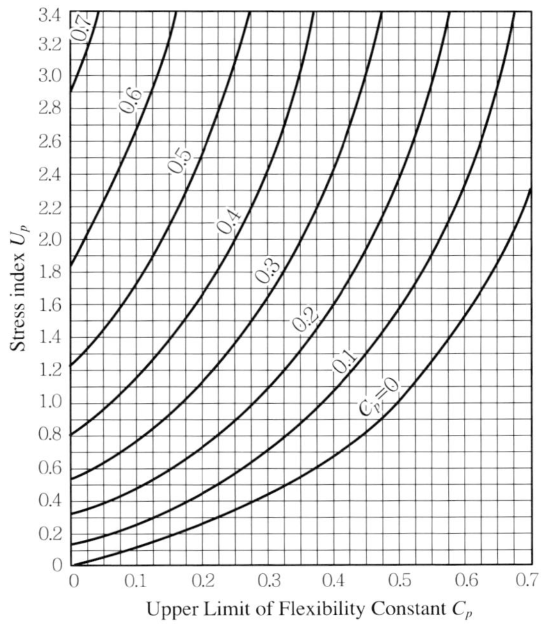

그림 4.2-2 보조부재의 한계 연성도 계수

② 보조부재에 대해 계산된 C_s값까지 수평으로 이동한 후 가로좌표축 눈금을 읽는다.

③ 그 눈금은 주요부재의 유연도상수 상한치를 나타내며 이 상한치가 주부재에 대해 계산된 C_p 값보다 크면 주부재와 보조부재의 조합된 강성은 충분한 것으로 판단할 수 있고 그렇지 않은 경우에는 주부재 또는 보조부재에 대한 강성보강이 필요하다. 또한 그림 4.2-2를 사용하여 위와 비슷한 과정을 검토해야 한다.

(3) 등간격의 벽체보로 구성된 지붕구조의 강성은 다음과 같이 평가할 수 있다.

① 보조부재들은 무한강성의 주부재에 의해 지지되는 것으로 간주한다.

② 계산된 응력지표 U_s를 그림 11.2-2에서 찾고 U_s를 나타내는 수평선과 $C_P = 0$ 에 해당하는 곡선의 교차점으로부터 보조부재의 유연도상수 상한치 C_s를 결정한다.

(4) 기둥에 지지된 보 사이에 설치된 메탈데크로 이루어진 지붕구조의 경우에는 지붕데크의 1m 폭 ($S = 1.0$)에 해당하는 유연도상수 C_s를 계산하고 그림 4.2-1 또는 그림 4.2-2를 이용하여 강성을 평가한다.

【해설】

그림 4.2-1 주부재와 보조 부재로 구성된 지붕구조에 대한 강성 평가 예시는 아래와 같다.

주부재의 응력지표 U_p : 1.2, 보조 부재의 C_s : 0.4에 대한 유연도 상수 상한치의 결정은 다음의 절차를 따른다. 세로축에서 U_p값 1.2를 가로선을 따라가서 C_s값 0.4와 만나는 지점의 가로축의 유연도 상수 상한치값인 0.2를 찾는다. 이 값이 계산된 $C_p = \frac{504 L_s L_p^4}{I_p}$ 값보다 크게 되면 주부재와 보조 부재의 조합에 의한 강성은 충분한 것으로 판단할 수 있다. 위와 같은 방향으로 보조 부재의 한계연성도도 검토하여야 한다.

그림 4.2-2 등간격의 벽체보의 예시는 아래와 같다. 계산된 응력지표 U_s : 1.0이라 하자. 세로축의 U_s값 1.0을 가로선을 따라서 $C_p = 0$과 만나는 지점의 가로축의 C_s값 0.5를 찾아 보조 부재의 유연도 상수 상한치 C_s를 결정한다.

4.3 내화설계

화재에 대하여 강구조물의 기둥, 보, 벽, 바닥, 지붕 등 주요구조부의 내화설계를 수행하기 위한 지침을 제공한다. 설계자는 온도에 따른 구조재료의 열적 및 기계적 특성 변동을 고려하여 화재 시 주요구조부의 안전성을 평가하여 내화설계를 수행할 수 있다.

【해설】

내화구조의 건축물은 인접화재로 인해 연소될 우려가 적고, 내부에서 화재가 발생해도 웬만한 화재에는 내부의 비구조부가 탄 후에도 벽 ·기둥 ·들보 등 주요구조부(構造部)는 내력상(耐力上) 지장이 없어야 한다. 건축법 50조에서는 법령에 따라 정해진 건축물의 주요구조부는 내화구조로 할 것을 규정하고 있으며, 고강도콘크리트 기둥, 보의 내화성능은 비재하가열시험 수행시 주근의 온도조건(평균 538℃, 최고 649℃)을 만족하는 시간까지로 한다고 정의하고 있다.

4.3.1 설계 고려사항

수직하중 및 수평하중을 지지하는 주요 구조부는 화재 시 고온 및 고열에 견디어 하중을 지지할 수 있는 내화성능을 확보해야 한다. 필요한 경우 설계허가권자와의 협의에 의해 국제적으로 그 적합성이 인정되어 사용되고 있는 내화설계기준을 이 기준의 일부로 사용한다.

【해설】

"건축물의 피난·방화구조 등의 기준에 관한 규칙(국토교통부령 제238호) 제3조「내화구조」"에서는 "한국건설기술연구원장이 인정한 성능설계에 따라 내화구조의 성능을 검증할 수 있는 구조로 된 것"에 대해서는 품질시험을 생략할 수 있게 되어 우리나라에서도 사양적 내화설계뿐만 아니라 성능적 내화설계가 가능할 수 있는 길이 열리게 되었다. 그러나 영국, 미국, 일본 등이 성능적 내화설계를 적용하기 위한 설계법 및 운영체계(인정시스템)를 갖추고 있는데 반하여 우리나라의 경우 동 규칙에서 언급하고 있는 "한국건설기술연구원장이 인정한 성능설계", 즉 설계법 및 운영체계(인정시스템)를 아직 갖추지 못한 실정이다.

성능적 내화설계를 위한 구조해석에 의한 내화성능 평가의 원칙적이고 기본적이며 꼭 지켜야 하는 방법론과 국제적으로 적합성이 인정되어 이용되고 있는 내화설계방법들은 다음과 같다. 참고로 현재 각국은 자국의 실정에 따라 내화설계방법을 고시(일본), 표준규격(영국), 민간지침서(스웨덴, 뉴질랜드) 등의 형태로 운영하고 있다.

4.3.2 적용범위

건축법시행령 제56조(건축물의 내화구조)에 의한 용도 및 규모에 사용되는 강구조물의 주요구조부에 적용한다.

【해설】

위의 건축법시행령 제56조(건축물의 내화구조)에 의한 용도 및 규모는 아래의 해설 표 4.3-1과 같다.

해설 표 4.3-1 내화구조의 용도 및 구조

호	대상건축물의 용도	해당용도의 바닥면적	비 고
제1호	문화 및 집회시설(전시실, 동·식물원 제외), 의료시설 중 장례식장, 위락시설 중 주점	$200m^2$ 이상	옥외 관람석의 경우에는 $1,000m^2$ 이상
제2호	문화 및 집회시설 중 전시장 및 동·식물원, 판매 및 운수시설, 교육연구시설 중 생활권 수련시설, 운동시설 중 체육관 및 운동장, 위락시설(주점제외), 창고시설, 위험물저장 및 처리시설, 자동차 관련 시설, 공용시설 중 방송국, 전신전화국 및 촬영소, 묘지관련시설 중 화장장 또는 관광휴게시설	$500m^2$ 이상	-
제3호	공장	$2,000m^2$ 이상	화재의 위험이 적은 공장으로 국토교통부령이 정하는 공장은 제외
제4호	건축물의 2층이 단독주택 중 다중주택, 공동주택, 제1종의 근린생활시설(의료의 용도에 쓰이는 시설에 한함), 의료시설, 노인복지시설 및 유스호스텔, 업무시설 중 오피스텔 또는 숙박시설	$400m^2$ 이상	-
제5호	3층 이상의 건축물 및 지하층이 있는 건축물	모든 건축물	단독주택, 동·식물 관련 시설, 공용시설 중 교도소 및 감화원 또는 묘지 관련시설(화장장 제외)은 제외함

4.3.2.1 사양적 내화설계

강구조물의 주요 구조부는 건축물의 피난·방화구조 등의 기준에 관한 규칙 제3조 내화구조에서 정하는 내화구조를 사용하여야 한다. 내화구조는 동 규칙 제3조 1호 내지 7호에 해당하는 것이거나 또는 동 규칙 제3조 8호 또는 제27조 및 내화구조의 인정 및 관리기준에 의거 품질시험으로 내화구조의 성능기준을 확보한 것으로 인정된 구조이다. 또한 동 규칙 제3조 제8호 단서조항에 해당하는 경우 품질시험을 생략할 수 있다.

【해설】

사양적 내화설계는 건축법규에 명시된 사양적 규정에 의거하여 건축물의 용도, 구조, 층 수, 규모에 따라 요구 내화시간 및 부재의 선정이 이루어지는 내화설계방법이다.

건축물의 피난·방화구조 등의 기준에 관한 규칙 제3조(내화구조)에 따르면 아래와 같이 국토교통부령이 정하는 기준에 적합한 구조의 일부를 아래와 같이 설명할 수 있다.

(1) 벽의 경우 철골콘크리트조로서 두께가 10센티미터 이상인 것

(2) 외벽 중 비내력벽의 경우 철골철근콘크리트조로서 두께가 7센티미터 이상인 것

(3) 기둥의 경우 철골철근콘크리트조로서 그 작은 지름이 25센티미터 이상인 것
(4) 바닥의 경우 철골철근콘크리트조로서 두께가 10센티미터 이상인 것
(5) 철골조의 지붕틀로서 바로 아래에 반자가 없거나 불연재료로 된 반자가 있는 것
이 외의 기타 사항은 상기의 동 기준을 참조하여야만 한다.

4.3.2.2 성능적 내화설계

합리적이고 공학적인 해석방법으로 평가된 구조적 적합시간이 내화구조의 인정 및 관리기준에서 정하는 내화구조의 성능기준과 동등하거나 그 이상인 경우에 해당 강구조물은 요구내화성능을 확보한 것으로 간주한다. 구조해석에 의한 강구조물의 구조적 적합시간은 4.3.3.3에 따라 결정할 수 있다.

【해설】

구조물의 각 부재 및 건물골조시스템은 내화등급 및 건물의 거주요건에 맞게 하중을 충분히 견딜 수 있도록 성능이 유지될 수 있어야 한다. 내화등급에 따른 변위를 충족할 수 있어야 하며, 변위는 하중전달이 원활한 구조가 될 수 있도록 요건을 충족하여야 한다. 화재가 발생한 곳에서는, 내화설계만큼의 성능이 발휘되어 수평 또는 수직부재의 이탈이 발생하여서는 안 되도록 하여야 할 것이다(ANSI/AISC 360, App. 4.1.1). 해석한 내화 수치는 아래의 해설 표 4.3-2를 만족하여야 한다.
건축물의 용도규모에서 최고 층수가 12층, 최고높이는 50m까지만 규정되어 있는데 향후 개정을 통해서 이 범위를 초과하는 초고층구조에 대한 기준을 추가해야 할 것으로 보인다.

해설 표 4.3-2 내화구조의 성능기준(국토해양부 고시 제2008-154호) (단위 : 시간)

<table>
<tr><th colspan="3" rowspan="3">구성부재
용도</th><th colspan="6">벽</th><th rowspan="4">보 · 기둥</th><th rowspan="4">바닥</th><th rowspan="4">지붕</th></tr>
<tr><th colspan="3">외벽</th><th colspan="3">내벽</th></tr>
<tr><th rowspan="2">내력벽</th><th colspan="2">비내력</th><th rowspan="2">내력벽</th><th colspan="2">비내력</th></tr>
<tr><th>용도 구분</th><th colspan="2">용도 규모 층수/최고 높이(m)</th><th>연소 우려가 있는 부분</th><th>연소 우려가 없는 부분</th><th>간막이벽</th><th>샤프트실 구획벽</th></tr>
<tr><td rowspan="3">일반시설</td><td rowspan="2">12/50</td><td>초과</td><td>3</td><td>1</td><td>1/2</td><td>3</td><td>2</td><td>2</td><td>3</td><td>2</td><td>1</td></tr>
<tr><td>이하</td><td>2</td><td>1</td><td>1/2</td><td>2</td><td>1 1/2</td><td>1 1/2</td><td>2</td><td>2</td><td>1/2</td></tr>
<tr><td colspan="2">4/20 이하</td><td>1</td><td>1</td><td>1/2</td><td>1</td><td>1</td><td>1</td><td>1</td><td>1</td><td>1/2</td></tr>
<tr><td rowspan="3">주거시설</td><td rowspan="2">12/50</td><td>초과</td><td>2</td><td>1</td><td>1/2</td><td>2</td><td>2</td><td>2</td><td>3</td><td>2</td><td>1</td></tr>
<tr><td>이하</td><td>2</td><td>1</td><td>1/2</td><td>2</td><td>1</td><td>1</td><td>2</td><td>2</td><td>1/2</td></tr>
<tr><td colspan="2">4/20 이하</td><td>1</td><td>1</td><td>1/2</td><td>1</td><td>1</td><td>1</td><td>1</td><td>1</td><td>1/2</td></tr>
<tr><td rowspan="3">산업시설</td><td rowspan="2">12/50</td><td>초과</td><td>2</td><td>1 1/2</td><td>1/2</td><td>2</td><td>1 1/2</td><td>1 1/2</td><td>3</td><td>2</td><td>1</td></tr>
<tr><td>이하</td><td>2</td><td>1</td><td>1/2</td><td>2</td><td>1</td><td>1</td><td>2</td><td>2</td><td>1/2</td></tr>
<tr><td colspan="2">4/20 이하</td><td>1</td><td>1</td><td>1/2</td><td>1</td><td>1</td><td>1</td><td>1</td><td>1</td><td>1/2</td></tr>
</table>

4.3.3 내화성능 평가

4.3.3.1 품질시험에 의한 내화성능 평가

> 내화구조의 인정 및 관리기준에 따른 품질시험은 KS F 2257-1,4,5,6,7 건축구조부재의 내화시험방법에 의한 품질시험 방법에 따라 평가해야 한다.

【해설】

(1) "국토교통부 고시 제 2015-843호"인 KS F 2257-1,4,5,6,7(건축구조부재의 내화시험방법)은 표준화된 강구조 부재의 내화성능 실험법이다. 이는 표준화재 조건에 노출시킨 건축구조부재의 내화성능을 측정하기 위한 시험 방법으로 결과는 시험한 부재의 성능이 규정된 성능 기준을 만족하는 시간으로 판정하여 내화등급을 판정하는데 사용한다. 내화등급 판정에 따라 각각의 사용되는 부재의 구조 설계를 하여야 한다.

(2) 시험체가 시험하중에 견디는 시간으로는 다음의 두 가지 기준을 모두 초과하면 부적합한 것으로 간주한다. 휨부재의 경우 변형량 $D=\frac{L^2}{400d}$ mm, 또한 변형률 $\frac{dD}{dt}=\frac{L^2}{9000d}$ mm/min,

여기서 L : 시험체의 길이(mm)이고, d : 구조단면의 최대 압축력을 받도록 설계된 위치에서의 최대인장력을 받는 위치까지의 거리(mm)이다.

축방향 재하 부재의 경우 수축량 $C=\frac{h}{100}$ mm, 또한 변형률 $\frac{dC}{dt}=\frac{3h}{1000}$ mm/min,

단, h : 시험체의 초기높이(mm)이다.

4.3.3.2 품질시험 면제

> 건축물의 피난·방화구조 등의 기준에 관한 규칙(국토교통부령 제238호) 제3조 내화구조 제8호 단서 조항에 의거 「산업표준화법」에 따른 한국산업규격으로 내화성능이 인정된 구조로 된 것은 품질시험을 생략할 수 있다.

4.3.3.3 구조해석에 의한 내화성능 평가

4.3.3.3.1 일반사항

> 강구조 건축물 및 주요구조부의 해석방법에 의한 내화성능 평가는 설계자가 설계화재, 구조물의 열전달, 강재의 온도특성을 고려하여 주요구조부의 단속 및 연속적 붕괴를 평가해야 한다.

【해설】

구조해석에 의한 내화성능평가는 주요구조부가 연속적인 붕괴 메커니즘이 발생하지 않도록 평가해야 한다.

4.3.3.3.2 설계하중 및 강도

(1) 화재 시 강구조 건축물의 설계하중은 고정하중, 활하중, 적설하중 등을 우선적으로 고려해야 하며, 그 이외의 경우에는 해당 건축물의 하중조건에 맞도록 설정할 수 있다. 하중계수는 타당한 근거에 의하여 합리적으로 결정된 하중계수를 사용해야 한다.

(2) 고온 및 고열에서 주요구조부의 설계강도는 강재의 온도특성을 고려하여 결정되는 공칭강도에 화재한계상태에 대한 강도감소계수를 곱하여 계산한다. 화재한계상태의 강도저항계수는 상온의 정상상태에 대한 것과 동일한 값을 사용한다.

(3) 설계화재

설계자는 가연물량, 환기면적, 구획재료의 열특성을 고려하여 건축물의 내부 또는 외부로부터 기인하는 설계화재의 크기를 결정할 수 있다. 설계화재의 크기는 검증된 실험적 결과를 사용할 수 있다.

(4) 주요구조부의 온도 예측

화재에 의한 주요구조부의 온도변화는 대류, 복사, 열전도에 의한 열전달을 고려하여 예측해야 한다. 주요구조부의 온도예측 방법으로 간단한 열평형 방정식을 활용하거나 또는 정밀한 다차원 열전도 해석을 사용할 수 있다.

(5) 강재의 온도특성

온도에 따른 강재의 재료강도, 탄성계수, 연신율 등 기계적 특성과 열전도율, 비열, 고온선팽창계수 등 열적 특성의 변동값은 KS D 0026(금속 재료·고온 인장 시험)에 의한 시험방법으로 검증된 값을 사용할 수 있다.

(6) 화재안전성 평가

화재 시 설계하중에 의한 부재력이 구조해석에 의한 부재설계강도보다 큰 경우 주요구조부의 붕괴가 발생되는 것으로 간주하며, 화재 시작으로부터 주요 구조부의 단속 및 연속적 붕괴가 발생되는 동안의 시간을 구조적 적합시간으로 결정한다. 구조적 적합시간은 개별 주요 구조부, 부분골조, 전체구조시스템 등에 대한 구조해석을 통하여 결정할 수 있다.

【해설】

(1) KDS 41 10 15의 1.5.3에서는 화재, 폭발, 차량충돌 등에 의한 돌발하중에 저항하여 비비례붕괴를 방지하도록 강도와 안정성을 확보하기 위해서 다음의 하중조합을 사용하여 검토한다.

(0.9 또는 1.2) $D + A_k + 0.5L + 0.2S$

여기서, D : 고정하중 L : 활하중

S : 적설하중 A_k : 돌발사고 A에 의한 하중

또한, 돌발하중에 의하여 손상을 입은 구조물의 잔존저항능력은, 책임구조기술자가 식별하여 선정한 구조요소를 가상적으로 제거하고, 다음의 하중조합으로 평가 한다.

(0.9 또는 1.2) $D + 0.5L + 0.2$(L_r 또는 S 또는 R)

여기서, L_r : 지붕활하중 R : 강우하중

(2) 해석에 의한 내화구조설계는 아래와 같다. 내화해석은 구조부재 및 건물골조에 대해서 상승하는 온도를 고려하여 계산하는 것이 일반적이다.

(3) 설계화재는 강구조물에 대한 가열조건을 설명하기 위해서 확인되어야 한다. 이러한 가열조건은 가정된 화재구역에 존재하는 연료 물품과 구획 특성에 관련한다. 전체 연료하중은 공간의 재실자에 대해서 결정되어야 한다. 가열조건은 열유속에 대해서 혹은 화재에 의해 생성된 상부 가스층의 온도에 대해 명시되어야 한다. 시간과 함께 가열조건의 변화는 화재 기간 동안 결정되어야 한다.

(4) 화재기간은 특정지역에서의 화재기간은 연소할 수 있는 총 질량, 즉 공간에서 발생 가능한 연료하중(fuel load)을 고려하여 결정하여야 한다. 내화설계를 실시할 때는 능동화재보호장치를 반드시 고려하여야 한다. 스프링클러가 설치되어 있지 않은 공간에 설치된 자동 연기 및 열배출이 있는 곳에서는 연기로 인한 온도(resulting smoke temperature)를 계산하도록 하며 화재하의 구조시스템의 온도는 열전달 해석을 사용하여 구조부재 및 골조의 온도를 결정한다.

주요구조부의 온도예측은 비교적 간단한 열평형방정식을 사용하거나 정밀한 열전도 해석을 실시하여 예측을 할 수 있다.

(5) 상승온도에서의 재료강도는 실험적 자료를 사용해서 상승온도에서의 재료강도를 결정하도록 하고 열팽창계수는 65℃(150°F) 이상에서 강재의 열팽창계수는 1.4×10^{-5}/℃(7.8×10^{-6}/°F)를 사용한다. 참고로 보통중량콘크리트의 열팽창계수는 1.8×10^{-5}/℃(1.0×10^{-5}/°F)이고, 경량콘크리트는 같은 온도에서 7.9×10^{-6}/℃(4.4×10^{-6}/°F)을 사용한다. 상승온도에서의 기계적 성질을 고려한 구조부재의 강도 및 강성의 열화는 골조의 구조해석을 통해서 계산하는데 강재 및 콘크리트의 기계적 성능에 대한 국내 기준은 전무한 실정이다. 따라서 구조해석에서 참고할 수 있는 Specification for Structural Steel Buildings(AISC, 2010)와 Eurocode 2(CEN, 2004) 및 Eurocode 3(CEN, 2005)에 제시된 강재 및 콘크리트의 상승온도에서의 응력저감계수를 나타낸다. 기본적으로 상승온도에서 응력저감계수는 실험데이터로 부터 결정되어야 하며, Specification for Structural Steel Buildings에서는 448MPa을 초과하는 항복강도를 가진 강재나 55MPa을 초과하는 압축강도를 가진 콘크리트에 대해서는 적용하지 않으며, Eurocode 3은 탄소강에 대해서만 정의한다.

해설 표 4.3-3 고온에서 강재와 콘크리트의 특성(AISC, 2010)

고온에서 강재의 특성				
강재 온도 (℃)	$K_E = E(T)/E = G(T)/G$	$k_p = F_p(T)/F_y$	$k_y = F_y(T)/F_y$	$k_u = F_u(T)/F_y$
20	1.00	1.00	1.00	1.00
93	1.00	1.00	1.00	1.00
204	0.90	0.80	1.00	1.00
316	0.78	0.58	1.00	1.00
399	0.70	0.42	1.00	1.00
427	0.67	0.40	0.94	0.94
538	0.49	0.29	0.66	0.66
649	0.22	0.13	0.35	0.35
760	0.11	0.06	0.16	0.16
871	0.07	0.04	0.07	0.07
982	0.05	0.03	0.04	0.04
1093	0.02	0.01	0.02	0.02
1204	0.00	0.00	0.00	0.00

고온에서 콘크리트의 특성				
콘크리트 온도 (℃)	$k_c = f'_c(T)/f'_c$		$E_c(T)/E_c$	$\epsilon_{cu}(T)$ %
	보통중량 콘크리트	경량 콘크리트		보통중량 콘크리트
20	1.00	1.00	1.00	0.25
93	0.95	1.00	0.93	0.34
204	0.90	1.00	0.75	0.46
288	0.86	1.00	0.61	0.58
316	0.83	0.98	0.57	0.62
427	0.71	0.85	0.38	0.80
538	0.54	0.71	0.20	1.06
649	0.38	0.58	0.092	1.32
760	0.21	0.45	0.073	1.43
871	0.10	0.31	0.055	1.49
982	0.05	0.18	0.036	1.50
1093	0.01	0.05	0.018	1.50
1204	0.00	0.00	0.000	0.00

해설 표 4.3-4 고온에서 강재와 콘크리트의 특성(CEN, 2004; CEN, 2005)

고온에서 강재의 특성(탄소강)			
강재 온도 (℃)	$k_{y,\theta} = f_{y,\theta}/f_y$	$k_{p,\theta} = f_{p,\theta}/f_y$	$k_{E,\theta} = E_{a,\theta}/E_a$
20	1.000	1.000	1.000
100	1.000	1.000	1.000
200	1.000	0.807	0.900
300	1.000	0.613	0.800
400	1.000	0.420	0.700
500	0.780	0.360	0.600
600	0.470	0.180	0.310
700	0.230	0.075	0.130
800	0.110	0.050	0.090
900	0.060	0.0375	0.0675
1000	0.040	0.0250	0.0450
1100	0.020	0.0125	0.0225
1200	0.000	0.0000	0.0000

고온에서 콘크리트의 특성						
콘크리트온도, (℃)	규산질 골재			탄산화 골재		
	$f_{c,\theta}/f_{ck}$	$\epsilon_{c1,\theta}$	$\epsilon_{cu1,\theta}$	$f_{c,\theta}/f_{ck}$	$\epsilon_{c1,\theta}$	$\epsilon_{cu1,\theta}$
20	1.00	0.0025	0.0200	1.00	0.0025	0.0200
100	1.00	0.0040	0.0225	1.00	0.0040	0.0225
200	0.95	0.0055	0.0250	0.97	0.0055	0.0250
300	0.85	0.0070	0.0275	0.91	0.0070	0.0275
400	0.75	0.0100	0.0300	0.85	0.0100	0.0300
500	0.60	0.0150	0.0325	0.74	0.0150	0.0325
600	0.45	0.0250	0.0350	0.60	0.0250	0.0350
700	0.30	0.0250	0.0375	0.43	0.0250	0.0375
800	0.15	0.0250	0.0400	0.27	0.0250	0.0400
900	0.08	0.0250	0.0425	0.15	0.0250	0.0425
1000	0.04	0.0250	0.0450	0.06	0.0250	0.0450
1100	0.01	0.0250	0.0475	0.02	0.0250	0.0475
1200	0.00	-	-	0.00	-	-

참고문헌

일본건설성 고시 제1443호 (2000). 내화성능 검증 법에 관한 계산 방법 등을 정하는 것

British Standards Institution (2001). Application of Fire Safety Engineering Principles to the Design of Buildings - Code of Practice (BS 7974)

British Standards Institution (2003). Structural Use of Steelwork in Building - Code of Practice for Fire Resistance Design (BS 5950 Part8)

CEN (2004). Design of Concrete Structures, Part 1-2 : General Rules - Structural Fire Design

CEN (2005). Design of Steel Structures, Part 1-2 : General Rules - Structural Fire Design

ICC (2015). International Building Code

NFPA (2007). SFPE Engineering Guide to Performance-Based Fire Protection

Standards New Zealand (2009). Steel Structures Standard (NZS 3404.1)

Swedish Institute of Steel Construction (1973). Fire Engineering Design of Steel Structures

제 7 장

KDS 14 31 60 : 2017

강구조 내진 설계기준

KDS 14 31 60 강구조 내진 설계기준

1. 일반사항

1.1 적용범위

(1) 이 기준은 건축물과 유사구조물에 있어 지진하중저항시스템에 사용되는 강재 및 강재-콘크리트 합성부재와 이들 접합부의 설계, 제작 및 시공에 관하여 규정한다. 여기서 유사구조물이란 건축물과 같이 수직 및 횡력저항시스템을 가지며 건축물과 유사한 방법으로 설계·제작되고 시공되는 구조물을 의미한다.

(2) 지진력저항시스템에 속하지 않는 기둥이라도 이의 이음부에는 이 기준의 규정을 적용한다.

(3) 이 기준은 내진설계범주에 관계없이 반응수정계수 R이 3을 초과하는 경우에 적용함을 원칙으로 한다. 반응수정계수 R이 3 이하인 경우에는 KDS 41 10 15(6)에서 특별히 요구하지 않는 한 이 기준의 규정을 적용하지 않는다.

(4) 이 기준은 KDS 14 31 00부터 KDS 14 31 50까지 함께 적용하도록 한다. 지진력저항시스템의 모든 부재 및 접합부는 KDS 14 31 00부터 KDS 14 31 50까지의 요건을 충족해야만 한다. 이 기준에서 언급되지 않은 하중조합, 시스템의 제한사항 및 일반설계요구사항은 KDS 41 10 15(6)을 따른다.

(5) 합성지진하중저항시스템의 철근콘크리트요소의 설계에는 KDS 14 20 00의 관련 요구사항을 이 규정에 맞게 조정하여 사용한다.

(6) 탄성해석에 근거한 설계의 경우 합성지진하중저항시스템 요소부재의 강성과 관련된 성질들은 구조물에 상당한 항복이 발생하기 시작하는 시점의 조건을 나타낼 수 있어야 한다.

【해설】

(1) 이 기준은 건축물을 적용대상으로 한다. 따라서 이 기준은 건축물과 같은 특성을 갖지 않는 비건축구조물의 경우에는 전체적으로 또는 부분적으로 적용이 불가능할 수도 있다. 이 기준을 비건축구조물에도 적용하려면 비건축구조물과 건축구조물 사이의 응답특성의 차이를 적절히 감안하여야 한다.

(3) 지진지역의 강구조시스템은 구조물의 제한된 비탄성변형을 통하여 지진입력에너지를 소산시켜서

지진에 저항하는 것이 일반적이다. 설계지진하중은 건물의 비탄성응답을 통한 에너지소산능력을 전제로 하여 설정된 것이다. 반응수정계수R이 3 이하라도 캔틸레버 기둥시스템의 경우는 이 기준의 규정을 따른다.

1.2 내진설계 일반요건

(1) 강구조 및 합성구조 건축물의 내진설계범주와 내진등급에 따른 요구강도와 내진규정, 높이 및 비정형에 따른 구조제한은 KDS 41 10 15(6)의 규정을 따르도록 한다. 설계층간변위 역시 KDS 41 10 15(6)의 규정을 따른다.

(2) 강구조 건축물의 내진성능 검증, 품질확보 계획 및 용접규정은 KDS 41 31 00(4.19)의 관련 조항을 따른다. 새로운 형태의 접합부인 경우, 강구조 내진성능 접합부인증위원회의 지침에 따른다.

【해설】

(1) 구조물의 내진설계를 수행할 때, 잠재지진의 각 구조물에 대한 위험도는 건물의 점유용도에 따라 분류된다. 설계강도의 산정방법은 각 시방서나 건물설계기준에 따라서 상당히 다르다. 이 기준의 주요목적은 강구조물의 소요강도와 설계강도를 결정하는데 필요한 정보를 제공하는 것이다. 내진설계범주, 높이의 제한, 수평 및 수직 부정형, 지반의 특성 등을 설정하는 변수들에 대해서는 KDS 41 10 15(6)을 참고한다.

지진하중을 고려하지 않더라도, 층간변위제한은 구조물의 사용성을 보장하기 위해서 설계에서 흔히 사용된다. 이러한 제한값은 구조물의 용도나 설계조건에 따라 달라질 수 있다. 이런 점을 감안하여 풍하중에 대한 사용성 한계상태에 대한 검토는 구조설계자의 공학적 판단에 맡기고 설계기준이나 시방서에서는 특정 한계값을 제시하지 않는 것이 통례이다. 그러나 지진하중이 관계되는 경우는 상황이 달라진다. 층간변위제한은 주로 사용성 문제와 관련되어 있지만, 이에 의해 추가되는 강도와 강성의 증가로 인해 골조의 안정성과 내진성능의 향상을 기대할 수 있다. 따라서 층간변위제한은 최소한의 요구조건으로 반드시 설계에 반영되어야한다.

건물의 횡변위를 예측하기 위한 해석적 모델에는 횡변위 산정에 큰 영향을 미칠 수 있는 골조요소, 접합부, 구조 및 비구조 요소의 강성을 정확하게 반영해야 한다.

골조의 비탄성거동을 적절하게 예측하기 위해서는 소성힌지의 발생이 예상되는 부분에 대해서는 비탄성요소를 사용하여 해석모델을 구성하여야 한다.

층간변위 제한값은 강진 내습 시의 예상 층간변위인 증폭층간변위와 비교하여 검토되어야 한다. 증폭층간변위는 수평지진하중E에 의한 탄성횡변위에 건물시스템에 따른 변위증폭계수C_d를 곱하여 산정한다.

(2) 관련 규정이 KDS 41 31 00(4.19)에 자세히 기술되어 있다. 새로운 형태의 접합부를 반영하는 경우에는 '강구조 내진성능 접합부인증위원회'의 지침에 의한 인증을 받아 설계할 수 있다.

1.3 하중, 하중조합 및 공칭강도

(1) 이 기준의 요구에 따른 증폭지진하중은 지진하중 E에 의한 횡력에 KDS 41 10 15(6)의 초과강도계수를 곱하여 산정한다.
(2) 합성구조를 포함한 모든 시스템, 부재 및 접합부의 공칭강도는 이 기준에서 특별히 변경하지 않는 한 KDS 14 31 00부터 KDS 14 31 50까지에서 제시된 값을 적용한다.

【해설】

이 조항은 부재와 요소에 대한 하중요구조건들 외에 추가적으로 만족되어야 하는 사항을 규정하고 있다. 하중조합에 따라서는 이 조항에서 정의한 하중은 다른 하중과 조합되어야 한다. 따라서 KDS 41 10 15(6)의 하중조합에 맞는 하중계수를 적용하여 다른 하중과 조합하면 된다. 이 절의 지진하중E는 수평방향의 지진하중효과와 이에 동반되는 수직방향 가속도의 근사값이 조합된 것을 의미한다.

지진하중E의 수평성분을 증폭시키기 위한 초과강도계수는 KDS 41 10 15(6)에 규정된 값을 따른다. 이 절에서 증폭지진하중의 사용을 요구할 경우 초과강도계수Ω_0를 포함한 하중조합을 사용하여야 한다.

1.4 설계도서

1.4.1 강구조설계도서

1.4.1.1 구조설계도면

구조설계도면 및 시방서에는 수행해야 하는 작업을 표기해야 하고, KDS 14 31 00부터 KDS 14 31 50까지에서 요구하는 내용과 함께 아래의 항목 중 관련 있는 사항이 포함되어야 한다.

(1) 지진력저항시스템의 지정
(2) 지진력저항시스템에 속하는 부재 및 접합부의 지정
(3) 접합부의 형상
(4) 접합재의 규격 및 크기
(5) 임계용접부의 위치
(6) 만약 구조물이 마감재로 보호되지 않거나 10℃ 이상으로 유지되지 않을 경우의 강구

조의 최저예상서비스온도
(7) 보호영역의 크기 및 위치
(8) 비탄성회전거동을 수용할 수 있도록 상세를 갖추어야 하는 거셋플레이트의 위치
(9) 강구조내진성능 접합부인증지침에 명기한 용접요구사항

【해설】

(1) 계약조건 및 설계의도를 충분히 이해하도록, 프로젝트에 사용되는 특정 지진력저항시스템시스템 또는 시스템군을 분명하게 명기해야 한다. 이를 통해, 프로젝트의 관련 당사자가 이 절의 어느 요구사항에 부응해야 할지를 정확히 파악하게 된다.
(2) 지진력저항시스템에는 일반 강구조설계기준에서는 요구되지 않는 설계, 시공, 품질관리 측면의 특별한 요건이 부과된다. 이 절의 품질확보계획은 지진력저항시스템에 대해서만 적용되는 것이므로, 어느 부재와 어느 접합부가 지진력저항시스템에 속하는지를 명확히 지정할 필요가 있다.
(3) 지진력저항시스템의 접합부에 대해서는 작업위치, 접합형태, 그리고 기타의 상세 요구조건을 명확히 지정해야 한다.
(4) 접합부를 구성하는 강재요소의 규격 및 등급, 이들 요소의 크기와 두께, 용접재의 사이즈와 강도등급 및 CVN인성, 볼트 접합부형식, 볼트의 직경과 등급 등과 관련된 제반정보가 제공되어야 한다.
(5) 임계용접부는 지진력저항시스템의 각 형식에 따라 이 절에서 지정하고 있다. 이러한 임계용접부는 이 절에서 요구하는 CVN인성치 요건을 만족해야 한다.
(6) 건물에 사용되는 대부분의 용접접합부는 온도의 제어가 가능한 환경에 있기 때문에 저온취성이 문제가 되지 않는다.
(7) 보호영역은 소성힌지영역에 바로 인접한 주변부이다. 이 부분에 계획에 없던 접합 또는 부착을 하거나 혹은 노치를 만들면, 안정적 소성힌지의 형성을 방해하여 파단을 촉발할 수 있다. 보호영역의 위치는 변동이 가능한 소성힌지의 발생위치와 직접 관계되는 것이므로 보호영역의 범위를 반드시 명기해야 한다.
(8) 특수중심가새골조의 가새접합부는 특별상세가 필요하다. 이 접합부는 구조도면에 반드시 명기하여야 한다.
(9) KDS 41 31 00 (4.19)에 명기된 용접관련 요구사항을 반드시 명기하여야 한다.

1.4.1.2 제작도면

제작도면에는 KDS 14 31 00부터 KDS 14 31 50까지에서 요구하는 항목과 함께 다음의 사항 가운데 관련되는 항목을 포함해야 한다.

(1) 지진력저항시스템을 구성하는 부재 및 접합부의 지정

(2) 접합부 재료규격
(3) 임계용접부의 위치
(4) 보호영역의 위치 및 크기
(5) 비탄성거동의 수용이 요구되는 거셋플레이트의 축적에 따른 도면
(6) 강구조내진성능 접합부인증지침에 명기한 용접요구사항

1.4.1.3 설치도면

설치도면에는 KDS 14 31 00부터 KDS 14 31 50까지에서 요구하는 항목과 함께 다음의 사항 가운데 관련되는 항목을 포함해야 한다.

(1) 지진력저항시스템을 구성하는 부재 및 접합부의 지정
(2) 접합부 재료규격
(3) 임계용접부의 위치
(4) 보호영역의 위치 및 크기
(5) 비탄성거동의 수용이 요구되는 거셋플레이트의 축적에 따른 도면
(6) 강구조내진성능 접합부인증지침에 명기한 용접요구사항

1.4.2 합성구조 설계도서

(1) 합성구조물의 구조설계도, 시방서, 공장제작도 및 설치도는 1.4.1의 요구사항을 만족해야 한다.
(2) 합성구조물과 철근콘크리트구조물의 시공을 위한 계약서, 공장제작도, 설치도는 다음과 같은 사항을 명시해야 한다.
① 철근의 배치, 절단, 겹침, 기계적 이음, 후크, 기계적 정착
② 띠철근 및 다른 횡방향철근의 배근에 대한 허용오차
③ 온도의 변화, 크리프, 건조수축에 따른 치수변화에 대한 규정
④ 프리스트레싱 또는 포스트텐셔닝에 대한 위치, 크기, 순서
⑤ 콘크리트바닥슬래브 또는 지반슬래브가 다이아프램의 역할을 하는 경우 다이아프램과 주된 횡하중저항시스템 사이의 접합상세

2. 조사 및 계획

내용 없음.

3. 재료

3.1 재료규격

(1) 지진력저항시스템에 속하는 구조용 강재는 KDS 14 31 05(3)의 재료에 관한 요구조건을 만족해야 한다.

(2) 강구조건축물의 특수모멘트골조, 중간모멘트골조, 특수중심가새골조, 편심가새골조, 좌굴방지가새골조 및 특수강판전단벽에서는 내진성이 뛰어난 강재인 SN 및 SHN강 또는 TMC강을 사용해야 한다. 단 국가공인기관에 의한 실험결과나 다른 합리적 기준에 의해 강재의 적합성을 입증할 수 있는 경우는 KDS 14 31 05의 표 3.1-1에 등록된 구조용 압연강재를 사용할 수 있다. 앞에 언급하지 않은 지진력저항시스템에 대해서는 KDS 14 31 05의 표 3.1-1에 등록된 구조용 압연강재를 사용할 수 있다.

(3) 좌굴방지가새에 사용되는 여타의 강재 및 강재에 속하지 않는 재료는 4.1.9의 요건을 만족할 경우 사용할 수 있다.

【해설】

(1) 내진설계를 위해 사용되도록 규정한 구조용강재는 비탄성성능 및 용접성에 근거하여 선택되어 왔다. 일반적으로 내진구조용 강재는 다음의 특성을 충족해야 한다.

1) 항복비 0.85이하;

2) 응력-변형도상에서 항복응력 도달 시 명확한 소성흐름 발생;

3) 큰 비탄성변형능력(예, 50mm 게이지길이에서 인장에 대한 연신률이 20% 이상);

4) 우수한 용접성 등이다.

위의 기준을 충족시키는 증거가 없다면 다른 강재는 사용해서는 안 된다.

(2) 이 지침에서 내진구조시스템에 적합한 것으로 지정하고 있는 강종(SN, SHN, TMC)은 위에서 언급한 비선형 재료특성 및 용접성 등의 요구조건을 모두 만족하고 있다. SN강은 항복비의 상한치가 80% 이내로 규정된 강으로서 샤르피 흡수에너지 하한치 규정(0°C, 27J) 이상의 재료적 특성을 나타내고 있다. 한편 탄소당량이 0.45%보다 작고 S와 C의 화학성분이 우수한 것으로 판명되었다. SHN강은 높은 신뢰성과 우수한 내진성능을 가진 H형강의 필요성에 의해 개발된 건축구조

용 열간압연 H형강으로서 항복비를 85%이하로 하여 소성변형능력이 향상되었고 강재의 신뢰성을 증가시키기 위해서 항복강도의 상, 하한치를 규정하였다. 이와 함께 탄소당량이 0.45% 이하이며, 샤르피 흡수에너지 (0°C, 27J)를 규정 한 것이 특징이다.

한편, 미국의 내진기준에서는 사용할 수 있는 강재의 항복강도 상한치를 345MPa로 제한하고 있다. 주각부에서 항복이 일어나는 기둥과 보통모멘트골조의 경우에만 예외적으로 약간 더 높은 항복강도를 가진 강의 사용을 허용하고 있는 실정이다. 국내의 제반여건을 감안하여 이 기준에서는 고강도강의 항복강도의 상한치 규정을 현 단계에서는 두지 않기로 하였다. 구조전문가는 고항복비를 가지는 고강도강을 중요한 내진구조물에 사용할 경우에는 많은 주의를 기울여야 한다.

특수모멘트골조, 중간모멘트골조, 특수중심가새골조, 편심가새골조, 좌굴방지가새골조 및 특수강판벽 시스템은 반응수정계수가 비교적 크게 설정되어 있으므로, 지진 등에 의해 큰 비탄성거동을 경험할 것으로 예상되고, 이러한 구조시스템의 내진안전성을 보장하기 위해서는 강재의 성능뿐만 아니라 용접성을 향상시켜 품질을 확보할 필요가 있다. 따라서 이러한 시스템에 대해서는 용접성이 좋고 항복비에 대한 규격이 있는 SN, SHN 및 SM강에서는 TMC강을 사용하도록 제한하였다. 퀜칭에 의한 SM강의 경우, 고강도화되면서 항복비가 높아짐과 동시에 탄소함량이 높아져 취성이 강해지고 용접성이 떨어져 내진성능이 저하되는 것이 우려된다. 그러나 SM강 중에서 제조프로세스를 개선하고 입자를 세립화한 TMC강의 경우는 기존의 퀜칭에 의한 SM강에 비해 항복비가 낮고, 낮은 탄소당량을 유지하여 인성이 크게 향상되어 내진성능 확보에 매우 유리한 강재이다. 따라서 고강도의 SM강을 사용하고자 하는 경우에는 TMC강을 사용하도록 제한하였다.

(3) 이상의 시스템 외에는 비탄성거동 정도가 적을 것으로 판단되어, 기존의 SS강 및 SM강을 비롯한 KDS 14 31 05 또는 KDS 41 31 00에 등재된 구조용강재를 사용할 수 있도록 하였다. 다만 위에 열거한 구조시스템에서도 KS규정에 의한 실험 및 다른 합리적 기준에 의해 항복비가 0.85이하를 입증할 수 있는 경우에는 KDS 14 31 05 또는 KDS 41 31 00에 등록된 구조용 압연강재를 사용할 수 있다. 강구조설계기준에 명시된 재료적 요구사항은 제조자가 KS에 규정된 실험에 의해 만족됨을 증명하여야 한다.

3.2 부재 및 접합부 소요강도의 결정을 위한 재료적 특성

(1) 이 장의 규정에 의해 각 요소(부재 또는 접합부)의 소요강도를 산정할 경우, 그 강도는 연결되는 부재의 예상항복강도 R_yF_y를 기준으로 산정한다. 단, F_y는 연결부재의 항복강도이고 R_y는 예상항복강도 대 항복강도의 비이다.

(2) 요소의 설계강도 ϕR_n는 소요강도 이상이 되어야 한다. 소요강도가 동일부재에서 산정되고, 파단 및 항복한계상태에 대한 공칭강도 R_n을 계산할 때에는 공칭값인 F_u와 F_y 대신에 예상인장강도 R_tF_u와 예상항복강도 R_yF_y를 사용할 수 있다.

(3) 여러 강재의 R_y 및 R_t 값은 표 3.2-1과 같다. 만약 규정된 강재등급에 대한 요구조건에 따라서 비슷한 재질 및 크기의 표본에 대해 수행된 실험으로 결정된 값이라면 다른 R_y 및 R_t 값을 사용할 수 있다.

표 3.2-1 강재의 종류별 R_y 및 R_t 값

적용		R_y	R_t
구조용 압연형강 및 냉간가공재	KS D 3503 SS275 KS D 3530 SSC275 KS D 3558 SWH275 KS D 3632 SNT275, SNT355	1.2	1.2
	KS D 3515 SM275, SM355, SM420 KS D 3864 SNRT295E, SNRT275A, SNRT355A	1.2	1.2
	KS D 3861 SN275, SN355 KS D 3866 SHN275, SHN355	1.1	1.1
플레이트	KS D 3503 SS275	1.2	1.2
	KS D 3515 SM355, SM355TMC, SM420, SM420TMC, SM460, SM460TMC, KS D 3529 SMA275, SMA355	1.2	1.2
	KS D 3861 SN275, SN355 KS D 5994 HSA650	1.1	1.1

【해설】

(3) 이 내진기준은 소위 역량설계(Capacity design)개념을 토대로 한 내진설계법을 채택하고 있다. 즉 대부분 구조요소의 소요강도는 미리 지정된 항복요소(곧 에너지 소산요소, 가령 편심가새골조의 링크)의 예상발현강도로부터 쉽게 산정될 수 있다. 이 방법을 따르면 연성거동이 발휘되도록 준비된 부재에도 비탄성변형을 국한시킬 수 있다. 이 경우 미리 지정된 에너지 소산요소는 연성모드가 되도록 설계해야 한다.

역량설계법을 올바로 적용하기위해서는 지정 항복부재의 예상강도를 실제에 가깝게 예측하는 것이 필요하다. 지정된 항복부재의 예상강도는 의도한 항복모드에 기초하여 얻은 부재의 공칭강도에 R_y를 곱한 것으로 정의한다. 이 예상강도는 반복응력에 따른 변형도경화를 반영하기위해 증폭계수로서 증가시키는 경우가 있다. 항복부재에 대한 접합부와 인접요소의 소요강도의 결정을 위해서, 저항계수를 곱하지 않도록 한다. 항복부재 내에 속한 비연성모드를 배재하기위해 역량설계법을 적용할 경우, 부재강도의 산정에 예상재료강도를 사용하는 것은 타당하다. 예로는 가새의 파단한계상태(가령 특수중심가새골조 가새의 블록전단파단 및 순단면파단), 편심가새골조의 링크 외측의 보 설계 등을 들 수 있다. 그러나 연결요소 및 다른 부재에 대해서는 공칭재료강도를 사용한다.

항복부재의 파단한계상태 검토 시에는 재료의 예상인장강도를 사용하는 것이 타당하다. 가령, 특수중심가새골조 가새의 블록전단파단 및 순단면파단 한계상태강도는 예상인장강도를 사용하여 산정하고, 소요강도는 가새의 예상항복강도를 사용하여 산정한다. 표 3.2-1의 R_t는 이러한 경우에 사용하기 위한 최소인장강도에 대한 예상인장강도의 비를 정리한 것이다. 이 계수는 지정항복부재의 파단한계상태의 검토에만 사용하여야 한다.
개정된 이 기준에서는 새로운 KS강재를 위한 R_y 및 R_t의 값을 표 3.2-1에 제시하였다. 이 R_y 및 R_t의 값은 많은 실험적 연구 자료를 토대로 강재의 종류별 평균 재료강도를 대표할 수 있어야 하지만, 현재까지 새로운 KS강재에 대한 실험적 연구 자료가 적어, 일부 실험 자료와 강재 생산 현황를 토대로 한국강구조학회의 토의를 거쳐서 결정되었다. 그러나 향후 강재의 정해진 등급별 요구조건에 따라 많은 시험과 R_y 및 R_t 값에 대한 충분한 검토가 이루어져야 할 것이다.

3.3 후판단면의 샤르피 V노치(CVN)인성 요건

지진력저항시스템에 사용되는 두께 40mm 이상의 플랜지를 갖는 압연형강이나, 다음의 용도로 사용되는 두께 40mm 이상의 강재는 0℃에서 최소 27J의 CVN인성을 보유해야 한다.

(1) 플레이트를 이용한 조립부재.
(2) 지진하중하에서 비탄성변형이 예상되는 접합플레이트; 비탄성거동이 예상되는 접합플레이트의 예로서는, 가새의 면외좌굴을 허용하여 힌지로서 기능하도록 의도한 거셋플레이트, 모멘트접합부의 볼트 플랜지 플레이트, 볼트모멘트접합부의 엔드플레이트, 그리고 핀으로 설계된 기둥주각부의 베이스플레이트 등을 들 수 있다.
(3) 좌굴방지가새의 강재코아

【해설】

현재 SS275, SN275 A, SM275 A, SM355 A 등급의 강재에 대한 샤르피 흡수에너지 규정은 없으나 나머지 강에 대한 규정은 설정되어 있다. 지진 위험도가 높아질수록 취성파괴에 대한 위험이 수반되기 때문에 최소한의 CVN인성요건을 충족시키는 것은 강구조의 내진성능에 중요한 역할을 한다.
이 절에서 요구하고 있는 후판에 대한 인성요구조건을 피하기 위한 목적으로 건물의 후판부재를 지진력저항시스템에서 인위적으로 배제할 수 없다.

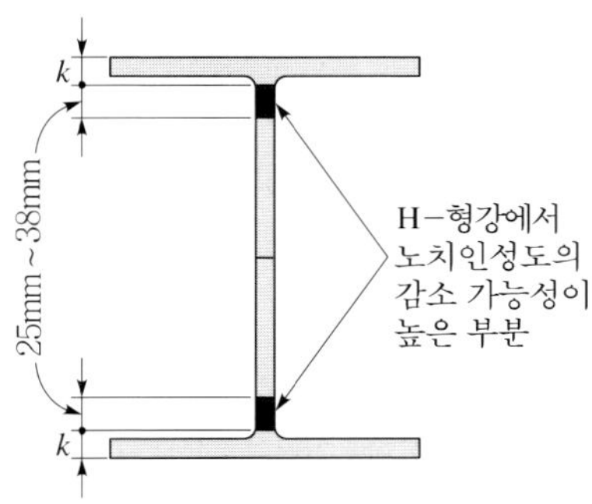

해설 그림 3.3-1 K-영역

회전방식에 의하여 교정된 H형강에서는 교정과정 중에 발생하는 잔류응력에 의하여 해설 그림 3.3-1에 나타난 것과 같이 K-영역부분의 노치인성도가 크게 감소되는 것으로 알려져 있다. 이와 관련하여 AISC 지침서(AISC, 1997a)이후 여러 연구들이 진행되었다. (Kaufmann, Metrovich and Pense, 2001; Uang and Chi, 2001; Kaufmann and Fisher, 2001; Lee et al., 2002; Bartlett et al., 2001).

1994년 미국 노스리지 지진에 의한 강구조물의 피해조사과정에서 접합부의 기둥플랜지에서 균열이 발생한 사례가 다수 확인되었다. 초기에는 기둥플랜지의 두께방향의 강도가 부적합하여 발생한 것으로 추측하여 기둥플랜지에 작용하는 응력의 값을 제한하기도 하였다. 상세한 해석적 연구와 기둥플랜지에 대한 두께방향의 인장강도에 대한 일련의 실험결과에 의하면 최근 생산되는 강재의 두께방향의 인장강도는 충분한 것으로 파악되었다. 용접금속과 모재의 강도 그리고 노치인성도, 접합부의 응력조건, 용접부에서의 결함 존재여부 등이 기둥플랜지의 균열과 파단에 영향을 미치는 것으로 밝혀졌다. 이상의 이유에 의해 기둥의 두께방향강도에 대한 제한을 두지 않고 있다.
위의 조건은 용접 보플랜지-기둥플랜지 조인트, 기타의 T-조인트나 코너조인트의 인접영역에 라미네이션, 불순물, 불연속이 없는 것을 전제한 것이다. 필요에 따라서는 용접이전에 발생된 결함은 초음파탐상 등을 통해 검사할 수도 있을 것이다.

3.4 합성지진하중저항시스템

3.4.1 구조용강재

(1) 합성지진하중저항시스템에 사용되는 구조용강재의 부재 및 접합부는 KDS 14 31 05(3)의 요구사항을 만족해야 한다.
(2) 4.2.3, 4.2.4, 4.2.7, 4.2.9, 4.2.11 그리고 4.2.12의 합성지진하중저항시스템에 사용되는 구조용강재는 3.1, 3.2, 3.3과 4.1.2의 요구사항을 만족해야 한다.

3.4.2 콘크리트와 철근

(1) 합성지진하중저항시스템의 합성요소에 사용되는 콘크리트와 철근은 KDS 14 20 00의 요구사항을 만족해야 한다.
(2) 4.2.6, 4.2.8 그리고 4.2.10의 합성 보통 내진시스템에 사용되는 콘크리트와 철근은 KDS 14 31 10(4.2.8.1.2)와 KDS 14 20 00의 요구사항을 만족해야 한다.

4. 설계

4.1 강구조의 내진설계

4.1.1 부재

4.1.1.1 적용범위

지진력저항시스템의 부재는 KDS 14 31 05부터 KDS 14 31 50까지의 규정과 이 기준의 규정을 따른다. 지진력저항시스템에 속하지 않는 기둥은 4.1.1.4.2를 참조한다.

【해설】

지진력저항시스템 내의 부재의 공칭강도, 저항계수, 설계강도는 이 장에서 별도로 지정하지 않는 한 KDS 14 31 05부터 KDS 14 31 50까지의 규정을 따른다.

지진력저항시스템에 속하지 않는 기둥 역시 전체구조물의 비탄성거동에 기여한다. 따라서 이와 관련된 특정한 설계요구조건이 있을 경우 이를 고려해야 한다.

4.1.1.2 국부좌굴에 대한 단면의 분류

4.1.1.2.1 조밀단면

이 장에 의해 조밀단면이 요구될 때, 지진력저항시스템의 부재는 웨브와 연속적으로 접합된 플랜지로 이루어져야 하며, 압축 및 휨요소의 폭두께비 λ_p은 KDS 14 31 10 표 4.2-2의 한계값을 초과해서는 안 된다.

【해설】

높은 수준의 비탄성거동이 요구되는 지진력저항시스템 부재에 신뢰할만한 비탄성변형을 제공하기 위해서는, 부재의 플랜지는 반드시 웨브에 연속적으로 접합되어야 하고 압축요소의 폭두께비는 비탄성 범위의 응력이 가해질 때 국부좌굴에 저항할 수 있는 한계값 이하이어야 한다. KDS 14 31 10 표 4.2-2 한계 폭두께비 λ_p는 변형도 경화에 들어가기 전까지 국부좌굴을 막기에는 충분하다. 그러나 이 한계값은 몇몇 지진력저항시스템에서 요구되는 비탄성성능을 발휘하기에는 미흡한 것으로 보고된 바가 있다. 표 4.1-1의 내진조밀부재의 한계판폭두께비는 6-7 정도의 연성도 발휘에 적합한 것으로 인정된다(Sawyer, 1961; Lay, 1965; Kemp, 1986; Bansal, 1971). 휨-압축을 받는 웨브부재의 한계판폭두께비는 FEMA 350(FEMA, 2000a)의 권고에 따라 수정된 것이다(Uang-Fan, 2001). 특수모멘트골조, 특수중심가새골조, 편심가새골조의 링크 및 H형강 파일 등의 설계를 위해서는 표 4.1-1을 참고해야 한다.

4.1.1.2.2 내진조밀단면

이 장에 의해 내진조밀단면이 요구될 때, 지진력저항시스템의 부재는 웨브와 연속적으로 접합된 플랜지로 이루어져야 하며, 압축 및 휨요소의 폭두께비는 이의 한계판폭두께비 λ_{ps}를 초과해서는 안 된다(표 4.1-1 참조)

표 4.1-1 압축 및 휨요소에 대한 폭두께비 상한 값

요소 설명		폭 두께비	폭두께비 상한값 λ_{ps}(내진조밀)
자유돌출판	휨을 받는 압연 및 조립 H형강의 플랜지[a], [c], [e], [f]	b/t	$0.30\sqrt{E/F_y}$
	균등압축을 받는 압연 및 조립 H형강의 플랜지[b], [f]	b/t	$0.30\sqrt{E/F_y}$
	균등압축을 받는 압연 및 조립 H형강의 플랜지[d]	b/t	$0.38\sqrt{E/F_y}$
	ㄷ형강의 플랜지, 연속으로 접합된 앵글의 다리, 가새 플랜지의 균등압축[c]	b/t	$0.30\sqrt{E/F_y}$
	H파일 단면의 플랜지의 균등압축	b/t	$0.45\sqrt{E/F_y}$
	평강	b/t	2.5
	단일 앵글의 다리, 끼움판을 갖는 더블 앵글의 다리, T형강의 플랜지의 균등압축	b/t	$0.30\sqrt{E/F_y}$
	균일압축을 받는 T형강 스템	b/t	$0.30\sqrt{E/F_y}$
양연지지판	달리 지정되지 않는 한 특수 모멘트골조 보의(휨에 의한 압축을 받는) 웨브	h/t_w	$2.45\sqrt{E/F_y}$
	휨에 의한 압축 또는 휨과 압축의 조합력을 받는 웨브[a], [c], [f], [g], [h]	h/t_w	$C_a \le 0.125$[i] $3.14\sqrt{\frac{E}{F_y}}(1-1.54C_a)$
	$C_a > 0.125$[i] $1.12\sqrt{\frac{E}{F_y}}(2.33-C_a) \ge 1.49\sqrt{\frac{E}{F_y}}$		
	축력에 의한 압축, 축력과 휨에 의한 압축, 또는 휨에 의한 압축을 받는 원형강관[c]	D/t	$0.044E/F_y$
	축력에 의한 압축, 축력과 휨에 의한 압축, 또는 휨에 의한 압축을 받는 직사각형 강관[c]	b/t 또는 h/t_w	$0.64\sqrt{E/F_y}$

[a] 4.1.3의 특수 모멘트골조, 4.1.10의 특수강판 전단벽의 보에 요구됨.
[b] 식 (C.1.1.5-1)의 비가 2.0 이하인 경우 4.1.3의 특수 모멘트골조 기둥에 요구됨. 식 (C.2.3.6-1)의 비가 2.0보다 큰 경우, KDS 14 31 10 표 4.2-2의 λ_r의 사용을 허용함.
[c] 4.1.6의 특수중심 가새골조의 기둥 및 가새와 4.1.7의 보통중심 가새골조의 가새에 요구됨.
[d] 4.1.8의 편심 가새골조 기둥은 KDS 14 31 10 표 4.2-2의 λ_r를 사용하는 것을 허용함.

[e] 4.1.8의 편심 가새골조의 링크에 대한 요구조건; 단, 링크길이가 $1.6M_p/V_p$ 이하인 플랜지의 경우 KDS 14 31 10 표 4.2-2의 λ_r을 사용하는 것을 허용함.
[f] 4.1.9의 좌굴방지 가새골조의 보와 기둥에 대한 요구조건
[g] 4.1.10의 특수강판 전단벽 기둥에 대한 요구조건
[h] 4.1.8의 편심 가새골조의 기둥; 링크길이가 $1.6M_p/V_p$ 이하인 편심 가새골조의 웨브에 대해서는, 아래의 λ_p를 사용하는 것을 허용함.

$$C_a \leq 0.125,\ \ \lambda_p = 3.76\sqrt{\frac{E}{F_y}}(1-2.75C_a),\ C_a > 0.125,\ \ \lambda_p = 1.12\sqrt{\frac{E}{F_y}}(2.33-C_a) \geq 1.49\sqrt{\frac{E}{F_y}}$$

[i] $C_a = \dfrac{P_u}{\phi_b P_y}$ (여기서, P_u : 소요압축강도 (N), P_y : 압축항복강도 (N), ϕ_b=0.90)

【해설】

H형강파일은 사용연한 동안에 주로 축하중을 받는 기둥과 같은 거동을 한다. 따라서 표 4.1-1에 주어진 b/t 제한값으로 충분하다. 하지만 강진 내습 시에는 파일캡과 기초의 횡변위로 인해 H형강파일은 보-기둥부재가 되어 큰 휨모멘트와 인발에 저항해야하는 경우가 있다. 표 4.1-1의 한계폭두께비를 만족하는 파일의 국부좌굴은 여러 싸이클의 반복하중을 받은 후에 발생한다. 그리고 이 국부좌굴은 반복재하 동안이나 이후의 파일의 성능에 큰 영향이 없는 것으로 확인되었다(Astaneh, 1997).

4.1.1.3 기둥의 강도

증폭지진하중을 고려하지 않은 상태에서 $P_u/\phi_c P_n > 0.4$ 인 조건에 있으면, 다음의 요구조건을 만족해야 한다.

(1) 강구조건축물의 소요압축강도 및 인장강도는 모멘트의 영향은 무시하고 증폭지진하중을 포함한 KDS 41 10 15(6)의 하중조합에 의해 산정한다.
(2) 소요압축강도 및 인장강도는 아래의 값 중 어느 것도 초과할 필요는 없다.
  ① 건물의 가새요소 또는 연결된 보의 공칭강도에 $1.1R_y$를 곱하여 산정되는 기둥에로의 최대전달하중
  ② 전도인발에 대한 기초의 저항력으로 결정되는 한계값 ($\phi_c = 0.9$),
  여기서, P_n : 기둥의 공칭압축강도 (N)
  P_u : 기둥의 소요압축강도 (N)

【해설】

(1) 지진력저항시스템에 속한 기둥의 전체좌굴 및 인장파단을 방지하기 위해서 기둥에 적당한 강도를 부여하는 것은 절대적이라 할 수 있다. 이 기준의 소요강도는 기둥에 부과될 수 있는 축력의 합리적 한계치를 제시하고자 하는 것으로서 이에 대해 설계를 하면 기둥의 전체적 파괴를 방지할 수

있을 것으로 기대된다. 이 기둥설계 축력은 동시에 작용할 수 있는 휨모멘트를 무시하고 적용하면 된다. 또한 이 축력을 사용하여 기둥설계를 수행할 때 유효좌굴길이계수는 K=1.0을 사용할 수 있다. 이러한 단순한 접근법을 허용하는 근거는, 지진력저항시스템의 기둥 휨모멘트는 기둥단부에서 최대가 되고 기둥에는 복곡률이 형성될 것이라는 예상 때문이다. 이런 상황이라면, 기둥의 휨모멘트는 기둥의 좌굴에 큰 영향이 없을 것이므로 K=1.0으로 가정한 것은 보수적일 것으로 판단된다.

그러나 위에서 언급한 접근방식은 기둥의 항복 가능성을 완전히 배제하지는 못한다. 왜냐하면 축하중과 휨모멘트의 조합효과에 의해 기둥단부에서 종종 항복이 발생할 수 있기 때문이다. 모멘트골조에서는 큰 휨모멘트와 상대적으로 작은 축하중의 조합력에 의해, 그리고 가새골조에서는 높은 축하중과 단부회전에 의한 휨모멘트의 조합력에 의해 기둥의 항복이 발생할 가능성이 있다. 그렇지만 이 기준의 기둥설계규정을 따를 경우, 기둥에 보수가 어려울 정도의 상당한 손상이 발생할 수는 있으나, 인명안전을 위협할 정도의 기둥의 파단이나 전체적 좌굴은 방지할 수 있을 것으로 예상된다.

이 기준의 4.1.1.3의 규정을 따르면 적절한 내진성능이 보장될 것으로 기대되지만 이는 최소기준이므로 더 높은 수준의 내진성능 또는 더 큰 신뢰도가 요구되는 경우에는 다음과 같은 사항에 유의할 필요가 있다:

1) 비선형해석을 수행하면 기둥의 단부모멘트가 역전되지 않는 경우가 종종 있다. 이는 모멘트가 기둥의 좌굴에 상당한 영향을 미칠 수도 있음을 시사한다.
2) 상당한 단부회전과 매우 높은 축하중(가령 $0.6-0.7P_y$ 이상)의 조합력이 작용하는 상황에서의 기둥의 성능을 평가한 연구는 매우 희소하다. 이 분야에 대한 지속적인 연구가 진행되어야 할 것이다.

전도인발에 대한 기초의 한계저항력은 실제의 지반내력을 사용하여 결정하여야 한다.

4.1.1.4 기둥의 이음

4.1.1.4.1 일반사항

(1) 지진력저항시스템의 기둥이음부의 소요강도는 4.1.1.3, 부록 C.1.1.8, C.1.2.8, C.1.3.8, C.1.4.4, C.1.7.4.3의 규정을 고려해야 하고 기둥의 소요강도와 같도록 한다.
(2) 또한 증폭지진하중이 포함된 KDS 41 10 15(6) 시설물편의 하중조합을 적용했을 때 인장응력을 받는 것으로 계산된 기둥의 용접이음부는 다음의 조건을 모두 만족해야 한다.
   ① 부분용입그루브용접이음을 사용한다면, 설계강도는 적어도 소요강도의 200% 이상이 되어야 한다.

② 각 플랜지이음부의 설계강도는 적어도 $0.5R_yF_yA_f$ 이상이 되어야 한다. 여기서, R_yF_y는 기둥부재의 예상항복응력이고 A_f는 연결된 기둥가운데 작은 기둥의 플랜지면적이다.

(3) 부분용입그루브용접을 사용한 기둥이음에서 플랜지와 웨브의 두께와 폭의 변화가 발생할 때, 면을 경사지게 처리하지 않아도 된다.

(4) 기둥웨브의 이음은 전체가 볼트, 아니면 용접으로 하거나, 또는 한쪽 기둥은 용접하고 다른 한쪽은 볼트로 접합할 수 있다. 모멘트골조에서 볼트이음을 사용할 경우, 플레이트 또는 ㄷ형강을 기둥웨브 양쪽에 사용한다.

(5) 강구조건축물의 경우 필릿용접 또는 부분용입그루브용접으로 된 기둥이음부의 중심선은 보-기둥접합부로부터 1.2m 혹은 그 이상 이격시켜야 한다. 보-기둥접합부 사이의 기둥의 순높이가 2.4m보다 작을 때, 기둥이음은 순높이의 중간에 위치해야 한다.

【해설】

(1) 모멘트골조를 제외한 기둥이음부의 설계강도는 4.1.1.3에서 규정한 소요강도, 그리고 KDS 41 10 15(6)의 하중조합으로부터 결정된 이음부에서의 축력, 전단, 휨모멘트에 대한 소요강도 이상이어야 한다.

(2) 두꺼운 기둥플랜지를 부분용입 그루브용접으로 이음하면 인장하중 하에서 거의 연성을 발휘하지 못한다(Popov and Stephen, 1997; Bruneau et al., 1987). 따라서 이런 부분용입 그루브용접을 이용한 기둥이음은 소요강도를 100% 증가시키고 CVN인성조건을 만족시키는 용가재를 사용해야 한다.

이 조항에서는 R_y를 포함해서 최소설계강도를 산정토록 규정하였다. 결과적으로 이음부는 기둥플랜지의 예상항복강도의 50% 이상의 최소설계강도를 갖는다. 완전용입그루브용접은 이 요건을 만족하는 것으로 간주될 수 있다.

완전용입 그루브용접이 사용되지 않는 접합부는 부분용입 그루브용접이 될 가능성이 크다. 부분용입 그루브용접의 비용접 부분은 균열노치 역할을 하므로 응력집중을 유발한다. 즉, 1면 부분용입 그루브용접은 연단균열(edge-crack) 노치를 생성하고(Barson and Rolfe, 1999), 양면 부분용입 그루브용접은 묻힌 균열(buried crack)노치을 유발한다. 균열과 흡사한 이 같은 노치의 강도는 파괴역학적 방법을 이용하여 계산할 수 있다. 설계조건, 기하학적 조건, 변형의 정도 등에 따라서는 조인트에 대해 탄소성 또는 소성의 유한요소해석이 필요할 수 있다. 계산된 강도의 정확성은 사용된 유한요소모델, 메쉬크기, 모재/열영향부/용접재의 강도 및 취성인성에 대한 가정치, 그리고 조인트의 잔류응력의 크기 및 분포에 좌우된다.

(4) 기둥웨브의 이음은 기둥 하중의 중심선과 일치하여야 한다. 볼트를 사용한 기둥웨브의 이음부는 편심이 최소화되도록 웨브 양측에 접합판을 설치해야 한다.

(5) 기둥이음은 휨모멘트의 영향을 줄이기 위해서 보-기둥접합부로부터 이격시켜야 한다. 보통의 건물에서는 1.2m의 최소거리조건이 지배조건이 된다. 이음부가 바닥에서 1.2m에서 1.5m에 위치하면, 접근성과 작업성이 개선되어 현장작업이 단순해진다. 일반적으로 이음부는 층고를 3등분 했을 때 중앙구간에 위치시킬 것을 권장한다. 이러한 요건을 충족시키기에 충분한 층고를 갖고 있지 않은 건물인 경우에는 층 바닥마감선과 상부 보플랜지 하단사이의 순간격의 중앙점에 가깝게 이음부를 둔다.

4.1.1.4.2 지진력저항시스템이 아닌 기둥

지진력저항시스템의 부재에 속하지 않는 기둥이음은 다음사항을 만족해야 한다:

(1) 이음은 보-기둥접합부로부터 1.2m 이상 이격시켜야 한다. 보-기둥접합부 사이의 기둥의 순높이가 2.4m보다 작을 때, 기둥이음은 순높이의 중간에 위치해야 한다.
(2) 기둥의 양 직각축 모두에 대한 기둥이음의 소요전단강도는 M_{pc}/H가 되어야 한다. 여기서 M_{pc}는 해당되는 방향의 기둥단면들 중 작은 공칭소성휨강도이며, H는 층고이다.

【해설】

(2) 모멘트골조건물의 비선형해석에 의하면, 지진에 의한 전단력을 층 사이에 분배하는데 있어서 지진하중시스템에 속하지 않은 기둥의 도움이 중요함이 밝혀졌다(FEMA, 2000f; FEMA, 2000f). 핀접합부로 가정되는 보와의 접합을 가진 기둥에서도 인접층의 횡변위 차이로 인해 큰 휨모멘트와 전단력이 발생할 수 있다. 따라서, 이러한 기둥의 이음부는 두 직교방향 모두에 대해 적정의 전단력을 감당할 수 있도록 설계하는 것이 바람직하다.
비선형해석 결과에 의하면 이러한 기둥의 전단력은 $2M_{pc}/H$로 계산된 전단력의 1/2보다 일반적으로 작다(Krawinkler, 2001). 4.1.1.4.2의 규정은 이를 반영한 것이다.

4.1.1.5 기둥주각부

(1) 기둥주각부의 소요강도는 4.1.1.5.1, 4.1.1.5.2 및 4.1.1.5.3에 따라 계산한다.
(2) 앵커볼트의 설계강도는 KDS 14 31 25(4.1.9)를 따라 산정한다.
(3) 기둥주각부 하부 콘크리트의 설계강도는 KDS 14 20 70을 따라 산정한다.

【해설】

(1) 기둥주각부는 목표하는 연성거동을 허용하기에 충분한 강도를 가져야 한다. 기둥주각부는 주각부

와 연접된 부재 및 접합부의 축력과 동일한 축력에 대해 설계해야 한다. 골조시스템의 접합부가 증폭지진하중 또는 부재강도에 근거한 하중에 대해 설계되도록 요구된다면, 기둥주각부도 대응되는 하중에 대해 설계되어야 한다.

(2) 대각가새의 소요인장강도를 분해하여 주각부에 가해지는 축력과 전단력을 산정한다.

(3) 주각부의 정착과 관련한 요구조건은 KDS 14 20 52 콘크리트구조 정착 및 이음의 관련부분을 참조한다.

4.1.1.5.1 소요압축강도

기둥주각부의 소요압축강도는 기둥주각부에 접합된 모든 강재요소 소요강도의 수직성분의 합으로 산정한다.

【해설】

기둥주각부에 요구되는 축방향(수직방향) 강도는 4.1.1.3의 기둥요구강도(즉, 시스템의 형식에 따른 기둥요구강도)로부터 계산한다. 가새가 있는 경우에는 접합부소요강도의 수직성분을 합산한다.

4.1.1.5.2 소요전단강도

기둥주각부의 소요전단강도는 기둥주각부에 접합된 모든 강재요소 소요강도의 수평성분의 합으로 하되 다음과 같이 산정한다.

(1) 대각가새의 경우, 수평성분은 지진력저항시스템의 가새접합부의 소요강도로부터 산정한다.

(2) 기둥의 경우, 수평성분은 아래의 두가지 가운데 작은 값 이상이 되어야 한다.

① 기둥의 $2R_yF_yZ_x/H$. 여기서, H는 층고로서 바닥골조의 중심선 사이의 거리 또는 각층 바닥 상부간 거리로 취할 수 있다(mm).

② 증폭지진하중을 포함하여 KDS 41 10 15의 하중조합을 사용하여 계산한 전단력

【해설】

(1) 기둥주각부에 요구되는 전단(수평)강도는 1층 기둥의 상부 및 하부에서 소성힌지가 발생하는 메커니즘으로부터 계산된다. 이때 가새가 있는 경우에는 접합부요구강도의 수평성분을 합산해야 한다. 전자(기둥 부분)의 성분은 증폭지진하중에 대응하는 값을 초과할 필요가 없다. 따라서, 브레이스 골조시스템에 대해서는 상기의 층메커니즘을 달성할 수 있는 능력은 요구되지 않는다.

(2) 기둥주각부에서 콘크리트기초로 전단력을 전달하는 메커니즘은 여러 가지가 있다. 주각 플레이트

와 저면 그라우팅 및 콘크리트 사이의 표면마찰이 가능한 초기 하중경로이다. 특히, 앵커로드(앵커볼트)에 프리텐션이 도입된 경우는 더욱 그러하다. 만약, 주각플레이트상의 고정하중을 상쇄할 정도의 큰 인장력이 동반되지 않는다면, 이 마찰메커니즘에 의해 전단력의 일부 또는 전부가 전달될 것이다. 그러나, 많은 설계기준에서 지진하중이 작용하는 경우에는 마찰력을 인정하지 않고 있다. 발생 가능한 다른 메커니즘으로는 주각플레이트에 대한 앵커로드의 지압력, 전단키의 그라우트에 대한 지압력, 슬래브나 지중보에 매설된 기둥의 지압력 등을 생각할 수 있다. 해설 그림 4.1-1을 참조하기 바란다.

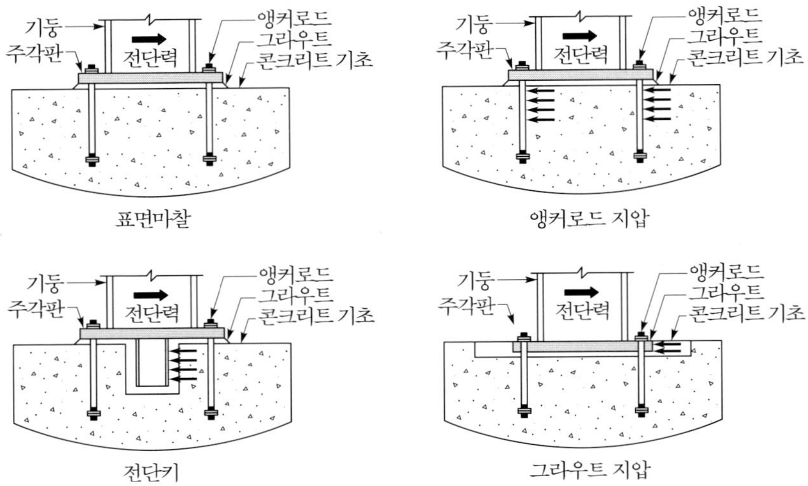

해설 그림 4.1-1 기초를 통한 전단전달거동

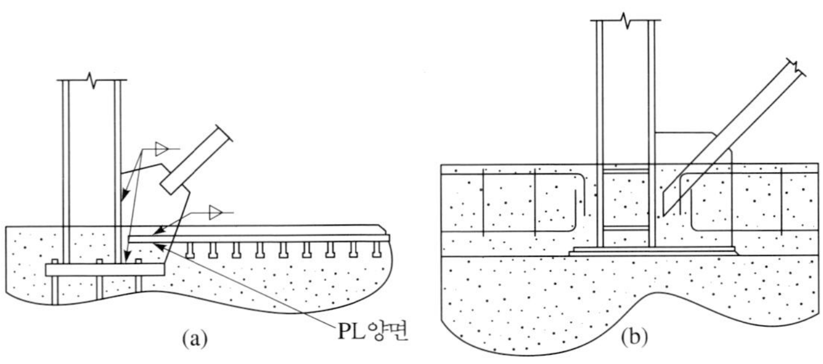

해설 그림 4.1-2 전단력의 콘크리트지중보로의 전달사례

(가) 앵커로드의 지압력은 설계 시에 일반적으로 고려되며 전단력이 작은 경우에는 이것으로도 충분할 수 있다. 만일 주각플레이트가 앵커로드에 대해 상대변형을 일으키면 전단한계상태가 된다. 앵커로드는 대개 전단과 인장의 조합력에 대해 검토한다. 주각플레이트의 지압력은 일

반적으로 주각플레이트가 두꺼우므로 문제가 되지 않는다. 앵커로드에는 과대 구멍(oversize hole)이 사용되는 것이 일반적이므로 주각플레이트로부터 앵커로드로 힘을 전달하기 위해서 용접와셔가 요구될 수도 있다. 전단력이 앵커로드를 통해 전달되는 경우에 앵커로드는 휨을 받게 된다.

(나) 용접성 및 시공성에 대한 고려가 있어야겠지만, 전단력이 큰 경우에는 전단키의 사용을 고려하여야 한다. 인장 및 전도하중이 존재하는 경우에는 인장력에 저항할 수 있도록 앵커로드도 설치를 해야 한다.

(다) 기둥이 묻히는 경우에는 주변 콘크리트의 지압강도를 이용할 수 있다. 콘크리트기둥은 이러한 힘에 저항할 수 있도록 설계되어야 하고 또한 이 힘을 지반 또는 기초의 다른 부분으로 전달하도록 설계되어야 한다.

기둥주각부가 기초에 묻히는 경우 이 기둥주각부는 전단력을 전달하는 전단키로 사용할 수 있다. 때로는 기둥에 보강철근을 용접하여 콘크리트지중보에 전단력을 전달하는 것이 편리한 경우가 있다. 해설 그림 4.1-2는 전단력을 콘크리트지중보에 전달하는 두 가지 방법을 예시하고 있다. 보강철근은 지중보의 보강철근과 이음이 가능하도록 충분히 길게 하여 다른 기초로도 응력의 전달이 가능토록 한다.

4.1.1.5.3 소요휨강도

기둥주각부의 소요휨강도는 기둥주각부에 접합된 모든 강재요소 소요강도의 합으로 하되 다음과 같이 산정한다.

(1) 대각가새의 경우, 소요휨강도는 지진력저항시스템의 가새접합부의 소요강도 이상이어야 한다.

(2) 기둥의 경우, 소요휨강도는 아래의 두가지 가운데 작은 값 이상이 되어야 한다.

① 기둥의 $1.1R_yF_yZ$.

② 증폭지진하중을 포함하여 KDS 41 10 15의 하중조합을 사용하여 계산된 모멘트.

【해설】

(1) 기둥 주각부에 요구되는 휨강도는 주각부기둥의 소성힌지가 발생하는 메커니즘으로부터 계산된다. 이때 가새가 있는 경우에는 가새접합부 소요휨강도를 합산해야 한다. 전자(기둥 부분)의 모멘트성분은 증폭지진하중에 대응하는 값을 초과할 필요가 없다. 따라서, 가새골조시스템에 대해서는 기둥주각부 소성힌지를 발현할 수 있는 능력은 요구되지 않는다.

(2) 모멘트골조에서는 기둥의 주각부에서의 소성힌지 발생을 예상하는 것이 보통이다. 설계자가 의도한 골조의 소성 메커니즘에 부응하는 소요강도를 유지하면서 소요 소성회전을 발휘할 수 있도록 주각부의 상세를 설계해야 한다. 이런 조건은 보-기둥접합부에서 요구되어지는 것과 유사하다.

모멘트골조에 사용될 수 있는 몇몇의 기둥주각부의 유형은 아래와 같다:

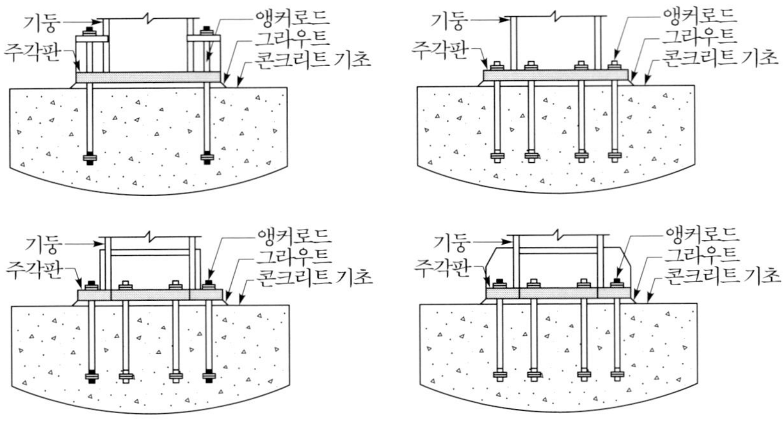

해설 그림 4.1-3 모멘트골조의 "강한 주각부" 상세 사례

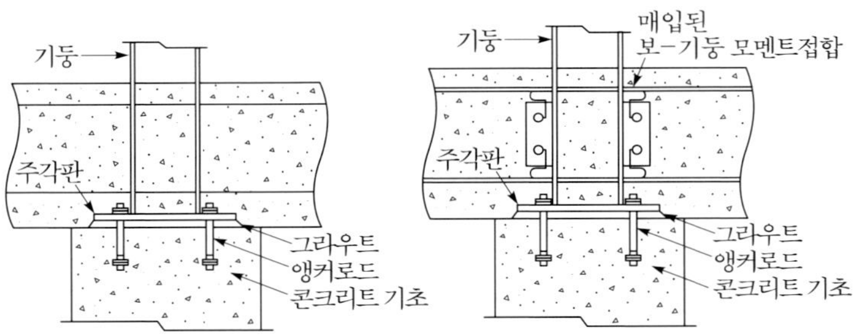

(a) (b)

해설 그림 4.1-4 지중보 내에 기둥주각부의 매립상세 사례

1) 기둥에 소성힌지가 발생할 정도로 주각부를 강하게 설계하는 경우, 설계자는 완전강접접합부 설계와 동일한 가이드라인을 따라야 한다. 이런 주각부는 두꺼운 주각 플레이트, 헌치, 커버 플레이트, 기타 보강에 의해 기둥에 힌지를 형성시켜야 한다. 헌치형태의 접합부에서는 소성힌지가 헌치 위에서 발생하므로, 소성힌지부의 기둥단면에서의 안정성에 대한 적절한 조치가 있어야 한다. 해설 그림 4.1-3은 강한 주각부의 예로서 기둥에 힌지를 발생시킬 수 있도록 설계된 예이다. 일부는 기둥 내부보다 콘크리트지중보 내에서 항복할 수 있다. 이런 경우에 콘크리트 지중보는 콘크리트구조 관련규정에 따라 설계해야 한다.
2) 횡변위를 제한하기 위해 큰 기둥부재를 저층부에 사용할 경우, 핀주각부를 활용할 수도 있다. 설계자는 기둥, 주각플레이트 그리고 앵커로드의 소요전단내력이 발생 가능한 최대회전까지 유지되는지를 확인해야 한다. 그러나 별다른 조치를 취하지 않아도 기둥주각부접합은 일반적으로 부

분적으로는 회전에 대해 구속도를 갖고 있다.

3) 기둥주각부가 어느 정도의 기둥모멘트까지는 구속도를 갖지만 기둥힌지 발생 전에 주각부가 항복하는 "부분고정"인 접합부를 사용할 수도 있다. 이러한 주각부는 부분구속접합부의 설계에 사용되는 원칙에 따라 설계해야 한다. 베이스플레이트의 휨(엔드플레이트 접합과 유사함), 앵글 및 티의 휨 또는 앵커로드의 항복을 활용하여 부분고정접합부를 설계할 수도 있을 것이다. 앵커로드의 항복에 의할 때는 소요회전을 수용할 수 있는 신장능력과 항복의 발생이 가능하도록 충분한 비구속길이를 확보해야 한다. 주각 플레이트와 기초 사이의 접합부의 전단내력은 최대회전에서도 반드시 확보되어야 한다.

4) 강한 베이스플레이트 접합부를 만들지 않는 대신, 기둥을 내진설계에서 가정한 밑면보다 아래로 내려서(가령 지하실 또는 지중보) 기둥의 고정도를 확보할 수 있다. 이 경우 바닥 바로 위 또는 지중보의 내부에서 기둥의 소성힌지가 발생할 것이다. 내진주각부 밑에 있는 기둥의 양 단부에서 지지되는 수평전단력은 골조의 예상항복강도 R_yF_y를 고려하여 계산하여야 한다. 지중보 내에서 고정된 기둥주각부의 예는 해설 그림 4.1-4와 같다.

가새골조와 모멘트골조 기둥주각부의 접합부 역시 보-기둥접합부와 유사한 설계원리와 상세를 적용해야 한다. 그러나, 양자 간에는 다음과 같은 중요한 차이점이 있다:

- 콘크리트에 매립된 긴 앵커로드는 보-기둥접합부의 강재볼트나 용접부보다 훨씬 큰 변형을 갖는다. 이 앵커로드의 인장변형은 골조의 횡변위를 증가시키므로 이에 대한 고려가 필요하다.
- 기둥주각부의 접합부는 보-기둥접합부의 기둥플랜지보다 훨씬 큰 압축변형을 갖는 콘크리트나 그라우트에 지압력을 가한다.
- 보-기둥접합부와 비해, 기둥주각의 접합부는 플랜지면 내에 훨씬 큰 재축방향의 축력이 작용하고 웨브 면내에는 상대적으로 작은 횡력이 작용한다.
- 기둥주각부와 그라우트 또는 콘크리트사이의 전단력 전달메커니즘은 보 엔드플레이트와 기둥플랜지 사이의 그것과는 차이가 있다.
- 독립기초에서는 기초의 록킹과 회전변형이 문제가 될 수 있다.

기둥주각의 접합부는 강구조에서 가장 중요한 요소 중의 하나이다. 과거 지진에서 주각부에서의 구조손상은 여러 연구자에 의해 보고된 바가 있다 (Nothridge Reconnaissance Team, 1996; Midorikawa et al., 1997). 기둥 주각부의 접합부의 내진설계법은 아직까지 잘 정립되지 않았는데 (DeWolf and Ricker, 1990; Drake and Elkin, 1999), 주 이유는 현재까지 수행된 해석 및 실험적 연구가 많지 않기 때문이다 (DeWolf and Sarisley, 1980; Picard and Beautieu, 1985; Thambiratnam and Paramasivam, 1986; Sato and Kamagata, 1988; Astaneh-Asl et al., 1992; Tar-gowski et al., 1993; Ermopoulos and Stamatopoulos, 1996; Jaspart and Vandegans, 1998; Stojadinovic et al., 1998; Burda and Itani, 1999; Adany et al., 2000).

대부분의 실험연구는 축소모델을 사용하여 앵커로드를 통해서 콘크리트기초까지 연결된 노출 주각플레이트에 기둥을 용접한 접합부에 관한 것이다. 이들 시험에서는 모멘트골조의 기둥 주각부 거동을 모사할 수 있도록 축력에 더하여 반복휨변형을 가하는 가력방식을 사용하였다. 최근의 연구에 의하면, 용접재의 인성과 H형강부재가 휨응력을 받는 방향이 주각접합부의 연성 및 에너지소산능력에 큰 영향을 미치는 것으로 파악되었다(Fahmy et al., 2000; Lee and Goel, 2001). 주각플레이트와 앵커로드 사이의 상대 강도 및 강성 역시 응력분포와 파괴모드에 큰 영향을 미칠 수 있다. 주각 접합부의 성능은 앵커와 주변 콘크리트의 반복하중에 대한 저항성능에도 영향을 받는다(Klingner and Graces, 2001).

현재 매우 다양한 형태의 기둥주각접합부가 사용되고 있다. 지진하중을 받는 기둥 주각부 거동을 정확히 이해하고 개선된 설계법을 정리하기 위해서는 더 많은 연구가 필요하다. 매우 중요한 접합부에 속하는 주각접합부에 적절한 강성, 강도 및 연성을 부과하기 위해서는 설계 및 상세에 있어 설계자의 현명한 판단과 주의가 요구된다.

4.1.1.6 H형강 말뚝

4.1.1.6.1 H형강 말뚝의 설계

H형강 말뚝의 설계는 조합응력을 받는 부재의 설계와 관련된 KDS 14 31 00(4.4)를 따른다. H형강말뚝은 4.1.1.2.2의 요구조건에 부합해야 한다.

【해설】

지진하중을 받기 전에는, 말뚝(특히 수직파일)은 주로 중력에 의한 축하중을 받고 있다. 지진이 내습하는 동안에는, 말뚝들은 수평 및 수직변형을 동시에 받게 되므로 말뚝에는 축력(압축과 인발력), 휨모멘트 및 전단력이 유발된다.

H형강말뚝의 반복재하 실험결과에 따르면 H형강말뚝은 조합력을 받는 부재로 설계되어야 하며, 이 장의 관련 규정을 따라서 설계해야 한다.

4.1.1.6.2 경사 H형강 말뚝

경사말뚝 및 수직말뚝을 하나의 군말뚝(무리말뚝)으로서 사용할 경우, 수직말뚝은 고정하중과 활하중에 의한 조합효과에 대해 지지할 수 있도록 설계하며, 경사말뚝에 하중을 분담해서는 안 된다.

【해설】

수직말뚝의 경우 반복하중에 대해 상당한 에너지소산과 연성능력이 있음이 실험적으로 입증되었다. 1994년 노스리지 지진 당시의 H형강말뚝의 성능을 연구한 결과 수직의 그룹말뚝은 매우 우수한 내진거동을 보였지만, 경사말뚝들은 수직말뚝만큼 큰 연성을 발휘하지는 못했다(Astaneh-Asl et al., 1994).

경사말뚝에 대한 실제 지진거동에 대한 자료가 충분치는 않지만, 말뚝그룹 내의 경사말뚝은 붕괴 가능성이 있으므로, 경사말뚝에 의해 중력하중을 지지하는 것은 피하는 것이 좋다. 강진 발생 이후에도 경사말뚝이 중력하중을 지지할 수 있음을 반복시험을 통해서 입증하지 않는다면, 수직말뚝만이 중력하중을 지지하도록 설계하는 것이 바람직하다.

4.1.1.6.3 H형강 말뚝의 인장력

각 말뚝의 인장력은 말뚝매립부의 전단키, 보강근 혹은 스터드처럼 기계적인 방법에 의해서 말뚝캡에 전달해야 한다. 말뚝캡의 바로 아래에, 적어도 말뚝단면 높이 정도가 되는 길이부분에는 부착 및 용접을 금한다.

【해설】

전도모멘트에 의해 말뚝에 인장력이 발생하는 경우가 있다. 인장을 받는 말뚝은 말뚝내의 인장력을 말뚝캡 혹은 기초에 전달하기 위해서 묻힘면적 내에 충분한 기계적 정착을 해야만 한다. 소성힌지가 말뚝캡 바로 아래 혹은 기초에 생길 것이기 때문에, 말뚝단면의 춤에 해당하는 말뚝캡 아래에는 기계적인 정착 및 용접을 피하는 것이 좋다.

4.1.2 연결부

4.1.2.1 적용범위

(1) 지진력저항시스템에 속한 연결부의 설계는 KDS 14 31 25(4)를 따르고 아울러 이 기준의 추가사항을 따르도록 한다.
(2) 지진력저항시스템을 구성하는 부재의 접합부설계는 접합부나 부재의 연성한계상태가 지배한계상태가 되도록 해야 한다.

【해설】

(2) 인장이나 전단에 의한 파단, 볼트의 전단파괴, 블록전단파단은 접합부에 취성파괴를 야기하는 한계상태이다. 지진력저항시스템의 연성거동을 보장하기 위해서는 이들 한계상태가 지진력저항시스템의 접합부의 거동을 지배하지 않도록 해야 된다. 즉, 취성적인 한계상태에 대한 내력을 증가시켜서 항복이나 지압변형과 같은 연성적인 한계상태가 설계강도가 되도록 한다.

4.1.2.2 볼트연결부

(1) 모든 볼트는 고장력볼트를 사용해야 하고, 마찰면의 조건은 미끄럼한계상태에 대한 KDS 14 31 25(4.1.3.6)의 표면조건을 만족해야 한다.

(2) 볼트는 표준구멍 또는 응력의 작용방향이 슬롯의 길이방향과 직각인 짧은 슬롯구멍에 설치해야 한다. 대각가새의 경우, 접합부를 미끄럼한계상태에 대해 설계할 때는 큰 구멍의 사용이 가능하지만 큰 구멍은 한쪽 판에만 존재해야 한다. (강구조내진성능 검증지침에 따르는 경우, 다른 형식의 구멍도 사용할 수 있다.)

(3) 표준구멍을 사용한 볼트이음부의 설계전단강도는 KDS 14 31 25(4)에 따라 지압형식 연결부로 검토한다. 단, 볼트구멍의 공칭지압강도는 $2.4dtF_u$를 초과할 수 없다.

(4) 엔드플레이트 모멘트접합부의 표면은 미끄럼저항에 대해 시험을 거치지 않은 코팅이나 표준표면보다 작은 미끄럼계수를 갖는 코팅도 사용할 수 있다.

(5) 볼트와 용접이 연결부에서 응력을 분담하거나 또는 한 접합부에서 같은 응력성분을 분담하도록 설계할 수 없다. 가새의 압축력과 같은 부재력은 접합부에서 한가지 형식의 연결부(즉, 전체를 볼트연결부 또는 전체를 용접연결부)에 의해 지지되어야 한다. 용접에 의해 지지되는 응력과 직각방향의 응력을 볼트가 지지하는 경우(용접플랜지는 모멘트를 전달하고 볼트웨브는 전단력을 전달하는 모멘트접합부 같은 경우)는 응력을 분담하는 경우에 해당하지 않는다.

【해설】

(1) 지진에 의한 하중의 역전 가능성, 부재나 접합부에서 발생할 수 있는 비탄성변형 가능성을 감안한다면, 지진력저항시스템의 볼트조인트에는 프리텐션 볼트를 사용할 필요가 있다. 그러나 지진하중의 세기를 고려할 때 모든 경우에 대해(설령 미끄럼한계상태로 설계된 접합부라 할지라도) 볼트접합부의 미끄러짐을 막을 수도 없고 막을 필요도 없다. 따라서 이 기준에서는 프리텐션이 도입된 지압형식 볼트로 설계하되 마찰면에서는 최소 $\mu=0.35$이상의 미끄럼계수를 확보할 것을 요구하고 있다(즉 AISC 기준의 A등급 마찰면 이상). 즉 마찰면의 미끄럼계수로서 $\mu=0.35$이상을 확보하고 지압형식 볼트로서 설계강도를 평가하여 볼트를 배치하면 된다. 이렇게 설계하면 미끄러짐에 대한 저항력이 어느 정도 확보될 것이므로 중약진에 대해서는 피해를 최소화할 수 있을 것이다. 엔드플레이트를 사용한 볼트접합부와 같이 마찰면이 주로 인장이나 압축을 받는 경우는 위에서 언급한 마찰면에 대한 요구조건을 완화할 수 있다.

(2) 지진동에 의한 볼트접합부의 미끄러짐에 의해 유발되는 과도한 변형을 방지하기 위해서 지진하중저항력시스템의 볼트구멍은 표준구멍 또는 짧은 슬롯트구멍(응력의 작용방향과 슬롯트의 길이방향이 직각이 되어야 함)만이 허용된다. 실험에 의하여 검증된 구멍형태나 대각가새의 과대 구멍

(oversize hole)에 대해서는 예외가 인정된다.

과대 구멍을 이용해서 마찰접합형식으로 가새접합부를 설계하면 현장시공성이 증가되고 대부분의 중약진에 대해서는 미끄러짐에 대한 저항능력이 발휘될 것으로 기대된다. 만약 극단적인 상황에서 큰 구멍에서 미끄럼이 발생해도 완전강성접합부에 비견되는 거동을 보임이 실험적으로 확인된 바 있다(FEMA 355D). 다만 볼트가 미끄러지게 되면 층간변위가 약간 증가할 수 있기 때문에 층간변위의 산정에서 볼트의 미끄러짐을 반영하여야 한다. 미끄럼량을 최소화하기 위해서는 과대구멍은 접합부의 한쪽 판에만 설치해야 한다. 큰 직경을 갖는 볼트의 미끄럼량은 볼트직경보다 최대 5mm까지만 구멍의 크기를 제한하는 방법으로 최소화할 수 있다.

(3) 마찰접합볼트에 과대 구멍을 사용할 때 발생하는 미끄럼저항력의 감소영향을 고려해야 한다. 볼트장력의 감소로 인하여 정적 미끄럼저항력은 저하되지만, 과대 구멍을 사용한 접합부의 전반적인 거동은 표준구멍으로 설계된 볼트와 유사한 거동을 보이는 것으로 보고된 바가 있다(Kulak-Fisher-Struik, 1987).

피접합재에 대한 지압이 유발하는 볼트조인트의 과도한 변형을 막기 위해서, 이 절에서는 지압강도를 9.1.3.5의 변형을 고려한 한계강도($R_n = 2.4dtF_u$)로 제한하였다. 이 제한조건의 의도는 대략 최대 6mm까지 지압변형을 제한하기 위한 것이다. 그러나 강진 발생 시 실제 지압하중은 설계 시 예상한 값보다 훨씬 클 것이므로 실제 지압변형은 이 이론적인 한계를 훨씬 초과할 수 있음은 물론이다. 그럼에도 불구하고 이 한계는 중급 규모의 지진발생 시에는 피해를 효과적으로 줄일 수 있을 것으로 기대된다.

(5) 힘을 볼트와 용접이 분담하는 것을 금지하고 있다. 그 이유는 다음과 같다. 강진 내습 시 응력의 역전가능성과 접합판요소의 비탄성변형가능성을 고려할 때 볼트에서 미끄럼이 발생할 가능성이 매우 크다. 이때 미끄럼이 발생한 볼트와 같은 전단면에 있는 용접부는 볼트가 지압상태에 이를 수 있도록 충분한 변형에 이르지 않을 수 있다(특히 하중의 역전이 발생했을 때). 결과적으로 용접이 전 하중을 받게 될 것인데, 이에 대비하여 설계하지 않으면 접합부에 파괴가 발생할 수 있다. 볼트와 용접이 동일한 접합면에서 힘을 분담하는 것은 모든 경우에 금한다. 이에 더하여 어떤 경우에는 서로 다른 구조요소 사이에 힘을 분담하는 것도 금한다. 예로서, 보-기둥조인트의 가새접합부에서 가새의 수직력 성분은 기둥에 접합된 거셋플레이트와 보웨브의 접합부에 의해 지지되는 형식이 종종 사용된다(해설 그림 4.1-5 및 해설 그림 4.1-6 참조). 만약 하나는 용접되고 다른 하나는 볼트로 접합된다면, 이 두 요소는 공통의 전단면에 있으면서 제한된 변형성능을 갖고 있기 때문에 용접조인트가 모든 힘을 저항하게 될 것이다. 반면에 두 요소 모두를 기둥에 모두 볼트접합을 하거나 모두 용접접합을 하면, 두 요소가 힘을 분담할 수 있다. 마찬가지로 H형강 가새접합부에서 웨브를 볼트접합하고 플랜지는 용접접합하여 축하중을 분담하는 설계를 하여서는 안 된다(반대의 경우도 마찬가지).

어떤 부재에서 한 요소의 볼트는 특정방향의 힘을 전달하고, 다른 요소는 다른 방향 또는 다른 전단면의 힘을 용접에 의해 전달하는 방식으로 설계할 수 있다. 가령 보-기둥접합부에서 용접플랜지는 모멘트 또는 축력을 전달하고 볼트웨브는 전단력을 전달하도록 설계할 수 있다. 유사하게 기둥이음부에서 플랜지용접에 의해 축력 또는 모멘트를 전달하고 웨브를 볼트접합하여 수평전단력을 전달할 수 있다. 이 두 가지 모두의 경우에 있어서, 용접과는 독립적으로 볼트가 지압을 통해 하중을 지지할 수 있도록 플랜지와 웨브 접합부 사이에 적절한 변형능력이 확보되어야 한다.

이 조항에서는 현장용접에 필요한 세우기 볼트의 사용을 금하는 것은 아니다. 가령 H형강 모멘트 접합부의 보웨브의 전단탭 세우기볼트를 생각할 수 있다. 이 경우 이들 볼트는 임시의 시공하중을 지지할 뿐이고, 이 요소에 예상되는 전하중은 용접에 의해 설계되어야 한다.

- 플랜지용접은 축력과 휨을 지지하고 웨브의 볼트접합은 기둥 전단력을 지지
- 거셋플레이트와 보웨브 모두를 기둥에 용접하여 가새축력의 수직성분을 분담. 세우기 볼트는 시공 중에 일시적으로만 보를 지지.
- 플랜지와 웨브 모두를 용접하여 축하중을 분담. 볼트는 단지 세우기 용도.
- 거셋플레이트와 보웨브 모두를 기둥에 볼트접합하여 수직/수평력을 분담.
- 스터브상세를 사용하여 거세트과 보웨브를 기둥에 모두 공장에서 용접한 경우. 스터브에 접합되는 보의 플랜지가 휨과 축하중을 전달하기 위해서는 용접이 요구됨.

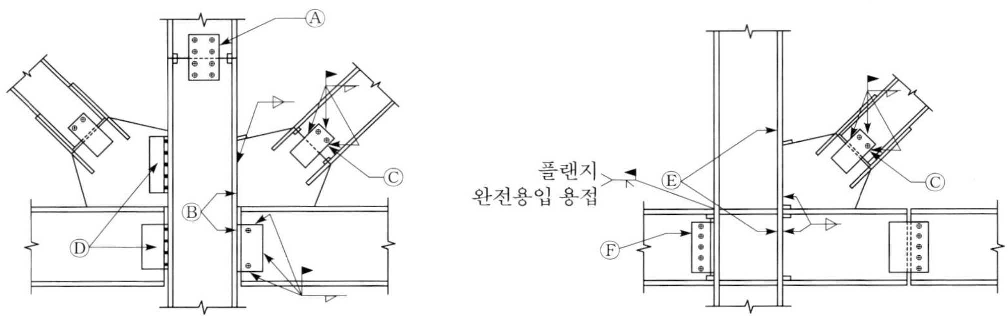

해설 그림 4.1-5 용접과 볼트사이의 하중 분담을 피하기 위한 바람직한 상세

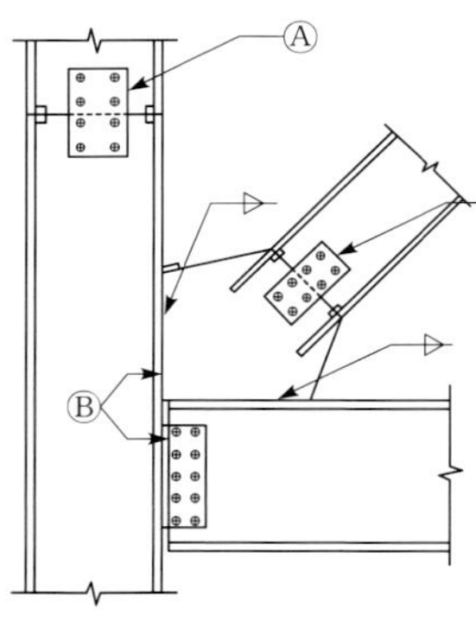

해설 그림 4.1-6 문제의 소지가 있는 볼트/용접 부재접합

- 보-기둥 모멘트접합의 경우, 플랜지용접을 통해 휨과 축력을 지지하고 웨브 볼트접합을 통해 전단력을 지지(모멘트 접합부는 설계조건에 따라 4.1.3에서 4.1.5까지의 요구조건을 만족해야 함).
- 축력을 지지하는 가새 혹은 기둥부재는 웨브를 볼트접합하고 플랜지를 용접하여 응력을 분담할 수 없음.
- 기둥에 거세트을 용접하고 보웨브를 기둥에 볼트접합한 가새접합부의 응력전달 메커니즘은 양자를 모두 볼트접합하거나 양자를 모두 용접한 접합부의 그것과 상이하다(4.1.2.2의 관련 해설 참조).

4.1.2.3 용접연결부

용접은 강구조내진성능 접합부인증지침 내 용접규정에 따라서 시행하도록 한다. 용접은 용접부가 적절한 성능을 갖도록 인증한 용접절차서(Welding Procedure Specification, WPS)에 의해 시행한다. 용접절차서(WPS) 상의 용접변수들은 용가재를 만드는 제조자에 의해서 설정된 용접변수들 내에서 결정함을 원칙으로 한다.

【해설】

이 조항에서는 지진력저항시스템의 접합부 용접을 위한 부가요건을 기술하였다. 임계용접부에 해당하는 용접부는 각 지진력저항시스템을 취급하는 장에서 지정한다. 임계용접부는 일반적으로 완전용입그루브용접인데, 이는 예상항복정도 또는 응력요구치를 감안하여 지정하게 된다. 즉 이런 임계용접부의 파괴는 지진력저항시스템에 심각한 강성과 강도의 저감으로 이어질 수 있다. 임계용접부에 사용되는 용가재는 구조물이 성능을 충분히 발휘할 수 있는 최소한의 CVN인성을 가져야 한다.

노출강구조, 난방이 없는 건축물, 저온창고의 임계용접부는 10℃ 이하의 사용온도 조건에 처할 수 있다. 이 경우 CVN 최소인증온도는 최소예상서비스온도보다 11℃ 이상 높아선 않된다. 예를 들어, 영하 18℃의 최소예상서비스온도조건을 가진 구조의 용접금속재는 -7℃보다 같거나 낮은 온도에서 인증을 얻을 필요가 있다.

작은보접합부와 같이 중력하중만을 지지하는 용접부, 지진력저항시스템의 보조부재 용접부(가령 데크용접, 경미한 수집재 및 횡지지 용접)에는 노치인성을 가진 용가재가 필요치 않다.

용접절차나 용접재료에 대하여 해당하는 프로젝트에 특화된 CVN시험을 요구하는 것은 이 절의 의도가 아니다. 전기저항용접과 서브머지드 아크용접이 강관 구조단면과 파이프의 생산에 용접절차가 사용될 때, 이 용접요구조건을 전기저항용접과 서머지드아크용접에 적용하도록 하기 위한 것은 더욱 아니다.

4.1.2.3.1 일반요건

(1) 지진력저항시스템의 부재 및 접합부에 사용되는 모든 용접은 지진 시에 예측한 성능을 나타내기에 충분한 CVN인성을 가져야 한다.

(2) 이 CVN인성에 대한 요구조건은 이 장에서 요구되는 다른 경우에도 동일하게 적용된다.

4.1.2.3.2 임계용접부

(1) 임계용접부로 지정된 곳의 용접은 용접제조자의 보증 또는 표준시험법에 의해 -30℃에서 28J 이상의 CVN인성값을 지닌 용가재를 사용한다.
(2) 이 절에서 임계용접부으로 지정하지는 않았지만, 임계용접부의 지정이 합당한 용접부가 있을 수가 있다. 이런 경우는 비탄성변형도 및 파괴가 유발하는 결과를 감안하여 판단한다.
(3) 지진하중저항시스템에서 기둥이음에 사용된 완전용입그루브용접을 임계용접부로 지정하였다면, 기둥과 베이스플레이트의 완전용입그루브용접부도 기둥이음과 마찬가지로 임계용접부로 고려해야 한다.
(4) 특수 및 중간모멘트골조에서, 임계용접부로 지정되어야 하는 완전용입그루브용접에는 다음의 경우를 포함한다.
① 보플랜지와 기둥의 용접
② 단일전단플레이트와 기둥의 용접
③ 보웨브와 기둥의 용접
④ 기둥이음부의 용접(기둥주각부를 포함)
(5) 보통모멘트골조의 경우 4.1.2.3.2(4)의 ①, ② 및 ③과 관련된 완전용입그루브용접부가 전형적인 임계용접부의 예가 된다.
(6) 편심가새골조의 경우는, 링크보와 기둥사이의 완전용입그루브용접부가 임계용접부에 해당된다. 또 다른 임계용접부의 예로는, 조립편심가새골조의 링크보에서 웨브플레이트와 플랜지플레이트를 연결하는 용접 그리고 완전용입그루브용접을 사용하는 기둥이음부가 있다.

4.1.2.4 보호영역

이 기준에 의해서 보호영역이라 규정된 곳에서는 아래의 조건을 따라야 한다.

(1) 보호영역 안에서 가용접, 가설작업, 가우징 및 열절단 등에 의해 발생한 노치나 결함은 책임구조기술자의 지시에 따라 보수한다.

(2) 데크의 정착을 위한 아크점용접을 허용한다.
(3) 건물 외곽부의 앵글, 건물의 외피, 칸막이, 덕트 및 파이프, 그리고 기타구조물의 부착을 위한 용접, 볼트, 스크류, 그리고 기타 접합물은 보호영역 내에 사용할 수 없다.
(4) 강구조내진성능 접합부인증지침에 근거할 경우는 용접 전단스터드 및 다른 접합을 보호영역 내에 허용할 수 있다.
(5) 보호영역 밖에서, 부재를 관통하는 접합이 사용될 때, 예상모멘트에 근거한 계산을 통해서 순단면의 적합성을 입증할 수 있어야만 한다.

【해설】

(1) 최근의 실험결과에 따라 큰 비탄성변형이 발생하는 부위에서의 용접, 단면의 급격한 변화, 관통 혹은 흠집이 있는 시공으로 인한 불연속성은, 비탄성거동에 민감한 영향을 미친다는 것이 입증되었다. 이런 이유 때문에 큰 비탄성변형을 받는 부위에 인접한 영역에서 불연속을 일으키는 제반작업은 금지된다. 이런 영역을 보호영역이라 한다. 보호영역의 위치는 각 구조시스템을 취급하는 절에 규정되어 있다. 보호영역의 예로는 모멘트골조의 소성힌지, 편심가새골조의 링크, 특수중심가새골조의 가새의 중심 및 단부영역을 들 수 있다.
(2) 비탄성변형이 발생하는 모든 영역이 보호영역이 되는 것은 아니다(예를 들어, 보-기둥패널존). 항복변형이 소성힌지 영역으로만 국한되는 것이 아니므로 소성힌지영역의 인접부에 만들어지는 불연속에도 주의를 기울여야 한다.

4.1.2.5 연속판 및 보강재

(1) 압연형강의 웨브에 설치된 연속판 및 수직보강재의 모서리는 아래 설명대로 클립한다.
  ① 웨브방향의 클립치수는 압연형강의 k치수보다 38mm 이상 되도록 한다.
  ② 플랜지방향의 클립치수는 k_1 치수보다 13mm를 초과하지 않도록 한다. 플랜지 및 웨브의 단부용접이 수월하게 시공될 수 있도록 클립의 상세를 만들어야 한다.
  ③ 원형클립을 사용하는 경우 클립의 최소반경은 13mm 이상이어야 한다.
(2) 책임구조기술자가 승인하지 않으면, 기둥웨브와 기둥플랜지의 교차점에 인접한 용접단부에서의 연속판용접에 엔드탭을 사용할 수 없다. 책임구조기술자가 엔드탭을 제거할 것을 요구하지 않으면, 이 위치의 엔드탭은 제거하지 않는다.

【해설】

(1) 이 조항은 연속판이나 보강재처럼 매우 구속도가 큰 조인트를 열간압연형강의 K-영역 내에 용접하는 것을 피하고자 함이다. 이 대상에는 기둥 내의 연속판, 링크보 내의 스티프너가 포함된다.

클립의 치수를 증가시키면 이 영역에서의 용접가능성을 배제할 수 있다 (해설 그림 4.1-7). 용접 탭은 K-영역에서 사용하지 않도록 한다.

(2) 가능하면, 지진력저항시스템에 속하는 부재의 K-영역 내에서는 그루브용접이나 여러 번의 용접 역용접까지를 막자는 것은 아니다. 이런 요소는 H형강플랜지와 동시에 접합되지 않으므로 구속도가 미미하고 일반적으로 용접 크기도 작으므로 큰 문제가 되지 않는다.

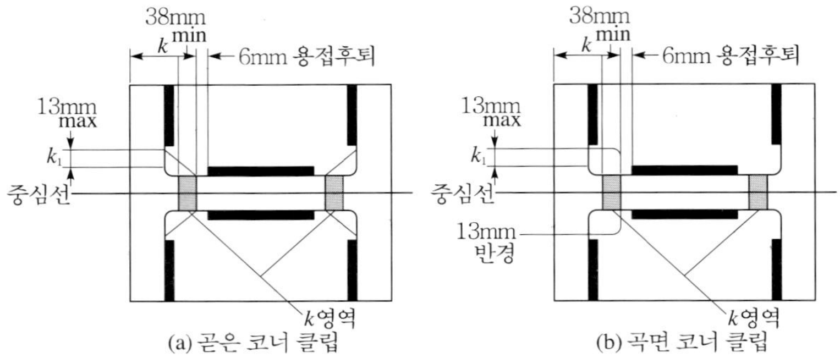

해설 그림 4.1-7 k-영역

4.1.3 특수 모멘트골조

> 특수 모멘트골조는 설계용 지진동이 유발한 외력을 받을 때 상당한 비탄성 변형을 수용할 수 있는 골조를 지칭하며 부록 C.1.1의 규정을 만족하도록 설계한다.

【해설】

자세한 내용은 부록을 참조한다.

4.1.4 중간 모멘트골조

> 중간 모멘트골조는 설계용 지진동에 의한 외력을 받을 때 제한된 크기의 비탄성 변형을 수용할 수 있는 골조를 지칭하며 부록 C.1.2의 규정을 만족하도록 설계한다.

【해설】

자세한 내용은 부록을 참조한다.

4.1.5 보통 모멘트골조

보통 모멘트골조는 설계지진력이 구조물에 작용할 때 부재와 접합부가 최소한의 비탄성 변형을 수용할 수 있는 골조를 지칭하며 부록 C.1.3의 규정을 만족하도록 설계한다.

【해설】

자세한 내용은 부록을 참조한다.

4.1.6 특수중심 가새골조

특수중심 가새골조는 설계지진력이 작용할 때 상당한 비탄성 변형능력을 발휘할 수 있어야 하며 부록 C.1.4에 기술된 요구사항들을 충족해야 한다. 인장력만 지지할 수 있는 가새는 4.1.7의 보통중심 가새골조의 설계규정을 적용해야 한다.

【해설】

자세한 내용은 부록을 참조한다.

4.1.7 보통중심 가새골조

보통중심 가새골조는 설계지진력이 작용할 때 골조내의 가새부재 및 접합부가 제한된 비탄성 변형능력이 요구될 것으로 기대되는 구조시스템으로서 부록 C.1.5에 기술된 요구사항들을 충족해야 한다.

【해설】

자세한 내용은 부록을 참조한다.

4.1.8 편심 가새골조

편심 가새골조는 설계지진력이 작용할 때 링크가 상당한 비탄성 변형능력을 발휘할 수 있어야 하며 C.1.6에 기술된 요구사항들을 충족해야 한다.

【해설】

자세한 내용은 부록을 참조한다.

4.1.9 좌굴방지 가새골조

> 좌굴방지 가새골조는 설계지진력이 작용할 때 상당한 비탄성 변형능력을 발휘할 수 있어야 하며 부록 C.1.7에 기술된 요구사항들을 충족해야 한다.

【해설】

자세한 내용은 부록을 참조한다.

4.1.10 특수강판 전단벽

> 특수강판 전단벽은 설계지진력이 작용할 때 웨브가 상당한 크기의 비탄성 변형을 수용할 수 있어야 하며 C.1.8에 기술된 요구사항들을 충족해야 한다.

【해설】

자세한 내용은 부록을 참조한다.

4.2 합성구조의 내진설계

4.2.1 합성부재

4.2.1.1 범위

> 4.2.3에서 4.2.12까지의 지진하중저항시스템에 사용되는 합성부재의 설계는 4.2의 요구사항과 3.4의 재료에 대한 요구사항을 만족해야 한다.

【해설】

이 내진기준은 중력하중과 풍하중에 대한 기본적인 설계조건에 추가적으로 적용되어야 하는 내진설계조건에 대해서 언급한다.

4.2.1.2 합성바닥판과 지붕슬래브

> 합성슬래브다이아프램은 이 조항의 요구사항을 만족해야 한다.

【해설】

1) 합성구조물에 있어서 바닥과 지붕슬래브는 일반적으로 지진하중을 집중시키거나 분산시키는 면내합성다이아프램의 기능을 제공하기 위해 구조골조에 연결하는 합성 또는 비합성데크플레이트슬래브로 구성된다.
2) 합성데크플레이트 슬래브는 면외전단력과 면외휨에 대하여 콘크리트와 데크플레이트가 함께 저항할 수 있도록 한 슬래브이다. 비합성데크플레이트슬래브는 데크플레이트가 시공시에는 거푸집의 역할을 하나 합성거동은 하지 않는 1방향 또는 2방향 철근콘크리트슬래브이다.
3) 지붕으로 사용되는 비합성데크플레이트슬래브의 경우 보호콘크리트는 면외강도와 강성의 계산에 고려하지 않는다. 슬래브를 면외거동에 대하여 합성으로 설계하는가의 여부에 상관없이 콘크리트가 데크플레이트의 좌굴을 방지함으로써 순수 데크플레이트에 비해 데크플레이트의 면내강도와 강성을 증가시킨다.
4) 다이아프램은 지진하중저항시스템으로 지진하중을 집중시키거나 분산시킬 수 있도록 설계되어야 한다. 구조적 강성의 변화가 하중의 재분배를 일으키는 위치에서는 다른층 바닥으로부터 전해지는 하중 또한 포함되어야 한다. 데크플레이트와 합성다이아프램의 설계를 위한 다이아프램면내 전단강도와 강성값은 실험에 근거한 제조사의 성적서를 근거로 할 수 있다.
5) 데크플레이트 상단 위의 콘크리트두께가 증가할수록, 전단강도는 같은 두께의 콘크리트슬래브의 전단강도에 근접한다. 이러한 경우, 콘크리트 데크플레이트슬래브의 다이아프램강도는 안전측으로 데크플레이트리브의 상단에 있는 콘크리트와 철근은 사용하고, 골 내의 콘크리트의 효과는 무시하는 방법에 따라 구할 수 있다.
6) 전단력은 수집재와 경계부재의 용접부 혹은 전단 장치를 통하여 전달된다. 다이아프램과 강재골조사이의 연결재는 용접 혹은 전단장치를 이용하여 힘을 전달할 수 있어야 한다. 콘크리트가 있는 경우, 특히 불연속성을 갖는 복잡한 형상의 다이아프램과 같은 경우에는 슬래브와 수집재 또는 경계부재 사이에 다이아프램의 힘을 전달하기 위한 스터드커넥터와 같은 기계적 장치를 사용하는 것이 일반적으로 바람직하다. 그러나 다이아프램의 형상이나 지진하중저항시스템에 있어서 갑작스런 불연속성을 가지지 않는 저층빌딩의 경우에는 표준데크플레이트부착방법의 사용이 가능하다.

4.2.1.2.1 하중전달

상세는 다이아프램과 경계부재, 수집재, 수평골조시스템의 부재사이의 힘을 전달하도록 설계해야 한다.

4.2.1.2.2 공칭전단강도

합성 다이아프램과 콘크리트로 채워진 데크플레이트 다이아프램의 공칭전단강도는

KDS 14 20 22의 내용에 근거하여 데크플레이트의 리브 상단 위에 있는 철근콘크리트의 공칭전단강도로 구한다. 그 대안으로 합성다이아프램의 공칭전단강도는 콘크리트로 채워진 다이아프램의 면내전단실험에 의해 결정해야 한다.

4.2.1.3 합성보

합성보는 KDS 14 31 10(4.3)의 요구사항을 만족해야 한다. 합성 특수 모멘트골조의 일부분인 합성보는 C2.2.2의 요구사항을 만족해야 한다.

【해설】

1) 이 조항은 지진하중저항시스템의 일부분인 합성보에 대해서만 적용이 가능하다.
2) 합성보의 설계가 식 (4.2-1)을 만족하는 경우, 콘크리트가 0.003의 변형률에 도달하여 압괴하기 전에 강재의 연단변형률은 인장항복변형률의 최소 5배가 된다. 이러한 연성한계는 보 및 슬래브의 치수가 극단적인 비례를 갖는 경우에 한하여 보단면의 결정에 영향을 미칠 것으로 예상된다.
3) 이 절의 요구조건에 근거하여 합성보를 설계한 경우, 전단연결재의 강도와 강성에 대한 반복하중의 효과에 대하여 고려해야 한다. 이것은 특히 부재의 높은 연성과 인성을 가정하여 설계하중이 결정되는 합성특수모멘트골조와 같은 경우에 있어 매우 중요하다. 이 조항의 특정요구사항을 뒷받침하는 실험결과가 없는 경우 합성특수모멘트골조에 대해 다음과 같은 특별한 수단이 필요하다:
   (i) 보에 대한 시어커넥터의 적절한 용접을 확보하기 위한 조사와 품질보증계획의 실행
   (ii) 소성힌지가 생길 것으로 예측되는 보의 영역에 바로 인접하여 강구조설계기준에서 요구하는 이상의 추가적인 전단연결재의 사용.

4.2.1.4 매입형 합성기둥

이 조항의 내용은 전체 합성기둥 단면적의 최소한 1%의 강재 단면적을 갖는 매입형합성기둥과 KDS 14 31 10(4.2.8.2.1)에서 명시된 추가적인 제한조건을 만족시키는 매입형 합성기둥에 적용한다. 이러한 기둥은 이 기준에서 수정되는 부분을 제외하고 KDS 14 31 10(4.2)의 요구사항을 만족해야 한다. 4.2.1.4.2와 4.2.1.4.3에서 중간 및 특수 지진시스템에 대해 명시된 추가적인 요구사항은 4.2.3에서 4.2.12에 걸쳐 설명된 합성 지진시스템에서 요구되는 대로 적용해야 한다.

철근콘크리트 내에 강재단면이 매입된 합성기둥은 다음의 수정된 사항을 제외하고 KDS 14 20 20에서 명시된 철근콘크리트기둥의 요구사항을 만족해야 한다.

(1) 4.2.1.4.1(2)의 강재단면의 전단연결재

(2) KDS 14 20 20에서 제시된 기둥의 강도에 대한 매입된 강재단면의 분담
(3) 4.2.3에 4.2.12에 걸쳐 합성지진시스템에 대한 설명에서 명시된 철근콘크리트기둥에 대한 내진요구사항

【해설】

(1) 철근콘크리트 매입형합성기둥의 설계강도를 결정하는 기본적인 요구사항과 제한사항은 이 절에 명시된 바와 같다. 이 절에 기술된 사항이외의 합성기둥의 철근의 상세에 대한 추가적인 요구사항은 KDS 14 31 10(4.2)에 따른다.
(2) 합성구조 고유의 구조적 잉여도(Viest et al., 1997)로 인해 합성기둥은 지진지역에서 사용이 가능한 이상적인 해결책이 될 수 있다. 그러나 어떠한 철근콘크리트기둥에 대해서라도 설계자는 철근 과밀에 대한 가능성과 배근의 시공성에 대해서 주의를 해야 한다.
(3) 합성기둥의 내진상세요구사항은 다음의 3가지 범주에 대해 명시되어 있다: 보통, 중간 그리고 특수. 상세요구사항은 내진시스템에 관한 이 절의 4.2.3에서 4.2.12에 명시되어 있다. 4.2.1.4.1의 보통내진시스템 요구사항은 모든 경우에 있어서 기본적인 요구사항에 해당된다. 중간내진시스템 요구사항은 내진설계범주 C에서 허용된 내진시스템에 적용하며 특수내진시스템 요구사항은 내진설계범주 D와 이상의 내진시스템에 적용한다.

4.2.1.4.1 보통 내진시스템 요구사항

매입형 합성기둥에 대한 다음의 요구사항은 보통 내진시스템을 포함하여 모든 합성시스템에 대하여 적용된다.

(1) 기둥의 설계전단강도 KDS 14 31 10(4.2.8.2.3)에 따라 결정되어야 한다. 띠철근의 공칭전단강도는 KDS 14 20 22(4.3.4(2)에서 4.3.4.(9))의 규정에 따라 산정한다. KDS 14 20 22(4.3.4(5)와 4.3.4(9))에서 치수 b_w는 콘크리트 단면폭에서 전단방향과 수직방향으로 측정한 강재 단면의 폭을 뺀 값으로 해야 한다.
(2) 강재 단면과 철근콘크리트가 작용하중을 나누어 부담하도록 설계된 합성기둥은 KDS 14 31 10(4.2.8.2.1)의 요구사항을 만족시키는 전단연결재를 설치한다.
(3) 횡방향 띠철근의 최대간격은 KDS 14 31 10(4.2.8.2.1)의 요구사항을 만족해야 한다. 기초의 상단으로부터 그리고 각층에서 가장 낮은 위치의 보나 슬래브 상단으로부터 띠철근 간격의 1/2 위치 내에 첫 번째 띠철근이 배근해야 한다. 그리고 각층에서 가장 낮은 위치의 보나 슬래브 하단으로부터 띠철근 간격의 1/2 위치 내에도 첫 번째 띠철근을 배근해야 한다. 횡방향철근의 직경은 합성부재의 장변치수의 1/50 보다 작지 않도록 해야 한다. 다만, 띠철근은 D10 이상이어야 하며 D16 보다 클 필요는 없

다. 중간 및 특수 내진시스템에 대해 금지된 경우를 제외하고 동등한 단면의 용접철망을 횡방향철근으로 사용할 수 있다.

(4) 하중저항 철근은 KDS 14 20 50 및 KDS 14 50 52에 제시된 세부사항과 이음요구사항을 만족해야 한다. 하중저항 철근은 장방형 단면의 모든 모서리에 배근해야 한다. 이외의 하중저항 철근 또는 고정용 철근의 최대간격은 합성부재 단면의 최소치수의 절반 이하로 해야 한다.

(5) 보통 내진시스템에 있어서의 매입형 합성기둥에 대한 이음과 지압상세는 이 절과 4.2와 KDS 14 20 52의 요구사항을 만족해야 한다. 설계는 KDS 14 20 80에 따른다. 설계는 부재의 강성이나 공칭인장강도에 있어서의 갑작스러운 변화에 따른 불리한 영향을 고려해야 한다. 합성단면에서 철근콘크리트 단면으로 변화하는 위치, 합성단면에서 강재 단면으로 변화하는 위치, 그리고 주각부 등이 이에 해당한다.

【해설】

이 요구사항은 모든 내진설계범주에 있어 매입형합성기둥에 대해 공통으로 해당되는 강구조설계기준의 규정에 추가되어 적용될 사항이다.

(1) 매입콘크리트에 전단력의 일부를 할당하는 것을 포함하여 매입형합성부재의 공칭전단강도를 산정하기 위한 구체적인 지침을 규정한다. 매입콘크리트의 유효전단폭을 결정하는 것에 대한 예가 해설 그림 4.2-1에서 나타나 있다. 이 내진규정은 콘크리트만의 전단강도 V_c는 사용하지 않는다(Furlong 1997).

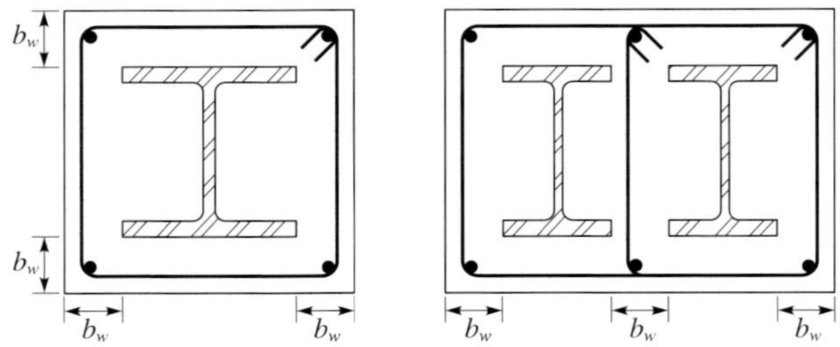

해설 그림 4.2-1 매입형합성기둥의 전단강도 계산에 사용되는 유효폭

(2) 이 조항의 규정은 부착력이나 마찰력의 영향을 무시하며 형강과 콘크리트사이에서 계산된 모든 축력을 전단연결재가 전달하도록 하고 있다. 단면이 소성휨강도를 발휘하는데 필요한 길이방향의 전단응력은 형강과 콘크리트사이의 마찰력이 전달할 수 있다고 가정한다. 그럼에도 불구하고 시어커넥터의 최대간격규정(400mm)에 따라 구한 최소개수의 전단연결재를 설치한다. 매입된 부재에 대한 전단연결재의 설계에 관한 더 많은 내용은 관련문헌을 참고할 수 있다(Furlong 1997; Griffis 1992a, 1992b).

(3) 이 절의 횡방향 철근의 요구조건은 “콘크리트구조기준” 17.4의 합성기둥에 대한 내용과 동일하다.
(4) 조립의 목적과 콘크리트에 대한 구속효과를 높이기 위해 사용되는 길이방향 고정용철근과 하중지지철근을 구분해야 한다. 매입된 부재와 연결되는 강재보의 간섭으로 인해 고정용철근은 종종 바닥의 위치에서 불연속되므로 기둥의 강도를 계산하는데 포함하지 않는다.
(5) 강재코아에 대한 요구사항은 KDS 14 31 10(4.2)와 “콘크리트구조기준” 17.4에 명시된 합성기둥에 대한 내용과 동일하다. 매입형합성기둥이 철근콘크리트기둥 또는 콘크리트기초와 연결되는 위치에서는 강도와 강성의 급격한 변화로 인한 효과를 고려할 필요가 있다.

4.2.1.4.2 중간 내진시스템 요구사항

중간 내진시스템에서의 매입형 합성기둥은 4.2.1.4.1의 요구사항 외에 다음의 요구사항을 만족해야 한다.

(1) 상부와 하부에서의 횡방향철근의 최대간격은 다음 중 최솟값으로 한다.
  ① 단면의 최소치수의 1/2
  ② 길이방향철근직경의 8배
  ③ 띠철근직경의 24배
  ④ 300mm
  위 횡방향철근의 최대간격은 휨항복이 발생할 것으로 기대되는 위치에서 접합면(기둥의 양 측면 중 낮은 위치)으로부터 다음의 길이 중 가장 큰 값에 해당하는 수직거리에 걸쳐 유지해야 한다.
  ① 기둥의 수직순높이의 1/6
  ② 단면치수의 최댓값
  ③ 450mm
(2) 기둥 나머지 구간에 대한 띠철근간격은 위에서 명시된 간격의 2배를 초과해서는 안 된다.
(3) 용접철망은 중간내진시스템에서 횡방향철근으로 인정하지 않는다.

【해설】

이 요구조건은 내진설계범주 C에서 허용되는 시스템의 모든 합성기둥에서 적용하며 합성기둥의 상세가 철근콘크리트 중간모멘트골조기둥에 대한 최소수준의 상세에 부합하도록 하기 위한 것이다 (FEMA 2000e; ICC 2003).

4.2.1.4.3 특수 내진시스템 요구사항

특수 내진시스템에서의 매입형합성기둥은 4.2.1.4.1과 4.2.1.4.2의 요구사항 뿐만 아니라 다음의 요구사항을 추가로 만족해야 한다.

(1) 매입형 합성기둥에 대한 소요축방향강도와 이음부상세는 4.1.1.3과 4.1.1.4의 요구사항을 만족해야 한다.

(2) 길이방향의 하중저항 철근은 KDS 14 20 80의 요구사항을 만족해야 한다.

(3) 횡방향철근은 KDS 14 20 80 명시된 바와 같이 후프이여야 하며 다음의 요구사항을 만족해야 한다.

① 띠철근의 최소면적 A_{sh}는 다음 식을 만족해야 한다.

$$A_{sh} = 0.09 h_{cc} s \left(1 - \frac{F_y A_s}{P_n}\right)\left(\frac{f_{ck}}{F_{yh}}\right) \qquad (4.2\text{-}1)$$

여기서, h_{cc} : 띠철근의 중심간 거리로 측정된 구속코아의 단면치수 (mm)

s : 구조부재의 길이방향으로 측정된 횡방향철근의 간격 (mm)

F_y : 강재코아의 항복강도 (MPa)

A_s : 강재코아의 단면적 (mm^2)

P_n : KDS 14 31 10(4.2)에 따라 계산된 합성기둥의 공칭압축강도 (N)

f_{ck} : 콘크리트의 설계기준압축강도 (MPa)

F_{yh} : 띠철근의 항복강도 (MPa)

매입형 합성기둥의 강재단면만의 공칭강도가 하중조합 $1.0D+0.5L$ 하중효과보다 큰 경우 식 (4.2-1)은 만족하지 않아도 된다.

② 기둥의 길이를 따라 설치된 횡방향철근의 최대간격은 길이방향 하중저항철근직경의 6배 또는 150mm 중 작은 값으로 해야 한다.

③ 4.2.1.4.3(4), 4.2.1.4.3(5) 또는 4.2.1.4.3(6)에서 명시된 횡방향철근의 최대 간격은 부재단면 최소치수의 1/4 또는 100mm 중 작은 값으로 해야 한다. 이러한 횡방형철근에 대해 연결철근, 겹친후프의 다리, 그리고 다른 구속철근의 간격은 횡방향으로 350mm 보다 크게 할 수 없다.

(4) P_n의 0.2배보다 큰 압축력을 받는 가새골조의 매입형 합성기둥은 전체 부재길이에 걸쳐 4.2.1.4.3(3)③에 명시된 바와 같은 횡방향철근을 배근해야 한다. 매입형 합성기둥의 강재 단면만의 공칭강도가 하중조합 $1.0D + 0.5L$ 의 하중효과보다 큰 경우

이러한 요구사항을 만족하지 않아도 된다.

(5) 벽체나 가새골조 같은 불연속적인 강성부재로부터의 반력을 지지하는 합성기둥은 축방향압축력이 P_n의 0.1배를 초과하면 불연속이 발생하는 위치 하부의 전체길이에 걸쳐서 4.2.1.4.3(3)③에 명시된 바와 같은 횡방향철근을 배근해야 한다. 횡방향철근은 매입형강과 길이방향철근이 항복강도를 충분히 발휘할 수 있도록 불연속부재 안으로 충분한 길이만큼 연장해야 한다. 매입형합성기둥의 강재단면만의 공칭강도가 하중조합 $1.0D + 0.5L$의 하중효과보다 큰 경우 이러한 요구사항을 만족하지 않아도 된다.

(6) 합성특수모멘트골조에 사용된 매입형합성기둥은 다음의 요구사항을 만족해야 한다.

① 횡방향철근은 기둥의 상부와 하부에서 4.2.1.4.2에 명시된 구간에 걸쳐 4.2.1.4.2(3)③의 요구사항을 만족해야 한다.

② C.2.2.4의 강기둥-약보에 대한 설계요구사항을 만족해야 한다. 주각부의 상세는 비탄성 휨힌지를 유지할 수 있도록 설계해야 한다.

③ 기둥의 전단강도는 KDS 14 20 80의 요구사항을 만족해야 한다.

(7) 기둥이 독립기초 또는 온통기초위에 설치될 때, 이 조항에서 명시된 바와 같은 횡방향 철근은 독립기초 또는 온통기초 안쪽으로 최소한 300mm를 연장하여 배근해야 한다. 기둥이 벽체 위에 설치될 때 횡방향철근은 매입형강과 길이방향철근이 항복강도를 발휘할 수 있도록 벽체 안으로 충분한 길이만큼 연장해야 한다.

(8) 용접철망은 특별 지진시스템에 있어서 횡방향철근으로 허용하지 않는다.

【해설】

특수내진시스템에서 사용되는 매입형합성기둥에 대한 추가적인 요구사항은 내진설계범주 D 이상에서 허용되는 시스템의 철근콘크리트와 철골기둥에 대한 요구사항을 근거로 한 것이다.

합성부재의 강재코아만으로 기둥에 주어지는 중력하중에 저항할 수 있는 경우에는 식 (4.2-1)의 횡방향철근 최소면적의 요구사항 및 관련상세규정은 적용하지 않는다. 왜냐하면, 만약에 강재코아가 극한지진에서도 붕괴를 막을 수 있다면 콘크리트의 추가적인 구속이 필요하지 않기 때문이다. $1.0D+0.5L$의 하중조합은 화재발생 시 구조물의 안전에 대한 하중조합에 근거한 것이다(Ellingwood and Corotis 1991).

합성특수모멘트골조의 합성기둥에 대한 요구사항은 특수모멘트골조의 철근콘크리트기둥 또는 철골기둥에 대한 유사한 요구사항에 근거한다. 추가적인 설명은 4.1을 참고한다.

강기둥/약보의 개념은 특수모멘트골조의 철근콘크리트기둥 그리고 철골기둥에서 사용되는 것을 따른다. 고정지지된 기둥주각부와 같이 소성힌지의 발생가능성이 있거나 확실한 곳에 대해서는 적절한 소성회전연성을 발휘할 수 있는 상세를 필요로 한다.

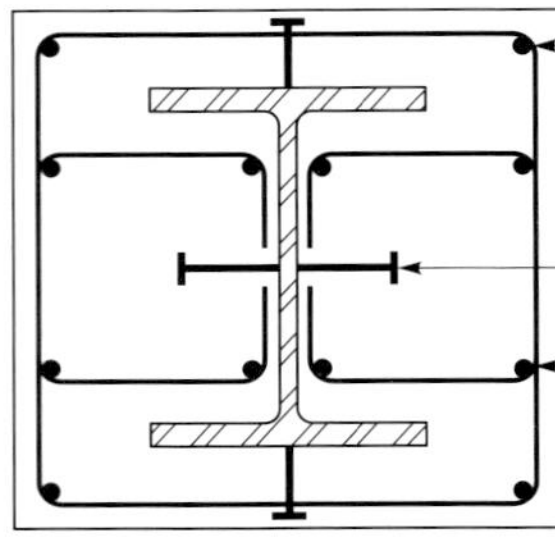

해설 그림 4.2-2 매입형합성기둥의 폐쇄형후프의 예

큰 비탄성변형 하에서도 콘크리트의 구속과 공칭전단강도를 유지하기 위해 폐쇄형후프가 필요하다. 후프상세에 대한 요구사항은 특수모멘트골조의 철근콘크리트기둥에 대한 상세와 동일하다. 횡방향철근에 대한 규정은 안전측인 것으로 간주된다. 왜냐하면, 합성기둥은 일반적으로 유사한 구속조건을 갖는 철근콘크리트기둥과 비교하여 더 좋은 성능을 발휘하기 때문이다. 합성특수모멘트골조에 대한 폐쇄형후프와 연결철근의 요구사항은 강재코아 주변 철근의 조립을 용이하게 하기 위해서 해설 그림 4.2-2와 같은 특별한 상세를 필요로 할 수 있다. 띠철근은 효과적인 구속을 위해 기둥의 구속된 코아 안으로 정착되어야 한다.

4.2.1.5 충전형 합성기둥

이 조항은 KDS 14 31 10(4.2.8.2.2)의 제한사항을 만족하는 기둥에 적용한다. 이러한 기둥은 이 조항에서 수정되는 사항을 제외하고 KDS 14 31 10(4.2)의 요구사항을 만족하도록 설계해야 한다.

(1) 합성기둥의 공칭전단강도는 유효전단면적에 근거하여 계산된 강재 단면만의 공칭전단강도로 산정한다. 콘크리트와 강재 사이에 적절한 하중전달 메커니즘을 고려하여 설계한 경우 콘크리트의 전단내력을 강재 단면의 전단강도에 합산하여 계산할 수 있다.

(2) 4.2.4, 4.2.7, 그리고 4.2.9에서 설명된 특별 내진시스템에 있어서 충전형 합성기둥에 대한 설계하중과 기둥이음은 상기(1)의 요구사항에 추가하여 4.1.1의 요구사항을 만족해야 한다.

(3) 합성특수 모멘트골조에 사용된 충전형 합성기둥은 상기(1)과(2)의 요구사항과 함께 다음의 추가적인 요구사항을 만족해야 한다.

① 기둥의 최소전단강도는 KDS 14 20 80의 요구사항을 만족해야 한다.

② 부록 C.2.2.4의 강기둥약보의 설계요구사항을 만족해야 한다. 주각부는 비탄성 휨힌지를 유지할 수 있도록 설계해야 한다.

(4) 중간내진시스템 및 특수내진시스템에 사용되는 충전형 합성부재의 압축강재요소의 판폭두께비는 표 4.2-1의 한계값을 초과해서는 안 된다.

표 4.2-1 충전형합성부재 압축강재요소의 판폭두께비 제한

구분	판폭 두께비	판폭두께비 제한값		사례
		λ_{hd} 1) (고연성)	λ_{md} 2) (중간연성)	
각형강관	b/t	$1.4\sqrt{\dfrac{E}{F_y}}$	$2.26\sqrt{\dfrac{E}{F_y}}$	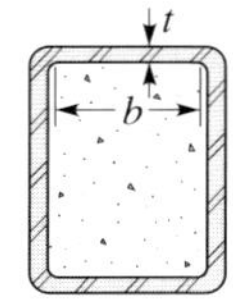
원형강관	D/t	$\dfrac{0.076E}{F_y}$	$\dfrac{0.15E}{F_y}$	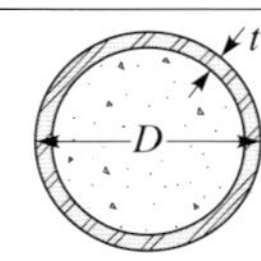

주1) 4.3.4 합성특수모멘트골조의 보와 기둥, 4.3.7 합성특수중심가새골조의 기둥과 가새, 4.3.9 합성편심가새골조의 기둥에 요구됨.
주2) 4.3.5 합성중간모멘트골조의 보와 기둥, 4.3.7 합성특수중심가새골조의 보, 4.3.8 합성보통가새골조의 가새 4.3.9 합성편심가새골조의 가새에 요구됨.

【해설】

충전형합성기둥의 설계강도의 결정과 상세에 대한 기본적인 요구사항과 제한사항은 KDS 14 31 10(4.2)의 내용과 같다.

(1) 충전된 부재의 전단강도는 안전측으로 강관단면의 공칭전단항복강도로 제한된다. 왜냐하면, 충전 콘크리트의 실제전단강도에 대한 기여도는 아직 실험을 통해 입증되지 못했기 때문이다. 대안으로는 강관의 전단항복강도는 무시하고 강관을 전단보강근으로 간주하여 철근콘크리트기둥과 유사한 방법으로 충전강관의 전단강도를 산정할 수 있다. 그러나 이 방법은 콘크리트압괴에 대한 함수로써 전단강도의 상한선이 결정되기 때문에 콘크리트면적에 비해 낮은 강재면적비를 갖는 기둥에 한하여 유리한 결과를 준다(Furlong 1997).

(4) 최근의 연구결과를 토대로, 중간내진시스템 및 특수내진시스템에 사용되는 충전형 합성부재의 압축강재요소의 판폭두께비 제한을 변경하였다.

4.2.2 합성접합부

4.2.2.1 범위

이 조항은 지진하중이 강재와 철근콘크리트 부재 사이에서 전달되는 합성시스템 또는

강재와 콘크리트의 복합시스템을 갖는 건축물의 접합부에 대하여 적용한다. 합성 접합부는 4.1과 KDS 14 20 80의 요구사항을 만족하는 철근콘크리트 접합부 또는 강재 접합부에 상응하는 강도, 연성, 그리고 인성을 발휘할 수 있어야 한다. 접합부 강도의 계산법은 이 기준의 요구사항을 만족해야 한다.

【해설】

1) 합성접합부를 사용하면 일반적인 철골구조나 철근콘크리트구조에서 발생하는 문제점들을 해결할 수 있는 경우가 있다. 예를 들면, 철골구조와 비교하여 합성접합부의 사용은 현장용접을 피하거나 최소화할 수 있고, 철근콘크리트구조와 비교하여 보의 주철근의 고정 및 정착이 문제가 되는 경우가 훨씬 적게 된다.
2) 합성구조와 합성접합부의 다양한 가능성과 변수때문에 합성구조접합부에 관한 표준상세는 거의 없는 편이다(Griffis 1992b; Goel 1992). 현재까지 지어진 대부분의 합성구조물에서, 설계자들은 기본역학과 평형조건식, 관련기준, 실험자료 그리고 적절한 판단에 기초하여 접합부를 설계해왔다. 이 절의 규정은 기본적인 거동에 관한 가정을 통해 내진접합부에 작용하는 내력의 평형조건을 만족시키는 설계모델을 제안함으로써 설계를 개선하고 표준화하는데 도움을 주기 위한 것이다.

4.2.2.2 일반 요구사항

접합부는 설계층간변위에서의 소요강도에 저항할 수 있도록 적절한 변형능력을 발휘할 수 있어야 한다. 이외에도 접합부는 지진력을 받는 구조물의 횡방향 안정성을 확보할 수 있도록 그 접합부가 사용되는 특정 시스템에 근거하여 4.2.3에서 4.2.12까지의 요구사항을 만족해야 한다. 접합된 부재의 설계강도가 공칭치수와 공칭재료강도에 근거할 때 접합부의 설계강도의 계산은 접합된 부재의 실제강도의 증가에 따른 효과를 고려해야 한다.

【해설】

1) 변형능력에 관한 요구조건은 중력하중만 작용하도록 설계된 접합부와 지진하중저항시스템의 접합부 모두에 적용된다. 중력하중만 작용하는 접합부에 대해서도 연성요구조건이 필요한 이유는 지진내습 시 중력하중 접합부의 파괴를 막기 위해서이다. 해설 그림 4.2-3은 철근콘크리트벽과 강재보 사이의 접합부로서, 중력하중은 저항하나 지진하중저항시스템의 일부로서는 고려되지 않는 접합부이다. 그러나 이러한 접합부는 비탄성지진변형으로 인한 회전 하에서도 접합부의 수직전단강도를 유지하도록 설계되어야 한다.
2) 접합부의 소요강도를 연결되는 부재의 공칭강도에 근거하여 계산하는 경우, 설계에서 일반적으로 계산되는 공칭강도보다 더 큰 강도를 유발할 수 있는 부재들의 모든 요소들을 고려하여야 한다. 접합부의 소요강도는 최솟값으로 접합되는 강재의 예상항복강도를 사용하여 구해야 한다. 접합부

가 철근콘크리트부재 내의 철근항복에 해당하는 힘을 저항하는 경우 "콘크리트구조기준"부록 II.6.1에서는 예상항복강도로 철근의 설계기준항복강도의 1.25배($1.25F_y$)를 적용하고 있다.

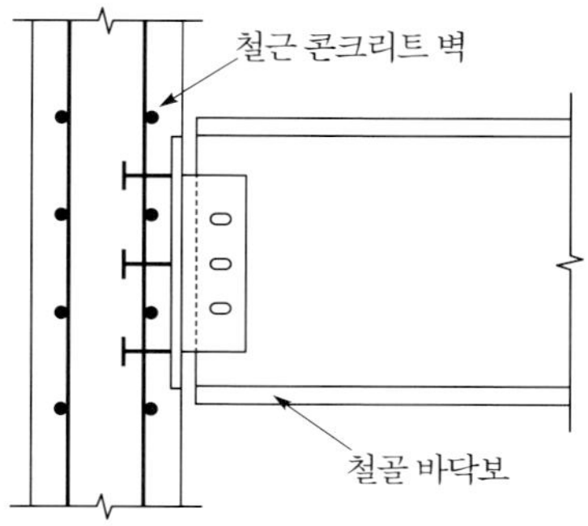

해설 그림 4.2-3 강재보-RC벽의 중력하중 전단접합부

4.2.2.3 접합부의 공칭강도

합성 구조시스템에서의 접합부의 공칭강도는 한계상태를 고려하여 구성재료 및 요소의 내부힘의 평형과 강도의 제한값을 만족하는 합리적 모델에 근거하여 결정해야 한다. 접합부강도가 해석과 실험에 의해 결정되지 않는다면, 접합부해석에 사용되는 모델은 다음 (1)에서 (5)까지의 요구사항을 만족해야 한다.

(1) 구조용 강재와 철근콘크리트 사이에 힘은 다음과 같은 방법을 통해 전달되어야 한다.

① 스터드 전단연결재나 적절한 장치에 의한 직접적인 지압

② 기계적인 방법

③ 전단력 전달면에 직교하는 방향으로 조이는 힘에 의한 전단마찰

④ 이러한 여러 방법들의 조합

가. 구조용 강재와 철근콘크리트 사이의 부착강도는 접합부의 하중전달 메커니즘에서 고려하지 않는다. 서로 다른 메커니즘들의 기여도는 이러한 메커니즘들의 강성과 변형능력이 서로 적합조건을 만족할 때에 한하여 합산이 가능하다.

나. 공칭지압과 전단마찰강도는 KDS 14 20 20과 KDS 14 20 22의 요구사항을 만족해야 한다. 더 높은 강도가 반복하중 실험에 의해 입증되지 않는다면 4.2.4, 4.2.7, 4.2.9, 4.2.11 그리고 4.2.12에서 설명된 합성 내진시스템에 대하여 공칭지압과 전단마찰강도를 25% 감소해야 한다.

(2) 합성 접합부에서 구조용 강재요소의 설계강도는 KDS 14 31 05부터 KDS 14 31 50까지

의 규정 및 4.1에 의해 구해야 한다. 구속된 철근콘크리트에 매입된 강재 부재는 면외 좌굴에 대하여 지지된 것으로 볼 수 있다. 강재보가 철근콘크리트 기둥이나 벽에 묻히는 경우 강재보의 플랜지 사이에 설치된 보강재에 해당하는 표면지압판이 필요하다.

(3) 철근콘크리트에 매입된 보-기둥 접합부의 패널존의 공칭전단강도는 부록 C.1.1.2.1과 KDS 14 20 80에서 각각 결정되는 강재의 공칭강도와 구속된 철근콘크리트 전단요소의 공칭강도의 합으로 계산해야 한다.

(4) 철근은 접합부의 철근콘크리트 요소에 작용하는 모든 인장력에 저항할 수 있도록 배근되어야 한다. 이외에도 콘크리트는 횡방향철근에 의해 구속되어야 한다. 모든 철근은 인장 또는 압축을 저항하는데 필요한 위치 너머까지 충분히 정착해야 한다. 정착길이는 KDS 14 20 52에 따라 결정된다. 그리고 4.2.4, 4.2.7, 4.2.9, 4.2.12에서 설명한 시스템에 대한 정착길이는 KDS 14 20 80(4.4)의 요구사항을 만족해야 한다.

(5) 접합부는 다음의 추가적인 요구사항을 만족해야 한다.

① 슬래브가 수평방향의 다이아프램 힘을 전달할 때, 수집부재보, 기둥, 가새, 그리고 벽체와의 연결부를 포함하여 슬래브의 모든 위험단면에 작용하는 면내인장력을 지지할 수 있도록 슬래브 철근을 설계하고 정착해야 한다.

② 철골보 또는 합성보를 철근콘크리트 기둥 또는 매입형 합성기둥과 접합하는 경우에는 횡방향 후프를 KDS 14 20 80(4.4)의 요구사항을 만족하도록 기둥의 접합부 영역 내에 설치해야 한다. 다만, 다음의 수정사항에 해당할 경우는 예외로 한다.

가. 접합부에 연결된 강재 단면은 보플랜지 사이에 용접된 표면지압판과 동일한 폭만큼 구속할 수 있는 것으로 간주한다.

나. 4.2.5, 4.2.6, 4.2.8 그리고 4.2.10에서 설명된 시스템에서 표면지압판 또는 다른 장치에 의해 콘크리트 피복의 박락을 방지함으로써 이음에 대한 구속이 이루어지는 경우 바깥쪽 띠철근에 겹침이음을 사용하는 것을 허용한다.

③ 철근콘크리트 기둥과 합성기둥에서, 보-기둥 접합부의 높이에 걸친 기둥모멘트의 변화에 따른 큰 힘의 전달로 인한 접합부를 통한 길이방향 철근의 미끄러짐을 최소화할 수 있도록 길이방향 철근의 치수와 배치를 설계해야 한다.

【해설】

(1) 일반적으로, 철골부재와 콘크리트 사이의 힘은 접착, 부착, 마찰과 직접적인 지압의 조합으로 전달된다. 접착과 부착에 의한 힘의 전달은 공칭강도의 계산에서는 고려되지 않는다. 그 이유는 이러한 메커니즘은 비탄성반복하중하에서 하중의 전달에 효과적이지 못하고 하중전달의 효과가 강재의 표면상태 및 콘크리트의 수축과 경화에 따라 큰 폭으로 변할 수 있기 때문이다.

(2) 마찰에 의한 힘의 전달은 "콘크리트구조기준"의 전단마찰에 대한 규정을 이용하여 구한다. 전단마찰은 띠철근이나 스터드로 인한 구속력이나 작용하중에 의한 압축응력으로 인해 발생한다. "콘크리트구조기준"의 전단마찰에 대한 규정은 단조가력실험에 크게 근거하고 있기 때문에 비탄성응력반전이 예상될 때에는 그 값을 25% 줄여서 사용한다. 이 감소율은 "콘크리트구조기준"에는 언급이 없는 보수적인 요구사항으로 생각될 수 있지만 특정 형태의 합성구조에 대한 경험이 부족한 상태이므로 여기서는 적용하도록 한다.

(3) 많은 합성접합부에서 철골부재는 매입콘크리트에 의해 국부좌굴이 억제되거나 완전히 방지된다. 비탄성반복하중이 발생할 수 있는 내진설계의 경우 매입콘크리트는 적절히 구속되어 있을 때에만 유효하게 작용한다. 하나의 구속방법은 "콘크리트구조기준"의 후프에 대한 요구조건을 사용하여 부재의 구속된 중심부속으로 충분히 정착된 철근으로 보강하는 것이다. 콘크리트피복이 매우 두꺼운 경우에는 특별한 보강근 없이도 적절한 구속효과가 있을 수 있다. 후자의 구속방법의 효과는 실험으로 입증되어야 한다.

(4) 해설 그림 4.2-4와 같이 강재(혹은 합성)보와 철근콘크리트(혹은 합성)기둥 사이의 완전매입형접합부에서는 철근콘크리트와 강재전단패널의 내력의 합으로 패널존의 공칭전단강도를 계산할 수 있다(해설 그림 4.2-5 참조). 이러한 패널존 공칭전단강도계산을 위한 강도의 합산은 실험자료를 근거로 한 합성접합부의 상세설계지침(Deierlein et al., 1989; ASCE 1994)에서 사용되고 있다. 이러한 접합부의 적용과 설계에 대한 보다 자세한 정보는 4.2.4 해설에 나와 있다.

(5) 접합부내부와 주변의 철근은 계산된 내부인장력에 대해 저항하고 콘크리트를 구속하는 두 가지 기능을 한다. 내부인장력은 평형조건를 만족하는 공학적 모델(예를 들면, 보-기둥이론, 트러스모델, 스트럿과 타이모델)을 이용하여 계산할 수 있다. 구속을 위한 횡방향철근의 요구조건은 보통 실험데이터와 기존구조물의 성능 등에 의거한 경험적 모델에 근거하고 있다(ACI 2002; Kitayama et al., 1987).

① 합성부분강접모멘트골조와 같은 접합부에서는 콘크리트슬래브와 강재기둥 사이의 힘의 전달에 대한 세심한 상세가 필요하다. 합성부분강접모멘트골조의 접합부(해설 그림 4.2-6 참조)에서는, 기둥플랜지에 대한 콘크리트의 지압강도를 확인해야 한다. 리브 상부의 슬래브만을 계산에 고려하며, 공칭지압강도는 $1.2f_{ck}$로 제한한다(Ammerman & Leon 1990). 또한 힘의 전달에 있어 슬래브의 길이방향철근과 기둥플랜지 사이에 큰 압축스트럿이 형성되므로, 인장타이를 형성하기 위해 슬래브 내에 충분한 횡방향철근이 있어야 한다. 평형조건으로부터, 이러한 횡방향철근의 총량은 길이방향철근의 총량과 같아야 하고, 슬래브유효폭의 외부 양 방향으로 최소 300mm 이상 연장되어야 한다.

② 접합부의 제한된 크기와 철근의 과밀로 인하여 접합부 내의 횡방향기둥철근에 대해 "콘크리트구조기준"의 철근정착길이를 확보하는 것이 어려울 때가 종종 있다. 그러므로 "콘크리트구조기준"부록II.6.2의 요구사항과 Kitayama 등(1987), Sheikh & Uzumeri(1980), Park 등(1982), Saatcioglu(1991) 등의 문헌에서 철근콘크리트접합부에 대해 명시된 횡방향철근에 대한 특별요구사항과 권장사항을 고려하는 것이 중요하다.

③ 철근콘크리트접합부에서와 같이, 보-기둥접합부를 통과하는 기둥철근은 큰 부착응력을 통하여 하중을 전달하게 되며 따라서 극한하중 하에서 철근의 미끄러짐이 발생할 수 있다. 철근콘크리트접합부에 관한 현재의 설계관행은 길이방향철근의 최대치수를 제한하여 이러한 미끄러짐을 방지한다(ACI 2002).

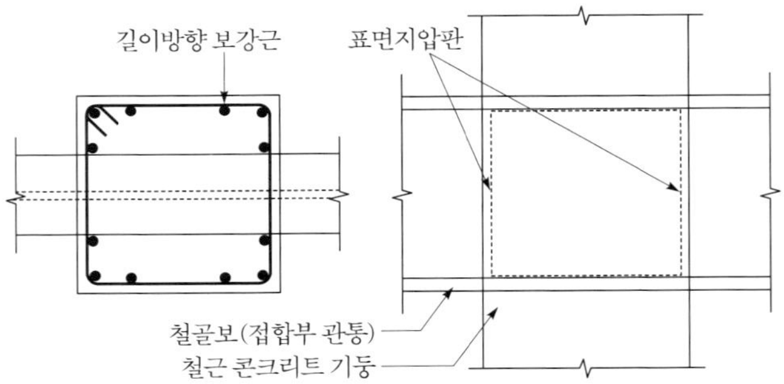

해설 그림 4.2-4 강재보-RC기둥의 모멘트 접합부

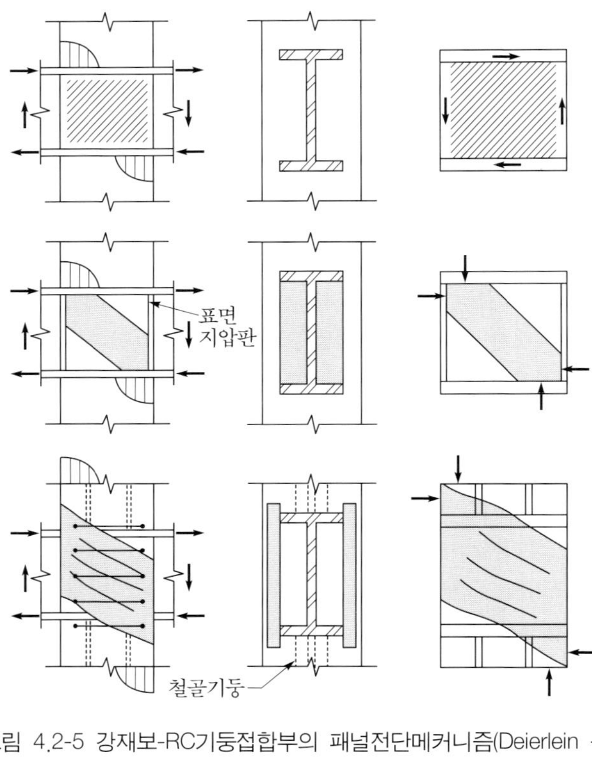

해설 그림 4.2-5 강재보-RC기둥접합부의 패널전단메커니즘(Deierlein 등 1989)

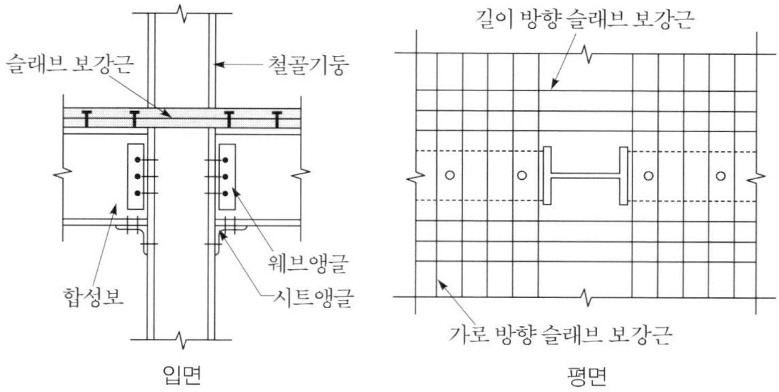

해설 그림 4.2-6 합성부분강접접합부

4.2.3 합성 부분강접 모멘트골조

합성보와 강재 기둥으로 구성된 합성 부분강접 모멘트골조는 설계지진력이 작용할 때 합성 부분강접 보-기둥 모멘트 접합부의 연성요소에서 항복이 발생하도록 해야 하며 부록 C.2.1에 기술된 조항을 적용한다.

【해설】

자세한 내용은 부록을 참조한다.

4.2.4 합성 특수 모멘트골조

합성기둥 또는 철근콘크리트 기둥과 강재보 또는 합성보로 구성된 특수 모멘트골조는 설계지진력이 작용할 때 비탄성 변형이 주로 보에서 발생하며 기둥 또는 접합부에는 부분적인 비탄성 변형이 발생한다는 가정 하에서 C.2.2에 기술된 조항을 적용한다.

【해설】

자세한 내용은 부록을 참조한다.

4.2.5 합성 중간 모멘트골조

합성기둥 또는 철근콘크리트 기둥과 강재보 또는 합성보로 구성된 중간 모멘트골조는 설계지진력이 작용할 때 비탄성 변형이 주로 보에서 발생하며 기둥 또는 접합부에는 부분적인 비탄성 변형이 발생한다는 가정 하에서 C.2.3에 기술된 조항을 적용한다.

【해설】

자세한 내용은 부록을 참조한다.

4.2.6 합성 보통 모멘트골조

합성기둥 또는 철근콘크리트 기둥과 강재보 또는 합성보로 구성된 보통 모멘트골조는 설계지진력이 작용할 때 보와 기둥 그리고 접합부에 제한된 비탄성 변형이 발생한다는 가정 하에서 C.2.4에 기술된 조항을 적용한다.

【해설】

자세한 내용은 부록을 참조한다.

4.2.7 합성 특수중심 가새골조

철근콘크리트 기둥이나 합성기둥, 강재보나 합성보, 그리고 강재 가새나 합성가새로 이루어진 특수중심 가새골조는 설계지진력이 작용할 때 주로 가새의 좌굴이나 인장항복을 통해 비탄성 거동이 발생한다는 가정 하에서 C.2.5에 기술된 조항을 적용한다.

【해설】

자세한 내용은 부록을 참조한다.

4.2.8 합성 보통 가새골조

철근콘크리트 기둥이나 합성기둥, 강재보나 합성보, 그리고 강재 가새나 합성가새로 이루어진 보통 중심 가새골조는 설계지진력이 작용할 때 보, 기둥, 가새 및 접합부에 제한된 비탄성 거동이 발생한다는 가정 하에서 C.2.6에 기술된 조항을 적용한다.

【해설】

자세한 내용은 부록을 참조한다.

4.2.9 합성 편심 가새골조

가새의 한쪽 끝이 보와 기둥의 중심선의 교차점으로부터 편심을 갖도록 보와 만나거나, 혹은 보와 인접 가새의 중심선의 교차점으로부터 편심을 갖도록 보와 만나는 가새골조는 설계지진력이 작용할 때 오직 링크의 전단 항복에 의해 비탄성 변형이 발생해야 하며 C.2.7에 기술된 조항을 적용한다.

【해설】

자세한 내용은 부록을 참조한다.

4.2.10 합성 보통 전단벽

(1) 철근콘크리트 전단벽이 강재요소와 합성적으로 거동하는 경우에 C.2.8의 요구사항들을 적용한다. 인접한 두 철근콘크리트 벽체를 연결시키는 강재 연결보, 그리고 노출형 또는 매입형 강재 단면을 경계부재로 갖는 강구조 골조 내의 철근콘크리트 벽체 등은 이에 해당한다.

(2) 철근콘크리트 벽체는 KDS 14 20 72의 요구사항들을 만족해야 한다.

【해설】

자세한 내용은 부록을 참조한다.

4.2.11 합성 특수 전단벽

합성 특수 전단벽은 C.2.8에 대한 요구사항과 KDS 14 20 80의 전단벽에 대한 요구사항 그리고 C.2.9의 내용을 만족해야 한다.

【해설】

자세한 내용은 부록을 참조한다.

4.2.12 합성 강판 전단벽

한쪽 또는 양쪽에 철근콘크리트가 부착된 강판과 강재 또는 합성 경계부재로 구성된 구조용 벽은 C.2.10에 기술된 조항을 적용한다.

【해설】

자세한 내용은 부록을 참조한다.

부 록

부 록

A. 조밀 또는 비조밀 웨브를 갖는 부모멘트부 합성 및 비합성 직선 I-거더의 휨저항강도

A.1 일반사항

이 규정들은 다음 요건을 모두 만족하는 직선교 및 사각이 20° 미만이고 중간 다이아프램 또는 크로스프레임이 지점과 평행한 선을 따라 설치된 직선교 단면에만 적용해야 한다.

- 플랜지와 웨브의 최소항복강도는 460MPa를 초과해서는 안 된다.
- 웨브는 다음의 비조밀 세장비 한계를 만족해야 한다.

$$\frac{2D_c}{t_w} < 5.7\sqrt{\frac{E}{F_{yc}}} \tag{A.1-1}$$

- 플랜지는 다음의 단면2차모멘트비를 만족해야 한다.

$$\frac{I_{yc}}{I_{yt}} \geq 0.3 \tag{A.1-2}$$

여기서, D_c : 탄성범위 내에서 웨브의 압축 측 높이(mm)

합성단면의 경우 D_c는 B.3.1의 규정으로 구한다.

I_{yc} : 웨브 단면의 중심축(수직축)에 관한 압축플랜지의 단면 2차모멘트 (mm^4)

I_{yt} : 웨브 단면의 중심축(수직축)에 관한 인장플랜지의 단면 2차모멘트 (mm^4)

위에 기술된 단면이 아닌 경우에는 4.3.3.1.8의 규정에 따라 설계해야 한다.

여기에 기술된 규정에 따라 설계된 단면은 A.2 규정에 정의된 조밀 웨브 또는 비조밀 웨브를 가져야 한다.

A.1.1 불연속적으로 횡지지된 압축플랜지

강도한계상태에서 다음의 조건을 만족해야 한다.

$$M_u + \frac{1}{3} f_l S_{xc} \leq \phi_f M_{nc} \tag{A.1.1-1}$$

여기서, ϕ_f : 휨에 관한 강도저항계수

f_l : 4.3.3.1.1.6의 규정에 따라 결정된 플랜지의 횡방향 휨응력(MPa)

M_{nc}: A.3의 규정에 따라 구한 압축플랜지 항복기준 공칭휨저항강도 (N·mm)

M_u : 4.3.3.1.1.6의 규정에 따라 구한 강축에 대한 단면의 휨모멘트 (N·mm)

M_{yc}: B.2의 규정으로 구한 압축플랜지 항복기준 항복모멘트(N·mm)

S_{xc} : M_{yc}/F_{yc}로 구하는 압축플랜지의 강축에 대한 탄성단면계수(mm^3)

A.1.2 불연속적으로 횡지지된 인장플랜지

강도한계상태에서 다음 조건을 만족해야 한다.

$$M_u + \frac{1}{3} f_l S_{xt} \leq \phi_f M_{nt} \tag{A.1.2-1}$$

여기서, M_{nt} : A.4의 규정으로 구한 인장플랜지 항복기준 공칭휨저항강도 (N·mm)

M_{yt} : B.2의 규정으로 구한 인장플랜지 항복기준 항복모멘트(N·mm)

S_{xt} : M_{yt}/F_{yt}로 구하는 인장플랜지의 강축에 대한 탄성단면계수 (mm^3)

A.1.3 연속적으로 횡지지된 압축플랜지

강도한계상태에서 다음을 만족해야 한다.

$$M_u \leq \phi_f R_{pc} M_{yc} \tag{A.1.3-1}$$

여기서, M_{yc} : B.2의 규정으로 구한 압축플랜지 항복기준 항복모멘트(N·mm)

R_{pc} : A.2.1 또는 A.2.2에 규정된 압축플랜지의 웨브 소성화계수

A.1.4 연속적으로 횡지지된 인장플랜지

강도한계상태에서 다음 조건을 만족해야 한다.

$$M_u \leq \phi_f R_{pt} M_{yt} \quad \text{(A.1.4-1)}$$

여기서, M_{yt} : B.2의 규정으로 구한 인장플랜지 항복기준 항복모멘트 (N·mm)

R_{pt} : A.2.1 또는 A.2.2에 규정된 인장플랜지의 웨브 소성화계수

A.2 웨브 소성화계수

A.2.1 조밀 웨브를 갖는 단면

다음 조건을 만족하는 단면은 조밀 웨브 단면으로 간주한다.

$$\frac{2D_{cp}}{t_w} \leq \lambda_{pw(D_{cp})} \quad \text{(A.2.1-1)}$$

여기서, $\lambda_{pw(D_{cp})}$ $= 2D_{cp}/t_w$에 상응하는 조밀 웨브의 세장비 한계

$$= \frac{\sqrt{E/F_{yc}}}{\left(0.54\frac{M_p}{R_h M_y} - 0.09\right)^2} \leq \lambda_{rw}\left(\frac{D_{cp}}{D_c}\right) \quad \text{(A.2.1-2)}$$

λ_{rw} = 비조밀 웨브의 세장비 한계

$$= 5.7\sqrt{\frac{E}{F_{yc}}} \quad \text{(A.2.1-3)}$$

여기서, D_c : 탄성범위 내에서 웨브의 압축 측 높이 (mm)

합성단면의 경우 D_c는 B.3.1의 규정으로 구한다.

D_{cp} : B.3.2에 규정된 소성모멘트 적용 시 압축을 받는 웨브의 높이 (mm)

M_y : B.2에 규정된 M_{yc}와 M_{yt} 중 작은 값의 항복모멘트 (N·mm)

R_h : 4.3.3.1.1.10(1)에 규정된 하이브리드 단면의 플랜지 응력감소계수

웨브 소성화계수는 다음과 같이 구한다.

$$R_{pc} = \frac{M_p}{M_{yc}} \qquad \text{(A.2.1-4)}$$

$$R_{pt} = \frac{M_p}{M_{yt}} \qquad \text{(A.2.1-5)}$$

여기서, M_p : B.1에 규정된 소성모멘트 (N·mm)

M_{yc} : B.2의 규정으로 구한 압축플랜지 항복기준 항복모멘트 (N·mm)

M_{yt} : B.2의 규정으로 구한 인장플랜지 항복기준 항복모멘트 (N·mm)

R_{pc} : 압축플랜지에 대한 웨브 소성화계수

R_{pt} : 인장플랜지에 대한 웨브 소성화계수

A.2.2 비조밀 웨브를 갖는 단면

식 (A.2.1-1)의 조건을 만족하지는 않지만 웨브 세장비가 아래의 조건을 만족하면 비조밀 웨브 단면으로 간주한다.

$$\lambda_w < \lambda_{rw} \qquad \text{(A.2.2-1)}$$

여기서, λ_w = 탄성모멘트를 기준으로 한 웨브 세장비

$$= \frac{2D_c}{t_w} \qquad \text{(A.2.2-2)}$$

λ_{rw} = 비조밀 웨브의 세장비 한계

$$= 5.7\sqrt{\frac{E}{F_{yc}}} \qquad \text{(A.2.2-3)}$$

D_c : 탄성범위 내에서 압축을 받는 웨브의 높이 (mm).

합성단면의 경우 D_c는 B.3.1의 규정으로 구한다.

웨브 소성화계수는 다음과 같이 구한다.

$$R_{pc} = \left[1 - \left(1 - \frac{R_h M_{yc}}{M_p}\right)\left(\frac{\lambda_w - \lambda_{pw(D_c)}}{\lambda_{rw} - \lambda_{pw(D_c)}}\right)\right]\frac{M_p}{M_{yc}} \le \frac{M_p}{M_{yc}} \qquad \text{(A.2.2-4)}$$

$$R_{pt} = \left[1 - \left(1 - \frac{R_h M_{yt}}{M_p}\right)\left(\frac{\lambda_w - \lambda_{pw(D_c)}}{\lambda_{rw} - \lambda_{pw(D_c)}}\right)\right]\frac{M_p}{M_{yt}} \le \frac{M_p}{M_{yt}} \qquad \text{(A.2.2-5)}$$

여기서, $\lambda_{pw(D_c)} = 2D_c/t_w$ 에 상응하는 조밀 웨브의 세장비 한계

$$= \lambda_{pw(D_{cp})}\left(\frac{D_c}{D_{cp}}\right) \le \lambda_{rw} \qquad \text{(A.2.2-6)}$$

A.3 압축플랜지 항복기준 휨저항강도

A.3.1 일반사항

A.3.2로 구한 국부좌굴강도와 A.3.3으로 구한 횡비틀림좌굴강도로부터 결정된 압축플랜지 항복기준 공칭 휨저항강도 M_{nc}는 식 (A.1.1-1)을 만족해야 한다.

A.3.2 국부좌굴강도

압축플랜지의 국부좌굴에 관한 휨저항강도는 다음과 같이 구한다.

- $\lambda_f \le \lambda_{pf}$ 인 경우

$$M_{nc} = R_{pc}M_{yc} \qquad \text{(A.3.2-1)}$$

- 그 밖의 경우

$$M_{nc} = \left[1 - \left(1 - \frac{F_{yr}S_{xc}}{R_{pc}M_{yc}}\right)\left(\frac{\lambda_f - \lambda_{pf}}{\lambda_{rf} - \lambda_{pf}}\right)\right]R_{pc}M_{yc} \qquad \text{(A.3.2-2)}$$

여기서, λ_f = 압축플랜지의 세장비

$$= \frac{b_{fc}}{2t_{fc}} \qquad \text{(A.3.2-3)}$$

λ_{pf} = 조밀 플랜지에 대한 세장비 한계

$$= 0.38\sqrt{\frac{E}{F_{yc}}} \qquad \text{(A.3.2-4)}$$

λ_{rf} = 비조밀 플랜지에 대한 세장비 한계

$$= 0.95\sqrt{\frac{Ek_c}{F_{yr}}} \qquad \text{(A.3.2-5)}$$

k_c : 플랜지 국부좌굴계수

• 조립단면인 경우

$$= \frac{4}{\sqrt{\frac{D}{t_w}}} \quad \text{(A.3.2-6)}$$

여기서, $0.35 \leq k_c \leq 0.76$

• 압연형강인 경우

$= 0.76$

여기서, F_{yr} : 잔류응력은 고려하되 횡방향 휨응력은 고려하지 않은 단면 내 공칭항복 시작점에서의 압축플랜지 응력으로 $0.7F_{yc}$, $R_h F_{yt} S_{xt}/S_{xc}$ 및 F_{yw} 가운데 가장 작은 값으로 취하되 $0.5F_{yc}$보다 작아서는 안된다. (MPa)

M_{yc} : B.2의 규정으로 구한 압축플랜지 항복기준 항복모멘트 (N·mm)

M_{yt} : B.2의 규정으로 구한 인장플랜지 항복기준 항복모멘트 (N·mm)

R_h : 4.3.3.1.1.10(1)에 규정된 하이브리드 단면의 플랜지 응력감소계수

R_{pc} : A.2.1 또는 A.2.2의 규정으로 구한 압축플랜지에 대한 웨브 소성화계수

S_{xc} : M_{yc}/F_{yc}로 구하는 압축플랜지의 강축에 대한 탄성단면계수 (mm³)

S_{xt} : M_{yt}/F_{yt}로 구하는 인장플랜지의 강축에 대한 탄성단면계수 (mm³)

A.3.3 횡비틀림좌굴강도

비지지길이에 따른 압축플랜지의 횡비틀림좌굴강도는 다음과 같이 구한다.

• $L_b \leq L_p$ 인 경우

$$M_{nc} = R_{pc} M_{yc} \quad \text{(A.3.3-1)}$$

• $L_p < L_b \leq L_r$ 인 경우

$$M_{nc} = C_b \left[1 - \left(1 - \frac{F_{yr} S_{xc}}{R_{pc} M_{yc}} \right) \left(\frac{L_b - L_p}{L_r - L_p} \right) \right] R_{pc} M_{yc} \leq R_{pc} M_{yc} \quad \text{(A.3.3-2)}$$

• $L_b > L_r$ 인 경우

$$M_{nc} = F_{cr} S_{xc} \leq R_{pc} M_{yc} \quad \text{(A.3.3-3)}$$

여기서, L_b : 비지지길이 (mm)

L_p = 균등휨상태에서 공칭휨강도 $R_{pc}M_{yc}$를 보장하는 비지지길이의 한계 (mm)

$$= 1.0r_t\sqrt{\frac{E}{F_{yc}}} \quad \text{(A.3.3-4)}$$

L_r = 균등휨상태에서 압축플랜지의 잔류응력영향을 포함하여 어느 쪽의 플랜지든 먼저 항복이 시작되는 비지지길이의 한계 (mm)

$$= 1.95r_t\frac{E}{F_{yr}}\sqrt{\frac{J}{S_{xc}h}}\sqrt{1+\sqrt{1+6.76\left(\frac{F_{yr}}{E}\frac{S_{xc}h}{J}\right)^2}} \quad \text{(A.3.3-5)}$$

C_b = 휨모멘트 수정계수. 별도의 해석을 하지 않는 경우 다음으로부터 구할 수 있다.

- 브레이싱이 없는 캔틸레버나 $M_{mid}/M_2 > 1$ 또는 $M_2 = 0$인 지점의 부재

$$C_b = 1.0 \quad \text{(A.3.3-6)}$$

- 그 밖의 경우

$$C_b = 1.75 - 1.05\left(\frac{M_1}{M_2}\right) + 0.3\left(\frac{M_1}{M_2}\right)^2 \leq 2.3 \quad \text{(A.3.3-7)}$$

F_{cr} = 탄성횡비틀림좌굴응력 (MPa)

$$= \frac{C_b\pi^2E}{(L_b/r_t)^2}\sqrt{1+0.078\frac{J}{S_{xc}h}(L_b/r_t)^2} \quad \text{(A.3.3-8)}$$

J = 순수비틀림상수 (mm^4)

$$= \frac{Dt_w^3}{3} + \frac{b_{fc}t_{fc}^3}{3}\left(1-0.63\frac{t_{fc}}{b_{fc}}\right) + \frac{b_{ft}t_{ft}^3}{3}\left(1-0.63\frac{t_{ft}}{b_{ft}}\right) \quad \text{(A.3.3-9)}$$

r_t = 횡비틀림좌굴에 대한 유효회전반경 (mm)

$$= \frac{b_{fc}}{\sqrt{12\left(1+\frac{1}{3}\frac{D_ct_w}{b_{fc}t_{fc}}\right)}} \quad \text{(A.3.3-10)}$$

여기서, F_{yr} : 잔류응력은 고려하되 횡방향 휨응력은 고려하지 않은 단면 내 공칭항복 시작점에서의 압축플랜지 응력으로 $0.7F_{yc}$, $R_hF_{yt}S_{xt}/S_{xc}$ 및 F_{yw} 가운데 가장 작은 값으로 취하되 $0.5F_{yc}$보다 작아서는

안 된다.

D_c : 탄성범위 내에서 압축을 받는 웨브의 높이(mm). 합성단면의 경우 D_c는 B.3.1의 규정으로 구한다.

h : 상·하부 플랜지 중심선 사이의 높이(mm)

M_{mid}: 비지지길이 구간 중앙점에서의 강축에 대한 휨모멘트로, 휨모멘트 포락선으로부터 이 점에서 플랜지에 최대 압축응력을 발생시키거나, 압축이 전혀 발생하지 않는 경우에는 최소 인장응력을 발생시키는 모멘트로 한다. 이 모멘트는 계수하중에 의한 것으로 플랜지가 압축을 받는 경우가 양의 값이며 인장을 받는 경우는 음의 값이다. (N·mm)

M_o : M_2에 대응하는 반대편 브레이싱 지점의 휨모멘트로, 휨모멘트 포락선으로부터 이 점에서 플랜지에 최대 압축응력을 발생시키거나, 압축이 전혀 발생하지 않는 경우에는 최소 인장응력을 발생시키는 모멘트로 한다. 이 모멘트는 계수하중에 의한 것으로 플랜지가 압축을 받는 경우가 양의 값이며 인장을 받는 경우는 음의 값이다. (N·mm)

M_1 : M_2에 대응하는 반대편 브레이싱 지점의 휨모멘트로, M_2와 M_o 또는 M_{mid}를 선형 보간하여 구한 모멘트 중 C_b 값을 작게 발생시키는 것으로 다음과 같이 구한다. (N·mm)

• 브레이싱점 간의 전 구간에서 모멘트의 변화가 오목한 형태라면

$$M_1 = M_0 \tag{A.3.3-11}$$

• 그 밖의 경우

$$M_1 = 2M_{mid} - M_2 \geq M_0 \tag{A.3.3-12}$$

M_2 : 브레이싱 양단지점에서 플랜지에 압축응력을 발생시키는 강축에 대한 휨모멘트의 최댓값. 계수하중에 의한 모멘트 포락선으로부터 결정하며 양의 값을 갖는다. 브레이싱 양 지점에서 모멘트가 0이거나 플랜지에 인장응력을 발생시키는 경우에는 0으로 한다. (N·mm)

M_{yc} : B.2의 규정으로 구한 압축플랜지 항복기준 항복모멘트(N·mm)

M_{yt} : B.2의 규정으로 구한 인장플랜지 항복기준 항복모멘트(N·mm)

R_h : 4.3.3.1.1.10(1)에 규정된 하이브리드 단면의 플랜지 응력감소계수

R_{pc} : A.2.1 또는 A.2.2의 규정으로 구한 압축플랜지에 대한 웨브 소성화계수

S_{xc} : M_{yc}/F_{yc}로 구하는 압축플랜지의 강축에 대한 탄성단면계수 (mm^3)

S_{xt} : M_{yt}/F_{yt}로 구하는 인장플랜지의 강축에 대한 탄성단면계수 (mm^3)

부재 비지지길이에 걸쳐 비합성 일축대칭단면이 역곡률 휨을 받는 경우, 상부플랜지가 연속적으로 횡지지되지 않았으면 양측 플랜지 모두에 대해 횡비틀림좌굴강도를 검토해야 한다.

부재 비지지길이에 걸쳐 단면이 불균일한 경우, 비지지길이 내에서 균일부재로 간주하고 식 (A.3.3-1), 식 (A.3.3-2), 또는 식 (A.3.3-3)으로부터 구한 비지지길이 내의 횡비틀림좌굴강도 중 가장 작은 값으로 한다. 비지지길이 내의 각 단면의 휨저항강도 M_{nc}는 해당 단면의 S_{xc}와 횡비틀림좌굴강도 지배 단면의 S_{xc}의 비를 곱하여 결정한다. 모멘트 수정계수 C_b는 이 경우에는 1.0이며, L_b는 유효길이계수로 수정하지 않아야 한다.

휨모멘트 크기가 작은 브레이싱점으로부터 비지지길이의 20% 이내 위치에서 작은 단면으로 변하는 경우, 작은 단면의 압축플랜지 또는 양측 플랜지의 횡방향 단면2차모멘트가 큰 단면의 해당 값의 1/2 이상이면 작은 단면으로의 단면변화를 무시하고 횡비틀림좌굴에 의한 휨저항강도를 구한다.

A.4 인장플랜지 항복기준 휨저항강도

인장플랜지의 항복에 관한 휨저항강도는 다음과 같이 구한다.

$$M_{nt} = R_{pt} M_{yt} \tag{A.4-1}$$

여기서, M_{yt} : B.2의 규정으로 구한 인장플랜지 항복기준 항복모멘트 (N·mm)

R_{pc} : A.2.1 또는 A.2.2의 규정으로 구한 인장플랜지에 대한 웨브소성계수

B. 휨부재의 특성계산

B.1 소성모멘트

소성모멘트 M_p는 소성단면력의 소성중립축에 대한 일차모멘트로 구한다. 단면의 강재 부분의 소성력은 플랜지, 웨브 및 철근의 항복응력을 사용하여 계산한다. 단면의 압축부 콘크리트의 소성단면력은 콘크리트 응력의 크기가 $0.85f_c'$인 직사각형 응력블록으로 구하며 인장부 콘크리트는 무시한다. 소성중립축의 위치는 단면력의 평형조건을 적용하여 구한다.

정모멘트를 받는 합성단면의 소성모멘트는 다음과 같이 계산한다.

- 단면을 구성하는 요소(플랜지, 웨브, 콘크리트 바닥판)의 단면력을 계산하고, 이를 이용하여 소성중립축이 웨브, 상부플랜지, 바닥판 중 어디에 위치하는 지를 결정한다.
- 첫 단계에서 결정된 요소 내에서 소성중립축의 위치를 결정한다.
- M_p를 계산한다. 실제로 자주 발생하는 소성중립축의 다양한 위치에 대한 계산식은 표 B.1-1에 주어져 있다.

종방향 철근에 작용하는 힘은 무시할 수도 있으며 이 경우에는 표 B.1-1에 있는 P_{rb}와 P_{rt}를 0으로 놓는다.

부모멘트를 받는 합성단면의 소성모멘트도 이와 비슷한 방법으로 계산할 수 있다. 실제로 많이 발생하는 2가지 경우에 대한 계산식이 표 B.1-2에 주어져 있다.

비합성단면의 소성모멘트는 합성단면에 대한 표 B.1-1 및 표 B.1-2의 식에서 콘크리트 바닥판과 종방향 보강철근에 관한 항을 제거하고 계산해야 한다.

M_p계산식에서 d는 요소단면력과 소성중립축 간의 거리이다. 요소단면력은 (a)플랜지와 콘크리트 바닥판의 중심점, (b)웨브의 중앙점, (c)철근의 중심에 작용한다. 모든 요소 단면력, 치수 및 거리는 양의 값을 취해야 한다. 소성중립축의 위치와 소성모멘트는 표 B.1-1 및 표 B.1-2에 주어진 순서에 따라 검토해야 한다.

표 B.1-1 정모멘트단면에 대한 $\overline{Y}$와 M_p

경우	소성중립축	조건	$\overline{Y}$와 M_p
Ⅰ	웨브	$P_t + P_w \geq P_c + P_s + P_{rb} + P_{rt}$	$\overline{Y} = (\frac{D}{2})\left[\frac{P_t - P_c - P_s - P_{rt} - P_{rb}}{P_w} + 1\right]$ $M_p = \frac{P_w}{2D}\left[\overline{Y^2} + (D - \overline{Y})^2\right]$ $+ \left[P_s d_s + P_{rt} d_{rt} + P_{rb} d_{rb} + P_c d_c + P_t d_t\right]$
Ⅱ	상부플랜지	$P_t + P_w + P_c \geq P_s + P_{rb} + P_{rt}$	$\overline{Y} = (\frac{t_c}{2})\left[\frac{P_w + P_t - P_s - P_{rt} - P_{rb}}{P_c} + 1\right]$ $M_p = \frac{P_c}{2t_c}\left[\overline{Y^2} + (t_c - \overline{Y})^2\right]$ $+ \left[P_s d_s + P_{rt} d_{rt} + P_{rb} d_{rb} + P_w d_w + P_t d_t\right]$
Ⅲ	콘크리트 바닥판 (P_{rb} 아래부분)	$P_t + P_w + P_c \geq \left(\frac{c_{rb}}{t_s}\right) P_s + P_{rb} + P_{rt}$	$\overline{Y} = (t_s)\left[\frac{P_c + P_w + P_t - P_{rt} - P_{rb}}{P_s}\right]$ $M_p = \left(\frac{\overline{Y^2} P_s}{2t_s}\right)$ $+ \left[P_{rt} d_{rt} + P_{rb} d_{rb} + P_c d_c + P_w d_w + P_t d_t\right]$
Ⅳ	콘크리트 바닥판 (P_{rb} 부분)	$P_t + P_w + P_c + P_{rb} \geq \left(\frac{c_{rb}}{t_s}\right) P_s + P_{rt}$	$\overline{Y} = c_{rb}$ $M_p = \left(\frac{\overline{Y^2} P_s}{2t_s}\right) + \left[P_{rt} d_{rt} + P_c d_c + P_w d_w + P_t d_t\right]$
Ⅴ	콘크리트 바닥판 (P_{rb} 위, P_{rt} 아래부분)	$P_t + P_w + P_c + P_{rb} \geq \left(\frac{c_{rt}}{t_s}\right) P_s + P_{rt}$	$\overline{Y} = (t_s)\left[\frac{P_{rb} + P_c + P_w + P_t - P_{rt}}{P_s}\right]$ $M_p = \left(\frac{\overline{Y^2} P_s}{2t_s}\right)$ $+ \left[P_{rt} d_{rt} + P_{rb} d_{rb} + P_c d_c + P_w d_w + P_t d_t\right]$
Ⅵ	콘크리트 바닥판 (P_{rt} 부분)	$P_t + P_w + P_c + P_{rb} + P_{rt} \geq \left(\frac{c_{rt}}{t_s}\right) P_s$	$\overline{Y} = c_{rt}$ $M_p = \left(\frac{\overline{Y^2} P_s}{2t_s}\right) + \left[P_{rb} d_{rb} + P_c d_c + P_w d_w + P_t d_t\right]$
Ⅶ	콘크리트 바닥판 (P_{rt} 윗부분)	$P_t + P_w + P_c + P_{rb} + P_{rt} < \left(\frac{c_{rt}}{t_s}\right) P_s$	$\overline{Y} = (t_s)\left[\frac{P_{rb} + P_c + P_w + P_t + P_{rt}}{P_s}\right]$ $M_p = \left(\frac{\overline{Y^2} P_s}{2t_s}\right)$ $+ \left[P_{rt} d_{rt} + P_{rb} d_{rb} + P_c d_c + P_w d_w + P_t d_t\right]$

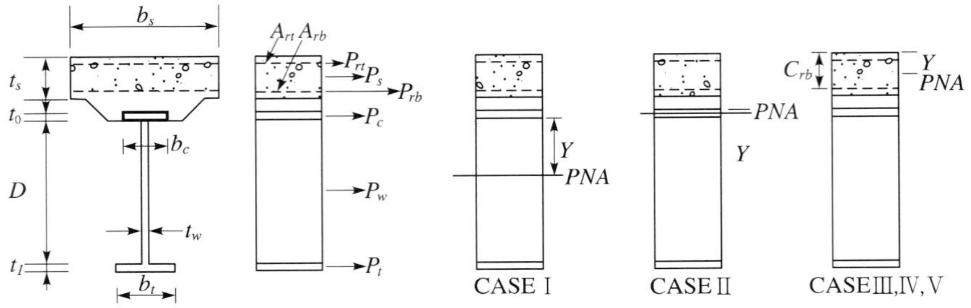

표 B.1-2 부모멘트 단면에 대한 $\overline{Y}$와 M_p

경우	소성중립축	조건	$\overline{Y}$와 M_p
Ⅰ	웨브	$P_c + P_w \geq P_t + P_{rb} + P_{rt}$	$\overline{Y} = \left(\frac{D}{2}\right)\left[\frac{P_c - P_t - P_{rt} - P_{rb}}{P_w} + 1\right]$ $M_p = \frac{P_w}{2D}\left[\overline{Y}^2 + (D - \overline{Y})^2\right] + \left[P_{rt}d_{rt} + P_{rb}d_{rb} + P_t d_t + P_c d_c\right]$
Ⅱ	상부플랜지	$P_c + P_w + P_t \geq P_{rb} + P_{rt}$	$\overline{Y} = \left(\frac{t_t}{2}\right)\left[\frac{P_w + P_c - P_{rt} - P_{rb}}{P_t} + 1\right]$ $M_p = \frac{P_t}{2t_t}\left[\overline{Y}^2 + (t_t - \overline{Y})^2\right] + \left[P_{rt}d_{rt} + P_{rb}d_{rb} + P_w d_w + P_c d_c\right]$

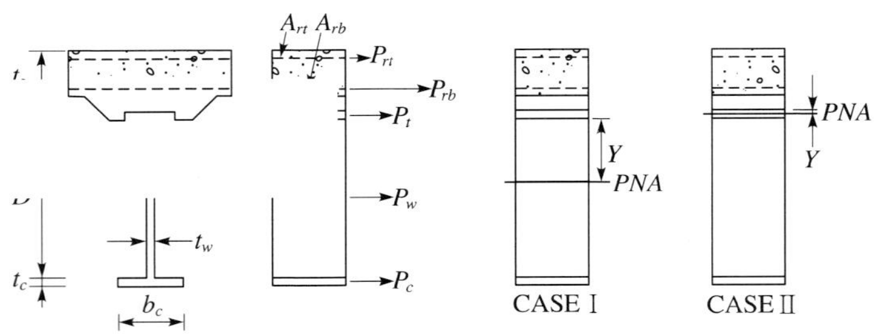

여기서, $P_{rt} = F_{yrt}A_{rt}$

$P_s = 0.85f_c' b_s t_s$

$P_{rb} = F_{yrb}A_{rb}$

$P_c = F_{yc}b_c t_c$

$P_w = F_{yw}Dt_w$

$P_t = F_{yt}b_t t_t$

B.2 항복모멘트

B.2.1 비합성단면

비합성단면의 항복모멘트 M_y는 강도한계상태에서 압축플랜지가 먼저 항복하는 모멘트(M_{yc})와 인장플랜지가 먼저 항복하는 모멘트(M_{yt}) 중 작은 값이다. 이와 같은 계산 시 모든 형태의 단면에서 플랜지 횡방향 휨과 하이브리드 단면의 웨브항복은 무시해야 한다.

B.2.2 정모멘트부 합성단면

정모멘트부 합성단면의 항복모멘트 M_y는 강도한계상태에서 상하부 어느 한 쪽 강재 플랜지에서 최초 항복을 일으키는 강재 단면, 단기 합성단면과 장기 합성단면에 각각 작용하는 모멘트의 합과 같다. 이와 같은 계산 시 모든 형태의 단면에서 플랜지 횡방향 휨과 하이브리드 단면의 웨브 항복은 무시해야 한다.

정모멘트부 합성단면의 항복모멘트는 아래와 같이 구한다.

- 콘크리트 바닥판이 굳기 전이나 합성되기 전에 작용하는 계수영구하중에 의한 모멘트 M_{D1}을 계산한다. 이 모멘트는 강재 단면에 적용된다.
- 나머지 계수영구하중에 의한 모멘트 M_{D2}를 계산한다. 이 모멘트는 장기 합성단면에 적용된다.
- 단기 합성단면에서 어느 한 쪽 플랜지가 항복응력에 도달하기 위해 추가로 적용해야 하는 모멘트 M_{AD}를 계산한다.
- 항복모멘트는 총 영구하중에 의한 모멘트와 추가모멘트의 합이다.

계산과정을 식으로 나타내면 다음과 같다.

1) 다음 식에서 M_{AD}를 구한다.

$$F_{yf} = \frac{M_{D1}}{S_{NC}} + \frac{M_{D2}}{S_{LT}} + \frac{M_{AD}}{S_{ST}} \qquad \text{(B.2.2-1)}$$

2) 다음을 계산한다.

$$M_y = M_{D1} + M_{D2} + M_{AD} \qquad \text{(B.2.2-2)}$$

여기서, S_{NC} : 비합성단면의 단면계수 (mm^3)

S_{ST} : 단기 합성단면의 단면계수 (mm^3)
S_{LT} : 장기 합성단면의 단면계수 (mm^3)
M_{D1}, M_{D2} 및 M_{AD} : 단면에 적용되는 계수하중에 의한 모멘트 (N·mm)
M_y는 압축플랜지 항복모멘트 M_{yc} 또는 인장플랜지 항복모멘트 M_{yt} 가운데 작은 값이다.

B.2.3 부모멘트부 합성단면

부모멘트부 합성단면의 경우 B.2.2의 규정에 따라 구한다. 이 때 단기 합성과 장기 합성모멘트에 대한 합성단면은 콘크리트 바닥판 유효폭 내의 종방향 철근과 강재 단면으로 구성된 단면으로 하며 결과적으로 S_{ST}와 S_{LT}는 같은 값이다. 또한, M_{yt}는 인장플랜지 또는 종방향 철근 중에 먼저 항복에 도달할 때에 대응되는 모멘트이다.

B.2.4 덮개판을 갖는 단면

플랜지 덮개판이 포함된 단면의 경우, M_{yc} 또는 M_{yt}는 고려 중인 플랜지 또는 플랜지에 부착된 덮개판의 응력에 근거하여 먼저 항복에 도달하는 모멘트 가운데 작은 값이다. 이와 같은 계산 시 모든 형태의 단면에서 플랜지 횡방향 휨과 하이브리드 단면의 웨브 항복은 무시해야 한다.

B.3 압축을 받는 웨브의 높이

B.3.1 탄성범위 상태(D_c)

정모멘트부 합성단면의 경우, 탄성범위에서 압축을 받는 웨브의 높이 D_c는 고정하중, 활하중 및 충격하중에 의한 강재 단면, 장기 합성단면과 단기 합성단면에 작용하는 하중에 의해 발생하는 응력의 대수적 합이 압축인 웨브의 높이이다. 응력 다이아그램으로부터 정모멘트부 단면의 D_c를 구하는 대신 아래 식을 적용할 수 있다.

$$D_c = \left(\frac{-f_c}{|f_c| + f_t} \right) d - t_{fc} \geq 0 \qquad \text{(B.3.1-1)}$$

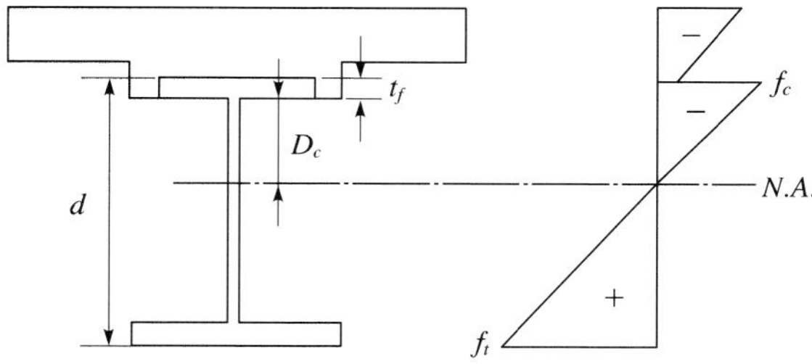

그림 B.3.1-1 정모멘트 단면의 D_c 계산

여기서, d : 강재 단면의 높이 (mm)

f_c : 아래의 여러 하중에 의해 발생된 압축플랜지 휨응력의 합 (MPa)

$DC1$: 비합성단면에 작용하는 고정하중

$DC2$: 장기 합성단면에 작용하는 고정하중

DW : 포장하중

$LL+IM$: 충격하중을 포함한 활하중

f_c는 압축응력이 음이다. 계산 시 플랜지 횡방향 휨은 무시해야 한다.

f_t : 여러 하중에 의한 인장플랜지 휨응력의 합 (MPa). 계산 시 플랜지 횡방향 휨을 무시해야 한다.

부모멘트부 합성단면의 경우 D_c는 강재와 종방향 철근만으로 구성된 단면으로 계산한다. 사용한계상태에 의한 부모멘트부 합성단면의 휨응력을 계산할 때 콘크리트 바닥판이 유효한 것으로 간주하는 경우에는 식 (B.3.1-1)로 D_c를 산정한다.

B.3.2 소성모멘트 상태(D_{cp})

정모멘트부 합성단면의 경우, 소성중립축이 웨브 내에 있는 표 B.1-1의 해당 경우에 대하여 소성모멘트에서 압축을 받는 웨브의 높이 D_{cp}는 다음과 같이 구한다.

$$D_{cp}=\frac{D}{2}\left(\frac{F_{yt}A_t-F_{yc}A_c-0.85f_c^{'}A_s-F_{yrs}A_{rs}}{F_{yw}A_w}+1\right) \quad \text{(B.3.2-1)}$$

여기서, A_c : 압축플랜지 단면적 (mm^2)

A_{rs} : 콘크리트 바닥판 유효폭 내의 종방향 철근의 총단면적 (mm^2)

A_s : 콘크리트 바닥판의 단면적 (mm^2)

A_t : 인장플랜지 단면적 (mm^2)

A_w : 웨브 단면적 (mm^2)

D_{cp} : 소성모멘트에서 압축을 받는 웨브의 높이 (mm)

F_{yrs} : 종방향보강재의 항복강도 (MPa)

정모멘트를 받는 다른 모든 합성단면의 D_{cp}는 0이다.

부모멘트부 합성단면의 경우, 소성중립축이 웨브 내에 있는 표 B.1-2의 해당 경우에 대하여 D_{cp}는 다음과 같이 구한다.

$$D_{cp} = \frac{D}{2A_w F_{yw}}\left[F_{yt}A_t + F_{yw}A_w + F_{yrs}A_{rs} - F_{yc}A_c\right] \qquad \text{(B.3.2-2)}$$

다른 모든 부모멘트부 합성단면의 D_{cp}는 D와 같다.

비합성단면의 경우 다음을 만족하면,

$$F_{yw}A_w \geq |F_{yc}A_c - F_{yt}A_t| \qquad \text{(B.3.2-3)}$$

D_{cp}는 다음과 같이 구한다.

$$D_{cp} = \frac{D}{2A_w F_{yw}}\left[F_{yt}A_t + F_{yw}A_w - F_{yc}A_c\right] \qquad \text{(B.3.2-4)}$$

다른 모든 비합성단면에서 D_{cp}는 D와 같다.

B.4 C_B > 1.0인 경우의 횡비틀림좌굴식

B.4.1 4.3.3.1.8.2(3)의 규정

비지지길이 내에서 단면이 균일한 경우 압축플랜지의 횡비틀림좌굴강도는 다음과 같이 구한다.

- $L_b \leq L_p$인 경우

$$F_{nc} = R_b R_h F_{yc} \qquad \text{(B.4.1-1)}$$

- $L_p < L_b \leq L_r$인 경우

$$L_b \le L_p + \frac{\left(1 - \frac{1}{C_b}\right)}{\left(1 - \frac{F_{yr}}{R_h F_{yc}}\right)}(L_r - L_p)$$ 이면

$$F_{nc} = R_b R_h F_{yc} \quad \text{(B.4.1-2)}$$

– 그 밖의 경우

$$F_{nc} = C_b \left[1 - \left(1 - \frac{F_{yr}}{R_h F_{yc}}\right)\left(\frac{L_b - L_p}{L_r - L_p}\right)\right] R_b R_h F_{yc} \le R_b R_h F_{yc} \quad \text{(B.4.1-3)}$$

• $L_b > L_r$ 인 경우

– $L_b \le \pi r_t \sqrt{\frac{C_b E}{R_h F_{yc}}}$ 이면

$$F_{nc} = R_b R_h F_{yc} \quad \text{(B.4.1-4)}$$

– 그 밖의 경우

$$F_{nc} = F_{cr} \le R_b R_h F_{yc} \quad \text{(B.4.1-5)}$$

위의 식의 모든 기호는 4.3.3.1.8.2.(3) 규정의 정의를 따른다.

B.4.2 A.3.3의 규정

비지지길이 내에서 단면이 균일한 경우 횡비틀림좌굴에 근거한 휨저항강도는 다음과 같이 구한다.

• $L_b \le L_p$ 인 경우

$$M_{nc} = R_{pc} M_{yc} \quad \text{(B.4.2-1)}$$

• $L_p < L_b \le L_r$ 인 경우

– $L_b \le L_p + \frac{\left(1 - \frac{1}{C_b}\right)}{\left(1 - \frac{F_{yr} S_{xc}}{R_{pc} M_{yc}}\right)}(L_r - L_p)$ 인 경우

$$M_{nc} = R_{pc} M_{yc} \quad \text{(B.4.2-2)}$$

– 그 밖의 경우

$$M_{nc} = C_b\left[1-\left(1-\frac{F_{yr}S_{xc}}{R_{pc}M_{yc}}\right)\left(\frac{L_b-L_p}{L_r-L_p}\right)\right]R_{pc}M_{yc} \le R_{pc}M_{yc} \quad \text{(B.4.2-3)}$$

• $L_b > L_r$ 인 경우

– $L_b \le 1.95 r_t \frac{C_b S_{xc} E}{R_{pc}M_{yc}}\sqrt{\frac{J}{S_{xc}h}}\sqrt{1+\sqrt{1+6.76\left(\frac{R_{pc}M_{yc}}{C_b S_{xc}E}\frac{S_{xc}h}{J}\right)^2}}$ 이면

$$M_{nc} = R_{pc}M_{yc} \quad \text{(B.4.2-4)}$$

– 그 밖의 경우

$$M_{nc} = F_{cr}S_{xc} \le R_{pc}M_{yc} \quad \text{(B.4.2-5)}$$

위의 식의 모든 기호는 A.3.3 규정의 정의를 따른다.

B.5 지압보강재가 없는 웨브에 작용하는 집중하중

B.5.1 일반사항

하중이 바닥판을 통하여 전달되지 않고 집중하중을 직접 받는 지점부 등에 있는 지압보강재가 없는 웨브는 B.5.2 및 B.5.3의 규정에 따라 웨브 국부항복과 웨브 크리플링 한계상태에 대하여 검토해야 한다.

B.5.2 웨브 국부항복

압축 또는 인장 집중하중을 받는 웨브는 다음을 만족해야 한다.

$$R_u \le \phi_b R_n \quad \text{(B.5.2-1)}$$

여기서, R_n : 집중하중에 대한 공칭저항강도(N)

• 내측 지점 반력과 부재 단부로부터 d보다 먼 거리 떨어진 위치에서 집중하중을 받는 경우

$$R_n = (5k+N)F_{yw}t_w \quad \text{(B.5.2-2)}$$

• 그 밖의 경우

$$R_n = (2.5k+N)F_{yw}t_w \quad \text{(B.5.2-3)}$$

여기서, ϕ_b : 지압에 대한 강도저항계수

d : 강재 단면의 높이 (mm)

k : 집중하중 또는 지압 반력에 저항하는 플랜지의 외측 면으로부터 웨브의 필릿용접 끝단까지의 거리 (mm)

N : 베어링의 길이 (mm). 단부 베어링에서는 k 이상이어야 한다.

R_u : 계수집중하중 또는 베어링 반력 (N)

B.5.3 웨브 크리플링

집중압축하중을 받는 웨브는 다음을 만족해야 한다.

$$R_u \le \phi_w R_n \qquad \text{(B.5.3-1)}$$

여기서, R_n : 집중하중에 대한 공칭저항강도 (N)

• 내측 지점반력과 부재단부로부터 $d/2$ 이상 떨어진 위치에서 집중하중을 받는 경우

$$R_n = 0.8t_w^2\left[1+3\left(\frac{N}{d}\right)\left(\frac{t_w}{t_f}\right)^{1.5}\right]\sqrt{\frac{EF_{yw}t_f}{t_w}} \qquad \text{(B.5.3-2)}$$

• 그 밖의 경우

– $N/d \le 0.2$ 이면

$$R_n = 0.4t_w^2\left[1+3\left(\frac{N}{d}\right)\left(\frac{t_w}{t_f}\right)^{1.5}\right]\sqrt{\frac{EF_{yw}t_f}{t_w}} \qquad \text{(B.5.3-3)}$$

– $N/d > 0.2$ 이면

$$R_n = 0.4t_w^2\left[1+\left(\frac{4N}{d}-0.2\right)\left(\frac{t_w}{t_f}\right)^{1.5}\right]\sqrt{\frac{EF_{yw}t_f}{t_w}} \qquad \text{(B.5.3-4)}$$

여기서, ϕ_w : 웨브 크리플링에 대한 강도저항계수

t_f : 집중하중 또는 베어링 반력에 저항하는 플랜지의 두께 (mm)

C. 강구조물 내진설계

C.1 강구조의 내진설계

C.1.1 특수 모멘트골조

【해설】

이 기준에서는 세 가지 유형의 철골모멘트골조에 대해 다루고 있다. 특수모멘트골조, 중간모멘트골조, 보통모멘트골조 등이 그것이다. 이 세 가지 형태의 철골모멘트골조와 관련한 규정은 노스리지와 고베지진의 교훈, 그리고 양 지진 이후 수행된 FEMA지원 SAC 프로젝트의 연구성과를 폭넓게 반영하고 있다. 이와 관련된 좀 더 포괄적인 논의 그리고 양 지진에서 관측된 지진피해를 경감하기 위한 권장사항은 FEMA 350(FEMA 2000a)을 참조하길 바란다. 해설은 FEMA 350에 주로 근거한 것이다.

1994년 노스리지 지진 이전의 표준모멘트접합상세는 1970년대 초반의 실험(Popov- Stephen, 1972)에 근거한 것이다. 그 당시 실험에 사용된 부재크기와 재료강도에 대해서는, 보 플랜지는 완전용입용접을 하고 보웨브는 볼트나 용접접합을 하면, 약 0.01~0.015 라디안 범위의 비탄성 회전을 발휘할 수 있었다. 층간변위의 2~2.5%에 대응되는 이러한 수준의 접합부 회전능력만 확보하면 모멘트골조의 내진성능에 적합할 것이라는 것이 당시의 많은 엔지니어들의 생각이었다. 그러나 노스리지 지진에서 발생한 예기치 않은 용접모멘트접합부의 취성파괴의 여파로, 1970년대 이후 진행된 여러 변동사항(가령 강재의 물성, 용접법, 부재의 크기, 그리고 골조배치방법 등)이 드러나게 되었고 이런 변동요인으로 인해 1970년대 초의 실험결과는 현행 내진설계의 근거로는 부적합한 것으로 판명되었다.

특수모멘트골조, 중간모멘트골조, 보통모멘트골조의 반응수정계수를 각각 8, 4.5, 3.5로 차별화하여 중간 및 보통모멘트골조에 대한 일종의 페널티를 부과하고 있다. 대신 특수모멘트골조의 경우에는, 1994년 미국 노스리지 지진 이후 수행된 방대한 연구결과를 토대로, 엄격한 역량설계법에 의해 연성설계를 수행할 것을 요구하고 있다. 하지만 중간 및 보통모멘트골조에 대한 역량설계법 상의 요구조건은 대폭 완화되었다.

이 기준에서 취급하는 세 가지 철골모멘트골조는 서로 다른 수준의 비탄성 회전능력이 요구된다. 특수 및 중간모멘트골조는 각각 0.03 라디안, 0.01 라디안의 비탄성회전각을 수용할 수 있도록 설계한다. 반면 보통모멘트골조는 거의 탄성거동의 수준으로 설계하며 비탄성변형에 대한 요구는 거의 없는 것으로 취급한다. 전형적 모멘트골조의 경우 탄성 층간변위각은 약 0.01 라디안 정도가 되고, 보의 비탄성회전각은 골조의 비탄성 층간변위각과 거의 같다고 볼 수 있다. 따라서, 특수모멘트골조는 0.04 라디안, 중간모멘트골조는 0.02 라디안, 보통모멘트골조는 0.01 라디안의 총 층간변위각을 수용할 수 있는 것으로 고려한다.

일반적으로 모멘트골조의 비탄성회전은 보와 기둥접합부 부근의 소성힌지 부분에 집중되는 것으로 고려하는 개념화하는 것이 보통이다. 그러나 실험과 해석결과에 의하면 비탄성회전은 보 소성힌지에

(3) 비선형 해석결과에 의하면 골조가 비탄성거동을 하게 되면, 변곡점의 위치가 변하고 모멘트분배가 이상적인 조건과는 다른 양상으로 전개된다. 그럼에도 불구하고 기둥의 항복보다는 보의 항복이 지배적이 되므로, 식 (C1.1.5-1)의 요건을 만족하는 부재로 이루어진 골조는 바람직한 시스템 응답을 보인다.

(4) 식 (C1.1.5-1)에 대한 3가지 예외조건이 주어져 있다. 첫 번째 예외로서, 단층건물이나 다층건물의 최상층과 같이 축력이 작은 기둥의 경우는 식 (C1.1.5-1)의 조건을 만족시킬 필요가 없다. 이 같은 경우는 연약층이 형성되어도 크게 문제가 되지 않기 때문이다. 축력이 작은 기둥의 일부에 대해서도 예외가 인정된다. 또한 대형전이보의 경우와 같이 식 (C1.1.5-1)을 만족시키는 것이 현실성이 없을 때 이를 우회할 수 있는 예외를 인정하고 있다. 마지막으로 위층보다 기둥강도가 월등히 큰 경우, 강한 층에서의 기둥항복은 잘 일어나지 않는 현상이기에 예외를 인정하고 있다.

C.1.1.6 보-기둥 접합부의 횡지지

【해설】

모멘트골조의 면외방향 회전을 막기 위해서는 기둥에 대한 횡지지가 필요하다. 특히 강진 시에 비탄성 거동이 보-기둥 접합부의 내부 또는 인접부에서 일어날 것으로 예상되는 경우는 더욱 그러하다.

C.1.1.6.1 횡지지된 접합부

보웨브와 기둥 웨브가 동일 평면상에 있고 기둥의 패널존 외부가 탄성상태를 유지한다면, 보-기둥 접합부의 기둥 플랜지는 보의 상부플랜지 위치에서만 횡지지를 요구한다. 식 (C.1.1.5-1)을 사용하여 계산한 비가 2.0보다 크다면 기둥은 탄성상태를 유지하는 것으로 가정할 수 있다. 만약 패널존 외부의 기둥이 탄성상태에 있지 않다면 다음의 규정을 만족해야 한다.

(1) 보의 상하플랜지 위치 모두에서 기둥 플랜지는 직접 혹은 간접적으로 횡지지를 해야 한다. 기둥 플랜지의 직접 횡지지는 횡좌굴 방지를 위해 기둥 플랜지의 적합한 위치에 부착된 가새나 기타 부재, 데크 또는 슬래브를 통해 이룬다. 간접 횡지지는 기둥 플랜지에 직접 부착되지는 않지만 기둥 웨브나 보강재 플레이트를 통해 작용하는 부재나 접합부의 강성에 의한 횡지지를 지칭한다.

(2) 기둥 플랜지 각각의 횡지지 가새의 소요강도는 보플랜지강도 $F_y b_f t_{bf}$의 2%에 대해 설계한다.

【해설】

(1) 보-기둥접합부는 일반적으로 바닥이나 지붕층 골조에 의해서 횡지지된다. 이러한 경우에 패널존 외부의 기둥이 탄성상태가 유지됨을 보일 수 있으면, 기둥플랜지의 횡지지는 보의 상부플랜지와 동일한 높이 부분에만 필요하다. 기둥이 탄성상태가 유지됨을 입증할 수 없는 경우는, 기둥의 휨항복과 그에 따른 횡비틀림좌굴의 가능성이 커지기 때문에, 보의 상·하플랜지 위치 모두에 횡지지를 설치해야 한다.

(2) 보-기둥접합부에서 횡지지의 소요강도는 보플랜지공칭강도의 2%이다. 그리고 횡지지에 사용된 요소는 기둥플랜지의 횡방향 움직임을 막는데 적절한 강성을 가지고 있어야 한다. 경우에 따라서는 횡지지에 가새부재가 요구될 수도 있다. 대안으로, 기둥웨브나 연속판 또는 직각방향의 보 플랜지에 의해 적절한 횡지지가 제공됨을 계산을 통하여 보여줘도 된다.
이 규정은 기둥 플랜지를 적절히 횡지지하는 것을 장려하기 위한 것으로 큰 사이즈의 기둥부재 사용을 강제하려는 의도는 아니다.

C.1.1.6.2 횡지지되지 않은 접합부

횡지지되지 않은 보-기둥 접합부를 갖는 내진골조의 기둥은, 인접한 횡지지간의 거리를 기둥의 좌굴길이로 사용하여, KDS 14 31 10(4.4)에 의해 설계를 하며 다음의 사항을 반영한다:

(1) 기둥의 소요강도는 KDS 41 00 00의 적절한 하중조합을 사용하되, 지진하중 E는 다음 2가지 중 작은 값을 택한다:
  ① 증폭지진하중
  ② 보의 설계휨강도 또는 패널존의 설계전단강도를 기반으로 계산된 골조설계강도의 125%
(2) 기둥의 세장비 L/r은 60을 넘지 않도록 한다.
(3) 내진골조에 직각인 방향의 기둥의 소요휨강도는 C.1.1.6.1(2)의 보플랜지 횡지지력이 유발한 모멘트와 이로 인한 기둥 플랜지 변형에 의한 2차 효과를 고려하여 산정한다.

【해설】

횡지지가 없는 접합부는 특수한 경우에 발생할 수 있다. 예를 들면, 2개층 골조의 기계실 바닥, 아트리움, 또는 이와 비슷한 건축공간 등에서는 접합부의 면외좌굴 발생가능성이 최소화가 되어야 한다. 기준의 세 가지 규정은 기둥의 좌굴가능성을 제한하기 위한 것이다.

C.1.1.7 보의 횡지지

(1) 보의 상하플랜지는 모두 $L_b = 0.086 r_y E/F_y$ 이하로 횡지지해야 한다. 횡지지재는 KDS 14 31 10(식 (4.5-7)과 식 (4.5-8))을 만족해야 한다. 여기서 $M_r = M_u = R_y Z F_y$ 그리고 $C_b = 1.0$을 사용한다.

(2) 집중하중점이나 단면이 변하는 위치에는 추가로 횡지지를 설치한다.

(3) 횡지지재의 설치위치는 강구조 내진성능 접합부 인증 지침에 따른 접합부의 조건과 일관성을 유지하도록 한다.

【해설】

현 AISC 내진기준에서는, 1960년대 초기에 개발된 소성설계법에 근거하여, 모멘트골조의 예상 소성힌지 부근에도 횡지지를 하도록 규정하고 있다. 그러나 이 기준에서는 이 요건을 삭제하였다. 그 이유는 다음과 같다.

(1) 특수모멘트골조의 보에 대한 횡지지요건은 Nakashima-Kanao-Liu(2002) 등에 의해서 좀 더 자세히 연구된 바가 있는데, 보의 횡지지간격 $0.086 r_y E/F_y$는 0.04 라디안의 층간변위각을 발휘하는데 대체로 적합한 것으로 확인되었다.

(2) SAC 프로젝트에서 수행된 실험에 의하면(FEMA 2000a) 합성바닥판에 의해 제공되는 횡지지효과만의해서도 과도한 강도저하 없이 0.04 라디안의 층간변위각을 발휘할 수 있음이 확인되었다. 이를 참고하여, FEMA 권장사항에서는 합성바닥판이 있는 경우는 보 소성힌지 부근에 추가적인 횡지지를 요구하지 않는다.

(3) 만일 0.04 라디안 이상의 층간변위각이 예상되는 조건이나 더 높은 수준의 내진성능이 요구되는 상황이면, 구조설계자는 추가적인 횡지지를 소성힌지 부근에 설치할 수도 있을 것이다. 이 경우, 횡지지가새는 소성힌지에서의 예상 보플랜지응력의 6%를 지지할 수 있는 설계강도를 보유해야 한다. 즉, 소성힌지 부근의 횡지지가새의 소요강도는 $P_u = 0.06 M_u / h_o$를 확보토록 한다(여기서 h_o= 상하 플랜지 도심 간의 거리). 횡지지의 접합위치는 C1.1.1.4의 규정을 따른다. 가새의 소요강성은 KDS 14 31 10 식 (4.5-8)을 만족해야 한다. 만약 절취형 보단면이 사용되었을 경우는, 횡지지소요강도를 계산할 때, 플랜지단면 감소의 영향을 감안할 수도 있다.

C.1.1.8 기둥의 이음

(1) 기둥의 이음은 4.1.1.4.1의 규정을 따라야 한다.

(2) 그루브용접을 사용할 경우는 4.1.2.3.2에 부합되게 완전용입용접으로 해야 한다. 용접탭은 제거토록 한다.

(3) 만약 그루브용접이 사용되지 않을 경우에는, 이음부의 소요강도는 적어도 작은 쪽 기둥의 휨강도 $R_yF_yZ_x$ 이상이어야 한다. 기둥 웨브 이음의 소요전단강도는 적어도 $\Sigma M_{pc}/H$ 이상이어야 한다. 여기서, ΣM_{pc}는 이음부의 상하에 위치한 기둥의 공칭소성휨강도의 합이다.
(4) 적절한 응력집중계수 또는 파괴역학의 응력집중계수를 고려하여 산정된 기둥이음부의 소요강도는 비탄성해석에서 얻어진 이음부 소요강도를 초과할 필요가 없다.

【해설】

(1) 4.1.1.4.1의 규정은 이음위치를 보-기둥접합부에서 최소 1.2m 또는 기둥 순높이의 1/2 이상 이격시킴으로서 이음부에서 발생하는 기둥부재의 휨에 대비하기 위함이다. 이 요건은 통상 기둥은 복곡율로 휘고 변곡점은 기둥의 중간에 위치한다는 탄성해석결과를 토대로 제시된 것이다.
(2) FEMA/SAC 프로젝트의 일환으로 수행된 비선형해석결과에 의하면, 기둥 중앙높이에서의 휨모멘트의 값은 상당할 수 있을 뿐만 아니라 조건에 따라서는 기둥이 단곡률로 변형될 수 있음이 확인되었다. 이런 사실과 기둥이음의 파괴가 가져올 수 있는 문제의 심각성을 고려하여 모멘트골조기둥에 대한 특별요건이 추가된 것이다.

C.1.2 중간 모멘트골조

【해설】

이 조항의 중간모멘트골조는 1997 AISC 내진기준에 정의된 보통모멘트골조와 기본적으로 동일하다. 특수모멘트골조와 비교하여 중간모멘트골조의 제한된 회전성능 때문에 미국의 SEI/ASCE 7(ASCE, 2002)에서는 중간모멘트골조의 사용에 있어 상당한 높이 제한 및 다른 제한을 부과하고 있다.
중간모멘트골조는 특수모멘트골조에 요구되는 층간변위각의 절반에 해당되는 0.02rad 층간변위각을 인증실험을 통해 달성한 접합부설계에 근거하고 있다.

C.1.2.1 보-기둥 접합부

C.1.2.1.1 요구사항

지진하중 저항시스템에 속한 보-기둥 접합부는 다음의 조건을 제외하고는 C.1.1.1.1의 요구조건을 만족해야 한다:

(1) 접합부는 최소 0.02rad 의 층간변위각을 발휘할 수 있어야 한다.
(2) 접합부의 소요전단강도는 C.1.1.1.1에 따라 산정하되, 해석에 의하여 입증된 경우에는 V_u 보다 작은 값을 적용할 수 있다. 소요전단강도는 증폭지진하중을 사용한 KDS

41 10 15(6)의 적절한 하중조합을 이용하여 산정된 전단력을 초과할 필요는 없다.
(3) 기둥 외주면의 접합부의 휨강도는 0.02rad의 층간변위각에서 적어도 보의 공칭소성 모멘트의 80% 이상이어야 한다.

【해설】

(1) 보-기둥 접합부의 소요강도는 보양단의 소성힌지에서의 휨강도로부터 얻어진 전단력을 사용하여 산정한다.

(2) 플랜지용접-웨브볼트접합부의 웨브접합에는 고장력볼트를 사용한다. 고장력볼트의 내력은 저항계 수 1.0을 사용하여 지압강도로 산정한다. 고장력볼트의 개수는 보양단부에서 소성힌지가 발생할 때의 전단력에 중력하중을 더한 최대전단력에 대해 산정한다.

C.1.2.1.2 접합부 성능 입증

C.1.2.1.1에서 요구하는 지진하중 저항시스템의 보-기둥 접합부의 성능요건은 강구조 내진성능 접합부 인증지침에 따른다.

【해설】

1) 국가가 인정한 단일 인증기관이 존재하지 않는 바, 건축구조준의 중간모멘트골조 성능요건 및 건축구조기준 0722 내진성능 확인 절차에 준해서 성능을 입증한다.
중간모멘트골조 접합부의 요구성능의 입증은 요구되는 층간변위각이 작다는 것을 제외하고는 특수모멘트골조 접합부에 대한 것과 같다.(C.1.1.1해설 참조)

C.1.2.1.3 용접

강구조 내진성능 접합부 인증지침에 따라 예외로 인정하거나 별도로 결정된 경우를 제외하고는 보플랜지, 전단플레이트 그리고 보웨브와 기둥 사이의 완전용입용접부는 4.1.2.3.2에서 기술한 임계용접부로 고려한다.

【해설】

임계용접부의 지정을 위해서는 이 조항의 일반적인 규정 대신에 특정접합부의 시험 관련 기준이 우선되어야 한다. 즉 이 조항이 특정용접부를 임계용접부라 지정하였어도 좀 더 구체적인 기준이나 시험에서 이를 지정하지 않으면 구체적 기준이나 시험이 우선한다. 마찬가지로 이 조항에서 지정하지 않은 부위를 구체적 기준이나 시험에서는 임계용접부로 지정할 수 있다.

C.1.2.1.4 보호영역

(1) 비탄성 변형이 발생하는 보의 양단부분은 보호영역으로서 이 영역은 4.1.2.4의 요구조건을 만족해야 한다. 보호영역의 범위는 강구조 내진성능 접합부 인증지침에 따른다.
(2) 중간 모멘트골조의 보 소성힌지 영역은 보호영역으로 고려되어야 한다. 일반적으로, 비보강 접합부의 보호영역은 기둥 외주면에서부터 소성힌지점을 지나 보 높이의 1/2 지점까지 확장된 범위가 된다.

【해설】

이 절의 요구사항은 C.1.1.3과 동일하다.

C.1.2.2 보-기둥 접합부 패널존 (보웨브와 기둥 웨브가 평행한 경우)

KDS 14 31 25에 언급된 사항 외에는 부가적인 요구사항은 없다.

【해설】

KDS 14 31 05부터 KDS 14 31 50까지에 제시된 강도 및 강성에 관한 요건을 만족시키면 되며, 추가적인 요구사항은 존재하지 않는다.

C.1.2.3 보 및 기둥의 구조제한

아래의 사항과 더불어 4.1.1.1의 요구사항을 만족해야 한다.

C.1.2.3.1 판폭두께비 제한

실험에 의해 별도로 입증되지 않는 한, 보와 기둥부재들은 4.1.1.2.1의 요구사항을 만족해야 한다.

【해설】

중간모멘트골조의 경우에는 특수모멘트골조에 비해 비교적 작은 소성변형능력을 발휘하면 되기 때문에 KDS 14 31 10 표 4.2-2의 조밀단면에 대한 폭두께비를 사용한다.

C.1.2.3.2 보플랜지

소성힌지 영역에서의 급격한 보플랜지 단면의 변화는 허용하지 않는다. 드릴로서 보플랜지를 천공하거나 플랜지폭을 절취하는 것은 실험이나 인증을 통해 안정적으로 소성힌지가 발현될 수 있음을 입증한 후에 허용한다. 그 형상은 강구조 내진성능 접합부 인증지침에 따른 접합부의 형상과 일관성을 유지해야 한다.

【해설】

이 절의 요구사항은 C1.1.3.2와 동일하다.

C.1.2.4 연속판

연속판의 두께는 편측접합부에서는 접합된 보플랜지 두께의 1/2이상, 양측 접합부에서는 접합된 보플랜지 두께 이상으로 하거나, 강구조 내진성능 접합부 인증지침에 따른 접합부의 연속판과 일관성을 유지하도록 한다.

【해설】

이 절의 요구사항은 C.1.1.4와 동일하다. 상세한 논의는 C1.1.4 해설을 참고한다.

C.1.2.5 기둥-보의 모멘트비

KDS 14 31 05에서 KDS 14 31 50까지에 언급된 사항 외에는 부가적인 요구사항은 없다.

C.1.2.6 보-기둥 접합부의 횡지지

KDS 14 31 05에서 KDS 14 31 50까지에 언급된 사항 외에는 부가적인 요구사항은 없다.

C.1.2.7 보의 횡지지

(1) 보의 상하플랜지 모두 횡지지를 해야 한다. 횡지지간격은 $L_b = 0.17 r_y E / F_y$를 넘지 않도록 한다. 횡지지가새는 KDS 14 31 10(식 (4.5-7)과 식 (4.5-8))을 만족해야 한다. 여기서, $M_r = M_u = R_y Z F_y$ 그리고 $C_d = 1.0$을 사용한다.

(2) 횡지지는 집중하중이 작용하는 부근이나 단면의 변화가 생기는 위치에는 추가적으로

설치해야 한다.

(3) 횡지지의 위치는 강구조내진성능 접합부인증지침에 따른 접합부의 조건과 일관성을 유지하도록 한다.

【해설】

중간모멘트골조에 요구되는 횡지지의 간격은 특수모멘트골조의 거의 2배로 완화되었다. 보의 횡지지에 관한 상세한 논의는 C.1.1.7해설을 참고한다.

C.1.2.8 기둥의 이음

연속판의 두께는 편측접합부에서는 접합된 보플랜지 두께의 1/2이상, 양측 접합부에서는 접합된 보플랜지 두께 이상으로 하거나, 강구조 내진성능 접합부 인증지침에 따른 접합부의 연속판과 일관성을 유지하도록 한다.

C.1.3 보통 모멘트골조

이절에서 제시한 C.1.3.1.1, C.1.3.1.3과 C.1.3.4의 요구사항을 만족하지 않더라도 C.1.1.1.2와 C.1.1.4 또는 C.1.2.1.2와 C.1.2.4의 요구사항을 만족하는 접합부는 보통 모멘트골조에 사용할 수 있다. 중간 모멘트골조의 요구사항을 충족하더라도 보의 높이가 750mm를 초과하는 경우에는 보통 모멘트골조로 분류한다.

【해설】

(1) 보통모멘트골조는 거의 탄성거동 수준의 능력만을 발휘할 수 있는 지진저항시스템이다. 탄성범위에서의 취성파괴를 방지하기 위한 최소한의 요구사항들이 이 조항에 규정되어 있다. 이 절에서 제시된 규정과 상세에 의거하여 설계된 보통모멘트골조는 탄성범위에서의 취성파괴가 방지되어 최소한의 비탄성능력을 발휘할 수 있는 것으로 간주된다.

이러한 요구사항들은 1994년 미국 노스리지 지진 이후 철골모멘트골조에 대한 지진피해조사와 연구의 결과에 근거하여 규정된 것이다. 이 절에서 제시하고 있는 규정을 만족하지 않는 대형단면의 보-기둥접합부는 기둥면에서의 모멘트가 보의 항복모멘트에 도달하기 전에 용접부에서 취성파괴가 발생할 수도 있다.

실험결과에 근거하여 설계가 이루어지는 특수모멘트골조나 중간모멘트골조와는 달리 보통모멘트골조는 표준규정절차에 의하여 설계할 수 있도록 함으로써 기존실험에서 검증되지 않은 보-기둥 접합부를 별도의 인증시험을 수행하지 않고도 내진요소로서 사용할 수 있다.

(2) 해설 그림 C.1.3-1은 노스리지 지진 이전 보-기둥 접합부에 대한 실험결과를 나타낸 것이다. 이 실험결과에 의하면 보의 깊이가 증가할수록 접합부의 소성변형능력이 감소하는 것을 알 수 있다(김태진 등, 2006). 해설 그림 C.1.3-2는 보단면에서의 최대변형률과 곡률간의 관계를 나타낸 것이다. 보의 회전각은 곡률의 크기와 비례하므로 동일한 회전각에 대한 보의 높이 h가 큰 접합부의 경우에는 요구되는 최대변형률 $\epsilon_{\max}$의 값이 상대적으로 증가하는 반면 보의 소성능력은 감소하게 된다(Roeder, 2002). 이러한 실험결과와 이론적 고찰을 통하여 보의 높이가 750mm를 초과하는 경우에는 중간모멘트골조의 상세를 지니고 있어도 보통모멘트골조로 분류하였다.

(3) 보통모멘트골조에 대한 이 규정들은 주로 H형강의 사용을 위하여 작성되었지만 기술자의 판단에 따라 ㄷ형강, 조립단면, 또는 강관(HSS) 등에 대해서도 적용될 수 있다.

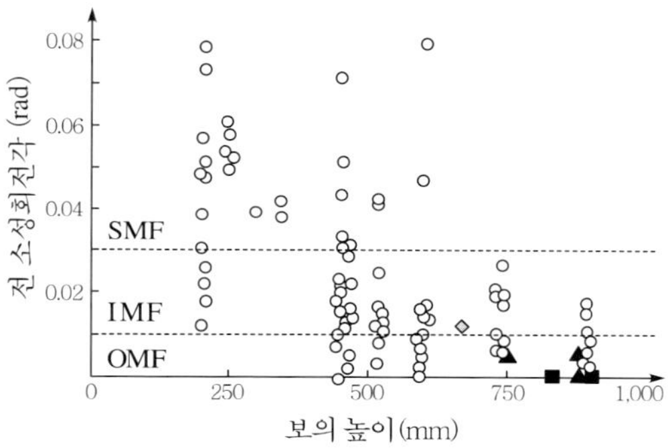

해설 그림 C.1.3-1 보의 높이에 따른 접합부 소성변형능력

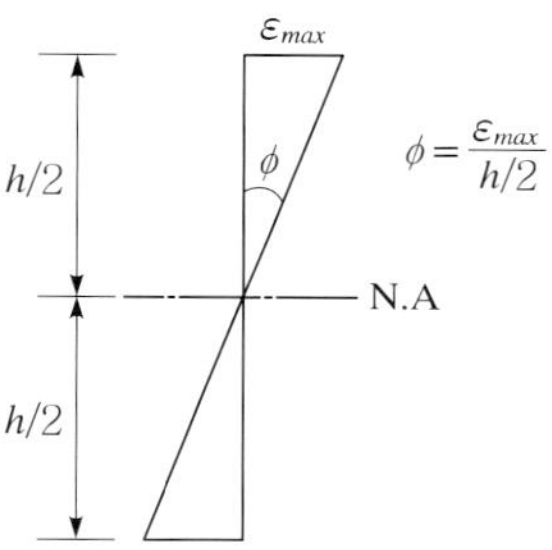

해설 그림 C.1.3-2 곡률과 최대변형률의 관계

C.1.3.1 보-기둥 접합부

보-기둥 접합부는 용접이나 고장력볼트를 사용해야 하며, 다음 규정에 따라 완전강접 또는 부분강접으로 설계할 수 있다.

【해설】

이 규정의 보통모멘트골조의 접합부에서는 탄성범위에서의 접합부 취성파괴 방지를 위한 최소한의 요구사항이 제시되었다.

C.1.3.1.1 완전강접 모멘트접합부의 요구사항

(1) 지진하중 저항시스템에 속한 완전강접 모멘트접합부의 소요휨강도는 보단면에 대한 $1.1\,R_yM_p$ 또는 구조시스템에서 발생할 수 있는 최대모멘트 중 작은 값으로 산정할

수 있으며 다음의 요구사항을 만족해야 한다.

① 용접접근공의 형상은 보플랜지에서의 응력집중이 최소화될 수 있도록 가공한다. 용접접근공의 표면거칠기는 13μm를 초과하지 않도록 하며, 노치와 가우지가 없어야 한다. 책임구조기술자의 지시에 따라 노치와 가우지를 보수하도록 한다. 엔드플레이트 볼트 모멘트접합부에서 엔드플레이트에 연결되는 보웨브에는 용접접근공을 설치하지 않는다.

② 접합부에서 인장력에 저항하는 양면 부분용입용접과 양면 필릿용접의 소요강도는 연결되는 요소나 부분에 대해서 $1.1R_yF_yA_g$로 산정한다. 접합부에서 인장력이 작용하는 부분에는 1면 부분용입용접이나 1면 필릿용접을 사용하지 않는다.

(2) 완전강접 모멘트접합부의 소요전단강도 V_u는 다음의 지진하중효과 E를 이용하여 산정한다.

$$E = 2[1.1R_yM_p]/L_h \qquad (C.1.3.1.1\text{-}1)$$

정밀한 해석에 의하여 입증된 경우에는 V_u보다 작은 값을 적용할 수 있다. 소요전단강도는 증폭지진하중을 사용한 KDS 41 10 15 의 적절한 하중조합을 이용하여 산정된 전단력을 초과할 필요는 없다.

【해설】

(1) 이 절에서는 보통모멘트골조가 허용되는 구조물에 대해서 실험이나 실험데이터를 이용하지 않고도 기술자가 접합부를 설계할 수 있도록 보통모멘트골조 접합부설계의 요구사항에 대한 표준규정을 제시하고 있다. 이러한 표준규정 설계는 강도산정과 표준규정상세에 근거하고 있다. 완전강접 모멘트접합부에 대하여, 소요휨강도는 $1.1R_yM_p$에 의한 값과 시스템에 의하여 발생할 수 있는 최대모멘트 중 작은 값으로 산정한다. 이 식에서 1.1이라는 계수는 발생 가능한 초과강도는 물론 제한된 변형경화도 고려한 것이다.

(2) 실제 지진이 요구하는 것보다도 큰 요구도를 만족하도록 보의 크기가 결정될 수도 있기 때문에 시스템에 의하여 발생할 수 있는 최대모멘트 이하로 강도요건을 제한하는 것이 합리적이다. 보에서 발생할 수 있는 최대모멘트의 크기를 제한할 수 있는 요소는 다음과 같다.

1) 기둥의 강도

2) 기초의 인발 저항강도

3) R=1을 이용하여 산정된 최대 지진력

(3) 과거의 철골모멘트골조에 비하여 접합부의 성능을 크게 향상시키기 위하여 강도에 대한 요구사항뿐만 아니라 FEMA 350(FEMA, 2000a)에서 제시된 상세의 적용도 필요하다. 다음과 같은 개선사항을 통하여, 기존의 표준상세접합부에서 발생할 수 있는 취성파괴를 지연시킬 수 있다.

1) 노치-인성이 확보된 용접금속의 사용
2) 뒷댐재의 제거, 용접루트의 뒷면 가우징, 보강필릿에 의한 뒷면 용접
3) 웨브 용접 접합부의 사용
4) 연속판의 사용

(4) 접합부취성파괴를 지연시킬 수 있는 용접접근공 형상이 FEMA 350 (FEMA 2000a)에서 제시되어 있지만, 최적화된 용접접근공의 형상에 대한 신뢰성의 문제와 실제 제작 및 적용의 어려움을 고려하여 이 규정에서는 별도로 그 형상을 규정하지 않았다. 하지만 조기의 취성파괴를 야기할 수 있는 노치와 가우징은 용접접근공에서 허용되지 않는다.

(5) 1994년 미국 노스리지 지진이후 철골보-기둥접합부에서 발견된 취성파괴의 1차적 원인으로서 뒷댐재에 의한 노치효과가 지목되었었다. 즉, 인장력이 작용하는 보플랜지의 그루브용접부에 뒷댐재와 기둥플랜지사이의 융합되지 않은 틈새가 노치효과를 발휘하여 취성파괴를 유발한 것으로 간주되었던 것이다(Popov 등, 1998). 하지만 후속연구에 따르면 뒷댐재에 의한 노치효과보다는 그루브용접루트의 결함과 3축응력 상태에서의 항복강도 증가가 취성파괴를 유발한 더 큰 요인으로 밝혀졌다(Chi 등 2000 ; Schafer 등 2000). 보의 플랜지에 작용하는 인장력은 뒷댐재로 전달되기보다는 그루브용접을 통하여 기둥 플랜지로 직접 전달되기 때문에 뒷댐재의 노치효과가 크지 않았던 것이다. 뒷댐재 제거에 의한 노치효과 저감에 비하여 현장에서의 작업에 소요되는 비용과 노력이 과도할 수 있으므로 보통모멘트골조의 용접접합부에서는 뒷댐재 제거에 대한 규정을 강제하지 않았다. 추후 뒷댐재에 대한 연구결과가 더 추가되면 이에 대한 규정을 재검토할 필요가 있을 것이다.

(6) FEMA 350(FEMA 2000a)에서는 실험데이터가 충분하지 않기 때문에, 기둥 약축방향 용접접합부를 인증하지 않았다. 기둥 약축방향 모멘트접합부에 대한 설계는 다음의 상세권장사항을 고려하여야 한다. 하부플랜지와 연결되는 연속판은 보플랜지보다 두꺼워야하고 보춤의 공칭오차를 수용할 수 있도록 이론상의 보하부면보다는 낮아야 한다. 연속판은 기둥플랜지보다 최소 75mm 이상 내밀어야하고 테이퍼를 도입하여 보 플랜지 폭 크기로 감소시킨다. 보와 연결되지 않는 기둥웨브의 반대쪽에 연속판을 반드시 설치하여야 한다. 하부플랜지의 뒷댐재는 제거하여야 하고 두꺼운 연속판에 대해서는 용접에 의한 전이를 둔다. 상부플랜지의 뒷댐재는 제거하지 않을 수 있다. 기둥 약축에 대한 완전강접접합부에 관한 정보는 LRFD Manual of Steel Construction (AISC, 2001a), Driscoll & Beedle(1982), Gilton & Uang(2002)를 참조한다.

반복재하실험을 통해 용접접근공의 사용이 엔드-플레이트 모멘트접합부에서 보플랜지의 조기파단을 유발할 수 있음이 밝혀졌다(Meng & Murray 1997). 용접접근공의 길이에 상관없이 유사한 결과가 조사되었다. 따라서 용접접근공은 엔드-플레이트 모멘트접합부에서 허용되지 않는다. 엔드-플레이트 볼트모멘트접합부의 지진 적용에 대한 정보는 Murry와 Shoemaker (2002) 및 FEMA 355D (FEMA, 2000e)를 참조한다.

C.1.3.1.2 부분강접 모멘트접합부의 요구사항

다음의 요구사항을 만족하는 경우에는 부분강접 모멘트접합부를 사용할 수 있다.

(1) 부분강접 접합부는 C.1.3.1.1에서 규정된 소요강도에 대하여 설계해야 한다.

(2) 접합부의 공칭휨강도 M_n은 연결되는 보의 M_p의 50% 이상이어야 한다. 단, 1층 구조물의 경우, 접합부의 공칭휨강도 M_n은 연결되는 기둥의 M_p의 50% 이상이어야 한다.

(3) 부분강접 모멘트접합부의 강성과 강도는 전체 골조의 안정성에 미치는 영향을 포함하여 설계에 반영하도록 한다.

(4) 부분강접 모멘트접합부에 대한 V_u는 하중조합에 의한 전단력과 접합부가 저항할 수 있는 최대 단부모멘트로부터 산출된 전단력을 합산하여 산정한다.

【해설】

(1) C1.3.1.2 에서는 부분강접접합부의 강도요구사항을 제시하고 있지만 완전히 표준화된 설계요구사항을 제공하지는 않고 있다. 부분강접접합부 설계에 관한 정보는 Leon(1990) ; Leon(1994) ; Leon & Ammerman (1990) ; Leon & Forcier (1992) ; Bjorhovde, 등(1990) ; Hsieh & Deierlein(1991) ; FEMA 355D(FEMA, 2000e)를 참조한다.

(2) 이번 기준에서는 부분강접모멘트골조 내진설계에서 보-기둥 접합부 강도 조항을 합리화하였다.

C.1.3.1.3 용접

보플랜지, 전단플레이트, 그리고 보웨브와 기둥사이의 완전용입용접부는 4.1.2.3.2에서 기술한 임계용접부로서 고려한다.

C.1.3.2 보-기둥 접합부의 패널존 (보웨브와 기둥 웨브가 나란한 경우)

KDS 14 31 25에 언급된 사항 외에는 부가적인 요구사항은 없다.

【해설】

KDS 14 31 05부터 KDS 14 31 50까지에 제시된 강도 및 강성에 관한 요건을 만족시키면 되며, 추가적인 요구사항은 존재하지 않는다.

C.1.3.3 보와 기둥의 구조제한

4.1.1.1 이외의 추가로 요구되는 사항은 없다.

C.1.3.4 연속판

(1) 완전강접 모멘트접합부에서 보의 플랜지 또는 보-플랜지 연결플레이트를 기둥 플랜지에 직접 용접하는 경우에는 연속판을 설치해야 한다. 또한, 기둥 플랜지의 두께가 다음 조건에 해당하는 경우에도 연속판을 설치해야 한다 .

$$t_{cf} < 0.54\sqrt{b_f t_{bf} F_{yb} / F_{yc}} \qquad \text{(C.1.3.4-1)}$$

또는,

$$t_{cf} < b_f / 6 \qquad \text{(C.1.3.4-2)}$$

(2) 연속판이 필요한 경우 두께는 다음에 따라 산정한다.
  ① 일방향 접합부(편측 접합부)에서 연속 판두께는 보플랜지 두께의 1/2이상으로 한다.
  ② 양방향 접합부(양측 접합부)에서 연속 판두께는 연결되는 보플랜지의 두께 중 큰 것 이상으로 한다.

(3) 기둥 플랜지와 연속판의 용접부는 완전용입용접이나 필릿용접으로 보강된 양면 부분용입용접 또는 양면 필릿용접에 의하여 제작한다. 이러한 용접부의 소요강도는 연속판과 기둥 플랜지의 접촉면에서의 설계강도보다 커야 한다. 연속판과 기둥 웨브의 용접부의 소요강도는 다음 중 가장 작은 값으로 한다:
  ① 기둥 플랜지와 연속판의 접합부에서 설계강도의 합
  ② 기둥 웨브와 연속판 접촉면에서의 설계전단강도
  ③ 기둥패널존의 설계전단강도를 발휘하는 용접의 설계강도
  ④ 보강재에 의하여 전달되는 실제응력

【해설】

이 조항에서는 보 또는 보플랜지 연결플레이트가 용접된 기둥 플랜지의 두께가 주어진 공식에 의한 요구사항을 만족하지 않을 경우에 연속판을 사용하도록 요구하고 있다. 용접플랜지나 용접플랜지플레이트를 사용하는 모든 모멘트골조접합부에는 연속판을 반드시 설치하여야 된다는 요구사항은 1994년 노스리지 지진 직후 모멘트 골조에 대해 발효된 많은 요구사항 중의 하나였다. FEMA/SAC 프로젝트의 일부로서 수행된 El-Tawil과 Kunnath의 유한요소해석과 Ricles의 실험연구를 통하여 기둥플랜지가 공식의 요구사항을 만족하는 경우에는 연속판의 유무에 상관없이 접합부에서의 보플랜지 응

력값이 거의 변동하지 않는다는 것이 밝혀졌다. 이 내진규정에서는 특수모멘트골조와 중간모멘트골조의 경우에 대하여 실제 실험조건과 부합하는 연속판을 사용하도록 하고 있다.

C.1.3.5 기둥-보의 모멘트비

별도의 요구사항은 없다.

C.1.3.6 보-기둥 접합부에서의 횡지지가새

KDS 14 31 05에서 KDS 14 31 50까지에 언급된 사항 외에는 부가적인 요구사항은 없다.

C.1.3.7 보의 횡지지가새

KDS 14 31 05에서 KDS 14 31 50까지에 언급된 사항 외에는 부가적인 요구사항은 없다.

C.1.3.8 기둥의 이음부

기둥의 이음부는 4.1.1.4.1의 요구사항에 따른다.

C.1.4 특수중심 가새골조

【해설】

(1) 중심가새골조는 수평하중에 저항하는 수직트러스시스템을 형성하기 위하여 부재들의 중심선이 한 점에서 교차하도록 구성된 가새골조로 정의한다. 일반적인 중심가새골조의 형상에는 해설 그림 C.1.4-1과 같이 대각 가새골조, X-형 가새골조, V-형 및 역V-형 가새골조 등이 있다. 인장력만 작용하는 가새는 특수중심가새골조에 사용할 수 없다. 탄성범위내에서는 중심가새골조는 기하학적 형상으로 인해 부재가 탄성범위 내에서 축력만 받는 트러스작용을 한다. 하지만 중간 또는 큰 규모의 지진이 발생할 경우, 가새부재와 접합부는 좌굴이후에 상당한 비탄성변형이 예상된다.

(2) 큰 규모의 지진이 발생할 경우, 중심가새골조 내 가새부재는 좌굴이후 상당한 인장 및 압축의 반복변형을 받게 된다. 그 결과, 모멘트골조의 보와 기둥에서와 같이 소성힌지가 형성되는 부분에 반복회전변형이 발생한다. 일반적인 중심가새골조 내의 가새부재는 대략 층고의 0.3~0.5% 층간변위 수준에서 항복 및 좌굴이 예상된다. 큰 규모 지진 발생 시 가새부재는 좌굴이후 항복변형의 20~30배 가량의 변형을 받게된다. 따라서 가새부재의 조기파괴없이 이러한 큰 변형을 수용할 수 있기 위해서는 적절한 상세가 요구된다.

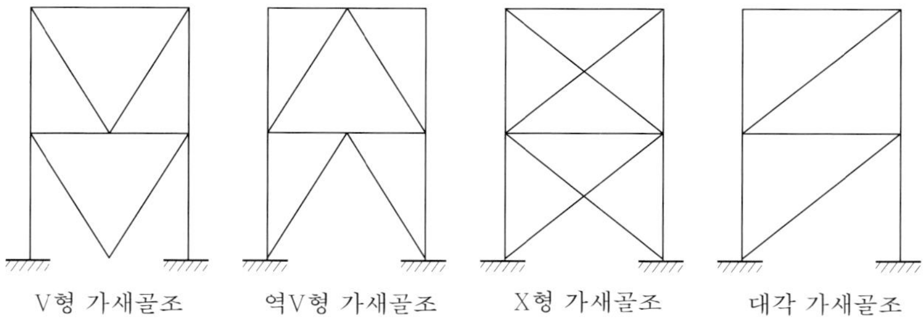

해설 그림 C.1.4-1 중심가새골조 형상

(3) 과거 지진이나 실험결과를 살펴보면 중심가새골조의 한정된 연성능력과 이로 인한 취성파괴에 의해 골조의 손상이 관찰되었는데, 이는 주로 접합부나 가새부재의 파괴에 기인한다. 판폭두께비가 큰 가새부재는 심각한 국부좌굴을 유발하고 이 부분에 휨변형이 집중되며 결국 연성저하의 원인이 된다. 중심가새골조 내의 가새부재는 심각한 국부좌굴이 발생하기 쉬운데, 이는 작은 층변형에서도 비탄성영역에서의 효율성을 저하시킨다. 가새부재의 조기파괴에 따른 큰 층변위는 골조 내 보 및 기둥 또는 이들 접합부에 과도한 연성의 요구로 이어진다.

(4) 연구결과에 따르면, 적절하게 부재 및 상세를 설계하고 적절한 형상을 갖는 중심가새골조는 기존의 중심가새골조에 비해 상당히 큰 연성능력을 발휘하는 것으로 밝혀졌다. Goel 등의 많은 해석 및 실험결과에 의하면, 설계변수를 개선하면 중심가새골조의 좌굴이후 거동을 크게 향상시킬 수 있다(Goel, 1992b; Goel, 1992c). 개선된 설계변수에는 국부좌굴 방지를 위한 판폭두께비의 제한, 근접한 단속긴결재의 배치 및 단부접합부에 대한 특별한 설계 및 상세 등을 포함한다. 특수중심가새골조에 대한 설계요구사항은 이러한 연구 및 개발 결과를 기초로 하고 있다.

과거의 중심가새골조에 대한 요구사항은 전체 좌굴을 제한하여 골조의 안정적 거동을 확보하는 것에 주안점이 있었다. 대각가새 시스템에 대한 반복가력 실험결과에 따르면, 국부좌굴에 의한 조기파단, 불안정 문제 및 접합부 파단이 적절하게 방지될 수 있다면 좌굴 이후에도 에너지가 소산될 수 있음이 밝혀졌다. 이 규정에 따라 연성확보를 위해 상세를 적절하게 설계한 경우, 대각가새가 조기파단 없이 많은 비탄성변형을 수용할 수 있을 것으로 기대된다.

중심가새골조에 대한 초기 기준에 따라 엄격하게 설계된 가새시스템에 대한 해석연구결과에 따르면, 충분한 에너지소산 이전에 가새가 파단되는 것으로 예측되었다(Tang and Goel, 1987; Hassan and Goel, 1991). 파단은 소성힌지(큰 판폭두께비에 의한 국부좌굴) 및 접합부에서 주로 발생한다. 소성힌지는 통상 가새단부와 중앙에서 발생한다. 안정적인 연성거동을 확보할 수 있도록 설계된 가새시스템의 해석모델은 파단없이 완전하고 안정적인 이력거동을 보여준다. 이와 유사한 실험결과는 Wallace and Krawinkler(1985) 및 Tang and Goel(1989)의 실대 실험결과에서도 확인할 수 있다.

이중ㄱ형강 및 이중ㄷ형강 가새는 연성과 에너지소산능력을 향상시키기 위해 엄격한 판폭두께비 규정은 물론이고 단속긴결재 간격이 작아야 한다. 이는 좌굴에 의해 큰 전단력이 단속긴결재로 전달되는 현상이 이중ㄱ형강 및 이중ㄷ형강 가새에 크게 작용하기 때문이다.

규모가 큰 지진하중 작용 시 중심가새골조의 접합부의 파괴가 많이 보고되었다. 또한, 통상의 중심가새골조 기준에 따라 부재 및 상세를 설계한 실험체의 반복가력 실험에서도 이와 유사하게 접합부의 파괴가 보고되었다(Astaneh- Asl, Goel and Hanson, 1986). 비록 통상의 설계 실무에서는 접합부를 축력에 대해서만 설계하지만, 바람직한 좌굴이후의 거동을 확보하기위해서는 편심에 대한 고려가 요구되는데 이는 접합부가 지지해야 하는 최대하중을 기초로 해야 한다.

거셋플레이트가 면내로 좌굴하는 가새부재의 단부를 설계할 때 가새부재의 최대축강도 및 휨강도로 설계해야 한다. 접합부의 고정도를 감안하여 실제에 가까운 유효좌굴길이가 사용되어야 한다.

(5) 단일판 거셋플레이트가 면외로 좌굴하는 가새부재의 경우, 가새부재의 단부회전에 의해 거세트판의 약축방향 휨을 유발한다. 이 경우 거셋플레이트에 구속 없는 소성회전을 허용함으로써 만족할 만한 성능을 확보할 수 있다. 이를 위해서는 가새부재 끝단과 거셋의 구속선 사이에 충분한 여유길이가 요구된다. 하지만 이 길이는 가새부재의 좌굴발생 이전에 거셋플레이트에 좌굴이 먼저 생길만큼 길어서는 안 된다. 이 여유길이는 거셋플레이트 두께의 2배 정도를 권장한다(Astaneh-Asl and others, 1986). 여유길이는 가새부재 끝으로부터 면외회전이 구속된 가새단부와 가장 가까운 점으로부터 가새 중심선과 직각으로 측정한 길이이다(해설 그림 C.1.4-2). 대안으로 십자형 거셋플레이트와 같이 양방향으로 강성을 갖는 접합부를 사용할 수 있다. 실험결과에 따르면 접합판 보다는 가새로 소성힌지를 유도하는 경우가 에너지 소산능력이 큰 것으로 밝혀졌다.

강진에 의한 큰 에너지소산능력 요구에 대하여 신뢰할 수 있는 거동이 확보되도록 특수중심가새골조의 설계 및 접합부에 엄격한 규정이 요구되는 대신 보통중심가새골조보다 큰 값의 반응수정계수가 부여된다. 가새접합부는 골조의 기둥이나 보는가 가새요소의 연속조건을 침해해서는 안된다. 이 규정은 접합부에서 가새시스템의 면외방향 안정성을 확보하기 위하여 필요하다.

(6) 해설 그림 C.1.4-3에 나타낸 2개 층 X형가새 및 지퍼기둥을 도입하면 1개층에 소성변형이 누적되는 현상이 완화되므로 역V형 특수중심가새골조보다 훨씬 우수한 내진성능을 확보할 수 있다.

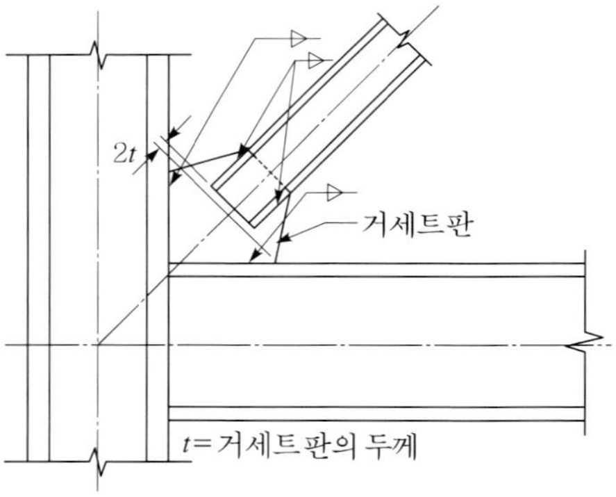

해설 그림 C.1.4-2 면외좌굴 가새골조시스템의 가새부재와 거세트판 접합부 요구사항

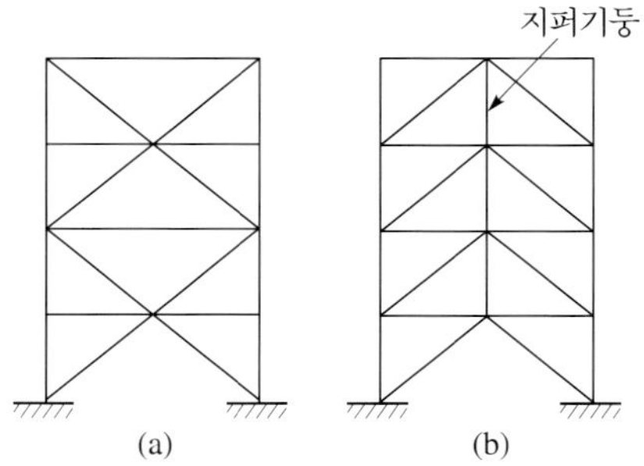

해설 그림 C.1.4-3 (a) 2층 X형 가새골조 (b) 지퍼기둥을 갖는 역V형 가새골조

C.1.4.1 가새부재

C.1.4.1.1 세장비

가새부재의 세장비는 다음 조건을 만족해야 한다.

$$Kl/r \le 4\sqrt{E/F_y} \qquad (C.1.4.1.1-1)$$

$4\sqrt{E/F_y} < Kl/r \le 200$인 가새부재는 기둥의 설계강도가 가새부재의 공칭강도에 R_y를 곱하여 산정한 기둥으로 전달되는 최대하중 이상인 경우에만 허용한다. 기둥의 강도는 비선형해석 또는 시스템으로부터 전달되는 최대요구강도를 초과할 필요는 없다.

【해설】

(1) 특수중심가새골조에 대한 세장비(Kl/r)의 상한은 200이다. 연구에 따르면 압축에 대하여 세장한 가새부재를 갖는 가새골조는 내재하는 인장초과강도에 의해 양호한 거동을 한다.

(2) 세장비가 $4.0\sqrt{E/F_y}$를 초과하는 세장한 가새는 가새골조 내 기둥 설계 시 증폭지진하중의 초과강도 계수가 아닌 가새의 초과강도 효과를 직접 고려한 경우에만 허용된다.

(3) Tang & Goel(1989) 및 Goel & Lee(1992)의 연구에 따르면, 일반적으로 가새부재의 세장비가 커질수록 좌굴이후 반복재하에 따른 취성파단에 대한 수명도 증가하는 것으로 보고되었다.

C.1.4.1.2 소요강도

가새부재의 유효 순단면적이 총단면적보다 작은 경우, 가새부재의 순단면 파단 한계상태에 대한 소요인장강도는 다음 중 작은 값보다 커야 한다.

(1) $R_yF_yA_g$의 식으로 산정한 가새부재의 예상 인장항복강도

(2) 해석으로 산정한 시스템에 의해 가새에 전달될 수 있는 최대 하중효과

【해설】

(1) 순단면파단에 대한 가새부재의 소요강도는 예상가새강도를 기준으로 산정한다. 가새부재에 사용되는 강재 전부는 아니지만 일부는 실제 항복강도가 공칭항복보다 상당히 클 수 있고 심지어는 예상항복강도가 예상인장강도와 유사한 경우도 있다. 이러한 경우, 상당한 양의 가새부재 단면감소는 허용될 수 없으며 접합부의 가새부재에는 국부적인 보강이 필요할 수 있다. 이러한 단면을 보강하지 않는 경우, 순단면의 파단이 지배하는 한계상태에 이르며 결국 연성능력이 심각하게 감소하게 된다(Korol, 1996; Cheng, Kulak & Khoo 1998).

(2) 단면의 감소가 없거나 가새부재 총단면적 이상으로 보강된 경우, 이 규정은 적용하지 않는다. 보강의 목적이 상당한 크기의 연성능력 발휘 이전에 순단면이 파단되지 않기 위함이므로 단면적의

감소가 없는 경우 충분한 연성을 발휘할 것으로 예상된다.

(3) 보강재를 사용할 경우, 설계단계에서 가정하였던 응력상태와 일치하는 방법으로 가새와 접합하여야 한다. 가새부재와 보강재의 접합은 감소된 단면쪽의 보강재 강도에 대하여 설계할 것을 권장한다.

(4) 이 규정은 단면이 감소된 가새부재에 적용한다. 거셋플레이트접합부에 슬롯이 있는 강관가새가 가장 전형적인 경우다.

C.1.4.1.3 횡하중 분배

동일 가새열에서 각 가새부재의 압축 설계강도가 증폭지진하중을 포함하는 KDS 41 10 15의 하중조합에 의한 소요강도보다 크지 않을 경우에는, 그 가새열에 작용하는 횡하중의 최소 30%, 최대 70%를 인장가새에 의해 저항할 수 있도록 가새부재를 엇갈린 방향으로 배치해야 한다. 여기서 동일 가새열이라 함은 단일 가새열 또는 가새열에 직각방향으로 건물폭의 10% 이하의 오프셋을 갖는 평행한 가새열을 말한다.

【해설】

(1) 가새부재의 좌굴 이후 압축강도는 인장강도에 비해 상당히 작기 때문에 건축물의 폭과 너비방향으로 인장과 압축저항성능의 균형을 맞추기 위한 규정이다. 인장재와 압축재 사이의 양호한 균형은 한 방향으로의 비탄성 변형의 누적을 막는데 도움을 준다.

(2) 가새부재가 탄성거동을 할 정도로 크게 설계된 경우는 예외로 한다.

C.1.4.1.4 판폭두께비 제한

기둥 및 가새부재는 4.1.1.2.2의 요구사항을 만족해야 한다.

【해설】

(1) 일반적으로 가새부재는 좌굴 이후에는 거의 연성을 발휘할 수 없는데 이는 좌굴에 의하여 가새부재 중앙에 소성힌지가 발생하기 때문이다. 소성힌지가 발생하는 지점에서의 국부좌굴은 큰 변형도를 유발하고 결국 작은 변형에서 파단에 이르게 된다. 조밀한 단면요소를 갖는 가새부재는 국부좌굴을 미연에 방지하여 큰 연성능력을 발휘하는 것으로 밝혀졌다(Goel 1992b ; Hassan & Goel 1991 ; Tang & Goel 1989). 가새부재 압축요소의 판폭두께비는 비탄성반복하중에서 국부좌굴의 불리한 효과를 최소화하기 위하여 조밀한 단면의 요구조건과 같거나 약간 더 엄격하게 설정되었다.

(2) 실험결과에 따르면 국부좌굴에 의한 파단은 규정된 한계 이상의 판폭두께비를 갖는 강관부재에서 쉽게 발생한다(Hassan & Goel 1991 ; Tang &Goel 1989 ; Yang & Mahin 2005). 강관부재는 4.1.1.2.2 조항을 만족시키기 위해서 보강할 수 있다.

(3) 특수중심가새골조 내 기둥의 휨 및 회전능력에 대하여 4.1.1.2.2와 동일한 제한사항을 적용한다.

이는 기둥이 특수중심가새골조의 안정성에 많은 영향을 주기 때문이다(Tremblay 2001, 2003). 또한 특수중심가새골조의 경우, 상당한 층간변위가 발생될 수 있으며, 결과적으로 기둥에 비탄성 회전이 유발될 수도 있다. (Sabelli 등 2003).

(4) 각형강관의 연성과 파단수명을 향상시키는 방법은 다양하다. 강관벽은 종방향의 리브판이나 작은 ㄱ형강으로 보강할 수 있다(Liu & Goel 1987). 콘크리트 충전강관은 부재의 좌굴이후 영역에서 국부좌굴을 감소시키는데 상당히 효과적인 것으로 알려졌다(Liu & Goel 1988 ; Lee &Goel 1987) .

(5) 대형 단일강관을 사용하는 대신에 소형 이중강관을 긴결하여 접합하고 가새부재 단부접합부를 단일판 또는 십자형거세트판과 접합하는 방식을 사용할 수 있는데, 이는 이중ㄷ형강 또는 이중ㄱ형강을 등대기접합(back-to-back)형식으로 접합하는 것과 유사하다. 이와 같은 이중강관의 사용은 다음과 같은 장점이 있다.

1) 조립 중의 맞춤 문제를 줄일 수 있다.

2) 동일한 단면의 전체폭에 대하여 판폭두께비를 줄일 수 있다.

3) 대부분 면내좌굴이 발생하여 거셋플레이트 의 면외휨 문제를 해결할 수 있다.

4) 가새부재에 3개의 소성힌지가 발생하여 에너지 소산능력이 커진다.

5) 단일강관 및 단일 거세트판을 사용하는 부재는 면외좌굴이 발생할 경우 유효좌굴길이계수 K=1.0을 사용하는데 비해 이중강관의 $K=0.5$에 가깝기 때문에 큰 강도를 갖는다.

C.1.4.1.5 조립가새 부재

(1) 단속긴결재 사이의 가새세장비 l/r은 조립가새 부재의 지배세장비의 0.4배 이하이어야 한다.

(2) 단속긴결재의 설계전단강도의 합은 개재의 설계인장강도 이상이어야 한다.

(3) 단속긴결재의 간격은 일정해야 한다.

(4) 최소 2개 이상의 단속긴결재를 사용해야 한다.

(5) 볼트 단속긴결재는 가새 부재 중앙으로부터 가새 순길이의 1/4 이내에는 설치하지 않는다.

다만 임계좌굴축에 대한 조립가새 부재의 좌굴에 의하여 단속긴결재에 전단이 발생하지 않는 경우, 단속긴결재 사이의 가새 세장비 l/r은 조립가새 부재의 지배세장비의 0.75배 이하로 할 수 있다.

【해설】

(1) 보통중심가새골조에 비해 특수중심가새골조는 단속긴결재의 간격은 작게 하고 강도는 크게 해야 한다 (Aslani & Goel 1991 ; Xu & Goel 1990). 이 규정은 단속긴결재 사이의 개별 구성요소의 휨

에 의한 가새부재의 조기파괴를 방지하기 위함이다.

(2) 가새부재 좌굴이 단속긴결재의 전단에 영향을 주지 않는 경우 보다 넓은 간격으로 배치할 수 있는 예외규정을 둔다.

(3) 볼트 단속긴결재는 가새부재 중앙으로부터 순길이의 1/4 이내에는 설치하지 않도록 규정하고 있는데, 이는 이 영역의 볼트구멍이 존재함에 따라 좌굴 이후 소성힌지 발생에 의한 조기파단의 원인이 될 수 있기 때문이다.

C.1.4.2 가새접합부의 소요강도

C.1.4.2.1 소요인장강도

가새접합부의 소요인장강도는 다음 중 작은 값을 적용한다. 보-기둥 접합부가 가새시스템의 일부를 구성하는 경우도 이에 해당한다.

(1) $R_yF_yA_g$의 식으로 산정한 가새부재의 예상인장항복강도

(2) 해석으로 산정한, 시스템에 의해 가새에 전달될 수 있는 최대하중효과

【해설】

(1) 특수중심가새골조의 가새부재는 연성적으로 항복에 도달할 수 있도록 지배한계상태가 전단면 인장항복이 되도록 요구되므로 블록전단파괴와 같은 국부적인 접합부의 파괴양상은 배제되어야 한다. 따라서 이러한 파괴모드에 대한 계산에는 가새부재가 발현시킬 수 있는 최댓값이 사용되어야 한다. 두 규정 중 작은 값을 가새부재접합부와 기둥-보접합부(보-기둥접합부가 가새시스템의 일부인 경우)의 소요강도를 산정할 때 사용한다. 두 규정은 가새부재의 예상인장강도와 시스템으로부터 가새부재에 전달할 수 있는 최대하중을 의미한다. 여기에서 상위 한계는 인장가새가 아닌 다른 부재(예를 들어 시스템 내에서 증폭지진하중을 사용한 하중조합을 적용하여 설계한 기초 등)에 의해 시스템의 강도가 결정되는 구조물을 위하여 규정하고 있다.

(2) 상황에 따라 다음과 같이 다양한 방법으로 최대전달하중을 산정할 수 있다.

1) 푸시오버해석(비선형정적해석)을 수행하여 골조가 최대하중에 이르렀을 때(붕괴기구 형성) 작용하는 접합부의 하중을 산정.

2) 기초의 인발 이전에 발현되는 하중을 산정(얕은기초, 확대기초). 이런 방식의 설계조건 완화는 일반적으로 깊은 기초에는 적용하지 않으며, 이는 기초의 인발발생 시점을 정확하게 결정하기 어렵기 때문이다.

3) 일련의 비선형시간이력해석을 수행한 후, 접합부 설계응력을 산정.

상기 세 가지 방법에 따라 최대접합부하중을 산정하는 것은 실제 설계프로젝트에서 일반적인 방법은 아니다. 일부의 경우에는 이런 방법을 통하여 작은 값의 접합부설계응력을 얻을 수도 있을 것이다. 그러나 개념적으로 지진운동의 특성이 아주 명확한 것이 아니기 때문에 하중이 정확하게

산정되기를 기대하는 것은 비현실적이다. 상기의 세 가지 방법은 모두 실제와 다른 횡하중분배의 가정을 기초로 한다. 방법 3)이 가장 정확한 가정일 수도 있지만 가장 많은 계산량을 요구한다.

C.1.4.2.2 소요휨강도

> 가새접합부의 소요휨강도는 임계좌굴축에 대한 가새부재의 $1.1R_yM_p$로 산정한다.
> 다만 C.1.4.2.1의 요구사항을 만족하고 가새부재의 좌굴이후 비탄성회전을 수용할 수 있는 가새부재 접합부는 이 규정을 따르지 않아도 된다.

【해설】

(1) 특수중심가새골조는 큰 지진 발생 시 가새부재의 중심 및 양단부에 소성힌지가 발생하며 반복 좌굴을 경험하게 된다. 가새부재의 회전에 의한 파괴를 방지하기 위해서는 가새접합부는 비탄성변형을 가새로 국한시킬 수 있도록 충분한 강도를 갖거나 가새부재 단부회전을 수용할 수 있는 충분한 연성을 확보해야한다.

(2) 실험결과에 의하면 단일판 거셋플레이트를 사용할 경우, 휨을 받는 가새축에 수직인 선으로부터 가새부재 끝단이 거셋플레이트 두께의 최소 2배 이상 떨어지면 가새부재 단부의 회전을 수용할 수 있는 것으로 보고되었다(Astaneh-Asl & others 1986). 이러한 상세는 해설 그림 C.1.4-2를 참조한다. 이러한 상세를 이용한 이력거동은 해설 그림 C.1.4-4에 도시되어 있다. 해설 그림 C.1.4-2의 '2t'는 최소 이격거리이다. 실제 설계에서는 설치 오차를 고려하여 약 '3t' 정도를 사용할 것을 권장한다.

(3) 동일한 접합부에서 한쪽 방향은 고정단, 다른 방향으로는 핀접합이 사용된 경우, 각 방향의 고정도를 고려하여 임계좌굴축을 결정하여야 한다.

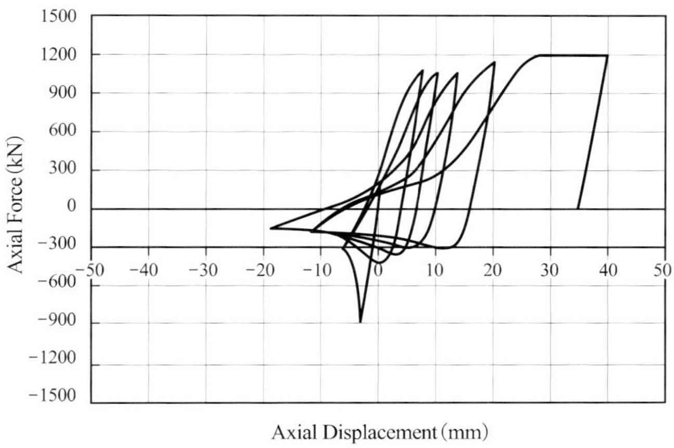

해설 그림 C.1.4-4 스트럿의 $P-\delta$곡선

C.1.4.2.3 소요압축강도

가새접합부는 가새부재의 좌굴한계상태를 기초로 $1.1R_yP_n$의 식으로 산정된 값 이상의 소요압축강도를 보유하도록 설계한다. 여기서, P_n은 가새부재의 공칭압축강도이다.

C.1.4.3 가새배치에 따른 특별요구사항

C.1.4.3.1 V형 및 역V형 가새골조

V형 및 역V형 가새골조는 다음 조건을 만족해야 한다.

(1) 가새부재와 접합하는 보와 접합부 및 지지부재의 소요강도는 가새부재가 고정하중 및 활하중을 부담하지 않는다는 가정 하에 KDS 41 10 15의 하중조합에 따라 산정한다. 지진하중을 포함하는 하중조합의 경우 보에 작용하는 지진하중효과 E는 다음과 같이 산정한다.

① 인장력을 받는 모든 가새의 인장력은 $R_yF_yA_g$로 산정한다.

② 인장가새와 인접한 압축가새의 압축력은 $0.3P_n$으로 산정한다.

(2) 보는 기둥사이에서 연속이어야 하며 보의 상하플랜지는 비지지길이 $L_b \le L_{pd}$가 되도록 횡지지해야 한다.

① 웨브면 내에 재하되며 인장측 플랜지 보다 작지 않은 압축측 플랜지를 갖는 1축대칭, 2축대칭 H형강의 경우

$$L_{pd} = \left[0.12 + 0.076\left(\frac{M_1}{M_2}\right)\right]\left(\frac{E}{F_y}\right)r_y \quad \text{(C.1.4.3.1-1)}$$

여기서, M_1 : 보의 횡지지점 모멘트 중 작은 값 (N·mm)

M_2 : 보의 횡지지점 모멘트 중 큰 값 (N·mm)

r_y : 약축에 대한 단면2차반경 (mm)

(M_1/M_2)는 복곡률 모멘트의 경우 정(+), 단곡률 모멘트의 경우 부(−)로 한다.

② 각봉 및 대칭 상자형 단면의 경우

$$L_{pd} = \left[0.17 + 0.10\left(\frac{M_1}{M_2}\right)\right]\left(\frac{E}{F_y}\right)r_y \ge 0.10\left(\frac{E}{F_y}\right)r_y \quad \text{(C.1.4.3.1-2)}$$

원형 혹은 정방형 단면의 부재 및 약축에 대해 휨을 받는 보의 경우 L_b에 대한 제한이 없다.

(3) 보의 횡지지재는 KDS 14 31 10(식 (4.5-7)과 식 (4.5-8))을 만족해야 한다. 여기서, $M_r = M_u = R_y Z F_y$ 이고, $C_d = 1.0$이다.

(4) 가새접합부의 안정성 확보를 위한 충분한 보의 면외 강도 및 강성을 확보하지 못한 경우, V 또는 역V형 가새의 교차점에 최소 1쌍의 횡지지재를 설치해야 한다.

【해설】

(1) V형 및 역V형 가새골조는 가새 양단이 보-기둥 접합부에 접합되는 여타 가새골조와 확연히 구분되는 특수한 문제를 내포하고 있다. 특수중심가새골조의 예상거동은 연속적인 횡변형 하에서 압축가새부재는 좌굴에 의해 내하력이 감소하고 인장가새부재는 항복할 때 까지 내하력이 증가하는 거동을 보여야 한다. 이러한 거동이 확보되기 위해서는 불균형 수직하중을 보, 접합부 및 보를 지지하는 부재에 의해 저항될 수 있어야 한다. 특수중심가새골조의 횡강도 감소를 방지하기 위해서는 좌굴 이후 하중재분배에 의한 불균형하중과 중력하중의 조합력을 저항할 수 있도록 보가 충분한 강도를 보유해야한다.

(2) 실험결과에 따르면, 일반 가새부재는 좌굴이후 초기압축강도의 약 30% 정도에 이르는 잔존좌굴강도를 보유하고 있는 것으로 알려졌다(Hassan & Goel 1991). 단, 매우 세장한 가새부재는 훨씬 더 큰 좌굴 이후의 강도를 보유하지만 이 추가강도가 불균형하중에 미치는 영향은 매우 작아 무시할 수 있다. 또한, 극단주(stocky braces)의 범주에 속하는 가새부재(세장비 60 이하) 역시 상당한 좌굴이후강도를 보유하지만 이러한 가새부재는 건축물에 사용되는 경우가 드물다. 이 초기 압축강도의 30% 선이 인접 인장가새의 완전항복하중과 조합에 사용 되는 최대 압축하중이다. 완전인장하중은 $R_y P_y$ 범위로 예상할 수 있다.

(3) 가능하면 보의 경간 중심으로부터 상당히 떨어진 지점에서 보와 가새부재가 접합하는 형상은 피해야 하는데, 이는 이러한 형상은 위에서 기술한 불균형 하중조건을 악화시키기 때문이다. 상기 불균형 하중효과는 V형과 역V형가새골조를 층마다 번갈아 설치하여 2개 층 단위로 X형가새골조의 형상을 만들거나 V형 또는 역V형가새골조에 "지퍼기둥(zipper column)"을 설치하여 감소시킬 수 있다(Khatib 등 1988) (해설 그림 C.1.4-3 참조).

(4) 보의 횡비틀림 좌굴을 방지하기 위하여 가새-보접합부에 적절한 횡지지가 필요하다. 가새-보접합부의 안정성은 보의 휨 및 압축력뿐만 아니라 가새의 좌굴 이후 가새의 굽힘에 의한 비틀림응력의 영향을 받는다.

C.1.4.3.2 K형 가새골조

K형 가새골조는 특수중심 가새골조의 범주에 포함할 수 없다.

【해설】

K형가새골조는 역V형가새골조와 유사하게 압축가새좌굴 및 인장가새 항복시의 불균형력이 기둥의 소성화를 유발할 수 있기 때문에 특수중심가새골조의 범주에서 배제하였다. 이는 가새로부터 불균형 하중을 받는 기둥이 파괴될 수 있기 때문이다.

C.1.4.4 기둥이음

(1) 특수중심 가새골조의 기둥이음은 4.1.1.4의 요구사항을 만족해야 하며, 기둥이음은 이음부 상하부재 중 작은 설계휨강도의 50%보다 크도록 설계한다.
(2) 특수중심 가새골조 기둥이음의 소요전단강도는 $\Sigma M_{pc}/H$에 의하여 산정한다. 여기서, ΣM_{pc}는 이음부 상하기둥의 공칭소성휨강도의 합이다.

【해설】

(1) 규모가 큰 지진 발생 시, 중심가새골조의 기둥은 가새부재의 좌굴 및 항복 이후 상당한 휨을 받게 된다. 탄성해석에 의한 탄성설계과정에서는 이 기둥의 휨강도가 활용되지 않지만, 특수중심가새골조의 기둥은 골조에 상당한 크기의 비탄성변형이 발생하는 동안 골조의 횡강도를 유지해야 한다. 따라서 특수중심가새골조의 기둥은 적절한 판폭두께비와 전단 및 휨강도를 보유해야 한다.
(2) 기둥이음 역시 비탄성영역에서의 파괴를 방지하기 위하여 충분한 강도를 보유해야 한다. 특수중심가새골조에 대한 해석연구에 따르면, 기둥이 층전단력의 40% 정도를 부담할 수도 있는 것으로 보고되었다(Tang & Goel 1987 ; Hassan & Goel 1991). 이중골조시스템 내의 특수중심가새골조와 특수모멘트골조에 동시에 속한 기둥이 되는 경우에는 기둥이 층전단력의 50% 정도까지도 부담하게 된다. 개별가새의 이력거동은 핀칭이 심하게 나타나지만 특수중심가새골조 전체의 이력거동은 핀칭현상이 없는 꽉찬 이력거동에 가깝다. (Hassan & Goel 1991 ; Black 등 1980), (해설 그림 C.1.4-5 참조).

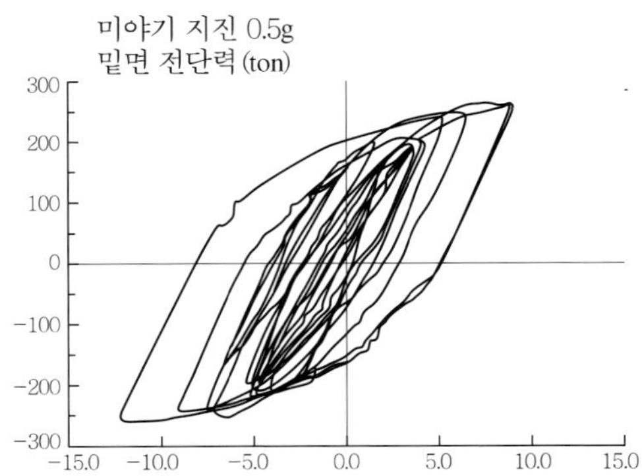

해설 그림 C.1.4-5 특수중심가새골조의 밑면전단-층변위 곡선

C.1.4.5 보호영역

(1) 특수중심 가새골조의 가새부재의 보호영역은 가새길이의 중앙부 1/4 영역과 각 접합부로부터 가새부재의 좌굴면의 높이만큼 인접한 영역을 포함한다.
(2) 특수중심 가새골조의 보호영역은 가새와 보 또는 기둥의 접합요소를 포함해야 하고 4.1.2.4의 요구사항을 만족해야 한다.

【해설】

(1) 비탄성변형 발생이 예상되는 곳에 용접 또는 점용접에 의해 철물을 부착시키면 이 부분의 파단을 유발할 가능성이 있다. 특수중심가새골조에서의 이러한 영역(보호영역)에는 거셋플레이트와 가새부재의 예상 소성힌지 발생영역이 포함된다.
해설 그림 C.1.4-6 및 해설 그림 C.1.4-7은 각각 역V형가새골조 및 X형가새골조의 보호영역을 도시한 것이다. 그림에서 X형가새골조의 보호영역을 표시함에 있어서, 가새 전체길이의 1/2을 기준으로 사용하였고, 소성힌지는 가새의 4등분점 어느 곳에서도 발생 가능한 것으로 고려한 것이다.

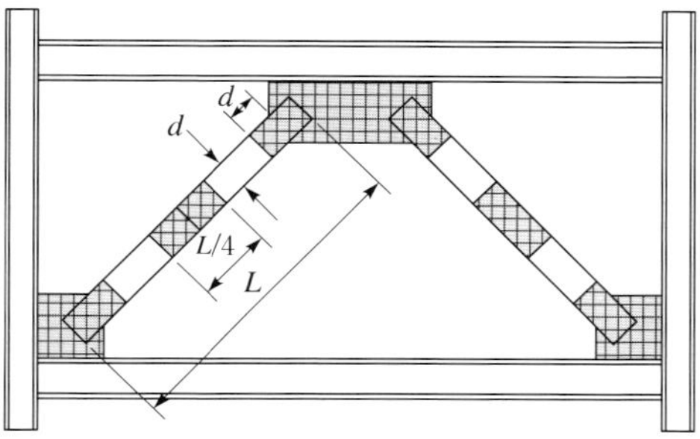

해설 그림 C.1.4-6 역V형가새골조의 보호영역

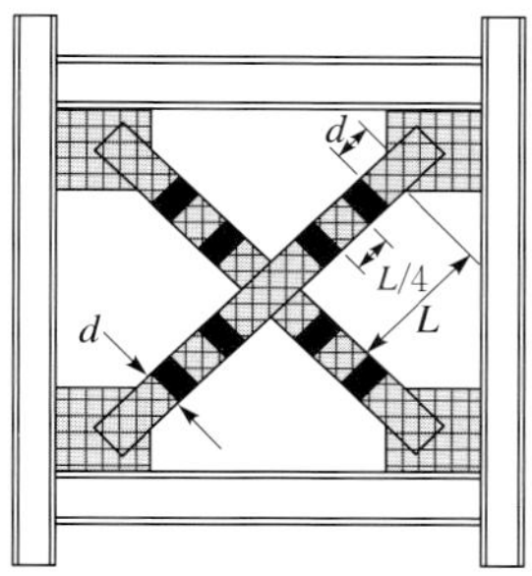

해설 그림 C.1.4-7 X형가새골조의 보호영역

C.1.5 보통중심 가새골조

C.1.5.1 가새부재

(1) 보통중심 가새골조의 가새부재는 4.1.1.2.2의 요구사항을 만족해야 한다.
다만 콘크리트충전 강관가새는 이 규정을 만족하지 않아도 된다.
(2) K, V 및 역V형 가새골조의 가새부재의 세장비는 $Kl/r \leq 4\sqrt{E/F_y}$ 를 만족해야 한다.

【해설】

(1) 보통중심가새골조는 규모가 큰 지진하중이 작용할 때 골조 내의 가새부재가 제한된 비탄성변형능력을 발휘할 수 있어야 한다. 따라서 국부좌굴 및 파괴를 제한하기 위하여 내진 판폭두께비를 만

족하여야 한다.

(2) K, V 및 역V형가새골조의 가새부재는 너무 세장해서는 안된다. 이 제한사항은 좌굴이후 골조 내 부재에 발생하는 불균형하중을 제한하기 위함이다. C1.4.3 참조한다.

(3) 압축강도는 무시하고 인장력만 받는 부재로 설계된 가새부재는 K, V 및 역V형가새골조에 사용할 수 없다. 인장력만 받는 가새부재는 다른 형상의 가새골조에는 사용 가능하며 이러한 경우에는 이 규정을 적용하지 않아도 된다.

C.1.5.2 가새골조 배치에 따른 특별요구사항

V 및 역V형 보통중심 가새골조의 보와 K형 보통중심 가새골조의 기둥은 연속이어야 하며 다음 조건을 만족해야 한다.

(1) 소요강도는 가새부재가 고정하중 및 활하중을 지지하지 않는다는 가정 하에 KDS 41 10 15의 하중조합에 의해 산정한다. 지진하중을 포함하는 하중조합의 경우 부재에 작용하는 지진하중 E는 다음과 같이 산정한다.

① 가새부재에 작용하는 인장력은 $R_yF_yA_g$로 산정한다. V형 및 역V형 보통중심 가새골조의 가새부재에 작용하는 인장력은 시스템으로부터 전달되는 최대하중보다 크지 않아도 된다.

② 가새부재에 작용하는 압축력은 $0.3P_n$으로 산정한다.

(2) 보의 상하플랜지는 식 (C.1.4.3.1-1) 또는 식 (C.1.4.3.1-2)에 따라 비지지길이가 $L_b \le L_{pd}$가 되도록 횡지지해야 한다.

(3) 보의 횡지지재는 KDS 14 31 10(식 (4.5-7)과 식 (4.5-8))을 만족해야 한다. 여기서, $M_r = M_u = R_yZF_y$이고 $C_d = 1.0$이다.

(4) 가새접합부의 안정성 확보를 위하여 충분한 보의 면외 강도 및 강성을 확보하지 못한 경우에는 가새골조의 가새의 교차점에 최소 1쌍의 횡지지재를 설치해야 한다.

【해설】

(1) K형 보통중심가새골조와 유사하게, V 및 역V형 보통중심가새골조는 교차하는 보에 상당한 크기의 불균형하중을 유발시킨다. 가새와 만나는 보의 소성힌지 형성을 방지하기 위해 보를 가새의 예상항복강도로 설계하는 특수중심가새골조에 대한 규정과는 다르게, 보통중심가새골조에서는 시스템으로부터 전달되는 최대하중으로 보를 설계할 수 있다.

(2) 위의 완화규정은, 특수중심가새골조와는 달리 보통중심가새골조에 속한 보의 시스템 파괴모드 진입 시의 응력은 가새의 예상항복강도에 의한 응력보다 더 적을 것이라는 논리에 기초하고 있다.

(3) 시스템으로부터 전달되는 최대하중을 산정하는 기술적인 사항은 C.1.4.2.1 및 C.1.4.3.1을 참조한다.
(4) 충분한 보의 면외강도와 강성에 대한 정의는 C.1.4.3을 참조한다.

C.1.5.3 가새접합부

가새접합부의 소요강도는 다음과 같이 산정한다.

(1) 볼트의 마찰한계상태에 대한 가새접합부 소요강도는 증폭지진하중을 적용하지 않은 KDS 41 10 15의 하중조합에 의하여 결정한다.
(2) 다른 한계상태에 대한 가새접합부 소요강도는 가새부재의 예상인장항복강도 $R_y F_y A_g$으로 산정한다.
다만 가새접합부의 소요강도는 다음을 초과할 필요는 없다.
① 시스템으로부터 전달되는 최대하중
② 증폭지진하중에 의하여 산정된 하중효과

【해설】

(1) 보통중심가새골조의 가새접합부는 예상가새강도, 시스템으로부터 전달되는 최대하중(C1.4.2.1 참조) 또는 접합부의 한계상태를 지연시키기 위한 증폭지진하중으로 설계한다. 부재의 순단면파단은 접합부의 한계상태의 일부로 포함되며 따라서 증폭지진하중으로 설계한다.
(2) 4.1.7에 기술된 바와 같이 보통중심가새골조는 현재 작은 R값으로 설계되므로 가새접합부를 증폭지진하중을 사용한 설계가 가능하다.
(3) 이 규정에서는 볼트슬립은 다른 한계상태보다 작은 하중 수준으로 설계하는 것을 허용하고 있다. 이는 볼트슬립이 곧바로 접합부파괴를 의미하는 것이 아니라는 점과 슬립이후에도 볼트접합부의 에너지소산을 통해 응답을 저감시킬 수 있다는 사실을 반영한 것이다.

C.1.5.4 지진격리 시스템 상부에 위치한 보통중심 가새골조

지진격리 구조물의 격리시스템의 상부에 위치한 보통중심 가새골조는 C.1.5.3과 이 절의 요구사항을 만족해야 하며 C.1.5.1 및 C.1.5.2의 요구사항은 따르지 않아도 된다.

【해설】

C1.5.4의 규정은 지진격리구조물의 반응수정계수 $R_i = 1.0$을 사용하여 산정한 하중으로 보통중심가새골조를 설계하도록 요구하고 있다. 이러한 보통중심가새골조는 설계지진 수준에서 탄성범위를 유

지하므로 비탄성거동을 수용하지 않아도 된다.

C.1.5.4.1 가새부재

가새부재는 4.1.1.2의 요구사항을 만족해야 하고 세장비는 $Kl/r \le 4\sqrt{E/F_y}$ 를 만족해야 한다.

【해설】

(1) 이 규정은 KL/r에 대한 제한사항을 모든 가새에 적용하고 있다는 점을 제외하면, C1.5.1의 요구사항과 유사하다.

(2) 인장력만 작용하는 가새부재를 내진격리시스템 상부의 보통중심가새골조에 사용하는 것은 적절하지 않다.

C.1.5.4.2 K형 가새골조

K형 가새골조는 지진격리 시스템 상부의 보통중심 가새골조로 사용할 수 없다.

C.1.5.4.3 V 및 역V형 가새골조

지진격리 시스템 상부의 V 및 역V형 보통중심 가새골조 내의 보는 기둥과 기둥사이에서 연속이어야 한다.

【해설】

시스템에 작용하는 하중이 크지 않고 가새의 좌굴 또한 예상되지 않기 때문에 C1.5.2의 요구사항을 내진격리시스템 상부의 보통중심가새골조에 적용하는 것은 너무 과도하다. 유일한 요구사항은 골조 내 보의 연속성에 관한 것이다.

C.1.6 편심 가새골조

【해설】

편심가새골조는 짧은 링크길이를 사용하는 경우 특수중심가새골조와 보통중심가새골조에 상응하는 탄성강성을 제공하며, 링크길이가 너무 짧지 않으면 특수모멘트골조에 상응하는 우수한 연성 및 에너지소산 능력을 제공한다(Roeder and Popov, 1978; Libby, 1981; Merovich et al., 1982; Hjelmstad and Popov, 1983; Malley and Popov, 1984; Kasai and Popov, 1989a, 1989b; Popov et al., 1989).

C.1.6.1 링크

C.1.6.1.1 일반사항

(1) 링크는 4.1.1.2.2의 요구사항을 만족해야 한다.
(2) 링크의 웨브는 단일판이어야 하고 2중판으로 보강하거나 웨브 관통부를 둘 수 없다.
(3) 가새, 기둥 및 링크 외부의 보 부분은 링크가 완전항복하고 변형도경화하여 유발할 수 있는 최대하중에서 탄성범위 내에 있도록 설계해야 한다.
(4) 5층 이상 건축물에서 편심 가새골조의 상부층은 보통중심 가새골조 또는 특수중심 가새골조로 설계할 수 있다. 이 경우에도 시스템계수를 결정할 때에는 편심 가새골조로 고려할 수 있다.

【해설】

(1) 편심가새골조의 비탄성거동은 주로 링크에서 발생한다. 이 조항은 링크에 안정적인 비탄성거동이 발생하도록 규정하고 있다. 링크의 판폭두께비 제한은 표 4.1-1에 규정하고 있다. 링크의 국부좌굴에 관한 최근 연구결과에 따라서(Okazaki, Arce, Ryu and Engelhardt, 2004a; Richards et al., 2004), 링크플랜지의 판폭두께비가 링크길이 $1.6M_p/V_p$이하인 경우, $0.30\sqrt{E/F_y}$에서 $0.38\sqrt{E/F_y}$로 완화되었다. 이 규정의 제한값은 KDS 14 31 10 표 4.2-2의 λ_p에 상응하는 값이다.
(2) 링크는 웨브이중판으로 보강할 수 없도록 규정하고 있는데, 이는 이중판이 의도한 비탄성거동의 발현에 충분하게 동참하지 않을 가능성이 있기 때문이다. 또한 링크의 웨브관통은 링크의 비탄성거동에 상당한 악영향을 주기 때문에 허용하지 않는다.
(3) 편심가새골조는 기둥, 보 및 가새로 구성된다. 편심가새골조의 구별되는 특성은 최소한 가새부재의 한쪽 단부는 링크라는 보의 짧은 요소에 전단력 및 휨을 전달할 수 있도록 접합하는 것이다. 해설 그림 C.1.6-1에는 편심가새골조의 예를 도시하였다.
(4) 지진하중 작용 시 편심가새골조의 비탄성거동은 주로 링크로 국한된다. 이 규정은 링크 내에서 반복항복이 안정적으로 발생하도록 하기 위함이다. 즉, 링크가 항복 및 변형도경화 구간으로 진입했을 때의 하중에 대하여 대각가새, 기둥 및 링크 외부 보요소가 탄성범위에 있도록 설계한다.

해설 그림 C.1.6-1은 링크, 링크 외부 보요소, 대각가새 및 기둥 등 편심가새골조의 핵심요소를 정의하고 있다.

해설 그림 C.1.6-2와 같이 가새부재 양쪽 단부에 링크를 갖는 가새배열에서는 링크가 완전한 효율을 발휘하지 못한다. 상부층에 접합하는 링크의 설계전단강도가 하부층에서 접합하는 링크의 설계전단강도에 비해 상당히 작은 경우, 상부층 링크가 먼저 항복하여 비탄성변형이 발생하게 되고 가새 및 하부의 링크에 발생하는 하중이 제한될 것이다. 이러한 조건이 발생할 때 상부의 링크는 '활성링크'라 하며 하부의 링크는 '비활성링크'라 한다. 편심가새골조에 비활성링크가 존재하면 해석에 많은 어려움이 있다.

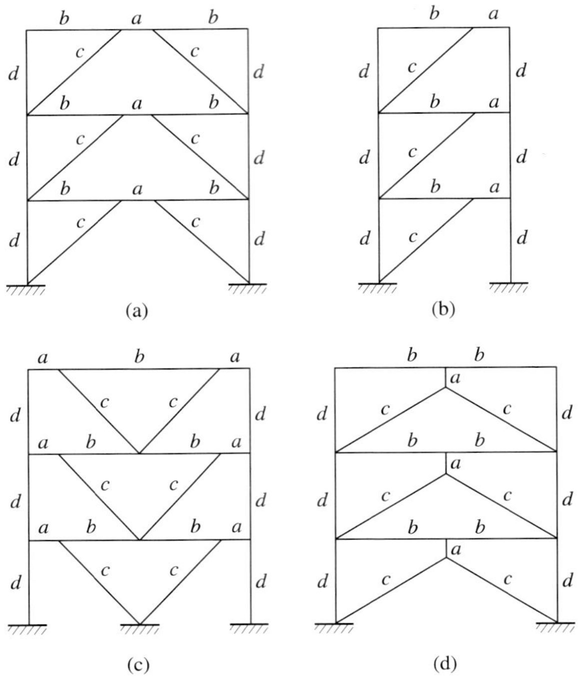

a=링크, b=링크 외부 보요소, c=가새, d=기둥

해설 그림 C.1.6-1 편심가새골조의 예

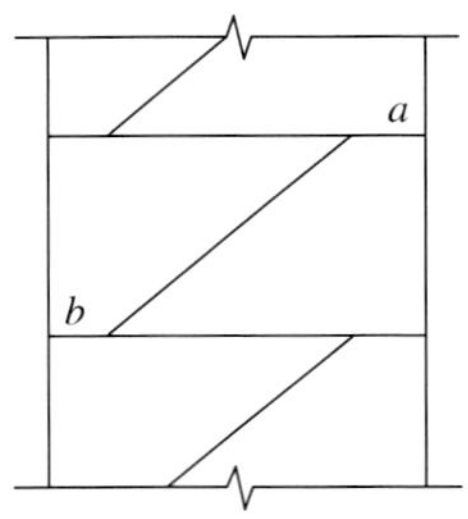

ϕV_n -링크a (활성 링크) < ϕV_n -링크b (비활성 링크)

해설 그림 C.1.6-2 편심가새골조의 활성링크 및 비활성링크

소성해석을 수행하여 보면 비활성링크가 고정하중, 적재하중 및 지진하중의 조합에 의해 항복하는 경우가 일부 발생하는데, 이에 따라 골조의 강도가 예상강도 이하로 줄어드는 경우가 있다(Kasai and Popov, 1984). 더욱이 비활성링크도 활성링크와 같은 상세를 갖고 설계하도록 요구하고 있기 때문에 비활성링크로 예측되는 경우는 핀접합으로 경제적인 설계를 할 수 있음에도 불구하고 공사비용이 불필요하게 증가하게 된다. 따라서 편심가새골조의 형상은 해설 그림 C.1.6-1과 같이 모든 링크가 활성

링크가 될 수 있는 형상을 사용할 것을 권장한다.
이 규정은 주로 기둥과 1개의 가새부재 또는 2개의 가새부재 사이에 링크가 수평골조부재로 존재하는 편심가새골조의 설계에 관한 것이다. 해설 그림 C.1.6-1(d)와 같은 역Y형 편심가새골조의 경우, 링크는 보의 하부에 접합된다. 이러한 형상을 사용하려면, 계산 상 횡가새가 필요없다는 근거를 제시하지 않는 한, 가새부재와 수직링크의 접합부에 횡지지재를 설치해야 한다.
편심가새골조의 기둥은 연약층(soft story)이 생기거나 개별 기둥의 붕괴없이 골조의 최대강도 및 변형능력이 발휘되도록 설계하는 역량설계 개념에 따라 설계하여야 한다. 기둥과 링크 모두에 소성힌지가 발생하면 연약층의 형성으로 이어지므로 기둥 내 소성힌지의 발생을 피해야 한다.

C.1.6.1.2 전단강도

(1) 링크의 설계전단강도 $\phi_v V_n$는 전단항복한계상태를 기초로 산정한다. V_n은 공칭전단강도로 V_p 또는 $2M_p/e$ 중 작은값을 사용하며 $\phi_v = 0.90$이다.

여기서, $M_p = F_y Z$ (N·mm)

$V_p = 0.6 F_y A_w$ (N)

e : 링크길이 (mm)

$A_w = (d - 2t_f)t_w$ (mm^2)

(2) 링크의 설계강도에 영향을 주는 압축력의 존재는 다음과 같은 조건에서는 고려하지 않아도 된다.

$$P_u \le 0.15 P_y \qquad \text{(C.1.6.1.2-1)}$$

여기서, P_u : 하중조합에 의해 산정한 소요압축강도(N)

P_y : 공칭압축항복강도($P_y = F_y A_g$)(N)

(3) 링크의 설계강도에 영향을 주는 축력이 다음과 같은 조건에서는 아래의 추가의 요구사항 ①, ②를 만족해야 한다.

$$P_u > 0.15 P_y \qquad \text{(C.1.6.1.2-2)}$$

① 링크의 설계전단강도는 $\Phi_v V_{pa}$와 $2\phi_v M_{pa}/e$ 중 작은 값을 사용하며 $\phi_v = 0.90$이다.

$$V_{pa} = V_p \sqrt{1 - (P_u/P_y)^2} \qquad \text{(C.1.6.1.2-3)}$$

$$M_{pa} = 1.18 M_p [1 - (P_u/P_y)] \qquad \text{(C.1.6.1.2-4)}$$

② 링크길이는 다음 값을 초과할 수 없다.

$\rho'(A_w/A_g) \ge 0.3$일 때, $[1.15 - 0.5\rho'(A_w/A_g)]1.6M_p/V_p$ (C.1.6.1.2-5)

$\rho'(A_w/A_g) < 0.3$일 때, $1.6M_p/V_p$ (C.1.6.1.2-6)

여기서, $A_w = (d-2t_f)t_w$

$\rho' = P_u/V_u$

V_u : 소요전단강도(N)

【해설】

(1) 링크의 공칭전단강도 V_n은 링크단면의 소성전단강도와 소성모멘트를 링크길이로 나눈 값의 2배 중 작은 값을 사용한다. 따라서 공칭전단강도 다음과 같이 산정한다.

$$e \le \frac{2M_p}{V_p} \text{인 경우,} \ V_n = V_p$$

$$e > \frac{2M_p}{V_p} \text{인 경우,} \ V_n = \frac{2M_p}{e} \qquad \text{(해설 C.1.6-1)}$$

(2) 링크의 소요축강도가 링크의 공칭항복강도, P_y의 15%를 초과하지 않으면 링크에 미치는 축력의 영향을 무시할 수 있다. 일반적으로 가새부재력의 수평방향 성분이 링크외부 보요소로 전달되기 때문에 이러한 축력은 무시할 수 있다.

(3) 링크에 큰 축력이 작용하도록 골조가 배치된 경우에는 C1.6.1.2의 추가 요구사항을 만족하여야 한다. 즉, 링크의 안정적인 비탄성거동을 확보하기 위하여 링크길이와 설계전단강도를 저감하도록 규정하고 있다.

C.1.6.1.3 링크회전각

링크회전각은 총 층변위가 설계층변위 Δ에 도달하였을 때, 링크와 링크외부의 보가 이루는 비탄성회전각으로 정의되며 다음 값을 초과할 수 없다.

(1) 링크길이가 $1.6M_p/V_p$ 이하일 때, 0.08rad

(2) 링크길이가 $2.6M_p/V_p$ 이상일 때, 0.02rad

(3) 링크길이가 $1.6M_p/V_p$와 $2.6M_p/V_p$ 사이인 경우는 직선 보간하여 산정한다.

【해설】

편심가새골조의 만족스런 거동을 확보하기 위해서는 규모가 큰 지진 발생 시 링크에 발생하는 예상비탄성변형이 링크의 비탄성변형능력을 초과하지 말아야 한다. 링크회전각은 링크의 비탄성변형을 기술하는 주요변수로서, 링크와 링크 외부보 사이의 소성회전각으로 정의한다.

링크회전각은 해설 그림 C.1.6-3에 도시된 바와 같이 편심가새골조의 강체로서 보고 소성기구를 고찰하여 산정할 수 있다. 해설 그림 C.1.6-3에서 링크회전각의 기호는 γ_p이다. 해설 그림 C.1.6-3의 관계식을 사용하여 링크회전각을 소성 층변위각θ_p로 표현할 수 있다. 또한 소성층변위각θ_p는 소성층변위Δ_p를 층 높이h로 나누어서 산정할 수 있다. 소성층변위는 보수적인 관점에서 설계층변위의 값을 취할 수 있다. 대안으로 링크회전각은 비탄성동적해석을 통하여 더욱 정확하게 산정할 수 있다.

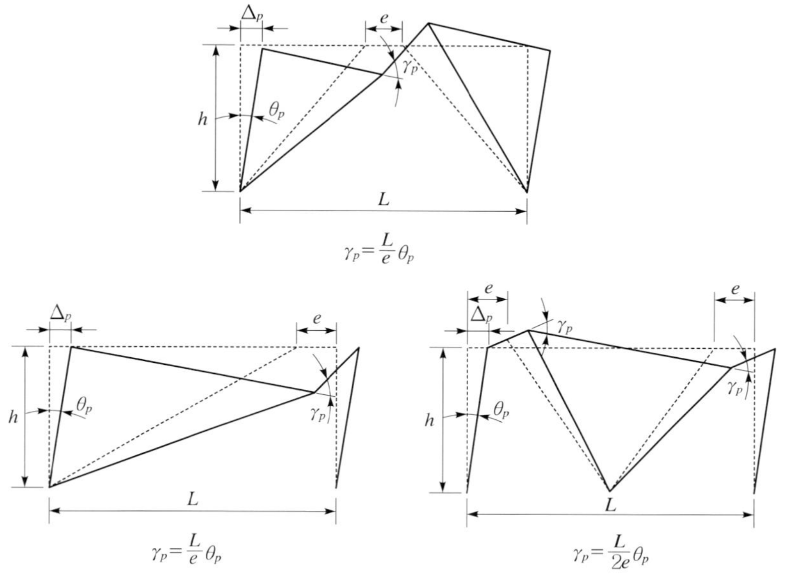

L= 스팬 길이
h= 층 높이
Δ_p=소성층변위(안전측으로 Δ_p는 설계층변위와 동일)
θ_p= 소성층변위각, rad(=Δ_p/h)
γ_p= 링크 회전각

해설 그림 C.1.6-3 링크회전각

(1)~(3) 링크의 비탄성응답은 링크단면의 M_p/V_p비와 관련 있는 링크길이에 의해 큰 영향을 받는다. $1.6M_p/V_p$이하의 링크길이를 사용하면, 전단항복이 비탄성응답을 지배하게 된다. $2.6M_p/V_p$이상의 링크길이를 사용하면, 휨항복이 비탄성응답을 지배하게 된다. 링크길이가 $1.6M_p/V_p$ 초과 $2.6M_p/V_p$ 미만의 값이면, 비탄성응답은 전단항복과 휨항복의 조합에 의해 발생한다. 링크의 비탄성변형능력은 일반적으로 전단항복링크가 가장 크며 휨항복링크가 가장 작다. 실험결과에 의하면, 링크회전각은 전단링크($e \le 1.6M_p/V_p$)는 0.08rad 그리고 휨링크($e \ge 2.6M_p/V_p$)는 0.02rad으로 제한된다. 전단 및 휨 조합 링크($1.6M_p/V_p < e < 2.6M_p/V_p$)의 경우, 링크회전각의 제한값은 0.08rad과 0.02rad 사이를 링크길이에 따라 직선보간하여 산정한다.

실험연구(Whittaker, Uang and Bertero, 1987; Foutch, 1989) 및 해석연구(Popov and others, 1989)에 의하면 건물 1층의 링크는 일반적으로 최대비탄성변형을 경험하게되며 극단적인 경우에는 연약층을 형성하는 경향이 있다. 소성링크회전각은 상층으로 갈수록 줄어드는 경향이 있고, 골조의 주기가 길어짐에 따라 줄어드는 경향이 있다. 따라서 강진에 대해 적용할 때, 건축물의 첫 2~3개 층의 링크는 보수적으로 설계할 것을 권장한다. C.1.6.1의 규정보다 링크의 최소설계전단강도를 약 10% 정도 증가시켜서 이러한 보수적인 링크를 만들 수 있다.

C.1.6.2 링크보강재

(1) 링크와 가새가 접합하는 부분에는 웨브전체높이의 웨브보강재를 링크웨브의 양면에 설치해야 한다.

(2) 양측링크보강재를 합친 폭은 $(b_f - 2t_w)$ 이상 그리고 두께는 $0.75t_w$ 또는 10mm 이상이어야 한다(여기서, b_f는 링크플랜지의 폭 그리고 t_w는 링크웨브의 두께이다).

(3) 링크에는 다음과 같은 제한을 갖는 중간웨브보강재를 설치해야 한다:

① 링크길이$\leq 1.6M_p/V_p$인 경우 중간웨브보강재 설치간격
링크회전각 0.08rad인 경우, $(30t_w - d/5)$ 이하
링크회전각 0.02rad인 경우, $(52t_w - d/5)$ 이하
0.02rad<링크회전각<0.08rad인 경우, 직선보간하여 산정

② $2.6M_p/V_p <$ 링크길이$\leq 5.0M_p/V_p$인 경우, 링크의 양단부에서 $1.5b_f$만큼 떨어진 지점에 중간웨브보강재를 설치해야 한다.

③ $1.6M_p/V_p <$ 링크길이$\leq 2.6M_p/V_p$인 경우, 상기 ① 및 ②의 요구사항을 모두 만족하는 중간웨브보강재를 설치해야 한다.

④ 링크길이$> 5.0M_p/V_p$인 경우에는 중간웨브보강재를 설치하지 않아도 된다.

⑤ 중간웨브보강재는 웨브전체높이와 같아야 한다. 높이가 635mm 미만인 링크에는 중간웨브보강재를 링크웨브의 한 면에만 설치할 수 있다. 한 면에만 설치한 중간웨브보강재의 두께는 t_w 또는 10mm 이상이어야 하고 폭은 $(b_f/2) - t_w$ 이상이어야 한다. 높이가 635mm 이상인 링크에는 유사한 중간웨브보강재를 링크웨브의 양면에 설치해야 한다.

(4) 링크보강재와 링크웨브를 접합하는 용접부의 소요강도는 $A_{st}F_y$로 산정한다(A_{st}는 보강재의 단면적). 링크보강재와 링크플랜지를 접합하는 용접부의 소요강도는 $A_{st}F_y/4$로 산정한다.

【해설】

(1) 적절한 상세를 갖고 잘 구속된 링크웨브는 강진에 대해 안정적이고 연성적이며 예측가능한 거동을 제공할 수 있다. 링크를 설계할 때 링크웨브의 두께와 보강재상세에 대하여 주의하여야 한다. 모든 링크의 단부에는 전체 춤 높이의 웨브보강재가 요구되며 이 보강재는 링크전단력을 지지요소에 전달하며 링크웨브의 좌굴을 제한하는 역할을 한다.

(3) 링크 중간웨브보강재의 최대간격은 전단링크($e \le 1.6M_p/V_p$)의 경우 링크회전각의 크기에 의해 좌우되는데(Kasai and Popov, 1986b), 회전각이 커지면 요구하는 간격은 작아진다. 전단링크의 중간웨브보강재는 웨브의 비탄성 좌굴을 지연시키는 역할을 한다.

링크길이가 $2.6M_p/V_p \le e \le 5.0M_p/V_p$인 휨링크는 링크단부로부터 보플랜지폭의 1.5배 떨어진 지점에 중간웨브보강재를 설치해서 플랜지의 국부좌굴 및 횡비틀림좌굴에 의한 강도저감을 제한할 필요가 있다.

링크길이가 $1.6M_p/V_p < e < 2.6M_p/V_p$인 휨 및 전단조합링크는 휨링크 및 전단링크의 요구사항을 모두 만족하는 스티프너를 설치해야 한다.

링크길이가 $5.0M_p/V_p$을 초과하는 경우에는 링크 중간웨브보강재가 필요 없다.

중간웨브보강재는 보의 전체 춤 높이와 같아야 하는데, 이는 웨브의 전단좌굴에 효과적으로 저항하고 플랜지의 국부좌굴 및 횡비틀림좌굴에 의한 강도저감을 제한하기 위함이다.

링크의 춤이 635mm 이상인 링크에는 중간웨브보강재를 링크웨브의 양면에 설치하여야 하고, 링크의 춤이 635mm 미만인 링크에는 중간웨브보강재를 링크웨브의 한 면에만 설치할 수 있다.

모든 링크보강재는 링크웨브와 플랜지에 필릿용접을 사용하여 접합한다. 링크보강재는 링크의 K영역에서는 용접을 하지 않도록 상세를 설계해야 한다. 최근 연구에 따르면, 보강재와 링크웨브를 용접할 때 링크의 K영역까지 용접하면 링크의 소성회전능력을 저감시키는 웨브의 파단을 유발할 수 있는 것으로 알려졌다(Okazaki et al., 2004a; Richards et al., 2004).

C.1.6.3 링크-기둥접합부

(1) 링크-기둥접합부는 C.1.6.1.3의 최대링크회전각을 지지할 수 있어야 한다.
(2) 최대링크회전각에서 기둥플랜지면 접합부의 강도는 C.1.6.1.2의 공칭전단강도 이상이어야 한다.
(3) 링크-기둥접합부는 강구조내진성능 접합부인증지침에 따라 C.1.6.3(1) 및 C.1.6.3(2) 규정을 만족해야 한다.

다만 링크단부보-기둥접합부의 보강으로 인해 보강된 부분이 항복하지 않는 경우에는 보강의 끝부분부터 가새접합부까지의 보요소를 링크로 간주할 수 있다. 이러한 조건에서 링크길이가 $1.6M_p/V_p$를 초과하지 않는 경우, 보강단면과 접합부의 설계강도가 C.1.6.5

의 링크의 변형률경화를 근거로 산정한 소요강도보다 크다면 보강접합부의 반복하중실험인증을 생략할 수 있다. 이 경우 C.1.6.2의 웨브 전체높이의 보강재를 링크–보강부 접점에 설치해야 한다.

【해설】

(1) 1994년 노스리지 지진 이전 링크–기둥접합부는 일반적으로 특수모멘트골조의 보–기둥접합부와 유사한 접합부를 사용하였다. 따라서 편심가새골조의 링크–기둥접합부는 모멘트골조의 접합부와 유사한 문제점을 공유하고 있을 가능성이 높다. 따라서 특수모멘트골조의 보–기둥접합부와 유사하게 편심가새골조의 링크–기둥접합부도 성능을 입증해야 한다.

(3) 편심가새골조의 링크–기둥접합부에서 하중 및 변형의 요구사항은 특수모멘트골조의 보–기둥접합부에서 요구하는 것과는 상당히 다르다. 따라서 링크–기둥접합부는 편심가새골조에서 예상되는 응력과 비탄성변형을 적절하게 반영할 수 있는 방법으로 평가하여야 한다. 설계자는 특수모멘트골조에 사용하기 위하여 인증된 보–기둥접합부는 편심가새골조의 링크–기둥접합부에 적용할 경우 적절하지 않을 수도 있다는 점에 주의해야 한다.

이 규정에서는 전단항복 링크가 헌치나 다른 적절한 보강방법에 보강된 경우에는 인증실험이 없어도 사용을 허용하고 있다. 여기에서 적절한 보강방법은 기둥과 만나는 면에서 비탄성거동이 발생하지 않도록 적절히 설계된 보강방법을 의미한다. 이러한 보강방법의 예를 해설 그림 C.1.6–4에 도시하였다.

이러한 보강부분은 C.1.6.5에서 규정하고 있는 완전항복 및 변형도경화 상태에 도달한 링크강도에 대하여 탄성범위 내에 있어야 한다. 다시 말하자면, 변형도경화를 고려하여 125%까지 증가된 링크의 예상전단강도$R_y V_n$에 의한 링크의 전단력 및 휨에 저항할 수 있도록 보강접합부를 설계하여야 한다. 대안으로는 편심가새골조의 형상을 결정함에 있어서 링크–기둥접합부가 전혀 발생하지 않도록 계획하는 방법이다.

이 규정에서는 링크–기둥접합부의 패널존의 설계 요구사항에 대해서는 명백하게 규정하고 있지 않다.

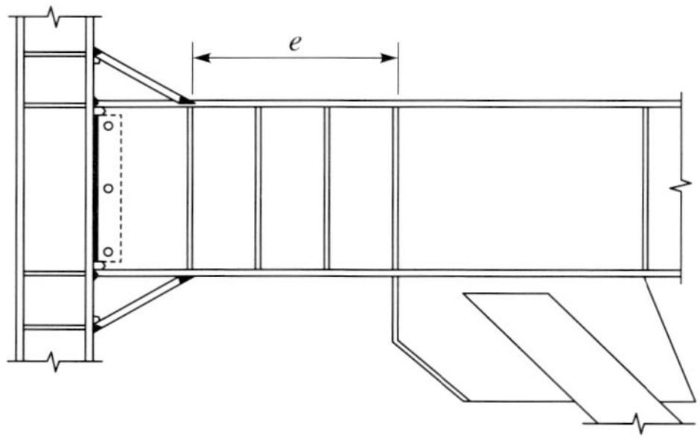

해설 그림 C.1.6-4 보강 링크-기둥접합부 예

C.1.6.4 링크횡가새

> (1) 링크단부에는 링크상하플랜지에 횡지지재를 설치해야 한다.
> (2) 링크단부횡지지재의 소요강도는 $P_b = 0.06M_r/h_0$로 산정한다. 여기서, h_0는 플랜지 중심 사이의 거리이다. 단, $M_r = M_{u,\mathrm{exp}} = R_y Z F_y$.
> (3) 횡지지재의 소요강성은 KDS 14 31 10(식 (4.5-8))을 만족해야 한다. 여기서, $C_d = 1.0$이고 L_b는 링크길이이다.

【해설】

(3) 링크의 단부에서 안정적인 비탄성거동을 위하여 면외변형과 비틀림에 저항하기 위한 횡지지가 요구된다.
일반적인 적용에서, 합성데크는 링크의 상부플랜지에서 적절한 횡가새 역할을 제공하는 것으로 고려된다. 하지만 합성데크 자체만으로는 링크의 하부플랜지에서는 적절한 횡가새 역할을 제공할 수 없으므로 가로보를 설치하거나 다른 적절한 대안을 통해 직접적인 횡보강을 할 것을 권장한다.

C.1.6.5 가새 및 링크외부보

【해설】

이 조항은 편심가새골조의 가새부재 및 링크외부 보요소의 설계에 관한 요구사항을 규정한다. 이 규정은 편심가새골조에서 항복 및 에너지소산이 주로 링크에서 발생할 수 있도록 하기 위한 규정이다. 따라서, 가새부재 및 링크외부 보요소는 링크의 완전항복 및 변형경화에 의해 발생한 하중을 지지할 수 있도록 설계해야 한다. 다시 말해서, 링크가 완전 비탄성내력을 발휘할 수 있도록 가새와 보는 역량설계법의 개념에 따라 설계해야한다.
링크외부의 제한된 항복(특히, 보에서의)은 종종 불가피할 수 있다. 이러한 제한된 항복은 링크의 완전 비탄성강도와 변형능력을 발휘할 수 있도록 가새와 보가 충분한 강도를 보유한다면 편심가새골조의 성능에 그리 불리하게 작용하지는 않을 것이다.
대부분의 편심가새골조 형상에서, 대각가새와 보는 큰 압축력과 상당한 휨모멘트를 받게 되므로 대각가새와 보는 보-기둥(조합력을 받는 부재)으로 설계하여야 한다.
적절하게 설계된 편심가새골조의 대각가새는 지진하중의 크기에 상관없이 좌굴하지 않는다. 이 규정의 목적과 같이 대각가새를 링크보다 강하게 설계하는 한, 링크는 가새부재로 전달하는 최대하중을 제한하는 역할을 함으로써 가새부재 좌굴의 가능성을 감소시킨다. 따라서 안정적인 반복좌굴의 허용을 의도하는 보통중심가새골조 및 특수중심가새골조의 설계규정을 편심가새골조에 적용할 필요는 없다. 이와 유사한 이유로 링크는 링크외부의 보로 전달되는 하중을 제한하기 때문에 외부 보가 링크보다 강하다면 이 부분에서의 파괴를 막을 수 있다.
가새부재 및 링크외부 보요소는 링크의 완전 항복 및 변형경화에 의해 발생한 최대하중을 합리적으로 산정하여 설계해야 한다. 이러한 목적으로 식 (해설 C.1.6-1) 링크의 공칭전단강도, V_n을 두 가지 요소에 의해 증가시킨다. 첫 번째는 링크의 공칭전단강도를 R_y에 의해 증가시키는데, 이는 링크에 실제 사용하는 강재의 강도가 공칭최소강도를 초과할 가능성을 고려한 것이다. 두 번째는 링크의 예상공칭전단강도$R_y V_n$를 증가시키는 것인데, 이는 링크의 변형도 경화를 고려한 것이다.

과거 연구자들은 가새부재 및 링크외부 보요소를 설계할 때 일반적으로 예상 링크강도와 변형도경화를 고려한 계수로 1.5를 사용할 것을 권장하였다(Popov and Engelhardt, 1988). 그러나 이 규정에서는 대각가새를 설계할 때, 변형도경화를 고려한 강도증가계수로 1.25를 사용하도록 규정하고 있다. 이 계수에 대하여 1.5에 비해 작은 값을 선택하였는데, 여기에는 링크의 예상강도 산정에는 R_y계수를 고려하지만 가새의 강도 산정에는 이를 무시한 점, 가새강도 산정 시 고려된 저항계수 등 많은 요인을 고려한 것이다. 설계자는 링크의 변형도 경화는 때론 기준값을 초과할 수도 있으므로 가새부재를 설계할 때는 보수적인 설계가 적절하다는 점을 명심해야 한다. 또한, 후판의 플랜지와 링크길이가 매우 짧은($e \le M_p/V_p$) 큰 대형 조립부재 링크를 사용할 경우 설계자는 변형도경화가 1.25를 상당히 초과할 가능성을 고려해야 한다(Richards, 2004).

상기의 내용을 기초로 하여, 대각가새의 소요강도는 다음과 같은 링크전단력 및 단부모멘트에 의해 발생하는 하중으로 산정할 수 있다.

$e \le 2.0M_p/V_p$인 경우,

링크전단 = $1.25R_y V_p$

링크단부모멘트 = $e(1.25R_y V_p)/2$

$e > 2.0M_p/V_p$인 경우,

링크전단= $2.0(1.25R_y M_p)/e$

링크단부모멘트 = $1.25R_y M_p$

상기의 식은 링크가 소성적으로 항복 및 변형경화하게 되면 링크의 단부모멘트와 같아진다고 가정하고 있다. 기둥에 접합하는 링크의 길이가 $1.6M_p/V_p$보다 작은 경우, 링크단부모멘트는 완전히 같을 수는 없다(Kasai and Popov, 1986a). 이런 경우 링크의 종국응력은 다음과 같이 산정한다.

기둥에 접합한 링크의 길이가 $e \le 1.6M_p/V_p$인 경우,

링크 전단 = $1.25R_y V_p$

기둥에서 링크 단부 모멘트 = $R_y M_p$

가새에서 링크 단부 모멘트 = $[e(1.25R_y V_p) - R_y M_p] \ge 0.75R_y M_p$

링크의 전단력은 대각가새의 축력을 유발함은 물론이고 대부분의 편심가새골조 형상에 대하여 링크외부 보요소에도 상당한 축력을 유발한다. 보 또는 가새축력과 링크전단의 비는 주로 편심가새골조의 기하학적 형상에 의해 결정되므로 편심가새골조 내의 비탄성작용의 영향은 받지 않는다(Engelhardt and Popov, 1989a). 따라서 이 비는 탄성골조해석에 의해 결정할 수 있으며 상기의 식에 의해 결정된 링크 전단력에 상응하는 수준까지 보와 기둥의 축력을 증폭하는데 사용할 수 있다. 더욱이, 보와

가새를 탄성영역에 있도록 설계하면 링크단부모멘트를 보와 가새에 분배할 때 탄성해석을 사용할 수 있다. 예를 들어, 횡하중을 받는 편심가새골조의 탄성해석에서 80%의 링크단부모멘트를 보가 지지하고 나머지 20%는 가새가 지지한다면, 상기의 식으로 산정한 종국 링크 단부모멘트를 보와 가새에 분배할 수 있다. 대안으로 비탄성영역에서 어떻게 링크단부모멘트가 보와 가새로 분배되는지에 대한 보다 정밀한 추정을 위하여 비탄성골조해석을 수행할 수 있다.

링크외부 보요소를 설계할 때, 이 규정에서는 링크 예상전단강도의 1.1배의 링크의 종국응력을 기초로 하여 소요강도를 산정하고 있다. 이러한 완화규정은 합성바닥판의 존재로 인해 보의 강도가 상당히 증가하고, 보의 안정성이 확보된다면 보의 제한된 항복이 편심가새골조의 거동에 해로운 작용을 하지 않을 것이라는 관점을 반영하고 있다. 이와 같은 접근방법을 기초로, 우선 보의 소요 축력 및 휨모멘트를 변형도경화계수 1.25를 가정하여 산정할 수 있다. 다음, 보의 휨 및 축력은 1.1/1.25=0.88의 계수를 사용하여 감소시킬 수 있다. 단, 합성바닥판이 존재하지 않는 경우 보의 소요강도를 계산할 때는 링크의 변형도경화계수는 1.25를 사용하여야 한다.

대부분의 편심가새골조 형상에서는 보와 링크에는 단일연속H형강을 (즉 동일부재를) 사용한다. 이런 경우, 보의 설계강도는 R_y계수를 사용하여 증가시실 수 있다. 만일 보와 링크가 동일부재라면, 링크에 적용하는 어떠한 항복강도 증가도 링크외부 보요소에도 적용할 수 있기 때문이다.

편심가새골조에서 종종 링크외부 보요소의 설계가 문제가 되기도 한다. 어떤 경우에는, 링크외부 보요소가 링크종국하중을 기초로 산정한 소요강도를 저항하기에 적합하지 않은 경우도 있다. 이런 경우, 단지 보의 크기를 키우는 것만으로는 해결이 되지 않을 수도 있는데 이는 일반적으로 보와 링크에 동일한 단면을 사용하기 때문이다. 따라서 보의 단면을 키우면 링크의 단면도 커지며, 다시 링크종국하중도 증가하며 보의 소요강도도 증가하게 된다. 링크 강도에 1.1 계수를 사용하여 보의 소요강도를 산정하는 이 완화규정은 넓게는 상기와 같은 설계상의 문제점을 해결하기 위함이다. 또한 여기에는 합성바닥판과 제한된 보항복의 이점 때문에 완화규정에 의해 편심가새골조의 성능이 저하되지 않는다는 관점도 포함되어 있다. 긴 링크 대신 전단링크($e \le 1.6M_p/V_p$)를 사용하여 보설계의 문제점을 최소화 할 수 있다. 전단링크의 단부모멘트는 긴 링크에 비해 작으며 보와 가새 중심선이 링크 내부에 교차하게 하면 이 모멘트를 더 줄일 수 있다. 또한 상당한 크기의 링크단부모멘트를 가새로 전달하기 위하여 큰 휨강성을 갖는 대각가새를 설치할 경우 보의 모멘트를 상당히 줄일 수 있다. 이런 경우 가새부재는 큰 휨모멘트를 저항 할 수 있도록 설계해야 하고, 가새와 링크의 접합부는 완전한 강접이 되도록 설계해야한다.

대각가새와 보가 이루는 각이 너무 작지 않으면 보설계의 문제를 상당히 완화시킬 수 있다. 대각가새와 보가 이루는 각의 크기가 줄어들면 보에 발생하는 축력이 증가한다. 대각가새와 보가 이루는 각의 크기를 최소 40°이상으로 하면 보의 소요축강도를 줄이는데 많은 이점이 있다. 링크외부 보요소 설계시 발생하는 문제점 또한 보의 축력을 최소화시킬 수 있는 편심가새골조 형상을 사용함으로써 줄일 수 있다.

편심가새골조에서 대각가새 접합부의 소요강도는 대각가새의 소요강도와 동일하다. 편심가새골조의 가새접합부에서는, 특수중심가새골조의 가새접합부와는 달리, 인장에 대한 예상항복강도를 발휘할 것을 요구하지 않는다. 그 이유는 편심가새골조의 대각가새가 탄성상태를 유지하기 때문이다. 그럼에도 불구하고, 편심가새골조에서 가새접합부의 보수성을 어느 정도 확보하기 위하여 C.1.4.2.3의 가새부재 좌굴강도를 기초로한 소요 압축강도로 설계해야 한다.

편심가새골조를 설계함에 있어서 일반적으로 가새와 보의 중심선은 링크의 단부에서 교차한다. 그러나 가새접합부는 가새부재와 보의 중심선이 링크내부에서 교차할 수 있도록 편심을 갖도록 설계할 수 있다. 접합부 내의 이러한 편심은 링크단부모멘트와 부호가 반대인 모멘트를 유발한다. 따라서 상기의 절차에 의해 산정한 링크단부모멘트는 접합부의 편심에 의해 발생하는 모멘트에 의해 감소될 수 있다. 이로 인해 보와 가새에 의해 지지되는 소요모멘트의 크기를 상당히 줄일 수 있어 설계에 이점으로 작용한다. 가새부재와 보 중심선이 링크 외부에서 교차하도록 하면 안된다. 이는 가새와 보에 발생하는 모멘트의 크기를 증가시키기 때문이다(해설 그림 C.1.6-5 및 해설 그림 C.1.6-6 참조).

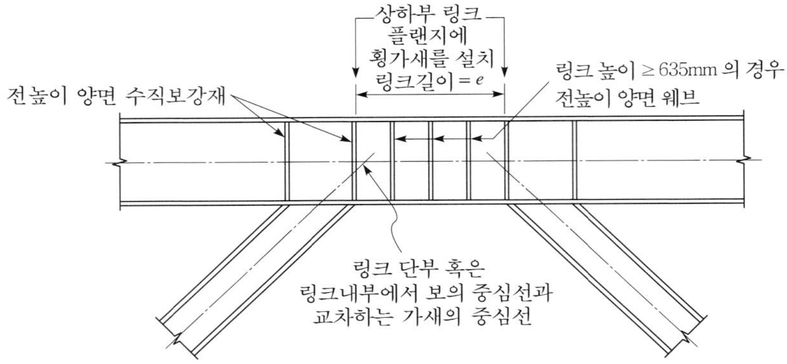

해설 그림 C.1.6-5 H형강 가새를 갖는 편심가새골조

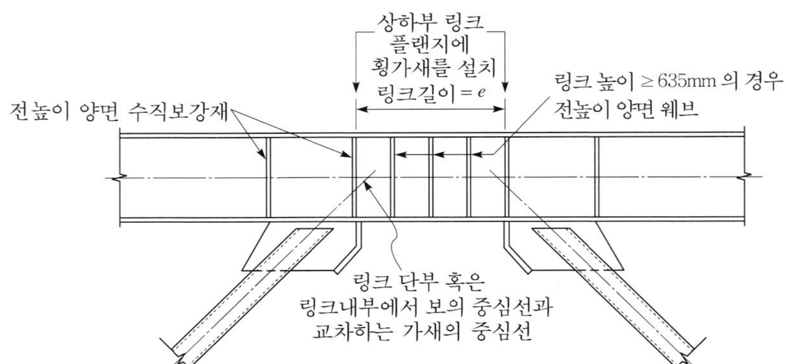

해설 그림 C.1.6-6 각형강관 가새를 갖는 편심가새골조

C.1.6.5.1 가새

(1) 가새의 휨과 압축의 조합력에 대한 소요강도는 KDS 41 10 15의 하중조합에 의해 산정한다.
(2) 지진효과를 포함한 하중조합에서, E를 Q_1으로 대체한다. Q_1은 링크의 예상공칭전단강도 $R_y V_n$를 최소 1.25배하여 산정된 압축력과 모멘트를 의미한다(여기서, V_n은 C.1.6.1.2에 따른 공칭전단강도).
(3) 가새의 설계강도는 KDS 14 31 10(4.4)의 규정에 따라 산정한다.
(4) 가새부재는 4.1.1.2.1의 요구사항을 만족해야 한다.

C.1.6.5.2 링크외부보

(1) 링크외부보의 휨과 압축의 조합력에 대한 소요강도는 KDS 41 10 15의 하중조합에 의해 산정한다.
(2) 지진효과를 포함한 하중조합에서, E를 Q_1으로 대체한다. Q_1은 링크의 예상공칭전단강도 $R_y V_n$을 최소 1.1배하여 산정된 압축력과 모멘트를 의미한다(여기서, V_n은 C.1.6.1.2의 규정에 따른 공칭전단강도이다).
(3) 링크외부보의 설계강도는 KDS 14 31 10(4.4)의 값에 R_y를 곱하여 산정한다.
(4) 가새와 보가 접합되는 링크의 단부에서 보와 가새의 중심선은 링크의 단부 또는 내부에서 교차해야 한다.

C.1.6.5.3 가새접합부

(1) 가새 양단접합부의 소요강도는 C.1.6.5.1에 산정한 가새의 소요강도 이상이어야 하며 가새의 접합부는 C.1.4.2.3의 요구사항을 만족해야 한다.
(2) 링크단부의 가새접합부의 어느 부분도 링크길이 안으로 연장되어서는 안 된다.
(3) 가새가 링크단부모멘트의 일부를 지지하도록 설계한다면 가새와 링크의 접합부는 완전강접으로 해야 한다.

C.1.6.6 보-기둥접합부

편심 가새골조에서 링크 반대편 접합부를 모멘트저항 접합부시스템으로 설계하는 경우, 보-기둥 접합부는 C.1.3.1과 C.1.3.4의 보통 모멘트골조 접합부 요구사항을 만족해야 하며, 비모멘트저항 접합부시스템으로 설계하는 경우는 핀접합을 사용할 수 있다.

【해설】

이 기준에서는 편심가새골조의 설계를 위한 R값을 링크와 떨어진 지점의 보-기둥접합부가 핀접합인지 아니면 모멘트접합인지에 따라 다르게 규정하고 있다. 링크와 떨어진 지점에 모멘트접합부를 사용하면 더 큰 R값을 사용할 수 있는데, 이는 접합부가 제공하는 추가의 부정정도를 반영한 것이다.

C.1.6.7 기둥의 소요강도

편심가새골조의 기둥의 소요강도는 4.1.1.3의 요구사항뿐만 아니라 아래의 조건을 만족해야 한다.

(1) 편심가새골조의 기둥의 소요강도는 KDS 41 10 15의 하중조합에 의해 산정한다. 단 이 경우, 지진하중 E는 고려 대상층 상부에 있는 모든 링크의 예상공칭전단강도를 1.1배한 조건에서 발현되는 응력으로 대체하여 산정한다. 여기서, 링크의 예상공칭전단강도는 $R_y V_n$으로 산정하고 V_n은 C.1.6.1.2에 따라 산정한다.

(2) 편심가새골조의 기둥부재는 4.1.1.2.2의 요구사항을 만족해야 한다.

【해설】

(1) 대각가새 및 링크외부 보와 유사하게 편심가새골조의 기둥은 역량설계법에 의해 설계한다. 다시 말해, 기둥은 링크의 항복 및 변형도경화에 의해 발생하는 최대하중을 지지할 수 있도록 설계한다. C.1.6.5에서 언급한 바와 같이, 링크의 항복 및 변형도경화에 의해 발생하는 최대전단력은 링크의 공칭전단강도, V_n에 $1.25R_y$를 곱하여 산정하는데, 여기에서 1.25 계수는 변형도경화를 고려한 것이다.

기둥에 역량설계법을 적용할 때 변형도경화계수로서 1.1을 사용할 수 있도록 규정하고 있다. 이러한 완화규정은 고려하는 기둥상부의 모든 링크가 동시에 최대전단강도에 이르지는 않는다는 점을 반영하고 있다. 따라서, 고려하는 기둥 상부의 모든 링크에 변형도경화계수 1.25를 적용하게 되면 다층편심가새골조의 설계 시 상당히 보수적인 설계가 될 수 있다. 저층편심가새골조의 설계에 있어서, 설계자는 기둥의 역량설계법에서 링크의 변형도경화계수는 1.25를 적용해야 한다. 이는 이런 경우 모든 링크가 동시에 최대전단강도에 이르게 될 가능성이 크기 때문이다.

(2) 추가적으로 편심가새골조내의 기둥은 4.1.1.3의 요구사항을 만족하여야 한다.

C.1.6.8 보호영역

(1) 편심가새골조 내의 링크는 보호영역이므로 4.1.2.4의 요구사항을 만족해야 한다.
(2) 링크에 보강재를 접합할 경우 C.1.6.2의 요구사항에 따라 용접을 사용할 수 있다.

C.1.6.9 임계용접부

링크플랜지와 링크웨브를 기둥으로 접합하는 완전용입용접은 임계용접부이므로 4.1.2.3.2의 요구사항을 만족해야 한다.

C.1.7 좌굴방지 가새골조

【해설】

좌굴방지가새골조는 특별한 등급의 중심가새골조이다. 특수중심가새골조에서와 같이, 좌굴방지가새골조 내 가새의 중심선은 횡하중에 저항하는 완전한 수직트러스시스템을 형성하도록 접합부의 한 점에서 교차한다. 좌굴방지가새골조는 설계 층간변위에 상응하는 변형과 하중수준에서 가새의 좌굴과 이에 따른 강도저하를 방지할 수 있기 때문에 특수중심가새골조보다 더 큰 연성능력과 에너지소산능력을 보유한다. 해설 그림 C.1.7-1에는 좌굴방지가새골조를 개념적으로 보여주고 있다(Tremblay, Degrange and Blouin, 1999).

좌굴방지가새골조는 가새요소가 인장뿐만 아니라 압축에 대해서도 비탄성적으로 항복하는 능력을 갖고 있다. 좌굴방지가새골조에서 가새요소는 안정적인 인장과 압축의 반복적 항복거동을 통하여 에너지를 소산한다(Clark, Aiken, Kasai, Ko and Kimura, 1999). 해설 그림 C.1.7-2에는 좌굴방지가새의 반복이력거동을 좌굴을 갖는 가새와 비교하여 보여주고 있다. 이러한 거동은 가새요소 내부강재코아의 좌굴을 방지함으로써 가능하다. 즉, 축력은 강재코아에만 작용하고, 통상 케이싱이라 불리는 좌굴방지외피는 가새의 전체좌굴과 강재코아의 고차모드의 좌굴을 억제한다.

좌굴방지가새골조는 기둥, 보 및 가새요소로 구성되는데, 모든 구성요소는 기본적으로 축력을 받는다. 좌굴방지가새골조의 가새는 강재코아와 강재코아를 둘러싸는 좌굴방지시스템으로 구성된다. 해설 그림 C.1.7-1은 좌굴방지가새의 개념적을 도식적으로 보여주고 있다. Watanabe et al. (1988); Wada et al. (1994); Clark and others(1999)의 연구에서도 좌굴방지가새에 대한 상세한 정보를 얻을 수 있다. 좌굴방지가새요소 내의 강재코아가 에너지소산을 담당한다. 중간 및 큰 규모의 지진 발생 시, 강재코아는 상당한 비탄성변형이 발생할 것으로 예상된다.

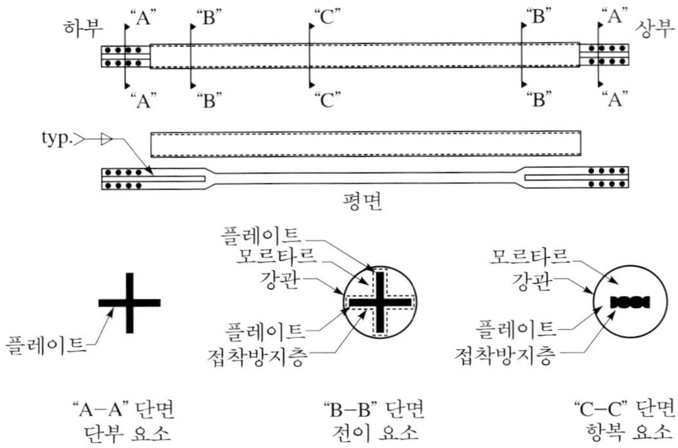

해설 그림 C.1.7-1 좌굴방지가새의 상세 예

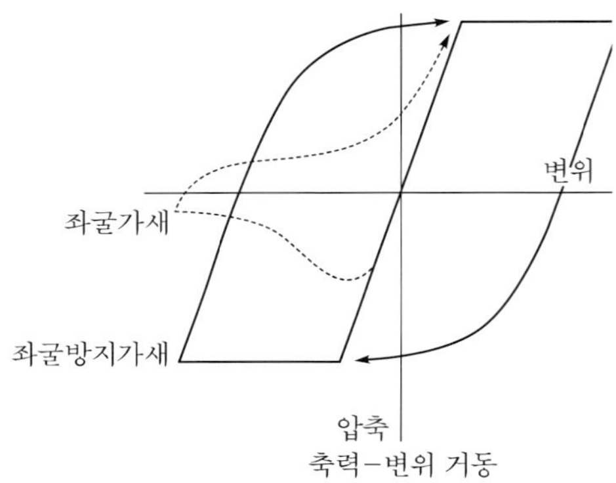

해설 그림 C.1.7-2 좌굴방지가새의 이력거동

좌굴방지가새골조는 편심가새골조와 비교할 만한 정도의 탄성강성을 보유한다. 실물대 실험결과에 따르면, 적절한 상세를 갖는 좌굴방지가새는 상당한 비탄성변형을 통하여 인장 및 압축력에 대하여 대칭적이고 안정적인 이력거동을 보여주는 것으로 알려졌다(Watanabe et al., 1998; Wada et al., 1998; Tremblay et al., 1999). 좌굴방지가새골조는 특수모멘트골조와 비교할 만한 정도의 우수한 연성 및 에너지소산능력을 보유하며, 특수중심가새골조 보다 더욱 우수한 연성 및 에너지소산 능력을 제공한다. 이러한 우수한 연성능력은 강재코아의 좌굴을 제한함으로써 확보할 수 있다.

이 규정은 실험에 의해 인증된 좌굴방지가새의 사용을 전제로 하고 있다. 이는 좌굴방지가새를 변형능력이 인증된 범위 내에서만 사용하도록 하기 위함이며, 또한 설계지진력에 상응하는 최대비탄성변형에서 안정적 가새의 항복 이외의 파괴모드를 배제하기 위함이다. 선형해석을 사용하는 경우, 좌굴방지가새골조의 최대비탄성변위는 설계층간변위의 200%에 상응하는 값으로 정의한다. 비선형시간이력해석을 사용하는 경우는, 최대 비탄성변위를 해석결과로부터 직접 택할 수 있다. 실험을 위해 예상 가새변형을 산정할 때 최소 2%의 층간변위를 택해야 하고 상세 또한 이 기준을 만족시킬 것을 권장한다. 실제 지진 내습 시에 계산치를 초과하는 변형요구가 발생하여 접합부의 안정성이 상실되면 그 결과는 심각할 수가 있다. 따라서 좌굴방지가새는 정적탄성해석에 의해 예측된 변형보다 더 큰 변형을 수용할 수 있어야 한다.

좌굴방지가새골조시스템에 대한 더욱 상세한 개념의 이해를 위해 다음 참고문헌을 참고한다. Uang and Nakashima(2003); Watanebe et al. (1988); Reina and Normile(1997); Clark et al. (1999); Tremblay et al. (1999); Kalyanaraman et al. (1998).

좌굴방지가새골조에 대한 이 기준의 규정은 신뢰할 만한 가새의 성능을 전제로 하므로 성능보장을 위한 엄격한 품질관리가 요구된다.

C.1.7.1 가새부재

좌굴방지가새골조의 가새부재는 강재코아와 강재코아의 좌굴을 구속하는 좌굴방지시스템으로 구성된다.

C.1.7.1.1 강재 코아

(1) 강재 코아는 가새에 작용하는 전체축력을 지지할 수 있도록 설계한다.

(2) 가새부재의 설계축강도 $\phi_c P_{ysc}(\phi_v = 0.90)$는 인장력 및 압축력에 대하여 항복한계상태에 따라 다음과 같이 산정한다.

$$P_{ysc} = F_{ysc} A_{sc}$$

여기서, F_{ysc} : 강재코아의 공칭항복응력 또는 인장시험에 의해 결정된 강재코아의 실제항복응력 (MPa)

A_{sc} : 강재코아의 순단면적 (mm^2)

(3) 강재 코아에 사용하는 50mm 이상의 강판은 3.3의 최소노치인성 요구사항을 만족해야 한다.

(4) 강재 코아에는 이음부를 둘 수 없다.

【해설】

(1) 강재 코아는 항복부분과 접합을 위한 돌출부로 구성된다. 좌굴방지가새를 소요강도에 근접하도록 설계하면 건물의 여러 층으로 항복을 분산키는데 도움을 준다. 역으로 일부 좌굴방지가새를 다른 좌굴방지가새에 비해 과하게 설계할 경우, 건물의 몇몇 층에만 비탄성변형이 집중되는 바람직하

지 못한 결과를 초래한다. 항복부분과 비항복부분의 길이와 단면적에 의해 좌굴방지가새의 축강성이 결정된다. 항복부분의 길이와 좌굴방지가새의 경사도에 의해 설계 층간변위에 대응되는 변형도 요구치가 결정된다.

일반적인 좌굴방지가새의 설계에 있어서, 케이싱 바깥쪽으로 돌출되는 부분은 골조와의 접합을 위하여 필요한 요소이다. 이 비구속요소에서의 좌굴은 바람직하지 못한 파괴모드를 유발하므로 방지되어야 한다.

강재 코아의 초과강도는 접합부의 설계, 골조의 기둥 및 보에 반영되어야 한다.

(2) 강재 코아의 강도는 기호로서 F_{ysc}를 사용하는데, 강재코아의 공칭항복응력 또는 소재인장시험에 의해 결정된 강재코아의 실제항복응력으로 정의된다. 소재인장시험에 의한 F_{ysc}를 사용할 경우, 조정가새강도 (C.1.7.2.4 참조)를 산정할 때 R_y계수를 사용할 필요가 없다.

C.1.7.1.2 좌굴방지 시스템

(1) 좌굴방지 시스템은 강재코아의 케이싱으로 구성된다.
(2) 안정성을 평가할 때에는, 보, 기둥 및 거세트판 등 접합부를 연결하는 구조요소 모두가 좌굴방지시스템에 포함된다.
(3) 좌굴방지 시스템은 설계층간변위의 2.0배에 상당하는 변위에 대해서 강재코아의 국부 및 전체좌굴을 방지할 수 있어야 한다.
(4) 좌굴방지 시스템은 설계층간변위의 2.0배에 상당하는 변위 내에서는 좌굴하지 않아야 한다.

【해설】

(1) 좌굴방지시스템이라 함은 가새의 전체좌굴을 방지하기 위한 요소를 의미한다. 좌굴방지시스템은 케이싱뿐만 아니라 코아를 접합하는 요소들도 포함한다. 좌굴방지시스템의 적절성은 실험에 의해 증명되어야 한다.

C.1.7.1.3 성능입증 및 조정가새강도

가새부재의 성능입증 및 조정가새강도는 강구조내진성능 접합부인증지침에 따른다

【해설】

(1) 좌굴방지가새에 대한 실험은 필수적이다. 국가가 인정한 단일 인증기관이 존재하지 않는 바, 건축구조준의 좌굴방지가새골조 성능요건 및 건축구조기준 0722 내진성능 확인 절차에 준해서 성능을 입증한다.

(2) 가새부재와 접합부가 조정가새강도에 의해 산정된 하중을 지지할 수 있도록 설계하는 경우가 있다. 이 때 조정가새강도의 산정 및 실험결과로부터의 측정은 건축구조기준 0713.15.2.4를 참고한다.

C.1.7.2 가새접합부

C.1.7.2.1 소요강도

가새접합부의 인장 및 압축소요강도는(기둥-보접합부가 좌굴방지골조의 일부일 경우에도 포함) 조정가새압축강도의 1.1배로 산정한다.

【해설】

강재코아가 항복해도 가새접합부는 항복해서는 안된다. 따라서 가새접합부는 예상되는 가새의 최대응력으로 설계해야 한다(C1.7.1 참조). 또한 계수 1.1을 사용하여 증폭시킨다.
볼트는 설계강도의 약 70% 수준에서 미끄럼이 발생할 가능성이 있다. 이 정도의 미끄럼은 좌굴방지가새골조시스템의 거동에 유해하지 않은 것으로 고려되며, 4.1.2.2의 설계개념과도 일관성이 있다(4.1.2.2해설 참조). 볼트구멍은 강구조설계기준의 관련조항에 따라 드릴이나 펀치에 의해 천공한다.

C.1.7.2.2 거셋플레이트

(1) 가새접합부를 설계할 때, 거셋플레이트의 전체 및 국부좌굴을 고려하여 설계해야 한다. 가새는 실험에 사용한 것과 일관성을 유지해야 한다.
(2) 이 규정은 다음과 같은 방법으로도 만족시킬 수 있다. 실험결과로부터 산정된 횡지지력과 일관된 횡력으로 거셋플레이트을 설계하되, 횡력에 저항할 수 있도록 거셋플레이트을 보강재로 보강하거나, 거셋플레이트 또는 가새 자체를 지지하는 횡지지재를 설치한다. 횡지지재 없이도 실험적으로 인증된 경우는 이러한 횡지지보강은 필요가 없다. 강재 코아에 가새를 부착시키는 경우는 이 사항이 인증실험에 반영해야 한다.

【해설】

좌굴방지가새골조의 안정성과 파단에 관련된 최근의 연구에 의하면 거셋플레이트 접합부의 설계가 매우 중요함이 밝혀졌다(Tsai 등 2003; Lopez 등 2004). 거셋플레이트의 안정성은 실험체에 실제건물의 조건을 적절히 반영한 실험에 의해 입증이 가능하다. 지진 발생 시, 골조에는 면내변형뿐만 아니라 일부 면외변형도 동시에 발생할 수 있다. 따라서 거셋플레이트를 설계할 때는 어느 정도 보수적으로 설계해야 한다.

C.1.7.3 가새골조 형상에 따른 특별규정

V 및 역V형 가새골조는 다음과 같은 조건을 만족해야 한다.

(1) 가새부재와 교차하는 보와 보의 접합부 및 지지부재의 소요강도는 가새부재가 고정하중 및 활하중을 부담하지 않는다는 가정 하에 KDS 41 10 15의 하중조합에 따라 산정한다. 지진하중을 포함한 하중조합의 경우, 보에 작용하는 수평 및 수직 지진하중효과 E는 인장 및 압축조정가새강도로 산정한다.

(2) 보는 기둥들 사이에서 연속이어야 하며 보의 상하플렌지는 횡지지해야 한다. 횡지지재는 KDS 14 31 10(식 (4.5-7)과 식 (4.5-8))을 만족해야 한다. 여기서, $M_r = M_u = R_y Z F_y$이고 $C_d = 1.0$이다.

(3) 가새접합부의 안정성 확보를 위해, 충분한 보의 면외강도와 강성을 확보하지 못한 경우, V 또는 역V형 가새골조 내에 최소 1쌍의 횡지지재를 설치해야 한다.

(4) 가새부재의 설계 및 실험을 위한 가새부재최대변형은 상기(1)에서 정의한 하중에 의한 보의 수직처짐효과를 포함하여 증가된 값으로 산정한다.

(5) K형가새골조는 좌굴방지가새골조의 범주에 포함할 수 없다.

【해설】

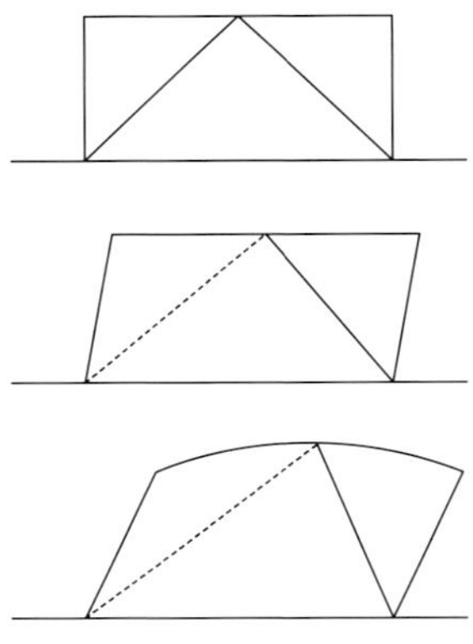

해설 그림 C.1.7-3 V 및 역V형좌굴방지가새골조 항복이후 변형모드 변화

(1) 좌굴방지가새는 좌굴에 의한 강도의 감소가 없고 인장과 압축성능의 차이가 거의 없기 때문에 V형 가새골조형상에 관한 규정은 큰 의미가 없다.

해설 그림 C.1.7-3에는 좌굴방지가새의 압축초과강도에 의한 불균형하중상태에서, 보의 수직변형의 효과를 도식적으로 표현하였다. 보의 수직변형은 변형요구량을 증가시킨다. 따라서 V형 가새골조를 사용하기 위해서는, 실험에 의해 결정된 인장과 압축내력의 차이를 고려하여 양쪽 좌굴방지가새의 항복을 허용할 수 있도록 보는 충분한 강도를 보유해야 한다.

좌굴방지가새의 소요변형능력은 상기의 불균형응력 작용 시 보의 처짐에 의한 추가적인 변형요구를 수용할 수 있어야한다. 이런 점을 고려하면 V형가새골조를 사용할 경우에는 강성이 작은 보는 피하는 것이 바람직하다.

해설 그림 C.1.4-3과 같이 특수한 형상을 사용할 때, 이 조항의 요구사항은 관련이 없다.

C.1.7.4 보 및 기둥

좌굴방지가새골조의 보 및 기둥은 다음 조건을 만족해야 한다.

【해설】

좌굴방지가새골조 내의 기둥은 내진조밀단면이어야 하는데, 이는 어느 정도의 비탄성회전이 요구될 가능성이 있기 때문이다. 또한 기둥 및 보는 인접하는 좌굴방지가새에서 발생하는 최대응력을 고려하여 설계해야 한다.

기둥과 마찬가지로 보도 내진조밀단면이어야 한다. 보-기둥접합부가 완전강접모멘트접합부일 경우는 어느 정도의 비탄성회전이 요구될 가능성이 있기 때문이다.

C.1.7.4.1 판폭두께비

보 및 기둥의 판폭두께비는 4.1.1.2.2의 요구사항을 만족해야 한다.

C.1.7.4.2 소요강도

(1) 좌굴방지 가새골조의 보 및 기둥의 소요강도는 KDS 41 10 15의 하중조합에 의해 산정한다. 지진하중을 포함한 하중조합의 경우, 보에 작용하는 수평 및 수직지진하중 E는 인장 및 압축 조정가새 강도로 산정한다.

(2) 보 및 기둥의 소요강도는 시스템으로부터 전달된 최대하중을 초과할 필요는 없다.

C.1.7.4.3 이음

(1) 좌굴방지가새골조의 기둥이음은 4.1.1.4의 요구사항을 만족해야 한다. 또한 좌굴방지가새골조의 기둥이음은 항복한계상태를 기준으로 산정한 이음부 상·하의 부재 중 작은 설계휨강도의 50% 이상으로 설계한다.

(2) 좌굴방지 가새골조 기둥이음의 소요전단강도는 $\Sigma M_{pc}/H$으로 산정한다. 여기서, ΣM_{pc}는 이음부 상·하기둥의 공칭소성휨강도의 합이다.

C.1.7.5 보호영역

좌굴방지가새골조의 보호영역은 가새부재의 강재코아와 보와 기둥의 접합요소를 포함해야 하고 4.1.2.4의 요구사항을 만족해야 한다.

C.1.8 특수강판전단벽

특수강판 전단벽은 웨브와 인접한 수평경계요소와 수직경계요소는 웨브가 완전히 항복하여 변형경화상태에 도달하여도 수평경계요소의 양단부에 소성힌지가 생기는 것 외에는 탄성상태를 유지하도록 설계해야 한다.

【해설】

(1) 특수강판전단벽 내진설계의 핵심은 수평경계요소와 수직경계요소에 둘러싸인 세장하고 보강되지 않은 강판의 항복을 통하여 연성이력거동을 확보하는 것이다(해설 그림 C.1.8-1 참조). 모든 수평경계요소와 수직경계요소의 접합부는 모멘트접합부로서 구축하여 수평경계요소의 예상소성모멘트를 발현할 수 있어야 한다. 또한 모든 웨브는 경계요소에 둘러싸여야 한다.
의사정적 비탄성반복재하를 통한 특수강판전단벽에 대한 많은 실험연구에 의하면, 이 시스템은 뛰어난 연성거동을 통하여 많은 양의 에너지를 소산할 수 있음을 알 수 있다(Thorburn et al., 1983; Timler and Kulak,1983; Tromposch and Kulak, 1987; Roberts et al., 1992; Caccese et al., 1993; Driver et al., 1997; Elgaaly, 1998; Rezai, 1999; Lubell et al., 2000; Berman and Bruneau, 2003a; Park et al., 2007). 이 같은 거동은 유한요소해석을 비롯한 다른 해석적 연구에 의해서도 증명된 바가 있다(Sabouri et al.,1992 ; Elgaaly et al., 1993; Elgaaly and Liu, 1997; Driver et al., 1997).

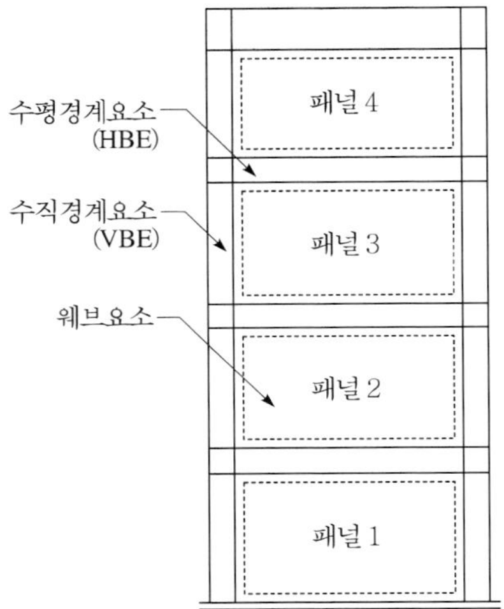

해설 그림 C.1.8-1 특수강판전단벽 구조요소 개요

(2) 웨브의 항복은 대략 수직축에 대해 45° 방향으로 발현되는 인장역작용(tension field action)에 의해 발생하고 이의 직각방향으로는 플레이트의 좌굴이 발생한다. 과거의 실험에 의하면, 특수강판전단벽의 수직 및 수평경계요소의 크기를 적절히 선정하면 웨브 전체에서 인장역작용을 발현시킬 수 있음이 입증되었다. 매우 강한 수평경계요소와 수직경계요소를 사용하는 경우를 제외하고는, 웨브의 항복은 각 패널을 가로질러 점진적으로 발생한다. 웨브는 압축에 대해서는 항복하지 않는다. 특수강판전단벽이 점진적으로 큰 횡변위를 받게 될 때 연속적인 인장항복이 발생하게 된다. 물론 수평경계요소 단부에서의 소성힌지의 발생도 전체시스템의 에너지소산에 기여하는 바가 있다. 과거의 연구에 의할 때, 경계요소의 항복이 시스템의 횡강도에 대략 25~30% 정도 기여하

는 것으로 보고된 바 있다(Driver et al., 1997).

수평경계요소단부에서 소성힌지가 발생되는 것을 제외하면, 수평 및 수직경계요소는 웨브가 충분히 항복을 하더라도 본질적으로 탄성상태가 유지되도록 설계되어야 한다. 수평경계요소단부에서의 소성힌지는 이 시스템의 소성붕괴메커니즘 형성에 필요하다. 수평경계요소 중앙부에서의 소성힌지는 웨브의 항복을 부분적으로 방해할 수 있으므로 바람직하지 않다. 수직경계요소의 항복이 바람직한 경우와 바람직하지 않은 경우 모두가 과거 실험에서 관측된 바가 있다. 수직경계요소의 허용가능한 항복을 정량적으로 규정할 수 있는 이론 및 실험적 근거가 없는 현 상황에서는 수직경계요소는 탄성거동을 하도록 보수적으로 설계하는 것이 타당하다.

특수강판전단벽의 수직 및 수평경계요소에 사용되는 구조형강의 특성(또한 강판전단벽 특유의 치수 및 상세)이 인장역작용 발현각도에 유리한 영향을 미쳐서 아주 세장한 웨브(대각선 방향의 압축강도를 거의 무시할만한 정도의)의 사용이 가능하다. 이 구조시스템의 상/하단에서 발현되는 인장역작용을 적절히 정착시키기 위해서는 상당히 큰 사이즈의 수평경계요소가 상/하부에 요구된다. 또한 플랜지좌굴의 방지 또는 운반의 문제 등으로 플레이트거더에 부과되는 웨브세장비제한은 전혀 다른 방식으로 구축되는 강판전단벽에는 적용할 필요가 없다.

C.1.8.1 웨브

【해설】

특수강판전단벽에 사용되는 강재의 공칭최소항복강도는 3.1의 규정을 따른다. 그러나, 특수강판전단벽의 웨브에는 최소항복강도가 80～230MPa 범위의 고연성저항복강이 사용될 수도 있다.

C.1.8.1.1 전단강도

패널의 설계전단강도 $\phi V_n(\phi = 0.90)$은 전단항복한계상태에 의거하여 다음과 같이 산정한다.

$$V_n = 0.42 F_y t_w L_{cf} \sin 2\alpha \qquad \text{(C.1.8.1.1-1)}$$

여기서, t_w : 웨브의 두께(mm)

L_{cf} : 수직경계요소 플랜지 사이의 순거리(mm)

α는 웨브항복선이 수직축에 대해 이루는 각도(rad)로 다음 식으로 산정한다.

$$\tan^4\alpha = \frac{1 + \dfrac{t_w L}{2A_c}}{1 + t_w h\left(\dfrac{1}{A_b} + \dfrac{h^3}{360 I_c L}\right)} \qquad \text{(C.1.8.1.1-2)}$$

여기서, h : 수평경계요소의 중심간 거리(mm)

A_b : 수평경계요소의 단면적 (mm^2)

A_c : 수직경계요소의 단면적 (mm^2)

I_c : 웨브판에 수직인 축에 대한 수직경계요소의 단면2차모멘트 (mm^4)

L : 수직경계요소의 중심간 거리 (mm)

【해설】

수평전단력은 C.1.8.1에 정의된 항복각 α방향으로 형성되는 인장역작용에 의해 지지된다. 동일하지 않은 부재가 수평경계요소 및 수직경계요소에 사용된 경우에는, 수평경계요소의 평균단면적을 A_b의 값으로, 수직경계요소의 평균단면적과 평균단면2차모멘트를 각각 A_c, I_c의 값으로 대입하여 α를 산정한다.

패널의 소성전단강도는 $0.5R_yF_yt_wL_{cf}\sin 2\alpha$로 주어진다. 공칭강도는 소성전단강도를 FEMA 369(FEMA, 2003)에서 정의한 시스템초과강도계수(특수강판전단벽의 경우 1.2)로 나누어서 산정한다(Berman-Bruneau, 2003b).

위의 소성전단강도는 각 웨브를 경사각을 갖는 핀접합된 일련의 스트립으로 구성된 것처럼 가정하여 해석적으로 구할 수 있다(해설 그림 C.1.8-2 참조).

각 패널을 최소 10개의 등간격스트립으로 모델링하면 실험과 잘 부합하는 결과를 얻을 수 있음이 과거의 연구를 통해 확인된 바가 있다(해설 그림 C.1.8-3 참조).

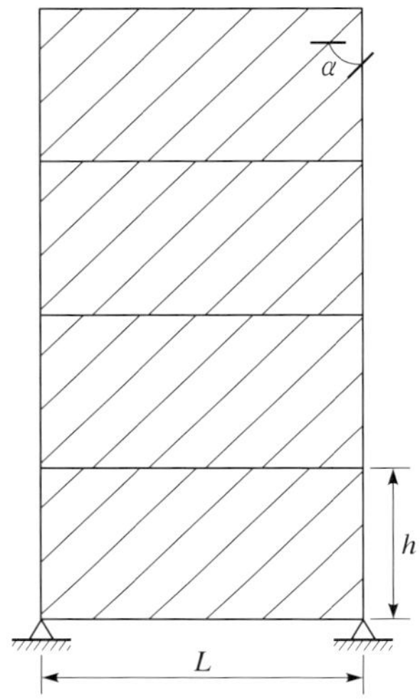

해설 그림 C.1.8-2
특수강판전단벽의 스트립 모델

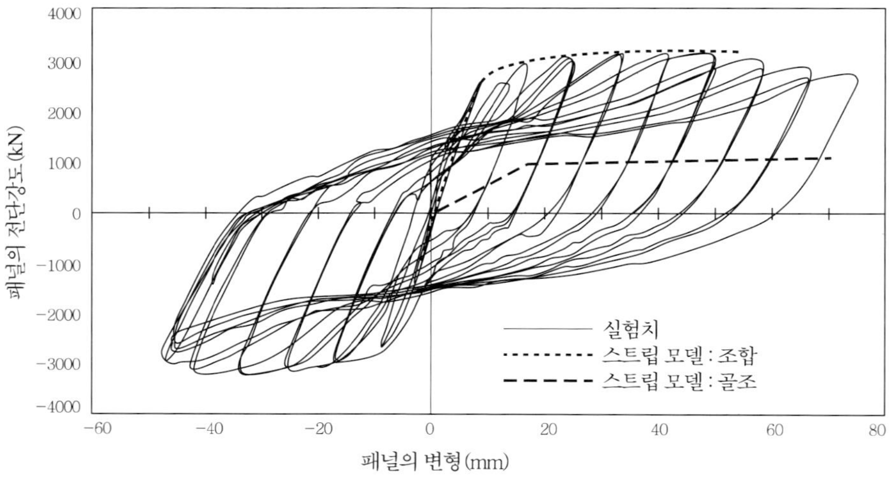

해설 그림 C.1.8-3 패널 전단강도의 실험치 및 스트립모델에 의한 예측치 비교

C.1.8.1.2 패널변장비

패널의 길이 대 높이비(L/h)는 $0.8 < L/h \leq 2.5$의 범위에 있어야 한다.

【해설】

특수강판전단벽의 스트립모델은 패널의 변장비 L/h가 0.8 이상일 때 비교적 정확한 결과가 얻어진다(Rezai, 1999). 패널의 변장비가 0.8보다 작은 경우에는 특수강판전단벽에 중간 수평경계요소를 설치하여 이 조건을 만족시킬 수도 있다.

수평경계요소의 강성이 충분하다면 L/h에 대한 이론적인 상한값은 존재하지 않지만, 2.0 이상의 변장비 대한 연구결과가 존재하지 않기 때문에, 최대변장비를 2.5로 제한하였다.

C.1.8.1.3 웨브의 개구부

웨브의 개구부는, 실험과 해석에 의해 검증되지 않은 경우에는 패널의 전체높이와 전체폭에 걸쳐서 수평경계요소와 수직경계요소에 의해 모든 면에서 둘러싸여 있어야 한다.

【해설】

웨브의 큰 개구부는 국부적으로 큰 구조적 부담을 유발하므로 개구부주변을 수평 및 수직경계요소로서 시스템의 나머지 부분과 유사한 방식으로 보강해야 한다. 개구부가 필요할 때에는 개구부를 둘러싸는 수평 및 수직경계요소로서 작은 단위로 분할하여야 한다. 수평 및 수직경계요소로 둘러싸이지 않은 웨브개구부를 갖는 특수강판전단벽에 대한 실험은 아직까지 수행된 사례가 없다. 해석 또는 실험적으로 검증된 경우에만 다른 형식의 개구부가 사용될 수 있다.

C.1.8.2 경계요소와 웨브의 접합

수평 및 수직경계요소와 웨브접합부 소요강도는 웨브항복각(식 (C.1.8.1.1-2) 참조)을 기준으로 산정된 웨브의 예상인장항복강도와 같도록 한다.

【해설】

웨브와 이를 둘러싸는 수평 및 수직경계요소의 접합부 소요강도는 웨브의 예상인장강도의 발현을 보장할 수 있어야 한다. 볼트접합부 경우는 순단면적을 기준으로 이 소요강도가 확보되어야 한다.

웨브의 항복각을 α로 한 스트립모델은 특수강판전단벽의 거동해석에 사용될 수 있다. 모든 패널에 대한 평균항복각을 대표값으로 택하여 전체 벽체를 해석하는데 사용할 수 있다. 웨브스트립의 예상인장강도는 $R_yF_yA_s$로 정의할 수 있다.

여기서, A_s : 스트립의 1개의 면적

$= (L\cos\alpha + H\sin\alpha)t_w/n$

L : 패널의 폭

H : 패널의 높이

t_w : 웨브의 두께

n : 패널당 스트립의 개수, n은 10이상.

이 해석방법은 실제 실험결과와 비교했을 때 특수강판전단벽의 거동을 효과적으로 예측할 수 있음이 확인되었다. 그러나 유한요소법 같은 다른 고급해석기법이 특수강판전단벽의 설계에 사용될 수도 있다. 재료적/기하학적 비선형을 고려한 유한요소법이 사용될 때는, 유한요소모델의 신뢰성 확인 차원에서 우선 기존의 실험결과와 비교하여 정확도가 검증되어야 한다. 경계요소와 웨브의 접합부의 설계에는 웨브플레이트의 좌굴가능성도 고려해야 한다. 플레이트 면외방향회전에 대한 최소한의 구속이 제공되어야 한다(Caccese et al., 1993).

C.1.8.3 수평경계요소와 수직경계요소

C.1.8.3.1 소요강도

(1) 4.1.1.3의 규정과 더불어 수직경계요소의 소요강도는 웨브 항복각 α에 대해 산정된 웨브의 예상인장항복강도를 기준으로 산정한다.

(2) 수평경계요소의 소요강도는 웨브항복각 α에 대해 계산된 웨브의 예상인장항복강도를 기준으로 한다. 웨브는 중력하중을 지지하지 않는다는 가정 하에서 KDS 41 10 15의 하중조합에 의해 결정된 소요강도 가운데 큰 값으로 한다.

(3) 수평경계요소와 수직경계요소의 교차부에서의 보-기둥모멘트비는 C.1.1.5의 규정을 만족해야 한다. 단, 이 경우 웨브의 존재는 무시한다.

【해설】

(2) 모든 경계요소는 웨브가 완전항복한 상태의 인장역작용에 의해 유발되는 최대응력에 저항할 수 있도록, 역량설계법의 원리에 의해 설계되어야 한다. 층전도모멘트와 층전단력, 그리고 웨브의 인장역작용의 결과로서 축력, 전단력, 그리고 모멘트가 강판전단벽의 경계요소에서 발생한다. 용접에 필요한 최소두께나 적정자재의 부족 등에 의해 필요이상으로 두꺼운 웨브가 쓰일 수도 있기 때문에, 사용된 웨브의 실제두께를 기준으로 계산을 수행해야 한다.

벽체의 최상부패널에서는 인장력작용의 수직성분은 수평경계요소에 충분히 지지되어야 한다. 최상부패널의 수평경계요소는 패널의 폭에 걸쳐서 완전한 인장항복의 발현이 가능하도록 충분한 강도를 가져야 한다.

벽체 최하부패널에서도 인장력작용의 수직성분은 수평경계요소에 정착되어야 하고, 이 수평경계요소는 패널의 폭에 걸쳐서 완전한 인장항복이 발현 되도록 충분한 강도를 가져야 한다. 이 요건은 수평경계요소를 기초에 연속적으로 정착함으로써 만족시킬 수 있다.

벽체중간의 수평경계요소의 상부와 하부에 작용하는 웨브의 수직응력도는 그 차이가 거의 없기 때문에 인장력작용에 의한 부담이 미미하다. 특히 수평경계요소 상부 및 하부패널의 웨브가 동일 두께일 경우는 더욱 그러하다. 결과적으로 최상부 및 최하부 수평경계요소의 크기는 대부분 상당히 크게 되고, 벽체 중간부의 수평경계요소의 크기는 상대적으로 작게 된다.

C.1.8에서 언급한 예외사항을 넘어서는 설계를 시도할 경우, 건축구조기술자는 경계요소의 항복이 강판전단벽의 전단성능 및 중력하중에 대한 내하력을 크게 훼손하지 않음을 적절히 입증해야 한다.

부재와 접합부에 작용하는 응력은(인장역작용에 의한 영향을 포함) 평면골조해석을 통해 산정할 수 있다. 이 경우 웨브는, C.1.8.2에서 기술한 바와 같이, 양단이 핀접합된 일련의 경사스트립에 의해 모형화될 수 있다. 이러한 해석을 위해서는 패널당 최소한 10개 이상의 등간격 핀접합스트립이 사용되어야 한다.

수직경계요소에 작용하는 응력을 산정하고 역량설계법을 수행함에 있어 다양한 해석적 접근법이 사용될 수 있다.

C.1.8.3.2 수평경계요소와 수직경계요소의 접합부

(1) 수평경계요소와 수직경계요소의 접합부는 C.1.3.1의 규정을 만족해야 한다.

(2) 수평경계요소와 수직경계요소의 접합부의 소요전단강도 V_u는 C.1.3.1의 규정에 따라 산정한다. 단, 소요전단강도는 수평경계요소 양단부의 모멘트가 $1.1R_yM_p$ 도달 시에 유발되는 전단력과, 항복각 α로 웨브항복 시의 예상 인장항복강도에 의해 산정된 전단력의 합 이상이어야 한다.

C.1.8.3.3 판폭두께비 제한

수평 및 수직경계요소는 4.1.1.2.2의 규정을 만족해야 한다.

【해설】

특수강판전단벽시스템의 소성메커니즘의 발생을 허용하면 수평 및 수직경계요소에 어느 정도의 국부항복이 예상이 된다. 따라서 특수강판전단벽시스템의 경우에도 특수모멘트골조에 요구되는 표 4.1-1의 폭두께비제한조건을 만족해야 한다.

C.1.8.3.4 횡지지

(1) 수평경계요소와 수직경계요소와의 모든 교차부는 반드시 횡지지해야 하고, 수평경계요소의 전구간은 $0.086r_yE/F_y$ 이하의 간격으로 횡지지해야 한다.
(2) 수평경계요소의 상하플랜지는 모두 직접 또는 간접적으로 횡지지해야 한다.
(3) 횡지지재의 소요강도는 수평경계요소플랜지의 공칭강도 $F_yb_ft_f$의 2% 이상이어야 한다. 모든 횡지지재의 소요강성은 KDS 14 31 10(식 (4.5-8)에 따라 산정한다. 여기서, M_r은 R_yZF_y 그리고 C_d는 1.0을 택한다.

【해설】

(1) 특수강판전단벽시스템의 적절한 내진거동을 확보하기 위해서는 경계요소의 안정성이 확보되어야 한다. 수평경계요소의 횡지지 강도 및 강성 측면의 요구사항은 특수모멘트골조의 보에서 요구되는 요건과 동일하다. 다만, 강판전단벽의 경우 수평 및 수직경계요소의 모든 교차점은 패널 전체의 안정성을 보장하기 위해 횡지지가새가 설치되어야 한다.

C.1.8.3.5 수직경계요소의 이음

수직경계요소의 이음은 4.1.1.4의 규정을 만족해야 한다.

C.1.8.3.6 패널존

최상부 및 최하부 수평경계요소에 인접한 수직경계요소의 패널존은 C.1.1.2의 규정을 만족해야 한다.

【해설】

중간 수평경계요소의 패널존에 대해서는 특별한 요구조건을 부과하지 않았는데, 이는 상당히 큰 크기의 수직경계요소에 작은 크기의 수평경계요소가 접합되는 것이 보통이기 때문이다. 중간 수평경계요소에 접합된 수직경계요소 패널존의 적절성에 문제가 되는 특수한 상황이 발생하면 이에 대해 적절히 대응하여야 한다.

C.1.8.3.7 수직경계부재의 강성

웨브의 면에 직각인 축에 대한 수직경계요소의 단면2차모멘트 I_c는 $0.00307t_wh^4/L$ 이상되어야 한다.

【해설】

이 요구사항은 수직경계요소의 과도한 면내변형 또는 좌굴의 위험성을 감안하여 제시된 것이다.

C.2 합성구조의 내진설계

C.2.1 합성 부분강접 모멘트골조

【해설】

(1) 합성부분강접모멘트골조는 합성부분강접합으로 연결된 강재기둥과 합성보로 구성된다. 합성부분강접접합부의 전단접합과 하부플랜지접합에는 일반적인 철골골조의 접합형식을 사용한다. 기둥에 인접한 부모멘트영역에 슬래브철근을 배근하고 보에 시어스터드를 추가함으로써 바닥슬래브에 의한 추가적인 강도 및 강성을 얻을 수 있다(해설 그림 4.2-6 참조). 이는 보의 정모멘트와 부모멘트 영역 사이에 보다 바람직한 강도와 강성의 분포를 가져오며, 비탄성거동 하에서 하중의 재분배를 발생시킨다.

(2) 합성부분강접접합부설계에서 휨하중과 전단하중은 분리하여 고려할 수 있다. 슬래브의 철근과 하부플랜지의 앵글 또는 플레이트가 휨을 지지하고 웨브의 앵글 또는 플레이트가 전단을 지지하는 것으로 간주한다. 합성부분강접모멘트골조와 접합부에 대한 설계방법론과 표준화된 지침이 제시되어 있다(Ammerman & Leon 1990; Leon & Forcier 1992). 실험결과는 해설 그림 4.2-6과 같은 합성부분강접접합부가 적절한 상세를 갖는 경우 파단없이 큰 변형에 저항할 수 있음을 보여주고 있다.

(3) 합성보의 단면2차모멘트가 정 및 부모멘트영역에서 서로 다르기 때문에, 보부재해석 시 두 가지 가운데 한 값만을 사용하는 것은 중요한 오류를 발생시킬 수 있다. 따라서 가중평균값을 사용하는 것이 바람직하다(Ammerman & Leon 1990; Leon & Ammerman 1990; Zaremba 1988).

C.2.1.1 기둥

강재기둥은 3과 4.1.1 그리고 이 기준에 명시된 요구사항을 만족해야 한다.

C.2.1.2 합성보

합성보는 노출형이며 완전합성이어야 하고 KDS 14 31 10(4.3)의 요구사항을 만족해야 한다. 해석을 위한 보의 강성은 합성단면의 유효단면2차모멘트를 사용하여 결정해야 한다.

C.2.1.3 합성 부분강접 모멘트골조 모멘트접합부

보-기둥 부분강접모멘트접합부의 소요강도는 접합부의 연성도와 2차모멘트의 영향을 고려하여 결정해야 한다. 이외에도 합성접합부는 최소한 M_p의 50%에 해당되는 공칭강도를 가져야 한다. 여기서, M_p는 합성거동을 무시한 강재보의 공칭소성휨강도이다. 접합부는 4.2.2의 요구사항을 만족해야 하며 강구조내진성능 접합부인증지침에서 명시된 반복하중실험에 의해 전체 층간변위각 0.04rad을 발휘할 수 있음을 입증해야 한다.

C.2.2 합성 특수 모멘트골조

【해설】

합성모멘트골조에는 강재보 또는 합성보가 철근콘크리트기둥 또는 합성기둥과 접합되는 다양한 형태가 있다. 특히 최근 들어 철골바닥구조와 합성기둥 또는 철골바닥구조와 철근콘크리트기둥으로 이루어진 합성골조가 철근콘트리트바닥구조를 갖는 골조에 비해 경제적인 이유로 사용이 증가하고 있다. 합성특수모멘트골조에 대한 설계 및 상세기준들은 철골특수모멘트골조와 철근콘크리트특수모멘트골조에 대한 기준들과 유사하며 비탄성변형이 보에서 발생하도록 설계한다. 합성특수모멘트골조의 비탄성거동이 철골특수모멘트골조와 철근콘크리트특수모멘트골조의 비탄성거동과 유사하기 때문에 R과 C_d 도 같은 값을 사용한다.

C.2.2.1 기둥

합성기둥은 4.2.1.4와 4.2.1.5의 특수 내진시스템에 대한 요구사항을 만족해야 한다. 철근콘크리트 기둥은 KDS 14 20 80(4.7 제외)의 요구사항을 만족해야 한다.

C.2.2.2 보

합성특수모멘트골조의 구성요소인 합성보는 다음과 같은 요구사항을 만족해야 한다.

(1) 콘크리트의 압축측 연단으로부터 소성중립축까지의 거리는 다음과 같은 값을 초과할 수 없다.

$$Y_{PNA} = \frac{Y_{con} + d_b}{1 + \left(\dfrac{1700F_y}{E}\right)} \qquad \text{(C.2.2.2-1)}$$

여기서, Y_{con} : 강재보의 상단에서 콘크리트의 상단까지의 거리 (mm)

d_b : 강재보의 높이 (mm)

F_y : 강재보의 항복강도 (MPa)

E : 강재보의 탄성계수 (MPa)

(2) 철근으로 보강된 매입형 합성보의 피복두께가 50mm 이상이며 지진에 의한 변형시 소성힌지가 발생하는 위치에서 후프에 의한 구속이 이루어지는 경우를 제외하고는 보플랜지는 C.1.1.3의 요구사항들을 만족해야 한다. 후프는 KDS 14 20 80(4.4.2)의 요구사항을 만족해야 한다.

강재트러스 또는 합성트러스는 실험과 해석을 통해 적절한 연성과 에너지 흡수능력을 발휘할 수 있음을 입증한 경우를 제외하고는 합성특수 모멘트골조의 휨부재로 사용할 수 없다.

【해설】

(1) 합성트러스는 적절한 내진성능을 발휘할 수 있음을 구체적인 자료에 의해 증명하지 않는 한 합성특수모멘트골조의 휨부재로 사용될 수 없다. 이러한 제한은 지진하중저항구조의 부분으로 사용되는 부재에 한하여 적용되며 연직하중만을 지지하는 조이스트나 트러스에는 적용되지 않는다.

C.2.2.3 합성 특수 모멘트골조 모멘트접합부

보-기둥모멘트접합부의 소요강도는 보의 예상되는 휨강도 $R_y M_n$ 과 관련된 휨과 전단으로부터 결정한다. 접합부의 공칭강도는 4.2.2의 요구사항을 만족해야 한다. 이외에도 접합부는 0.04rad의 총층간변위각을 발휘할 수 있어야 한다. 접합부의 위치에서 보플랜지가 연속되지 않는 경우 접합부는 강구조내진성능 접합부인증지침에서 명시된 반복하중실험을 통해 최소한 0.04rad의 총층간변위각을 발휘할 수 있음을 입증해야 한다. 강재보가 철근콘크리트기둥을 통해 관통함으로써 보플랜지의 용접접합이 필요하지 않으며 접합부가 다른 조기파단의 위험이 없는 경우 비탄성회전능력은 실험 또는 다른 구체적인 자료로 증명해야 한다.

【해설】

1) 접합부를 보강하기 위해 해설 그림 4.2-4와 같은 표면지압판과 해설 그림 C.2.2-1과 같은 강재띠판을 사용할 경우 접합부 철근콘크리트의 전단강도를 개선하고 콘크리트에 대해 구속효과를 제공하는데 매우 효과적임을 실험결과로부터 확인할 수 있다. 이러한 합성접합부에 대한 설계식과 설계법에 대한 추가적인 내용들이 ASCE지침서(ASCE 1994)에 포함되어 있다.

2) 매입형합성기둥과 강재보의 접합 해설 그림 C.2.2-2은 주로 일본에서 실험을 통해 사용되고 있으며 접합부의 강도는 안전측으로 강재보와 강재기둥접합부의 강도를 사용할 수 있다.
3) 해설 그림 C.2.2-3과 같은 충전형기둥과의 접합은 그동안 자주 사용되지는 않았으나 최근 들어 많은 연구가 수행됨으로써 가까운 시일 내에 실용적인 설계법이 제안될 것으로 기대된다(Ricles et al., 2004).
4) 합성특수모멘트골조는 4.1의 철골특수모멘트골조와 같이 0.04 rad의 층간변위를 발휘할 수 있어야 한다. 해설 그림 4.2-4와 같이 보가 기둥을 관통함으로써 접합부에 파단이 발생하지 않는 접합상세에 대해서는 강구조내진성능 접합부인증지침 3.2절의 요구사항을 만족하지 않는 실험의 경우에도 실험결과를 근거로 접합부 설계를 수행할 수 있다. 그러나 강재보가 연속되지 않고 접합부에서 파단이 발생할 수 있는 경우, 접합부의 거동은 강구조내진성능 접합부인증지침 3.2절과 유사한 요구사항을 만족하는 실험에 의해 증명해야한다.

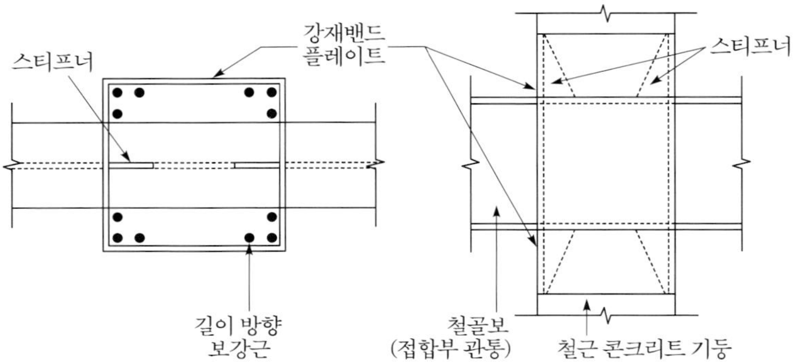

해설 그림 C.2.2-1 접합부보강에 사용된 강재밴드 플레이트

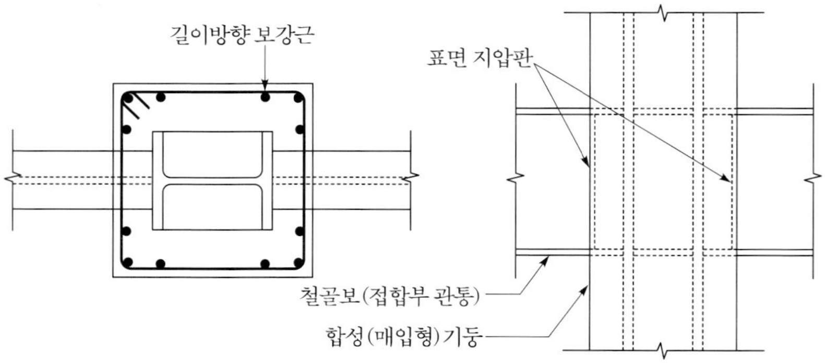

해설 그림 C.2.2-2 합성(매입형)기둥-강재보 모멘트접합부

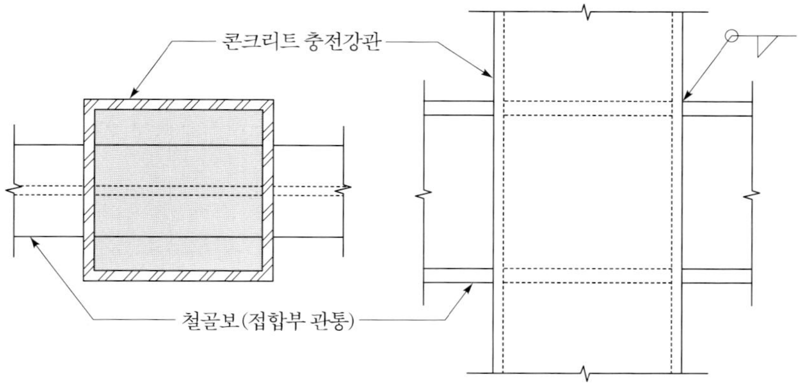

해설 그림 C.2.2-3 콘크리트충전 기둥-강재보 모멘트접합부

C.2.2.4 기둥-보 모멘트비

철근콘크리트 기둥의 설계는 KDS 14 20 80(4.3.2)의 요구사항을 만족해야 한다. 합성기둥의 기둥-보 모멘트비는 다음과 같은 수정사항 외에는 C.1.1.5의 요구사항을 만족해야 한다.

(1) 합성기둥의 설계휨강도는 소요축방향강도 P_{rc} 를 고려하여 제5장의 요구사항을 만족해야 한다.

(2) C.1.1.5의 예외조항(1)의 하중제한은 $P_{rc} \leq 0.1 P_c$ 로 한다.

(3) C.1.1.5의 최소 휨강도 요구사항을 적용하지 않는 합성기둥은 횡방향 철근이 4.2.1.4.3(3)의 요구사항을 만족해야 한다.

C.2.3 합성 중간 모멘트골조

【해설】

1) 합성중간모멘트골조의 기본구조와 접합부는 많은 내진상세 요구사항들이 완화되었다는 점을 제외하고는 합성특수모멘트골조와 유사하다.

2) 합성중간모멘트골조에 대한 규정은 철근콘크리트중간모멘트골조의 경우와 비슷하며 강재의 경우 중간모멘트골조와 보통모멘트골조의 사이에 해당된다. 합성중간모멘트골조의 R 과 C_d 의 값은 철근콘크리트중간모멘트골조의 값과 동일하며 강재의 경우 중간모멘트골조보다 조금 크다.

C.2.3.1 기둥

합성기둥은 4.2.1.4와 4.2.1.5의 중간 내진시스템에 대한 요구사항을 만족해야 한다. 철근콘크리트 기둥은 KDS 14 20 80(4.9)의 요구사항을 만족해야 한다.

C.2.3.2 보

강재보와 합성보는 KDS 14 31 10(4.3)의 요구사항을 만족해야 한다.

C.2.3.3 합성 중간 모멘트골조 모멘트접합부

접합부의 공칭강도는 4.2.2의 요구사항을 만족해야 한다. 보-기둥접합부의 소요강도는 다음과 같은 요구사항들 중의 하나를 만족해야 한다.

(1) 보-기둥접합부의 소요강도는 보의 소성힌지와 관련된 힘에 의해 결정된다.

(2) 접합부는 4.2.2의 요구사항들을 만족해야 하며 반복하중실험을 통해 최소 0.03rad의 총층간변위각을 발휘할 수 있음을 입증해야 한다

C.2.4 합성 보통 모멘트골조

【해설】

합성보통모멘트골조는 5.8과 "콘크리트구조기준"(부록II는 제외)에 따라 설계되고 배근되는 합성모멘트골조를 나타낸다. 합성보통모멘트골조에 대한 설계규정은 특별한 내진상세없이 설계되는 철근콘크리트와 철골의 경우에 해당된다. 따라서 합성보통모멘트골조의 R 과 C_d 값도 철근콘크리트보통모멘트골조와 같은 값으로 결정된다.

C.2.4.1 기둥

합성기둥은 4.2.1.4와 4.2.1.5의 보통모멘트시스템에 대한 요구사항을 만족해야 한다. 철근콘크리트 기둥은 KDS 14 20 00(KDS 14 20 80 제외)의 요구사항을 만족해야 한다.

C.2.4.2 보

강재보와 합성보는 KDS 14 31 10(4.3)의 요구사항들을 만족해야 한다.

C.2.4.3 모멘트접합부

접합부는 KDS 41 00 00의 하중조합에 대해 설계해야 한다. 또한 접합부의 설계강도는 4.1.2와 C.1.3.1의 요구사항을 만족해야 한다.

C.2.5 합성 특수중심 가새골조

【해설】

1) 강진지역에서 합성특수중심가새골조의 사용 경험이 제한적인 상황에서, 합성특수중심가새골조에 대한 설계규정은 특수중심가새골조와 유사한 거동을 발휘할 수 있도록 의도되었다. 합성특수중심가새골조의 R 과 C_d 값 및 사용제한은 철골특수중심가새골조의 경우와 유사하다.
2) 합성가새가 쓰이는 경우(충전형 혹은 매입형), 콘크리트는 강재의 단면을 보강하고 가새의 좌굴을 방지하거나 지연시킴으로써 에너지소산능력을 증가시킬 수 있다. 강관을 콘크리트로 충전하는 것은 효과적으로 강관벽을 구속함으로써 국부좌굴을 막는다(Goel & Lee 1992). 매입형강재가새의 경우, 콘크리트는 강재의 좌굴을 막을 수 있도록 충분히 구속되고 보강되어야 한다.
3) 합성가새는 4.2.1.4.1과 4.2.1.4.3에 명기된 합성기둥에 대한 모든 요구조건을 충족하도록 설계해야 한다. 실험에 의해 더 높은 강도를 입증하지 않는 한 인장을 받는 합성가새는 강재의 단면만을 기준으로 하여 설계하여야 한다.
4) 강재만으로 이루어진 가새는 4.1의 강재가새에 대한 모든 요구조건을 만족시키도록 설계해야 한다. 합성특수중심가새골조의 철근콘크리트기둥과 합성기둥은 합성특수모멘트골조의 기둥과 유사한 상세를 적용한다. 합성특수중심가새골조에 사용된 접합부의 예는 해설 그림 C.2.5-1부터 해설 그림 C.2.5-3에 나타나 있다. 인장 혹은 압축을 받는 가새가 강도를 발휘하기 전에 접합부가 먼저 파괴되는 것을 방지할 수 있도록 합성특수중심가새골조의 접합부에 대한 주의깊은 설계와 상세가 요구된다. 접합부의 설계와 상세는 가새의 좌굴이 가새단부의 과도한 회전변형을 야기하고 국부적인 접합부파괴를 유도할 수 있다는 것을 고려해야 한다.

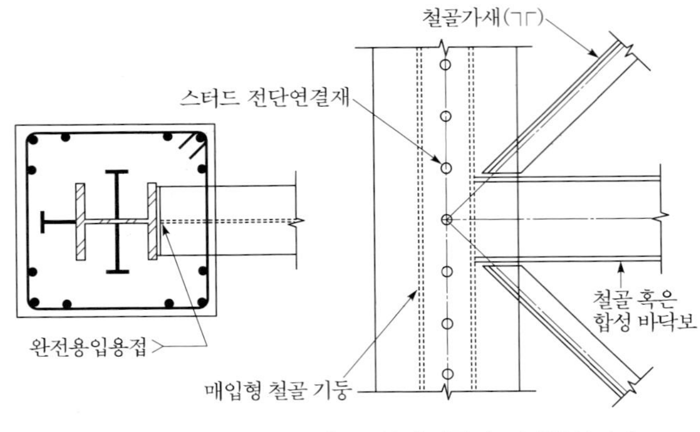

해설 그림 C.2.5-1 RC(혹은 합성)기둥과 강재중심가새

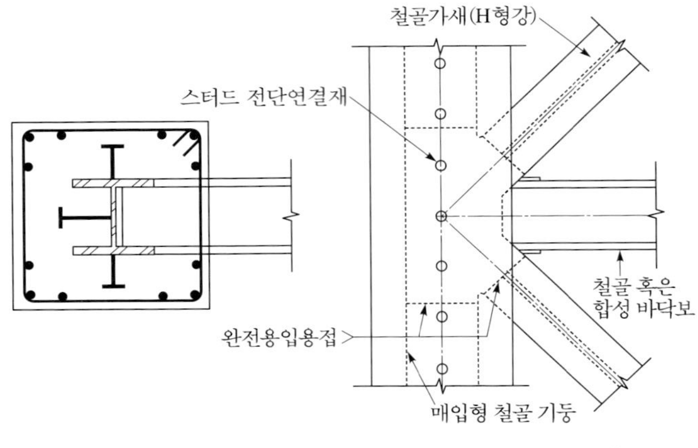

해설 그림 C.2.5-2 RC(혹은 합성)기둥-강재중심가새

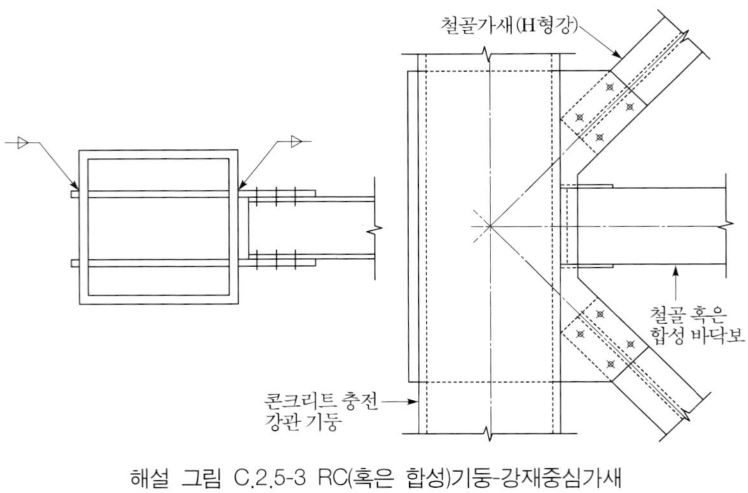

해설 그림 C.2.5-3 RC(혹은 합성)기둥-강재중심가새

C.2.5.1 기둥

강재기둥은 3과 4.1.1의 요구사항을 만족해야 한다. 합성기둥은 특수 내진시스템에 관한 12.3.1.4 또는 12.3.1.5의 요구사항을 만족해야 한다. 철근콘크리트 기둥은 KDS 14 20 80(4.6.5)의 구조용 트러스 부재에 관한 요구사항을 만족해야 한다.

C.2.5.2 보

강재보는 특수중심 가새골조에 관한 C.1.4의 요구사항을 만족해야 한다. 합성보는 KDS 14 31 10(4.5)의 요구사항 및 C.1.4의 특수중심 가새골조에 대한 요구사항을 만족해야 한다.

C.2.5.3 가새

강재가새는 C.1.4에 명시된 특수중심 가새골조에 관한 요구사항을 만족해야 한다. 합성가새는 C.2.5.1에 명시된 합성기둥에 관한 요구사항을 만족해야 한다.

C.2.5.4 접합부

가새접합부는 C.1.4와 4.2.2에 명시된 요구사항을 만족해야 한다.

C.2.6 합성 보통 가새골조

【해설】

강재, 합성부재 및 철근콘크리트부재로 이루어진 합성가새골조는 중약진대에서 저층과 고층건물에 두루 적용되어 왔다. 합성보통가새골조는 내진설계범주 A와 B에서 특별내진상세가 없는 시스템에 사용된다. 설계에 있어 상당한 크기의 비탄성 하중재분배가 요구되지 않기 때문에, 가새가 보나 기둥에 중심으로 연결되는 골조와 편심으로 연결되는 골조 사이에 구분이 없다.

C.2.6.1 기둥

매입형 합성기둥은 보통 내진시스템에 관한 4.2.1.4의 요구사항을 만족해야 한다. 충전형 합성기둥은 보통 내진시스템에 관한 12.3.1.5의 요구사항을 만족해야 한다. 철근콘크리트 기둥의 경우는 KDS 14 20 00(KDS 14 20 80 제외)의 요구사항을 만족해야 한다.

C.2.6.2 보

강재보와 합성보는 KDS 14 31 10(4.3)의 요구사항을 만족해야 한다.

C.2.6.3 가새

강재가새는 KDS 14 31 05와 14 31 10의 요구사항을 만족해야 한다. 합성가새는 4.2.1.4.1, 4.2.1.5 그리고 C.2.6.1의 합성기둥에 대한 요구사항을 만족해야 한다.

C.2.6.4 접합부

접합부는 KDS 41 10 15에 따라 하중조합에 대하여 설계하며 접합부의 설계강도는 4.2.2에서 명시된 요구사항을 만족해야 한다.

C.2.7 합성 편심 가새골조

합성 편심 가새골조에서 대각가새, 기둥, 그리고 링크외부의 보 부분은 링크의 완전항복과 변형도경화로 인해 초래될 수 있는 최대하중에 대해 기본적으로 탄성상태에 있도록 설계해야 한다. 기둥은 합성부재나 철근콘크리트부재를 사용해야 한다. 링크와 가새는 C.2.7.2와 C.2.7.3에서 설명하는 대로 강재 부재를 사용해야 한다. 합성편심 가새골조는 이 절에서 수정되는 사항을 제외하고 C.1.6의 요구사항을 만족해야 한다.

【해설】

1) 합성편심가새골조는 사용경험은 희소하지만 강재링크의 비탄성거동이 철골편심가새골조의 경우와 근본적으로 같아야 하며 합성기둥이나 철근콘크리트기둥의 비탄성변형이 최소화되어야 한다. 따라서 합성편심가새골조의 R 과 C_d 값 그리고 사용제한은 철골편심가새골조의 경우와 같다.
2) 합성편심가새골조의 기본적인 요구사항은 철골편심가새골조와 같으나 합성기둥 또는 철근콘크리트기둥과 합성접합부의 설계에 대해 부가적인 요구사항을 필요로 한다.
3) 기둥의 비탄성변형이 제한적이지만 철근콘크리트기둥과 매입형합성기둥에 대한 상세는 안전측으로 "콘크리트구조설계기준" 21장에 따른다. 이 외에도, 링크가 기둥에 인접한 경우 철근콘크리트

특수모멘트골조의 힌지영역에 적용되는 것과 같이 집중적인 후프보강이 요구된다. 이 요구조건은 링크에 인접한 기둥에 가해지는 큰 모멘트와 하중의 반전을 고려한 것이다.

4) 합성편심가새골조의 효율적인 거동을 확보하기 위해서는 링크의 비탄성변형에 의하여 유발되는 하중 하에서도 가새와 기둥이 기본적으로 탄성상태를 유지할 수 있도록 충분히 강하게 설계해야한다. 이것은 전단링크 공칭강도의 정확한 계산을 필요로 하기 때문에, 링크의 전단영역은 콘크리트로 매입하지 않는 것이 중요하다. 링크외부의 초과강도는 시스템의 효율을 감소시키지 않기 때문에 링크외부의 보 부분은 매입이 허용된다. 슬래브가 링크의 공칭전단강도에 미치는 영향이 미비하므로 전단링크는 바닥이나 지붕슬래브와 합성으로 할 수 있다. 하지만, 공칭강도가 링크의 단부에서의 휨항복에 의해 결정되는 긴 링크의 경우 슬래브와의 합성작용으로 인한 추가적인 강도를 고려하는 것이 중요하다(Ricles & Popov 1989).

5) 링크가 기둥에 인접하지 않은 합성편심가새골조의 경우 가새-기둥접합부는 합성중심가새골조의 접합부와 유사하다(해설 그림 C.2.5-1 에서 해설 그림 C.2.5-3 참조). 링크가 기둥에 인접한 경우의 예는 해설 그림 C.2.7-1에 나타나 있다. 이 경우, 링크-기둥접합부는 합성특수모멘트골조의 합성보-기둥모멘트접합부와 유사하며(해설 C.2.2 참조) 강재연결보-벽접합부와도 유사하다(해설 C.2.8 참조).

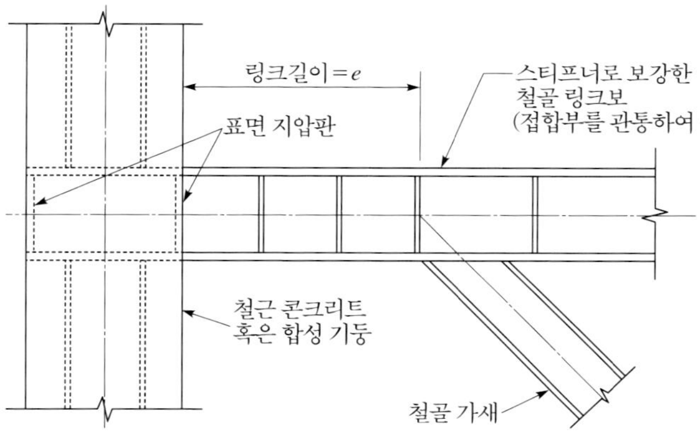

해설 그림 C.2.7-1 철근콘크리트 (혹은 합성)기둥 - 강재중심가새 간의 접합
(보강재는 C.1.6.2에 따라 설계)

C.2.7.1 기둥

철근콘크리트 기둥은 구조 트러스 요소에 관한 KDS 14 20 80(4.6.5)의 요구사항을 만족해야 한다. 합성기둥은 특수 내진시스템에 대한 4.2.1.4 또는 4.2.1.5의 요구사항을 만족해야 한다. 또한, 링크가 철근콘크리트 기둥이나 매입형 합성기둥에 인접해 있을 때 KDS 14 20 80(4.3.4)(또는 합성기둥에 관한 4.2.1.4.3(6)①)의 요구사항을 만족하는 횡

방향 철근을 링크접합부의 상하부에 배치해야 한다. 모든 기둥은 C.1.6.7의 요구사항을 만족해야 한다.

C.2.7.2 링크

링크는 매입되지 않은 구조용 강재를 사용하며 편심 가새골조의 링크에 관한 C.1.6의 요구사항을 만족해야 한다. 링크의 외부 보부분을 철근콘크리트로 피복하는 것을 허용한다. 링크의 공칭강도의 결정 시 합성거동을 고려하는 경우, 링크를 포함한 보는 보의 일부 또는 전부에 걸쳐 전단연결재를 사용하여 바닥슬래브와 합성적으로 거동하는 것을 허용한다.

C.2.7.3 가새

구조용 강재가새는 편심 가새골조에 관한 C.1.6의 요구사항을 만족해야 한다.

C.2.7.4 접합부

접합부는 편심 가새골조에 관한 C.1.6의 요구사항과 함께 4.2.2의 내용 또한 만족해야 한다.

C.2.8 합성 보통 전단벽

【해설】

1) 이 조항의 요구사항들은 철근콘크리트벽체를 사용하는 구조시스템의 3가지 형태에 적용한다. 첫 번째는 철근콘크리트벽체가 강구조골조 또는 합성골조의 채움패널의 형태인 경우이다. 이와 같은 경우, 벽-기둥접합위치에서의 일반적인 단면의 예는 해설 그림 C.2.8-1 및 해설 그림 C.2.8-2와 같다. 해설 그림 C.2.8-2의 상세는 매입형강재단면이 철근콘크리트전단벽체의 수직보강재로 사용되는 두 번째 구조시스템의 형태에서도 찾아볼 수 있다. 마지막으로 세 번째 형태는 2개 이상의 철근콘크리트벽체들이 강재보 또는 합성보에 의해 연결되는 경우이다. 연결보-벽체접합부의 예는 해설 그림 C.2.8-3 및 해설 그림 C.2.8-4와 같다.
2) 적절하게 설계되는 경우 이런 각각의 구조시스템들은 순수 철근콘크리트전단벽시스템의 강도와 유사한 전단강도와 강성을 발휘할 수 있어야 한다. 하지만, 경계부재 내의 구조용강재단면은 기둥

의 면내휨강도를 증가시키고, 높은 벽체에 있어서는 휨힌지의 발생을 지연시킬 수 있다. 합성요소를 갖는 철근콘크리트전단벽체의 R 과 C_d 의 값은 일반적인 철근콘크리트전단벽체와 동일하다.

3) 노출형철골부재와 철근콘크리트벽체가 결합되는 경우 (해설 그림 C.2.8-1), 벽체와 기둥사이의 수직전단력을 전달시키고 벽체보강근을 정착시키기 위해 기계적인 연결재가 필요하다. 또, 바닥위치에서 벽체요소가 강재보와 만나는 경우 벽과 보의 접합면에 전단연결재가 필요하다. 콘크리트채움패널에 대한 실험에서 전단연결재가 설치되지 않는 경우, 층전단하중은 주로 벽패널 내의 대각방향 압축스트럿에 의해 지지되는 것으로 나타났다. 이런 거동은 벽, 보, 기둥, 연결재 등의 국부영역에서 높은 하중을 발생시킨다. 전단스터드에 대한 요구사항은 채움패널과 경계부재 사이에 보다 균등한 하중전달을 가능케 함으로써 성능향상에 기여할 수 있을 것으로 기대된다(Hajjar et al., 2002).

4) 강재연결보와 콘크리트벽체 사이의 접합에 대한 2가지 예는 해설 그림 C.2.8-3 및 해설 그림 C.2.8-4와 같다. 연결보와 그 접합부에 대한 요구사항은 대부분 비매입형강재연결보의 실험을 근거로 한다(Harries et al., 1993; Shahrooz et al., 1993).

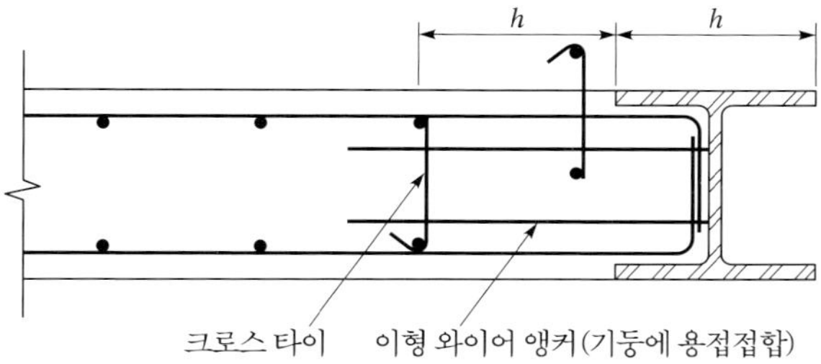

해설 그림 C.2.8-1 부분매입강재 경계부재

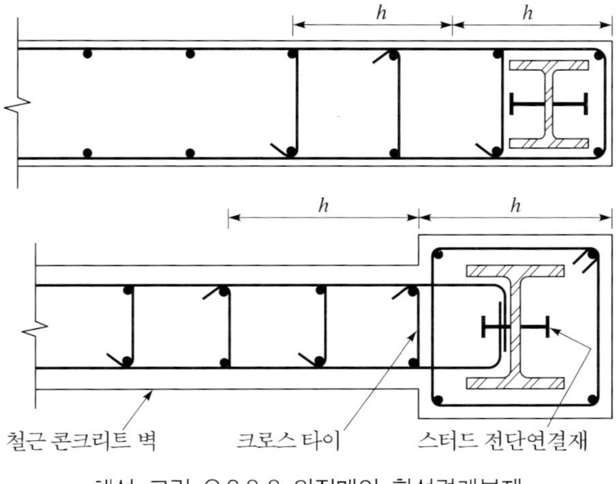

해설 그림 C.2.8-2 완전매입 합성경계부재

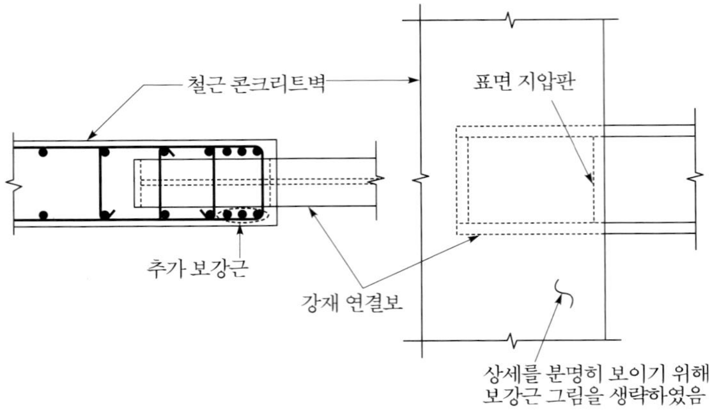

해설 그림 C.2.8-3 강재연결보와 철근콘크리트벽의 접합

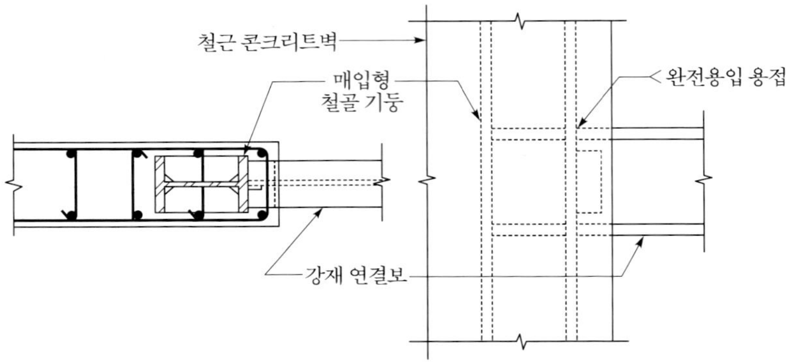

해설 그림 C.2.8-4 강재연결보와 합성경계부재가 있는 철근콘크리트벽의 접합

C.2.8.1 경계부재

경계부재는 이 조항의 요구사항을 만족해야 한다.

(1) 매입되지 않은 강재 단면이 철근콘크리트 벽체의 경계부재로 작용하는 경우 강재 단면은 이 절의 요구사항을 만족해야 한다. 경계부재의 축방향 강도의 산정은 철근콘크리트벽체가 전단력을 지지하고, 구조물의 전체 연직하중과 전도력은 전단벽과 경계부재가 함께 지지한다는 가정 하에 산정한다. 철근콘크리트 벽체는 KDS 14 20 00의 요구사항을 만족해야 한다.

(2) 철근콘크리트에 매입된 강재부재들이 철근콘크리트 벽체의 경계부재로 작용하는 경우, 해석은 탄성재료성질에 근거한 콘크리트 환산단면을 사용해야 한다. 철근콘크리

트 벽체는 KDS 14 20 00의 요구사항을 만족해야 한다. 철근콘크리트에 매입된 강재 경계부재가 제5장에서 명시된 합성기둥에 해당하는 경우 4.2.1.4.1의 보통 내진시스템의 요구사항을 만족하도록 설계해야 한다. 그렇지 않은 경우에는 KDS 14 20 66(4.3)와 KDS 14 31 10(4.2)의 요구사항을 만족하는 합성기둥으로 설계해야 한다.

(3) 구조용 강재와 철근콘크리트 사이의 수직 전단력을 전달할 수 있도록 스터드 전단연결재 또는 용접앵커를 설치해야 한다. 스터드 전단연결재는 KDS 14 31 10(4.2와 4.3)의 요구사항을 만족해야 한다.

C.2.8.2 강재연결보

인접한 두 철근콘크리트 벽체 사이에 사용되는 강재연결보는 KDS 14 31 10(4.3)의 요구사항과 이 조항의 요구사항을 만족해야 한다.

(1) 연결보의 공칭휨강도와 공칭전단강도에 해당하는 최대 휨모멘트와 전단력의 조합에 대해 저항할 수 있도록 철근콘크리트 벽체 내의 연결보의 묻힘길이를 충분히 확보해야 한다. 묻힘길이는 벽체 경계부재의 구속철근의 첫 열에서부터 시작하는 것으로 산정한다. 연결보와 벽체 사이에서 전달되는 하중에 대한 접합강도는 4.2.2의 요구사항을 만족해야 한다.

(2) 연결보의 공칭전단강도와 동일한 공칭축방향강도를 갖는 벽체 내의 수직 보강철근은 강재의 묻힘길이 시작점으로부터 묻힘길이의 1/2에 걸쳐 소요철근의 2/3를 배근해야 한다. 이러한 벽체철근은 연결보 플랜지의 상하방향으로 적어도 인장 정착길이만큼 연장해야 한다. 수직 경계부재를 위한 길이방향 철근과 같이 다른 용도로 배근된 철근을 소요 수직 보강철근의 일부로 사용할 수 있다.

C.2.8.3 매입형 합성연결보

매입형 합성단면 연결보는 C.2.8.2의 요구사항과 다음과 같은 수정된 요구사항을 만족해야 한다.

(1) 매입형 합성연결보의 최대 휨내력와 전단내력의 조합에 대해 저항할 수 있도록 철근콘크리트 벽체 내의 연결보의 묻힘길이를 충분히 확보해야 한다.

(2) 매입형 합성연결보의 공칭전단내력을 사용하여 C.2.8.2(1)의 요구사항을 만족해야 한다.

(3) 전단벽과 연결보의 소요강도를 계산할 때 매입형 합성연결보의 강성을 사용한다.

C.2.9 합성 특수 전단벽

【해설】

1) 이 조항에서는 C2.8에 대한 부가요건을 규정한다.
2) 매입형강재 경계부재를 갖는 벽체는 기둥에 가까운 위치에서 벽체내부의 수직면을 따라 균열이 발생할 수 있다는 우려가 제기되어 왔다. 따라서, 이 규정은 횡방향철근을 해설 그림 C.2.8-1 및 해설 그림 C.2.8-2와 같이 벽체안으로 $2h$ 이상 확보할 것을 요구하고 있다.
3) 안전측으로 강재경계부재로 하중을 전달하는 전단스터드는 항복강도를 25% 감소시켜 사용한다. 이것은 전단스터드의 공칭강도계산에 대한 이 절의 규정들이 정적단순하중실험을 근거로 하기 때문이다. 이 규정에서는 강재과 콘크리트 사이의 부착과 마찰의 영향을 무시하므로, 강재부재가 완전히 매입되는 경우에는 스터드강도에 대해 25% 감소를 적용할 필요가 없다.
4) 극한지진하중하에서의 보다 안정적인 항복거동을 확보하기 위해 강재편심가새골조의 몇몇 링크관련 요구사항들이 연결보의 경우에도 적용된다. 강재편심가새골조의 링크관련 요구사항들은 비매입형강재부재들에 대한 것이다.

C.2.9.1 경계부재

(1) 매입되지 않은 강재기둥은 C.2.8.1(1)의 요구사항과 3과 4.1.1의 요구사항을 만족해야 한다.

(2) 매입된 강재 경계부재를 갖는 벽체는 C.2.8.1(2)의 요구사항과 이 조항의 요구사항을 만족해야 한다. 이 벽체는 콘크리트구조기준의 요구사항을 만족해야 한다. 제5장의 합성기둥에 해당하는 철근콘크리트에 매입된 강재 경계부재는 4.2.1.4의 특수 내진시스템에 대한 요구사항을 만족해야 한다. 그렇지 않은 경우, 이와 같은 부재들은 KDS 14 20 66(4.3)의 요구사항과 KDS 14 20 80(4.5.6)의 특수 철근콘크리트 구조벽의 경계부재에 대한 요구사항을 만족하는 합성압축부재로 설계해야 한다. 합성경계부재의 구속을 위한 횡방향 철근은 벽체안으로 2h의 길이만큼 연장해야 한다. 여기서, h는 벽체 면내방향으로 경계부재의 전체높이를 나타낸다.

(3) 스터드 전단연결재는 C.2.8.1(2)에 명시된 대로 배치해야 한다. 콘크리트에 매입되지 않은 강재 단면과의 접합에 사용되는 용접앵커의 공칭강도는 항복강도를 25% 감소하여 사용한다.

C.2.9.2 합성 특수 전단벽 강재연결보

(1) 강재연결보는 C.2.8.2의 요구사항 이외에 C.1.6.1과 C.1.6.2의 요구사항을 만족해야 한다. 설계지진 하에 예상되는 비탄성 변형의 합리적인 해석에 의해 보다 작은 값이 입증되지 않는 경우에는 C.1.6.2에서 규정한 0.08rad의 연결보 회전성능을 만족시해야 한다. 철근콘크리트 벽의 표면위치에서 연결보의 웨브 양쪽에 표면지압판을 설치해야 한다. 이러한 보강재는 C.1.6.2의 상세요구사항을 만족해야 한다.

(2) C.2.8.2(2)에 명시된 벽체 내의 수직 보강철근은 KDS 14 20 80(4.5.6)의 요구사항을 만족하는 횡방향 철근으로 구속해야 한다.

C.2.9.3 매입형 합성연결보

연결보의 역할을 하는 매입형 합성단면은 C.2.9.2의 요구사항을 만족해야 한다. 단, C.1.6.2의 요구사항은 만족할 필요가 없다.

C.2.10 합성 강판 전단벽

【해설】

1) 합성강판전단벽은 층전단하중이 커서 일반적인 철근콘크리트전단벽으로는 필요한 두께가 지나치게 커지는 경우에 가장 효율적으로 이용할 수 있다(Zhao & Astaneh, 2004).

2) 강판의 항복응력과 철근콘크리트패널의 조합에 대한 설계규정을 개발하기에는 기초자료가 불충분하기 때문에 이 규정은 벽의 전단강도를 강판의 항복응력으로 제한한다. 강판의 전단강도는 일반적으로 매입철근콘크리트의 전단강도보다 훨씬 크기 때문에 콘크리트의 기여를 무시하여도 큰 영향을 미치지 않는다.

3) 강판의 전단항복메커니즘이 철근콘크리트벽에 비해 더 안정적인 이력거동의 결과를 보이기 때문에 철근콘크리트 특수전단벽보다 약간 더 높은 R값을 합성벽에 부여한다.

4) 강재 또는 합성경계요소와 합성벽 사이의 접합부에 대한 두 예가 해설 그림 C.2.10-1과 해설 그림 C.2.10-2 그리고 해설 그림 C.2.10-3에서 나타나 있다. 이 규정은 강판이 완전항복응력을 발휘할 수 있도록 강판과 경계부재(기둥과 보)사이의 접합부를 설계할 것을 요구한다. 반복하중과 면외하중 하에서 벽의 일체성을 유지할 수 있도록 매입콘크리트에 대한 최소철근보강이 요구된다. 벽의 최소철근량은 "콘크리트구조설계기준" 11.3에서 철근콘크리트벽에 대해 명시한 최솟값에 기초하고 있다.

5) 매입콘크리트의 두께와 스터드전단연결재의 간격은 강판이 전체 혹은 국부좌굴에 도달하기 전에

먼저 항복에 도달할 수 있도록 결정되어야 한다. 합성패널의 전체좌굴은 벽의 환산단면강성을 이용한 탄성좌굴이론에 의해 검토할 것을 권장한다. 한쪽에만 콘크리트가 있는 강판의 경우, 강판의 국부좌굴기준을 만족시키는 스터드간격에 대한 요구사항은 강재거더에서 웨브의 전단설계에 대한 h/t 규정에 기초하여 계산될 수 있다.

6) 개구부주위의 벽기둥과 스팬드럴보의 전단 및 휨강도에 대한 주의깊은 고려가 필요하다. 특히 출입문과 같은 큰 개구부를 갖는 합성벽은 개구부주위에 대해 강판에 접합된 강재경계부재를 필요로 한다.

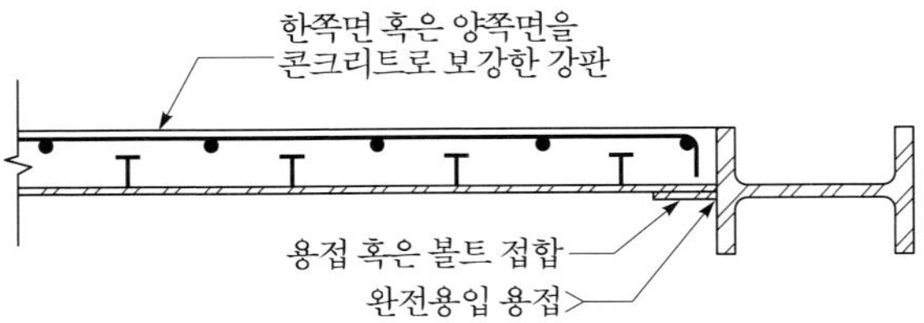

해설 그림 C.2.10-1 강재경계부재와 콘크리트로 보강된 강판전단벽

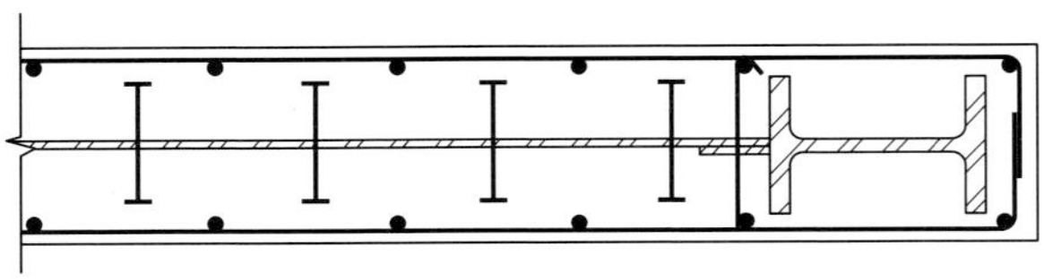

해설 그림 C.2.10-2 합성(매입형)경계부재와 콘크리트로 보강된 강판전단벽

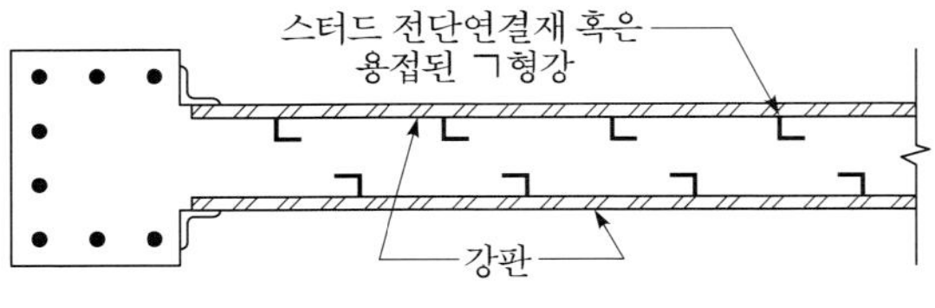

해설 그림 C.2.10-3 두 개의 강판 사이에 콘크리트가 충전된 합성전단벽

C.2.10.1 벽 부재

C.2.10.1(1)의 요구사항을 따르는 보강된 강판을 갖는 합성 강판 전단벽의 전단항복 한계상태에 근거한 설계강도 ϕV_{ns} ($\phi = 0.9$)는

$$V_{ns} = 0.6 A_{sp} F_y \qquad \text{(C.2.10.1-1)}$$

여기서, V_{ns} : 강판의 공칭전단강도 (mm)

A_{sp} : 보강된 강판의 수평단면적 (mm^2)

F_y : 강판의 항복강도 (MPa)

합성 강판 전단벽의 강판이 C.2.10.1(1)의 요구사항을 만족하는 경우 합성 강판 전단벽의 설계전단강도는 철근콘크리트의 강도를 무시한 강판만의 강도로 구해야 하며, KDS 14 31 10(4.3.2.1.2.2와 4.3.2.1.2.3)의 요구사항을 만족해야 한다.

(1) 만약 탄성 판좌굴해석을 통해 합성벽이 V_{ns}에 해당하는 공칭전단력을 지지할 수 있다는 것을 증명하는 경우 강판은 철근콘크리트와의 매입이나 부착으로 적절하게 보강해야 한다. 강판의 양면에 콘크리트가 설치되는 경우 부착되는 콘크리트의 두께는 최소 100mm가 되어야 하고 강판의 한쪽 면에만 콘크리트가 부착되는 경우 콘크리트의 두께는 200mm 이상이어야 한다. 국부좌굴과 콘크리트와 강판의 분리를 막기 위해 스터드 전단연결재나 다른 기계적 연결재를 설치해야 한다. 콘크리트 내부의 수평 및 수직방향 철근은 KDS 14 20 72(4.2)의 상세요구사항을 만족시켜야 한다. 양방향의 철근비는 0.0025보다 작지 않아야 하고, 철근의 최대간격은 450mm를 넘지 않도록 해야 한다. 합성벽 시스템을 설계할 때는 지진력이 벽면에 수직으로 작용하는 경우를 고려해야 한다.

(2) 강판은 공칭전단강도를 발휘할 수 있도록 용접 혹은 고장력볼트 마찰접합에 의해 모든 면을 따라 강재골조와 경계부재에 연속적으로 연결해야 한다. 용접 또는 볼트접합에 의한 연결부의 설계는 4.1.2에 명시된 추가적인 요구사항을 만족해야 한다.

C.2.10.2 경계부재

강재 및 합성 경계부재는 설계층간변위에서 벽의 강판 및 철근콘크리트 부분의 전단내력에 저항할 수 있도록 설계해야 한다. 합성 및 철근콘크리트 경계부재는 C.2.9.1의 요구사항을 만족시키도록 설계해야 한다. 강재 경계부재는 C.1.8의 요구사항을 만족해야 한다.

C.2.10.3 개구부

개구부 주위에는 해석에 의해 요구되는 대로 경계부재를 설치해야 한다.

C.3 강교 내진설계

C.3.1 일반사항

C.3.1.1 적용범위

(1) 이 기준은 강재로 설계되는 비합성 단면을 갖는 기둥형식의 교각과 그 이음부에 적용한다. 교각이 아니더라도 이와 유사하게 거동하는 부재에도 적용할 수 있다.
(2) 이 기준은 연성거동을 하도록 설계하는 부재에 적용한다. 따라서 KDS 24 17 11의 완전연성(소성) 설계와 연성도 설계 모두에 적용 가능하다.
(3) 이 기준은 KDS 14 31 05부터 KDS 14 31 50까지의 규정과 함께 적용한다.

【해설】

[C.3 강교 내진설계 부분은 현재 기준에는 없으나 추후 개정을 위하여 해설집에 수록하였다.]

(1) 이 기준은 강재로 설계되면서 비합성 단면을 갖는 기둥형식의 교각에 적용한다. 기둥형식의 교각은단면 크기에 대한 기둥 높이가 2.5 이상으로서 휨이 지배적인 부재이다. 교각은 아니지만 강재 주탑과 같이 기둥과 유사하게 거동하는 부재에도 적용 가능하다.
(2) 도로교 내진설계의 기본 방법은 지진력을 전달하는 교각에 적정한 연성을 제공함으로써 지진 시 입력지진에너지를 흡수하여 교량시스템을 지진으로부터 보호하는 것이다. 이러한 설계법은 교각에 응답수정계수를 도입하여 완전연성도를 요구하는 완전연성(소성) 설계법과 소요 응답수정계수를 사용하여 한정연성도를 요구하는 연성도 설계법이 있다. 이 기준에서는 이들 설계법으로 설계되는 교각을 대상으로 한다.

C.3.1.2 내진설계 공통 적용사항

(1) 설계지반운동수준은 “내진설계기준 공통적용사항(행안부, 2017)”을 따른다.
(2) 지진구역 및 지진위험도는 “내진설계기준 공통적용사항(행안부, 2017)”을 따른다.
(3) 지반분류는 “내진설계기준 공통적용사항(행안부, 2017)”를 따른다.
(4) 설계응답스펙트럼은 “내진설계기준 공통적용사항(행안부, 2017)”를 따른다. 다만, 감쇠비는 강재의 감쇠특성을 고려하여 보수적으로 적용한다.
(5) 내진등급은 KDS 24 17 11을 따른다.
(6) 내진성능수준은 KDS 24 17 11의 설계개념에 따른다.
(7) 내진성능목표는 KDS 24 17 11의 설계개념에 따른다.

【해설】

(1) ~(4) 지진·화산재해대책법 및 동법 시행령에 의거하여 우리나라 시설물의 일관성 있는 내진안전성을 확보하기 위하여 행정안전부에서는 내진설계에 있어서 모든 시설물에 공통적으로 적용하여야 하는 사항("내진설계기준 공통적용사항")을 공표하였다(2017). 따라서, 시설물의 내진설계에서는 이들 관련 규정을 반드시 따라야 한다.

(4) 설계응답스펙트럼은 감쇠비가 5%인 경우를 표준으로 하여 제공되어 있다. 콘크리트 구조물의 경우 감쇠는 대략 5% 수준으로 알려져 있어서 바로 적용 가능하지만 강구조의 경우는 감쇠비가 2~3% 수준으로 알려져 있어서 설계응답스펙트럼으로부터 지진하중을 산정하면 과소평가하게 된다. 따라서 강구조물의 지진하중을 산정하기 위해서는 설계응답스펙트럼을 적정하게 크게 보정하여 사용하여야 한다.

C.3.1.3 지진하중 및 하중조합

(1) 지진하중은 C.1.2에 의거하여 KDS 24 17 11에서 정한 바에 따라 산정한다.
(2) 지진하중이 포함된 하중조합은 KDS 24 12 11(4.1)에 따라 조합한다.

C.3.1.4 공칭강도 및 설계강도

(1) 부재및 이음부의 공칭강도는 KDS 14 31 10에서 제시된 값을 적용한다.
(2) 설계강도 산정 시 강도감소계수는 볼트의 경우를 제외하고는 모두 $\phi = 1.0$을 적용한다.

【해설】

(2) 지진하중이 조합된 하중조합에 대하여 부재의 설계강도를 산정할 때 강도감소계수는 1.0을 적용한다. 설계에서 고려하는 지진하중은 구조물의 설계수명 내에 발생할 확률이 매우 드문 지진을 대상으로 한다. 따라서, 이러한 하중조합에 대해서 설계강도 산정시 강도감소계수를 적용하는 것은 구조 안전성을 지나치게 크게 확보하는 것이어서 일반적으로 강도감소계수를 적용하지 않는다.

C.3.1.5 재료

C.3.1.5.1 재료의 규격, 강도 및 물리상수

(1) 구조용 강재와 이음부의 규격, 강도 및 물리상수는 KDS 14 31 05(3)을 따른다.

C.3.1.5.2 교각의 최대 소성힌지력 산정을 위한 재료적 특성

(1) 교각의 소성힌지구역에서 설계기준강도를 초과하는 재료강도에 의하여 도입되는 전단력(최대소성힌지력)을 산정하는 경우 재료강도는 실제 강도를 사용하여야 한다.
(2) 재료의 실제 강도는 충분한 표본 수를 사용한 실험을 통하여 결정하여야 한다. 다만, 실험으로부터 결정하지 않는 경우에는 부재의 예상항복강도 R_yF_y를 기준으로 산정할 수 있으며 예상항복강도 대 항복강도의 비인 R_y는 KDS 14 31 60의 표 3.2-1을 사용한다.

【해설】

(1) 교량 내진설계의 기본개념은 교각의 하단부에서 가장 먼저 소성거동이 발생하도록 유도하여 다른 구성요소(부재)에는 손상이 발생하지 않도록 하는 것이다. 이를 위한 설계방법으로는 완전연성(소성) 설계와 연성도 설계, 두 가지방법이 사용되고 있다. 완전연성 설계에서는 교각의 설계휨모멘트는 탄성모멘트를 응답수정계수(R)로 나눈 값으로 하고 전단력 및 축력에 대해서는 응답수정계수를 적용하지 않고 탄성지진력을 설계지진력으로 사용한다. 이렇게 함으로써 교각은 설계지진 시 전단파괴 없이 소성거동을 하게 된다. 이때 교각의 단면은 충분한 소성거동을 할 수 있는 단면상세를 확보하여야 한다. 연성도설계에서는 응답수정계수를 적용한 휨모멘트 보다 교각의 휨강도를 크게 설계한다. 이때 교각에 도입되는 최대전단력은 교각의 실제 휨강도(휨초과강도)에 이를 때 작용하는 수평지진력이 되며 이를 소성힌지력이라고 한다. 재료의 실제 강도는 설계기준강도보다 크기 때문에 재료의 실제 강도를 사용하여 휨초과강도를 산정하여야 한다.
(2) 재료의 실제 강도는 통계적으로 유의미한 충분한 수의 샘플을 사용하여 시험을 통해서 결정하여야 한다. 그러나 설계단계에서는 이러한 시험을 수행하는 것은 현실적으로 많은 어려움이 있다. 이런 경우 재료의 실제 강도는 재료의 기준강도에 적정한 증가계수를 곱하여 산정할 수 있다. KDS 14 31 60의 표 3.2-1의 R_y 및 R_t의 값은 현재까지 대학 및 연구소 등에서 이루어진 실험적 연구를 통해 발간된 자료를 토대로 한국강구조학회의 토의를 거쳐서 결정된 값이다.

C.3.2 강재교각의 내진설계

C.3.2.1 국부좌굴에 대한 단면의 분류

국부좌굴에 대한 교각의 조밀단면 또는 내진조밀단면에 관한 규정은 KDS 14 31 60(4.1.1.2)를 따른다.

C.3.2.2 교각의 최대 소성힌지력

(1) 교각의 최대 소성힌지력은 휨초과강도에 해당하는 전단력으로 한다.
(2) 캔틸레버로 거동하는 교각의 최대 소성힌지력은 교각 하단의 휨초과강도를 교각의 길이로 나누어 결정한다. 이 때 교각의 길이는 기둥 하단에서 수평하중이 작용하는 위치까지의 길이로 한다.
(3) 다주가구에서 골조로 거동하는 방향에 대한 최대 소성힌지력은 기둥의 상단과 하단의 휨 초과강도의 합을 교각의 길이로 나누어 결정한다. 이 때 교각의 길이는 기둥 순높이로 한다.
(4) 교각 단면의 휨초과강도는 실제 재료강도를 적용하고, 축하중의 영향을 고려한 단면의 강도로서 모멘트-곡률 해석을 수행하여 산정한다. 재료의 실제 강도를 합리적으로 결정할 수 없다면 C.3.1.5.2를 적용할 수 있다.

【해설】

(1) 휨초과강도는 재료의 실제강도를 사용하고 축력의 영향을 고려하여 산정한 휨강도로서 재료의 설계기준강도를 사용하여 산정한 값보다 크다. 교각의 최대 소성힌지력은 수평지진력에 의해서 교각에 발생하는 휨모멘트가 초과휨강도에 도달할 때의 값이다.
(2) 켄틸레버로 거동하는 교각에 있어서 최대 소성힌지력을 산정하는데 필요한 교각의 길이는 교각의 하단에서부터 휨모멘트가 제로가 되는 점까지의 길이이다. 교량 받침의 배치 특성상 일반적으로 교축방향으로는 교량받침이 휨모멘트를 전달하지 못하기 때문에 교각의 상단이 휨모멘트가 제로가 되는 점이고, 교량의 직각방향으로는 교량 받침의 프레임 액션으로 휨모멘트를 전달하기 때문에 교량 상부구조의 관성력 작용위치가 휨모멘트가 제로가 되는 점이다.
(3) 다주가구에서 골조로 거동하는 경우 교각의 상단과 하단에서 발생하는 휨모멘트의 크기가 다르다면 교각의 모멘트 변곡점까지의 길이를 고려하여 소성힌지력을 각각 산정하는 것이 보다 정확하게 산정하는 방법이지만 상하단의 휨초과강도의 합을 교각의 길이로 나눈 평균값을 실용적으로 사용할 수 있다.

C.3.2.3 교각의 완전연성 내진설계

C.3.2.3.1 적용범위

KDS 24 17 11의 응답수정계수(R)를 적용하여 설계하는 교각에 적용한다.

【해설】

이 절은 응답수정계수를 적용하여 설계하는 경우에 적용한다. 교각의 설계휨모멘트는 탄성휨모멘트를 응답수정계수로 나눈 값으로 하기 때문에 교각의 큰 소성거동을 허용하는 설계법이다. 따라서 큰 변위연성도를 신뢰성 있게 확보하는 교각의 설계가 필요하다.

C.3.2.3.2 응답수정계수

응답수정계수는 KDS 24 17 11을 따른다.

C.3.2.3.3 설계지진력

(1) 교각의 설계휨모멘트는 직교지진력의 조합을 고려하여 구한 탄성휨모멘트를 응답수정계수로 나눈 값으로 한다.
(2) 교각의 설계전단력은 응답수정계수를 적용하지 않고, 직교지진력의 조합을 고려하여 구한 탄성전단력과 교각의 최대 소성힌지력 중 작은 값으로 할 수 있다.
(3) 상부구조, 상부구조의 신축이음 및 상부구조와 하부구조 상단 사이의 연결부, 상부구조와 교대 연결요소의 설계지진력은 직교지진력의 조합을 고려하여 구한 탄성지진력을 응답수정계수로 나눈 값으로 한다.
(4) 확대기초, 말뚝머리 및 말뚝을 포함하는 기초의 설계지진력은 교각에 대한 응답수정계수 R의 1/2로 나눈 값으로 하거나, 교각의 최대 소성힌지력과 응답수정계수를 적용하지 않은 탄성지진력 중 작은 값으로 한다.

【해설】

(1) 지진 시 교량의 손상위치는 검사와 보수가 손쉬운 곳에 발생하도록 유도할 필요가 있다. 교각의 탄성휨모멘트를 응답수정계수로 나누어서 설계휨모멘트로 함으로써 지진 시 교각의 하단이가장 먼저 소성변형 상태로 들어가기 때문에 교각하단에 손상을 집중시킬 수 있다.
(2) 교각의 설계휨모멘트 산정 시 응답수정계수를 적용하기 때문에 설계지진에 대해 교각의 큰 소성변형을 허용하게 된다. 교각이 소요연성도까지 거동을 하기 위해서는 소성 거동 도중에 국부좌굴이나 전단파괴 등의 파괴가 방지되어야한다. 전단파괴를 방지하기위해서는 설계전단력은 교각에 도입되는 최대 수평하중(밑면전단력) 보다 커야 한다. 따라서, 설계전단력을 탄성지진력으로 하거나 또는 최대 소성힌지력으로 하여야 한다.
(3), (4) 교각 이외의 부재에 지진 손상이 발생하지 않도록 하기 위해서는 설계지진력은 교각의 최대소성힌지력 이상으로 하여야 한다.

C.3.2.3.4 교각의 설계

(1) 교각의 단면은 내진조밀단면으로 설계한다.

(2) 축방향 압축과 휨에 대해 다음 관계를 만족하여야 한다.

① $\frac{P_u}{P_r} < 0.2$ 인 경우:

$$\frac{P_u}{2.0P_r} + \left(\frac{M_{ux}}{M_{rx}} + \frac{M_{uy}}{M_{ry}}\right) \leqq 1.0 \tag{C.3.2.1}$$

② $\frac{P_u}{P_r} \geqq 0.2$ 인 경우:

$$\frac{P_u}{P_r} + \frac{8.0}{9.0}\left(\frac{M_{ux}}{M_{rx}} + \frac{M_{uy}}{M_{ry}}\right) \leqq 1.0 \tag{C.3.2.2}$$

여기서, P_r = 설계압축강도 (N)

M_{rx} = x축에 관한 설계휨강도 (N·mm)

M_{ry} = y축에 관한 설계휨강도 (N·mm)

M_{ux} = 모멘트 증가를 고려한 x축에 관한 휨모멘트 (N·mm)

M_{uy} = 모멘트 증가를 고려한 y축에 관한 휨모멘트 (N·mm)

(3) 전단에 대해 안전하여야 한다.

【해설】

(1) 응답수정계수는 캔틸레버로 거동하는 단일기둥의 경우에는 R=3을 적용하고 프레임으로 거동하는 경우에는 R=5를 적용한다. 프레임으로 거동하는 구조는 캔틸레버로 거동하는 구조에 비하여 부정정차수가 커서 연성거동을 훨씬 크게 할 수 있는 구조시스템이어서 상대적으로 큰 응답수정계수를 적용할 수 있다. 설계휨모멘트 산정 시 응답수정계수를 적용하기 때문에 설계지진에 대해서 교각은 큰 소성거동을 하게 되고 이에 대해서 교각이 붕괴 되지 않기 위해서는 큰 연성도를 신뢰성 있게 확보할 수 있는 설계가 필요하다. 그러나 KDS 24 17 11에서는 어느 정도의 연성도가 확보되어야 하는지 정량적인 값을 제시하고 있지 않다. 응답수정계수와 소요변위연성도의 관계를 나타내는 많은 경험식이 존재하지만 에너지일정(Equal energy)방법으로 보수적으로 계산하면 R=3인 경우 소요변위연성도는 5가 된다. 따라서 보수적으로 안전성을 확보하기 위해서는 공급변연성도는 6 이상 확보하는 것이 바람직하다. "조밀단면"의 경우 재료가 변형도 경화로 들어가지 전까지 국부좌굴을 방지할 수 있는 것으로 알려져 있지만 6이상의 변위연성도를 신뢰성 있게 보장하기는 힘든 상세이다. 따라서, 변위연성도가 6~7 정도를 확보할 수 있는 "내진조밀단면"으로 설계할 필요가 있다.

(2) 지진력을 받는 교각의 경우에는 축력과 휨모멘트의 조합하중에 대해서 충분한 강도를 확보할 필요가 있다.

(3) 교각이 충분한 연성도를 확보하기 위해서는 소성거동 도중에 전단파괴가 발생하지 않아야 한다.

C.3.2.4 교각의 연성도 내진설계

C.3.2.4.1 적용범위

(1) KDS 24 17 11의 응답수정계수(R)를 적용하지 않고 소요 응답수정계수(R_{req})를 적용하여 설계하는 교각에 적용한다.

(2) 이절의 소요 응답수정계수의 적용범위는 $1.0 < R_{req} < 3.0$이다. 만약, 소요 응답수정계수가 1.0보다 작은 경우에는 이 절의 규정을 적용하지 않고 탄성설계 할 수 있다.

【해설】

(1) 교각의 휨강도가 응답수정계수를 적용한 설계휨모멘트 보다 상당히 크다면 확보해야 할 변위연성도는 상대적으로 작아도 된다. 교각의 설계휨강도에 대한 탄성휨모멘트의 비(R_{req})로 부터 소요연성도를 산정하고 이를 확보하는 설계법을 연성도설계라고 한다.

(2) 연성도설계법은 교각의 휨강도가 R=3을 적용하는 완전연성(소성) 설계 보다 큰 경우에 적용한다. 즉 적용범위는 $1.0 < R_{req} < 3.0$이다. 만약 $R_{req} \leqq 1.0$이라면 교량은 설계지진에 대해서 탄성거동을 하게 되므로 소성거동을 확보하기 위한 별도의 조치를 필요로 하지 않는다.

C.3.2.4.2 소요 응답수정계수

(1) 소요 응답수정계수는 다음과 같이 산정한다.

$$R_{req} = \frac{M_{el}}{\phi M_n} \qquad (C.3.2.3)$$

여기서, R_{req} = 소요 응답수정계수

M_{el} = 지진하중을 포함한 하중조합에 따른 기둥의 탄성모멘트

ϕM_n = 기둥의 설계휨강도

【해설】

(1) 소요 응답수정계수는 교각의 휨강도에 대한 탄성휨모멘트의 비이다. 즉 소요 응답수정계수가 작을수록 탄성모멘트에 대한 휨강도가 상대적으로 크다는 것을 의미하며 확보해야 하는 공급변위연성도의 크기는 감소한다.

C.3.2.4.3 설계지진력

(1) 교각의 설계전단력은 응답수정계수를 적용하지 않고, 직교지진력의 조합을 고려하여 구한 탄성전단력과 교각의 최대 소성힌지력 중 작은 값으로 할 수 있다.
(2) 상부구조, 상부구조의 신축이음 및 상부구조와 하부구조 상단 사이의 연결부, 상부구조와 교대 연결요소의 설계지진력은 직교지진력의 조합을 고려하여 구한 탄성지진력을 응답수정계수로 나눈 값으로 한다.
(3) 확대기초, 말뚝머리 및 말뚝을 포함하는 기초의 설계지진력은 교각에 대한 응답수정계수 R의 1/2로 나눈 값으로 하거나, 교각의 최대 소성힌지력과 응답수정계수를 적용하지 않은 탄성지진력 중 작은 값으로 한다.

【해설】

(1) 교각에 도입되는 전단력의 크기는 교각의 최대 소성힌지력이 된다. 만약 이 최대 소성힌지력의 크기가 탄성전단력 보다 크다면 교각은 탄성한계 내에서 거동하므로 최대 전단력은 탄성전단력이 된다.

C.3.2.4.4 교각의 설계

(1) 부재의 단면은 "조밀단면"으로 설계한다. 다만, $2.5 \leqq R_{req} < 3.0$ 인 경우에는 "내진조밀단면"으로 설계한다. 만약 "조밀단면"으로 소요 변위연성도를 확보할 수 있음을 보인다면 "조밀단면"으로 설계할 수 있다.
(2) 축방향 압축과 휨에 대해 다음 관계를 만족하여야 한다.

① $\frac{P_u}{P_r} < 0.2$ 인 경우:

$$\frac{P_u}{2.0P_r} + \left(\frac{M_{ux}}{M_{rx}} + \frac{M_{uy}}{M_{ry}}\right) \leqq 1.0 \qquad (C.3.2.4)$$

② $\frac{P_u}{P_r} \geqq 0.2$ 인 경우:

$$\frac{P_u}{P_r} + \frac{8.0}{9.0}\left(\frac{M_{ux}}{M_{rx}} + \frac{M_{uy}}{M_{ry}}\right) \leqq 1.0 \qquad (C.3.2.5)$$

여기서, P_r = 설계압축강도 (N)

M_{rx} = x축에 관한 설계휨강도 (N·mm)

M_{ry} = y축에 관한 설계휨강도 (N·mm)

M_{ux} = 모멘트 증가를 고려한 x축에 관한 휨모멘트 (N·mm)

M_{uy} = 모멘트 증가를 고려한 y축에 관한 휨모멘트 (N·mm)

(3) 전단에 대해 안전하여야 한다.

(4) 내진조밀단면이나 조밀단면을 적용하지 않고 설계하는 경우 (2), (3)을 만족하여야 하며 또한 소요연성도가 확보된다는 것을 실험이나 상세해석 등을 통해서 검증하여야 한다. 이 때 소요연성도는 공학적으로 널리 인정된 방법을 사용하여 산정하여야 한다.

【해설】

(1) 연성도 설계를 하는 경우, 교각이 확보해야 하는 연성도의 크기는 상당히 줄어든다. "조밀단면"의 경우 재료의 변형도 경화가 되기까지 국부좌굴을 충분히 방지하는 것으로 알려져 있어서 3~4 정도의 변위연성도를 확보할 수 있을 것으로 평가된다. 따라서 연성도 설계시의 교각은 "조밀단면"으로 설계 한다. 그러나 소요 응답수정계수가 2.5인 경우 에너지일정법칙으로 소요변위연성도를 산정하면 3.63 정도이다. 즉 "조밀단면"으로는 소요변위연성도를 안전측으로 확보하기에는 다소 불안한 감이 있다. 이에 $2.5 \leq R_{req} < 3.0$인 범위에서는 "내진조밀단면"을 적용하도록 한다. 만약, 구조특성과 지반조건으로부터 소요 변위연성도를 합리적으로 산정하고 "조밀단면"으로도 이 소요변위연성도를 확보할 수 있음을 증명한다면 "내진조밀단면" 대신에 "조밀단면"으로 설계할 수 있다.

(4) 소요 변위연성도가 "내진조밀단면"이나 "조밀단면"을 적용하지 않고도 확보되는 경우에는 이를 적용할 수 있다. 다만, 이 경우 소요 변위연성도는 공학적으로 널리 인정된 방법으로 산정되어야 하며 확보 가능한 연성도의 크기는 실험이나 상세해석 등을 통해서 합리적으로 검증되어야 한다. 이 경우에도 (2),(3)과 같이 휨-압축력 조합 및 전단력에 대해 강도 조건을 만족하여야 한다.

참고문헌

김영주, 오상훈 (2006), "RHS기둥-보 접합부의 모멘트전달효율 평가", 한국지진공학회 논문집, Vol.10, No.4, pp.67-76.

대한용접접합학회 (2009), "용접·접합편람", 제2권 역학 시공 및 검사, 대한용접접합학회.

오상훈, 김영주 (2005), "슬릿플레이트 댐퍼를 가진 기둥-보 접합부 이력거동", 한국건축학회 논문집, Vol.21, No.12, pp. 101-108.

이철호, 전상우, 김진호 (2002), "철골모멘트접합부의 내진거동평가를 위한 반복재하 실물대(實物大) 실험", 한국강구조학회 논문집, 제14권, 제4호, 통권 제59호 (2002. 8) pp.557-566.

ACI (2002a), "Recommendations for the Design of Beam Column Joints in Monolithic Concrete Structures", ACI 352-R-02, American Concrete Institute, Farmington Hills, MI.

Adany, S., Calado, L. and Dunai, L. (2000), "Experimental Studies on Cyclic Behavior Modes of Base Plate Connections", Proceedings of the Third International Conference STESSA 2000, Montreal, Canada.

AISC (1997a), "K-area Advisory Statement", Modern Steel Construction, February, American Institute of Steel Construction, Inc.,Chicago, IL.

Ammerman, D.J. and Leon, R.T. (1990), "Unbraced Frames with Semi-Rigid Connections", Engineering Journal, AISC, Vol. 27,No.1,1st Quarter, pp. 12-21, chicago, IL.

Arce, G. (2002), "Impact of Higher Strength Steels on Local Buckling and Overstrength in EBFs", Master's Thesis, Department of Civil Engineering, University of Texas at Austin, Ausin, TX.

ASCE (1994), "Guidelines for Design of Joints between Steel Beams and Reinforced Concrete Columns", Journal of Stuctural Engineering, American Society of Civil Engineers, Vol. 120, No. 8, August, pp. 2330-2357, Reston, VA.

ASCE (2002), "Minimum Design Loads for Buildings and Other Structures", SEI/ASCE 7-02, American Society of Civil Engineers, Reston, VA.

Astaneh-Asl A., Bolt, B., McMullin, K., Donikian, R.R., Modjtahedi, D., and Cho, S-W (1994), "Seismic Performance of Steel Bridges During the 1994 Northridge Earthquake", Report No. UCB/CEE-Steel-94/01, Dept. of Civil and Env. Engrg., Univ. of California, Berkeley, CA.

Astaneh-Asl, A. and Ravat, S. (1997), "Cyclic Tests of Steel H-Piles", Report No. UCB/CEE-Steel-97/01, Dept. of Civil and Env. Engrg., Univ, of California, Berkeley, CA.

Astaneh-Asl, A., Bergsma, G., and Shen,J.H. (1992), "Behavior and Design of Base Plates for Gravity, Wind and Seismic Loads", Proceedings of the National Steel Construction Conference, AISC, Las Vegas, NV.

Astaneh-Asl, A., Goel, S.C., and Hanson, R.D. (1986), "Earthquake-Resistant Design of Double Angle Bracing", Engineering Journal, AISC, Vol. 23, No. 4, 4th Quarter, Chicago, IL.

Bansal, J.P. (1971), "The Lateral Instability of Continuous Steel Beams", CESRL Dissertation No. 71-1, University of Texas, Austin, TX.

Bartlett, F.M., Jelinek, J.J., Schmidt, B.J., Dexter, R.J., Graeser, M.D., and Galambos, T.V. (2001), "Updating Standard Shape Material Properties Database for Design and Reliability", University of Western Ontario and University of Minnesota.

Berman, J.W. and Bruneau, M. (2003a), "Experimental Investigation of Light-Guage Steel Plate Shear Walls for the Seismic Retrofit of Buildings", Technical Report MCEER-03-001, Multidisciplinary Center for Earthquake Engineering Research, Buffalo, NY.

Berman, J.W. and Bruneau, M. (2003b), "Plastic Analysis and Design of Steel Plate Shear Walls", Journal of Structural Engineering, ASCE, Vol. 129, No. 11, pp. 1148-1156, Reston, VA.

Bruneau, M., Mahin, S.A., and Popov, E.P. (1987), "Ultimate Behavior of Butt Welded Splices in Heavy Rolled Steel Sections", Report No. UCB/EERC-87/10, Earthquake Engineering Research Center, Berkeley, CA.

Burda, J.J. and Itani, A.M. (1999), "Studies of Seismic Behavior of Steel Base Plates", Report No. CCEER 99-7, Center for Civil Engineering Earthquake Research, Dept. of Civil Engineering, Univ. of Nevada, Reno, Nevada.

Caccese, V., Elgaaly, M., and Chen, R. (1993), "Experimental Study of Thin Steel-Plate Shear Walls Under Cyclic Load", Journal of Structural Engineering, ASCE, Vol. 119, No. 2, February, pp. 573-587, Reston, VA.

Cheng, J.J., Kulak, G.L., and Khoo, H.-A. (1998), "Strength of Slotted Tubular Tension Members", Canadian Journal of Civil Engineering, Vol. 25, pp. 982-991.

Chi, B. and Uang, C.M. (2002), "Cyclic Response and Design Recommendations of Reduced Beam Section Moment Connections with Deep Columns", Journal of Structural Engineering, ASCE, Vol. 128, No. 4, pp.464-473, Reston, VA.

Clark, P., Aiken, I., Kasai, K., Ko, E., and Kimura, I. (1999), "Design Procedures for Buildings Incorporating Hysteretic Damping Devices", Proceedings 68th Annual Convention, pp.355-371, Structural Engineers Association of California, Sacramento, CA.

CSA (2002), "Limit states design of steel structures", Standard CAN/CSA S16-2001, Canadian Standards Association, Willowdale, Ontario, Canada.

Deierlein, G.G. and Noguchi, H. (2004), "Overview of US-Japan Research on the Seismic design of Composite Reinforced Concrete and Steel Moment Frame Structures",

Journal of Structural Engineering, ASCE, Vol. 130, No.2, pp. 361–367, Reston, VA.

DeWolf, J.T. and Ricker, D.T. (1990), "Column Base Plates", Steel Design Guide Series No. 1, AISC, Chicago, Illinois.

DeWolf, J.T. and Sarisley, E.F. (1980), "Column Base Plates with Axial Loads and Moments", Journal of Structural Engineering, ASCE, Vol. 106, No. ST11, pp. 2167–2184, Reston, VA.

Drake, R. and Elkin, S.J. (1999), "Beam–Column Base Plate Design – LRFD Method", Engineering Journal, AISC, Vol. 36, No. 1, 1st Quarter, pp.29–38, Chicago, IL.

Driver, R.G., Kulak, G.L., Kennedy, D.J.L., and Elwi, A.E. (1997), "Seismic Behavior of Steel Plate Shear Walls", Structural Engineering Report No. 215, Department of Civil Engineering, University of Alberta, Edmonton, Alberta, Canada.

Driver, R.G., Kulak, G.L., Kennedy, D.J.L., Elwi, A.E. (1997), "Seismic Behavior of Steel Plate Shear Walls", Structural Engineering Report No. 215, Department of Civil Engineering, University of Alberta, Edmonton, Alberta, Canada.

Dusicka, P. and Itani, A.M. (2002), "Behavior of Built–Up Shear Links Under Large Cyclic Deformations", Proceedings of the 2002 Annual Meeting of the Structural Stability Research Council, Structural Stability Research Council, Gainesville, FL.

Elgaaly M. (1998), "Thin Steel Plate Shear Walls Behavior and Analysis", Thin Walled Structures, Vol. 32, pp. 151–180.

Elgaaly, M. and Liu, Y. (1997), "Analysis of Thin–Steel–Plate Shear Walls", Journal of Structural Engineering, ASCE, Vol. 123, 5No. 11, November, pp. 1487–1496.

Elgaaly, M., Caccese, V., and Du, C. (1993), "Postbuckling Behavior of Steel–Plate Shear Walls Under Cyclic Loads", Journal of Structural Engineering, ASCE, Vol. 119, No. 2, Feb. 1993, pp. 588–605.

Ellingwood, B.R. and Corotis, R.B. (1991), "Load Combinations for Buildings Exposed to Fires", Engineering Journal, AISC, Vol. 28, No. 1, 1st Quarter, pp. 37–44.

El–Tawil, S., Mikesell, T.D., Vidarsson, E., and Kunnath, S.K. (1999), "Inelastic Behavior and Design of Steel Panel Zones", Journal of Structural Engineering, ASCE, Vol. 125, No. 2, pp. 183–193, Reston, VA.

Ermopoulos, J. and Stamatopoulos, G.N. (1996) "Mathematical Modeling of Column Base Plate Connections", Journal of Constructional Steel Research, Vol. 36, No. 2, pp.79–100.

FEMA (2000a), "Recommended Seismic Design Criteria for New Steel Moment–Frame Buildings", FEMA 350, Federal Emergency Management Agency, Washington, DC.

FEMA (2000d), "State of the Art Report on Systems Performance of Steel Moment Frames Subject to Earthquake Ground Shaking", FEMA 355C, prepared by the SAC Joint Venture for the Federal Emergency Management Agency, Washington, DC.

FEMA (2003), "NEHRP Recommended Provisions for Seismic Regulations for New Buildings and Other Structures", FEMA 450, Federal Emergency Management Agency, Washington, DC.

FEMA (2000e), "State of the Art Report on Connection Performance", FEMA 355D, prepared by the SAC Joint Venture for the Federal Emergency Management Agency, Washington, D.C.

Foutch, C.A. (1989), "Seismic Behavior of Eccentrically Braced Steel Building", Journal of Structural Engineering, ASCE, Vol. 115, No. 8, August, pp. 1857-1876, Reston, VA.

Furlong, R.W.(1997), "Composite Columns", Composite Construction Design for Bulidings, Chapter 4, ASCE/McGraw Hill, New York, NY.

Goel, S.C. (1992), "Recommendations for US/Japan Cooperative Research program-phase 5: Composite and Hybrid Structures", Report UMCEE 92-29, University of Michigan, Department of Civil and Environmental Engineering, Ann Arbor, MI.

Goel, S.C. (1992b), "Cyclic Post Buckling Behavior of Steel Bracing Members", Stability and Ductility of Steel Structures under Cyclic Loading, pp. 75-104, CRC Press, Boca Raton, FL.

Goel, S.C. (1992c), "Earthquake Resistant Design of Ductile Braced Steel Structures", Stability and Ductility of Steel Structures under Cyclic Loading, pp. 297-308, CRC Press, Boca Raton, FL.

Goel, S.C. and Lee, S.(1992), "A Fracture Criterion for Concrete-filled Tubular Bracing Members Under Cyclic Loading", proceedings of the 1992 ASCE structures Congress, ASCE, pp. 922-925, Reston, VA.

Griffis, L.G. (1992a), "Load and Resistance Factor Design of W-Shapes Encased in Concrete", Design Guide Series 6, AISC, Chicago, IL.

Griffis, L.G. (1992b), "Composite Frame Construction", Constructional Steel Design: An International Guide, Elsevier Science Publishers, pp. 523-553, London, England.

Hajjar, J.F., Tong, X., Schultz, A.E., Shield, C.K., and Sarri, W.K. (2002), "Cyclic Behavior of Steel Frames with composite Reinforced Concrete Infill Walls", Composite Construction in Steel and Concrete IV, Hajjar, J.F., Hosain, M., Easterling, W.S., and Shahrooz, B.M. (eds.), United Engineering Foundation, American Society of Civil Engineers, Reston, VA.

Harries, K., Mitchell, D., Cook, W.D., and Redwood, R,G. (1993), "Seismic Response of Steel Beams coupling Concrete Walls", Journal of Structural Engineering, ASCE, Vol. 119, No. 12, December, pp. 3611-3629, Reston, VA.

Hassan, O. and Goel, S.C. (1991), "Seismic Behavior and Design of Concentrically Braced Steel Structures Report UMCE 91-1", University of Michigan, Department of Civil and Environmental Engineering, Ann Arbor, MI.

Hjelmstad, K.D. and Popov, E.P. (1983), "Cyclic Behavior and Design of Link Beams", Journal of Structural Engineering, Vol. 109, No. 10, October, ASCE, Reston, VA.

Jaspart, J.P. and Vandegans, D. (1998), "Application of Component Method to Column Bases", Journal of Constructional Steel Research, Vol. 48, pp. 89-106.

Kalyanaraman, V., Sridhara, B.B., and Thairani, V. (1998), "Core loaded Earthquake Resistant Bracing Design", Proceedings of the 2nd International Conference on Seel Construction, San Sebastian, Spain.

Kanno, R. and Deierlein, G.G. (1997), "Seismic Behavior of Composite (RSC) Beam-Column Joint Subassemblies", Composite Construction Ⅲ, ASCE, Reston, VA.

Kasai, K. and Popov, E.P. (1984), "On Seismic Design of Eccentrically Braced Steel Frames", Proceedings of the 8th World Conference on Earthquake Engineering, EERI, Vol. 5, pp.387-394, San Francisco, CA.

Kaufmann, E.J. and Fisher, J.W. (2001), "Effect of Straightening Method on the Cyclic Behavior of K-area In Steel Rolled Shapes", ATLSS Center, Lehigh University, December.

Kaufmann, E.J., Metrovich, B.R., and Pense, A.W. (2001), "Characterization of Cyclic Inelastic Strain Behavior On Properties of A572 Gr 50 nd A913 Gr 50 Rolled Sections", ATLSS Center, Lehigh University, August.

Kepm, A.R. (1986), "Factors Affecting the Rotation Capacity of plastically Designed Members", The Structural Engineer, Vol. 64B, No. 2, June, The institution of Structural Engineers, London, England.

Kitayama, K., Otani, S., and Aoyama, H. (1987), "Earthquake Resistant Design Criteria for Reinforced Concrete Interior Beam-Column Joint", Proceedings of the Pacific Conference on Earthquake Engineering, Wairakei, New Zealand.

Klingner, R.E. and Graces, H.L. (2001), "Seismic Response of Multiple -Anchor Connections to Concrete", ACI Structural Journal, Vol. 98, No. 6, Nov.-Dec.

Korol, R.M. (1996), "Shear Lag in Slotted HSS Tension Members", Canadian Journal of Civil Engineering, Vol. 23, pp. 1350-1354.

Krawinkler, H. (1978), "Shear in Beam-Column Joints in Seismic Design of Steel Frames", Engineering Journal, AISC, Vol. 15, No. 3, 3rd Quarter, Chicago, IL.

Kulak, G.L., Fisher, J.W., and Struik, J.H.A. (1987), "Guide to Design Criteria for Bolted and Riveted Joints", 2nd Ed., John Wiley & Sons, New York, NY.

Lay,M.G. (1965), "Flange local Buckling in Wide-Flange Shapes", Journal of the Structural Division, ASCE, Vol. 91, No. 6, December, Reston, VA.

Lee, C.-H., Jeon, S.-W., Kim, J.-H., and Uang, C.-M. (2005), "Effects of panel zone strength and beam web connection method on seismic performance of reduced beam section steel moment connections", Journal of Structural Engineering, Vol. 131, No.

12, pp. 1854-1865.

Lee, D., Cotton, S.C., Dexter, R.J., Hajjar, J.F., Ye, Y., and Ojard, S.D. (2002), "Column Stiffener Detailing and Panel Zone Behavior of Steel Moment Frame Connections, University of Minnesota", June(Draft final).

Lee, S. and Goel, S.C. (1987), "Seismic Behavior of Hollow and Concrete -Filled Square Tubular Bracing Members", Report No. UMCE 87-11, University of Michigan, Department of Civil Engineering, Ann Arbor, MI.

Leon, R.T. and Ammerman, D.J. (1990), "Semi-Rigid Connection for Gravity Loads", Engineering Journal, AISC, Vol. 27, No. 1, 1st Quarter, pp. 1-11, Chicago, IL.

Leon, R.T. and Forcier, G.P. (1992), "Parametric Study of composite Frames", Connections in Steel Structures Ⅱ, proceedings of the Second International Workshop on Connections in Steel Structures, AISC, pp. 152-159, Chicago, IL.

Liu, Z. and Goel, S.C. (1987), "Investigation of Concrete Filled Steel Tubes under Cyclic Bending and Buckling", UMCE Report 87-3, University of Michigan, Ann Arbor, MI.

Liu, Z. and Goel, S.C. (1988), "Cyclic Load Behavior of Concrete-Filled Tubular Braces", Journal of the Structural Division, ASCE, Vol. 114, No. 7, Reston, VA.

Lopez, W., Gwie,D.S., Lauck, T.W., and Saunders, C.M. (2004), "UC Berkeley Stanley Hall - Structural Design and Experimental Verification of a Buckling-Restrained Braced Frame System", Engineering Journal, AISC, Vol. 41, No. 4, 4th Quarter, Chicago, IL.

Lubell, A.S., Prion, H.G.L., Ventura, C.E., and Rezai, M. (2000), "Unstiffened Steel Plate Shear Wall Performance under Cyclic Loading", Journal of Structural Engineering, ASCE, Vol. 12, No.4, April, pp. 453-460, Reston, VA.

McDaniel, C.C., Uang, C.M., and Seible, F. (2002), "Cyclic Testing of Built-Up Steel Shear Links for the New Bay Bridge", Journal of Structural Engineering, ASCE, Vol. 129, No. 6, pp. 801-809, Reston, VA.

Midorikawa, M., Hasegawa, T., Mukai, A. Nishiyama, I., Fukuta, T., and Yamanouchi, H. (1997), "Damage Investigation of Steel Buildings in Specific Areas Observed from the 1995 Hyogoken-Nambu Earthquake", Proceedings of U.S.-Japan Workshop on Steel Fracture Issues, San Francisco, CA.

Nakashima, M., Kanao, I., and Liu, D. (2002). "Lateral Instability and Lateral Bracing of Steel Beams Subjected to Cyclic Loading", Journal of Structural Engineering, ASCE, Vol. 28, No. 10, October, pp. 1308-1316.

Nishiyama, I., Hasegawa, T., and Yamanouchi, H.(1990), "Strength and Deformation Capacity of Reinforced Concrete Column to Steel Beam Joint Panels", Building Research Institute Report 71, Ministry of Construction, Tsukuba, Japan.

Nothridge Reconnaissance Team (1996), "Northridge Earthquake of January 17, 1994", Reconnaissance Report (Supplement C-2 to Volume 11), EERI, pp. 25-47, Oakland,

CA.

Okazaki, T. (2004), "Seismic performance of Link-to-Column Connections in Steel Eccentrically Braced Frames", Ph.D. Dissertation, Department of Civil Engineering, University of Texas at Austin, Austin, TX.

Okazaki, T., Arce, G., Ryu, H., and Engelhardt, M.D. (2004a), "Recent Research on Link Performance in Steel Eccentrically Braced Frames", Proceedings, 13th World Conference on Earthquake Engineering, August 1-6, 2004, Vancouver, BC, Canada.

Park, R., Priestley, M.J.N., and Gill, W.D. (1982), "Ductility of Square Confined Concrete Columns", Journal of the Structural Division, ASCE, Vol. 108, No. ST4, April, pp.929-950, Reston, VA.

Picard, A. and Beautieu, D. (1985), "Behavior of a Simple Column Base Connection", Canadian Journal of Civil Engineering, Vol. 12, pp. 126-136

Popov, E.P. Stephen, R.M. (1977), "Tensile Capacity of Partial Penetration Welds", Journal of the Structural Division, ASCE, Vol. 103, No. ST9, September, Restn, VA.

Popov, E.P., and Engelhardt, M.D., and Ricles, J.M. (1989), "Eccentrically Brace Frames: U. S. Practice", Engineering Journal, AISC, Vol.26, No. 2, 2nd Quarter, pp.66-80, Chicago, IL.

Reina, P. and Normile, D. (1997), "Fully Braced for Seismic Survival", Engineering News-Record, July 21, pp. 34-36, The McGraw Hill Companies, New York, NY.

Rezai, M. (1999), "Seismic Behavior of Steel Plate Shear Walls by Shake Table Testing", Ph.D. Dissertation, University of British Columbia, Vancouver, BC, Canada.

Richards, P. (2004), "Cyclic Stability and Capacity Design of Steel Eccentrically Braced Frames", Ph.D. Dissertation, University of California, San Diego, CA.

Richards, P., Uang, C.M., Okazaki, T., and Engelhardt, M.D. (2004), "Impact of Recent Research Findings on Eccentrically Braced Frame Design", Proceedings, 2004 SEAOC Convention, August 25-28, 2004, Monterey, CA.

Ricles, J.M. and Popov, E.P. (1987a), "Dynamic Analysis of Seismically Resistant Eccentrically Braced Frames, Report No. UCB/EERC-87/107", Earthquake Engineering Research Center, Berkeley, CA.

Ricles, J.M. and Popov, E.P. (1989), "Composite Action in Eccentricity Braced Frames". Journal of Strictural Engineering, ASCE, Vol. 115, No. 8, August, pp. 2046-2066, Reston, VA.

Ricles, J.M., Peng S.W, and Lu, L.W. (2004), "Seismic Behavior of Composite Concrete Filled Steel Tube Column-Wide Flange Beam Moment Connections", Journal of Structural Engineering, ASCE, Vol. 130, No. 2, pp. 223-232, Reston, VA.

Roberts, T.M. and Sabouri-Ghomi, S. (1992), "Hysteretic Characteristics of Unstiffened Perforated Steel Plate Shear Walls", Thin Walled structures, Vol. 14, pp. 139-151.

Roeder, C.W. (1987), "Inelastic Dynamic Analysis of Two Eight-Story Moment Frames, Structural Engineers Association of Washington", Seattle, WA.

Roeder, C.W., (2002) "Connection Performance for Seismic Design of Steel Moment Frames", ASCE, Journal of Structural Engineering, Vol. 128, No.4, April 2002, pp. 517-525.

Saatcioglu, M. (1991), "Deformability of Steel Columns", ACI 127.5, American Concrete Institute, Detroit, MI.

Sabelli, R., Mahin, S., and Chang, C. (2003), "Seismic Demands on Steel Braced Frame Buildings with Buckling-Restrained Braces", Engineering Structures, Vol. 25, pp. 655-666.

Sabouri-Ghomi, S. and Roberts, T.M. (1992), "Nonlinear Dynamic Analysis of Steel Plate Shear Walls Including Shear and Bending Deformations", Engineering Structures, AISC, Vol. 14, No. 3, pp. 309-317.

Sato, K. and Kamagata, S. (1988), "Aseismic Behavior of Steel Column Base", Proceedings of the Ninth World Conference on Earthquake Engineering, Tokyo, Japan.

Sawyer, H.A. (1961), "Post-Elastic Behavior of Wide-Flange Steel Beams", Journal of the Structural Division, ASCE, Vol. 87, No. ST8, December, Reston, VA.

Schneider, S.P. (1998), "Axially Loaded Concrete-Filled Tubes", Journal of Structural Engineering, ASCE, Vol. 124, No. 10, pp. 1125-1138, Reston, VA.

Schneider, S.P., Roeder, C.W., and Carpenter, J.E. (1991), "Seismic Performance of Weak-Column Strong-Beam Steel Moment Resisting Frames", University of Washington Department of Civil Engineering, Seattle, WA.

Shahrooz, B.M., Remmetter, M.E., and Qin, F. (1993), "Seismic Design and Performance of Composite Coupled Walls", Journal of Structural Engineering, ASCE, Vol. 119, No. 11, November, pp. 3291-3309, Reston, VA.

Shikh, S.A. and Uzumeri, S.M. (1980), "Strength and Ductility of Tied Columns", Journal of the Structural Division , ASCE, Vol. 106, No. ST5, February, pp. 1079-1102, Reston, VA.

Stojadinovic, B., Spacone, E., Goel, S.C., and Kwon, M. (1998), "Influence of Semi-Rigid Column Base Models on the Response of Steel MRF Buildings", Proceedings of the Sixth U.S. National Conference on Earthquake Engineering, EERI, Seattle, WA.

Tang, X. and Goel, S.C. (1987), "Seismic Analysis and Design Considerations of Braced Steel Structures", Report UMCE 87-4, University of Michigan, Department of Civil and Environmental Engineering, Ann Arbor, MI.

Tang, X. and Goel, S.C. (1989), "Brace Fractures and Analysis of Phase I Structure", Journal of Structural Engineering, ASCE, Vol. 115, No. 8, August, pp. 1960-1976, Reston, VA.

Tar-gowski, R., Lamblin, D., and Guerlement, G. (1993), "Base Plate Column Connection under Bending: Experimental and Numerical Study", Journal of Constructional Steel Research, Vol. 27, pp.37–54.

Thambiratnam, D. and Paramasivam, P. (1986), "Base Plates under Axial Loads and Moments", Journal of Structural Engineering, ASCE, Vol. 112, No. 5, pp. 1166–1181, Reston, VA.

Thorburn, L.J., Kulak, G.L., and Montgomery, C.J. (1983), "Analysis of Steel Plate Shear Walls", Structural Engineering Report No. 107, Department of Civil Engineering, University of Alberta, Edmonton, Alberta, Canada.

Timler, P.A. and Kulak, G.L. (1983), "Experimental Study of Steel Plate Shear Walls", Structural Engineering Report No. 114, Department of Civil Engineering, University of Alberta, Edmonton, Alberta, Canada.

Tremblay, R. (2001), "Seismic Behavior and Design of Concentrically Braced Steel Frames", Engineering Journal, AISC, Vol. 38, No. 3, Chicago, IL.

Tremblay, R. (2003), "Achieving a Stable Inelastic Seismic Response for Multi–Story Concentrically Braced Steel Frames", Engineering Journal, AISC, Vol. 40, No. 2, Chicago, IL.

Tremblay, R., Degrange, G., and Blouin, J. (1999), "Seismic Rehabilitation of a Four–Storey Building with a Stiffened Bracing System", Proc. 8th Can. Conf. on Earthquake Engrg., Canadian Association for Earthquake Engineering, pp. 549–554, Vancouver, BC, Canada.

Tromposch, E.W. and Kulak, G.L. (1987), "Cyclic and Static Behaviour of Thin Panel Steel Plate Shear Walls", Structural Engineering Report No. 145, Department of Civil Engineering, University of Alberta, Edmonton, Alberta, Canada.

Tsai, K.–C., Weng, Y.–T., Lin, M.–L., Chen, C.–H., Lai, J.–W., and Hsiao, P.–C. (2003), "Pseudo Dynamic Tests of a Full–Scale CFT/BRB Composite Frame: Displacement Based Seismic Design and Response Evaluations", Proceedings of the International Workshop on Steel and Concrete Composite Construction (IWSCCC–2003), Report No. BCREE–03–026, National Center for Research in Earthquake Engineering, pp. 165–176, Taipei, Taiwan.

Uang, C.M. and Chi, B. (2001), "Effect of Straightening Method on the Cyclic Behavior of k Area in Steel Rolled Shapes", Report No. SSRP–2001/05, University of California, San Diego, CA, May.

Uang, C.M. and Nakashima, M. (2003), "Steel Buckling–Restrained Frames", Earthquake Engineering, Recent Advances and Applications, Chapter 16, Y. Bozorgnia and V.V. Bertero, (eds.) CRC Press, Boca Raton, FL.

Viest, I.M., Colaco, J.P., Furlong, R.W., Griffis, L.G., Leon, R.T., and Wyllie, L.A., Jr. (1997), "Composite Construction: Design for Buildings", McGraw– Hill/ASCE, Reston,

VA.

Wada, A., Connor, J., Kawai, H., Iwata, M., and Watanabe, A. (1994), "Damage Tolerant Structure", ATC-15-4 Proceedings of Fifth US-Japan Workshop on the Improvement of Building Structural Design and Construction Practices, pp. 27-39, Applied Technology Council, Redwood City, CA.

Wada, A., Saeki, E., Takeuchi T., and Watanabe, A. (1998), "Development of Unbonded Brace", Nippon Steel's Unbonded braces(promotional document), pp. 1-16, Nippon Steel Corporation Building Construction and Urban development Division, Tokyo, Japan.

Watanabe, A., Hitomi Y., Saeki, E., Wada, A., and Fujimoto, M. (1988), "Properties of Brace Encased in Buckling-Restraining Concrete and Steel Tube", Proceedings of Ninth World Conference on Earthquake Engineering, Vol. Ⅳ, pp. 719-724, Japan Association for Earthquake Disaster Prevention, Tokyo-Kyoto, Japan.

Whittaker, A.S., Uang, C.-M., and Bertero, V.V. (1987), "Earthquake Simulation Tests and Associated Studies of a 0.3-Scale Model of a six-Story Eccentrically Braced Steel Structure", Report no. UBC/EERC-87/02, Earthquake Engineering Research Center, Berkeley, CA.

Yang, F. and Mahin, S. (2005), "Limiting Net Section Fracture in Slotted Tube Braces", Steel TIPS Report, Structural Steel Education Council, Moraga, CA.

Zaremba, C.J. (1988), "Strength of Steel Frames Using Partial Composite Girders", Journal of Structural Engineering, ASCE, Vol. 114, No. 8, August, pp. 1741-1760, Reston, VA.

Zhao, Q. and Astaneh-Asl, A. (2004), "Cyclic Behavior of Traditional and Innovative Composite Shear Walls", Journal of Structural Engineering, ASCE, Vol. 130, No. 2, pp. 271-284.

찾아보기

숫자 및 영문

강구조설계기준 및 해설(하중저항계수설계법) 정가 45,000원

저자 : (사)한국강구조학회

발행인 : 임해진
발행처 : 도서출판 구미서관

발행 : 2018년 8월 16일 초판 1쇄
2019년 12월 13일 초판 2쇄

등록 : 1979년 6월 29일 No.9-6호
주소 : 서울시 마포구 신촌로 2길 5-15 구미빌딩
전화 : 02-333-1101
팩스 : 02-335-2201
http://www.goomibook.com

ISBN 979-11-6257-040-1 (93530)